现代组合结构和混合结构
——试验、理论和方法

（第二版）

Advanced Composite and Mixed Structures:
Testing, Theory and Design Approach
（Second Edition）

韩林海　李　威　王文达　陶　忠　著

科学出版社

北　京

内 容 简 介

本书论述作者在现代组合结构和混合结构领域取得的试验、理论和设计方法等方面的研究结果，具体内容包括：①一些新型组合结构构件力学性能的研究结果和有关实用设计方法；②钢‐混凝土组合结构梁‐柱连接节点的抗震性能及有关设计方法；③钢管混凝土‐钢管相贯焊接 K 形连接节点的力学性能和设计方法；④钢‐混凝土组合框架结构和钢‐混凝土混合剪力墙结构的力学性能和设计方法；⑤钢管混凝土框架‐钢筋混凝土核心筒结构体系模拟地震振动台模型试验研究及理论分析结果；⑥桁式钢管混凝土结构的力学性能和设计原理；⑦曲线形钢管混凝土结构的力学性能及其设计原理。本书内容系统、新颖，实用性强。

本书可供土建类等专业领域的科研人员和工程技术人员参考。

图书在版编目（CIP）数据

现代组合结构和混合结构：试验、理论和方法 /韩林海等著. —2 版
.—北京：科学出版社，2017.10
　ISBN 978‐7‐03‐054768‐2

　Ⅰ. ①现… 　Ⅱ. ①韩… 　Ⅲ. ①钢结构‐混凝土结构‐组合结构
Ⅳ. ① TU375

中国版本图书馆 CIP 数据核字（2017）第 246967 号

责任编辑：童安齐 / 责任校对：王万红
责任印制：吕春珉 / 封面设计：东方人华

科 学 出 版 社 出版
北京东黄城根北街 16 号
邮政编码：100717
http://www.sciencep.com

北京虎彩文化传播有限公司 印刷
科学出版社发行　　各地新华书店经销
*

2009 年 3 月第 一 版　　开本：787×1092　1/16
2017 年 10 月第 二 版　　印张：66
2017 年 10 月第二次印刷　　字数：1 540 000
定价：380.00 元
（如有印装质量问题，我社负责调换〈虎彩〉）
销售部电话 010‐62136230　编辑部电话 010‐62137026（BA08）

第二版前言

近 20 年来，本书第一作者领导的课题组循序渐进、有计划地开展组合结构（composite structures）和混合结构（mixed structures）方面的研究工作，并于 2009 年在科学出版社出版《现代组合结构和混合结构——试验、理论和方法》第一版。该书的出版得到有关技术人员的关注，有关成果被多次引用，并在一些典型工程及有关工程建设标准中应用。

结合本书作者近年来在组合结构和混合结构研究方面所取得的最新进展，本次对《现代组合结构和混合结构——试验、理论和方法》再版，即在原书所述内容的基础上进行了进一步的补充和完善。

高性能组合结构是结构工程领域的重要发展方向。本书第 2 章论述了一些新型组合结构构件的力学性能和工作特点，具体结构对象包括钢管约束混凝土、薄壁钢管混凝土、高强钢管混凝土、不锈钢管混凝土、钢管自密实混凝土、钢管再生混凝土、锥形钢管混凝土、椭圆形钢管混凝土、多边形钢管混凝土、中空夹层钢管混凝土、FRP 约束钢管混凝土和 FRP- 混凝土 - 钢管组合构件等。

钢管混凝土加劲混合结构构件是一种以钢管混凝土为核心，在钢管周围绑扎钢筋并浇筑混凝土而形成的混合结构形式。本书第 2 章还论述了钢管混凝土加劲混合结构构件的工作机理和设计原理。

众所周知，梁 - 柱连接节点是建筑框架结构体系中的关键部位，深入认识梁 - 柱连接节点的力学性能是进行建筑框架结构工作机理研究及有关工程设计的重要前提和基础。本书第 3 章论述了钢管混凝土柱 - 钢梁连接节点的工作机理；第 4 章论述了钢管混凝土柱 - 钢筋混凝土梁连接节点的力学性能；第 5 章论述了钢管混凝土加劲混合结构柱 - 钢梁连接节点的力学性能。

在弦杆中填充混凝土形成的钢管混凝土 - 钢管 K 形相贯节点具有强度高、刚度大、稳定性和耐疲劳性能好等特点，已在工业建筑、大跨度公共场馆和桥梁等工程结构中得到推广应用。本书第 6 章论述了圆（中空夹层）钢管混凝土 - 钢管相贯焊接 K 形连接节点的工作机理和设计原理。

本书第 7 章对组成框架结构体系最基本的组成单元，即单层单跨框架的抗震性能进行了论述；第 8 章阐述了钢 - 混凝土混合剪力墙结构抗震性能的研究成果；第 9 章论述了三层、两跨钢管混凝土框架、钢筋混凝土剪力墙混合结构的抗震性能，以及高层钢管混凝土框架 - 钢筋混凝土核心筒混合结构体系模型的模拟地震振动台研究成果。

轻质、高强和大跨是现代工程结构的发展趋势之一。钢管混凝土桁架结构具有桁架结构受力合理、空间刚度大、抗变形能力和整体性强、动力性能和抗火性能好等特点，从而能进一步提高结构的跨越能力，已在桥梁工程和大跨空间结构中得到应用。本书第 10 章论述了直线形桁式钢管混凝土结构的抗弯力学性能和设计方法；第 11 章论述了曲线形钢管混凝土结构的工作机理和计算方法。

本书第 1～4 章、第 8 和 9 章由韩林海执笔，第 5、6 章和第 10 章由李威执笔，第 7 章由王文达执笔，第 11 章由陶忠执笔。全书由韩林海统一定稿。

本书所论述内容的研究工作主要得到国家自然科学基金（项目编号：50425823；50608019；50738005；51178245；51378290；51678341）、国家重点基础研究计划（"973"计划）（项目编号：2009CB623200；2012CB719703）、长江学者和创新团队发展计划（项目编号：IRT00736）、铁道部-清华大学科技研究基金（项目编号：J2008G011）、高等学校博士学科点专项科研基金（项目编号：20070003087；20110002110017）、福建省科技计划项目（项目编号：2004H008）、福建省引进高层次人才科研项目、霍英东教育基金会高等院校青年教师基金、清华大学"百名人才引进计划"资助课题、清华大学自主科研计划课题（项目编号：20111081036；20131089347）、苏州-清华创新引领行动专项（项目编号：2016SZ0212）等的资助，特此致谢！

作者的研究工作一直得到工程界和学术界同行们的帮助和支持。刘刚、孙彤、叶尹、牟廷敏和杨蔚彪教授级高级工程师等为作者提供了有关工程资料。本书第一作者和第四作者感谢他们的研究生或合作者对本书论述内容所做出的重要贡献，如：陈志波、李永进、卢辉、黄宏、洪哲、廖飞宇、王玲玲、王志滨、吴颖星、徐毅、杨有福、尧国皇、游经团、于清、庄金平、任庆新、王蕊、侯超、安钰丰、徐悟和周侃等进行了组合构件性能的研究（第 2 章）；曲慧、石柏林、王静峰、王文达、王再峰、游经团、廖飞宇、任庆新和钱炜武等进行了组合结构节点的研究（第 3～5 章）；侯超和杨有福等进行了钢管混凝土-钢管 K 形相贯节点的研究（第 6 章）；杜铁柱等进行了框架结构的研究（第 7 章）；廖飞宇等进行了钢-混凝土混合剪力墙结构的研究（第 8 章）；杨有福等进行了钢-混凝土混合结构体系抗震性能的研究（第 9 章）；何珊瑚、徐悟和任庆新等进行了钢管混凝土桁架结构的研究（第 10 章）；詹宁、郑莲琼、何珊瑚、徐悟和任庆新等进行了曲线形钢管混凝土结构的研究（第 11 章）等。还有作者的部分研究生参与了本书再版的有关工作，在此一并致谢！

本书其实是上述诸位共同努力的结晶，作者永远心存感激！

组合结构和混合结构学科的内容十分丰富。由于作者学术水平有限，书中不妥之处在所难免，作者怀着感激的心情期待着读者对本书给予批评和指正！

韩林海
2017 年 7 月 2 日
于清华园

第一版前言

组合结构（composite structures）和混合结构（mixed structures）是目前结构工程领域研究和应用的热点话题之一。

组合结构一般是指由两种或两种以上材料组合而成的结构，如常见的钢 - 混凝土组合板、组合梁，型钢混凝土（SRC），钢管混凝土（CFST）和 FRP（fiber reinforced polymer）约束混凝土等。混合结构一般是指由不同材料的结构构件混合而成的结构或结构体系，如常见的钢 - 混凝土混合剪力墙结构、钢或钢管混凝土框架 - 钢筋混凝土剪力墙、钢或钢管混凝土框架 - 钢筋混凝土核心筒结构体系等。

组合结构和混合结构是人们更为充分地考虑结构的安全性、耐久性、和谐性，以及良好的可施工性等综合因素的必然产物。合理设计并应用组合结构或混合结构符合现代建筑结构发展和建设节约型社会的需要，有利于最大限度地实现建筑投入经济性与结构性能有效性的统一。

组合结构构件和混合结构工作的实质在于其组成材料或结构构件之间的组合作用或协同互补，这种相互作用，既使组合结构和混合结构具有一系列优越的力学性能，同时也导致其力学性能的复杂性，因此，如何准确地了解这种相互作用的"效应"是该领域研究的关键问题。近年来，本书第一作者领导的课题组针对一些具体的组合结构和混合结构对象进行了较为细致的理论分析和试验研究，不仅希望这一问题在理论上得到透彻解决，而且更希望能进一步提供便于实际应用的实用设计方法或建议。

众所周知，建筑结构材料和建筑结构的高性能化是组合结构的重要发展方向之一，在这样的背景下涌现出不少新型组合结构构件类型。本书第 2 章论述了一些新型组合结构构件的力学性能和工作特点，具体对象包括采用高性能混凝土或高强钢材的钢 - 混凝土组合柱、薄壁钢管混凝土、中空夹层钢管混凝土、钢管约束混凝土、FRP 约束钢管混凝土、钢管再生混凝土、不锈钢管混凝土等。此外，在该章中还介绍了其他一些组合结构构件力学性能的研究结果，如钢管混凝土加劲混合结构柱和 FRP- 混凝土 - 钢管组合结构构件的滞回性能等。

梁 - 柱连接节点是框架结构受力的关键部位，深入认识建筑框架结构中梁 - 柱连接节点的力学性能，是进行有关结构体系性能化设计的重要前提和基础。本书第 3 章和第 4 章分别论述了钢管混凝土柱 - 钢梁连接节点、钢管混凝土柱 - 钢筋混凝土梁连接节点和钢管约束混凝土柱 - 钢筋混凝土梁连接节点的试验和理论研究结果。

单层单跨框架是框架结构体系最基本的组成单元，任何复杂的多层多跨框架结构建筑大都是单层单跨框架的组合或叠加，因此，研究单层单跨框架的力学性能，是进行多层、多跨框架以及空间框架结构体系力学性能研究的基础。本书第 5 章论述了钢管混凝土平面框架的工作机理及有关计算方法。

一种提高钢筋混凝土剪力墙延性的有效方法是将其和钢构件进行组合，形成钢‐混凝土混合剪力墙结构。本书第 6 章论述了带组合柱边框的钢筋混凝土混合剪力墙结构抗震性能的最新研究结果。

目前，钢管混凝土框架‐钢筋混凝土核心筒结构体系在实际工程中开始得到应用，但对该类混合结构体系设计理论的研究尚不多见。本书第 7 章论述了两个高层钢管混凝土框架‐钢筋混凝土核心筒混合结构体系模型的模拟地震振动台试验研究结果及相关理论分析结果。

本书第 8 章阐述了曲线形钢管混凝土结构的力学性能及其承载力计算方法。

本书第 1～4 章和第 7 章由韩林海执笔，第 6 和 8 章由陶忠执笔，第 5 章由王文达执笔。全书最后由韩林海统一定稿。

本书所涉及内容的研究工作主要得到国家杰出青年科学基金（项目编号：50425823）的资助；有关带钢管混凝土边框柱混合剪力墙结构的研究工作得到国家自然科学基金（项目编号：50608019）的资助。本书中的部分研究工作还先后得到铁道部‐清华大学科技研究基金（项目编号：J2008G011）、高等学校博士学科点专项科研基金（20070003087）、福建省科技计划项目（项目编号：2004H008）、福建省引进高层次人才科研项目、清华大学"百名人才引进计划"资助课题、霍英东教育基金会高等院校青年教师基金（项目编号：111079）以及长江学者和创新团队发展计划（项目编号：IRT00736）的资助，特此致谢！

本书第一作者和第二作者感谢他们的研究生或合作者们对本书所论述内容做出的重要贡献，如陈志波、李永进、卢辉、黄宏、洪哲、廖飞宇、王玲玲、王志滨、吴颖星、徐毅、杨有福、尧国皇、游经团、于清和庄金平等进行了组合构件性能的研究（第 2 章），曲慧、石柏林、王静峰、王文达、王再峰和游经团进行了组合结构节点（第 3 章和第 4 章）的研究，杜铁柱和王文达进行了框架结构（第 5 章）的研究，廖飞宇进行了钢‐混凝土混合剪力墙结构（第 6 章）的研究，李威和杨有福进行了钢‐混凝土混合结构体系抗震性能（第 7 章）的理论分析和试验研究工作，何珊瑚、詹宁和郑莲琼进行了曲线形钢管混凝土结构（第 8 章）的研究等。没有他（她）们的辛勤工作和参与或协助，完成本书涉及的研究工作是不可能的。

刘刚和孙彤两位高级工程师等工程界同仁曾为作者提供过部分工程信息和相关照片，作者非常感激！

作者借此机会向所有曾给过我们关心和帮助的人们致以诚挚的谢意！这本书其实是大家的。作者永远心存感激！

我国当前正在进行着几乎是世界上最大规模的工程建设，而这一建设高潮还会随着我国全面建设小康社会进程的推进而持续相当一段时间。持续的、大规模的工程建设，为结构工程技术的发展和创新能力的提升提供了历史性的机遇。可以预期，在新的世纪里，组合结构和混合结构理论和技术必将得到更好更快的发展。

需要指出的是，作为土木工程领域中的热点，组合结构和混合结构学科的内容十分丰富。目前，国内外学者的有关研究成果众多，因此，对本领域的研究和发展进行全面论述，超出了作者的知识和能力范围，且已有不少相应的文献可以参阅。有鉴于此，本书仅围绕现代组合结构和混合结构领域所重点关注的一些问题，结合作者所熟悉的领域和作者近期取得的阶段性研究结果进行论述，书中介绍的一些研究工作还非常初步，且内容远非全面和系统，撰写本书意在抛砖引玉。

由于作者学识水平和阅历有限，书中难免存在不妥甚至谬误之处。作者怀着感激的心情期待读者给予批评指正！随着课题组研究工作的深化，作者期待着对本书论述内容做进一步的完善和充实，以使有关研究结果更具参考价值，这是可能的，也是应当的。

韩林海

2009 年 1 月 2 日

于清华园

目　　录

第 1 章　绪　言

1.1　组合结构和混合结构的特点

组合结构（composite structures）和混合结构（mixed structures）是目前结构工程领域研究和应用的热点话题，是现代工程科学技术进步和施工技术向工业化生产发展的必然产物。

组合结构一般是指由两种或两种以上结构材料组合而成的结构，通常是不同结构材料在构件层次的组合，如常见的钢 - 混凝土组合板、组合梁，型钢混凝土（steel reinforced concrete，SRC），钢管混凝土（concrete filled steel tube，CFST）和纤维增强聚合物（fiber reinforced polymer，FRP）（管）约束混凝土结构等。

组合结构的特点在于如何优化地组合不同结构材料，通过组成材料之间的相互作用，充分发挥材料的优点，尽可能避免或减少其弱点所带来的不利效应；而且，通过不同材料的组合，使施工过程更为便捷。此外，由于不同材料之间有相互贡献、协同互补和共同工作的特点，组合结构具有较好的耐火性能及火灾后可修复性，例如钢管混凝土就是一种典型的组合结构构件。它利用钢管和混凝土两种材料在受力过程中的相互作用，即钢管对其核心混凝土的约束作用，使混凝土处于复杂应力状态之下，其强度得以提高，延性得到改善；同时，由于混凝土的存在，可以延缓或避免钢管过早地发生局部屈曲，进一步保证其材料性能的充分发挥。此外，在钢管混凝土的施工过程中，与传统钢筋混凝土相比，钢管还可以作为浇筑其核心混凝土的模板，可节省模板费用，加快施工速度。总之，通过钢管和混凝土组合而成为钢管混凝土，不仅可以弥补两种材料各自的缺点，而且能够充分发挥二者的优点，这也正是组合结构的优势所在。

组合结构有时又有"广义"和"狭义"之分。还以钢管混凝土结构为例，传统上"狭义"的钢管混凝土结构是指在钢管中填充混凝土而形成且钢管及其核心混凝土能共同承受外荷载作用的结构构件，最常见的截面形式有圆形、方形和矩形；"广义"的钢管混凝土结构是在"狭义"钢管混凝土结构的基础上发展起来的，常见的形式有中空夹层钢管混凝土、钢管混凝土加劲混合结构柱、内置型钢或钢筋的钢管混凝土和薄壁钢管混凝土等。此外，还包括复合式钢管混凝土（一般由多根"狭义"或"广义"的钢管混凝土构件组合而成），如桁式钢管混凝土结构等（韩林海，2016）。

混合结构一般是指由不同材料的结构构件混合而成的结构或结构体系，如常见的钢 - 混凝土剪力墙结构、钢或钢管混凝土框架 - 混凝土剪力墙、钢或钢管混凝土框架 - 混凝土核心筒结构体系等。也就是说，混合结构是对结构构件在结构、结构体系层次进行组合。

混合结构工作的特点在于组成构件之间可以协同互补、共同工作。这不仅使结构各组成构件的特性达到充分发挥，同时也使结构或结构体系具有优越的整体力学特性和良好的施工性能。

1.2　组合结构和混合结构的基本形式

1.2.1　组合结构

实际工程中最常见的组合结构构件类型主要有组合板、组合梁和组合柱等。组合结构构件常见的组成材料主要有钢材、混凝土和 FRP 等。

如前所述，组合结构构件工作的实质在于其组成材料之间的组合作用，这种所谓的组合作用往往体现在两个方面：①施工阶段，即通过材料之间的合理组合，实现方便施工、简化施工程序，提高工业化生产程度的目的；②使用阶段，即通过组合作用，充分发挥材料的优点，达到取长补短、协同互补和共同工作的效果。

压型钢板组合板是一种典型的组合板构件，其工作特点是：在施工阶段，压型钢板或钢板可作为浇筑混凝土的模板；在正常使用阶段，它还可作为受力主筋和混凝土共同工作。

压型钢板组合板中一般需采取适当的构造措施来保证压型钢板和混凝土的共同工作（JGJ 99—2015，2015；EC4，2004）。欧洲规范 EC4（2004）给出了几种常见的压型钢板组合板。图 1.1（1）中（a）、（b）所示的组合板通过压型钢板上的压痕来增强钢和混凝土之间的结合；图 1.1（1）中（c）所示的组合板通过设置栓钉来增强二者共同工作的能力；图 1.1（1）中（d）和（e）所示的组合板是通过采用适当的板型来保证受力过程中混凝土和压型钢板的整体工作；图 1.1（1）中（f）所示的组合板则通过

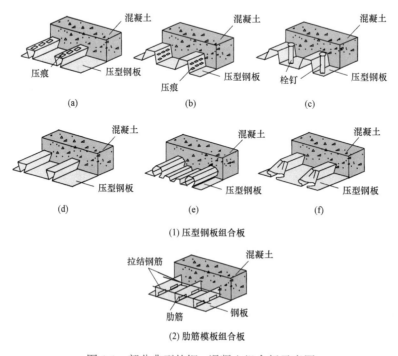

（1）压型钢板组合板

（2）肋筋模板组合板

图 1.1　部分典型的钢 - 混凝土组合板示意图

端部板肋形状变化的构造措施来加强受力过程中钢板和混凝土的共同工作。

图 1.1（2）为毛小勇和韩林海等（2001）研究的一种"肋筋模板"组合板，即在一块平钢板上焊接与之垂直的纵向齿状钢板（肋筋），然后在肋筋上部焊接横向拉结钢筋共同形成所谓的肋筋模板，最后在肋筋模板上浇筑混凝土形成组合板。

钢-混凝土组合梁是通过抗剪连接件的连接使钢部件和钢筋混凝土楼板能共同承受外荷载的组合结构构件，在中国、美国、日本和欧洲等地都得到了较为广泛的应用。关于钢-混凝土组合梁设计理论的研究国内外学者已进行了大量工作，并取得了丰硕成果（Chen 和 Liew，2003；Nethercot，2003；Johnson，2004；Chen 和 Lei，2005；聂建国，2005，2009；朱聘儒，2006）。

图 1.2 所示为部分典型的组合梁截面形式。

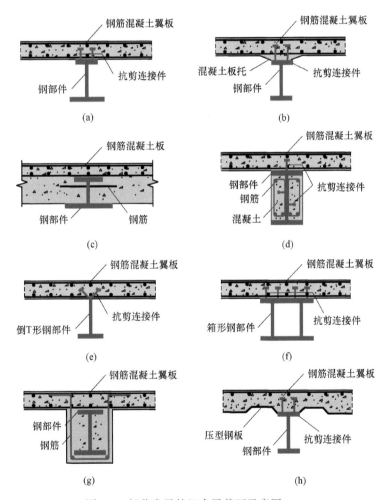

图 1.2　部分常见的组合梁截面示意图

对于组合结构柱，主要有型钢混凝土（SRC）（若林实，1981；周起敬等，1991；白国良和秦福华，2000；叶列平和方鄂华，2000；赵鸿铁，2001；刘大海和杨翠如，2003）和钢管混凝土（CFST）（Nishiyama 等，2002；陶忠和于清，2006；王元丰，2006；钟善桐，2006；蔡绍怀，2007；韩林海，2007，2016；韩林海和杨有福，2007；Gourley 等，2008）。此外，还有钢管混凝土加劲混合结构柱（若林实，1981；李惠，2004）、钢管约束混凝土柱（肖岩等，2004；周绪红和刘界鹏，2010）、FRP（管）约束混凝土柱（Teng，2006）、FRP 约束钢管混凝土柱（陶忠和于清，2006）、中空夹层钢管混凝土柱（Han 等，2004；Zhao 和 Han，2006；Zhao 和 Han 等，2010）、FRP- 混凝土 - 钢管组合柱（Teng，2006）、中空钢管混凝土加劲混合结构构件（Han 和 Li 等，2014）等。

表 1.1 汇总了一些典型的组合结构构件横截面形式示意图。

表 1.1　典型的组合柱截面形式

序号	构件名称	构件横截面示意图
1	型钢混凝土（SRC）	
2	钢管混凝土（CFST）	
3	钢管约束混凝土	

序号	构件名称	构件横截面示意图
4	FRP（管）约束混凝土	
5	劲性钢管混凝土	
6	中空夹层钢管混凝土（CFDST）	
7	FRP 约束钢管混凝土	
8	FRP-混凝土-钢管	

续表

序号	构件名称	构件横截面示意图		
9	钢管配筋混凝土	钢管 钢筋 混凝土 (a)	钢管 钢筋 混凝土 (b)	钢管 钢筋 混凝土 (c)
10	钢管混凝土加劲混合结构构件	钢管 钢筋 混凝土 (a)	钢管 钢筋 混凝土 (b)	钢管 钢筋 混凝土 (c)
11	钢管混凝土加劲混合结构空心构件	钢筋混凝土 钢管混凝土		

需要说明的是，目前不同文献中对一些组合构件名称的表述尚有所差异。为了论述方便，作者参考有关文献，并结合组合柱具体的工作特点，在表 1.1 中汇总了构件名称，如暂分别把在钢管混凝土的核心混凝土中配置型钢或钢筋的构件称为劲性钢管混凝土或钢管配筋混凝土等。

实际建筑工程中，钢 - 混凝土组合柱、组合梁和组合板常被共同采用，形成钢 - 混凝土组合结构体系，例如图 1.3 所示为一采用方钢管混凝土柱、钢 - 混凝土组合梁和压型钢板组合楼板（组合楼盖）的高层建筑在施工过程中的情形。

图 1.3　施工中的某钢 - 混凝土组合结构高层建筑

此外，滕锦光和王汉挺（2005）研究了一种钢 - 混凝土组合薄壳屋盖结构，如图1.4 所示。

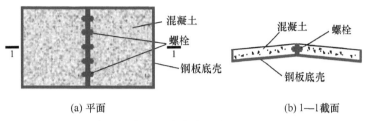

(a) 平面   (b) 1—1 截面

图 1.4 钢 - 混凝土组合薄壳屋盖结构单元示意图

组合结构还可应用于防爆工程和抢修工程，例如采用钢 - 混凝土组合结构防护门，不仅可提高结构的抗爆性能，还可防止发生爆炸时混凝土发生飞溅，避免更严重的人员伤亡和财产损失。组合结构应用于抢修工程中时可在有效保证工程质量的前提下加快抢修进度。

1.2.2 混合结构

如前所述，混合结构是对结构构件在结构和结构体系层次上进行组合，如常见的钢 - 混凝土混合剪力墙结构和多、高层钢 - 混凝土混合结构体系等。

一些实际建筑结构中，为了使框架柱和剪力墙在受力过程中能更好地协调工作，常采用带钢柱或组合结构边柱的钢筋混凝土剪力墙结构，或者组合柱 - 钢板剪力墙结构等。其中，组合柱可以是钢管混凝土或型钢混凝土柱等。图1.5 给出了两种钢 - 混凝土混合剪力墙结构示意图。

多、高层建筑中常见的混合结构主要有钢框架 - 钢筋混凝土核心筒、采用钢管混凝土或型钢混凝土柱的框架 - 钢筋混凝土剪力墙或核心筒结构体系等。还有一种竖向混合结构体系，即建筑物沿高度采用不同结构形式的结构体系，如较常见的底部采用钢筋混凝土、型钢混凝土或钢管混凝土、而上部采用钢结构的高层建筑结构等。

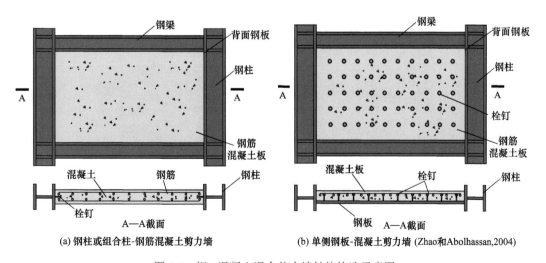

(a) 钢柱或组合柱-钢筋混凝土剪力墙   (b) 单侧钢板-混凝土剪力墙 (Zhao和Abolhassan,2004)

图 1.5 钢 - 混凝土混合剪力墙结构构造示意图

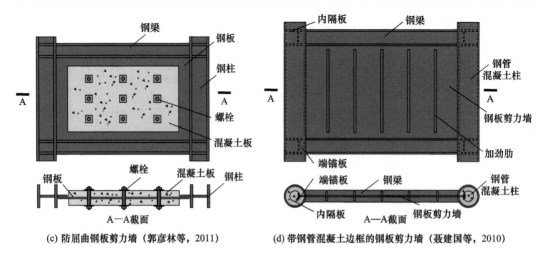

(c) 防屈曲钢板剪力墙（郭彦林等，2011）　　　(d) 带钢管混凝土边框的钢板剪力墙（聂建国等，2010）

图 1.5 （续）

工程实践表明，在多、高层建筑中采用钢或组合结构框架 - 钢筋混凝土剪力墙或核心筒混合结构体系具有不少优点，可大致归纳如下。

1）施工方便。例如，钢筋混凝土筒体和外围钢或组合框架可分别施工，筒体可采用爬模工艺，而钢框架或组合框架在施工阶段可作为支撑结构，因此可提高施工效率。

2）同钢筋混凝土结构相比，可减小构件截面尺寸，降低结构自重；同钢结构相比，整体刚度好，结构的防火和防腐性能也得到改善。

3）抗震性能好。

4）综合造价低于钢结构等。

由于具备上述诸多优点，钢或组合结构框架 - 钢筋混凝土剪力墙或核心筒混合结构体系正被越来越广泛地应用于实际工程中。有关该类结构体系的设计理论也取得了较大进展（陈富生等，2000；李国强等，2001；徐培福等，2005；吕西林，2007）。

图 1.6 所示为一种典型的钢框架或钢管混凝土框架 - 钢筋混凝土剪力墙（核心筒）混合结构。

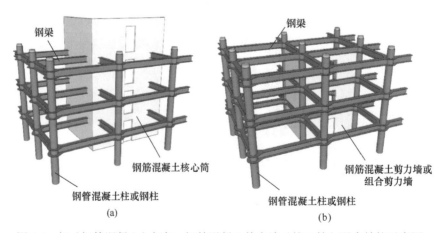

图 1.6　钢（钢管混凝土）框架 - 钢筋混凝土剪力墙（核心筒）混合结构示意图

图 1.7 所示为某采用方钢管混凝土柱 - 钢梁框架及钢筋混凝土核心筒混合结构体系的高层建筑在施工过程中的情形。

(a) 施工初期的情形

(b) 施工中期的情形

(c) 组合结构框架与钢筋混凝土剪力墙的连接

图 1.7　某钢 - 混凝土混合结构超高层建筑在建设中的情形

　　钢筋混凝土柱 - 钢梁（RCS）混合框架结构因能较好地发挥两种材料各自的优点，因此在实际工程中也得到应用。一些学者对 RCS 梁柱节点、框架等的力学性能和设计方法进行了研究（Gregory 和 Hiroshi，2004）。

　　近年来，桁式钢管混凝土组合结构也得到较为广泛的推广应用。这种结构的主要应用领域包括：大跨度建筑的屋架结构、高层建筑中的刚伸臂桁架结构，钢管混凝土拱桥主拱圈（Zhou 和 Zhu，1998；钟善桐，2006；蔡绍怀，2007；王玉银和惠中华，2010；陈宝春，2016；韩林海，2016）及钢管混凝土桁架桥梁结构（张联燕等，1999）等。在桁架结构中采用钢管混凝土可很好地发挥其抗压承载力高和刚度大等优点。

　　图 1.8 所示为平面及空间桁式钢管混凝土结构示意图。

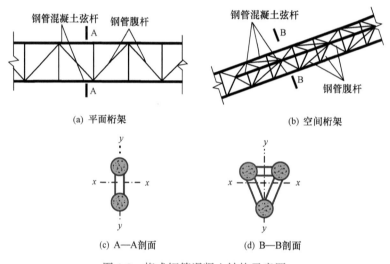

(a) 平面桁架　　　　　　　　　　　(b) 空间桁架

(c) A—A剖面　　　　　　　　　　(d) B—B剖面

图 1.8　桁式钢管混凝土结构示意图

　　图 1.8（a）和（b）所示桁式钢管混凝土结构中，腹杆一般采用空钢管，也可采用钢管混凝土，弦杆则采用钢管混凝土，桁式结构截面可采用单管，也可采用格构式，如二肢、三肢［分别如图 1.8（c）、（d）所示］，甚至四肢或六肢等。钢管混凝土弦杆截面可采用圆形、也可以是方形或矩形（周绪红等，2004）。

　　桥梁结构中采用由钢管混凝土空间桁架与钢筋混凝土顶板组成的混合梁式结构时，可先逐段组装、平移及合拢形成空间组合桁架，然后再施工混凝土顶板并最终形成混合结构共同承受外荷载（张联燕等，1999）。

　　图 1.9 所示为某（组合）混合结构桥梁桥面系建成后的情景。

　　图 1.10 所示为桁式钢管混凝土结构在屋盖结构中应用的示意图。

　　图 1.11 所示为柱肢采用钢管混凝土的桁式钢管混凝土结构在输电杆塔和电视塔结构中应用的示意图。实际工程中，也有采用柱肢底部钢管填充混凝土形成钢管混凝土，而上部采用空钢管的情况。

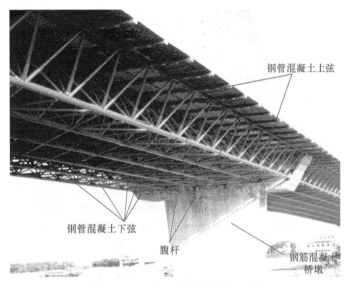

图 1.9 （组合）混合结构桥面系

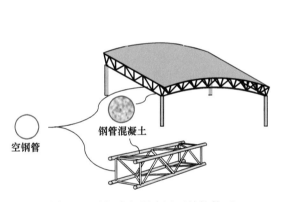

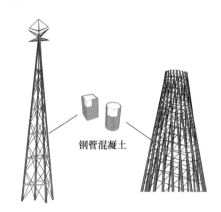

图 1.10 （组合）混合屋面结构体系   图 1.11 （组合）混合桁式塔结构体系

1.3 本书的目的和内容

随着我国国民经济的健康发展和社会的快速进步，土木工程技术得到了前所未有的发展机遇。结构工程的一些进展主要体现在新型结构材料应用空前活跃、新型结构技术得到不断发展、结构工程科学研究手段不断提高、结构分析计算理论不断取得进展等（国家自然科学基金委员会工程与材料科学部，2006；袁驷等，2006；聂建国，2016；方东平等，2017；李忠献，2016；茹继平和李杰，2017）。

众所周知，实验科学、计算机技术及分析计算手段的发展，都为更细致和深入地研究组合结构或混合结构的工作机理及其设计理论创造了条件。此外，近些年诞生了不少采用组合结构和混合结构的典型工程。不断的工程实践不仅提出了不少需要解决的新问题，而且也促进了对原有研究结果的完善和提高，同时也促进现代组合结构和混合结构技术快速发展。

如前所述，组合结构和混合结构工作的实质在于利用不同结构材料或结构构件的组合或混合使用，从而发挥各自材料或结构构件的优点，达到取长补短、协同互补、共同工作之目的。也正是这种所谓的"组合"或"混合"，既使组合结构和混合结构具有一系列优越的力学性能，同时也导致其力学性能的复杂性，如何合理地认识组合结构的组合作用及如何保证混合结构中各组成构件间的协同工作，则成为现代组合结构和混合结构研究的热点课题。从工程设计及有关应用部门的角度来看，不仅希望这一问题在理论上取得较透彻的解决，而且更希望能进一步提供便于工程设计人员使用的实用设计方法。从研究者的角度来看，在工程技术领域从事科学研究，其最终目的也应该是更好地为工程实践服务。

近年来，本书作者在组合结构和混合结构领域进行了探索，开展了相关的研究工作。

韩林海（2016）以前述的"狭义"钢管混凝土构件为基本研究对象，构建了基于全寿命周期的钢管混凝土结构理论，其内容总体可概述为：①全寿命周期服役过程中钢管混凝土结构在遭受可能导致灾害的荷载（如强烈地震、火灾和撞击等）作用下的分析理论，以及考虑各种荷载作用相互耦合的分析方法；②综合考虑施工因素（如钢管制作和核心混凝土浇灌等）、长期荷载（如混凝土收缩和徐变）与环境作用影响（如氯离子腐蚀等）的钢管混凝土结构分析理论；③基于全寿命周期的钢管混凝土结构设计原理和设计方法。本书则论述了一些"广义"钢管混凝土结构的工作机理和设计原理。

韩林海等（2017）论述了钢-混凝土组合结构抗火设计原理方面进行的研究工作和取得的成果，如组合构件型钢混凝土、中空夹层钢管混凝土、不锈钢管混凝土和FRP约束钢管混凝土等的耐火性能； 火灾后钢管混凝土构件的力学性能和修复加固方法；钢-混凝土组合框架梁-柱连接节点的耐火性能； 火灾后钢-混凝土组合框架梁-柱连接节点的力学性能； 钢-混凝土组合平面框架结构的耐火性能。

下面以钢管混凝土组合构件力学性能的研究为例，简要说明本书采用的研究方法和过程。有关研究工作大致可分为三个阶段。在第一阶段首先确定组成钢管混凝土的钢材及混凝土的应力-应变关系模型，在此基础上采用数值计算方法，分析了钢管混凝土构件在静力、动力和火灾作用等情况下的荷载-变形全过程关系曲线，并与已有的国内外的试验结果进行对比和分析，对理论模型进行初步验证（韩林海，2016）。在第二阶段，针对国内外以往进行过的试验研究状况，有计划地进行一系列钢管混凝土构件在静力、动力和火灾作用等情况下的试验研究，一方面通过这些试验增强对钢管混凝土构件工作性能的感性认识，另一方面也进一步验证所建立理论计算模型，使理论分析结果更为可信。

以上这种以充分考虑组成钢管混凝土的钢管和混凝土之间相互组合作用的分析方法自然是比较系统和完善的，而且得到必要的试验验证，计算结果也较精确。但也要看到，从实际应用的角度考虑，这种理论方法还是显得比较复杂，不便于应用。从上述理论成果出发，搭起必要的桥梁，过渡到便于广大设计人员应用的实用方法，是十分有意义的工作，这也是作者在第三阶段研究中需要解决的主要任务。

为了实现这一目标，在充分考虑到工程实际应用的情况下，对可能影响钢管混凝土性能的各种基本参数（包括物理参数、几何参数和荷载参数等）进行系统的分析，在此基础上对大量计算结果进行统计、分析和归纳，获得钢管混凝土力学性能指标的变化规律，最终从理论高度进行概括，提出钢管混凝土构件在全寿命周期过程中承受的各种荷载作用下的设计方法。

上述研究流程大致可用如图 1.12 所示的框图描述（韩林海和杨有福，2007）。

图 1.12 所示流程中，理论模型中的数值计算可采用纤维模型法或有限元法等进行（韩林海，2007，2016）。合理确定钢材和混凝土本构关系模型，以及钢管及其核心混凝土之间的界面模型是建模的关键问题。在进行钢管混凝土构件的计算时，可根据问题的需要选用合适的数值计算方法。但无论纤维模型法或有限元法，或者其他方法，都有其合理的适用范围，都应通过典型试验结果进行验证。

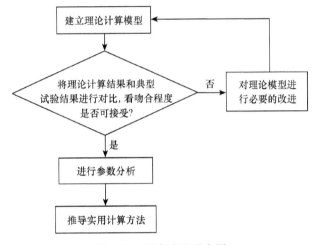

图 1.12　研究流程示意图

利用经过充分验证的理论计算模型可有针对性地进行参数分析。参数分析的目的有二：一则找到各参数影响的数学规律，二则为数学回归实用计算方法积累必要的计算数据。参数分析时应制定合理的参数分析方案，包括合理的参数分析范围，在此基础上推导出的实用计算方法也应有相应的适用范围。

建立组合结构或混合结构受力全过程分析的数值计算模型是细致剖析结构力学性能的重要前提。纤维模型法和有限元法都可用于组合结构构件的计算（韩林海，2016）。纤维模型法是建立在一些基本假定的基础上进行的，其特点是计算简便、概念直观。但对于更为复杂的计算问题，如压弯构件同时承受扭、剪或其他复杂受力的情况，该方法有时不是很方便，此外，该方法不利于细致地分析钢和混凝土之间的相互作用。有限元方法的优点是通用性和适用性强，可较为细致地分析组合结构各组成材料之间的相互作用，有利于深入揭示组合结构构件的工作机理。在进行相对较为复杂的结构，如本书涉及的梁 - 柱连接节点、平面框架结构、混合剪力墙结构、钢 - 混凝土混合结构体系和曲线形钢管混凝土结构工作机理的细致分析时，采用功能较强的优秀通用有限元软件建模是一条解决复杂计算问题的有效途径。

现代大型分析软件的出现确实使结构分析能力得到了大幅度的提高，通用有限元软件功能强，是工业设计和科学研究的重要工具。但也必须注意到，只有根据研究问题的特点和具体需要，有针对性地、"因地制宜"地选择合适的方法，才可能实现预期目标。

本书作者课题组在基于通用软件平台建立本书所涉及研究的组合结构或混合结构的数值计算模型时考虑了如下因素：①全面了解分析软件对拟研究问题的适用性。②根据研究对象的特点，合理确定建模时所需的结构材料模型（如本构关系模型和界面模型等），这是进行结构非线性分析的关键，因此需要合理标定分析模型中的有关参数，必要时需进行二次开发。③理论分析应建立在明确的力学概念的基础上，而不是单纯依赖其计算结果；模型计算工作只是辅助进行所研究的问题揭示，而不是"罗列"计算结果。④基于通用计算软件平台所建立的数值分析模型的合理性应依据全面的算例分析结果进行评价，并进行必要的试验验证。

当然，有些工程结构问题的解决往往更大程度地依赖于试验研究的方法，如实际工程中尺寸效应的影响、混凝土浇筑质量的控制、大体积混凝土温度和收缩效应，以及本书涉及的钢-混凝土混合结构体系阻尼比取值的确定等。

对本书拟论述的主要内容概括如下。

1）一些新型组合结构构件，如钢管约束混凝土，薄壁钢管混凝土，采用高强钢材的钢管混凝土，采用不锈钢的钢管混凝土，钢管自密实混凝土，钢管再生混凝土，锥形、椭圆形、多边形钢管混凝土，中空夹层钢管混凝土，FRP约束钢管混凝土，钢管混凝土加劲混合结构构件和FRP-混凝土-钢管组合构件的工作性能。

2）钢-混凝土组合结构梁-柱连接节点的抗震性能。

3）钢管混凝土-钢管相贯焊接K形节点的力学性能和设计方法。

4）钢-混凝土组合结构框架和钢-混凝土混合剪力墙结构的力学性能和有关设计方法。

5）钢管混凝土框架-钢筋混凝土核心筒结构体系的抗震性能。

6）桁式钢管混凝土（钢管混凝土-钢管桁架）结构的力学性能和设计方法。

7）曲线形钢管混凝土结构的力学性能及其承载力计算方法。

参 考 文 献

白国良，秦福华，2000. 型钢钢筋混凝土原理与设计［M］. 上海：上海科学技术出版社.

蔡绍怀，2007. 现代钢管混凝土结构［M］. 修订版. 北京：人民交通出版社.

陈宝春，2016. 钢管混凝土拱桥［M］. 3版. 北京：人民交通出版社.

陈富生，邱国华，范重，2000. 高层建筑钢结构设计［M］. 北京：中国建筑工业出版社.

方东平，李在上，李楠，等，2017. 城市韧性：基于"三度空间下系统的系统"的思考［J］. 土木工程学报，50（7）：
　1-7.

郭彦林，周明，董全利，等，2011. 三类钢板剪力墙结构试验研究［J］. 建筑结构学报，01：17-29.

国家自然科学基金委员会工程与材料科学部，2006. 学科发展战略研究报告（2006—2010年）：建筑、环境与土木工程
　Ⅱ（土木工程卷）［M］. 北京：科学出版社.

韩林海，2007. 钢管混凝土结构：理论与实践［M］. 2版. 北京：科学出版社.

韩林海，2016. 钢管混凝土结构：理论与实践［M］. 3版. 北京：科学出版社.

韩林海，宋天诣，周侃，2017. 钢 - 混凝土组合结构抗火设计原理［M］. 2 版. 北京：科学出版社.

韩林海，杨有福，2007. 现代钢管混凝土结构技术［M］. 2 版. 北京：中国建筑工业出版社.

李国强，周向明，丁翔，2001. 高层建筑钢 - 混凝土混合结构模型模拟地震振动台试验研究［J］. 建筑结构学报，22
（2）：2-7.

李帼昌，张壮南，王春刚，2011. 内置 CFRP 圆管的方钢管高强混凝土结构的静力性能研究［M］. 北京：科学出版社.

李惠，2004. 高强混凝土及其组合结构［M］. 北京：科学出版社.

李忠献，2016. 国家重点研发计划"绿色建筑及建筑工业化"：高性能结构体系抗灾性能与设计理论研究项目正式启动
［J］. 建筑结构学报，（9）：158.

刘大海，杨翠如，2003. 型钢、钢管混凝土高楼计算和构造［M］. 北京：中国建筑工业出版社.

吕西林，2007. 复杂高层建筑结构抗震理论与应用［M］. 北京：科学出版社.

毛小勇，韩林海，郑坚，等，2001. 肋筋模板钢 - 混凝土组合板的理论分析和承载力简化计算［J］. 钢结构，16（1）：
19-22.

聂建国，2005. 钢 - 混凝土组合梁结构：试验、理论与应用［M］. 北京：科学出版社.

聂建国，2009. 钢 - 混凝土组合结构：原理与实例［M］. 北京：科学出版社.

聂建国，2016. 我国结构工程的未来：高性能结构工程［J］. 土木工程学报，49（9）：1-8.

聂建国，樊健生，黄远，等，2010. 钢板剪力墙的试验研究［J］. 建筑结构学报，09：1-8.

茹继平，李杰，2017.结构工程基础研究 20 年：来自国家自然科学基金委员会的报告［J］. 建筑结构学报，38（2）：1-9.

陶忠，于清，2006. 新型组合结构柱：试验、理论与方法［M］. 北京：科学出版社.

滕锦光，王汉挺，2005. 钢 - 混凝土组合薄壳屋盖的研究进展：施工阶段钢底壳的模型试验研究［J］. 建筑钢结构进展，
7（3）：9-15.

王玉银，惠中华，2010. 钢管混凝土拱桥施工全过程与关键技术［M］. 北京：机械工业出版社.

王元丰，2006. 钢管混凝土徐变［M］. 北京：科学出版社.

肖岩，何文辉，毛小勇，2004. 约束钢管混凝土柱的开发研究［J］. 建筑结构学报，25（6）：59-66.

徐培福，傅学怡，王翠坤，等，2005. 复杂高层建筑结构设计［M］. 北京：中国建筑工业出版社.

叶列平，方鄂华，2000. 钢骨混凝土构件的受力性能研究综述［J］. 土木工程学报，33（5）：1-12.

袁驷，韩林海，滕锦光，2006. 结构工程研究的若干新进展［C］// 本书编写委员会. 结构工程新进展（第一卷）. 北京：
中国建筑工业出版社.

张联燕，李泽生，程懋方，1999. 钢管混凝土空间桁架组合梁式结构［M］. 北京：人民交通出版社.

赵鸿铁，2001. 钢与混凝土组合结构［M］. 北京：科学出版社.

中国建筑技术研究院标准设计研究所，2015. 高层民用建筑钢结构技术规程：JGJ 99—2015［S］. 北京：中国建筑工业
出版社.

钟善桐，2006. 钢管混凝土统一理论研究与应用［M］. 北京：清华大学出版社.

周起敬，姜维山，潘泰华，1991. 钢与混凝土组合结构设计施工手册［M］. 北京：中国建筑工业出版社.

周绪红，刘界鹏，2010. 钢管约束混凝土柱的性能与设计［M］. 北京：科学出版社.

周绪红，刘永健，莫涛，等，2004. 矩形钢管混凝土桁架设计［J］. 建筑结构，34（1）：20-23.

朱聘儒，2006. 钢 - 混凝土组合梁设计原理［M］. 2 版. 北京：中国建筑工业出版社.

若林实，1981. 耐震构造：建物の耐震性能［M］. 東京：森北出版株式会社.

CHEN W F, LEI E M, 2005. Handbook of structural engineering (2nd Edition)［M］. Boca Raton & New York：CRC Press.

CHEN W F, LIEW J Y R, 2003. The civil engineering handbook (2nd Edition)［M］. Boca Raton, London, New York &
Washington, D.C.：CRC Press.

EUROCODE 4 (EC4), 2004. Design of composite steel and concrete structures-Part1-1：General rules and rules for
buildings［S］. EN 1994-1-1：2004, Brussels, CEN.

GOURLEY B C, TORT C, DENAVIT M D, 2008. A synopsis of studies of the monotonic and cyclic behavior of concrete-
filled steel tube members, connections, and frames［R］. Report No. NSEL-008, NSEL Report Series, Department of
Civil and Environmental Engineering, University of Illinois at Urbana-Champaign.

GREGORY G D, HIROSHI N, 2004. Overview of U.S.-Japan research on seismic design of composite reinforced concrete
and steel moment frame［J］. Journal of Structural Engineering, ASCE, 130（2）：361-367.

HAN L H, LI W, BJORHOVDE R, 2014. Developments and advanced applications of concrete-filled steel tubular (CFST)
structures：members［J］. Journal of Constructional Steel Research, 100（9）：211-228.

HAN L H, TAO Z, HUANG H. et al., 2004. Concrete-filled double skin (SHS outer and CHS inner) steel tubular beam-columns［J］.

Thin-Walled Structures, 42（9）: 1329-1355.

JOHNSON R P, 2004. Composite structures of steel and concrete: Beams, slabs, columns, and frames for buildings（Third Edition）[M]. Malden: Blackwell Publishing.

NETHERCOT D A, 2003. Composite construction [M]. London, New York: Spon Press.

NISHIYAMA I, MORINO S, SAKINO K, et al., 2002. Summary of research on concrete-filled structural steel tube column system carried out under the US-Japan cooperative research program on composite and hybrid structures [R]. BRI Research Paper No.147, Building Research Institute, Japan.

TENG J G, 2006. Structural applications of FRP composites in construction [C] // 本书编写委员会. 结构工程新进展（第一卷）. 北京: 中国建筑工业出版社: 354-392.

ZHAO Q H, ABOLHASSAN A A, 2004. Cyclic behavior of traditional and innovative composite shear walls [J]. Journal of Structural Engineering, ASCE, 130（2）: 271-285.

ZHAO X L, HAN L H, 2006. Double skin composite construction [J]. Progress in Structural Engineering and Materials, 8（3）: 93-102.

ZHAO X L, HAN L H, LU H, 2010. Concrete-filled Tubular Members and Connections [M]. London, New York: Spon Press, Taylor & Francis.

ZHOU P, ZHU Z, 1998. Concrete-filled tubular arch bridges in China [J]. Structural Engineering International, Journal of the International Association for Bridge and Structural Engineering, 7（3）: 161-163.

第 2 章　组合结构构件

2.1　引　　言

如第 1 章所述，"广义"钢管混凝土结构是在"狭义"钢管混凝土结构的基础上发展而来，常见的形式包括钢管约束混凝土、薄壁钢管混凝土、采用高强钢材的钢管混凝土、不锈钢管混凝土、钢管自密实混凝土、钢管再生混凝土、锥形、椭圆形、多边形钢管混凝土、中空夹层钢管混凝土、FRP 约束钢管混凝土、钢管混凝土加劲混合结构构件和 FRP- 混凝土 - 钢管组合构件等。本章论述作者在上述各类新型组合结构构件研究方面取得的阶段性成果。

2.2　钢管约束混凝土

众所周知，钢管混凝土柱在轴压力作用下，其钢管既承受轴向压力，又对核心混凝土起横向约束作用。钢管受轴向压力时会有发生局部屈曲的趋势和可能，并影响对其核心混凝土约束的效果。

为了缓解钢管发生局部屈曲的问题，国内外有关研究者通过改变钢管的受力作用形式来达到此目的。常见的做法主要是使外加荷载仅作用在核心混凝土上，钢管不直接承受纵向荷载，以期只对核心混凝土起约束作用，即形成所谓的钢管约束混凝土柱。在实际结构中这种钢管约束混凝土柱一般多与钢筋混凝土梁连接。图 2.1 给出了钢管约束混凝土梁柱节点的构造示意图。

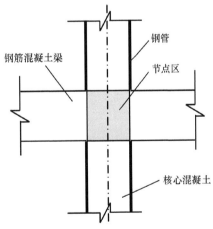

图 2.1　钢管约束混凝土构造示意图

国内外研究者对这类构件的力学性能开展了大量研究。Tomii 等（1985）最早提出了钢管约束混凝土的概念，是为了防止钢筋混凝土框架结构中短柱或剪力墙结构边柱发生剪切破坏并提高其延性。除了适用于房屋、桥梁等建筑的抗震加固外，钢管约束钢筋混凝土柱也是一种具有推广价值的新型框架构件类型（肖岩，2004）。周绪红院士等人对钢管约束钢筋混凝土柱以及钢管约束型钢混凝土柱的轴压、压弯、抗震性能等进行了较系统的试验研究和理论分析，提出了相关设计建议（周绪红和刘界鹏，2010），为工程提供了重要参考。

本书作者课题组在钢管约束混凝土（不含钢筋或型钢）轴压、纯弯和偏压构件力学性能及往复荷载作用下构件力学性能方面进行了试验研究（Han 等，2005a；陈志波，

2006）。本节拟介绍相关内容。

2.2.1　静力性能

　　本书作者课题组对静力性能分别进行了钢管约束混凝土轴压短试件、纯弯和偏压试件的试验研究，以期深入了解该类构件的工作特点。

　　（1）轴心受压短试件

　　1）试验概况。

　　根据钢管约束混凝土截面形状的不同，进行了 12 个圆钢管约束混凝土和 8 个方钢管约束混凝土轴心受压短试件的试验研究，表 2.1 给出了试件的详细参数。同时也进行了 8 个钢管混凝土对比试验，所有试件的长径（宽）比为 3。

表 2.1　钢管约束混凝土轴压短试件一览表

截面形式	序号	试件编号	$D(B) \times t$ /(mm×mm)	$D(B)/t$	L/mm	N_{ue}/kN		SLI/%
						实测值	平均值	
圆形	1	SC1-1	60×1.48	40.5	180	220	218	−2
	2	SC1-2	60×1.48	40.5	180	215		
	3	SCU1	60×1.48	40.5	180	244	244	9.9
	4	SCCFT1	60×1.48	40.5	180	222	222	—
	5	SC2-1	120×1.48	81.1	360	610	635	9.1
	6	SC2-2	120×1.48	81.1	360	660		
	7	SCU2	120×1.48	81.1	360	680	680	16.8
	8	SCCFT2	120×1.48	81.1	360	582	582	—
	9	SC3-1	180×1.48	121.6	540	1 311	1 296	12.1
	10	SC3-2	180×1.48	121.6	540	1 280		
	11	SCU3	180×1.48	121.6	540	1 360	1 360	17.7
	12	SCCFT3	180×1.48	121.6	540	1 155	1 155	—
	13	SC4-1	240×1.48	162.2	720	2 300	2 225	16.4
	14	SC4-2	240×1.48	162.2	720	2 150		
	15	SCU4	240×1.48	162.2	720	2 200	2 200	15.1
	16	SCCFT4	240×1.48	162.2	720	1 912	1 912	—
方形	1	SS1	60×1.48	40.5	180	228	228	−1.7
	2	SSU1	60×1.48	40.5	180	220	220	−5.1
	3	SSCFT1	60×1.48	40.5	180	232	232	—
	4	SS2	120×1.48	81.1	360	700	700	10.8
	5	SSU2	120×1.48	81.1	360	730	730	15.5
	6	SSCFT2	120×1.48	81.1	360	632	632	—
	7	SS3	180×1.48	121.6	540	1 400	1 400	13.4
	8	SSU3	180×1.48	121.6	540	1 436	1 436	16.3
	9	SSCFT3	180×1.48	121.6	540	1 235	1 235	—
	10	SS4-1	240×1.48	162.2	720	2 280	2 265	12.4
	11	SS4-2	240×1.48	162.2	720	2 250		
	12	SSCFT4	240×1.48	162.2	720	2 016	2 016	—

试件设计考虑的主要参数为：①截面径厚比（或宽厚比）$D(B)/t$，为 40.5~162.2；②不同加载方式，如下所述。

- 加载方式 1：试件上截面的核心混凝土稍高出钢管，荷载仅作用在核心混凝土上。
- 加载方式 2：试件上截面的核心混凝土稍高出钢管，在混凝土浇灌之前先在钢管内表面涂上一层油脂以期钢管和混凝土之间无黏结，且荷载仅作用在核心混凝土上。
- 加载方式 3：钢管和混凝土上截面平齐，二者同时承受纵向荷载，即所谓的钢管混凝土。

表 2.1 所示试件编号中，第一个字母 S 表示短试件，第二个字母 C 表示圆截面，S 表示方截面；其后的字母 U 表示无黏结，且荷载仅作用在混凝土上（加载方式 2），CFT 表示钢管混凝土，即荷载同时作用在钢管和核心混凝土上（加载方式 3）；D 为圆形柱横截面外直径，t 为钢管壁厚度，D/t 为试件截面径厚比，B 为方试件截面外边长，B/t 为试件截面宽厚比，L 为试件长度；N_{ue} 为试件实测极限承载力。

在进行试件制作时，对于钢管约束混凝土构件，预先在试件钢管两端点焊 10mm 长的短钢管，作为浇灌混凝土用的临时模板，在正式进行加载试验前去除该模板，露出两端的混凝土，保证试验时荷载仅作用在混凝土上，钢管仅起约束作用。为了防止试件在试验过程中的端头混凝土提前破坏，分别在两端混凝土中均匀布置了 8 根 φ10 的纵向钢筋，延伸入钢管，并设 φ8 箍筋，间距为 60mm。

钢材材性由标准拉伸试验确定，测得屈服强度（f_y）、抗拉强度（f_u）、弹性模量（E_s）和泊松比（μ_s）分别为 $f_y=307\text{MPa}$、$f_u=407\text{MPa}$、$E_s=2.05\times10^5\text{N/mm}^2$ 和 $\mu_s=0.286$。

混凝土水胶比为 0.362，砂率为 0.58，配合比按质量（kg）每立方米用料为水泥：粉煤灰：水：石：砂＝300：200：181：720：990。采用的原材料为普通硅酸盐水泥；河砂，细度模数 2.6；碎石，石子粒径 5~15mm；矿物细掺料：Ⅱ级粉煤灰；普通自来水；早强型减水剂的掺量为 1.2%。

试验时配置的混凝土坍落度为 270mm，流动度为 640mm，混凝土浇灌时内部温度为 20℃，与环境温度基本相同。混凝土 28 天抗压强度 f_{cu} 由与试件同条件下成型养护的 150mm×150mm×150mm 立方试块测得。混凝土 28 天的立方体抗压强度为 $f_{cu}=39\text{MPa}$，弹性模量为 33 010N/mm²，测得加载试验时混凝土的立方体抗压强度 f_{cu} 为 46.2MPa。

图 2.2 给出了轴压短试件的试验装置示意图。在每个试件中截面沿纵向和环向共粘贴八个电阻应变片以测试应变变化（圆试件每隔 90°布置，方试件布置在每边的中间），同时在柱端设置两个电测位移计（LVDT）以测试纵向变形。所有试验数据均由 IMP 自动采集系统采集。

试验采用分级加载制，弹性范围内每级荷载为预计极限荷载的 1/10，当钢管屈服后每级荷载约为预计极限荷载的 1/15，每级荷载的持荷时间为 1~2min。当接近破坏时慢速连续加载，同时连续记录各级荷载所对应的变形值，直至试件最终破坏。

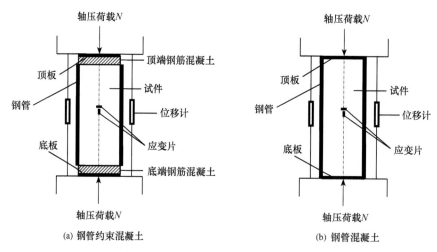

图 2.2　轴压短试件试验装置示意图

2）试验现象和结果。

所有试件的试验过程都可以得到很好的控制，钢管约束混凝土轴压试件具有较好的延性和后期承载能力。

图 2.3 给出了圆试件和方试件典型的破坏形态。从图中可以看出，钢管约束混凝土和钢管混凝土的破坏模态明显不同。对于钢管约束混凝土，在受荷初期，试件的变形和形态变化均不大。当外荷载加至极限荷载的 60%～70% 时，钢管整体发生向外鼓曲，没有局部屈曲现象发生，最终破坏时钢管的焊缝被拉裂；对于钢管混凝土试件，当外荷载加至极限荷载的 60%～70% 时，钢管壁局部开始出现剪切滑移线。随着外荷载的继续增加，滑移线由少到多，逐渐布满钢管壁，随后进入破坏阶段。破坏时钢管表面出现若干处局部凸曲，且沿四个方向的凸曲程度基本相同。

加载方式 1 和加载方式 2 的试件的破坏模态基本类似。试验过程中，所有试件的四个不同位置处的实测纵向应变的变化基本一致。

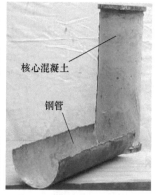

(a) 钢管约束混凝土　　　　　　　　(b) 钢管混凝土

(1) 圆试件

图 2.3　轴压短试件破坏模态

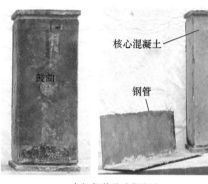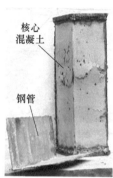

（a）钢管约束混凝土　　　　　　　　　　（b）钢管混凝土

（2）方试件

图 2.3　（续）

　　总之，与钢管混凝土相比，应用钢管约束混凝土可以在很大程度上有效地避免或延缓钢管发生局部屈曲，更好地发挥材料的性能。

　　图 2.4 和图 2.5 分别给出了试件实测的荷载与中截面纵向应变和横向应变的关系曲线。从图中可以看出，在其他条件相同的情况下，钢管约束混凝土轴压试件的轴压刚度比相应的钢管混凝土轴压试件的轴压刚度要偏高一些，一般情况下，试件的轴压强度承载力比钢管混凝土要大，且试件的荷载 - 纵向应变关系曲线下降段平缓、光滑，表现出较好的变形能力。

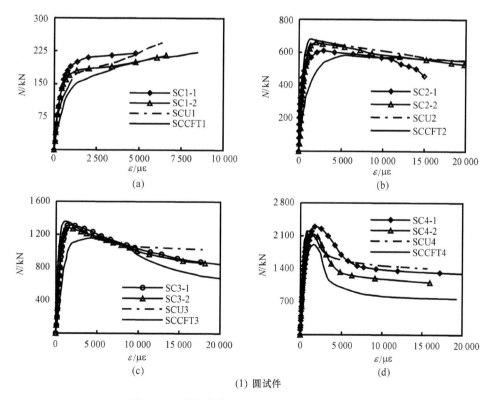

（1）圆试件

图 2.4　试件的荷载（N）- 纵向应变（ε）关系

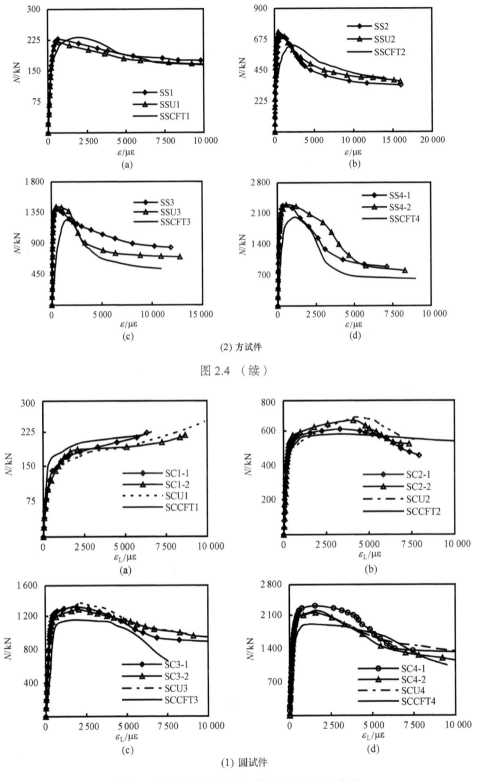

(2) 方试件

图 2.4 （续）

(1) 圆试件

图 2.5 试件的荷载（N）- 横向应变（ε_L）关系

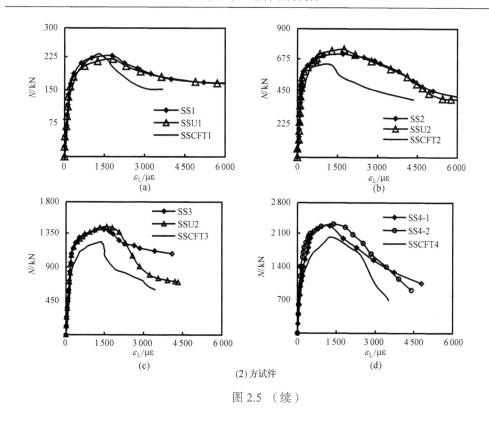

(2) 方试件

图 2.5 （续）

当构件达到极限承载力时，钢管混凝土所对应的纵向极限应变要高于相应的钢管约束混凝土，而横向极限应变要低于钢管约束混凝土。这是由二者中钢管的作用不同决定的。对于钢管约束混凝土，由于钢管不直接承受纵向荷载，而主要在横向起约束核心混凝土的作用，其纵向极限应变低于钢管混凝土，而横向极限应变要高于普通钢管混凝土。

3）试验结果分析。

① 加载方式的影响。图 2.6 给出不同加载方式和黏结条件下，试件极限承载力的比较情况。图中，BC、UC 和 CFST 分别表示加载方式 1、2 和 3。总的来看，加载方式 2 的试件极限承载力最高，加载方式 1 其次，加载方式 3 最低。

② 轴向应变和横向应变。图 2.7 给出了极限荷载对应的纵向应变（$\varepsilon_{\max}$）与截面

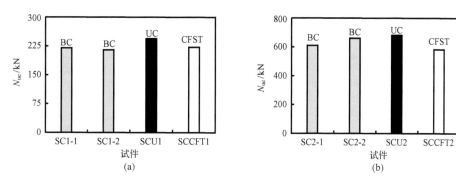

图 2.6 不同加载方式对试件极限承载力（N_{ue}）的影响

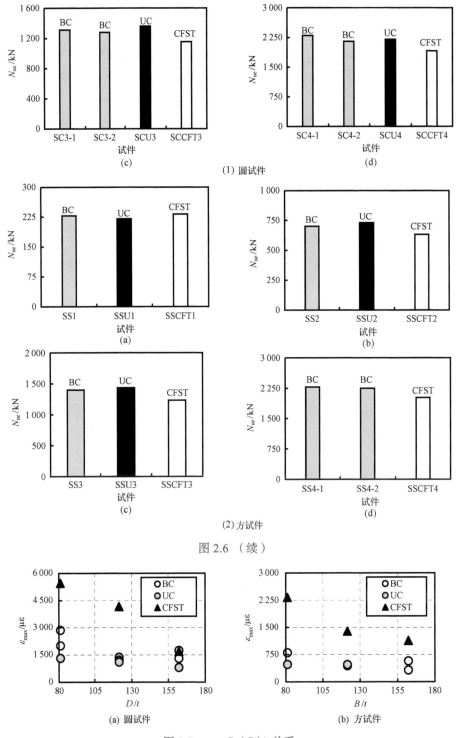

图 2.6 （续）

图 2.7　ε_{max}-D（B）/t 关系

径（宽）厚比的关系。从图 2.7 中可以看出，在截面径（宽）厚比相同的情况下，总体上来看，钢管混凝土的 ε_{max} 值最大，有黏结钢管约束混凝土其次，无黏结钢管约束混凝土最小。对于圆截面试件，三者的 ε_{max} 值变化范围依次分别为 1693～5454με、1200～2855με 和 798～1314με；对于方截面试件，三者的 ε_{max} 值变化范围依次分别为 524～2326με、320～799με 和 470～540με。

图 2.8 给出了极限荷载对应的横向应变（ε_{Lmax}）与截面径（宽）厚比 -D（B）/t 的关系。从图 2.8 中可以看出，在截面径（宽）厚比相同的情况下，总体上来看，无黏结钢管约束混凝土的 ε_{Lmax} 值最大，有黏结钢管约束混凝土其次，钢管混凝土最小。对于圆截面试件，三者的 ε_{Lmax} 值的变化范围依次分别为 1623～4239με、1555～4090με 和 1375～3497με；对于方截面试件，三者的 ε_{Lmax} 值变化范围依次分别为 1587～1823με、1250～1795με 和 1046～1369με。

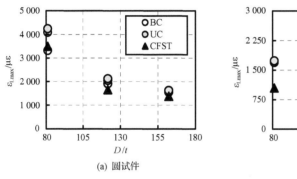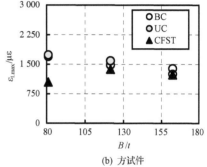

(a) 圆试件　　　　　　　　　　　　(b) 方试件

图 2.8　ε_{Lmax}-D（B）/t 关系

产生上述现象的原因主要是由钢管混凝土和钢管约束混凝土二者的受力机理的不同所引起。对于钢管混凝土来说，由于钢管和混凝土同时受力，钢管直接承受部分纵向荷载，因而钢管对核心混凝土横向的约束作用就没有钢管约束混凝土好，后者是只有核心混凝土直接承受纵向荷载，钢管如忽略粘接传力影响则不承受纵向荷载。除此之外，由于钢管约束混凝土比钢管混凝土能对核心混凝土提供更有效的约束，因而能发展更大钢管极限横向应变。

③ 混凝土强度提高系数。为便于分析，定义混凝土强度提高系数 k（$=N_{ue}/N_{uc}$），其中，N_{ue} 是试件的实测承载力，$N_{uc}=f_{ck}A_c$，其中 f_{ck} 为混凝土立方抗压强度标准值，A_c 为混凝土截面面积。图 2.9 给出了以上试验的 k-D（B）/t 关系，可见混凝土强度提高

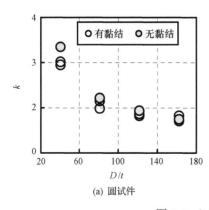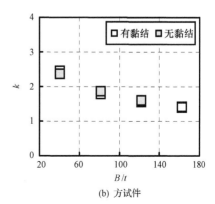

(a) 圆试件　　　　　　　　　　　　(b) 方试件

图 2.9　k-D（B）/t 关系

系数 k 随着截面 $D（B）/t$ 的增大而减小。

图 2.10 给出了 k-ξ 关系，可见混凝土强度提高系数 k 随着截面 ξ 值的增大而增大。

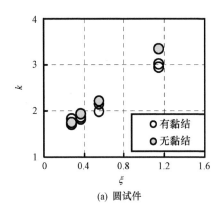
(a) 圆试件

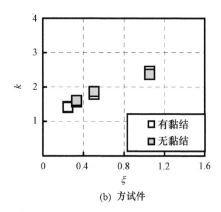
(b) 方试件

图 2.10　k-ξ 关系

④ 承载力系数。为了便于比较钢管混凝土组合柱在不同加载方式和黏结情况下的极限承载力性能，定义承载力系数 SLI，其表达式为

$$SLI = \frac{N_{eSC}（\text{或}\ N_{eSCU}）- N_{eCFST}}{N_{eCFST}} \times 100\% \tag{2.1}$$

式中：N_{eSC}（或 N_{eSCU}）为钢管约束混凝土试件的极限承载力；N_{eCFST} 为钢管混凝土对比试件的极限承载力。轴压试件的 SLI 计算结果见表 2.1。

图 2.11 给出了截面径厚比（宽厚比）对承载力系数 SLI 的影响。从图 2.11 和表 2.1 中可以看出，总体上来说，试件的承载力系数 SLI 随着截面 $D（B）/t$ 的增大而增大。无黏结和有黏结的钢管约束混凝土试件的承载力均高于钢管混凝土对比试件，承载力提高幅度分别为 9.9%～17.7% 和 9.1%～16.4%。

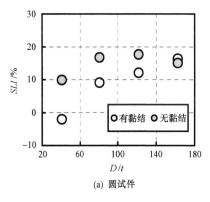
(a) 圆试件

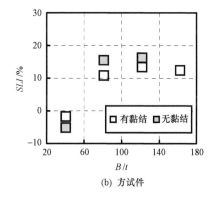
(b) 方试件

图 2.11　$D（B）/t$ 对承载力系数 SLI 的影响

（2）纯弯试验研究

本书作者课题组曾进行了 2 根圆形和 2 根方形钢管约束混凝土试件的纯弯试验研究（于清和陶忠等，2008），试件长度 $L = 1500\text{mm}$，试验时采用了在四分点加载的方式。

试验结果表明，试件在破坏时钢管受压区均出现了数处局部外凸的现象，钢管外凸的部位较均匀地分布在试件的四分点与跨中之间。试验结束后剖开钢管观察混凝土破坏情况，可以看出混凝土的裂缝在跨中沿纵向分布较均匀。所有试件破坏时，混凝土的裂缝均已基本延伸到截面受压区。从钢管内混凝土裂缝的发展情况及试验过程可知，钢管约束混凝土受弯破坏呈现出延性破坏特征。

受弯试件的受力经历了弹性变形、弹塑性变形和塑性变形三个阶段。弹性变形阶段试件的曲率变化不大，而弯矩增长较快，其中当 $M = 0.2 M_u$（M_u 为抗弯极限承载力）时试件的拉区和压区应变相差不大，中和轴和截面形心轴基本重合，且受拉区应变较小，拉区混凝土尚未开裂或处于初始开裂阶段；当 $M = 0.6 M_u$ 时试件受力仍基本处于弹性变形范围，此时受拉区应变发展表明受拉区最外缘钢管已进入屈服状态，而受压区最外缘钢管还未进入屈服。此后随着受压区最外缘钢管进入屈服状态，试件的受力进入弹塑性变形阶段，此时试件曲率的增长明显快于弯矩的增长。在试件进入塑性变形阶段后，曲率急剧增长，弯矩仍处于增长中但增长缓慢。在塑性变形阶段试件的弯矩 - 曲率曲线未见下降段，试件具有良好的变形能力和延性。

试件在整个受载过程中截面的应变分布基本为线性，符合平截面假定。同时，试验测得混凝土和钢管间的最大滑移量与构件长度之比约为 0.7%，可见混凝土和钢管间滑移非常小。

通过研究分析，与钢管混凝土相比，钢管约束混凝土试件只是端部少了盖板，其核心混凝土不是密闭的，而对于钢管混凝土来说其核心混凝土是完全被钢管包住。但由于钢管和混凝土之间的黏结作用，使得两者的受弯力学性能基本一致。

（3）偏压构件试验研究

本书作者课题组共进行了 8 个圆钢管约束混凝土和 8 个方钢管约束混凝土偏压试件的试验研究，同时还进行了 4 个钢管混凝土对比试验。试件设计考虑的主要参数为：① 截面形式，包括圆形和方形；②构件长细比，从 21.6～50；③荷载偏心率，从 0～0.5。试件详细参数见表 2.2，其试件编号中，LCCFT、LSCFT 分别表示对比的圆形和方形钢管混凝土试件，D 为圆试件截面外直径，B 为方试件截面外边长，t 为管壁厚度，L 为试件长度，λ 为构件长细比，e/r 为荷载偏心率，N_{ue} 为试件实测极限承载力。

表 2.2　钢管约束混凝土偏压试件一览表

截面形式	序号	试件编号	$D(B) \times t$ /（mm×mm）	L/mm	λ	e/mm	e/r	N_{ue}/kN
圆形	1	LCA-1	120×1.48	750	25	0	0	548
	2	LCA-2	120×1.48	750	25	0	0	556
	3	LCB-1	120×1.48	1 500	50	0	0	468
	4	LCB-2	120×1.48	1 500	50	0	0	466
	5	LCCFT-1	120×1.48	1 500	50	0	0	510
	6	LCC-1	120×1.48	1 500	50	15	0.25	324
	7	LCC-2	120×1.48	1 500	50	15	0.25	318
	8	LCD-1	120×1.48	1 500	50	30	0.5	216
	9	LCD-2	120×1.48	1 500	50	30	0.5	218
	10	LCCFT-2	120×1.48	1 500	50	30	0.5	278

续表

截面形式	序号	试件编号	$D(B) \times t$ / (mm×mm)	L/mm	λ	e/mm	e/r	N_{ue}/kN
方形	1	LSA-1	120×1.48	750	21.6	0	0	642
	2	LSA-2	120×1.48	750	21.6	0	0	638
	3	LSB-1	120×1.48	1 500	43.3	0	0	602
	4	LSB-2	120×1.48	1 500	43.3	0	0	614
	5	LSCFT-1	120×1.48	1 500	43.3	0	0	665
	6	LSC-1	120×1.48	1 500	43.3	15	0.25	456
	7	LSC-2	120×1.48	1 500	43.3	15	0.25	430
	8	LSD-1	120×1.48	1 500	43.3	30	0.5	324
	9	LSD-2	120×1.48	1 500	43.3	30	0.5	325
	10	LSCFT-2	120×1.48	1 500	43.3	30	0.5	356

对于钢管约束混凝土试件，为防止混凝土端部过早破坏的构造处理方法同前述轴压短试件，钢材材性与混凝土配合比和各项指标也与之相同。试验时混凝土的立方体抗压强度 $f_{cu}=46.2$MPa。

试验在 500t 压力机上进行，试件两端采用刀口铰，以模拟构件两端为铰接的边界条件。为了测量试件的变形，在每个试件中截面沿纵向和环向共粘贴八片电阻应变片，同时在试件弯曲平面内沿柱高四分点处共设置三个电测位移计以测定试件的侧向挠度变化，在柱端设置两个电测位移计以测试试件的纵向总变形。试验数据由 IMP 自动采集系统采集。试验采用分级加载制，弹性范围内每级荷载为预计极限荷载的 1/10，当钢管压区边缘纤维屈服后每级荷载约为预计极限荷载的 1/15，每级荷载的持荷时间为 2~3min。当接近破坏时慢速连续加载，同时连续记录各级荷载所对应的变形值，直至试件最终破坏。

研究结果表明，除个别试件在加载端部发生破坏外（LCD-2），试验构件的最终破坏均表现为柱子失稳破坏。试验过程中实测的试件侧向挠曲线变化基本符合正弦半波曲线。图 2.12 和图 2.13 分别给出了偏压短试件和偏压长柱典型的破坏模态，可见钢管约束

(a) 钢管

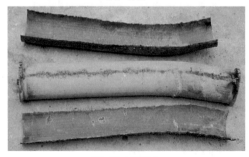

(b) 核心混凝土

图 2.12 偏压短柱典型的破坏模态

(a) 钢管

(b) 核心混凝土

(1) 圆钢管约束混凝土

(a) 钢管

(b) 核心混凝土

(2) 方钢管约束混凝土

图 2.13　偏压长柱典型的破坏模态

混凝土偏压构件的破坏形态与钢管混凝土基本类似，表现为构件丧失整体稳定而弯曲破坏。

图 2.14 分别给出了圆试件和方试件试验获得的荷载（N）- 中截面挠度（u_m）关系曲线，可见除发生柱端部破坏的 LCD-2 试件外，其余试件的 N-u_m 关系曲线下降段均比较平缓，表现出较好的延性。从图中还可以看出，在其他条件一定的情况下，钢管约束混凝土偏压试件的极限承载力随长细比（λ）和荷载偏心率（e/r）的增大而减小。

表 2.2 中给出了各试件的实测极限承载力 N_{ue}，可见，与相应钢管混凝土对比试件相比，钢管约束混凝土偏压试件的承载力总体上有所降低，主要与试件加载端部的核心混凝土高出外钢管，从而导致钢管及其核心混凝土在压弯荷载作用下共同工作性能削弱有关。

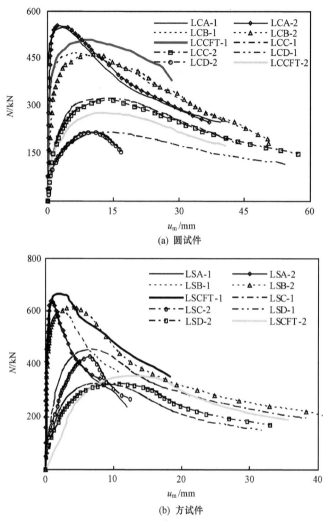

(a) 圆试件

(b) 方试件

图 2.14　荷载（N）- 中截面挠度（u_m）关系曲线

2.2.2　滞回性能

本书作者课题组进行了 12 个钢管约束混凝土压弯构件在往复荷载作用下滞回性能的试验研究，其中包括 6 个圆试件和 6 个方试件。通过试验研究了这类构件在往复荷载作用下的破坏模态，分析了其荷载 - 变形滞回曲线的特点以及刚度退化规律。

（1）试验概况

试件设计考虑的主要参数为：①截面形式，包括圆形和方形；②轴压比 n，从 0~0.72，（n 的计算表达式为 $n = N_o/N_u$，N_o 为施加在试件上的轴向荷载，N_u 为相应钢管混凝土构件的轴压极限承载力）。试件详细参数见表 2.3。表中，试件编号第一个字母，c 表示圆试件，s 表示方试件，D 为圆试件截面外直径，B 为方试件截面外边长，t 为管壁厚度，L 为试件长度，N_o 为施加在构件上的轴压荷载。

表 2.3　钢管约束混凝土滞回性能试验试件一览表

截面形状	序号	试件编号	$D(B) \times t \times L/(\mathrm{mm} \times \mathrm{mm} \times \mathrm{mm})$	$N_{\mathrm{o}}/\mathrm{kN}$	n	$P_{\mathrm{ue}}/\mathrm{kN}$
圆形	1	ca-1	$120 \times 1.48 \times 1\,500$	0	0	24.7
	2	ca-2	$120 \times 1.48 \times 1\,500$	0	0	24.6
	3	cb-1	$120 \times 1.48 \times 1\,500$	164	0.36	30.1
	4	cb-2	$120 \times 1.48 \times 1\,500$	164	0.36	29.2
	5	cc-1	$120 \times 1.48 \times 1\,500$	328	0.72	22.9
	6	cc-2	$120 \times 1.48 \times 1\,500$	328	0.72	23.2
方形	1	sa-1	$120 \times 1.48 \times 1\,500$	0	0	34.0
	2	sa-2	$120 \times 1.48 \times 1\,500$	0	0	33.6
	3	sb-1	$120 \times 1.48 \times 1\,500$	193	0.33	40.0
	4	sb-2	$120 \times 1.48 \times 1\,500$	193	0.33	40.1
	5	sc-1	$120 \times 1.48 \times 1\,500$	387	0.65	31.2
	6	sc-2	$120 \times 1.48 \times 1\,500$	387	0.65	30.8

　　压弯试件的钢材和混凝土的材性与表 2.1 所列的钢管约束混凝土轴压短试件均相同。图 2.15 所示为试验装置示意图（韩林海，2007，2016）。

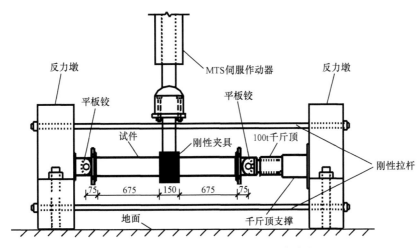

图 2.15　滞回性能试验装置示意图（尺寸单位：mm）

　　进行试验时，先施加轴向压力至设计值 N_{o}，在试验过程中维持 N_{o} 恒定不变，然后通过 MTS 系统作动器对试件施加竖向位移。

　　参考 ATC-24（1992）的规定，加载程序采用荷载 - 变形双控制方法，即试件屈服前采用荷载控制并分级加载，屈服后采用变形控制，变形值取试件的屈服位移，并以该位移值的倍数为级差进行控制加载直至试件破坏。在试件达到屈服前，MTS 伺服作动器按照荷载来控制，采用 $0.25P_{\mathrm{uc}}$、$0.5P_{\mathrm{uc}}$、$0.7P_{\mathrm{uc}}$ 进行加载，P_{uc} 为计算的极限承载力。试件达到屈服后按照变形来控制，即采用 $1\Delta_{\mathrm{y}}$、$1.5\Delta_{\mathrm{y}}$、$2.0\Delta_{\mathrm{y}}$、$3.0\Delta_{\mathrm{y}}$、$5.0\Delta_{\mathrm{y}}$、$7.0\Delta_{\mathrm{y}}$、$8.0\Delta_{\mathrm{y}}$ 进行加载。Δ_{y} 为试件的屈服位移，由 $0.7P_{\mathrm{uc}}$ 来确定；$\Delta_{\mathrm{y}} = P_{\mathrm{c}}/K_{\mathrm{sec}}$，$K_{\mathrm{sec}}$ 为荷载达到 $0.7P_{\mathrm{uc}}$ 时荷载 - 变形曲线的割线刚度。每级荷载循环的圈数也不同，当按照荷载控制时，每

级荷载分别循环 2 圈，当按照变形控制时，前面 3 级荷载（$1\Delta_y$、$1.5\Delta_y$、$2.0\Delta_y$）循环 3 圈，其余的分别循环 2 圈。

（2）试验现象与结果

所有试件的破坏形态基本一致，均呈现压弯破坏特征。当荷载超过屈服荷载后，随着试件横向位移的逐级增大，在刚性夹具与试件连接处开始出现局部的微弯曲，随后在试件与刚性夹具连接处顺弯曲方向局部凸起的范围逐渐增大且渐渐沿环向发展。在往复荷载作用下，截面在上下部位都有鼓曲现象发生。试件接近破坏时，这种鼓曲急剧发展，这和钢管混凝土试件在往复荷载作用下的试验现象基本一致（韩林海，2007，2016）。

图 2.16 给出了本次试验获得的荷载（P）- 位移（Δ）滞回曲线。可见，P-Δ 滞回曲线有以下特点：①当轴压比较小时，滞回曲线的骨架线在加载后期基本保持水平，不出现明显下降段；当轴压比较大时，则出现较明显的下降段，说明试件的延性随轴压比的增大呈降低趋势。②尽管试件钢管壁厚较小，但 P-Δ 滞回曲线的图形仍然较饱满，没有明显的捏缩现象。实测的水平极限荷载 P_{ue} 列于表 2.3，P_{ue} 取正向加载和反向加载极限荷载的平均值。

图 2.16 中同时也给出了暂按韩林海（2007，2016）有关钢管混凝土压弯构件荷载（P）- 变形（Δ）滞回曲线的数值计算方法对本节试验试件进行计算的结果，可见，计算结果比试验结果均稍低。

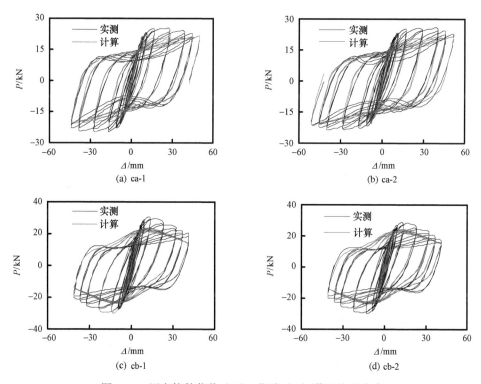

图 2.16　压弯构件荷载（P）- 位移（Δ）滞回关系曲线

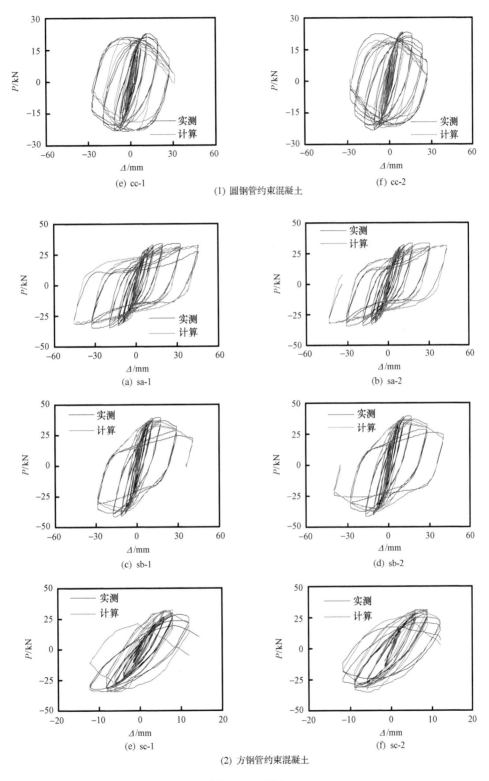

(e) cc-1

(f) cc-2

(1) 圆钢管约束混凝土

(a) sa-1

(b) sa-2

(c) sb-1

(d) sb-2

(e) sc-1

(f) sc-2

(2) 方钢管约束混凝土

图 2.16 （续）

（3）试验结果分析

1）轴压比对滞回关系骨架曲线的影响。

图 2.17 和图 2.18 分别给出了所有实测的钢管约束混凝土压弯构件在不同轴压比（n）情况下的荷载（P）-位移（Δ）和弯矩（M）-曲率（ϕ）滞回关系骨架曲线。

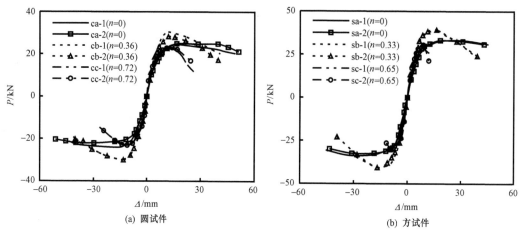

(a) 圆试件 　　　　　　　　　　(b) 方试件

图 2.17　荷载（P）-位移（Δ）滞回关系曲线骨架线

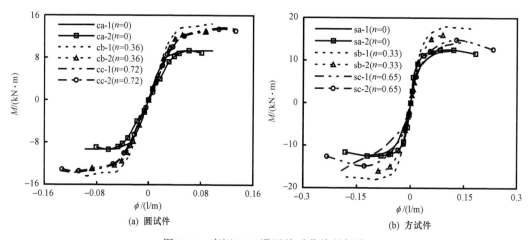

(a) 圆试件 　　　　　　　　　　(b) 方试件

图 2.18　弯矩 M-ϕ 滞回关系曲线骨架线

可见，轴压比（n）对 P-Δ 骨架曲线的形状影响较大。当 n 较小时，P-Δ 骨架线不出现明显的下降段；当 n 较大时，则出现明显的下降段。随着 n 的增大，P-Δ 骨架线下降段的下降幅度也增大，试件的位移延性总体呈减小的趋势，荷载极值点对应的位移也呈减小的趋势。

从图 2.18 还可以看出，轴压比（n）对试件 M-ϕ 曲线的弹性刚度几乎没有影响。

图 2.19 给出了轴压比对试件实测的水平极限荷载（P_{ue}）的影响规律，可见，当轴压比增加时，构件水平极限荷载有所增加，当轴压比增大到一定数值时，水平极限荷载又趋于减小。

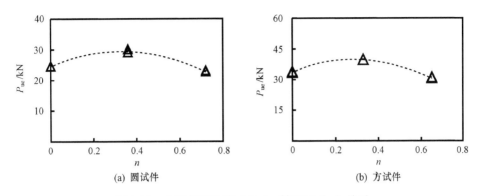

图 2.19　水平极限荷载（P_{ue}）- 轴压比（n）关系

2）刚度退化曲线。

图 2.20 所示为压弯构件的刚度退化曲线，其中，$EI_{trans}=E_cI_c+E_sI_s$。可以看出，随着变形的增大，试件刚度下降十分明显。对于圆钢管约束混凝土，其初始刚度（EI）与 EI_{trans} 的比值介于 0.73～1.39，平均值为 1.16。刚度退化最明显的试件 ca-2，当变形达到 9Δ_y 时，刚度下降为初始刚度的 8%。对于方钢管约束混凝土，其初始刚度（EI）与 EI_{trans} 的比值介于 0.47～1.1，平均值为 0.8。刚度退化最明显的试件 sa-2，当变形达到 7Δ_y 时，刚度下降为初始刚度的 11%。

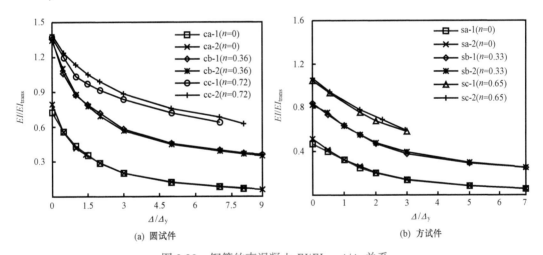

图 2.20　钢管约束混凝土 EI/EI_{trans}-Δ/Δ_y 关系

3）耗能。

图 2.21 给出了所有试件在往复荷载作用下的耗能变化规律，可见，随着轴压比的增大，耗能呈减小的趋势。

2.2.3　小结

在本节研究参数范围内所获得的主要结论如下。

1）钢管约束混凝土构件具有良好的承载能力和变形能力。

2）对于轴压短试件，钢管约束混凝土的破坏形态与钢管混凝土不同，破坏时钢管

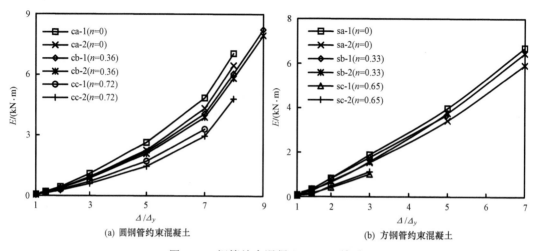

(a) 圆钢管约束混凝土　　　　　　　(b) 方钢管约束混凝土

图 2.21　钢管约束混凝土 E-Δ/Δ_y 关系

表面没有出现明显的局部屈曲。在其他条件相同的情况下，钢管约束混凝土轴压强度承载力总体上比钢管混凝土稍高。

3）对于纯弯构件和偏压构件，钢管约束混凝土力学性能和钢管混凝土类似。但构件端部的空隙会导致钢管及其核心混凝土在压弯荷载作用下共同工作性能削弱，从而使钢管约束混凝土压弯构件的承载力较相应钢管混凝土构件有所降低。

4）钢管约束混凝土滞回曲线较为饱满，没有明显的捏缩现象，具有较好的抗震性能。

5）轴压比影响 P-Δ 骨架曲线的形状，当轴压比增大到一定数值时，曲线将会出现下降段，且下降段的下降幅度随轴压比的增加而有所增大，构件的位移延性则有所减小。

2.3　薄壁钢管混凝土

本节基于薄壁钢管混凝土轴压短试件的系列试验结果，分析这类构件的轴压力学性能和破坏形态，进而在该试验研究与其他研究者研究成果的基础上对钢管混凝土截面合理径（宽）厚比限值进行探讨。

2.3.1　静力性能

（1）试验概况

试件主要参数和变化范围如下：①截面形式，包括圆形截面和方形截面；②截面径（宽）厚比（30～133.7）；③钢材屈服强度（282～404MPa）；④混凝土强度（50.9～90MPa）。为了准确研究试件的轴压力学性能，试件的 $L/D(B)$ 取为3（韩林海，2004，2007，2016）。

表 2.4 给出了试件的有关详细参数，表中 D 为圆钢管混凝土截面外直径，B 为方钢管混凝土截面外边长，t 为管壁厚度，D/t（或 B/t）为截面径厚比（或宽厚比），f_y 为

钢材屈服强度，f_{cu} 为试件试验时混凝土立方体抗压强度，N_{ue} 为试验获得的试件极限承载力，ε_u 为试件实测的荷载 - 变形关系曲线峰值点（N_{ue}）所对应的纵向应变值。

表 2.4　薄壁钢管混凝土试件一览表

截面形式	序号	试件编号	$D(B)$/mm	t/mm	$D(B)/t$	f_y/MPa	f_{cu}/MPa	N_{ue}/kN	SI	ε_u/$\mu\varepsilon$
圆形	1	CA1-1	60	1.87	32.1	282	85.2	312	1.429	9 022
	2	CA1-2	60	1.87	32.1	282	85.2	320	1.361	8 078
	3	CA2-1	100	1.87	53.5	282	85.2	822	1.368	6 000
	4	CA2-2	100	1.87	53.5	282	85.2	845	1.407	5 446
	5	CA3-1	150	1.87	80.2	282	85.2	1 701	1.353	5 300
	6	CA3-2	150	1.87	80.2	282	85.2	1 670	1.329	5 500
	7	CA4-1	200	1.87	107	282	85.2	2 783	1.295	4 800
	8	CA4-2	200	1.87	107	282	85.2	2 824	1.314	4 100
	9	CA5-1	250	1.87	133.7	282	85.2	3 950	1.205	3 800
	10	CA5-2	250	1.87	133.7	282	85.2	4 102	1.251	5 200
	11	CB1-1	60	2	30	404	85.2	427	1.445	8 600
	12	CB1-2	60	2	30	404	85.2	415	1.404	10 700
	13	CB2-1	100	2	50	404	85.2	930	1.359	5 000
	14	CB2-2	100	2	50	404	85.2	920	1.344	7 498
	15	CB3-1	150	2	75	404	85.2	1 870	1.352	5 000
	16	CB3-2	150	2	75	404	85.2	1 743	1.260	6 500
	17	CB4-1	200	2	100	404	85.2	3 020	1.302	4 639
	18	CB4-2	200	2	100	404	85.2	3 011	1.298	3 775
	19	CB5-1	250	2	125	404	85.2	4 442	1.272	4 100
	20	CB5-2	250	2	125	404	85.2	4 550	1.303	4 001
	21	CC1-1	60	2	30	404	90	432	1.417	8 531
	22	CC1-2	60	2	30	404	90	437	1.433	8 600
	23	CC2-1	150	2	75	404	90	1 980	1.368	4 700
	24	CC2-2	150	2	75	404	90	1 910	1.320	4 583
	25	CC3-1	250	2	125	404	90	4 720	1.286	3 600
	26	CC3-2	250	2	125	404	90	4 800	1.307	3 820
方形	1	SA1-1	60	1.87	32.1	282	81	382	1.263	4 600
	2	SA1-2	60	1.87	32.1	282	81	350	1.157	4 400
	3	SA2-1	100	1.87	53.5	282	81	860	1.173	3 374
	4	SA2-2	100	1.87	53.5	282	81	840	1.146	3 100
	5	SA3-1	150	1.87	80.2	282	81	1 662	1.088	1 700
	6	SA3-2	150	1.87	80.2	282	81	1 740	1.139	2 600
	7	SA4-1	200	1.87	107	282	81	2 890	1.109	1 200
	8	SA4-2	200	1.87	107	282	81	2 920	1.121	2 490

截面形式	序号	试件编号	$D(B)$/mm	t/mm	$D(B)/t$	f_y/MPa	f_{cu}/MPa	N_{ue}/kN	SI	ε_u/$\mu\varepsilon$
方形	9	SA5-1	250	1.87	133.7	282	60	3 304	1.098	1 477
	10	SA5-2	250	1.87	133.7	282	60	3 400	1.130	1 550
	11	SB1-1	60	2	30	404	50.9	318	1.179	4 230
	12	SB1-2	60	2	30	404	50.9	322	1.193	5 778
	13	SB2-1	100	2	50	404	50.9	770	1.219	4 000
	14	SB2-2	100	2	50	404	50.9	772	1.222	3 400
	15	SB3-1	150	2	75	404	50.9	1 300	1.077	2 200
	16	SB3-2	150	2	75	404	50.9	1 420	1.176	2 400
	17	SB4-1	200	2	100	404	50.9	1 990	1.019	1 400
	18	SB4-2	200	2	100	404	50.9	2 054	1.051	2 289
	19	SB5-1	250	2	125	404	50.9	3 100	1.080	2 000
	20	SB5-2	250	2	125	404	50.9	2 965	1.033	1 496
	21	SC1-1	60	2	30	404	81	422	1.154	5 231
	22	SC1-2	60	2	30	404	81	406	1.111	4 800
	23	SC2-1	150	2	75	404	81	2 060	1.220	4 000
	24	SC2-2	150	2	75	404	81	1 980	1.172	3 500

圆钢管采用直缝焊管，方试件的钢管由四块钢板拼焊而成。每个试件加工两块10mm厚的钢板盖板，先在空钢管一端将盖板焊上，另一端等混凝土浇灌后再焊接。

表 2.5 给出了实测的钢材材性指标，如屈服强度（f_y）、抗拉强度（f_u）、弹性模量（E_s）和泊松比（μ_s）。

表 2.5　钢材材性一览表

钢材类型	f_y/MPa	f_u/MPa	E_s/（N/mm^2）	μ_s
钢材 I	282	358.3	2.02×10^5	0.263
钢材 II	404	514	2.07×10^5	0.265

本书作者课题组采用了两种配合比的自密实混凝土，其采用的原材料为普通硅酸盐水泥；河砂；碎石，石子粒径5～15mm；矿物细掺料：I级粉煤灰；普通自来水。早强型减水剂的掺量为0.8%。对于强度较低的混凝土，水胶比为0.313，砂率为0.5，配合比（按质量）为水泥：粉煤灰：砂：石：水＝1：0.43：2.33：2.33：0.45。对于强度较高的混凝土，水胶比为0.272，砂率为0.4，配合比（按质量）为：水泥：粉煤灰：砂：石：水＝1：0.38：1.7：2.55：0.37。

混凝土抗压强度f_{cu}由与试件同条件下成型养护的150mm×150mm×150mm立方试块测得，对应各组试件在试验时实测的f_{cu}值见表2.4。

（2）试验结果及分析

试验测量装置和试验方法与本章2.2.1节相同。

对试验全过程观测表明，所有试件的试验过程都可以得到很好的控制。在受荷初期，试件的变形和形态变化均不大。当外荷载加至极限承载力的 60%～70% 时，钢管壁局部开始出现剪切滑移线。随着外荷载的继续增加，滑移线由少到多，逐渐布满钢管壁，随后进入破坏阶段。

对于圆钢管混凝土，截面径厚比小的试件破坏模态呈腰鼓型，而截面径厚比大的试件则呈剪切型破坏模态。

对于方钢管混凝土，所有试件破坏时钢管表面出现若干处局部凸曲，且沿四个方向的凸曲程度基本相同。当截面宽厚比较大时，试件受荷达到 50% 的极限承载力左右时，钢管管壁就开始出现局部屈曲，轻轻敲击该部位，可听到钢管空鼓时的声音，说明钢管和混凝土有脱开现象。

图 2.22 给出了试件典型的破坏形态。

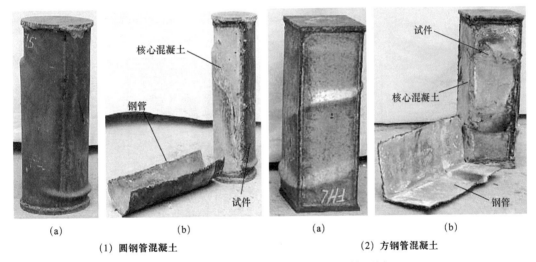

(1) 圆钢管混凝土　　　(2) 方钢管混凝土

图 2.22　薄壁钢管混凝土试件典型的破坏形态

图 2.23 给出了试件实测的轴力（N）- 平均纵向应变（ε）的关系曲线。可见，对于圆钢管混凝土试件，所有曲线下降均比较平缓，表现出较好的后期延性；对于方钢管混凝土，随着截面宽厚比的增大，轴力（N）- 平均纵向应变（ε）曲线在达到峰值荷载后下降段呈现出变陡的趋势。

试验过程中，四面应变片的实测横向应变发展基本一致，图 2.24 给出了所有试件实测的轴力（N）- 平均横向应变（ε_L）的关系曲线。可见，对于圆钢管混凝土，试件在达到极限承载力时所对应的横向应变随径厚比（D/t）变化的规律不明显；对于方钢管混凝土，试件在达到极限承载力时所对应的横向应变随宽厚比（B/t）的增大而减小。

采用纤维模型法和有限元法对试验结果进行了计算（尧国皇，2006）。图 2.23 中同时给出了有限元法和纤维模型法计算的平均纵向应变，图 2.24 中给出了有限元法计算的平均横向应变。可见，有限元法和纤维模型法的计算结果与试验结果均吻合较好。

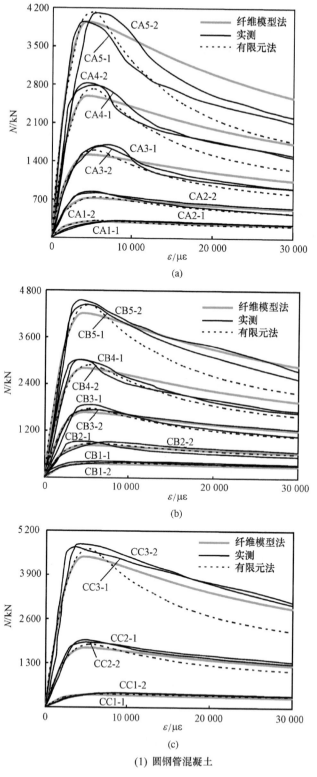

(1) 圆钢管混凝土

图 2.23　轴向荷载（N）-纵向应变（ε）关系曲线

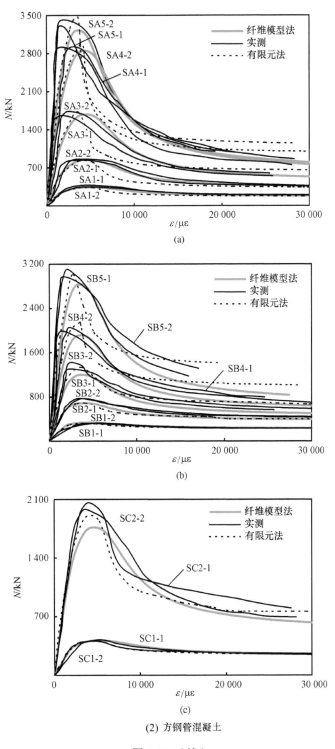

(a)

(b)

(c)

(2) 方钢管混凝土

图 2.23 （续）

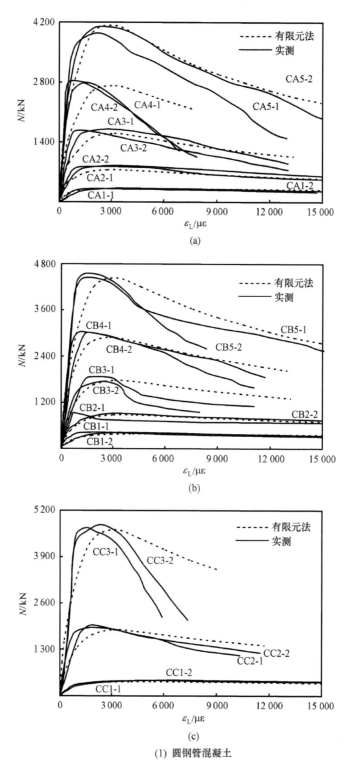

(a)

(b)

(c)

(1) 圆钢管混凝土

图 2.24　轴向荷载（N）-横向应变（ε_L）关系曲线

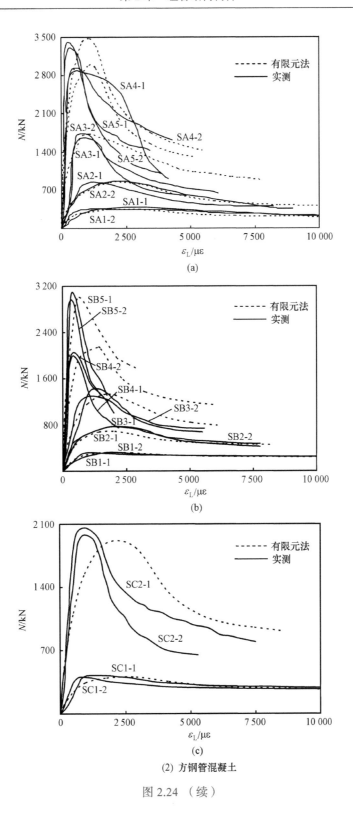

(2) 方钢管混凝土

图 2.24 （续）

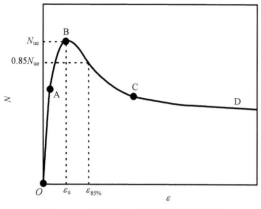

图 2.25　典型 $N\text{-}\varepsilon$ 关系曲线示意图

试件实测极限承载力（N_{ue}）及其对应的纵向应变值（ε_u）见表 2.4。

图 2.25 所示为典型的薄壁钢管混凝土的轴力（N）-纵向应变（ε）关系曲线，大致可分为如下四个阶段。①弹性阶段（OA）：在此阶段，钢管和核心混凝土一般均为单独受力，A 点大致相当于钢材进入弹塑性阶段的起点。②弹塑性阶段（AB）：进入此阶段后，核心混凝土在纵向压力作用下，微裂缝不断发展，当其横向变形系数超过钢材的泊松比时，其变形将受到钢管的约束。B 点时钢材一般开始进入弹塑性阶段。在 OA 和 AB 两个阶段，轴向变形的变化幅度总体上不显著，但荷载却增加很快。③下降段（BC）：$N\text{-}\varepsilon$ 关系曲线在达到峰值点 B 后就开始下降，在此阶段，荷载随变形的发展而快速下降。④平缓段（CD）：在此阶段，构件的变形发展很快，但荷载的降低幅度则趋于平缓。

2.3.2　承载力计算方法

与普通钢管混凝土相比，在进行薄壁钢管混凝土结构的设计时，根据其自身工作机理，应合理考虑如下两个方面的问题：①薄壁钢管的径厚比 D/t（圆钢管混凝土）或宽厚比 B/t（方钢管混凝土）限值的确定；②钢管局部屈曲对钢管与核心混凝土组合作用的影响。

图 2.26 给出了钢管混凝土轴压强度承载力系数 SI（$=N_{ue}/N_{uo}$）与 $D/t\cdot\sqrt{f_y/E_s}$（圆钢管混凝土）和 $B/t\cdot\sqrt{f_y/E_s}$（方、矩形管混凝土）之间的关系，其中，N_{ue} 和 N_{uo} 分别

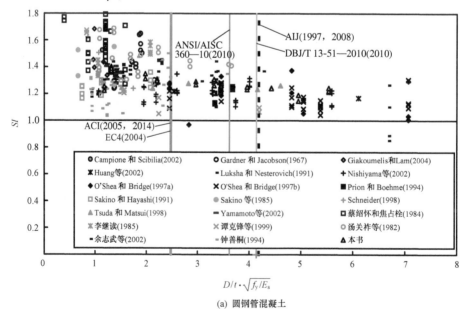

(a) 圆钢管混凝土

图 2.26　$SI\text{-}D(B)/t\cdot\sqrt{f_y/E_s}$ 关系

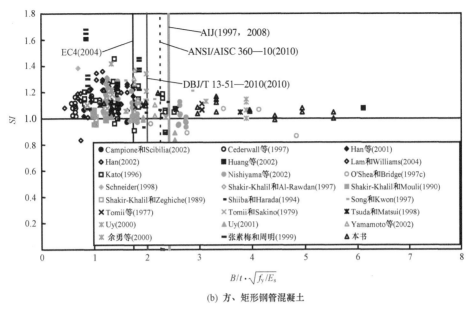

(b) 方、矩形钢管混凝土

图 2.26 （续）

为轴压强度承载力实测结果和计算结果，N_{uo} 按照 $N_{uo}=A_s f_y + A_c f_{ck}$ 确定，其中 A_s 和 A_c 分别为钢管和混凝土的截面面积，f_{ck} 为混凝土的抗压强度标准值。计算 N_{uo} 时钢材和混凝土的强度均取标准值进行。表 2.4 汇总了本节试件实测的 SI 值。

图 2.26 中同时绘制出了 ACI（2005，2014）、AIJ（1997，2008）、AISC（2005）或 ANSI/AISC 360—10（2010）、BS5400（2005）和 EC4（2004）中给出的 D/t 或 B/t 限值。可见，在 AIJ（1997，2008）给出的 D/t 或 B/t 限值的范围内，按照 DBJ 13-51—2003（2003）或 DBJ/T 13-51—2010（2010）中的方法计算薄壁钢管混凝土的承载力总体上仍然是偏于安全的。

为了比较的方便，图 2.26 给出了上述不同设计规程的 $D/t \cdot \sqrt{f_y/E_s}$ 或 $B/t \cdot \sqrt{f_y/E_s}$ 值。计算时，取 $f_y = 345 \text{MPa}$。

由图 2.26 可见，即使在大于 AIJ（1997，2008）给出的 D/t 或 B/t 限值情况下，SI 值总体仍大于 1，且随着 $D/t \cdot \sqrt{f_y/E_s}$ 或 $B/t \cdot \sqrt{f_y/E_s}$ 的增加没有出现明显的下降趋势。因此，在分析的试验数据参数范围内，钢管的外直径或最大外边长与壁厚之比的限值取无混凝土时其相应限值的 1.5 倍总体上是可行的。

图 2.27 给出了表 2.4 中试验实测的极限荷载对应应变 ε_u 与 $D(B)/t$ 的关系。可见，ε_u 随截面径（宽）厚比 $[D(B)/t]$ 增大而减小，但 ε_u 基本上均超过了钢材的屈服应变，表明钢材已开始进入了屈服阶段。

对于圆钢管混凝土，当 $D/t = 125$ 时，ε_u 值接近 $3300\mu\varepsilon$。对于方钢管混凝土，当截面宽厚比（B/t）超过 100 时，ε_u 值小于钢材达到屈服时所对应的屈服应变，原因在于：钢管发生了局部屈曲，钢材还没有进入屈服阶段，试件就已经达到其极限承载力，当截面宽厚比（B/t）更大时，钢材甚至还处于弹性阶段。

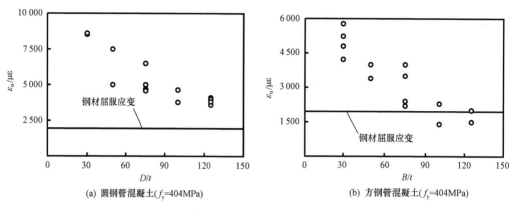

(a) 圆钢管混凝土(f_y=404MPa)　　　　　　(b) 方钢管混凝土(f_y=404MPa)

图 2.27　ε_u-D（B）/t 关系

2.3.3　小结

基于对薄壁钢管混凝土的研究，在分析研究的参数范围内可初步得到以下结论。

1）薄壁圆钢管混凝土总体上具有较好的承载能力和后期变形能力，但薄壁方钢管混凝土由于钢管发生局部屈曲，变形能力和延性相对普通钢管混凝土会变差。

2）基于普通钢管混凝土推导出的计算方法总体适合于薄壁钢管混凝土构件。

3）钢管的外直径或最大外边长与钢管壁厚之比的限值取对应空钢管设计时限值的 1.5 倍是可行的。

2.4　高强钢管混凝土

随着钢材性能的不断提高，高强钢材（本书暂定义钢材屈服强度不小于 450MPa 的钢材为高强钢材）在钢管混凝土中的应用是国内外工程界关心的热门课题之一。

在钢管混凝土中采用高强钢材，预期可达到进一步提高构件承载力、节约钢材用量、减小构件截面尺寸和减轻结构自重的目的，预计在荷载很大的结构，如高层建筑、地下工程和大跨结构的支柱等中有很好的应用前途。

表 2.6 给出了一些钢管混凝土设计规程中规定的钢材屈服强度（f_y）的适用范围，可见这些规程总体上都不适用于采用高强钢管的钢管混凝土。

表 2.6　钢材屈服强度范围（单位：MPa）

AIJ（1997, 2008）	BS5400（2005）	CECS 159：2004(2004)	DBJ/T 13-51—2010（2010）	DL/T 5085—1999（1999）	EC4（2004）	GJB 4142—2000（2001）
235.2～352.8	235～460	235～420	235～420	235～390	≤460	235～390

目前对采用高强钢材的钢管混凝土的研究已有一些结果，如 Gardner 和 Jacobson（1967）进行了 12 个轴心受压构件的试验研究，试件的 f_y 从 451～633MPa；Gho 和 Liu（2004）进行了 4 个矩形纯弯构件的试验研究，其 f_y 为 495MPa；Kato（1996）进行了 5 个方试件轴压试验研究，其 f_y 从 477～767MPa；Knowles 和 Park（1969）进行了 6 个圆试件轴心受压的试验研究，其 f_y 为 482.3MPa；Masuo 等（1991）进行了 10

个轴压构件试验研究，其 f_y 从 461~505MPa；Mursi 和 Uy（2004）进行了 8 个方形压弯构件的试验研究，其 f_y 为 761MPa；Nishiyama 等（2002）进行了 24 个圆形试件（f_y 从 507~853MPa）和 38 个方形试件（f_y 从 618~835MPa）的试验研究；Schneider（1998）进行了圆形轴压试件的试验研究，f_y 为 537MPa；Task Group 20，SSRC（1979）报道了 20 个圆形试件的轴压试验研究，f_y 从 452~682MPa；Uy（2001）进行了 14 个方形压弯构件力学性能的试验研究，其 f_y 为 750MPa；Vrcelj 和 Uy（2001）进行了方形轴压长柱的试验研究，f_y 为 450MPa。Liew 等（2016）对采用高强材料的钢管混凝土压弯构件试验进行了总结和归纳，并提出了相应设计方法。

应用韩林海（2007，2016）提供的钢管混凝土纤维模型法，对采用高强钢材的钢管混凝土构件的荷载 - 变形关系进行了计算，并和 147 个试件的试验结果进行对比。比较结果表明，理论计算值和试验值吻合较好。

图 2.28 给出了轴压、压弯和纯弯曲情况下计算的荷载 - 变形关系曲线与试验曲线

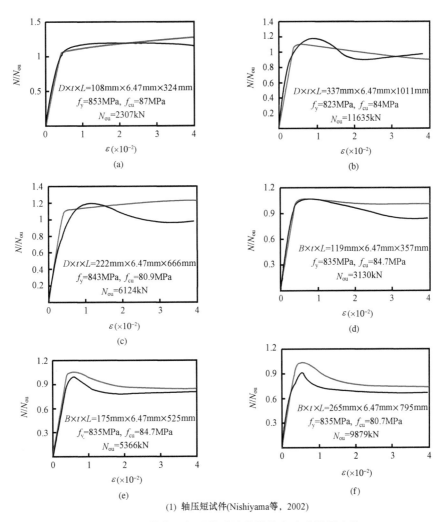

(1) 轴压短试件(Nishiyama等，2002)

图 2.28 荷载 - 变形关系计算结果和试验结果比较

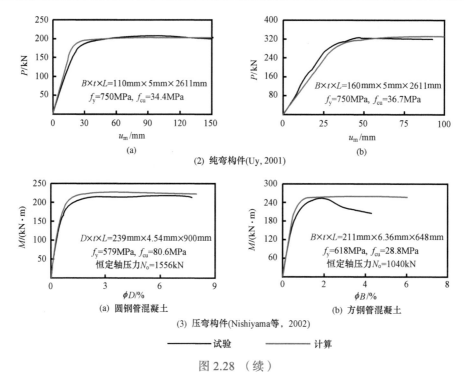

(2) 纯弯构件(Uy, 2001)

(a) 圆钢管混凝土　　　　　　(b) 方钢管混凝土

(3) 压弯构件(Nishiyama等，2002)

———— 试验　　　　———— 计算

图 2.28 （续）

二者的部分对比结果。D 和 B 分别为圆构件截面外直径和方构件截面外边长，ϕ 为曲率，t 为钢管管壁厚度，L 为构件长度，f_y 为钢材屈服强度，f_{cu} 为混凝土立方体抗压强度。可见，数值计算曲线与试验曲线吻合较好。

为了探讨有关普通钢管混凝土结构的规程在计算采用高强钢材的钢管混凝土构件的承载力时的适用性，对搜集到的有关试验数据进行了验算。计算时，钢材和混凝土强度指标均取为标准值。

表 2.7 给出了采用高强钢材的钢管混凝土试件的试验结果与各规程及数值方法（韩林海，2007，2016）计算值的比较结果，由于圆试件的试验数据相对较少，比较时暂没有区分轴压构件和压弯构件。表中，μ 和 σ 分别为所有计算值与试验值比值的平均值和均方差。

表 2.7　采用高强钢材的钢管混凝土试件承载力试验值与计算值比较

规程		AIJ（2008）	ANSI/AISC 360—10（2010）	DBJ/T 13-51—2010	EC4（2004）	数值计算
圆构件		$\mu=0.909$	$\mu=0.815$	$\mu=0.952$	$\mu=0.964$	$\mu=0.930$
		$\sigma=0.112$	$\sigma=0.087$	$\sigma=0.120$	$\sigma=0.114$	$\sigma=0.095$
方、矩形构件	轴压	$\mu=0.999$	$\mu=0.994$	$\mu=1.040$	$\mu=1.060$	$\mu=1.028$
		$\sigma=0.081$	$\sigma=0.078$	$\sigma=0.068$	$\sigma=0.159$	$\sigma=0.114$
	压弯	$\mu=0.919$	$\mu=0.869$	$\mu=0.994$	$\mu=1.018$	$\mu=0.999$
		$\sigma=0.141$	$\sigma=0.121$	$\sigma=0.110$	$\sigma=0.149$	$\sigma=0.141$

基于上述计算比较可见，除少数情况下 μ 值稍大于 1 以外，大多数情况下计算结

果仍稍偏于安全。这也意味着在所比较的试验结果的参数范围内，普通钢管混凝土构件荷载 - 变形曲线和承载力的计算方法基本上适用于采用高强钢材的钢管混凝土构件。

2.5　不锈钢管混凝土

众所周知，不锈钢具有外表美观、耐久性好、维护费用低及耐火性能好等优点，目前已在一些实际土木工程中开始得到应用（Gardner，2005），例如都柏林的"神针"等城市标志性建筑、一些海洋平台、沿海建筑和桥梁、核工厂和食品加工厂等。设计寿命为 500 年的加拿大魁北克省国家档案保存中心的框架，巴黎卢浮宫艺术博物馆入口处的金字塔空间承重结构以及斯德哥尔摩的伯津斯卡植物园的承重框架结构等也都采用了不锈钢。与普通碳素钢相比，不锈钢主要表现出如下的性能差异。

1）普通碳素钢的应力 - 应变关系曲线有明显屈服点和屈服平台，比例极限约为其名义屈服强度的 70%；而不锈钢的应力 - 应变关系曲线则在加载初期就表现出很强的非线性，其比例极限较普通碳素钢低（Young 和 Liu，2005），约为屈服强度的 36%~60%，在达比例极限后曲线的非线性性能趋于显著，无明显屈服平台（Gardner，2005）。

2）不锈钢具有很强的变形能力，如奥氏体不锈钢的延伸率可达普通碳素钢的两倍左右，应力 - 应变关系曲线在加载后期具有明显的应力强化现象。

3）不锈钢的耐火性能优于普通碳素钢。欧洲不锈钢协会（Euro Inox，2002）研究对比了不锈钢和普通碳素钢的屈服强度和弹性模量随温度升高而变化的情况。结果表明：在温度低于 500℃时，不锈钢的屈服强度下降幅度略大于普通钢材；但在 600~800℃时，不锈钢的强度损失要明显低于普通钢材。此外，不锈钢的导热系数和热辐射系数也低于普通钢材，有利于提高结构的耐火性能和抗火能力。

若在不锈钢管中填充混凝土形成不锈钢管混凝土结构，预期可达到减少不锈钢用量的目的，从而降低工程结构的造价。不锈钢管混凝土可望同时兼有普通钢管混凝土良好的力学性能和不锈钢优越的耐久性能，在海洋平台、沿海建筑和桥梁以及对耐久性要求较高的一些重要建筑的框架和网架等土木工程结构中具有较好的应用前景。美国纽约赫斯特大厦结构体系（Fortner，2006）和香港昂船洲大桥桥塔（许志豪和黄剑波，2006）就采用了不锈钢管混凝土结构。

由于不锈钢管混凝土具有良好的工程应用前景，已引起研究者的兴趣，并开展了部分研究工作，如 Young 和 Ellobody（2006）、Ellobody 和 Young（2006a；2006b）、Ellobody（2007）、Lam 和 Garnder（2008）、Roe（2005）、Gjerding-Smith（2004）、Dajanovic（2004）、Asgar（2005）、Han 等（2013）和 Tao 等（2016）等。通过对以上有关不锈钢管混凝土力学性能的研究结果进行归纳总结，可以发现，不锈钢管混凝土和普通钢管混凝土一样都具有较好的力学性能，但由于不锈钢和普通钢材在材料性能存在明显差异，不锈钢管混凝土和普通钢管混凝土的力学性能也并不完全相同。

为了进一步开展不锈钢管混凝土的静力性能的系统研究，作者进行了不锈钢材料、圆形、方形和矩形截面的不锈钢管混凝土短柱、压弯构件和中长柱的静力性能研究，下面对有关结果进行简要论述。

2.5.1　不锈钢材料性能

目前已有一些研究者提出了不锈钢材料在常温和高温下的应力 - 应变关系模型（Gardner 和 Nethercot，2001； Rasmussen，2003；Abdella，2006； Chen 和 Young，2006）。在设计方面，国外目前也已有专门针对不锈钢结构的设计规范，如 ASCE 规范（2002）和 Eurocode3 规范（2005）。另外，日本、南非以及澳大利亚和新西兰等国也都制定了各自的不锈钢结构的设计规范（SSBJA，1995；SABS，1997；AS/NZS 4673：2001，2001）。制约不锈钢在结构工程中广泛使用的主要原因是其造价比常用建筑钢材昂贵（Gardner，2005）。需要指出的是，由于不锈钢的应力强化效应明显，冷弯不锈钢的弯角效应较为明显。这样对于方形和矩形截面的冷弯不锈钢管混凝土，其钢管由于弯角效应而导致的强度提高可在构件承载力计算时给予适当考虑。

本书作者研究了奥氏体不锈钢、双相不锈钢和铁素体不锈钢在常温下和火灾下的材料性能，提出了常温下和火灾后冷弯截面奥氏体和双相不锈钢角部材料应力 - 应变关系和铁素体不锈钢在常温下的应力（σ）- 应变（ε）关系，并与试验结果进行了对比（Wang 和 Tao 等，2014；Tao 和 Kim，2015）。

冷弯截面奥氏体不锈钢和双相不锈钢角部材料常温下的 σ-ε 关系可由下式表示（Wang 和 Tao 等，2014）为

$$\varepsilon = \begin{cases} \dfrac{\sigma}{E_s} + 0.002\left(\dfrac{\sigma}{f_{y,c}}\right)^{n_c} & \sigma \leqslant f_{y,c} \\ 0.002 + \dfrac{f_{y,c}}{E_s} + \dfrac{\sigma - f_{y,c}}{E_{y,c}}\varepsilon_{u,c}\left(\dfrac{\alpha - f_{y,c}}{f_{u,c} - f_{y,c}}\right)^{m_c} & f_{y,c} < \sigma \leqslant f_{u,c} \end{cases} \quad (2.2)$$

式中：E_s 是平板材料的弹性模量；$f_{y,c}$ 是角部材料的屈服强度；$f_{u,c}$ 是角部材料的抗拉强度；$\varepsilon_{u,c}$ 是 $f_{u,c}$ 对应的应变；n_c 是应变强化指数；m_c 是材料参数；$E_{y,c}$ 是 $f_{y,c}$ 对应的切线弹性模量，由下式计算：

$$E_{y,c} = \frac{E_s}{1 + 0.002 n_c E_s / f_{y,c}} \quad (2.3)$$

$f_{y,c}$ 由下式计算：

$$\frac{f_{y,c}}{f_y} = 1 + 0.05 e^{900/f_y} \quad (2.4)$$

f_y 是平板材料屈服强度。$f_{u,c}$ 由下式计算为

$$\frac{f_{u,c}}{f_{y,c}} = (0.56 f_y^{0.226} - 1.4)\frac{f_u}{f_y} \quad (2.5)$$

$$\varepsilon_{u,c} = 1 - \frac{f_{y,c}}{f_{u,c}} \quad (2.6)$$

n_c 和 m_c 由下式计算：

$$n_c = 0.9 n^2 e^{-0.3n} \quad (2.7)$$

$$m_{\mathrm{c}}=0.04f_{\mathrm{y}}-8\geqslant m \tag{2.8}$$

$$m=1+3.5\frac{f_{\mathrm{y}}}{f_{\mathrm{u}}} \tag{2.9}$$

上述式中：n 是根据 Ramberg-Osgood 模型计算的平板材料应变强化指数。

　　由上式计算的应力 - 应变关系和试验实测的对比如图 2.29 所示。由图可见，建议的适用于冷弯截面角部奥氏体不锈钢和双相不锈钢的应力 - 应变关系模型和试验结果吻合良好。

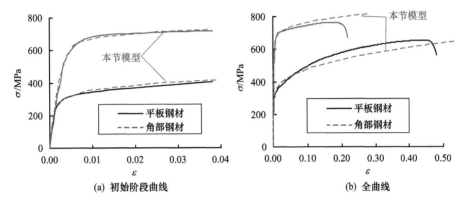

(a) 初始阶段曲线　　　　　　　　　　(b) 全曲线

图 2.29　奥氏体不锈钢应力 - 应变关系

　　常温下铁素体不锈钢材料的 $\sigma\text{-}\varepsilon$ 关系可由下式表示（Tao 和 Kim，2015）：

$$\varepsilon=\begin{cases}\dfrac{\sigma}{E_0}+0.002\left(\dfrac{\sigma}{f_{\mathrm{y}}}\right)^n & \sigma\leqslant f_{\mathrm{y}} \\[3mm] 0.002+\dfrac{f_{\mathrm{y}}}{E_0}+\dfrac{\sigma-f_{\mathrm{y}}}{E_{\mathrm{y}}}+\varepsilon_{\mathrm{u}}\left(\dfrac{\sigma-f_{\mathrm{y}}}{f_{\mathrm{u}}-f_{\mathrm{y}}}\right)^m & f_{\mathrm{y}}<\sigma\leqslant f_{\mathrm{u}}\end{cases} \tag{2.10}$$

式中：E_0 和 f_{y} 是平板材料的弹性模量和屈服强度；n 是应变强化指数；f_{u} 和 ε_{u} 由下式计算：

$$\frac{f_{\mathrm{y}}}{f_{\mathrm{u}}}=\begin{cases}0.104+360\dfrac{f_{\mathrm{y}}}{E_0} & 0.00125\leqslant f_{\mathrm{y}}/E_0\leqslant0.00235 \\[3mm] 0.95 & 0.00235<f_{\mathrm{y}}/E_0\leqslant0.00275\end{cases} \tag{2.11}$$

$$\varepsilon_{\mathrm{u}}=0.2-0.2\left(\frac{f_{\mathrm{y}}}{f_{\mathrm{u}}}\right)^{5.5} \tag{2.12}$$

　　对于铁素体不锈钢角部材料，常温下的 $\sigma\text{-}\varepsilon$ 关系可由式（2.2）计算，其中，$f_{\mathrm{y,c}}$、$f_{\mathrm{u,c}}$ 和 m_{c} 可由下式计算：

$$\frac{f_{\mathrm{y,c}}}{f_{\mathrm{y}}}=0.25+\frac{E_0}{500f_{\mathrm{y}}}\geqslant1 \tag{2.13}$$

$$\frac{f_{\mathrm{u,c}}}{f_{\mathrm{y,c}}}=\left(1.55-\frac{E_0}{840f_{\mathrm{y}}}\right)\frac{f_{\mathrm{u}}}{f_{\mathrm{y}}} \tag{2.14}$$

$$m_c = 8000 f_y / E_0 - 8 \geqslant m \qquad (2.15)$$

式中：m 可根据式（2.9）计算。

图 2.30 由上式计算的应力 - 应变关系和试验实测的对比如图所示。由图可见，建议的适用于铁素体不锈钢平板和角部材料的应力 - 应变关系模型和试验结果吻合良好。

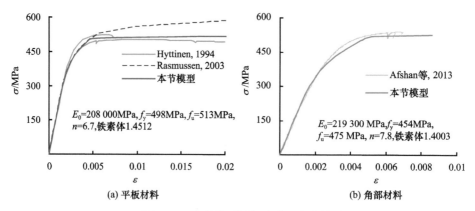

(a) 平板材料　　　　　　　　　　(b) 角部材料

图 2.30　铁素体不锈钢应力 - 应变关系

2.5.2　静力性能

（1）试验概况

本书作者等进行了 4 组不锈钢管混凝土试件的试验（Uy，Tao 和 Han，2011），其中，第 Ⅰ 组有 72 根短柱，主要参数有截面类型（包括圆形、方形和矩形截面，如图 2.31 所示）、约束效应系数等。其中，约束效应系数（ξ）如式（2.16）所示为

$$\xi = \frac{A_s f_y}{A_c f_{ck}} \qquad (2.16)$$

式中：f_y 为钢管的屈服强度；f_{ck} 为核心混凝土的抗压强度标准值；A_s 和 A_c 分别为钢管和核心混凝土的截面面积。

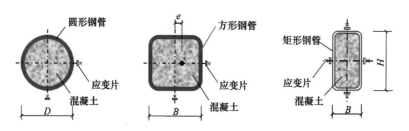

图 2.31　不锈钢管混凝土试件截面示意图

第 Ⅱ 组为 9 根短柱，研究参数为不同的加载方式；第 Ⅲ 组有 12 根压弯构件，主要参数是偏心率；第 Ⅳ 组有 24 根中长柱，主要参数是构件长细比。构件有关参数详见表 2.8～表 2.11。上述各表中，D 为钢管直径，B 为方（矩）形钢管混凝土边长，H 为矩形钢管混凝土长边长，t 为钢管壁厚，L 为试件长度，E_0 为初始弹性模量，$\sigma_{0.2}$ 为

0.2% 应变所对应的强度，n 为不锈钢材料应变硬化指数，f_c' 为混凝土圆柱体抗压强度，e 为荷载偏心率，N_{max} 为极限承载力，N_{ue} 为极限承载力，ε_{cu} 为极限承载力对应的应变。对于第 IV 组构件，还特别测试了角部不锈钢的材性，如表 2.12 所示。其中，方钢管截面的 $\sigma_{0.2}$，抗拉强度和断后延伸率分别为 562.4MPa、902.7MPa 和 37.2%，矩形钢管截面的 $\sigma_{0.2}$，抗拉强度和断后延伸率分别为 669.2MPa，967.4MPa 和 36.6%。

表 2.8 第 I 组试件参数一览表

序号	试件编号	$D \times t \times L$ /(mm×mm×mm)	D/t	E_0 /(N/mm²)	$\sigma_{0.2}$ /MPa	n	f_c'/MPa	N_{max} /kN	ε_{max}	N_{ue}/kN	ε_{cu}/με	曲线类型
1	CH-50x1.2A	50.8×1.2×150	42.3	195 000	291	7	—	86	0.021	80	10 000	C
2	CH-50x1.2B	50.8×1.2×150	42.3	195 000	291	7	—	83	0.026	71	10 000	C
3	C20-50x1.2A	50.8×1.2×150	42.3	195 000	291	7	20	192	0.178	106	10 000	A
4	C20-50x1.2B	50.8×1.2×150	42.3	195 000	291	7	20	164	0.149	112	10 000	A
5	C30-50x1.2A	50.8×1.2×150	42.3	195 000	291	7	30	225	0.160	134	10 000	A
6	C30-50x1.2B	50.8×1.2×150	42.3	195 000	291	7	30	237	0.145	130	10 000	A
7	CH-50x1.6A	50.8×1.6×150	31.8	195 000	298	7	—	104	0.032	92	10 000	C
8	CH-50x1.6B	50.8×1.6×150	31.8	195 000	298	7	—	105	0.030	93	10 000	C
9	C20-50x1.6A	50.8×1.6×150	31.8	195 000	298	7	20	203	0.139	132	10 000	A
10	C20-50x1.6B	50.8×1.6×150	31.8	195 000	298	7	20	222	0.138	140	10 000	A
11	C30-50x1.6A	50.8×1.6×150	31.8	195 000	298	7	30	260	0.177	167	10 000	A
12	C30-50x1.6B	50.8×1.6×150	31.8	195 000	298	7	30	280	0.179	162	10 000	A
13	CH-100x1.6A	101.6×1.6×300	63.5	195 000	320	7	—	178	0.011	176	10 000	C
14	CH-100x1.6B	101.6×1.6×300	63.5	195 000	320	7	—	175	0.012	170	10 000	C
15	C20-100x1.6A	101.6×1.6×300	63.5	195 000	320	7	20	637	0.191	421	10 000	A
16	C20-100x1.6B	101.6×1.6×300	63.5	195 000	320	7	20	675	0.206	426	10 000	A
17	C30-100x1.6A	101.6×1.6×300	63.5	195 000	320	7	30	602	0.154	477	10 000	B
18	C30-100x1.6B	101.6×1.6×300	63.5	195 000	320	7	30	609	0.163	477	10 000	B
19	CH-127x1.6A	127×1.6×400	79.4	195 000	274	7	—	254	0.006 2	254	6 175	C
20	CH-127x1.6B	127×1.6×400	79.4	195 000	274	7	—	267	0.009 3	267	9 275	C
21	C20-127x1.6A	127×1.6×400	79.4	195 000	274	7	20	789	0.109	664	10 000	B
22	C20-127x1.6B	127×1.6×400	79.4	195 000	274	7	20	809	0.116	685	10 000	B

序号	试件编号	$D \times t \times L$ /(mm×mm×mm)	D/t	E_0 /(N/mm²)	$\sigma_{0.2}$ /MPa	n	f_c'/MPa	N_{max} /kN	ε_{max}	N_{ue}/kN	ε_{cu}/με	曲线类型
23	C30-127x1.6A	127×1.6×400	79.4	195 000	274	7	30	815	0.115	743	10 000	B
24	C30-127x1.6B	127×1.6×400	79.4	195 000	274	7	30	790	0.139	748	10 000	B
25	CH-150x1.6A	152.4×1.6×450	95.3	195 000	279	7	—	240	0.005 8	240	5 822	C
26	CH-150x1.6B	152.4×1.6×450	95.3	195 000	279	7	—	240	0.006 8	240	6 822	C
27	C20-150x1.6A	152.4×1.6×450	95.3	195 000	279	7	20	897	0.127	816	10 000	B
28	C20-150x1.6B	152.4×1.6×450	95.3	195 000	279	7	20	941	0.136	801	10 000	B
29	C30-150x1.6A	152.4×1.6×450	95.3	195 000	279	7	30	997	0.133	904	10 000	B
30	C30-150x1.6B	152.4×1.6×450	95.3	195 000	279	7	30	952	0.130	890	10 000	B
31	CH-200x2.0A	203.2×2.0×500	101.6	195 000	259	7	—	367	0.005 5	367	5 467	C
32	CH-200x2.0B	203.2×2.0×500	101.6	195 000	259	7	—	362	0.005 5	362	5 483	C
33	C20-200x2.0A	203.2×2.0×500	101.6	195 000	259	7	20	1 406	0.104	1 390	7 833	B
34	C20-200x2.0B	203.2×2.0×500	101.6	195 000	259	7	20	1 397	0.096	1 378	8 283	B
35	C30-200x2.0A	203.2×2.0×500	101.6	195 000	259	7	30	1 537	0.101	1 522	8 617	B
36	C30-200x2.0B	203.2×2.0×500	101.6	195 000	259	7	30	1 550	0.107	1 550	9 234	B
37	SH-50x2A	51×1.81×150	28.2	205 100	353	10.4	—	184	0.007 8	184	7 825	C
38	SH-50x2B	51×1.81×150	28.2	205 100	353	10.4	—	180	0.006 8	180	6 838	C
39	S20-50x2A	51×1.81×150	28.2	205 100	353	10.4	21.5	261	0.066	234	10 000	A
40	S20-50x2B	51×1.81×150	28.2	205 100	353	10.4	21.5	256	0.064	243	10 000	A
41	S30-50x2A	51×1.81×150	28.2	205 100	353	10.4	34.9	282	0.095	268	9 483	B
42	S30-50x2B	51×1.81×150	28.2	205 100	353	10.4	34.9	278	0.065	274	10 000	B
43	SH-50x3A	51×2.85×150	17.9	207 900	440	8.2	—	319	0.027	293	10 000	C
44	SH-50x3B	51×2.85×150	17.9	207 900	440	8.2	—	315	0.020	302	10 000	C
45	S20-50x3A	51×2.85×150	17.9	207 900	440	8.2	21.5	399	0.119	358	10 000	B
46	S20-50x3B	51×2.85×150	17.9	207 900	440	8.2	21.5	417	0.099	364	10 000	A
47	S30-50x3A	51×2.85×150	17.9	207 900	440	8.2	34.9	543	0.202	394	10 000	A
48	S30-50x3B	51×2.85×150	17.9	207 900	440	8.2	34.9	460	0.170	393	10 000	A
49	SH-100x3A	100×2.85×300	35.1	195 700	358	8.3	—	448	0.006 2	448	6 217	C

续表

序号	试件编号	$D \times t \times L$ /(mm×mm×mm)	D/t	E_0 /(N/mm²)	$\sigma_{0.2}$ /MPa	n	f'_c/MPa	N_{max} /kN	ε_{max}	N_{ue}/kN	ε_{cu}/με	曲线类型
50	SH-100x3B	100×2.85×300	35.1	195 700	358	8.3	—	457	0.004 5	457	4 478	C
51	S20-100x3A	100×2.85×300	35.1	195 700	358	8.3	21.5	705	0.008 4	705	8 420	C
52	S20-100x3B	100×2.85×300	35.1	195 700	358	8.3	21.5	716	0.005 4	716	5 397	C
53	S30-100x3A	100×2.85×300	35.1	195 700	358	8.3	34.9	765	0.004 7	765	4 653	C
54	S30-100x3B	100×2.85×300	35.1	195 700	358	8.3	34.9	757	0.057	742	4 592	C
55	SH-100x5A	101×5.05×300	20.0	202 100	435	7.0	—	1 185	0.024	1 036	10 000	C
56	SH-100x5B	101×5.05×300	20.0	202 100	435	7.0	—	1 241	0.020	1 154	10 000	C
57	S20-100x5A	101×5.05×300	20.0	202 100	435	7.0	21.5	1 437	0.029	1 352	10 000	A
58	S20-100x5B	101×5.05×300	20.0	202 100	435	7.0	21.5	1 449	0.029	1 348	10 000	A
59	S30-100x5A	101×5.05×300	20.0	202 100	435	7.0	34.9	1 474	0.054	1 434	10 000	A
60	S30-100x5B	101×5.05×300	20.0	202 100	435	7.0	34.9	1 490	0.027	1 461	10 000	A
61	SH-150x3A	152×2.85×450	53.3	192 600	268	6.8	—	372	0.001 9	372	1 931	C
62	SH-150x3B	152×2.85×450	53.3	192 600	268	6.8	—	366	0.002 6	366	2 568	C
63	S20-150x3A	152×2.85×450	53.3	192 600	268	6.8	21.5	1 035	0.004 2	1 035	4 238	C
64	S20-150x3B	152×2.85×450	53.3	192 600	268	6.8	21.5	1 062	0.002 4	1 062	2 446	C
65	S30-150x3A	152×2.85×450	53.3	192 600	268	6.8	34.9	1 074	0.001 5	1 074	1 545	C
66	S30-150x3B	152×2.85×450	53.3	192 600	268	6.8	34.9	1 209	0.002 9	1 209	2 883	C
67	SH-150x5A	150×4.80×450	31.3	192 200	340	5.6	—	1 181	0.005 3	1 181	5 274	C
68	SH-150x5B	150×4.80×450	31.3	192 200	340	5.6	—	1 183	0.004 3	1 183	4 294	C
69	S20-150x5A	150×4.80×450	31.3	192 200	340	5.6	21.5	1 844	0.107	1 804	6 965	C
70	S20-150x5B	150×4.80×450	31.3	192 200	340	5.6	21.5	1 935	0.100	1 798	9 832	C
71	S30-150x5A	150×4.80×450	31.3	192 200	340	5.6	34.9	2 048	0.066	1 947	5 634	C
72	S30-150x5B	150×4.80×450	31.3	192 200	340	5.6	34.9	1 976	0.006 0	1 976	6 036	C

表 2.9　采用不同加载方式的钢管混凝土构件（第 Ⅱ 组）

截面类型	序号	试件编号	$D(B) \times t \times L$ /（mm×mm×mm）	$D(B)/t$	E_0/MPa	$\sigma_{0.2}$/MPa	n	f'_c/MPa	N_{max}/kN	ε_{max}/με
圆形	1	H1-127	127×1.6×375	79.4	195 000	274	7	—	259	5 940
	2	S1-127	127×1.6×375	79.4	195 000	274	7	62.4	284	4 997
	3	CFT1-127	127×1.6×375	79.4	195 000	274	7	62.4	1 288	3 983
	4	H2-152	152.4×1.6×450	95.3	195 000	279	7	—	241	4 266
	5	S2-152	152.4×1.6×450	95.3	195 000	279	7	62.4	263	6 374
	6	CFT2-152	152.4×1.6×450	95.3	195 000	279	7	62.4	1 744	2 487
方形	7	H3-150	150×4.8×450	31.3	192 200	340	5.6	—	1 179	4 486
	8	S3-150	150×4.8×450	31.3	192 200	340	5.6	62.4	1 315	6 421
	9	CFT3-150	150×4.8×450	31.3	192 200	340	5.6	62.4	2 546	2 455

表 2.10　采用复合加载方式的方不锈钢管混凝土构件（第Ⅲ组）

序号	试件编号	$B \times t \times L$ / ($mm \times mm \times mm$)	B/t	E_0 / MPa	$\sigma_{0.2}$ / MPa	n	f_c' / MPa	e / mm	N_{max} / kN
1	H-3-0	101×2.85×300	35.1	195 700	358	8.3	—	0	447
2	C-3-0	101×2.85×300	35.1	195 700	358	8.3	12	0	721
3	H-3-20	101×2.85×300	35.1	195 700	358	8.3	—	20	340
4	C-3-20	101×2.85×300	35.1	195 700	358	8.3	12	20	512
5	H-3-40	101×2.85×300	35.1	195 700	358	8.3	—	40	247
6	C-3-40	101×2.85×300	35.1	195 700	358	8.3	12	40	389
7	H-5-0	101×5.05×300	20.0	202 100	435	7.0	—	0	1 185
8	C-5-0	101×5.05×300	20.0	202 100	435	7.0	12	0	1 447
9	H-5-20	101×5.05×300	20.0	202 100	435	7.0	—	20	833
10	C-5-20	101×5.05×300	20.0	202 100	435	7.0	12	20	1 043
11	H-5-40	101×5.05×300	20.0	202 100	435	7.0	—	40	625
12	C-5-40	101×5.05×300	20.0	202 100	435	7.0	12	40	752

表 2.11　不锈钢管混凝土长柱轴压构件（第Ⅳ组）

截面类型	序号	试件编号	$D(B)$ /mm	H/mm	t	L_e/mm	λ	$\sigma_{0.2}$ /MPa	f_c' / MPa	N_{ue} / kN	$u_{m,ult}$ /mm	ε_{cu}/$\mu\varepsilon$	ε_L/$\mu\varepsilon$
圆形	1	C1-1a	113.6	—	2.8	485	17.1	288.6	36.3	738.0	0.39	−19 297	13 402
	2	C1-1b	113.6	—	2.8	485	17.1	288.6	75.4	1 137.1	0.24	−7 819	5 349
	3	C1-2a	113.6	—	2.8	1 540	54.2	288.6	36.3	578.9	2.07	−5 443	3 278
	4	C1-2b	113.6	—	2.8	1 540	54.2	288.6	75.4	851.1	2.58	−3 197	1 304
	5	C1-3a	113.6	—	2.8	2 940	103.5	288.6	36.3	357.6	11.80	−1 630	479
	6	C1-3b	113.6	—	2.8	2 940	103.5	288.6	75.4	731.8	3.65	−2 014	646
	7	C2-1a	101	—	1.48	440	17.4	320.6	36.3	501.3	1.28	−10 205	8 191
	8	C2-1b	101	—	1.48	440	17.4	320.6	75.4	819.0	0.28	−5 339	3 530
	9	C2-2a	101	—	1.48	1 340	53.1	320.6	36.3	446.0	1.70	−3 653	2 100
	10	C2-2b	101	—	1.48	1 340	53.1	320.6	75.4	692.2	1.94	−3 048	1 256
	11	C2-3a	101	—	1.48	2 540	100.6	320.6	36.3	383.0	1.25	−1 813	626
	12	C2-3b	101	—	1.48	2 540	100.6	320.6	75.4	389.7	13.69	−2 462	840
方形	13	S1-1a	100.3	—	2.76	440	15.2	390.3	36.3	767.6	0.33	−9 102	5 778
	14	S1-1b	100.3	—	2.76	440	15.2	390.3	75.4	1 090.5	0.29	−3 846	2 162
	15	S1-2a	100.3	—	2.76	1 340	46.3	390.3	36.3	697.3	2.65	−4 383	2 465
	16	S1-2b	100.3	—	2.76	1 340	46.3	390.3	75.4	1 022.9	0.83	−3 040	1 557
	17	S1-3a	100.3	—	2.76	2 540	87.7	390.3	36.3	622.9	4.42	−2 451	1 773
	18	S1-3b	100.3	—	2.76	2 540	87.7	390.3	75.4	684.2	10.82	−2 423	1 050
矩形	19	R1-1a	49	99.5	1.93	440	31.1	363.3	36.3	385.6	0.63	−6 379	2 682
	20	R1-1b	49	99.5	1.93	440	31.1	363.3	75.4	558.3	0.15	−5 086	1 400
	21	R1-2a	49	99.5	1.93	740	52.3	363.3	36.3	361.1	1.70	−6 758	—
	22	R1-2b	49	99.5	1.93	740	52.3	363.3	75.4	517.7	0.47	−3 522	1 856
	23	R1-3a	49	99.5	1.93	1 340	94.7	363.3	36.3	262.8	6.48	−2 101	1 069
	24	R1-3b	49	99.5	1.93	1 340	94.7	363.3	75.4	332.8	11.89	−3 571	1 855

表 2.12　第Ⅳ组试件不锈钢管材性

钢板厚度 /mm	初始弹模 E_0/GPa	0.2% 屈服强度 $\sigma_{0.2}$/MPa	应变强化 指数 n	泊松比	屈服应变 /$\times 10^{-6}$	抗拉强度 /MPa	伸长率 /%	N_p/kN
2.8	173.9	288.6	7.6	0.262	3 648	689.5	74.5	326.0
1.48	184.2	320.6	7.2	0.293	3 740	708.0	54.9	159.6
2.76	182.0	390.3	6.7	0.291	4 145	762.1	54.3	419.2
1.93	195.3	363.3	6.1	0.285	3 860	751.6	58.0	195.1

（2）轴压短试件

图 2.32 所示为不锈钢管混凝土轴压试件典型的破坏形态。可见，圆不锈钢管混凝土和方不锈钢管混凝土构件的破坏形态均为钢管向外的局部屈曲。径厚比为 79.4 的空不锈钢管试件的破坏形态为"象足屈曲"，径厚比较大的空不锈钢管构件的破坏截面则靠近试件中部，并在不同边同时出现向内或向外的局部鼓曲。和普通钢管混凝土试件相比，不锈钢管混凝土试件的破坏形态未有明显不同，但是塑性变形程度更大，并且某些试件在 20% 的轴向压缩变形下仍未发生钢管开裂。这是由于不锈钢材料具有较大的延伸率及较强的应变强化效应，能够允许钢管出现显著变形而保持足够强度。

(a) 圆不锈钢管混凝土　　(b) 圆不锈钢管　　(c) 方不锈钢管混凝土　　(d) 方不锈钢管

图 2.32　不锈钢管混凝土和空不锈钢管轴压短试件破坏模态

图 2.33 所示为典型的三种荷载 - 轴向应变（N-ε）关系曲线。可见，当约束效应系数降低时，曲线由 A 类向 B 类和 C 类转变。对于 A 类曲线，一开始曲线呈现线弹性，经过点 1 后曲线刚度逐渐降低，随着钢管径厚比的增大，点 1 和点 2 之间的曲线刚度减小。由于不锈钢具有较高的塑性硬化特性，后期曲线刚度有所上升，荷载继续增长直至到达点 3。B 类曲线和 A 类曲线较为相似，但在点 1′ 至点 2′ 之间曲线刚度降低。

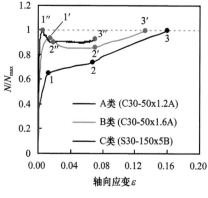

图 2.33   典型 $N\text{-}\varepsilon$ 曲线

C 类曲线则较常出现在普通钢管混凝土试件中。虽然不锈钢管具有较高的塑性硬化能力，但和圆形截面相比，方形截面所能提供的约束较弱，因此试验中只有部分方不锈钢管混凝土试件出现 A 类曲线。

图 2.34 所示为填充混凝土对 $N\text{-}\varepsilon$ 曲线的影响。可见，填充混凝土后试件的刚度和承载力均大幅提高，试件的延性也有所增大。尤其是对于圆不锈钢管混凝土，其延性和圆空钢管相比增加显著。由此可见，不锈钢管混凝土可以充分发挥两种材料的特点。

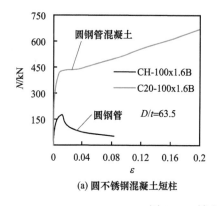

(a) 圆不锈钢混凝土短柱

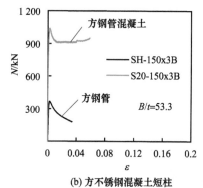

(b) 方不锈钢混凝土短柱

图 2.34   填充混凝土的影响

图 2.35 所示为截面径厚比对 $N\text{-}\varepsilon$ 曲线的影响。可见，总体上当截面径厚比较大时，曲线的延性较差。这是由于径厚比越大，不锈钢管对核心混凝土的约束效应越弱，该趋势与普通钢管混凝土类似。

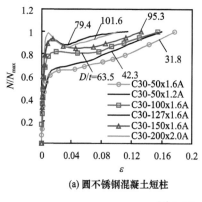

(a) 圆不锈钢混凝土短柱

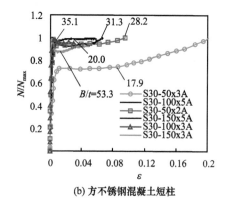

(b) 方不锈钢混凝土短柱

图 2.35   钢管径厚比影响

图 2.36 所示为普通钢管混凝土和不锈钢管混凝土轴压短试件 $N\text{-}\varepsilon$ 曲线的对比，同一张图中所对比两类构件的约束效应系数接近。可见，由于不锈钢的比例极限低，材

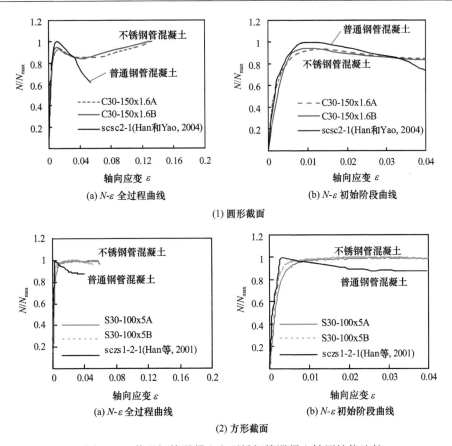

图 2.36　普通钢管混凝土和不锈钢管混凝土轴压性能比较

料较早进入非线性。因此与普通钢管混凝土构件相比,不锈钢管混凝土轴压构件的荷载 - 位移曲线弹性刚度较低,曲线较早进入非线性阶段。同时还可以发现,两类钢管混凝土构件都具有较好的延性,但由于不锈钢具有更显著的应变强化现象,延性更好,在受荷后期,普通钢管混凝土构件的荷载 - 应变曲线在达到荷载峰值点后出现明显下降,而不锈钢钢管混凝土的曲线形状更加饱满,下降段不明显。此外,不锈钢管混凝土在大变形后的残余承载力也比相应的普通钢管混凝土高,这也使得不锈钢管混凝土在诸如爆炸、撞击和火灾等极端荷载作用下的力学性能更加优良。

图 2.37 所示为不同加载方式下试件破坏形态,其中 H 系列是空不锈钢管,S 系列

(a) 圆形截面　　　　　　　　　　　　(b) 方形截面

图 2.37　不同加载方式对比

为仅在钢管上加载，CFT 系列为全截面加载。可见，空不锈钢管试件和全截面加载试件的破坏形态如前所述出现明显差异。对于 H 类试件，钢管屈曲的程度较大，对于圆不锈钢管混凝土，在柱底加劲肋上方出现了较大程度的鼓曲。

（3）短柱压弯试件

图 2.38 所示为短柱压弯试件的破坏形态，可见，随着偏心率的增大，不锈钢管混凝土试件出现了整体弯曲，在受压一侧的钢管向外鼓曲，侧面的钢管鼓曲不明显。对于空不锈钢管试件，随着偏心率的增大钢管也出现了整体弯曲，钢管侧面或端部出现了较大程度的鼓曲。

(a) 不锈钢管混凝土

(b) 空不锈钢管

图 2.38　压弯不锈钢管混凝土试件破坏形态

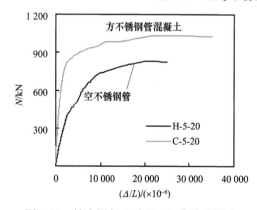

图 2.39　填充混凝土对 N-Δ/L 曲线的影响

图 2.39 所示为短柱压弯试件轴向荷载（N）-轴向变形（Δ/L）关系。可见，相比空钢管试件，不锈钢管混凝土试件的刚度和承载力提高显著，同时表现出较好的延性。

图 2.40 所示为偏心率对短柱压弯试件轴向荷载（N）-轴向变形（Δ/L）关系的影响。由图可见，随着偏心率的增大，不锈钢管混凝土试件的刚度和承载力均下降。

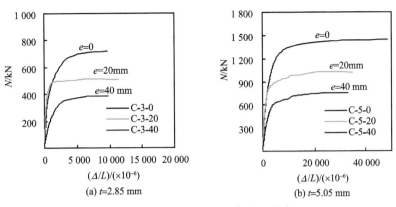

图 2.40 荷载偏心对 N-Δ/L 曲线的影响

（4）长柱轴压试件

图 2.41 所示为长柱轴压试件的破坏形态。由图可见，对于长细比较小的试件，由

（a）圆形截面

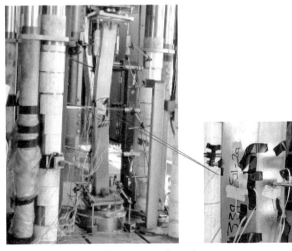

（b）方形截面（S1-2a）

图 2.41 典型大长细比试件破坏形态

(c) 矩形截面

图 2.41 （续）

于初始偏心的影响，钢管出现了受弯破坏形态，一侧钢管呈现多处明显的向外鼓曲。随着长细比的增大，试件的整体弯曲程度加大，但钢管表面局部鼓曲不明显。对于方形和矩形不锈钢管混凝土试件，整体也呈现弯曲破坏的形态，在试件中部的不锈钢管出现了向外的鼓曲。

图 2.42 所示为长细比对轴向荷载（N）-跨中侧向位移（u_{m}）关系的影响。由图可见，在试件到达极限承载力之前，中部侧向位移发展不明显。在极限承载力之后，随着试件弯曲变形的增大，侧向位移有较大发展。试件弯曲形态总体上符合正弦半波曲线。

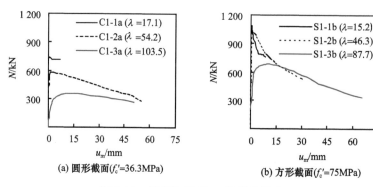

(a) 圆形截面(f_c'=36.3MPa)　　　　(b) 方形截面(f_c'=75MPa)

图 2.42 长细比对 N-u_{m} 关系的影响

图 2.43 所示为长细比对轴向荷载（N）-轴向压缩应变（Δ/L）关系的影响，其中，轴向压缩应变为轴向位移（Δ）和试件长度（L）的比值。由图可见，随着长细比的增加，试件的极限承载力减小，并且承载力下降速度更快，钢材截面的应变不能得到充分发展。

图 2.44 所示为混凝土强度对轴向荷载（N）-跨中侧向位移（u_{m}）关系的影响。可见，随着混凝土强度的增加，试件的极限承载力增大，但承载力下降速度更快，整体

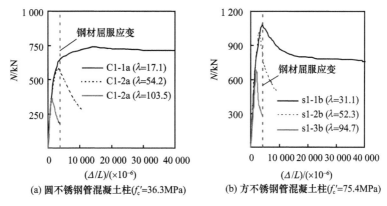

(a) 圆不锈钢管混凝土柱(f_c'=36.3MPa)　　(b) 方不锈钢管混凝土柱(f_c'=75.4MPa)

图 2.43　长细比对 N-Δ /L 关系的影响

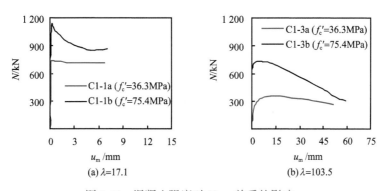

(a) λ=17.1　　　　　　　　(b) λ=103.5

图 2.44　混凝土强度对 N-u_m 关系的影响

延性降低。当长细比较大时这一趋势更为明显。

图 2.45 所示为截面径厚比对轴向荷载（N）- 跨中侧向位移（u_m）关系的影响。可见，截面径厚比对 N-u_m 曲线形状影响有限，这主要是由于当长细比较大时，钢管约束作用对构件力学性能的影响较为有限。

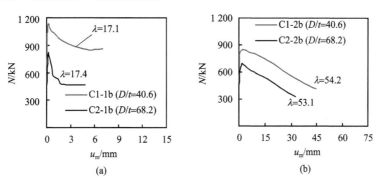

(a)　　　　　　　　　　　(b)

图 2.45　截面径厚比对 N-u_m 关系的影响

（5）数值模拟

建立了不锈钢管混凝土轴压短试件的数值性能分析模型（Tao 等，2011），如图 2.46 所示。其中，不锈钢材料模型采用 Rasmussen 建议的模型（Rasmussen，2003）。由于

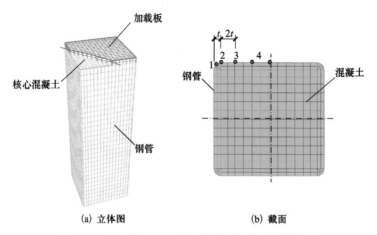

(a) 立体图　　　　　　　(b) 截面

图 2.46　不锈钢管混凝土短试件有限元模型示意图

受到外钢管的约束，钢管核心混凝土的强度和塑性变形能力得到改善。核心混凝土模型根据韩林海（2007，2016）提出的普通钢管混凝土的核心混凝土模型确定。该关系曲线建立在大量钢管混凝土试验基础上，模拟结果与试验曲线吻合良好。如下所述。

　　混凝土本构关系用塑性损伤模型（concrete damaged plasticity model）来描述，其塑性变形能力的提高主要与约束效应系数 ξ 有关，核心混凝土单轴受压应力 - 应变关系如下式所示（Han 等，2007；韩林海，2007，2016）为

$$y=\begin{cases} 2 \cdot x - x^2 & x \leqslant 1 \\ \dfrac{x}{\beta_0 \cdot (x-1)^\eta + x} & x > 1 \end{cases} \tag{2.17}$$

式中：

$$x=\frac{\varepsilon}{\varepsilon_0},\ y=\frac{\sigma}{\sigma_o}\ \{\sigma_o=f'_c,\ \varepsilon_0=\varepsilon_c+800 \cdot \xi^{0.2} \cdot 10^{-6}\ [\varepsilon_c=(1300+12.5 \cdot f'_c) \cdot 10^{-6}]\};$$

$$\eta=\begin{cases} 2 & （圆钢管混凝土） \\ 1.6+1.5/x & （方、矩形钢管混凝土） \end{cases};$$

$$\beta_0=\begin{cases} (2.36 \times 10^{-5})^{[0.25+(\xi-0.5)^7]}\ (f'_c) \times 0.5 \times 0.5 \geqslant 0.12\ （圆钢管混凝土） \\ \dfrac{(f'_c)^{0.1}}{1.2\sqrt{1+\xi}} & （方、矩形钢管混凝土） \end{cases}$$

以上各式中，混凝土圆柱体抗压强度（f'_c）以 N/mm² 计。

　　进行计算时，混凝土弹性模量 E_c 参照 ACI 318（2005，2014）规定，取值为 $4730\sqrt{f'_c}$（N/mm²），f'_c 为圆柱体抗压强度，单位 N/mm²，泊松比取 0.2。

　　混凝土受拉软化性能采用输入混凝土单轴受拉应力 - 应变关系的方法，开裂前混凝土处于弹性状态，开裂后混凝土单轴应力 - 应变关系采用沈聚敏等（1993）建议的曲线如下所示，即

$$\frac{\sigma_{t}}{\sigma_{to}}=\frac{\dfrac{\varepsilon_{t}}{\varepsilon_{to}}}{0.31\sigma_{to}^{2}\left(\dfrac{\varepsilon_{t}}{\varepsilon_{to}}-1\right)^{1.7}+\dfrac{\varepsilon_{t}}{\varepsilon_{to}}} \tag{2.18}$$

式中：$\varepsilon_{to}=\sigma_{to}/E_{c}$；$\sigma_{to}$ 为开裂应力；根据 FIB Model Code 2010 的规定，按照 $0.3\cdot(f_{c}')^{0.67}$ 进行计算，f_{c}' 的单位为 N/mm^{2}。

在钢和混凝土的接触关系方面，在钢与混凝土两种材料的交界面上，法线方向不能相互穿透，即"硬接触"。在切线方向上，界面之间存在摩擦，可以采用库仑摩擦准则来模拟。在库仑摩擦模型中，界面之间发生相对滑动的条件为 $\tau=\tau_{crit}$，其中 τ 为黏结应力，τ_{crit} 为临界值，τ_{crit} 计算方法如下所示为

$$\tau_{crit}=\mu\cdot p\geqslant\tau_{bond} \tag{2.19}$$

式中：μ、p 和 τ_{bond} 分别为摩擦系数、接触压力和平均黏结应力。μ 的取值在 $0.2\sim0.6$（Baltay 和 Gjelsvik，1990）。在钢管混凝土模拟中，钢管与核心混凝土之间的 μ，不同研究者取值有所不同，如 Ellobody（2013）取 0.25，而 Moon 等（2009）取 0.47，韩林海（2007，2016）经过大量算例，证实 μ 取 0.6 能够得到较好计算结果。

对于钢管与核心混凝土之间的平均黏结应力 τ_{bond}，根据韩林海（2007，2016）关于钢管混凝土模型建议，采用 Roeder 等（1999）的研究成果，平均黏结应力 τ_{bond} 按下式计算为

$$\tau_{bond}=2.314-0.0195\cdot(D_{i}/t)\quad(N/mm^{2}) \tag{2.20}$$

式中：D_{i} 为核心混凝土直径；t 为钢管厚度，单位为 mm。

模型还根据韩林海（2007，2016）提出的方法考虑了钢管的初始缺陷。

图 2.47 所示为试验和有限元计算的破坏形态对比。由图可见，有限元模型可以较好地模拟出钢管向外鼓曲等特性，和试验实测破坏形态较为接近。

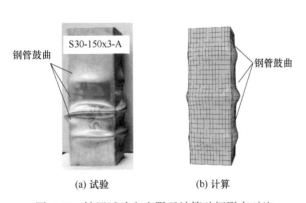

（a）试验　　　　　　　　（b）计算

图 2.47　轴压试验和有限元计算破坏形态对比

图 2.48 所示为试验和有限元计算的荷载（N）-轴向应变（ε）结果对比。由图可见，计算的刚度、承载力均和试验吻合良好。试验和有限元计算承载力对比如图 2.49 所示。可见，提出的有限元模型可以较好地计算不锈钢管混凝土的极限承载力。

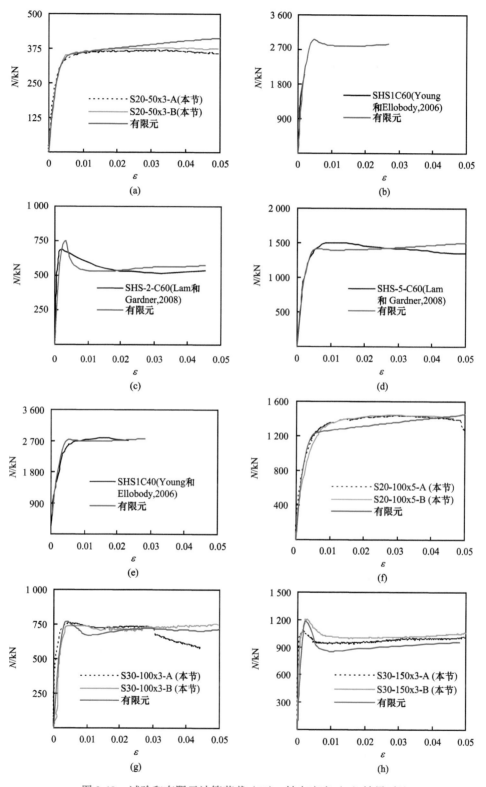

图 2.48　试验和有限元计算荷载（N）- 轴向应变（ε）结果对比

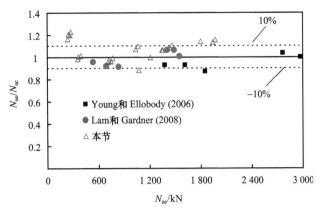

图 2.49　试验和计算极限承载力对比

2.5.3　承载力计算方法

根据美国 ACI（2008，2014）规范和 AISC（2005）［ANSI/AISC360—10（2010）］规范、中国 DBJ/T13-51—2010（2010）规程及欧洲 EC4（2004）规范对不锈钢管混凝土极限承载力进行了计算，结果如图 2.50 所示。其中，N_{uc} 为有限元计算极限承载力，N_{ACI}、N_{AISC}、$N_{DBJ/T}$ 和 N_{EC4} 分别为根据美国 ACI 规范和 AISC 规范、中国 DBJ/T13-51—2010 规程及欧洲规范 EC4 计算的极限承载力。钢材的屈服强度采用 0.2% 残余应变所对应的应力 $\sigma_{0.2}$。

由图 2.50 可见，目前所有规范对于约束效应系数较大情况下的不锈钢管混凝土轴压极限承载力都给出了偏于保守的估计。这是由于不锈钢材料和冷弯截面有着较强的应变硬化效应，根据普通钢管混凝土承载力公式计算的值偏低。在各规范中，DBJ/T13-51—2010（2010）规程给出了最为准确的承载力计算。根据 DBJ/T 13-51—2010（2010）计算的 $N_{uc}/N_{DBJ/T}$ 平均值为 1.030，变异系数（coefficient of variation，COV）为 0.038。其中，变异系数等于数组的标准差除以平均值。

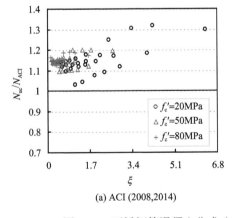

(a) ACI (2008,2014)

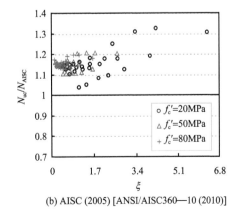

(b) AISC (2005) [ANSI/AISC360—10 (2010)]

图 2.50　不锈钢管混凝土公式（N_u）和有限元计算（N_{uc}）承载力对比

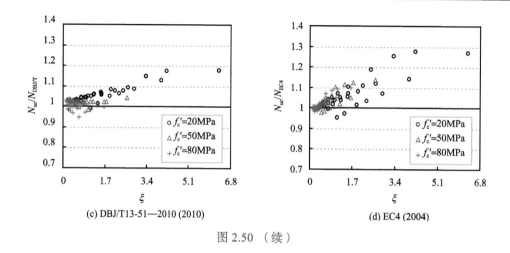

(c) DBJ/T13-51—2010 (2010)　　　　　　(d) EC4 (2004)

图 2.50　（续）

2.6　钢管自密实混凝土

自密实混凝土（self-consolidating concrete）是一种高性能混凝土，由于具有良好的填充性能，因此更容易填充密实和保证混凝土的浇筑质量，降低浇筑混凝土的劳动强度，加快施工进度，同时还可减轻混凝土施工引起的噪音污染等。

如果把高性能的自密实混凝土灌入钢管，形成钢管自密实混凝土，预期可更为充分地发挥钢材和自密实混凝土两种材料在受力及施工方面的优点。

众所周知，自密实混凝土的力学性能和普通混凝土有所不同，例如自密实混凝土具有水灰比低和掺用活性细掺料的特点，使其自收缩变形与普通混凝土会有所差别。此外，混凝土不加振捣浇筑是否会影响钢管和混凝土的共同工作性能也是有关工程界所关注的问题。因此，有必要研究钢管自密实混凝土构件的工作性能，比较其与相应普通钢管混凝土力学性能上的差异，进而得出可为该类结构工程应用参考的结论。

为此，本书作者通过钢管自密实混凝土轴压和偏压构件静力性能的试验研究，观察和分析其受力性能和破坏形态，研究钢管自密实混凝土构件的力学性能，并对这类构件承载力计算方法进行探讨（Han 和 Yao，2004；Han 等，2005b）。考虑钢材强度、混凝土强度、轴压比等参数，还进行了钢管自密实混凝土构件滞回性能的试验，研究往复荷载作用下钢管自密实混凝土构件的荷载 - 位移关系、承载能力、刚度和耗能等的变化规律（Han 等，2005c），此外还完成了钢管自密实混凝土核心混凝土收缩特性的试验研究（韩林海等，2006；韩林海，2007，2016）。

2.6.1　静力性能

（1）试验概况

试验参数包括：①试件钢管内混凝土浇筑采用了三种方式，即第一种方式为混凝土填充到钢管内，不进行任何振捣；第二种方式为逐层填充混凝土到钢管内，每层的高度约为50mm，然后用直径为16mm的钢筋人工在钢管截面内均匀振捣20次，第三种方式为逐层填充混凝土到钢管内，每层的高度为50mm，同时用ϕ50振捣棒伸入钢管内部进行适当振捣，并用振捣棒在钢管的外部进行侧振；②试件横截面形式，即圆形和方形；③试件截面径（宽）厚比为33～67；④轴压荷载偏心率（e/r，其中e为轴向荷载初始偏心距；对于圆钢管混凝土，$r=D/2$；对于方钢管混凝土$r=B/2$，上述D和B分别为圆试件截面外直径和方试件截面外边长）：0～0.3。

短试件的L/D或L/B取为3（韩林海，2007，2016），L为试件长度。长试件的长细比λ（对于圆钢管混凝土，$\lambda=4L/D$；对于方钢管混凝土$\lambda=2\sqrt{3}L/B$）取为40。

构件的详细参数如表2.13所示，其中，试件编号的第一个字母s表示短试件，l表示长试件；第二个字母c或s分别表示圆或方试件；接下来的字母sc表示管内混凝土无振捣（混凝土浇筑第一种方式），h表示手工振捣（第二浇筑方式），v表示用振捣棒振捣（第三种浇筑方式）。

表2.13中，t为管壁厚度，α_s（$\alpha_s=A_s/A_c$，A_c和A_s分别为核心混凝土和钢管横截面面积）为含钢率；N_{ue}为实测极限承载力；N_{aue}为参数相同试件极限承载力的平均值。

表 2.13　钢管自密实混凝土静力试验试件表

试件类型	截面	序号	试件编号	$D(B)\times t$ / (mm×mm)	L/mm	λ	e/r	α_s	N_{ue}/kN	N_{aue}/kN
轴压试件	圆形	1	scsc1-1	100×3	300	—	—	0.132	708	764
		2	scsc1-2	100×3	300	—	—	0.132	820	
		3	sch1-1	100×3	300	—	—	0.132	766	793
		4	sch1-2	100×3	300	—	—	0.132	820	
轴压试件	圆形	5	scv1-1	100×3	300	—	—	0.132	780	797
		6	scv1-2	100×3	300	—	—	0.132	814	
		7	scsc2-1	200×3	600	—	—	0.063	2 320	2 325
		8	scsc2-2	200×3	600	—	—	0.063	2 330	
		9	sch2-1	200×3	600	—	—	0.063	2 160	2 160
		10	sch2-2	200×3	600	—	—	0.063	2 160	
		11	scv2-1	200×3	600	—	—	0.063	2 383	2 320
		12	scv2-2	200×3	600	—	—	0.063	2 256	
	方形	1	sssc-1	200×3	600	—	—	0.063	2 458	2 524
		2	sssc-2	200×3	600	—	—	0.063	2 594	
		3	ssh-1	200×3	600	—	—	0.063	2 306	2 295
		4	ssh-2	200×3	600	—	—	0.063	2 284	
		5	ssv-1	200×3	600	—	—	0.063	2 550	2 569
		6	ssv-2	200×3	600	—	—	0.063	2 587	
偏压试件	圆形	1	lcsc1-1	200×3	2 000	40	0	0.063	1 830	1 818
		2	lcsc1-2	200×3	2 000	40	0	0.063	1 806	
		3	lch1-1	200×3	2 000	40	0	0.063	1 882	1 971
		4	lch1-2	200×3	2 000	40	0	0.063	2 060	
		5	lcv1	200×3	2 000	40	0	0.063	2 115	2 115
		6	lcsc2-1	200×3	2 000	40	0.3	0.063	1 215	1 174
		7	lcsc2-2	200×3	2 000	40	0.3	0.063	1 132	

续表

试件类型	截面	序号	试件编号	$D(B)\times t$ /（mm×mm）	L/mm	λ	e/r	α_s	N_{ue}/kN	N_{aue}/kN
偏压试件	圆形	8	lch2-1	200×3	2 000	40	0.3	0.063	1 291	1 263
		9	lch2-2	200×3	2 000	40	0.3	0.063	1 234	
		10	lcv2	200×3	2 000	40	0.3	0.063	1 280	1 280
	方形	1	lssc1-1	200×3	2 310	40	0	0.063	1 986	2 016
		2	lssc1-2	200×3	2 310	40	0	0.063	2 045	
		3	lsh1-1	200×3	2 310	40	0	0.063	2 280	2 227
		4	lsh1-2	200×3	2 310	40	0	0.063	2 173	
		5	lsv1	200×3	2 310	40	0	0.063	2 258	2 258
		6	lssc2-1	200×3	2 310	40	0.3	0.063	1 450	1 433
		7	lssc2-2	200×3	2 310	40	0.3	0.063	1 415	
		8	lsh2-1	200×3	2 310	40	0.3	0.063	1 502	1 519
		9	lsh2-2	200×3	2 310	40	0.3	0.063	1 535	
		10	lsv2	200×3	2 310	40	0.3	0.063	1 620	1 620

　　方钢管由四块钢板拼焊而成，圆钢管则由钢板卷制而后用一道焊缝焊接而成。每个试件加工两块厚度为 10mm 的钢板作为试件盖板，先在空钢管一端将盖板焊上，另一端等混凝土浇灌之后再焊接。

　　观测结果表明，混凝土在三种不同浇筑方式下的表观密实度良好，且都没有出现混凝土泌水、离析或分层现象。

　　需要说明的是，实际工程中采用自密实混凝土大都无须再进行振捣。本次试验进行不同方式振捣混凝土的目的只是为了比较混凝土浇筑方法对钢管混凝土构件力学性能的影响规律。

　　钢管钢材实测的屈服强度（f_y）、抗拉强度（f_u）、弹性模量（E_s）和泊松比（μ_s）分别为 303.5MPa、424.5MPa、2.07×10^5 N/mm^2 和 0.266。

　　混凝土配合比为水泥∶粉煤灰∶砂∶石∶水（kg）=400∶170∶815∶815∶180.8（kg）。采用了普通硅酸盐水泥；河砂；碎石，石子粒径 5～15mm；矿物细掺料：Ⅱ级粉煤灰；普通自来水；早强型减水剂的掺量为 1.2%。混凝土坍落度为 268mm，坍落流动度为 620mm。新拌混凝土流经"L"形仪的时间为 14s，平均流速为 57mm/s，"L"形仪的示意图如图 2.51 所示。

　　混凝土 28 天立方体抗压强度 f_{cu}=40.6MPa，由与试件同条件下成型养护的 150mm×150mm×150mm 立方试块测得。实测的弹性模量 E_c 为 37 420N/mm^2。试验时混凝土的 f_{cu}=58.5MPa。

　　（2）试验方法和试验结果

　　1）轴压短试件。

　　将试件放置在 500t 液压压力机上进行一次性压缩试验。

　　实测结果表明，钢管自密实混凝土轴压试件具有良好的承载和变形能力。受荷初期，试件的变形和形态变化不大。当外荷载加至极限荷载的 60%～70% 时，钢管壁局部开始出现剪切滑移线。随着外荷载的继续增加，滑移线由少到多，逐渐布满钢管壁，

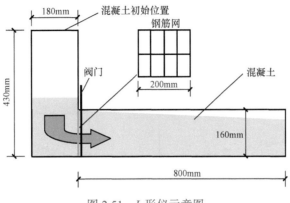

图 2.51　L 形仪示意图

随后钢管表面开始出现若干处局部凸曲，且沿四个方向的凸曲程度基本相同。试验过程中，四个纵向应变片的实测应变变化基本一致。图 2.52 给出了管内混凝土采用了不同成型方式的试件典型的破坏模态，可见差别并不明显。

图 2.52　试件典型破坏模态比较

图 2.53 和图 2.54 分别给出了钢管混凝土轴压短试件实测的轴力（N）- 平均纵向应变（ε）关系和轴力（N）- 平均横向应变（ε_L）关系。

采用韩林海（2007，2016）建立的针对普通钢管混凝土的"纤维模型法"数值模型和有限元模型，分别对本节钢管自密实混凝土试件的荷载 - 变形关系进行了计算。

韩林海（2007，2016）论述的"纤维模型法"是一种简化的数值分析方法，采用该方法进行钢管混凝土构件荷载 - 变形关系的计算分析时，假设截面上任何一点的纵向应力只取决于该点的纵向纤维应变，另外还假设组成钢管混凝土的钢管及其核心混凝土之间无滑移。该模型还可考虑焊接钢管和冷弯钢管的残余应力以及钢管局部

屈曲的影响等。有限元法则相对是一种精确的分析方法。韩林海（2007，2016）基于
ABAQUS 软件建立了分析钢管混凝土在各种受力状态下工作机理的模型，该模型可考
虑钢管及其核心混凝土之间的相互作用及界面接触等更为细致的问题。

　　图 2.53 中同时给出了有限元法和纤维模型法的计算曲线。可见，有限元法和纤维
模型法的计算结果与试验结果总体上均较为吻合。

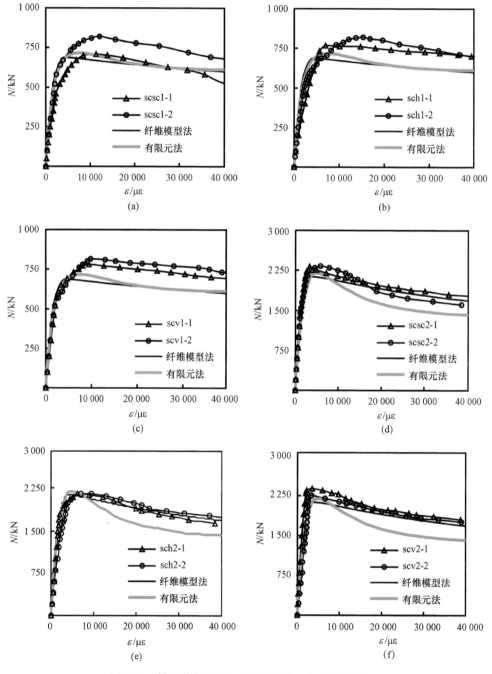

图 2.53　轴压荷载（N）- 纵向应变（ε）关系曲线

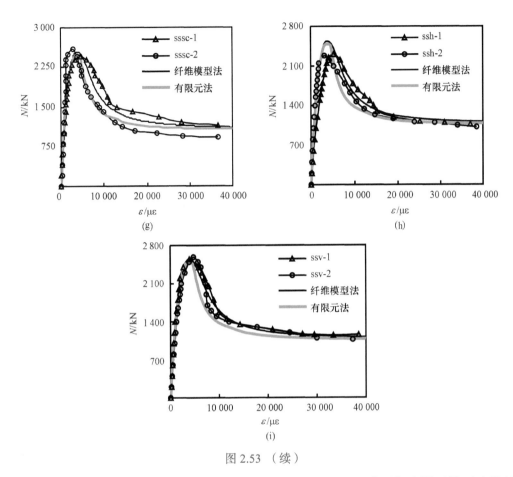

图 2.53 （续）

　　图 2.54 中给出了实测的轴压荷载（N）- 横向应变（ε_{L}）关系与有限元模型（韩林海，2007，2016）计算结果的比较，可见二者也总体上吻合良好。

　　表 2.13 中还给出了采用不同混凝土浇筑方式构件的实测极限承载力平均值（N_{aue}），可见，三种不同管内混凝土浇筑方式对轴压短试件的极限承载力影响总体较

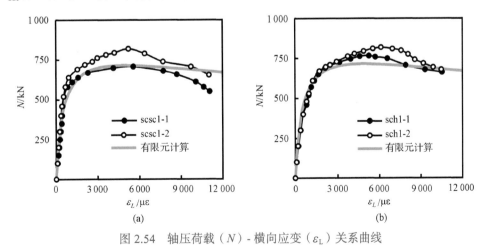

图 2.54　轴压荷载（N）- 横向应变（ε_{L}）关系曲线

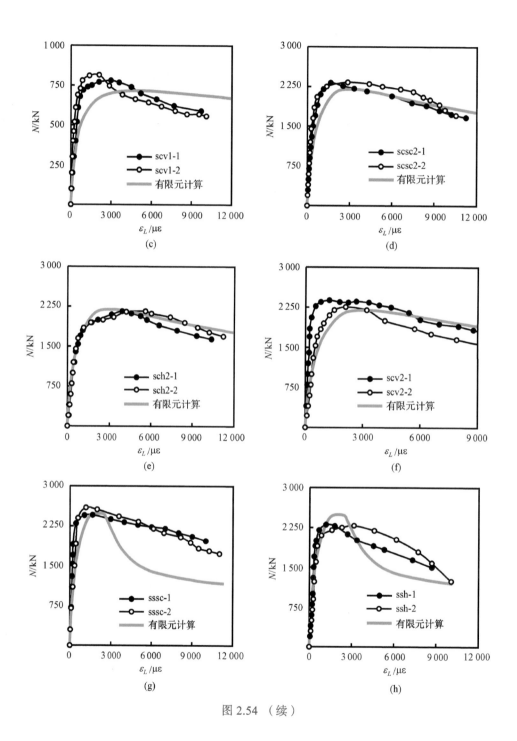

图 2.54 （续）

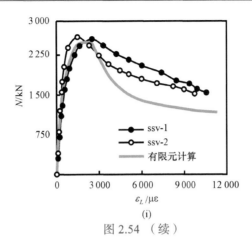

图 2.54 （续）

小。分析结果还表明，管内混凝土不同浇筑方式对钢管混凝土轴压弹性模量的影响也不大（Han 和 Yao，2004）。

2）偏压构件。

试验在 500t 压力机上进行，试验装置、量测装置和试验方法同 2.2.1 节中的偏压试件。对试验全过程观测表明，所有试件的试验过程都可以得到很好的控制，试件均表现为柱子发生侧向挠曲，最终丧失稳定而破坏。受荷初期试件的跨中挠度变形很小，挠度增长和荷载增加基本上呈正比关系。当外荷载加至极限荷载的 60%～70% 时，试件跨中挠度开始明显增加。当跨中挠度达到某一数值时，荷载开始下降，而变形的增加更为迅速。观测结果表明，试件挠曲线沿跨中总体上下对称，且挠曲线基本呈正弦半波曲线形状（Han 和 Yao，2004）。

图 2.55 和图 2.56 分别给出了试验获得的荷载（N）- 中截面挠度（u_m）关系和荷载（N）- 中截面边缘纤维处纵向应变（ε）关系。可见，所有试件均具有较好的变形能力，管内混凝土采用自密实成型的试件与振捣成型的试件的荷载 - 变形关系没有明显差异。由于方钢管混凝土试件在试验时受钢管局部屈曲的影响，测得的纵向应变（ε）在试件达极限承载力以后增长幅度较小。

采用了韩林海（2007，2016）论述的有限元模型对上述偏压试验结果进行了验算，图 2.55 中同时给出了有限元法计算结果和实测 N-u_m 关系曲线的比较，可见计算结果与试验结果总体上较为吻合。采用数值模型计算得到的构件极限承载力与实测结果也较为接近，且总体上稍低于实测结果。

表 2.13 中给出了三种混凝土浇筑方式情况下偏压构件极限承载力的比较，可见，混凝土采用自密实成型的构件极限承载力比采用振捣器振捣成型的构件低 8.3%～14%，而混凝土采用手工振捣的构件比采用振捣器振捣成型的构件低 1.4%～6.8%。造成这种差异的原因是混凝土密实度不同造成的。实际钢管混凝土工程中的核心混凝土在采用自密实混凝土材料时，要切实选用合适的混凝土配合比和相应合适的混凝土浇筑工艺，以确保混凝土的密实度。对于核心自密实混凝土的浇筑质量更要注意过程控制（于清和阎善章，2008）。

在进行了 38 个钢管自密实混凝土轴压和偏压构件力学性能的试验研究以后，发现管内混凝土采用自密实成型和振捣成型的构件极限承载力总体差别不大。为了更

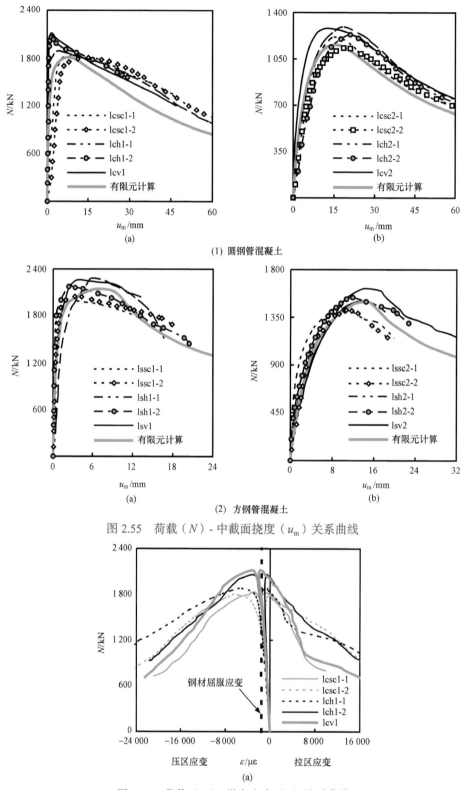

(1) 圆钢管混凝土

(2) 方钢管混凝土

图 2.55　荷载（N）- 中截面挠度（u_m）关系曲线

(a)

图 2.56　荷载（N）- 纵向应变（ε）关系曲线

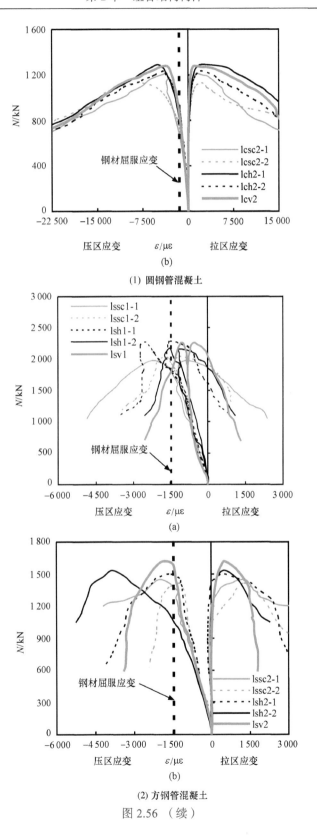

(1) 圆钢管混凝土

(2) 方钢管混凝土

图 2.56　(续)

进一步验证试验得到的结论，对自密实和采用振捣密实的混凝土试样的微观结构进行了电镜扫描试验研究。电镜照片见图 2.57，其中图名括号内的数字为微观结构的放大倍数。

(a) 自密实（×5000）　　　　　　　　　　　　　　(b) 振捣密实（×5000）

(1) 水泥水化物对比

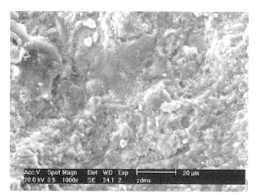

(a) 自密实（×1000）　　　　　　　　　　　　　　(b) 振捣密实（×1000）

(2) 表面整体形貌对比

图 2.57　不同浇筑方式下混凝土微观结构对比

图 2.57（1）给出了两种情况下水泥浆体的水化物比较情况。由于试样的水化时间都在 60 天以上，而且掺有粉煤灰，混凝土中水泥水化都比较充分，针状的、刺状的 C-S-H（水化硫铝酸钙晶体）较多，可见，自密实成型和振捣成型的混凝土试样水泥水化程度基本相同。图 2.57（2）给出了两种情况下，试样表面整体形貌的比较情况。可见，采用振捣密实成型的混凝土试样照片孔内产物多，填充程度高。采用自密实成型的混凝土试样的扫描照片，与采用振捣密实成型的试样没有明显差别，但在个别地方孔内产物较少，填充程度稍差。

除上述钢管自密实混凝土轴压和偏压研究以外，吴颖星（2007）、Yu 等（2008）还进行了 32 个混凝土强度等级为 C120 的自密实混凝土的钢管高强混凝土试件的试验研究，其中包括 8 个轴压试件、4 个纯弯试件和 20 个偏压试件，主要参数有：①截面形式：圆形和方形；②长细比（λ）：12～120；③荷载偏心率（e/r）：0～0.6。研究结果表明，圆钢管普通强度混凝土构件承载力计算公式基本适用于相应的圆钢管高强混凝土，但对于方钢管高强混凝土构件，采用钢管普通强度混凝土构件的设计公式计算出的承载力稍高。

韩林海等（2006）对钢管自密实混凝土的水化热和收缩等性能进行了试验研究，结果表明：①钢管混凝土中核心混凝土的收缩变形早期发展很快，其横向收缩比同期的纵向收缩略小，变形速率随时间的增长而不断减小，100 天后的收缩变形曲线渐趋水平；②钢管自密实混凝土收缩的规律与钢管普通混凝土基本一致；③素混凝土构件的收缩变形规律与钢管混凝土中核心混凝土的收缩变形规律相似，但钢管混凝土中核心混凝土的收缩变形只有素混凝土对比试件的 1/3 左右。

综上所述，在作者进行的试验研究条件下及所研究的参数范围内，基于普通钢管混凝土构件提出的数值模型计算得到的构件极限承载力与实测结果较为接近，且总体上低于实测结果。这也意味着普通钢管混凝土构件承载力的计算方法总体上也适用于钢管自密实混凝土，在钢管混凝土构件中采用自密实混凝土是可行的。

2.6.2 滞回性能

为研究钢管自密实混凝土构件的滞回性能，分别进行了 10 个圆试件和 8 个方试件的试验研究（Han 等，2005c），试件的主要参数为轴压比：0.04～0.6；钢材强度：282～404MPa；混凝土强度：90.4～121.6MPa。

（1）试验概况

试件设计时变化的主要参数为混凝土强度（f_{cu}）、钢材强度（f_y）和轴压比（$n=N_o/N_u$，表中，N_o 为试验时作用在构件上的轴向压力，N_u 为钢管混凝土轴压极限承载力），具体设计参数如表 2.14 所示。表中，D 为圆钢管混凝土构件截面外直径，B 为方钢管混凝土构件截面外边长，t 为管壁的厚度，P_{ue} 为滞回曲线上的正负方向峰值荷载的平均值。

表 2.14 钢管自密实混凝土滞回性能试验试件表

截面类型	序号	试件编号	$D(B) \times t/(mm \times mm)$	f_{cu}/MPa	f_y/MPa	N_o/kN	n	P_{ue}/kN
圆形	1	CH1	100×1.9	121.6	404	25	0.04	34.9
	2	CH2	100×1.9	121.6	404	133	0.2	32.5
	3	CH3	100×1.9	121.6	404	267	0.4	33.8
	4	CH4	100×1.9	121.6	404	400	0.6	32.9
	5	CL1	100×1.9	90.4	404	25	0.04	33.4
	6	CL2	100×1.9	90.4	404	117	0.2	32.7
	7	CL3	100×1.9	90.4	404	235	0.4	31.5
	8	CL4	100×1.9	90.4	404	352	0.6	29.1
	9	CLH	100×1.9	121.6	282	246	0.4	27.5
	10	CLL	100×1.9	90.4	282	210	0.4	25.9

续表

截面类型	序号	试件编号	$D(B) \times t$/(mm×mm)	f_{cu}/MPa	f_y/MPa	N_o/kN	n	P_{ue}/kN
方形	1	SH1	100×1.9	121.6	404	25	0.03	40.6
	2	SH2	100×1.9	121.6	404	175	0.2	44.0
	3	SH3	100×1.9	121.6	404	350	0.4	40.7
	4	SL1	100×1.9	90.4	404	25	0.03	43.4
	5	SL2	100×1.9	90.4	404	300	0.4	38.2
	6	SL3	100×1.9	90.4	404	450	0.6	32.5
	7	SLH	100×1.9	121.6	282	327	0.4	40.0
	8	SLL	100×1.9	90.4	282	272	0.4	37.3

圆钢管试件由钢板卷成，方钢管试件采用四块钢板拼焊而成。对每个试件加工两块厚度为 16mm 的钢板作为盖板，先在空钢管一端将盖板焊上，另一端等混凝土浇灌之后再焊接。试件长度均为 1500mm。测试的钢材屈服强度（f_y）、抗拉强度（f_u）、弹性模量（E_s）和泊松比（μ_s）如表 2.15 所示。

表 2.15　钢材材性

序号	f_y/MPa	f_u/MPa	E_s/（×10⁵N/mm²）	μ_s
1	282	358	2.02	0.263
2	404	514	2.07	0.265

采用了自密实混凝土（SCC）的配合比如表 2.16 所示。

表 2.16　混凝土配合比

28 天时的 f_{cu}/MPa	材料用量/（kg/m³）					
	水泥	粉煤灰	中砂	碎石	水	减水剂
79	428	160	757.5	925.5	173	5.88
68	396	170	882	962	204	4.53

混凝土抗压强度（f_{cu}）由与试件同等条件下养护成型的边长 150mm 立方体试块测得，弹性模量（E_c）由 150mm×150mm×300mm 棱柱体测得。混凝土的实测性能指标如表 2.17 所示。

表 2.17　混凝土性能指标

28 天时的 f_{cu}/MPa	试验时的 f_{cu}/MPa	弹性模量 E_c/（N/mm²）	坍落度/mm	扩展度/mm	L 型流速仪测得流速/（mm/s）
79	121.6	42 608	270	600	19.3
68	90.4	40 983	275	670	44.4

试件两端边界条件为铰接。柱轴压力（N_o）由一水平放置的千斤顶施加。往复荷载由一位于试件跨中位置的 MTS 伺服加载系统施加。荷载（P）-位移（Δ）关系由 MTS 系统的数据自动采集系统采集。在试件四分点位置还各设置一个位移传感器，与

跨中 MTS 系统的作动器位移进行同步采集。在刚性夹具与构件连接处的两边，各安装一个曲率仪。

滞回性能试验装置和测量装置如图 2.15 所示。进行试验时，先施加轴向压力至设计值 N_o，在试验过程中维持 N_o 不变，然后通过 MTS 系统作动器对试件施加横向位移。试验的加载程序采用荷载 - 位移双控制的方法，具体加载方法和 2.2.2 节进行的滞回试验相同。

（2）试验结果及分析

1）试件破坏形态。

通过对 18 个试件的观测发现，当施加在试件上的荷载未超过屈服荷载时，试件的荷载（P）- 位移（Δ）关系基本上呈线性关系；荷载超过屈服荷载后，随着试件横向位移的逐级增大，在刚性夹具与试件连接处钢管开始出现局部的微鼓曲，随后钢管局部凸起的范围随加载位移的增大而逐渐增大且渐渐沿环向发展。在往复荷载作用下，截面在上下部位都有鼓曲现象发生。试件接近破坏时，这种鼓曲发展迅速。上述现象和采用普通混凝土的钢管混凝土试件类似（韩林海，2007，2016）。

图 2.58 所示为钢管混凝土构件典型的破坏形态。

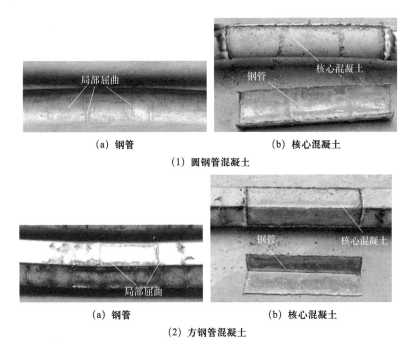

（a）钢管　　　　　　　　　　　　（b）核心混凝土

（1）圆钢管混凝土

（a）钢管　　　　　　　　　　　　（b）核心混凝土

（2）方钢管混凝土

图 2.58　往复荷载作用下构件典型的破坏形态

2）P-Δ 滞回关系曲线。

图 2.59 给出所有试件的实测 P-Δ 滞回曲线。可见，圆、方钢管自密实混凝土的 P-Δ 滞回曲线均没有出现明显的捏缩现象，试件表现出良好的延性和耗能性能。

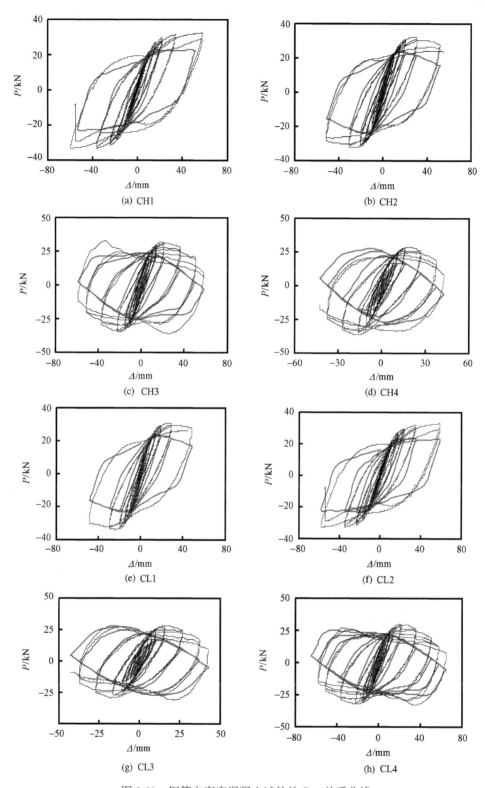

图 2.59　钢管自密实混凝土试件的 P-Δ 关系曲线

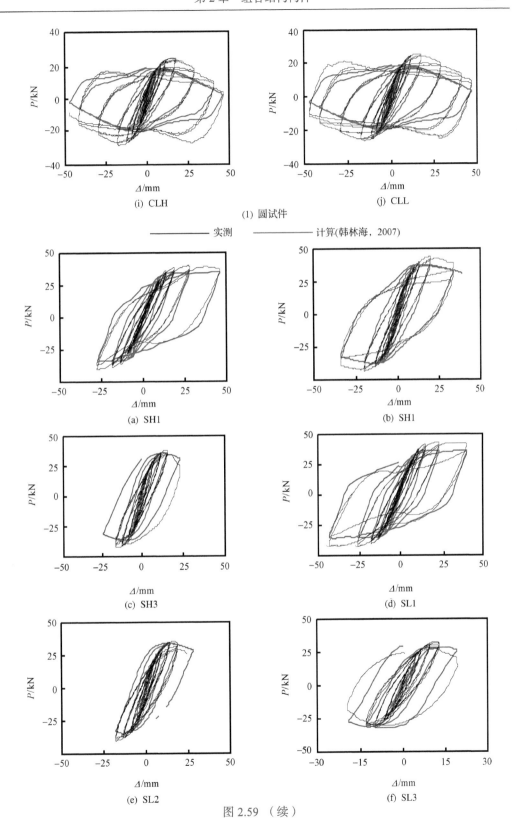

(i) CLH

(j) CLL

(1) 圆试件

————— 实测　　　　　————— 计算(韩林海，2007)

(a) SH1

(b) SH1

(c) SH3

(d) SL1

(e) SL2

(f) SL3

图 2.59　（续）

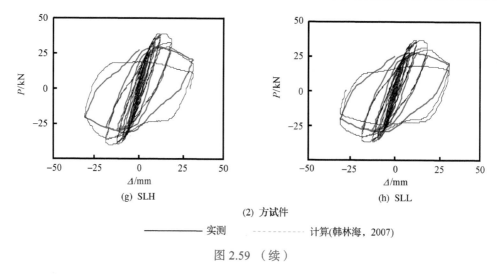

(g) SLH　　　　　　　　　　　　　　　　(h) SLL

(2) 方试件

———————— 实测　　　　-------------- 计算(韩林海，2007)

图 2.59 （续）

　　采用韩林海（2007，2016）建立的针对普通钢管混凝土的"纤维模型法"数值模型对本节钢管自密实混凝土试件的 $P\text{-}\Delta$ 滞回关系曲线进行了计算。该方法假设构件在变形过程中始终保持为平截面、钢和混凝土之间无相对滑移、忽略剪力对构件变形的影响、构件两端为铰接，挠曲线为正弦半波曲线。

　　图 2.59 中同时给出了采用"纤维模型法"的计算曲线。可见，计算结果与试验结果总体上吻合较好。这也意味着在本次试验条件下和有关参数范围内，普通钢管混凝土构件的荷载 - 变形曲线和承载力的计算方法基本上适用于钢管自密实混凝土构件。

　　3）滞回曲线骨架线。

　　骨架线就是连接各次循环加载峰值点的曲线。图 2.60 和图 2.61 为不同轴压比情况下试件的 $P\text{-}\Delta$ 和弯矩（M）- 曲率（ϕ）滞回关系曲线骨架线。可见，在其他条件相同的情况下，随着轴压比的增大，构件的极限承载力降低，极值点对应的位移变小。在轴压比较小时，滞回曲线的骨架线在加载后期基本保持水平，不出现明显的下降段；而当轴压比较大时，则出现较明显的下降段，说明构件的延性随轴压比的增大有明显降低的趋势。

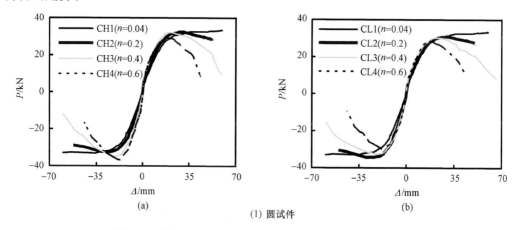

(a)　　　　　　　　　　　　　　　　　　(b)

(1) 圆试件

图 2.60　轴压比（n）对 $P\text{-}\Delta$ 滞回关系曲线骨架线的影响

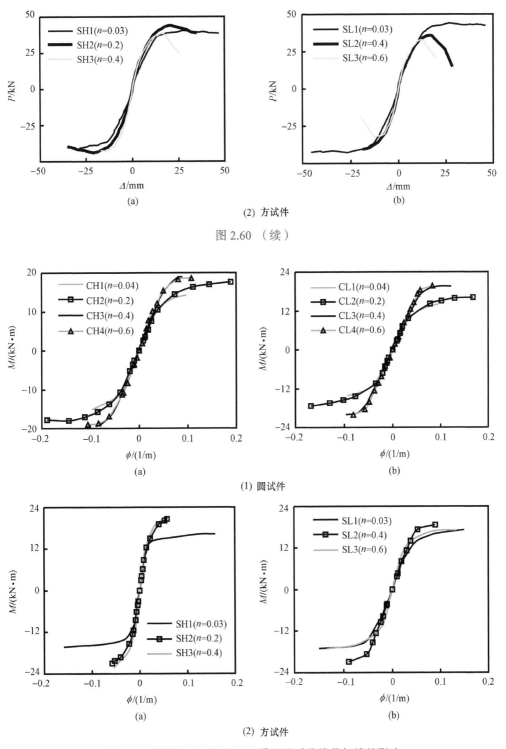

(2) 方试件

图 2.60 （续）

(1) 圆试件

(2) 方试件

图 2.61　轴压比（n）对 $M\text{-}\phi$ 滞回关系曲线骨架线的影响

4）承载力。

图 2.62 所示为不同混凝土强度情况下轴压比（n）对峰值荷载（P_{ue}）的影响。可见，在 $f_{cu}=90.4$MPa 的情况下，P_{ue} 随轴压比的增加而有所降低。当 $f_{cu}=121.6$MPa 时，在 n 小于 0.3 时 P_{ue} 随 n 的增加有增加的趋势。当 n 大于 0.3 时，P_{ue} 随 n 的增加而降低。

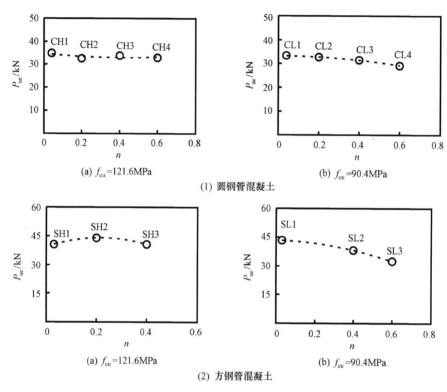

图 2.62　轴压比（n）对构件承载力 P_{ue} 的影响

5）耗能。

耗能为滞回曲线所包含的累积面积，反映构件在往复加载过程中吸收能量的能力，是衡量构件抗震能力的重要指标之一。

图 2.63 给出了所有构件在往复荷载作用下的耗能（E）随水平位移（Δ/Δ_y）的变化规律，可见，随着轴压比增大，耗能呈减小的趋势。从图 2.63 还可以看出，混凝土强度对耗能影响不大，但随着钢材强度的提高，耗能呈增大的趋势。

6）刚度退化曲线。

图 2.64 所示为钢管自密实混凝土压弯构件在往复荷载作用下抗弯刚度 K 退化曲线，其中，$K_e=E_cI_c+E_sI_s$，I_s 和 I_c 分别为钢管和混凝土的截面惯性矩。

从图 2.64 中可以看出，随着变形的增大，构件刚度前期退化十分明显，后期趋于平稳，总体刚度呈明显退化趋势。对于圆试件，其初始刚度与 K_e 比值的变化范围为 0.64～2.39，其平均值为 1.5。退化最明显的试件 CH1，当变形达到 $5\Delta_y$（破坏）时，刚度下降为初始刚度的 26%。对于方试件，其初始刚度与 K_e 比值的变化范围为 0.58 到 1.5 之间，平均值为 1.11，退化最明显的试件 SH1，当变形达到 $3\Delta_y$ 时，刚度下降为

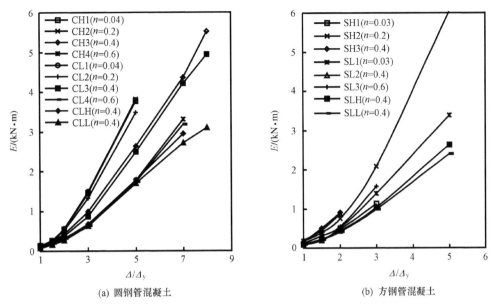

(a) 圆钢管混凝土　　　　　　　　(b) 方钢管混凝土

图 2.63　$E\text{-}\Delta/\Delta_y$ 关系

初始刚度的 37%；破坏时，刚度下降为初始刚度的 24%。

2.6.3　小结

基于上述研究，在本节研究的参数范围内可得到以下结论。

1）钢管自密实高性能混凝土构件力学性能与钢管普通混凝土基本类似，构件具有良好的承载能力和变形能力。管内混凝土采用自密实成型的试件与采用振捣密实的试件极限承载力总体上差别不大。

2）钢管普通混凝土构件荷载 - 变形曲线和承载力的计算方法基本上适用于钢管自

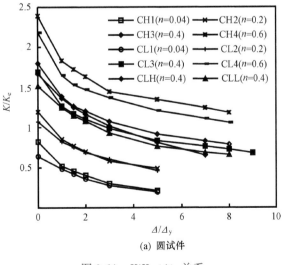

(a) 圆试件

图 2.64　$K/K_e\text{-}\Delta/\Delta_y$ 关系

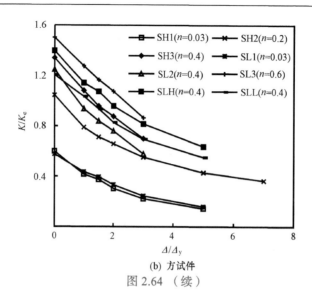

(b) 方试件

图 2.64 （续）

密实混凝土构件。

3）钢管自密实混凝土试件的滞回曲线饱满，没有明显的捏缩现象，表现出良好的延性和耗能性能。

4）轴压比、钢材强度是影响钢管自密实混凝土滞回性能的重要因素。随着变形的增大，钢管自密实混凝土构件 P-Δ 滞回曲线的刚度退化明显；随着轴压比的增大，钢管自密实混凝土的耗能呈减小的趋势。

2.7　钢管再生混凝土

如何合理有效地实现废弃混凝土的再利用是目前建筑界的热点问题之一，这对于有效地节约天然骨料和保护环境、实现废弃混凝土的资源化具有重要意义。

废弃混凝土再利用的途径之一是将其应用到新建工程结构中。然而，已有研究结果表明，再生混凝土骨料表面相对粗糙、孔隙率大、弹性模量低，从而使再生混凝土的表观密度、强度和弹性模量、收缩和徐变、流动性、导热系数和脆性等性能与普通混凝土均有所差别。如果将再生混凝土灌入钢管中形成钢管再生混凝土，由于受钢管的有效约束和保护，从而有利于改善再生混凝土的力学性能和工作性能。

再生混凝土和普通混凝土力学性能有所不同，因此可能使得钢管再生混凝土和钢管普通混凝土在力学性能上也存在差异。因此，有必要深入研究钢管再生混凝土构件的力学性能和设计原理。

作者课题组近年来进行了 24 个轴压短试件、8 个纯弯构件和 24 个压弯构件的试验研究，同时进行了 14 个相应钢管普通混凝土构件的对比试验研究（Yang 和 Han，2006a，2006b）。所有试件核心混凝土所用材料一样，只是配合比有所变化。试验参数主要是再生粗骨料取代率（r），分别为 0、25% 和 50%。三种情况下对应的混凝土 28 天时的立方体抗压强度分别为 42.7MPa、41.8MPa 和 36.6MPa。

　　研究结果表明，在进行的研究参数范围内（再生粗骨料取代率 r 小于 50%），钢管再生混凝土构件与钢管普通混凝土构件的力学性能基本类似。

　　图 2.65（a）和（b）所示分别为圆形和方形钢管混凝土轴心受压短试件的典型破坏模态，图中，racfst-1 和 racfst-2 分别代表再生粗骨料取代率为 25% 和 50% 的钢管再生混凝土试件，cfst 代表对比的钢管混凝土试件。

　　　　　　　(a) 圆试件　　　　　　　　　　　　　　　　　(b) 方试件

图 2.65　轴压短试件破坏形态

　　图 2.66（1）和图 2.66（2）分别给出钢管被剥离后轴心受压短试件和纯弯试件核心混凝土典型的破坏形态比较。可见，再生粗骨料取代率不同，试件的破坏形态没有显著差别。这主要在于受力过程中钢管及其核心混凝土之间的协同互补和相互作用，使再生混凝土的塑性性能得到提高所致。

　　(a) 圆试件　　　　　　　(b) 方试件
　　　　(1) 轴压短试件　　　　　　　　　　　　　(2) 纯弯试件

图 2.66　核心混凝土破坏形态

　　再生混凝土的强度和弹性模量均低于相同配合比的普通混凝土，致使钢管再生混凝土构件的承载力、轴压短试件弹性模量和纯弯构件刚度均低于相应的钢管普通混凝土构件，但差异并不显著。

　　图 2.67 所示分别为典型轴压、纯弯和偏压试件在不同混凝土粗骨料取代率情况下的荷载 - 变形关系曲线。

　　利用国内外现有的一些设计规程对钢管再生混凝土构件的承载力进行了计算（计算时材料强度指标均取标准值），发现在所研究的参数范围内，普通钢管钢管混凝土压弯构件

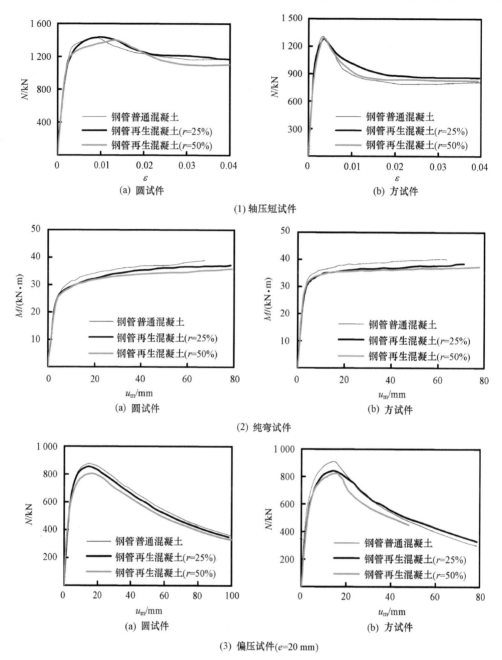

图 2.67　典型试件的荷载（N）- 应变（ε）和荷载（N）- 变形（u_m）关系曲线

的静力承载力计算方法总体上适合于钢管再生混凝土构件（Yang 和 Han，2006a，2006b）。

再生混凝土的收缩和徐变问题是该领域有关技术人员关注的问题。Yang 和 Han 等（2008）通过试验研究了钢管再生混凝土构件中混凝土的徐变和收缩特性。试件中的核心混凝土为 C40。试验参数主要是再生粗骨料取代率，分别为 0 和 50%，

试验结果表明，在进行的研究参数范围内（再生粗骨料取代率 r 为 50%），钢管再生混凝土中核心混凝土的长期变形发展规律与相应的钢管普通混凝土类似，但钢管再

生混凝土中核心混凝土的收缩和徐变变形极值比相应的钢管普通混凝土中的混凝土分别高 20% 和 30%。

图 2.68 和图 2.69 所示分别为试件收缩变形（ε_{sh}）和徐变变形（ε_{cr}）随时间（t）的变化曲线。

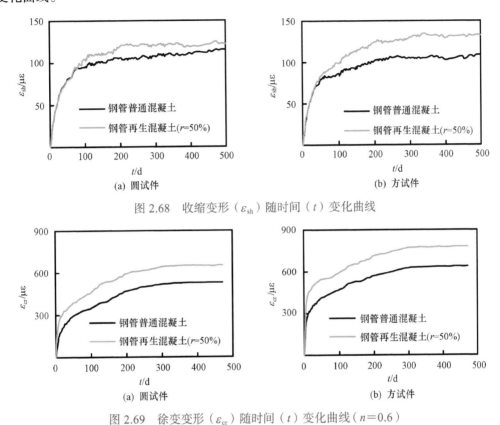

图 2.68　收缩变形（ε_{sh}）随时间（t）变化曲线

图 2.69　徐变变形（ε_{cr}）随时间（t）变化曲线（$n=0.6$）

此外，还对低周往复荷载作用下钢管再生混凝土压弯试件的力学性能进行了研究（Yang 和 Han 等，2009）。结果表明，在进行的研究参数范围内（再生粗骨料取代率 r 小于 50%），钢管再生混凝土压弯试件荷载 - 位移滞回关系曲线与相应的钢管普通混凝土试件的形状差别不大，但钢管再生混凝土试件的承载力和刚度稍低，其中承载力低 1.3%～7.6%，抗弯刚度低 2%～8%。

在实际结构中采用再生混凝土，对于节约建筑材料、保护环境和建筑业的可持续发展具有重要意义，因此预期钢管再生混凝土结构具有一定的应用前景。

2.8　锥形、椭圆形和多边形钢管混凝土

2.8.1　锥形钢管混凝土

众所周知，锥形柱已在一些大跨建筑和桥梁结构中得到广泛应用。在一些结构中，由于传力和构造需要，还可能出现锥形构件上下两端连接直形构件的情况，实际上形

成了一类直形 - 锥形 - 直形构件（本书简称直 - 锥 - 直形构件）。以往，对如图 2.70 所示的两类钢管混凝土力学性能的研究尚少见。

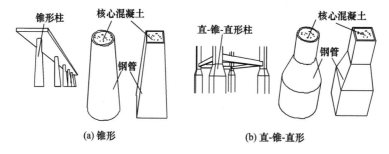

图 2.70　锥形钢管混凝土构件示意图

本书作者课题组开展了一批锥形（含直 - 锥 - 直形）钢管混凝土轴压短试件的试验研究（Han 等，2010），如图 2.71 所示。主要参数为截面类型（方钢管混凝土和圆钢管混凝土）、锥角（0～4°）和是否填充混凝土。所有锥形钢管混凝土的截面沿构件长度方向均匀变化，但壁厚保持不变。试件参数如表 2.18 所示，其中，试件编号第一个字母 T

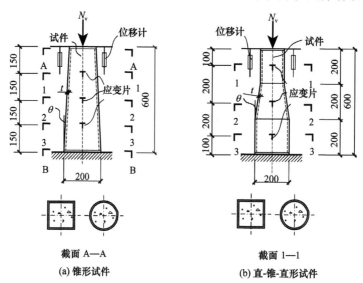

图 2.71　锥形轴压构件示意图（尺寸单位：mm）

表 2.18　锥形钢管混凝土试件一览表

试件类型	序号	试件编号	锥角 $\theta/(°)$	顶部截面 $B(D) \times t$ /（mm×mm）	底部截面 $B(D) \times t$ /（mm×mm）	N_{ue}/kN 实测	N_{ue}/kN 平均	SI
锥形	1	TS1-1	2	□−158×3.75	□−200×3.75	2 808	2 842	0.812
	2	TS1-2	2	□−158×3.75	□−200×3.75	2 876		0.832
	3	TS2-1	4	□−116×3.75	□−200×3.75	1 902	1 976	0.550
	4	TS2-2	4	□−116×3.75	□−200×3.75	2 049		0.592
	5	TSH1-1	4	□−116×3.75	□−200×3.75	651	664	0.188

试件类型	序号	试件编号	锥角 θ/(°)	顶部截面 $B(D) \times t$ /(mm×mm)	底部截面 $B(D) \times t$ /(mm×mm)	N_{ue}/kN		SI
						实测	平均	
锥形	6	TSH1-2	4	□−116×3.75	□−200×3.75	675	664	0.195
	7	TC1-1	0	○−200×3.75	○−200×3.75	3 442	3 459	0.996
	8	TC1-2	0	○−200×3.75	○−200×3.75	3 474		1.005
	9	TC2-1	2	○−158×3.75	○−200×3.75	2 574	2 515	0.745
	10	TC2-2	2	○−158×3.75	○−200×3.75	2 456		0.710
	11	TC3-1	4	○−116×3.75	○−200×3.75	1 785	1 759	0.516
	12	TC3-2	4	○−116×3.75	○−200×3.75	1 733		0.501
	13	TCH1-1	4	○−116×3.75	○−200×3.75	657	653	0.190
	14	TCH1-2	4	○−116×3.75	○−200×3.75	649		0.188
直-锥-直形	15	STSS1-1	2	□−186×3.75	□−200×3.75	3 251	3 274	0.940
	16	STSS1-2	2	□−186×3.75	□−200×3.75	3 296		0.953
	17	STSS2-1	4	□−172×3.75	□−200×3.75	3 181	3 122	0.920
	18	STSS2-2	4	□−172×3.75	□−200×3.75	3 064		0.886
	19	STSSH1-1	4	□−172×3.75	□−200×3.75	674	706	0.195
	20	STSSH1-2	4	□−172×3.75	□−200×3.75	737		0.213
	21	STSC1-1	2	○−186×3.75	○−200×3.75	3 034	3 010	0.877
	22	STSC1-2	2	○−186×3.75	○−200×3.75	2 985		0.863
	23	STSC2-1	4	○−172×3.75	○−200×3.75	2 763	2 854	0.799
	24	STSC2-2	4	○−172×3.75	○−200×3.75	2 945		0.852
	25	STSCH1-1	4	○−172×3.75	○−200×3.75	833	831	0.241
	26	STSCH1-2	4	○−172×3.75	○−200×3.75	829		0.240

代表锥形柱，若为 STS 则代表直 - 锥 - 直形柱，后续字母 S 代表方形截面，C 代表圆形截面，H 代表空钢管，θ 为锥角，B 为方钢管边长，D 为圆钢管直径，t 为钢管厚度，N_{ue} 为试验实测的轴压承载力。

所有试件的加载过程控制良好。锥形和直 - 锥 - 直形钢管混凝土轴压试件具有较好的延性和后期承载力。

锥形钢管混凝土试件的破坏形态如图 2.72 所示。可见，锥形钢管混凝土破坏形态和直形钢管混凝土类似，均为钢管的向外屈曲，但位置不同。锥形钢管混凝土的破坏位置集中在顶部最小截面处。切开钢管后发现，钢管发生屈曲位置处的混凝土被压碎。方空钢管试件和圆空钢管试件均出现了向内和向外的屈曲，屈曲范围比相应钢管混凝土试件大。方空钢管试件的屈曲位置在试件中部偏上，而圆空钢管试件的破坏位置接近顶部最小截面，其示意图如图 2.73 所示。

直 - 锥 - 直形钢管混凝土试件的破坏形态如图 2.74 所示。可见，对于直 - 锥 - 直形钢管混凝土的破坏形态也均为钢管的向外屈曲。对于方直 - 锥 - 直形钢管混凝土，其破

(a) 方锥形柱

(b) 圆锥形柱

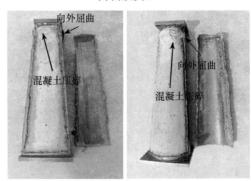

(c) 核心混凝土

图 2.72　锥形钢管混凝土构件破坏形态

坏位置主要在上直柱段中部，部分试件（STSS2-2）在锥形段上部也出现了钢管的屈曲。对于圆直 - 锥 - 直形钢管混凝土，钢管向外屈曲也出现在上直柱段，锥形段未出现屈曲。剖开钢管后发现钢管鼓起位置的内部混凝土压碎，其余部位的混凝土保持完好。对于方直 - 锥 - 直形空钢管，在上直柱段和锥形段均出现了向内和向外的屈曲，且范围较钢管混凝土试件大。对圆直 - 锥 - 直形空钢管，钢管屈曲主要在上直柱段。破坏示意图如图 2.74 所示。

　　锥形轴压试件的荷载 - 轴向位移关系如图 2.75 所示。由图可见，锥形钢管混凝土的刚度和承载力比相应直形对比试件要低。这是因为锥形试件的破坏主要在最小截面，曲线主要反应最小截面的性质。试件极限承载力如表所示。其中，SI 为强度比例系数，定义为 $N_u/N_{u, straight}$，N_u 为锥形试件极限承载力，$N_{u, straight}$ 为直形试件的极限承载力。由表可见，锥角 2° 的方钢管混凝土试件的 SI 约为 0.82，而锥角 4° 的方钢管混凝土试件的 SI 约为 0.57；锥角 2° 和 4° 的圆钢管混凝土试件的 SI 分别为 0.72 和 0.51。相比填充

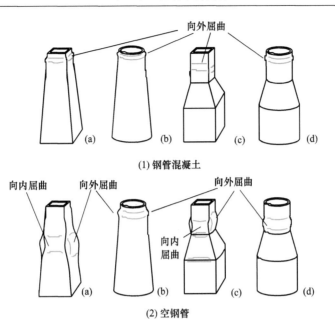

(1) 钢管混凝土

(2) 空钢管

图 2.73　锥形钢管混凝土和空钢管破坏形态示意图

(a) 方直-锥-直锥形柱　　　　　　　　　　(b) 圆直-锥-直锥形柱

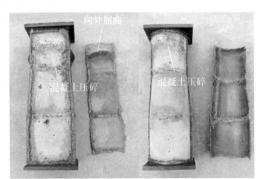

(c) 核心混凝土

图 2.74　直 - 锥 - 直形钢管混凝土构件破坏形态

混凝土的试件, 空钢管试件的极限承载力和初始刚度远小于钢管混凝土试件。空方钢管试件和空圆钢管试件的 SI 均在 0.19 左右。

　　直 - 锥 - 直形轴压试件的荷载 - 轴向位移关系如图 2.76 所示。由图可见, 直 - 锥 - 直形钢管混凝土的刚度和承载力比相应直形对比件要低, 其原因也是曲线主要反映最小截面的性质。锥角 2° 和 4° 的方钢管混凝土试件的 SI 分别为 0.95 和 0.9; 锥角 2° 和

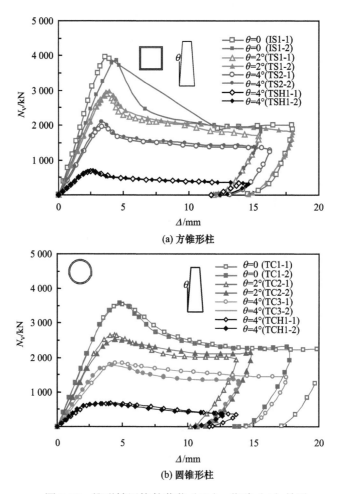

图 2.75　锥形轴压构件荷载（N_v）-位移（Δ）关系

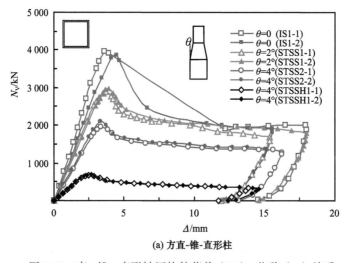

图 2.76　直-锥-直形轴压构件荷载（N_v）-位移（Δ）关系

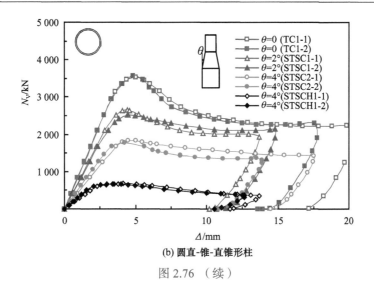

(b) 圆直-锥-直锥形柱

图 2.76 （续）

4°的圆钢管混凝土试件的 SI 分别为 0.87 和 0.83。相比填充混凝土的试件，空钢管试件的极限承载力和初始刚度远小于钢管混凝土试件。空方钢管试件和空圆钢管试件的 SI 分别为 0.2 和 0.24。

由于锥形钢管混凝土试件的破坏主要集中在最小截面，采用试件的最小截面预估试件的极限承载力。表 2.19 所示为采用不同国家规范计算的锥形和直-锥-直形钢管混凝土试件的极限承载力。可见，对于本批锥形钢管混凝土试件，根据日本钢管混凝土规范 AIJ（2008），美国钢结构规范 AISC（2005）［ANSI/AISC 360—10（2010）］和英国钢结构规范 BS5400（2005）计算得到的极限承载力 N_{uc} 比试验实测值 N_{ue} 低 29%～37%。中国规程 DBJ 13-51—2003（2003）［DBJ/T 13-51—2010（2010）］的计算承载力和实测值 N_{uc}/N_{ue} 的平均值为 0.8。而欧洲规范 EC4（2004）给出了较准确的计算，N_{uc}/N_{ue} 平均值为 0.827，变异系数（COV）为 0.225。对于本批直-锥-直钢管混凝土试件，AIJ（2008）、AISC（2005）［ANSI/AISC 360—10（2010）］和 EC4（2004）计算值比实测值低 22%，BS5400（2005）计算值比实测值低 36%。DBJ 13-51—2003（2003）［DBJ/T 13-51—2010（2010）］给出了较准确的估计，计算和实测承载力比值的平均值为 0.832，变异系数为 0.072。

表 2.19　锥形钢管混凝土试件承载力

试件类型	序号	试件编号	N_{ue}/kN	AIJ（2008）		ANSI/AISC 360—10（2010）		BS5400（2005）		DBJ/T 13-51—2010（2010）		EC4（2004）	
				N_{uc}/kN	N_{uc}/N_{ue}	N_{uc}/kN	N_{uc}/N_{ue}	N_{uc}/kN	N_{uc}/N_{ue}	N_{uc}/kN	N_{uc}/N_{ue}	N_{uc}/kN	N_{uc}/N_{ue}
锥形	1	TS1-1	2 808	2 099	0.748	2 099	0.748	1 546	0.551	2 297	0.818	1 851	0.659
	2	TS1-2	2 876	2 099	0.730	2 099	0.730	1 546	0.538	2 297	0.799	1 851	0.644
	3	TS2-1	1 902	1 289	0.678	1 289	0.678	991	0.521	1 430	0.752	1 160	0.610
	4	TS2-2	2 049	1 289	0.629	1 289	0.629	991	0.484	1 430	0.698	1 160	0.566
	5	TC1-1	3 442	2 680	0.779	2 597	0.754	2 383	0.692	2 753	0.800	3 543	1.029

续表

试件类型	序号	试件编号	N_{ue}/kN	AIJ（2008）		ANSI/AISC 360—10（2010）		BS5400（2005）		DBJ/T 13-51—2010（2010）		EC4（2004）	
				N_{uc}/kN	N_{uc}/N_{ue}	N_{uc}/kN	N_{uc}/N_{ue}	N_{uc}/kN	N_{uc}/N_{ue}	N_{uc}/kN	N_{uc}/N_{ue}	N_{uc}/kN	N_{uc}/N_{ue}
锥形	6	TC1-2	3 474	2 680	0.771	2 597	0.747	2 383	0.686	2 753	0.792	3 543	1.020
	7	TC2-1	2 574	1 850	0.719	1 705	0.662	1 906	0.740	2 471	0.960	2 471	0.960
	8	TC2-2	2 456	1 850	0.753	1 705	0.694	1 906	0.776	2 471	1.006	2 471	1.006
	9	TC3-1	1 785	1 156	0.648	1 068	0.598	1 114	0.624	1 209	0.677	1 561	0.874
	10	TC3-2	1 733	1 156	0.667	1 068	0.616	1 114	0.643	1 209	0.698	1 561	0.901
		平均值	—	—	0.712	—	0.686	—	0.626	—	0.800	—	0.827
		变异系数（COV）	—	—	0.075	—	0.085	—	0.158	—	0.136	—	0.225
直-锥-直形	1	STSS1-1	3 251	2 736	0.842	2 736	0.842	1 970	0.606	2 983	0.918	2 388	0.735
	2	STSS1-2	3 296	2 736	0.83	2 736	0.830	1 970	0.598	2 983	0.905	2 388	0.724
	3	STSS2-1	3 181	2 407	0.757	2 407	0.757	1 752	0.551	2 628	0.826	2 111	0.664
	4	STSS2-2	3 064	2 407	0.786	2 407	0.786	1 752	0.572	2 628	0.858	2 111	0.689
	5	STSC1-1	3 034	2 387	0.787	2 298	0.757	2 147	0.708	2 453	0.808	2 670	0.880
	6	STSC1-2	2 985	2 387	0.800	2 298	0.770	2 147	0.719	2 453	0.822	2 670	0.894
	7	STSC2-1	2 763	2 110	0.764	2 107	0.763	1 920	0.695	2 170	0.785	2 329	0.843
	8	STSC2-2	2 945	2 110	0.717	2 107	0.716	1 920	0.652	2 170	0.737	2 329	0.791
		平均值	—	—	0.785	—	0.778	—	0.638	—	0.832	—	0.778
		变异系数（COV）	—	—	0.051	—	0.053	—	0.102	—	0.072	—	0.113

2.8.2　椭圆形钢管混凝土

本节开展了椭圆形钢管混凝土在弯曲、轴压和偏压作用下的力学性能研究工作（Ren 和 Han 等，2014）。

（1）受弯构件

作者课题组共进行了 8 根椭圆形钢管混凝土在弯曲作用下的力学试验。试验参数为剪跨比和截面是否填充混凝土，具体如表 2.20 所示。表中，B 和 D 分别为圆形钢管长轴和短轴长度，L 为试件全长，a 为弯剪段长度，a/B 为剪跨比。试件编号中带 h 字母的表示空椭圆形钢管试件。试件受弯平面和长轴所在平面相同。试验装置和试件截面示意图如图 2.77 所示。

表 2.20　椭圆钢管混凝土受弯试件参数一览表

序号	试件编号	截面尺寸 $B{\times}D{\times}t$ /（mm×mm×mm）	L/mm	a/B	M_{ue}/（kN·m）		SI
					实测	平均	
1	eb1-1	192×124×3.82	2 000	2.60	61.8	60.1	1.028
2	eb1-2	192×124×3.82	2 000	2.60	58.3		0.970
3	eb2-1	192×124×3.82	2 000	1.56	67.6	68.7	1.125
4	eb2-2	192×124×3.82	2 000	1.56	69.7		1.160

续表

序号	试件编号	截面尺寸 $B \times D \times t$ /（mm×mm×mm）	L/mm	a/B	M_{ue}/（kN·m） 实测	M_{ue}/（kN·m） 平均	SI
5	eb3-1	192×124×3.82	2 000	3.65	53.7	53.4	0.894
6	eb3-2	192×124×3.82	2 000	3.65	53.0	53.4	0.882
7	ebh1-1	192×124×3.82	2 000	2.60	42.9	42.6	0.714
8	ebh1-2	192×124×3.82	2 000	2.60	42.3	42.6	0.704

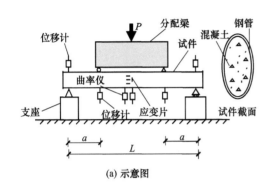

(a) 示意图　　　　　　　　　(b) 试验照片

图 2.77　椭圆钢管混凝土受弯试验

　　图 2.78 所示为椭圆形钢管混凝土受弯构件的破坏形态。由图可见，椭圆形钢管混凝土受弯试件出现了整体弯曲，外钢管的屈曲不明显。而空钢管试件的钢管出现了较大的塑性变形，破坏截面靠近一端加载支座，钢管出现了明显向内的弯折。将钢管混凝土试件外部钢管剖开后，发现试件下部的混凝土出现分布均匀的受弯裂缝。

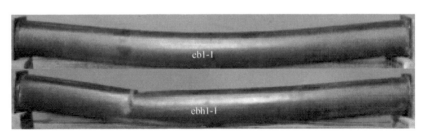

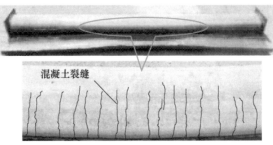

图 2.78　受弯构件破坏形态

图 2.79 所示为椭圆形钢管混凝土受弯试件弯矩（M）- 曲率（ϕ）关系。可见，椭圆形钢管混凝土的受弯曲线大致可以分为弹性段、弹塑性段和强化段。随着剪跨比由 1.56 增大到 3.65，受弯承载力降低了 22%，这里的受弯承载力定义为钢管底部受拉纵向应变达到 10 000με 时所对应的弯矩。与空钢管试件相比，椭圆钢管混凝土的抗弯承载力有很大提高。

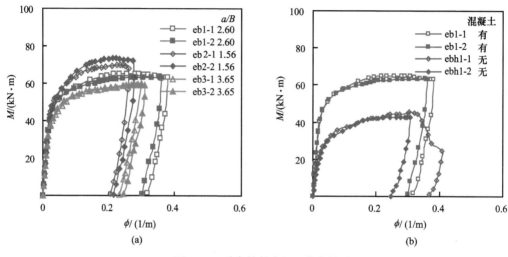

图 2.79　受弯构件弯矩 - 曲率关系

利用规程 DBJ 13-51—2010（2010）和欧洲规范 EC4（2004）计算椭圆形钢管混凝土受弯承载力。采用中国规程计算时，依据各部分面积相等的原则，将椭圆形钢管混凝土等效为圆形钢管混凝土。采用欧洲规范 EC4 计算时，假设构件截面纵向应变分布符合平截面假定。表 2.21 所示为公式计算承载力 M_{ue} 和试验实测承载力 M_{uc} 对比。可见，EC4（2005）计算得到的 M_{uc}/M_{ue} 平均值和变异系数分别为 0.932 和 0.114，而根据 DBJ 13-51—2010（2010）计算得到的 M_{uc}/M_{ue} 平均值和变异系数分别为 0.875 和 0.114。二者计算的椭圆钢管混凝土的抗弯极限承载力均偏保守。

表 2.21　椭圆钢管混凝土抗弯试件极限承载力

序号	试件编号	$M_{ue}/$（kN·m）	DBJ 13-51—2010（2010）		EC4（2004）	
			$M_{uc}/$（kN·m）	M_{uc}/M_{ue}	$M_{uc}/$（kN·m）	M_{uc}/M_{ue}
1	eb1-1	61.8	52.5	0.850	55.9	0.905
2	eb1-2	58.3	52.5	0.901	55.9	0.959
3	eb2-1	67.6	52.5	0.777	55.9	0.827
4	eb2-2	69.7	52.5	0.753	55.9	0.802
5	eb3-1	53.7	52.5	0.978	55.9	1.041
6	eb3-2	53.0	52.5	0.991	55.9	1.055
平均值			—	0.875	—	0.932
变异系数（COV）			—	0.114	—	0.114

（2）压弯构件

进行了 18 根椭圆形钢管混凝土轴压和压弯构件的力学性能试验。试验参数包括长细比（38～75）和偏心率（0～1.5）。表 2.22 所示为受压试件参数，其中，H 为试件高度，e 为偏心率，λ 为试件长细比。

表 2.22　椭圆形钢管混凝土受压试件参数一览表

试件类型	序号	试件编号	截面尺寸 $B \times D \times t$ /（mm×mm×mm）	H/mm	e/mm	λ	N_{ue}/kN 试验	N_{ue}/kN 平均	SI	DI
轴压试件	1	ec1-1	192×124×3.82	3 600	0	75	1 121	1 139	0.984	2.217
	2	ec1-2	192×124×3.82	3 600	0	75	1 157		1.016	2.640
	3	ec2-1	192×124×3.82	2 700	0	56	1 389	1 356	1.219	2.627
	4	ec2-2	192×124×3.82	2 700	0	56	1 322		1.161	2.854
	5	ec3-1	192×124×3.82	1 800	0	38	1 896	1 863	1.665	2.003
	6	ec3-2	192×124×3.82	1 800	0	38	1 829		1.606	2.249
	7	ech1-1	192×124×3.82	3 600	0	—	482	462	0.423	2.921
	8	ech1-2	192×124×3.82	3 600	0	—	441		0.387	2.202
压弯试件	9	ec4-1	192×124×3.82	3 600	48	75	632	637	0.555	1.752
	10	ec4-2	192×124×3.82	3 600	48	75	641		0.563	1.554
	11	ec5-1	192×124×3.82	3 600	144	75	325	334	0.285	2.116
	12	ec5-2	192×124×3.82	3 600	144	75	343		0.301	2.106
	13	ec6-1	192×124×3.82	2 700	48	56	776	782	0.681	1.907
	14	ec6-2	192×124×3.82	2 700	48	56	788		0.692	1.762
	15	ec7-1	192×124×3.82	1 800	48	38	972	967	0.853	1.948
	16	ec7-2	192×124×3.82	1 800	48	38	961		0.844	1.837
	17	ech2-1	192×124×3.82	3 600	48	—	300	290	0.263	1.610
	18	ech2-2	192×124×3.82	3 600	48	—	280		0.246	1.458

图 2.80 所示为受压构件的破坏形态。可见，由于长细比较大，所有试件均出现了整体弯曲破坏，其破坏形态符合正弦曲线。剖开钢管后发现，弯曲受拉一侧混凝土出现了均匀的受拉裂缝。

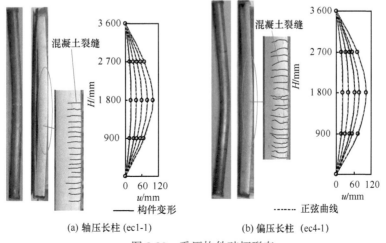

(a) 轴压长柱 (ec1-1)　　　　　　(b) 偏压长柱 (ec4-1)

图 2.80　受压构件破坏形态

图 2.81 为受压构件的荷载（N）- 跨中横向位移（u_{m}）关系。试验实测的各试件极限承载力列于表 2.22。可见，N-u_{m} 关系可分为弹性段、弹塑性阶段和下降段。随着长细比的增大，试件的刚度降低，极限承载力也降低。填充混凝土对试件刚度和承载力有很大的提高作用。对于偏压试件，随着偏心距离的增大，试件的刚度和承载力有明显降低。

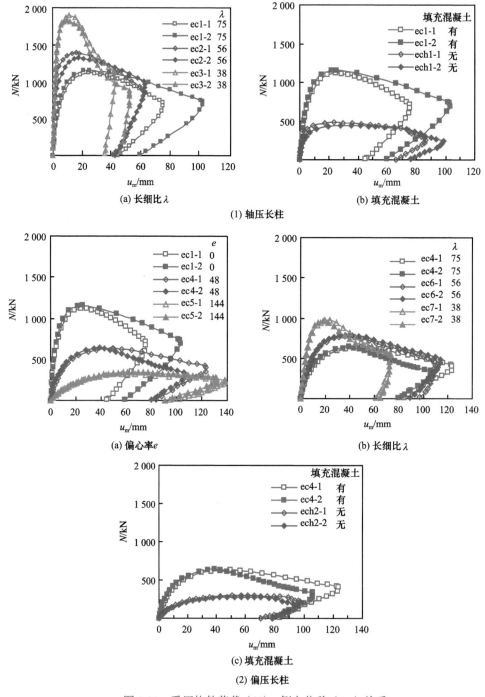

(a) 长细比 λ (b) 填充混凝土

(1) 轴压长柱

(a) 偏心率 e (b) 长细比 λ

(c) 填充混凝土

(2) 偏压长柱

图 2.81 受压构件荷载（N）- 侧向位移（u_{m}）关系

利用规程 DBJ/T 13-51—2010（2010）和欧洲规范 EC4（2005）计算椭圆形钢管混凝土的受弯承载力。规范计算假定和上述弯曲构件的相同。表 2.23 所示为公式计算轴压试件极限承载力 M_{ue} 和试验实测承载力 M_{uc} 对比。可见，EC4（2004）计算得到的 M_{uc}/M_{ue} 平均值和变异系数分别为 0.960 和 0.100，而根据 DBJ/T 13-51—2010（2010）计算得到的 M_{uc}/M_{ue} 平均值和变异系数分别为 0.950 和 0.085。表 2.24 所示为公式计算偏压试件极限承载力 M_{ue} 和试验实测承载力 M_{uc} 对比。可见，EC4（2004）计算得到的 M_{uc}/M_{ue} 平均值和变异系数分别为 0.975 和 0.042，而根据 DBJ/T 13-51—2010（2010）计算得到的 M_{uc}/M_{ue} 平均值和变异系数分别为 1.000 和 0.016。

表 2.23　椭圆钢管混凝土轴压试件极限承载力

序号	试件编号	N_{ue}/kN	DBJ 13-51—2010（2010）		EC4（2004）	
			N_{uc}/kN	N_{uc}/N_{ue}	N_{uc}/kN	N_{uc}/N_{ue}
1	ec1-1	1 121	1 139	1.016	1 146	1.022
2	ec1-2	1 157	1 139	0.984	1 146	0.990
3	ec2-1	1 389	1 356	0.976	1 401	1.009
4	ec2-2	1 322	1 356	1.026	1 401	1.060
5	ec3-1	1 896	1 581	0.834	1 565	0.825
6	ec3-2	1 829	1 581	0.864	1 565	0.856
	平均值	—		0.950	—	0.960
	变异系数	—		0.085	—	0.100

表 2.24　椭圆钢管混凝土压弯试件极限承载力

序号	试件编号	N_{ue}/kN	DBJ 13-51—2010（2010）		EC4（2004）	
			N_{uc}/kN	N_{uc}/N_{ue}	N_{uc}/kN	N_{uc}/N_{ue}
1	ec4-1	632	637	1.008	646	1.022
2	ec4-2	641	637	0.994	646	1.008
3	ec5-1	325	334	1.028	326	1.003
4	ec5-2	343	334	0.974	326	0.950
5	ec6-1	776	782	1.008	775	0.999
6	ec6-2	788	782	0.992	775	0.984
7	ec7-1	972	967	0.995	887	0.913
8	ec7-2	961	967	1.006	887	0.923
	平均值	—		1.000	—	0.975
	变异系数	—		0.016	—	0.042

2.8.3　多边形钢管混凝土

本节研究已在实际工程中应用，如表 1.1（2g）所示的六边形钢管混凝土柱的力学性能。

（1）轴压构件

本书作者课题组开展了 12 个六边形截面轴压短试件的试验研究，包括 6 个钢管混凝土试件、2 个钢管混凝土加劲混合结构柱（以下简称"加劲混合结构柱"）试件、2 个钢筋混凝土试件和 2 个空钢管试件。图 2.82 为钢管混凝土试件和加劲混合结构柱试件示意图，试件的计算高度为 600mm，试件边长（*B*）为 100mm。加劲混合结构柱试件在钢管混凝土柱的基础上，外包一层厚度（*a*）为 60mm 的钢筋混凝土。钢筋混凝土试件的截面和配筋与加劲混合结构柱试件相同（徐悟，2016）。

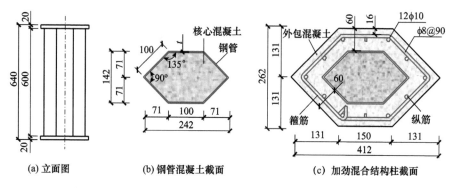

(a) 立面图　　(b) 钢管混凝土截面　　(c) 加劲混合结构柱截面

图 2.82　六边形钢管混凝土轴压试件示意图（尺寸单位：mm）

轴压试件信息如表 2.25 所示，其中 *t* 为钢管厚度，*a* 为外包钢筋混凝土厚度。编号字母"cf""hs""ce""rc"分别代表钢管混凝土（concrete-filled steel tube）、空钢管（hollow steel tube）、加劲混合结构柱（concrete-encased CFST）和钢筋混凝土（reinforced concrete）试件。试验参数为钢管厚度（*t*），编号后的数字为钢管的设计厚度。参考韩林海（2007，2016）对普通钢管混凝土的研究方法，本节仍采用约束效应系数（*ξ*）衡量多边形钢管混凝土的组合作用，按式（2.16）计算。*t* 变化时，*ξ* 也发生变化。

表 2.25　六边形钢管混凝土轴压短试件一览表

序号	试件编号	t/mm	a/mm	ξ	N_{ue}/kN	N_{uFEA}/kN	N_{uc}/kN	N_{ue}/N_{uFEA}
1	cf2-1	2.46	—	0.483	1 598	1 663	1 623	0.961
2	cf2-2	2.46	—	0.483	1 492			0.897
3	cf4-1	3.95	—	0.718	1 865	1 851	1 827	1.008
4	cf4-2	3.95	—	0.718	1 845			0.997
5	cf6-1	5.93	—	1.233	2 062	2 221	2 274	0.928
6	cf6-2	5.93	—	1.233	2 195			0.988
7	hs4-1	3.95	—		680	637	661	1.068
8	hs4-2	3.95	—		690			1.083
9	ce4-1	3.95	60	0.718	4 676	4 301	—	1.087
10	ce4-2	3.95	60	0.718	4 816			1.120
11	rc-1	—	60		3 941	3 908		1.008
12	rc-2	—	60		3 967			1.015

采用标准试验方法测试得到厚度为 2mm、4mm 和 6mm 的钢板的屈服强度分别为 313.2MPa、278.7MPa 和 301.5MPa。纵筋（φ10HRB400 级）及箍筋（φ8HPB300 级）的屈服强度分别为 458.0MPa 和 328.6MPa。

外包混凝土和核心混凝土均采用自密实混凝土。外包混凝土的 28 天强度和试验时强度分别为 48.5MPa 和 50.9MPa，核心混凝土的 28 天强度和试验时强度分别为 57.6MPa 和 61.8MPa。

钢管混凝土试件均体现了较好的延性及变形性能，试件破坏形态如图 2.83 所示。cf2 系列试件（t＝2.46mm）在荷载达到峰值荷载的 80～90% 时出现钢管外鼓，随后荷载达到峰值，加载进入下降段。轴向应变达到 15 000με 左右，试件 cf2-2 钢管外鼓处焊缝开裂，此后继续加载，试件保持了较高的承载力和良好的变形性能。cf4 系列试件（t＝3.95mm）在加载上升段无明显现象，钢管外鼓出现在峰值荷载附近。试件 cf4-1 在轴向应变接近 20 000με 时端板附近焊缝轻微开裂。cf6 系列试件（t＝5.93mm）在加载下降段压应变达到 9 000με 时出现明显钢管外鼓，晚于 cf2 及 cf4 系列试件。加载结束，轴压应变达到 30 000με 钢管呈轻微外鼓，未出现焊缝破坏。整体而言，试件均发生钢管外鼓，钢管厚度越小，钢管外鼓越早且越显著，焊缝也越容易开裂。

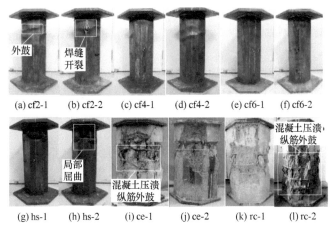

图 2.83　六边形钢管混凝土试件破坏形态

图 2.84 所示为核心混凝土的破坏形态。混凝土在钢管外鼓处压溃。钢管厚度越小，混凝土压溃现象越为显著。如 cf2 系列试件核心混凝土局部剥落，而 cf6 系列试件核心混凝土基本完好，仅出现少量竖向裂缝。

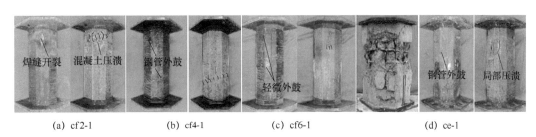

图 2.84　核心混凝土破坏形态

图 2.85 所示为试件的荷载（N）- 轴向应变（ε）关系，其中，$\varepsilon=\Delta/L$，Δ 为试件的轴向压缩变形，L 为试件高度。图 2.85（a）所示为钢管厚度（t）对荷载 - 轴向应变关系的影响。可知，钢管混凝土试件呈延性破坏。加载初期荷载呈线性上升，在轴向应变 3000$\mu\varepsilon$ 左右接近峰值荷载，随后进入下降段，轴向应变达到 25 000$\mu\varepsilon$ 时，仍有较大的剩余承载力。随着钢管厚度的增大，试件的刚度及承载力均显著提升，曲线下降段更平缓。

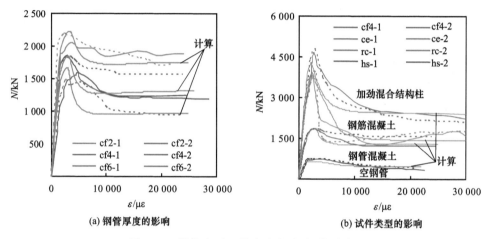

图 2.85 荷载（N）- 轴向应变（ε）关系对比

图 2.85（b）对比了不同类型试件的荷载 - 轴向应变关系。空钢管试件在轴压荷载作用下发生了局部屈曲，达到峰值荷载后荷载逐渐减小，轴向应变达到 20 000$\mu\varepsilon$ 时，荷载已降至峰值荷载的 50%。钢管混凝土试件与空钢管试件相比，核心混凝土承担了部分轴压荷载，同时缓解了钢管的局部屈曲，其承载力和刚度显著提高，下降段曲线更平缓。加劲混合结构柱及钢筋混凝土试件的荷载 - 轴向应变关系接近钢筋混凝土短柱，达到峰值荷载后迅速发生破坏。相比之下，由于内部钢管混凝土的存在，加劲混合结构柱试件的承载力更高，延性更好。

建立了六边形钢管混凝土构件的有限元模型，对轴压性能进行分析。研究结果表明，在荷载 - 轴向应变关系、核心混凝土纵向应力以及钢 - 混凝土法向接触应力等方面，六边形钢管混凝土柱均接近矩形钢管混凝土柱，反映了两者相似的组合作用。因此，对六边形钢管混凝土的核心混凝土本构模型采用了矩形钢管约束混凝土受压应力 - 应变关系。

采用试验结果对有限元模型进行验证，计算得到的各类试件破坏形态与试验对比如图 2.86 所示。有限元模型能够有效模拟钢管混凝土试件的钢管外鼓，空钢管试件的端部屈曲，以及加劲混合结构柱试件外包混凝土的压溃，模型计算的破坏形态与试验结果吻合良好。计算得到的荷载 - 轴向应变关系与试验对比如图 2.85 所示。对于六边形钢管混凝土试件，计算曲线上升段与试验吻合良好，下降段斜率偏陡，而破坏后剩余承载力也与试验相符。对于空钢管试件、加劲混合结构柱试件以及钢筋混凝土试件，计算曲线与试验均吻合良好。表 2.25 对比了有限元计算和试验得到的轴压承载力，试

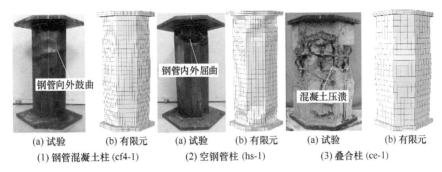

(a) 试验　(b) 有限元　　(a) 试验　(b) 有限元　　(a) 试验　(b) 有限元

(1) 钢管混凝土柱 (cf4-1)　　(2) 空钢管柱 (hs-1)　　(3) 叠合柱 (ce-1)

图 2.86　有限元模拟破坏形态对比

验值与计算值之比（N_{ue}/N_{uFEA}）的平均值为 1.013，变异系数为 0.063。

利用经验证的有限元模型，对典型六边形钢管混凝土轴压构件进行分析。算例参数为：钢管边长 $B=100\text{mm}$，钢管厚度 $t=4\text{mm}$，Q345 级钢，C60 级混凝土，约束效应系数 $\xi=0.929$。图 2.87 所示为典型构件的荷载-轴向应变关系，图中还绘制了核心混凝土和钢管各自承担的荷载。曲线可分为如下四个阶段。

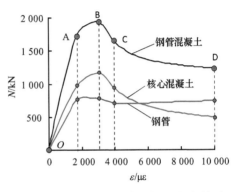

图 2.87　荷载（N）-轴向应变（ε）关系

OA 段：截面基本为弹性，荷载呈线性增长。A 点时，轴向应变达到钢管的屈服应变，钢管的荷载-轴向应变关系出现转折，构件的荷载-轴向应变关系斜率也逐渐减小，核心混凝土与钢管承担的荷载比例分别为 55.7% 和 44.3%。

AB 段：钢管在 A 点屈服后，钢管承担的荷载基本维持稳定，而核心混凝土承担的荷载继续增大，构件的荷载增大，而刚度减小。B 点时，核心混凝土达到其极限承载力，导致构件达到峰值荷载。此时，核心混凝土与钢管承担的荷载比例分别为 60.1% 和 39.9%。

BC 段：峰值点后，核心混凝土逐渐压溃，承担的荷载迅速减小，钢管由于环向拉应力的影响，承担的荷载略有减小，导致构件加载进入下降段。C 点时，构件的承载力降至峰值荷载的 85%，核心混凝土与钢管承担的荷载比例分别为 56.4% 和 43.6%。

CD 段：C 点后，核心混凝土承担的荷载继续减小，但在钢管的约束下保持了较好的延性，同时，钢管承担的荷载变化不显著，导致构件的承载力趋于稳定。D 点时，轴向应变达到 10 000με，构件基本达到剩余承载力，核心混凝土与钢管承担的荷载比例分别为 40.0% 和 60.0%。

利用验证的有限元模型对六边形钢管混凝土柱的轴压性能进行参数分析，参数范围如下：含钢率 $\alpha_s=0.05\sim0.20$、钢管强度 $f_y=235\sim420\text{MPa}$、混凝土强度 $f_{cu}=$ C30～C100。结果表明，六边形钢管混凝土柱在荷载-轴向应变关系、接触应力、核心混凝土纵向应力分布等方面均接近矩形截面构件。峰值荷载时，钢管全截面屈服，核心混凝土的纵向应力接近材料峰值应力。其轴压承载力（N_u）计算可借鉴已有矩形钢管混凝土的计算方法。

图 2.88 对比了轴压承载力的公式计算（N_{uc}）与试验（N_{ue}）、有限元计算（N_{uFEA}）结果。对比可知，由于未考虑钢-混凝土的组合作用，ANSI/AISC 360—10（2010）的公式计算结果偏于保守，其公式计算值与试验值（或有限元计算值）之比［$N_{uc}/N_{ue}（N_{uFEA}）$］的平均值为 0.920，而 DBJ/T 13-51—2010（2010）以及 EC4（2004）的计算公式分别通过约束效应系数和混凝土项系数考虑了钢-混凝土的组合作用，其 $N_{uc}/N_{ue}（N_{uFEA}）$ 的平均值分别为 1.016 和 1.004，二者均能有效计算六边形钢管混凝土柱的轴压承载力。

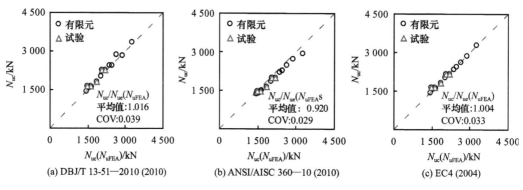

图 2.88　轴压承载力计算公式验证

为充分发挥钢管混凝土结构的组合作用，保障构件的承载力和延性，需对钢管与混凝土截面进行合理配置，设计建议如下。

1）约束效应系数（ξ）。

约束效应系数（$\xi = A_s f_y / A_c f_{ck}$）反映了钢管对核心混凝土的约束作用。研究表明，六边形钢管混凝土轴压构件的荷载-位移关系，钢管-混凝土的组合作用与矩形钢管混凝土相似。对于六边形钢管混凝土，为保障构件的组合作用和延性，建议参考 DBJ/T13-51—2010（2010）针对矩形钢管混凝土的建议，ξ 不宜小于 1.0。

2）钢管宽厚比（B/t）。

与空钢管构件相似，钢管混凝土柱存在钢管局部屈曲的问题。钢管宽厚比（B/t）越大，钢管越易发生局部屈曲，与本节试验结果一致。当 B/t 满足限值要求，钢管屈曲出现在峰值点以后，设计时可不考虑钢管局部屈曲的影响。对于钢管混凝土柱，核心混凝土的支撑改变了钢管的屈曲模态，改善了其局部屈曲性能。机理分析表明，六边形钢管混凝土中核心混凝土对钢管的支撑集中于角部，这与矩形钢管混凝土类似，导致二者钢管的局部屈曲性能接近。因而，对于六边形钢管混凝土，建议其 B/t 限值按照矩形钢管混凝土的要求，参考 DBJ/T13-51—2010（2010），取为 $60\sqrt{235/f_y}$。

（2）受弯构件

本书作者课题组进行了 10 个受弯试件的试验研究，包括 6 个沿强轴受弯试件，2 个沿弱轴受弯构件和 2 个加劲混合结构试件。六边形钢管混凝土截面存在强轴和弱轴，本节主要关注其绕强轴受弯性能。在此基础上，通过绕弱轴受弯对比试件对其绕弱轴受弯性能进行了讨论。试验还设计了加劲混合结构对比试件，以分析外包钢筋混凝土和钢管混凝土的共同工作性能。

试件截面与 2.2 节中轴压试件一致，基本信息如表 2.26 所示。编号字母 "cf""ce" 分别代表钢管混凝土和加劲混合结构试件，编号后数字代表钢管的设计厚度，数字后字母 "s""w" 分别代表沿强轴加载和沿弱轴加载。L 为试件长度，t 和 f_y 分别为钢管的厚度和屈服强度。对于绕强轴受弯的钢管混凝土试件，参数为钢管厚度，包括 2.46mm、3.95mm、5.93mm 三类，对应约束效应系数（ξ）分别为 0.368、0.546、0.939。

表 2.26　六边形钢管混凝土受弯试件一览表

序号	试件编号	L/mm	t/mm	f_y/MPa	ξ	M_{ue}/（kN·m）	M_{uc}/（kN·m）			
							M_{psdm}	M_{scm}	M_{fiber}	M_{uFEA}
1	cf2s-1	2 000	2.46	313.2	0.368	36.2	40.8	39.9	39.4	40.9
2	cf2s-2	2 000	2.46	313.2	0.368	38.8				
3	cf4s-1	2 000	3.95	278.7	0.546	60.1	54.9	53.6	53.2	56.2
4	cf4s-2	2 000	3.95	278.7	0.546	56.8				
5	cf6s-1	2 000	5.93	301.5	0.939	72.0	81.7	79.3	80.0	84.1
6	cf6s-2	2 000	5.93	301.5	0.939	71.4				
7	cf4w-1	1 500	3.95	278.7	0.546	38.0	37.7	37.3	37.5	39.1
8	cf4w-2	1 500	3.95	278.7	0.546	38.8				
9	ce4s-1	2 000	3.95	278.7	0.547	131.1	—	—	—	127.2
10	ce4s-1	2 000	3.95	278.7	0.547	135.6	—	—	—	

沿强轴加载钢管混凝土试件（cf2s、cf4s、cf6s）的破坏形态如图 2.89（a）～（c）所示，各试件均在面内发生弯曲变形，变形集中于跨中纯弯段。对于钢管较薄的试件（cf2s 和 cf4s），跨中钢管受拉区撕裂，受压区显著鼓曲，导致加载停止；对于钢管较厚的试件 cf6s（$t=5.93$mm），跨中钢管受压区轻微鼓曲，出现了较稳定的强化段，跨中位移超过 $L/20$ 后承载力仍能缓慢增长。对比钢管厚度对破坏形态的影响可知，钢管越薄，钢管受拉区越易发生撕裂，受压区鼓曲更为显著。其原因在于，钢管越薄，中性轴高度越高，相同曲率下的梁底钢管拉应变越大。

沿弱轴加载钢管混凝土试件（cf4w）的破坏形态如图 2.89（d）所示。试件跨中钢管出现了受压区局部鼓曲和受拉区撕裂。与沿强轴加载试件相比，其钢管受压区鼓曲更显著。

钢管外鼓

钢管撕裂

(a) cf2s 系列（$t=2.46$mm）

图 2.89　钢管混凝土受弯试件破坏形态

(b) cf4s系列 (t=3.95mm)

(c) cf2s系列 (t=5.93mm)

(d) cf4w系列 (t=3.95mm)

图 2.89 （续）

图 2.90 所示为钢管混凝土试件核心混凝土的破坏形态。对于沿强轴加载的试件（cf4s-2），裂缝均匀分布于纯弯段受拉区，且跨中裂缝宽度最大，跨中受压区混凝土角部轻微压溃，该位置钢管出现鼓曲。对于沿弱轴加载的试件（cf4w-2），跨中截面发生破坏，受拉区混凝土开裂，而受压区混凝土明显压溃。

(a) cf4s-2 (沿强轴)　　　　　　　　(b) cf4w-2 (沿弱轴)

图 2.90　核心混凝土破坏形态

图 2.91（1）所示为加劲混合结构受弯试件的破坏形态，呈现明显的受压区破坏特征。加载前期，跨中受拉区自梁底拉裂，裂缝逐渐向受压区及两侧扩展。峰值荷载时，跨中受压区顶部混凝土纵向应变接近材料峰值应变，并出现纵向裂缝，能听到明显的开裂声。此后，跨中受压区混凝土纵向裂缝迅速开展，保护层混凝土脱落。随着加载的继续，跨中混凝土压溃范围逐渐增大，受压区纵筋外鼓，而受拉区混凝土裂缝继续开展，荷载维持稳定，未出现与超筋梁类似的脆性破坏。

图 2.91（2）所示为加劲混合结构受弯试件钢筋及核心混凝土的破坏形态。受压区纵筋在相邻箍筋间出现鼓曲。核心混凝土破坏不显著，仅在受拉区出现均匀分布的细密裂缝，而受压区无明显现象。加劲混合结构受弯试件在发生破坏后，其内部钢管混凝土仍能发挥作用，虽然外包钢筋混凝土破坏显著，试件仍能保持较高的承载力和较好的延性。

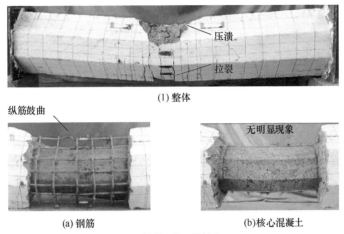

(1) 整体

(a) 钢筋 (b)核心混凝土

(2) 钢筋及核心混凝土

图 2.91 加劲混合结构受弯试件破坏形态（ce4s-2）

图 2.92 所示为受弯试件的跨中弯矩 - 曲率关系。可知，试件均具有良好的延性和变形性能。图 2.92（a）反映了钢管厚度（t）的影响。钢管厚度越大，试件的抗弯刚度和抗弯承载力显著增大。图 2.92（b）对比了加载方向（沿强轴与沿弱轴加载）以及试件类型（钢管混凝土与加劲混合结构试件）的影响。试件沿弱轴的抗弯刚度和抗弯承载力均小于沿强轴加载试件。加劲混合结构受弯试件的抗弯刚度和抗弯承载力显著强于钢管混凝土试件，且具有较好的延性。

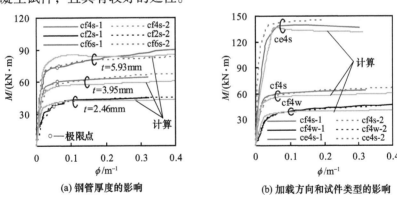

(a) 钢管厚度的影响 (b) 加载方向和试件类型的影响

图 2.92 试件跨中弯矩（M）- 曲率（ϕ）关系对比

由图 2.92（a）可知，钢管混凝土沿强轴受弯试件均体现了较好的延性。其典型的跨中弯矩 - 曲率关系如图 2.93 所示，可分为如下三部分。

1）弹性段（OA）。

加载前期，钢管为弹性；核心混凝土上部受压，下部受拉开裂。由于混凝土受拉对截面抗弯贡献很小，曲线基本呈线性增长。定义梁底钢管纵向拉应变达到钢管屈服应变（ε_y）对应点为弹性点 A。

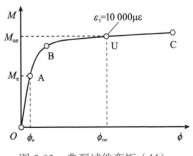

图 2.93 典型试件弯矩（M）-
曲率（ϕ）关系

2）弹塑性段（AB）。

弹性点 A 后，钢管受拉区屈服范围扩大，混凝土受压区应力增大，抗弯刚度逐渐减小，承载力缓慢增长。定义梁顶钢管纵向压应变达到钢管屈服应变（ε_y）对应点为弹塑性点 B。

3）强化段（BC）。

弹塑性点 B 后，钢管受压、受拉屈服范围扩大，逐渐进入材料强化段，受压区混凝土应变继续发展，并逐渐压溃。参考基于对圆、矩形钢管混凝土受弯性能的研究结果（韩林海，2016），定义梁底钢管纵向拉应变达到 10 000με 时为加载的极限点 U，对应的承载力为截面的抗弯承载力（M_{ue}）。此后，试件仍具有良好的变形性能，且承载力维持稳定。

对于沿弱轴加载试件（cf4w），其弯矩 - 曲率关系与沿强轴加载试件特征一致。同样，定义梁底钢管纵向拉应变达到 10 000με 对应的承载力为截面的抗弯承载力。

对于加劲混合结构受弯试件（ce4s），试件在受压区混凝土压溃后发生破坏，参考钢筋混凝土构件极限承载力定义方法，定义梁顶受压区混凝土纵向压应变达到 3000με 时对应的承载力为截面的抗弯承载力。

为深入研究六边形钢管混凝土构件的受弯性能，建立了相应的有限元模型。图 2.92 对比了有限元计算和试验的跨中弯矩 - 曲率关系。可知，有限元模型能够较好地计算各类受弯试件的弹性、弹塑性及强化过程。提取有限元计算的抗弯承载力（M_{uFEA}），如表 2.26 所示，并与试验值（M_{ue}）进行对比。M_{uFEA}/M_{ue} 的平均值为 1.040，变异系数 COV 为 0.087，二者吻合良好。

图 2.94 所示为受弯构件钢管和核心混凝土截面承担的弯矩 - 曲率关系。为分析组合作用对构件抗弯性能的影响，计算了对应空钢管梁和素混凝土梁的弯矩 - 曲率关系，并与钢管混凝土中的截面进行对比。

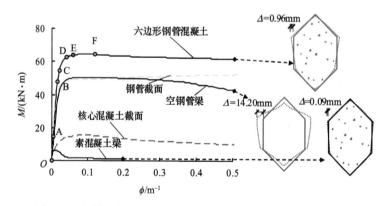

图 2.94　钢管和核心混凝土截面的弯矩（M）- 曲率（ϕ）关系

由图可知，对于钢管混凝土构件，钢管承担了主要的弯矩。加载后期，由于钢管的强化和屈服区域的扩大，钢管截面承担的弯矩缓慢上升，而混凝土承担的弯矩由于受压区混凝土的压溃而逐渐减小。对比钢管截面与空钢管梁，加载前期，二者的弯矩 - 曲率关系基本一致。随着加载的继续，空钢管梁发生局部屈曲，承载力逐渐下降，而钢管截面受到核心混凝土的支撑，承载力仍能缓慢上升。素混凝土梁由于底截面开裂，抗弯性能极差。相比之下，核心混凝土截面由于能够与钢管共同工作，承担了部分正压力，其受拉反力由钢管承担，导致其能够承担部分弯矩。可知，钢管与核心混凝土的组合作用，发挥了"1＋1 大于 2"的效果，保障了钢管混凝土受弯构件的承载力和延性。

图 2.94 还对比了曲率为 0.5m^{-1} 时，钢管混凝土、空钢管和素混凝土梁的跨中截面变形。可知，空钢管梁的侧向变形最大，为 14.20mm；素混凝土梁的侧向变形最小，为 0.09mm；而钢管混凝土的侧向变形较小，为 0.96mm，由于核心混凝土的约束，其侧向变形显著小于空钢管梁。

本节试验结果表明，对于沿强轴受弯的六边形钢管混凝土试件，极限点时，截面纵向应变分布基本满足平截面假定；同时，钢管大范围受压或受拉屈服，混凝土处于高应力状态。本节采用塑性截面法、应变协调法和纤维模型法三种不同方法计算截面的抗弯承载力，如图 2.95 所示。

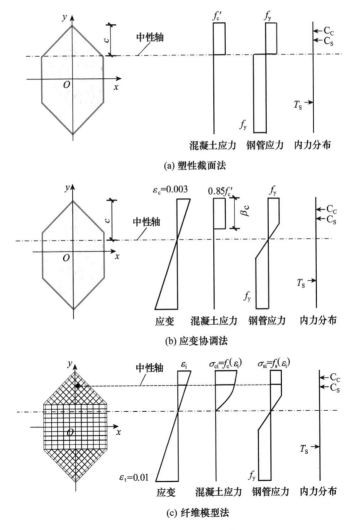

图 2.95 抗弯承载力计算方法

采用以上三种方法，计算本节试件的抗弯承载力如表 2.26 所示，同时，表 2.26 比较了各方法的计算值与试验值之比（M_{uc}/M_{ue}）。对于塑性截面法（M_{psdm}），其平均值及变异系数分别为 1.056 和 0.092；对于应变协调法（M_{scm}），其平均值及变异系数分别为 1.030 和 0.090；对于纤维模型法（M_{fiber}），其平均值及变异系数分别为 1.026 和 0.096。以上三种方法均能较准确地计算本节试件的抗弯承载力。

实际受力时，六边形钢管混凝土还可能同时沿强轴和弱轴受弯。本节选取不同钢管宽厚比的构件（$B=100mm$，$B/t=10$、25、60，Q345 钢、C60 混凝土），计算了构件在双向受弯工况下沿弱轴、沿强轴抗弯承载力（M_y-M_x）的相关关系如图 2.96 所示。图中，M_{ux} 和 M_{uy} 分别为六边形钢管混凝土构件沿强轴和沿弱轴的抗弯承载力。

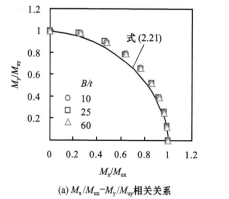 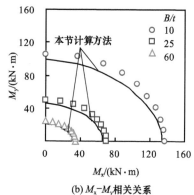

(a) M_x/M_{ux}-M_y/M_{uy}相关关系　　　　(b) M_x-M_y相关关系

图 2.96　沿强轴与沿弱轴抗弯承载力相关关系

由图 2.96（a）可知，对于不同宽厚比（B/t）的构件，其 M_y/M_{uy}-M_x/M_{ux} 相关关系基本一致。韩林海（2007，2016）针对矩形钢管混凝土构件建议了式（2.21）所示 M_y/M_{uy}-M_x/M_{ux} 相关方程。

$$(M_x/M_{ux})^{1.8}+(M_y/M_{uy})^{1.8}=1 \tag{2.21}$$

本节分析表明，六边形钢管混凝土构件的受弯性能与矩形钢管混凝土构件接近。图 2.96（a）对比了式（2.21）与有限元计算的相关关系，可知该公式能够较好地反映 M_y/M_{uy}-M_x/M_{ux} 相关关系的外凸特点。因此，建议采用上式作为六边形钢管混凝土构件的双向受弯相关方程。

基于以上分析，计算六边形钢管混凝土构件的双向抗弯承载力时，可首先通过塑性截面法计算构件沿强轴和沿弱轴的抗弯承载力（M_{ux} 和 M_{uy}）。在此基础上，通过式（2.21）计算构件的双向抗弯承载力。图 2.96（b）对比了该方法和有限元计算得到的 M_y-M_x 相关关系，可见二者整体吻合良好。

（3）拉弯构件

本节开展 12 个拉弯试件的试验研究，包括 10 个钢管混凝土试件和 2 个空钢管试件。试件均沿强轴受拉弯作用，信息如表 2.27 所示。拉弯装置及量测示意图如图 2.97 所示。

表 2.27　六边形钢管混凝土拉弯试件一览表

序号	试件编号	t/mm	含钢率 α_s	偏心距 e/mm	拉弯承载力 N_{tu}/kN		
					N_{tue}	N_{tuc}	N_{tuFEA}
1	cf4-0-1	3.95	0.109	0	759.8	697.8	748.6
2	cf4-0-2	3.95	0.109	0	766.9		
3	cf4-70-1	3.95	0.109	70	422.7	407.9	445.6
4	cf4-70-2	3.95	0.109	70	437.1		
5	cf4-140-1	3.95	0.109	140	298.4	278.9	294.2
6	cf4-140-2	3.95	0.109	140	298.6		
7	cf4-210-1	3.95	0.109	210	217.9	209.5	213.3
8	cf4-210-2	3.95	0.109	210	210.2		
9	cf6-70-1	5.93	0.175	0	599.2	633.4	690.7
10	cf6-70-2	5.93	0.175	70	733.5		
11	hs4-70-1	3.95	—	70	406.8	347.9	394.1
12	hs4-70-2	3.95	—	70	408.0		
N_{tuc}/N_{tue}、N_{tuFEA}/N_{tue} 平均值						0.932	1.002
N_{tuc}/N_{tue}、N_{tuFEA}/N_{tue} 变异系数						0.064	0.056

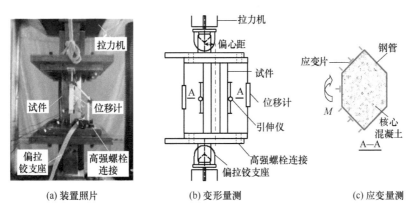

(a) 装置照片　　　　　　　(b) 变形量测　　　　　　　(c) 应变量测

图 2.97　拉弯装置及量测示意图

　　表 2.27 中，编号字母"cf""hs"分别代表钢管混凝土、空钢管试件，编号后数字代表钢管的设计厚度（t），"-"后数字代表偏心距（e）。试验参数为钢管厚度和偏心距，钢管厚度包括 3.95mm、5.93mm 两类，对应含钢率（α_s）分别为 0.109 和 0.175；偏心距包括 0mm、70mm、140mm 和 210mm 四类。

　　为研究核心混凝土对试件拉弯性能的影响，设计了两个钢管厚度为 3.95mm 的空钢管对比试件，偏心距为 70mm。为实现偏拉加载，钢管两端焊接了厚度 40mm 的端板，端板上设置了直径为 32mm 的圆螺栓孔，通过高强螺栓与偏拉装置连接。一侧端板中心设置圆 40mm 混凝土浇筑孔，钢结构加工完成后，从浇筑孔浇筑混凝土，并在混凝土初凝后打磨平整。为保证核心混凝土参与受拉，在两侧端板各焊接 4 个栓钉。

六边形钢管与端板焊接处设置了加劲肋，避免加载时端部焊缝开裂。

　　试验时，除轴拉试件在加载强化段发生端部焊缝破坏外，拉弯试件均因轴拉变形达到限值而停止加载，反映了六边形钢管混凝土良好的拉弯性能。试件破坏形态如图 2.98 所示。试件均呈现轴向拉伸以及面内弯曲变形特征，钢管表面未见局部鼓曲。

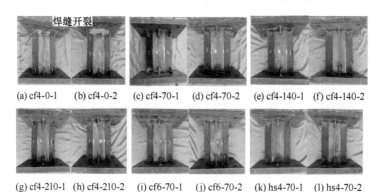

(a) cf4-0-1　(b) cf4-0-2　(c) cf4-70-1　(d) cf4-70-2　(e) cf4-140-1　(f) cf4-140-2

(g) cf4-210-1　(h) cf4-210-2　(i) cf6-70-1　(j) cf6-70-2　(k) hs4-70-1　(l) hs4-70-2

图 2.98　拉弯试件破坏形态

　　图 2.99 所示为轴拉（cf4-0-1）和拉弯（cf4-70-1）试件核心混凝土的破坏形态。对于轴拉试件，沿核心混凝土全截面出现了均匀分布的细密裂缝，最大裂缝宽度为 1.0mm；对于拉弯试件，核心混凝土在试件受拉侧出现了均匀分布的裂缝，裂缝自受拉边缘延伸至对称轴处，最大裂缝宽度为 1.4mm，受压侧混凝土基本完好，无裂缝或局部压溃现象。两类试件的核心混凝土裂缝沿纵向均匀分布，未出现素混凝土受拉时，破坏由主裂缝控制的现象。

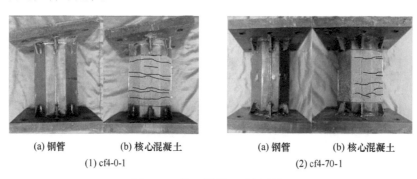

(a) 钢管　　　　(b) 核心混凝土　　　　　　(a) 钢管　　　　(b) 核心混凝土
(1) cf4-0-1　　　　　　　　　　　　　　　　(2) cf4-70-1

图 2.99　核心混凝土破坏形态

　　图 2.100 所示为试件的荷载（N）- 轴向应变（ε）关系，其中，$\varepsilon = \Delta/L$，Δ 为轴拉变形，L 为试件高度。由图可知，各试件的 N-ε 关系形态一致，包括弹性上升、屈服、强化及卸载阶段。

　　图 2.100（a）对比了偏心距（e）对荷载 - 轴向应变关系的影响。偏心距对弹性刚度的影响不显著。随着偏心距的增大，由于受到弯矩影响，钢管混凝土截面更早进入塑性，承载力显著减小。

　　图 2.100（b）对比了核心混凝土和含钢率（α_s）对荷载 - 轴向应变关系的影响，试件偏心距均为 70mm。与空钢管试件（hs4-70）相比，钢管混凝土试件（cf4-70）的屈

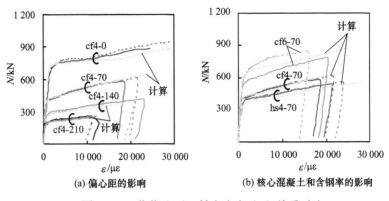

(a) 偏心距的影响　　　　　(b) 核心混凝土和含钢率的影响

图 2.100　荷载（N）- 轴向应变（ε）关系对比

服荷载与之接近，但强化段刚度更大，导致其承载力更大。钢管厚度由 3.95mm（cf4-70）变为 5.93mm（cf6-70）时，试件的承载力显著增大，弹性及强化段刚度略有增大。

　　图 2.101 对比了有限元计算和试验的钢管及核心混凝土的破坏形态。钢管发生轴向伸长和面内弯曲，有限元计算与试验结果一致。核心混凝土在受拉侧出现细而密的裂缝，有限元模型中，沿试件受拉侧纵向出现混凝土塑性拉应变，其垂直方向即为混凝土裂缝，二者吻合良好。

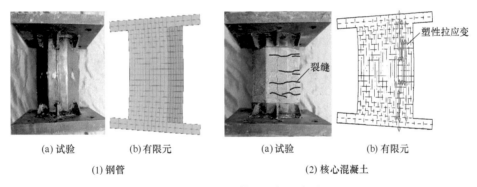

(a) 试验　　　　(b) 有限元　　　　　　　(a) 试验　　　　(b) 有限元

(1) 钢管　　　　　　　　　　　　　　　(2) 核心混凝土

图 2.101　有限元模型破坏形态对比

　　计算得到的荷载 - 轴向应变与试验对比如图 2.100 所示。计算时，钢材采用实测的材性数据。对比可知，有限元模型能有效模拟两类曲线的弹性、屈服和强化特征。以图 2.100 所示荷载 - 轴向应变关系为例，计算的弹性刚度、屈服点位置、强化段刚度均与试验吻合良好。提取计算得到的拉弯承载力（N_{tuFEA}）见表 2.27，将其与试验结果（N_{tue}）进行对比，N_{tuFEA}/N_{tue} 的平均值和变异系数分别为 1.002 和 0.056。有限元模型能够准确计算试件的拉弯承载力。

　　基于上述模型，分析了典型六边形钢管混凝土构件的拉弯性能。算例参数为：构件高度 $L=400$mm，截面边长 $B=100$mm，钢管厚度 $t=4$mm，Q345 钢，C60 混凝土。选取 0、$0.7B$、$20B$ 为偏心距（e）进行计算，分别反映构件的轴拉、拉弯及受弯性能。图 2.102（a）所示为轴拉（$e=0$）及拉弯（$e=0.7B$）构件的荷载 - 轴向变形关系，图 2.102（b）为拉弯（$e=0.7B$）及受弯（$e=20B$）构件的跨中弯矩 - 曲率关系。根据

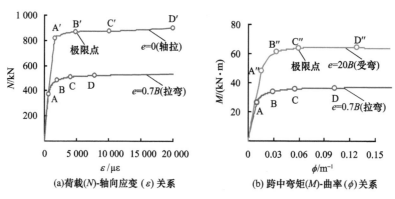

(a)荷载(N)-轴向应变(ε)关系　　　　　(b)跨中弯矩(M)-曲率(ϕ)关系

图 2.102　拉弯构件的荷载 - 变形关系

钢管受拉边缘纵向应变（ε_t），在曲线中定义如下特征点如下。

- A 点：ε_t 达到钢管屈服应变（ε_y）。
- B 点：ε_t 达到 5000με。
- C 点：ε_t 达到 10 000με。
- D 点：ε_t 达到 20 000με。

由图 2.102 可知，A 点为两类荷载 - 变形曲线的转折点。A 点前，截面呈弹性，荷载 - 变形曲线呈线性；A 点时，钢管受拉边缘刚刚屈服，受拉侧混凝土已开裂；A 点后，钢管进入塑性，屈服区域自受拉侧边缘逐渐向截面中部扩展。

图 2.102（a）对比了轴拉与拉弯构件的荷载 - 轴向应变关系。与轴拉（$e=0$）构件相比，拉弯构件的抗拉承载力显著减小。对于轴拉构件，钢管在 A′ 点后全截面屈服，弹塑性段不显著，承载力增长有限。对于拉弯构件，钢管在 A 点后逐步屈服，弹塑性段显著，承载力仍有明显增长，之后维持稳定。受弯矩影响，相同轴力下拉弯构件的钢管受拉边缘应变发展快于轴拉构件。

对于轴拉构件，韩林海（2016）、Li 和 Han 等（2014）基于圆钢管混凝土及中空夹层钢管混凝土的轴拉试验，定义 B 点，即钢管受拉边缘纵向应变达到 5000με 时对应的荷载为其轴拉承载力。若采用以上准则定义拉弯构件的极限承载力，截面其他区域将处于较低应力水平，偏于保守。

图 2.102（b）对比了拉弯与受弯构件的跨中弯矩 - 曲率关系。与受弯（$e=20B$）构件相比，拉弯构件的抗弯承载力显著减小。曲线均在 A（A″）点后进入弹塑性段。相比之下，纯弯构件在 A″ 点后承载力仍能显著增长，体现了更好的延性。受拉力影响，相同弯矩下拉弯构件截面的应变梯度将低于受弯构件。

图 2.103 对比了钢管混凝土和空钢管构件的荷载 - 变形关系，空钢管构件曲线按同样规则标记了特征点。由图可知，空钢管构件的荷载 - 变形关系与钢管混凝土构件相似。核心混凝土的存在，导致构件的刚度及承载力均增大。定义 OA 段的割线刚度为弹性刚度。与空钢管构件相比，钢管混凝土的抗拉刚度增大 13.7%，抗弯刚度增大 6.8%，抗拉承载力（N_{tu}）增大 12.1%，抗弯承载力（M_u）增大 11.3%。

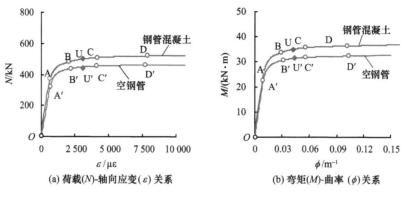

(a) 荷载(N)-轴向应变(ε) 关系　　　　　(b) 弯矩(M)-曲率 (φ) 关系

图 2.103　钢管混凝土与空钢管拉弯构件的荷载 - 变形关系对比

为分析参数对拉弯相关关系的影响，以典型算例为基础，开展了参数分析，参数范围为：钢管宽厚比 $B/t=10\sim60$、钢管强度 $f_y=235\sim420\mathrm{MPa}$、混凝土强度 $f_{cu}=30\sim100\mathrm{MPa}$。由于钢管承担主要荷载，钢管厚度（$t$）和钢管强度（$f_y$）对拉弯承载力影响显著。各参数对拉 - 弯相关关系基本无影响，可考虑对其拉 - 弯方程进行回归分析。对于本节六边形钢管混凝土构件，轴拉承载力计算可参考圆钢管混凝土的轴拉承载力计算公式（韩林海，2016），拉弯相关方程可采用式（2.22）。

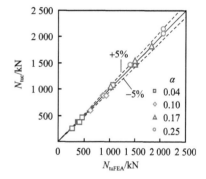

$$\left(\frac{N}{N_{tu}}\right)^{1.4}+\frac{M}{M_u}=1 \qquad (2.22)$$

图 2.104 对比了轴拉承载力的有限元（N_{tuFEA}）和公式（N_{tuc}）计算结果。N_{tuFEA}/N_{tuc} 的平均值和变异系数分别为 1.037 和 0.039，可知公式与有限元计算结果吻合良好。

图 2.104　轴拉承载力公式与有限元计算结果对比

2.9　中空夹层钢管混凝土

中空夹层钢管混凝土是在两个同心放置的钢管之间浇筑混凝土而形成的组合构件。它是在实心钢管混凝土的基础上发展起来的一种新型的钢管混凝土构件形式。如变换内外钢管的截面形式组合，可形成多种不同截面形式的中空夹层钢管混凝土，如表 1.1（6）所示。

总体上，中空夹层钢管混凝土构件具备实心钢管混凝土的基本优点，还有自重轻和刚度大的特点，且由于其内钢管受到混凝土的保护，使得该类柱可具有更好的耐火性能。由于中空夹层钢管混凝土的上述特点，在某些工程领域有其潜在的应用优势，如用作桥墩、海洋平台结构的支架柱、建筑物中的大直径柱以及其他有关高耸构筑物或其柱构件等。此外，中空夹层钢管混凝土还可用作大尺寸的灌注桩等。

针对几种典型构件截面形式，如表 1.1（6a）、（6d）和（6e）所示（分别称之为圆套圆中空夹层钢管混凝土、方套圆中空夹层钢管混凝土和矩形套矩形中空夹层钢管混凝土），系统地研究了其轴压、纯弯和偏压构件的静力性能以及压弯构件的滞回性能，探讨了其耐火性能和抗火设计方法（Han 等，2004；黄宏，2006；Lu 等，2007；Tao 等 2004；Tao 和 Han，2006；陶忠和于清，2006；Yang 和 Han，2008；Zhao 和 Han，2006）。下面简要论述主要研究工作和结论。

2.9.1　静力性能

本书作者课题组先后进行了中空夹层钢管混凝土构件系列的静力性能试验研究，共包括 37 个轴压、13 个纯弯以及 42 个偏压构件的试验（Han 等，2004；黄宏，2006；Tao 等 2004；Tao 和 Han，2006；陶忠和于清，2006）。

结果表明，在通常情况下中空夹层钢管混凝土的工作性能和实心钢管混凝土基本类似，二者的差别取决于内管能否不过早地发生内凹的局部屈曲。在内管径厚比（或高厚比）较小的情况下，此时内管可对混凝土提供足够的支撑作用，使得构件的整体工作行为和实心钢管混凝土类似，否则构件抵抗变形的能力就会低于相应的实心钢管混凝土。

图 2.105（a）、（b）和（c）分别给出柱外截面形状为圆、方和矩形时中空夹层钢管混凝土轴压短试件的典型破坏形态。

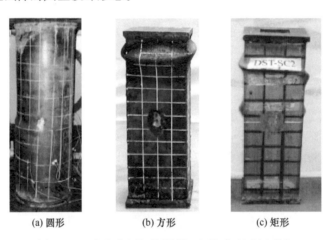

(a) 圆形　　　　　(b) 方形　　　　　(c) 矩形

图 2.105　中空夹层钢管混凝土短柱典型破坏形态

图 2.106（a）和（b）给出中空夹层钢管混凝土受弯构件达到极限状态时其夹层混凝土破坏和内钢管变形形态（Han 等，2004）。

(a) 夹层混凝土

图 2.106　中空夹层钢管混凝土受弯构件典型的破坏形态

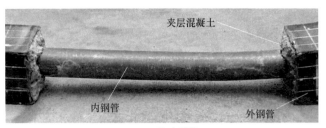

(b) 内钢管

图 2.106 （续）

影响中空夹层钢管混凝土短柱轴压力学性能的最主要因素是构件横截面的约束效应系数（ξ）和空心率（χ）。图 2.107 以圆套圆中空夹层钢管混凝土为例，给出了截面的几何特性参数，其中 t_{si} 和 t_{so} 分别为内、外圆钢管的壁厚，D_i 和 D_o 分别为它们的外直径。

中空夹层钢管混凝土约束效应系数（ξ）的定义（Han 等，2004）为

$$\xi = \frac{A_{so}f_{yo}}{A_{ce}f_{ck}} = \alpha_n \frac{f_{yo}}{f_{ck}} \qquad (2.23)$$

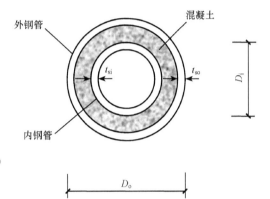

图 2.107 圆套圆中空夹层钢管混凝土截面的几何特性参数

式中：A_{so} 和 f_{yo} 分别为外钢管的截面面积及其屈服强度；α_n 为名义含钢率，$\alpha_n = A_{so}/A_{ce}$；A_{ce} 为外钢管截面内部所包含的面积；f_{ck} 为混凝土抗压强度标准值。

空心率（χ）的定义（Han 等，2004）为

$$\chi = \frac{D_i}{D_o - 2t_o} \qquad (2.24)$$

研究结果表明，约束效应系数对中空夹层钢管混凝土力学性能的影响规律与普通实心钢管混凝土类似（陶忠和于清，2006）。

图 2.108 所示为空心率对圆中空夹层钢管混凝土轴压柱的轴压力（N）- 平均纵向应变（ε）关系的影响。可见，除空心率为 0.80 的试件其延性稍差外，其余试件的 $N\text{-}\varepsilon$ 关系变化规律和 $\chi = 0$ 的实心钢管混凝土基本一致。

试验结果还表明，所有中空夹层钢管混凝土试件由于混凝土延缓了钢管的局部屈曲，因而总体力学性能均明显优于相应空钢管对比试件。

图 2.108 空心率（χ）对试件 $N\text{-}\varepsilon$ 关系曲线的影响

假设由于内钢管对混凝土的支撑作用，中空夹层钢管混凝土与具有相同外钢管的实心钢管混凝土其二者的核心混凝土所受到的约束作用相同，这样在利用纤维模型法进行中空夹层钢管混凝土构件的荷载 - 变形关系分析时，可借用适用于实心钢管混凝土的核心混凝土的应力 - 应变关系。由此对作者及他人试验结果进行计算分析，结果表明计算的荷载 - 变形关系曲线和试验曲线基本吻合。

此外，基于 ABAQUS 软件平台（Hibbitt，Karlsson 和 Sorensen Inc.，2005）建立了有限元分析模型，对中空夹层钢管混凝土轴压和偏压构件的荷载 - 变形关系进行了有限元计算（黄宏，2006；陶忠和于清，2006）。总体而言，有限元计算的构件荷载 - 变形关系曲线与纤维模型法的计算结果基本一致，但对径厚比（或宽厚比）较大或空心率较大的试件而言，有限元法计算的 $N\text{-}\varepsilon$ 关系曲线下降段与试验结果要更为吻合，其原因在于有限元法在这些情况下能更好地模拟钢管屈曲的影响以及钢管对混凝土的约束作用。

在荷载 - 变形关系分析的基础上，根据参数分析，对于中空夹层钢管混凝土轴压、纯弯和压弯构件，其承载力简化计算公式可基于实心钢管混凝土承载力计算公式进行适当修正，由此简化公式计算结果和试验结果以及数值计算结果均吻合良好。

2.9.2　长期荷载作用下的性能

李永进等（2005）、李永进和陶忠（2007）进行了中空夹层钢管混凝土在长期荷载作用下的性能研究。分别进行了 2 个圆中空夹层钢管混凝土和 2 个方中空夹层钢管混凝土轴心受压柱在长期荷载作用下的变形测试，并在变形测试结束后进行了承载力试验。此外还进行了实心钢管混凝土在长期荷载作用下的对比试验以及未受长期荷载作用的试件对比试验。长期荷载作用的持续时间为 3 年。

表 2.28 给出了所有试验构件的主要参数和试验结果，其中试件编号最后带有 N 的表示未受长期荷载作用的对比试件；f_{cu} 为长期荷载试验结束进行试件承载力试验时混凝土的立方体抗压强度；N_L 和 n 分别为混凝土龄期 28 天时施加到相应试件上的长期荷载（N_L）和长期荷载比（$n = N_L/N_{ue}$），N_{ue} 为试件实测极限承载力。

表 2.28　长期荷载试验试件一览表

截面类型	序号	试件编号	$D_o \times t_o$/(mm×mm)	$D_i \times t_i$/(mm×mm)	L/mm	f_{yo}/MPa	f_{yi}/MPa	f_{cu}/MPa	χ	N_L/kN	n	N_{ue}/kN
圆形	1	DC-1	120×1.96	60×1.96	1 324	311	380	66.4	0.52	177	0.3	779
	2	DC-2	120×1.96	60×1.96	1 324	311	380	66.4	0.52	354	0.6	837
	3	DC-1N	120×1.96	60×1.96	1 324	311	380	66.4	0.52	—	—	790
	4	DC-2N	120×1.96	60×1.96	1 324	311	380	66.4	0.52	—	—	715
	5	C-1	120×1.96	—	1 200	311	—	66.4	0	305	0.6	797
	6	C-1N	120×1.96	—	1 200	311	—	66.4	0	—	—	878
	7	C-2N	120×1.96	—	1 200	311	—	66.4	0	—	—	835
方形	1	DS-1	120×1.96	60×1.96	1 500	311	380	66.4	0.52	183	0.3	1 152

续表

截面类型	序号	试件编号	$D_o \times t_o$ /(mm×mm)	$D_i \times t_i$ /(mm×mm)	L/mm	f_{yo}/MPa	f_{yi}/MPa	f_{cu}/MPa	χ	N_L/kN	n	N_{ue}/kN
方形	2	DS-2	120×1.96	60×1.96	1 500	311	380	66.4	0.52	365	0.6	1 043
	3	DS-1N	120×1.96	60×1.96	1 500	311	380	66.4	0.52	—	—	1 186
	4	DS-2N	120×1.96	60×1.96	1 500	311	380	66.4	0.52	—	—	1 136
	5	S-1	120×1.96	—	1 386	311	—	66.4	0	368	0.6	1 110
	6	S-1N	120×1.96	—	1 386	311	—	66.4	0	—	—	1 116
	7	S-2N	120×1.96	—	1 386	311	—	66.4	0	—	—	1 150

图 2.109 绘出了试件的纵向总应变（ε_{total}）随持荷时间（t）的变化曲线，其中 ε_{total} 为应变值的平均值，包含了试件在施加长期荷载时产生的变形。

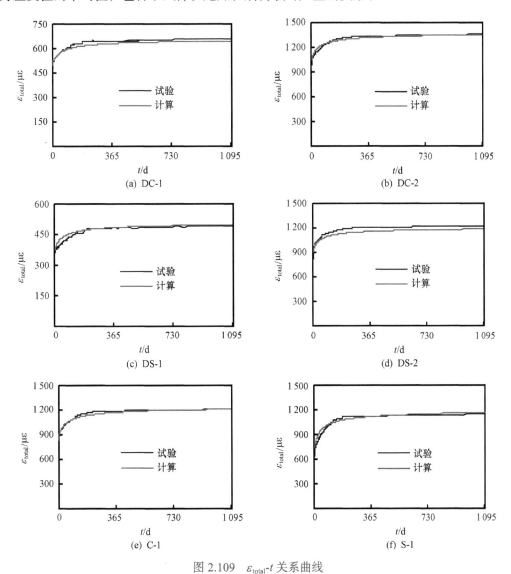

图 2.109　ε_{total}-t 关系曲线

　　中空夹层钢管混凝土在长期荷载作用下的纵向变形早期发展很快，1 个月的变形量为持荷 4 个月变形量的 60% 左右，此后变形发展趋缓，曲线渐趋水平，加载 1 年后的变形基本趋于稳定。可见在长期荷载作用下中空夹层钢管混凝土的变形规律与实心钢管混凝土基本一致（韩林海，2007，2016）。

　　李永进和陶忠（2007）基于 ACI 209R-92（1992）中的混凝土徐变和收缩模型，应用纤维模型法计算了中空夹层钢管混凝土轴压试件在长期荷载作用下的变形发展规律，计算结果和试验结果的比较情况见图 2.109，可见二者吻合良好。李永进和陶忠（2007）还分析了加荷龄期、持荷时间、长期荷载比、名义含钢率、钢材屈服强度、内钢管厚度、混凝土强度、空心率、长细比和荷载偏心率等参数对中空夹层钢管混凝土柱变形特性的影响。

　　图 2.110 所示为长期荷载作用对试件极限承载力的影响情况，其中无量纲化的纵坐标 β_L 为有长期荷载作用试件的极限承载力除以无长期荷载作用对比试件的极限承载力。由于对比试件每组有两个，因此在计算 β_L 时极限承载力取两个试件的平均值。

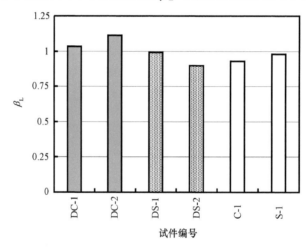

图 2.110　极限承载力系数 β_L 的变化规律

　　由图 2.110 可见，由于长期荷载作用的影响，试件的承载力总体上呈现降低的趋势，但并不显著，对于圆中空夹层钢管混凝土试件还稍有增加。

　　采用和韩林海（2007，2016）相似的方法和模型，李永进和陶忠（2007）计算了长期荷载作用对中空夹层钢管混凝土偏压构件的承载力影响系数 k_{cr}，通过参数分析发现可在韩林海（2007，2016）中给出的适用于实心钢管混凝土的承载力影响系数 k_{cr} 计算公式基础上，乘以一考虑空心率影响的修正系数 k_χ，从而得到适用于中空夹层钢管混凝土偏压构件的 k_{cr} 计算公式，k_χ 按下式进行计算：

$$k_\chi = 0.65\chi^2 - 0.45\chi + 1 \leqslant 1 \tag{2.25}$$

式（2.25）的适用范围是：$\chi \leqslant 0.75$。

2.9.3　滞回性能

　　进行了 12 个圆中空夹层钢管混凝土和 16 个方中空夹层钢管混凝土构件滞回性能

试验研究，此外，还进行了 5 个空钢管的对比试验。构件设计时所考虑的变化参数为轴压比（$n=0\sim0.65$）和空心率（$\chi=0\sim0.77$）（Han 等，2006；黄宏，2006）。

试验结果表明，圆形和方形中空夹层钢管混凝土试件的外观破坏形态和相应实心钢管混凝土试件基本一致。

试验实测的弯矩（M）-曲率（ϕ）和荷载（P）-位移（Δ）滞回关系结果表明，无论是圆形截面，还是方形截面，所有中空夹层钢管混凝土试件的弯矩-曲率和荷载-位移滞回关系均较为饱满，没有明显捏缩现象，试件的耗能能力良好。通过对比分析，发现空心率不同的中空夹层钢管混凝土试件，与具有相同轴压比的实心钢管混凝土试件相比，其 $P\text{-}\Delta$ 滞回曲线的形状和变化规律基本一致。而空钢管试件由于受局部屈曲的影响，和相同轴压比下的中空夹层钢管混凝土及实心钢管混凝土试件有所不同，其 $P\text{-}\Delta$ 滞回曲线的骨架线具有较陡的下降段，曲线后期趋于不稳定，循环次数较少。

为了研究截面空心率对试件 $P\text{-}\Delta$ 滞回骨架线的影响，对典型试件的 $P\text{-}\Delta$ 滞回骨架线的荷载纵坐标除以各自的峰值荷载 P_{ue} 进行归一化处理。图 2.111 所示为归一化处理后的典型圆截面试件的 $P/P_{\text{ue}}\text{-}\Delta$ 关系曲线，图中同时绘出了空钢管及空心率为 0 的实心钢管混凝土试件的相应曲线。从中可进一步看出，中空夹层钢管混凝土试件和相应的实心钢管混凝土试件的滞回骨架线基本一致，表明在本次试验参数范围内，空心率对骨架线形状的影响较小。而相应空钢管试件由于没有填充混凝土，因而钢管较易发生局部屈曲，其延性明显比钢管混凝土试件差。

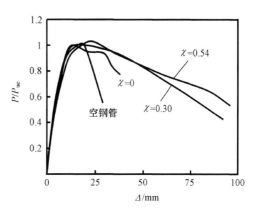

图 2.111　空心率对 $P\text{-}\Delta$ 滞回骨架线的影响

采用纤维模型法可对中空夹层钢管混凝土的 $M\text{-}\phi$ 和 $P\text{-}\Delta$ 滞回关系进行分析，计算结果表明其和试验结果二者基本吻合。根据参数分析，结果发现和实心钢管混凝土类似，中空夹层钢管混凝土的 $M\text{-}\phi$ 和 $P\text{-}\Delta$ 滞回模型骨架线也可采用三线型模型来表示（黄宏，2006；陶忠和于清，2006）。

2.9.4　局压性能

为研究中空夹层钢管混凝土构件的局压性能，进行了 29 根中空夹层钢管混凝土试件在轴向局压作用下的试验（Yang 和 Han 等，2012）。试验主要参数为截面类型（圆套圆中空夹层钢管混凝土和方套方中空夹层钢管混凝土）、空心率（$0\sim0.75$）、端板厚度（$3\sim14\text{mm}$）和局压面积比（$1.4\sim16.1$）。

图 2.112 所示为局压试件示意图，具体参数如表 2.29 所示。其中，D_{o} 和 B_{o} 分别为圆套圆中空夹层钢管混凝土的外钢管直径和方套方中空夹层钢管混凝土的外钢管边长，D_{i} 和 B_{i} 分别为圆套圆中空夹层钢管混凝土的内钢管直径和方套方中空夹层钢管混凝土的内钢管边长，t_{o} 和 t_{i} 分别为外钢管和内钢管的厚度。t_{a} 为端板厚度，β 为局压面积比，

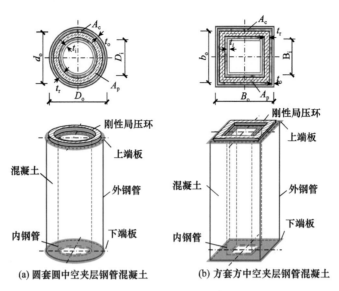

图 2.112　中空夹层钢管混凝土受局压示意图

由下式计算为

$$\beta=\frac{A_{c}}{A_{p}}\qquad(2.26)$$

式中：A_{c} 为夹层混凝土截面积；A_{p} 为局压作用面积。

表 2.29　局压试验试件一览表

截面类型	序号	试件编号	$D_o(B_o)$/mm	t_o/mm	$D_i(B_i)$/mm	t_i/mm	χ	t_a/mm	$d_o(b_o)$/mm	t_r/mm	β	N_{ue}/kN	K_{be}	K_d
圆套圆中空夹层钢管混凝土	1	cc-1	460	5.72	—	—	0	4	224	—	4	7 006	0.681	NA
	2	cc-2	460	5.72	112	3.75	0.25	4	322	42	4	8 746	0.855	NA
	3	cc-3	460	5.72	224	3.75	0.5	4	364	28	4	6 904	0.745	1.251
	4	cc-4	460	5.72	336	3.75	0.75	4	406	14	4	3 754	0.514	1.163
	5	cc-5	460	5.72	—	—	0	6	224	—	4	7 194	0.699	NA
	6	cc-6	460	5.72	112	3.75	0.25	6	322	42	4	8 800	0.860	1.448
	7	cc-7	460	5.72	224	3.75	0.5	6	364	28	4	7 210	0.778	1.306
	8	cc-8	460	5.72	336	3.75	0.75	6	406	14	4	3 846	0.526	1.222
	9	cc-9	460	5.72	224	3.75	0.5	0	364	28	4	4 970	0.537	NA
	10	cc-10	460	5.72	224	3.75	0.5	3	364	28	4	6 568	0.709	1.163
	11	cc-11	460	5.72	224	3.75	0.5	10	364	28	4	7 658	0.827	1.376
	12	cc-12	460	5.72	224	3.75	0.5	14	364	28	4	7 980	0.862	1.410
	13	cc-13	460	5.72	224	3.75	0.5	6	414	78	1.4	9 510	1.027	1.181
	14	cc-14	460	5.72	224	3.75	0.5	6	348	12	9.4	5 634	0.608	1.421

截面类型	序号	试件编号	$D_o(B_o)$/mm	t_o/mm	$D_i(B_i)$/mm	t_i/mm	χ	t_a/mm	$d_o(b_o)$/mm	t_f/mm	β	N_{ue}/kN	K_{bc}	K_d
方套方中空夹层钢管混凝土	1	ss-1	460	5.72	—	—	0	4	224	—	4	5 576	0.431	1.463
	2	ss-2	460	5.72	112	3.75	0.25	4	322	42	4	6 668	0.518	1.252
	3	ss-3	460	5.72	224	3.75	0.5	4	364	28	4	4 690	0.404	1.192
	4	ss-4	460	5.72	336	3.75	0.75	4	406	14	4	2 516	0.274	1.120
	5	ss-5	460	5.72	—	—	0	6	224	—	4	5 734	0.443	1.665
	6	ss-6	460	5.72	112	3.75	0.25	6	322	42	4	6 814	0.530	1.337
	7	ss-7	460	5.72	224	3.75	0.5	6	364	28	4	5 466	0.470	1.238
	8	ss-8	460	5.72	336	3.75	0.75	6	406	14	4	3 002	0.326	1.163
	9	ss-9	460	5.72	224	3.75	0.5	0	364	28	4	2 362	0.203	1.088
	10	ss-10	460	5.72	224	3.75	0.5	3	364	28	4	4 492	0.387	1.143
	11	ss-11	460	5.72	224	3.75	0.5	10	364	28	4	5 732	0.493	1.244
	12	ss-12	460	5.72	224	3.75	0.5	14	364	28	4	6 366	0.548	1.249
	13	ss-13	460	5.72	224	3.75	0.5	6	414	78	1.4	6 058	0.521	1.154
	14	ss-14	460	5.72	224	3.75	0.5	6	348	12	9.4	4 374	0.376	1.263
	15	ss-15	460	5.72	224	3.75	0.5	6	343	7	16.1	3 664	0.315	1.443

图 2.113 所示为部分试件的破坏形态。可见，试件上端板在局压作用下呈现 U 形弯曲。靠近上端板的外钢管和内钢管分别向外、向内屈曲，相应部位的混凝土压碎。和圆套圆中空夹层钢管混凝土相比，方套方中空夹层钢管混凝土的外钢管屈曲幅度不大，但是范围较大。这主要是因为圆钢管对夹层混凝土的约束较好。总体来讲，当空心率和局压面积比越大，钢管的局部屈曲程度越小，试件的承载力越高。当端板厚度较大时，钢管塑性变形范围越大，极限承载力对应的塑性变形也越大。

(a) 圆套圆中空夹层钢管混凝土

(b) 方套方中空夹层钢管混凝土

图 2.113　受局压试件破坏形态

图 2.114 所示为中空夹层钢管混凝土局压试件和全截面受压试件的破坏形态示意图对比。可见，受局压试件的破坏主要集中在上端部，内、外钢管的屈曲位置接近，在钢管屈曲位置的夹层混凝土压碎。这和全截面受压试件的破坏形态有较大不同，后者的破坏主要在试件中部。

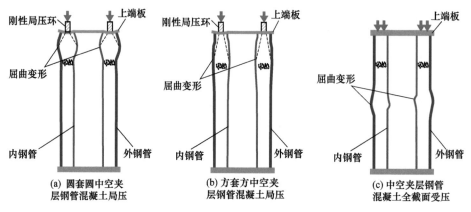

图 2.114　受局压试件破坏形态示意图

图 2.115 和图 2.116 所示为中空夹层钢管混凝土局压试件荷载（N）-位移（Δ）关

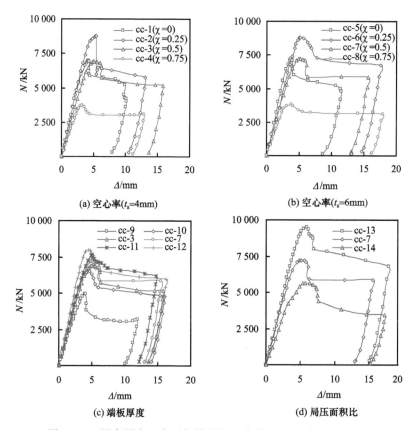

图 2.115　圆套圆中空夹层钢管混凝土荷载（N）-位移（Δ）关系

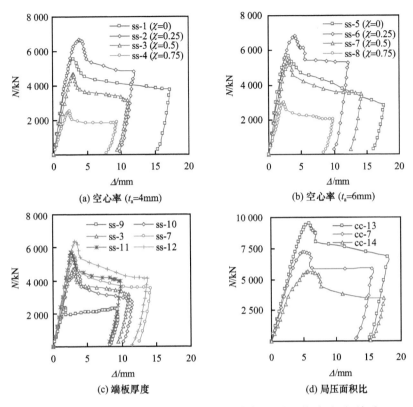

图 2.116 方套方中空夹层钢管混凝土荷载（N）- 位移（Δ）关系

系。可见，除了空心率为 0 的试件（实心钢管混凝土）之外，曲线的初始刚度随空心率的增大而减小。这是因为大空心率试件的混凝土截面面积较小，在局压面积之外的混凝土不能对受压混凝土提供较高的约束。此外，和实心钢管混凝土局压试件类似，当端板厚度较小，或局压面积比较大时，曲线的初始刚度越小。这是由于当端板厚度较大的时候，能把局压较均匀地分配到全截面，曲线刚度较大。当局压面积比较大时，意味着有更多的混凝土参与受力，因此曲线刚度也较高。

图 2.117 所示为中空夹层钢管混凝土局压试件荷载（N）- 应变（ε）关系，纵向和横向的应变结果分别用下角标 L 和 T 表示，受拉应变为正，受压应变为负。可见，局压试件上部的应变明显大于中部和下部的应变。圆套圆中空夹层钢管混凝土的应变大于方套方中空夹层钢管混凝土构件。到达试件极限承载力后，在中部和下部位置的应变降低较快。这是因为破坏主要集中在局压试件上部。内钢管的应变发展和外钢管有所不同，主要是因为外钢管的径厚比是内钢管的 2.7 倍，在相同轴向压缩位移下外钢管的屈曲程度更大。

为方便描述局压试件的承载力和全截面受压试件的关系，定义局压试件承载力比值 K_{bc} 为

$$K_{bc} = \frac{N_{ue}}{N_{u,f}} \qquad (2.27)$$

式中：N_{ue} 是局压试件的极限承载力；$N_{u,f}$ 是全截面受压试件的极限承载力（Tao 和 Han，2006）。表 2.29 给出了所有试件的 K_{bc}，本试验中大部分试件的 K_{bc} 小于 1，圆套圆中空夹层钢管混凝土 K_{bc} 的范围在 0.514～1.027，对于方套方中空夹层钢管混凝土 K_{bc} 的范围在 0.203～0.548。

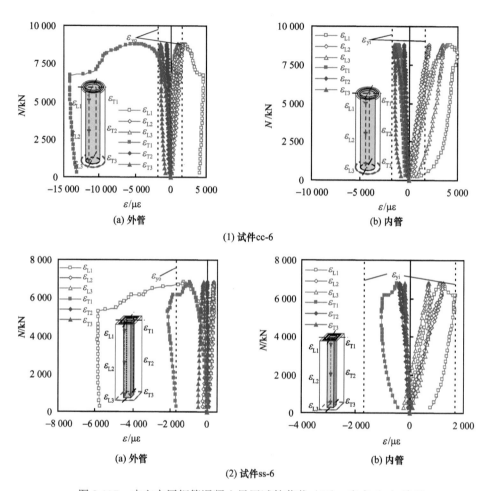

图 2.117　中空夹层钢管混凝土局压试件荷载（N）- 应变（ε）关系

图 2.118 所示为空心率 χ、端板厚度 t_a 和局压面积比 β 对局压试件承载力比 K_{bc} 的影响。可见，总体上随着端板厚度 t_a 的增大或局压面积比 β 的降低，局压试件承载力比 K_{bc} 增高。当空心率 χ 小于 0.25 时，局压试件承载力比 K_{bc} 随 χ 的增大而增高，当空心率 χ 大于 0.25 时，局压试件承载力比 K_{bc} 随 χ 的增大而降低。

根据参数分析结果，Yang 和 Han 等（2012）提出了中空夹层钢管混凝土局压试件承载力比 K_{bc} 计算公式如下。

圆套圆中空夹层钢管混凝土：

$$K_{bc}=\frac{(0.9+1.28\chi-2.16\chi^2)(0.12t_a^{0.4}+0.52)}{(0.28\beta^{0.5}+0.44)} \tag{2.28}$$

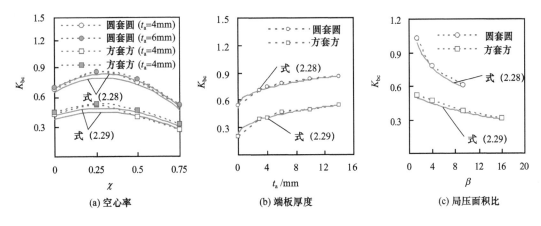

图 2.118　试验参数对局压承载力比值 K_{bc} 的影响

方套方中空夹层钢管混凝土：

$$K_{bc}=\frac{(0.94+1.22\chi-2\chi^2)(0.12t_a^{0.4}+0.2)}{(0.04\beta+0.84)}\qquad(2.29)$$

图 2.119 所示为公式计算承载力 $N_{uc,p}$ 和试验实测结果 N_{ue} 的对比。二者的比值 $N_{uc,p}/N_{ue}$ 平均值在 0.961，变异系数为 0.040。可见，所建议的公式可较好地计算中空夹层钢管混凝土局压试件的极限承载力。

2.9.5　抗撞击性能

本书作者课题组进行了 13 根直形中空夹层钢管混凝土、3 根直形双层空钢管、12 根锥形中空夹层钢管混凝土和 3 根锥形双层空钢管，共计 31 根构件在侧向撞击作用下的力学性能试验研究。主要研究圆套圆中空夹层钢管混凝土构件在侧向撞击荷载下的受力和

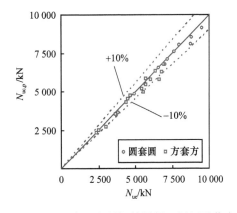

图 2.119　中空夹层钢管混凝土局压承载力计算和试验结果对比

变形特点，并考察撞击能量、构件锥度和边界条件等对试件抗撞击性能的影响（Wang 和 Han 等，2015a；Wang 和 Han 等，2016）。

试验研究装置如图 2.120 所示。试验中测量的主要内容如下所述。①冲击力（F）时程曲线：冲击过程中落锤与试件直接的接触力定义为冲击力（F），本试验中冲击力采用安装在锤头上的压电传感器测量。②挠度（Δ）时程曲线：在试验中通过跟踪目标点处的位移，利用高速摄像机的位移后处理软件，记录挠度时程曲线，本次试验中高速摄像的采样频率设定在 3000 帧/s。目标点为试件跨中截面与几何中心截面交点处。③落锤速度（V_0）：采用自制激光测速仪测量落锤在撞击瞬间速度（V_0）。④钢管表面应变（ε）：在钢管表面布置应变片，测量钢管表面应变（ε）时程，应变片布置信息如图 2.120 所示。⑤试件受撞击全过程：采用高速摄像机记录试件的变形全过程。

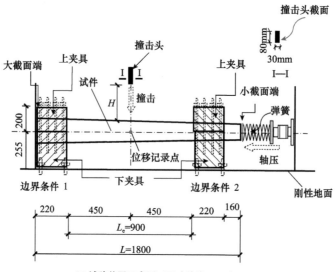

(a) 试验装置示意图（尺寸单位：mm）

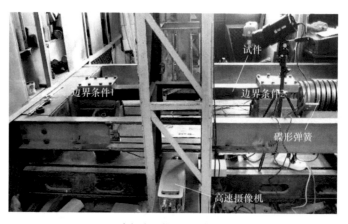

(b) 实验装置现场图

图 2.120　落锤冲击实验装置

　　构件钢材均采用 Q345 钢，混凝土强度等级均为 C60。试件有效长度 $L=900$mm，落锤质量 $m_0=203.9$kg。所有直形中空夹层钢管混凝土和空钢管试件的外钢管和内钢管尺寸分别为 170mm×2mm 和 100mm×3mm。所有锥形中空夹层钢管混凝土和空钢管试件最小截面的外、内钢管尺寸分别为 140mm×2mm 和 70mm×3mm，最大截面的外、内钢管尺寸分别为 170mm×2mm 和 100mm×3mm。

　　试件信息如表 2.30 所示，表中试件编号中的第一组字母 s 和 t 分别表示直形和锥形中空夹层钢管混凝土试件，sH 和 tH 分别表示直形和锥形空钢管试件，S、FS 和 FF 分别表示试件的边界条件为两端简支、一端固定一端简支和两端固定，3、5、7 和 9 代表撞击高度 H 分别为 3m、5m、7m 和 9m，0.15 为轴压比。例如 s-FF6-0.15 代表两端固定直形中空夹层钢管混凝土试件，冲击高度为 6m，侧向撞击时其轴向施加了轴压比为 0.15 的轴向力。所有构件的锥角 θ 均为 0.6°，N 为构件轴力，E_0 为撞击能，F_{max}

为撞击力峰值，F_{stab} 为撞击力平台值，t 为撞击接触时间，Δ_{global} 为撞击过程中跨中最大位移，Δ_{local} 为残余局部凹陷，定义如图 2.121 所示。

表 2.30 直形和锥形中空夹层钢管混凝土撞击试验试件一览表

序号	试件编号	N/kN	n	V_0 /（m/s）	E_0/kJ	F_{max}/kN	F_{stab}/kN	t/ms	Δ_{global}/mm		Δ_{local}/mm
									位移计	摄像机	
1	s-SS3	0	0	7.6	5.9	360	237	11.9	16.0	15.4	5.1
2	s-SS5	0	0	9.8	9.8	413	240	13.2	29.8	27.3	9.6
3	s-SS7	0	0	11.7	14.0	420	243	15.0	40.5	43.6	14.9
4	s-FS3	0	0	7.6	5.9	414	320	10.0	5.7	6.2	7.6
5	s-FS5	0	0	9.8	9.8	448	330	12.5	12.8	13.9	10.5
6	s-FS7	0	0	11.7	14.0	480	332	14.5	22.6	23.5	14.9
7	s-FS9	0	0	13.2	17.8	477	310	17.8	13.9	—	—
8	s-FF3	0	0	7.6	5.9	381	375	9.6	5.8	4.8	8.5
9	s-FF5	0	0	9.8	9.8	425	380	10.3	14.2	12.2	11.3
10	s-FF7	0	0	11.7	14.0	435	370	14.5	22.1	21.2	12.5
11	s-FF3-0.15	240	0.15	7.6	5.9	374	380	9.0	4.9	5.4	8.4
12	s-FF5-0.15	240	0.15	9.8	9.8	432	390	10.0	9.8	11.5	12.7
13	s-FF7-0.15	240	0.15	10.8	11.9	442	385	11.9	12.5	13.8	14.2
14	sH-SS3	0	0	7.6	5.9	48	41	27.6	51.7	51.3	107.9
15	sH-FS3	0	0	7.6	5.9	115	105	23.6	14.3	12.2	58.4
16	sH-FF3	0	0	7.6	5.9	114	110	32.4	10.6	12.9	72.1
17	t-SS3	0	0	7.6	5.9	364	215	12.6	20.3	20.0	4.9
18	t-SS5	0	0	9.8	9.8	387	214	15.5	37.3	40.2	9.0
19	t-SS7	0	0	11.7	14.0	495	233	16.5	49.4	53.0	13.4
20	t-FS3	0	0	7.6	5.9	367	315	11.6	9.7	11.8	4.5
21	t-FS5	0	0	9.8	9.8	384	320	12.6	18.9	16.0	5.9
22	t-FS7	0	0	11.7	14.0	433	310	14.7	30.0	28.2	9.5
23	t-FF3	0	0	7.6	5.9	333	360	10.5	7.6	8.2	8.1
24	t-FF5	0	0	9.8	9.8	415	380	10.4	13.8	15.2	11.2
25	t-FF7	0	0	10.8	11.9	477	400	11.2	22.6	24.2	12.5
26	t-FF3-0.15	240	0.15	7.6	5.9	336	365	11.2	7.6	7.2	7.1
27	t-FF5-0.15	240	0.15	9.8	9.8	423	387	11.1	12.8	12.3	9.0
28	t-FF7-0.15	240	0.15	10.8	11.9	489	395	11.2	17.2	18.3	10.1
29	tH-SS3	0	0	7.6	5.9	74	64	35.0	64.3	66.5	90.2
30	tH-FS3	0	0	7.6	5.9	150	135	22.7	18.4	20.0	55.9
31	tH-FF3	0	0	7.6	5.9	136	130	27.5	10.7	11.5	77.2

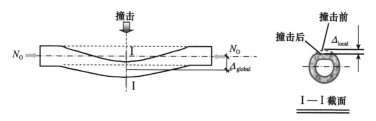

图 2.121　整体变形和局部凹陷示意图

图 2.122 所示为高速摄像机记录到的试件 s-S5 的撞击过程。由图可见，①当 $t=$ 0s 时，落锤下落，此时试件静止；②当 $t=0.0045$s 时，落锤在跨中第一次撞击试件；③当 $t=0.0055$s 时，构件首先产生局部凹陷，而后试件同落锤开始一起向下运动，整体变形不断扩大；④当 $t=0.0155$s 时，向下的整体变形达到峰值；⑤当 $t=$ 0.016s 时，落锤脱离试件向上运动，试件在平衡位置附近自由振动；⑥当 $t=0.8185$s 时，落锤第二次撞击试件；⑦当 $t=1.1185$s 后，落锤再次脱离试件；⑧当 $t=1.12$s，试件和落锤在平衡位置共同振动，直至停止。大部分的能量耗散发生在第一次撞击过程中。

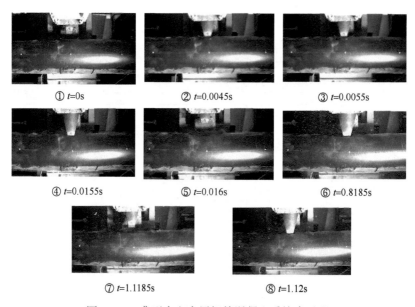

① $t=$0s　　　　　　② $t=0.0045$s　　　　　　③ $t=0.0055$s

④ $t=0.0155$s　　　　　⑤ $t=0.016$s　　　　　　⑥ $t=0.8185$s

⑦ $t=1.1185$s　　　　　⑧ $t=1.12$s

图 2.122　典型中空夹层钢管混凝土受撞击过程

图 2.123 所示为部分试件的破坏形态。中空夹层钢管混凝土撞击试件典型破坏形态主要包括试件横截面的局部凹陷、钢管的局部屈曲和试件的整体弯曲变形。随着冲击高度的增加，侧向整体变形量不断增大。在冲击高度为 5m 时，在跨中截面观察到了明显的局部凹陷和钢管屈曲。从跨中截面变形可见，随撞击能量的增加，试件跨中截面的局部变形也不断增大，截面由原来的圆形逐渐被压扁。在相同撞击能作用下，没有灌注混凝土的双空钢管（sH-S3）的局部变形和整体变形均明显大于灌注混凝土的试件（s-SS3）。由此可见，灌注夹层混凝土后可有效提高结构的抗撞击性能。

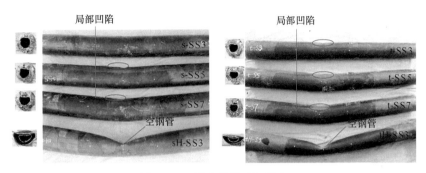

图 2.123　部分构件破坏形态

　　图 2.124 所示为中空夹层钢管混凝土撞击试件核心混凝土的破坏形态。由图可见，试件核心混凝土的损伤和破坏集中在受撞击的跨中部位。跨中底部出现受弯裂缝，裂缝长度延伸至截面中心轴之上，表明截面受拉区面积较大。在跨中以外区域出现受剪裂缝。受撞击部位的混凝土压碎。在固定端未发现明显的裂缝分布。

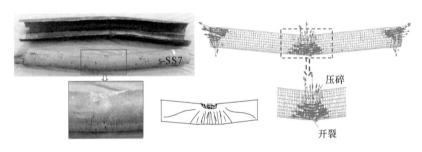

图 2.124　两端简支直形试件夹层混凝土破坏形态

　　图 2.125（a）所示为 s-SS3 试件的撞击力时程曲线。可见，两端简支直形中空夹层钢管混凝土试件的冲击力时程曲线大致经历了三个阶段：①峰值段，落锤以较大的速度撞击试件后，两者接触力迅速上升，形成一个峰值；②平台段，试件和落锤以基本相同的速度向下运动，塑性变形消耗撞击能量（即落锤的动能），两者速度逐渐降低；③下降段，当落锤和试件速度降低至一定程度时，落锤加速度开始减弱，冲击力进入下降段。当落锤和试件最终分离时，冲击力降低为零。

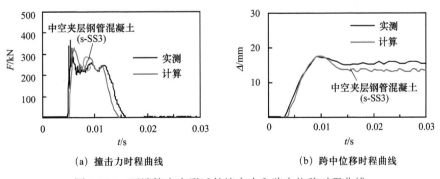

（a）撞击力时程曲线　　　　　　（b）跨中位移时程曲线

图 2.125　两端简支直形试件撞击力和跨中位移时程曲线

图 2.125（b）所示为 s-SS3 试件跨中挠度时程曲线。可见，撞击开始后试件跨中挠度开始增加，达到最大之后，在弹性恢复力作用下试件反方向运动，发生弹性恢复。由于试件阻尼消耗能量，试件最终静止，此刻的变形即为其试件的最终跨中挠度。

所有试件的撞击力峰值（F_{max}）、撞击力平台值（F_{stab}）、撞击过程中跨中最大位移（Δ_{global}）和残余局部凹陷（Δ_{local}）结果如表 2.30 所示。可见，撞击能量对试件的撞击时间和跨中挠度有明显影响。随撞击能增大，试件受撞击时间和跨中极限挠度增大，但撞击力平台值变化不大。边界条件对试件的撞击力和跨中极限挠度有显著影响。在相同的撞击能作用下，试件边界约束越强，撞击力平台值越大，撞击力加载时间越短，且试件的跨中极限挠度越小。试件的抗冲击性能越优。对于两端简支（SS）、一端固支一端简支（FS）和两端固支（FF）的直形中空夹层钢管混凝土试件，稳定撞击力分别为 240kN、330kN 和 380kN。在本节试验参数范围内，锥度和轴压比对中空夹层钢管混凝土撞击时程曲线和跨中挠度影响不大。在试验参数范围内，锥度和轴压比对中空夹层钢管混凝土撞击力时程曲线和跨中挠度影响不大。

本书作者还建立了中空夹层钢管混凝土撞击试件的有限元模型（Wang 和 Han 等，2016）。该有限元模型考虑了材料的应变率效应，利用显式计算模块对撞击全过程进行模拟。

图 2.126 所示为试验实测和有限元计算的锥形中空夹层钢管混凝土试件破坏形态。有限元计算的撞击力时程曲线和位移时程曲线如图所示。可见，所建立的有限元模型可以较好地计算中空夹层钢管混凝土在撞击作用下的破坏形态以及撞击力、位移时程。

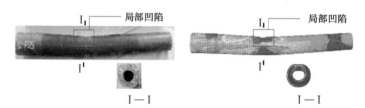

图 2.126　实测和有限元计算破坏模态

利用有限元模型，研究外钢管截面相同的中空夹层钢管混凝土、钢管混凝土和双空钢管试件在不同撞击能量下的破坏形态，如图 2.127 所示。可见，中空夹层钢管混凝

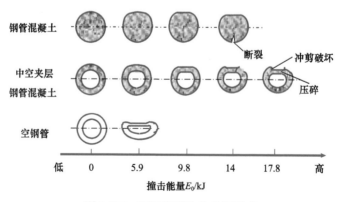

图 2.127　不同类型构件破坏形态

土的破坏形态介于钢管混凝土和双空钢管试件之间。对于中空夹层钢管混凝土，当撞击能量较低时，截面破坏形态为截面的局部凹陷，随着撞击能量增高，和撞击头接触位置会发生冲剪破坏，相应位置的混凝土压碎。对于钢管混凝土，当撞击能量较低时，破坏形态为截面的局部凹陷，当撞击能量较高时，底部钢管可能出现断裂。对于双空钢管试件，在较低的撞击能量下圆形截面即被压扁。

　　受撞击试件的平台段稳定抗弯承载力和试件的静力抗弯承载力存在一定比例关系，二者的比值称为动力放大系数 DIF。图 2.128 所示为中空夹层钢管混凝土截面约束效应系数 ξ 和动力放大系数 DIF 的关系。可见，当约束效应系数从 0.17 变化到 3.1 时，DIF 从 0.9 变化为 1.1。当约束效应系数大于 1.03 时，需考虑撞击动力作用对截面承载力的提高。

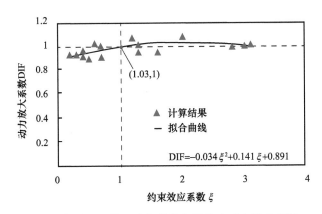

图 2.128　约束效应系数和平台段稳定承载力动力放大系数 DIF 关系

　　中空夹层钢管混凝土直形构件在撞击作用下的平台段抗弯承载力 F_{stab} 可按下式计算为

$$F_{stab} = \text{DIF} \cdot F_{static} \qquad (2.30)$$

式中：F_{static} 为静力作用下的截面抗弯承载力；DIF 为动力放大系数，可由下式计算为

$$\text{DIF} = -0.034\xi^2 + 0.141\xi + 0.891 \qquad (2.31)$$

　　图 2.129 所示为式（2.31）计算（$F_{stab,\,formula}$）和试验结果（$F_{stab,\,test}$）的对比。由图可见，二者的差别较小。所提出的公式可以较好地计算中空夹层钢管混凝土直形构件在撞击作用下的平台段抗弯承载力。

　　综上所述，和普通钢管混凝土试件类似，中空夹层钢管混凝土试件在撞击作用下具有良好的塑性变形特征。由于钢管和混凝土的组合作用，混凝土对钢管起支撑作用，与空钢管相比，塑性发展充分；钢管对混凝土起约束作用，夹层内混凝土除在撞击截面附近有压碎和开裂的现象外，其他部分均未出现明显的损伤。

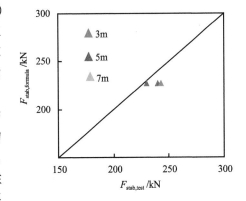

图 2.129　中空夹层钢管混凝土撞击试件试验和公式计算承载力对比

　　撞击能量对试件的撞击时间和跨中挠度有明显影响。随撞击能增大，试件冲击时间和跨中极限挠度增大，但撞击力平台值变化不大。边界条件对试件的撞击力和跨中极限挠度有显著影响。在相同的撞击能作用下，试件边界约束越强，试件的抗撞击性能越优。在本节试验参数范围内，锥度和轴压比对中空夹层钢管混凝土撞击力时程曲线和跨中挠度影响不大。

　　本节给出的有限元模型可以较好地模拟中空夹层钢管混凝土试件的受撞击全过程。当约束效应系数从 0.17 变化到 3.1 时，动力放大系数从 0.9 变化为 1.1。当约束效应系数大于 1.03 时，在抗撞设计的时候需要考虑动力放大系数。

2.9.6　氯离子腐蚀作用下的力学性能

　　当中空夹层钢管混凝土结构暴露在恶劣的外部环境（如海洋环境）中时，由于氯离子的存在会对外钢管产生腐蚀，削弱外管壁厚。此外，在中空夹层混凝土结构的施工过程中，一般先安装内层和外层钢管，再浇筑管内混凝土。先安装的空钢管可能承受一部分施工荷载，这部分施工荷载会带来初始变形和初始应力。在管内混凝土凝固硬化后，整个钢 - 混凝土组合截面共同受力，承受包括长期荷载在内的各种荷载和作用。在此过程中，混凝土会产生收缩和徐变，影响结构的变形和荷载分配。因此，结构在全寿命期因素（包括施工过程、长期荷载和环境作用）作用下的真实行为和常规设计下的结构行为差异需进行研究。

　　本节进行了 9 个圆中空夹层钢管混凝土短柱构件在全寿命期因素下的受力性能研究。构件设计时所考虑的变化参数为不同加载方式，包括仅施加腐蚀、长期荷载和腐蚀共同作用、施工初荷载和长期荷载共同作用以及施工初荷载、长期荷载和腐蚀共同作用（Li 和 Han 等，2015）。

　　图 2.130 所示为构件和加载装置示意图。所有构件的内管尺寸为 60mm×1.98mm，外管尺寸为 140mm×2.99mm，内、外管屈服强度分别为 369MPa 和 371MPa。28 天混凝土强度为 47.8MPa，极限强度测试时混凝土强度（120 天后）为 61.9MPa。构件加载方式参数如表 2.31 所示。其中，C 系列为仅施加腐蚀，没有施加施工初荷载和长期荷载的构件；LC 系列为施加长期荷载和腐蚀，没有施加施工初荷载的构件；PL 为施加施工初荷载和长期荷载，没有施加腐蚀的构件；PLC 为施加了施工初荷载、长期荷载和腐蚀的构件；R 系列为没有施加施工初荷载、长期荷载和腐蚀的对比构件。

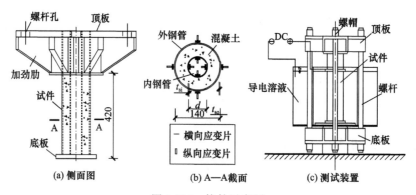

图 2.130　构件示意图

表 2.31　中空夹层钢管混凝土试件一览表

序号	试件编号	施工荷载 /kN	长期荷载 /kN	腐蚀	腐蚀后外管厚度 /mm	腐蚀程度 /%	试验极限承载力 $N_{u,exp}$/kN	有限元计算极限承载力 $N_{u,FEA}$/kN	$N_{u,FEA}$ /$N_{u,exp}$	公式计算极限承载力 $N_{u,eq}$/kN	$N_{u,eq}$ /$N_{u,exp}$
1	C-1	—	—	有	2.66	11.0	1 443	1 421	0.985	1 191	0.825
2	C-2	—	—	有	2.63	12.0	1 433	1 415	0.987	1 185	0.827
3	LC-1	—	600	有	2.36	21.1	1 391	1 351	0.971	1 009	0.726
4	LC-2	—	600	有	2.33	22.1	1 386	1 345	0.970	1 005	0.725
5	PL	180	600	无	2.99	—	1 568	1 522	0.971	1 098	0.700
6	PLC	180	600	有	2.36	21.1	1 349	1 351	1.001	999	0.741
7	R-1	—	—	无	2.99	—	1 487	1 519	1.022	1 250	0.841
8	R-2	—	—	无	2.99	—	1 542	1 519	0.985	1 250	0.811
9	R-3	—	—	无	2.99	—	1 538	1 519	0.988	1 250	0.813
平均值		—	—	—	—	—	—	—	0.987	—	0.779
变异系数 COV		—	—	—	—	—	—	—	0.017	—	0.071

PLC 构件的加载分如下几个阶段：①第一阶段，在浇筑混凝土之前，通过拧紧高强螺杆上的螺帽对双层空钢管构件施加预应力以模拟施工初荷载，并量测记录该状态下的压缩量 δ_1；②第二阶段，浇筑混凝土 28 天后，通过拧紧螺帽，对全截面施加长期荷载，在长期荷载作用下初始压缩变形为 δ_2；③第三阶段，保持长期荷载不变，将构件浸泡在盐溶液中并施加均匀电流，形成外壁的均匀腐蚀，在此过程中产生的压缩变形为 δ_3；④第四阶段，施加长期荷载 120 天后取出构件，清理外壁，将构件转移到压力机上进行极限承载力测试。该过程中的压缩变形计为 δ_4。图 2.131 所示为加载步骤

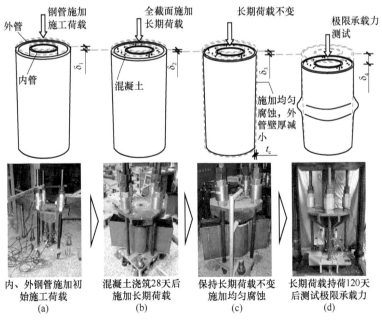

图 2.131　构件加载示意图

示意图和对应装置。

图 2.132 所示为保持长期荷载不变，施加均匀腐蚀阶段的构件轴向变形随时间变化关系。由图可见，对于外壁未施加均匀腐蚀的构件（PL），由于混凝土徐变发展随时间逐渐减缓，在 120 天后构件的轴向压缩变形趋于稳定。对于外壁施加均匀腐蚀的构件，由于壁厚不断减小，构件的轴向压缩变形不断增大。试验测试结果和有限元模型计算结果吻合良好。

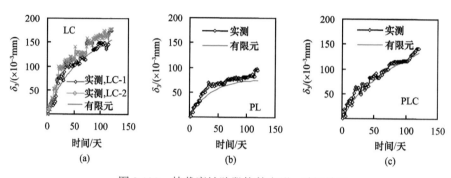

图 2.132　持载腐蚀阶段构件变形 - 时间关系

图 2.133 所示为极限承载力阶段试验和有限元计算的荷载 - 位移关系。其中，初始荷载为施加在构件上的长期荷载。由图可见，施加长期荷载的构件荷载 - 变形关系可分为弹性阶段、弹塑性阶段和下降段，有限元计算结果和试验实测结果吻合良好。表 2.31 给出了有限元计算和试验实测的极限承载力。二者的比值平均值为 0.987，变异系数为 0.017。

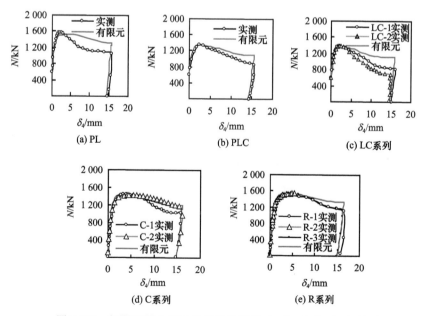

图 2.133　极限承载力测试阶段构件荷载（N）- 位移（Δ）关系

图 2.134 所示为经历了初始施工荷载、长期荷载和腐蚀共同作用的构件其荷载 - 位移（N-Δ）曲线和短期加载曲线的示意图。由图可见，在施工荷载、长期荷载和腐蚀作用下，构件的 N-Δ 曲线可分为几个不同阶段。在施工荷载阶段，构件仅空钢管受力，曲线为线弹性，曲线刚度为 E_1。在长期荷载施加后，构件全截面受力，此时荷载 - 位移关系仍表现为线弹性，但曲线刚度 E_2 比第一个阶段有所增长。在持荷施加腐蚀阶段，构件的荷载保持不变，但由于混凝土徐变以及外壁腐蚀带来的截面削弱，变形有所增长。在极限承载力测试阶段，由于外壁截面受到削弱，曲线的初始刚度 E_3 比第二阶段 E_2 有所下降，构件极限承载力峰值点的大小和位置都和短期加载曲线有所不同。

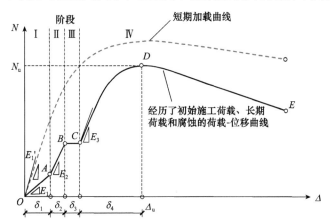

图 2.134 考虑施工荷载、长期荷载和腐蚀作用后的荷载（N）-
位移（Δ）全过程关系

研究表明，经历了施工荷载、长期荷载和腐蚀共同作用的轴压构件截面承载力 $N_{u,\,plc}$ 可以通过下式计算（Li 和 Han 等，2015）为

$$N_{u,\,plc} = k_p k_{1t} N_{u,\,c} \qquad (2.32)$$

仅经历长期荷载和腐蚀共同作用的轴压构件截面承载力 $N_{u,\,lc}$ 可以通过下式计算（Li 和 Han 等，2015）为

$$N_{u,\,lc} = k_{1t} N_{u,\,c} \qquad (2.33)$$

式中：k_p 和 k_{lt} 分别为中空夹层钢管混凝土初始荷载和长期荷载影响系数；$N_{u,\,c}$ 为腐蚀后截面的承载力，根据腐蚀后截面的实际几何和材料参数计算。k_p 可由下式计算（Li 和 Han 等，2012）为

$$k_p = 1 - f(\lambda_o) \cdot \eta_p \qquad k_p \leqslant 1 \qquad (2.34)$$

式中：η_p 为钢管初荷载率，$\eta_p = N_p / N_{us}$，N_p 和 N_{us} 分别为空钢管上施加的初荷载和空钢管构件的极限承载力；λ_o 为名义长细比，对于圆中空夹层钢管混凝土，$\lambda_o = \dfrac{4l_0}{100\sqrt{D^2 + (d - 2t_{si})^2}}$，$l_0$ 为构件长度，D 和 d 分别为外钢管和内钢管直径，t_{si} 为内钢管壁厚；$f(\lambda_o) = 0.4\lambda_o - 0.01$。

k_{1t} 可按 2.9.2 节给出的方法计算，即在实心钢管混凝土的长期承载力影响系数 k_{cr} 的基础上乘以考虑空心率影响的修正系数 k_χ。

根据上述公式的计算结果如表 2.31 所示。可见，公式计算和试验结果比值平均值为 0.779，变异系数为 0.071。

2.9.7　小结

本节简要论述了有关中空夹层钢管混凝土组合柱研究取得的成果。通过对不同截面形式的中空夹层钢管混凝土构件开展的静力、长期荷载、往复荷载、局压、撞击和荷载 - 环境耦合作用下的试验研究和理论分析，给出了中空夹层钢管混凝土组合柱在静力、长期荷载、滞回、局压和荷载 - 环境耦合作用下的承载力计算公式。

2.10　FRP 约束钢管混凝土

随着钢管混凝土在国内外高层建筑和拱桥结构等工程中的广泛应用，其遭受火灾和地震等灾害影响的可能性大为增加。此外，在工程中由于设计、施工原因以及建筑功能的改变等，也可能产生对钢管混凝土结构或构件进行修复加固的需求。

众所周知，FRP 具有轻质、高强、抗腐蚀、耐疲劳和施工方便等优点，因而近年来在土木工程中已得到较为广泛的应用，尤其是用于旧有建筑的修复加固。因此，如将新型的 FRP 材料和钢管混凝土相结合，形成 FRP 约束钢管混凝土，将为钢管混凝土的修复和加固提供一种新选择。

FRP 约束钢管混凝土柱是在钢管混凝土柱外包 FRP 材料，从而使钢管内的核心混凝土处于 FRP 和钢管的双重约束之下。FRP 约束钢管混凝土是 FRP 约束混凝土和钢管混凝土二者的有机结合，利用 FRP 约束钢管混凝土，不仅可提高钢管混凝土的承载力，还可利用钢管混凝土具有延性较好的特点，弥补 FRP 约束混凝土这方面的不足。图 2.135 所示为典型的几种 FRP 约束钢管混凝土截面形式。

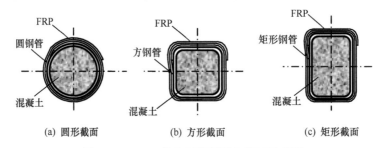

(a) 圆形截面　　　　　(b) 方形截面　　　　　(c) 矩形截面

图 2.135　FRP 约束钢管混凝土截面示意图

目前，国内外利用 FRP 对混凝土或钢结构进行修复加固已成为土木工程界研究和应用的热点（Teng 等，2002）。相比较而言，采用 FRP 材料对钢管混凝土构件进行修复加固的研究还不多见（陶忠和于清，2006）。为此，作者及其合作研究者先后开展了有关 FRP 约束钢管混凝土轴压性能、FRP 加固火灾后钢管混凝土静力性能和滞回性能以及 FRP 约束钢管混凝土在火灾下的力学性能研究。以下对有关研究工作做一简要论述。

2.10.1　静力性能

Tao 等（2007b）共进行了 9 个轴心受压钢管混凝土试件的试验研究，其中有 6 个试件为圆钢管混凝土，3 个试件为矩形钢管混凝土。试验构件中共有 6 个沿侧向包裹了单向 FRP。试验参数为钢管截面形状（圆形和矩形）、截面尺寸（100～250mm）和包裹 FRP 的层数（1 层和 2 层）等。

通过试验发现，与 FRP 约束混凝土类似，截面形状对 FRP 约束效果的发挥影响较大，FRP 对圆形钢管混凝土的约束效果要明显优于对矩形钢管混凝土的约束效果。随着包裹层数的增加，构件达到峰值荷载所对应的峰值应变有所提高。对圆钢管混凝土而言，包裹 FRP 的层数越多，试件的承载力提高越大；但包裹 2 层 FRP 的矩形钢管混凝土较包裹 1 层 FRP 的矩形钢管混凝土其承载力未见有提高。在 FRP 破坏阶段，达到同样纵向应变时，包裹 FRP 试件其承载力一般均高于未包裹 FRP 试件的承载力。

图 2.136 所示为典型圆试件在包裹 FRP 及未包裹 FRP 时的荷载 - 应变关系的对比情况，其中试件编号的最后一位数字为包裹 FRP 的层数。图中试件的基本参数为：钢管直径 $D=156\text{mm}$，钢管厚度 $t=3\text{mm}$，钢管屈服强度 $f_y=230\text{MPa}$，FRP 单层名义厚度 $t_f=0.17\text{mm}$，FRP 极限抗拉强度 $f_f=4212\text{MPa}$，FRP 弹性模量 $E_f=255\text{kN/mm}^2$，混凝土立方体抗压强度 $f_{cu}=57.8\text{MPa}$。

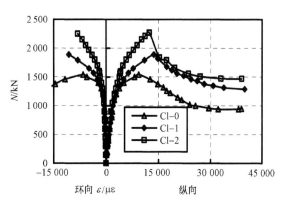

图 2.136　FRP 约束钢管混凝土试件荷载 - 应变关系

图 2.137 所示为受到不同约束情况下的 150mm 直径的混凝土圆柱体的体积应变 ε_v 随纵向应变 ε_c 的变化情况。其中编号为 CC 的试件代表 FRP 约束混凝土圆柱体，其后的数字为包裹 FRP 的层数。FRP 约束混凝土的 FRP 和混凝土的材性指标和图 2.136 中的试件相同。

图 2.137 中的体积应变的定义为 $\varepsilon_v=\varepsilon_c+2\varepsilon_h$，其中 ε_c 和 ε_h 分别为纵向应变和环向应变。应变以受压为正，受拉为负，因而当体积应变为正时代表体积压缩，为负时代表体积膨胀。

从图 2.137 可见，所有试件都经历了体积压缩到体积膨胀的变化过程。值得注意的是，所有 FRP 约束钢管混凝土柱的曲线在初期和无 FRP 约束的钢管混凝土柱的曲线基本重合。但在体积膨胀阶段，由于 FRP 约束的存在，随着 FRP 层数的增加，体积膨胀的速率降低。FRP 约束钢

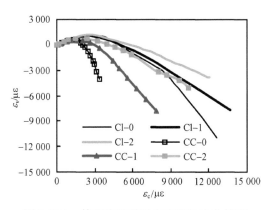

图 2.137　体积应变随纵向应变的变化情况

管混凝土的体积膨胀速率也明显低于 FRP 约束素混凝土，表明混凝土受到了更大的约束。

2.10.2 抗火性能

作者还进行了 FRP 约束圆钢管混凝土柱的抗火性能试验（陶忠等，2007）。分别试验了 1 个轴压和 1 个偏压试件，所施加的轴压荷载水平约为 0.55，防火保护层厚度为 5mm 左右。试验时先在常温下施加轴向荷载，然后按照 ISO-834 标准升温曲线点火升温。

试验结果表明，对于轴压试件，在升温至 6min 左右时，试件表面保护层开始收缩，出现微裂缝，从而使得保护层内组成 CFRP 的环氧树脂开始受火，出现燃烧现象。在升温至 28min 左右时，由于钢管内部的混凝土受热产生水蒸气，CFRP 和防火保护层受到蒸汽内压的作用开始在部分区域向外凸出，产生的外凸最大变形约 15mm。在升温至 46min 左右时，保护层内的环氧树脂燃烧殆尽，保护层内喷射出的火焰逐渐熄灭，保护层表面开始变为鲜红色，其完整性仍保持很好。随着温度的继续升高，保护层的表面变得逐渐光滑，表面颜色也与火焰颜色趋于一致，但没有防火涂料融化流淌现象出现，直至试验结束，基本保持上述现象，没有保护层剥落现象发生。

试验过程中未见试件产生明显的挠曲变形。对于偏压试件，在试验过程中观察到的试验现象和轴压试件基本一致，其差别在于偏压试件的受拉区防火保护层先开裂，所以环氧树脂的燃烧现象先发生在受拉区，此后扩展到整个试件。此外在偏压荷载作用下，试件在受火 31min 后可观察到明显的挠曲变形。

试件内部温度变化通过预埋在不同位置处的热电偶进行测量得出。到试验结束时，两个试件的钢管内表面最高温度分别达到 507℃和 291℃。

就普通钢管混凝土而言，以往的研究结果表明在轴压比相同的条件下，偏心率对构件的耐火极限影响不大（韩林海，2007，2016）。而本次所试验的 2 个 FRP 约束钢管混凝土试件的耐火极限相差较大，轴压试件的耐火极限超过 162min，而偏压试件的耐火极限为 77min。偏压试件的耐火极限值尚不足轴压试件的二分之一，说明偏心率大小对有纵向纤维的 FRP 约束钢管混凝土的耐火极限影响较大，这一点和普通钢管混凝土有所不同。其主要原因是由于纵向纤维对于轴压构件的承载力贡献较小，而对偏压试件而言则占到相当的比例。因此在环氧树脂燃烧导致 CFRP 完整性破坏后，以前由纵向 CFRP 承担的那部分荷载要转移到钢管混凝土上，因而使得偏压状态下的钢管混凝土其受荷显著增加，促使了试件的提前破坏；而对轴压试件而言，这种影响并不突出。

图 2.138 所示为带防火保护层的 FRP 约束钢管混凝土偏压试件受火前后的形态比较，图中还给出了钢管和核心混凝土的破坏形态。

由于本次试验构件采用了较大的轴压比，且防火保护层厚度较薄，根据试验结果，CFRP 约束钢管混凝土柱的耐火极限达到我国规范规定的一级耐火等级所要求的三小时是完全可能的。对于本次试验构件，可通过适当增加防火保护层厚度，以达到所要求的耐火极限。

(a) 试验前　　　　　　　(b) 试验后　　　　　　　　　(c) 钢管

(d) 核心混凝土

图 2.138　带防火保护层的 FRP 约束钢管混凝土偏压试件破坏形态

2.10.3　FRP 加固火灾后钢管混凝土构件的静力性能

为了研究 FRP 加固火灾后钢管混凝土柱的可行性，作者先后进行了相应的 8 个轴压、8 个纯弯和 28 个偏压构件的试验，且每类构件试验中都包含了相应常温、火灾后未加固及火灾后加固构件的试验（Tao 和 Han 等，2007a；Tao 和 Han，2007；陶忠和于清，2006）。对于需受火的试件，升温按 ISO-834 规定的标准升温曲线进行控制。升温时试件为四面受火，升温时间设定为 180min，升温时试件不承受荷载作用。试件加固的方法为采用单向 CFRP 沿试件的环向进行包裹。

对于轴压试件，经受火灾作用后试件的承载力大大降低，同时刚度下降明显，但试件下降段要平缓得多（Tao 和 Han 等，2007a）。由于火灾的影响，试件承载力损失均超过一半以上。随着加固层数的提高，试件的峰值荷载逐渐增加。同时，试件刚度也有提高的趋势，但提高幅度不大。本次试验加固构件的承载力提高幅度为 12%～71%，表明即使在加固 2 层 FRP 的情况下也未能使试件承载力恢复到未受火以前的状态。其原因有三：一是由于采用了高性能混凝土，未受火的试件其混凝土强度从 28 天时的 48.8MPa 提高到承载力试验时的 75MPa，而受火试件其混凝土强度在受火下降后基本不发生变化；二是由于本次试件受火时间较长，试件承载力损失严重；三是加固 FRP 的层数较少，尚不足以使承载力大幅提高。

与轴压试件类似，火灾后钢管混凝土纯弯试件的承载力有显著降低（Tao 和 Han 等，2007a）。对于圆形和方形截面的钢管混凝土试件，经受火灾作用后，其极限弯矩 M_{ue}（取钢管受拉区最外边缘纤维应变达 10 000$\mu\varepsilon$ 时所对应的弯矩值）分别下降了 48.6% 和 46.4%，均接近一半左右。此外，火灾也造成试件抗弯刚度的下降。经过加固后，受火试件的承载力和刚度都略有提高，但提高作用总体有限，如包裹两层 FRP 的试件其抗弯承载力最多提高为 29%。因而对于纯弯构件建议采用双向纤维布或配合其他有效措施进行构件的修复与加固。

对于偏压试件，与未经受火灾试件相比，经受火灾的试件其强度和刚度都有明显降低，但下降段趋于平缓（Tao 和 Han，2007；陶忠和于清，2006）。由于火灾影响，试件的峰值荷载 N_{ue} 值均降低了 60%～70%。图 2.139（a）所示分别为典型的经受火灾与否对圆形截面钢管混凝土试件轴力 N- 跨中挠度 u_m 关系曲线的影响，图中编号为 CUC 的试件代表常温试件，编号为 CFC-0 的试件代表火灾后未加固试件，t 是试件承受标准火灾作用的持续时间。图中试件的基本参数为：钢管直径为 150mm，钢管厚度为 3mm，钢管屈服强度 f_y=356MPa，混凝土立方体抗压强度 f_{cu}=75MPa，试件计算长度 L=940mm，荷载偏心距 e=50mm。

图 2.139（b）所示为加固与否对火灾后典型圆形截面试件的 N-u_m 关系曲线的影响，图中编号 CFC 后的数字表示加固 FRP 的层数（FRP 的单层名义厚度 t_f=0.17mm，FRP 极限抗拉强度 f_f=3950MPa，FRP 弹性模量 E_f=2.47×10^5 N/mm²）。从中可见，加固后的试件与未加固试件相比，试件的承载力有所提高。但随着长细比的增大和偏心距的增大，提高程度有降低的趋势。总体而言，加固偏压试件效果比加固轴压短试件的效果要差，除个别试件外，其余加固偏压试件的承载力较未加固对比试件承载力的提高最大仅为 34.5%。

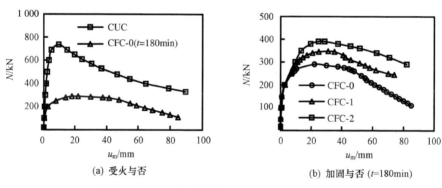

(a) 受火与否　　　　　　　　　　　　　(b) 加固与否（t=180min）

图 2.139　不同试验条件下 N-u_m 关系曲线比较

2.10.4　FRP 加固火灾后钢管混凝土构件的滞回性能

前述有关 FRP 约束钢管混凝土静力性能的研究结果表明，经受火灾后的钢管混凝土柱通过合理设计，采用 FRP 进行加固可有效提高其承载力。当柱受火灾影响较小时采用 FRP 进行加固可达到预期的目的，尤其是在长细比和偏心率较小的情况下。但要在实际工程中应用 FRP 对钢管混凝土进行修复加固，还有必要针对修复加固后的柱开展抗震性能研究。

为此，作者课题组进行了 20 个钢管混凝土压弯试件在低周往复荷载作用下的滞回性能试验，试件按截面形状分为圆形和方形各 10 个试件，每组试件包括 3 个常温、3 个火灾后未加固及 4 个火灾后加固的试件，其他试验参数还包括轴压比（0～0.78）和包裹 FRP 布的层数（1 层和 2 层）（Tao 和 Han 等，2008；陶忠和于清，2006）。试验装置如图 2.15 所示。

　　试验过程中，未加固的圆试件在刚性夹具两侧钢管均产生局部屈曲，剖开钢管后发现其混凝土存在轻微压碎现象，而加固后的圆试件无明显鼓曲，剖开钢管后发现混凝土也无明显压碎现象。但对于方试件，加固及未加固试件的钢管均在刚性夹具两侧产生局部屈曲，屈曲处的混凝土均存在较为明显的压碎现象。图 2.140 给出了典型不同截面形状的 FRP 加固试件的破坏模态。

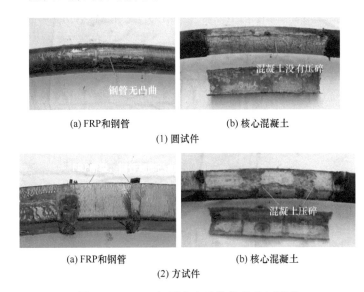

(a) FRP 和钢管　　　　　　　　(b) 核心混凝土

(1) 圆试件

(a) FRP 和钢管　　　　　　　　(b) 核心混凝土

(2) 方试件

图 2.140　FRP 加固火灾后构件的破坏形态

　　图 2.141 所示为典型的加固与否对火灾后钢管混凝土的荷载 - 位移滞回关系曲线的影响情况。图中圆试件的基本参数为：钢管外直径为 100mm，壁厚为 2mm，屈服强度 f_y＝290MPa；方试件的基本参数为：钢管外边长 B＝100mm，壁厚 t＝2.75mm，屈服强度 f_y＝340MPa。试件的标准火灾作用持续时间为 180min，混凝土常温下立方体抗压强度 f_{cu}＝75MPa，所采用的 FRP 和性能指标同图 2.140 中试件，试件长度 L＝1500mm。

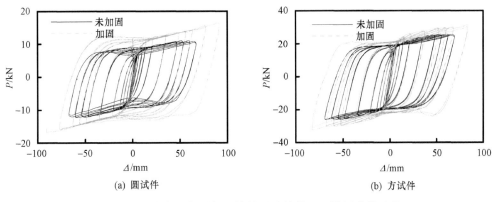

(a) 圆试件　　　　　　　　　　　　(b) 方试件

图 2.141　火灾后加固与否情况下试件的 P-Δ 滞回曲线比较

试验结果表明，无论是火灾后加固或未加固的试件，其 M-ϕ 和 P-Δ 滞回关系曲线均较为饱满，无明显捏缩现象产生。相对于常温试件而言，火灾后未加固及加固试件的滞回曲线饱满性要更好。受火后试件的承载力下降较多，降幅达 40%～60%。但经过加固以后，随着加固的 FRP 层数增加，试件的刚度、极限承载力和延性均有所提高。但和前述静力试件类似，由于本次试验构件的受火时间较长，加固后试件的承载力也未完全恢复到常温下试件的承载力水平。

2.11　钢管混凝土加劲混合结构柱

目前，一些实际多、高层建筑中采用了一种在由纵筋和箍筋构成的钢筋骨架的核心部位配置钢管、并在钢管内部及四周浇筑混凝土而形成的组合构件，即钢管混凝土加劲混合结构柱（也有文献称其为配有钢管的钢骨混凝土或劲性钢管混凝土柱），钢管中的混凝土可先于其外部混凝土浇筑，也可同时浇筑完成（CECS188：2005）。

目前研究和应用较多的几种钢管混凝土加劲混合结构柱截面形式如图 2.142 所示。

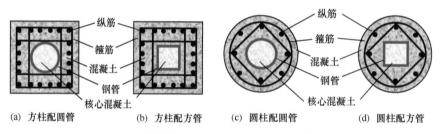

(a) 方柱配圆管　　(b) 方柱配方管　　(c) 圆柱配圆管　　(d) 圆柱配方管

图 2.142　钢管混凝土加劲混合结构柱截面形式示意图

作者课题组近年来进行了钢管混凝土叠合柱静力性能和抗震性能等方面的研究（Han 和 An，2014；An 和 Han 等，2014；An 和 Han，2014；Qian，Li 和 Han，2016；洪哲，2007）。本节对有关研究成果进行简要介绍。

2.11.1　静力性能

（1）轴压性能

1）有限元模型的建立。

建立了钢管混凝土加劲混合结构轴压短试件的有限元模型（Han 和 An，2014），如图 2.143 所示，模型包括 7 种部件，即端板、箍筋约束混凝土、箍筋外无约束混凝土、核心混凝土、钢管、箍筋和纵筋。模型中同时考虑了材料与几何非线性，以及钢管与内外混凝土的接触关系。

① 材料的本构关系模型。

（a）钢材。采用弹塑性模型来描述钢材本构关系，该模型假设钢材等向强化。钢材弹性模量 E_s 和泊松比分别取 206 000N/mm^2 和 0.3。钢管的单轴应力 - 应变曲线关系采用韩林海（2007，2016）提供的五阶段应力 - 应变关系描述，如图 2.144（a）所示。钢筋单轴应力 - 应变曲线关系用双折线模型描述，如图 2.144（b）所示，强化阶段弹

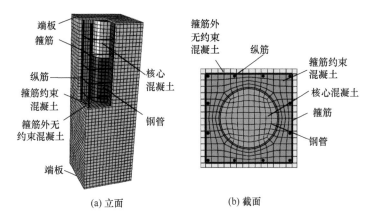

图 2.143　钢管混凝土加劲混合结构短柱有限元模型

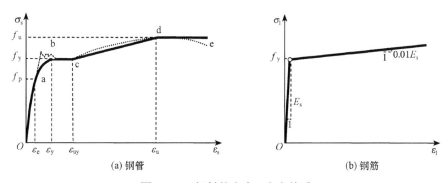

图 2.144　钢材的应力 - 应变关系

性模量取 $0.01E_s$。

（b）混凝土。根据混凝土所受约束条件不同，将截面混凝土分为三类，如图 2.143（b）所示，即箍筋外无约束混凝土、箍筋约束混凝土以及钢管内核心混凝土。约束混凝土（包括钢管内核心混凝土和箍筋约束混凝土）相比非约束混凝土，其强度和塑性变形能力得到改善。钢管内核心混凝土单轴受压应力 - 应变关系，采用韩林海（2007，2016）建议的核心混凝土受压应力 - 应变关系，如式（2.17）所示。

箍筋外无约束混凝土单轴受压应力 - 应变关系曲线采用 Attard 和 Setunge（1996）提出的素混凝土本构关系模型，如式（2.35）所示。

$$Y = \frac{AX + BX^2}{1 + CX + DX^2} \qquad (2.35)$$

式中：$X = \varepsilon_c / \varepsilon_\infty$，$Y = \sigma_c / \sigma_\infty$，其中 σ_∞ 和 ε_∞ 分别为峰值应力和峰值应变，且 $\sigma_\infty = f_c'$，$\varepsilon_{co} = \dfrac{4.26 f_c'}{E_c \sqrt[4]{f_c'}}$。当 $\varepsilon \leqslant \varepsilon_{co}$，$A = E_c \varepsilon_{co} / f_c'$，$B = (A-1)^2 / 0.55 - 1$，$C = A - 2$，$D = B + 1$；当 $\varepsilon > \varepsilon_{co}$，$A = \dfrac{f_i(\varepsilon_i - \varepsilon_{co})}{\varepsilon_i \varepsilon_{co}(f_c' - f_i)}$，$B = 0$，$C = A - 2$，$D = 1$；$f_i / f_c' = 1.41 - 0.17\ln(f_c')$，$\varepsilon_i / \varepsilon_{co} = 2.5 - 0.3\ln(f_c')$，$f_c'$ 以 N/mm² 计。

在三维实体有限元模型中，约束混凝土由于侧向约束带来的轴向峰值应力的提高，可以通过混凝土塑性损伤模型应力空间的屈服面自动考虑和计算，但混凝土塑性变形能力的提高和延性改善则较难模拟。因此需要输入适用于箍筋约束混凝土的单轴受压应力 - 应变曲线。Han 和 An（2014）提出适用于箍筋约束混凝土的单轴受压应力 - 应变关系如下所示：

$$\sigma_c = \begin{cases} \sigma_{co} \dfrac{k(\varepsilon_c/\varepsilon_{co})}{k-1+(\varepsilon_c/\varepsilon_{co})^k} & \varepsilon_c \leqslant \varepsilon_{co} \\ \sigma_{co} - E_{des}(\varepsilon_c - \varepsilon_{co}) & \varepsilon_c > \varepsilon_{co} \end{cases} \tag{2.36}$$

式中：$\sigma_{co} = f'_c$，$k = \dfrac{E_c}{E_c - (\sigma_{co}/\varepsilon_{co})}$，$\varepsilon_{co} = 0.002\,45 + 0.0122 \dfrac{A_h l_h f_{yh}}{A_{cc} s f'_c}$（$A_h$ 和 f_{yh} 分别为箍筋面积和屈服强度，l_h 为箍筋总长度，s 为箍筋间距，A_{cc} 为箍筋约束混凝土截面面积，即扣除外围混凝土保护层面积后的截面面积）；$E_{des} = \dfrac{0.15\sigma_{co}}{\varepsilon_{c,0.85} - \varepsilon_{co}}$，$\varepsilon_{c,0.85} = 0.225 \dfrac{A_h l_h}{A_{cc} s}\sqrt{\dfrac{B_c}{s}} + \varepsilon_{co}$，$B_c$ 为箍筋约束混凝土截面宽度，即扣除外围保护层之后的截面宽度。

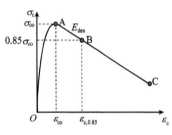

图 2.145　箍筋约束混凝土的
应力 - 应变曲线

混凝土受拉软化性能采用输入混凝土单轴受拉应力 - 应变关系的方法，开裂前混凝土处于弹性状态，开裂后混凝土单轴应力 - 应变关系采用沈聚敏等（1993）建议的曲线。

采用上述箍筋约束混凝土受压应力 - 应变关系（图 2.145），对以往研究者试验进行模拟，部分实测和模拟的箍筋约束混凝土应力（σ_c）- 应变（ε_c）关系对比如图 2.146 所示，可见实测和模拟结果吻合良好。图 2.147 给出了实测和模拟箍筋约束混凝土峰值应力（σ_{co}）和峰值应变（ε_{co}）对比，其中 $\sigma_{co,e}$ 和 $\sigma_{co,c}$ 分别为实测和模拟峰值应力，$\varepsilon_{co,e}$ 和 $\varepsilon_{co,c}$ 分别为实测和模拟峰值应力对应的应变，$\sigma_{co,c}/\sigma_{co,e}$ 和 $\varepsilon_{co,c}/\varepsilon_{co,e}$ 平均值分别为 1.067 和 0.962，变异系数分别为 0.053 和 0.117，可见上述箍筋约束混凝土受压应力 - 应变关系能够较好地模拟箍筋约束混凝土的承载力和变形能力（安钰丰，2015）。

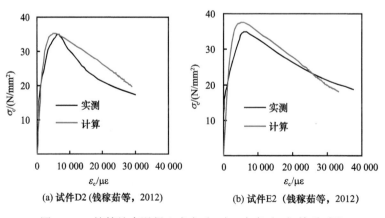

(a) 试件D2 (钱稼茹等，2012)　　　　(b) 试件E2 (钱稼茹等，2012)

图 2.146　箍筋约束混凝土应力（σ_c）- 应变（ε_c）关系对比

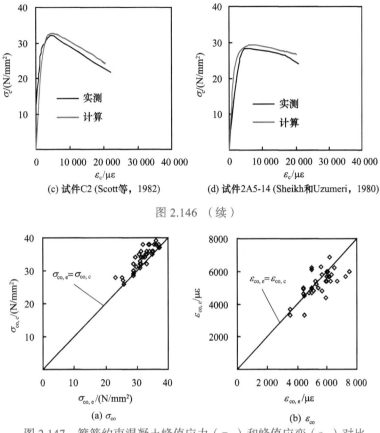

(c) 试件C2 (Scott等，1982)　　(d) 试件2A5-14 (Sheikh和Uzumeri，1980)

图 2.146　（续）

(a) σ_{co}　　(b) ε_{co}

图 2.147　箍筋约束混凝土峰值应力（σ_{co}）和峰值应变（ε_{co}）对比

② 单元类型，划分和边界条件。

端板、外围无约束混凝土、外围箍筋约束混凝土以及钢管内核心混凝土均采用 8 节点三维实体减缩积分单元；钢管用 4 节点壳单元模拟；钢筋用 2 节点杆单元模拟。为得到合理的网格划分，对不同网格尺寸下的模拟结果进行对比，兼顾计算效率和精度。

端板假设为刚体，即刚度足够大以至于在整个加载过程中变形可以忽略。端板和混凝土端部，以及端板与钢管端部之间共用节点，保证加载过程中端板，钢管和混凝土变形一致。轴力通过在一侧端板上施加纵向位移实现，而约束另一侧端板位移和转角。

③ 钢与混凝土接触关系。

钢筋通过 "embedded" 方法与外围混凝土相连，即钢筋的单元节点位移与外围混凝土保持一致。

在钢管混凝土加劲混合结构柱模型中，存在钢管与内核心混凝土，以及钢管与外围混凝土两种接触关系。在钢与混凝土两种材料的交界面上，法线方向不能相互穿透，即 "硬接触"。在切线方向上，钢管和核心混凝土界面之间存在摩擦，可以采用库仑摩擦准则来模拟，如式（2.19）和式（2.20）所示。

对于钢管与外围混凝土之间的 τ_{bond}，目前缺少相关参考公式。试算结果表明，外围混凝土与钢管之间的 τ_{bond} 对钢管混凝土加劲混合结构构件的荷载 - 位移曲线无显著影响，且模拟结果与实测结果吻合较好。因此外围混凝土和钢管之间的 τ_{bond} 可以保守地按照式（2.20）计算，并能取得较好的模拟效果（安钰丰，2015）。

为验证上述建模方法的准确性，对部分方套圆钢管混凝土加劲混合结构轴压短试件试验数据进行了建模计算。图 2.148 给出了典型试件试验和模拟的破坏形态对比，可以看出破坏形态表现为中部混凝土外鼓。图 2.149 给出部分试件实测和模拟轴力（N）- 轴向应变（ε）关系对比，图 2.150 给出了实测轴压承载力 N_{ue} 与模拟结果 N_{uc} 的对比，N_{uc}/N_{ue} 的平均值和变异系数分别为 0.944 和 0.081。可以看出模拟结果和实测结果吻合较好（安钰丰，2015）。

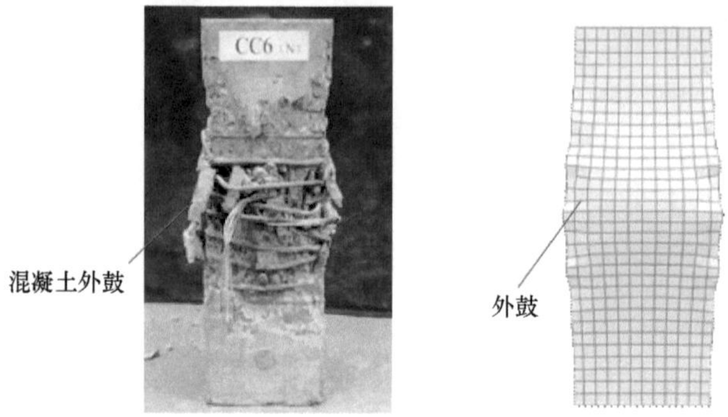

(a) 试验　　(b) 模拟

图 2.148　破坏形态对比（试件 CC6）

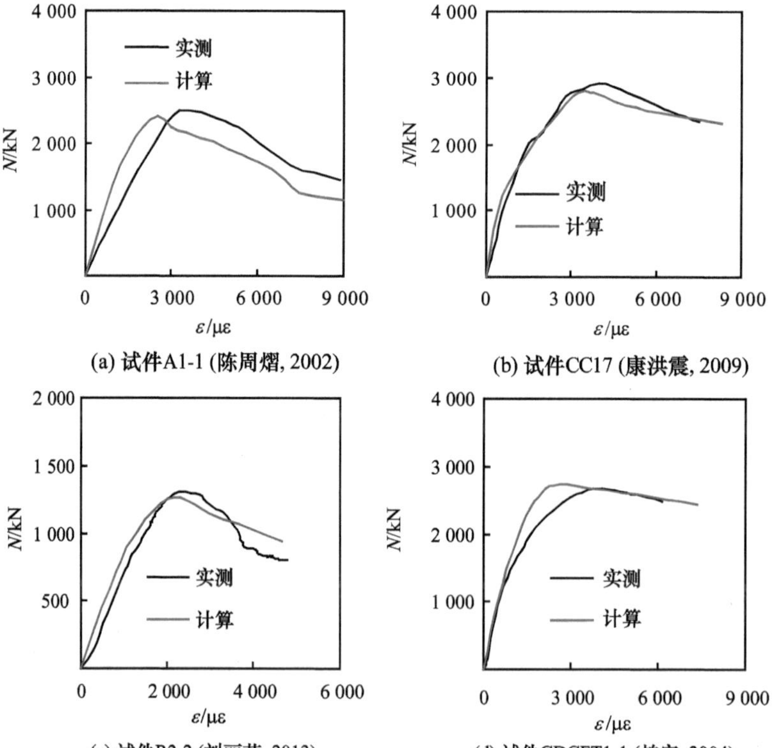

(a) 试件A1-1 (陈周熠, 2002)　　(b) 试件CC17 (康洪震, 2009)

(c) 试件R2-2 (刘丽英, 2013)　　(d) 试件CDCFT1-1 (柏宇, 2004)

图 2.149　钢管混凝土加劲混合结构柱实测与模拟 N-ε 关系对比

2）受力全过程分析。

为进一步分析钢管混凝土加劲混合结构构件的轴心受压性能，建立了典型短柱模型，具体参数如下：$B=400\text{mm}$，试件长度 $l=1200\text{mm}$，钢管混凝土部件相关参数：钢管直径 $D=250\text{mm}$，$t=5.8\text{mm}$，钢管屈服应力 $f_{ys}=345\text{N/mm}^2$，核心混凝土强度 $f_{cu, core}=60\text{N/mm}^2$，含钢率 α_s（$=A_s/A_{core}$）$=0.1$；钢筋混凝土部件相关参数：外围混凝土强度 $f_{cu, out}=40\text{N/mm}^2$，纵筋配筋率 α_1（$=A_1/(B^2-A_{sc})$，A_1 和 A_{sc} 分别为纵筋总面积和钢管混凝土面积）$=1.6\%$，纵筋屈服强度 $f_{yl}=335\text{N/mm}^2$，箍筋直径 8mm，间距 $s=100\text{mm}$，箍筋屈服强度 $f_{yh}=335\text{N/mm}^2$。

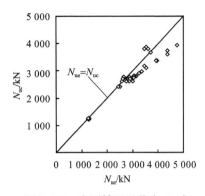

图 2.150　实测轴压承载力 N_{ue} 与模拟 N_{uc} 对比

图 2.151 给出了计算的钢管混凝土加劲混合结构短柱典型破坏形态示意图，中间部分的外围混凝土外鼓；纵筋在中间部分屈曲；钢管中间部分外鼓，但外鼓程度没有外围混凝土显著；钢管内核心混凝土在中间部分外鼓。

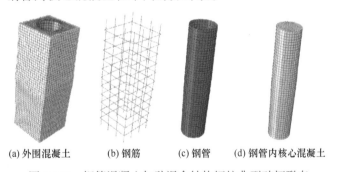

(a) 外围混凝土　　　(b) 钢筋　　　(c) 钢管　　　(d) 钢管内核心混凝土

图 2.151　钢管混凝土加劲混合结构短柱典型破坏形态

图 2.152 给出了典型轴力（N）-轴向应变（ε）关系曲线，以及各部分内力分布，整个曲线可以由 5 个特征点分成 5 个阶段，5 个特征点分别为：点 A，钢管开始进入弹塑性阶段；点 B，箍筋外无约束混凝土达到峰值强度；点 C，整个截面达到极限荷载 N_u；点 D，轴力开始由下降转向平稳；点 E，由于轴力下降持续平稳，停止计算。

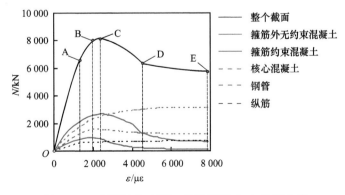

图 2.152　典型轴力（N）-轴向应变（ε）关系曲线

图 2.153 给出了中间截面特征点处混凝土纵向应力（S33）分布，5 个阶段分别如下。

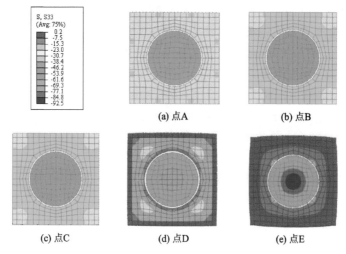

(a) 点A　　　　　　(b) 点B

(c) 点C　　　　　(d) 点D　　　　　(e) 点E

图 2.153　混凝土纵向应力（S33）分布（应力单位：N/mm²）

阶段 1（*OA*）：柱子基本上保持弹性状态。A 点箍筋外无约束混凝土和箍筋约束混凝土分别达到峰值强度的 80% 和 65%。钢管内核心混凝土达到峰值强度的 50%。钢管和纵筋开始进入弹塑性阶段。

阶段 2（AB）：随轴力增加轴向应变（ε）的增长加快。在 B 点箍筋外无约束混凝土达到峰值强度。钢管和纵筋已经屈服。箍筋约束混凝土和钢管内核心混凝土强度分别达到峰值的 95% 和 70%。

阶段 3（BC）：箍筋外无约束混凝土的强度开始下降。在 C 点箍筋约束混凝土达到峰值强度。虽然钢管内核心混凝土在整个加载阶段强度没有下降，但在 C 点其应力接近峰值强度（停止加载时刻），之后强度增长缓慢。

阶段 4（CD）：轴力开始下降而轴向应变迅速增加，箍筋约束混凝土和箍筋外无约束混凝土的强度降低，而核心混凝土的强度增长缓慢，在 D 点轴力开始平稳。

阶段 5（DE）：轴力保持平稳，此时核心混凝土承担主要轴力，约为整个轴力的 54%。

图 2.154 给出了钢管混凝土部件和钢筋混凝土部件的内力分配情况，当整个截面达

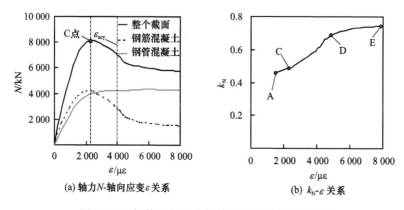

(a) 轴力*N*-轴向应变*ε*关系　　　　　　(b) k_N-*ε* 关系

图 2.154　钢管混凝土和钢筋混凝土部件内力分配

到极限荷载时，钢筋混凝土部件已经达到极限荷载。而钢管混凝土部件在整个加载阶段强度没有下降，如图 2.154（a）所示。韩林海（2016）建议轴向应变 ε_{scy} 对应的轴力作为钢管混凝土的极限荷载，即

$$\varepsilon_{scy}=1300+12.5f'_c+(600+33.5f'_c)\,\xi^{0.2}\ (\mu\varepsilon) \tag{2.37}$$

当采用轴向应变 ε_{scy} 对应的轴力作为钢管混凝土部件的极限荷载时，如图 2.154（a）所示，此时钢管混凝土部件的强度为其极限荷载的 95%，非常接近极限荷载。

图 2.154（b）给出了钢管混凝土部件分担轴力占整个截面轴力的比例（k_N）随轴向应变（ε）的变化情况。可以看出 k_N 在 A 点为 0.46，然后 k_N 缓慢增大，在 C 点为 0.5。C 点过后，k_N 增长速度变大，原因在于 C 点过后钢筋混凝土部件荷载开始下降，但钢管混凝土部件荷载一直缓慢上升。D 点时 k_N 为 0.7，之后（到 E 点）无明显变化。此时钢管混凝土部件承担了绝大部分轴力。

3）钢管与混凝土接触力。

与无约束混凝土相比，箍筋约束混凝土强度和塑性变形能力得到提高。图 2.155 给出了箍筋应力（σ_h）-轴向应变（ε）关系，箍筋应力的发展体现了箍筋对外围混凝土的约束作用。从图中可以看出箍筋约束作用在整个加载阶段一直存在，在荷载初期，随轴向应变增长，σ_h 基本上呈线性增长。而 B 点过后，即外围无约束混凝土达到峰值强度时，随 ε 增长 σ_h 增长迅速，原因在于此时外围箍筋约束混凝土接近峰值荷载，横向变形迅速增加，使得箍筋变形增长迅速。点 C 时，箍筋屈服，此后其应力由于硬化现象而缓慢增加。

图 2.156 给出了钢与混凝土之间的接触应力 p_1 和 p_2 与轴向应变（ε）关系，其中 p_1 为钢管与其内核心混凝土的接触应力，而 p_2 为钢管与外围混凝土的接触应力。荷载初期（小于 $0.6N_u$），p_1 不存在，因为核心混凝土的弹性模量比钢管要小，其侧向变形较钢管低。但荷载大于 $0.6N_u$ 后，核心混凝土进入塑性状态，其侧向变形迅速增加，此时核心混凝土开始受到钢管的约束，并持续到整个加载阶段。在荷载初期（小于 $0.6N_u$），p_2 存在，原因在于外围混凝土弹性模量比钢管要小，其侧向变形较钢管低。但荷载大于 $0.6N_u$ 后，外围混凝土进入塑性状态，其侧向变形迅速增加，超过钢管变形，此时外围混凝土与钢管之间没有接触应力。当轴向应变达到 $4400\mu\varepsilon$ 时，p_2 又开始出现，而此时整个截面承载力已经下降，原因在于此时钢管向外鼓曲，横向变形迅速增加，

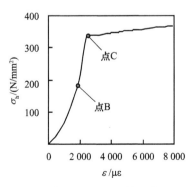

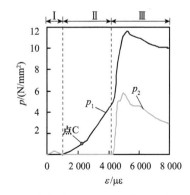

图 2.155　箍筋应力（σ_h）-轴向应变（ε）关系　　图 2.156　接触应力 p_1 和 p_2-轴向应变（ε）关系

超过外围混凝土变形。

综合上述分析，在钢管混凝土加劲混合结构轴压短试件中存在箍筋约束力、钢管与外围混凝土接触力以及钢管与核心混凝土接触力3种钢与混凝土相互作用，如图2.157所示。钢与混凝土接触力分为3个阶段，即阶段Ⅰ，存在箍筋约束力和p_2；阶段Ⅱ，存在箍筋约束力和p_1；阶段Ⅲ，存在箍筋约束力、p_1和p_2。在柱子达到极限荷载时（C点），存在箍筋约束力和p_1，如图2.157所示。

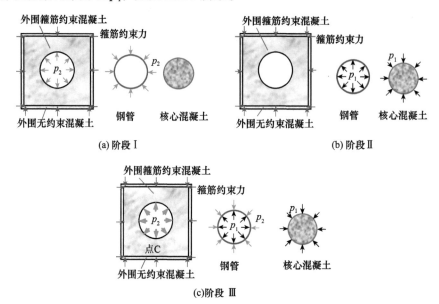

图 2.157　钢与混凝土接触力

4）与钢筋混凝土和钢管混凝土比较。

为对比钢管混凝土加劲混合结构柱与相应的钢筋混凝土柱的轴压性能差异，设计了相应的钢筋混凝土短柱，除内部无钢管混凝土外，其他参数与钢管混凝土加劲混合结构柱一致。

图2.158（a）给出了钢管混凝土加劲混合结构柱和钢筋混凝土柱的轴力对比，由于钢管和高强核心混凝土的轴力贡献，钢管混凝土加劲混合结构柱的N_u为钢筋混凝土的1.4倍。由于钢管混凝土部件在整个加载阶段强度没有下降，使得钢管混凝土加劲混

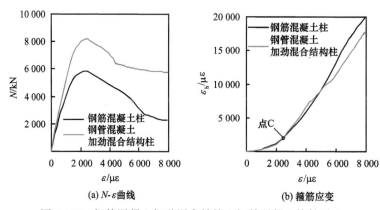

图 2.158　钢管混凝土加劲混合结构和钢筋混凝土构件对比

合结构柱在加载后期承载力维持在 $0.7N_u$，而钢筋混凝土柱的承载力一直下降。钢管混凝土部件的后期支撑作用对结构安全非常重要，地震中可有效减少结构倒塌概率。图 2.158（b）给出了钢管混凝土加劲混合结构柱和钢筋混凝土柱箍筋应变（ε_h）发展对比，可以看出二者的 ε_h 在同一轴向应变下相差不大，尤其是在达极限荷载之前（C 点），即在相同条件下，箍筋对钢管混凝土加劲混合结构柱的外围混凝土约束程度与其对钢筋混凝土柱的约束程度是一样的。因此在设计钢管混凝土加劲混合结构柱的箍筋时，可以采用与其等截面的钢筋混凝土柱的配置方法。

为对比钢管混凝土加劲混合结构柱与相应的钢管混凝土柱的轴压性能差异，设计了相应的钢管混凝土对比构件，与钢管混凝土加劲混合结构柱中的钢管混凝土部件相一致。

图 2.159 给出了二者的破坏形态对比，钢管混凝土部件由于外围混凝土的存在，在中间截面向外鼓曲；而相应的钢管混凝土，$l/D=4.8$，并不是严格意义上的短柱，除了在中间截面外鼓外，在端部出现了较小的局部屈曲，这种现象随 l/D 的增加而更加显著。

在达极限荷载之前，钢管混凝土部件的 N-ε 关系与相应的钢管混凝土几乎完全一致，如图 2.160（a）所示。此后相应钢管混凝土

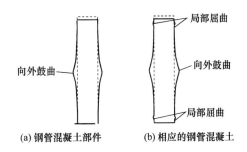

(a) 钢管混凝土部件　　　　(b) 相应的钢管混凝土

图 2.159　破坏形态对比

的强度开始缓慢下降，而钢管混凝土部件强度缓慢上升。对比钢管与核心混凝土的接触应力 p_1，如图 2.160（b）所示，在相应钢管混凝土达到极限荷载之前，钢管混凝土部件 p_1 与相应的钢管混凝土相差不大，但之后钢管混凝土部件的 p_1 明显高于相应钢管混凝土。图 2.160（c）给出了核心混凝土纵向应力（S33）分布对比（E 点），可以看出钢管混凝土部件的要比相应钢管混凝土高。导致上述现象的原因在于，在接触应力第 II 阶段，相应的钢管混凝土达到极限荷载之前，不存在接触应力 p_2，因此钢管混凝土部件与相应的钢管混凝土的 N-ε 关系曲线几乎完全一致，p_1 相差不大。但在接触应力第 III 阶段，钢管的侧向变形受到外围混凝土限制。因此钢管混凝土部件比相应钢管混凝土的承载力、接触应力 p_1 和核心混凝土纵向应力要大。

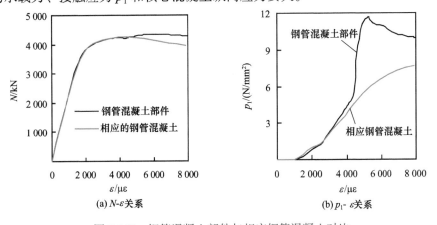

(a) N-ε 关系　　　　　　　　(b) p_1-ε 关系

图 2.160　钢管混凝土部件与相应钢管混凝土对比

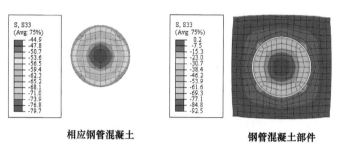

相应钢管混凝土 　　　　　　　钢管混凝土部件

(c) 核心混凝土纵向应力(S33)分布对比(单位：N/mm²)

图 2.160 （续）

在实际工程中，径厚比较大的钢管混凝土的应用受到一定限制，原因在于钢管容易发生向外的局部屈曲，从而对核心混凝土的约束作用不明显。因此不同规范对钢管混凝土的径厚比进行限制，以便钢管更好地发挥作用。对于圆形钢管混凝土而言，钢管混凝土径厚比（D/t）限值可以取空钢管的 1.5 倍，即 $D/t \leqslant 150 \times (235/f_{ys})$（韩林海，2007，2016）。上述对比分析可以预见，外围混凝土的约束作用使得薄壁钢管能够应用于加劲混合结构柱中。图 2.161（a）给出了钢管径厚比的影响对比，由图可见，对于径厚比 43 的柱子，在峰值应力之前，钢管混凝土部件和相应钢管混凝土的核心混凝土强度基本一致，且峰值应力为无约束混凝土（$f_c' = 51\text{N/mm}^2$）的 1.22 倍。此后钢管混凝土的强度略有下降，而钢管混凝土部件的强度不但没有降低，反而有所上升。

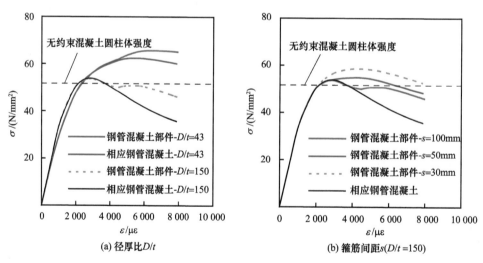

(a) 径厚比D/t　　　　　　　(b) 箍筋间距$s(D/t = 150)$

图 2.161　径厚比和箍筋间距对核心混凝土纵向应力影响

对于径厚比 150 的柱子，在峰值应力之前，钢管混凝土部件和相应钢管混凝土的核心混凝土强度基本一致，峰值应力为无约束混凝土（$f_c' = 51\text{N/mm}^2$）的 1.05 倍，此后相应的钢管混凝土应力迅速下降，而钢管混凝土部件的强度略有下降，然后维持在无约束混凝土峰值强度水平。以上分析说明，对于径厚比 150 的钢管混凝土，与无约束混凝土相比，其峰值强度和延性并无明显改善，这在一定程度上限制了薄壁钢管的应用。但对于钢管混凝土加劲混合结构柱，由于外围混凝土的约束，核心混凝土的后期延性得到提高。加劲混合结构柱中钢管受到核心混凝土支撑和外围混凝土约束的双重作用，不易屈曲，因此薄壁钢管可以在钢管混凝土加劲混合结构柱中应用，其径厚比限值至少不应小于相应钢管混凝土柱的限值。

图 2.161（b）给出了箍筋间距（s）对核心混凝土纵向应力影响，可见，箍筋约束程度对核心混凝土的延性影响比较明显，箍筋间距越小，即箍筋约束程度越大，核心混凝土的延性越好，因此将薄壁钢管应用于钢管混凝土加劲混合结构柱时，随配箍率的提高，外围混凝土对钢管的约束作用相应提高。设计时为保证加劲混合结构柱中钢管混凝土部件的延性，可以适当提高配箍率，同时外围混凝土的延性也相应提高。

5）参数分析及轴压承载力计算。

影响钢管混凝土加劲混合结构轴压短试件 N-ε 关系的参数以及范围如下所述。①钢筋混凝土部件：外围混凝土强度 $f_{cu,out}$＝30～50N/mm²；纵筋配筋率 α_l＝0.5%～3%；纵筋材料强度 f_{yl}＝235～400N/mm²；箍筋间距 s＝50～150mm。②钢管混凝土部件：核心混凝土强度 $f_{cu,core}$＝40～80N/mm²；含钢率 α_s＝0.05～0.15；钢管强度 f_{ys}＝235～420N/mm²。③钢管混凝土直径与截面宽度比值（D/B），即根据钢管混凝土加劲混合结构柱工程统计数据确定 D/B 的分析范围：0.4～0.75，保持含钢率不变（α_s＝0.1）（安钰丰，2015）。

图 2.162 给出了钢筋混凝土部件的相关参数对 N-ε 关系的影响。图 2.163 给出了钢筋混凝土部件相关参数对钢管混凝土部件所占轴力比例（k_N）- 轴向应变（ε）关系的影响，影响规律总结如下。

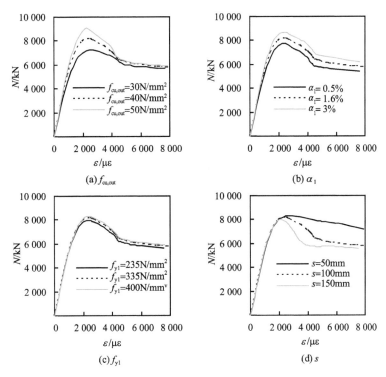

图 2.162　钢筋混凝土部件相关参数对 N-ε 关系曲线影响

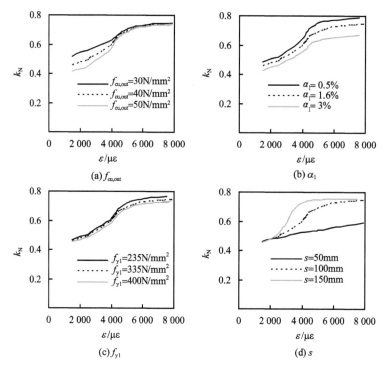

图 2.163　钢筋混凝土部件相关参数对 k_N-ε 关系曲线影响

① 外围混凝土强度 $f_{cu,out}$。随着 $f_{cu,out}$ 增大，N_u 逐渐增大，当 $f_{cu,out}$ 从 $30N/mm^2$ 增长到 $50N/mm^2$ 时，N_u 增大 25.3%，延性降低。原因在于随 $f_{cu,out}$ 增大，外围混凝土强度增大，导致 N_u 增大，但箍筋对外围混凝土的约束作用减弱，导致延性降低。随 $f_{cu,out}$ 增大，k_N 逐渐降低，D 点过后 k_N 基本保持不变。原因在于钢管混凝土部件强度不变，钢筋混凝土部件强度增大，导致 k_N 减低，但整个截面剩余承载力基本不变，因此 D 点过后 k_N 基本保持不变。

② 纵筋配筋率 α_1。随 α_1 增大，N_u 逐渐增大，但增加程度没有 $f_{cu,out}$ 显著，α_1 从 0.5% 增大到 3% 时，N_u 增大 12.33%，对延性无显著影响，k_N 降低。原因在于纵筋强度占整个截面强度的比重较低（对于典型截面，峰值荷载时纵筋承载力贡献为 $8\%N_u$），因此随 α_1 增大，N_u 的增加程度没有 $f_{cu,out}$ 显著，钢管混凝土部件强度不变，钢筋混凝土部件强度增大，导致 k_N 降低。

③ 纵筋材料强度 f_{y1}。随 f_{y1} 增大，N_u 逐渐增大，但增加程度没有 $f_{cu,out}$ 显著，f_{y1} 从 $235N/mm^2$ 到 $400N/mm^2$ 时，N_u 增大 4.1%，对延性无显著影响，k_N 略有降低，但不明显。原因与提高纵筋配筋率 α_1 一致，纵筋强度占整个截面强度的比重较低，导致提高纵筋材料强度后，N_u 略有增加，增加程度没有 $f_{cu,out}$ 显著，k_N 略有降低。

④ 箍筋间距 s。随 s 增大，延性降低，对 N_u 无显著影响，在 N_u 之前，s 对 k_N 无明显影响，N_u 过后，随 s 增大 k_N 降低。原因在于 s 增大后，箍筋对外围混凝土约束作用降低，延性显著降低，但对外围混凝土的峰值强度影响有限，因此 N_u 无显著变化。N_u 之前 s 对钢管混凝土部件与钢筋混凝土部件的强度基本没有影响，因此 k_N 无明显变化。

但 N_u 过后，随 s 增大钢筋混凝土部件延性降低，强度下降速度加快，导致 k_N 增加。

图 2.164 给出了钢管混凝土部件相关参数对 $N\text{-}\varepsilon$ 关系的影响。图 2.165 给出了钢管混凝土部件相关参数对钢管混凝土部件占轴力比例 $k_N\text{-}\varepsilon$ 关系的影响，影响规律总结如下。

① 核心混凝土强度 $f_{cu,core}$。随 $f_{cu,core}$ 增加，N_u 增大，当 $f_{cu,core}$ 从 40N/mm² 增大到 80N/mm² 时，N_u 增大 19.0%。延性降低，k_N 增大。$f_{cu,core}$ 增加后，核心混凝土强度增大，但约束效应系数降低，导致 N_u 增大，延性降低。钢管混凝土部件的强度增大，但钢筋混凝土部件的强度不变，导致 k_N 增大。

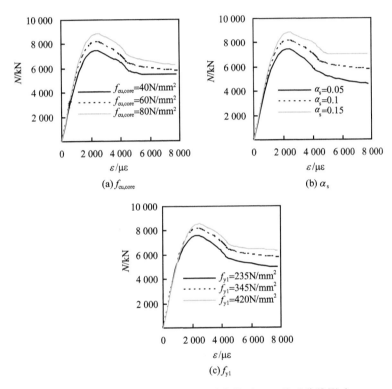

图 2.164　钢管混凝土部件相关参数对 $N\text{-}\varepsilon$ 关系曲线影响

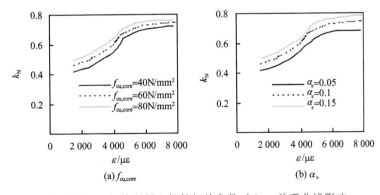

图 2.165　钢管混凝土部件相关参数对 $k_N\text{-}\varepsilon$ 关系曲线影响

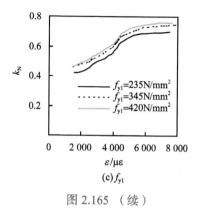

图 2.165 （续）

② 含钢率 α_s。随 α_s 增加，N_u 增大，当 α_s 从 0.05 增大到 0.15 时，N_u 增大 18.5%。延性增大，k_N 增大。原因在于 α_s 增加后，钢管混凝土部件的强度增大，钢管对核心混凝土的约束作用提高，导致 N_u 和剩余承载力增大，延性增大。钢管混凝土部件的强度增大，但钢筋混凝土部件的强度不变，导致 k_N 增大。

③ 钢管强度 f_{ys}。随 f_{ys} 增加，N_u 增大，当 f_{ys} 从 235N/mm² 增大到 420N/mm² 时，N_u 增大 13.2%，k_N 增大。原因在于 f_{ys} 增加后，钢管混凝土部件的强度增大，导致 N_u 和剩余承载力增大，钢管混凝土的部件强度增大，但钢筋混凝土部件的强度不变，导致 k_N 增大。

图 2.166 给出了 D/B 对 $N\text{-}\varepsilon$ 和 $k_N\text{-}\varepsilon$ 关系的影响，随 D/B 增加，N_u 增大，当 D/B 从 0.4 增大到 0.75 时，N_u 增大 44.4%，k_N 增大。原因在于 D/B 增加后，钢管混凝土部件的强度增大，钢筋混凝土部件的强度降低，但前者的增加程度大于后者，导致钢管混凝土部件强度增大幅度高于钢筋混凝土部件，因此 N_u 和剩余承载力增大，k_N 增大。

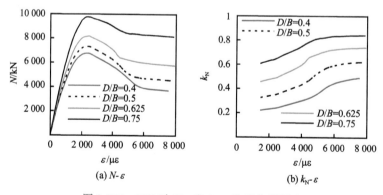

图 2.166　D/B 对 $N\text{-}\varepsilon$ 和 $k_N\text{-}\varepsilon$ 关系曲线影响

在上述参数范围内，当截面承载力达到 N_u 时，钢管混凝土部件所承担的荷载达到其极限荷载的 95% 以上，其极限荷载为应变 ε_{scy} 对应的轴力，如式（2.37）所示。

（2）抗弯性能

1）有限元模型的建立。

建立了钢管混凝土加劲混合结构受弯构件的有限元模型（An 和 Han 等，2014），如图 2.167 所示。除边界条件外，该有限元模型其他部分的处理方法如 2.11.1 节所述。边界条件如图 2.167（b）所示，根据几何尺寸和加载条件的对称性，计算时建立 1/4 模型。通过施加在上部加载板上的竖向位移来实现加载，加载板假设为刚体，即刚度足够大以至于在整个加载过程中变形可以忽略。

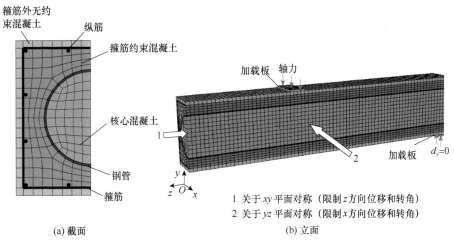

(a) 截面　　　　　　　　　　　　　　　　　　(b) 立面

图 2.167　钢管混凝土加劲混合结构受弯构件有限元模型

为验证上述建模方法的准确性，对王刚（2004）进行的钢管混凝土加劲混合结构受弯试验进行了模拟。图 2.168 给出了试验和模型试件 WB4 的破坏形态对比，在模型中混凝土裂缝用最大主拉塑性应变来表征，裂缝垂直于最大主拉塑性应变。破坏形态为弯曲破坏，即混凝土裂缝主要为竖向弯曲裂缝，试验和模型试件的破坏形态吻合良好。

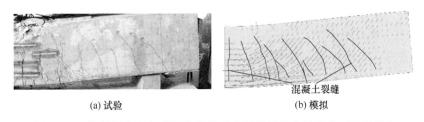

(a) 试验　　　　　　　　　　　　　　　　　(b) 模拟

图 2.168　钢管混凝土加劲混合结构受弯试件试验和计算破坏形态比较

图 2.169 分别给出了实测和模拟弯矩（M）-曲率（ϕ）关系对比，图 2.170 给出了实测和模拟弯矩（M）-跨中钢管受拉边缘应变（ε_s）关系对比，可以看出实测和模拟曲线吻合良好。图 2.171 给出了实测弯曲承载力（M_{ue}）和模拟值（M_{uc}）对比，M_{uc}/M_{ue} 平均值为 1.018，变异系数为 0.050。

2）受力全过程分析。

为进一步分析钢管混凝土加劲混合结构构件的受弯性能，建立了典型受弯构件模型，截面形式如图 2.167（a）所示，具体参数如下。$B=400\text{mm}$，钢管混凝土部件参数：钢管直径 $D=250\text{mm}$，$t=5.8\text{mm}$，钢管屈服应力 $f_{ys}=345\text{N/mm}^2$，核心混凝土强度 $f_{cu,\,core}=60\text{N/mm}^2$，含钢率 α_s（$=A_s/A_{core}$）$=0.1$；钢筋混凝土部件参数有外围混凝土

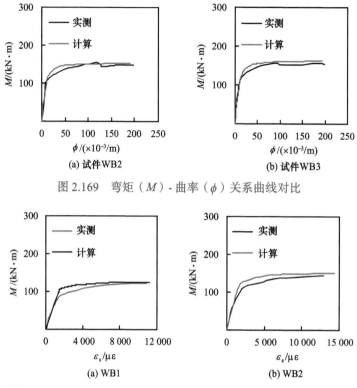

图 2.169　弯矩（M）-曲率（ϕ）关系曲线对比

图 2.170　弯矩（M）-跨中钢管受拉边缘应变（ε_s）关系曲线对比

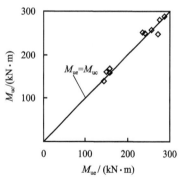

图 2.171　实测弯曲承载力（M_{ue}）
和模拟值（M_{uc}）对比

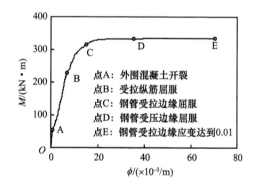

图 2.172　典型 M-ϕ 关系曲线

强度 $f_{cu,out}=40\text{N/mm}^2$，纵筋配筋率 $\alpha_1=1.6\%$，纵筋屈服强度 $f_{yl}=335\text{N/mm}^2$，箍筋直径 8mm，间距 $s=100\text{mm}$，箍筋屈服强度 $f_{yh}=335\text{N/mm}^2$。采用四分点加载，弯剪段 a_v 长度 1200mm，纯弯段长度 1200mm，弯剪段长度 a_v 与截面高度 B 的比值为 3。

如图 2.168 所示，典型构件的破坏形态表现为受弯破坏，即混凝土裂缝以竖向弯曲裂缝为主。图 2.172 给出了典型的 M-ϕ 关系曲线，5 个特征点将曲线分成 5 个阶段。

① 阶段 1（OA）：点 A 时外围混凝土开始出现明显竖向弯曲裂缝，刚度降低。

② 阶段 2（AB）：点 B 时，受拉纵筋开始屈服，刚度进一步降低。

③ 阶段 3（BC）：点 C 时，钢管受拉边缘开始屈服，刚度进一步降低，此后弯矩增长缓慢。

④ 阶段 4（CD）：点 D 时，钢管受压边缘开始屈服，此时弯矩基本不变。

⑤ 阶段 5（DE）：点 E 时，钢管受拉边缘达到应变 0.01。

在钢管混凝土受弯构件中，韩林海（2007，2016）将钢管受拉侧边缘达到 0.01 应变对应的弯矩定义为极限弯矩。在钢管混凝土加劲混合结构受弯构件中，当钢管受拉侧边缘达到 0.01 应变时，弯矩几乎不变，因此将钢管受拉侧边缘达到 0.01 应变对应的弯矩作为钢管混凝土加劲混合结构受弯构件的极限弯矩。

图 2.173 给出了跨中截面纵筋和钢管的应力分布。受拉区纵筋 1 和 2 首先达到屈服，然后受压区纵筋 4 达到屈服，如图 2.173（a）所示。纵筋 3 的应力发展相对缓慢，原因在于靠近中和轴，D 点过后纵筋 3 达到屈服。钢管受拉区点 1 和 2 的 Mises 应力 σ_{Mises} 首先达到屈服值，之后拉区点 3 和压区点 5 达到屈服，而点 4 并未达到屈服，如图 2.173（b）所示。在 σ_{Mises} 达到屈服值后，钢管拉区点 1、2 和 3 的纵向应力 σ_1 比屈服值（f_{ys}）大，而点 5 的 σ_1 比屈服值（f_{ys}）小，如图 2.173（c）所示。原因在于钢管和核心混凝土的相互作用，使钢管存在受拉环向应力（σ_2），如图 2.173（d）所示。而 σ_{Mises} 按照式（2.40）计算，当 σ_{Mises} 达到屈服值并保持不变，且 σ_2 为拉应力时，对应

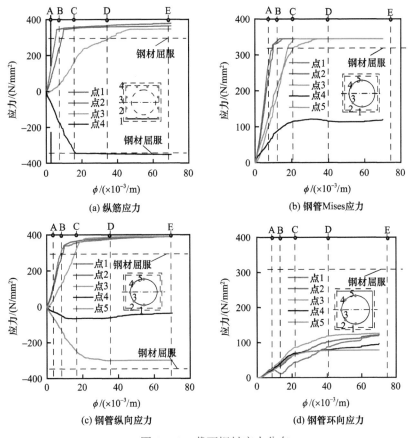

图 2.173　截面钢材应力分布

的纵向拉应力 σ_1 大于屈服值，而压应力 σ_1 小于屈服值。

$$\sigma_{\text{Mises}}=\sqrt{\frac{(\sigma_2-\sigma_1)^2+\sigma_2^2+\sigma_1^2}{2}} \qquad (2.38)$$

图 2.174 给出了跨中截面混凝土纵向应力（S33）分布，点 A 时中和轴（应力为 0）在中间，A 点过后由于混凝土开裂，中和轴逐渐上移。在 B 点，外围混凝土的中和轴与中间的距离比核心混凝土要大，原因在于钢管限制了核心混凝土的裂缝开展，使得核心混凝土裂缝发展速度较外围混凝土慢。从 C 点开始，即钢管受拉边缘屈服，外围混凝土中和轴开始向下移动，而核心混凝土中和轴持续向上移动，表明在钢管混凝土和外围钢筋混凝土部件之间发生内力重分布。在 E 点，外围混凝土和核心混凝土中和轴重合。由于核心混凝土受到钢管约束，受压边缘纵向应力 S33 比无约束混凝土峰值应力（$f_c'=51\text{N/mm}^2$）大。

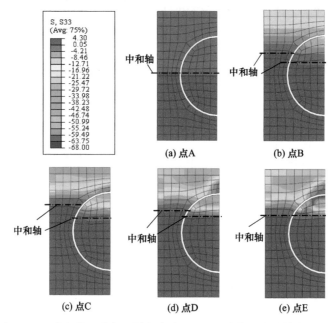

图 2.174　跨中截面混凝土纵向应力（S33）分布（应力单位：N/mm²）

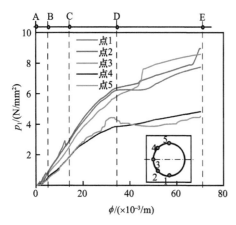

图 2.175　跨中 p_1-ϕ 关系曲线

3）钢管与混凝土接触力。

图 2.175 给出了跨中截面钢管与核心混凝土接触应力 p_1-ϕ 关系曲线。

由图可见，在初始弹性阶段 p_1 为 0，原因在于此时钢管泊松比比混凝土泊松比大，钢管侧向变形大于核心混凝土侧向变形。随荷载增加，核心混凝土进入塑性阶段，其泊松比比钢管泊松比大，核心混凝土侧向变形大于钢管侧向变形，p_1 逐渐增大。受拉区 p_1 比受压区要大，原因在于受拉区核心混凝土体积应变比受压区要大，并且开裂的核心混凝土仍能有效阻止钢管内凹。然而外围混凝土与钢管接触力 p_2 相对较小，受拉区点 1、2、3 和 4 处 p_2 小于 0.2N/mm²，受压区点 5 处 p_2 小于 1N/mm²。

　　4）与钢筋混凝土和钢管混凝土比较。

　　为比较钢管混凝土加劲混合结构构件、钢筋混凝土构件以及钢管混凝土构件受弯性能的差异，设计了相应的钢筋混凝土和钢管混凝土试件，并建模分析。相应的钢筋混凝土受弯构件参数如下：由圆形箍筋以及 16 根纵筋组成钢筋笼，代替钢管混凝土加劲混合结构构件中的钢管，16 根纵筋面积之和与钢管面积相同，纵筋屈服应力与钢管一致，钢筋混凝土受弯构件的混凝土强度与钢管混凝土加劲混合结构构件的外围混凝土强度一样，其他参数包括截面尺寸、外围混凝土配筋形式以及加载条件与钢管混凝土加劲混合结构构件一样。相应的钢管混凝土受弯构件参数如下：$D=400$mm，$t=4.7$mm，$f_{ys}=345$N/mm²，核心混凝土强度 $f_{cu,core}=60$N/mm²。钢管混凝土加劲混合结构构件的初始抗弯刚度 EI_{ini}（$=E_cI_c+E_sI_s+E_sI_1$，I_c、I_s 和 I_1 分别为混凝土、钢管和纵筋的惯性矩）以及抗弯承载力与钢管混凝土构件保持一致。

　　图 2.176 给出了钢管混凝土加劲混合结构构件和相应的钢筋混凝土构件的 M-ϕ 关系对比，在 C 点之前二者 M-ϕ 关系基本一致。但钢筋混凝土构件的抗弯承载力要比钢管混凝土加劲混合结构构件低 7%。图 2.177 给出了跨中截面钢筋混凝土构件中间钢筋笼的纵筋与钢管混凝土加劲混合结构构件的钢管应力对比。可以看出达到抗弯承载力时，钢筋混凝土构件的纵筋应力较钢管低，因为钢管环向受拉应力的存在导致纵向应力大于屈服强度，如 2.11.1 节所述。因此钢筋混凝土构件的抗弯承载力要比钢管混凝土加劲混合结构构件低。

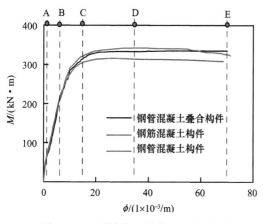

图 2.176　不同截面形式 M-ϕ 关系对比

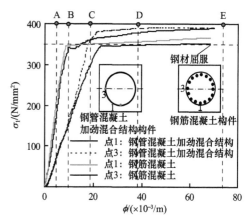

图 2.177　跨中截面钢材纵向应力对比

　　图 2.177 给出了钢管混凝土加劲混合结构构件和相应的钢管混凝土构件跨中截面钢材纵向应力 σ_1 对比，二者几乎完全一致。对比钢管混凝土加劲混合结构构件的纵向钢材体积（包括钢管和纵筋）、整体钢材体积（包括钢管，纵筋和箍筋）以及混凝土体积，分别是上述钢管混凝土的 1.07 倍、1.19 倍和 1.3 倍。然而钢管混凝土加劲混合结构构件的其他方面性能，包括抗火、耐腐蚀性能和与混凝土梁连接，则优于钢管混凝土构件。

　　5）钢筋混凝土部件作用。

　　对于钢管混凝土加劲混合结构受弯构件而言，由于钢筋混凝土部件的约束作用，限制了钢管的局部屈曲，使得钢管截面塑性强度能够充分发挥，因此可以预见钢管混凝土加劲混合结构受弯构件的钢管径厚比限值可以要比钢管混凝土大。图 2.178 给出了钢管破坏形态对比，为方便叙述，以下钢管混凝土加劲混合结构构件中的钢管混凝土称为钢管混凝土部件。从图中可以看出 $D/t=120$ 的钢管混凝土受弯构件在加载端附近出现了局部鼓曲，而 $D/t=43$ 的钢管混凝土构件没有出现此现象。$D/t=43$ 和 $D/t=120$ 的钢管混凝土部件均未出现局部鼓曲现象。达到极限弯矩时钢管跨中截面应力分布情况如图 2.179 所示。$D/t=43$ 的钢管混凝土的钢管截面塑性强度得到充分发挥，而 $D/t=120$ 的钢管混凝土的钢管截面大部分处于弹性阶段，塑性强度没有得到充分发挥。而 $D/t=43$ 和 $D/t=120$ 的钢管混凝土部件的钢管塑性强度得到充分发挥。由于钢筋混凝土部件的存在，使得钢管混凝土部件的钢管受拉面积比相应的钢管混凝土大。

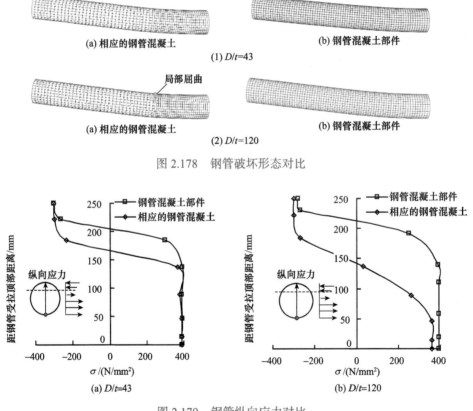

图 2.178　钢管破坏形态对比

图 2.179　钢管纵向应力对比

　　综上所述，由于钢筋混凝土部件的约束作用，限制了薄壁钢管的局部屈曲，其截面塑性强度得到充分发挥。因此，钢管混凝土加劲混合结构受弯构件的钢管径厚比限值可比钢管混凝土大。分析中 $D/t=120$ 已经超过了韩林海（2007，2016）建议的钢管混凝土径厚比限值（$D/t=102$）。因此，采用韩林海（2007，2016）建议的钢管混凝土径厚比作为钢管混凝土加劲混合结构受弯构件的钢管径厚比限值是偏于安全的。

6）剪跨比的影响。

剪跨比（a_v/B）是影响梁构件行为的重要参数之一。图 2.180 给出了混凝土裂缝分布对比，可以看出对于 $a_v/B=3$ 的钢管混凝土加劲混合结构构件和钢筋混凝土构件，竖向弯曲裂缝均匀地分布在纯弯段，而弯剪段斜裂缝很少，二者均表现为弯曲破坏形态。但对于 $a_v/B=1.5$ 的钢筋混凝土构件而言，竖向弯曲裂缝分布在纯弯段，明显的剪切斜裂缝分布在弯剪段，出现了剪切和弯曲并存的破坏形态。而 $a_v/B=1.5$ 的钢管混凝土加劲混合结构构件，竖向弯曲裂缝均匀地分布在纯弯段，弯剪段斜裂缝很少，仍然表现为弯曲破坏形态。对于钢管混凝土加劲混合结构构件而言，由于钢管的连续性，在弯剪段能同时抵抗竖向剪力和纵向拉（或压）力，钢管的作用要明显强于箍筋。由于在弯剪段钢管能够有效抵抗剪力，混凝土的剪力维持在较低水平，没有明显的剪切斜裂缝。与相应的钢筋混凝土构件相比，钢管混凝土加劲混合结构构件的抗剪能力由于钢管的存在而显著提高。

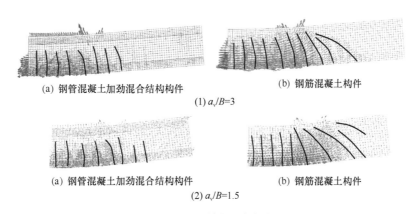

(a) 钢管混凝土加劲混合结构构件   (b) 钢筋混凝土构件

(1) $a_v/B=3$

(a) 钢管混凝土加劲混合结构构件   (b) 钢筋混凝土构件

(2) $a_v/B=1.5$

图 2.180 混凝土裂缝对比

7）传力机制。

拉压杆模型被广泛应用于分析钢筋混凝土梁的传力机制。利用该模型分析钢管混凝土加劲混合结构受弯构件的传力机制。图 2.181 给出了钢管混凝土加劲混合结构构件各部分应力分布。为便于分析传力机制，钢管混凝土加劲混合结构构件分为内外两部分，以钢管边缘为边界，内部包括钢管、核心混凝土、钢管上部和底部的混凝土和纵筋，外部包括外层的混凝土、纵筋和箍筋。

利用拉压杆模型，图 2.182 给出了钢管混凝土加劲混合结构受弯构件的传力机制。剪力 V 可由内部（V_{inner}）和外部（V_{outer}）两部分分担。在外部纯弯段，压杆由外部混凝土和

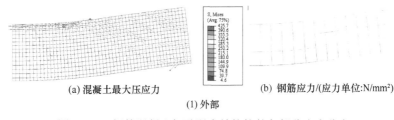

(a) 混凝土最大压应力   (b) 钢筋应力/(应力单位:N/mm²)

(1) 外部

图 2.181 钢管混凝土加劲混合结构构件各部分应力分布

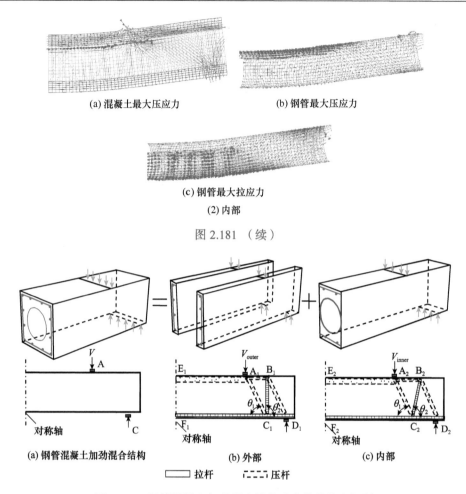

(a) 混凝土最大压应力   (b) 钢管最大压应力

(c) 钢管最大拉应力

(2) 内部

图 2.181 （续）

(a) 钢管混凝土加劲混合结构   (b) 外部   (c) 内部

☐ 拉杆   ⌐⌐ 压杆

图 2.182 钢管混凝土加劲混合结构受弯构件传力机制

压区纵筋组成，拉杆由拉区纵筋组成［图 2.182（b）］。在弯剪段，拉杆 B_1C_1 由箍筋组成，斜压杆 A_1C_1 和 B_1D_1 由外部混凝土组成。在内部，如图 2.182（c）所示，纯弯段的压杆由受压区混凝土、纵筋和钢管组成，拉杆由拉区纵筋和钢管组成。剪跨段的拉杆 B_2C_2 由钢管组成，斜压杆 A_2C_2 和 B_2D_2 由混凝土和钢管组成。对比两部分的传力机制，二者的斜压杆倾斜角（θ_1）基本一致，而拉杆 B_1C_1 倾斜角 θ_{21} 较拉杆 B_2C_2 倾斜角 θ_{22} 大。如图 2.182 所示，剪跨区的斜向应力，在内部比外部分布更广泛，表明剪力 V 主要由内部分担。

8）参数分析及抗弯承载力计算。

影响钢管混凝土加劲混合结构受弯构件 M-ϕ 关系的参数及范围如下。

① 钢筋混凝土部件：外围混凝土强度 $f_{cu, out}=30\sim50\text{N/mm}^2$；纵筋配筋率 $\alpha_1=0.5\%\sim3\%$；纵筋强度 $f_{yl}=235\sim400\text{N/mm}^2$。

② 钢管混凝土部件：核心混凝土强度 $f_{cu, core}=40\sim80\text{N/mm}^2$；含钢率 $\alpha_s=0.05\sim0.15$；钢管强度 $f_{ys}=235\sim420\text{N/mm}^2$。

③ 钢管混凝土直径与截面宽度比值（D/B）：$0.4\sim0.75$，保持含钢率不变（$\alpha_s=0.1$）。

图 2.183 给出了钢筋混凝土部件相关参数对 M-ϕ 关系的影响，影响规律如下。

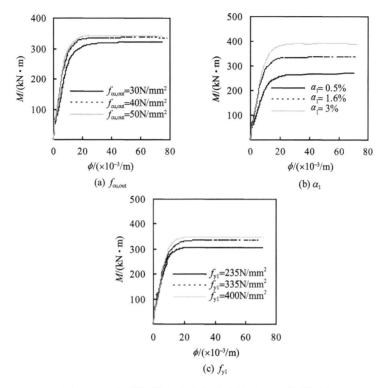

图 2.183　钢筋混凝土部件相关参数对 M-ϕ 关系影响

① 外围混凝土强度 $f_{cu,out}$。随 $f_{cu,out}$ 增大，M_u 略有增大，$f_{cu,out}$ 从 30N/mm² 增大到 50N/mm² 时，M_u 增大 5.6%。原因在于受弯时受压区混凝土面积较小，M_u 主要由受拉区的纵筋和钢管强度控制，因此增大 $f_{cu,out}$ 对 M_u 提高不显著。

② 纵筋配筋率 α_l。随 α_l 增大，M_u 逐渐增大，α_l 从 0.5% 增大到 3% 时，M_u 增大 44.4%。原因在于 M_u 主要由受拉区的纵筋和钢管强度控制，随 α_l 增大 M_u 增加。纵筋面积增加后，限制了开裂后混凝土裂缝开展，因此开裂后刚度（AB 段，点 A 和 B 如图 2.172 所示）变大。

③ 纵筋材料强度 f_{yl}。随 f_{yl} 增大，M_u 逐渐增大，f_{yl} 从 235N/mm² 增大到 400N/mm² 时，M_u 增大 13.4%。M_u 主要由受拉区的纵筋和钢管强度控制，随 f_{yl} 增大 M_u 增加。

图 2.184 给出了钢管混凝土部件相关参数对 M-ϕ 关系的影响，影响规律如下。

① 核心混凝土强度 $f_{cu,core}$。随 $f_{cu,core}$ 增加，M_u 基本不变，原因在于核心混凝土处于中心位置，达到极限弯矩时，核心混凝土仅有少量区域位于受压区（图 2.174），对 M_u 影响很小。

② 含钢率 α_s。随 α_s 增加，M_u 增大，α_s 从 0.05 增大到 0.15 时，M_u 增大 75.2%。原因在于 M_u 主要由受拉区的纵筋和钢管强度控制，随 α_s 增大 M_u 增加。钢管面积增加后，限制了开裂后混凝土裂缝开展，因此开裂后刚度（AB 段）变大。

③ 钢管强度 f_{ys}。随 f_{ys} 增加，M_u 增大，f_{ys} 从 235N/mm² 增大到 420N/mm² 时，M_u 增大 29.7%，原因在于 M_u 主要由受拉区的纵筋和钢管强度控制，随 f_{ys} 增大 M_u 增加。

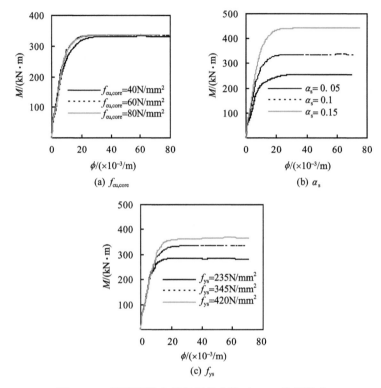

(a) $f_{cu,core}$　　　　　(b) α_s

(c) f_{ys}

图 2.184　钢管混凝土部件相关参数对 M-ϕ 关系影响

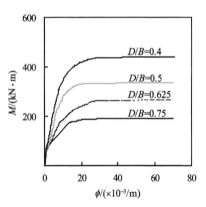

图 2.185　D/B 对 M-ϕ 关系影响

图 2.185 给出了 D/B 对 M-ϕ 关系的影响，影响规律为随 D/B 增加 M_u 增加，D/B 从 0.4 增大到 0.75 时，M_u 增大 131.6%。原因在于 M_u 主要由受拉区的纵筋和钢管强度控制，随 D/B 增大，钢管面积和抗弯力臂增大，M_u 增加。D/B 增加后，限制了开裂后混凝土裂缝开展，因此开裂后刚度（AB 段）变大。

图 2.186 给出了钢管混凝土加劲混合结构构件的抗弯承载力（M_u）和相应的钢管混凝土和空心钢筋混凝土抗弯承载力叠加结果（$M_{u,s}$）对比，其中相应的钢管混凝土参数与钢管混凝土加劲混合结构构件的钢管混凝土部件一致，空心钢筋混凝土与钢管混凝土加劲混合结构构件的钢筋混凝土部件一致。可以看出钢管混凝土加劲混合结构构件的抗弯承载力和刚度要大于叠加结果 [图 2.186（a）]，原因如图 2.179 所示，钢管混凝土加劲混合结构构件中的钢管受拉面积大于相应的钢管混凝土中的钢管，即钢管混凝土加劲混合结构构件中的钢管抗弯贡献较相应的钢管混凝土大。采用强度系数（SI）来表征上述强度提高作用，其定义为

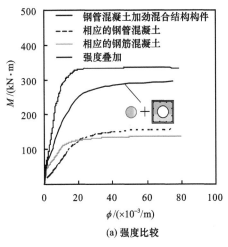

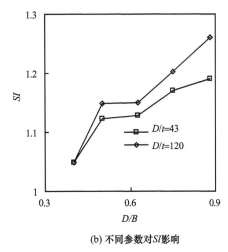

图 2.186　强度叠加讨论

$$SI=\frac{M_{\text{u}}}{M_{\text{u, s}}} \tag{2.39}$$

图 2.186（b）给出了 D/B 和 D/t 对 SI 的影响，在标准构件基础上改变 D 和 t 来实现参数变化。可以看出，随 D/B 和 D/t 的增加 SI 逐渐增大。对 D/B＝0.4 的构件而言，SI 小于 1.05，而 D/B＝0.5 时 SI 大于 1.1。为实现加劲混合结构截面的抗弯承载力较叠加强度有较大提高，建议设计中 D/B 不小于 0.5。

由于钢管混凝土加劲混合结构构件由钢管混凝土部件和钢筋混凝土部件两部分组成，在承载力计算时，直观容易的方法为叠加法，即单独计算两部件承载力并相加。下式给出了采用叠加法计算钢管混凝土加劲混合结构构件的抗弯承载力为

$$M_{\text{u}}=M_{\text{u, rc}}+M_{\text{u, cfst}} \tag{2.40}$$

式中：$M_{\text{u, rc}}$ 和 $M_{\text{u, cfst}}$ 分别为单独计算钢筋混凝土部件和钢管混凝土部件弯曲承载力，$M_{\text{u, rc}}$ 按照《混凝土结构设计规范》（GB 50010—2010）（2015）进行计算，为常见的钢筋混凝土弯曲承载力计算方法，$M_{\text{u, cfst}}$ 按照 DBJ/T 13-51—2010 进行计算，公式为

$$M_{\text{u, cfst}}=r_{\text{m}}W_{\text{sc}}f_{\text{scy}} \tag{2.41}$$

式中：$r_{\text{m}}=1.1+0.48\ln(\xi+0.1)$，$W_{\text{sc}}=\dfrac{\pi D^{3}}{32}$，$f_{\text{scy}}=(1.14+1.02\xi)f_{\text{ck, core}}$，$\xi$ 为钢管混凝土约束效应系数。

采用公式（2.40）计算的钢管混凝土加劲混合结构受弯试件抗弯承载力较为保守，试验和计算抗弯承载力的比值 $M_{\text{uc}}/M_{\text{ue}}$ 平均值为 0.620。

（3）压弯性能

1）有限元模型的建立。

建立了钢管混凝土加劲混合结构压弯构件的有限元模型（An 和 Han，2014），如图 2.187 所示。钢管混凝土加劲混合结构压弯构件的有限元模型，除边界条件外，其他部分如 2.11.1 节所述。边界条件如图 2.187（a）所示，根据几何尺寸和加载条件对称性，计算时取 1/2 模型进行。对于压弯柱，两端为铰接，两端偏心距 e（定义为加载线距柱中

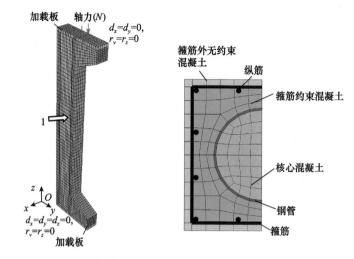

图 2.187　钢管混凝土加劲混合结构压弯构件有限元模型

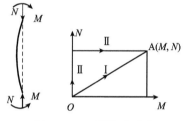

图 2.188　不同加载路径

心距离）一致。在上部加载板上，限制加载线处的 x 和 y 方向的位移以及绕 y 和 z 轴的转动，允许 z 方向位移。在下部端板上，限制加载线上除绕 x 轴转动的所有自由度。加载板假设为刚体，即刚度足够大以至于在整个加载过程中变形可以忽略。在实际工程应用中，钢管混凝土加劲混合结构柱主要承受压弯荷载，通常有两种加载路径（图 2.188），即路径 Ⅰ：N 和 M 按比例同时施加，如偏心受压；路径 Ⅱ：先施加 N，之后保持不变，然后再施加 M，直到柱子破坏。在分析钢管混凝土加劲混合结构柱压弯性能时，以路径 Ⅰ 为主，同时对比分析了路径 Ⅰ 和 Ⅱ 的差异。图 2.188 所示的边界条件为路径 Ⅰ，路径 Ⅱ 的边界条件为：首先在端板上对应柱中心的位置施加 N，并保持不变，然后增大水平位移，直到构件破坏。

为验证上述模型准确性，采用徐明（2000）和王犇（2011）进行的钢管混凝土加劲混合结构偏压柱试验（路径 Ⅰ）进行验证。图 2.189 给出了破坏形态对比。构件破坏

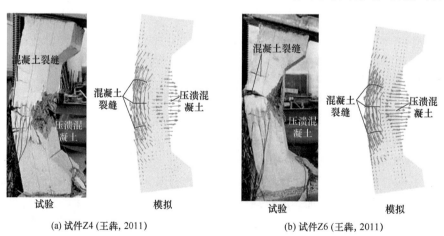

(a) 试件Z4 (王犇, 2011)　　　　　(b) 试件Z6 (王犇, 2011)

图 2.189　破坏形态对比

形态表现为混凝土裂缝分布在受拉区，而受压区混凝土压溃，模拟与试验结果吻合较好。图 2.190 给出了轴力（N）- 钢管边缘纵向应变（ε_s）对比（路径 I），图 2.191 给出了实测极限轴力（N_{ue}）与模拟值（N_{uc}）对比（路径 I），模拟与实测结果吻合较好，N_{uc}/N_{ue} 平均值为 0.979，变异系数为 0.110。

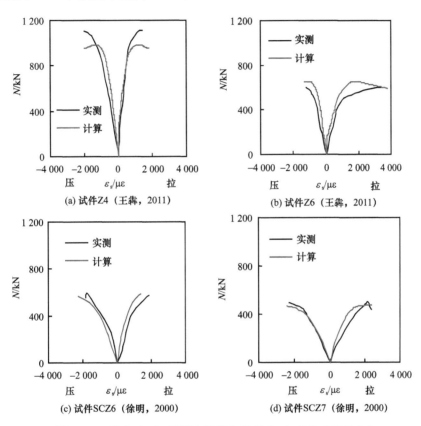

(a) 试件Z4（王蕊，2011）　　　(b) 试件Z6（王蕊，2011）

(c) 试件SCZ6（徐明，2000）　　　(d) 试件SCZ7（徐明，2000）

图 2.190　轴力（N）- 钢管边缘纵向应变（ε_s）对比（路径 I）

采用 Han 等（2009）、康洪震（2009）和李惠等（1998）进行的钢管混凝土加劲混合结构柱在路径 II 下的试验进行验证。图 2.192 给出了侧向力（P）- 侧向位移（Δ）关系骨架线对比（加载路径 II），图 2.193 给出了实测极限侧向力（P_{ue}）与模拟值（P_{uc}）对比（加载路径 II），可见模拟与实测结果吻合较好，P_{uc}/P_{ue} 平均值为 1.023，变异系数为 0.100。

2）受力全过程分析。

为进一步研究钢管混凝土加劲混合结构柱的压弯性能，建立了典型钢管混凝土加劲混合结构压弯柱模型，截面形式如图 2.187（b）所示，具体参数

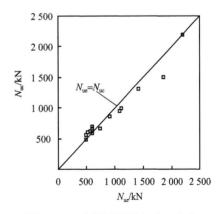

图 2.191　实测极限轴力（N_{ue}）与模拟值（N_{uc}）对比（路径 I）

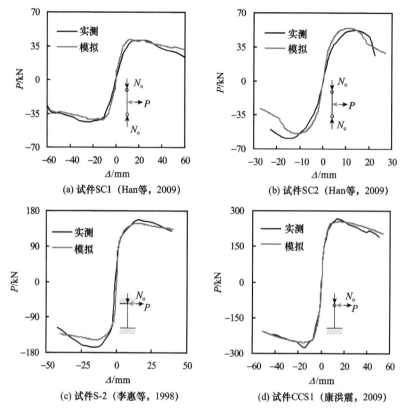

图 2.192　侧向力（P）- 侧向位移（Δ）关系骨架线对比（加载路径Ⅱ）

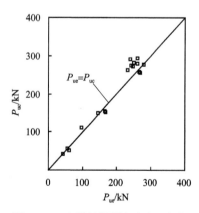

图 2.193　实测极限侧向力（P_{ue}）与
模拟值（P_{uc}）对比（加载路径Ⅱ）

如下。$B=400\text{mm}$，钢管混凝土部件参数：$D=250\text{mm}$，$t=5.8\text{mm}$，$f_{ys}=345\text{N/mm}^2$，$f_{cu,core}=60\text{N/mm}^2$，$\alpha_s=0.1$；钢筋混凝土部件参数：$f_{cu,out}=40\text{N/mm}^2$，$\alpha_1=1.6\%$，$f_{yl}=335\text{N/mm}^2$，箍筋直径 8mm，间距 $s=100\text{mm}$，$f_{yh}=335\text{N/mm}^2$；柱子有效长度 $l_0=3300\text{mm}$；偏心距 e 变化范围 20～400mm，$e/B=0.05\sim1$。在钢筋混凝土压弯柱设计当中，为考虑一些不可预见或偶然偏心的影响，初始附加偏心 e_0 计入偏心距中。根据 GB 50010—2010 规定，初始附加偏心 e_0 取 20mm 和偏心方向截面最大尺寸的 1/30 中的最大值。因此在压弯构件计算分析中，最小偏心距取 e_0，即按照 GB 50010—2010 规定，取 20mm。

根据以往试验和模型分析结果，钢管混凝土加劲混合结构压弯柱因外围混凝土压溃而破坏，与钢筋混凝土压弯柱破坏形态一致。钢筋混凝土压弯柱根据混凝土压溃时受拉纵筋是否屈服，破坏形态可分为大偏心受压和小偏心受压两种破坏形态。同样地钢管混凝土加劲混合结构压弯柱的破坏形态可分为大偏心受压和小偏心受压两种模式，如图 2.194 所示，当外围混凝土压溃时钢管受拉边缘纤维已经屈服，此时为大偏心受压

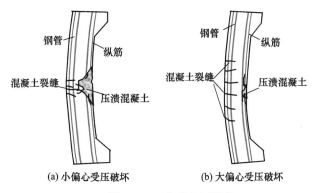

(a) 小偏心受压破坏　　　　　　　　(b) 大偏心受压破坏

图 2.194　典型破坏形态

破坏，当外围混凝土压溃时钢管受拉边缘纤维没有屈服，此时为小偏心受压破坏。从模型分析结果发现，当 $D/B=0.5\sim0.75$ 时，外围混凝土压溃和钢管受拉边缘纤维开始屈服同时发生的破坏可以认为是界限破坏。当 D/B 小于 0.5 时，外围混凝土压溃和受拉纵筋开始屈服，同时发生的破坏可认为是界限破坏，此时钢管受拉边缘纤维尚未屈服；而 D/B 大于 0.75 时，当外围混凝土压溃和钢管受拉边缘纤维开始屈服同时发生时，整体性能尚处于轴力控制，即反映到压弯相关曲线中，该点处于压弯相关曲线拐点上方，没有达到临界破坏。

对于发生小偏心受压破坏的柱子，在轴力接近 N_u 时受拉区开始出现混凝土裂缝，且集中在中间，如图 2.194（a）所示。对于发生大偏心受压破坏的柱子，在轴力达到 $0.2N_u$ 左右时受拉区开始出现混凝土裂缝，裂缝均匀地分布在受拉区，如图 2.194（b）所示。裂缝分布范围比小偏心受压破坏时广泛。但受压区混凝土压溃区域比小偏心受压破坏时小。

图 2.195 给出了钢管混凝土加劲混合结构压弯柱典型轴力（N）-跨中挠度（u_m）关系曲线，图中关键点定义如下：R_c，受压边缘纵筋开始屈服；R_t，受拉边缘纵筋开始屈服；S_c，钢管受压边缘纤维开始屈服；S_t，钢管受拉边缘纤维开始屈服；P，试件到达极限承载力 N_u；U，轴力下降到 85%N_u。对于发生小偏心受压破坏的柱子（$e/B=0.1$），纵筋和钢管开始屈服以及达到峰值轴力顺序如下：R_c—S_c—P—R_t—U。对于发生大偏心受压破坏的柱子（$e/B=1$），纵筋和钢管开始屈服以及达到峰值轴力顺序如下：R_t—R_c—S_t—P—S_c—U。对于小偏心受压破坏的柱子，在达到 N_u 之前，受拉边缘纵筋和钢管受拉边缘纤维没有达到屈服；对于大偏心受压破坏的柱子，在达到 N_u 时，受拉边缘纵筋和钢管受拉边缘纤维已经屈服。小偏心受压破坏柱子的 N_u 比大偏心受压破坏柱子大，但延性较大偏心受压破坏的柱子差。

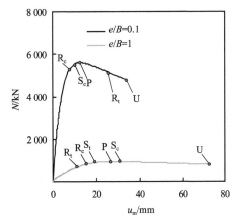

图 2.195　典型轴力（N）-跨中挠度（u_m）关系曲线

图 2.196 给出了相应的跨中钢材纵向应力分布，对于小偏心受压破坏柱子 [图 2.196（a）]，在 P 点之前纵筋和钢管几乎全部处于受压状态，之后受拉边缘纵筋和钢管受拉边缘纤维应力开始增大，U 点时受拉边缘纵筋受拉屈服，原因在于 P 点过后侧向变形迅速增加，受拉区混凝土裂缝不断发展。对于大偏心受压破坏柱 [图 2.196（b）]，受拉边缘纵筋和钢管受拉纤维拉应力发展较快，在 P 点时受拉底部以上 40% 高度范围内的钢材达到屈服，之后钢材应力持续发展，更多钢材达到屈服。钢材应力分布表明平截面假定是成立的，P 点时钢管混凝土和钢筋混凝土部件能够共同工作。

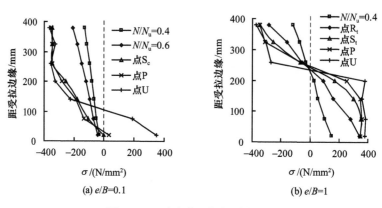

图 2.196　跨中截面钢材纵向应力

P 点时 $e/B=0.1$ 和 1 的钢管混凝土加劲混合结构偏压柱外围受压边缘混凝土纤维应变（ε_{cu}）分别为 3280$\mu\varepsilon$ 和 3384$\mu\varepsilon$，这与 GB 50010—2010 给出的钢筋混凝土压弯柱的 ε_{cu} 是一致的。图 2.197 给出了达 N_u 时跨中截面混凝土纵向应力（S33）分布，对于发生小偏心受压破坏的柱子（$e/B=0.1$），只有受拉区无约束混凝土部分处于受拉状态。由于核心混凝土受到钢管的约束，其受压边缘纵向应力超过无约束混凝土峰值应力（$f_c'=51\text{N/mm}^2$）。对于发生大偏心受压破坏的柱子（$e/B=1$），中和轴在中心线以上，核心混凝土受压边缘纵向应力小于无约束混凝土峰值应力（$f_c'=51\text{N/mm}^2$）。

图 2.198 给出了截面 N_u/N_{u0}-M_u/M_{u0} 相关曲线，其中 M_u 为荷载达到 N_u 时弯矩（= N_u（$e+u_{mu}$），u_{mu} 为荷载达到 N_u 时跨中挠度），N_{u0} 和 M_{u0} 分别为轴压承载力和抗弯承

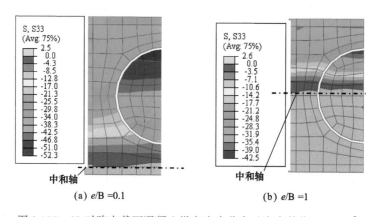

图 2.197　N_u 时跨中截面混凝土纵向应力分布（应力单位：N/mm²）

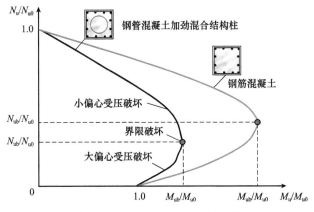

图 2.198　N_u/N_{u0}-M_u/M_{u0} 相关曲线

载力，按照 2.11.1 节和 2.11.2 节提供的钢管混凝土加劲混合结构轴压短试件和受弯构件有限元模型计算。钢管混凝土加劲混合结构柱的 N_u/N_{u0}-M_u/M_{u0} 相关曲线可以分为两个阶段：小偏心受压破坏，随 N_u/N_{u0} 减小 M_u/M_{u0} 增大；大偏心受压破坏，随 N_u/N_{u0} 减小 M_u/M_{u0} 减小。界限破坏时的极限轴力 N_{ub} 为 $0.3N_{u0}$。对比相应的钢筋混凝土压弯柱（没有钢管混凝土部件）N_u/N_{u0}-M_u/M_{u0} 的相关曲线，二者的形状一致，但界限破坏时相应钢筋混凝土的 N_{ub}/N_{u0} 和 M_{ub}/M_{u0} 比钢管混凝土加劲混合结构柱的大。

　　3）内力分配。

　　图 2.199（a）和（b）分别给出了 $e/B=0.1$ 和 1 的钢管混凝土加劲混合结构压弯柱的两部件的 N-u_m 关系。对于 $e/B=0.1$ 的柱子，在整个截面达到 N_u 时，混凝土部件已经达到其极限承载力；钢管混凝土部件的轴力接近其极限承载力，且达到极限承载力后缓慢下降。由于钢管混凝土部件的贡献，使得整个截面延性好于钢筋混凝土部件。对于 $e/B=1$ 的柱子，钢管混凝土部件承受拉力和弯矩作用（图中压力为正值，拉力为负值），钢筋混凝土部件轴力大于整个截面。

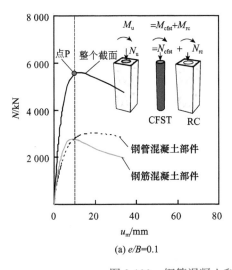

(a) $e/B=0.1$

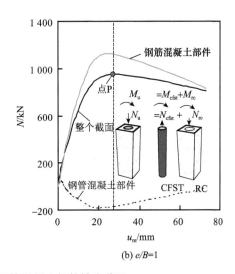

(b) $e/B=1$

图 2.199　钢管混凝土和钢筋混凝土部件轴力分配

为分析对比 D/B 对内力分配的影响，结合工程常用范围，设计了 4 根钢管混凝土加劲混合结构压弯柱，其他柱子在此基础上变化钢管直径，而其他参数保持不变，D/B 变化范围为 0.4～0.75。图 2.200 给出了 e/B 和 D/B 对 N_{cfst}/N_u 和 M_{cfst}/M_u 的影响，其中 N_{cfst} 和 M_{cfst} 分别为在钢管混凝土加劲混合结构柱达到 N_u 时钢管混凝土部件分担的轴力和弯矩。对于 e/B 小于 0.2 的柱子，e/B 对 N_{cfst}/N_u 的影响很小，但 e/B 大于 0.2 时，随 e/B 增大 N_{cfst}/N_u 减小。对于小偏心受压柱，随 e/B 增大，M_{cfst}/M_u 逐渐增大，但对大偏心受压柱，e/B 对 M_{cfst}/M_u 影响很小。D/B 对 N_{cfst}/N_u 和 M_{cfst}/M_u 的影响显著，随 D/B 增大，N_{cfst}/N_u 和 M_{cfst}/M_u 增大。

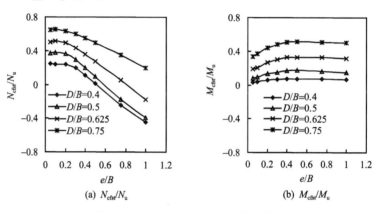

(a) N_{cfst}/N_u　　　　　　　　(b) M_{cfst}/M_u

图 2.200　e/B 和 D/B 对内力分布影响

图 2.201 表明由于钢管混凝土部件的贡献，使得整个截面延性好于钢筋混凝土部件，可以预见随 D/B 的减小，钢管混凝土部件对延性的贡献逐渐降低。图 2.201 为 $e/B=0.1$ 时整个截面和钢筋混凝土部件的 N-u_m 关系曲线对比。由 Tao 等（2007）提出的延性系数（$DI=u_{m,85\%}/u_{m,y}$，其中 $u_{m,85\%}$ 为轴力下降到 $85\%N_u$ 时跨中挠度（U 点），$u_{m,y}=u_{m,75\%}/0.75$，$u_{m,75\%}$ 为轴力上升到 $75\%N_u$ 时跨中挠度）用来表征构件延性。对于 $D/B=0.625$ 的柱子，整个截面和钢筋混凝土部件 DI 分别为 5.7 和 4.2，而对于 $D/B=0.4$ 的柱子，整个截面和钢筋混凝土部件 DI 分别为 4.9 和 4.7。对于 $D/B=0.4$ 的钢管混凝土加劲混合结构柱，整个截面延性和钢筋混凝土部件相比，提高并不明显。因此为使得钢管混凝土部件对延性有较大贡献，D/B 不应小于 0.5，而这个限值与抗弯性能讨论所得到的 D/B 限值是一致的。

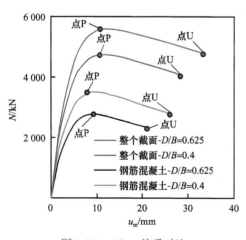

图 2.201　N-u_m 关系对比

4）钢管与混凝土接触力。

图 2.202 给出了跨中钢管与混凝土接触力的分布情况，包括钢管与核心混凝土以及钢管与外围混凝土的接触应力分布，对比参数为同一截面的不同位置、e/B 和 D/B，P_1 为钢管与其内核混凝土的接触应力，而 P_2 为钢管与外围混凝土的接触应力。对于 $e/B=$

0.1 的柱子，钢管与核心混凝土接触应力 P_1 随距受压边缘的距离减小而增加，除了处于受拉边缘的点 1 [图 2.202（a）]。对于 $e/B=1$ 的柱子，受拉区点 1 和 2 以及受压边缘点 5 的 P_1 比位于中和轴附近的点 3 和 4 的要大 [图 2.202（b）]。外围混凝土与钢管之间的接触应力 P_2 小于 $0.6N/mm^2$，且小于 P_1 [图 2.202（c）]。原因在于在受压区外围混凝土的向外膨胀大于钢管，在受拉区外围混凝土开裂，从而导致钢管与外围混凝土之间接触应力很小。随 D/B 增加，在核心混凝土受压边缘处，P_1 逐渐增大 [图 2.202（d）]。

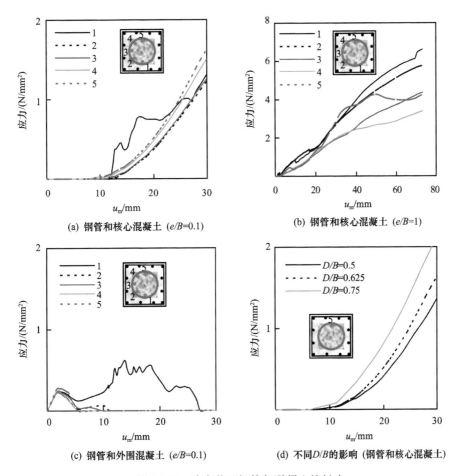

图 2.202　跨中截面钢管与混凝土接触力

5）长细比的影响。

在受力全过程分析中讨论了钢管混凝土加劲混合结构压弯柱的截面性能，而柱子长细比 λ（$=l_0/i$，i 为回转半径）是影响柱子性能的关键参数之一。当 λ 超过一定界限值后，由侧向变形带来的附加弯矩需要在压弯构件设计当中考虑。为讨论 λ 对压弯柱性能的影响，设计了 5 种不同长细比的柱子，截面与标准柱一样，长细比范围为 22～84，分析中最小偏心距为 $e_0=20mm$。图 2.203（a）给出了 λ 对 N_u-M_1 关系影响，其中 M_1 为一阶弯矩，等于 $N_u e$。可见随 λ 增大，N_u 逐渐减小。当由于长细比影响带

来的极限轴力的降低在 10% 以内时，二阶效应可以忽略。极限轴力的降低可以用
$(N_{u,s}-N_{u,\lambda})/N_{u,s}$ 计算，其中 $N_{u,s}$ 和 $N_{u,\lambda}$ 分别为不存在二阶效应和存在二阶效应时的极
限轴力。当柱子长细比为 22 时，峰值轴力的降低在 10% 以内；而长细比为 29 时，峰
值轴力的降低大于 10%。因此，暂将长细比为 22 作为是否考虑二阶效应的长细比限
值，对于两端承受相同弯矩的钢管混凝土加劲混合结构压弯柱，当钢管混凝土加劲混
合结构压弯柱的长细比大于 22 时，需要考虑二阶效应的影响。

对于 $\lambda=22\sim60$ 的柱子，其 N_u-M_1 关系曲线形状与 $\lambda\geqslant70$ 的关系曲线不同，即对
于 $\lambda=22\sim60$ 的柱子，当 e/B 小于 0.5 时，随 N_u 减小，M_1 增大，之后随 N_u 减小，M_1
不增大；而对于 $\lambda=70\sim84$ 的柱子，整个阶段随 N_u 减小，M_1 增大。图 2.203（b）给出
了不同 λ 对整个加载过程中 N-M 关系曲线的影响，对于 $\lambda=22\sim60$ 的柱子，与峰值轴
力对应的点落在截面承载力曲线上，而 $\lambda=70\sim84$ 的柱子，峰值轴力对应的点落在截面
承载力曲线内，根据 Park 和 Pauley（1975）的定义，$\lambda=22\sim60$ 的柱子发生材料破坏，
即由于外围混凝土压溃而破坏，而 $\lambda=70\sim84$ 的柱子发生了稳定破坏。根据钢管混凝土
加劲混合结构柱工程调研，λ 最大值为 54，因此将钢管混凝土加劲混合结构柱的长细比
λ 的研究范围限定在 60 以内，在本节研究范围钢管混凝土压弯柱发生材料破坏。

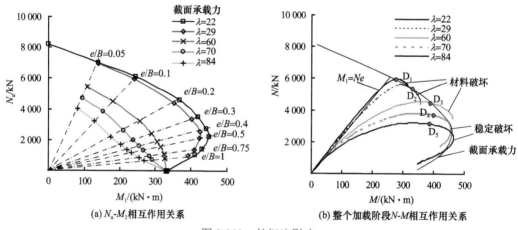

图 2.203　长细比影响

6）不同加载路径影响。

如图 2.188 所示，钢管混凝土加劲混合结构柱可能经受加载路径 I 和路径 II 两种荷
载作用。图 2.204 给出了两种加载路径下 N_u-M_u 相关曲线的对比，相同 N_u 时路径 II 的
M_u 大于路径 I。然而提高程度与 N_u/N_{u0} 有关，根据提高程度不同，可分为三个阶段：
阶段 A，N_u/N_{u0} 大于 0.75，弯矩比例系数［定义为 $(M_{u-2}-M_{u-1})/M_{u-1}$，$M_{u-1}$ 和 M_{u-2} 分
别为路径 I 和路径 II 的极限弯矩］小于 10%；阶段 B，N_u/N_{u0} 大于 0.3 但小于 0.75，弯
矩比例系数在 10%～12%；阶段 C，N_u/N_{u0} 小于 0.3，弯矩比例系数小于 10%。

在阶段 A，弯矩比例系数小于 10% 的原因在于此时整个截面处于受压状态，受压
混凝土对承载力起控制作用。路径 II 下当较高轴力作用时，混凝土已经接近极限强度，
而随后弯矩增加有限。而在阶段 B，随 N_u 减小 M_u 相应增加，路径 II 时受压区的核心

混凝土强度大于路径 I，导致核心混凝土对弯矩贡献增大，如图 2.205（a）所示。原因在于路径 II 时，首先施加的恒定轴力使得核心混凝土受到钢管的约束，其强度得到提高。但阶段 B 施加的恒定轴力小于阶段 A，使得阶段 B 的弯矩增加比较显著。对比阶段 B 时两种路径下钢材应力分布，如图 2.206（a）所示，可见相差不大。阶段 C 时，路径 II 的受压区核心混凝土强度大于路径 I，如图 2.205（b）所示，原因与阶段 B 一样。但阶段 C 的核心混凝土受压面积

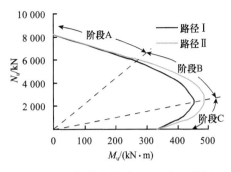

图 2.204　加载路径对 N_u-M_u 相互作用曲线影响

远小于阶段 B，对弯矩提高有限。对比两种路径下钢材应力分布，如图 2.206（b）所示，路径 II 时中间部分的钢材应力大于路径 I，但由于靠近中和轴，对弯矩增加有限。

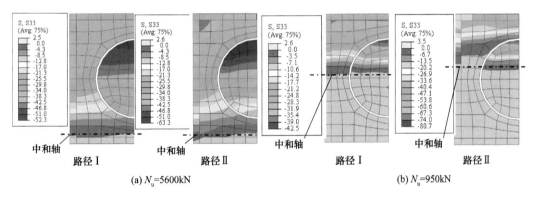

(a) N_u=5600kN　　　　　　　　　　(b) N_u=950kN

图 2.205　加载路径对混凝土应力分布影响（应力单位：N/mm²）

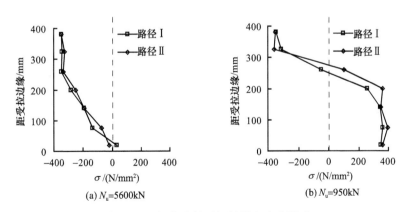

(a) N_u=5600kN　　　　　　　　　　(b) N_u=950kN

图 2.206　加载路径对钢材纵向应力影响

7）剪力影响分析。

在加载路径 II 中，钢管混凝土加劲混合结构柱受到水平剪力和轴向压力的共同作用，其剪力对柱子压弯性能的影响需要关注，特别对于剪跨比 m（定义为柱子高度 l 与截面宽度 B 的比值）小的柱子，剪力影响不容忽视。

在加载工况 Ⅱ 中，柱端水平位移 Δ 由弯曲变形和剪切变形两部分组成，分别记为 Δ_M 和 Δ_Q。其中由弯曲变形引起的 Δ_M 按照下式计算为

$$\Delta_M = \int_0^L \varphi(x)\bar{M}(x)\mathrm{d}x \tag{2.42}$$

式中：$\phi(x)$ 为曲率分布函数；$\bar{M}(x)$ 为柱顶作用单位集中力时的弯矩分布函数。

剪切变形 Δ_Q 由 $\Delta - \Delta_M$ 得到。图 2.207（a）给出了轴压比 N_o/N_{uo}（其中 N_o 为作用在柱顶的恒定轴力，N_{uo} 为柱子轴压承载力）对剪切变形所占比例 Δ_Q/Δ 的影响，算例为上节中的分析模型，剪跨比 $m=4$。在 $N_o/N_{uo} \leqslant 0.3$ 时，即柱子发生大偏心受压破坏时，随 N_o/N_{uo} 增大，Δ_Q/Δ 基本不变，维持在 0.2 左右；当 $N_o/N_{uo} > 0.3$，即柱子发生小偏心受压破坏时，随 N_o/N_{uo} 增大，Δ_Q/Δ 逐渐降低。剪跨比 m 对剪切变形影响显著，图 2.207（b）给出了 m 对 Δ_Q/Δ 的影响，改变柱子长度使得 m 不同，两种轴压比（$N_o/N_{uo}=0.11$ 和 0.68）分别对应大偏心受压和小偏心受压破坏，如上节所示。随剪跨比 m 减小，Δ_Q/Δ 逐渐增大，对于 $m=1$ 的柱子，当 $N_o/N_{uo}=0.11$ 时，$\Delta_Q/\Delta=0.58$；当 $N_o/N_{uo}=0.68$ 时，$\Delta_Q/\Delta=0.52$。对于 $m \geqslant 3$ 的柱子，当 $N_o/N_{uo}=0.68$ 时，Δ_Q/Δ 小于 0.1。

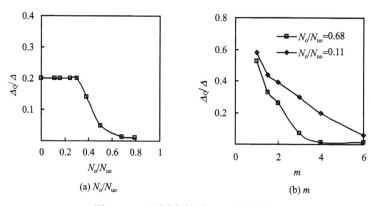

(a) N_o/N_{uo} 　　　　　　　　(b) m

图 2.207　不同参数对 Δ_Q/Δ 的影响

对于剪跨比较小的柱子，剪切变形所占比例较大，但由于钢管直径较大（$D/B=0.625$），且钢管具有较强的抵抗剪力能力，从而导致算例中钢管混凝土加劲混合结构柱的抗剪承载力较大，即使对于剪跨比 $m=1$ 的柱子，依然在柱脚发生弯曲破坏，混凝土裂缝以弯曲裂缝为主，底部纵筋和钢管纵向应力发展充分。为进一步讨论剪跨比对柱子压弯性能的影响，特别是不同破坏形态（剪切破坏和弯曲破坏）带来的材料应力和承载能力的变化，此处设计了一组极端算例，即在工程常见参数范围内，钢筋混凝土部件具有最高的抗弯承载力和最低的抗剪承载力，使其破坏形态和压弯承载力受剪跨比影响显著，并且作为发生剪切破坏的最不利情况。算例参数如下：$B=400\mathrm{mm}$；钢筋混凝土部件，根据对实际工程资料的调研分析，最大纵筋配筋率 $\alpha_1=3\%$，$f_{yl}=400\mathrm{N/mm^2}$，根据 GB 50011—2010 对柱子箍筋的最低要求，即剪跨比不大于 2 时，箍筋直径 8mm，间距 $s=100\mathrm{mm}$，$f_{yh}=335\mathrm{N/mm^2}$，以上实现了柱子具有最高的抗弯承载力和最低的抗剪承载力，$f_{cu,out}=40\mathrm{N/mm^2}$；钢管混凝土部件，变化参数为 D/B，$f_{ys}=345\mathrm{N/mm^2}$，$f_{cu,core}=60\mathrm{N/mm^2}$，$\alpha_s=0.1$。剪跨比为 1.5 和 3，$N_o/N_{uo}=0.2\sim0.6$。同时建立了相应的钢筋混凝土柱作对比，参数与钢管混凝土加劲混合结构柱中的钢筋混凝土部件一致。

图 2.208 给出了不同剪跨比对柱子压弯承载力的影响，其中 N_u 为柱顶恒定轴力 N_o，$M_u = P_u l + N_u \Delta_u$（$P_u$ 为极限水平剪力，Δ_u 为 P_u 对应的水平位移）。可以看出对于相应的钢筋混凝土柱，剪跨比 $m=1.5$ 的压弯承载力小于 $m=3$ 的压弯承载力，同一 N_u 下，$m=1.5$ 的 M_u 比 $m=3$ 的 M_u 低 14%～40%。对于 $D/B=0.4$ 的钢管混凝土加劲混合结构柱，剪跨比 $m=1.5$ 的压弯承载力小于 $m=3$ 的压弯承载力，同一 N_u 下，$m=1.5$ 的 M_u 比 $m=3$ 的 M_u 低 10%～19%，比钢筋混凝土柱的降低程度小，而对于 $D/B=0.5$ 的钢管混凝土加劲混合结构柱，$m=1.5$ 的压弯承载力与 $m=3$ 的压弯承载力相差不大，同一 N_u 下，$m=1.5$ 的 M_u 比 $m=3$ 的 M_u 低 5% 以内。$D/B=0.625$ 的钢管混凝土加劲混合结构柱与 $D/B=0.5$ 相一致。

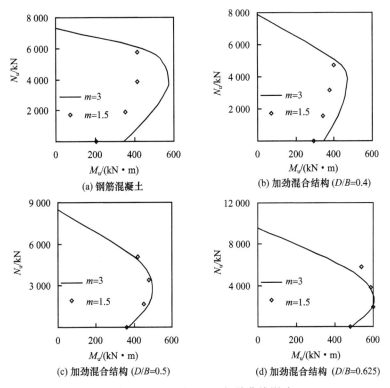

图 2.208　m 对 N_u-M_u 相关曲线影响

图 2.209 和图 2.210 分别给出了不同柱子混凝土裂缝和纵筋应力分布对比，对应轴压比 0.2。剪跨比 $m=1.5$ 的钢筋混凝土柱，混凝土裂缝以贯通的剪切斜裂缝为主，发生剪切破坏，而 $m=3$ 的柱子，混凝土裂缝以底部弯矩裂缝为主，发生弯曲破坏，如图 2.209（a）所示。对比 P_u 时底部纵筋应力分布，如图 2.210（a）所示，由于 $m=1.5$ 的钢筋混凝土柱发生剪切破坏，其底部纵筋应力发展程度较 $m=3$ 的柱子低，造成 $m=1.5$ 的柱子压弯承载力小于 $m=3$ 的压弯承载力。

对于钢管混凝土加劲混合结构柱而言，钢管的存在改变了剪力分配方式，使得混凝土裂缝形式和钢筋应力分布与相应的钢筋混凝土柱不同。对于 $D/B=0.4$ 的钢管混凝土加劲混合结构柱，内部和外部的混凝土裂缝形式不同（内部和外部划分见抗弯性能部分所述）。外

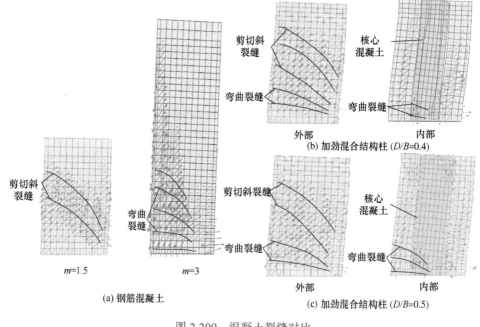

图 2.209　混凝土裂缝对比

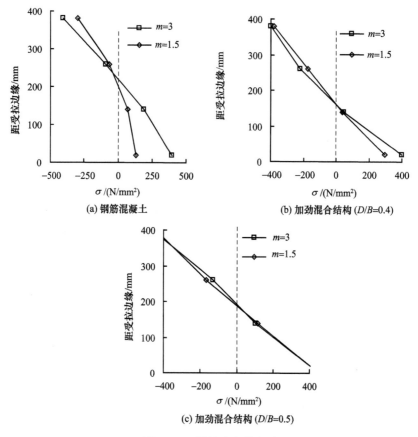

图 2.210　纵筋应力分布对比

部出现了底部弯曲裂缝和上部剪切斜裂缝两种裂缝形式。内部由于钢管分担了大部分剪力，混凝土剪力维持在较低水平，混凝土裂缝以底部弯曲裂缝为主，如图 2.209（b）所示。钢管混凝土部件发生弯曲破坏。对比 P_u 时底部纵筋应力分布，如图 2.209（b）所示。

剪跨比 $m=1.5$ 的底部纵筋应力发展程度较 $m=3$ 的柱子低，但相差程度小于相应的钢筋混凝土。虽然钢管能够有效抵抗剪力，改变了内部混凝土裂缝形式，但由于钢管直径较小，外部的剪切破坏对整体承载力的影响显著，导致 $m=1.5$ 的柱子压弯承载力小于 $m=3$ 的柱子，如图 2.208（b）所示。对于 $D/B=0.5$ 的钢管混凝土加劲混合结构柱，混凝土裂缝分布与 $D/B=0.4$ 的柱子基本一致，如图 2.209（c）所示，但由于钢管直径较大，分担剪力较多，$m=1.5$ 的柱子底部纵筋应力发展与 $m=3$ 的基本一致，外部的剪切破坏对整体承载力影响不显著，从而 $m=1.5$ 的柱子压弯承载力与 $m=3$ 的柱子基本一致，如图 2.208（c）所示。

图 2.211 给出了剪跨比 m 对 M_{cfst}/M_u 的影响，可以看出随 m 增大，M_{cfst}/M_u 减小。原因在于 $m=1.5$ 时，剪切破坏对外部影响显著，从而使得钢管混凝土部件的内力分担比例增大。对于 $D/B=0.4$ 的柱子，在 $m=3$ 时的 M_{cfst}/M_u 比 $m=1.5$ 时低 0.1，而对于 $D/B=0.625$ 的柱子，在 $m=3$ 时的 M_{cfst}/M_u 比 $m=1.5$ 时低 0.06，随 D/B 增大影响程度降低。

上述分析表明，当钢筋混凝土部件处于最不利抗剪情况时，当 $D/B \geqslant 0.5$，$m \geqslant 1.5$ 时，剪跨比 m 对钢管混凝土加劲混合结构柱压弯承载力的影响较小。图 2.212 给出了变化钢管混凝土部件相关参数后，同一轴力下 $m=1.5$ 和 $m=3$ 的极限弯矩对比（$M_{u,1.5}$ 和 $M_{u,3}$）。参数范围包括：核心混凝土强度 $f_{cu,core}=40 \sim 80 \text{N/mm}^2$；含钢率 $\alpha_s=0.05 \sim 0.15$；钢管强度 $f_{ys}=235 \sim 420 \text{N/mm}^2$；$D/B=0.5$；$N_e/N_{u0}=0.2 \sim 0.6$。可以看出在上述参数范围内，$M_{u,1.5}$ 和 $M_{u,3}$ 相差很小，$M_{u,1.5}/M_{u,3}$ 平均值 0.972，变异系数 0.028。由于外围钢筋混凝土已经是最不利抗剪情况，可见在工程常见参数范围内，当 $D/B \geqslant 0.5$，$m \geqslant 1.5$ 时，可以将钢管混凝土加劲混合结构柱的底部截面作为验算截面，按压弯承载力进行设计，而不考虑剪力影响。

8）参数分析及压弯承载力计算。

影响钢管混凝土叠合压弯柱 N_u-M_u 相关曲线的参数及范围如下所述。

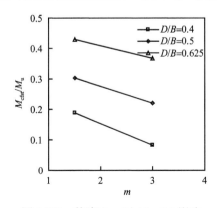

图 2.211 剪跨比 m 对 M_{cfst}/M_u 影响

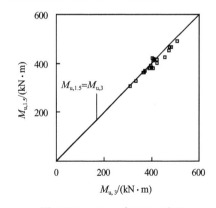

图 2.212 $M_{u,1.5}$ 与 $M_{u,3}$ 对比

① 钢筋混凝土部件：外围混凝土强度 $f_{cu,out}=30 \sim 50 \text{N/mm}^2$；纵筋配筋率 $\alpha_1=0.5\% \sim 3\%$；纵筋强度 $f_{yl}=235 \sim 400 \text{N/mm}^2$。

② 钢管混凝土部件：核心混凝土强度 $f_{cu,\,core}=40\sim80N/mm^2$；含钢率 $\alpha_s=0.05\sim0.15$；钢管强度 $f_{ys}=235\sim420N/mm^2$。

③ 钢管混凝土直径与截面宽度比值（D/B）$0.4\sim0.75$，保持含钢率不变。

图 2.213 给出了钢筋混凝土部件相关参数对 N-u_m 曲线影响，图 2.214 给出了钢筋混凝土部件相关参数对 N_u-M_u 相关曲线的影响，影响规律如下。

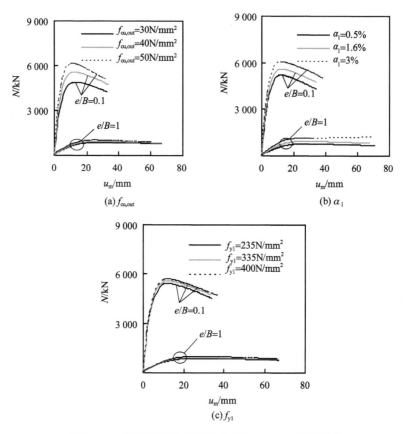

图 2.213　钢筋混凝土部件相关参数对 N-u_m 曲线影响

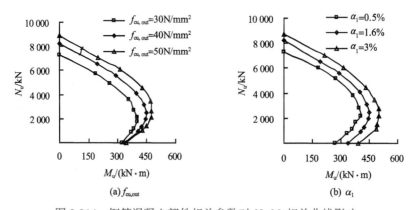

图 2.214　钢筋混凝土部件相关参数对 N_u-M_u 相关曲线影响

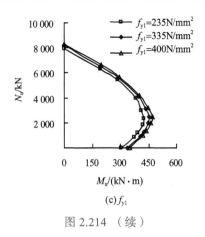

(c) f_{yl}

图 2.214　（续）

① 外围混凝土强度 $f_{cu, out}$。对于小偏心受压柱（$e/B=0.1$），随 $f_{cu, out}$ 增大，N_u 逐渐增大，$f_{cu, out}$ 从 30N/mm² 到 50N/mm² 时，N_u 增大 25.2%，延性降低；对于大偏心受压柱（$e/B=1$），随 $f_{cu, out}$ 增大，N_u 逐渐增大，$f_{cu, out}$ 从 30N/mm² 到 50N/mm² 时，N_u 增大 15%，增长幅度没有小偏心受压柱大，如图 2.213（a）所示。对比 N_u-M_u 相关曲线，如图 2.214（a）所示，柱子承载力逐渐增大，但对于小偏心受压柱，承载力提高程度高于大偏心受压柱。原因在于相比大偏心受压柱而言，小偏心受压柱的受压混凝土对承载力起控制作用，因此随 $f_{cu, out}$ 增大，小偏心受压柱的 N_u 比大偏心受压柱的增长幅度大，但箍筋对外围混凝土的约束作用减弱，导致延性降低。

② 纵筋配筋率 α_1。对于小偏心受压柱（$e/B=0.1$），随 α_1 增大，N_u 逐渐增大，α_1 从 0.5% 到 3% 时，N_u 增大 15.9%；对于大偏心受压柱（$e/B=1$），α_1 从 0.5% 到 3% 时，N_u 增大 46.5%，如图 2.213（b）所示。对比 N_u-M_u 相关曲线，如图 2.214（b）所示，柱子承载力逐渐增大。提高纵筋配筋率后，使得纵筋的抗压和抗弯贡献增大，因此承载力得到提高。

③ 纵筋材料强度 f_{yl}。对于小偏心受压柱（$e/B=0.1$），随 f_{yl} 增大，N_u 逐渐增大，f_{yl} 从 235N/mm² 到 400N/mm² 时，N_u 增大 4.6%；对于大偏心受压柱（$e/B=1$），f_{yl} 从 235N/mm² 到 400N/mm² 时，N_u 增大 10.9%，如图 2.213（c）所示。对比 N_u-M_u 相关曲线，如图 2.214（c）所示，柱子承载力逐渐增大。提高 f_{yl} 后，使得纵筋的抗压和抗弯贡献增大，因此承载力得到提高。

图 2.215 给出了钢管混凝土部件相关参数对 N-u_m 曲线的影响，图 2.216 给出了钢管混凝土部件相关参数对 N_u-M_u 相关曲线的影响，影响规律如下。

① 核心混凝土强度 $f_{cu, core}$。对于小偏心受压柱（$e/B=0.1$），随 $f_{cu, core}$ 增大，N_u 逐渐增大。$f_{cu, out}$ 从 40N/mm² 到 80N/mm² 时，N_u 增大 14.2%，延性降低；对于大偏心受压柱（$e/B=1$），随 $f_{cu, core}$ 增大，N_u 基本没变化，$f_{cu, out}$ 从 30N/mm² 到 50N/mm² 时，N_u 仅增大 0.6%，如图 2.215（a）所示。对比 N_u-M_u 相关曲线，如图 2.216（a）所示，对于小偏心受压柱，随 $f_{cu, core}$ 增大，承载力逐渐增大，而对于大偏心受压柱，$f_{cu, core}$ 对承载力基本没有影响。原因在于对于小偏心受压柱，受压混凝土对承载力起控制作用，因此随 $f_{cu, core}$ 增加承载力增大。核心混凝土处于中心位置，对于大偏心受压柱，N_u 时核心混

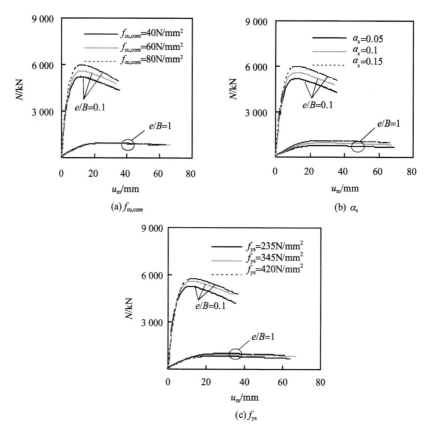

图 2.215　钢管混凝土部件相关参数对 N-u_{m} 曲线影响

凝土仅有少量区域位于受压区，$f_{\mathrm{cu,core}}$ 对承载力的影响不显著。

② 含钢率 α_{s}。对于小偏心受压柱（$e/B=0.1$），随 α_{s} 增大，N_{u} 逐渐增大。α_{s} 从 0.05 到 0.15 时，N_{u} 增大 15.0%；对于大偏心受压柱（$e/B=1$），α_{s} 从 0.05 到 0.15 时，N_{u} 增大 39.0%，如图 2.215（b）所示。对比 N_{u}-M_{u} 相关曲线，如图 2.216（b）所示，柱子承载力逐渐增大。原因在于提高 α_{s} 后，钢管的抗压和抗弯贡献增大，因此承载力得到提高。

③ 钢管强度 f_{ys}。对于小偏心受压柱（$e/B=0.1$），随 f_{ys} 增大，N_{u} 逐渐增大。f_{yl} 从 235N/mm² 到 400N/mm² 时，N_{u} 增大 8.9%；对于大偏心受压柱（$e/B=1$），f_{yl} 从 235N/mm² 到 400N/mm² 时，N_{u} 增大 15.9%，如图 2.215（c）所示。对比 N_{u}-M_{u} 相关曲线，如图 2.216（c）所示，柱子承载力逐渐增大。原因在于提高 f_{ys} 后，钢管的抗压和抗弯贡献增大，因此承载力得到提高。

图 2.217 给出了 D/B 对 N-u_{m} 曲线和 N_{u}-M_{u} 相关曲线的影响，影响规律为随 D/B 增加承载力增大。对于小偏心受压柱（$e/B=0.1$），D/B 从 0.4 到 0.75 时，M_{u} 增大 32.8%，对于大偏心受压柱（$e/B=1$），D/B 从 0.4 到 0.75 时，M_{u} 增大 75.0%。原因在于对于大偏心受压柱，D/B 增加后，钢管面积增大，钢管抗压和抗弯贡献增大，导致承载力增大。对于小偏心受压柱，核心混凝土和钢管面积增大，而核心混凝土强度比外围混凝

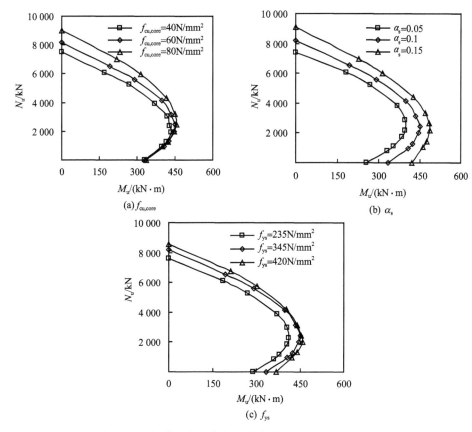

图 2.216 钢管混凝土部件相关参数对 N_u-M_u 相关曲线影响

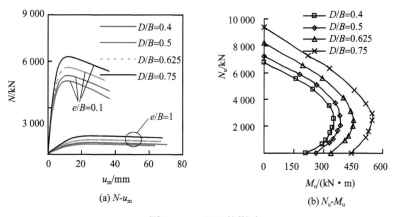

图 2.217 D/B 的影响

土大,因此承载力得到提高。

在上述参数范围内,图 2.218 给出了 e/B 对到达峰值承载力时钢管混凝土加劲混合结构偏压柱外围受压边缘混凝土纤维应变(ε_{cu})的影响。可以看出在 $e/B=0.1\sim1$ 时,ε_{cu} 在 3000~3700με,因此 $\varepsilon_{cu}=3300$με 可以定义为钢管混凝土加劲混合结构偏压柱的受压边缘混凝土极限纤维应变,这与 GB 50010—2010 规定的钢筋混凝土压弯柱受压边

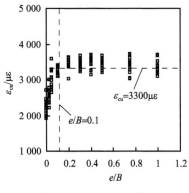

图 2.218　e/B 对 ε_{cu} 影响

缘混凝土极限压应变一致。但当 e/B 小于 0.1 时，ε_{cu} 在 2000～3000με。原因在于 e/B 小于 0.1 时，整个截面处于受压状态，混凝土轴压性能控制其极限状态。当受压混凝土达到其极限应力时（极限应变在 2000～3000με），整个截面达到极限荷载。这与钢筋混凝土偏压柱的性能是一致的，即当 $c>B$（c 为中和轴距受压边缘距离）时，ε_{cu} 在 2000～3000με。

（4）长期荷载

收缩和徐变是混凝土的固有特性。在长期荷载作用下，混凝土的收缩和徐变会增加结构的变形，使结构出现内力重分布、应力集中等问题，严重者将导致结构破坏（韩林海，2007，2016；ACI Committee 209，1992）。钢管混凝土加劲混合结构柱中，由于外包混凝土和核心混凝土的存在，在长期荷载作用下同样存在着收缩和徐变的问题。长期荷载作用下，加劲混合结构柱中的混凝土发生收缩和徐变，对结构将产生两个方面的影响：一是加劲混合结构柱的变形将随时间而增大，从而增大加劲混合结构柱的二阶效应，影响构件的极限承载力；二是截面上将出现内力重分布，可能导致混凝土卸载，纵筋和钢管承担该部分转移的荷载，钢材应力显著增加，从而可能导致钢材进入塑性阶段，纵筋屈服或钢管发生局部屈曲，进而影响构件的受力性能。

基于合理的材料本构关系模型，作者课题组建立了长期荷载作用下的加劲混合结构柱力学性能有限元分析模型，通过与试验结果对比，验证模型的适用性。对考虑长期荷载作用影响时构件的荷载 - 变形曲线进行了计算。利用有限元分析模型，对加劲混合结构柱在长期荷载作用下，钢管和混凝土的应变变化发展，应力分布情况，钢管与混凝土之间的相互作用等力学性能进行了深入的研究。在参数分析的基础上，给出了考虑长期荷载作用影响时加劲混合结构柱的承载力实用计算表格，以期为工程应用提供参考。

1）有限元分析模型的建立和验证。

① 模型建立。

进行长期荷载作用下加劲混合结构柱的受力全过程分析包括两部分：长期荷载作用阶段和随后的承载力阶段。采用 ABAQUS 有限元平台，建立了长期荷载作用下加劲混合结构柱的力学分析模型，如图 2.219 所示，其中，钢管采用四节点壳单元（S4R），混凝土采用八节点三维实体单元（C3D8R），外围钢筋混凝土中的纵向钢筋和箍筋采用 Truss 单元来模拟。钢管和混凝土间的界面模型采用界面法线方向的硬接触和切线方向的库仑摩擦模型。采用弹簧单元来模拟纵筋和混凝土之间的接触；根据箍筋在受力过程中的实际工作特点，假设其和混凝土在受荷过程中完全黏结，即不考虑二者之间的滑移。

对考虑长期荷载作用影响时构件的荷载 - 变形关系曲线进行全过程分析，需要确定长期荷载作用阶段考虑时间效应的混凝土本构模型和随后承载力阶段考虑长期荷载作用影响的混凝土本构模型。

分别采用黏弹性模型和塑性损伤模型（Kliver，2002）对长期荷载作用阶段和承载

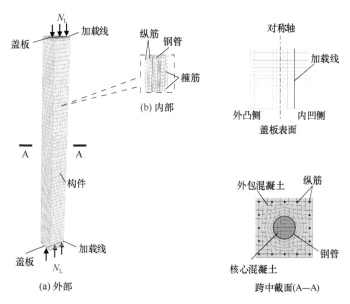

图 2.219　有限元模型示意图

力阶段的混凝土进行模拟，混凝土的应力 - 应变关系如下。

在长期荷载作用阶段，采用考虑时间效应的黏弹性本构模型来模拟混凝土在长期荷载作用下的力学性能，其表达式为

$$\sigma_{ij}(t)=\delta_{ij}\left[\lambda\varepsilon_{kk}(t)-\int_0^t\psi_1(t-\tau_o)\frac{\partial\varepsilon_{kk}(\tau_o)}{\partial\tau_o}\mathrm{d}\tau_o\right]+2G\varepsilon_{ij}(t)-\int_0^t\psi_2(t-\tau_o)\frac{\partial\varepsilon_{ij}(\tau_o)}{\partial\tau_o}\mathrm{d}\tau_o \qquad (2.43)$$

式（2.43）中的相关参数详见 Han 等（2011）。

在该模型中，还需要确定反映混凝土收缩和徐变程度的收缩终值 ε_{sh} 和最终徐变系数 φ_u。对于处于大气环境中的外包混凝土，ε_{sh} 和 φ_u 按 ACI209（1992）中的建议取 800με 和 3.0；而对于钢管内的核心混凝土，因钢管的存在而与大气环境隔绝且其徐变变形受到钢管的限制，故 $\varepsilon_{sh}=536\mu\varepsilon$，$\varphi_u=0.9$。

在极限承载力阶段，国内外有关混凝土在短期荷载下的应力 - 应变关系模型的研究已取得较多成果。李永进（2011）对静力荷载作用下的加劲混合结构柱进行了计算，理论计算与试验结果吻合良好。

对于钢管外围的混凝土，采用考虑箍筋约束作用的混凝土模型。对于钢管内的核心混凝土，考虑钢管对核心混凝土的约束作用，其塑性性能主要取决于约束效应系数。核心混凝土的轴压应力（σ）- 应变（ε）关系模型具体公式详见式（2.17）。

对于混凝土受拉软化性能，采用混凝土破坏能量准则（即应力 - 断裂能关系）来考虑。σ_{to} 和 G_f 分别为混凝土的破坏应力和对应的断裂能。破坏应力按沈聚敏等（1993）提出的混凝土抗拉强度的计算公式确定，其表达式为

$$\sigma_{to}=0.26\times(1.5f_{ck})^{2/3} \qquad (2.44)$$

要考虑长期荷载对加劲混合结构柱承载力的影响，须在混凝土的应力 - 应变关系中考虑这种影响，本节采用 Chu 等（1986）的方法对李永进（2011）中短期荷载下的混凝土模型进行修正：即假设长期荷载作用不影响混凝土的强度，只影响应变的变化。

在应力坐标值维持不变的情况下，考虑徐变效应的影响，将短期荷载作用下混凝土应力 - 应变关系模型的峰值应变乘以一系数 $[1+\varphi(t, \tau_o)]$［其中，$\varphi(t, \tau_o)$ 为徐变系数］进行放大；收缩对应力 - 应变关系曲线的影响是使其产生沿应变轴的平移（平移量为收缩应变值 ε_{sh}）。综合徐变和收缩的影响，可得出考虑长期荷载作用影响时的应变 ε_t 与对应的短期荷载作用下 σ-ε 关系上应变 $\varepsilon_{\tau o}$ 的关系为

$$\varepsilon_t=[1+\varphi(t, \tau_o)]\varepsilon_{\tau o}+\varepsilon_{sh} \tag{2.45}$$

这样，就可以采用修正的 Légeron 和 Paultre（2003），以及韩林海（2016）模型分别作为考虑长期荷载作用影响时外包混凝土和核心混凝土的应力 - 应变关系模型。由于在 $\varphi(t, \tau_o)$ 中考虑了长期荷载作用下的各影响因素，因而修正后的应力 - 应变关系模型也考虑了这些因素的影响。

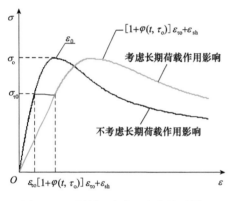

图 2.220　混凝土应力 - 应变关系模型

考虑长期荷载作用影响与否的混凝土 σ-ε 关系模型的比较情况如图 2.220 所示。此外，不考虑徐变对混凝土受拉性能的影响。

在对考虑长期荷载作用影响时加劲混合结构柱变形 - 荷载关系曲线进行计算时，有限元计算分为两部分，其中，第一部分为对长期荷载作用下加劲混合结构柱的变形进行计算；第二部分为徐变结束后，对加劲混合结构柱继续施加荷载，进行考虑长期荷载作用影响时构件的荷载 - 变形曲线计算。

目前对长期荷载作用下的加劲混合结构柱力学性能的试验研究尚未见报道，缺乏试验数据。为了验证有限元模型的准确性，进行了长期荷载作用下加劲混合结构柱变形测试的试验研究。

② 模型验证。

进行了 8 个方套圆加劲混合结构柱试件在考虑长期荷载作用影响时力学性能的试验研究，此外还进行了 12 个对比试件承载能力的试验。试件的主要参数为：含钢管率、长期荷载比和混凝土强度。

试件情况见表 2.32。表中，B 为构件截面短边长，L 为试件的长度，D_i 为钢管的外径，t_s 为钢管的厚度，α_{st}（$=A_{sc}/A$，其中，A_{sc} 为钢管混凝土的截面积，A 为组合截面的截面积）为含钢管率，f_y 为钢管的屈服强度，$f_{cu, out}$ 和 $f_{cu, core}$ 分别为外包混凝土和核心混凝土的立方体抗压强度，N_L 为施加在构件上的长期荷载，n（$=N_L/N_u$，其中，N_u 为柱轴心受压时的强度承载力）定义为长期荷载比。试验采用的钢筋为：HRB400 纵筋 4ϕ10，HPB300 箍筋 ϕ6@100。

混凝土养护到 28 天时即开始进行长期荷载 N_L 作用下的变形测试。试验装置和试验方法与 Han 和 Yang（2003）及 Han 等（2011）进行方、矩形钢管混凝土长期荷载作用下变形测试装置和方法类似。

试验装置如图 2.221 所示，每块承力钢板上各设有螺栓孔，用来对试件施加长期荷载的钢拉杆，钢拉杆的两端为螺丝杆，施加荷载即通过拧紧与螺丝杆相连的螺母进行。在试件顶部及承力钢板之间设置一压力传感器，用来控制所加荷载的大小。

表 2.32　长期荷载作用试验试件表

序号	试件编号	试件尺寸 $B \times L$ /（mm×mm）	内钢管尺寸 $D_i \times t_s$ /（mm×mm）	含钢管率 α_{st}/%	f_y /MPa	$f_{cu,out}$ /MPa	$f_{cu,core}$ /MPa	N_L/kN	n	N_{uc}/kN
1	sc1-1	200×600	74.3×1.99	10.8	345	21.2	49.1	232.3	0.2	1 161.6
2	sc1-2	200×600	74.3×1.99	10.8	345	21.2	49.1	464.6	0.4	1 161.6
3	sc2-1	200×600	101.4×3.12	20.2	345	21.2	49.1	279.7	0.2	1 398.7
4	sc2-2	200×600	101.4×3.12	20.2	345	21.2	49.1	559.5	0.4	1 398.7
5	sc3-1	200×600	121.7×2.78	29.1	345	21.2	49.1	307.2	0.2	1 535.8
6	sc3-2	200×600	121.7×2.78	29.1	345	21.2	49.1	614.3	0.4	1 535.8
7	sc4-1	200×600	101.4×3.12	20.2	345	46.7	49.1	387.3	0.2	1 936.7
8	sc4-2	200×600	101.4×3.12	20.2	345	46.7	49.1	774.7	0.4	1 936.7
9	sc1c-0[*]	200×600	74.3×1.99	10.8	345	21.2	49.1	—	—	1 161.6
10	sc1c-1	200×600	74.3×1.99	10.8	345	21.2	49.1	—	—	1 161.6
11	sc1c-2	200×600	74.3×1.99	10.8	345	21.2	49.1	—	—	1 161.6
12	sc2c-0[*]	200×600	101.4×3.12	20.2	345	21.2	49.1	—	—	1 398.7
13	sc2c-1	200×600	101.4×3.12	20.2	345	21.2	49.1	—	—	1 398.7
14	sc2c-2	200×600	101.4×3.12	20.2	345	21.2	49.1	—	—	1 398.7
15	sc3c-0[*]	200×600	121.7×2.78	29.1	345	21.2	49.1	—	—	1 535.8
16	sc3c-1	200×600	121.7×2.78	29.1	345	21.2	49.1	—	—	1 535.8
17	sc3c-2	200×600	121.7×2.78	29.1	345	21.2	49.1	—	—	1 535.8
18	sc4c-0[*]	200×600	101.4×3.12	20.2	345	46.7	49.1	—	—	1 936.7
19	sc4c-1	200×600	101.4×3.12	20.2	345	46.7	49.1	—	—	1 936.7
20	sc4c-2	200×600	101.4×3.12	20.2	345	46.7	49.1	—	—	1 936.7

* 在混凝土龄期为 28 天（为实际开始变形测试试验时间）时进行的加载试验试件。

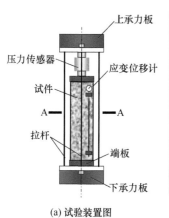

（a）试验装置图　　　（b）试验现场图

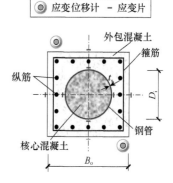

（c）量测仪器布置（截面 A—A）

图 2.221　长期荷载作用下的变形试验装置示意图

　　在长期荷载作用下，试件的轴向变形由设置在试件两个对角方向的高精度应变位移计进行量测，同时在试件的四个表面中间的位置分别贴纵、横向应变计，以校核位移计测量结果。施加到试件上的长期荷载由压力传感器进行控制。

　　图 2.222 绘出了试件的纵向总应变（$\varepsilon_{\text{total}}$）随时间（$t$）的变化曲线，其中 $\varepsilon_{\text{total}}$ 为试件角部的两个应变位移计测得的应变值的平均值。

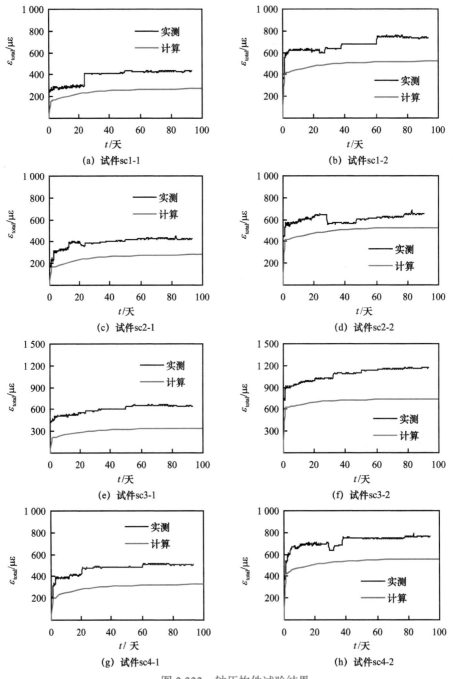

图 2.222　轴压构件试验结果

从图 2.222 可以看出，加劲混合结构柱在长期荷载作用下的纵向变形早期发展很快，持荷 1 个月的变形量为 4 个月变形量的 60% 左右，此后变形发展趋缓，曲线渐趋水平。

图 2.222 同时给出了加劲混合结构柱试件在长期荷载作用下的变形曲线的计算结果与实测结果的比较。可见，有限元法的计算结果与试验结果总体吻合较好。

2）受力全过程分析。

为了对考虑长期荷载作用影响时加劲混合结构柱的力学实质和工作机理进行深入分析，采用上述建立的有限元理论模型，分析了考虑长期荷载作用影响时方套圆加劲混合结构柱的内力变化、应变发展，应力分布变化和钢与混凝土之间相互作用等力学性能。需要指出的是，以下的有限元分析中，没有考虑外部钢筋混凝土在受力过程中的剥落，仅从总体上把握构件的工作机理。

典型算例的基本计算条件为：外包混凝土边长 $B=500\mathrm{mm}$，C60 混凝土（$f_{cu}=60\mathrm{MPa}$），徐变系数终值 $\varphi_u=3$；纵向钢筋为 $16\phi20$（$f_y=300\mathrm{MPa}$），纵筋配筋率 α_1 为 2.3%；箍筋为 $\phi10@100$（$f_y=210\mathrm{MPa}$）；钢管直径 $D_i=200\mathrm{mm}$，厚度 $t_s=5\mathrm{mm}$，Q345 钢材（$f_y=345\mathrm{MPa}$）；核心混凝土 C60 混凝土（$f_{cu}=60\mathrm{MPa}$），徐变系数终值 $\varphi_u=0.9$；构件长度 $L=6000\mathrm{mm}$（长细比 $\lambda=2\sqrt{3}L/B=41.6$）；偏心距 $e=20\mathrm{mm}$（偏心率 $e/r=0.08$；其中，$r_0=B/2$）；长期荷载比 $n=0.4$（$n=N/N_u$，N 为施加在加劲混合结构柱上的长期荷载，N_u 为常温下加劲混合结构柱的极限承载力）；$k=-0.02$；持荷时间 t 为 50 年；构件两端铰支。

为了与普通钢筋混凝土和型钢混凝土进行比较，本节还建立了相应的钢筋混凝土柱和型钢混凝土柱有限元模型。其中型钢混凝土内配焊接工字钢（截面高度 × 截面宽度 × 翼缘厚度 × 腹板厚度：$H\times B\times t_f\times t_w=200\mathrm{mm}\times100\mathrm{mm}\times8\mathrm{mm}\times8\mathrm{mm}$，截面面积 $A_s=3072\mathrm{mm}^2$）。

① 荷载 - 变形全过程分析。

图 2.223 给出了考虑长期荷载作用影响时加劲混合结构柱受力全过程的荷载（N）- 跨中挠度（u_m）关系曲线，同时还给出了在受力全过程中加劲混合结构柱的外包混凝土、纵筋、钢管和核心混凝土各自承担内力的变化情况。图中还标示出了受力全过程曲线上的四个时刻特征点：A 点为长期荷载开始作用时，B 点为长期荷载作用结束时，C 点对应构件达到极限承载力峰值，D 点对应的是荷载由快速下降段到平稳段的转折点。

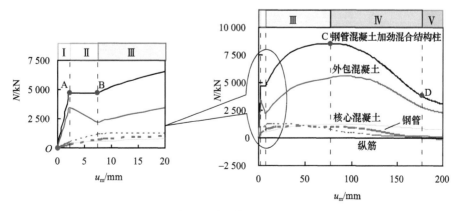

图 2.223　加劲混合结构柱 $N\text{-}u_m$ 关系曲线

由图 2.223 可见，考虑长期荷载作用影响时，加劲混合结构柱的受力全过程荷载-位移关系曲线可以分为 5 个阶段。

初始阶段（OA）：荷载增长和跨中挠度的发展基本呈线性关系。外包混凝土、纵筋、钢管和核心混凝土各自承担的荷载也按比例增长。

长期荷载作用阶段（AB）：在此阶段，外荷载保持不变，构件的挠度随时间的发展而不断增加；此阶段加劲混合结构柱的荷载（N）-跨中挠度（u_m）关系曲线为一小段水平直线。由于外包混凝土和核心混凝土发生徐变，在外荷载保持不变的情况下，加劲混合结构柱因混凝土、纵筋和钢管之间的变形协调关系，构件截面上出现内力重分布：外包混凝土发生卸载，纵筋、钢管及核心混凝土共同承担了转移的荷载。在该阶段，外包混凝土所承担的荷载下降，作用在纵筋、钢管和核心混凝土上的荷载持续增加。其中，纵筋承担了外包混凝土卸下的大部分荷载，这可能由于其截面位置更加靠近截面边缘。

长期荷载作用结束后，继续施加荷载（BC）：外荷载不断增大，挠度不断发展。外包混凝土、钢管和核心混凝土承担的荷载也不断增加，而作用在纵筋上的荷载出现了下降。这是由于随着跨中挠度的不断增大，跨中截面出现受拉区；外凸侧纵筋由受压状态变为受拉状态。

在达到了极限荷载后，构件进入了下降段（CD）：荷载不断下降，跨中挠度迅速增加，曲线进入下降段。随着跨中挠度的不断发展，跨中截面的中性轴继续向形心轴移动，受拉区不断扩大，部分钢管和核心混凝土也由受压状态变为受拉状态，钢管和混凝土承担的荷载也开始下降，核心混凝土由于有钢管对其的约束作用，其承载力只是略有下降；对于作用在纵筋上的荷载则继续减小；而外包混凝土承担的荷载在下降段初期略有增加，而后也出现了下降。

当构件的荷载-跨中挠度关系曲线进入平稳段后，核心混凝土的承载力基本保持不变；外包混凝土承担的荷载继续降低；作用在纵筋和钢管上的荷载由压力变为拉力。

图 2.224 所示为考虑长期荷载作用影响时加劲混合结构柱受力全过程的弯矩（M）-跨中挠度（u_m）关系曲线，同时还给出了在受力全过程中加劲混合结构柱的外包混凝土、纵筋、钢管和核心混凝土各自承担弯矩的变化情况。

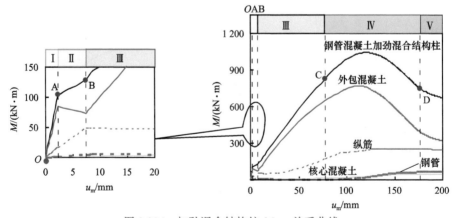

图 2.224　加劲混合结构柱 M-u_m 关系曲线

在初始阶段（OA）：构件承受的弯矩不断增加。

在长期荷载作用阶段（AB）：与外荷载一直不变的情况不同，作用在构件上的弯矩不断增加，但构件弯矩增加的速率要小于初始阶段（OA）。这是由于虽然外荷载保持不变，但混凝土发生徐变，构件的挠度随时间的增加而不断发展；在二阶效应对弯矩放大作用的影响下，构件上的弯矩不断增加。与 N-u_m 关系曲线类似，在该阶段，外包混凝土所承担的弯矩下降，作用在纵筋、钢管和核心混凝土上的弯矩持续增加，且纵筋承担弯矩的增幅最大。

长期荷载作用结束后，继续施加荷载（BC）：外荷载和挠度均不断增大。作用在构件上的弯矩也不断增大，其增速要快于长期荷载作用阶段（AB）。同时，外包混凝土承担的弯矩也不断增加，而钢管和核心混凝土所承担的弯矩略有增长。对于纵筋所承担的弯矩，在 BC 阶段的开始阶段也只是略有增长，直至当其外凸侧的纵筋由受压状态变为受拉状态，其整体所承担的弯矩又开始逐渐增大。

在构件达到极限承载力（C 点）后：虽然外荷载开始下降，但不断增加的挠度和二阶效应的作用下，构件的弯矩仍旧不断增加，在达到峰值之后，开始出现下降。外包混凝土、纵筋、钢管和核心混凝土承受的弯矩在 C 点后仍旧不断增加；不同的是，在构件弯矩达到峰值之后，作用在外包混凝土上的弯矩出现下降，而纵筋所承受的弯矩基本保持不变，钢管和核心混凝土的弯矩继续增加，但钢管的增速快于核心混凝土。

为了更深入地揭示长期荷载作用对加劲混合结构柱工作机理的影响，本节对考虑长期荷载作用影响与否时加劲混合结构柱的受力性能进行了对比分析。图 2.225 给出考虑长期荷载作用影响与否时，加劲混合结构柱荷载 - 位移关系曲线的比较情况，其中，u_{mu} 和 $u_{mu,not}$ 分别为考虑长期荷载作用影响与否时，极限承载力所对应的跨中挠度值。可见，当考虑长期荷载作用的影响，构件的极限承载力降低，但极限承载力所对应的跨中挠度值增大。

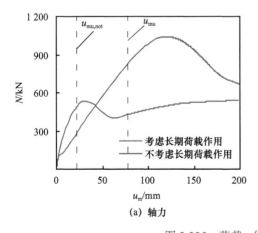

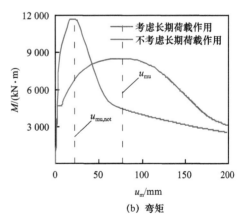

图 2.225　荷载 - 位移关系曲线比较

表 2.33 给出了考虑长期荷载作用与否时方套圆钢管混凝土加劲混合结构构件与相应的钢筋混凝土和型钢混凝土构件之间的极限承载力和变形的比较情况。表中，N_u 为构件的极限承载力，u_{mu} 为极限承载力所对应的跨中挠度值，Δu 为长期荷载作用下跨

中挠度的变化值。

表 2.33　不同类型构件承载力和变形的比较

截面形式 计算结果	加劲混合结构柱			钢筋混凝土柱			型钢混凝土柱		
	N_u/kN	u_{mu}/mm	Δu/mm	N_u/kN	u_{mu}/mm	Δu/mm	N_u/kN	u_{mu}/mm	Δu/mm
考虑长期荷载作用	8 523	77.3	5.1	7 996	62.6	6.9	8 416	68.1	5.5
不考虑长期荷载作用	11 736	22.1	—	11 120	20.0	—	11 925	20.1	—
变化率 Δ/%	−27.4	249.8	—	−28.1	213.0	—	−29.4	238.8	—

在长期荷载的作用下，三种不同类型构件的极限承载力较之不考虑长期荷载作用的情况都有所降低；且达到极限承载力时所对应的跨中挠度值比不考虑长期荷载作用影响时的情况要大。从表中的比较结果可以看出，三种不同类型柱中，加劲混合结构柱的跨中挠度变化值 Δu 最小。因此，由于长期荷载作用影响而引起的二阶效应对弯矩放大作用对加劲混合结构柱的影响最小，进而考虑长期荷载作用影响时加劲混合结构柱极限承载力降低的幅度最小，但极限承载力所对应的跨中挠度值最大。

② 应变变化与发展。

图 2.226 所示为考虑长期荷载作用影响时各时刻特征点处加劲混合结构柱跨中截面纵向应变（LE33）分布情况；并标示出了各时刻中性轴的位置，应变以受拉为正，压为负。由图可见，在本算例条件下，在长期荷载作用开始时（A 点），构件中段全截面受压，构件跨中截面纵向应变沿截面高度基本呈线性带状分布，由于构件受偏心荷载，内凹侧的纵向应变大于外凸侧的应变。

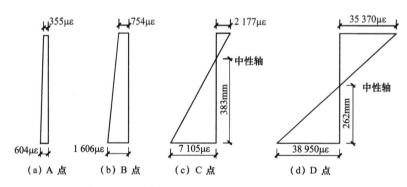

图 2.226　跨中截面纵向应变（LE33）分布

在长期荷载作用阶段（AB），保持外荷载不变，外包混凝土和核心混凝土发生徐变。长期荷载结束（B 点）时，构件中截面仍为全截面受压，跨中截面内凹侧的纵向应变和外凸侧的纵向应变都随时间的增长而增大，且内凹侧纵向应变的发展要快于外凸侧应变的发展。这是由于构件受偏心荷载，内凹侧混凝土的压应力水平要高于外凸侧混凝土，其徐变程度越大，变形越大，应变发展越快。构件宏观表现为挠度的不断增大。

长期荷载作用结束后，对构件继续施加荷载，随着挠度的发展，内凹侧的纵向应变不断增大，而外凸侧的纵向应变由受压变为受拉，截面出现受拉区，构件跨中截面纵向应变沿截面高度仍基本保持线性带状分布。随着荷载的不断增加，跨中截面中性轴不断向加载线移动，跨中截面受拉区不断发展，面积不断增大。

超过极限荷载后，构件应变迅速发展，挠度急剧发展，跨中截面的中性轴快速向加载线移动，跨中截面受拉区不断发展，面积不断增大。当构件达到 D 点时，中性轴的位置处于 $0.52B$ 截面高度处，加劲混合结构柱内钢管混凝土的部分截面已进入受拉状态。

图 2.227 给出了考虑长期荷载作用影响与否时，荷载峰值点处加劲混合结构柱跨中截面纵向应变（LE33）分布的比较情况。由图可见，在达到峰值荷载时，考虑长期荷载作用影响的加劲混合结构柱在跨中截面外凸侧的边缘已处于受拉状态，而不考虑长期荷载作用影响的构件混凝土仍处于全截面受压状态。

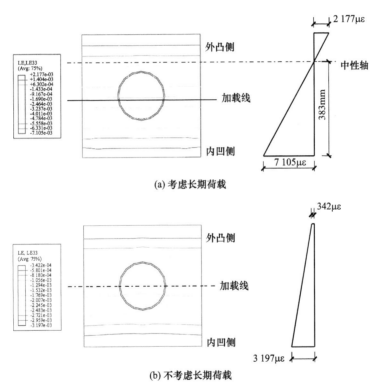

图 2.227　跨中截面纵向应变（LE33）比较

③ 应力分布与发展。

图 2.228 给出了考虑长期荷载作用与否时，荷载峰值点处加劲混合结构柱跨中截面混凝土纵向应力（S33）分布的比较情况。可见，在达到峰值荷载时，两种情况下加劲混合结构柱内凹侧的外围混凝土都达到圆柱体抗压强度。考虑长期荷载作用影响的加劲混合结构柱外凸侧边缘的外围混凝土处于受拉状态，而不考虑长期荷载作用影响的构件混凝土仍处于全截面受压状态。由于考虑长期荷载作用影响的构件挠度更大，塑性发展更充分，钢管对混凝土的约束作用更强，其核心混凝土的最大纵向压应力要大于不考虑长期荷载作用影响的构件，达到了 $1.10f_c'$，超过了混凝土圆柱体抗压强度。

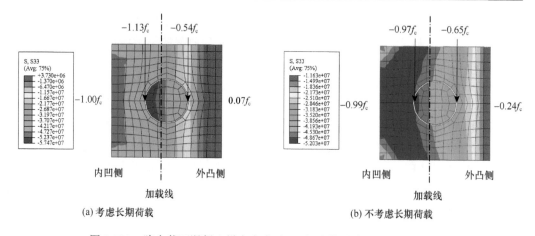

(a) 考虑长期荷载   (b) 不考虑长期荷载

图 2.228　跨中截面混凝土纵向应力（S33）比较（应力单位：MPa）

图 2.229 和图 2.230 分别给出了考虑长期荷载作用与否时，荷载峰值点处加劲混合结构柱中钢管与钢筋 Mises 应力分布的比较情况。可见，在达到峰值荷载时，考虑长期荷载作用影响的加劲混合结构柱中钢管与钢筋的塑性发展要快于不考虑长期荷载作用影响的情况，Mises 应力水平更高。

为深入了解考虑长期荷载作用影响时加劲混合结构柱中各材料应力的发展情况，结合截面各特征点的应变情况，对跨中截面各特征点的应力 - 位移关系曲线进行剖析。

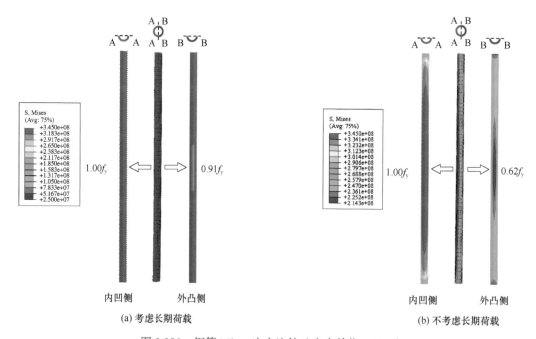

(a) 考虑长期荷载   (b) 不考虑长期荷载

图 2.229　钢管 Mises 应力比较（应力单位：MPa）

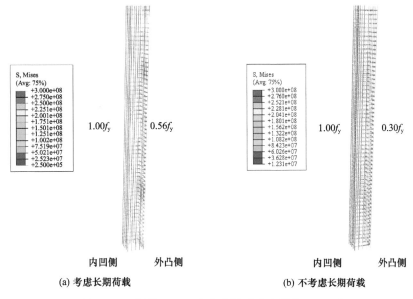

(a) 考虑长期荷载　　　　　　　　　　　　(b) 不考虑长期荷载

图 2.230　钢筋 Mises 应力比较（应力单位：MPa）

　　图 2.231 所示为跨中截面外包混凝土特征点的纵向应力（σ）-跨中挠度（u_m）关系曲线。由图可见，在初始阶段（OA），跨中截面外包混凝土各特征点的纵向应力均为压应力，基本呈线性增长。长期荷载作用阶段（AB），由于混凝土发生徐变，构件截面上出现内力重新分布，外包混凝土发生卸载。在 BC 阶段，外包混凝土截面纵向应力值较长期荷载作用之前有所减小，且内凹侧混凝土的纵向压应力的减小幅度要大于外凸侧混凝土。长期荷载作用结束后，继续施加荷载（BC），随着跨中挠度的不断增大，截面出现受拉区。超过极限荷载后，构件挠度急剧发展，跨中截面的中性轴快速向加载线移动，跨中截面受拉区不断发展，混凝土受压区面积不断减小。

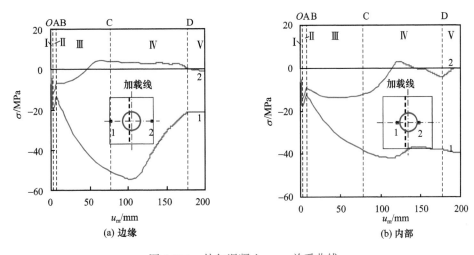

(a) 边缘　　　　　　　　　　　　　　　　(b) 内部

图 2.231　外包混凝土 σ-u_m 关系曲线

图 2.232 给出了跨中截面特征点纵筋的应力 - 位移关系曲线。由图可见，在初始阶段（OA），跨中截面各特征点纵筋的纵向应力均为压应力，基本呈线性增长。长期荷载作用阶段（AB），由于混凝土发生徐变，构件截面上出现内力重分布，外包混凝土发生卸载，纵筋承担了部分由外包混凝土卸下的荷载。长期荷载作用结束后，继续施加荷载（BC），随着跨中挠度的不断增大，截面出现受拉区；在构件达到极限承载力之前，外凸侧纵筋已经处于受拉状态。超过极限荷载后，内凹侧 1 点纵筋的纵向压应力和 Mises 应力一直保持不变（等于屈服强度）。对于外凸侧 2 点纵筋，其拉应力和 Mises 应力也不断增大，直至达到屈服强度。

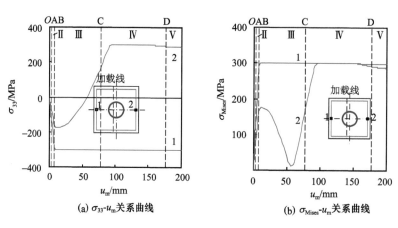

(a) σ_{33}-u_{m}关系曲线　　　　(b) σ_{Mises}-u_{m}关系曲线

图 2.232　纵筋应力 - 位移关系曲线

图 2.233 所示为跨中截面钢管特征点的应力 - 位移关系曲线。由图可见，曲线变化趋势与图 2.232 相近。

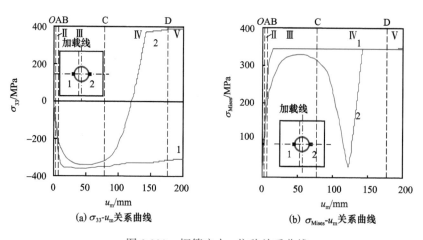

(a) σ_{33}-u_{m}关系曲线　　　　(b) σ_{Mises}-u_{m}关系曲线

图 2.233　钢管应力 - 位移关系曲线

图 2.234 给出了跨中截面核心混凝土特征点的纵向应力（σ）- 跨中挠度（u_{m}）关系曲线。由图可见，在初始阶段（OA），构件全截面受压，跨中截面核心混凝土各特征点的纵向应力均为压应力，且基本呈线性增长。长期荷载作用阶段（AB），构件截

面上出现内力重分布，外包混凝土发生卸
载，核心混凝土由于徐变程度低于外包混
凝土，也承担了由外包混凝土卸下的部分
荷载。长期荷载作用结束后，继续施加荷
载（BC），随着跨中挠度不断增大，截面出
现受拉区；但在构件达到极限承载力之前，
核心混凝土仍处于全截面受压状态。超过
极限荷载后，构件挠度急剧发展，跨中截
面中性轴快速向加载线移动，跨中截面受
拉区不断发展，核心混凝土外凸侧的部分
区域也由受压变为受拉。

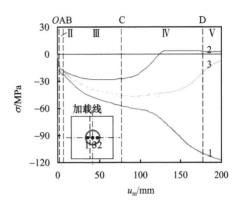

图 2.234 核心混凝土纵向应力 σ-u_{m} 关系曲线

④ 相互作用力分析。

图 2.235 所示为在荷载作用下，加劲混合结构柱中钢管与混凝土相互作用的示意图。其中，P_1 为外包钢筋混凝土和钢管之间的相互作用力，P_2 为钢管和核心混凝土之间的相互作用力。值得注意的是，在偏心荷载作用下，P_1 和 P_2 并非如图中所示沿圆周均匀分布。

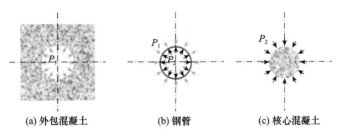

(a) 外包混凝土　　　　(b) 钢管　　　　(c) 核心混凝土

图 2.235 钢管与混凝土相互作用

图 2.236 给出了考虑长期荷载作用影响时，加劲混合结构柱跨中截面钢管与混凝土之间的相互作用力 P_1 和 P_2 随挠度变化的关系曲线。图中，$P>0$ 代表钢管与混凝土之间发生了相互作用，而 $P=0$ 则表示钢管与混凝土的界面有分开的趋势。

由图可见，在初始阶段（OA），外包钢筋混凝土和钢管之间已经发生了相互作用，产生了作用力 P_1，且内凹侧和外凸侧的作用力 P_1 大小接近。长期荷载作用阶段（AB），由于混凝土发生徐变，外包混凝土纵向缩短，横向膨胀，相互作用力 P_1 继续增大，且内凹侧和外凸侧的作用力 P_1 大小接近。长期荷载作用结束后，继续施加荷载（BC），相互作用力 P_1 继续增大。随着跨中挠度的不断增大，截面出现受拉区；外凸侧的作用力 P_1 的增长快于内凹侧的作用力 P_1，在构件达到极限承载力之前，内凹侧和外凸侧的相互作用力 P_1 都出现了下降。

对于钢管和核心混凝土之间的相互作用力 P_2，在初始阶段（OA），由于钢材的泊松比大于混凝土的泊松比，钢管的横向变形大于核心混凝土，钢管与核心混凝土之间有脱开的趋势，作用力 P_2 为 0。在长期荷载作用阶段（AB），由于核心混凝土的徐变量较小，其横向变形仍要小于钢管，钢管与核心混凝土之间作用力 P_2 仍为 0。长期荷载作用结束后，继续施加荷载（BC），随着跨中挠度的不断增大，核心混凝土的横向

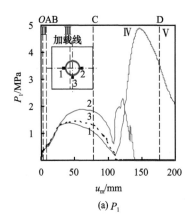
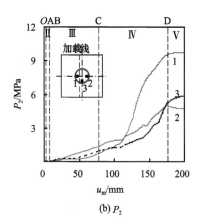

(a) P_1　　　　　　　　　　(b) P_2

图 2.236　接触应力 P-u_m 关系曲线

变形速率超过钢管，与钢管接触上，出现了相互作用力 P_2；和 P_1 类似，外凸侧的作用力 P_2 的增长要快于内凹侧的作用力 P_2。随后，钢管与核心混凝土之间作用力 P_2 随着跨中挠度的增大而不断增大。

此外，考虑长期荷载作用影响时，加劲混合结构柱中外包钢筋混凝土和钢管之间相互作用力 P_1 的最大值在 5MPa 左右；而钢管与核心混凝土相互作用力 P_2 的最大值在 10MPa 左右。

3）实用计算方法研究。

如前所述，利用有限元法可以计算出考虑长期荷载作用影响时加劲混合结构柱的荷载 - 变形全过程关系曲线，进而较深入地理解和认识叠合柱的力学性能，但是从工程应用的角度来讲，该方法还是显得较为复杂，因此，有必要提供实用方法。

① 参数分析。

下面通过典型算例分析各参数对考虑长期荷载作用影响时方套圆钢管混凝土加劲混合结构柱承载力 N_{uL} 的影响规律。算例基本条件：外包混凝土截面宽度 B＝500mm，C60 混凝土（f_{cu}＝60MPa），徐变系数终值 φ_u＝3；纵向钢筋为 16ϕ20（f_y＝300MPa），纵筋配筋率 α_1 为 2.3%；箍筋为 ϕ10@100（f_y＝210MPa）；钢管直径 D＝200mm，厚度 t_s＝5mm，Q345 钢材（f_y＝345MPa）；核心混凝土 C60 混凝土（f_{cu}＝60MPa），徐变系数终值 φ_u＝0.9；e＝125mm（偏心率 e/r＝0.5；其中，r＝$B/2$）；n＝0.4；t＝50 年。

为便于分析，定义长期荷载对钢管混凝土加劲混合结构柱极限承载力的影响系数 k_{cr} 为

$$k_{cr}=\frac{N_{uL}}{N_{uo}} \tag{2.46}$$

式中：N_{uL} 和 N_{uo} 分别为考虑长期荷载作用影响与否时构件的极限承载力。

长期荷载作用下对加劲混合结构柱承载力影响系数 k_{cr} 的可能影响因素有构件长细比（λ）、截面含钢管率（α_{st}）、纵筋配筋率（α_1）、箍筋间距（S_s）、长期荷载比（n）、荷载偏心率（e/r）、钢管屈服强度（f_y）和混凝土强度（f_{cu}）等。

（a）构件长细比（λ）和截面含钢管率（α_{st}）对 k_{cr} 的影响。图 2.237 所示为长细比和截面含钢管率对 k_{cr} 的影响。从图中可见，长细比对 k_{cr} 的影响比较复杂：当长细比小于 10，长细比对 k_{cr} 几乎没有影响；当长细比大于 10 时，k_{cr} 随长细比的增大而显著减小。

产生以上现象的原因在于：当构件长细比较小时，在构件达到极限承载力之前，跨中截面基本处于全截面受压状态；而当构件长细比较大时，构件跨中挠度也相应增大，使跨中截面作用的弯矩增大，构件在达到其极限承载力时，跨中截面管内混凝土的受拉区在不断扩大，受压区面积则逐渐减小，从而可减小长期荷载作用的影响。此外，当构件长细比较大时，由于长期荷载作用引起的二阶效应对承载力的影响更加明显。

从图 2.237 还可以看出，当长细比小于 10 时，在一定的长细比下，截面含钢管率的变化对 k_{cr} 的影响不明显；但随着长细比的增大，在一定长细比条件下，截面含钢管率的变化对 k_{cr} 的影响逐渐趋于明显，且截面含钢管率越大，k_{cr} 值也越大，即由于长期荷载作用对加劲混合结构柱承载力的影响趋于减小。这是由于截面含钢管率越大，钢管混凝土在截面中的比例越大，又因其核心混凝土徐变程度小于外包混凝土，因此长期荷载作用对加劲混合结构柱承载力的影响就越小。

（b）纵筋配筋率（α_1）对 k_{cr} 的影响。图 2.238 所示为纵筋配筋率对承载力影响系数 k_{cr} 的影响。可见，当构件长细比小于 10 时，纵筋配筋率对 k_{cr} 的影响不明显。当长细比大于 10 时，纵筋配筋率越大，承载力影响系数 k_{cr} 有增大的趋势；且这种趋势随着长细比的增加越来越明显。

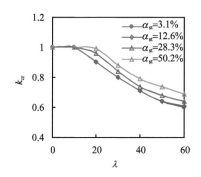 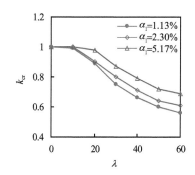

图 2.237　长细比和截面含钢管率对 k_{cr} 的影响　　图 2.238　纵筋配筋率对 k_{cr} 的影响

（c）箍筋间距（S_s）对 k_{cr} 的影响。图 2.239 所示为箍筋间距对承载力影响系数 k_{cr} 的影响。可见，箍筋间距对承载力影响系数 k_{cr} 的影响很小。

（d）长期荷载比（n）对 k_{cr} 的影响。图 2.240 所示为长期荷载比对承载力影响系数 k_{cr} 的影响。可见，在长细比一定的条件下，随着 n 的增加，k_{cr} 呈现出逐渐减小的趋势，且随着长细比的增大，这种减小的幅度在不断增加。产生以上现象的原因在于：长期荷载比越大，长期荷载作用引起的构件附加变形就越大，由于几何非线性对大长细比构件的影响更显著，因此，附加变形将导致大长细比构件承载力的降低更加明显。

（e）荷载偏心率（e/r）对 k_{cr} 的影响。图 2.241 所示为荷载偏心率（e/r）对 k_{cr} 的影响。可见，当构件长细比小于 20 时，随着荷载偏心率的增大，k_{cr} 有降低的趋势，并逐渐趋向于稳定。但当长细比大于 20 时，随着荷载偏心率的增大，k_{cr} 有增长的趋势，并逐渐趋向于稳定。

（f）钢管屈服强度（f_y）对 k_{cr} 的影响。图 2.242 所示为钢管屈服强度对承载力影响系数 k_{cr} 的影响。可见，钢管屈服强度对加劲混合结构柱的承载力影响系数 k_{cr} 几乎没有影响。

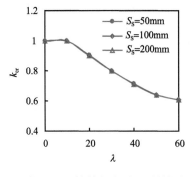

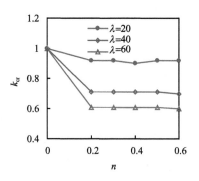

图 2.239　箍筋间距对 k_{cr} 的影响　　　图 2.240　长期荷载比对 k_{cr} 的影响

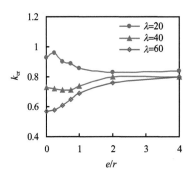

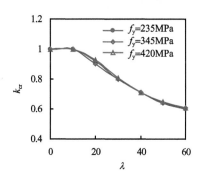

图 2.241　荷载偏心率对 k_{cr} 的影响　　　图 2.242　钢管屈服强度对 k_{cr} 的影响

（g）外包混凝土强度（$f_{cu,out}$）对 k_{cr} 的影响。图 2.243 所示为外包混凝土强度对承载力影响系数 k_{cr} 的影响。可见，当构件长细比小于 10 时，外包混凝土强度对 k_{cr} 的影响不明显。当长细比大于 10 时，外包混凝土强度越大，承载力影响系数 k_{cr} 越小；且这种趋势随着长细比的增加越来越明显。

（h）核心混凝土强度（$f_{cu,core}$）对 k_{cr} 的影响。图 2.244 所示为核心混凝土强度对承载力影响系数 k_{cr} 的影响。可见，核心混凝土强度对 k_{cr} 几乎没有影响。

由图 2.239～图 2.244 所示，长期荷载作用下箍筋间距、钢管屈服强度和核心混凝土强度对加劲混合结构柱承载力影响系数 k_{cr} 的影响较小；构件长细比、截面含钢管率、纵筋配筋率、长期荷载比、荷载偏心率和外包混凝土强度等参数则对长期荷载作

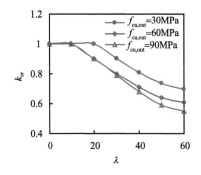

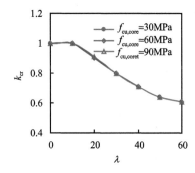

图 2.243　外包混凝土强度对 k_{cr} 的影响　　　图 2.244　核心混凝土强度对 k_{cr} 的影响

用下加劲混合结构柱承载力产生一定影响。

②k_{cr}实用计算方法。

采用有限元法，计算获得了不同参数条件下方套圆加劲混合结构柱的k_{cr}值。计算时，加荷龄期暂取为 28 天，持荷时间为 50 年。在对计算结果整理分析并考虑加劲混合结构柱各参数影响的基础上，表 2.34 给出了考虑长期荷载作用时方套圆加劲混合结构柱的承载力影响系数k_{cr}，以期为工程实践提供参考。计算方法中的参数范围能够涵盖目前大部分工程情况，说明该计算方法具有广泛的应用价值，对于超过参数范围的新型结构，需要进一步研究以确定长期荷载作用影响系数。

表 2.34　长期荷载影响系数k_{cr}值

		C30 混凝土								
		荷载偏心率（e/r）								
λ	D/B	0			0.5			1		
		纵筋配筋率 /%								
		1.1	2.3	5.2	1.1	2.3	5.2	1.1	2.3	5.2
20	0.2	1.000	1.000	1.000	0.991	1.000	1.000	0.944	0.949	1.000
	0.4	1.000	1.000	1.000	0.992	1.000	1.000	0.946	0.951	1.000
	0.6	1.000	1.000	1.000	1.000	1.000	1.000	1.000	1.000	1.000
	0.8	1.000	1.000	1.000	1.000	1.000	1.000	1.000	1.000	1.000
40	0.2	0.793	0.832	0.918	0.761	0.809	0.893	0.788	0.838	0.914
	0.4	0.799	0.835	0.921	0.764	0.811	0.896	0.794	0.844	0.917
	0.6	0.824	0.877	0.962	0.787	0.844	0.925	0.830	0.883	0.947
	0.8	0.882	0.924	0.987	0.838	0.898	0.971	0.891	0.936	0.975
60	0.2	0.603	0.644	0.754	0.639	0.692	0.784	0.724	0.771	0.863
	0.4	0.614	0.655	0.757	0.652	0.698	0.787	0.741	0.776	0.868
	0.6	0.643	0.703	0.785	0.694	0.741	0.820	0.778	0.834	0.901
	0.8	0.701	0.769	0.852	0.738	0.785	0.878	0.833	0.880	0.959
		C60 混凝土								
		荷载偏心率（e/r）								
λ	D/B	0			0.5			1		
		纵筋配筋率 /%								
		1.1	2.3	5.2	1.1	2.3	5.2	1.1	2.3	5.2
20	0.2	0.917	0.927	1.000	0.887	0.895	0.976	0.849	0.855	0.929
	0.4	0.921	0.929	1.000	0.891	0.897	0.978	0.851	0.857	0.931
	0.6	0.984	0.987	1.000	0.923	0.958	1.000	0.912	0.919	0.958
	0.8	0.992	1.000	1.000	0.952	0.988	1.000	0.921	0.950	0.986

λ	D/B	荷载偏心率（e/r）								
		0			0.5			1		
		纵筋配筋率 /%								
		1.1	2.3	5.2	1.1	2.3	5.2	1.1	2.3	5.2
40	0.2	0.689	0.726	0.811	0.657	0.708	0.785	0.686	0.737	0.809
	0.4	0.694	0.727	0.813	0.664	0.710	0.787	0.691	0.745	0.812
	0.6	0.711	0.772	0.846	0.689	0.744	0.818	0.728	0.784	0.835
	0.8	0.770	0.814	0.875	0.741	0.792	0.861	0.781	0.825	0.868
60	0.2	0.507	0.561	0.653	0.546	0.603	0.685	0.630	0.682	0.770
	0.4	0.519	0.566	0.655	0.557	0.609	0.687	0.641	0.687	0.773
	0.6	0.564	0.614	0.687	0.601	0.641	0.719	0.689	0.733	0.802
	0.8	0.606	0.672	0.750	0.643	0.688	0.783	0.732	0.779	0.861

C60 混凝土

λ	D/B	荷载偏心率（e/r）								
		0			0.5			1		
		纵筋配筋率 /%								
		1.1	2.3	5.2	1.1	2.3	5.2	1.1	2.3	5.2
20	0.2	0.916	0.926	1.000	0.886	0.894	0.975	0.847	0.854	0.928
	0.4	0.920	0.929	1.000	0.890	0.896	0.977	0.850	0.856	0.930
	0.6	0.984	0.987	1.000	0.922	0.957	0.999	0.911	0.918	0.957
	0.8	0.992	1.000	1.000	0.951	0.987	1.000	0.920	0.949	0.985
40	0.2	0.668	0.704	0.786	0.635	0.685	0.761	0.663	0.713	0.783
	0.4	0.672	0.705	0.788	0.642	0.688	0.763	0.669	0.721	0.787
	0.6	0.689	0.748	0.821	0.668	0.721	0.793	0.704	0.760	0.809
	0.8	0.746	0.790	0.849	0.718	0.768	0.835	0.757	0.800	0.842
60	0.2	0.470	0.521	0.608	0.506	0.560	0.637	0.584	0.633	0.715
	0.4	0.481	0.526	0.609	0.517	0.565	0.638	0.594	0.638	0.718
	0.6	0.524	0.571	0.639	0.558	0.595	0.668	0.639	0.680	0.745
	0.8	0.564	0.625	0.698	0.597	0.639	0.729	0.679	0.723	0.800

C80 混凝土

2.11.2　滞回性能

（1）试验研究

1）试验设计。

共进行了9个钢管混凝土加劲混合结构柱的滞回性能试验，试验参数为轴压比（n）及柱横截面形式，研究这些参数对试件延性、刚度和耗能等的影响。

试件的有关参数详见表2.35，其中 D 为圆形柱的截面外径，B 为方形柱的截面外边长；D_i 和 B_i 分别为内钢管截面外径（对圆管）或外边长（对方管），t_i 为钢管壁厚度，L 为试件长度，n 为轴压比（$n=N_o/N_u$，N_o 为施加在柱上的轴力，N_u 为试件的轴压极限承载力，按 2.11.1 节论述的数值方法计算获得）。所有试件的纵向均配置了 4 根直径为 10mm 的钢筋，箍筋配置为 φ6@200。

试件中的钢管采用冷弯钢管，纵筋的混凝土保护层厚度为 21mm。试件两端设置盖板和加载装置相连。为保证钢管、纵筋和混凝土能共同受力，将两端盖板与钢管及纵筋焊接在一起。

钢材的材性通过标准试件的拉伸试验测试，获得的屈服强度（f_y）、抗拉强度（f_u）、弹性模量（E_s）和泊松比（μ_s）如表 2.36 所示。

表 2.35　试件参数一览表

序号	试件编号	截面外形	$D(B)\times L/(\mathrm{mm\times mm})$	内钢管截面	$D_i(B_i)\times t_i/(\mathrm{mm\times mm})$	轴力 N_o/kN	轴压比 n
1	SS1	方形	150×1 500	方形	50×2.7	0	0
2	SS2	方形	150×1 500	方形	50×2.7	287	0.3
3	SS3	方形	150×1 500	方形	50×2.7	574	0.6
4	SC1	方形	150×1 500	圆形	60×2	0	0
5	SC2	方形	150×1 500	圆形	60×2	282	0.3
6	SC3	方形	150×1 500	圆形	60×2	564	0.6
7	CC1	圆形	150×1 500	圆形	60×2	0	0
8	CC2	圆形	150×1 500	圆形	60×2	219	0.3
9	CC3	圆形	150×1 500	圆形	60×2	438	0.6

表 2.36　钢材力学性能指标

钢材	f_y/MPa	f_u/MPa	$E_s/(\times10^5\mathrm{N/mm^2})$	μ_s
方管外径 50mm×2.7mm（壁厚）	356.3	394.2	1.96	0.27
圆管直径 60mm×2.0mm（壁厚）	352.8	441.8	1.96	0.26
φ10 钢筋	417.2	551.3	1.95	0.29
φ6 钢筋	322.2	467.2	1.96	0.30

混凝土采用了普通硅酸盐水泥，中砂，碎石（粒径 5～15mm），砂率为 0.35，混凝土的配合比为水泥∶水∶砂∶石子=538∶205∶598∶1109，坍落度 30～50mm。方试件和圆试件的混凝土为分两批浇筑完成。方试件混凝土的 28 天立方体抗压强度 f_{cu}=33.6MPa，弹性模量为 25 700N/mm²，试验时的立方体抗压强度 f_{cu}=52.4MPa；圆试件混凝土 28 天时的立方体抗压强度 f_{cu}=32.2MPa，弹性模量为 24 000N/mm²，试验时 f_{cu}=45MPa。

采用的试验装置如图 2.15 所示。加载采用位移控制的方法进行，即对应于 0、0.3 和 0.6 三种不同轴压比的试件，相应的跨中位移增量分别为 3.75mm、1.88mm 和 1.25mm。该增量为数值计算获得的试件达到峰值荷载时对应跨中位移值的十分之一，每级位移均分别循环三圈。以下简述试验结果。

2）试件破坏形态。

实测结果表明，三种截面形式的构件其破坏形态基本一致，均表现为弯压破坏特征，未观察到试件的斜裂缝出现。试件在跨中横向荷载作用下的挠曲变形基本符合正弦半波曲线的变化规律。对观测到的试验现象归纳如下。

① 对于轴压比 $n=0$ 的试件 SS1、SC1 和 CC1，其破坏过程基本一致：当横向位移达到 3.75mm 后，夹具边混凝土表面的纵向应变片均已被拉断而失效，试件受拉区混凝土表面开始出现少量微裂缝，裂缝宽度约为 0.03mm。此时混凝土、钢管及钢筋的应变基本呈线性增长，而水平荷载与位移也基本呈线性关系。

随着横向位移的逐渐增大，混凝土受拉区的微裂缝不断发展，并沿环向逐渐形成几条主裂缝，在达峰值荷载前，最大的缝宽已达到 0.3mm。当试件达到极限承载力时，裂缝发展明显加快，受压区混凝土逐渐开始压酥剥落，此时不论钢管还是钢筋，所测得的拉应变值均已超过屈服应变。

随着横向位移继续增大，受压区混凝土不断被压碎，试件承载力开始下降，由于核心钢管的存在及箍筋的约束作用，荷载值下降较为平缓。试件破坏时，夹具两边受压区混凝土保护层剥落严重，纵向钢筋因失去约束而被压曲外鼓，但由于有核心钢管的存在，柱仍能保持一定的承载力。试件在最终破坏时内钢管混凝土外围混凝土开始剥落，纵向钢筋弯曲严重［图 2.245（a）］。去除外围混凝土后，发现钢管混凝土在刚性夹具边形成沿圆周方向的灯笼状鼓曲，但并不明显［图 2.245（b）］。

② 对于轴压比 $n=0.3$ 的试件 SS2、SC2 和 CC2，其破坏过程基本一致：当横向位移达到 3.75mm 至 5.625mm 时，夹具两边受拉区混凝土表面开始出现横向分布的微细裂缝，最大裂缝宽度约为 0.02mm。

随着横向位移的不断增加，横向裂缝不断发展，沿环向逐渐形成几条主裂缝，并在峰值荷载前，最大裂缝宽度达到 0.25mm。当试件达到最大承载力后，受压区混凝土逐渐开始剥落，此时所测得的受拉区钢管及钢筋的应变值总体在屈服应变值左右。

随着位移的反复与增加，夹具两边保护层混凝土不断剥落，承载力逐渐下降。在承载力下降的过程中，由于有核心钢管和箍筋的存在，试件表现出较好的延性。试件最终在刚性夹具两侧产生破坏。由于外围混凝土对核心钢管的约束作用，钢管无明显

(a) 混凝土和钢筋（CC1）

(b) 内钢管（CC1）

(c) 内钢管（CC3）

图 2.245　钢管混凝土加劲混合结构构件典型的破坏形态

鼓曲现象产生，如图 2.245（c）所示。

③ 对于轴压比较大的试件 SS3、SC3 和 CC3（$n=0.6$），由于施加于试件上的轴向荷载较大，在截面上产生较大的压应力，试件出现裂缝的时间推迟。

当横向位移达到 6.25mm 左右时，夹具两边受拉区混凝土表面才开始出现少量横向裂缝，裂缝宽度约为 0.02mm。在试件达峰值荷载以前，裂缝发展缓慢，最大裂缝宽度仅为 0.18mm 左右，而当试件达到最大承载力后，受压区混凝土保护层逐渐压碎、剥落，并整体向外鼓出，横向裂缝大量开展，试件承载力下降较快。

根据所测得的核心钢管及钢筋的应变来看，在达峰值荷载时，受压区钢筋及钢管都已先屈服，而拉区的钢筋仍未达屈服状态，表现出小偏心受压破坏的特性。轴压比 n 为 0.6 的钢管混凝土加劲混合结构柱试件与轴压比 n 为 0.3 试件的破坏模态基本相似。

3）P-Δ 滞回关系曲线。

本次试验实测的钢管混凝土加劲混合结构柱 P-Δ 滞回关系曲线如图 2.246 所示。

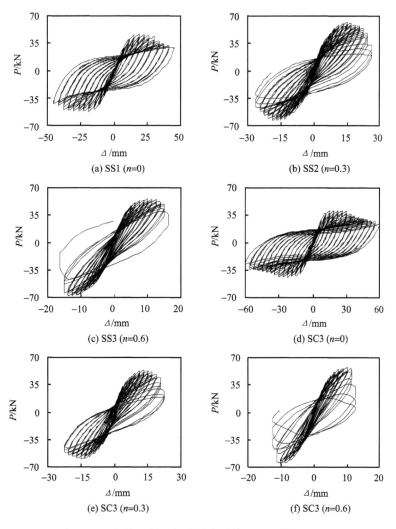

图 2.246　钢管混凝土加劲混合结构柱 P-Δ 滞回关系曲线

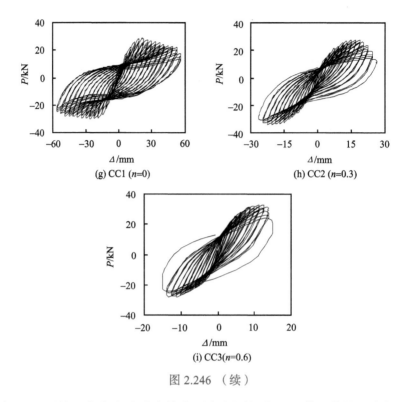

(g) CC1 (n=0)　　　　(h) CC2 (n=0.3)

(i) CC3(n=0.6)

图 2.246 （续）

由图 2.246 可见，在本次试验参数范围内所测得的 P-Δ 滞回曲线具有如下特点。

① 当轴压比较小时，试件的滞回曲线较为饱满，基本没有捏缩现象产生。随着轴压比的增大，滞回曲线逐渐捏拢，试件变形能力和耗能能力大大降低。

② 当轴压比较小时，滞回曲线的骨架线在加载后期下降趋势较为平缓，随着轴压比的增大，试件下降段趋于陡峭，位移延性逐渐减小。

③ 对于轴压比相同但截面形式不同的钢管混凝土加劲混合结构柱，其 P-Δ 滞回曲线的形状和变化规律基本一致，由于圆柱配圆管试件的含钢率较大，对于轴压比为 0.3 和 0.6 的试件其滞回曲线的形状较其他两种截面试件饱满一些。

表 2.37 中汇总了一些主要试验结果，其中 P_{ue}、M_{ue} 分别为平均极限荷载和弯矩；Δ_y 为屈服位移，取 P-Δ 骨架线弹性段延线与过峰值点的水平线交点处的位移；E 为累积总耗能。

表 2.37　实测结果一览表

序号	试件编号	Δ_y/mm	P_{ue}/kN	M_{ue}/(kN·m)	耗能 E/(kN·m)
1	SS1	10.3	49.5	18.9	28.0
2	SS2	5.9	62.6	28.3	18.5
3	SS3	5.1	61.8	30.5	10.6
4	SC1	9.3	42.6	16.4	34.3
5	SC2	5.5	55.8	25.2	16.2

续表

序号	试件编号	Δ_y/mm	P_{ue}/kN	M_{ue}/(kN·m)	耗能 E/(kN·m)
6	SC3	5.0	61.8	28.8	7.8
7	CC1	11.5	29.2	11.3	40.8
8	CC2	6.6	31.0	16.1	12.7
9	CC3	4.5	30.2	17.0	7.0

图 2.247 所示为轴压比（n）对不同类型钢管混凝土加劲混合结构柱 P-Δ 滞回关系骨架线的影响情况。可见，随着轴压比（n）的增大，试件的延性降低，而弹性阶段的刚度则随着 n 的增大有所增大。从图中还可以看出，同为方形截面的方柱配方管和方柱配圆管钢管混凝土加劲混合结构柱，其在相同 n 条件下的承载力值较为接近，而对于圆柱配圆管试件，因为其截面面积较小所以承载力值相对较低。

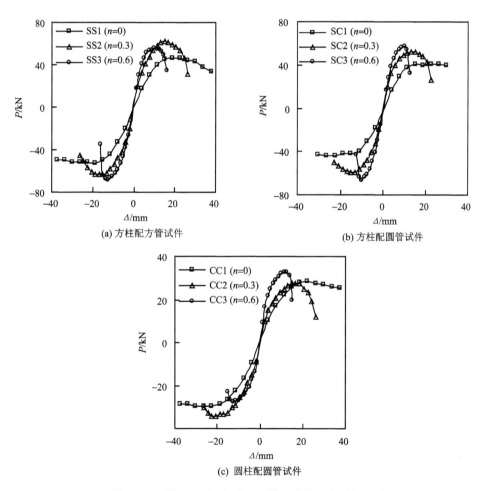

图 2.247　轴压比（n）对 P-Δ 滞回曲线骨架线的影响

4）钢管和钢筋应变。

试验实测了试件跨中截面处核心钢管边缘纤维或纵向钢筋的纵向应变（ε）。典型试件的应变变化如图 2.248 和图 2.249 所示，图中应变值以受拉为正，受压为负。

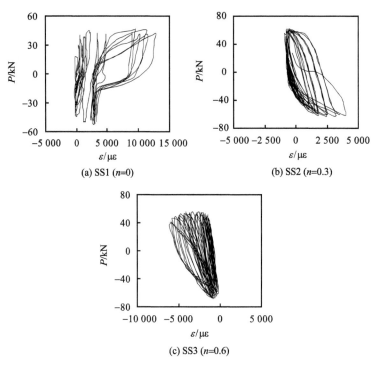

图 2.248　典型的钢管边缘纤维处的纵向应变（ε）变化

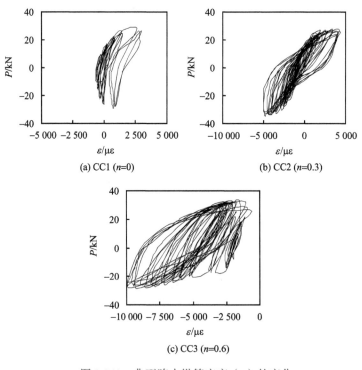

图 2.249　典型跨中纵筋应变（ε）的变化

由图 2.248 可以看出,对于轴压比较小的试件($n=0$ 和 0.3),钢管边缘纤维在受循环荷载作用过程中处于受拉状态,且最终达到受拉屈服;而对于轴压比为 0.6 的试件,由于受初始较大轴压力的作用,钢管基本处于受压状态,且在达到峰值荷载前,钢管边缘纤维就已达到屈服状态。

纵筋位置靠近截面边缘,由图 2.249 可以看出,对于 $n=0$ 的试件,纵筋的应变主要表现为受拉,在达到峰值荷载前,纵筋已达到屈服状态,这主要是由于此时核心区钢管仍处于弹性状态因而试件的承载力仍能有所增加,而当纵筋处于受压状态时,压应变值较小,试件呈现大偏心受压破坏的特性。对于轴压比 $n=0.3$ 的试件,由于压力的作用,在荷载循环过程钢筋受拉和受压都达到了屈服;而对于轴压比 n 为 0.6 的试件,由于压力较大,在达到峰值荷载前,其受压区的钢筋已达屈服状态,受拉区的钢筋未发生屈服,试件表现出小偏心受压破坏的特性。从图中还可看出,随着钢筋逐渐进入塑性状态,曲线出现软化现象。

5)刚度退化。

为了计算不同位移 Δ 所对应的试件刚度 EI,可按照下式通过迭代计算 EI 为

$$\Delta = \frac{PL^3}{48EI}\left[\frac{3(\tan u - u)}{u^3}\right] \tag{2.47}$$

式中:$u = \frac{1}{2}\sqrt{\frac{NL^2}{EI}}$,其中 N 为作用在试件上的轴力,L 为试件长度。将试验测得每次循环的峰值荷载 P 与位移 Δ 分别代入式(2.47)中,经过反复迭代,便可以计算出试件每次荷载循环后的刚度 EI(Elremaily 和 Azizinamini,2002)。

图 2.250 给出了不同轴压比条件下试件刚度的退化情况。为方便比较,上述图形中的纵坐标均取为无量纲化的 $EI/(EI)_{\Delta=0}$,$(EI)_{\Delta=0}$ 为位移 Δ 为 0 时的刚度;横坐标取为无量纲化的 Δ/Δ_y,Δ_y 的取值参照表 2.37。从图中可以看出,各种不同截面形式的试件,其刚度退化规律基本一致,即随着轴压比的增大,试件刚度退化现象趋缓。其原因主要是随着轴压比的增加,受压区混凝土面积增大,使得截面绝对的拉压循环区面积减小。

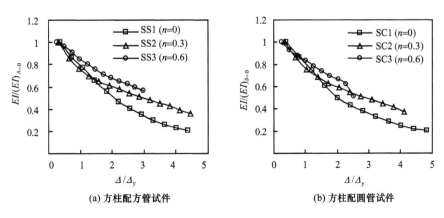

(a) 方柱配方管试件　　　　　　　(b) 方柱配圆管试件

图 2.250　实测的 $EI/(EI)_{\Delta=0}$-Δ/Δ_y 关系

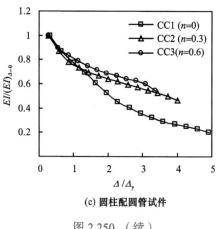

(c) 圆柱配圆管试件

图 2.250 （续）

6）位移延性。

延性是指结构或构件破坏之前，在其承载力无显著降低的条件下经受非弹性变形的能力。延性是反映工程结构抗震性能的一个重要特性，通常用延性系数 μ 来表示，μ 的表达式为

$$\mu = \frac{\Delta_u}{\Delta_y} \qquad (2.48)$$

式中：Δ_y 为屈服位移；Δ_u 为极限位移。

由于钢管混凝土加劲混合结构柱的荷载 - 位移曲线没有明显的屈服点，屈服位移 Δ_y 的取法是取 $P\text{-}\Delta$ 骨架线弹性段延线与过峰值点的水平线交点处的位移；极限位移 Δ_u 取承载力下降到极限承载力的 85% 时对应的位移，如图 2.251 所示。

根据上述方法计算确定的所有试件的屈服位移 Δ_y、极限位移 Δ_u 及位移延性系数 μ 列于表 2.38 中，其中列出了正、负两个加载方向的数值。

图 2.251   典型的 $P\text{-}\Delta$ 关系

表 2.38   钢管混凝土加劲混合结构柱的位移延性系数

试件编号	加载方向	屈服点		峰值荷载点		极限位移点		延性系数 μ
		P_y/kN	Δ_y/mm	P_{max}/kN	Δ_{max}/mm	$0.85P_{max}$/kN	Δ_u/mm	
SS1	正向	38.0	10.5	46.6	18.8	39.6	41.2	3.93
	负向	40.5	10.0	52.5	18.8	44.6	41.1	4.11
SS2	正向	41.7	5.8	61.7	15.0	52.4	22.8	3.92
	负向	42.6	6.0	63.6	16.5	54.0	23.4	3.90
SS3	正向	40.9	3.8	55.6	9.9	47.2	14.9	3.93
	负向	53.4	6.3	67.9	12.5	57.8	15.3	2.42
SC1	正向	33.8	9.6	41.2	22.5	35.0	36.1	3.76
	负向	33.9	9.0	44.0	22.4	37.4	40.8	4.54

试件编号	加载方向	屈服点		峰值荷载点		极限位移点		延性系数 μ
		P_y/kN	Δ_y/mm	P_{max}/kN	Δ_{max}/mm	$0.85P_{max}$/kN	Δ_u/mm	
SC2	正向	38.7	5.4	52.3	13.2	44.5	20.1	3.72
	负向	40.1	5.5	59.3	15.0	50.4	22.3	4.05
SC3	正向	46.3	5.0	57.5	10.1	48.8	11.6	2.33
	负向	48.9	4.9	66.2	10.0	56.3	11.7	2.39
CC1	正向	22.1	11.0	28.6	22.1	24.3	41.7	3.79
	负向	23.3	11.9	29.8	26.3	25.3	54.3	4.56
CC2	正向	18.5	5.9	27.7	16.5	23.5	22.2	3.76
	负向	21.9	7.2	34.3	20.6	29.2	26.3	3.66
CC3	正向	24.9	5.0	32.9	12.4	27.9	14.1	2.82
	负向	18.2	4.2	27.4	12.6	23.3	14.9	3.83

图 2.252 所示为轴压比对试件位移延性系数的影响，图中所示值为表 2.38 中所列正、负两方向位移延性系数值的平均值。可以看出，当轴压比较小时，试件的位移延性系数较大，基本能达到 4 左右；而随着轴压比的增大，试件的位移延性系数逐渐降低。不同的截面形式对位移延性系数的影响不大。

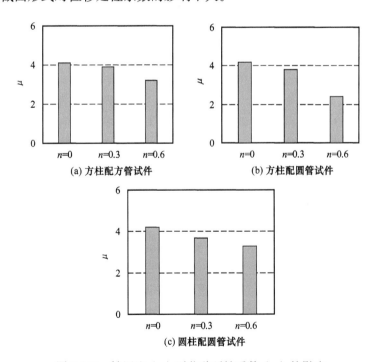

(a) 方柱配方管试件　　　　(b) 方柱配圆管试件

(c) 圆柱配圆管试件

图 2.252　轴压比（ n ）对位移延性系数（ μ ）的影响

7）耗能。

图 2.253 所示为不同轴压比（ n ）情况下，各试件在各级加载循环下的累积耗能

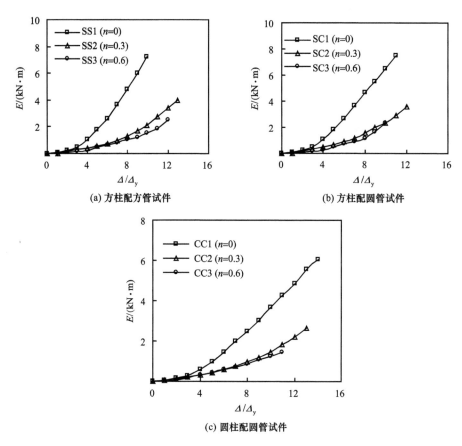

图 2.253　试件耗能（E）的变化规律

（E）随位移（Δ/Δ_y）的变化情况。从图中可以看出，随着位移的增加，累积耗能也逐渐增大。在相同的加载级数下，轴压比（n）为 0 试件的累积耗能比轴压比为 0.3 和 0.6 试件的累积耗能显著增大。与 $n=0.3$ 试件相比，$n=0.6$ 试件的累积耗能在相同的加载级数下略有降低。

　　8）与钢筋混凝土和钢管混凝土柱滞回性能的比较。

　　为了更好地说明钢管混凝土加劲混合结构柱的抗震性能，定性对比了其和钢筋混凝土及钢管混凝土构件的滞回性能。

　　若林实（1981）曾对 SRC 柱、钢筋混凝土柱及钢管混凝土柱的滞回性能进行了详细的比较。图 2.254（1）、（2）和（3）分别给出了加劲混合结构柱、钢筋混凝土柱及钢管混凝土柱在柱轴压比接近的情况下实测滞回曲线的比较。其中，（a）为本节试件；（b）为若林实（1981）给出的 RC 试件，基本参数为 150mm×150mm 方形截面，配有 6 根纵筋，采用封闭箍筋。图中 R 为柱侧向位移与柱高的比值；（c）为方钢管混凝土柱试件（韩林海，2007，2016），试件基本参数为 $B=120$mm，$L=1500$mm，$t=2.65$mm，$f_{cu}=20.1$MPa，$f_y=340$MPa。

　　由图 2.254 可见，在上述比较条件下，轴压比（n）对三种类型构件的滞回性能影响均较大，且对钢筋混凝土和钢管混凝土加劲混合结构柱的影响相对更为显著。当轴

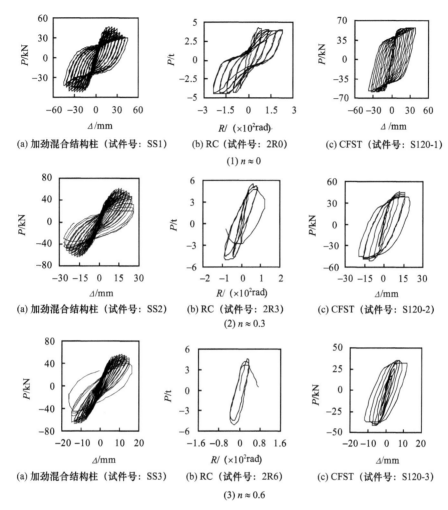

(a) 加劲混合结构柱（试件号：SS1）   (b) RC（试件号：2R0）   (c) CFST（试件号：S120-1）

(1) $n \approx 0$

(a) 加劲混合结构柱（试件号：SS2）   (b) RC（试件号：2R3）   (c) CFST（试件号：S120-2）

(2) $n \approx 0.3$

(a) 加劲混合结构柱（试件号：SS3）   (b) RC（试件号：2R6）   (c) CFST（试件号：S120-3）

(3) $n \approx 0.6$

图 2.254 三种构件 P-Δ 滞回关系曲线比较

压比 $n \approx 0$ 时，普通钢筋混凝土试件的滞回曲线稍有捏缩，而钢管混凝土加劲混合结构柱和钢管混凝土试件的滞回曲线则相对饱满。随着 n 的增大，峰值点后三种试件的滞回关系曲线的骨架线均呈现出不同程度的下降趋势，构件的位移延性呈现降低的趋势。但总体上钢管混凝土的 P-Δ 滞回曲线都较为饱满，没有明显的捏缩现象；而钢筋混凝土及钢管混凝土加劲混合结构柱其抗变形能力会明显降低。但相对于普通钢筋混凝土构件，钢管混凝土加劲混合结构柱中由于有核心钢管混凝土的存在，增强了试件的承载能力和抗变形能力，在加载后期试件的承载力虽然有明显下降，但仍表现出一定的延性。

需要说明的是，以上三种柱的比较条件并不完全相同，因此这种比较只能说是定性的。比较结果说明钢管混凝土加劲混合结构柱的抗震性能总体上介于钢筋混凝土和钢管混凝土柱之间，且更接近于钢管混凝土。

（2）理论分析

1）数值计算模型的建立。

采用精细化有限元分析模拟可以在构件内部应力分布等方面得到细致的结果，但精细化模型也存在模型复杂、计算效率偏低等不足。本节拟采用效率更高的纤维模型法分析钢管混凝土加劲混合结构柱的滞回性能。

①　钢材和混凝土的应力-应变关系模型。

在采用纤维模型法计算单调荷载作用下的构件荷载-变形关系时（韩林海，2007，2016），对于 Q235 钢、Q345 钢和 Q390 钢等建筑工程中的常用钢，钢材的应力-应变关系曲线采用二次塑流模型，如图 2.144（a）所示。对于高强钢材，一般采用图 2.144（b）所示的双线性模型。

钢管混凝土构件中常采用冷弯钢管。冷弯型钢是用轧制好的薄钢板冷弯而成，钢板经受一定的塑性变形，常出现强化和硬化。在进行数值计算时应考虑该因素的影响（韩林海，2007，2016）。

Abdel-Rahman 和 Sivakumaran（1997）研究了开口型冷弯型钢的力学性能，建议了钢材的应力-应变关系模型，如图 2.255 所示，其中，钢板分为两个部分：弯角区域和平板区域，对于采用冷弯钢管的钢管混凝土叠合柱，本节在进行其受力分析时暂近似采用了该模型。

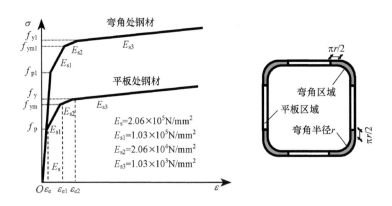

图 2.255　冷弯型钢的 σ-ε 关系示意图

图 2.255 所示的应力-应变关系可表示为（Abdel-Rahman 和 Sivakumaran，1997）

$$\sigma=\begin{cases} E_s\varepsilon & \varepsilon\leqslant\varepsilon_e \\ f_p+E_{s1}\,(\varepsilon-\varepsilon_e) & \varepsilon_e<\varepsilon\leqslant\varepsilon_{e1} \\ f_{ym}+E_{s2}\,(\varepsilon-\varepsilon_{e1}) & \varepsilon_{e1}<\varepsilon\leqslant\varepsilon_{e2} \\ f_y+E_{s3}\,(\varepsilon-\varepsilon_{e2}) & \varepsilon_{e2}<\varepsilon \end{cases} \tag{2.49}$$

式中：$f_p=0.75f_y$，$f_{ym}=0.875f_y$，$\varepsilon_e=0.75f_y/E_s$，$\varepsilon_{e1}=\varepsilon_e+0.125f_y/E_{s1}$，$\varepsilon_{e2}=\varepsilon_{e1}+0.125f_y/E_{s2}$。

根据 Karren（1967）的研究结果，弯角处钢材的屈服强度计算公式为

$$f_{y1}=\frac{B_c}{(r/t)^m}\cdot f_y \tag{2.50}$$

式中：B_c 和 m 都是和钢材的抗拉强度 f_u 和屈服强度 f_y 之比有关的系数，$B_c=3.69\,(f_u/f_y)-0.819\,(f_u/f_y)^2-1.79$，$m=0.192\,(f_u/f_y)-0.068$。

由式（2.50）可见，弯角处钢材屈服强度的数值取决于钢材抗拉强度与屈服强度的

比值（$f_{\text{u}}/f_{\text{y}}$）、弯角半径和管壁厚度比（$r/t$）。但上述模型只适用于计算冷弯型钢弯角部位的屈服强度，对于弯角附近区域的钢材则不再适用。

Abdel-Rahman 和 Sivakumaran（1997）建议对式（2.50）进行修正，并给出如下计算公式用于计算整个弯角区域钢材屈服强度，即

$$f_{\text{y1}}=\left[0.6 \cdot \frac{B_{\text{c}}}{(r/t)^{\text{m}}}+0.4\right] \cdot f_{\text{y}} \qquad (2.51)$$

对于弯角区域的钢材，其应力 - 应变关系数学表达式仍采用式（2.50）形式，只是将式中 f_{p}、f_{ym} 和 f_{y} 用 f_{p1}、f_{ym1} 和 f_{y1} 代替。

众所周知，钢筋的应力 - 应变关系和钢管中的钢板往往会有所不同。单调应力下低碳钢筋的本构模型主要有理想弹塑性模型、弹性强化模型、弹塑性强化模型等（若林实，1981），其中，弹塑性强化模型在钢筋混凝土结构分析中的应用相对较多，如图 2.256(a) 所示为采用直线型弹塑性强化的模型，图 2.256（b）所示则为的曲线型弹塑性强化模型。

综上所述，图 2.256 所示的模型和图 2.144（a）所示的模型类似，二者主要的差别在于二次塑流模型用曲线的形式来描述比例极限到屈服点之间的过渡阶段。本节近似采用图 2.256（a）所示的模型来描述低碳钢筋在单调应力下的应力 - 应变关系。

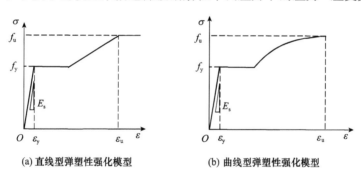

(a) 直线型弹塑性强化模型　　　　　　　　(b) 曲线型弹塑性强化模型

图 2.256　钢筋的应力（σ）- 应变（ε）关系模型示意图

基于纤维模型法的钢管内的核心混凝土在受压时的纵向应力（σ）- 应变（ε）关系模型如下（韩林海，2007，2016）。

（a）对于圆钢管混凝土，有

$$y=2x-x^2 \qquad\qquad x\leqslant 1 \qquad (2.52\text{a})$$

$$y=\begin{cases} 1+q \cdot (x^{0.1\xi}-1) & \xi \geqslant 1.12 \\ \dfrac{x}{\beta \cdot (x-1)^2+x} & \xi < 1.12 \end{cases} \qquad x>1 \qquad (2.52\text{b})$$

式中：$x=\dfrac{\varepsilon}{\varepsilon_{\text{o}}}$，$y=\dfrac{\sigma}{\sigma_{\text{o}}}$，其中 $\sigma_{\text{o}}=\left[1+(-0.054\xi^2+0.4\xi) \cdot \left(\dfrac{24}{f_{\text{c}}'}\right)^{0.45}\right] \cdot f_{\text{c}}'$，$\varepsilon_{\text{o}}=\varepsilon_{\text{cc}}+\left[1400+\right.$

$\left.800 \times \left(\dfrac{f_{\text{c}}'}{24}-1\right)\right] \cdot \xi^{0.2}$（$\mu\varepsilon$），$\varepsilon_{\text{cc}}=1300+12.5f_{\text{c}}'$（$\mu\varepsilon$），$f_{\text{c}}'$ 为混凝土圆柱体轴心抗压强度，

以 MPa 计；$q=\dfrac{\xi^{0.745}}{2+\xi_{\text{o}}}$；$\beta=(2.36\times 10^{-5})\left[0.25+(\xi-0.5)^7\right] \cdot f_{\text{c}}^2 \times 3.51 \times 10^{-4}$。

（b）对于方钢管混凝土，有

$$y = 2 \cdot x - x^2 \qquad\qquad x \leqslant 1 \qquad\qquad (2.53a)$$

$$y = \frac{x}{\beta \cdot (x-1)^\eta + x} \qquad\qquad x > 1 \qquad\qquad (2.53b)$$

式中：$x = \dfrac{\varepsilon}{\varepsilon_o}$，$y = \dfrac{\sigma}{\sigma_o}$，其中 $\sigma_o = \left[1 + (-0.0135\xi^2 + 0.1\xi) \cdot \left(\dfrac{24}{f_c'} \right)^{0.45} \right] \cdot f_c'$，$\varepsilon_o = \varepsilon_{cc} + \left[1330 + \right.$

$760 \cdot \left(\dfrac{f_c'}{24} - 1 \right) \left. \right] \cdot \xi^{0.2}$（$\mu\varepsilon$），$\varepsilon_{cc} = 1300 + 12.5 f_c'$（$\mu\varepsilon$）；$\eta = 1.6 + 1.5/x$；

$$\beta = \begin{cases} \dfrac{(f_c')^{0.1}}{1.35\sqrt{1+\xi}} & \xi \leqslant 3.0 \\[3mm] \dfrac{(f_c')^{0.1}}{1.35\sqrt{1+\xi}\ (\xi-2)^2} & \xi > 3.0 \end{cases} \qquad\qquad 。$$

对于核心钢管混凝土以外的混凝土，暂忽略箍筋对混凝土的约束作用，采用 Attard 和 Setunge（1996）提出的单轴受压混凝土应力（σ_c）-应变（ε_c）关系模型，如式（2.35）所示。

对于在单调荷载作用下的受拉混凝土，其应力（σ_c）-应变（ε_c）关系采用沈聚敏等（1993）提供的下列应力-应力关系确定为

$$y = \begin{cases} 1.2x - 0.2x^6 & x \leqslant 1 \\[2mm] \dfrac{x}{0.31\sigma_p^2 (x-1)^{1.7} + x} & x > 1 \end{cases} \qquad\qquad (2.54)$$

式中：$y = \sigma_c/\sigma_p$；$x = \varepsilon_c/\varepsilon_p$；$\sigma_p$ 为峰值拉应力，$\sigma_p = 0.26(1.25 f_c')^{2/3}$；$\varepsilon_p$ 为峰值拉应力所对应的应变，$\varepsilon_p = 43.1\sigma_p$（$\mu\varepsilon$），$\sigma_p$ 和 f_c' 以 MPa 计。

往复应力作用下钢材的应力-应变滞回关系骨架线采用线性强化型的两段式，卸载段为弹性，考虑软化效应和 Bausinger 效应（韩林海，2007，2016）。

图 2.257 所示钢材的应力-应变滞回关系骨架线由两段组成，即弹性段（oa）和强化段（ab），其中，强化段的模量近似取值为 $0.01E_s$，E_s 为钢材的弹性模量。

在图 2.257 所示的模型中，加卸载刚度采用初始弹性模量 E_s。如果钢材在进入强化段 ab 前卸载，则不考虑 Bausinger 效应；反之，如果钢材在强化段 ab 卸载，则需考虑 Bausinger 效应。加、卸载过程中的软化段，即直线段 de 和 d'e' 的模量（E_b）可按如下公式计算，即

$$E_b = \begin{cases} \dfrac{f_y - |\sigma_d|}{|\varepsilon_d + \varepsilon_y|} & 1.65\varepsilon_y < |\varepsilon_d| \leqslant 6.11\varepsilon_y \\[2mm] 0.1E_s & |\varepsilon_d| > 6.11\varepsilon_y \end{cases} \qquad\qquad (2.55)$$

式中：σ_d 和 ε_d 分别为软化段起始点 d 和 d' 点的应力和应变值。d 点和 d' 点分别位于与 ab 和 a'b' 线平行的直线上。

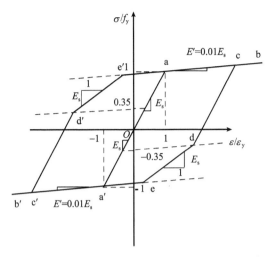

图 2.257　往复应力下钢材的应力（σ）- 应变（ε）关系模型

对于钢管混凝土中核心混凝土，暂以核心混凝土单向加载时的应力 - 应变关系曲线代替其滞回关系的骨架线，即在受压区，对于圆钢管混凝土按式（2.52）确定，对于方钢管混凝土按式（2.53）确定；对于钢管混凝土以外的混凝土，受压区的应力 - 应变关系可按式（2.35）确定。在受拉区，混凝土的应力 - 应变关系按式（2.54）确定。

图 2.258 给出混凝土应力 - 应变滞回关系曲线示意图。

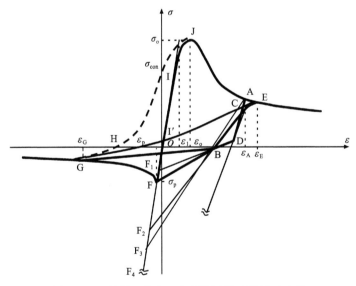

图 2.258　混凝土应力 - 应变滞回关系曲线示意图

在混凝土由受压卸载、再反向加载时，卸载、再加载路径采用和普通混凝土类似的焦点法确定（滕智明和邹离湘，1996），以便在模型中考虑一定的卸载刚度退化和软化现象；当混凝土由受拉卸载、再反向加载时，卸载、再加载路径可采用统一的曲线方程形式来表达。

下面介绍图 2.258 所示混凝土应力 - 应变滞回关系的加、卸载准则。

（a）受压卸载、再加载准则。混凝土受压卸载时，当压应变小于等于 $0.55\varepsilon_o$ 时，按弹性刚度卸载、再加载；当应变大于 $0.55\varepsilon_o$ 时，按"焦点法"考虑刚度退化现象来确定卸载、再加载途径，ε_o 为混凝土骨架线峰值点处应变，σ_o 为 ε_o 对应的应力。焦点 F_1、F_2、F_3 及 F_4 位于过原点的骨架曲线切线上，其 σ 轴坐标分别为 $0.2\sigma_o$、$0.75\sigma_o$、σ_o 和 $3\sigma_o$。设自骨架曲线上 A（ε_A，σ_A）点开始卸载（滕智明和邹离湘，1996），卸载线沿 A—D—B 进行，点 B（ε_B，0）为 AF_3 连线与 ε 轴的交点；点 D 为直线 CF_4 与 BF_1 延线的交点，点 C 为直线 BF_2 延线上应变等于 ε_A 的点。ε_B 为自卸载点卸载至 $\varepsilon=0$ 时的残余应变，表达式如下，即

$$\varepsilon_B=\frac{\sigma_o\varepsilon_A-\sigma_A\varepsilon_1}{\sigma_o+\sigma_A} \tag{2.56}$$

式中：$\varepsilon_1=0.5\varepsilon_o$。

C 点的纵坐标值 σ_C 为

$$\sigma_C=\frac{0.75\sigma_o}{0.75\varepsilon_1+\varepsilon_B}(\varepsilon_A-\varepsilon_B) \tag{2.57}$$

D 点坐标值 ε_D 和 σ_D 的表达式分别为

$$\varepsilon_D=\frac{D_1\cdot\varepsilon_A-D_2\cdot\varepsilon_B-\sigma_C}{D_1-D_2} \tag{2.58}$$

$$\sigma_D=D_2(\varepsilon_D-\varepsilon_B) \tag{2.59}$$

式中：$D_1=(3\sigma_o+\sigma_C)/(3\varepsilon_o+\sigma_A)$；$D_2=0.2\sigma_o/(0.2\varepsilon_1+\varepsilon_B)$。

如卸载超过 B 点后再加载，再加载线将沿折线 B—C—E 进行，E 为骨架线上应变等于 $1.15\varepsilon_A$ 时对应的点。对于卸载至 B 点后再反向加载，当应变历史上出现的最大拉应变 $\varepsilon\leqslant\varepsilon_P$，即受拉混凝土尚未发生开裂时，应力应变将沿直线 BF 发展，F（ε_P，σ_P）为骨架线上峰值拉应力的对应点；当应变出现最大拉应变 $\varepsilon>\varepsilon_P$ 时，应力应变将沿直线 BG 发展，G（ε_G，σ_G）为骨架线上最大拉应变的对应点。

（b）受拉卸载、再加载准则。混凝土受拉卸载时，当卸载点应变 $\varepsilon\leqslant\varepsilon_P$ 时混凝土未开裂，按弹性刚度卸载再反向加载；$\varepsilon>\varepsilon_P$ 时，采用曲线方程来描述卸载、再加载路径。设自下降段上 G 点卸载，考虑裂面效应，卸载首先按直线卸至 H 点，H 点为开始产生裂面效应的起始点，其应变值为

$$\varepsilon_H=\sigma_G\left(0.1+\frac{0.9\varepsilon_o}{\varepsilon_o+|\varepsilon_G|}\right) \tag{2.60}$$

当再加载至 I 点或 I′ 点（再加载曲线和应力轴的交点）时，对应 $\varepsilon=0$ 的接触压应力 σ_{con} 为

$$\sigma_{con}=0.3\sigma_W\left(2+\frac{|\varepsilon_H|/\varepsilon_o-4}{|\varepsilon_H|/\varepsilon_o+2}\right) \tag{2.61}$$

式中：σ_W 的确定方法是当应力应变出现最大压应变 $\varepsilon\leqslant\varepsilon_o$ 时，$\sigma_W=\sigma_o$，此时卸载、再加载沿 G—I—J 进行；当最大压应变 $\varepsilon>\varepsilon_o$ 时，$\sigma_W=\sigma_A$，此时卸载、再加载沿 G—I′—C—E 进行。

GI 和 GI′ 段方程为

$$\sigma = \sigma_{con}\left(1 - \frac{2\varepsilon_o}{|\varepsilon_H| + \varepsilon_o}\right) \qquad \varepsilon_H \leqslant \varepsilon < 0 \qquad (2.62)$$

IJ 段方程为

$$\sigma = \sigma_{con}(1 - \varepsilon/\varepsilon_o) + \frac{2\varepsilon}{\varepsilon_o + \varepsilon}\sigma_o \qquad 0 \leqslant \varepsilon < \varepsilon_o \qquad (2.63)$$

I′C 段方程为

$$\sigma = \sigma_{con}(1 - \varepsilon/\varepsilon_A) + \frac{2\varepsilon}{\varepsilon_A + \varepsilon}\sigma_C \qquad 0 \leqslant \varepsilon < \varepsilon_A \qquad (2.64)$$

如在 GI 曲线上任一点卸载，则卸载路径为卸载点与 G 点的连线。

② 基本假设和计算过程。确定了组成钢管混凝土加劲混合结构柱中钢及混凝土材料在单调和往复荷载作用下的应力 - 应变关系，即可参考韩林海（2007，2016）对钢管混凝土构件的有关方法建立钢管混凝土加劲混合结构柱滞回性能的理论数值模型。

计算时采用如下的基本假设。

（a）构件在变形过程中始终保持为平截面。

（b）钢和混凝土之间无相对滑移。

（c）忽略剪力对构件变形的影响。

（d）构件两端为铰接，挠曲线为正弦半波曲线。

（e）对于拼焊和冷弯而成的方形钢管，需要考虑残余应力的影响。残余应力的确定：对于拼焊而成的方形钢管，钢管单边的残余应力分布暂按图 2.259 确定（Uy，1998），其中，σ_{rt} 和 σ_{rc} 分别为拉区和压区的残余应力值。对于冷弯型钢钢管，参考 Abdel-Rahman 和 Sivakumaran（1997）、Sivakumaran 和 Abdel-Rahman（1998）对开口形冷弯型钢的研究成果和方法，其残余应力模型的取法是钢管壁板外侧受拉而内侧受压，且残余应力沿钢管壁厚方向呈线性变化。弯角区域和平板区域（如图 2.259 所示）内外表面的残余应力取值分别为 $0.4f_y$ 和 $0.12f_y$。

构件弯矩 - 曲率关系的计算步骤可归纳如下。

（a）计算截面参数并进行截面单元划分。

（b）计算曲率 $\phi = \phi + \Delta\phi$，假设截面形心处应变 ε_o。

（c）计算各单元形心处的应变 ε_i，确定纵向钢筋及内钢管单元的纵向应力 σ_{bsli} 和 σ_{sli}，钢管混凝土外及其核心混凝土单元的纵向应力 σ_{bcli} 和 σ_{cli}。

（d）计算内弯矩 M_{in} 和内轴力 N_{in}。

内弯矩 M_{in} 为

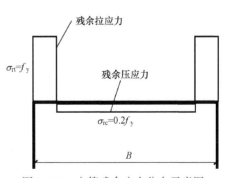

图 2.259 方管残余应力分布示意图

$$M_{in} = \sum_{i=1}^{n}(\sigma_{sli}x_i dA_{si} + \sigma_{bsli}x_i dA_{bsi} + \sigma_{cli}x_i dA_{ci} + \sigma_{bcli}x_i dA_{bci}) \qquad (2.65)$$

内轴力 N_{in} 为

$$N_{in}=\sum_{i=1}^{n}(\sigma_{sli}dA_{si}+\sigma_{bsli}dA_{bsi}+\sigma_{cli}dA_{ci}+\sigma_{bcli}dA_{bci})\qquad(2.66)$$

式中：dA_{si}，dA_{bsi} 分别为纵向钢筋及内钢管单元的面积；dA_{ci}、dA_{bci} 分别为钢管混凝土外及其核心混凝土单元的面积。

（e）如果不能满足 $N_{in}=N_o$，则调整截面形心处的应变 ε_o 并重复步骤（c）和（d），直至满足。

（f）然后重复步骤（b）～（e），直至计算出整个 $M\text{-}\phi$ 滞回曲线。

利用数值方法计算钢管混凝土压弯构件的 $P\text{-}\Delta$ 滞回关系曲线时，由于侧向荷载 P 和侧向位移 Δ 的关系受构件计算长度的影响很大，对于不同的边界条件，需合理确定构件的计算长度。图 2.260(a) 给出构件两端铰接的情况。

对于图 2.260(b) 所示常见的在恒定轴向压力作用下的两端为嵌固支座、一端有水平侧移的框架柱，设其长度 $L=2L_1$，由于其反弯点在柱的中央，可以将其简化为从反弯点到固端长度为 L_1 悬臂构件，如图 2.260（c）所示，并反向对称延伸，当忽略侧向荷载 P 对构件挠曲线形状的影响时，就可将悬臂构件等效成长度为 $L=2L_1$ 的类似于图 2.260（a）所示的两端铰支构件。

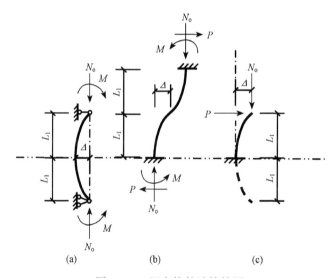

图 2.260　压弯构件计算简图

如果忽略剪力对构件承载能力的影响，基于对压弯构件 $M\text{-}\phi$ 滞回关系的分析结果，可以很方便地计算出压弯构件的 $P\text{-}\Delta$ 滞回关系曲线。

对于图 2.260（c）所示的钢管混凝土悬臂柱，在恒定轴向压力 N_o 作用下，对于构件端部的每一级位移 Δ，可按下式计算出相应的侧向力：

$$P=(M-N_o\Delta)/L_1=2(M-N_o\Delta)/L\qquad(2.67)$$

由此按给定的位移加载制度即可计算出 $P\text{-}\Delta$ 滞回关系曲线，过程如下。

（a）输入计算长度和截面参数，并进行截面单元划分。

（b）位移幅 Δ 值由零开始，每一级加：$\Delta=\Delta+\delta\Delta$，由 Δ 计算中截面曲率 ϕ，假设截

面形心处的应变 ε_o。

（c）按 $\varepsilon_i = \varepsilon_o + \phi y_i$ 计算单元形心处的应变 ε_i，由加载历史计算出各单元的应力 σ_{sli}、σ_{bsli}、σ_{cli} 和 σ_{bcli}。

（d）分别计算内弯矩 M_{in} 和内轴力 N_{in}。

（e）判断 $N_{in} = N_o$ 的条件是否满足，如果不满足，则调整截面形心处的应变 ε_o 并重复步骤（c）～（d），直至满足 $N_{in} = N_o$ 的条件。

（f）由式（2.67）计算侧向水平力 P；然后重复步骤（b）～（e）直至计算出整个 P-Δ 滞回曲线。

2）数值模型计算结果的验证。

为了验证计算结果的准确性，对搜集到的已有文献中报道的试验结果以及本书试验结果进行了计算。

图 2.261 所示为部分钢管混凝土加劲混合结构柱轴心受压时的轴力 N（或平均应力 σ）-纵向应变（ε）关系计算曲线和试验曲线的比较情况，其中 d 和 t 分别为内钢管的外直径和壁厚，f_y 和 f_{ys} 分别为钢管和纵筋的屈服强度，f_{ck} 为实测的棱柱体抗压强度，f_{cu} 为实测立方体强度。

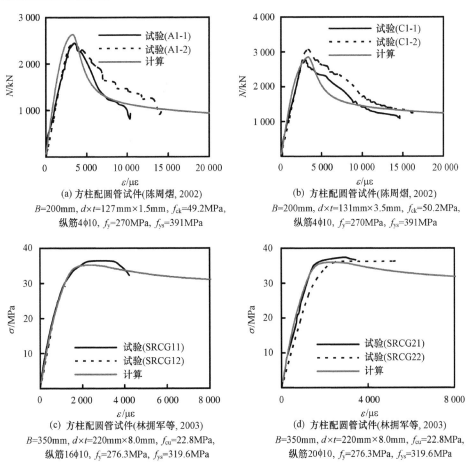

(a) 方柱配圆管试件(陈周熠, 2002)
$B=200\text{mm}$, $d\times t=127\text{mm}\times1.5\text{mm}$, $f_{ck}=49.2\text{MPa}$,
纵筋4ϕ10, $f_y=270\text{MPa}$, $f_{ys}=391\text{MPa}$

(b) 方柱配圆管试件(陈周熠, 2002)
$B=200\text{mm}$, $d\times t=131\text{mm}\times3.5\text{mm}$, $f_{ck}=50.2\text{MPa}$,
纵筋4ϕ10, $f_y=270\text{MPa}$, $f_{ys}=391\text{MPa}$

(c) 方柱配圆管试件(林拥军等, 2003)
$B=350\text{mm}$, $d\times t=220\text{mm}\times8.0\text{mm}$, $f_{cu}=22.8\text{MPa}$,
纵筋16ϕ10, $f_y=276.3\text{MPa}$, $f_{ys}=319.6\text{MPa}$

(d) 方柱配圆管试件(林拥军等, 2003)
$B=350\text{mm}$, $d\times t=220\text{mm}\times8.0\text{mm}$, $f_{cu}=22.8\text{MPa}$,
纵筋20ϕ10, $f_y=276.3\text{MPa}$, $f_{ys}=319.6\text{MPa}$

图 2.261　轴压构件 N-ε 计算和试验曲线对比

　　图 2.262 给出了部分钢管混凝土加劲混合结构构件受弯时的弯矩（M）- 跨中挠度（Δ）关系计算曲线和试验曲线的比较情况，其中 f_{cui} 和 f_{cuo} 分别为钢管内部和外部混凝土的立方体抗压强度。

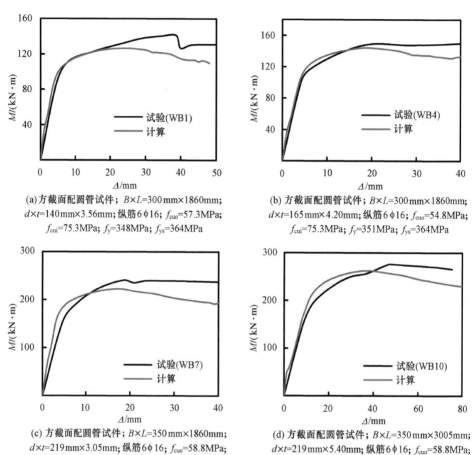

(a) 方截面配圆管试件；$B \times L$=300 mm×1860mm；$d \times t$=140 mm×3.56mm；纵筋 6ϕ16；f_{cuo}=57.3MPa；f_{cui}=75.3MPa；f_{y}=348MPa；f_{ys}=364MPa

(b) 方截面配圆管试件；$B \times L$=300 mm×1860mm；$d \times t$=165 mm×4.20mm；纵筋 6ϕ16；f_{cuo}=54.8MPa；f_{cui}=75.3MPa；f_{y}=351MPa；f_{ys}=364MPa

(c) 方截面配圆管试件；$B \times L$=350 mm×1860mm；$d \times t$=219 mm×3.05mm；纵筋 6ϕ16；f_{cuo}=58.8MPa；f_{cui}=61.8MPa；f_{y}=320MPa；f_{ys}=364MPa

(d) 方截面配圆管试件；$B \times L$=350 mm×3005mm；$d \times t$=219 mm×5.40mm；纵筋 6ϕ16；f_{cuo}=58.8MPa；f_{cui}=61.8MPa；f_{y}=421MPa；f_{ys}=364MPa

图 2.262　纯弯构件 M-Δ 计算和试验曲线对比（王刚等，2006）

　　图 2.263 给出了部分研究者进行的往复荷载作用下钢管混凝土加劲混合结构柱 P-Δ 滞回关系曲线试验结果与计算结果的对比情况，其中 L_1 为等效悬臂柱的悬臂长度，n 为施加在柱上的轴压比，N_0 为所施加的轴压力。

　　图 2.264～图 2.266 所示分别为按照上述数值方法计算获得的钢管混凝土加劲混合结构柱 P-Δ 滞回关系曲线、跨中核心钢管边缘纤维和纵向钢筋的纵向应变与本节试验结果的比较情况。

　　由图 2.261～图 2.266 的比较可见，数值计算结果和试验结果总体吻合较好，验证了该数值计算方法结果的准确性。

　　3）弯矩 - 曲率滞回关系曲线分析。

　　① 纯弯构件的弯矩 - 曲率滞回特性。

　　图 2.267 所示为钢管混凝土加劲混合结构柱典型的弯矩 - 曲率滞回关系曲线，大致可以分为以下几个阶段。

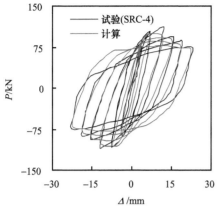

(a) 方柱配方管试件（程文瀼等，1999）
$B \times L_1$=200mm×600mm; $b \times t$=120mm×4.0mm; 纵筋 4ϕ12; f_{cu}=20.3MPa; f_y=293.5MPa; f_{ys}=391MPa; n=0.46

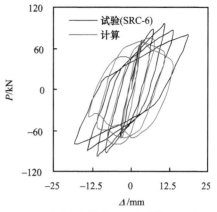

(b) 方柱配方管试件（程文瀼等，1999）
$B \times L_1$=200mm×600mm; $b \times t$=120mm×4.0mm; 纵筋 4ϕ12; f_{cu}=17MPa; f_y=274MPa; f_{ys}=338.2MPa; n=0.85

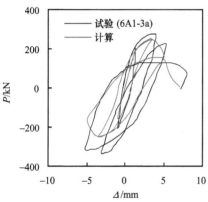

(c) 方柱配圆管试件（赵国藩等，1996）
$B \times L_1$=200mm×1100mm; $d \times t$=65mm×2.0mm; 纵筋4ϕ8+8ϕ6; f_{cu}=79.9MPa; f_y=364MPa; f_{ys}=244MPa/306MPa; n=0.482

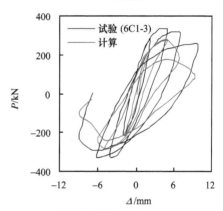

(d) 方柱配圆管试件（赵国藩等，1996）
$B \times L_1$=200mm×1100mm; $d \times t$=104mm×3.0mm; 纵筋4ϕ8+8ϕ6; f_{cu}=85.6MPa; f_y=324MPa; f_{ys}=244MPa/306MPa; n=0.441

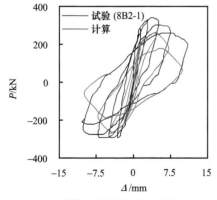

(e) 方柱配圆管试件（赵国藩等，1996）
$B \times L_1$=200mm×1100mm; $d \times t$=54mm×2.0mm; 纵筋 12ϕ8; f_{cu}=84.8MPa; f_y=394MPa; f_{ys}=244MPa; n=0.51

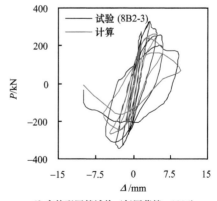

(f) 方柱配圆管试件（赵国藩等，1996）
$B \times L_1$=200mm×1100mm; $d \times t$=54mm×2.0mm; 纵筋12ϕ8; f_{cu}=91.3MPa; f_y=394MPa; f_{ys}=244.2MPa; n=0.48

图 2.263　P-Δ 滞回关系计算曲线与不同研究者试验曲线对比

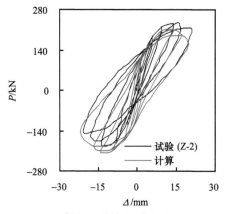

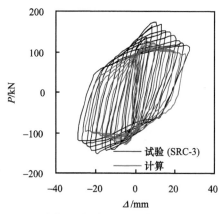

(g) 方柱配圆管试件（李惠等,1998）
$B \times L_1$=200mm×950mm; $d \times t$=112mm×2.5mm; 纵筋14ϕ5+2ϕ12;
f_{cu}=49.6MPa; f_{ys}=343.8MPa/415.8MPa; N_o=1020kN

(h) 方柱配圆管试件（金向前和陈忠范,2001）
$B \times L_1$=180mm×600mm; $d \times t$=139mm×3.2mm; 纵筋4ϕ12;
f_{cu}=25.39MPa; f_y=249.9MPa; f_{ys}=338.2MPa; n=0.64

图 2.263 （续）

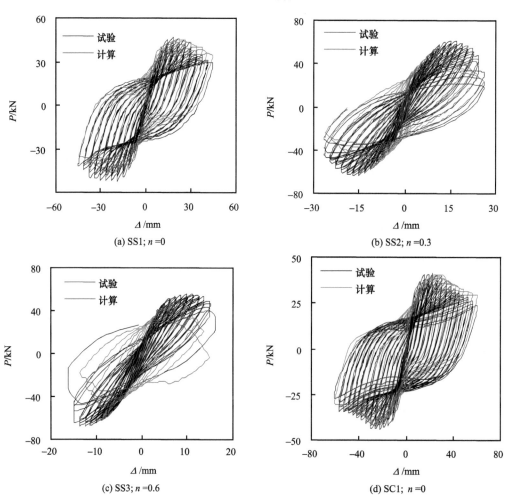

图 2.264 P-Δ 滞回关系计算与试验曲线对比

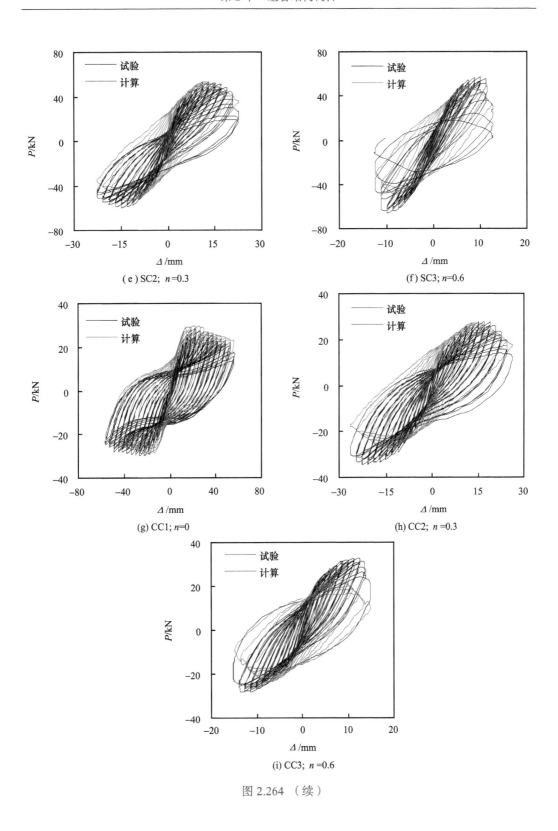

（e）SC2；$n=0.3$

（f）SC3；$n=0.6$

（g）CC1；$n=0$

（h）CC2；$n=0.3$

（i）CC3；$n=0.6$

图 2.264　（续）

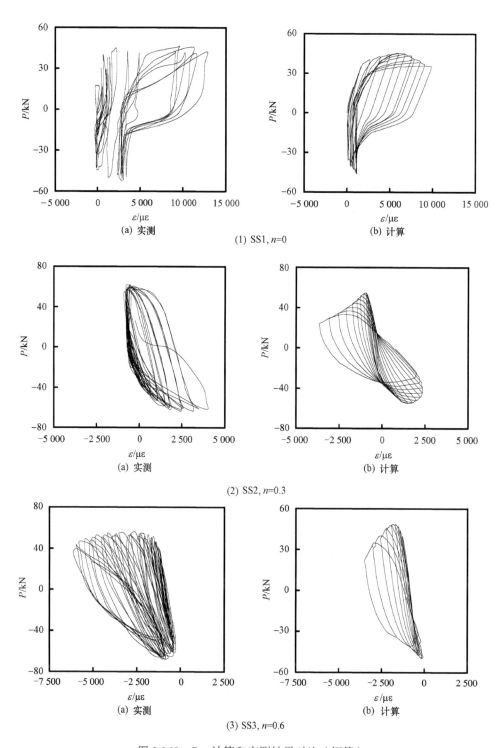

(a) 实测　　　　　　　　　　　　　　　　(b) 计算

(1) SS1, $n=0$

(a) 实测　　　　　　　　　　　　　　　　(b) 计算

(2) SS2, $n=0.3$

(a) 实测　　　　　　　　　　　　　　　　(b) 计算

(3) SS3, $n=0.6$

图 2.265　P-ε 计算和实测结果对比（钢管）

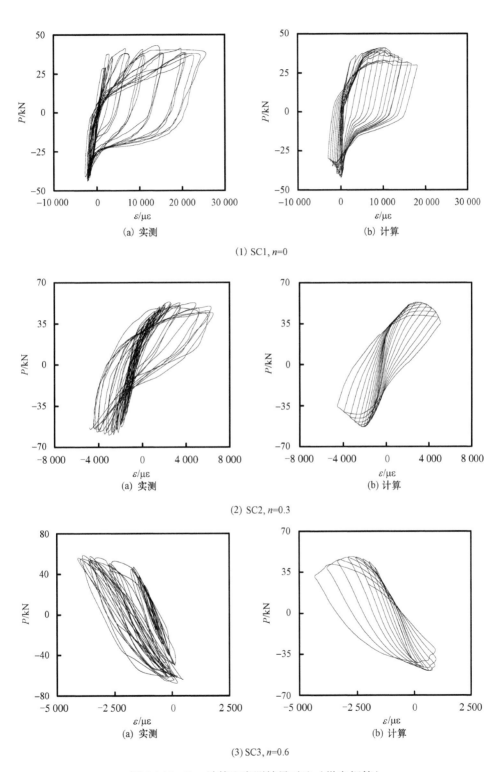

图 2.266　*P*-ε 计算和实测结果对比（纵向钢筋）

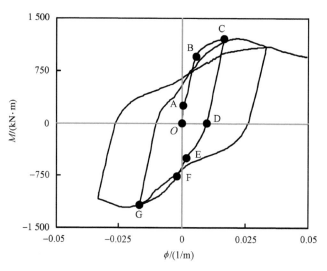

图 2.267　纯弯构件典型的 M-ϕ 滞回关系曲线

（a）OA 段。在此阶段，弯矩 - 曲率基本上呈直线关系，各部分材料处于弹性阶段，在 A 点混凝土受拉开裂。

（b）AB 段。弯矩 - 曲率呈直线关系，截面进入弹塑性状态，在 B 点受拉区钢筋开始屈服。

（c）BC 段。在此阶段，弯矩 - 曲率呈曲线关系，随着变形的增加，受拉区钢筋及钢管开始进入屈服阶段，中和轴不断上移，混凝土开裂面积逐渐增大，受压区混凝土面积逐渐减少，截面刚度远小于初始刚度，弯矩 - 曲率关系开始进入强化阶段。

（d）CD 段。从 C 点开始卸载，弯矩 - 曲率近似呈直线关系，卸载刚度与 AB 段刚度基本相同。在 D 点截面弯矩卸载为零，由于钢材与混凝土都存在残余应变，所以在 D 点时截面上有残余正向曲率产生。

（e）DE 段。截面继续卸载，弯矩 - 曲率呈曲线关系，原受压区混凝土转为受拉开裂，截面刚度逐渐降低。

（f）EF 段。弯矩 - 曲率近似呈直线关系，随着弯矩的增加，原受拉区混凝土重新闭合受压，截面刚度逐渐增加，在 F 点原受压区钢筋受拉屈服。

（g）FG 段。此阶段的弯矩 - 曲率呈曲线关系，新的受拉区钢筋及钢管逐渐屈服，新的受拉区混凝土开裂面积不断加大，而受压区混凝土边缘纤维应变不断增大，塑性特征表现得更为充分，截面进入了强化阶段。

② 压弯构件的弯矩 - 曲率滞回特性。

图 2.268 所示为钢管混凝土加劲混合结构柱典型的弯矩 - 曲率滞回关系曲线，大致可分为以下几个阶段。

（a）OA 段。在此阶段，弯矩 - 曲率基本上呈直线关系，截面上一部分受压区处于卸载状态，混凝土刚度较大，当轴压比较小时，各部分材料均处于弹性受力状态，A 点时混凝土受拉开裂，截面刚度有所下降。

（b）AB 段。弯矩 - 曲率呈曲线关系，截面进入弹塑性状态，混凝土受压区面积逐渐减小，混凝土边缘纤维应变不断增大，钢筋与钢管先后屈服，刚度不断下降。当轴压比较小时，受拉区钢筋首先达到屈服，而当轴压比较大时则是受压区钢筋首先屈服。

（c）BC 段。从 B 点开始卸载，弯矩 - 曲率近似呈直线关系。截面由于卸载而处于受拉状态的部分转为受压状态，而原来加载的部分现处于受压卸载状态。在 C 点截面弯矩卸载为零，由于钢材与混凝土都发生了塑性变形导致残余应变，所以在 C 点时截面上有残余正向曲率产生。

（d）CD 段。截面开始反向加载，弯矩 - 曲率仍基本呈直线关系，在 D 点时截面上新的受拉区混凝土开裂。

（e）DE 段。截面处于弹塑性阶段，钢筋及钢管逐渐屈服，压区混凝土应变不断增长，截面刚度逐渐降低。

（f）EF 段。工作情况类似 BE 段。

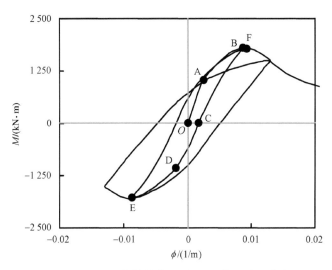

图 2.268　压弯构件典型的 $M\text{-}\phi$ 滞回关系曲线

总之，轴压比较低时，钢管混凝土加劲混合结构柱的 $M\text{-}\phi$ 滞回曲线呈饱满的梭形，耗能性能较好；随着轴压比的增大，滞回曲线逐渐捏缩，骨架曲线的下降段逐渐变陡。但与普通钢筋混凝土构件相比，由于有核心钢管混凝土的存在，不仅提高了构件的抗弯承载力，而且在受力过程中不会由于外围混凝土的压碎而立刻丧失承载能力，从而有利于提高构件的后期承载力和延性。

4）弯矩 - 曲率滞回骨架线影响因素分析。

图 2.269 所示为典型钢管混凝土加劲混合结构柱弯矩（M）- 曲率（ϕ）滞回关系曲线与单调加载时曲线的对比。基本计算条件为：外边长或直径 $B\,(D)$=600mm；L=4000mm；f_{cu}=60MPa；n=0.4；内配的方管或圆管边长或直径 $b\,(d)$=250mm，t=6.0mm，f_y=235MPa；方柱截面共配置 12 根直径为 20mm 的纵向受力钢筋，圆柱均匀配置 8 根直径为 22mm 的纵向受力钢筋，f_{ys}=335MPa。

从图 2.269 可见，构件弯矩（M）- 曲率（ϕ）滞回曲线的骨架线与单调加载时弯矩（M）- 曲率（ϕ）曲线基本重合，可能的原因是组成钢管混凝土加劲混合结构柱各类材

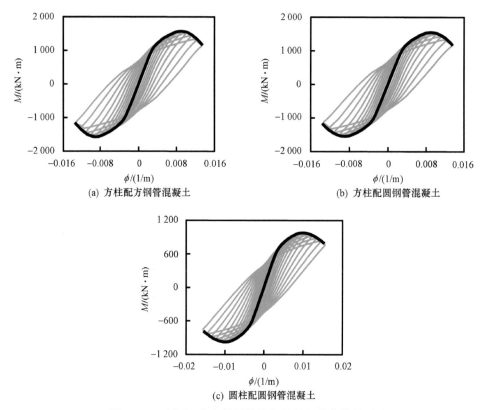

(a) 方柱配方钢管混凝土　　　　　　　　　(b) 方柱配圆钢管混凝土

(c) 圆柱配圆钢管混凝土

图 2.269　弯矩 - 曲率滞回曲线与单调加载曲线的对比

料之间协同互补和共同工作，使得该类构件具有良好的延性和韧性，构件从而在往复荷载作用下材料的累积损伤不显著。

影响钢管混凝土加劲混合结构柱 $M\text{-}\phi$ 滞回关系曲线骨架线的因素主要有混凝土圆柱体抗压强度（f_c'）、钢管含量（$\alpha = A_s/A$，A_s 和 A 分别为钢管横截面面积和钢管混凝土加劲混合结构柱横截面面积）、钢管屈服强度（f_y）、纵筋配筋率（α_1）、纵筋屈服强度（f_{ys}）、轴压比（n）等。下面通过典型算例，分析各参数对钢管混凝土加劲混合结构柱 $M\text{-}\phi$ 滞回关系曲线骨架线的影响规律。

不同参数对不同截面形状和内钢管形状的构件影响规律基本类似，下面以方柱配方钢管混凝土加劲混合结构柱为例进行分析，基本算例的参数取法同图 2.269 中所列构件。

① 混凝土圆柱体抗压强度（f_c'）。图 2.270 所示为混凝土强度对 $M\text{-}\phi$ 关系曲线的影响。从图中可以看出，在其他条件相同的情况下，随着混凝土抗压强度的提高，弹性阶段刚度和抗弯承载力有逐步增大的趋势，曲线的下降段则逐渐变陡。

② 钢管含量（α）。图 2.271 所示为钢管含量对 $M\text{-}\phi$ 关系曲线的影响。由图可见，随着钢管含量的提高，构件抗弯承载力逐步增大，截面 $M\text{-}\phi$ 曲线的下降段则变得较平缓。

③ 钢管屈服强度（f_y）。图 2.272 所示为核心钢管屈服强度对 $M\text{-}\phi$ 关系曲线的影响，其中钢管屈服强度取 235MPa、345MPa 和 420MPa。由图可见，钢管屈服强度对构件 $M\text{-}\phi$ 骨架曲线影响较小。

④ 纵筋配筋率（α_1）。图 2.273 给出了不同纵筋配筋率下钢管混凝土加劲混合结构柱 $M\text{-}\phi$ 滞回关系骨架线。可见，随着纵筋配筋率的提高，构件弹性阶段刚度有所提高，抗弯承载力也逐步增大。

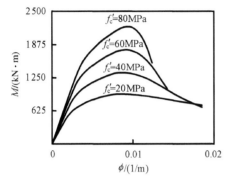

图 2.270　混凝土抗压强度对 $M\text{-}\phi$ 关系的影响

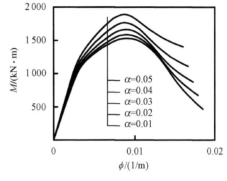

图 2.271　钢管含量对 $M\text{-}\phi$ 关系的影响

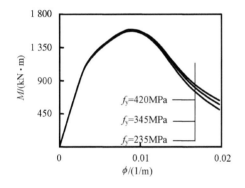

图 2.272　钢管屈服强度对 $M\text{-}\phi$ 关系的影响

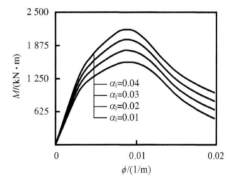

图 2.273　纵筋配筋率对 $M\text{-}\phi$ 关系的影响

⑤ 纵筋屈服强度（f_{ys}）。图 2.274 所示为纵筋屈服强度对 $M\text{-}\phi$ 关系曲线的影响，其中钢筋屈服强度取 235MPa、335MPa 和 400MPa。由图中可以看出，钢筋屈服强度对曲线弹性阶段的刚度几乎没有影响，这是由于钢筋的弹性模量与其强度无关；随着钢筋屈服强度的提高，构件的抗弯承载力稍有增长，但增长的幅度不大。

⑥ 轴压比（n）。图 2.275 给出了不同轴压比情况下构件的 $M\text{-}\phi$ 关系曲线。可以看出，在其他条件相同的情况下，轴压比 $n<0.4$ 时，随着轴压比的增加，构件弹性阶段的刚度略有提高，这是由于随着轴压比的增大，混凝土的受压面积会不断增加，从而使截面的抗弯刚度有所提高，但是提高的幅度不大；轴压比 $n>0.4$ 时，构件弹性阶段的刚度随着轴压比的增大而逐步减小。这主要是因为，随着轴压比的增大，混凝土的初始应力增大，此时混凝土的切线模量相比初始弹性模量已经有了较大程度的降低。

轴压比对截面抗弯承载力的影响如下：轴压比较小时，轴压比的提高会使抗弯承载力有一定程度的增加；但轴压比较大时，却随轴压比的增加而减小。这一特点与钢筋混凝土构件类似。由图可见，轴压比对曲线的形状有较大的影响：当轴压比较小时，曲线的下降趋势并不明显，随着轴压比的增加，构件下降段下降幅度不断增大。

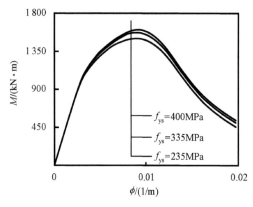

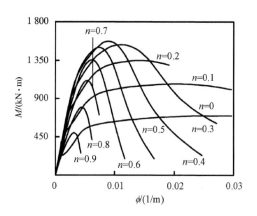

图 2.274　纵筋屈服强度对 $M\text{-}\phi$ 关系的影响 　　　　　　图 2.275　轴压比对 $M\text{-}\phi$ 关系的影响

5）弯矩 - 曲率滞回模型。

在对钢管混凝土加劲混合结构柱 $M\text{-}\phi$ 滞回关系曲线分析的基础上，发现在如下参数范围内，即 $n=0\sim0.8$，$\alpha=0.01\sim0.05$，$\alpha_l=0.01\sim0.04$，钢筋、钢管屈服强度 $f_y=200\sim500\mathrm{MPa}$，$f_c'=20\sim60\mathrm{MPa}$，钢管混凝土加劲混合结构柱的 $M\text{-}\phi$ 滞回关系骨架线可采用图 2.276 所示的三线型模型。

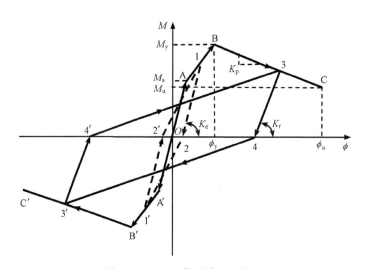

图 2.276　$M\text{-}\phi$ 滞回模型示意图

模型中有 5 个参数需要确定：弹性阶段刚度（K_e），A 点对应的弯矩（M_s），峰值弯矩（M_y）及其对应的曲率（ϕ_y）和第三段刚度（K_p）。

① 弹性阶段刚度（K_e）。对于钢管混凝土加劲混合结构柱弹性阶段刚度，暂按规程 EC4（2004）中给出的公式计算，表达式为

$$K_e = E_s I_s + E_{bs} I_{bs} + 0.6 E_c I_c \qquad (2.68)$$

式中：E_s、E_{bs} 和 E_c 分别为钢管、钢筋和混凝土的弹性模量，$E_s = E_{bs} = 2.1 \times 10^5 \mathrm{N/mm^2}$；$E_c = 22\,000\,(f_c'/10)^{0.3}$，$f_c'$ 以 MPa 为单位计；I_s、I_{bs} 和 I_c 分别为钢管、钢筋和混凝土的

截面惯性矩。

② A 点对应的弯矩（M_s）。根据分析，A 点对应的弯矩 M_s 可取为

$$M_s = 0.6M_y \tag{2.69}$$

③ 峰值弯矩（M_y）及其对应的曲率（ϕ_y）。钢管混凝土加劲混合结构柱 M-ϕ 关系曲线的特点是：当轴压比较小时，曲线达到 M_y 后趋于水平。其他情况下则均有明显的下降段。曲线无下降段时可以受拉钢筋和内钢管达到屈服时的弯矩和对应的曲率为 M_y 和 ϕ_y；其他情况下，取数值计算的最大弯矩及其对应的曲率为 M_y 和 ϕ_y。

④ BC 段刚度（K_p）。第三段刚度 K_p 取峰值点（M_y，ϕ_y）和极限点（M_u，ϕ_u）间直线的斜率。当轴压比较小，M-ϕ 关系曲线无下降段时，$K_p = 0$。当曲线出现下降时，取荷载下降至极限承载力的 85% 作为最终破坏状态。

由此可得 K_p 计算公式为

$$K_p = \frac{M_u - M_y}{\phi_u - \phi_y} \tag{2.70}$$

⑤ 模型软化段。模型软化段及再加载曲线的确定参考了钢筋混凝土 M-ϕ 恢复力模型的有关方法（过镇海和时旭东，2003）。M-ϕ 滞回模型的卸载曲线取斜直线，其斜率 K_r 随开始卸载时的弯矩值（M_r）及相应的曲率值（ϕ_r）而变化，K_r 的计算公式为

$$\begin{cases} K_r = K_e & |\phi_r| \leqslant \phi_y \\ K_r = \left(\dfrac{\phi_y}{\phi_r}\right)^{\zeta} K_e & \phi_y < |\phi_r| \leqslant \phi_u \end{cases} \tag{2.71}$$

式中：ζ 暂取 1.8。

图 2.276 所示的 M-ϕ 滞回模型的卸载和再加载规则如下：当从弹性段卸载时，卸载线将按照弹性阶段刚度卸载；当从 1 点或 3 点卸载时，卸载线则按卸载刚度 K_r 进行卸载，K_r 由式（2.75）确定。模型卸载至 $M = 0$，并开始反向加载，进入软化段 21′ 或 43′，点 1′ 和 3′ 为上一循环曾达到的最高点。然后，加载路径再沿模型骨架线继续进行。软化段 2′1 和 4′3 的确定方法分别与 21′ 和 43′ 类似。

图 2.277 为钢管混凝土加劲混合结构柱典型算例的 M-ϕ 骨架线模型计算结果与数值计算结果的对比情况；图 2.278 所示为采用简化模型计算获得的钢管混凝土加劲混合结构柱在往复荷载作用情况下 M-ϕ 滞回模型与数值方法计算结果的对比情况，算例条件和图 2.277 中的构件相同。计算结果表明，按照上述简化模型的计算结果与数值计算结果吻合较好。

6）荷载 - 位移滞回骨架线参数分析。

图 2.279 所示为典型钢管混凝土加劲混合结构柱荷载（P）- 位移（Δ）滞回关系曲线（虚线）与单调加载时曲线（实线）的对比，其算例基本条件同图 2.269 中所列构件。计算结果表明，钢管混凝土加劲混合结构柱荷载（P）- 位移（Δ）滞回曲线的骨架线与单调加载时荷载（P）- 位移（Δ）曲线基本重合。

影响钢管混凝土加劲混合结构柱 P-Δ 滞回关系曲线骨架线的因素主要有：混凝土圆柱

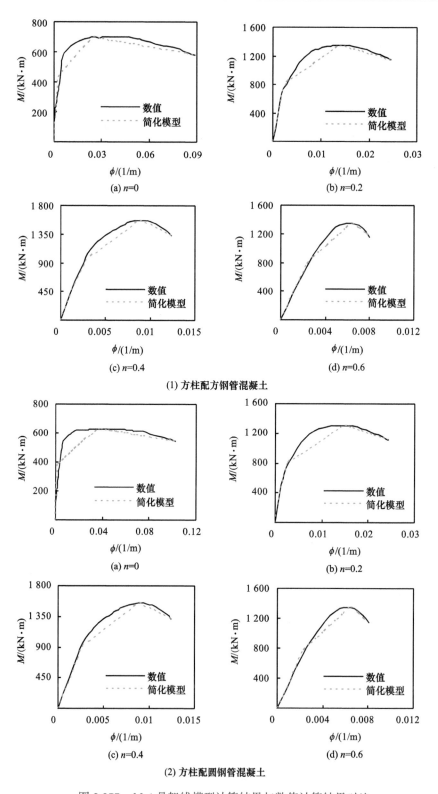

图 2.277　M-ϕ 骨架线模型计算结果与数值计算结果对比

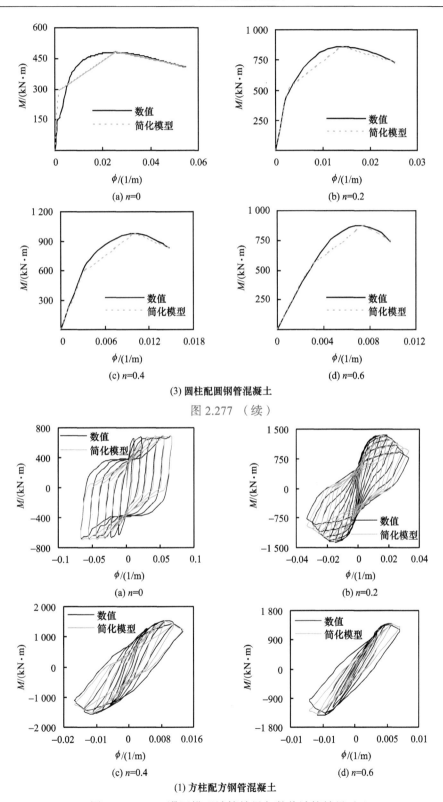

(a) $n=0$

(b) $n=0.2$

(c) $n=0.4$

(d) $n=0.6$

(3) 圆柱配圆钢管混凝土

图 2.277　（续）

(a) $n=0$

(b) $n=0.2$

(c) $n=0.4$

(d) $n=0.6$

(1) 方柱配方钢管混凝土

图 2.278　$M\text{-}\phi$ 滞回模型计算结果与数值计算结果对比

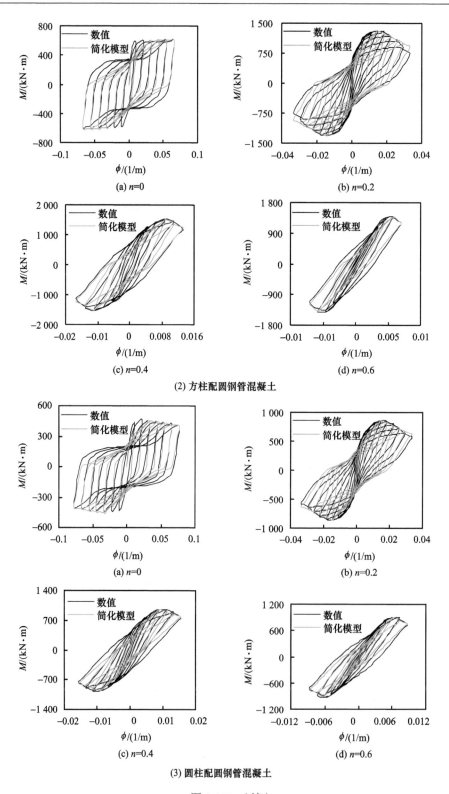

(a) $n=0$

(b) $n=0.2$

(c) $n=0.4$

(d) $n=0.6$

(2) 方柱配圆钢管混凝土

(a) $n=0$

(b) $n=0.2$

(c) $n=0.4$

(d) $n=0.6$

(3) 圆柱配圆钢管混凝土

图 2.278 （续）

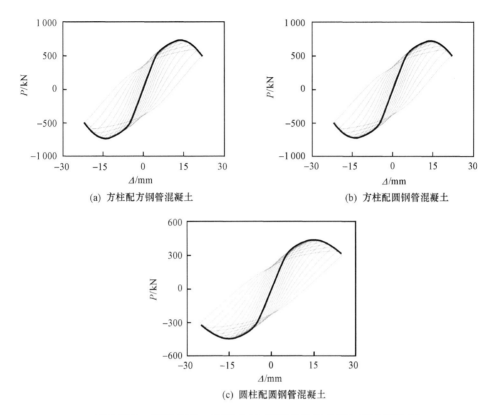

(a) 方柱配方钢管混凝土　　　　(b) 方柱配圆钢管混凝土

(c) 圆柱配圆钢管混凝土

图 2.279　荷载（P）-位移（Δ）滞回曲线与单调加载曲线比较

体抗压强度（f_c'）、钢管含量（α）、钢管屈服强度（f_y）、纵筋配筋率（α_1）、纵筋屈服强度（f_{ys}）、轴压比（n）、长细比（λ）等。下面通过典型算例，分析各参数对钢管混凝土加劲混合结构柱 P-Δ 滞回关系曲线骨架线的影响规律。

不同参数对不同截面形状和内钢管形状的构件影响规律基本类似，以下仅以方形截面钢管混凝土加劲混合结构柱为例进行分析，基本算例的参数取法同图 2.269。

① 混凝土圆柱体抗压强度（f_c'）。图 2.280 所示为混凝土强度对 P-Δ 关系曲线的影响。从图中可以看出，在其他条件相同的情况下，随着混凝土抗压强度的提高，构件弹性阶段刚度和水平承载力有逐步增大的趋势，位移延性则逐渐减小。

② 钢管含量（α）。图 2.281 所示为钢管含量对 P-Δ 关系曲线的影响。由图可见，随着钢管含量的提高，构件弹性阶段刚度和水平承载力都有所提高，位移延性也有增大的趋势。

③ 钢管屈服强度（f_y）。图 2.282 所示为核心钢管屈服强度对 P-Δ 关系曲线的影响，其中钢管屈服强度取 235MPa、345MPa 和 420MPa。可见钢管屈服强度对构件 P-Δ 骨架曲线影响较小。

④ 纵筋配筋率（α_1）。图 2.283 给出了不同纵筋配筋率下钢管混凝土加劲混合结构柱 P-Δ 滞回关系骨架线。可见，随着纵筋配筋率的提高，构件弹性阶段刚度和水平承载力逐步提高，但其对曲线的形状影响不大。

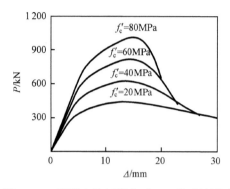

图 2.280　混凝土抗压强度对 P-Δ 关系的影响

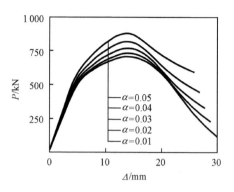

图 2.281　钢管含量对 P-Δ 关系的影响

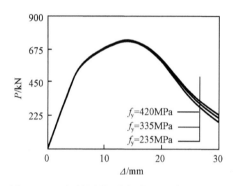

图 2.282　钢管屈服强度对 P-Δ 关系的影响

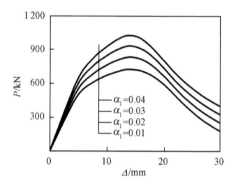

图 2.283　纵筋配筋率对 P-Δ 关系的影响

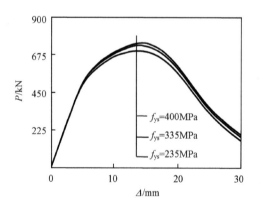

图 2.284　纵筋屈服强度对 P-Δ 关系的影响

⑤ 纵筋屈服强度（f_{ys}）。图 2.284 所示为纵筋屈服强度对 P-Δ 关系曲线的影响，其中钢筋屈服强度取 235MPa、335MPa 和 400MPa。由图中可见，钢筋屈服强度对弹性阶段的刚度几乎没有影响，这是由于钢筋的弹性模量与其强度无关；随着钢筋屈服强度的提高，构件的水平承载力稍有增长，但增长的幅度不大。

⑥ 轴压比（n）。图 2.285 给出了不同轴压比情况下构件的 P-Δ 关系曲线。可以看出，在其他条件相同的情况下，轴压比 $n<0.4$ 时，随着轴压比的增加，构件的水平承载力逐渐提高，当轴压比 $n>0.4$ 时，构件的水平承载力则随着轴压比的增大而逐步减小。随着轴压比的增大，曲线下降段下降幅度逐渐增加，构件的位移延性越来越小。

⑦ 长细比（λ）。图 2.286 所示为不同长细比（其中 $\lambda=L/B$）条件下的 P-Δ 关系曲线。可见，构件的长细比不仅影响曲线的数值，还会影响曲线的形状。随着长细比的

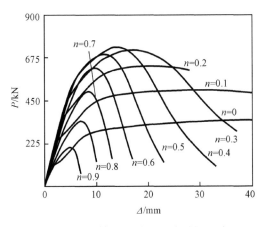

图 2.285　轴压比对 $P\text{-}\Delta$ 关系的影响

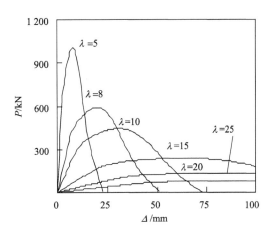

图 2.286　长细比对 $P\text{-}\Delta$ 关系曲线的影响

增加，构件弹性阶段的刚度和水平承载力都逐渐减小。

7）荷载 - 位移滞回模型。

在对钢管混凝土加劲混合结构柱 $P\text{-}\Delta$ 滞回关系曲线分析的基础上，发现在如下参数范围内，即 $n=0\sim0.8$，$\alpha=0.01\sim0.05$，$\alpha_1=0.01\sim0.04$，L/B（L/D）$=5\sim25$，钢筋、钢管屈服强度度 $f_y=200\sim500\text{MPa}$，$f_c'=20\sim80\text{MPa}$，钢管混凝土加劲混合结构柱的 $P\text{-}\Delta$ 滞回关系骨架线可采用图 2.287 所示的三线型模型，其中 A 点为骨架线弹性阶段的终点，B 点为骨架线峰值点，其水平荷载值为 P_y，A 点的水平荷载大小取 $0.6P_y$，C 点为骨架线极限点。

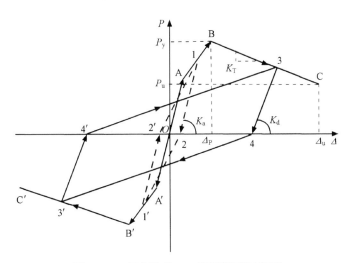

图 2.287　压弯构件 $P\text{-}\Delta$ 滞回模型示意图

模型所需确定的参数包括弹性阶段刚度（K_a）、B 点位移（Δ_p）和最大水平荷载（P_y）以及第三段刚度（K_T）。

① 弹性阶段刚度（K_a）。对于钢管混凝土加劲混合结构柱 $P\text{-}\Delta$ 关系在弹性阶段的刚度 K_a，可根据结构力学有关原理，由其 $M\text{-}\phi$ 关系的弹性刚度导出

$$K_a=3K_e/L_1^3 \tag{2.72}$$

式中：K_e 按照式（2.72）确定，$L_1 = L/2$。

② B 点位移（Δ_p）及最大水平荷载（P_y）。钢管混凝土加劲混合结构柱 P-Δ 关系曲线的特点是：当轴压比较小时，曲线达到 P_y 后趋于水平。其他情况下则均有明显的下降段。曲线无下降段时可以受拉钢筋和内钢管达到屈服时的弯矩和对应的曲率为 P_y 和 Δ_p。其他情况下则曲线上最大水平荷载及其对应的位移为 P_y 和 Δ_p。

③ BC 段刚度（K_T）。BC 段刚度 K_T 取峰值点（P_y，Δ_p）和极限点（P_u，Δ_u）间直线的斜率。当轴压比较小，P-Δ 关系曲线无下降段时，$K_T = 0$。当曲线出现下降时，取荷载下降至极限承载力的 85% 作为最终破坏状态。

由此可得 K_T 计算公式为

$$K_T = \frac{P_u - P_y}{\Delta_u - \Delta_p} \tag{2.73}$$

④ 模型软化段。在前述钢管混凝土加劲混合结构柱 M-ϕ 滞回模型的基础上，定义 P-Δ 滞回模型的卸载曲线为斜直线，其斜率 K_d 随开始卸载时的荷载值（P_d）及相应的位移值（Δ_d）而变化。考虑到峰值点后构件的刚度退化，K_d 的计算公式为

$$\begin{cases} K_d = K_a & |\Delta_d| \leqslant \Delta_p \\ K_d = \left(\dfrac{\Delta_p}{\Delta_d}\right)^\zeta K_a & \Delta_p < |\Delta_d| \leqslant \Delta_u \end{cases} \tag{2.74}$$

式中：$\zeta = 1.8$；K_a 为构件的弹性阶段刚度。

图 2.287 所示的 P-Δ 滞回模型的卸载和再加载规则如下：当从弹性段卸载时，卸载线将按照弹性阶段刚度卸载；当从 1 点或 3 点卸载时，卸载线则按卸载刚度 K_d 进行卸载，K_d 由式（2.78）确定。模型卸载至 $P = 0$，并开始反向加载，进入软化段 21′ 或 43′，点 1′ 和 3′ 为上一循环曾达到的最高点。然后，加载路径再沿模型骨架线继续进行。软化段 2′1 和 4′3 的确定方法分别与 21′ 和 43′ 类似。

图 2.288 为钢管混凝土加劲混合结构柱典型算例的 P-Δ 骨架线模型计算结果与数值计算结果的对比情况；图 2.289 所示为采用简化模型计算获得的钢管混凝土加劲混合结构柱在往复荷载作用情况下 P-Δ 滞回模型与数值方法计算结果的对比情况。可见二者总体上较为吻合。

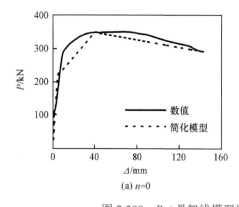
(a) $n=0$

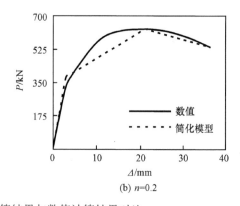
(b) $n=0.2$

图 2.288　P-Δ 骨架线模型计算结果与数值计算结果对比

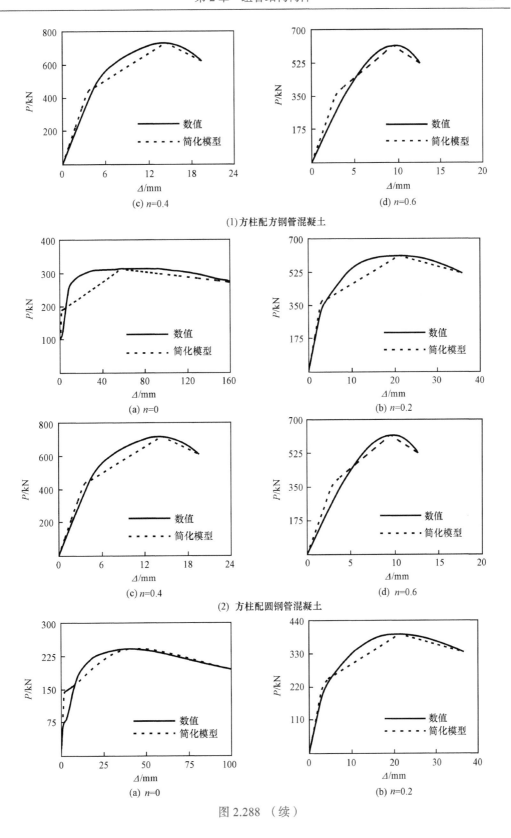

(c) n=0.4　　　　　　　　　　　　(d) n=0.6

(1) 方柱配方钢管混凝土

(a) n=0　　　　　　　　　　　　(b) n=0.2

(c) n=0.4　　　　　　　　　　　　(d) n=0.6

(2) 方柱配圆钢管混凝土

(a) n=0　　　　　　　　　　　　(b) n=0.2

图 2.288　（续）

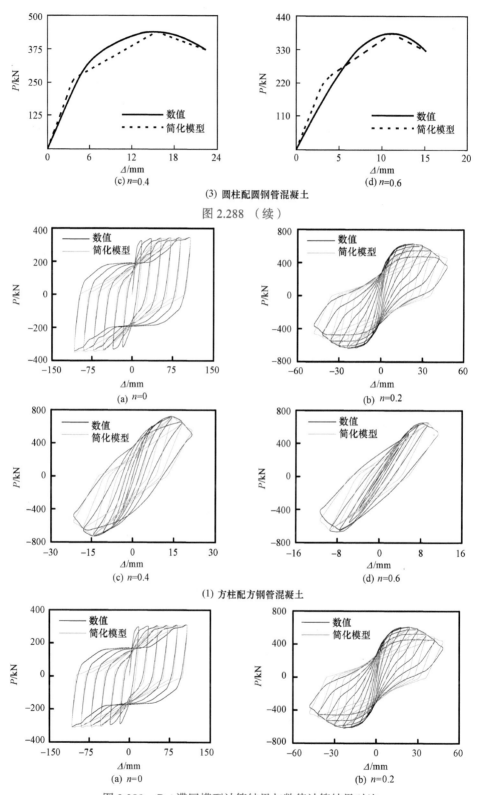

(c) n=0.4

(d) n=0.6

(3) 圆柱配圆钢管混凝土

图 2.288 （续）

(a) n=0

(b) n=0.2

(c) n=0.4

(d) n=0.6

(1) 方柱配方钢管混凝土

(a) n=0

(b) n=0.2

图 2.289 P-Δ 滞回模型计算结果与数值计算结果对比

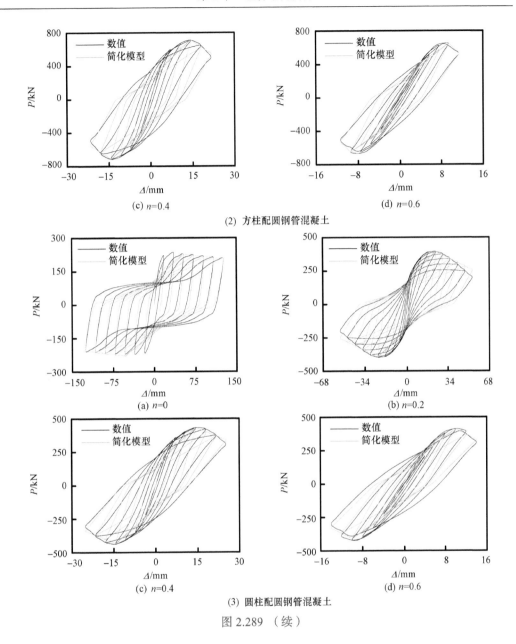

(c) n=0.4

(d) n=0.6

(2) 方柱配圆钢管混凝土

(a) n=0

(b) n=0.2

(c) n=0.4

(d) n=0.6

(3) 圆柱配圆钢管混凝土

图 2.289 （续）

2.11.3 小结

本节从理论和试验两方面研究了钢管混凝土加劲混合结构柱在轴压、纯弯、压弯和低周往复荷载作用下的力学性能，并在参数分析的基础上，探讨和建议了钢管混凝土加劲混合结构柱轴压、纯弯、压弯的极限承载力计算公式和 M-ϕ、P-Δ 滞回模型。

2.12 FRP- 混凝土 - 钢管组合柱

FRP- 混凝土 - 钢管组合柱（FRP-concrete-steel hybrid double-skin tubular columns）的

构造由 Teng 等（2004）提出。该类组合柱是由内部空钢管、外层同心 FRP 布（或管）及位于两者之间的夹层混凝土所共同构成。

图 2.290 所示为几种典型的截面形式。

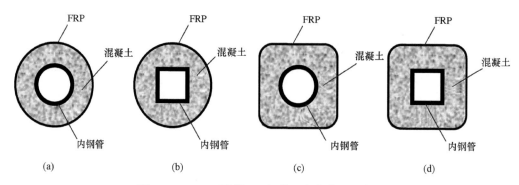

图 2.290　FRP- 混凝土 - 钢管组合柱截面示意图

FRP- 混凝土 - 钢管组合柱旨在利用 FRP、钢材和混凝土三种材料的各自优点，形成的组合柱具有自重轻和耐腐蚀好等优点。

Teng 等（2004，2007）报道了如图 2.290（a）所示的 6 个圆 FRP- 混凝土 - 钢管组合轴心受压短柱的试验研究结果，试件外直径为 152.5mm，长度为 305mm，内部圆钢管外直径为 76.1mm，钢管壁厚为 3.2mm。试验的变化参数为 FRP 的层数，分别为 1 层、2 层和 3 层。结果表明，与组成柱截面的混凝土与钢管的轴压强度承载力之和相比，外包 1 层 FRP 的柱的强度承载力与之接近，而外包 2 层和 3 层 FRP 的柱轴压强度承载力分别提高 27% 和 48%。外包 1 层 FRP 的柱荷载 - 变形曲线接近于理想弹塑性曲线，而外包 2 层和 3 层 FRP 的柱荷载 - 变形曲线近似呈双线型强化曲线。

Yu 等（2006）进行了 6 个如图 2.290（a）所示的圆 FRP- 混凝土 - 钢管组合柱的纯弯试验研究，其试件外直径均为 152.5mm，跨度为 1.3m，内层圆钢管外直径均为 76.1mm，采用了三种不同的钢管壁厚分别为 2.7mm、3.2mm 和 4.3mm。试件包裹纤维布的层数分别为 1 层和 2 层。试验结果表明，由于钢管的存在，所有试件的延性性能良好。

以往对 FRP- 混凝土 - 钢管组合柱抗震性能的研究尚少见。作者课题组进行了图 2.290（a）和（c）所示 FRP- 混凝土 - 钢管组合柱滞回性能的研究（徐毅，2007）。

为论述方便，本书将图 2.290（a）所示的截面构件称之为圆 FRP- 混凝土 - 钢管组合柱，而将图 2.290（c）所示的截面构件称之为方 FRP- 混凝土 - 钢管组合柱。

2.12.1　滞回性能

（1）试验概况

以截面形式（圆形和方形）、轴压比（0～0.6）和包裹 FRP 层数（1 层和 2 层）为试验参数，共进行 4 个圆形构件 [图 2.290（a）] 和 4 个方形构件 [图 2.290（c）] 的滞回性能试验研究。有关试验具体参数见表 2.39，其中，n_f 为包裹 FRP 的层数，t_f 为 FRP 的名义厚度，N_o 为所施加的轴压力，n 为轴压比（$n = N_o / N_u$，其中 N_u 为试件的轴压稳定承载力，由 2.12.2 节论述的数值方法计算获得）。

表 2.39　FRP- 混凝土 - 钢管组合柱试件参数和主要试验结果

截面形状	试件编号	n_f	t_f/mm	N_o/kN	n	Δ_y/mm	P_{ue}/kN	M_{ue}/(kN·m)
圆形	C-0.3-1	1	0.17	200	0.3	11	43	19.7
	C-0-2	2	0.34	14	0.02	14	42.4	16.1
	C-0.3-2	2	0.34	205	0.3	11.4	51.7	22.9
	C-0.6-2	2	0.34	410	0.6	10.2	55	29.5
方形	S-0.2-1	1	0.17	205	0.24	10.5	55.8	24.6
	S-0-2	2	0.34	18	0.02	15	50.9	19.8
	S-0.2-2	2	0.34	205	0.23	11.9	62.6	27
	S-0.5-2	2	0.34	410	0.46	9.2	66.3	32.1

圆试件的外直径（D）或者方试件的外边长（B）均为 150mm，试件长度 L = 1500mm。FRP 采用纵、横双向碳纤维布制作，其单层厚度 t_f = 0.17mm，双向的纤维量完全相同。内部的圆钢管外直径均为 75mm，钢管壁厚为 2.2mm。

实测的 FRP 受拉时的应力 - 应变关系基本呈线弹性，测得其单向平均抗拉强度 f_f = 4112MPa，弹性模量 E_f = 2.55×10^5 N/mm^2，极限拉应变 ε_f = 16 335$\mu\varepsilon$。测试结果表明，FRP 两个方向的材料性能基本一致。

混凝土配置时采用了硅酸盐水泥，5～15mm 碎石，中砂，砂率为 0.35。混凝土的质量配合比为水泥：水：砂：石子 = 538：205：598：1109（kg/m^3）。28 天时混凝土的立方体抗压强度 f_{cu} = 33.6MPa，圆柱体轴心抗压强度 f_c' = 27.2MPa，弹性模量 E_c = 27 200N/mm^2。试验时 f_{cu} = 49.6MPa，f_c' = 40.7MPa。

内钢管钢材实测的屈服强度 f_y = 300MPa，极限强度 f_u = 352MPa，弹性模量 E_s = 1.8×10^5 N/mm^2。

在试件混凝土浇筑自然养护 28 天之后，开始碳纤维布的包裹工作。为保证 CFRP 的强度，所有搭接区碳纤维的搭接长度均取为 150mm。双向 CFRP 的纤维一个方向沿试件的纵向铺设主要用于受拉区的抗拉，另一方向沿试件的横向分布可对其内部混凝土提供约束作用。

采用的试验装置如图 2.15 所示。试件加载制度采用转角控制，即控制试件端部转角在施加每一级荷载时的增量为 0.005rad，每级位移都循环三圈。

（2）试验结果及分析

1）试件破坏形态。

横向荷载达到极限承载力的 60% 左右时，试件外观变化不大。当横向荷载达到极限承载力的 70%～80% 时，FRP 开始发出轻微响声，纤维单丝开始断裂。当跨中位移达到 20mm 左右时，夹具一侧的受拉边缘的 FRP 纵向纤维发生突然断裂，同时可以看出该处混凝土也出现较大受拉裂缝，此时试件达到其极限承载力。

　　继续反方向加载，原受压侧变为受拉，其边缘的 FRP 纵向纤维也出现断裂，试件在反向也达到其极限承载力。此后，随着位移幅的继续增大，FRP 的纵向纤维断裂逐渐向截面核心部位发展，试件承载力开始急剧降低。同时 FRP 纵向纤维断裂处截面的边缘混凝土在拉压反复作用出现破碎、体积膨胀，导致 FRP 环向出现撕裂，如图 2.291（1，a）和（2，a）所示。试件的承载力下降到一定的程度后开始趋于稳定，此时 FRP 已基本失效，荷载主要由钢管和混凝土来承担。

　　在试验过程中未发现 FRP 与混凝土之间发生黏结破坏。试验结束后，去除试件破坏区域的 FRP 和混凝土，可观察到内钢管的破坏形态［如图 2.291（1，b）和（2，b）所示］。在试验后期由于钢管承担主要荷载，在往复荷载作用下出现了一定局部屈曲，由于外围混凝土的限制，内钢管在破坏截面处最终发生了一定凹屈。

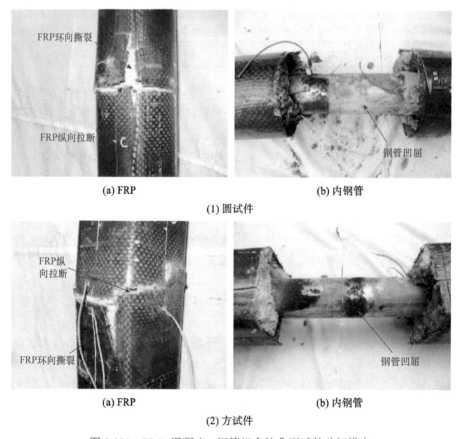

(a) FRP　　　　　　　　　　　(b) 内钢管

(1) 圆试件

(a) FRP　　　　　　　　　　　(b) 内钢管

(2) 方试件

图 2.291　FRP- 混凝土 - 钢管组合柱典型试件破坏模态

　　2）*P-Δ* 滞回关系曲线。

　　图 2.292（1）和（2）中分别给出了圆 FRP- 混凝土 - 钢管组合试件和方试件实测的 *P-Δ* 滞回关系曲线。所有试件在双向加载过程中达到极限承载力时 FRP 沿纵向均被拉断。

从图 2.292 可以看出，在试件达到极限承载力前，滞回加载曲线的斜率变化较小，卸载后的残余变形也不大，正反向加卸载所构成的滞回环面积较小。当 FRP 开始断裂后，随着试件横向位移的逐渐增大，FRP 的断裂迅速扩展，导致其迅速退出工作，滞回加载曲线的斜率显著减小。

从滞回曲线可以看出，除轴压比接近 0 的 C-0-2 和 S-0-2 试件其 P-Δ 滞回曲线呈反弓形外，其余试件的 P-Δ 滞回曲线形状总体上较为饱满。

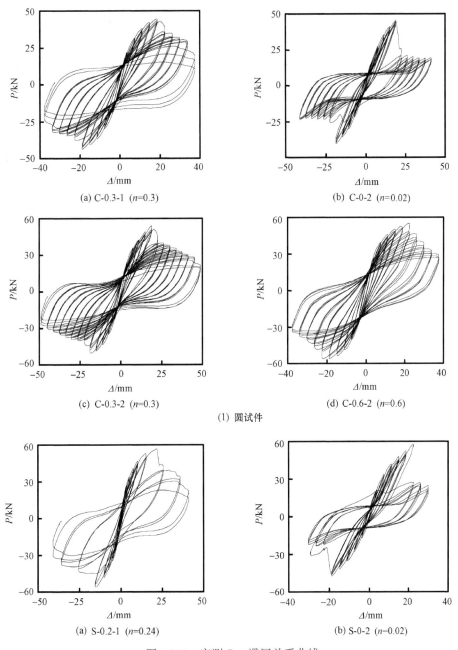

(a) C-0.3-1 (n=0.3)　　　　　　　　(b) C-0-2 (n=0.02)

(c) C-0.3-2 (n=0.3)　　　　　　　　(d) C-0.6-2 (n=0.6)

(1) 圆试件

(a) S-0.2-1 (n=0.24)　　　　　　　　(b) S-0-2 (n=0.02)

图 2.292　实测 P-Δ 滞回关系曲线

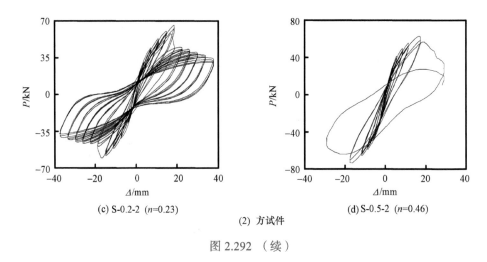

(c) S-0.2-2 (n=0.23)　　　　　　　　(d) S-0.5-2 (n=0.46)

(2) 方试件

图 2.292　（续）

图 2.293（a）和（b）分别给出了轴压比（n）对圆形和方形试件的 P-Δ 滞回曲线骨架线的影响。可见，轴压比（n）对圆形试件和方形试件的影响规律类似。即随着 n 的增大，试件在弹性阶段的刚度也随之增大。在试件纵向 FRP 开始出现断裂，试件达到最大承载力后，由于 FRP 较快退出工作，试件承载力突降 25%～50%。此后试件的承载力主要由混凝土和内部钢管提供，由于混凝土在拉、压反复应力作用下不断开裂和压碎，试件承载力继续下降。对于轴压比接近 0 的试件，由于其后期 FRP 基本失效，其残余承载力较低。其余试件由于轴压力的存在有利于延缓 FRP 的失效，残余承载力较为接近，且明显大于轴压比接近 0 的试件。

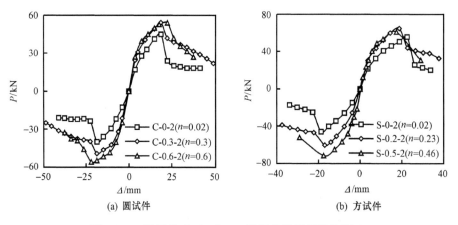

(a) 圆试件　　　　　　　　　　　(b) 方试件

图 2.293　轴压比（n）对 P-Δ 滞回曲线骨架线的影响

图 2.294 给出了轴压比基本相同的试件在不同包裹 FRP 层数（n_f）下的 P-Δ 滞回曲线骨架线比较。可见，包裹 FRP 的层数对试件弹性阶段刚度基本没有影响，在弹塑性阶段试件的刚度随着包裹 FRP 层数的增加有所提高。对于方试件，包裹 1 层和包裹 2 层 FRP 的试件的后期剩余承载力基本接近。而对于圆试件，由于其截面特点决定截面中心附近的 FRP 对试件承载力的"贡献"要大于方试件，包裹 2 层 FRP 试件的残余

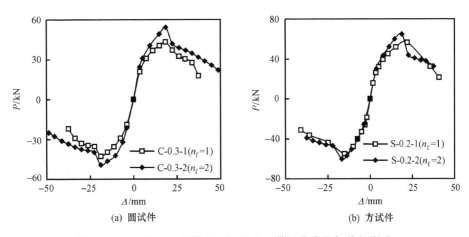

图 2.294　包裹 FRP 层数（n_f）对 P-Δ 滞回曲线骨架线的影响

承载力要大于包裹 1 层 FRP 的试件。

　　试验实测的所有试件的极限荷载 P_{ue} 和对应的极限弯矩 M_{ue} 列于表 2.39 中。图 2.295 给出了轴压比（n）对试件极限荷载（P_{ue}）的影响。从图中可以看出，随着轴压比的增加，方形和圆形试件的极限荷载均有增大的趋势，但该增大趋势在后期趋缓。轴压比影响的原因如下：一方面轴压力的存在有利于延缓混凝土开裂、增大截面刚度和提高抗弯承载力；另一方面轴压力施加后使 FRP 纵向纤维产生压应变，有利于延缓 FRP 的纵向断裂。

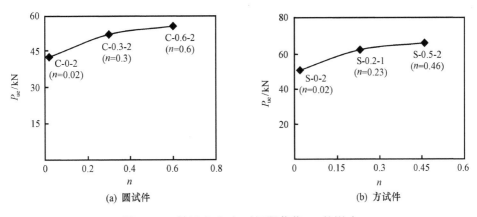

图 2.295　轴压比（n）对极限荷载 P_{ue} 的影响

　　图 2.296 所示为轴压比基本相同的试件在不同包裹 FRP 层数（n_f）情况下试件极限荷载（P_{ue}）的变化规律。可见 n_f 对圆形截面试件极限承载力的影响更为显著，例如对于圆试件和方试件，包裹 2 层 CFRP 试件的承载力比包裹 1 层 CFRP 试件的承载力分别提高了 20.2% 和 12.2%。

　　3）FRP 的应变。

　　在试验过程中实测了试件跨中边缘纤维处 FRP 的纵向应变。图 2.297 所示为典型

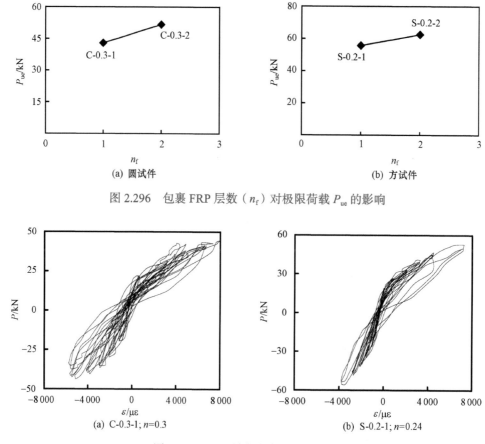

(a) 圆试件　　　　　　　　　　　　　　　　(b) 方试件

图 2.296　包裹 FRP 层数（n_f）对极限荷载 P_{ue} 的影响

(a) C-0.3-1; n=0.3　　　　　　　　　　　(b) S-0.2-1; n=0.24

图 2.297　FRP 纵向应变的变化情况

试件的 FRP 纵向应变的发展情况，试件应变以拉应变为正，压应变为负。

由图 2.297 可见，由于混凝土开裂的影响，FRP 的应变发展并不对称，在同一荷载情况下拉应变值要明显大于压应变值。与 FRP 约束混凝土轴压构件（Teng 等，2002）类似，各试件的 FRP 在发生断裂时的拉应变均在 10 000με 以内，要明显小于在材性试验中测得的极限拉应变 ε_f 值。

4）刚度退化。

仍可按照式（2.47）迭代计算试件在每次加载循环后的构件刚度 EI。图 2.298 所示为轴压比（n）对试件刚度退化的影响。可以看出，随着加载位移的不断增大，试件刚度不断发生退化。同时从图 2.298 还可以看出，随着轴压比的增大，试件刚度退化现象趋缓。这是因为轴压比的增加使得试件受压区混凝土面积增大，从而减小了截面绝对的拉压循环区面积。此外，一定轴压力的存在有利于减小 FRP 纵向纤维的拉应变，可延缓 FRP 纵向断裂的进程。这一点可从图 2.298 中得到明显体现，即轴压比越小，FRP 断裂造成的曲线斜率突变越明显。

图 2.299 所示为不同 FRP 包裹层数对试件的刚度退化的影响。可见，在本节试验参数范围内，FRP 的包裹层数对试件的刚度退化影响较小。

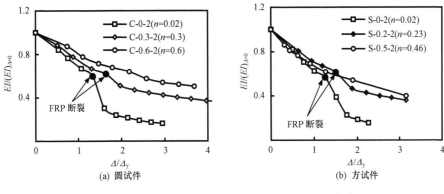

图 2.298　不同轴压比（n）下试件刚度的退化曲线

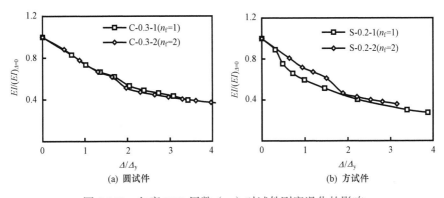

图 2.299　包裹 FRP 层数（n_f）对试件刚度退化的影响

5）位移延性。

由于试件的荷载 - 位移骨架曲线上没有明显的屈服点，仍根据图 2.251 和式（2.48）来定义屈服位移 Δ_y、极限位移 Δ_u 和位移延性系数 μ，有关指标计算结果列于表 2.40 中。

表 2.40　FRP- 混凝土 - 钢管组合柱试件的位移延性系数

试件编号	加载方向	屈服点		峰值荷载点		极限位移点		延性系数 μ	
		P_y/kN	Δ_y/mm	P_{max}/kN	Δ_{max}/mm	$0.85P_{max}$/kN	Δ_u/mm	双向	平均值
C-0.3-1	正向	30.7	8.5	42.8	18.8	36.4	21.9	2.57	2.62
	负向	31.1	7.7	43.2	18.5	36.7	22.8	2.67	
C-0-2	正向	31.9	9.9	44.9	18.8	38.1	20	2.01	2.01
	负向	31.2	10.0	40	18.7	34	20.1	2.00	
C-0.3-2	正向	38.6	8.9	49.3	18.9	41.9	21.8	2.44	2.53
	负向	37.2	8.1	54.2	18.7	46.0	21.2	2.62	
C-0.6-2	正向	39.6	7.5	54	22.5	45.9	25.0	3.34	3.16
	负向	42.5	8.6	56	22.0	47.6	25.6	2.98	

续表

试件编号	加载方向	屈服点		峰值荷载点		极限位移点		延性系数 μ	
		P_y/kN	Δ_y/mm	P_{max}/kN	Δ_{max}/mm	$0.85P_{max}$/kN	Δ_u/mm	双向	平均值
S-0.2-1	正向	43.0	8.6	54.9	15.4	46.7	22.3	2.59	2.60
	负向	42.2	9.5	56.6	22	48.1	24.9	2.61	
S-0-2	正向	34.2	11.4	46.2	18.7	39.3	20.0	1.76	2.07
	负向	37.8	10	55.5	22.5	47.2	23.5	2.37	
S-0.2-2	正向	44.0	8.8	60.4	17	51.3	20.5	2.32	2.44
	负向	44.2	8.0	64.8	18.8	55.1	20.6	2.56	
S-0.5-2	正向	48.9	8.1	61.0	17.4	51.9	20.9	2.60	2.85
	负向	53.9	7.7	71.7	17.5	60.9	23.9	3.09	

由表 2.40 可见，本次试验构件的位移延性系数在 2.01～3.16 之间变化，其中圆试件位移延性系数的平均值为 2.6，方试件的平均值为 2.49。可见，本次试验构件的位移延性系数总体要明显小于普通钢管混凝土及前文述及的钢管混凝土加劲混合结构柱的位移延性系数。其原因是承受荷载较大的纵向 FRP 分布在截面外围，一旦其破坏退出工作，荷载将主要由混凝土和位于截面核心部位的钢管承担，因而导致试件的承载能力显著降低。为此，如在地震区使用该形式的 FRP-混凝土-钢管组合柱，有必要控制FRP 承担荷载的比例，以提高试件的抗震能力。

图 2.300 所示为轴压比（n）对试件位移延性的影响。可见，圆试件和方试件的位移延性系数均随着轴压比的增大而增大，这一点和钢管混凝土及钢管混凝土加劲混合结构柱明显不同，其原因已在前文述及，即轴压力增加延缓了 FRP 纵向断裂的进程。

图 2.301 比较了包裹不同 FRP 层数对试件位移延性系数的影响。可以看出，在轴压比相同的情况下，包裹 2 层 FRP 试件的位移延性较包裹 1 层 FRP 试件略有降低，但总体影响不大。原因在于 FRP 层数增加带来的 FRP 环向约束增加抵消了 FRP 纵向断裂带来的影响。

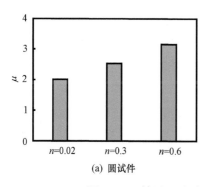
(a) 圆试件

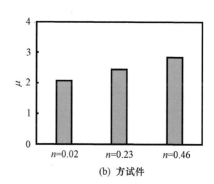
(b) 方试件

图 2.300 轴压比（n）对位移延性系数（μ）的影响

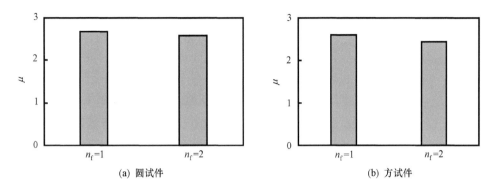

图 2.301　包裹 FRP 层数（n_f）对试件位移延性系数的影响

6）耗能。

以圆试件为例，图 2.302 和图 2.303 分别绘出了轴压比（n）和包裹 FRP 层数（n_f）对试件累积耗能（E）的影响。从图 2.302 可以看出，在相同的加载级数情况下，试件的累积耗能随轴压比的增大而有所增大。从图 2.303 可以看出，本次试验的包裹 FRP 层数的变化对试件的累积耗能总体影响不大。

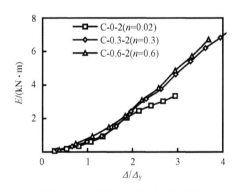

图 2.302　轴压比（n）对试件
累积耗能（E）的影响

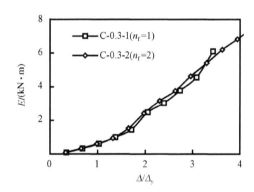

图 2.303　包裹 FRP 层数（n_f）对试件
累积耗能的影响

通过以上对 FRP- 混凝土 - 钢管组合柱滞回性能的试验研究，可得出如下结论。

① 在 FRP 发生纵向断裂之前，组成组合柱的 FRP、混凝土和钢材能很好地共同工作，但在 FRP 断裂后，组合柱的承载力主要由混凝土和内部钢管提供。

② 承受一定的轴压力有利于提高 FRP- 混凝土 - 钢管组合柱的抗震性能。

③ 对于在抗震要求较高的区域应用 FRP- 混凝土 - 钢管组合柱时，有必要控制 FRP 承担荷载的比例，以提高柱的抗震能力。

2.12.2　数值计算方法及力学性能分析

（1）计算模型的建立

采用纤维模型法对 FRP- 混凝土 - 钢管组合柱的滞回性能进行了计算和分析。计算时，FRP 材料的应力 - 应变关系采用线弹性模型（陶忠和于清，2006），即 FRP 材料在达到极限强度 f_f 前应力 - 应变关系呈线性。钢材应力 - 应变关系的确定见 2.11 节的有关论述。

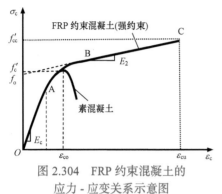

图 2.304　FRP 约束混凝土的
应力 - 应变关系示意图

FRP 约束混凝土在单调受压下的应变 - 关系采用 Lam 和 Teng（2003a）和 Lam 和 Teng（2003b）中提供的有关计算模型，应力 - 应变关系示意图如图 2.304 所示，其中，f_o 为强化段的延长线与应力轴交点对应的应力值；E_2 为强化段的弹性模量，$E_2 = (f_{cc}' - f_o)/\varepsilon_{cu}$，$f_{cc}'$ 和 ε_{cu} 分别为 FRP 约束混凝土极限应力及对应的纵向应变；f_c'、ε_{co} 分别为混凝土圆柱体抗压强度及所对应的应变。

计算时采用了如下基本假设。

① 忽略 FRP 对纵向抗压作用的影响。

② 钢材在往复应力作用下的应力 - 应变关系可按图 2.257 确定，且忽略钢管局部屈曲的影响。

③ 往复压应力作用下 FRP 约束混凝土应力 - 应变关系的骨架线暂按图 2.304 确定，受拉应力 - 应变关系按式（2.54）确定。往复应力作用下混凝土的卸载及再加载路径采用"焦点法"确定，如图 2.258 所示。

④ 构件在变形过程中始终保持为平截面，且只考虑跨中截面的内外力平衡。

⑤ 钢管、混凝土及 FRP 和混凝土之间无相对滑移。

⑥ 构件两端为铰接，挠曲线符合正弦半波，且忽略剪力对构件变形的影响。

进行构件弯矩 - 曲率及荷载 - 位移关系计算的具体方法与 2.11.1 节计算钢管混凝土加劲混合结构柱弯矩 - 曲率及荷载 - 变形关系的方法类似。

图 2.305 所示为计算的截面平均纵向应力（σ_c）- 纵向应变（ε）曲线与 Teng 等（2004）报道的轴压试验曲线的对比情况，其试件的外直径 $D=152.5$mm；高度 $L=305$mm；内层圆钢管外直径 $D_i=76.1$mm；钢管壁厚 $t=3.2$mm；钢材屈服强度 $f_y=352.7$MPa；混凝土的圆柱体强度 $f_c'=39.6$MPa；FRP 的弹性模量 $E_f=76$GPa；极限抗拉强度 $f_f=2300$MPa。图 2.305（a）和（b）中试件的 FRP 名义厚度 t_f 分别为 0.34mm 和 0.51mm。图 2.306 所示为计算曲线和本节滞回试验曲线的对比情况。除轴压比较大的 C-0.6-2 和 S-0.5-2 试件其计算的滞回曲线的软化段和试验曲线有一定差别外，计算结

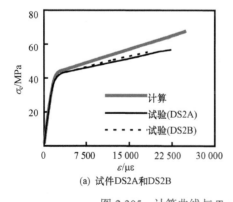

(a) 试件 DS2A 和 DS2B

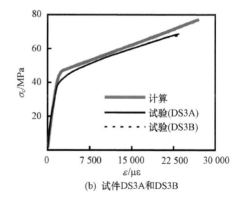

(b) 试件 DS3A 和 DS3B

图 2.305　计算曲线与 Teng 等（2004）试验曲线的对比

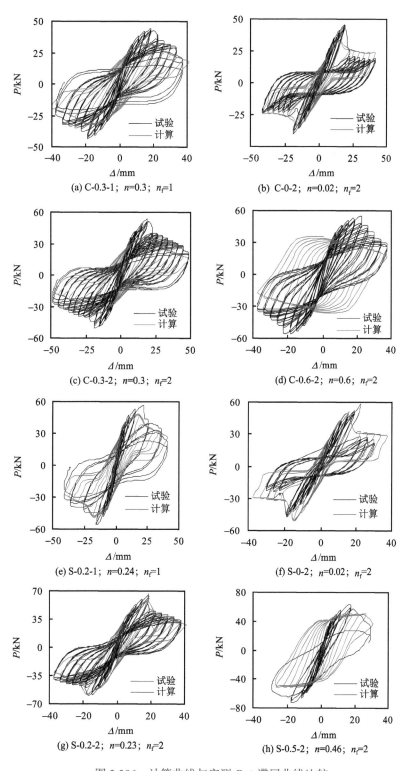

(a) C-0.3-1；n=0.3；n_f=1

(b) C-0-2；n=0.02；n_f=2

(c) C-0.3-2；n=0.3；n_f=2

(d) C-0.6-2；n=0.6；n_f=2

(e) S-0.2-1；n=0.24；n_f=1

(f) S-0-2；n=0.02；n_f=2

(g) S-0.2-2；n=0.23；n_f=2

(h) S-0.5-2；n=0.46；n_f=2

图 2.306　计算曲线与实测 P-Δ 滞回曲线比较

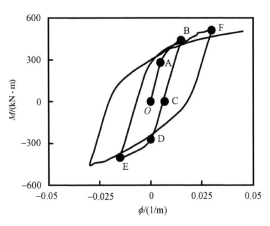

图 2.307　FRP- 混凝土 - 钢管组合柱典型的
M-ϕ 滞回关系

果和试验结果总体较为吻合。

（2）弯矩 - 曲率滞回特性分析

利用上述数值方法可以计算出 FRP- 混凝土 - 钢管组合柱压弯构件的弯矩 - 曲率滞回关系。图 2.307 所示为 FRP- 混凝土 - 钢管组合柱压弯构件的典型弯矩 - 曲率滞回关系曲线，大致可分为以下几个阶段。

① OA 段。在此阶段，弯矩 - 曲率关系基本呈直线，各部分材料基本处于弹性状态。在 A 点，混凝土开始出现受拉开裂。

② AB 段。弯矩 - 曲率关系呈曲线，截面总体处于弹塑性状态，FRP 对混凝土的约束作用开始产生。随着变形的不断增加，混凝土受压区面积不断减小，刚度不断下降。由于 FRP 提供的约束不断增长，受压区混凝土受到的约束也相应增长，其强度有所提高。对于空心率（即内钢管外直径 D_i 与构件截面外直径或外边长之比值）较小的构件，受压区的钢管最外边缘纤维一般没有达到屈服强度；而对于空心率较大的构件，受压区的钢管最外边缘纤维可达到屈服强度。

③ BC 段。从 B 点开始卸载，弯矩 - 曲率基本呈直线关系。截面由于卸载而处于受拉状态的部分转为受压，而原来加载的部分现处于受压卸载状态。在 C 点截面卸载到弯矩为零，但由于轴向力作用，整个截面上钢管和混凝土均有应力存在，在 C 点时截面上有残余正向曲率产生。

④ CD 段。截面开始反向加载，弯矩 - 曲率仍基本呈直线关系。由于截面还处于残余应力的卸载阶段，各部分截面的应变都较小。

⑤ DE 段。截面处于弹塑性阶段。与 AB 段相似，随着反向加载时的受压区混凝土逐渐进入塑性状态，对于空心率不太大的构件，受压区的钢管最外边缘纤维一般没有达到屈服强度，空心率较大的构件，受压区的钢管最外边缘纤维可能达到屈服强度，截面刚度逐渐降低。

⑥ EF 段。工作情况类似于 BE 段。虽然这时截面仍然不断有新的区域进入塑性状态，但由于这部分区域离形心较近，对截面刚度影响不大。构件截面开始进入强化阶段，直至 FRP 发生纵向断裂。

分析结果表明，在 FRP 发生纵向断裂前，FRP- 混凝土 - 钢管组合柱的 M-ϕ 滞回曲线表现出较好的稳定性。

2.12.3　参数分析及恢复力模型

影响 FRP- 混凝土 - 钢管组合柱滞回性能的主要参数有包裹 FRP 层数、混凝土强度等级、轴压比、钢管屈服强度、钢管径厚比、空心率和长细比等。以下对影响 FRP-混

凝土 - 钢管组合柱的弯矩（M）- 曲率（ϕ）和荷载（P）- 位移（Δ）滞回关系骨架曲线
的有关参数进行分析，在此基础上探讨确定其简化滞回模型。

（1）弯矩 - 曲率滞回骨架线参数分析

计算分析表明，FRP- 混凝土 - 钢管组合柱的弯矩（M）- 曲率（ϕ）滞回关系曲线
的骨架线与单调加载时的曲线基本重合。

图 2.308 所示为典型的 FRP- 混凝土 - 钢管组合柱的弯矩（M）- 曲率（ϕ）滞回关
系曲线与单调加载时曲线的对比。基本计算条件为：$L=5000\text{mm}$；$D（B）=500\text{mm}$；
$D_i=240\text{mm}$；$t_i=4.8\text{mm}$；$f_y=345\text{MPa}$；双向 FRP 的单层名义厚度 $t_f=0.2\text{mm}$；$n_f=1$；
$f_f=4200\text{MPa}$；$E_f=2.5\times10^5\text{N/mm}^2$；$f_c'=60\text{MPa}$；$n=0.4$。

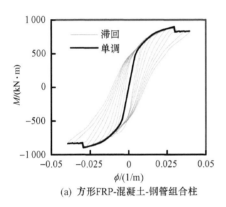
(a) 方形FRP-混凝土-钢管组合柱

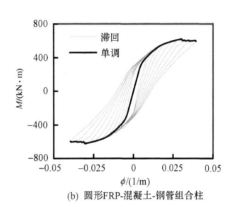
(b) 圆形FRP-混凝土-钢管组合柱

图 2.308　弯矩 - 曲率滞回曲线与单调加载曲线的对比

下面对影响 FRP- 混凝土 - 钢管组合构件 M-ϕ 滞回关系曲线骨架线的影响因素
进行分析，算例的基本计算条件同图 2.308 中算例的情况。不同参数对不同截面形
状构件的 M-ϕ 滞回曲线骨架线的影响规律基本类似，下面以圆形截面构件为例进行
分析。

1）包裹 FRP 层数（n_f）。

图 2.309 所示为包裹 FRP 层数 n_f 对弯矩 - 曲率滞回关系骨架线的影响。从图中可
以看出，n_f 的增加对构件弹性阶段的刚度影响很小。这是因为 FRP 的纵向纤维所提供
的刚度在总刚度中所占的比例很小，同时 FRP 的横向纤维尚未充分发挥约束作用，因
而对刚度的影响也非常小。同时从图 2.309 还可以看出，构件的抗弯承载力随 n_f 的增
加而不断提高。这一方面是由于 FRP 纵向纤维增加提高了试件承载力，另一方面是
FRP 横向纤维充分发挥了约束作用。

2）混凝土抗压强度（f_c'）。

图 2.310 所示为混凝土强度对 M-ϕ 关系曲线的影响。从图中可以看出，在其他条
件相同的情况下，随着混凝土抗压强度的提高，构件抗弯承载力逐步增大。

3）轴压比（n）。

图 2.311 给出了不同轴压比情况下构件的 M-ϕ 关系曲线。可以看出，施加一定的轴
压力有利于抑制混凝土的开裂，延长构件的弹性段工作范围。同时还可以看出，在轴压

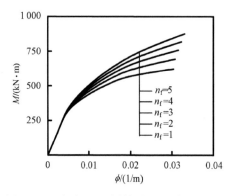

图 2.309　包裹 FRP 层数对 M-ϕ 关系的影响

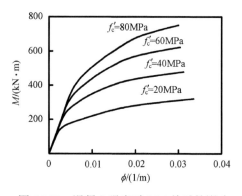

图 2.310　混凝土强度对 M-ϕ 关系的影响

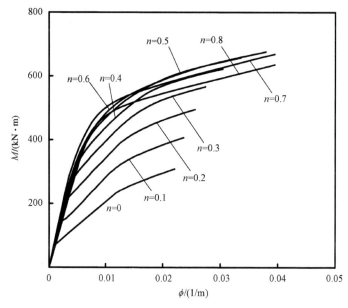

图 2.311　轴压比（n）对 M-ϕ 关系的影响

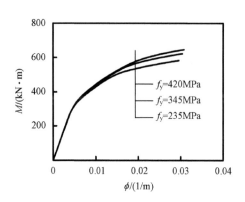

图 2.312　钢管强度对 M-ϕ 关系的影响

比达到 0.5 前，构件的承载力随轴压比的提高而稳定增加。这是由于轴压力能让更多 FRP 纵向纤维参与抵抗弯矩，且使 FRP 横向纤维在混凝土膨胀增加的情况下能提供更大的约束力。但在轴压比达到 0.5 以后，构件的承载力又开始随轴压比的增加而有所下降。

4）钢材屈服强度（f_y）。

图 2.312 所示为钢材屈服强度对 M-ϕ 关系曲线的影响。由图中可以看出，钢材屈服强度对曲线弹性阶段的刚度几乎没有影响，这是由于钢材的弹性模量与其强度基本无关。

随着钢材屈服强度的提高,构件的抗弯承载力稍有增长,但增长幅度不大,这是由于钢管位于构件的核心部位,较靠近构件截面中和轴的位置,因此对抗弯承载力的贡献和影响均较小。

5) 钢管径厚比 (D_i/t_i)。

在保持内钢管直径不变的情况下,可以通过变化钢管壁厚达到变化其径厚比 (D_i/t_i) 的目的。图 2.313 所示为钢管径厚比对 $M\text{-}\phi$ 关系曲线的影响。由图可见,同样由于钢管位于截面核心部位,D_i/t_i 对曲线弹性阶段的刚度以及抗弯承载力的影响均不显著。

6) 空心率 ($\chi = D_i/D$)。

在保持构件外直径 D 不变的情况下,通过变化其内钢管外直径 D_i 可改变构件的空心率。图 2.314 给出了不同空心率情况下的 $M\text{-}\phi$ 滞回关系曲线的骨架线。由图可见,空心率变化对试件弹性阶段刚度的影响不大,但随着空心率的提高,构件的承载能力有所降低。

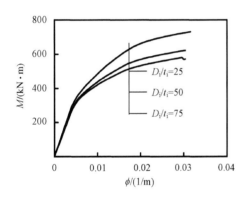

图 2.313 钢管径厚比对 $M\text{-}\phi$ 关系的影响

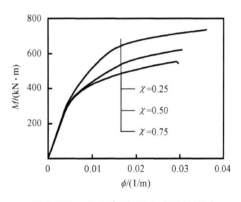

图 2.314 空心率对 $M\text{-}\phi$ 关系的影响

(2) 弯矩 - 曲率滞回模型

通过对 FRP- 混凝土 - 钢管组合柱 $M\text{-}\phi$ 关系影响因素的分析,发现在如下参数范围内,即 $n = 0 \sim 0.8$,$n_f = 1 \sim 5$,$f_c' = 20 \sim 60\text{MPa}$,$f_y = 200 \sim 500\text{MPa}$,$D_i/t_i = 25 \sim 75$,$\chi = 0.25 \sim 0.75$,可对 FRP 约束钢筋混凝土柱的滞回模型(陶忠和于清,2006)进行适当修改,从而获得适用于 FRP- 混凝土 - 钢管组合柱的 $M\text{-}\phi$ 滞回模型,如图 2.315 所示。

该模型采用三线形式,其中有 5 个参数需要确定,即弹性阶段刚度 (K_e)、A 点对应的弯矩 (M_s)、屈服弯矩 (M_y) 及其对应的屈服曲率 (ϕ_y) 和第三段刚度 (K_p)。

1) 弹性阶段刚度 (K_e)。

对于 FRP- 混凝土 - 钢管组合柱压弯构件的弹性阶段刚度,忽略 FRP 对刚度的贡献,给出刚度近似计算公式如下,即

$$K_e = E_s I_s + E_c I_c \tag{2.75}$$

式中:E_s、E_c 分别为钢材和混凝土的弹性模量;I_s、I_c 分别为钢材和混凝土的截面惯性矩。

2) A 点对应的弯矩 (M_s)。

A 点对应的弯矩 M_s 可同样按照式 (2.69) 进行确定,即取为 $0.6M_y$。

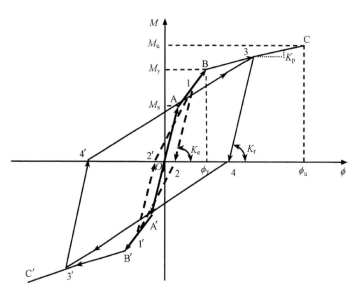

图 2.315　FRP- 混凝土 - 钢管组合柱压弯构件 M-ϕ 滞回模型

3）屈服弯矩（M_y）和屈服曲率（ϕ_y）。

FRP- 混凝土 - 钢管组合柱压弯构件 M-ϕ 关系曲线的特点是在 FRP 断裂前曲线呈强化现象。因此，为简化起见，根据试验结果暂取外层 FRP 布的最大纵向拉应变达到 $3600\mu\varepsilon$ 时构件的弯矩及对应的曲率为屈服弯矩（M_y）和屈服曲率（ϕ_y）。

4）BC 段刚度（K_p）。

BC 段刚度 K_p 即为峰值点（M_y，ϕ_y）和极限点（M_u，ϕ_u）间直线的斜率。M_u 和 ϕ_u 的确定以 FRP 纵向纤维被拉断作为破坏标志。K_p 可由式（2.70）进行计算。

5）模型软化段。

模型软化段及再加载曲线参考了钢筋混凝土 M-ϕ 恢复力模型（过镇海和时旭东，2003）。FRP- 混凝土 - 钢管组合柱 M-ϕ 滞回模型的卸载曲线取斜直线，其斜率 K_r 暂按式（2.71）进行计算，其中的系数 ζ 考虑 FRP 的约束作用取为 0.8。滞回模型的卸载和再加载准则和图 2.276 的钢管混凝土加劲混合结构构件的 M-ϕ 滞回模型的准则类似。

图 2.316 为 FRP- 混凝土 - 钢管组合柱典型算例的 M-ϕ 骨架线模型计算结果与数值计算结果的对比情况；图 2.317 所示为采用简化滞回模型计算获得的 FRP- 混凝土 - 钢管组合柱构件在往复荷载作用情况下 M-ϕ 滞回曲线与数值方法计算结果的对比情况。算例基本条件与图 2.308 相同。

对比结果表明，简化模型的计算结果与数值计算结果吻合较好。

（3）荷载 - 位移滞回骨架线参数分析

图 2.318 所示为典型 FRP- 混凝土 - 钢管组合柱的荷载（P）- 位移（Δ）滞回关系曲线与单调加载时曲线的对比，其算例基本条件同图 2.308 中的算例条件。结果表明，FRP- 混凝土 - 钢管组合柱荷载（P）- 位移（Δ）滞回曲线的骨架线与单调加载时荷载（P）- 位移（Δ）曲线基本重合。

影响 FRP- 混凝土 - 钢管组合柱 P-Δ 滞回关系曲线骨架线的可能因素主要有：包裹

FRP 层数（n_f）、混凝土圆柱体抗压强度（f_c'）、轴压比（n）、钢材屈服强度（f_y）、钢管径厚比（D_i/t_i）、空心率（χ）和长细比（λ）等。

下面通过典型算例，分析各参数对 FRP- 混凝土 - 钢管组合柱 P-Δ 滞回曲线骨架线

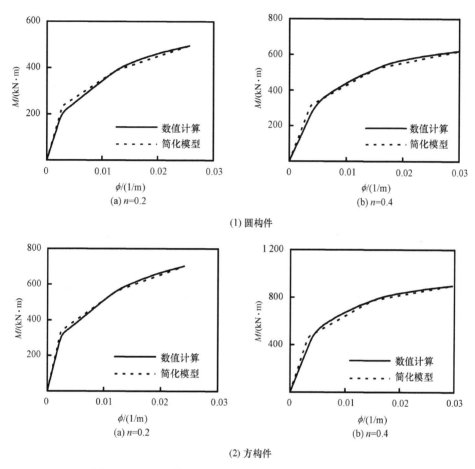

(1) 圆构件

(2) 方构件

图 2.316 M-ϕ 滞回骨架线模型计算与数值计算结果对比

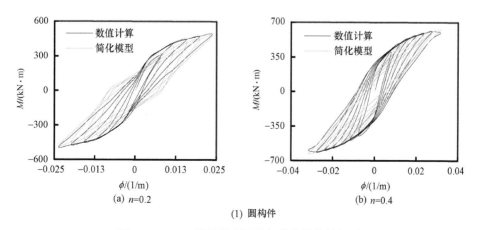

(1) 圆构件

图 2.317 M-ϕ 滞回模型计算与数值计算结果对比

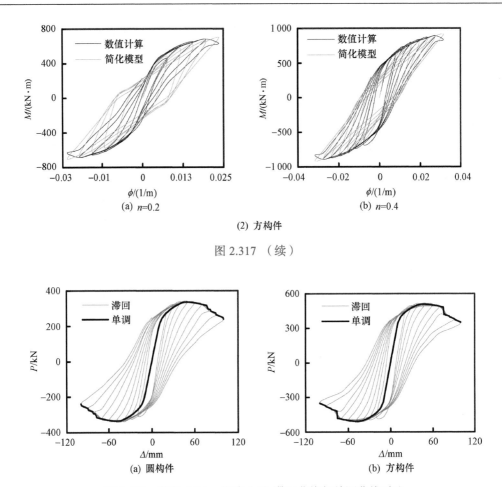

(2) 方构件

图 2.317 （续）

图 2.318　荷载（P）- 位移（Δ）滞回曲线与单调曲线对比

的影响规律。算例计算条件同图 2.308 中的算例条件。

不同参数对不同截面形状构件的 P-Δ 滞回关系曲线骨架线的影响规律基本类似，下面以圆形截面构件为例进行有关分析。

1）包裹 FRP 层数（n_f）。

图 2.319 所示为包裹 FRP 层数 n_f 对 P-Δ 关系曲线的影响。从图中可以看出，在其他条件相同的情况下，随着包裹 FRP 层数 n_f 的提高，构件的水平承载力增大，但 n_f 对骨架线弹性阶段的刚度影响很小。

2）混凝土抗压强度（f_c'）。

图 2.320 所示为混凝土强度对 P-Δ 关系曲线的影响。从图中可以看出，在其他条件相同的情况下，随着混凝土抗压强度的提高，构件水平承载力也逐步增大，但混凝土抗压强度对骨架线初始弹性阶段的刚度影响不大。

3）轴压比（n）。

图 2.321 给出了不同轴压比情况下构件的 P-Δ 关系曲线。可以看出，在其他条件相同的情况下，轴压比达到 0.4 以前，随着轴压比的增加，构件的水平承载力逐渐提高；

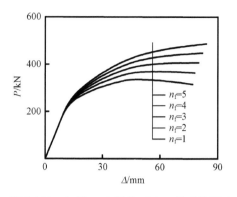
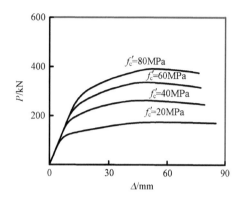

图 2.319　包裹 FRP 层数对 $P\text{-}\Delta$ 关系的影响　　　　图 2.320　混凝土强度对 $P\text{-}\Delta$ 关系的影响

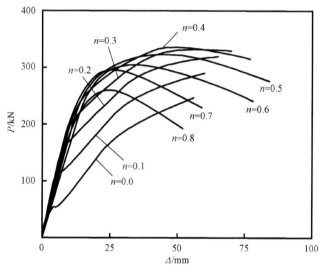

图 2.321　轴压比对 $P\text{-}\Delta$ 关系的影响

但当轴压比超过 0.4 后，由于二阶效应影响构件的水平承载力又随着轴压比的增大而逐步减小，且随着轴压比的增大，曲线下降段的下降幅度逐渐增加，构件的位移延性越来越小。

4）钢材屈服强度（f_y）。

图 2.322 所示为钢管的钢材屈服强度对 $P\text{-}\Delta$ 关系曲线的影响。由图中可见，钢材屈服强度对弹性阶段的刚度几乎没有影响，但随着钢材屈服强度的提高，构件的水平承载力稍有增长，但增长的幅度不大；这是由于钢管位于构件的核心，钢材屈服强度对抗弯承载力的影响较小。

5）钢管径厚比（D_i/t_i）。

图 2.323 所示为内钢管径厚比（D_i/t_i）对 $P\text{-}\Delta$ 关系曲线的影响。由图可见，D_i/t_i 对曲线弹性阶段的刚度影响较小。随着 D_i/t_i 的提高，构件的水平承载力稍有增长，但增长的幅度不大。

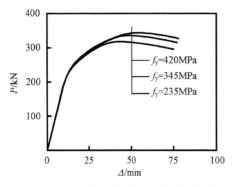

图 2.322　钢材强度对 P-Δ 关系的影响

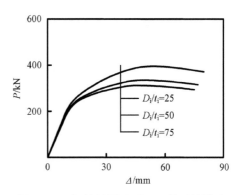

图 2.323　钢管径厚比对 P-Δ 关系的影响

6）空心率（D_i/D）。

图 2.324 给出了不同空心率下 FRP- 混凝土 - 钢管组合柱构件的 P-Δ 滞回关系骨架线。由图可见，空心率变化对曲线弹性阶段的刚度影响不大，而空心率越大的构件其承载力越低。

7）长细比（λ）。

图 2.325 所示为不同长细比条件下的 P-Δ 关系曲线。可见，构件的长细比不仅影响曲线的数值，还会影响曲线的形状。随着长细比的增加，构件弹性阶段的刚度和水平承载力都逐渐减小。

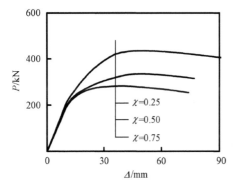

图 2.324　空心率对 P-Δ 关系的影响

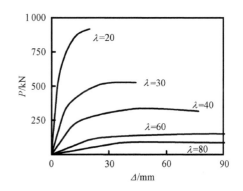

图 2.325　长细比对 P-Δ 关系的影响

（4）荷载 - 位移滞回模型

参数分析结果表明，在如下参数范围内，即：$n=0\sim0.8$，$n_f=1\sim5$，$f_c'=20\sim60\text{MPa}$，$f_y=200\sim500\text{MPa}$，$D_i/t_i=25\sim75$，$\chi=0.25\sim0.75$，$\lambda=20\sim80$，FRP- 混凝土 - 钢管组合柱的 P-Δ 滞回模型仍可采用图 2.315 所示的三线型模型，其中峰值点 B 点的位移（Δ_p）及最大水平荷载（P_y）等参数可由数值计算获得，其他参数如弹性阶段刚度（K_a）、第三段刚度（K_T）和骨架线下降段斜率（K_d）的计算仍按照式（2.72）或式（2.73）和式（2.74）进行，按式（2.72）计算 K_a 时，K_e 按式（2.75）取值。按式（2.74）计算 K_d 时，ζ 按 0.8 取值。

图 2.326 为 FRP- 混凝土 - 钢管组合柱典型算例的 P-Δ 骨架线模型计算结果与数

值计算结果的对比情况；图 2.327 所示为采用简化模型计算获得的 FRP- 混凝土 - 钢管组合柱构件在往复荷载作用情况下 P-Δ 滞回模型与数值方法计算结果的对比情况。图 2.326 和图 2.327 中算例的基本条件和图 2.308 中的构件条件相同，可见二者总体上较为吻合。

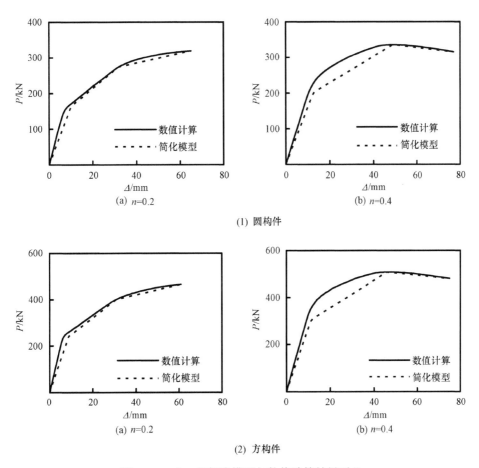

(a) n=0.2

(b) n=0.4

(1) 圆构件

(a) n=0.2

(b) n=0.4

(2) 方构件

图 2.326 P-Δ 骨架线模型与数值计算结果对比

2.12.4 抗撞击性能

FRP- 混凝土 - 钢管组合柱结构可能承受撞击荷载作用。本书作者课题组对两端固支的 FRP- 混凝土 - 钢管组合柱结构试件进行了侧向撞击试验（Wang 和 Han 等，2015b）。试验试件分为 9 组，每组包括 2 根参数相同的 FRP- 混凝土 - 钢管组合柱试件。试验主要研究 FRP- 混凝土 - 钢管组合柱在侧向撞击荷载下的受力和变形特点，并分析撞击能量、FRP 包裹层数等对 FRP- 混凝土 - 钢管组合柱试件在侧向撞击荷载下的力学性能的影响。同时对试件撞击后的撞击力（F）、跨中挠度（Δ）和撞击时间（t）等试验结果进行对比分析。

图 2.328 所示为 FRP- 混凝土 - 钢管组合构件抗撞击试验示意图。试验试件均为

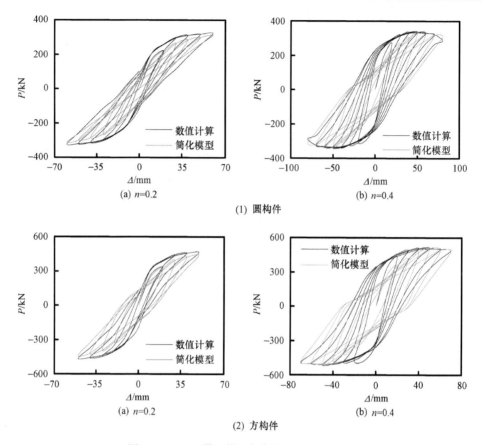

图 2.327 P-Δ 滞回模型与数值计算结果对比

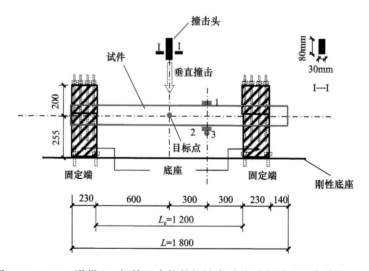

图 2.328 FRP- 混凝土 - 钢管组合构件抗撞击试验示意图（尺寸单位：mm）

圆形截面 FRP- 混凝土 - 钢管组合柱，其中，试件外径均为 114mm，单层 FRP 厚度为 0.17mm，内钢管尺寸均为 50mm×1.8mm，跨度为 1800mm。试件详细信息如表 2.41 所示，其中，V_0 为落锤撞击高度，E_0 为撞击能量，F_{max} 为撞击力峰值，F_{stab} 为撞击力平台值，t 为撞击持续时间，$\Delta_{residual}$ 为试件跨中残余变形。

表 2.41　FRP- 混凝土 - 钢管撞击试件一览表

序号	试件编号	FRP 层数 n	$V_0/$（m/s）	E_0/kJ	F_{max}/kN	F_{stab}/kN	t/ms	$\Delta_{residual}/mm$
1	F1L01	1	2.2	0.56	132.5	25.2	43.3	22.2
2	F1L02	1	2.2	0.56	137.4	28.4	39.0	23.6
3	F1M01	1	3.1	1.13	146.7	23.4	50.6	51.5
4	F1M02	1	3.1	1.13	150.4	24.6	51.3	54.1
5	F1H01	1	4.4	2.25	—	—	—	99.8
6	F1H02	1	4.4	2.25	156.5	23.8	52.7	92.2
7	F2L01	2	2.2	0.56	101.9	24.3	36.4	22.1
8	F2L02	2	2.2	0.56				24.2
9	F2M01	2	3.1	1.13	116.1	23.1	50.0	52.6
10	F2M02	2	3.1	1.13	119.1	26.3	45.0	53.3
11	F2H01	2	4.4	2.25	121.2	29.1	58.4	82.6
12	F2H02	2	4.4	2.25	137.6	27.6	56.3	85.3
13	F3L01	3	2.2	0.56	78.8	34.0	34.6	21.8
14	F3L02	3	2.2	0.56	—	31.3	—	25.8
15	F3M01	3	3.1	1.13	107.8	36.4	42.2	45.6
16	F3M02	3	3.1	1.13	108.6	37.6	48.0	46.9
17	F3H01	3	4.4	2.25	112.7	35.3	50.0	67.0
18	F3H02	3	4.4	2.25	116.2	36.1	47.6	72.2
19	RL01	0	2.2	0.56	131.6	34.0	29.8	18.0
20	RL02	0	2.2	0.56	144.4	31.3	28.4	17.6
21	RM01	0	3.1	1.13	252.9	36.4	34.1	28.4
22	RM02	0	3.1	1.13	266.1	37.6	31.6	30.5
23	RH01	0	4.4	2.25	278.6	35.3	47.8	56.3
24	RH02	0	4.4	2.25	244.7	36.1	40.4	51.5

图 2.329 所示为构件受撞击后的破坏形态。由图可见，F1L、F2L 和 F3L 三组试件在相同的较低撞击能量下试验后变形甚小或几乎不变形。F1H、F2H 和 F3H 三组试件在相同的较高撞击能量下，FRP 布被拉断，跨中底部混凝土均开裂破坏，内钢管提供主要的剩余承载能力，两端固定支座处也因反弯矩存在而在试件上部受拉区出现裂缝。这是由于 FRP 属于脆性材料，当所受的应力超过其极限拉应力后会出现断裂。随着 FRP 包裹层数的增加，跨中底部开裂破坏程度会稍微减轻，但仍出现明显裂缝，说明 FRP 包裹层数对 FRP- 混凝土 - 钢管组合柱试件的抗撞击性能虽有一定的提升，但效果并不明显。

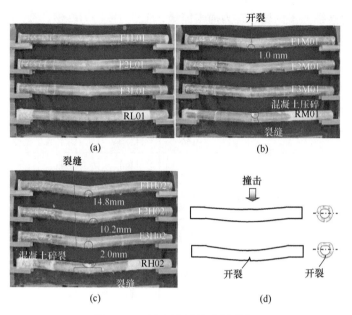

图 2.329　撞击后试件破坏形态

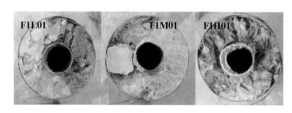

图 2.330　核心混凝土破坏形态

核心混凝土破坏形态方面（图 2.330），由于受 FRP 布的包裹，内部核心混凝土的整体变形与外部 FRP 管整体变形基本一致。在较低撞击能量下，由于 FRP 提供的有力约束，FRP- 混凝土 - 钢管组合柱各试件落锤撞击区域均无明显局部变形，试件顶部混凝土也未被压碎，各部位均未产生明显的裂缝；而在较高撞击能量下，FRP- 混凝土 - 钢管组合柱试件在跨中顶部、跨中底部和固定支座等位置处出现了一定的破坏形态。试件跨中顶部的混凝土被部分压碎；试件跨中底部的混凝土则由于 FRP 的破坏而导致整体开裂，其丧失的承载能力由内钢管承担；支座处上部混凝土由于反弯矩的存在而产生明显的受拉裂缝。

各试件的撞击力数据由落锤撞击头处的传感器记录。所有试件的撞击力峰值和平台值如表 2.41 所示。典型撞击力（F）时程曲线如图 2.331 所示。可见，FRP 管 - 混凝土 - 钢管组合柱试件的撞击力时程曲线可分为峰值段、衰减段、平台段和卸载段等四个阶段。

1）峰值段。

在试件被落锤撞击的瞬间，其产生局部变形的同时因自身刚度使撞击力急速上升至峰值。

2）衰减段。

试件被撞击后速度迅速增大，而落锤速度迅速减小，两者的相互接触作用逐渐减弱，撞击力也随之逐渐减小；随着试件速度达到最大值，此时试件速度大于落锤速度，但由于试件局部变形具有可恢复性，两者仍保持相互接触并未完全脱离，撞击力仅仅短暂减小。

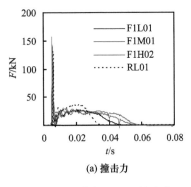
(a) 撞击力

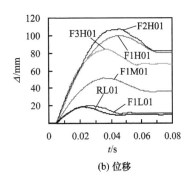
(b) 位移

图 2.331　撞击力 - 时间关系和位移 - 时间关系

3）平台段。

当试件的速度达到最大值时，因其自身刚度影响会使速度迅速降低，在其平衡位置附近产生回弹，而落锤因惯性的存在保持一定的下坠速度，使得落锤和试件两者再次相互接触作用，撞击力再次回升至峰值。在该过程数次反复之后，最终试件与落锤的速度趋向于一致，撞击力也稳定在平台值阶段。

4）卸载段。

随着撞击过程的持续，最初落锤提供能量也会以各种形式逐渐被消耗，导致两者之间的接触作用减弱甚至消失，故撞击力值逐渐减小；最终试件与落锤均趋于静止，撞击力也相应卸载至零。

上述研究结果表明，FRP- 混凝土 - 钢管组合柱试件在遭受撞击后，撞击力会迅速达到峰值。同时，当撞击能量增大时，撞击周期明显变长；撞击力峰值显著增大；而撞击力平台值几乎保持不变（仅因材料应变率的提高而导致材料强度略有增加）。在相同的撞击能量下，不同 FRP 包裹层数的试件的撞击力平台值和撞击时间几乎保持不变；不同 FRP 包裹层数的试件最终的跨中极限挠度值和跨中挠度平台值也几乎不变。

2.12.5　小结

本节对 FRP- 混凝土 - 钢管组合构件的滞回性能进行了试验研究和数值分析，并在参数分析的基础上建立了其 M-ϕ 和 P-Δ 滞回关系模型。试验结果表明：① FRP 纵向纤维断裂前，构件的滞回性能良好，但在 FRP 断裂后构件承载力显著下降，且滞回曲线开始出现捏缩现象。②在本节研究对象参数范围内，在构件上施加一定的轴压力有利于延缓 FRP 的纵向断裂，提高构件延性。实际设计时建议合理确定 FRP、混凝土和钢管三部分的荷载分担比例。本节还对 FRP- 混凝土 - 钢管组合构件的抗撞击性能进行了试验研究。结果表明，在 FRP- 混凝土 - 钢管组合柱遭受相同撞击能量的条件下，通过增加 FRP 包裹层数对改善该结构的抗撞性能影响很小。

2.13　本 章 小 结

结合作者课题组在一些新型组合结构构件方面的阶段性研究成果，本章简要论述了钢管约束混凝土、薄壁钢管混凝土、高强钢材钢管混凝土、不锈钢管混凝土、钢管自密实混凝土、钢管再生混凝土、锥形/椭圆形/多边形钢管混凝土、中空夹层钢管混凝土、FRP约束钢管混凝土、钢管混凝土加劲混合结构柱和FRP-混凝土-钢管组合柱构件的力学性能及工作特性，并通过参数分析给出了部分新型组合结构构件的设计方法。

参 考 文 献

安钰丰，2015. 方形钢管混凝土叠合压弯构件力学性能和设计方法研究［博士学位论文］［D］. 北京：清华大学.
柏宇，2004. 分层钢管混凝土芯柱及其节点的试验研究［硕士学位论文］［D］. 北京：清华大学.
蔡绍怀，焦占栓，1984. 钢管混凝土短柱的基本性能和强度计算［J］. 建筑结构学报，5（6）：13-29.
陈志波，2006. 钢管约束混凝土压弯构件力学性能研究［硕士学位论文］［D］. 福州：福州大学.
陈周熠，2002. 钢管高强混凝土核心柱设计计算方法研究［硕士学位论文］［D］. 大连：大连理工大学.
程文瀼，陈忠范，江东，等，1999. 钢骨混凝土柱轴压比限值的试验研究［J］. 建筑结构学报，20（2）：51-59.
福建省建设厅，2003. 钢管混凝土结构技术规程：DBJ 13-51—2003［S］. 福州：福建省建设厅.
福建省住房和城乡建设厅，2010. 钢管混凝土结构技术规程：DBJ/T 13-51—2010［S］. 福州：福建省住房和城乡建设厅.
过镇海，时旭东，2003. 钢筋混凝土原理和分析［M］. 北京：清华大学出版社.
韩林海，2004. 钢管混凝土结构：理论与实践［M］. 修订版. 北京：科学出版社.
韩林海，2007. 钢管混凝土结构：理论与实践［M］. 2版. 北京：科学出版社.
韩林海，2016. 钢管混凝土结构：理论与实践［M］. 3版. 北京：科学出版社.
韩林海，杨有福，李永进，等，2006. 钢管高性能混凝土的水化热和收缩性能研究［J］. 土木工程学报，39（3）：1-9.
华北电力设计院，1999. 钢-混凝土组合结构设计规程：DL/T 5085—1999［S］. 北京：中国电力出版社.
黄宏，2006. 中空夹层钢管混凝土压弯构件的力学性能研究［博士学位论文］［D］. 福州：福州大学.
洪哲，2007. 劲性钢管混凝土压弯构件滞回性能研究［硕士学位论文］［D］. 福州：福州大学.
金向前，陈忠范，2001. 配有圆钢管的钢骨混凝土柱抗震性能试验研究［J］. 工程力学（增刊）（A01）：175-180.
康洪震，2009. 钢管高强混凝土组合柱受力性能研究［博士学位论文］［D］. 北京：清华大学.
李惠，吴波，林立岩，1998. 钢管高强混凝土叠合柱的抗震性能研究［J］. 地震工程与工程振动，18（1）：45-53.
李继读，1985. 钢管混凝土轴压承载力的研究［J］. 工业建筑，15（2）：25-31.
李永进，2011. 新型钢-混凝土叠合结构应用的若干关键问题研究［R］. 北京：清华大学.
李永进，陶忠，2007. 中空夹层钢管混凝土柱在长期荷载作用下的力学性能研究［J］. 工业建筑，37（12）：22-27.
李永进，杨有福，韩林海，2005. 圆中空夹层钢管混凝土柱在长期荷载作用下的力学性能研究［J］. 哈尔滨工业大学学报（增刊）（39）：189-192.
林拥军，李洁，程文瀼，2003. 配有圆钢管的钢骨混凝土柱受力性能的研究［J］. 四川建筑科学研究，29（3）：16-30.
刘丽英，2013. 新型钢管混凝土叠合柱轴压力学性能研究［硕士学位论文］［D］. 福州：福州大学.
钱稼茹，纪晓东，乐毓敏，2012. 拉筋复合箍约束混凝土短柱轴心受压试验研究［J］. 土木工程学报，45（11）：61-68.
沈聚敏，王传志，江见鲸，1993. 钢筋混凝土有限元与板壳极限分析［M］. 北京：清华大学出版社.
谭克锋，蒲心诚，蔡绍怀，1999. 钢管超高强混凝土的性能与极限承载能力的研究［J］. 建筑结构学报，20（1）：10-15.
汤关祚，招炳泉，竺惠仙，沈希明，1982. 钢管混凝土基本力学性能的研究［J］. 建筑结构学报，3（1）：13-31.
陶忠，王志滨，韩林海，等，2007. CFRP约束钢管混凝土柱的抗火性能研究［C］// 中国钢结构协会防火与防腐分会. 第四届全国钢结构防火及防腐技术研讨会暨第二届全国结构抗火学术交流会议文集. 上海.
陶忠，于清，2006. 新型组合结构柱：试验、理论与方法［M］. 北京：科学出版社.
滕智明，邹离湘，1996. 反复荷载下钢筋混凝土构件非线性有限元分析［J］. 土木工程学报，29（2）：19-27.
王犇，2011. 钢管混凝土叠合柱偏心受压试验研究及承载力计算分析［硕士学位论文］［D］. 太原：太原理工大学.
王刚，2004. 钢管混凝土和钢管混凝土组合构件抗弯性能研究［硕士学位论文］［D］. 北京：清华大学.
王刚，钱稼茹，林立岩，2006. 钢管混凝土叠合构件受弯性能分析［J］. 工业建筑，36（2）：68-81.
吴颖星，2007. 钢管高强混凝土压弯构件力学性能的试验研究和理论分析［硕士学位论文］［D］. 福州：福州大学.
徐明，2000. 约束式钢骨混凝土柱的试验、理论与应用研究［博士学位论文］［D］. 南京：东南大学.
徐悟，2016. 六边形钢管混凝土柱及其外包式柱脚工作机理研究［博士学位论文］［D］. 北京：清华大学.
徐毅，2007. FRP-混凝土-钢管组合柱滞回性能研究［硕士学位论文］［D］. 福州：福州大学.

许志豪，黄剑波，2006. 昂船洲大桥耐久性、维修和安全考虑 [C] // 第十七届全国桥梁学术会议论文集. 北京：人民交通出版社.

尧国皇，2006. 钢管混凝土构件在复杂受力状态下的工作机理研究 [博士学位论文][D]. 福州：福州大学.

于清，陶忠，陈志波，等，2008. 钢管约束混凝土抗弯力学性能研究 [J]. 工程力学，25（3）：187-193.

于清，阎善章，2008. 钢管混凝土中核心混凝土浇筑质量的过程控制方法探讨 [J]. 工业建筑，38（9）：104-106.

余勇，吕西林，TANAKA K，SASAKI S，2000. 轴心受压方钢管混凝土短柱的性能研究：Ⅱ分析 [J]. 建筑结构，30（2）：43-46.

余志武，丁发兴，林松，2002. 钢管高性能混凝土短柱受力性能研究 [J]. 建筑结构学报，23（2）：41-47.

张素梅，周明，1999. 方钢管约束下混凝土的抗压强度 [J]. 哈尔滨建筑大学学报（增刊）（32）：14-18.

赵国藩，张德娟，黄承逵，1996. 钢管混凝土增强高强混凝土柱的抗震性能研究 [J]. 大连理工大学学报，36（6）：759-766.

中国工程建设标准化协会，2005. 钢管混凝土叠合柱结构技术规程：CECS188：2005 [S]. 北京：中国计划出版社.

中华人民共和国住房和城乡建设部，2015. 混凝土结构设计规范：GB 50010—2010（2015 年版）[S]. 北京：中国计划出版社.

中华人民解放军总后勤部，2001. 战时军港抢修早强型组合结构技术规程：GJB 4142—2000 [S]. 北京：中国人民解放军总后勤部.

肖岩，2004. 套管钢筋混凝土柱结构的发展和展望 [J]. 土木工程学报，04：8-12，69.

钟善桐，1994. 钢管混凝土结构 [M]. 哈尔滨：黑龙江科学技术出版社.

周绪红，刘界鹏，2010. 钢管约束混凝土柱的性能与设计 [M]. 北京：科学出版社.

若林实，1981. 耐震构造：建物の耐震性能 [M]. 東京：森北出版株式会社.

ABDELLA K，2006. Inversion of a full-range stress–strain relation for stainless steel alloys [J]. International Journal of Non-Linear Mechanics，41（4）：456-463.

ABDEL-RAHMAN N，SIVAKUMARAN K S，1997. Material properties models for analysis of cold-formed steel members [J]. Journal of Structural Engineering，ASCE，123（9）：1135-1143.

ACI 209R-92，1992. Prediction of creep, shrinkage and temperature effects in concrete structures [S]. American Concrete Institute，Detroit，USA.

ACI 318-05，2005. Building code requirements for structural concrete and commentary [S]. Farmington Hills（MI），American Concrete Institute，Detroit，USA.

ACI 318M-08，2008. Building code requirements for structural concrete and commentary [S]. Farmington Hills（MI），American Concrete Institute，Detroit，USA.

ACI 318-14，2014. Building code requirements for structural concrete and commentary [S]. Farmington Hills（MI），American Concrete Institute，Detroit，USA.

AFSHAN S，ROSSI B，GARDNER L，2013. Strength enhancements in cold-formed structural sections—Part I：Material testing [J]. Journal of Constructional Steel Research，83：177-187.

AIJ，1997. Recommendations for design and construction of concrete filled steel tubular structures [S]. Architectural Institute of Japan（AIJ），Tokyo，Japan.

AIJ，2008. Recommendations for design and construction of concrete filled steel tubular structures [S]. Architectural Institute of Japan（AIJ），Tokyo，Japan.

AISC-LRFD，2005. Specification for structural steel buildings [S]. American Institute of Steel Construction（AISC），Chicago，USA.

AMERICAN SOCIETY OF CIVIL ENGINEERS，2002. Specification for the design of cold-formed stainless steel structural members [S]. SEI/ASCE 8-02（Standard No. 02-008），New York.

AN Y F，HAN L H，2014. Behaviour of concrete-encased CFST columns under combined compression and bending [J]. Journal of Constructional Steel Research，101：314-330.

AN Y F，HAN L H，ROEDER C，2014. Flexural performance of concrete-encased concrete-filled steel tubes [J]. Magazine of Concrete Research，66（5）：249-267.

ANSI/AISC 360-10，2010. Specification for structural steel buildings [S]. American Institute of Steel Construction（AISC），Chicago，USA.

ASGAR T，2005. Behaviour and design of concrete filled square hollow columns using stainless steel sections [D]. Sydney：School of Civil，Mining & Environmental Engineering，University of Wollongong，Australia.

AS/NZS 4673：2001，2001. Cold-formed stainless steel structures [S]. Australian/New Zealand Standard. Standards

Australia, Sydney, Australia.

ATC-24, 1992. Guidelines for cyclic seismic testing of components of steel structures [S]. Redwood City (CA): Applied Technology Council.

ATTARD M M, SETUNGE S, 1996. Stress-strain relationship of confined and unconfined concrete [J]. ACI Materials Journal, 93 (5): 432-442.

BALTAY P, GJELSVIK A, 1990. Coefficient of friction for steel on concrete at high normal stress [J]. Journal of Materials in Civil Engineering, ASCE, 2 (1): 46-49.

BRITISH STANDARDS, 2005. BS5400 Steel, concrete and composite bridges, Part 5, Code of practice for the design of composite bridges [S]. British Standard Institution.

CAMPIONE G, SCIBILIA N, 2002. Beam-column behaviour of concrete filled steel tubes [J]. Steel and Composite Structures, 2 (4): 259-276.

CEDERWALL K, ENGSTROM B, Grauers M, 1997. High-strength concrete used in composite columns [J]. High-Strength concrete, SP 121-11: 195-210.

CHEN J, YOUNG B, 2006. Stress-strain curves for stainless steel at elevated temperatures [J]. Engineering Structures, 28 (2): 229-239.

CHU K H, DOMINGO J, CARREIRA D J, 1986. Time-dependent cyclic deflections in R/C beams [J]. Journal of Structural Engineering, ASCE, 112 (5): 943-959.

DAJANOVIC A, 2004. Strength and deformation characteristics of short stainless steel concrete filled tubes [D]. Sydney: School of Civil & Environmental Engineering, University of New South Wales, Australia.

ELLOBODY E, 2007. Nonlinear behavior of concrete-filled stainless steel stiffened slender tube columns [J]. Thin-Walled Structures, 45 (3): 259-273.

ELLOBODY E, 2013. Nonlinear behaviour of eccentrically loaded FR concrete-filled stainless steel tubular columns [J]. Journal of Constructional Steel Research, 90: 1-12.

ELLOBODY E YOUNG B, 2006a. Experimental investigation of concrete-filled cold-formed high strength stainless steel tube columns [J]. Journal of Constructional Steel Research, 62 (5): 484-492.

ELLOBODY E YOUNG B, 2006b. Design and behaviour of concrete-filled cold-formed stainless steel tube columns [J]. Engineering Structures, 28 (4): 716-728.

ELREMAILY A, AZIZINAMINI A, 2002. Behavior and strength of circular concrete-filled tube columns [J]. Journal of Constructional Steel Research, 58 (12): 1567-1591.

EURO INOX (EUROPEAN MARKET DEVELOPMENT ASSOCIATION FOR STAINLESS STEEL), 2002. Design Manual for Structural Stainless Steel [S]. Toronto: Nickel Development Institute.

EUROCODE 3 (EC3), 2005. Design of steel structures–Part 1.4: General rules-Supplementary rules for stainless steels[S]. Brussels(Belgium): European Committee for Standardization(CEN).

EUROCODE 4 (EC4), 2004. Design of composite steel and concrete structures–Part 1.1: General rules and rules for buildings [S]. Brussels(Belgium): European Committee for Standardization (CEN).

FORTNER B, 2006. Landmark reinvented [J]. Civil Engineering (N. Y.), 76 (4): 42-49, 84.

GARDNER J, JACOBSON E R, 1967. Structural behaviour of concrete filled steel tubes [J]. ACI Structural Journal, 64 (7): 404-413.

GARDNER L, 2005. The use of stainless steel in structures [J]. Progress in Structural Engineering and Materials, 7 (2): 45-55.

GARDNER L, NETHERCOT D A, 2001. Numerical modelling of cold-formed stainless steel sections [C]//Proceedings of the Ninth Nordic Steel Construction Conference, Helsinki, Finland: 781-790.

GHO W M, LIU D, 2004. Flexural behaviour of high-strength rectangular concrete-filled steel hollow sections [J]. Journal of Constructional Steel Research, 60 (11): 1681-1696.

GIAKOUMELIS G, LAM D, 2004. Axial capacity of circular concrete-filled tube columns [J]. Journal of Constructional Steel Research, 60 (7): 1049-1068.

GJERDING-SMITH A, 2004. Strength and deformation behaviour of short concrete filled stainless steel columns [D]. Sydney: School of Civil & Environmental Engineering, University of New South Wales, Australia.

HAN L H, 2002. Tests on stub columns of concrete-filled RHS sections [J]. Journal of Constructional Steel Research, 58 (3): 353-372.

HAN L H, AN Y F, 2014. Performance of concrete-encased CFST stub columns under axial compression [J]. Journal of

Constructional Steel Research, 93: 62-76.

HAN L H, CHEN F, LIAO F Y, et al., 2013. Fire performance of concrete filled stainless steel tubular columns [J]. Engineering Structures, 56: 165-181.

HAN L H, HUANG H, TAO Z, et al., 2006. Concrete-filled double skin steel tubular (CFDST) beam-columns subjected to cyclic bending [J]. Engineering Structures, 28 (12): 1698-1714.

HAN L H, REN Q X, Li W, 2010. Tests on inclined, tapered and STS concrete-filled steel tubular (CFST) stub columns [J]. Journal of Constructional Steel Research, 66 (10): 1186-1195.

HAN L H, LI Y J, LIAO F Y, 2011. Concrete-filled double skin steel tubular (CFDST) columns subjected to long-term sustained loading [J]. Thin-Walled Structures, 49 (12): 1534-1543.

HAN L H, LIAO F Y, TAO Z, et al., 2009. Performance of concrete filled steel tube reinforced concrete columns subjected to cyclic bending [J]. Journal of Constructional Steel Research, 65 (8-9): 1607-1616.

HAN L H, YANG Y F, 2003. Analysis of thin-walled RHS columns filled with concrete under long-term sustained loads [J]. Thin-walled Structures, 41 (9): 849-870.

HAN L H, YAO G H, 2004. Experimental behaviour of thin-walled hollow structural steel (HSS) columns filled with self-consolidating concrete (SCC) [J]. Thin-Walled Structures, 42 (9): 1357-1377.

HAN L H, YAO G H, TAO Z, 2007. Performance of concrete-filled thin-walled steel tubes under pure torsion [J]. Thin-Walled Structure, 45 (1): 24-36.

HAN L H, YAO G H, CHEN Z B, et al., 2005a. Experimental behavior of steel tube confined concrete (STCC) columns [J]. Steel and Composite Structures-An International Journal, 5 (6): 459-484.

HAN L H, YAO G H, ZHAO X L, 2005b. Tests and calculations of hollow structural steel (HSS) stub columns filled with self-consolidating concrete (SCC) [J]. Journal of Constructional Steel Research, 61 (9): 1241-1269.

HAN L H, YOU J T, LIN X K, 2005c. Experimental behaviour of self-consolidating concrete (SCC) filled hollow structural steel (HSS) columns subjected to cyclic loadings [J]. Advances in Structural Engineering, 8 (5): 497-512.

HAN L H, TAO Z, HUANG H, 2004. Concrete-filled double skin (SHS outer and CHS inner) steel tubular beam-columns [J]. Thin-Walled Structures, 42 (9): 1329-1355.

HAN L H, ZHAO X L, TAO Z, 2001. Tests and mechanics model for concrete-filled SHS stub columns, columns and beam-columns [J]. Steel and Composite Structures-An International Journal, 1 (1): 51-74.

HIBBITT, KARLSON, SORENSON, 2005. ABAQUS version 6.5: Theory manual, users' manual, verification manual and example problems manual [R]. Hibbitt, Karlson and Sorenson Inc.

HUANG C S, YEH Y K, LIU G Y, et al., 2002. Axial load behavior of stiffened concrete-filled steel columns [J]. Journal of Structural Engineering, ASCE, 128 (9): 1222-1230.

HYTTINEN V, 1994. Design of cold-formed stainless steel SHS beam-columns [R]. Research Report 41, University of Oulu, Oulu, Finland.

KARREN K W, 1967. Corner properties of cold formed steel shapes [J]. Journal of the Structural Division, ASCE, 93 (2): 401-432.

KATO B, 1996. Column curves of steel-concrete composite members [J]. Journal of Constructional Steel Research, 39 (2): 121-135.

KLIVER J, 2002. Constitutive law for structural concrete considering confinement and long-term effects [R]. Leipzig Annual Civil Engineering Report. LACER, 7: 219-225.

KNOWLES R B, PARK R, 1969. Strength of concrete filled steel tubular columns [J]. Journal of Structural Division, ASCE, 95 (ST12): 2565-2587.

LAM D, GARDNER L, 2008. Structural design of stainless steel concrete filled columns [J]. Journal of Constructional Steel Research, 64 (11): 1275-1282.

LAM D, WILLIAMS C A, 2004. Experimental study on concrete filled square hollow sections [J]. Steel and Composite Structures, 4 (2): 95-112.

LAM L, TENG J G, 2003a. Design-oriented stress-strain model for FRP-confined concrete [J]. Construction and Building Materials, 17 (6-7): 471-489.

LAM L, TENG J G, 2003b. Design-oriented stress–strain model for FRP-confined concrete in rectangular columns [J]. Journal of Reinforced Plastics and Composites, 22 (13): 1149-1186.

LI W, HAN L H, CHAN T M, 2014. Tensile behaviour of concrete-filled double-skin steel tubular members [J].

Journal of Constructional Steel Research, 99（8）: 35-46.

LI W, HAN L H, ZHAO X L, 2012. Axial strength of concrete-filled double skin steel tubular（CFDST）columns with preload on steel tubes［J］. Thin-walled Structures, 56（7）: 9-20.

LI W, HAN L H, ZHAO X L, 2015. Behavior of CFDST stub columns under preload, sustained load and chloride corrosion［J］. Journal of Constructional Steel Research, 107（4）: 12-23.

LIEW J Y R, XIONG M X, XIONG D X, 2016. Design of concrete filled tubular beam-columns with high strength steel and concrete［J］. Structures, 8（2）: 213-226.

LU H, ZHAO X L, HAN L H, 2007. Experimental investigation on fire performance of self-consolidating concrete（SCC）filled double skin tubular columns［C］//LIEW J Y R, CHOO Y S eds. Proceedings of the 5th International Conference on Advances in Steel Structures（ICASS '07）. Research Publishing Services, Singapore: 973-978.

LUKSHA L K, NESTEROVICH A P, 1991. Strength testing of larger-diameter concrete filled steel tubular members［C］. Proceedings of the Third International Conference on Steel-Concrete Composite Structures, ASCCS, Fukuoka, Japan: 67-70.

MASUO K, ADACHI M, KAWABATA K, et al., 1991. Buckling behavior of concrete filled circular steel tubular columns using light-weight concrete［C］//Proceedings of the Third International Conference on Steel-Concrete Composite Structures. ASCCS, Fukuoka, Japan: 95-100.

MURSI M, UY B, 2004. Strength of slender concrete filled high strength steel box columns［J］. Journal of Constructional Steel Research, 60（12）: 1825-1848.

MOON J, ROEDER C W, LEHMAN D E, et al., 2009. Analytical modeling of bending of circular concrete-filled steel tubes［J］. Engineering Structures, 42: 349-361.

NISHIYAMA I, MORINO S, SAKINO K, et al., 2002. Summary of research on concrete-filled structural steel tube column system carried out under the US-Japan cooperative research program on composite and hybrid structures［R］. BRI Research Paper No.147, Building Research Institute, Japan.

O'SHEA M D, BRIDGE R Q, 1997a. Tests on circular thin-walled steel tubes filled with medium and high strength concrete［R］. Department of Civil Engineering Research Report No. R755, the University of Sydney, Sydney, Australia.

O'SHEA M D, BRIDGE R Q, 1997b. Tests on circular thin-walled steel tubes filled with very high strength concrete［R］. Department of Civil Engineering Research Report No. R754, the University of Sydney, Sydney, Australia.

O'SHEA M D, BRIDGE R Q, 1997c. Local buckling of thin-walled circular steel sections with or without internal restraint［R］. Department of Civil Engineering Research Report No. R740, the University of Sydney, Sydney, Australia.

PARK R, PAULEY T, 1975. Reinforced concrete structures［M］. New York : Wiley.

PRION H G L, BOEHME J, 1994. Beam-column behaviour of steel tubes filled with high strength concrete［J］. Canadian Journal of Civil Engineering, 21（2）: 207-218.

QIAN W W, LI W, HAN L H, et al., 2016. Analytical behaviour of concrete-encased CFST columns under cyclic lateral loading［J］. Journal of Constructional Steel Research, 120: 206-220.

RASMUSSEN K J R, 2003. Full-range stress–strain curves for stainless steel alloys［J］. Journal of Constructional Steel Research, 59（1）: 47-61.

REN Q X, HAN L H, LAM D, et al., 2014. Tests on elliptical concrete filled steel tubular（CFST）beams and columns［J］. Journal of Constructional Steel Research, 99（8）: 149-160.

ROE W, 2005. Behaviour and design of concrete filled stainless steel columns［D］. Bachelor's Thesis, School of Civil, Mining & Environmental Engineering, University of Wollongong, Australia.

ROEDER C W, CAMERON B, BROWN C B, 1999. Composite action in concrete filled tubes［J］. Journal of Structural Engineering, ASCE, 125（5）: 477-484.

SABS 0162-4: 1997, 1997. Structural use of steel（Part 4）: The design of cold-formed stainless steel structural members［S］. South African Bureau of Standards.

SAKINO K, HAYASHI H, 1991. Behavior of concrete filled steel tubular stub columns under concentric loading［C］. Proceedings of the Third International Conference on Steel-Concrete Composite Structures, ASCCS, Fukuoka, Japan: 25-30.

SAKINO, K, TOMII M, Watanabe K, 1985. Sustaining load capacity of plain concrete stub columns confined by circular steel tubes［C］. Proceedings of the International Specialty Conference on Concrete-Filled Steel Tubular Structures, ASCCS, Harbin: 112-118.

SCHNEIDER S P, 1998. Axially loaded concrete-filled steel tubes［J］. Journal of Structural Engineering, ASCE, 124（10）: 1125-1138.

SCOTT B D, PARK S R, Priestley M J N, 1982. Stress-strain behavior of concrete confined by overlapping hoops at low and high strain rates [J]. ACI Journal, 79 (1): 13-27.

SHAKIR-KHALIL H, Al-RAWDAN A, 1997. Experimental behavior and numerical modeling of concrete-filled rectangular hollow section tubular columns [C]. Composite Construction in Steel and Concrete III, Proceedings of an Engineering Foundation Conference, Irsee, Germany: 222-235.

SHAKIR-KHALIL H, MOULI M, 1990. Further tests on concrete-filled rectangular hollow-section columns [J]. The Structural Engineer, 68 (20): 405-413.

SHAKIR-KHALIL H, ZEGHICHE J, 1989. Experimental behaviour of concrete filled rolled rectangular hollow-section columns [J]. Structural Engineer, 67 (19): 346-353

SHEIKH S A, UZUMERI S M, 1980. Strength and ductility of tied concrete columns [J]. Journal of the Structural Division, 106 (ST5): 1079-1102.

SHIIBA, K, HARADA N, 1994. An experiment study on concrete-filled square steel tubular columns [C]. Proceedings of the 4th International Conference on Steel-Concrete Composite Structures, Slovakia: 103-106.

SIVAKUMARAN K S, ABDEL-RAHMAN N A, 1998. Finite element analysis model for the behaviour of cold-formed steel members [J]. Thin-Walled Structures, 31 (4): 305-324.

SONG J Y, KWON Y B, 1997. Structural behavior of concrete-filled steel box sections [C]. International Conference Report on Composite Construction-Conventional and Innovative, Innsbruck, Austria: 795-800.

SSBJA, 1995. The design, construction specifications for stainless steel structures [S]. Stainless Steel Building Association of Japan (in Japanese).

TAO Z, GHANNAM M, SONG T Y, et al., 2016. Experimental and numerical investigation of concrete-filled stainless steel columns exposed to fire [J]. Journal of Constructional Steel Research, 118: 120-134.

TAO Z, HAN L H, 2006. Behaviour of concrete-filled double skin rectangular steel tubular beam-columns [J]. Journal of Constructional Steel Research, 62 (7): 631-646.

TAO Z, HAN L H, 2007. Behaviour of fire-exposed concrete-filled steel tubular beam-columns repaired with CFRP wraps [J]. Thin-Walled Structures, 45 (1): 63-76.

TAO Z, HAN L H, WANG L L, 2007a. Compressive and flexural behaviour of CFRP repaired concrete-filled steel tubes after exposure to fire [J]. Journal of Constructional Steel Research, 63 (8): 1116-1126.

TAO Z, HAN L H, ZHAO X L, 2004. Behaviour of concrete-filled double skin (CHS inner and CHS outer) steel tubular stub columns and beam-columns [J]. Journal of Constructional Steel Research, 60 (8): 1129-1158.

TAO Z, HAN L H, ZHUANG J P, 2007b. Axial loading behavior of CFRP strengthened concrete-filled steel tubular stub columns [J]. Advances in Structural Engineering, 10 (1): 37-46.

TAO Z, HAN L H, ZHUANG J P, 2008. Cyclic performance of fire-damaged concrete-filled steel tubular beam-columns repaired with CFRP wraps [J]. Journal of Constructional Steel Research, 64 (1): 37-50.

TAO Z, RASMUSSEN K, 2015. Stress-strain model for ferritic stainless steels [J]. Journal of Materials in Civil Engineering, 28 (2): 06015009.

TAO Z, UY B, LIAO F Y, et al., 2011. Nonlinear analysis of concrete-filled square stainless steel stub columns under axial compression [J]. Journal of Constructional Steel Research, 67 (11): 1719-1732.

TASK GROUP 20, SSRC, 1979. A specification for the design of steel-concrete composite columns [J]. Engineering Journal, AISC, 16 (4): 101-145.

TENG J G, CHEN J F, SMITH S T, et al., 2002. FRP-strengthened RC structures [M]. New Jersey: John Wiley & Sons, Ltd.

TENG J G, YU T, WONG Y L, 2004. Hybrid FRP-concrete-steel double-skin tubular columns: Stub column tests [C]// Proceedings of the Second International Conference on Steel & Composite Structures. Seoul, Korea: 1390-1400.

TENG J G, YU T, WONG Y L, et al., 2007. Hybrid FRP-concrete-steel tubular columns: Concept and behavior [J]. Construction and Building Materials, 21 (4): 846-854.

TOMII M. SAKINO K, 1979. Experimental studies on the ultimate moment of concrete filled square steel tubular beam-columns [J]. Transactions of the Architectural Institute of Japan, (275): 55-63.

TOMII M, SAKINO K, XIAO Y, et al., 1985. Earthquake resisting hysteretic behavior of reinforced concrete short columns confined by steel tube [C]//Proceedings of the International Speciality Conference on Concrete Filled Steel Tubular Structures. Harbin: 119-125.

TOMMI M, YASHIMARO K, MORISHITA Y, 1977. Experimental studies on concrete filled steel tubular stub column under concentric loading [C]. Proceedings of the International Colloquium on Stability of Structures under Static and Dynamic Loads, SSRC/ASCE, Washington, 718-741.

TSUDA, K, MATSUI C, 1998. Limitation on width (diameter)-thickness ratio of steel tubes of composite tube and concrete columns with encased type section [C]. Proceedings of the Fifth Pacific Structural Steel Conference, Seoul, Korea: 865-870.

UY B, 1998. Concrete-filled fabricated steel box columns for multistorey buildings: behaviour and design [J]. Progress in Structural Engineering and Material, 1 (3): 150-158.

UY B, 2000. Strength of concrete filled steel box columns incorporating local buckling [J]. Journal of Structural Engineering, ASCE, 126 (3): 341-352.

UY B, 2001. Strength of short concrete filled high strength steel box columns [J]. Journal of Constructional Steel Research, 57(2): 113-134.

UY B, TAO Z, HAN L H, 2011. Behaviour of short and slender concrete-filled stainless steel tubular columns [J]. Journal of Constructional Steel Research, 67 (3): 360-378.

VRCELJ Z, UY B, 2001. Behaviour and design of steel square hollow sections filled with high strength concrete [J]. Australian Journal of Structural Engineering, 3(3): 153-169.

WANG R, HAN L H, ZHAO X L, 2015a. Experimental behavior of concrete filled double steel tubular (CFDST) members under low velocity drop weight impact[J]. Thin-Walled Structures, 97: 279-295.

WANG R, HAN L H, TAO Z, 2015b. Behavior of FRP-concrete-steel double skin tubular members under lateral impact: Experimental study[J]. Thin-Walled Structures, 95: 363-373.

WANG R, HAN L H, ZHAO X L, 2016. Analytical behavior of concrete filled double steel tubular (CFDST) members under lateral impact[J]. Thin-Walled Structures, 101: 129-140.

WANG X Q, TAO Z, SONG T Y, et al., 2014. Stress–strain model of austenitic stainless steel after exposure to elevated temperatures [J]. Journal of Constructional Steel Research, 99: 129-139.

YAMAMOTO T, KAWAGUCHI J, MORINO S, 2002. Size effect on ultimate compressive strength of concrete-filled steel tube short columns [C]. Proceedings of the Structural Engineers World Congress, Technical Session T1-2-f-1, Yokohama, Japan (CD publication).

YANG Y F, HAN L H, 2006a. Experimental behaviour of recycled aggregate concrete filled steel tubular columns [J]. Journal of Constructional Steel Research, 62 (12): 1310-1324.

YANG Y F, HAN L H, 2006b. Compressive and flexural behaviour of recycled aggregate concrete filled steel tubes (RACFST) under short-term loadings[J]. Steel and Composite Structures-An International Journal, 6 (3): 257-284.

YANG Y F, HAN L H, 2008. Concrete-filled double-skin tubular columns under fire [J]. Magazine of Concrete Research, 60 (3): 211-222.

YANG Y F, HAN L H, WU X, 2008. Concrete shrinkage and creep in recycled aggregate concrete-filled steel tubes[J]. Advances in Structural Engineering-An International Journal, 11 (4): 383-396.

YANG Y F, HAN L H, ZHU L T, 2009. Recycled aggregate concrete-filled circular steel tubular columns subjected to cyclic Loading[J]. Advances in Structural Engineering-An International Journal, 12 (2): 183-194.

YANG Y F, HAN L H, SUN B H, 2012. Experimental behaviour of partially loaded concrete filled double-skin steel tube (CFDST) sections[J]. Journal of Constructional Steel Research, 71: 63-73.

YOUNG B, ELLOBODY E, 2006. Experimental investigation of concrete-filled cold-formed high strength stainless steel tube columns[J]. Journal of Constructional Steel Research, 62 (5): 484-492.

YOUNG B, LUI W M, 2005. Behavior of cold-formed high strength stainless steel sections [J]. Journal of Structural Engineering, ASCE, 131 (11): 1738-1745.

YU Q, TAO Z, WU Y X, 2008. Experimental behaviour of high performance concrete-filled steel tubular columns [J]. Thin-Walled Structures, 46 (4): 362-370.

YU T, WONG Y L, TENG J G, et al., 2006. Flexural behavior of hybrid FRP-concrete-steel double-skin tubular members [J]. Journal of Composites for Construction, ASCE, 10 (5): 443-452.

ZHAO X L, HAN L H, 2006. Double skin composite construction [J]. Progress in Structural Engineering and Materials, 8 (3): 93-102.

第 3 章 钢管混凝土柱 - 钢梁连接节点的力学性能

3.1 引　　言

钢管混凝土结构节点的计算方法与构造措施是其结构分析和设计中的重要问题。钢管混凝土柱与梁的连接节点应满足强度、刚度、稳定性和抗震的要求，保证荷载的有效传递，使钢管和核心混凝土能共同工作，同时还应便于结构制作、安装和钢管内混凝土的浇灌施工。

近年来作者课题组进行了组合结构节点方面的研究工作，具体内容包括：①节点受力全过程的理论分析和试验研究；②节点力学性能影响参数分析；③组成组合结构节点各材料受力状态的分析；④钢和混凝土、组合柱和钢梁之间等相互作用的分析；⑤节点刚度和延性的研究；⑥恢复力模型的确定方法等。

目前，不少实际工程采用了钢管混凝土柱 - 钢梁内或外加强环板式连接形式。图 3.1 给出某实际工程中采用外加强环板节点的钢管混凝土结构在建造时的情形。在节点中，外环板构造主要保证了梁端荷载的有效传递。当钢筋混凝土楼板通过抗剪连接件和该类节点的钢梁连接在一起共同工作时，实际上就形成了钢管混凝土柱 - 组合梁外环板式节点。

图 3.1　钢管混凝土柱 - 钢梁外加强环板节点

在一些工程中，由于建筑功能的改变和结构传力的需要，出现了钢管混凝土斜柱。斜柱和钢梁连接节点的力学性能也亟待研究。此外，可根据工程实际情况，采用穿芯螺栓端板连接的节点、单边螺栓端板连接节点、钢管混凝土柱 - "犬骨式"钢梁节点和单边螺栓连接的不锈钢钢管混凝土 - 钢梁节点等形式。本章拟论述上述几种中柱节点的试验研究结果。以外加强环板节点为例，本章建立了钢管混凝土柱 - 钢梁连接节点的有限元分析模型，在此基础上，剖析了受力全过程中节点主要组成部件的应力状态，明晰了此类节点的工作机理。最后讨论了节点弯矩 - 转角关系以及用于结构体系分析的节点宏观单元模型。

3.2　加强环板式钢梁节点的试验研究

3.2.1　试验概况

（1）试件设计和制作

本节进行不带楼板的方形截面钢管混凝土柱 - 钢梁中柱节点的试验。考虑到试验场地及加载能力、工程常用梁 - 柱线刚度比等因素进行了节点模型设计，通过试验研究加强环板尺寸和柱轴压比对节点承载力及力学性能的影响。

所有节点都采用了工字形钢梁，其上、下翼缘通过外加强环板与柱连接，腹板直接与钢管混凝土柱外壁焊接。方钢管的外截面尺寸为 $B \times t = 120\text{mm} \times 3.46\text{mm}$。钢梁尺寸为 $h \times b_f \times t_w \times t_f = 160\text{mm} \times 80\text{mm} \times 3.53\text{mm} \times 3.53\text{mm}$，梁 - 柱线刚度比为 0.61。柱高为 1.05m，钢梁跨度为 1.5m。

节点试件的构造和具体尺寸如图 3.2 所示。

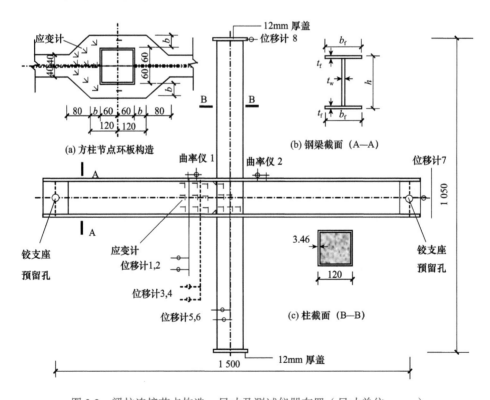

图 3.2　梁柱连接节点构造、尺寸及测试仪器布置（尺寸单位：mm）

节点按照环板宽度［即图 3.2（a）中的 b］不同设计为三类，即按照规程 DBJ 13-51—2003（2003）或 DBJ/T 13-51—2010（2010）计算所得环板宽度为形式 1（以下简称采用此环板宽度的节点为Ⅰ型节点），分别取Ⅰ型节点环板宽度的 2/3 和 1/3 时所对应的环板宽度为形式 2 和形式 3（以下分别简称为Ⅱ型和Ⅲ型节点），以研究环板的宽度（b）对节点性能的影响规律（表 3.1）。

钢管混凝土柱轴压比表示为：$n=N_{\mathrm{o}}/N_{\mathrm{u}}$，即试验时柱上施加的轴向荷载 N_{o} 与柱极限承载力标准值 N_{u} 之比值。试验中有三种轴压比，即 0.04、0.3 和 0.6。

表 3.1　节点试件一览表

序号	试件编号	环板宽度 b/mm	轴力 N_{o} /kN	轴压比 n	屈服位移 Δ_{y}/mm	极限位移 Δ_{max}/mm	破坏位移 Δ_{u}/mm	极限荷载 P_{max}/kN	节点类型
1	SJ-13	60	690	0.6	12.3	24.0	37.0	47.2	Ⅰ型
2	SJ-21	40	40	0.04	18.4	50.0	81.8	44.5	Ⅱ型
3	SJ-22-1	40	345	0.3	12.4	40.0	66.9	39.7	
4	SJ-22-2	40	345	0.3	10.6	34.5	57.5	41.7	
5	SJ-23-1	40	690	0.6	11.4	30.0	43.4	39.1	
6	SJ-23-2	40	690	0.6	10.2	28.4	46.4	40.5	
7	SJ-32	20	345	0.3	9.9	40.0	71.3	33.0	Ⅲ型
8	SJ-33	20	690	0.6	7.0	24.0	52.1	31.7	

（2）材性

钢管混凝土柱采用了冷弯钢管，其角部的圆角半径 r＝4mm。钢梁采用焊接形式，加强环板及钢梁腹板均与钢管焊接。每个钢管加工两个厚度 12mm 的钢板盖板，先在空钢管一端将底部盖板焊上，上部盖板等钢管内的混凝土浇灌完成后再焊接。

实测的钢材屈服强度（f_{y}）、抗拉强度（f_{u}）、弹性模量（E_{s}）和泊松比（μ_{s}）等力学性能指标汇总于表 3.2。

表 3.2　钢材力学性能指标

钢材类型	钢板厚度 /mm	f_{y}/MPa	f_{u}/MPa	E_{s}/（×10⁵N/mm²）	μ_{s}
方钢管	3.46	390	479	2.06	0.262
环板和钢梁	3.53	289	431	2.04	0.262

钢管中采用了自密实混凝土，其配合比为水：181kg/m³；水泥：300kg/m³；粉煤灰：200kg/m³；砂：994kg/m³；石：720kg/m³。采用原材料为普通硅酸盐水泥；河砂，细度模数 2.6；石灰岩碎石，石子粒径 5～15mm；粉煤灰；早强型减水剂的掺量为 1%。混凝土坍落度为 262mm，坍落流动度为 610mm，混凝土浇灌时内部温度为 28℃。新拌混凝土平均流速为 57mm/s。

混凝土浇灌时将钢管竖立，从顶部灌入混凝土，且没有采用任何方式进行振捣。

混凝土 28 天抗压强度 f_{cu}＝52.6MPa，试验时的 f_{cu}＝60MPa，弹性模量 E_{c}＝41 500 N/mm²。

（3）试验装置及加载制度

节点试验装置如图 3.3（a）所示，节点试验时的情景如图 3.3（b）所示。

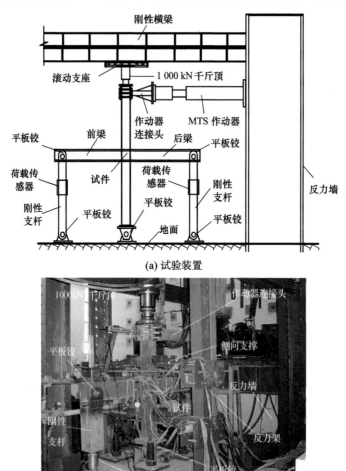

(a) 试验装置

(b) 节点试验时的情景

图 3.3　节点试验装置

节点试件的柱下端和梁两端均为铰接的边界条件，如图 3.3（a）所示。竖向轴力（N_o）由固定于反力横梁上滚动支座处的 1000kN 千斤顶施加，千斤顶通过滚动支座与刚性横梁连接。为防止试件在试验过程中发生加载平面外失稳，设置了侧向支撑。侧向支撑与框架柱接触处通过推力轴承连接，可保证节点试件在平面内自由移动，而限制其平面外的侧向位移。柱顶端采用 500kN 的 MTS 伺服加载作动器施加往复水平荷载，如图 3.3（a）所示。

采用了位移控制的加载方式。参考 ATC-24（1992）中对构件在往复荷载下试验方法的规定，采用了如下加载制度，即节点试件屈服前分别按 $0.25\Delta_y$、$0.5\Delta_y$、$0.7\Delta_y$ 进行加载，此后，采用 $1\Delta_y$、$1.5\Delta_y$、$2\Delta_y$、$3\Delta_y$、$5\Delta_y$、$7\Delta_y$、$8\Delta_y$ 进行加载。屈服前每级加载循环 2 圈，对于屈服后各级，前面 3 级（$1\Delta_y$、$1.5\Delta_y$、$2.0\Delta_y$）循环 3 圈，其余的循环 2 圈。加载制度如图 3.4 所示。

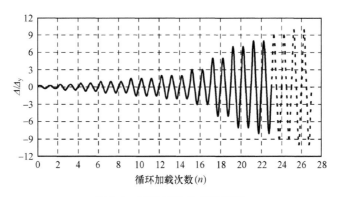

图 3.4　循环加载方式示意图

试验前，根据实测的试件材料性能，由 3.6 节论述的有限元模型计算获得试件屈服位移 Δ_y（对应的水平荷载为 $0.7P_{max}$，其中 P_{max} 为节点试件的极限荷载）。

试验时保持作用在钢管混凝土柱上的轴向力 N_o 恒定。轴向压力加到预定值 N_o 后持荷 2～3min，然后开始用 MTS 伺服作动器采用上述加载制度进行水平往复加载。采用慢速连续加载的方法，加载速率为 0.5mm/s。

当加载到试件接近破坏时，一般情况水平荷载会下降，而位移增量却相对增加很快，达到下列条件之一时即停止加载。

① 当荷载降低到峰值荷载的 60% 左右。

② 节点区环板或节点区域内腹板发生明显鼓曲变形或失稳破坏。

③ 钢梁发生明显的鼓曲变形或者断裂。

节点试件水平荷载 - 水平位移滞回关系曲线均由 MTS 加载系统自动进行采集，试件的应变、位移、转角和曲率等数据由数据自动采集系统进行采集。

（4）量测内容及测点布置

试验过程中量测的内容有：柱顶端加载点水平荷载和水平位移，节点核心区剪切变形，节点区柱端和钢梁梁端转动，钢梁梁端（与加强环板连接处）的曲率，节点核心区柱钢管应变分布，节点加强环板范围内钢梁腹板及其端部应变，节点加强环板应变等，测点的具体布置方式如图 3.2 所示。

具体测试方案如下。

① 钢梁梁端（加强环板外）转角（位移计 1 和 2），柱侧梁端加强环板处转角（位移计 3 和 4），转角由所测得位移换算求得。

② 节点核心区柱端转角（位移计 5 和 6）。

③ 柱顶端水平荷载和位移由 MTS 加载系统自动采集，同时用位移计 8 测试柱顶水平位移，位移计 7 测量钢梁端部的梁端水平位移。

④ 钢梁梁端（加强环板处）曲率采用曲率仪 1 和 2 量测。

⑤ 节点加强环板范围内钢梁梁端腹板和柱节点核心区剪切变形用标距 100mm 的应变计测量。

⑥ 节点核心区应变，采用双向应变花测量。

⑦ 在节点加强环板范围内钢梁梁端腹板一侧，布置三向应变花，测量钢梁的应变。

在加强环板外侧布置双向应变花测量梁截面应变，钢梁上、下翼缘板应变通过贴单向应变计测量。

⑧ 钢梁两端支座反力通过与刚性支杆连接的荷载传感器测得。

3.2.2　试验现象和试验结果

（1）节点破坏特征

试验结果表明，进行试验的节点试件均表现出较好的延性和承载能力。

所有节点试件均表现为梁端破坏。随节点试件参数的不同，其破坏形态也会有所不同，即随着环板尺寸的减小，试件的破坏形态从梁端塑性铰破坏（Ⅰ型节点，Ⅱ型节点）逐渐过渡到环板断裂破坏（Ⅲ型节点）。

图 3.5 给出了不同钢管混凝土柱轴压比（n）下节点的破坏特征。可见当环板宽度（b）相同时，随着轴压比（n）的增加，环板与梁端翼缘连接附近区域的变形趋于明显。

(a) SJ-21(n=0.04)　　　　　　　　　(b) SJ-21-1(n=0.3)

(c) SJ-23-1(n=0.6)

图 3.5　不同轴压比（n）下节点的破坏形态（b=40mm）

图 3.6（a）~（c）给出轴压比 n=0.6 时节点在不同环板宽度（b）下的破坏形式。图 3.6（d）显示出节点区域破坏截面位置示意图。由图 3.6 可见，环板宽度（b）对节点的破坏形态影响较大。

对于Ⅰ型节点，如图 3.6（a）所示，环板区域无明显的屈曲变形，塑性铰出现在环板以外的梁端，对应于图 3.6（d），破坏发生在环板过渡截面与钢梁交接处，即 A—A 截面处，且环板鼓曲的范围在环板尺寸过渡区即 A—A 截面与 B—B 截面之间。环板区 B—B 与 C—C 截面之间的环板基本上没有屈曲变形。B—B 截面至 C—C 截面范围内的梁腹板也没有明显的鼓曲变形。

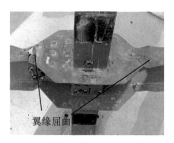

(a) SJ-13（Ⅰ型节点，b=60mm）

(b) SJ-23-2（Ⅱ型节点，b=40mm）

(c) SJ-33（Ⅲ型节点，b=20mm）

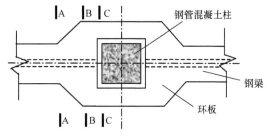

(d) 节点区域截面位置

图 3.6 不同环板宽度（b）下节点破坏形态（$n=0.6$）

对于Ⅱ型节点，如图 3.6（b）所示，环板区域及其范围内腹板均有较明显的屈曲变形，对应于图 3.6（d），破坏时 A—A 截面至 C—C 截面范围内的环板和腹板发生较大的屈曲，最终破坏区域发生在钢梁与环板交接处的 A—A 截面附近。

对于Ⅲ型节点，如图 3.6（c）所示，对应于图 3.6（d），节点破坏时 A—A 截面至 C—C 截面范围内的环板均发生明显的鼓曲变形，但此范围内的钢梁腹板并无显著变形。该类节点最后均为环板破坏，即在 C—C 截面上与柱连接的环板出现断裂，且断裂发生在焊缝边缘外的环板上。A—A 截面以外的钢梁并没有出现明显的鼓曲变形。

下面以试件 SJ-13（$n=0.6$）为例，说明外加强式环板节点受力过程中的工作特性。

试验初期，钢管混凝土柱和钢梁都没有出现明显变形，水平荷载一直呈上升趋势。当位移加载到 $5\Delta_y$ 时，在第一循环，前梁［图 3.3（a）］上翼缘开始出现较轻微的鼓曲，鼓曲出现在加强环板与钢梁过渡截面附近。

当加载到 $-5\Delta_y$ 时，后梁［图 3.3（a）］上翼缘钢板出现轻微鼓曲，前梁上翼缘钢板因受拉而使得鼓曲恢复；当加载到第二循环位移 $5\Delta_y$ 时，前梁下翼缘钢板也开始出现鼓曲，鼓曲程度与前一循环基本相同，此时，水平荷载稍有下降。

加载到位移为 $7\Delta_y$ 时，节点环板与钢梁交接处附近的腹板出现明显鼓曲，而环板与钢梁交接处的上下翼缘均出现严重鼓曲。随着正向及反向位移的增大，在受压翼缘和腹板区域鼓曲现象交替出现，当受压时鼓曲加剧，受拉时部分鼓曲变形因受拉而恢复。

加载到 $8\Delta_y$ 时，环板与钢梁交接处翼缘的鼓曲更为明显，且在反向加载时并不能因受拉而得到恢复，整个环板过渡处截面翼缘严重鼓曲，此截面附近腹板也明显鼓曲。

当位移达到 $9\Delta_y$ 时，在过渡处截面，即图 3.6（d）中的 A—A 到 B—B 截面段上的翼缘从边缘开始发生断裂，裂缝一直发展到腹板位置，腹板部分也随之开始出现断

(a) SJ-22-1

(b) SJ-23-1

图 3.7　节点核心区域混凝土的形态

裂。由于此时荷载下降到 60% 以下，试验停止。

试验结束后剖开节点区域的钢管，观测核心混凝土的形态，并未发现明显的裂缝发生，核心混凝土完整性良好，图 3.7 给出典型试件节点核心区混凝土的形态。

所有节点在试验过程中垂直于钢梁方向两侧的环板（平面外）均未出现明显的变形，可见试件在平面外受力很小，说明本次试验的边界条件和加载装置能够较好地模拟平面节点的工作特性。

（2）水平荷载（P）- 水平位移（Δ）滞回关系

所有节点实测的柱端水平荷载（P）- 位移（Δ）滞回关系曲线如图 3.8 所示。

由图 3.8 可见，各节点的滞回曲线呈饱满的纺锤形，试件表现出良好的耗能能力。随着水平位移的加大，加载时的刚度逐渐退化，这主要是由于随着变形的加大，截面弯矩 - 曲率增大，钢梁的屈服范围也在逐渐增大，刚度随之退化。卸载刚度与初始加载时的刚度大体相同。

对于轴压比较小（$n<0.3$）的试件，加载进入弹塑性段后，会经历比较长的接近

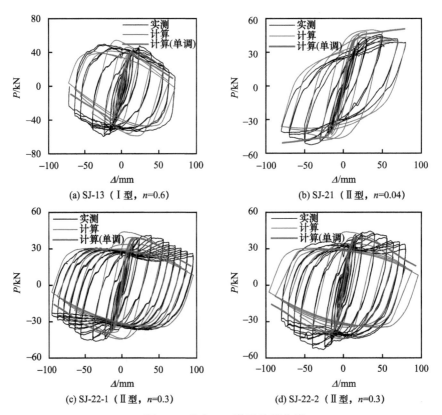

(a) SJ-13（Ⅰ型，$n=0.6$)

(b) SJ-21（Ⅱ型，$n=0.04$)

(c) SJ-22-1（Ⅱ型，$n=0.3$)

(d) SJ-22-2（Ⅱ型，$n=0.3$)

图 3.8　节点 P-Δ 滞回关系曲线

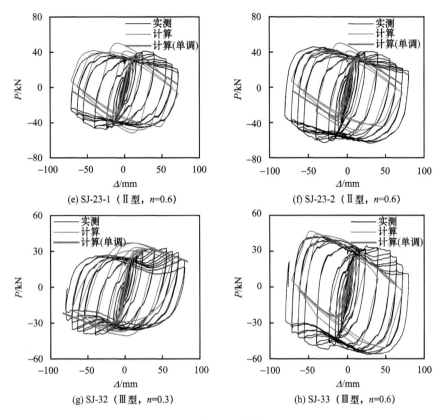

图 3.8 （续）

水平的强化阶段，直到钢梁或环板屈曲严重后才出现下降段。对于轴压比较大的试件
（$n \geqslant 0.3$ 时），下降段较早出现，且承载力下降较明显。

（3）水平荷载（P）- 水平位移（$\varDelta$）滞回关系曲线骨架线

不同参数情况下节点的 $P\text{-}\varDelta$ 滞回关系曲线骨架线如图 3.9 所示。

由图 3.9（a）可见，轴压比（n）一定时，随着环板宽度（b）的减小，节点的承
载力总体上呈下降趋势，但构件延性稍有增大的趋势。Ⅰ型节点 SJ-13 试件在钢梁梁
端 A—A 截面［如图 3.6（d）所示］形成塑性铰，较早发生了梁端翼缘断裂破坏而环
板无明显变形，其延性受钢梁影响最大。Ⅱ型节点 SJ-23-1 试件破坏时的塑性铰区域为
环板和钢梁梁端之间区域截面，即 A—A 截面和 B—B 截面之间［如图 3.6（d）所示］，
而该区域的梁翼缘截面尺寸大于Ⅰ型节点的 A—A 截面，使得节点的延性较Ⅰ型节点有
所提高；Ⅲ型节点 SJ-33 试件破坏时环板拉断而钢梁无明显变形，即在 C—C 截面［如
图 3.6（d）所示］处发生破坏。

由图 3.9（b）和（c）可见，环板宽度（b）相同时，不同轴压比（n）下的骨架曲
线有所不同，轴压比较大（$n=0.6$）时，峰值点后骨架曲线下降更快，其弹塑性刚度
较小，塑性强化阶段不很明显，而轴压比（$n \leqslant 0.3$）较小时，$P\text{-}\varDelta$ 曲线上塑性强化段较
长，说明随着轴压比的增大，节点的位移延性有所降低。此外，随着环板宽度（b）的
减小，节点的弹性刚度也稍有减小的趋势。

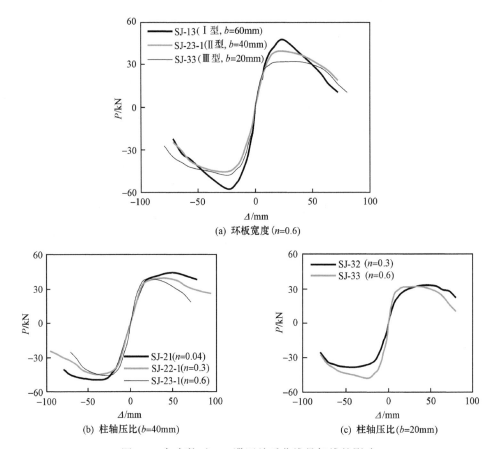

图 3.9　各参数对 $P\text{-}\Delta$ 滞回关系曲线骨架线的影响

（4）梁端弯矩（M）- 曲率（ϕ）关系

图 3.10（a）和（b）分别给出了节点试件 SJ-22-1 和 SJ-32 的梁端弯矩（M）- 梁端曲率（ϕ）滞回关系曲线。可见，加载初期钢梁处于弹性阶段，$M\text{-}\phi$ 滞回曲线基本呈直线，钢梁曲率较小，发展缓慢。试件屈服以后，随着柱顶位移的逐步增大，钢梁曲率发展速度加快。

对于环板宽度较大的Ⅰ型节点及Ⅱ型节点，试件加载到 $3\Delta_y$ 之前钢梁局部屈曲现象不明显，$M\text{-}\phi$ 曲线处于弹性范围。当加载位移继续增大时，节点的环板及钢梁梁端均出现局部屈曲，$M\text{-}\phi$ 曲线在后期发展很快，并且由于钢梁屈曲在反向加载时并没有恢复到原位从而使得 $M\text{-}\phi$ 曲线的零点位置发生了移动。

对于环板宽度最小的Ⅲ型节点，加载到 $3\Delta_y$ 前钢梁没有局部屈曲，$M\text{-}\phi$ 曲线处于弹性阶段。位移继续增大时，节点的环板及钢梁梁端均开始出现屈曲，但由于环板宽度较小，节点的内力不能完全有效地传到梁端，屈曲主要发生在节点环板，最终环板与柱连接处被拉裂破坏，梁端曲率（ϕ）发展并不明显。

（5）节点弯矩（M_j）- 转角（θ）关系

节点弯矩（M_j）- 柱端转角（θ_c）关系、节点弯矩（M_j）- 梁端转角（θ_b）关系，以及节点弯矩（M_j）- 梁柱相对转角（θ_r）关系曲线可反映节点刚性的变化。

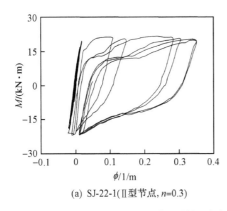
(a) SJ-22-1(II 型节点, n=0.3)

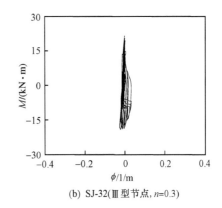
(b) SJ-32(III 型节点, n=0.3)

图 3.10　典型的梁端弯矩（M）- 曲率（ϕ）关系

节点梁柱转角主要是由节点弯矩引起，节点弯矩 M_j 的计算需计入二阶效应的影响，可按照如下公式计算：

$$M_j = P \cdot (H/2 - h/2) + N_o \cdot (\delta_u - \delta_m) \tag{3.1}$$

式中：P 为柱顶水平荷载；N_o 为柱顶轴压力；H 为柱高度；h 为钢梁高度；δ_u 为柱顶水平位移；δ_m 为节点核心区水平位移。

以试件 SJ-13 和 SJ-21 为例，图 3.11～图 3.13 分别给出节点弯矩（M_j）- 柱端转角（θ_c）滞回关系、节点弯矩（M_j）- 梁端转角（θ_b）滞回关系及节点弯矩（M_j）- 梁柱相对转角（θ_r）滞回关系曲线。

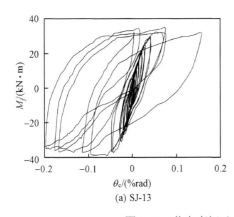
(a) SJ-13

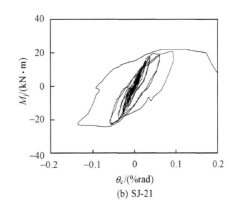
(b) SJ-21

图 3.11　节点弯矩（M_j）- 柱端转角（θ_c）关系

从上述三个图形可见，试件屈服前（位移达到 Δ_y 之前），节点 M_j-θ_c 和 M_j-θ_b 关系基本呈直线变化，转角较小，梁柱相对转角 θ_r 基本为零。试件屈服后（即水平位移达到 Δ_y 时），随着柱顶位移的逐步增大，θ_b 和 θ_c 迅速增大，而 θ_r 变化很小，说明节点的梁柱间夹角基本可保持不变，表现出刚接节点的特征。

图 3.13 中梁柱相对转角（θ_r）增大的阶段主要是因为试验后期钢梁腹板发生了较大屈曲，从而使得梁端转角测点位置发生了移动所致。

（6）荷载（P）- 应变（ε）关系曲线

图 3.14（a）所示为水平荷载（P）与梁端截面（加强环板外）翼缘纵向应变（ε）

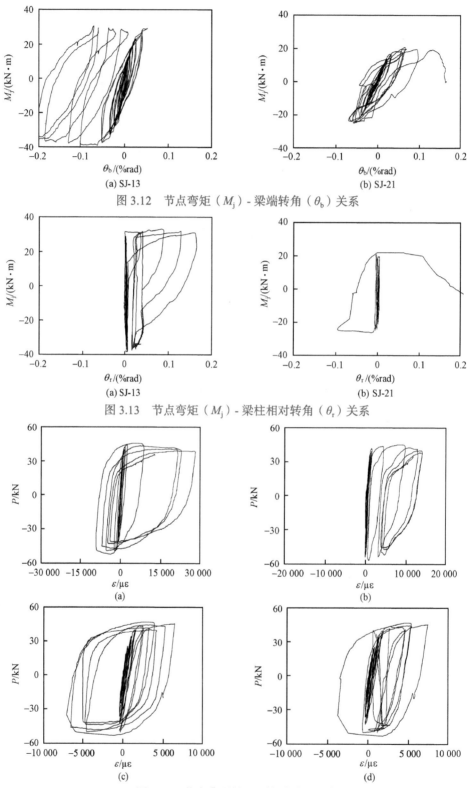

图 3.12　节点弯矩（M_j）- 梁端转角（θ_b）关系

图 3.13　节点弯矩（M_j）- 梁柱相对转角（θ_r）关系

图 3.14　节点典型的 P-ε 关系（SJ-21）

关系，图 3.14（b）所示为水平荷载（P）与加强环板根部及柱连接位置的纵向应变（ε）关系，图 3.14（c）所示则为水平荷载（P）与环板区域中间位置处腹板边缘靠近翼缘位置处的纵向应变（ε）关系，图 3.14（d）给出水平荷载（P）与梁端截面靠近翼缘位置处腹板的纵向应变（ε）关系。

由图 3.14 可见，加载初期四个位置的纵向应变均较小。节点屈服后（即水平位移达到 Δ_y 后），这四个位置均进入弹塑性阶段，但不同位置的塑性及应变发展趋势不同。梁端截面应变发展较快，且最终的应变数值较大。环板根部翼缘面积较大，因此最终应变发展数值要小于梁端的翼缘应变。环板区域内的梁腹板位置弹塑性应变发展小于环板应变，但高于梁端截面上的腹板应变。

当试件达到极限承载力时，梁端翼缘纵向应变达到 $8900\mu\varepsilon$，而环板根部纵向应变为 $5000\mu\varepsilon$，环板内腹板应变为 $6200\mu\varepsilon$，梁端腹板应变为 $4800\mu\varepsilon$。

3.2.3　试验结果分析

（1）节点极限承载力

目前对钢管混凝土柱 - 钢梁节点屈服和破坏的确定尚无统一的准则。

本节采用类似于确定钢管混凝土柱屈服点的方法来确定钢管混凝土节点的屈服点和屈服荷载（韩林海，2007，2016），节点试件典型的 P-Δ 滞回曲线骨架线如图 2.251 所示。

定义 P-Δ 关系曲线的最高点对应的荷载和位移为极限荷载 P_{max} 和极限位移 Δ_{max}；$P_u = 0.85 P_{max}$ 为试件破坏荷载，相应的位移为节点的破坏位移 Δ_u。按照上述方法确定的试件的 Δ_y、Δ_{max}、Δ_u 和 P_{max}，汇总于表 3.1。

随着环板宽度（b）减小，节点承载力 P_{max} 总体上呈下降趋势，如轴压比 $n = 0.6$ 时，Ⅰ 型节点 SJ-13 高于 Ⅱ 型节点承载力约 17%（SJ-23-1）和 14%（SJ-23-2），高于 Ⅲ 型节点 SJ-33 约 33%，而 Ⅱ 型节点 SJ-23-1 及 SJ-23-2 则分别高于 Ⅲ 型节点 SJ-33 约 19% 和 22%，如图 3.15（a）所示。柱轴压比 $n = 0.3$ 时，Ⅱ 型节点 SJ-22-1 及 SJ-22-2 承载力分别高于 Ⅲ 型节点 SJ-32 约 17% 和 21%，如图 3.15（b）所示。

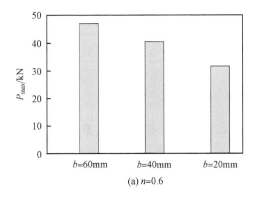
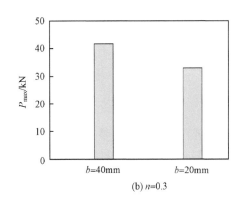

图 3.15　轴压比（n）和环板宽度（b）对极限承载力的影响

对于相同环板宽度（b）的试件，如 Ⅱ 型节点及 Ⅲ 型节点，随轴压比（n）的增大节点水平极限承载力下降，屈服位移 Δ_y 减小，同时节点的极限位移 Δ_{max} 和破坏位移 Δ_u

数值也对应减小，总体上反映了其位移延性随 n 增大而降低的趋势。

以往有关节点的试验和理论研究结果表明，节点的破坏模式总体上可归纳为三种（唐九如，1989；严正庭等，1996）：①节点核心区破坏；②梁端出现塑性铰；③柱端出现塑性铰。

众所周知，节点的承载力不仅与其梁柱的承载能力有关，而且还和节点的构造有关。本节试验中的节点构造均为外加强环板构造，且设计时已考虑到"强柱弱梁"的准则，差异在于环板宽度（b）不同，除环板宽度（b）最小的Ⅲ型节点发生了节点环板破坏外，其余试件均为梁端出现塑性铰而破坏。

（2）强度退化

试件的强度退化可用同级荷载强度退化系数 λ_i 来表示（JGJ/T 101—2015），即同一级加载各次循环所得峰值点荷载与该级第一次循环所得峰值点荷载的比值，λ_i 可表示为如下：

$$\lambda_i = \frac{P_j^i}{P_j^1} \tag{3.2}$$

式中：P_j^i 为第 j 次加载位移时，第 i 次加载循环的峰值点荷载值；P_j^1 为第 j 次加载位移时，第 1 次加载循环的峰值点荷载值。

图 3.16 为试件同级荷载退化系数 λ_i 随加载位移（Δ/Δ_y）的变化情况。可见，节点的同级荷载强度退化程度并不明显，即在节点屈服（位移达到 Δ_y）后直至钢梁屈曲前，同级荷载退化很不明显。只有钢梁完全屈曲并在加载位移很大的试验后期，才出现较明显的同级荷载降低。

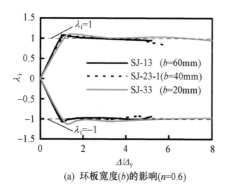
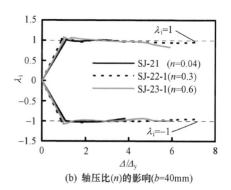

(a) 环板宽度（b）的影响（n=0.6）　　　　(b) 轴压比（n）的影响（b=40mm）

图 3.16　λ_i-Δ/Δ_y 关系

为研究节点试件在整个加载过程中荷载的降低情况，用总体荷载退化系数 λ_j 分析试件在整个加载过程中的荷载退化特点，即

$$\lambda_j = \frac{P_j}{P_{max}} \tag{3.3}$$

式中：P_j 为第 j 次加载循环时对应的峰值荷载；P_{max} 为所有加载过程中所得最大峰值点荷载，即试件的极限承载力。

图 3.17 所示为节点的总体荷载退化系数 λ_j 随加载位移（Δ/Δ_y）的变化情况。可见，

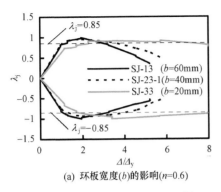

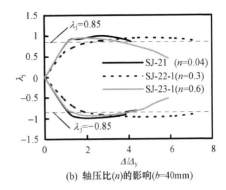

(a) 环板宽度(b)的影响(n=0.6)　　　　(b) 轴压比(n)的影响(b=40mm)

图 3.17　λ_j-Δ/Δ_y 关系

节点在屈服（位移达到Δ_y）后都有较长的水平段，即使达到破坏荷载（即 $0.85P_{max}$）仍能继续承受一定的荷载。相比之下，Ⅰ型和Ⅱ型节点试件当柱轴压比较大（$n=0.6$）时荷载退化明显，如试件 SJ-13、SJ-23-1；轴压比较小的 SJ-21（$n=0.04$）及 SJ-22-1（$n=0.3$）则不明显。而Ⅲ型节点试件由于其极限承载力较低，而且钢梁在试件破坏前的屈曲变形不明显，破坏发生在节点的环板部分，其总体荷载退化曲线均稍显平缓（SJ-33）。

（3）刚度退化

采用同级变形下的环线刚度来描述试件的刚度退化（唐九如，1989），环线刚度的计算公式为

$$K_j = \frac{\sum\limits_{i=1}^{n} P_j^i}{\sum\limits_{i=1}^{n} u_j^i} \qquad (3.4)$$

式中：P_j^i 为加载位移 $\Delta/\Delta_y=j$ 时，第 i 次加载循环的峰值点荷载值；u_j^i 为加载位移 $\Delta/\Delta_y=j$ 时，第 i 次加载循环的峰值点变形值；n 为位移加载循环次数。

图 3.18（a）为节点试件在相同轴压比（n）时的环线刚度（K_j）随环板宽度（b）变化的影响曲线。可见当轴压比（n）相同时，对于Ⅰ型和Ⅱ型节点，其环线刚度随环板宽度（b）的减小变化不明显，而Ⅲ型节点的环线刚度则与Ⅰ型和Ⅱ型节点试件相比变化较大。图 3.18（b）为轴压比（n）对节点试件 K_j 的影响，可见当 b 相同时，n 较大的试件的 K_j 退化快于 n 较小的试件。

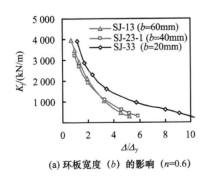

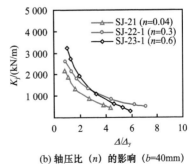

(a) 环板宽度（b）的影响（n=0.6）　　　　(b) 轴压比（n）的影响（b=40mm）

图 3.18　K_j-Δ/Δ_y 关系

（4）节点延性

可采用位移延性系数（μ）和转角延性系数（μ_θ）来研究节点的延性特性。节点柱顶水平破坏位移 Δ_u 与屈服位移 Δ_y（如图 2.251 所示）的比值即为位移延性系数（μ）为

$$\mu = \frac{\Delta_u}{\Delta_y} \tag{3.5}$$

节点的层间位移角 $\theta = \mathrm{arctg}(\Delta/H)$。则试件破坏时位移角 θ_u 和屈服位移角 θ_y 比值即为位移角延性系数（μ_θ）为

$$\mu_\theta = \frac{\theta_u}{\theta_y} \tag{3.6}$$

式中：μ 和 μ_θ 在数值上差异不大。μ 和 μ_θ 的具体数值分别如表 3.3 所示。

表 3.3　节点的延性及耗能指标

序号	试件编号	屈服位移角 θ_y	破坏位移角 θ_u	位移延性系数 μ	位移角延性系数 μ_θ	总耗能 /(kN·m)	等效黏滞阻尼系数 h_e	能量耗散系数 E
1	SJ-13	0.011 7	0.035 2	3	3	16.1	0.5	3.14
2	SJ-21	0.017 5	0.077 9	4.5	4.5	32.3	0.36	2.25
3	SJ-22-1	0.011 8	0.063 7	5.4	5.4	38.6	0.47	2.94
4	SJ-22-2	0.010 0	0.054 8	5.5	5.5	30.9	0.44	2.75
5	SJ-23-1	0.010 8	0.041 3	3.8	3.8	18.9	0.44	2.76
6	SJ-23-2	0.009 7	0.044 2	4.6	4.6	24.8	0.47	2.97
7	SJ-32	0.009 4	0.067 9	7.2	7.2	34.8	0.47	2.94
8	SJ-33	0.006 7	0.049 6	7.4	7.4	24.1	0.55	3.48

轴压比（n）和环板宽度（b）对节点延性均有影响。当 n 相同时，随着 b 的减小，试件的位移延性（μ）逐渐提高，如图 3.19（a）所示，主要原因是 b 较大时节点的变形主要集中在钢梁截面上，节点承载力较高但钢梁的屈曲更为显著，从而使得 $P\text{-}\Delta$ 曲线达到峰值后的下降速度趋于明显。当 b 相同时，$n \leqslant 0.3$ 时 μ 值变化不大。其后随着 n 的增大，μ 总体上呈现出降低的趋势，如图 3.19（b）所示。

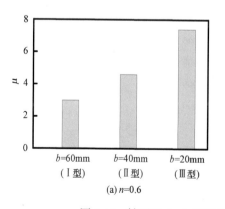

(a) $n=0.6$

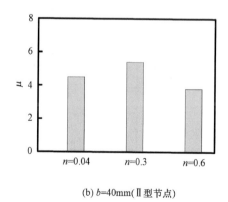

(b) $b=40\text{mm}$（Ⅱ型节点）

图 3.19　轴压比（n）和环板宽度（b）对延性（μ）的影响

规范 GB 50011—2001（2002）规定：对于多高层钢结构弹性层间位移角限值 $[\theta_e]=$ $1/300\approx0.0033$，弹塑性层间位移角限值 $[\theta_p]=1/50=0.02$，若参考此限值，本节进行的 8 个节点试件的层间位移延性系数 $\mu=3\sim7.4$，屈服位移角 $\theta_y=2.03[\theta_e]\sim5.30[\theta_e]$，破坏位移角 $\theta_u=1.78[\theta_p]\sim3.90[\theta_p]$。

（5）耗能

结构构件的耗能能力可以其荷载（P）- 变形（Δ）滞回关系曲线所包围的面积来衡量（JGJ 101—96，1997），如图 3.20 所示。滞回曲线包含的面积反映了结构弹塑性耗能的大小，滞回环越饱满，耗散的能量越多，结构的耗能性能越好。

耗能能力是研究结构抗震性能的一个重要指标，一般可采用等效黏滞阻尼系数 h_e 和能量耗散系数 E 来评价钢管混凝土节点的耗能能力（JGJ 101—96，1997）。

等效黏滞阻尼系数 h_e 定义为

$$h_e=\frac{1}{2\pi}\frac{S_{ABC}+S_{CDA}}{S_{OBE}+S_{ODF}}\qquad(3.7)$$

式中，S_{ABC} 和 S_{CDA} 分别为图 3.20（a）中 ABC 和 CDA 阴影部分面积，S_{OBE} 和 S_{ODF} 分别为图 3.20（b）中△OBE 和△ODF 部分面积。

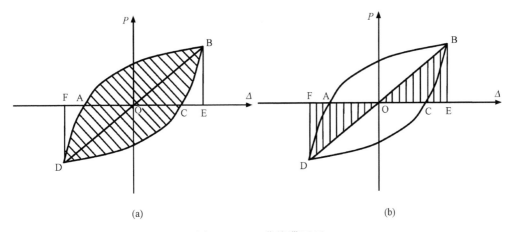

图 3.20　P-Δ 曲线滞回环

能量耗散系数 E 定义为构件在一个滞回环的总能量与构件弹性能的比值，可按下式计算为

$$E=\frac{S_{ABC}+S_{CDA}}{S_{OBE}+S_{ODF}}=2\pi\cdot h_e\qquad(3.8)$$

按照上述公式计算得到试件的总耗能（即为所有滞回环所包围的面积）、h_e 和 E 汇总于表 3.3 中，计算时暂以达到破坏荷载 $0.85P_{max}$ 时为滞回环截止点。

从表 3.3 可以看出，试件达到极限状态时的 h_e 和 E 的变化规律与上述延性系数 μ 和 μ_θ 的变化规律相同，即 b 相同时，随着 n 的增大，节点的 h_e 和 E 有减小的趋势。

当 n 相同时，Ⅰ型节点耗能能力最低，Ⅲ型节点耗能能力较强。主要原因是所有试件的钢梁均相同，Ⅰ型节点的环板上的力主要传递到梁端而使得最后钢梁梁端截面发生拉裂，荷载下降很快，因此钢梁的耗能能力较低，试件的延性系数较小。Ⅱ节点则居于Ⅰ型和Ⅲ型节点之间。

需要说明的是，Ⅲ型节点的破坏是环板断裂，尽管其转角延性系数（μ_θ）和位移延性系数（μ）最大，但其屈服位移（转角）、极限位移、破坏位移（转角）绝对值却都是最小的。

综上所述，在本节试验参数范围内，相对于Ⅰ型和Ⅲ型节点，Ⅱ型节点的构造措施总体上较为合理。

图3.21给出了节点在屈服（位移达到Δ_y）后的h_e-Δ/Δ_y曲线。可见对于相同轴压比（n）的试件，如图3.21（a）所示，当加载位移小于$3\Delta_y$时，随着环板宽度（b）的减小，各位移加载级的h_e变化不明显；当加载位移大于$3\Delta_y$时，随着b的减小，各位移加载级的h_e减小。对于相同环板宽度（b）的节点，如图3.21（b）所示，当轴压比$n \leqslant 0.3$时，随着n的增大各位移加载级的h_e变化不明显，但$n > 0.3$时，随着n的增大各位移加载级的h_e有明显的增大。

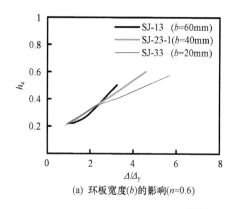 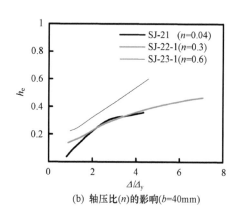

(a) 环板宽度(b)的影响($n=0.6$)　　　(b) 轴压比(n)的影响($b=40$mm)

图 3.21　h_e-Δ/Δ_y 曲线

3.2.4　小结

以轴压比和环板宽度为参数，本节研究了外加强环板式钢管混凝土柱-钢梁节点的滞回性能，分析了节点的荷载-位移滞回关系曲线及骨架曲线，梁端弯矩-曲率滞回关系曲线，节点柱端、梁端弯矩-转角和节点梁柱相对转角关系曲线，节点位移延性、强度退化、刚度退化及耗能能力等性能的变化规律。

研究结果表明，在本节试验参数范围内，钢管混凝土柱-钢梁外加强环板节点的荷载-位移滞回曲线较为饱满，没有明显的捏缩现象，刚度和强度退化不明显。轴压比和环板宽度是影响钢管混凝土节点力学性能的重要因素，随着轴压比的增大，节点的水平极限承载力下降，屈服状态提前，耗能能力和位移延性总体上均有所降低。随着环板宽度的减小，节点的水平承载力总体上呈下降趋势，但位移延性却呈现增大的趋势。

3.3　加强环板式组合梁节点的试验研究

本节进行钢管混凝土柱-钢梁外环板式节点在恒定柱顶轴压力、梁加载端低周往复荷载作用下的抗震性能试验研究（Han 和 Li，2010；李威，2011）。基于试验研究结果，分析该类节点在往复荷载作用下的全过程状态和最终破坏形态、极限承载力、应变分布、刚度退化、强度退化、耗能能力等特性，同时为有限元模型验证提供必要的试验数据。

3.3.1　试验概况

（1）试件设计和制作

为研究框架梁 - 柱连接节点在往复荷载作用下的力学性能，选取上下两层反弯点之间的钢管混凝土柱 - 钢梁节点作为研究对象［图 3.22（a）］。所选取的平面框架中间层中间节点（以下简称中间节点）和中间层端节点（以下简称端节点）的示意图如图 3.22（b）所示。图中，N_o 表示加载在柱顶的恒定轴压力，P 表示梁加载端往复荷载，H 为柱上下端转动中心的垂直距离，L 为中间节点两个加载端的水平距离。图 3.22（c）所示为节点核心区附近的受力情况。

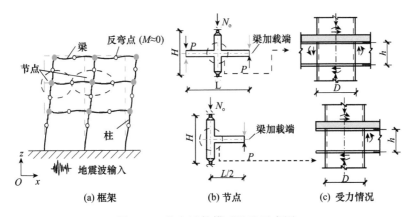

图 3.22　节点试件模型选取示意图

在本试验中，其中一组三个试件参照实际建筑结构工程节点的设计，考虑钢筋混凝土楼板的组合作用。为便于对比和分析，另一组三个试件在设计时不考虑楼板的组合作用，仅对钢管混凝土柱 - 钢梁节点进行设计。模型和实际节点的比例约为 1∶2。试验参数为柱轴压比、梁柱抗弯承载力比和梁柱线刚度比。图 3.23 所示为节点试件的外形尺寸和构造。

节点试件的钢管混凝土柱截面均为 ○-219mm×4.68mm，柱实际长度 1500mm，柱上部到楼板上表面的垂直距离为 695mm。加上两端铰支座后，柱上下端两个转动中心的垂直距离（H）为 2100mm。试验中的梁柱抗弯承载力比、梁柱线刚度比通过变化钢梁截面尺寸来实现。试件 CIJ-1、CIJ-2 和 CEJ-2 的钢梁尺寸为 150mm×150mm×5.62mm×5.62mm，试件 CIJ-3、CIJ-4 和 CEJ-4 的钢梁尺寸为 230mm×150mm×5.62mm×5.62mm。梁加载点到柱中轴线的水平距离（$L/2$）为 1300mm。对于中间节点，两个加载点之间的水平距离（L）为 2600mm。楼板宽度均为 700mm，厚度为 50mm。由于试件尺寸的限制，楼板内配单层钢筋（Ⅰ级钢筋），

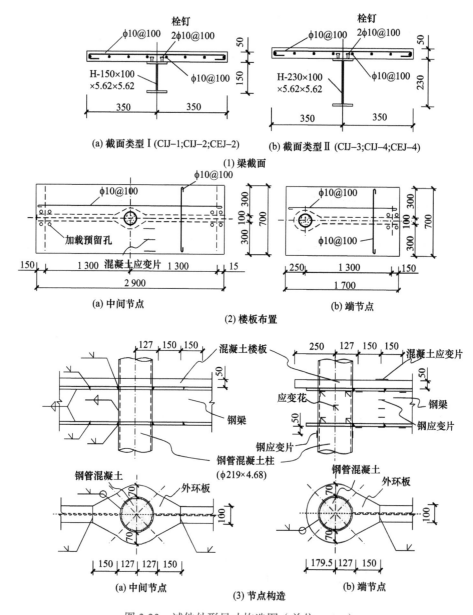

图 3.23　试件外形尺寸构造图（单位：mm）

钢筋直径为 10mm，间距 100mm。钢筋在板内的锚固长度依据《混凝土结构设计规范》（GB 50010—2016）的相关规定，板内钢筋和钢管混凝土柱壁之间不做特殊连接处理。钢筋混凝土楼板的有效宽度参考《钢结构设计规范》（GB 50017—2017）中的相关规定。试件楼板通过抗剪连接件（圆柱头栓钉）和钢梁连接在一起共同工作，实际形成了钢-混凝土组合梁。栓钉连接件满足完全剪力连接设计要求。根据上述方法计算的全部节点试件的参数见表 3.4，表中还列出了利用材料设计值计算的钢管混凝土柱设计轴压比（n_d）。

表 3.4　试件参数一览表

序号	试件编号	节点类型	轴力 N_o/kN	柱轴压比 n	柱设计轴压比 n_d	核心区轴压比 n_p	梁柱线刚度比（无楼板）k_i'	梁柱线刚度比（有楼板）k_i	梁柱抗弯承载力比（无楼板）k_m'	梁柱抗弯承载力比（有楼板）k_m
1	CIJ-1	中间节点	850	0.34	0.41	0.29	0.18	0.58	0.44	0.63
2	CIJ-2	中间节点	1 700	0.68	0.82	0.58	0.18	0.58	0.56	0.80
3	CIJ-3	中间节点	850	0.34	0.41	0.29	0.49	1.35	0.79	1.09
4	CIJ-4	中间节点	1 700	0.68	0.82	0.58	0.49	1.35	1.00	1.39
5	CEJ-2	端节点	1 700	0.68	0.82	0.58	0.18	0.58	0.28	0.46
6	CEJ-4	端节点	1 700	0.68	0.82	0.58	0.49	1.35	0.50	0.79

试件钢结构部分在专业钢结构加工厂制作。钢梁为焊接工字钢截面，试件钢管采用成品电弧直焊缝钢管。钢筋在试验室由工人手工弯曲绑扎。

管内和楼板的混凝土分两批浇筑。浇筑管内自密实混凝土时，由管顶从上而下直接浇灌。浇筑楼板普通混凝土时，采用振捣棒，节点处混凝土能够达到密实。混凝土浇筑完毕后在常温下浇水养护 7 天后拆掉模板。清除柱顶端的浮浆后用高强水泥砂浆填补。待水泥砂浆凝固后焊接盖板，并用打磨机将盖板顶面打磨水平，以期尽可能保证钢管与核心混凝土在试验施荷初期共同受力。

（2）材性

钢梁、钢管和钢筋的材性试验结果见表 3.5。圆柱头焊钉（栓钉）规格为 $\phi10\text{mm}\times35\text{mm}$。材料强度按照圆柱体焊钉标准中的有关规定取值，屈服强度 240MPa，抗拉强度 400MPa。

表 3.5　钢材材性表

部件	钢板厚度（或钢筋直径）/mm	屈服强度 f_y/MPa	极限强度 f_u/MPa	弹性模量 E_s/MPa	伸长率 δ/%
钢梁翼缘	5.62	475.4	601.5	2.06×10^5	20.7
钢梁腹板	5.62	467.3	597.0	2.01×10^5	18.1
钢管	4.68	375.4	471.0	2.09×10^5	30.0
钢筋	$\phi10$	276.0	478.6	2.02×10^5	18.4

试件钢管内核心混凝土采用自密实混凝土，试件楼板采用普通混凝土，最终测得其 28 天立方体抗压强度分别为 56.0MPa 和 32.4MPa，弹性模量分别为 3.89×10^4MPa 和 2.86×10^4MPa。试验时立方体抗压强度分别为 56.0MPa 和 35.7MPa。

（3）试验装置及加载制度

本章采用梁端往复加载方式测试节点的抗震性能。根据图 3.22 所示试件加载情况选取条件，试验时先在柱顶施加轴压力 N_o 并保持稳定，然后在梁加载端用 MTS 伺服加载系统施加低周往复荷载。试验装置示意图如图 3.24（a）所示，实际装置如图 3.24（b）所示。

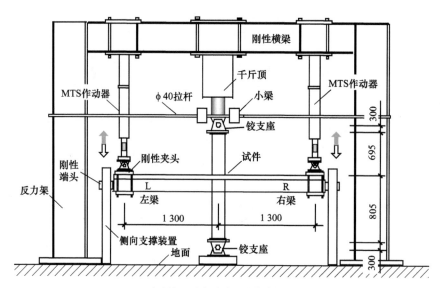

(a) 试验装置示意图（尺寸单位：mm）

(b) 节点试验过程中的情景

图 3.24　节点试验加载装置

　　为使试验能够顺利进行，特别是在后期保证梁能够充分变形，本试验设置了侧向
支撑装置。该装置主要是在钢梁加载端焊接刚性端头，通过夹板和滑轮约束端头强制
沿侧向支撑轨道移动，从而约束梁的平面外扭转变形。侧向支撑装置如图 3.24（b）右
上角局部放大图形所示。

　　往复加载制度采用《建筑抗震试验方法规程》（JGJ/T 101—2015）规定的荷载 - 变形双

控加载制度，即在弹性阶段采用荷载控制加载，开裂或屈服后用位移控制加载。施加柱顶轴压力和进行梁端往复加载前都要对试件进行预加载。在力控制阶段，加载速率为 1kN/s，位移控制阶段加载速率为 1mm/s。每级加载结束后，暂停加载并持荷 2～3分钟，观察楼板裂缝和节点破坏情况。当加载到试件接近破坏时，若达到下列条件之一时即停止加载：①当荷载降低到峰值荷载的 85% 以下；②节点区钢梁下翼缘严重屈曲或焊缝完全断裂；③柱出现较大的整体弯曲。

（4）量测内容和测点布置

本试验主要测量内容和方式如下。

柱顶荷载和位移由千斤顶上的力传感器和布置在顶部的位移计测得。梁加载端荷载和位移由 MTS 加载系统自动采集。核心区剪切变形由布置在核心区的两个主对角线方向位移计测得的位移进行换算。钢管应变由布置在节点核心区下方管壁上的竖向应变片测得。核心区剪应变由布置在核心区中部的应变花测得。钢梁、楼板混凝土和纵筋的应变由布置在相应位置的应变片测得。楼板和钢梁之间的界面滑移由楼板和钢梁之间架设的位移计测量。在每级加载结束后采用裂缝显微镜量测楼板混凝土的裂缝宽度。位移计的布置如图 3.25（a）所示，钢梁、钢管混凝土柱和钢筋混凝土楼板的应变片布置如图 3.25（b）～（e）所示。

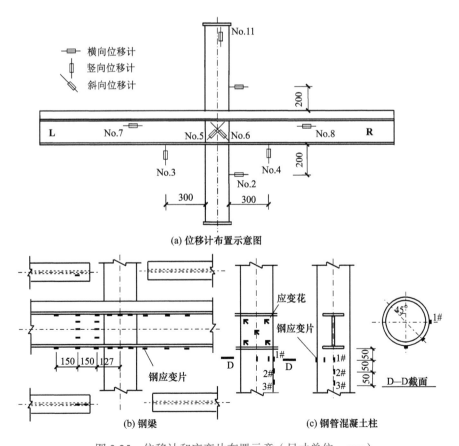

图 3.25　位移计和应变片布置示意（尺寸单位：mm）

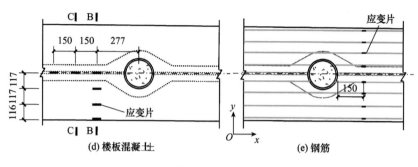

图 3.25 （续）

3.3.2 试验现象和试验结果

（1）试验全过程分析

以试件 CIJ-1 和 CIJ-3 为例说明试验的全过程。其中，当楼板上表面混凝土受压时梁承受的弯矩为正，相应的梁加载端荷载为正值；当楼板上表面混凝土受拉时梁承受弯矩为负，相应的梁加载端荷载为负值。试件"左梁"（L梁）和"右梁"（R梁）的定义如图 3.24 所示。定义往复荷载工况下，左梁位移向上，右梁位移向下的加载为"正向加载"，未特别标明的荷载均指右梁荷载。

1）试件 CIJ-1。

首先对钢管混凝土柱施加 850kN 的轴压力（柱轴压比为 0.34），然后在梁加载端施加往复荷载。在荷载控制阶段，当右梁加载端荷载为 −18kN 时，靠近钢管处的受拉区楼板出现裂缝。当荷载为 −36kN 时，裂缝宽度为 0.10mm，钢筋混凝土楼板中部出现多条平行裂缝，间距约为 100mm，楼板和钢管壁之间出现裂缝。当反向加载时，楼板受压区裂缝闭合。当荷载为 −54kN 时，裂缝宽度为 0.20mm，并延伸到楼板中部，环板和钢筋混凝土楼板之间出现裂缝。此后进入位移控制阶段，在以 $2\Delta_y$ 进行第一圈正向加载时，右梁受拉区最大裂缝宽度为 0.30mm，左梁靠近钢管处的楼板下部出现受拉裂缝，楼板和钢管壁间分离较为明显。以 $2\Delta_y$ 进行第一圈反向加载时，右梁楼板上表面裂缝基本闭合，左梁最大裂缝宽度为 0.40mm。当以 $3\Delta_y$ 进行第一圈正向加载时，右梁最大裂缝宽度为 0.80mm，左梁受压区混凝土压酥起皮，反向加载时裂缝基本不能闭合。当以 $4\Delta_y$ 进行第一圈正向加载时，右梁最大裂缝宽度为 0.90mm，左梁环板和钢梁连接处的拼接焊缝出现裂缝，钢管根部的受压混凝土完全压酥碎裂，钢梁下翼缘出现屈曲，反向 $4\Delta_y$ 加载时，左梁最大裂缝宽度为 1.0mm，钢梁腹板出现轻微剪切滑移线。在以 $4\Delta_y$ 进行第二圈加载时，楼板裂缝基本贯通。在以 $5\Delta_y$ 进行第一圈正向加载时，右梁受压钢梁下翼缘明显屈曲，左梁受拉钢梁下翼缘和环板的拼接焊缝断裂，腹板鼓曲，靠近钢管的受压混凝土大片压溃，梁整体弯曲呈明显"S"形。在以 $5\Delta_y$ 进行第二圈正向加载时，翼缘和环板间的拼接焊缝完全断裂，腹板撕裂，此时停止加载。试验完毕后整体和局部破坏形态分别见图 3.26（a）和（b），试件左梁和右梁的梁加载端荷载（P）-位移（Δ）关系分别见图 3.27（a）和（b）。

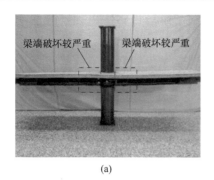
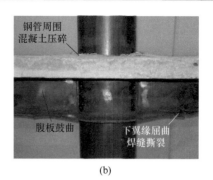

(a)　　　　　　　　　　　　　　　　(b)

图 3.26　试件 CIJ-1 的破坏形态

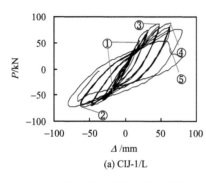
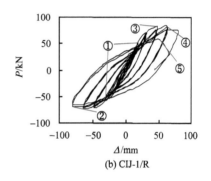

(a) CIJ-1/L　　　　　　　　　　　(b) CIJ-1/R

图 3.27　试件 CIJ-1 的梁加载端荷载（P）- 位移（Δ）关系
①钢梁翼缘屈服；②钢梁下翼缘屈曲；③楼板混凝土压碎；④翼缘 - 环板焊缝开裂；⑤腹板撕裂

2）试件 CIJ-3。

该试件的钢管混凝土柱轴压比为 0.34。当右梁加载端荷载为 -25kN 时，靠近钢管处的受拉区钢筋混凝土楼板出现裂缝，反向加载时裂缝闭合。当荷载为 -50kN 时，裂缝最大宽度为 0.05mm，楼板中部出现多条平行裂缝，间距约为 150mm，混凝土和钢管壁之间出现裂缝。当反向加载时，受压区裂缝闭合。当荷载为 -75kN 时，裂缝最大宽度为 0.20mm，受压区楼板底部裂缝宽度为 0.05mm，钢管壁和混凝土之间的裂缝宽度约为 0.60mm。此后进入位移控制阶段，以 15mm 为一级进行加载。在以 $2\Delta_{\text{y}}$ 进行第一圈正向加载时，受拉区楼板混凝土最大裂缝宽度为 0.30mm，环板和混凝土楼板之间出现裂缝，楼板和钢管壁之间出现明显裂缝；左梁靠近钢管的楼板下部混凝土出现受拉裂缝。以 $2\Delta_{\text{y}}$ 进行第一圈反向加载时，右梁楼板横向裂缝基本闭合。当以 $3\Delta_{\text{y}}$ 进行第一圈正向加载时，右梁最大裂缝宽度约为 0.45mm，钢管壁和楼板之间明显脱开，反向加载时左梁最大裂缝宽度为 0.55mm。以 $4\Delta_{\text{y}}$ 进行第一圈正向加载时，右梁最大裂缝宽度为 0.70mm，钢管附近的楼板受压混凝土压酥起皮，楼板横向裂缝贯通整板；左梁底部裂缝宽度约为 0.40mm，反向加载时，左梁最大裂缝宽度为 0.80mm。当以 $4\Delta_{\text{y}}$ 进行第二圈反向加载时，左梁一侧环板位置以下受压钢管壁出现轻微鼓曲。当以 $4\Delta_{\text{y}}$ 进行第三圈正向加载时，右梁一侧环板位置以下受压钢管壁出现轻微鼓曲。当以 $5\Delta_{\text{y}}$ 进行第一圈正向加载时，左梁一侧楼板位置以上受压钢管壁出现鼓曲变形，右梁裂缝最大宽度为 0.80mm，反向加载时，左梁一侧鼓曲的柱壁被拉直，右梁一侧受压柱壁出现鼓曲。在这个阶段柱整体出现了弯曲变形，上下铰支座出现转动。当以 $6\Delta_y$ 进行第二圈正向加载时，柱呈弓形弯曲，左梁下翼缘和环板的拼接焊缝出现裂缝，此时停止试验。试验完毕后整体和局部破坏形态分别见图 3.28（a）和（b），试件左梁和右梁的梁加载端荷载（P）- 位移（Δ）关系分别见图 3.29（a）和（b）。

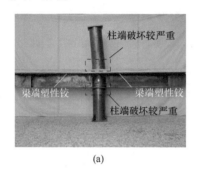

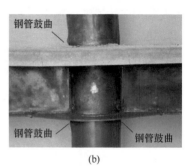

(a)　　　　　　　　　　　　　　　　(b)

图 3.28　试件 CIJ-3 的破坏形态

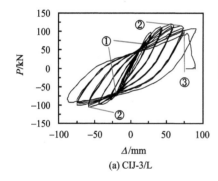

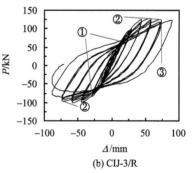

(a) CIJ-3/L　　　　　　　　　　　　(b) CIJ-3/R

图 3.29　试件 CIJ-3 的梁加载端荷载（P）- 位移（Δ）关系
①管壁屈服；②柱管壁鼓曲；③柱弯曲变形

（2）节点破坏特征

试验试件主要出现了两类典型的破坏形态：一类的破坏主要集中在靠近核心区的梁端区域，如试件 CIJ-1、CIJ-2、CEJ-2、CEJ-4；一类的破坏主要集中在靠近核心区的柱端端区域，如试件 CIJ-3、CIJ-4，其中，梁端受弯破坏的主要特征是钢梁下翼缘和环板交接处发生屈曲和断裂，钢管混凝土柱附近的楼板混凝土压碎；柱端压弯破坏的主要特征是钢管混凝土柱靠近核心区的部位管壁鼓曲，相应部位的内部混凝土压碎，柱出现整体弯曲。这两类破坏形态如图 3.30 所示。

梁端受弯破坏的试件特征如图 3.30（a）所示。结合试验过程观测和数据，该类节点的破坏过程可以分为以下几个阶段。

1）弹性阶段。

这个阶段节点的荷载 - 位移关系基本呈线性。在加载至 $0.33P_y$ 左右时，楼板上表面开始出现多条裸眼可见平行裂缝，钢管和楼板交接处出现裂缝。随着加载的进行，楼板混凝土受拉裂缝的宽度和长度不断扩展，反向加载时楼板上表面裂缝闭合，下表

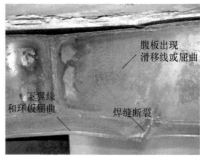

(a) 梁端受弯破坏(CIJ-1)

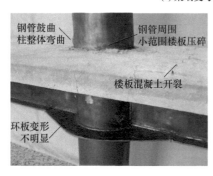

(b) 柱端受弯破坏(CIJ-3)

图 3.30 试件典型破坏形态

面混凝土出现细微裂缝。加载至约 P_y 时，腹板和钢梁下翼缘屈服。弹性阶段结束时，楼板混凝土的裂缝宽度为 0.30mm 左右。

2）弹塑性阶段。

该阶段节点的荷载 - 位移关系不再呈线性。随着荷载的增大，节点变形不断发展，原有的混凝土裂缝宽度不断开展，上下表面裂缝贯通，反向加载时裂缝不能完全闭合。加载至约 $3\Delta_y$ 时，钢梁受压下翼缘已能观察到较为明显的下翼缘和腹板屈曲，和钢管直接接触的楼板混凝土压碎，此时节点荷载达到峰值。

3）破坏阶段。

达到峰值荷载后，节点的承载力开始下降，下降的程度和钢梁的屈曲程度相关。随着楼板混凝土逐渐退出工作，板内钢筋和钢梁承受了大部分荷载，荷载下降总体来说较为平缓。此阶段钢梁整体变形明显。由于钢梁首先发生破坏，故钢管混凝土柱损伤较小，柱轴压比对该类试件的破坏形态影响并不明显。

两个端节点试件 CEJ-2 和 CEJ-4 出现的也是梁端破坏，其过程和特征如上所述。和截面相同的中间节点试件相比，由于端节点的梁柱抗弯承载力比较小，因此破坏更加集中在梁端，其腹板和翼缘屈曲程度要比相应的中间节点严重。对比中间节点试件 CIJ-1 和 CIJ-3，试件 CIJ-3 的梁柱抗弯承载力比和梁柱线刚度比均比试件 CIJ-1 大，因此试件 CIJ-3 出现了柱端压弯破坏。

柱端压弯破坏的试件特征如图 3.30（b）所示。该类节点的破坏形成过程也可以分为以下几个阶段。

1）弹性阶段。

这个阶段节点的荷载 - 位移关系基本呈线性。在加载至 $0.33P_y$ 左右时，楼板上表面开始出现多条裸眼可见平行裂缝，钢管和楼板交界处有分离的现象。此后随着加载的进行，裂缝的宽度和长度有所扩展，环板和钢梁也有脱离的现象。当楼板上表面受压时，原有的受拉裂缝基本闭合。加载至 P_y 时，钢管混凝土柱壁钢管达到屈服状态，但钢梁翼缘尚未屈服。

2）弹塑性阶段。

该阶段节点的荷载 - 位移关系不再呈线性关系。随着加载位移逐渐增大，核心区的剪切变形和柱端弯曲变形发展较快，楼板混凝土的裂缝宽度也有一定程度的扩大。当钢管混凝土柱端达到极限承载力时，节点荷载达到峰值。

3）破坏阶段。

达到峰值荷载后，节点的承载力开始平缓下降。该阶段节点的变形主要集中在钢管混凝土柱上，靠近混凝土上表面和钢梁下翼缘的柱壁反复鼓曲和拉直。在加载后期柱整体出现了较为明显的弯曲变形。由于钢管混凝土柱的滞回性能优良，试件荷载 - 位移关系在柱整体弯曲前仍较为饱满。

对比中间节点试件 CIJ-4 和端节点试件 CEJ-4。二者的梁柱线刚度比一样，但试件 CIJ-4 的梁柱抗弯承载力比要比试件 CEJ-4 高。在试验中，试件 CEJ-4 呈现了较为明显的梁端受弯破坏特征，而试件 CIJ-4 的破坏形态为柱端压弯破坏。

此次构件加工时，环板和钢梁翼缘是分别切割后用拼接焊缝连在一起。当钢梁下翼缘和环板焊接处应力比较集中，在加载过程中焊缝容易断裂。这也说明了节点连接处的焊缝也是影响节点破坏形态的重要因素，好的焊缝质量至关重要。

为了解核心区混凝土的工作性能，在试验结束后割开部分试件核心区钢管外壁，观察核心区混凝土的开裂情况，如图 3.31 所示。

(a) CIJ-1

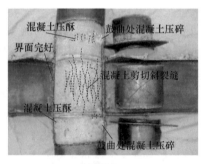
(b) CIJ-4

图 3.31　核心区混凝土破坏形态

图 3.31（a）为试件 CIJ-1 的核心区混凝土情况，该试件的破坏形态为梁端受弯破坏。由图可见，该节点核心区混凝土基本完好，无裸眼可见裂缝。核心区混凝土和钢管界面的黏结完好，没有发生滑移现象。

图 3.31（b）所示为试件 CIJ-4 的核心区混凝土破坏情况，该试件的破坏形态为柱端压弯破坏。从图 3.31（b）中可以看出，柱端压弯破坏试件的核心区混凝土破坏较为

严重。在上下环板高度之间的核心区混凝土有明显的交叉斜裂缝，在裂缝之间混凝土的碎裂程度较为明显。由于有外围的钢管约束，其碎裂发展较为均匀。在楼板以上和钢环板下缘两处钢管鼓起的部位，其内部混凝土完全压碎，变得酥松。核心区斜裂缝也部分扩展到楼板高度范围内。试件的钢管和混凝土界面也保持完好，没有发现滑移现象，说明钢管和核心混凝土之间的黏结滑移很小，二者变形基本协调。

3.3.3 试验结果分析

（1）荷载 - 位移关系

梁加载端荷载（P）- 位移（Δ）关系是节点试件在往复荷载作用下反应的综合体现，对分析试件的抗震性能具有重要的意义。本次典型试件的 P-Δ 关系如图 3.32 所示。

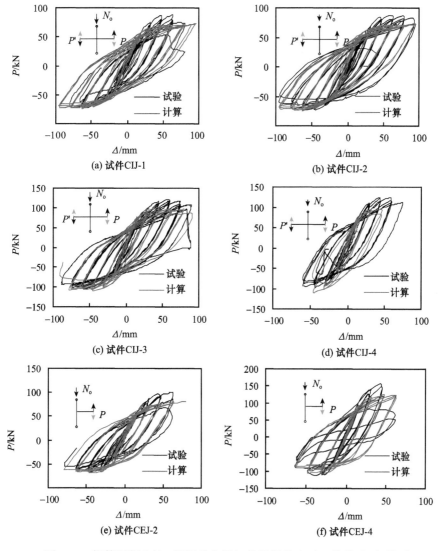

图 3.32　钢管混凝土柱 - 钢梁节点梁加载端荷载（P）- 位移（Δ）关系

将 $P\text{-}\Delta$ 关系的各个峰值点相连，即得到 $P\text{-}\Delta$ 关系骨架线，如图 3.33 所示，其中，试件编号后的 "/L" 或 "/R" 表示试件的左梁或右梁。

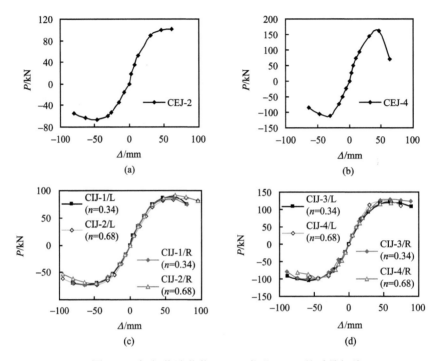

图 3.33　梁加载端荷载（P）- 位移（Δ）关系骨架线

按图 2.251 方法确定的节点试件的各特征点数值如表 3.6 所示，其中，荷载为正表示梁受正弯矩，为负表示梁受负弯矩。

表 3.6　节点试件特征点

试件编号	梁名称	屈服点		峰值点		极限点	
		P_y/kN	Δ_y/mm	P_{max}/kN	Δ_{max}/mm	P_u/kN	Δ_u/mm
CIJ-1	左梁	61.3	23.2	88.0	63.9	74.3	79.6
		−53.2	−24.1	−73.0	−63.0	−69.3	−79.8
	右梁	59.6	22.5	84.6	63.1	74.8	79.9
		−51.4	−22.8	−73.3	−64.0	−69.0	−79.8
CIJ-2	左梁	66.3	29.6	87.4	79.4	80.9	95.0
		−56.7	−23.9	−73.7	−63.5	−62.6	−92.5
	右梁	71.7	29.1	92.2	63.6	82.2	94.9
		−48.8	−22.4	−69.6	−47.5	−59.2	−82.7
CIJ-3	左梁	81.9	23.4	120.8	58.6	108.4	90.1
		−73.3	−19.0	−105.0	−58.3	−93.2	−88.7
	右梁	86.7	23.4	129.5	58.8	122.9	88.7
		−69.0	−20.5	−99.8	−60.0	−84.8	−85.5

试件编号	梁名称	屈服点		峰值点		极限点	
		P_y/kN	Δ_y/mm	P_{max}/kN	Δ_{max}/mm	P_u/kN	Δ_u/mm
CIJ-4	左梁	87.1	19.7	124.8	59.9	111.8	74.3
		−70.5	−19.2	−96.9	−44.9	−95.3	−57.0
	右梁	81.2	20.2	117.8	60.0	100.1	83.2
		−71.7	−18.3	−96.2	−45.0	−81.6	−74.8
CEJ-2	—	66.9	17.8	101.2	61.8	101.2	61.9
		−47.0	−21.8	−66.4	−46.1	−56.4	−77.4
CEJ-4	—	108.4	18.5	161.4	47.0	137.2	58.6
		−92.3	−18.4	−111.4	−29.4	−94.7	−57.2

通过对节点试件梁加载端荷载（P）- 位移（Δ）滞回关系和骨架线的分析可以有如下发现。

1）各试件梁加载端的荷载（P）- 位移（Δ）滞回曲线形态相似，均比较饱满，捏缩现象不很明显。P-Δ 关系的骨架线均呈"S"形，说明节点试件在往复荷载作用下都经历了弹性、弹塑性和破坏三个受力阶段。

2）由于钢筋混凝土楼板的组合作用，节点试件在正弯矩下的刚度和承载力要大于负弯矩下的刚度和承载力。

3）对于梁端破坏的试件，柱轴压比的增大对试件的承载力影响并不明显；对于柱端破坏的试件，柱轴压比的增大会使得荷载下降的速度加快。当柱轴压比较大时，在较小的梁加载端位移级别柱可能就达到破坏。

本节试件的抗剪栓钉数量根据完全剪力连接情况设计。在试验中，利用布置在梁跨中的位移计实测了钢梁和楼板混凝土在往复荷载作用下的滑移。试验过程中，钢梁和楼板混凝土之间没有观测到明显的相对滑动迹象。部分试件的梁加载端荷载（P）- 滑移（s）关系曲线如图 3.34 所示。由图可知，钢梁和楼板之间的滑移量很小，且呈线性关系。试验过程中，钢梁和楼板混凝土的交界处也没有观测到明显的相对滑动迹象，表明自然黏结尚未破坏，钢梁和楼板之间基本没有相对滑动。

（2）强度退化

本次试验试件的强度退化系数（λ_j）和加载位移级别（Δ/Δ_y）的关系如图 3.35 所示。其中，中间节点试件左梁和右梁的强度退化规律较为类似，图 3.35 中以试件右梁为例说明强度退化情况。

由图 3.35 可知，强度退化系数（λ_j）随着加载位移级别（Δ/Δ_y）的增大逐渐减小。在加载结束时，λ_j 降低至 0.9 左右。在同级荷载或位移条件下，随着荷载循环次数（i）的增多，λ_j 也有所下降。焊缝开裂后，试件的强度退化速度加快。

中间节点试件 CIJ-1 和 CIJ-2 的变形集中在梁端，因此柱轴压比对试件强度退化影响较小。对于中间节点试件 CIJ-3 和 CIJ-4，由于破坏出现在柱端，加载后期柱变形较大，节点承载力和柱承载力相关性较大，因此随着柱轴压比的增大，试件 CIJ-4 的强度

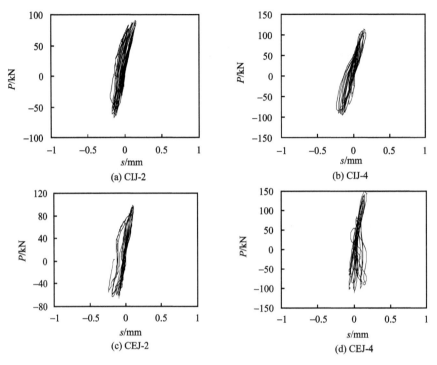

图 3.34　部分试件的梁加载端荷载（P）- 滑移（s）关系曲线

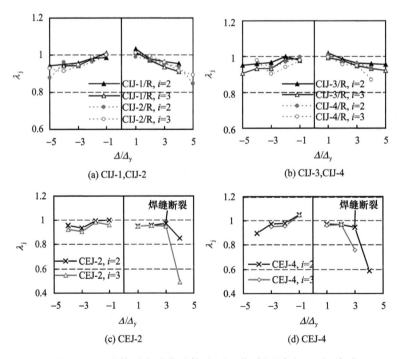

图 3.35　试件强度退化系数（λ_j）- 位移级别（Δ/Δ_y）关系

退化程度更明显些。

端节点试件和中间节点的强度退化规律类似，均随着加载位移级数和循环次数的增加而减少。由于端节点的破坏更加集中在梁端，因此下翼缘焊缝开裂造成的强度退化更加明显，在焊缝开裂后 λ_j 迅速降至 0.8 甚至更低。

（3）刚度退化

采用同级位移下的环线刚度（K_j）变化情况来研究试件的刚度退化规律。由图 3.36 可见，由于楼板混凝土开裂和钢材累积损伤等因素影响，随着加载过程的进行，试件的环线刚度（K_j）不断降低。节点试件在梁端承受正弯矩下的初始 K_j 要明显大于负弯矩下的初始 K_j。这是因为在加载初期，楼板和钢梁的组合作用较为明显。随着加载的进行，楼板中的混凝土开裂并逐渐退出工作，到加载后期，梁在正、负弯矩作用下的 K_j 差别逐渐减小。端节点试件的初始 K_j 比相同截面的中间节点试件要高，这是因为中间节点左、右梁端施加的弯矩总和要大于端节点，因此试件的整体变形较大，初始 K_j 要低些。

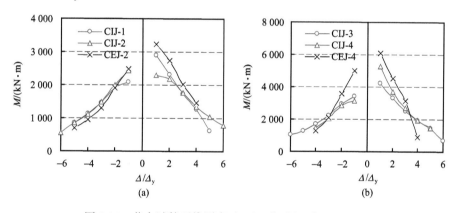

图 3.36　节点试件环线刚度（K_j）- 位移级别（Δ/Δ_y）关系

（4）节点延性

本节试件的位移延性系数（μ）如表 3.7 所示。由表 3.7 可见：①本次试验节点试件的平均位移延性系数 μ 为 3.58。②对于梁端受弯破坏的试件，如 CIJ-1 和 CIJ-2，柱轴压比（n）的增大对试件延性影响较小。对于柱端压弯破坏的试件，如 CIJ-3 和 CIJ-4，随着 n 的增大，节点试件的承载力在达到峰值后下降的速度加快，节点延性明显降低。③如果焊缝在往复荷载作用下断裂，试件承载力迅速降低，这将严重影响节点的延性，如试件 CEJ-4。因此在实际工程中应当保证焊接质量，保证节点延性的发挥。

表 3.7　试件位移延性系数

试件编号	柱轴压比 n	右梁		左梁		平均位移延性系数 $\bar{\mu}$
		（+）	（−）	（+）	（−）	
CIJ-1	0.34	3.55	3.50	3.43	3.31	3.45
CIJ-2	0.68	3.26	3.69	3.21	3.87	3.51
CIJ-3	0.34	3.79	4.17	3.85	4.67	4.12

试件编号	柱轴压比 n	右梁		左梁		平均位移延性系数 $\bar{\mu}$
		（+）	（−）	（+）	（−）	
CIJ-4	0.68	4.12	4.09	3.77	2.97	3.74
CEJ-2	0.68	3.48	3.55	—	—	3.51
CEJ-4	0.68	3.17	3.14	—	—	3.14

（5）耗能

表 3.8 汇总了试件耗能指标。从表中可以看出：除个别焊缝提前破坏的试件外，本文试件的滞回曲线较为饱满，在达到峰值荷载时的等效黏滞阻尼系数（h_e）为 0.177~0.225，平均值为 0.193。一般钢筋混凝土节点的 h_e 约为 0.1，型钢混凝土节点的 h_e 约为 0.3（周起敬等，1991）。这里节点试件的 h_e 约为钢筋混凝土节点的两倍。

表 3.8　试件耗能指标汇总

试件编号	能量耗散系数 E_d	等效黏滞阻尼系数 h_e	累积耗能 E_{total}/kN·m
CIJ-1	1.11	0.177	41.39
CIJ-2	1.16	0.184	79.94
CIJ-3	1.13	0.180	94.75
CIJ-4	1.41	0.225	57.70
CEJ-2	1.28	0.204	39.62
CEJ-4	1.23	0.196	46.62

上述等效黏滞阻尼系数（h_e）表征了试件滞回环的饱满程度。试件的耗能能力还和试件在加载过程中的实际耗能相关。引入半周耗能（E_h）和累积耗能（E_{total}）说明节点试件在加载过程中的耗能情况。试件的半周耗能（E_h）为试件在梁加载端荷载（P）-位移（Δ）关系的半个滞回环的总能量，即图 3.20 所示的三角形 ABC 或 CDA 的面积（S_{ABC} 或 S_{CDA}）。E_h 和加载位移级别（Δ/Δ_y）的关系如图 3.37 所示。

由图 3.37 可见，试件半周耗能（E_h）-位移级别（Δ/Δ_y）关系曲线呈阶梯形。随着 Δ/Δ_y 的逐级增大，当试件承载力增长缓慢或者出现下降时，其半周耗能能力仍然有明显的提高。在同一级位移下，随着循环次数的增加，试件的梁加载端荷载有所退化，耗能能力也有所下降。对于梁端受弯破坏的试件，如试件 CIJ-1 和 CIJ-2，柱轴压比（n）的增大对试件半周耗能影响不明显。对于柱端压弯破坏的试件（CIJ-3 和 CIJ-4），随着 n 的增大，试件的半周耗能能力有明显的提高。

试件的累积耗能（E_{total}）为梁加载端荷载（P）-位移（Δ）关系各滞回环在加载过程中包络的面积，累积位移（Δ_a）为梁加载端在往复加载过程中的累积位移历程。各试件在加载全过程结束时的 E_{total} 如表 3.8 所示。E_{total} 和累积相对位移（Δ_a/Δ_y）的关系如图 3.38 所示。从图 3.38 中可以看出，随着 Δ_a/Δ_y 的增加，E_{total} 递增。对于梁端受弯破坏试件 CIJ-1 和 CIJ-2，柱轴压比（n）对 E_{total} 的影响较小。对于柱端压弯破坏试件 CIJ-3 和 CIJ-4，随着 n 的提高，半周耗能能力（E_h）有所提高，但由于 n 的增大加快了试件

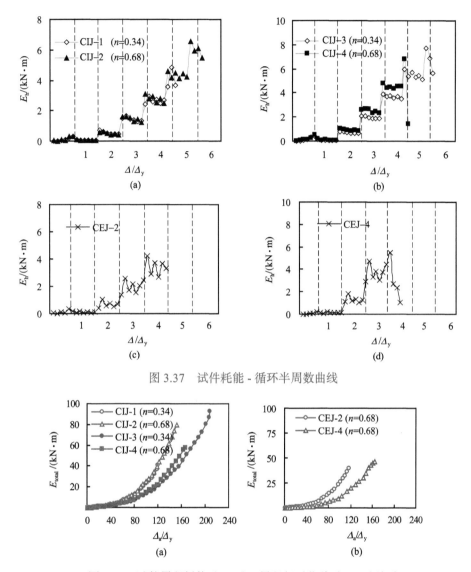

图 3.37　试件耗能 - 循环半周数曲线

图 3.38　试件累积耗能（E_{total}）- 累积相对位移（Δ_a/Δ_y）关系

承载力的降低，在柱端破坏之后梁加载端荷载下降很快，循环提前终止，达到破坏时的 E_{total} 要低于柱轴压比较低的试件。这也反映了节点试件总耗能能力随柱轴压比增大而降低的趋势。

3.3.4　小结

本节进行了带楼板的钢管混凝土柱 - 钢梁节点在往复荷载作用下的试验研究。通过试验，研究了不同参数下试件的荷载 - 变形关系和各关键部位的应变分布情况，利用不同指标分析了节点的强度退化、刚度退化、节点延性和耗能能力。

试验结果表明，在本节研究的参数范围内，节点试件在梁加载端往复荷载作用下出现了梁端受弯破坏和柱端压弯破坏两种破坏形态。与构件截面相同的中间节点试件相比，端节点试件的破坏更集中在梁端。柱轴压比对节点承载力的影响不明显，但随着柱轴压比的增大，柱端压弯破坏节点试件的延性及耗能能力有所降低。随着梁柱抗弯承载力比和梁柱线刚度比的增大，中间节点试件的破坏形态由梁端受弯破坏向柱端压弯破坏转变。节点试件的平均位移延性系数为3.58，平均等效黏滞阻尼系数为0.193，试件的荷载-变形关系曲线均比较饱满，刚度退化和强度退化较稳定，抗震耗能能力良好。

3.4 钢管混凝土斜柱-钢梁节点的试验研究

工程中有时会存在具有一定倾斜角度的钢管混凝土柱，从而形成竖直柱过渡到斜柱，或由斜柱过渡到直柱的情况，因此会存在该类倾斜柱与钢梁的节点形式。本节分别完成了6个方钢管混凝土"直-斜"柱-箱形钢梁节点和6个方钢管混凝土"斜-直"柱-箱形钢梁节点力学性能的单调加载及往复加载试验研究，斜柱均倾斜9°，分析了其破坏形态、极限承载力和延性等，对该类节点的受力特性进行了分析（Li和Han等，2013）。

3.4.1 试验概况

（1）试件设计

试件信息汇总于表3.9。试验时施加在柱上的恒定轴压力为2280kN，钢管混凝土柱的轴压比均为0.6，其中，轴压比定义为柱轴力和钢管混凝土直柱极限承载力之比。

表3.9 "直-斜"柱-箱形钢梁节点试件一览表（单位：mm）

序号	试件编号	柱（$B×t×H_1×H_2$）	梁（$b×t_h×t_v×h×L$）	纵向加劲肋	加载方式
1	STSC-SBB11				单调
2	STSC-SBB12			无	
3	STSC-SBB13	200×8×626×574	80×6×4×170×1 056		往复
4	STSC-SBB21				单调
5	STSC-SBB22			有	
6	STSC-SBB23				往复
7	TSSC-SBB11				单调
8	TSSC-SBB12			无	
9	TSSC-SBB13	200×8×706×494	80×6×4×170×1 153		往复
10	TSSC-SBB21				单调
11	TSSC-SBB22			有	
12	TSSC-SBB23				往复

12个方钢管混凝土斜柱-箱形钢梁节点分为4组，第1组3个"直-斜"柱各面中线未设置纵向加劲肋，第2组3个"直-斜"柱各面中线设置纵向加劲肋，钢管外

截面尺寸为 $B \times t = 200\text{mm} \times 8\text{mm}$，柱总高 1200mm，其中直柱部分高 626mm，斜柱部分高 574mm，纵向加劲肋肋高 $b_s = 25\text{mm}$，肋宽 $t_s = 8\text{mm}$，所用材料同钢管；箱形钢梁宽 80mm，高 170mm，长 1056mm，上下翼缘厚 6mm，左右腹板厚 4mm。

（2）材性

方钢管由四块钢板拼焊而成，箱形钢梁同样由四块钢板拼焊而成，然后焊到斜柱指定位置。钢材屈服强度、抗拉强度、弹性模量和泊松比等参数见表 3.10。

表 3.10　钢材力学性能指标

钢材类型	钢板厚度 /mm	屈服强度 f_y/（N/mm²）	极限强度 f_u/（N/mm²）	弹性模量 E_s/（N/mm²）	泊松比 μ_s
钢管	7.7	396.9	491.0	1.92×10^5	0.284
钢梁翼缘、内隔板	5.75	484.3	563.3	1.93×10^5	0.287
钢梁腹板	3.75	410.1	518.8	1.95×10^5	0.279

钢管内填充自密实混凝土，配合比为水：172kg/m³；普通硅酸盐水泥：470.3kg/m³；河砂：615.3kg/m³；石灰岩碎石：1027.9kg/m³。混凝土 28 天抗压强度 $f_{cu} = 46\text{MPa}$，试验时的 $f_{cu} = 59.5\text{MPa}$，弹性模量 $E_c = 33\,200\text{N/mm}^2$。

（3）试验装置和加载制度

竖向荷载作用下斜柱会产生较大水平分力，考虑斜柱 - 箱形钢梁节点工作的边界条件、加载条件、装置稳定性和安全性等，试验在 5000kN 自平衡反力架上进行，装置如图 3.39（a）所示，试验时的情况如图 3.39（b）所示。

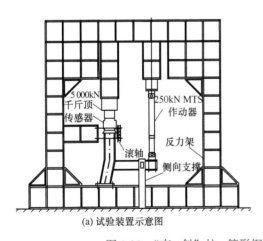

(a) 试验装置示意图　　　　　　　　　　(b) 节点试验时的情形

图 3.39　"直 - 斜" 柱 - 箱形钢梁节点试验装置及照片

"直 - 斜" 柱的下端为固接，上端仅竖向可以移动，竖向轴力采用固定于反力架横梁上的 5000kN 千斤顶施加，箱形钢梁采用 250kN MTS 作动器施加单调荷载或往复荷载，直至试件破坏。

节点试验在 5000kN 反力架上进行。柱端恒定轴力用 5000kN 千斤顶通过高精度静态伺服压力机施加，梁端竖向荷载通过 250kN MTS 作动器施加。正式加载前先进行预加载，预加载值约为预计极限荷载（100kN）的 15%，加到预定值后持荷 2～3min，然后

卸载。单调加载试验时采用分级加载制。在小于 60% 预计极限荷载的范围内，每级荷载
为预计极限荷载的 1/10；超过此范围后，每级荷载约为预计极限荷载的 1/20。每级荷载
的持荷时间约为 2min，接近破坏时慢速连续加载。往复加载的加载制度同 3.3 节。

（4）量测内容

方钢管混凝土斜柱 - 箱形钢梁节点试验的主要量测内容有：梁端加载点的竖向荷
载和竖向位移，节点区柱转角和梁转角，节点核心区附近钢管的应力分布，钢梁应力
分布。

3.4.2　试验现象和试验结果

（1）试验过程

分别以试件 STSC-SBB11 和 TSSC-SBB13 来描述单调加载及往复加载节点试件的
试验过程。

试件 STSC-SBB11 为未设置纵向加劲肋的"直 - 斜"柱 - 箱形钢梁节点，此试件
为单调加载，试验过程中，当荷载加到约 50kN（屈服荷载）时，荷载 - 位移曲线成线
性增加关系，钢梁端部有少许向下位移，节点区未有可见变形；随着荷载的继续增加，
荷载增加缓慢，位移增加较快，荷载 - 位移曲线开始倾斜，钢梁端部向下位移趋于明
显，节点区梁柱焊接处上部钢管有微鼓现象出现；当荷载加到 61.6kN 时，梁柱焊接处
上部角部有微裂缝出现，同时钢梁根部附近腹板有微鼓现象，荷载 - 位移曲线开始平
缓上升；继续加载，发现当微裂缝表面宽度发展到约 1mm 时便不再扩展，当荷载加
到 75.4kN 时，离根部约 50mm 处，左右腹板外鼓，下翼缘内陷，钢梁发生鼓曲破坏，
荷载开始下降，下降段呈线性关系，继续加载，钢梁鼓曲部位越来越明显，梁端向下
位移较大，其他部位未有新现象出现；梁端位移大约为 140mm 时停止加载，此时荷
载已下降到极限荷载的 85% 以下，卸载时继续采集荷载 - 位移曲线；残余梁端位移为
115mm。

试件 TSSC-SBB13 为往复加载，试验过程中，当荷载加到约 45kN（屈服荷载）时，
荷载 - 位移曲线呈线性关系，节点区未有可见变形，此后改为位移加载；$3\Delta_y$ 第一循环正
循环最大荷载处发现梁柱焊接处上侧钢梁上翼缘有微裂缝出现，钢梁上翼缘被从焊缝里
拉出，同时观察钢梁根部有微鼓现象，刚度也有所减少，继续加载，滞回曲线仍较为饱
满，最大荷载开始降低；随着加载的继续进行，刚度越来越小，钢梁下翼缘被拉脱，出
现较大缝隙，直至 $6\Delta_y$ 钢梁下翼缘和柱之间的缝隙达到 5mm 左右停止加载。

（2）破坏形态

通过对本次方钢管混凝土斜柱 - 箱形钢梁节点单调加载试验全过程的观测，发现
试件梁柱焊接处热影响区出现微裂缝，微裂缝发展并不明显，钢梁根部附近发生屈曲
破坏，所有试件均表现出一定的延性和后期承载能力。

图 3.40（a）所示为典型"直 - 斜"柱 - 箱形钢梁节点（STSC-SBB11）的破坏形
态。由图可见，钢梁加载端明显下倾，梁柱焊接处柱侧焊缝附近出现微裂缝，继续加
载钢梁根部发生鼓曲破坏，左右腹板外鼓，下翼缘内陷。设置纵向加劲肋的"直 - 斜"
柱 - 箱形钢梁节点的破坏形态，钢梁一侧的"直 - 斜"柱钢管被拉鼓现象明显小于未设

置纵向加劲肋的节点，其他现象较为相似。通过对本次方钢管混凝土"直 - 斜"柱 - 箱形钢梁节点往复加载试验全过程的观测，发现试件钢梁一侧"直 - 斜"柱钢管受拉鼓曲，梁柱焊接处"直 - 斜"柱钢管被拉裂。

图 3.40（b）所示为典型"斜 - 直"柱 - 箱形钢梁节点的破坏形态（TSSC-SBB12）。由图可见，钢梁加载端明显下倾，梁柱焊接处上方附近柱钢管被拉鼓，最终以梁柱焊接处焊缝附近的热影响区撕裂而破坏。设置纵向加劲肋的节点，钢梁一侧柱钢管被拉鼓程度明显小于未设置纵向加劲肋的节点，其他现象比较相似。通过对本次方钢管混凝土"斜 - 直"柱 - 箱形钢梁节点往复试验全过程的观测，发现试件节点区钢梁屈服后，钢梁一侧柱钢管被拉鼓，随着位移的继续增加，钢梁从焊缝处被拉裂，继续加载发现其滞回曲线仍较为饱满，直至焊缝开裂较大而停止加载。

(a) 试件STSC-SBB11

(b) 试件TSSC-SBB12

图 3.40　方钢管混凝土斜柱 - 箱形钢梁节点典型破坏形态

3.4.3　试验结果分析

（1）荷载 - 位移关系

图 3.41（1）所示为试件 STSC-SBB11 和 STSC-SBB12 两个未设置纵向加劲肋的"直 - 斜"柱 - 箱形钢梁节点及 STSC-SBB21 和 STSC-SBB22 两个设置纵向加劲肋的"直 - 斜"柱 - 箱形钢梁节点荷载 - 位移关系曲线，图中 a 点处为试件屈服，b 点处为焊缝开裂。由于不同试件的钢梁其截面面积不尽相同，且节点的最终破坏是梁柱焊接处附近柱侧发生微裂，然后钢梁根部发生屈曲破坏，节点的极限承载力及其所对应的位移有所差别，节点 STSC-SBB11、STSC-SBB12 和 STSC-SBB21、STSC-SBB22 其极限承载力分别为 74.5kN、77.2kN、78.7kN 及 90.4kN，所对应的位移分别是 84.8mm（$6.1\Delta_y$，$\Delta_y=13.8$mm）、90.0mm（$6.5\Delta_y$）、68.8mm（$5.0\Delta_y$）及 67.0mm（$4.9\Delta_y$）。

　　柱设置纵向加劲肋的节点其承载能力较未设置纵向加劲肋的节点有一定提高，其塑性段也高于未设置纵向加劲肋的节点，极限承载力所对应的位移明显低于未设置纵向加劲肋的节点，纵向加劲肋很好地限制了节点区柱钢管被拉鼓的程度，提高了柱的整体工作性能。

　　"直-斜"柱-箱形钢梁节点荷载-位移曲线可分为五个阶段，以图3.41（1）中 STSC-SBB11 曲线为例：弹性阶段 OA、弹塑性阶段 AB、塑性阶段 BC、下降阶段 CD、卸载阶段 DE。弹性阶段 OA 荷载位移成线性增加关系；弹塑性阶段 AB 随着位移的增加荷载继续增加，增加幅度比弹性阶段 OA 有所减少；塑性阶段 BC 位移急剧增加，荷载几乎不再增加，钢梁发生塑性变形，直至钢梁根部发生屈曲破坏，荷载达到最大；下降阶段 CD 位移继续增加，荷载开始下降，刚度为负，荷载位移曲线仍然呈线性关系；卸载阶段 DE 荷载急剧下降，位移缓慢下降，卸载刚度绝对值和初始加载刚度相近，直至荷载下降到零左右，塑性残余变形与加载最大位移相差不大。

　　试件 STSC-SBB13 和 STSC-SBB23 分别为未设置纵向加劲肋和设置纵向加劲肋的"直-斜"柱-箱形钢梁节点，其在往复荷载作用下的荷载-位移关系曲线见图3.41（2）。其中，试件 STSC-SBB13 的荷载-位移曲线在屈服荷载前有较好的线性关系，刚度下降较少，但屈服荷载后刚度下降越来越明显，当位移加载循环至 $2\Delta_y$ 时，柱节点核心区发生鼓曲破坏，此时停止加载。试验后将节点区剖开，发现内部有空洞，这是由于试件尺寸较小且内隔板的阻隔导致混凝土灌注不密实。

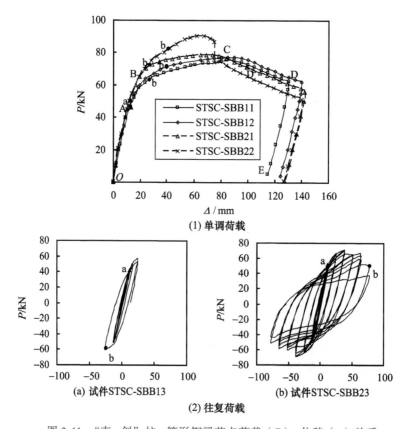

图 3.41　"直-斜"柱-箱形钢梁节点荷载（P）-位移（Δ）关系

屈服荷载前试件 STSC-SBB23 与试件 STSC-SBB13 较为相似，屈服荷载后滞回曲线饱满，当位移加载循环至 $6\Delta_y$ 时试件钢梁根部上端焊缝附近拉裂破坏严重，荷载、位移变化较大，便停止加载。

图 3.42（1）所示为试件 TSSC-SBB11 和 TSSC-SBB12 两个未设置纵向加劲肋的"斜 - 直"柱 - 箱形钢梁节点及 TSSC-SBB21 和 TSSC-SBB22 两个设置纵向加劲肋的"斜 - 直"柱 - 箱形钢梁节点在单调荷载作用下的荷载 - 位移关系曲线，图中 a 点处为试件屈服，b 点处为焊缝开裂。

节点 TSSC-SBB11、TSSC-SBB12 和 TSSC-SBB21、TSSC-SBB22 其极限承载力分别为 55.7kN、55.6kN、62.7kN 及 66.7kN，所对应的位移分别是 27.5mm（$1.9\Delta_y$，Δ_y＝14.2mm）、54.8mm（$3.9\Delta_y$）、65mm（$4.6\Delta_y$）及 89.2mm（$6.3\Delta_y$），节点 TSSC-SBB11 梁柱焊缝未补焊，其余节点均经过补焊，可见补焊后节点的荷载 - 位移曲线有较长的平缓上升段，柱设置纵向加劲肋的节点其极限承载力较未设置纵向加劲肋的节点有显著提高，其塑性段也显著高于未设置纵向加劲肋的节点。这是因为纵向加劲肋提高了柱的整体工作性能，梁端加载时限制了梁上端附近钢管壁被拉鼓的程度。四个静载试验的节点其屈服荷载较为一致，约为 45kN，初始刚度也较接近。

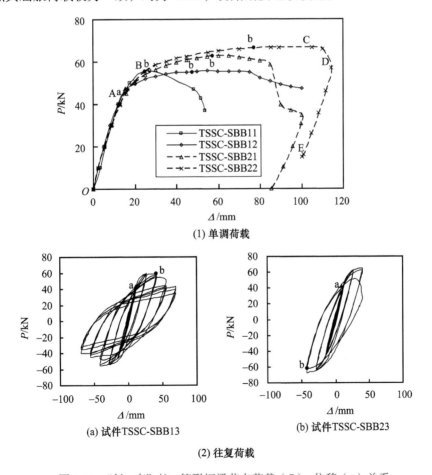

(1) 单调荷载

(a) 试件TSSC-SBB13　　　(b) 试件TSSC-SBB23

(2) 往复荷载

图 3.42　"斜 - 直"柱 - 箱形钢梁节点荷载（P）- 位移（Δ）关系

"斜-直"柱-箱形钢梁节点荷载-位移曲线可分为五个阶段，以图 3.42（1）中 TSSC-SBB 曲线为例：弹性阶段 OA、弹塑性阶段 AB、塑性阶段 BC、下降阶段 CD、卸载阶段 DE。弹性阶段 OA 荷载位移成线性增加关系；弹塑性阶段 AB 随着位移的增加荷载继续增加，增加幅度比弹性阶段 OA 有所减少；塑性阶段 BC 位移急剧增加，荷载几乎不再增加，钢梁一侧柱钢管壁发生塑性变形，直至钢梁根部焊缝发生破坏，当焊缝扩展到一定程度时，荷载达到最大；下降阶段 CD 裂缝继续扩展，位移继续增加，荷载开始下降，刚度为负，荷载位移曲线成非线性关系；卸载阶段 DE 荷载急剧下降，位移缓慢下降，卸载刚度绝对值和初始加载刚度相近，直至荷载下降到 0 左右，塑性残余变形与加载最大位移相差不大。

试件 TSSC-SBB13 和 TSSC-SBB23 分别为未设置纵向加劲肋和设置纵向加劲肋的"斜-直"柱-箱形钢梁节点，其在往复荷载作用下的荷载-位移关系曲线见图 3.42（2）。屈服荷载前试件 TSSC-SBB13 荷载-位移曲线有较好的线性关系，刚度下降较少，屈服荷载后刚度下降越来越明显，当位移加载循环至 $3\Delta_y$ 时荷载开始下降，试件最终以钢梁根部下翼缘被拉出而破坏，但其滞回曲线较为饱满。屈服荷载前试件 TSSC-SBB23 与试件 TSSC-SBB13 变形情况较为相似，当位移加载循环至 $2\Delta_y$ 时试件钢梁根部上端焊缝附近被整体拉裂，且裂缝较大，便停止加载。

通过比较单调荷载和往复荷载作用下节点的受力全过程可见，单调荷载作用下节点区梁-柱焊接处柱侧发生微裂后，钢梁根部附近腹板发生外鼓、下翼缘发生内凹破坏，往复荷载作用下节点区梁-柱焊接处附近柱钢管发生拉裂破坏，钢梁根部无明显屈曲现象，所以应采取构造措施保证梁柱协同工作并保证焊缝质量。

极限荷载对应的位移 Δ_{max} 及荷载下降到极限荷载的 85% 时对应的位移 Δ_u 见表 3.11。由表可见，试件在单调加载情况下的 Δ_u 明显高于往复加载下的情况。

表 3.11　试件试验的 Δ_{max} 和 Δ_u

序号	试件编号	Δ_{max}/mm	Δ_u/mm	Δ_u/Δ_{max}
1	STSC-SBB11	84.8	124.6	1.47
2	STSC-SBB12	90	125.1	1.39
3	STSC-SBB13	—	—	—
4	STSC-SBB21	68.8	107.3	1.56
5	STSC-SBB22	—	—	—
6	STSC-SBB23	38	55.9	1.47
7	TSSC-SBB11	27.5	48.2	1.75
8	TSSC-SBB12	54.8	95.4	1.74
9	TSSC-SBB13	26.9	48.6	1.81
10	TSSC-SBB21	65	87.7	1.35
11	TSSC-SBB22	89.2	114.1	1.28
12	TSSC-SBB23	—	—	—

（2）弯矩-转角关系

图 3.43 所示为试件 STSC-SBB11 和 STSC-SBB12 两个未设置纵向加劲肋的"直-斜"

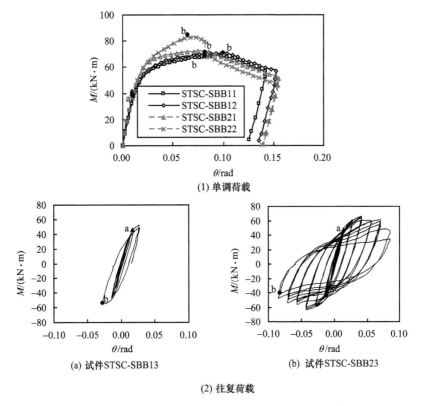

(1) 单调荷载

(a) 试件STSC-SBB13　　　　　　　(b) 试件STSC-SBB23

(2) 往复荷载

图 3.43　"直 - 斜"柱 - 箱形钢梁节点弯矩（M）- 转角（θ）

柱 - 箱形钢梁节点，以及 STSC-SBB21 和 STSC-SBB22 两个设置纵向加劲肋的"直 -斜"柱 - 箱形钢梁节点根部截面处的弯矩 - 转角关系曲线，其中弯矩 $M = P \times L$，P 为梁端荷载，L 为加载点至柱壁的距离；转角为钢梁根部转角 $\theta = \arctan(\Delta/L)$。图中 a 点处为试件屈服，b 点处为焊缝开裂。

由于不同试件的钢梁截面面积不同，且节点的最终破坏是梁柱焊缝附近柱侧发生微裂，然后钢梁根部发生屈曲破坏，节点的极限弯矩及其所对应的转角有所差别，节点 STSC-SBB11、STSC-SBB12 和 STSC-SBB21、STSC-SBB22 对应的极限弯矩分别为68.2kN·m、70.7kN·m、72.1kN·m 及 82.8kN·m，所对应的转角分别是 0.093rad（$6.2\theta_y$，$\theta_y = 0.015$rad）、0.098rad（$6.5\theta_y$）、0.075rad（$5.0\theta_y$）及 0.073rad（$4.9\theta_y$）。

柱设置纵向加劲肋节点其承载能力较未设置纵向加劲肋的节点有所提高，其塑性段也高于未设置纵向加劲肋的节点，极限弯矩所对应的转角明显低于未设置纵向加劲肋的节点，纵向加劲肋很好地限制了柱钢管被拉鼓的程度，提高了梁 - 柱连接部位的整体工作性能。四个静载试验节点的屈服弯矩较为一致，约为 45kN·m，初始刚度也较为接近。

试件 STSC-SBB13 和 STSC-SBB23 分别为未设置纵向加劲肋和设置纵向加劲肋的"直 - 斜"柱 - 箱形钢梁节点，其在往复荷载作用下的弯矩 - 转角关系曲线如图 3.43（2）所示。由图可见，屈服荷载前试件 STSC-SBB13 弯矩 - 转角曲线基本呈线性关系，刚度下降较少，屈服荷载后刚度下降越来越明显，当位移加载循环至 $2\Delta_y$ 时，柱节点核心区发生鼓曲破坏，停止加载。

屈服荷载前试件 STSC-SBB23 与试件 STSC-SBB13 较为相似，屈服荷载后滞回曲线饱满。当位移加载循环至 $6\Delta_y$ 时，试件梁根上部焊缝附近钢梁热影响区拉裂破坏严重，弯矩、转角变化较大，便停止加载。

图 3.44（1）所示为试件 TSSC-SBB11 和 TSSC-SBB12 两个未设置纵向加劲肋的"斜 - 直"柱 - 箱形钢梁节点，以及 TSSC-SBB21 和 TSSC-SBB22 两个设置了纵向加劲肋的"斜 - 直"柱 - 箱形钢梁节点根部截面处的弯矩 - 转角关系曲线，其中弯矩 $M=P\times L$，P 为梁端荷载，L 为加载点至柱壁的距离；转角等于钢梁根部转角 $\theta=\arctan(\Delta/L)$。图中 a 点处为试件屈服，b 点处为焊缝开裂。由于不同试件的钢梁其截面面积不尽相同，且节点的最终破坏是梁柱焊缝附近被拉裂，节点的极限弯矩及其所对应的转角有所差别。节点 TSSC-SBB11、TSSC-SBB12 和 TSSC-SBB21、TSSC-SBB22 的极限弯矩分别为 56.4kN·m、56.3kN·m、63.5kN·m 及 67.6kN·m，所对应的转角分别是 0.027rad（$1.9\theta_y$，$\theta_y=0.014$rad）、0.054rad（$3.9\theta_y$）、0.064rad（$4.6\theta_y$）及 0.088rad（$6.3\theta_y$）。节点 TSSC-SBB11 梁柱焊缝未补焊，其余节点均经过补焊，可

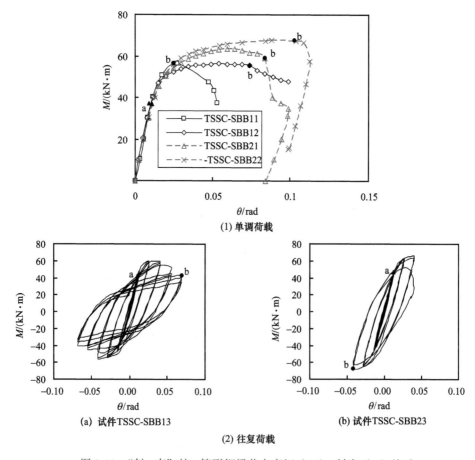

(1) 单调荷载

(a) 试件 TSSC-SBB13　　　　　(b) 试件 TSSC-SBB23

(2) 往复荷载

图 3.44　"斜 - 直"柱 - 箱形钢梁节点弯矩（M）- 转角（θ）关系

见补焊后节点的弯矩 - 转角曲线有较长的平缓上升段，柱设置纵向加劲肋节点的极限弯矩较未设置纵向加劲肋节点的显著提高，其塑性段也显著高于未设置纵向加劲肋的节点。这是因为纵向加劲肋提高了柱的整体工作性能，梁端加载时限制了梁上端附近钢管壁被拉鼓的程度。四个静载试验节点的屈服弯矩较为一致，约为 45kN·m，初始刚度也较接近。

　　试件 TSSC-SBB13 和 TSSC-SBB23 分别为未设置纵向加劲肋和设置纵向加劲肋的"斜 - 直"柱 - 箱形钢梁节点在往复荷载作用下的弯矩 - 转角关系曲线。屈服荷载前试件 TSSC-SBB13 弯矩 - 转角曲线基本呈线性关系，刚度下降较少，屈服荷载后刚度下降越来越明显，当位移加载循环至 $3\Delta_y$ 时荷载开始下降，试件最终以钢梁根部下翼缘被拉出而破坏，但其滞回曲线较为饱满。

　　屈服荷载前试件 TSSC-SBB23 与试件 TSSC-SBB13 较为相似，当位移加载循环至 $2\Delta_y$ 时试件钢梁根部上部焊缝附近钢梁热影响区被整体拉裂，且裂缝较大，便停止加载。

　　根据《钢结构设计规范》（GB 50017—2017）对箱形钢梁根部截面进行验算，所用几何参数及物理参数均采用实测值，计算出的梁的极限弯矩与试验结果的对比情况如图 3.45 所示，可见试验值均大于计算值。

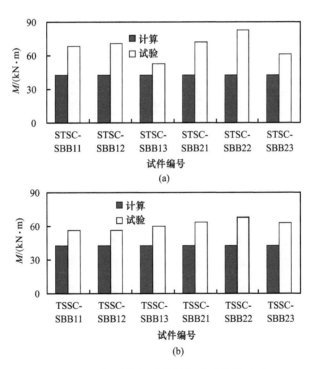

图 3.45　极限弯矩计算值与试验值的对比

（3）节点延性

　　本次试验节点延性指标汇总于表 3.12 中。《建筑抗震设计规范》（GB 50011）规定：多高层钢结构弹性层间位移角限值 $[\theta_e]$ =1/300≈0.0033rad，弹塑性层间位移角限值 $[\theta_p]$ =1/50≈0.02rad。由表 3.12 可见，本次试验节点试件的位移延性系数 μ =

4.36～9.45，转角延性系数 μ_θ＝4.35～9.40，弹性极限位移角 $\theta_y\approx3.96\,[\theta_e]$～4.72 $[\theta_e]$，其弹塑性极限位移角 $\theta_u\approx3.05\,[\theta_p]$～6.78 $[\theta_p]$。由表3.12可见，除试件 TSSC-SBB23 外，其余节点试件的位移延性系数 μ＝3.36～7.52，转角延性系数 μ_θ＝3.37～7.52，弹性极限位移角 $\theta_y\approx4.22\,[\theta_e]$～4.71 $[\theta_e]$，其弹塑性极限位移角 $\theta_u\approx2.38\,[\theta_p]$～5.63 $[\theta_p]$。目前国内外规范对钢管混凝土结构的弹性位移角限值和弹塑性位移角限值尚没有具体的规定。通过与钢结构的弹性位移角限值和弹塑性位移角限值比较，表明此类节点具有较好的延性。

表 3.12 节点试件的延性系数

试件编号	屈服位移 Δ_y/mm	破坏位移 Δ_u/mm	屈服位移角 θ_y/mrad	破坏位移角 θ_u/mrad	位移延性系数 μ	位移角延性系数 μ_θ
STSC-SBB11	14.3	124.6	15.6	135.2	8.71	8.67
STSC-SBB12	13.2	125.1	14.4	135.7	9.48	9.42
STSC-SBB13*	—	—	—	—	—	—
STSC-SBB21	12.2	107.3	13.3	116.6	8.80	8.77
STSC-SBB22	12.0	74.1	13.1	80.7	6.18	6.16
STSC-SBB23	12.8	55.9	14.0	60.9	4.37	4.35
TSSC-SBB11	14.3	48.2	14.1	47.6	3.37	3.38
TSSC-SBB12	14.1	95.4	13.9	94.1	6.77	6.77
TSSC-SBB13	14.2	48.6	14.0	48.0	3.42	3.43
TSSC-SBB21	15.8	87.7	15.6	86.5	5.55	5.54
TSSC-SBB22	15.2	114.1	15.0	112.7	7.51	7.51
TSSC-SBB23*	—	—	—	—	—	—

* 试件 STSC-SBB13 和 TSSC-SBB23 荷载 - 位移关系没有测试到全过程。

3.4.4 小结

本节对钢管混凝土"直 - 斜"柱 - 钢梁节点和钢管混凝土"斜 - 直"柱 - 钢梁节点的静力和滞回性能进行了试验研究。结果表明，在本节研究参数范围内，两类钢管混凝土斜柱节点均具有较好的延性。

3.5 其他类型钢管混凝土柱 - 钢梁连接节点的试验研究

本书作者及其课题组近年来还开展了穿芯螺栓端板式钢管混凝土柱 - 钢梁节点、单边螺栓端板式钢管混凝土柱 - 钢梁节点和钢管混凝土柱 - "犬骨式"钢梁连接节点的研究工作，下面简要介绍有关阶段性研究结果。

3.5.1 穿芯螺栓端板连接的钢管混凝土柱 - 钢梁节点

采用穿芯螺栓端板式连接的钢管混凝土柱 - 钢梁节点具有施工方便快捷的优点。本节论述该类节点滞回性能的试验研究和理论分析结果（石柏林，2008；Tao 等，2017）。

（1）试验概况

以梁柱线刚度比（k）和柱轴压比（n）为主要参数，设计了 10 个穿芯螺栓端板连接的钢管混凝土柱 - 钢梁节点试件，试件尺寸及有关参数如表 3.13 所示。

表 3.13　试件尺寸及相关参数

序号	柱截面形状	试件编号	梁截面尺寸 $h \times b_f \times t_w \times t_f$ /（mm×mm×mm×mm）	梁柱线刚度比 k	轴压力 N_o/kN	轴压比 n
1	方形	JD-S20	160×80×3×3	0.350	70	0.05
2		JD-S23	160×80×3×3	0.350	428	0.3
3		JD-S26	160×80×3×3	0.350	856	0.6
4		JD-S33	180×80×3×3	0.459	428	0.3
5		JD-S13	140×70×3×3	0.233	428	0.3
6	圆形	JD-C20	160×80×3×3	0.534	60	0.05
7		JD-C23	160×80×3×3	0.534	342	0.3
8		JD-C26	160×80×3×3	0.534	684	0.6
9		JD-C33	180×80×3×3	0.700	342	0.3
10		JD-C13	140×70×3×3	0.355	342	0.3

试件中钢管混凝土柱的高度（H）为 1.05m，柱两侧梁的跨度（L）为 1.5m，钢管混凝土柱的外直径 D（圆柱）和外边长 B（方柱）均为 140mm，钢管壁厚（t）均为 3mm。柱轴压比 $n=N_o/N_u$，即试验时柱上施加的轴压荷载 N_o 与柱极限承载力标准值 N_u 之比值。计算时，采用了实测的材料强度指标。梁柱线刚度比 $k=i_b/i_c$，其中 $i_b=(EI)_b/L$，$i_c=(EI)_c/H$，$(EI)_b$ 和 $(EI)_c$ 分别为钢梁和钢管混凝土柱的抗弯刚度。

节点构造见图 3.46，对于方形钢管混凝土柱和圆形钢管混凝土柱分别采用了平端板和弧形端板。平端板厚度 10mm，平面尺寸见图 3.46（a），采用 3 种不同长度的端板，其长度分别为：250mm、270mm、290mm，分别对应梁高为 140mm、160mm、180mm 的钢梁。弧形端板与平端板同厚，外弦长与平端板宽度相等，螺栓孔位置投影与平端板位置相同，其截面尺寸见图 3.46（b）。试件各部分尺寸及编号中，JD 表示节点，S、C 代表钢管混凝土柱截面形状：S 表示方形，C 表示圆形，随后两个数字分别表示梁柱线刚度比和柱轴压比的变化。螺栓采用直径为 12mm 的 10.9 级摩擦型高强螺栓。

节点的圆管和方管均采用焊接钢管，工字钢梁采用三块钢板焊接而成，并与端板焊接。每个试件加工两个厚度 16mm 的钢盖板。

实测的钢材屈服强度（f_y）、抗拉强度（f_u）、弹性模量（E_s）和泊松比（μ_s）等力学性能指标汇总于表 3.14。

采用普通混凝土，其配合比为水：172kg/m³；普通硅酸盐水泥：470.3kg/m³；河砂：615.3kg/m³；石灰岩碎石：1027.9kg/m³。

混凝土 28 天抗压强度 $f_{cu}=46$MPa，试验时的 $f_{cu}=59.5$MPa，弹性模量 $E_c=33\,200$N/mm²。

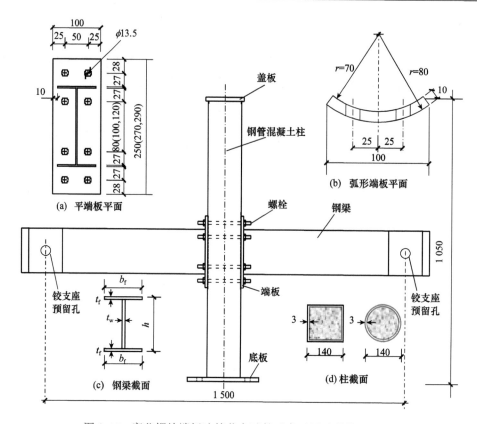

图 3.46　穿芯螺栓端板连接节点试件示意（尺寸单位：mm）

表 3.14　试件钢材力学性能指标

钢材类型	f_y/MPa	f_u/MPa	E_s/（×10^5N/mm²）	μ_s
钢梁与方钢管	321.1	350.6	2.10	0.291
圆钢管	297.8	437.6	2.06	0.284
平端板	289.0	431.0	2.04	0.297
弧形端板	261.0	447.0	2.02	0.289
螺栓	921.0	1 126.0	2.03	0.282

（2）试验现象和试验结果

采用与 3.2 节中相同的试验方法，进行了本节穿芯螺栓端板连接的钢管混凝土柱-钢梁节点试件滞回性能的研究。下面分别以试件 JD-S23 和 JD-C23 为例简要说明试验过程及破坏特点。

JD-S23 试验过程中，位移加载到 $1.5\Delta_y$ 前，变形发展不大。当加载到 $2\Delta_y$ 时，钢梁受压翼缘开始出现鼓曲，钢梁开始出现轻微弯曲，当反向加载后，原鼓曲翼缘开始受拉，鼓曲变形被拉平恢复到原位，而原受拉翼缘开始受压，并开始出现鼓曲，螺栓端板可观察到有微小变形，并与柱之间产生缝隙。

加载到 $3\Delta_y$ 时，荷载达到极限值，然后开始下降，受压翼缘鼓曲明显。加载到 $5\Delta_y$ 时，荷载下降较快，第二循环时则下降比较缓慢。腹板处开始出现鼓曲变形，并逐步趋于明显。加载到 $7\Delta_y$ 时，荷载已下降到峰值荷载的 60% 以下，在第二循环时，梁翼缘在距端板表面 15mm 处被拉裂后，裂缝从翼缘中间向两边扩展，此时停止试验。试件的破坏状态如图 3.47（a）所示。

试件 JD-C23 加载到 $1.5\Delta_y$ 前，试件变形和应变发展均不明显。加载到 $2\Delta_y$ 时，钢梁受压翼缘开始出现轻微鼓曲。位移达到 $3\Delta_y$ 时，水平荷载达到极限值。

加载到 $5\Delta_y$ 时，腹板区域开始鼓曲，并逐步趋于显著，水平荷载下降幅度较快，在第二循环则下降变缓。加载到 $7\Delta_y$ 时，荷载已下降到峰值荷载的 60% 以下，在第二循环时梁翼缘在距端板表面 10mm 左右处被拉裂，而后从翼缘中间向两边及腹板内侧扩展，试验终止。试件最终的破坏状态如图 3.47（b）所示。

(a) 试件 JD-S23　　　　　　　　　　(b) 试件 JD-C23

图 3.47　典型节点试件的破坏状态

（3）试验结果分析

1）水平荷载（P）- 水平位移（Δ）滞回关系曲线。

所有试件的水平荷载（P）- 水平位移（Δ）滞回曲线如图 3.48 所示。可见，各试件的滞回曲线都呈饱满的纺锤形，刚度退化不明显，说明钢管混凝土柱 - 钢梁端板螺栓连接节点具有良好的延性和耗能能力。

2）P-Δ 滞回关系曲线骨架线。

不同柱轴压比（n）和梁柱线刚度比（k）条件下节点试件的 P-Δ 滞回关系曲线骨架曲线如图 3.49 所示。

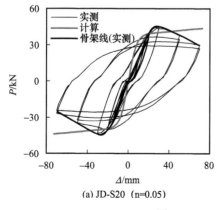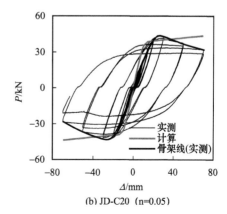

(a) JD-S20（n=0.05）　　　　　　　　(b) JD-C20（n=0.05）

图 3.48　P-Δ 滞回关系曲线

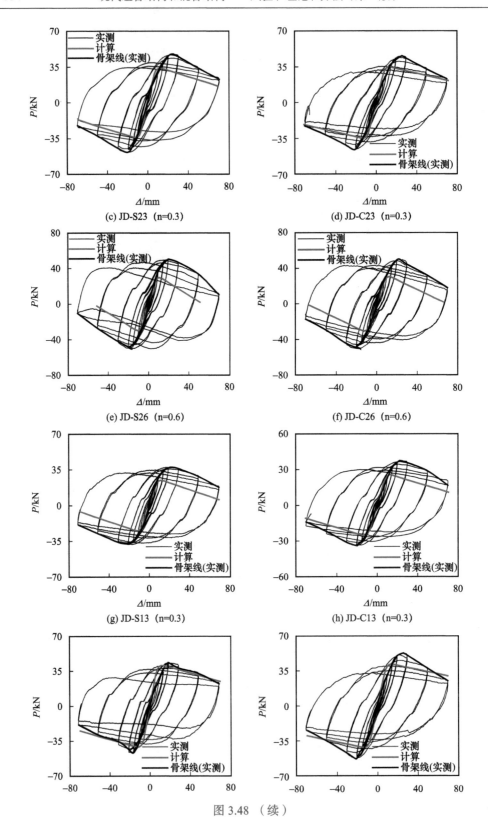

图 3.48 （续）

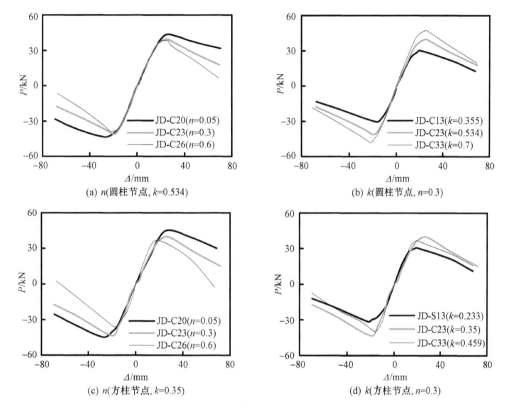

图 3.49　P-Δ 滞回关系曲线骨架线

可见，轴压比（n）对节点水平极限承载力及其 P-Δ 骨架曲线的下降段趋势影响较大，如图 3.49（a）和（c）所示，随着 n 的增大，节点极限承载力下降，主要原因是轴压力 N_o 产生的附加弯矩随轴力增大而增大的结果。但轴压比（n）对 P-Δ 骨架曲线弹性段刚度影响不大。

梁柱线刚度比（k）对 P-Δ 滞回关系曲线骨架线的影响如图 3.49（b）和（d）所示。可见，k 对节点极限承载力及下降段下降趋势的影响较大，随着 k 的增加，节点极限承载力总体上随之增大。

3）节点承载力。

按照 3.2 节类似的方法，可确定出穿芯螺栓端板连接的钢管混凝土柱 - 钢梁节点试件的屈服荷载 P_y、极限荷载 P_{max}、破坏荷载 P_u（$=0.85P_{max}$）、屈服位移 Δ_y、极限位移 Δ_{max}、破坏位移 Δ_u 等，如表 3.15 所示。

由表 3.15 可见，随着轴压比（n）增大，节点极限承载力总体上呈现下降趋势，屈服位移 Δ_y 减小，极限位移 Δ_{max} 和破坏位移 Δ_u 数值也对应减小。例如，$n=0.3$ 时的节点 JD-S23 及 JD-C23 的承载力比 $n=0.05$ 时节点低 8% 左右，$n=0.6$ 时节点 JD-S26 及 JD-C26 的承载力比 $n=0.05$ 时节点分别低 18.3%、12.2%。

对于不同线刚度比（k）的试件，如 JD-C13（$k=0.355$）、JD-C23（$k=0.534$）及 JD-C33（$k=0.7$），其屈服位移 Δ_y 及破坏位移 Δ_u 大体相当，但极限位移 Δ_{max} 随着 k 的增大而增大。屈服荷载 P_y、极限荷载 P_{max} 及破坏荷载 P_u 均随 k 的增大而增大。

表 3.15 节点试件承载力及延性指标

柱截面形状	序号	试件编号	屈服状态		极限状态		破坏状态		屈服位移角 θ_y	极限位移角 θ_u	位移延性系数 μ	位移角延性系数 μ_θ
			P_y/kN	Δ_y/mm	P_{max}/kN	Δ_{max}/mm	P_u/kN	Δ_u/mm				
方形	1	JD-S20	40.8	21.2	45.4	28.6	38.6	49.6	0.020 1	0.047 2	2.3	2.3
	2	JD-S23	30.6	12.4	41.4	21.8	35.2	38.1	0.011 8	0.036 2	3.1	3.1
	3	JD-S26	28.3	9.8	37.1	18.0	31.5	30.8	0.009 4	0.029 3	3.1	3.1
	4	JD-S33	28	11.5	36.3	21.3	30.9	35.1	0.010 9	0.033 4	3.1	3.1
	5	JD-S13	24.9	11.4	30.7	19.5	26.1	35.3	0.010 9	0.033 6	3.1	3.1
圆形	6	JD-C20	38.4	18.7	43.6	26.7	37.7	47.5	0.017 8	0.045 2	2.5	2.5
	7	JD-C23	29.7	12.5	40.0	25.0	34.7	35.1	0.011 9	0.033 4	2.8	2.8
	8	JD-C26	27.6	11.8	38.2	25.9	32.4	31.8	0.011 2	0.030 3	2.7	2.7
	9	JD-C33	33.4	12.5	47.3	25.2	40.2	35.7	0.011 9	0.034 0	2.9	2.9
	10	JD-C13	24.9	11.6	30.3	20.4	25.8	35.2	0.011 0	0.033 5	3.1	3.1

柱截面形状总体上对节点的各指标影响不明显。

4）延性和耗能。

根据 3.2 节方法，计算得到的节点位移延性系数 μ 和位移角延性系数 μ_θ 汇总于表 3.15 中。

图 3.50 给出了不同柱轴压比（n）和梁柱线刚度比（k）条件下节点试件的总耗能

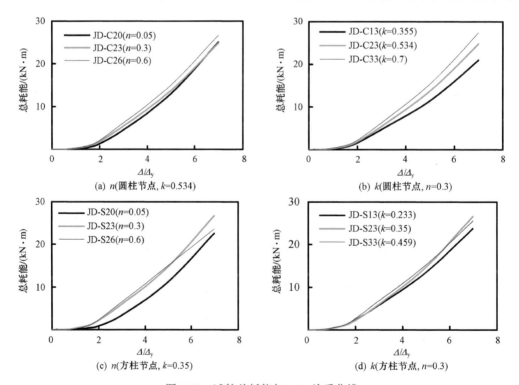

图 3.50 试件总耗能与 Δ/Δ_y 关系曲线

与 Δ/Δ_y 的关系曲线，可见 n 及 k 对节点的耗能性能有一定影响。随着 n 的增大，节点的耗能能力总体上有所提高。随着 k 的提高，节点的耗能能力也总体上随之提高。

5）刚度退化。

图 3.51 为不同柱轴压比（ n ）和梁柱线刚度比（ k ）条件下节点试件的 K_j/K_0-Δ/Δ_y 关系曲线，其中，K_0 为第一级加载位移时的环线刚度，K_j 为第 j 级加载位移时的环线刚度，按照公式（3.4）计算。

由图 3.51 可见，各节点环线刚度变化总趋势基本相同，在达到屈服位移 Δ_y 前，刚度退化较快。达到 Δ_y 后，刚度退化趋缓。n 和 k 对环线刚度曲线变化趋势总体上影响并不明显。

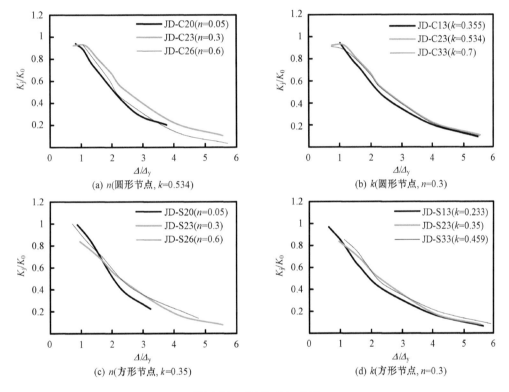

图 3.51　K_j/K_0-Δ/Δ_y 关系

3.5.2　单边螺栓连接的钢管混凝土柱 - 钢梁节点

在一些实际工程（尤其钢管截面较小的情况）中采用单边螺栓（blind bolts）连接的钢管混凝土柱 - 钢梁节点可简化施工程序，加快施工进度（Wang 和 Han 等，2009a，2009b）。本书作者及其课题组先后进行了 4 个单调加载节点试件和 4 个往复加载试件的试验。

（1）试验概况

图 3.52 给出了典型的节点构造图形。其中图 3.52（a）和（b）所示分别为方形和圆形钢管混凝土柱 - 钢梁采用单边螺栓端板连接时的节点构造，图 3.52（c）和（d）所示分别为方形和圆形钢管内部单边螺栓构造，图 3.52（e）所示为所采用的单边螺栓。

试件中钢管混凝土柱的高度（H）为 1.4m，梁的跨度（L）为 1.3m，钢管混凝土柱的外

(a) 方钢管混凝土柱-钢梁节点

(b) 圆钢管混凝土柱-钢梁节点

(c) 方钢管中单边螺栓

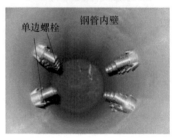
(d) 圆钢管中单边螺栓

(e) 单边螺栓

图 3.52　采用单边螺栓连接的梁 - 柱节点构造

直径 D（圆柱）和外边长 B（方柱）分别为 200mm 和 219mm，钢管壁厚（t）均为 8mm。工字钢梁尺寸分别为梁高 h、梁宽 b_f、腹板厚度 t_w、翼缘厚度 t_f 为 300mm×150mm×6.5mm×9mm。表 3.16 汇总了试件信息，N_o 为试验时柱上施加的轴向荷载，t_p 为端板厚度，n 为柱轴压比，$n=N_o/N_u$，即试验时柱上施加的轴向荷载 N_o 与柱极限承载力标准值 N_u 之比值。

表 3.16　单边螺栓节点试件信息

柱截面类型	试件编号	柱截面 $B(D)×t/(mm×mm)$	端板厚度 t_p/mm	N_o/kN	轴压比 n	加载类型
方形	CJM-1	200×8	18	1 777	0.6	单调加载
方形	CJM-2	200×8	12	1 777	0.6	单调加载
圆形	CJM-3	219×8	18	1 730	0.6	单调加载
圆形	CJM-4	219×8	12	1 730	0.6	单调加载
方形	CJD-1	200×8	18	1 777	0.6	往复加载
方形	CJD-2	200×8	12	1 777	0.6	往复加载
圆形	CJD-3	219×8	18	1 730	0.6	往复加载
圆形	CJD-4	219×8	12	1 730	0.6	往复加载

节点试验的装置如图 3.53 所示。

（2）单调荷载作用下试验结果及分析

单调荷载作用下采用单边螺栓的钢管混凝土柱 - 钢梁节点的试验研究结果表明（Wang 和 Han 等，2009a），该类节点具有良好的承载能力。图 3.54（a）为 4 个单调加载试件的弯矩（M_j）- 相对转角（θ_r）关系曲线。

可见，M_j-θ_r 曲线表现出良好的延性和承载能力。试验结果表明，此类组合节点的强度和刚度与端板厚度（t_p）以及钢管截面类型有关。对于同类型相近尺寸的节点，端板厚度（t_p）的增大可以有效提高节点的强度和刚度。例如，对于方钢管混凝土柱节点，试件 CJM-1（端板厚度 $t_p=18$mm）的最大弯矩和初始刚度分别比试件 CJM-2（端板厚度 $t_p=12$mm）提高 14% 和 36%；对于圆钢管混凝土柱节点，试件 CJM-3（端板厚度 $t_p=18$mm）比试件 CJM-4（端板厚度 $t_p=12$mm）的最大弯矩和初始刚度分别提高 15% 和 46%。但 $t_p=12$mm 的节点转动能力明显大于 $t_p=18$mm 的节点转动能力，例如试件 CJM-2 的节点转动能力比试件 CJM-1 大 17%，试件 CJM-4 的节点转动能力比试件 CJM-3 大 24%。

欧洲规范 Eurocode3（2005）根据刚度和强度将节点刚性进行分类。通过比较节点的初始刚度 K_i，将节点划分为刚性节点、半刚性节点和铰接节点。

当 $K_i \geqslant k_b(EI)_b/L_b$ 时，节点为刚性，其中$(EI)_b$为梁抗弯刚度，L_b 为梁的跨度。当支撑体系可以减少框架 80% 的水平位移时，$k_b=8$；对其他框架，$k_b=25$。当 $K_i \leqslant 0.5(EI)_b/L_b$ 时，节点为名义铰接。介于二者之间时为半刚性节点。

因此，若参考欧洲规范 Eurocode3（2005）对钢结构节点的分类方法，试验节点按无侧移框架和有侧移框架的分类结果见图 3.54，可见四个节点试件按刚度分类均为半刚性连接节点。

单边螺栓连接节点典型的破坏特征是：端板有较大的变形，同时节点区域的钢管有明显的外凸变形（圆形柱节点）或平面外变形（方形柱节点），节点破坏时部分受拉

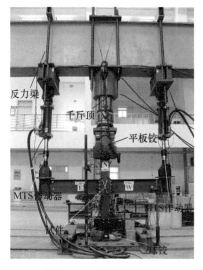

图 3.53　试验装置图

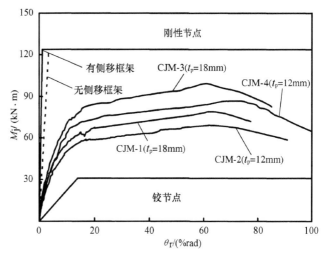

图 3.54　节点的 M_j-θ_r 关系

螺栓被拔出。图 3.55 给出了各节点试件宏观的典型破坏特征。

图 3.56（a）和（b）分别为试验结束剖开钢管后节点 CJM-2 管内混凝土和螺栓的破坏情况；图 3.56（c）为圆钢管混凝土节点 CJM-4 管内螺栓的破坏情况。

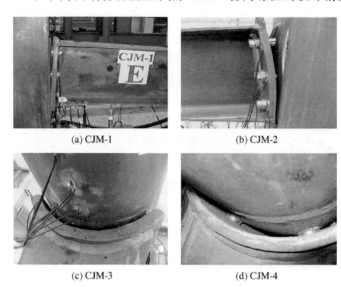

(a) CJM-1　　　　　　　　　　　(b) CJM-2

(c) CJM-3　　　　　　　　　　　(d) CJM-4

图 3.55　节点试件单调加载时的破坏特征

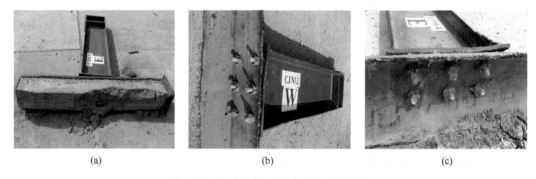

(a)　　　　　　　　　　(b)　　　　　　　　　　(c)

图 3.56　试验后剖开钢管后的破坏状态

可见节点核心区混凝土没有出现明显裂缝，仅是受拉螺栓处有部分混凝土剥落。主要原因可能是当连接发生较大转动变形时使得螺栓向外受拉，混凝土内的螺栓锥形头和尾部套筒发生松动，从而导致部分混凝土剥落。单边螺栓没有发生弯曲或剪断等明显破坏现象，仅是在拉力作用下螺栓尾部套筒的支撑范围变小。

（3）往复荷载作用下试验结果及分析

往复荷载作用下的试验结果表明，往复荷载下节点在使用阶段的刚度会有所下降，滞回曲线呈现出一定的"捏缩"现象，但节点总体上保持着良好的延性和后期承载能力，图 3.57 为节点试件的（M_j）-梁柱相对转角（θ_r）滞回关系曲线。

往复荷载作用下节点的破坏特征主要有：端板变形；柱壁平面外变形；受拉螺栓拔出；由于连接发生较大转动，导致螺栓处部分混凝土剥落；方钢管边角出现纵向裂缝。

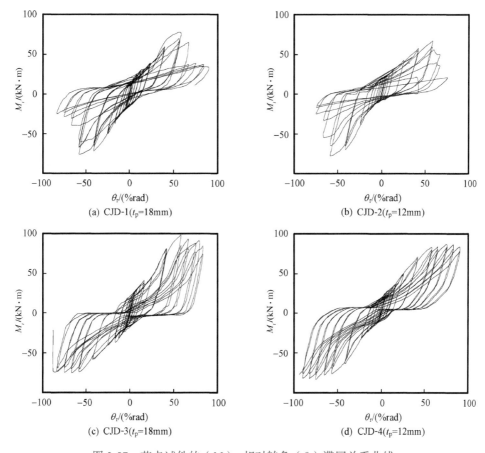

(a) CJD-1(t_p=18mm)

(b) CJD-2(t_p=12mm)

(c) CJD-3(t_p=18mm)

(d) CJD-4(t_p=12mm)

图 3.57 节点试件的（M_j）- 相对转角（θ_r）滞回关系曲线

图 3.58 为往复荷载作用下节点试件的典型破坏特征。

试验后发现端板的塑性变形主要表现为板的顶部向外受拉，而板的底部向里受压；端板厚度（t_p）对节点破坏模式的影响与单调加载试验的情况类似。尽管试件 CJD-1 和 CJD-2 除了端板厚度不同，其余尺寸相同，但是试件 CJD-2 的端板变形比试件 CJD-1 更加明显。

试验结束后试件 CJD-1 和 CJD-2 的端板最大变形（即端板离开柱壁的最大距离）分别是 32mm 和 39mm。当位移加载到 $5\Delta_y$ 时，梁转角达到 0.05rad，在上下第一排受拉螺栓处方钢管边角突然出现纵向裂缝。出现这种现象的主要原因是当梁端荷载很大时，连接转动变形变大，导致第一排受拉螺栓被拔出，柱受力侧面向外变形变大，从而导致柱垂直荷载侧面提供给柱受力侧面的约束减弱。圆钢管混凝土柱节点的端板变形明显比方钢管混凝土柱节点的端板变形小。

试验结束后试件 CJD-3 和 CJD-4 的端板最大变形（即端板离开柱壁的最大距离）分别是 20mm 和 26mm。在整个试验过程中，圆钢管混凝土柱节点的钢管并没有破坏，只是在受拉螺栓处柱壁有向外的变形，这表明单边螺栓端板连接具有良好的连接和受力性能，且圆形柱节点的整体工作性能优于方形柱节点。

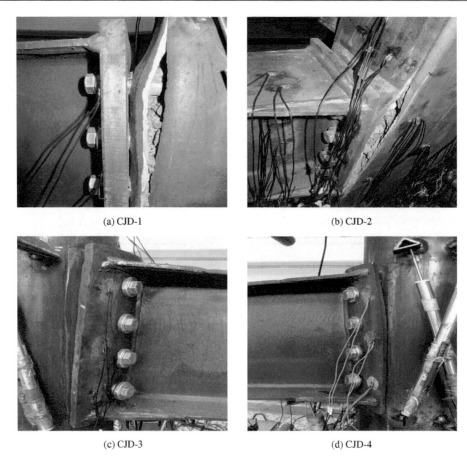

(a) CJD-1　　　　　　　　　　　　　(b) CJD-2

(c) CJD-3　　　　　　　　　　　　　(d) CJD-4

图 3.58　节点试件往复加载时的破坏特征

　　图 3.59 为试验结束后剖开钢管后圆钢管混凝土节点 CJD-4 的混凝土和螺栓的破坏情况。可见螺栓并未发生明显的弯曲或剪断破坏，仅是在拉力作用下螺栓尾部套筒的支撑范围变小。

　　单边螺栓连接节点在动力荷载作用下的工作机理是仍需要进一步深入研究的课题。

(a) 螺栓　　　　　　　　　　　　(b) 核心混凝土

图 3.59　螺栓和核心混凝土的破坏状态

3.5.3　钢管混凝土柱 - "犬骨式"钢梁节点

本书作者课题组曾进行了 5 个圆钢管混凝土柱 - "犬骨式"钢梁外环板连接节点
(Reduced Beam Section，简称 RBS 截面) 在往复荷载作用下的试验研究 (Wang 和
Han 等，2008)，同时进行了 3 个相同尺寸但钢梁未削弱的对比节点试件的试验研究。

（1）试验概况

试验参数还包括轴压比 (n) 和环板宽度 (b)。图 3.60 给出"犬骨式"节点构造图形。
表 3.17 给出了"犬骨式"节点（RBS）试件及对比试件的详细信息。

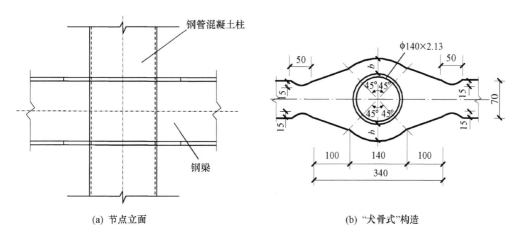

(a) 节点立面　　　　　　　　　　　(b) "犬骨式"构造

图 3.60　钢管混凝土柱 - "犬骨式"钢梁连接节点示意图（尺寸单位：mm）

表 3.17　节点试件一览表

序号	试件编号	环板宽度 b/mm	轴压力 N_o/kN	轴压比 n	极限荷载 P_{max}/kN	屈服位移 Δ_y/mm	总耗能 /(kN·m)	位移延性系数 μ	备注
1	CJ-21	40	40	0.05	35.5	14.6	13.7	4.6	梁未削弱
2	CJ-22	40	265	0.3	37.7	10.5	13.4	4.1	
3	CJ-33	20	530	0.6	35.9	7.7	23.5	6.9	
4	CJ-13N	60	530	0.6	39.4	7.6	43.5	7.3	"犬骨式"构造
5	CJ-21N	40	40	0.05	35.1	10.9	12.7	3.8	
6	CJ-22N	40	265	0.3	38.9	13.9	25.6	3.9	
7	CJ-23N	40	530	0.6	38.3	9.2	31.9	6	
8	CJ-33N	20	530	0.6	32.5	6.6	24.2	7.1	

所有节点都采用了工字形钢梁，其上、下翼缘通过外加强环板与柱连接，腹板直接
与钢管混凝土柱焊接。圆钢管的外截面尺寸为 $D \times t = 140\text{mm} \times 2.13\text{mm}$。钢梁尺寸分别
为梁高 h、梁宽 b_f、腹板厚度 t_w、翼缘厚度 t_f 为 150mm × 70mm × 3.53mm × 3.53mm，梁
柱线刚度比为 $k = 0.58$。柱高 1.05m，钢梁跨度为 1.5m。节点试件的详细尺寸见图 3.61。

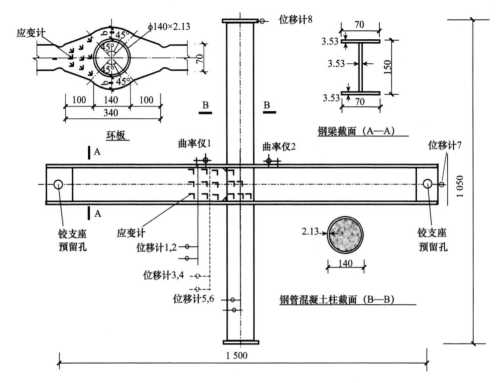

图 3.61 钢管混凝土柱 - "犬骨式" 钢梁节点尺寸及测试仪器布置（尺寸单位：mm）

节点编号后面的第一位数字代表环板形式编号，共分 3 类；第二位数字表示加载形式编号，共分 3 类；其中"犬骨式"节点后缀"N"以示区别。节点按照环板宽度不同设计为 3 类，即按照 DBJ13-51—2003（2003）或 DBJ/T 13-51—2010（2010）计算所得环板尺寸为形式 1（Ⅰ型节点），分别取规程设计环板宽度（即形式 1 的环板尺寸）的 2/3 和 1/3 时所对应的环板种类为形式 2（Ⅱ型节点）和形式 3（Ⅲ型节点）。柱轴压比定义为 $n=N_{\mathrm{o}}/N_{\mathrm{u}}$，即试验时柱上施加的轴向荷载 N_{o} 与柱的极限承载力标准值 N_{u} 之比值。采用实测的材料强度指标计算。设计了三种轴压比，即 0.05、0.3 和 0.6。

节点的钢管混凝土柱采用了冷弯钢管，钢梁采用焊接形式，加强环板及钢梁腹板均与钢管焊接。每个钢管加工两个厚度 12mm 的钢板盖板，先在空钢管一端将底部盖板焊上，上部盖板等混凝土浇灌完成后再焊接。

钢材屈服强度（f_{y}）、抗拉强度（f_{u}）、弹性模量（E_{s}）和泊松比（μ_{s}）等参数分别见表 3.18。

表 3.18　钢材力学性能指标

钢材类型	钢板厚度 /mm	f_{y}/MPa	f_{u}/MPa	$E_{\mathrm{s}}/(\times 10^{5}\mathrm{N/mm}^{2})$	μ_{s}
圆钢管	2.13	272.3	350.6	2.06	0.278
环板和钢梁	3.53	289.0	431.0	2.04	0.262

钢管中采用了自密实混凝土，配合比为水：181kg/m³；水泥：300kg/m³；粉煤灰：200kg/m³；砂：994kg/m³；石：720kg/m³。采用原材料为普通硅酸盐水泥；河砂，细度模数 2.6；石灰岩碎石，石子粒径 5～15mm；Ⅱ级粉煤灰；普通自来水；UNF-5 早强型减水剂的掺量为 1%。混凝土坍落度为 262mm，坍落流动度为 610mm，混凝土浇灌时内部温度为 28℃。新拌混凝土平均流速为 57mm/s。混凝土浇灌时将钢管竖立，从顶部灌入混凝土，没有采用任何振捣方式。采用与试件中混凝土同条件养护的标准混凝土立方体试块达到 28 天抗压强度 f_{cu}＝52.6MPa，试验时强度 f_{cu}＝60MPa，弹性模量 E_c＝41 500N/mm²。

节点试验装置如图 3.3（a）所示。试件的量测测点布置见图 3.61。采用位移控制的加载方式，加载制度与 3.2 节中的节点试验类似，如图 3.4 所示。

（2）试验现象和试验结果

本次试验的节点试件根据环板宽度（b）的不同及是否进行梁端翼缘削弱有不同的类型，因此其试验过程中的破坏特征也有所不同。所有试件破坏后的情形如图 3.62 所示。

翼缘未削弱的试件 CJ-21、CJ-22 及 CJ-33 都属所谓的"弱柱型"节点。在试验过程中，当加载位移超过 $2\Delta_y$ 后，节点区域梁以下的柱两侧首先出现鼓曲变形，随着位移的进一步增大，变形更加明显，最后都发生了柱断裂破坏，而钢梁及环板处的变形均不明显。由于环板宽度（b）的不同，CJ-33 试件破坏时是柱断裂并伴有节点环板拉裂，而 CJ-21 及 CJ-22 均为柱断裂破坏，分别如图 3.63（a）和（b）所示。总体而言，

(a) CJ-21 (n=0.05,b=40mm)

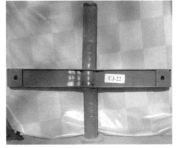
(b) CJ-22 (n=0.3,b=40mm)

(c) CJ-33(n=0.6,b=20mm)

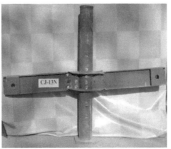
(d) CJ-13N (n=0.6,b=60mm)

图 3.62　"犬骨式"节点破坏形态图

(e) CJ-21N (*n*=0.05,*b*=40mm)　　　(f) CJ-22N (*n*=0.3,*b*=40mm)

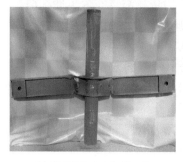 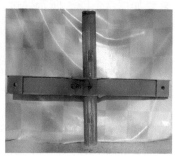

(g) CJ-23N (*n*=0.6,*b*=40mm)　　　(h) CJ-33N (*n*=0.6,*b*=20mm)

图 3.62　（续）

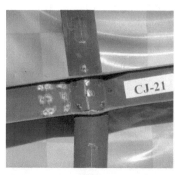 

(a) CJ-21　　　　　　　(b) CJ-22

图 3.63　柱破坏的模式

"弱柱型"节点试件由于发生了柱破坏，试件延性较差。

对于"犬骨式"试件（RBS），如Ⅱ型节点 CJ-21N、CJ-22N 及 CJ-23N，试验过程中，除 CJ-21N 外，其余试件均发生了梁端屈服破坏，梁端屈服的区域主要集中在翼缘削弱区域，且塑性铰区域的钢梁翼缘和腹板均有较明显的鼓曲变形。从 *P-Δ* 滞回曲线来看，试件延性均优于未进行翼缘削弱的对比试件 CJ-22 及 CJ-23。CJ-21N 由于轴压比很小，柱抗弯承载力仍低于梁承载力，故最终发生了柱破坏模式。

Ⅰ型节点 CJ-13N 试件的节点环板尺寸最大，最终的破坏为钢梁翼缘削弱区域出现塑性铰而破坏，此部分区域内的梁翼缘、腹板均产生明显的鼓曲变形，翼缘削弱处出现了明显的钢材断裂，环板区域无明显变形。

　　Ⅲ型节点 CJ-33N 试件的环板尺寸最小，但由于进行了梁端截面削弱处理，其最终的破坏状态是环板部分断裂及梁端削弱区出现塑性铰的破坏。比较同样环板尺寸的对比试件 CJ-33，可见翼缘削弱试件 CJ-33N 的延性明显优于"弱柱型"试件 CJ-33。

　　依据试件环板宽度、试验时柱轴压比及钢梁构造的不同，节点最终破坏状态可分为如下三类。①柱断裂破坏：对于"弱柱型"节点试件，破坏为柱断裂情况，如 CJ-21、CJ-22、CJ-21N。②环板破坏及柱断裂破坏，如 CJ-33。由于环板尺寸过小，发生了环板及柱断裂破坏。③钢梁削弱处出现塑性铰的破坏，如 CJ-13N、CJ-22N、CJ-23N、CJ-33N。

　　对应于不同的破坏状态，试验现象也有所不同：对于柱断裂破坏的试件，基本都是在加载到 $5\Delta_y$ 时节点环板以下位置的柱开始出现鼓曲变形，而后钢管迅速出现裂缝，荷载很快下降而破坏，破坏前后钢梁梁端的翼缘及腹板鼓曲变形不明显；对于环板及柱断裂破坏的试件，试验现象与柱断裂破坏试件类似外，最终破坏时节点环板也被拉断。对于梁端出现塑性铰而破坏的试件，在加载位移到 $3\Delta_y$ 时钢梁翼缘削弱附近出现鼓曲，加载位移到 $5\Delta_y$ 时翼缘处鼓曲变得显著，且大部分试件在该时刻出现了腹板鼓曲。

　　对于环板宽度最大的 CJ-13N，环板区域没有明显的鼓曲，而其他试件，如 CJ-22N、CJ-23N、CJ-33N，都伴随着出现了环板区域的鼓曲变形。当加载位移到 $8\Delta_y$ 时钢梁翼缘处出现非常显著的变形，个别试件在此位置的钢梁翼缘出现受拉断裂。最终破坏时柱上没有明显的鼓曲，而在环板的腹板及环板与钢梁交界处的钢梁翼缘及腹板都有较大范围内的鼓曲，说明此类节点的破坏发生在钢梁与环板交接处的过渡截面，为"强柱弱梁"的破坏模式。

　　试验结束后剖开节点区域的钢管，观察节点核心区域钢管内的核心混凝土，未发现明显的裂缝发生，混凝土完整性良好。图 3.64 给出部分典型试件混凝土的形态。

(a) CJ-21　　　　　　　　　　　(b) CJ-33

(c) CJ-13N　　　　　　　　　　(d) CJ-23N

图 3.64　节点核心区域混凝土状态

（3）试验结果分析

1）水平荷载（P）-水平位移（Δ）滞回关系。

所有节点柱端水平荷载（P）-位移（Δ）滞回关系曲线如图3.65所示。

本次试验节点的P-Δ滞回关系曲线具有以下特点：①"犬骨式"（RBS）节点的

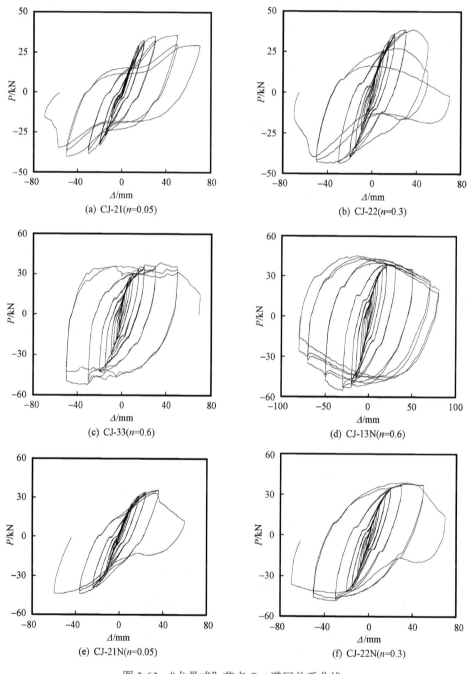

(a) CJ-21(n=0.05)

(b) CJ-22(n=0.3)

(c) CJ-33(n=0.6)

(d) CJ-13N(n=0.6)

(e) CJ-21N(n=0.05)

(f) CJ-22N(n=0.3)

图3.65 "犬骨式"节点 P-Δ 滞回关系曲线

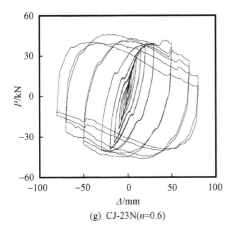

(g) CJ-23N(n=0.6)

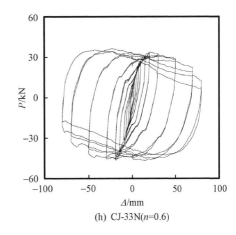

(h) CJ-33N(n=0.6)

图 3.65 （续）

P-Δ 滞回关系曲线较为饱满，没有明显的捏缩现象，刚度和强度退化不明显，说明此类节点具有良好抗震性能和耗能能力。梁翼缘未削弱的"弱柱型"节点试件发生了钢管混凝土柱弯曲破坏，试件破坏时对应的加载位移较小，总体耗能能力较差。② "犬骨式"节点其极限承载力略低于同样尺寸的钢梁翼缘未削弱试件，但其位移延性和耗能能力明显优于翼缘未削弱试件。

2）水平荷载（P）- 水平位移（Δ）滞回关系曲线骨架线。

不同柱轴压比（n）和环板宽度（b），以及不同钢梁构造条件下节点的 P-Δ 滞回关系曲线骨架线按照不同类别分别汇总于图 3.66 中。

对 P-Δ 滞回关系曲线骨架线的特点归纳如下。

① 相同环板宽度（b）的节点，翼缘削弱型（RBS）构造节点其极限承载力略低于未削弱试件，但其位移延性明显优于未削弱构件，如图 3.66（a）、（b）所示。

② 由图 3.66（c）可见，同样进行了翼缘削弱的试件，在相同轴压比（n）下，随着节点环板宽度（b）的减小，承载力有所降低，但 CJ-13N 和 CJ-23N 正向承载力相差不大（CJ-13N 正向承载力低于 CJ-23N 节点 2%，但负向承载力高于 CJ-23N 节点 24%；高于 CJ-33N 环板节点 11.5%），而 CJ-33N 承载力下降明显。

③ 相同构造的节点，如 CJ-22N，CJ-23N，随着轴压比（n）的增加，试件的水平承载力下降。CJ-21N 因其发生了柱断裂破坏，其承载力低于 CJ-22N。

3）延性和耗能。

本次试验试件的延性系数和总耗能汇总于表 3.17 中。由表可见，对于相同钢梁构造的节点试件，当环板宽度（b）减小时，节点的极限承载力（P_{max}）总体上呈下降趋势；对于同样环板构造的试件，如 II 型节点试件及 I 型环板试件，随着轴压比的增大，节点的屈服位移 Δ_y 总体上趋于减小，说明其屈服状态提前，同时节点的极限位移 Δ_{max} 和破坏位移 Δ_u 数值也对应减小，从而总体上反映了其位移延性随轴压比增大而降低的趋势。其中的弱柱型试件由于发生了柱破坏模式，节点的承载力和延性指标等和上述规律不一致，如 CJ-21、CJ-22、CJ-21N、CJ-33 等，但其总体耗能均明显低于翼缘削弱型（RBS）节点。同样钢梁翼缘削弱型试件，如 CJ-13N、CJ-23N 及 CJ-33N，随着环板宽度的减小，耗能

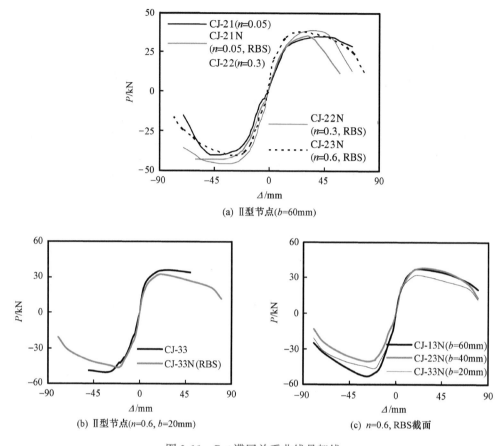

(a) II型节点(b=60mm)

(b) II型节点(n=0.6, b=20mm)　　　　　(c) n=0.6, RBS截面

图 3.66　P-Δ 滞回关系曲线骨架线

总体上呈下降趋势，位移延性也呈降低趋势。

图 3.67 给出了节点在屈服后、破坏前的各个滞回环的等效黏滞阻尼系数 h_e 随着柱顶位移加载的逐级加大的变化情况，即 h_e-Δ/Δ_y 曲线。可见环板宽度（b）、轴压比（n）对 h_e 的影响不明显，但钢梁的不同构造对 h_e 有一定的影响。发生柱破坏的试件耗能性能较差，其 h_e 数值较小，如 CJ-21、CJ-22 和 CJ-21N 试件。钢梁削弱节点的 h_e 要高于相应的未削弱节点，如 CJ-22N 和 CJ-22 试件。

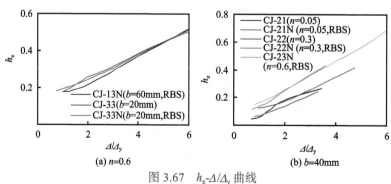

(a) n=0.6　　　　　　　　　　　(b) b=40mm

图 3.67　h_e-Δ/Δ_y 曲线

4）刚度退化。

图 3.68 所示为不同柱轴压比（n）和环板宽度（b），以及不同钢梁构造条件下试件环线刚度 K_j 随位移加载级别（Δ/Δ_y）变化的曲线。

可见，相同轴压比（n）时，环板宽度（b）对 K_j 的影响不明显。n 对环线刚度曲线变化趋势影响较大，对于相同环板宽度（b）试件，随着 n 的增加，K_j 数值变大，但在位移达到 Δ_y 后的加载后期 K_j 下降趋势加快。对于不同钢梁构造的节点，"犬骨式"节点的 K_j 小于未削弱试件，如 CJ-22 和 CJ-22N，而发生柱破坏的节点 CJ-21 和 CJ-21N，规律相反，即未削弱试件的 K_j 小于"犬骨式"节点。

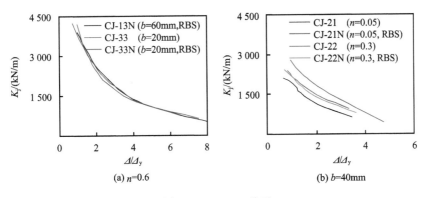

图 3.68　K_j-Δ/Δ_y 关系

在本节试验研究参数范围内可初步得到如下结论。

① 钢梁翼缘削弱型（RBS）钢管混凝土柱 - 钢梁节点的荷载 - 位移滞回曲线较为饱满，没有明显的捏缩现象，刚度和强度退化不明显，节点具有良好延性和耗能能力。"弱柱型"节点试件发生了钢管混凝土柱弯曲破坏，试件破坏时对应的加载位移较小，总体耗能能力较差。

② 轴压比和环板宽度是影响翼缘削弱型圆钢管混凝土节点力学性能的重要因素。随着轴压比增大节点水平极限承载力下降，屈服状态提前，耗能能力和位移延性均降低。随着环板宽度减小节点水平极限承载力也有所降低。

③ 翼缘削弱型构造节点其极限承载力略低于同样尺寸但钢梁翼缘未削弱试件，但其位移延性和耗能能力明显优于相应的"弱柱型"（即梁翼缘未削弱）试件。

3.5.4　单边螺栓连接的不锈钢钢管混凝土柱 - 钢梁节点

作者课题组还完成了 7 个采用单边螺栓连接的不锈钢钢管混凝土柱 - 钢梁足尺节点的试验研究，主要考虑了是否考虑楼板作用、节点区是否有内部拉结钢筋、钢管类型（不锈钢或普通碳钢）及荷载类型（单调或往复加载）等参数，从而比较详细地了解了该类节点的受力性能（Tao 等，2017）。

（1）试验概况

以柱截面类型、钢管材料、荷载类型等为主要参数，设计了 7 个单边螺栓连接的不锈钢钢管混凝土柱 - 钢梁节点试件，试件尺寸及有关参数如表 3.19 所示。

表 3.19 单边螺栓连接的不锈钢钢管混凝土柱 - 钢梁节点试件信息

试件编号	柱截面形状	钢管材料	内部拉结钢筋	f_c'/MPa	N_o/kN	N_u/kN	n	楼板	荷载类型
SB1-0	方形	不锈钢	8φ20	32.8	3 822.3	6 037.5	0.63	无	单调
SB1-1	方形	不锈钢	—	33.6	3 873.4	6 122.8	0.63	有	单调
SB1-2	方形	不锈钢	8φ20	35.7	3 811.9	6 346.6	0.60	有	单调
SB1-3	方形	不锈钢	8φ20	39.8	3 938.7	6 783.5	0.58	有	往复
CB2-1	圆形	不锈钢	—	42.3	3 833.5	5 661.1	0.68	有	单调
CB2-2	圆形	不锈钢	—	41.2	3 921.5	5 573.2	0.70	有	往复
CB2-3	圆形	碳钢	—	43.8	3 825.6	5 756.4	0.66	有	单调

　　节点试件的高度为 2200mm，跨度为 3500mm，其中梁端荷载间距为 3000mm，具体见图 3.69 所示，其中图 3.69（b）为楼板构造详图，采用了压型钢板 - 混凝土组合楼板。为对比不同构造措施对节点力学性能的影响，部分方形截面的节点内部还设有拉结钢筋，构造如图 3.70 所示。圆形截面钢管混凝土柱节点构造详图如图 3.71 所示。

　　节点试件的钢管混凝土柱分别采用了不锈钢钢管和普通碳钢钢管，钢梁采用焊接形式，梁端端板与钢管焊接。每个钢管加工两个厚度 20mm 的钢板盖板，先在空钢管一端将底部盖板焊上，上部盖板等混凝土浇灌完成后再焊接。

　　试件中的各类钢材厚度（t）、弹性模量（E_s）、屈服强度（f_y）、抗拉强度（f_u）、屈服应变（ε_y）和伸长率（δ）等参数分别见表 3.20。

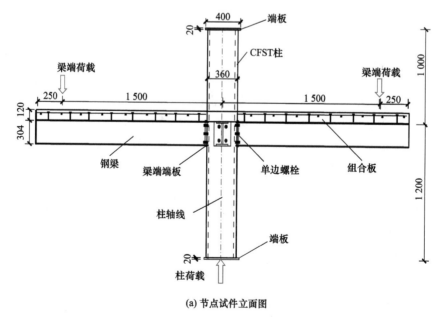

(a) 节点试件立面图

图 3.69 组合节点构造示意（尺寸单位：mm）

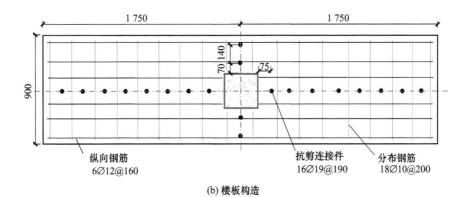

(b) 楼板构造

图 3.69　（续）

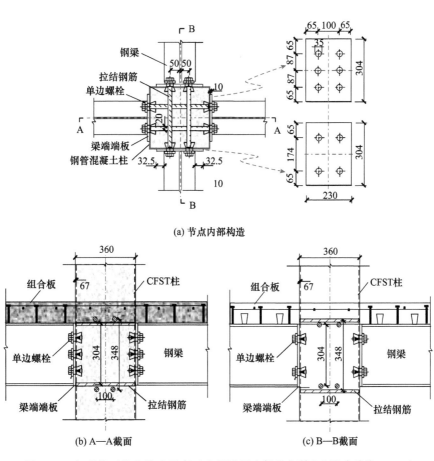

(a) 节点内部构造

(b) A—A截面　　　　　(c) B—B截面

图 3.70　方形截面节点构造示意（内部设置有拉结钢筋）（尺寸单位：mm）

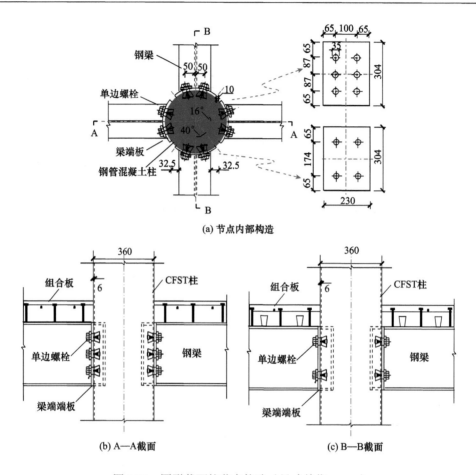

(a) 节点内部构造

(b) A—A截面

(c) B—B截面

图 3.71　圆形截面柱节点构造（尺寸单位：mm）

表 3.20　钢材材料特性

钢材类型	t/mm	E_s/MPa	f_y/MPa	f_u/MPa	ε_y/$\mu\varepsilon$	δ/%
不锈钢方钢管	5.87	200 985	339	714	1 687	53.1
不锈钢圆钢管	5.88	200 663	367	732	1 829	49.3
碳钢圆钢管	5.96	206 338	379	473	1 837	25.8
钢梁翼缘	9.67	198 494	352	535	1 773	25.2
钢梁腹板	6.45	203 765	370	534	1 816	24.5
端板	9.92	206 298	388	506	1 881	30.4
压型钢板	0.95	198 494	352	535	1 773	4.5
单边螺栓	20.0	218 871	890	953	4 066	15.3
纵向钢筋	11.93	200 371	538	653	2 685	9.0
分布钢筋	9.94	199 577	524	631	2 626	10.7
剪力连接件	19.0	203 941	375	517	1 839	24.4
拉结钢筋	19.68	203 261	545	647	2 681	11.3

节点试验装置如图 3.72 所示。试件的量测测点布置见图 3.73。本次试验分别进行了单调加载和循环加载模式，其中循环加载采用了位移控制的加载方式，加载制度如图 3.74 所示。

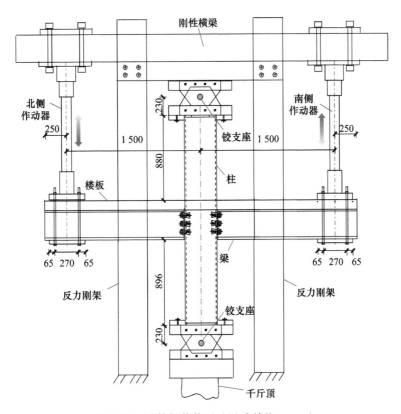

图 3.72 试件加载装置（尺寸单位：mm）

（2）试验现象和试验结果

所有 7 个节点试件进行了梁端施加单调或往复荷载的试验研究。其中试件 SB1-0 为不带楼板的参考试件，进行了单调加载试验，其最终破坏模式如图 3.75（a）所示。该节点破坏的典型特征是方钢管向外的局部变形过大引起的，钢管和端板之间有很大的脱开间隙，最大达到 14.6mm。另外，试验结束后，在钢管和顶部内部拉结钢筋之间的焊缝发生了断裂，其他部分未发现明显破坏特征。

试件 SB1-1、SB1-2、CB2-1、CB2-3 均为带组合板的节点试件，均进行了梁端施加单调荷载的试验，总体上本组 4 个试件的破坏特征类似，且均与无组合板的 SB1-0 试件有明显的差异，也反映了组合楼板对节点受力性能的影响。分别选取典型的试件 SB1-2 和 CB2-1 分析其破坏特征，试验后破坏分别如图 3.75（b）、（c）所示。

试件 SB1-3 和 CB2-2 为带组合板的节点试件进行了梁端施加往复荷载的试验，总体上这两个试件的破坏特征和前面一组的单调加载试件类似，但由于往复加载工况在螺栓底部受负弯矩作用时会出现拉力，因此在端部下部和钢管之间会出现大约宽度 2mm 的间隙，如图 3.75（d）所示。

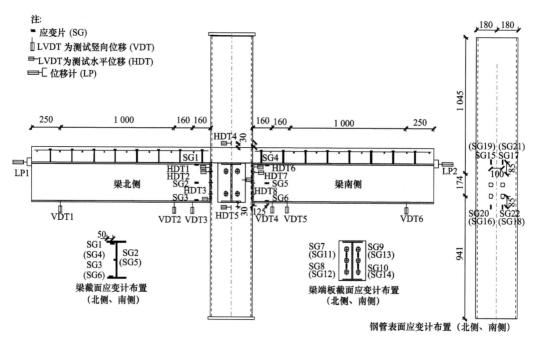

图 3.73　测试装置布置（应变计、LVDT 及位移计布置）（尺寸单位：mm）

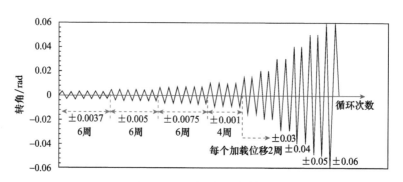

图 3.74　循环加载制度

(a) SB1-0 (无楼板方柱节点)

图 3.75　试件的典型破坏模式

(b) SB1-2 (有楼板方柱节点)

(c) CB2-1 (有楼板圆柱节点)

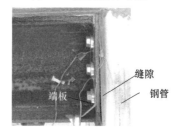

(d) SB1-3 试件的钢管和端板之间出现明显缝隙 (往复加载下的方柱节点)

图 3.75 （续）

（3）试验结果分析

1）弯矩 - 转角关系曲线。

试验实测得到的节点试件的弯矩（M）- 转角（θ）关系曲线分别如图 3.76 和图 3.77 所示，其中梁端弯矩 $M=PL_b$，P 为梁端荷载，L_b 为荷载作用点距离钢管外表面长度。图中对于往复加载试件 SB1-3 和 CB2-2，梁两侧均可得到其弯矩 - 转角关系曲线，且比较接近，因此只给出左边梁的实测结果，分别如图 3.76（d）和图 3.77（b）所示。

从试件的弯矩 - 转角关系曲线可以看出，无组合楼板的 SB1-0 试件其顶排单边螺栓从柱核心混凝土中即将拔出时达到其屈服弯矩，数值为 30kN·m，随后节点逐渐达到其极限正弯矩 37.7kN·m。图 3.76（b）和（c）分别为无内部拉结钢筋的试件 SB1-1 和有内部拉结钢筋的试件 SB1-2 的 M-θ 关系曲线，可见曲线总体上比较接近，但 SB1-2 试件的极限正弯矩数值比 SB1-1 试件高 10.7%，说明内部设置拉结钢筋可以提高其螺栓的抗拔出能力。

图 3.77 对应于圆形钢管混凝土柱节点结果，其中图 3.77（a）和（c）分别对应于 CB2-1 试件和 CB2-3 试件，表现出的规律类似，但需要说明的是，试件 CB2-1 和 CB2-3

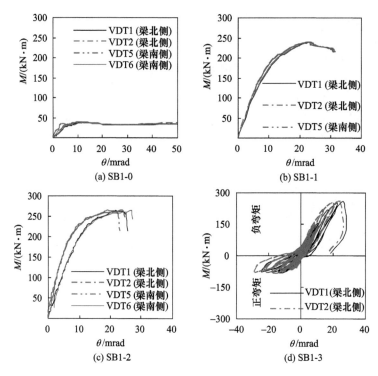

图 3.76　方钢管混凝土柱节点弯矩（M）-转角（θ）关系曲线

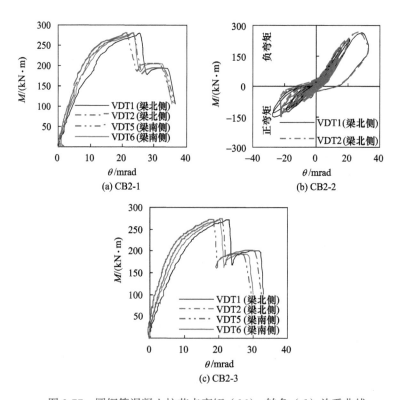

图 3.77　圆钢管混凝土柱节点弯矩（M）-转角（θ）关系曲线

在试验中当楼板中钢筋断裂后，继续保持了加载，因而测出了试件的残余承载力。对于往复加载试验试件，即 SB1-3 和 CB2-2 的弯矩 - 转角关系曲线分别如图 3.76（d）和图 3.77（b）所示。由图可见在往复荷载作用下 M-θ 曲线表现出较明显的捏缩效应，且随着加载位移的增加捏缩效应趋于显著，主要原因是柱的管壁与端板之间的间隙随往复荷载不断增加，且混凝土板的裂缝也逐步开展。

对几何参数相同但梁端荷载分别为单调加载和往复加载的两组试件的弯矩 - 转角关系曲线进行对比，分别汇总于图 3.78（a）和（b）中，可见两种不同荷载工况下试件的极限荷载比较接近，但无论是圆形截面柱节点还是方形截面柱节点，单调加载试件的刚度均比往复加载试件的刚度大，主要原因是往复加载工况下混凝土存在一定程度的内部损伤和裂缝的不断开合等，降低了其刚度。

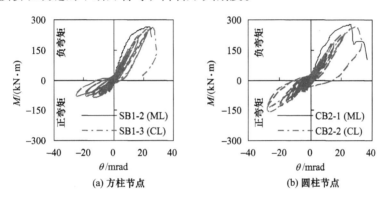

图 3.78　单调加载与往复加载节点试件结果对比

2）节点刚性分析。

欧洲规范 Eurocode 3（2005）中对钢结构节点及组合节点根据其刚度、强度和转动能力进行了分类，根据其分类规则，节点可分为刚性节点、铰节点和半刚性节点。因此，若参考 Eurocode 3（2005）的节点分类方法，本次试验节点按无侧移框架和有侧移框架的分类结果分别见图 3.79 和图 3.80。由图可见本次试验的七个节点试件中，无楼板的 SB1-0 节点按刚度分类为半刚性节点，按强度分类接近于理想铰接节点；SB1-2 和 CB2-1 节点按刚度分类均为半刚性连接节点（semi-rigid joint），按强度分类

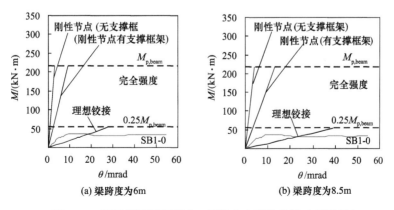

图 3.79　不锈钢钢管混凝土 - 钢梁节点刚性分类（无楼板）

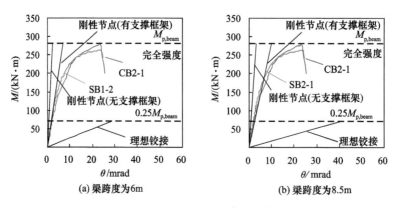

图 3.80　不锈钢钢管混凝土 - 组合梁节点刚性分类（有楼板）

为部分强度节点（partial-strength joint）。

　　综上所述，在本节研究参数范围内，总体上单边螺栓连接的不锈钢钢管混凝土柱 - 组合梁节点属于半刚性节点，工程应用中应考虑其一定的转动能力和具有部分强度的特性。

3.6　理　论　分　析

　　本节建立了钢管混凝土柱 - 钢梁连接节点的有限元模型，进行了钢管混凝土结构梁柱连接节点的数值模拟，对单调和往复荷载作用下钢管混凝土柱 - 钢梁外加强环式节点进行荷载 - 变形全过程分析，明晰了其工作机理。

3.6.1　有限元分析模型的建立

　　（1）材料的本构关系模型

　　1）钢材。

　　钢材典型的单轴应力作用下的应力 - 应变关系如图 2.144 所示。钢材在多轴应力状态下的弹塑性增量理论满足屈服准则、流动法则和硬化法则的条件，采用 ABAQUS 中基于经典金属塑性理论的弹塑性材料模型，钢材在多轴应力状态下满足 Von Mises 屈服准则，在单调荷载作用下，采用等向强化法则，在往复荷载作用时采用随动强化法则（Hibbitt，Karlson，Sorenson，2005）。

　　2）混凝土。

　　钢管内核心混凝土的本构模型采用韩林海（2007，2016）提出的应用于 ABAQUS 有限元分析的核心混凝土模型，见 2.5.2 节。

　　往复荷载下混凝土塑性损伤模型中相关参数，除采用与单调荷载作用下相同的弹性模量、泊松比、材料单轴应力 - 应变关系外，还需要确定混凝土受拉、受压损伤系数 d_t 和 d_c、刚度恢复系数 w_t 和 w_c。

　　往复荷载作用下的混凝土塑性损伤模型中假定混凝土的破坏主要由混凝土受拉开裂和压碎破坏两种破坏机制组成。

　　在拉力作用下，考虑损伤后混凝土的有效拉应力（$\bar{\sigma}_t$）为

$$\overline{\sigma}_{t} = \frac{\sigma_{t}}{1 - d_{t}} = E_{c} \left(\varepsilon_{t} - \tilde{\varepsilon}_{t}^{pl} \right) \tag{3.9}$$

式中：d_t 为受拉损伤变量，当 $d_t = 0$ 时表示没有损伤，$d_t = 1$ 时表示材料完全破坏；σ_t 为混凝土拉应力；ε_t 为混凝土总拉应变；E_c 为混凝土弹性模量；$\tilde{\varepsilon}_t^{pl}$ 为受拉塑性应变。

ABAQUS 软件中根据当前的拉应力和受拉损伤值按照式（3.10）计算考虑损伤后受拉塑性应变，从而确定有效拉应力。

在压力作用下，考虑损伤后的混凝土的有效压应力为

$$\overline{\sigma}_{c} = \frac{\sigma_{c}}{1 - d_{c}} = E_{c} \left(\varepsilon_{c} - \tilde{\varepsilon}_{c}^{pl} \right) \tag{3.10}$$

式中：d_c 为受压损伤变量，$d_c = 0$ 时表示没有损伤，$d_c = 1$ 时表示材料完全破坏；σ_c 为混凝土压应力；ε_c 为混凝土总压应变；$\tilde{\varepsilon}_c^{pl}$ 为受压塑性应变。ABAQUS 根据当前的压应力 σ_c 和受拉损伤值按照式（3.10）计算考虑损伤后受压塑性应变，确定有效压应力 $\overline{\sigma}_c$。（Hibbitt，Karlson，Sorenson，2005）。

在单轴循环荷载作用下，混凝土的损伤考虑微裂缝张开和闭合，以及裂缝之间的相互作用。以往研究者对损伤因子的取值进行了研究。其中，Birtel 和 Mark（2006）引入系数 b_t 计算受拉损伤系数（曲慧，2007）为

$$d_{t} = 1 - \frac{\sigma_{t0} E_{c}^{-1}}{\varepsilon_{t}^{pl} \left(1/b_{t} - 1 \right) + \sigma_{t0} E_{c}^{-1}} \tag{3.11}$$

式中：σ_{t0} 为混凝土峰值拉应力；ε_t^{pl} 为混凝土塑性拉应变。

经算例分析，在进行钢管混凝土结构的计算时，b_t 取 0.2～0.3 较为合适。

另一方面，在单轴受力的情况下，当混凝土由受压卸载，再反向加载时，卸载、再加载路径近似地指向空间某些"焦点"。根据这个特点，Li 和 Han（2011）提出了损伤定义方法如下式所示，即

$$d_{c} = 1 - \frac{\left(\sigma_{c} + n_{c} \sigma_{c0} \right)}{E_{c} \left(n_{c} \sigma_{c0} / E_{c} + \varepsilon_{c} \right)} \tag{3.12}$$

$$d_{t} = 1 - \frac{\left(\sigma_{t} + n_{t} \sigma_{t0} \right)}{E_{c} \left(n_{t} \sigma_{t0} / E_{c} + \varepsilon_{t} \right)} \tag{3.13}$$

式中：E_c 为混凝土初始弹性模量；σ_{t0} 和 σ_{c0} 分别为峰值拉、压应力；n_c 和 n_t 为计算参数。经过大量的有限元试算，对加劲混合结构柱管内混凝土，取 $n_c = 2$，$n_t = 1$；对加劲混合结构柱管外混凝土及楼板混凝土，取 $n_c = 1$，$n_t = 1$。

在循环荷载作用下，当荷载方向改变时，混凝土的弹性刚度会有一定的恢复，特别是当荷载由拉力转变为压力时，受拉裂缝闭合（Hibbitt，Karlson，Sorenson，2005）。往复荷载下受拉和受压刚度恢复相关的权系数（w_t 和 w_c）控制往复荷载下受拉和受压刚度恢复。$w_c = 1$ 表示混凝土完全恢复为初始刚度。对已经裂缝的混凝土从受压状态转变为受拉时，则不会出现刚度恢复，即受拉刚度恢复权系数 $w_t = 0$。当采用 Birtel 和 Mark（2006）模型时，取 $w_c = 0.2$，$w_t = 0$。当采用 Li 和 Han（2011）模型计算带楼板的钢管混凝土柱 - 钢梁节点时，取 $w_c = 1$，$w_t = 0$。

为检验所确定混凝土塑性损伤模型中损伤系数及刚度恢复权系数的适用性，对

Kachanov 和 Jirsa（1969）、Sinha 等（1964）及 Gopalaratnam 和 Shah（1985）的混凝土往复加载试验结果进行了验算，如图 3.81 所示。可见采用上述混凝土材料损伤模型计算与实测的应力 - 应变关系曲线总体上吻合较好。本章加强环板式钢梁节点和穿芯螺栓端板连接节点的有限元模拟采用 Birtel 和 Mark（2006）建议的损伤系数，带楼板加强环板式钢梁组合节点的有限元模拟采用 Li 和 Han（2011）建议的损伤系数。

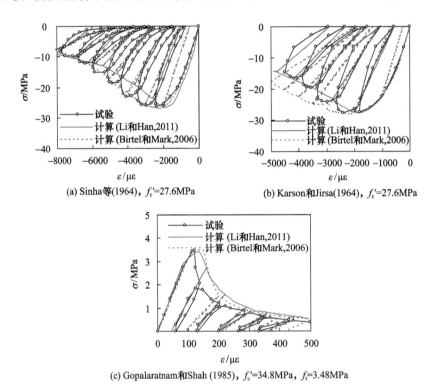

(a) Sinha等(1964)，f_c'=27.6MPa

(b) Karson和Jirsa(1964)，f_c'=27.6MPa

(c) Gopalaratnam和Shah (1985)，f_c'=34.8MPa，f_t=3.48MPa

图 3.81　往复荷载作用下混凝土 σ-ε 曲线

（2）单元选型及网格划分

钢管、钢梁采用四节点完全积分格式的壳单元（S4），为满足计算精度，在壳单元厚度方向采用 9 点 Simpson 积分。核心混凝土和加载板采用八节点缩减积分格式的三维实体单元（C3D8R）。

（3）钢管与混凝土界面模型

钢管与混凝土的界面模型由界面法线方向的接触和切线方向的黏结滑移构成。法线方向的接触采用硬接触，垂直于接触面的界面压力 p 可以完全地在界面间传递，界面切向力模拟采用库仑摩擦模型。模型参数取值见韩林海（2007，2016）的相关计算。

（4）边界条件

根据节点试验时的边界条件，在有限元计算中，对节点施加如图 3.82 所示的边界条件。在柱底盖板中线上施加 x、y、z 三个方向的位移约束，以模拟柱底部的铰支座。梁端铰支座的模拟方法为：在左右梁端面仅施加 y、z 两个方向的位移约束，放松 x 方向的位移。在钢管混凝土柱顶的加载板边线施加线位移，模拟作动器施加在柱顶的水平位移。

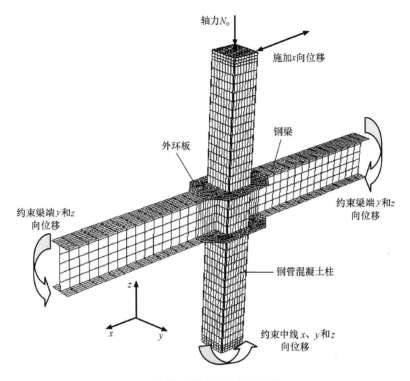

(a) 钢管混凝土柱-钢梁节点边界条件

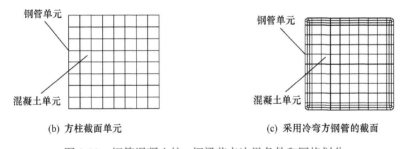

(b) 方柱截面单元　　　　　　　　　　　(c) 采用冷弯方钢管的截面

图 3.82　钢管混凝土柱 - 钢梁节点边界条件和网格划分

　　在钢管和加强环板、钢梁之间采用 Tie 连接，模拟钢管和加强环板、钢梁之间的焊接。焊接钢管需要考虑残余应力，通过 *Initial condition，type＝stress 命令，将焊接残余应力作为初始应力施加到模型中以模拟构件中的实际残余应力。焊接钢管的残余应力分布可按图 2.259 确定，冷弯型钢钢管的残余应力按照 2.11 节中的有关论述确定。焊接工字形钢梁的焊接残余应力则按照图 3.83 的分布方式考虑（陈骥，2006）。

　　钢管及混凝土单元划分时需考虑冷弯钢管的边角尺寸，焊接方钢管混凝土柱及冷弯方钢管混凝土柱的单元划分方式分别如图 3.82（b）和（c）所示。

　　（5）加载方式

　　采用位移加载。将加载制度中每个循环中的正向、反向加载各自定义成一个荷载步，即整个过程共分成 $2n$ 个荷载步（n 为循环次数），记录并输出每个荷载步的计算结果。

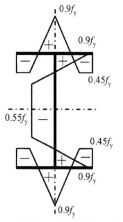

图 3.83 焊接工字梁残余应力分布

需要注意的是，相比单调加载计算，往复加载下节点的全过程数值模拟中的收敛问题需更为重视，计算时需根据计算对象的具体特点采用合适的单元网格密度、加载方式、接触面的容差和计算步长。

3.6.2 理论模型的验证

为验证理论模型，对不同研究者进行的钢管混凝土柱 - 钢梁节点在单调和往复加载情况下的试验结果进行了计算。

图 3.84 给出了部分带楼板外环板式节点试件的试验和计算破坏形态。由图可见，计算的 CIJ-2 试件发生了钢梁下翼缘的屈曲，和试验现象吻合；CIJ-4 试件的试验结果显示，钢管混凝土柱出现了局部屈曲和整体弯曲，计算结果的钢管混凝土柱壁的相同位置也出现了鼓曲，还伴有柱的整体弯曲，而梁的变形不很明显；试验中，CEJ-4 试件的梁端下翼缘和环板交接处出现了较为明显的屈曲，在有限元计算结果中，这部分的腹板和下翼缘应力均较为集中，也出现了明显的翘曲。

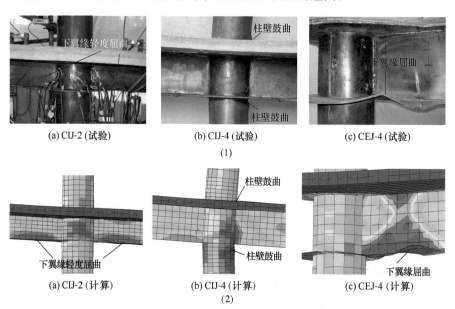

图 3.84 钢管混凝土柱 - 钢梁节点破坏形态

图 3.85 给出了以往研究者进行的不同类型节点试验和计算荷载 - 变形曲线对比，其中 θ_r 为梁端相对转角，Δ 为梁端位移。由单调加载情况下的实测结果和往复加载情况下滞回关系曲线骨架线的比较情况表明，总体上本章提出的理论分析模型在加载刚度和承载力方面可以较好地预测试验结果。

图 3.8 为对本章 3.2 节钢管混凝土柱加强环板试验节点试件的 P-Δ 滞回关系曲线理论计算和试验结果的对比情况。图 3.8 同时还给出了计算的单调加载情况下的 P-Δ 关系

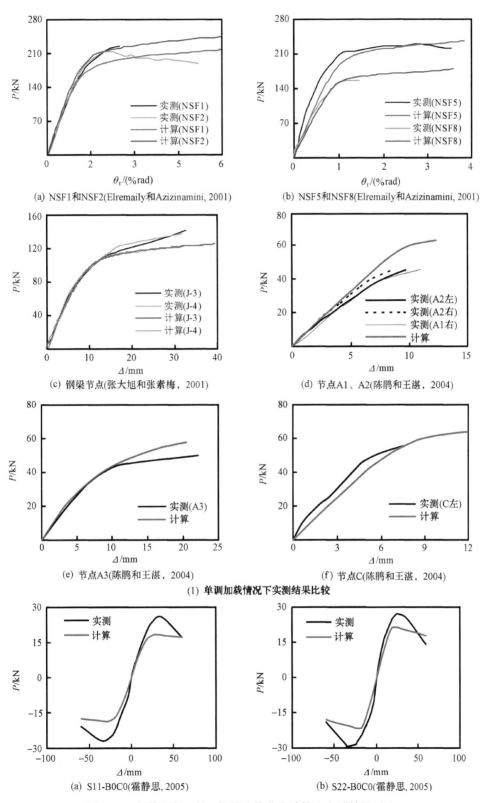

(a) NSF1和NSF2(Elremaily和Azizinamini, 2001)

(b) NSF5和NSF8(Elremaily和Azizinamini, 2001)

(c) 钢梁节点(张大旭和张素梅，2001)

(d) 节点A1、A2(陈鹍和王湛，2004)

(e) 节点A3(陈鹍和王湛，2004)

(f) 节点C(陈鹍和王湛，2004)

(1) 单调加载情况下实测结果比较

(a) S11-B0C0(霍静思，2005)

(b) S22-B0C0(霍静思，2005)

图 3.85 钢管混凝土柱 - 钢梁连接节点计算和实测结果对比

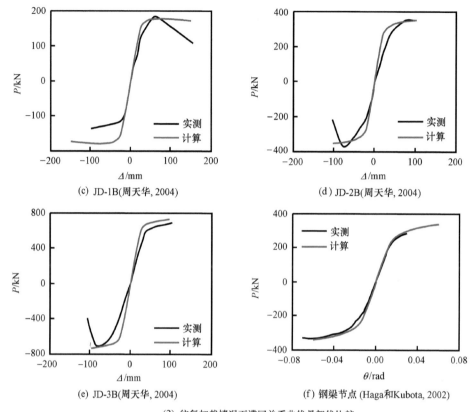

(c) JD-1B(周天华, 2004)　　　　(d) JD-2B(周天华, 2004)

(e) JD-3B(周天华, 2004)　　　　(f) 钢梁节点 (Haga和Kubota, 2002)

(2) 往复加载情况下滞回关系曲线骨架线比较

图 3.85 （续）

曲线，其和 P-Δ 滞回关系曲线骨架线的趋势总体上也吻合较好。

图 3.32 所示为带钢筋混凝土楼板的外环板式连接节点试件实测 P-Δ 滞回关系曲线与滞回计算曲线的对比情况。由图可见，在承载力计算方面，正、负弯矩下承载力计算结果和试验值接近，模型计算的加、卸载刚度和试验结果吻合较好。

图 3.48 所示为穿芯螺栓端板连接节点试件实测 P-Δ 滞回关系曲线骨架线与单调计算曲线的对比情况。

图 3.86（a）～（d）所示为模型计算和 Nishiyama 等（2002）进行的节点试验核心区剪力（V_j）-剪切变形（γ_j）关系的对比。图 3.86（e）和（f）所示为本书 3.3 节所介绍的试验结果和计算结果对比。由图可见，在承载力和加、卸载刚度方面，核心区剪力（V_j）-剪切变形（γ_j）关系计算和试验结果基本上吻合较好。

综上所述，本节所介绍的有限元模型可以对不同类型的钢管混凝土柱 - 钢梁节点进行分析。在破坏模态和荷载 - 变形曲线方面和试验结果总体吻合良好。

3.6.3　节点受力特性分析

采用建立的有限元模型，可方便地对钢管混凝土柱 - 钢梁节点 P-Δ 全过程进行数值模拟。下面以外环板式节点为例，进行钢管混凝土柱 - 钢梁节点的变形模态及工作机

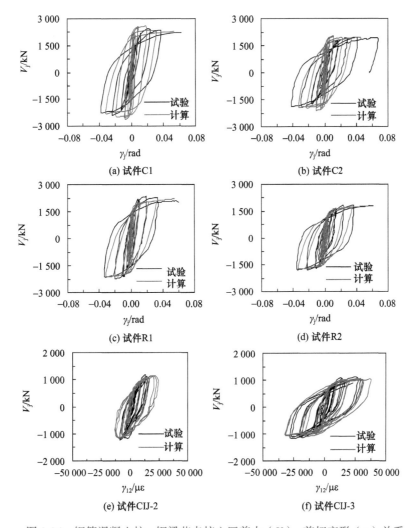

图 3.86　钢管混凝土柱 - 钢梁节点核心区剪力（V_j）- 剪切变形（γ_j）关系

理分析。

（1）节点变形

图 3.87（a）～（c）分别为对应于图 3.6（a）～（c）计算的变形图，可见理论计算模拟与试验结果基本吻合。

（2）节点的受力特性

选取 3.2 节中节点 SJ-22 为典型试件，对其分别在屈服点、极限状态和破坏状态三个典型点进行受力特性分析，如图 3.88 所示。

三个特征点分别取：1 点为节点进入屈服的点（梁翼缘开始屈服或柱钢管屈服）；2 点为节点水平极限承载力 P_{max} 对应点（或 Δ_{max} 对应位置）；3 点为对应水平荷载下降到 85% 的极限荷载点，即破坏荷载 P_u 对应点。

1）钢构件应力。

图 3.89 给出了节点试件达到屈服时（1 点）、极限承载力时（2 点）和破坏时（3

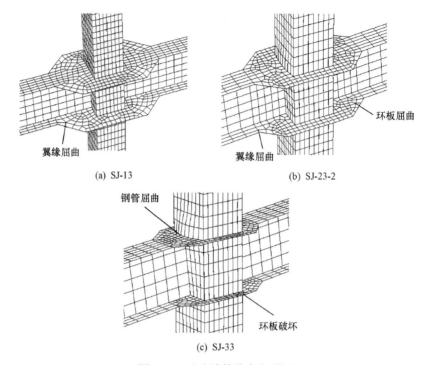

(a) SJ-13　　　　　　　　　　　　(b) SJ-23-2

(c) SJ-33

图 3.87　理论计算节点变形图

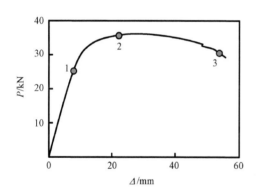

图 3.88　典型 P-Δ 关系曲线（SJ-22）

点）环板及钢梁的纵向应力分布。图 3.90 给出节点试件达到屈服时（1 点）、极限承载力时（2 点）和破坏时（3 点）钢管混凝土柱的钢管的纵向应力分布。其纵向应力为荷载作用平面内的钢管应力。图 3.89 和图 3.90 中的 S 代表应力，图 3.89 中的 S11 代表钢梁的纵向主应力，图 3.90 中的 S11 代表钢管受弯平面内的钢管的纵向主应力，应力的单位均为 MPa。

从图 3.89 和图 3.90 可以看出，节点在受力过程中，在钢梁翼缘与加强环板交界的位置首先发生屈服，如 1 点所示，而此时钢管尚未达到屈服，环板与柱交界的角部有局部应力集中现象。随着水平位移的增大，钢梁与加强环板上的屈服范围逐渐扩大，至钢管与加强环板交界位置在拉力的作用下发生屈服时，节点达到极限状态（2 点）；随后，钢梁、加强环板、钢管的屈服范围不断扩大，最终环板的中部及钢管处均达到屈服，水平荷载开始下降而水平位移则快速增长，节点破坏（3 点）。

在整个受力过程中，钢管仅在截面角部位置出现局部应力集中，高应力区主要分布在外加强环板与钢梁交界位置处，环板平面内应力分布较均匀，节点破坏主要表现为钢梁与环板交界位置发生屈曲破坏。

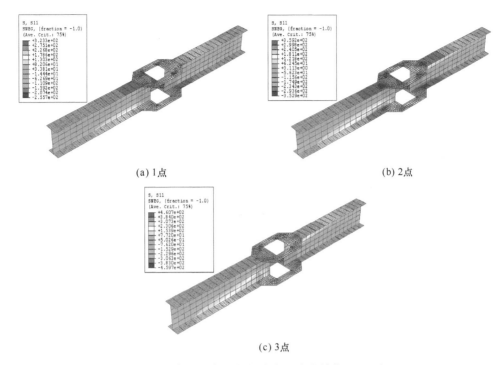

(a) 1 点　　　　　　　　　　　　　　　　　(b) 2 点

(c) 3 点

图 3.89　加强环板及钢梁应力（应力单位：MPa）

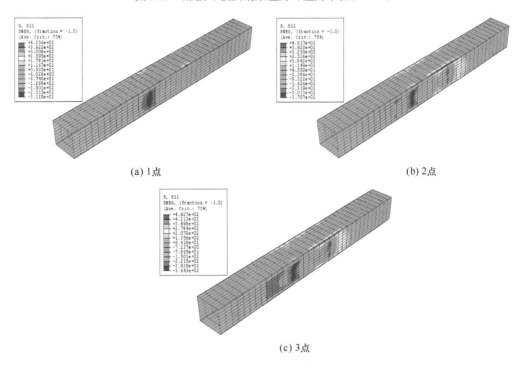

(a) 1 点　　　　　　　　　　　　　　　　　(b) 2 点

(c) 3 点

图 3.90　柱钢管应力（应力单位：MPa）

2）混凝土应力。

图 3.91 给出节点试件达到屈服时（1 点）、极限承载力时（2 点）和破坏时刻（3 点）

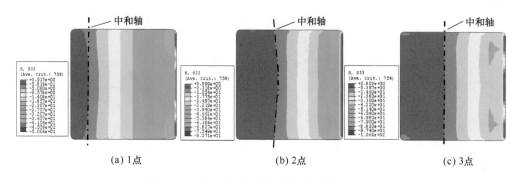

(a) 1点　　　　　　　　(b) 2点　　　　　　　　(c) 3点

图 3.91　混凝土纵向应力（应力单位：MPa）

时钢管混凝土柱的核心混凝土截面纵向应力分布。截面选取钢梁上部 50mm 处的柱截面。

从图 3.91 可见，在受力全过程中，混凝土由最初的接近全截面受压（1 点）逐渐过渡到部分截面受压、部分截面受拉（2 点和 3 点）。随着荷载的进一步增大，中和轴开始向受压区偏移。总体上，由于受压区钢管的鼓曲变形，使得图 3.91 中的右侧钢管和混凝土之间的相互作用减小，从而出现很小范围内的拉应力。

3）核心区剪应力发展。

理论分析表明，节点核心区位置的钢管在受力过程中承担了大部分的剪力，在节点达到屈服时，核心区的钢管已经屈服；随着荷载的增加，钢梁腹板的上下部位开始屈服；至钢管与环板交界位置的受拉和受压区出现屈服时，环板的上下翼缘也相继屈服，节点破坏。受拉过程中核心区钢管承担大部分剪力，其次为钢梁腹板，加强环也在一定程度上参与节点受剪。

3.6.4　小结

本节建立了往复荷载作用下钢管混凝土柱 - 钢梁节点全过程分析的有限元模型，理论模型经过了试验结果的验证。在此基础上分析了节点的受力特性，研究了节点在受力全过程中各组成构件应力分布及发展规律、节点的破坏模态等微观机理。

3.7　节点弯矩 - 转角关系影响因素分析及其实用计算方法

采用有限元法进行节点力学性能分析，有利于深入了解节点的力学性能和工作机理，但不便于工程实际应用。为此，在对影响节点弯矩（M_j）- 梁柱相对转角（θ_r，以下简称转角）的主要因素进行参数分析的基础上，提出节点弯矩（M_j）- 梁柱相对转角（θ_r）关系的实用计算公式（曲慧，2007）。

3.6 节的比较结果表明，钢管混凝土柱 - 钢梁环板式节点试件 P-Δ 滞回关系曲线的骨架线与其单调加载的计算曲线总体上较为吻合，因此本节在进行 M_j-θ_r 关系计算时，暂采用 3.6 节中的方法建立其数值模型。

3.7.1　影响因素分析

节点弯矩（M_j）可根据式（3.1）计算求得。梁柱相对转角可由梁转角和柱转角之差值得到，而梁转角和柱转角可根据图 3.92 所示节点梁柱转动示意图推导确定。

进行参数分析时，梁转角取图 3.92 中节点核心区 1 点和 2 点位置左梁上的水平位移（Δ_1 和 Δ_2）差值与梁高的比值，或者 3 点和 4 点位置右梁上的水平位移（Δ_3 和 Δ_4）差值与梁高的比值，两者中的较大值作为梁在水平荷载下的转角，即

$$\theta_b = (\Delta_1 - \Delta_2)/h \qquad (3.14)$$

或

$$\theta_b = (\Delta_3 - \Delta_4)/h \qquad (3.15)$$

取位于柱轴线上 5 点和 6 点的水平位移差值与梁高的比值作为柱在水平荷载作用下的转角，即

$$\theta_c = (\Delta_5 - \Delta_6)/h \qquad (3.16)$$

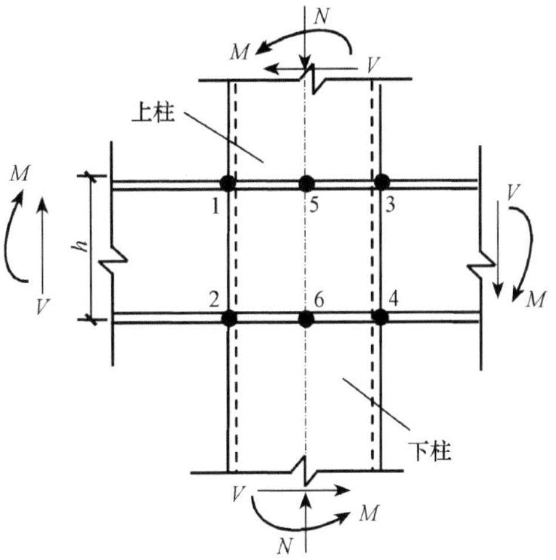

图 3.92　节点核心区受力示意图

梁柱相对转角取梁转角与柱转角的差值，即

$$\theta_r = \theta_b - \theta_c \qquad (3.17)$$

式（3.14）～式（3.17）中转角以顺时针旋转为正，逆时针为负。

参考韩林海（2007，2016）对钢管混凝土纯弯构件弯矩 - 曲率关系分析方法，节点初始（K_i）刚度取 $0.2M_{uj}$ 所对应的割线刚度为初始刚度，即

$$K_i = \frac{0.2M_{uj}}{\theta_{0.2}} \qquad (3.18)$$

式中：$\theta_{0.2}$ 为 $0.2M_{uj}$ 所对应的转角；M_{uj} 为节点的极限抗弯承载力。

根据节点的受力特点，参数分析时选取的影响钢管混凝土柱 - 钢梁节点弯矩 - 转角（M_j-θ_r）关系曲线影响因素及其变化范围如下。

1）材料参数。

钢管屈服强度（f_y）：235MPa、345MPa、390MPa、420MPa；混凝土强度（f_{cu}）：30MPa、60MPa、90MPa。

2）几何参数。

柱截面含钢率（α_s）：0.05、0.10、0.15、0.2；梁柱线刚度比［$k=(EI)_b H/(EI)_c L$］：0.25、0.5、1、2；梁柱强度比（$k_m = M_{ub}/M_{uc}$，其中 M_{ub} 为梁的强度，M_{uc} 为柱的强度）：k_m = 0.4、0.6、0.8；柱长细比（λ）：25、36、45。

3）荷载参数。

柱轴压比（n）：0、0.3、0.6、0.8。

环板宽度是影响节点刚性的重要因素。环板宽度可依据 3.2 节的试验结果，并根据计算确定。

在所选择的基本算例的条件下，对圆钢管混凝土柱节点，当环板宽度小于等于 30mm 时，节点的抗弯承载力较低；当环板宽度大于 30mm 时，抗弯承载力几乎不随环板宽度的增加而变化；对方钢管混凝土柱节点，当环板宽度为 45mm 时，节点承载力变化不大。因此，参数分析时，圆钢管混凝土柱节点取环板宽度为 35mm，方钢管

混凝土柱节点则取环板宽度为 45mm 进行。

参数分析算例的基本条件为：圆柱采用 $D \times t = \phi 400\text{mm} \times 9.3\text{mm}$，含钢率 $\alpha_s = 0.1$，Q345 钢材，C60 混凝土，柱高 $H = 3.6\text{m}$；钢梁采用型钢 H450mm×200mm×10mm×10mm，Q345 钢材，跨度 $L = 6\text{m}$，柱轴压比取 0.3，梁柱线刚度比 $k = 0.386$，梁柱强度比为 $k_m = 0.68$，环板厚度同钢梁，环板宽度 $b = 35\text{mm}$。

方钢管混凝土节点：柱采用 $B \times t = 400\text{mm} \times 10\text{mm}$，含钢率 $\alpha_s = 0.1$，Q345 钢，C60 混凝土，柱高 $H = 3.6\text{m}$；钢梁采用型钢 H450mm×200mm×10mm×10mm，Q345 钢，跨度 $L = 6\text{m}$。轴压比 0.3，梁柱线刚度比 $k = 0.270$，梁柱强度比为 $k_m = 0.447$，环板厚度同钢梁，环板宽度 $b = 45\text{mm}$。

分析结果表明，方形截面柱节点与圆形截面柱节点规律相似（曲慧，2007）。下面以圆形钢管混凝土柱节点为例，分析上述各参数的影响规律。

（1）柱钢材屈服强度（f_y）

图 3.93 给出了柱钢材强度（f_y）对 M_j-θ_r 关系的影响规律。可见随着 f_y 的提高，节点抗弯承载力提高，初始刚度随着钢材强度的提高略有变化。总体上 f_y 主要影响曲线的数值，但对曲线形状影响则相对较小。

（2）混凝土强度（f_{cu}）

图 3.94 所示为混凝土强度（f_{cu}）对 M_j-θ_r 关系的影响规律。可见，随着混凝土强度的提高，节点的抗弯承载力和初始刚度均有所提高。主要是因为混凝土的弹性模量随着混凝土的强度会不断提高，从而影响了钢管混凝土柱的抗弯刚度。总体而言，混凝土强度的提高，对曲线形状的影响不大。

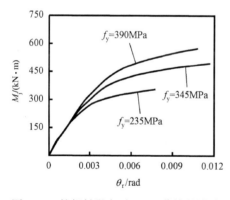

图 3.93　柱钢材强度对 M_j-θ_r 曲线的影响

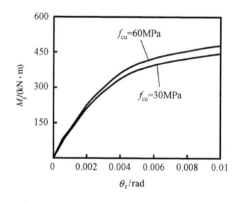

图 3.94　混凝土强度对 M_j-θ_r 曲线的影响

（3）柱截面含钢率（α_s）

图 3.95 给出了柱含钢率（α_s）的影响。随着 α_s 的增加，节点的初始刚度和抗弯承载力均明显提高，曲线的强化刚度也有所提高，α_s 对节点初始刚度的影响较为显著。

（4）梁柱线刚度比（k）

梁柱线刚度比（k）可反映梁对柱的约束程度。计算时梁柱线刚度比（k）的变化通过改变梁长来实现。图 3.96 所示为 k 对 M_j-θ_r 关系的影响。可见，随着 k 的增大，意味着梁对柱的约束增强，节点的初始刚度和抗弯承载力均有所提高。

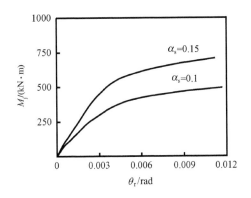

图 3.95　含钢率对 M_j-θ_r 曲线的影响

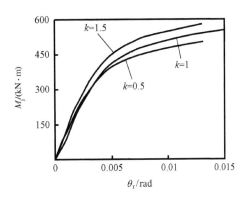

图 3.96　梁柱线刚度比对 M_j-θ_r 曲线的影响

（5）轴压比（n）

随着轴压比（n）的增大节点初始刚度变化不是很明显。轴压比在 0.3 左右以下时，随着 n 的增加极限承载力略有提高。图 3.97 给出了 n 对 M_j-θ_r 关系的影响。

（6）梁柱强度比（k_m）

图 3.98 给出了梁柱强度比（k_m）的影响。可见节点初始刚度随 k_m 增大而增大。当 k_m 较大的时候，曲线会出现明显的强化段，但曲线形状变化不大。

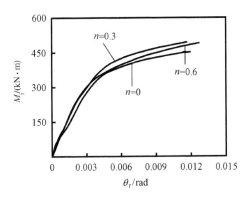

图 3.97　轴压比对 M_j-θ_r 曲线的影响

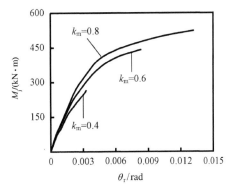

图 3.98　梁柱强度比对 M_j-θ_r 曲线的影响

（7）柱长细比（λ）

图 3.99 给出了柱长细比（λ）对节点 M_j-θ_r 曲线和初始刚度的影响，可见随 λ 增加，节点的抗弯承载力变化不明显。节点初始刚度随着 λ 的增加略有下降。

3.7.2　实用计算方法

基于 3.7 节的参数分析结果，参考 Chen 等（1996）对钢结构节点的有关研究成果，本节暂采用如式（3.19）所示的数学表达式描述

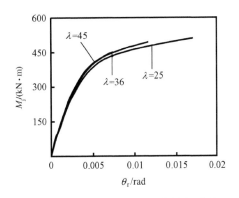

图 3.99　柱长细比对 M_j-θ_r 曲线的影响

环板式钢管混凝土柱 - 钢梁连接节点的 M_j-θ_r 关系，即

$$\theta_r = n_s \cdot \theta_0 \cdot \left(\exp\left(\frac{M_j}{n_s M_{uj}} \right) - 1 \right) \tag{3.19a}$$

或

$$M_j = n_s \cdot M_{uj} \cdot \ln\left(1 + \frac{\theta_r}{n_s \cdot \theta_0} \right) \tag{3.19b}$$

式中：M_{uj} 为节点的极限抗弯承载力；θ_0 为参照转角，$\theta_0 = M_{uj}/K_i$，K_i 为节点的初始刚度；n_s 为和 M_j-θ_r 关系曲线形状有关的参数。

下面给出式（3.19）中的三个参数 K_i、M_{uj} 和 n_s 的确定方法。

（1）初始刚度 K_i

参数分析结果表明，当外环板尺寸确定后，影响节点初始刚度的主要因素有混凝土强度（f_{cu}）、柱截面含钢率（α_s）、梁柱线刚度比（k）和梁柱强度比（k_m）。

为了便于计算，定义节点的相对刚度 K_r 为

$$K_r = \frac{K_i}{k_c} = \frac{K_i H}{E_{sc} I_{sc}} \tag{3.20}$$

式中：k_c 为钢管混凝土柱的线刚度（$k_c = E_{sc} I_{sc}/H$）；$E_{sc} I_{sc}$ 为钢管混凝土柱的名义抗弯刚度，$E_{sc} I_{sc} = E_s I_s + E_c I_c$；$H$ 为柱高度。

对如下参数范围的组合节点进行了计算，即核心混凝土强度与 C60 混凝土的比值 $s = f_{cu}/60 = 0.667 \sim 1.5$，钢管混凝土柱截面含钢率与 0.1 的比值 $\rho = \alpha_s/0.1 = 0.5 \sim 2$，梁柱线刚度比 $k = 0.25 \sim 2.0$，梁柱强度比 $k_m = 0.4 \sim 0.8$。在此基础上，可给出 K_r 的计算公式为

$$K_r = R \cdot f(s) \cdot f(\rho) \cdot f(k) \cdot f(k_m) \tag{3.21}$$

式中：R 为系数，对圆形柱节点取 1.41×10^{15}，方形柱节点取 4.5×10^{15}；$f(s)$、$f(\rho)$、$f(k)$ 和 $f(k_m)$ 分别为 K_r 与柱混凝土强度、柱截面含钢率、梁柱线刚度比和梁柱强度比的数学关系，具体表达式如下。

对于圆钢管混凝土柱节点：

$$f(s) = 0.51(0.69s + 1) \times 10^{-5} \tag{3.22a}$$

$$f(\rho) = -1.26(0.17\rho^3 - 0.69\rho^2 + 0.82\rho - 1) \times 10^{-5} \tag{3.22b}$$

$$f(k) = 1.09(0.34k^2 - 0.52k + 1) \times 10^{-5} \tag{3.22c}$$

$$f(k_m) = -0.53(1.26k_m^2 - 2.07k_m - 1) \times 10^{-5} \tag{3.22d}$$

对于方钢管混凝土柱节点：

$$f(s) = -0.1(3.48s^2 - 8.76s - 1) \times 10^{-5} \tag{3.23a}$$

$$f(\rho) = -0.88(0.17\rho^3 - 0.66\rho^2 + 0.83\rho - 1) \times 10^{-5} \tag{3.23b}$$

$$f(k) = 0.35(1.8k^2 + 1.92k + 1) \times 10^{-5} \tag{3.23c}$$

$$f(k_m) = 0.58e^{0.27k_m} \times 10^{-5} \tag{3.23d}$$

将式（3.21）和式（3.22）代入式（3.20）并稍做整理，即可得到圆钢管混凝土柱节点的初始刚度 K_i 为

$$K_i = \frac{5.23 \times 10^{-6} E_{sc} I_{sc}}{H} [(1.26 k_m^2 - 2.07 k_m - 1)(0.69s + 1)(0.34k^2 - 0.52k + 1)$$
$$\times (0.17\rho^3 - 0.69\rho^2 + 0.82\rho - 1)] \tag{3.24}$$

方钢管混凝土柱节点的初始刚度 K_i 为

$$K_i = \frac{0.8 \times 10^{-6} E_{sc} I_{sc}}{H} (3.48s^2 - 8.76s - 1)(1.8k^2 + 1.92k + 1)$$
$$\times (0.17\rho^3 - 0.66\rho^2 + 0.83\rho - 1) e^{0.27 k_m} \tag{3.25}$$

式（3.24）和式（3.25）中，$E_{sc} I_{sc}/H$ 的单位以 N·mm 计，K_i 的单位为 kN·m。

式（3.24）和式（3.25）适用范围为：柱核心混凝土强度 C30～C90，柱截面含钢率 $\alpha_s = 0.05 \sim 0.2$、梁柱线刚度比 $k = 0.25 \sim 1$，梁柱强度比 $k_m = 0.4 \sim 0.8$ 的外环板式圆形和方形钢管混凝土柱 - 钢梁连接节点。

图 3.100 给出了初始刚度 K_i 简化计算结果与数值计算结果的对比情况，可见二者总体上吻合较好。

（2）抗弯承载力 M_{uj} 确定

工程中的节点一般需满足"强柱弱梁"的设计原则，因此梁的抗弯承载力往往会成为节点各部件中承载力的较低值。本节暂将节点抗弯承载力 M_{uj} 取为钢梁的极限抗弯承载力，表达式为

$$M_{uj} = \gamma W_{nx} f_y \tag{3.26}$$

式中：γ 为钢梁截面塑性发展系数（《钢结构设计规范》GB 50017—2017）；W_{nx} 为钢梁净截面抗弯抵抗模量；f_y 为钢梁材料的抗拉强度。

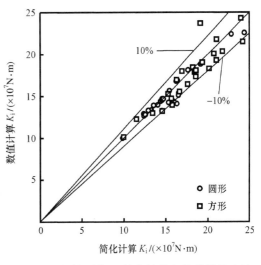

图 3.100　初始刚度 K_i 简化结果与数值结果比较

（3）系数 n_s 的确定

通过对计算结果的回归分析，可给出 n_s 和 θ_0 的关系式如下。

1）对于圆钢管混凝土柱节点，有

$$0.62 \leqslant n_s = 10.09 \cdot \theta_0^{0.32} \leqslant 0.75 \tag{3.27a}$$

式中：当 $n_s > 0.75$ 时，取 0.75；当 $n_s < 0.62$ 时，取 0.62。

2）对于方钢管混凝土柱节点，有

$$0.2 \leqslant n_s = 0.12 \cdot \ln(\theta_0) + 1.27 \leqslant 0.36 \tag{3.27b}$$

式中，当 $n_s > 0.36$ 时，取 0.36；当 $n_s < 0.2$ 时，取 0.2。

式（3.27a）和式（3.27b）中，θ_0 的单位为弧度。

比较结果表明，在如下参数范围内，即钢管强度 $f_y = 235 \sim 420$MPa；混凝土强度 $f_{cu} = 30 \sim 90$MPa；柱截面含钢率 $\alpha_s = 0.05 \sim 0.2$；梁柱线刚度比 $k = 0.25 \sim 1$；梁柱强度比 $k_m = 0.4 \sim 0.8$；柱长细比 $\lambda = 25 \sim 45$；柱轴压比 $n = 0 \sim 0.8$，上述简化方法的计算结果与本章的数值计算结果吻合较好。

以圆钢管混凝土柱节点为例，图 3.101 给出了部分参数情况式（3.19）和采用 3.6 节理论模型的数值计算结果的比较。

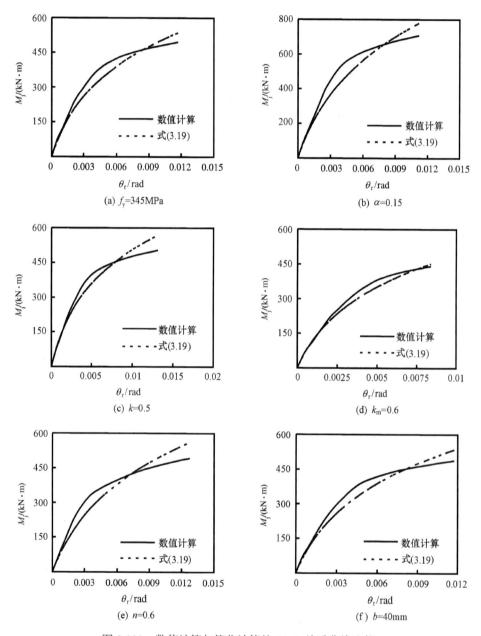

图 3.101 数值计算与简化计算的 M_j-θ_r 关系曲线比较

3.8 节点恢复力模型及节点单元模型

在前述试验和机理分析的基础上，本节研究并提供钢管混凝土柱 - 钢梁节点的核心区抗剪承载力公式以及剪力 - 剪切变形恢复力模型。本章还建立了适用于体系分析的钢管混凝土柱 - 钢梁节点单元模型，并将上述核心区剪力 - 剪切变形恢复力模型应用在节点单元模型中，以期为钢管混凝土组合结构体系的抗震计算分析提供参考。

3.8.1　节点恢复力模型

节点的恢复力模型反映了节点整体或组成部分在往复荷载作用下的荷载 - 变形关系，是进行结构弹塑性地震反应分析的重要前提。采用数值方法可以准确计算出节点各部分的荷载 - 变形关系曲线，较为深入地认识该类节点的工作特性，但不便于实际应用，因此有必要提出节点恢复力模型的实用计算方法。

（1）核心区剪力 - 剪切变形恢复力模型

钢管混凝土柱 - 钢梁节点核心区的抗剪性能是影响该类节点性能的关键之一。在核心区剪力 - 剪切变形关系骨架线的研究方面，一般先假设钢管和混凝土分别的剪力 - 剪切变形关系，然后根据叠加法求得核心区整体的剪力 - 剪切变形关系（Nishiyama 等，2005；Cheng 等，2005；秦凯，2006）。

通过往复加载求出其核心区剪力 - 剪切变形关系曲线，可得到各个特征点的变形值以及钢管和混凝土部分分别承担的剪力。研究结果表明，钢管混凝土核心区的剪力 - 剪切变形的下降段并不明显。这是因为达到极限承载力后，虽然核心混凝土分担的剪力有所下降，但钢管仍处于强化阶段，整体的剪力可能还呈上升趋势。因此，本节认为钢管混凝土柱 - 钢梁节点核心区剪力 - 剪切变形骨架线可以采用如图 3.102 所示的三折线模型，在达到极限承载力（V_u）后总剪力保持不变。

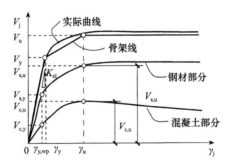

图 3.102　节点核心区剪力（V_j）- 剪切变形（γ_j）关系示意图

图 3.102 所示的核心区剪力 - 剪切变形骨架线模型中涉及四个参数，即弹性阶段刚度（K_{el}）、抗剪屈服承载力（V_y）、抗剪极限承载力（V_u）和抗剪极限承载力对应的极限剪切变形（γ_u）。下面将分别论述这些参数计算公式的确定方法。

1）弹性阶段刚度（K_{el}）。

试验和计算结果表明，在加载初始阶段，钢管对核心混凝土的约束效应较小，外钢管和核心混凝土的变形基本协调。因此，核心区整体剪切刚度（K_{el}）可以视为钢管部分刚度（$K_{el,s}$）和混凝土部分刚度（$K_{el,c}$）的叠加，即

$$K_{el} = K_{el,s} + K_{el,c} \qquad (3.28)$$

钢管壁微单元实际处于轴向受压，四面受剪，环向受拉的的应力状态。相关参数

分析结果表明，核心区弹性阶段刚度受核心区轴压比和高径比影响很小，因此可忽略这二者对弹性阶段刚度的影响。

钢管部分的弹性剪切刚度（$K_{el,s}$）可按下式计算：

$$K_{el,s}=G_s A_{vy,p} \tag{3.29}$$

式中：$A_{vy,p}$ 为屈服时的钢管受剪面积。根据 Fukumoto 和 Morita（2005）的研究成果，对于圆钢管混凝土柱，$A_{vy,p}=A_{s,p}/2$，$A_{s,p}$ 为核心区圆钢管横截面积。G_s 为钢材的剪切模量，根据钢结构设计规范 GB 50017，$G_s=7.9\times10^4\text{N/mm}^2$。

混凝土部分对剪切刚度的贡献（$K_{el,c}$）可表示为（李威，2011；Li 和 Han，2012）为

$$K_{el,s}=\frac{\sqrt{3}G_s}{f_{y,p}}(0.08\xi_p+0.09)\,f_{c,p}A_{c,p} \tag{3.30}$$

式中：$f_{y,p}$ 为核心区钢管屈服强度；ξ_p 为核心区约束效应系数，$\xi_p=A_{s,p}f_{y,p}/(A_{c,p}f_{ck,p})$；$f_{c,p}$ 为核心区混凝土抗压强度；$A_{s,p}$ 和 $A_{c,p}$ 分别为核心区钢管和混凝土截面面积。

2）抗剪极限承载力（V_u）和抗剪屈服承载力（V_y）。

核心区抗剪极限承载力（V_u）可视为钢管部分（$V_{s,u}$）和混凝土部分（$V_{c,u}$）承载力的叠加，如下式所示：

$$V_u=V_{s,u}+V_{c,u} \tag{3.31}$$

本节的参数分析表明，核心区的抗剪极限承载力主要和核心区的材料强度、核心区截面含钢率（α_p）、核心区高径比（h/D）以及核心区轴压比（n_p）相关。当核心区的材料强度和截面含钢率增大时，抗剪承载力有所提高；当核心区高径比增大时，抗剪承载力随之降低；当核心区轴压比在一定范围内增大时，抗剪承载力会随之有所提高，但如果核心区轴压比过大，对抗剪承载力会有不利影响。核心区的屈服承载力和极限承载力之间大致呈比例关系。

参数分析结果还表明，当混凝土达到极限承载力后，由于钢材的强化作用，核心区抗剪承载力还会有所提高，但幅度不大，本章假设核心区混凝土达到极限承载力后，核心区整体的抗剪承载力不再提高。通过分析该时刻钢管和混凝土分别承担的剪切荷载，考虑核心区约束效应系数、高径比以及轴压比的影响，得到适用于钢管混凝土柱-钢梁节点的核心区抗剪承载力公式。

利用核心区约束效应系数（ξ_p）来表示核心区钢管和核心混凝土之间的相互作用。图 3.103 给出了在不同的 ξ_p 下，钢管和核心混凝土承担剪力比例的计算结果。

图 3.103 中横坐标为 ξ_p，通过变化钢管壁厚、混凝土强度和钢材强度实现。算例的核心区轴压比为 0，高径比为 1。$V_{s,FEA}$ 和 $V_{c,FEA}$ 分别为极限点时有限元计算的钢管剪力和核心混凝土剪力，$V_{s,f}$ 和 $V_{c,f}$ 分别为钢管和核心混凝土剪力参考值，分别按下式计算：

$$V_{s,f}=\frac{0.9f_{y,p}A_{v,p}}{\sqrt{3}} \tag{3.32}$$

$$V_{c,f}=0.3f_{c,p}A_{c,p} \tag{3.33}$$

式中：$f_{y,p}$ 是核心区钢材屈服强度；$A_{v,p}$ 是钢管剪切面积，对于均匀厚度的圆形截面钢管，

$A_{v,p}=2A_{s,p}/\pi$，$A_{s,p}$ 为核心区钢管横截面积；$f_{c,p}$ 为核心区混凝土抗压强度；$A_{c,p}$ 为节点核心区混凝土的有效截面面积。对于钢管混凝土中的核心混凝土，由于受到了外围钢管的较好约束，没有保护层剥落等现象，因此 $A_{c,p}$ 即为核心区混凝土的实际横截面积。

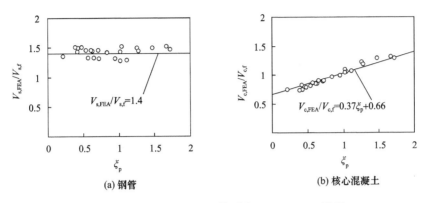

图 3.103　$V_{s,FEA}/V_{s,f}$-ξ_p 关系和 $V_{c,FEA}/V_{c,f}$-ξ_p 关系

由图 3.103 可见，钢管部分承担的荷载受约束效应系数（ξ_p）变化影响较小，而混凝土部分 $V_{c,FEA}/V_{c,f}$ 随 ξ_p 基本线性递增。这意味着当 ξ_p 越大时，混凝土部分承担的荷载越多。这是因为当外围钢管对核心混凝土的约束越强时，核心混凝土斜压杆的横截面积越大，能提供的抗剪承载力也越高。对于核心混凝土部分，$V_{c,FEA}/V_{c,f}$ 和 ξ_p 的关系可用下式表示为

$$\frac{V_{c,FEA}}{V_{c,f}}=0.37\xi_p+0.66 \tag{3.34}$$

研究表明，钢管和核心混凝土承担的剪力总体上随核心区高径比（h/D）的增大呈下降趋势。这是因为当 h/D 增大时，核心区对角线和水平方向的夹角增大，混凝土"斜压杆"和钢管"拉力带"的水平方向分力有所减小。$V_{s,FEA}/V_{s,FEA1}$ 和 h/D 之间的关系可用下式表示：

$$\frac{V_{s,FEA}}{V_{s,FEA1}}=1.1-0.1\tan\theta_p \tag{3.35}$$

式中：θ_p 为核心区对角线和水平线的夹角；$\tan\theta_p$ 即为核心区高径比 h/D。

考虑了核心区约束效应系数（ξ_p）、核心区高径比（h/D）和核心区轴压比（n_p）的影响之后，钢管混凝土柱 - 钢梁节点核心区抗剪极限承载力（V_u）可按下式计算。

当 $n_p\leqslant0.5$ 时，

$$V_u=\left[(1+0.1n_p)\cdot(0.11\xi_p+0.20)f_{c,p}A_{c,p}+\frac{1.26f_{y,p}A_{v,p}}{\sqrt{3}}\right]\cdot(1.1-0.1\tan\theta_p) \tag{3.36a}$$

当 $n_p>0.5$ 时，

$$V_u=\left[(1+0.1n_p)\cdot(0.11\xi_p+0.20)f_{c,p}A_{c,p}+(1.167-0.333n_p)\cdot\frac{1.26f_{y,p}A_{v,p}}{\sqrt{3}}\right]$$
$$\cdot(1.1-0.1\tan\theta_p) \tag{3.36b}$$

式中：$f_{c,p}$ 为核心区混凝土抗压强度；$A_{c,p}$ 为核心区混凝土截面积；$f_{y,p}$ 为核心区钢管屈服强度；$A_{v,p}$ 为钢管剪切面积，$A_{v,p}=2A_{s,p}/\pi$（$A_{s,p}$ 为钢管截面积）；ξ_p 为核心区约束效应系数；n_p 为核心区轴压比，θ_p 为核心区对角线和水平线的夹角。

根据试验和有限元计算结果，核心区的抗剪屈服承载力（V_y）和抗剪极限承载力（V_u）之间大致呈比例关系，比例系数大约为 0.7，即

$$V_y = 0.7V_u \tag{3.37}$$

3）极限剪切变形（γ_u）。

核心区混凝土达到极限承载力后，核心区整体的抗剪承载力变化不明显。因此可以假设当核心区混凝土达到峰值荷载时，对应的剪切变形为核心区的极限剪切变形 γ_u。

参数分析表明，在不同约束效应系数和高径比情况下，当混凝土到达峰值荷载时，核心区剪切变形和公式计算的混凝土峰值应变之间大致呈比例关系。在核心区轴压比 $n_p = 0 \sim 0.8$ 的范围内，核心区轴压比越高，达到荷载峰值时的极限剪切变形越小，这是因为当 n_p 越大，混凝土"斜压杆"越早达到峰值应变。钢管混凝土柱 - 钢梁节点核心区极限剪切变形（γ_u）可用下式表示（李威，2011；Li 和 Han，2012）：

$$\gamma_u = 4 \times (1 - 0.0625n_p) \times \sin(2\theta_p) \times (1300 + 12.5f_c' + 800\xi_p^{0.2}) \times 10^{-6} \tag{3.38}$$

式中：n_p 为核心区轴压比；θ_p 为核心区对角线和水平面的夹角；ξ_p 为核心区约束效应系数；f_c 为混凝土圆柱体抗压强度，单位为 N/mm²。

4）加、卸载规则。

通过对大量试验结果和数值计算结果的分析，本文提出的钢管混凝土柱 - 钢梁节点核心区剪力 - 剪切变形恢复力模型如图 3.104 所示。该恢复力模型的加、卸载规则如下：

① 当模型处于弹性阶段，将按弹性刚度加、卸载。

② 当模型进入弹塑性阶段，按骨架线进行加载。当模型从 1 点或者 3 点卸载时，由试验和计算结果可知，试件核心区整体的卸载刚度和初始加、卸载刚度相近，退化现象不很明显，因此卸载轨迹可近似取斜直线，按弹性刚度进行卸载。

③ 当反向加载至 2 点或者 4 点时，模型再次进入弹塑性阶段。根据试验和计算数据，2 点和 4 点的纵坐标值分别取 1 点和 3 点纵坐标值的 0.3 倍。

④ 经过 2 点和 4 点之后，继续反向加载。反向加载曲线可取斜直线，目标点为上一循环的卸载点。若为第一次反向加载，目标点为骨架线上的屈服点。之后模型按照

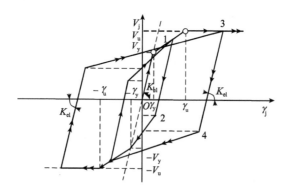

图 3.104　核心区剪力 - 剪切变形恢复力模型加、卸载规则

骨架线加载和弹性刚度卸载。

上述钢管混凝土柱 - 钢梁节点核心区剪力 - 剪切变形恢复力模型的适用参数范围为核心区钢管屈服强度（$f_{y, p}$）：235～460MPa；核心区混凝土强度（$f_{cu, p}$）：30～120MPa；核心区截面含钢率（α_p）：0.05～0.2；核心区约束效应系数（ξ_p）：0.2～2.0；核心区高径比（h/D）：0.5～2；核心区轴压比（n_p）：0～0.8。

（2）恢复力模型的验证

图 3.105 所示为恢复力模型计算结果和有限元计算结果。图中所示为不同核心区约束效应系数，核心区高径比和核心区轴压比的算例。由图可见，由于数值计算的核心混凝土经历了较大的损伤，核心区整体刚度在加载后期有一定程度的退化，而恢复力模型中暂未考虑刚度退化的情况，后期刚度结果比有限元计算偏大些。除后期加、卸载刚度外，恢复力模型的初始加载刚度和承载力都和有限元计算结果符合较好。

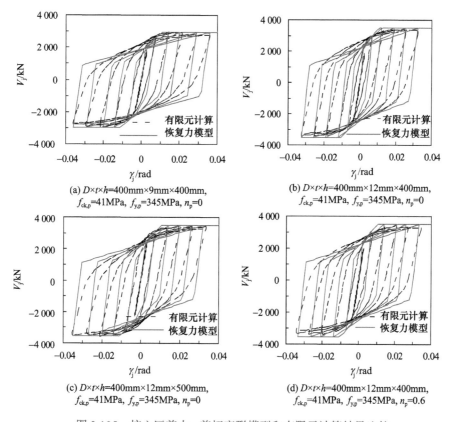

(a) $D{\times}t{\times}h$=400mm×9mm×400mm,
$f_{ck,p}$=41MPa, $f_{y,p}$=345MPa, n_p=0

(b) $D{\times}t{\times}h$=400mm×12mm×400mm,
$f_{ck,p}$=41MPa, $f_{y,p}$=345MPa, n_p=0

(c) $D{\times}t{\times}h$=400mm×12mm×500mm,
$f_{ck,p}$=41MPa, $f_{y,p}$=345MPa, n_p=0

(d) $D{\times}t{\times}h$=400mm×12mm×400mm,
$f_{ck,p}$=41MPa, $f_{y,p}$=345MPa, n_p=0.6

图 3.105　核心区剪力 - 剪切变形模型和有限元计算结果比较

图 3.106 和表 3.21 所示为圆钢管混凝土节点核心区剪切破坏试件的试验结果和本书抗剪承载力公式计算结果对比。图 3.106 中纵坐标（V_{exp} /V_{pred}）为试验承载力（V_{exp}）和式（3.36）计算承载力（V_{pred}）的比值。

由图 3.106 和表 3.21 可见，本节公式的 V_{exp}/V_{pred} 值的平均值为 1.09，变异系数 COV 为 0.19。本节将根据 AIJ 指南和 Eurocode 4（EC4）规范计算得到的 V_{exp} /V_{pred} 值分别列出比较。AIJ 指南计算的 V_{exp}/V_{pred} 值的平均值为 1.28，COV 为 0.15；EC4 规范

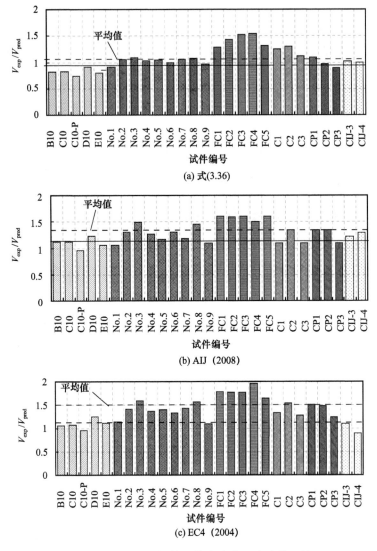

(a) 式(3.36)

(b) AIJ（2008）

(c) EC4（2004）

图 3.106　核心区抗剪承载力公式和试验值比较

表 3.21　钢管混凝土柱 - 钢梁节点核心区抗剪承载力

数据来源	试件编号	试验承载力/kN	式（3.36）		AIJ（2008）		EC4（2004）	
			计算承载力/kN	试验值/计算值	计算承载力/kN	试验值/计算值	计算承载力/kN	试验值/计算值
Cheng 等，2007	B10	2 146	2 616.2	0.820	1 928.7	1.113	2 028.4	1.058
	C10	2 174	2 625.1	0.828	1 938.8	1.121	2 038.6	1.066
	C10-P	1 730	2 311.8	0.748	1 798.1	0.962	1 795.1	0.964
	D10	2 432	2 620.7	0.928	1 973.4	1.232	1 950.8	1.247
	E10	2 096	2 619.0	0.800	1 986.4	1.055	1 892.8	1.107

续表

数据来源	试件编号	试验承载力/kN	式（3.36）		AIJ（2008）		EC4（2004）	
			计算承载力/kN	试验值/计算值	计算承载力/kN	试验值/计算值	计算承载力/kN	试验值/计算值
Yamaguchi 等，1999	No.1	1 330	1 429.3	0.931	1 261.2	1.055	1 173.0	1.134
	No.2	1 997	1 856.6	1.076	1 533.2	1.303	1 418.0	1.408
	No.3	3 018	2 702.2	1.117	2 031.8	1.485	1 894.4	1.593
	No.4	1 952	1 860.3	1.049	1 538.0	1.269	1 422.7	1.372
	No.5	2 049	1 929.4	1.062	1 756.8	1.166	1 466.9	1.397
	No.6	1 815	1 794.3	1.012	1 392.7	1.303	1 362.1	1.333
	No.7	2 080	1 929.4	1.078	1 756.8	1.184	1 466.9	1.418
	No.8	1 752	1 602.4	1.093	1 205.1	1.454	1 120.2	1.564
	No.9	1 423	1 461.6	0.974	1 299.9	1.095	1 211.6	1.174
Nishiyama 等，2002	C1	2 431	1 920.7	1.266	2 213.3	1.098	1 837.3	1.323
	C2	1 949	1 478.8	1.318	1 451.1	1.343	1 268.5	1.536
	C3	2 894	2 553.6	1.133	2 615.5	1.106	2 263.1	1.279
Fukumoto 等，2005	CP1	2 859	2 604.2	1.098	2 136.5	1.338	1 889.4	1.513
	CP2	3 985	4 060.1	0.982	2 967.7	1.343	2 704.5	1.473
	CP3	5 032	5 619.7	0.895	4 609.2	1.092	4 083.9	1.232
Murai 等，1999	FC1	2 008	1 542.9	1.301	1 249.0	1.608	1 127.7	1.781
	FC2	1 521	1 053.3	1.444	959.0	1.586	857.9	1.773
	FC3	1 307	847.0	1.543	814.8	1.604	737.2	1.773
	FC4	1 689	1 085.3	1.556	1 125.8	1.500	863.0	1.957
	FC5	1 359	1 020.3	1.332	848.0	1.603	825.9	1.645
3.3 节试验	CIJ-3	983	949.3	1.036	803.9	1.223	891.9	1.102
	CIJ-4	971	960.5	1.011	750.1	1.295	1 089.8	0.891
平均值	—	—	—	1.09	—	1.28	—	1.38
COV	—	—	—	0.19	—	0.15	—	0.20

计算的 V_{exp}/V_{pred} 值的平均值为 1.38，COV 为 0.20。从对比中可以看出，本节提出的公式在承载力平均值方面好于 AIJ 指南，在标准差方面本节公式和 AIJ 指南相近。

图 3.107 所示为核心区剪力（V_j）- 剪切变形（γ_j）关系试验骨架线和本节公式的计算值对比。有关试验滞回曲线和恢复力模型的对比见 3.3 节。从图 3.107 中可见，提出的核心区 V_j-γ_j 关系在刚度和承载力方面和试验结果总体上吻合较好。

3.8.2　节点单元模型

利用三维实体单元和壳单元等建立的精细化有限元模型可以得到最接近实际的节点试件应力、应变分布等情况，但此类模型的计算效率较低，不便应用于结构体系抗震计算分析中。因此，有必要采用更为简化的单元来模拟各个结构部件。例如，利用

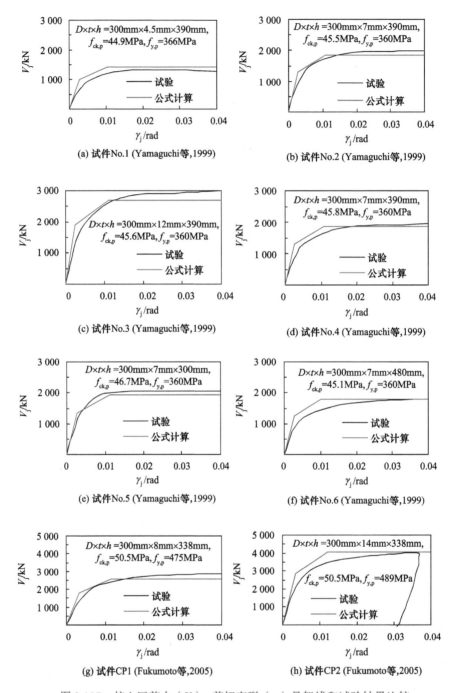

图 3.107　核心区剪力（V_j）- 剪切变形（γ_j）骨架线和试验结果比较

计算量较小的梁 - 柱单元来模拟结构中的梁、柱构件，利用壳单元来模拟楼板和墙构件等。大量计算分析结果表明，精细有限元法和简化单元建立的模型都可以较好的应用于结构体系的非线性全过程分析。

　　在简化单元建立的模型中，可以较方便的应用从试验和理论研究中得到的构件或

节点的各类荷载 - 变形恢复力模型，在提高整体计算效率的同时在结构关键部位得到更为精确的结果。

　　框架节点在结构体系中受到了其他构件的约束和影响，节点区域自身的受力和变形也会影响到整体框架的性能。在钢管混凝土结构体系理论研究方面，以往研究者提出了多种用于框架结构抗震性能分析的数值模型，如 Hajjar 等（1998）、聂建国等（2005）、Tort 和 Hajjar（2006）、Han 等（2008）。但在节点区域的处理方面，大部分研究者在模型中忽略了节点区域的变形，采用了将节点连接视为梁和柱单元的共用单元节点（"刚接"）或假设节点核心区为"刚域"的做法。

　　综上所述，要更精细地了解组合结构整体的力学性能，在体系分析中考虑节点的影响是十分必要的。下面给出一种可用于钢管混凝土组合框架体系分析的钢管混凝土柱 - 钢梁节点单元模型和有关分析计算结果。

　　（1）钢管混凝土柱 - 钢梁节点单元模型

　　在结构体系抗震计算分析中，钢管混凝土柱 - 钢梁节点可以通过图 3.108 所示的节点单元模型来模拟。如图所示的节点单元模型涉及到以下组件单元，即钢管混凝土单元、钢梁单元、钢筋混凝土楼板单元、连接单元、核心区剪切单元。各组件单元之间通过不同的连接方式结合在一起。

　　对于无楼板的情况，节点单元模型如图 3.108（a）所示。本节试验和计算分析结果表明，钢管混凝土柱 - 钢梁节点的核心区主要是剪切变形，因此核心区的剪力 - 剪切变形关系可通过一根沿核心区斜对角线方向设置的弹簧来模拟。节点核心区四周为铰接的刚性杆，其尺寸和核心区外围尺寸相同。外环板和钢梁翼缘、腹板之间为焊接连接，因此钢梁单元和核心区外围刚性杆的连接可视为"刚接"。钢管混凝土单元和核心

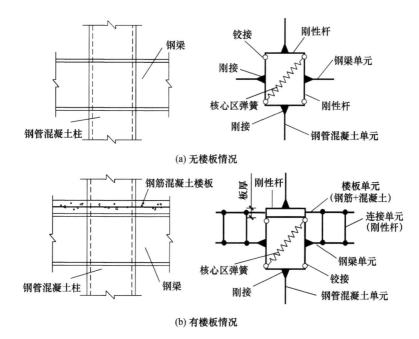

(a) 无楼板情况

(b) 有楼板情况

图 3.108　钢管混凝土柱 - 钢梁节点单元模型示意图

区外围刚性杆的连接也可视为"刚接"（李威，2011；Li 和 Han，2012）。

对于有楼板的情况，节点单元模型如图 3.108（b）所示。在钢筋混凝土楼板高度之间的钢管混凝土柱，由于有外围楼板的约束，柱段刚度较大，变形不很明显，这部分柱可用刚性段来模拟。在完全剪力连接的情况下，钢梁和钢筋混凝土楼板之间可以通过刚性杆连接在一起，并忽略二者之间的相对滑移。楼板单元由钢筋单元和混凝土单元组成，二者之间不考虑相对滑移，通过共用节点的方式组合在一起。

楼板中的钢筋在节点之间的内力传递方面发挥了重要作用，帮助将一侧楼板的内力传递到另一侧，这类特性一般称为半连续性。在核心区附近的楼板钢筋作可以按如下方法处理：若钢管直径范围内的钢筋和钢管外壁焊接锚固在一起，则钢筋和混凝土单元直接和刚性区域连接；若钢管直径范围内的钢筋和管壁没有接触，但外围钢筋和另一侧的钢筋贯通，则混凝土单元则直接和钢管混凝土刚性柱段相连，和钢管混凝土刚性柱段相连的钢筋单元的面积为实际贯通两侧楼板的钢筋面积。

节点单元模型中所涉及的各组件单元可以用集中塑性铰单元或者"纤维模型法"单元来模拟。所谓的"纤维模型法"是一种简化的数值分析方法。和集中塑性铰单元相比，纤维模型法单元可以考虑单元轴力 - 弯矩耦合和分布塑性，并能通过仅修改材料就自动适应不同类型截面，具有更强的适用性。

利用纤维模型法进行构件的荷载 - 变形关系分析时，假设沿构件长度方向上有若干个积分控制点截面，每个积分控制点截面上有若干材料积分点，每个积分点可以赋予相同或不同的材料特性。在积分截面上，材料积分点的纵向应力只取决于该点的纵向应变，并且需要符合内外力平衡、变形协调等条件。通过对截面上材料积分点内力计算结果的积分，可得到整个控制点截面的属性。应用纤维模型法时，有如下的基本假设。

1）构件在变形过程中始终保持为平截面。

2）钢和混凝土之间无相对滑移。

3）单元的剪切和扭转变形为弹性，且变形之间不耦合。

钢管混凝土构件的积分截面包含两种材料，即外围的钢管和内部的核心混凝土。通过在两种材料的积分点上赋予对应的材料应力 - 应变关系，再将各单元在材料积分点上的贡献叠加后得到钢管混凝土积分截面的性质。通过各积分截面性质得到各单元刚度矩阵，最终将单元刚度矩阵集成到结构整体刚度矩阵中，完成结构体系的计算。

节点单元模型中的钢材本构采用考虑再加载刚度退化的双线性滞回模型。Clough 模型能模拟反向加载时的刚度退化，适合于模拟一般的受弯钢构件，并可得到更为准确的结果，如图 3.109（a）所示。

节点单元模型中有两类混凝土，即钢管混凝土柱中的核心混凝土和楼板混凝土。圆钢管混凝土构件核心混凝土受压应力（σ）- 应变（ε）关系采用韩林海（2007，2016）提出的模型。楼板混凝土材料的应力（σ）- 应变（ε）受压骨架线参考 Hognestad 等。核心混凝土和楼板混凝土的受拉段应力 - 应变关系参考 Spacone 等，利用分段斜直线来表示。混凝土的加、卸载准则如图 3.109（b）所示（李威，2011； Li 和 Han，2012）。其中，当混凝土受压卸载时，通过空间中的虚拟 R 点控制卸载刚度的退化。对于钢管混凝土中的核心混凝土，R 点的坐标为 R（x_R，y_R）=（$2\sigma_0/E_c$，$2\sigma_0$），对于楼板混凝土，

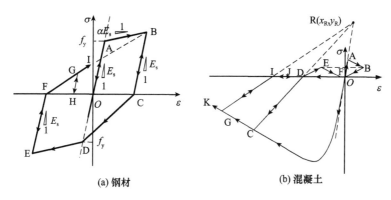

图 3.109　节点单元模型中材料应力（σ）- 应变（ε）关系

R 点的坐标为 R（x_R，y_R）=（σ_0/E_c，σ_0），其中 E_c 为混凝土的弹性模量，σ_0 为混凝土的峰值压应力。

通过 ABAQUS/Standard（通用分析模块）的用户材料子程序接口（UMAT），本节编制了钢材和混凝土的用户材料，将上述材料应力 - 应变关系嵌入到有限元主程序中，以满足节点单元模型的计算需要。在求解过程中的非线性问题采用 Newton-Raphson 法进行求解。

（2）节点单元模型的验证和应用

本节通过和典型节点和框架试验的对比计算，对上述提出的节点单元模型进行验证。

利用 Nishiyama 等（2002）进行的钢管混凝土柱 - 钢梁节点试验对节点单元模型进行验证。这批试件均发生了核心区剪切破坏。试件 C1、C2、C3 的计算破坏形态类似，以其中的试件 C3 为例，说明节点单元模型的计算破坏形态，如图 3.110 所示。图 3.110（a）所示为钢管混凝土柱 - 钢梁节点的破坏形态。由图可见，该节点试件的变形主要集中在节点单元模型的核心区，钢梁和钢管混凝土柱基本没有大的变形，且在加载过程中处于弹性，这与试验现象相吻合。

图 3.110（b）所示为梁加载端荷载（P）- 梁端转角（θ_b）关系的计算结果，由图可见，试件 C3 的计算承载力，加、卸载刚度和试验结果均吻合较好。

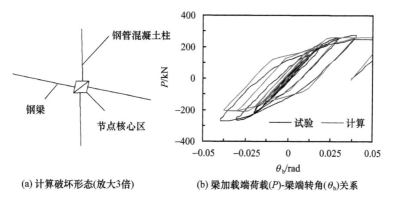

(a) 计算破坏形态(放大3倍)　　　(b) 梁加载端荷载(P)-梁端转角(θ_b)关系

图 3.110　计算破坏形态和梁加载端荷载（P）- 梁端转角（θ_b）关系（试件 C3）

图 3.111 所示为节点核心区剪力（V_j）- 剪切变形（γ_j）关系，其中 V_j-γ_j 关系均为从节点单元模型中提取的结果。由图可见，在核心区剪切变形加、卸载位置方面，提取的核心区剪力（V_j）- 剪切变形（γ_j）关系和试验结果相比较为吻合，节点单元模型显示出了较好的精度。在抗剪承载力方面，试件 C1、C2 和 C3 的 V_j-γ_j 关系骨架线均比试验结果稍偏低。

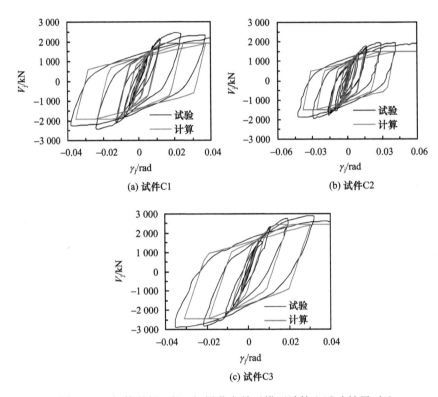

图 3.111　钢管混凝土柱 - 钢梁节点单元模型计算和试验结果对比

对本节进行的带楼板的钢管混凝土柱 - 钢梁节点也进行了验证。以其中梁端受弯试件 CIJ-1 和柱端压弯破坏试件 CIJ-3 为例说明 计算结果，如图 3.112 所示。

由图 3.112（a）可见，对于梁端破坏试件 CIJ-1，计算的梁加载端荷载（P）- 位

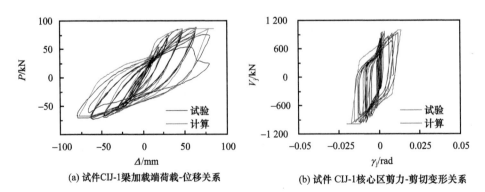

图 3.112　本文节点单元模型计算和试验结果对比

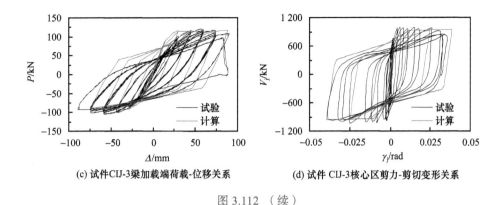

(c) 试件 CIJ-3 梁加载端荷载-位移关系   (d) 试件 CIJ-3 核心区剪力-剪切变形关系

图 3.112 （续）

移（Δ）关系和试验结果差别较小。核心区的剪力（V_j）-剪切变形（γ_j）关系在极限承载力和加、卸载刚度方面都符合较好，如图 3.112（b）所示。对于柱段压弯破坏试件 CIJ-3，其核心区也经历了剪切破坏。梁加载端荷载（P）-位移（Δ）关系以及 V_j-γ_j 关系在承载力和初始刚度方面和试验结果相近，如图 3.112（c）和图 3.112（d）所示。

综上所述，针对本节单层钢管混凝土框架在柱端往复荷载作用下的算例，当节点核心区处于弹性状态时，采用节点单元的模型和采用节点"刚域"的模型，二者的柱加载端荷载 - 位移关系计算结果差别不大，但采用节点单元模型能较好的反映核心区的受力和变形情况，在局部得到更为精确的结果。

3.8.3 小结

本节提出了钢管混凝土柱 - 钢梁节点的抗剪承载力公式和核心区剪力 - 剪切变形恢复力模型，并利用数值计算结果和试验结果对该模型进行了验证。验证结果表明，在本文研究的参数范围内，该恢复力模型计算精度较好。在此基础上，本节建立了适用于结构体系计算的钢管混凝土柱 - 钢梁节点单元模型，并将上述核心区恢复力模型应用其中。和典型节点和框架试验结果的对比表明，本节提出的节点单元模型准确度较好，可以较好地模拟结构体系中节点的性能，在结构体系的抗震计算分析中有较好的适用性。

3.9 本 章 小 结

本章进行了钢管混凝土柱 - 钢梁连接节点力学性能的研究。对本章论述的主要内容简要归纳如下。

1）进行了 8 个方钢管混凝土柱 - 钢梁节点、6 个带钢筋混凝土楼板的圆钢管混凝土柱 - 钢梁节点和 12 个方钢管混凝土斜柱 - 钢梁节点滞回性能的试验研究，分析和对比了节点的抗震性能指标及各主要试验参数对其力学性能的影响规律。给出了 10 个穿芯螺栓端板连接的钢管混凝土柱 - 钢梁节点、8 个单面螺栓端板连接的钢管混凝土柱 - 钢梁节点、8 个钢管混凝土柱 - "犬骨式"钢梁节点等的试验研究结果，并进行了相应分析。

2）建立了钢管混凝土柱 - 钢梁节点在单调和往复荷载作用下的非线性有限元分析模型，理论计算结果得到了试验结果的验证。在此基础上，对节点受力的全过程进行了分析。

3）对影响钢管混凝土柱 - 钢梁外加强环板式节点弯矩 - 相对转角关系和剪力 - 剪切关系的主要因素进行了参数分析，在此基础上给出了节点的简化弯矩 - 相对转角关系和剪力 - 剪切关系计算方法，并建立了节点的单元模型。

参 考 文 献

陈骥，2006. 钢结构稳定理论与设计［M］. 3 版. 北京：科学出版社.

陈娟，王湛，2004. 加强环式钢管混凝土柱 - 钢梁节点的刚性研究［J］. 建筑结构学报，25（4）：43-54.

福建省建设厅，2003. 钢管混凝土结构技术规程：DBJ 13-51—2003［S］. 福州：福建省建设厅.

福建省住房和城乡建设厅，2010. 钢管混凝土结构技术规程：DBJ/T 13-51—2010［S］. 福州：福建省住房和城乡建设厅.

韩林海，2007. 钢管混凝土结构：理论与实践［M］. 2 版. 北京：科学出版社.

韩林海，2016. 钢管混凝土结构：理论与实践［M］. 2 版. 北京：科学出版社.

韩林海，杨有福，2007. 现代钢管混凝土结构技术［M］. 2 版. 北京：中国建筑工业出版社.

霍静思，2005. 火灾作用后钢管混凝土柱 - 钢梁节点力学性能研究［博士学位论文］［D］. 福州：福州大学.

李威，2011. 圆钢管混凝土柱 - 钢梁外环板式框架节点抗震性能研究［博士学位论文］［D］. 北京：清华大学.

聂建国，秦凯，肖岩，2005. 方钢管混凝土框架结构的 push-over 分析［J］. 工业建筑，35（3）：68-70.

秦凯，2006. 方钢管混凝土柱与钢 - 混凝土组合梁连接节点的性能研究［博士学位论文］［D］. 北京：清华大学.

曲慧，2007. 钢管混凝土结构梁 - 柱连接节点的力学性能和计算方法研究［博士学位论文］［D］. 福州：福州大学.

石柏林，2008. 钢管混凝土柱 - 钢梁端板连接节点力学性能研究［硕士学位论文］［D］. 福州：福州大学.

唐九如，1989. 钢筋混凝土框架节点抗震［M］. 南京：东南大学出版社.

王文达，韩林海，游经团，2006. 方钢管混凝土柱 - 钢梁外加强环节点滞回性能的实验研究［J］. 土木工程学报，39（9）：17-25.

严正庭，严立，1996. 钢与混凝土组合结构计算构造手册［M］. 北京：中国建筑工业出版社.

张大旭，张素梅，2001. 钢管混凝土柱与梁节点荷载 - 位移滞回曲线理论分析［J］. 哈尔滨建筑大学学报，34（4）：1-6.

中华人民共和国建设部，2017. 钢结构设计规范：GB 50017—2017［S］. 北京：中国计划出版社.

中华人民共和国住房和城乡建设部，2015. 混凝土结构设计规范：GB 50010—2015［S］. 北京：中国计划出版社.

中华人民共和国住房和城乡建设部，2016. 建筑抗震设计规范：GB 50011—2016［S］. 北京：中国计划出版社.

中国建筑科学研究院，2015. 建筑抗震试验方法规程：JGJ/T 101—2015［S］. 北京：中国建筑工业出版社.

周起敬，姜维山，潘泰华，1991. 钢与混凝土组合结构设计施工手册［M］. 北京：中国建筑工业出版社.

周天华，2004. 方钢管混凝土柱：钢梁框架节点抗震性能及承载力研究［硕士学位论文］［D］. 西安：西安建筑科技大学.

AIJ, 2008. Recommendations for design and construction of concrete filled steel tubular structures［S］. Tokyo：Architectural Institute of Japan（AIJ），Japan.

ATC-24, 1992. Guidelines for cyclic seismic testing of components of steel structures［S］. Redwood City（CA）：Applied Technology Council.

BIRTEL V MARK P, 2006. Parameterized finite element modelling of RC beam shear failure［C］//2006 ABAQUS Users' Conference, Cambridge, Massachusetts, USA：95-108.

CHENG C T, CHUNG L L, 2003. Seismic performance of steel beams to concrete-filled steel tubular column connections［J］. Journal of Constructional Steel Research, 59（3）：405-426.

CHEN W F, GOTO Y, LIEW J Y R, 1996. Stability design of semi-rigid frame［M］. New York：Wiley-Interscience Publication.

EUROCODE 3（EC3），2005. Design of steel structures–Part 1.8：design of joints［S］. Brussels（Belgium）：European Committee for Standardization（CEN）.

EUROCODE 4（EC4），2004. Design of composite steel and concrete structures–Part 1.1：General rules and rules for buildings［S］. Brussels（Belgium）：European Committee for Standardization（CEN）.

ELREMAILY A, AZIZINAMINI A, 2001. Experimental behavior of steel beam to CFT column connections［J］. Journal of Constructional Steel Research, 57 (10): 1099-1119.

FUKUMOTO T, MORITA K, 2005. Elastoplastic behavior of panel zone in steel beam-to-concrete filled steel tube column moment connections [J]. Journal of Structural Engineering, ASCE, 131 (12): 1841-1853.

GOPALARATNAM V S, SHAH S P, 1985. Softening response of plain concrete in direct tension[J]. ACI Journal, 82(3): 310-323.

HAGA J, KUBOTA N, 2002. KB column fillet weld design technology [R]. KOBE Steel Engineering Reports, 52 (1): 54-59 (in Japanese).

HAJJAR J F, MOLODAN A, SCHILLER P H, 1998. A distributed plasticity model for cyclic analysis of concrete-filled steel tube beam-columns and composite frames. Engineering Structures, 20 (4-6): 398-412.

HAN L H, LI W, 2010. Seismic performance of CFST column to steel beam joints with RC slabs: experiments [J]. Journal of Constructional Steel Research, 66 (11): 1374-1386.

HAN L H, WANG W D, ZHAO X L, 2008. Behaviour of steel beam to concrete-filled SHS column frames: Finite element model and verification [J]. Engineering Structures, 30 (6): 1647-1658.

HIBBITT KARLSON, SORENSON, 2005. ABAQUS version 6.4: Theory manual, users' manual, verification manual and example problems manual [R]. Hibbitt, Karlson and Sorenson Inc., USA.

KACHANOV I D, JIRSA J O, 1969. Behavior of concrete under compressive loading [J]. Journal Structural Division, ASCE, 95 (12): 2535-2563.

LI W, HAN L H, 2011. Seismic performance of CFST column to steel beam joints with RC slab: Analysis [J]. Journal of Constructional Steel Research, 67 (1): 127-139.

LI W, HAN L H, 2012. Seismic performance of CFST column to steel beam joint with RC slab: joint model [J]. Journal of Constructional Steel Research, 73: 66-79.

LI W, HAN L H, REN Q X, 2013. Inclined concrete-filled SHS steel column to steel beam joints under monotonic and cyclic loading: Experiments [J]. Thin Walled Structures, 62 (1): 118-130.

MURAI N, MATSUI C, KAWANO A, 1999. A test on connection panel behavior of H-shaped beam to CFT columns with high strength concrete [J]. Summaries of technical papers of annual meeting of Archtectural Institute of Japan, Tokyo, Vol. C-1: 1223-1224 (in Japanese).

NISHIYAMA I, MORINO S, SAKINO K, et al., 2002. Summary of research on concrete-filled structural steel tube column system carried out under the US-Japan cooperative research program on composite and hybrid structures [R]. BRI Research Paper No.147, Building Research Institute, Japan.

SINHA BP, GERSTLE K H, TULIN L G, 1964. Stress-strain relations for concrete under cyclic loading [J]. ACI Journal, 61 (1964): 195-211.

TAO Z, HASSAN M K, SONG T Y, et al., 2017. Experimental study on blind bolted connections to concrete-filled stainless steel columns [J]. Journal of Constructional Steel Research, 128: 825-838.

TAO Z, LI W, SHI B L et al., 2017. Behaviour of bolted end-plate connections to concrete-filled steel columns [J]. Journal of Constructional Steel Research, 134: 194-208.

TORT C, HAJJAR J F, 2006. Seismic demand and capacity evaluation of rectangular concrete-filled steel tube (RCFT) members and frames [C]//Proceedings of the Fourth International Conference on the Behavior of Steel Structures in Seismic Areas, Yokohama, Japan.

WANG J F, HAN L H, UY B, 2009a. Behaviour of flush end plate joints to concrete-filled steel tubular columns [J]. Journal of Constructional Steel Research, 65 (4): 925-939.

WANG J F, HAN L H, UY B, 2009b. Hysteretic behaviour of flush end plate joints to concrete-filled steel tubular columns [J]. Journal of Constructional Steel Research, 65 (8-9): 1644-1663.

WANG W D, HAN L H, UY B, 2008. Experimental behaviour of steel reduced beam section (RBS) to concrete-filled circular hollow section column connections [J]. Journal of Constructional Steel Research, 64 (5): 493-504.

YAMAGUCHI T, OZAWA J, SAITO K, et al., 1999. Shear test of CFT beam-to-column connection panels with high-strength concrete. Part 3: Experimental result of circular CFTs. Summaries of technical papers of annual meeting of Archtectural Institute of Japan, Tokyo, Vol. C-1: 1219, 1220 (in Japanese).

第4章　钢管（约束）混凝土柱 - 钢筋混凝土梁节点的力学性能

4.1　引　言

除钢梁外，钢管混凝土柱还可以和钢筋混凝土梁连接。目前我国的一些多、高层建筑中采用了钢管混凝土柱 - 钢筋混凝土（RC）梁的连接节点，如泉州邮电中心大厦和广州新中国大厦等。一些地铁工程中的地铁站和交通枢纽中也采用了钢管混凝土柱 -RC 梁的连接节点。

钢管混凝土柱和 RC 梁的节点连接可有不同的形式，较典型的有加强环式节点、钢筋混凝土环梁式节点、钢筋贯通式节点、钢筋环绕变宽度梁节点、劲性环梁节点等，这些节点形式各有其合适的应用范围（韩林海和杨有福，2007）。

图 4.1 所示为工程中较为常用的钢筋环绕式和承重销式节点的构造示意图。

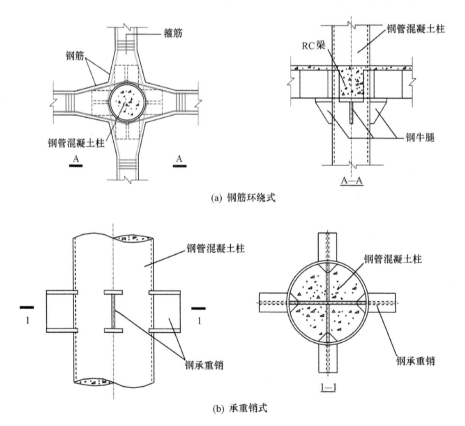

(a) 钢筋环绕式

(b) 承重销式

图 4.1　钢管混凝土柱 - 钢筋混凝土梁（RC）连接节点示意图

图 4.1（a）中，也可根据实际情况把牛腿放置在混凝土梁中，形成所谓的暗牛腿，民用建筑中常采用此类构造。在进入牛腿的一段距离至开始加宽处须增设附加箍筋对纵向钢筋进行约束。当采用图 4.1（b）所示的承重销式节点，可将钢筋混凝土梁的受力主筋焊在承重销的翼缘上，然后将梁端箍筋沿承重销布置，再浇筑混凝土形成由钢管混凝土柱和钢筋混凝土梁构成的承重销式刚接节点。为提高这种节点的整体刚度，可在工字形承重销的翼缘平面内，在梁与梁间加钢板以形成外加强环。

钢管混凝土柱和钢筋混凝土梁连接节点的关键是梁中钢筋的处理，为了保证节点的整体工作和传力的有效性，钢筋可环绕或穿过钢管混凝土，也可与柱身上的环板焊接等。

图 4.2 所示为某实际高层建筑中采用图 4.1（b）所示钢管混凝土柱 - 钢筋混凝土梁连接节点的情形。钢筋混凝土梁中的部分钢筋环绕钢管混凝土柱，部分截断搭接并焊在工字形承重销的上、下翼缘上。

图 4.3 所示为采用钢管混凝土柱 - 钢筋混凝土梁的某地铁站刚建成时的内景，采用了钢管混凝土柱环板式节点，即在钢管柱身梁纵筋通过的位置处设置外加强环，钢筋混凝土梁纵筋在通过钢管的位置截断，并焊接于加强环上，钢筋混凝土梁根据实际情况采用了单梁和双梁（详细构造见 4.4.1 节）。

本书作者近年来通过试验，研究了钢管

图 4.2　钢管混凝土柱 - 钢筋混凝土梁连接节点

图 4.3　建设中的某地铁站内景

（约束）混凝土柱 - 钢筋混凝土梁中柱连接节点的受力性能，探讨了钢筋混凝土单梁和双梁构造措施的影响。通过有限元分析，剖析了节点的工作机理，并在参数分析结果的基础上建议了节点弯矩（M_j）- 梁柱相对转角（θ_r）关系实用计算方法，本章拟介绍有关结果。

4.2　钢管混凝土柱 - 钢筋混凝土梁连接节点的试验研究

4.2.1　试验概况

（1）试件设计

进行了 8 个钢管混凝土柱 - 钢筋混凝土（RC）梁连接节点试件滞回性能的试验研究（曲慧，2007），各有 4 个试件采用了圆形柱和方形柱。试验的主要参数为钢管混凝土柱的轴压比（$n=N_o/N_u$，即试验时柱上施加的轴向压力 N_o 与柱极限承载力标准值 N_u 之比值。计算 N_u 时采用实测的材料强度指标）。

圆形柱节点的柱截面尺寸为 $D×t=150\text{mm}×1.38\text{mm}$，钢筋混凝土梁尺寸（宽×高）为 $b×h=100\text{mm}×160\text{mm}$，梁截面配筋上部及下部均为 $2\phi10$，梁柱线刚度比 $k=i_b/i_c=0.328$，其中 $i_b=(EI)_b/L$ 为梁的线刚度，$(EI)_b$ 为梁的抗弯刚度，$(EI)_b=E_{sb}I_{sb}+E_cI_c$，其中 E_{sb} 和 E_c 分别为钢筋和混凝土的弹性模量；I_{sb} 和 I_c 分别为钢筋和混凝土的截面惯性矩。L 为梁跨度。$i_c=(EI)_c/H$ 为柱的线刚度，$(EI)_c$ 为钢管混凝土柱的抗弯刚度，对于圆钢管混凝土柱，$(EI)_b=E_sI_s+0.8E_cI_c$；对于方钢管混凝土柱，$(EI)_b=E_sI_s+0.6E_cI_c$，其中 E_s 和 E_c 分别为钢筋和混凝土的弹性模量，I_s 和 I_c 分别为钢管和混凝土的截面惯性矩。H 为柱高。方形柱节点的柱截面尺寸为 $B×t=150\text{mm}×1.38\text{mm}$，梁尺寸 $b×h=100\text{mm}×170\text{mm}$，梁截面配筋上部及下部均为 $2\phi12$，梁柱线刚度比 $k=0.274$。

所有试件中钢管混凝土柱的高度均为 $H=1.155\text{m}$，钢筋混凝土梁的跨度均为 $L=1.5\text{m}$。试验时采用的装置如图 3.3（a）所示。

表 4.1 中汇总了试件编号等信息，试件编号由三部分组成：CJ 和 SJ 分别代表圆形及方形截面钢管混凝土柱节点；RC 表示采用了钢筋混凝土梁；数字 0、3、6 分别表示轴压比为 0.05、0.3、0.6 时的情况。相同试件有 2 个时以最后一位数字 1 或 2 进行区分。

表 4.1　节点试件一览表

柱截面类型	试件编号	轴压力 N_o/kN	轴压比 n	屈服荷载 P_y/kN	屈服位移 Δ_y/mm	极限荷载 P_{max}/kN	极限位移 Δ_{max}/mm	破坏荷载 P_u/kN	破坏位移 Δ_u/mm
圆形	CJ-RC-0	40.0	0.05	12.6	6.2	19.8	22.9	16.8	44.9
	CJ-RC-3	221.1	0.3	12.5	6.1	20.5	18.3	17.4	30.7
	CJ-RC-6-1	442.3	0.6	16.4	5.6	25.3	17.9	21.5	29.5
	CJ-RC-6-2	442.3	0.6	16.4	7.0	23.5	17.8	20.0	31.4
方形	SJ-RC-0	47.0	0.05	15.0	9.0	18.4	23.6	17.8	40.0
	SJ-RC-3	285.1	0.3	17.7	6.3	23.1	11.2	19.6	25.9
	SJ-RC-6-1	570.3	0.6	15.8	5.3	22.8	13.0	19.4	28.3
	SJ-RC-6-2	570.3	0.6	21.8	5.6	34	17.5	28.9	22.3

　　钢管混凝土柱 - 钢筋混凝土梁连接节点的详细构造如图 4.4 所示。在钢管混凝土柱外壁焊接钢牛腿，将 RC 梁的纵向钢筋布置在钢牛腿外侧（如图 4.4 中 D—D 截面所示），并绕过钢管混凝土柱，形成由钢筋混凝土梁包裹钢管混凝土柱的节点形式。为模拟梁端铰支的边界条件，在梁两端各预埋一工字形型钢，腹板带有一个 40mm 的圆孔，通过钢轴承与刚性支撑杆相连。牛腿区域过渡区设置了箍筋，如图 4.4（a）和（b）所示。

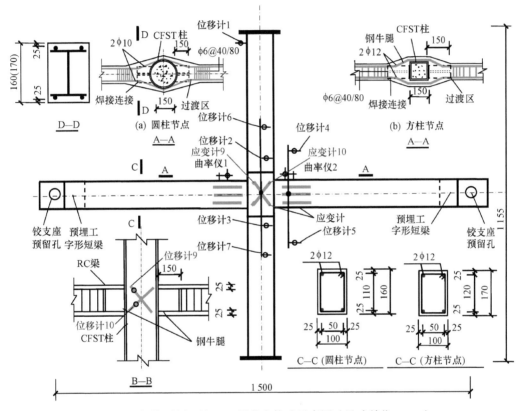

图 4.4　钢管混凝土柱 -RC 梁节点构造示意图（尺寸单位：mm）

　　钢筋混凝土梁中的纵筋与牛腿翼缘焊接，在梁端位置处，纵筋焊接在梁端部预埋的工字形型钢的翼缘上。柱和梁的混凝土同批浇筑完成。

　　（2）材料特性

　　节点试件的圆钢管和方钢管分别采用 Q235 钢材卷制、焊接而成。梁箍筋采用了 $\phi6$，纵向钢筋采用了 $\phi10$、$\phi12$ 两种。钢材实测的屈服强度（f_y）、抗拉强度（f_u）、弹性模量（E_s）和泊松比（μ_s），如表 4.2 所示。

　　柱及梁均采用 C40 自密实混凝土。水胶比为 0.346，原材料及配合比为水：173kg/m³；普通硅酸盐水泥：300kg/m³；Ⅱ级粉煤灰：200kg/m³；中粗砂：720kg/m³；石灰岩碎石：994kg/m³。混凝土 28 天的立方体抗压强度 $f_{cu}=37.4$MPa，试验时 $f_{cu}=51.1$MPa。弹性模量 $E_c=31\,500$N/mm²。

表 4.2　钢材力学性能

钢材类型	钢板厚度或钢筋直径 /mm	f_y/MPa	f_u/MPa	E_s/（$\times 10^5$N/mm^2）	μ_s
钢板	1.38	272.3	350.6	2.06	0.278
钢筋	10	366	528	1.81	—
	12	385	560	1.87	—
	6	202	278.5	2.04	—

（3）试验装置

试验时柱顶部施加恒定轴向压力 N_0 并在试验过程中保持恒定，在柱顶用 MTS 伺服加载系统施加往复水平荷载。节点的试验装置、防止发生面外失稳的侧向支撑布置、边界条件等如图 3.3（a）所示。

（4）量测内容、测点布置及数据采集

主要量测内容有柱顶端加载点水平荷载（P）和位移（Δ），节点核心区剪切变形，节点区柱端和钢筋混凝土梁端转动，钢筋混凝土梁端曲率，节点核心区柱钢管应力分布，牛腿范围内钢梁腹板、钢筋混凝土梁内钢筋应力变化、应变沿钢筋混凝土梁截面高度的变化规律。节点位移计和曲率仪布置如图 4.4 中所示。具体测量方案如下。

① 柱顶端加载点水平荷载和位移由 MTS 系统自动记录，柱顶水平位移同时用位移计 1 由数据采集系统进行采集。

② 在节点区域柱轴线上布置位移计 2 和 3 测得的相对位移换算牛腿转角；梁端转角由布置在梁轴线上的位移计 4 和 5 测得的相对位移进行换算得到；柱端转角用布置在柱轴线上的位移计 6 和 7 测得的相对位移进行换算求得。

③ 梁端（牛腿面内）的曲率由曲率仪 1、2 测得。

④ 节点核心区的剪切变形，对于圆形截面柱对角布置导杆应变仪 9、10 进行换算；对于方形截面柱则采用对角布置的电阻应变片 9 和 10 进行测量。

⑤ 在梁侧沿截面高度布置电阻应变片用来测量混凝土应变。

⑥ 两端支杆反力由布置在图 3.3（a）所示刚性支杆上的荷载传感器测得。

⑦ 在节点核心区外的柱上贴双向应变花测量钢管的应变。

⑧ 在牛腿腹板和翼缘上各设置一个双向应变花测试牛腿的应变。

⑨ 分别在梁中四根纵筋和梁端的两个箍筋上贴应变片测量其应变。

⑩ 采用裂缝观测仪适时测量混凝土裂缝的发展情况。

试件的应变、位移、转角和曲率等由数据自动采集系统采集，并在试验的全过程中对钢管混凝土柱、节点核心区和钢筋混凝土梁的变形、裂缝开展和应变进行测试。

（5）加载制度及加载程序

试验加载采用位移控制方法。根据本章 4.5 节理论模型对节点的承载力进行计算，得到试件的屈服位移荷载 Δ_y（对应于 $0.7P_{max}$ 时的位移，其中 P_{max} 为极限荷载），具体加载制度如图 3.4 所示。

当荷载降低到峰值荷载的 60% 左右或梁柱连接出现严重破坏时即终止试验。

4.2.2　试验现象

试验过程表明，圆形柱节点试件和方形柱节点试件的破坏模态基本类似。下面分别以 CJ-RC-3 和 SJ-RC-3 为例，说明节点试验过程中的主要现象。

（1）试件 CJ-RC-3

当加载位移小于 Δ_y 时，试件上无明显的混凝土裂缝。当柱顶水平位移加载达到 Δ_y 的第一循环时，前梁［如图 3.3（a）所示］牛腿端部梁底开始出现直裂缝，裂缝宽度为 0.02mm。在第二循环时，后梁［如图 3.3（a）所示］牛腿端部的梁顶也出现了裂缝。

加载到 $1.5\Delta_y$ 的第一循环时，在距离柱边 40mm 的牛腿面内梁顶出现弯曲裂缝；继续增加至 $2\Delta_y$，前梁牛腿面内出现第一道斜裂缝。前梁顶沿着牛腿翼缘板两侧各出现一道水平裂缝，钢管混凝土柱和牛腿处混凝土有出现剥离的趋势。随着位移的不断增加，节点上的裂缝不断开展。

加载到 $3\Delta_y$ 时，前梁钢牛腿端部的弯曲直裂缝贯通，最大裂缝宽度为 0.22mm。位移达到 $5\Delta_y$ 时，水平荷载达到正向极限荷载。此后随着位移的增加，荷载开始下降，节点破坏加剧。

加载到 $-5\Delta_y$ 的第二循环时，前梁底混凝土开始剥落；在 $7\Delta_y$ 的第一循环时，前梁牛腿面内形成主裂缝；$-7\Delta_y$ 的第一循环时，核心区下部的混凝土剥落，前梁牛腿侧面内的混凝土剥落，核心区的钢筋向外鼓出，与钢管混凝土柱脱开；$7\Delta_y$ 第二循环时，前、后梁的斜裂缝在核心区上部交汇；$-7\Delta_y$ 的第二循环时，后梁牛腿处混凝土发生断裂。

加载至 $-8\Delta_y$ 的第一次循环时，前后梁斜裂缝在核心区贯通，形成一条连接前后梁的主裂缝。梁底翼缘板侧面混凝土向外鼓起，与钢管混凝土柱完全脱开。加载至 $8\Delta_y$ 的第二次循环时，核心区混凝土外鼓，后梁牛腿面内混凝土开始出现剥落现象，此时停止试验。试验过程中钢管混凝土柱未发生明显的变形。节点区混凝土最终典型的破坏形态如图 4.5 所示。

图 4.5　节点典型破坏模态

（2）试件 SJ-RC-3

当柱顶水平位移达到 $-0.25\Delta_y$ 的第一循环时，在前梁钢牛腿与钢筋混凝土梁交界面的梁底首先出现裂缝，并随着加载的继续沿着界面向梁顶发展，裂缝宽度为 0.06mm。当位移达到 $0.5\Delta_y$ 的第一次循环时，钢牛腿与钢筋混凝土梁交界面处梁顶出现裂缝；位移到 $0.7\Delta_y$ 的第二次循环时，梁顶部沿牛腿翼缘侧出现水平裂缝。

加载到 Δ_y 的第一循环时，节点上最大裂缝达到 0.22mm。加至 $-\Delta_y$ 的第一循环时，节点核心区的右下部出现斜裂缝。加载到 $1.5\Delta_y$ 的第一次循环时，节点后梁顶混凝土沿牛腿翼缘两侧出现裂缝，$-1.5\Delta_y$ 的第一次循环时，节点核心区沿着左、右对角线方向各出现一道斜裂缝。$-2\Delta_y$ 第一循环时，节点核心区斜向裂缝与后梁牛腿面斜裂缝相通，前梁牛腿面混凝土表面外鼓。

加载至 $3\Delta_y$ 的第一循环时，前梁牛腿面斜裂缝、核心区斜裂缝及后梁牛腿下翼缘沿着纵向钢筋方向的直裂缝贯通形成一条主裂缝。位移达到 $5\Delta_y$ 时，前梁梁底混凝土开始出现脱落，$-5\Delta_y$ 的第二次循环时，后梁牛腿下部混凝土断裂、脱落。试验过程中，钢管混凝土柱的变形不明显。

本次试验节点的破坏过程总体可归纳为以下四个阶段。

1）初裂阶段。

节点从加载到核心区混凝土开裂。位移加至 $0.5\Delta_y$ 时，在钢牛腿外端梁底出现第一道 0.03mm 左右的裂缝。对于圆钢管混凝土柱节点，开裂荷载约为极限荷载的 25% 左右，对于方钢管混凝土柱节点，约为极限荷载的 40% 左右。开裂荷载随着柱轴压比（n）的增大有所增大。

当位移达到 $1\Delta_y \sim 2\Delta_y$ 时，节点钢牛腿侧面出现对角斜裂缝。此后，在往复荷载作用下，裂缝沿对角线方向不断扩展，并形成交错裂缝。此阶段柱端水平位移、核心区剪切变形及牛腿、钢筋应变均不大，试件总体上处于弹性阶段。

2）通裂阶段。

随着反复荷载的逐级增大，核心区交错裂缝不断扩展，新裂缝出现，并沿着对角线方向发展，直至形成一条宽度为 0.3～0.5mm 贯通节点核心区的斜裂缝。

通裂荷载约为节点极限荷载的 75% 左右，在此阶段，环绕核心区的纵向钢筋、钢牛腿翼缘在弯矩和剪力的共同作用下开始进入弹塑性阶段。钢牛腿腹板的应变比箍筋的应变增长要快，但均未屈服。

3）极限阶段。

核心区混凝土"通裂"后，节点所承受的荷载仍能继续增加，直至达到峰值荷载。在这一阶段，由于混凝土斜裂缝间骨料咬合和摩擦力作用以及箍筋的约束，核心区混凝土仍能继续承担剪力。钢牛腿腹板和箍筋均达到屈服，且部分进入强化阶段，节点所承受的荷载仍能继续增加。

试件达到极限状态时，节点核心区混凝土裂缝呈明显的交叉贯通状，裂缝明显加大，最大裂缝宽度超过了 1mm，并伴随有混凝土的轻微劈裂声，核心区剪切变形明显增大。

4）破坏阶段。

图 4.6　节点核心区核心混凝土的形态

达到极限状态后，随着水平位移的增加水平荷载开始下降，试件破坏加剧，两侧梁顶和梁底节点核心区处翼缘板混凝土开裂严重，节点核心区沿主斜裂缝混凝土出现剥落。

试验后将钢管剖开，发现钢管内的混凝土表面有少许压痕，但并没有发现明显的断裂破坏，如图 4.6 所示。

图 4.7 和图 4.8 分别给出了节点试件 CJ-RC-3 和 SJ-RC-3 的荷载（P）-位移（Δ）关系，曲线上近似给出试验过程中一些主要特征点的位置。

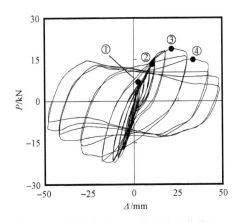

图 4.7　圆柱节点 P-Δ 滞回关系曲线上
的特征点（CJ-RC-3）
①初裂；②梁内纵筋屈服；③极限承载力；
④ 85% 极限承载力

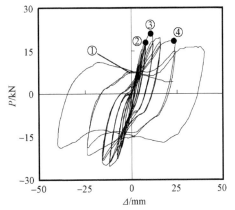

图 4.8　方柱节点 P-Δ 滞回关系曲线上
的特征点（SJ-RC-3）
①初裂；②梁内纵筋屈服；③极限承载力；
④ 85% 极限承载力

4.2.3　试验结果及分析

（1）P-Δ 关系

所有节点试件实测的水平荷载（P）- 水平位移（Δ）滞回关系曲线如图 4.9（圆柱节点）和 4.10（方柱节点）所示。

可见，P-Δ 滞回关系曲线形状总体上都较为饱满。

图 4.11 给出试件 P-Δ 滞回关系曲线的骨架线，可见轴压比 $n=0.3$ 和 0.6 时的 P-Δ 曲线会出现较明显的下降段，且下降段随着 n 的增大变得明显；$n=0.05$ 时 P-Δ 曲线由于混凝土的开裂和钢筋的屈服而出现微小的下降。比较图 4.11（a）和（b），可见方形柱节点受轴压比（n）的影响较圆形柱节点明显。

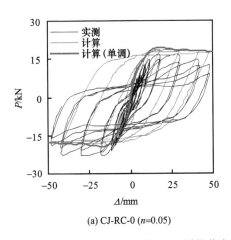

(a) CJ-RC-0 ($n=0.05$)

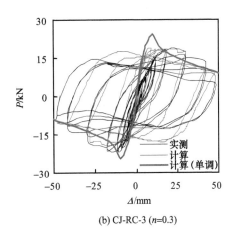

(b) CJ-RC-3 ($n=0.3$)

图 4.9　圆柱节点的 P-Δ 滞回关系曲线

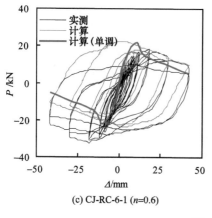

(c) CJ-RC-6-1 (n=0.6)

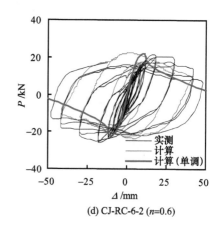

(d) CJ-RC-6-2 (n=0.6)

图 4.9　（续）

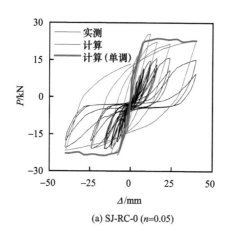

(a) SJ-RC-0 (n=0.05)

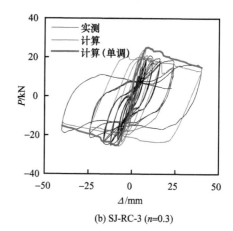

(b) SJ-RC-3 (n=0.3)

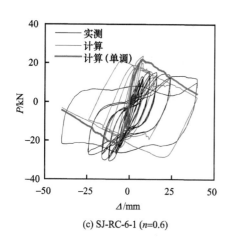

(c) SJ-RC-6-1 (n=0.6)

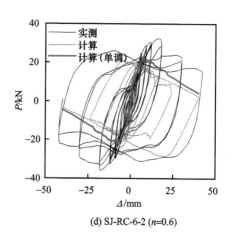

(d) SJ-RC-6-2 (n=0.6)

图 4.10　方柱节点的 P-Δ 滞回关系曲线

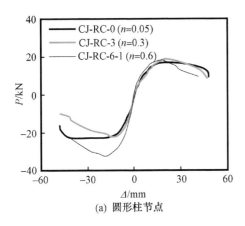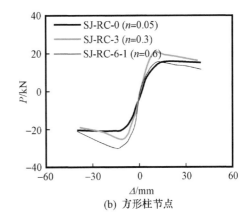

图 4.11　P-Δ 滞回关系曲线骨架线

（2）节点弯矩（M_j）- 转角（θ_r）关系

图 4.12 给出典型的节点弯矩（M_j）- 梁柱相对转角（θ_r）滞回关系。其节点弯矩 M_j 由式（3.1）确定。

可见节点试件的 M_j-θ_r 滞回关系曲线形状较为饱满。其发展规律与 P-Δ 滞回关系曲线类似。

图 4.13 给出不同轴压比（n）情况下试件 M_j-θ_r 滞回关系曲线的骨架线。可见，随着 n 的增加，节点的初始刚度及抗弯承载力均有增大的趋势。方形柱节点受轴压比的影响比圆形柱节点明显。

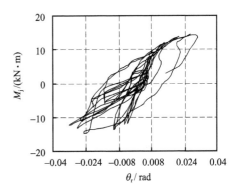

图 4.12　节点弯矩（M_j）- 梁柱相对转角（θ_r）滞回关系（CJ-RC-3，n=0.3）

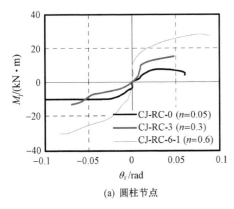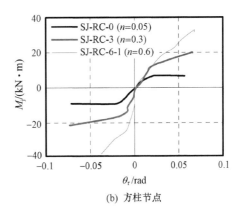

图 4.13　M_j-θ_r 滞回关系曲线骨架线

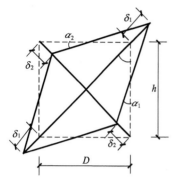

图 4.14　剪切变形示意图

（3）核心区剪力（V）- 剪切角（γ）关系

为了研究节点核心区剪力 - 剪切变形关系，实测了节点核心区的剪切变形，即通过如图 4.14 所示量测核心区尺寸的变化获得核心区的剪切变形（唐九如，1989），其中 δ_1 和 δ_2 分别为核心区由于剪切变形引起的对角线相应的伸长和缩短变形，D 和 h 分别为核心区的宽度和高度，α_1 和 α_2 分别为核心区变形前后的横向和竖向夹角。

节点核心区剪力 V_j 可按下式确定（唐九如，1989）：

$$V_j=\left(\frac{M_1}{h}+\frac{M_r}{h}\right)-P=\left(\frac{R_1\cdot(L/2-D/2)}{h}+\frac{R_r\cdot(L/2-D/2)}{h}\right)-P \tag{4.1}$$

式中：M_1 为节点左梁弯矩；M_r 为节点右梁弯矩；R_1 为左支座反力；R_r 为右支座反力；L 为梁跨度；D 为柱横截面尺寸（对于圆形柱为柱横截面直径；对于方形柱为柱横截面外边长）；h 为梁高；P 为柱顶水平荷载，具体如图 4.15 所示。

典型的实测核心区剪力（V_j）- 剪切角（γ）滞回关系曲线如图 4.16 所示。

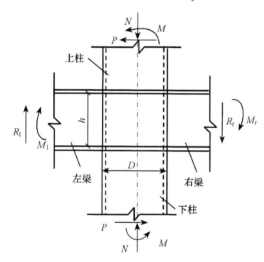

图 4.15　节点核心区内力示意

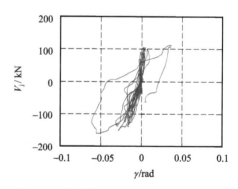

图 4.16　节点核心区剪力（V_j）- 剪切角
（γ）关系（CJ-RC-0，$n=0.05$）

以圆形柱节点为例，图 4.17 给出了不同轴压比（n）情况下节点核心区剪力（V_j）- 剪切角（γ）滞回关系曲线骨架线。

可见，在加载初期，V_j-γ 总体上呈线性关系。达到极限抗剪承载力后，V_j-γ 总体上均呈现出较好的塑性变形能力，其下降段下降的趋势并不明显。

（4）梁端弯矩（M）- 曲率（ϕ）关系

图 4.18 所示为典型的实测梁端弯矩（M）- 曲率（ϕ）关系曲线。

由图 4.18 可见，加载初期，钢筋混凝土梁处于弹性阶段，M-ϕ 关系基本呈线性，梁

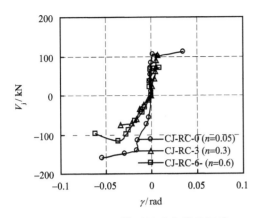

图 4.17　V_j-γ 滞回关系曲线骨架线

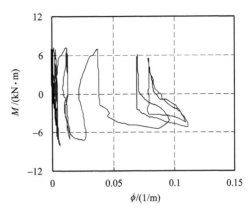

图 4.18　梁端弯矩（M）- 曲率（ϕ）关系（试件 CJ-RC-3，$n=0.3$）

曲率（ϕ）发展缓慢。达到屈服位移 Δ_y 后，随柱顶水平位移的增大，梁曲率 ϕ 发展有增快的趋势。

（5）节点区应变

1）钢管壁应变。

以圆形柱节点为例，图 4.19 给出不同轴压比（n）情况下节点荷载（P）- 钢管壁应变（ε）滞回关系曲线的骨架线。可见柱顶轴力影响核心区钢管的应力状态，n 越大，节点区钢管初始应变越大，但随着柱顶水平位移的增大，节点区钢管应变发展程度越小，这主要是因为施加水平荷载之前，由轴压力引起的钢管混凝土柱纵向应变将

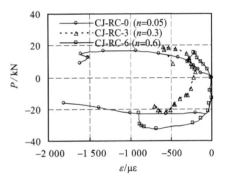

图 4.19　P- 钢管纵向应变（ε）滞回关系曲线骨架线

随着 n 的增大而增大，而施加水平荷载后，钢管中的初始纵向应变将与水平力引起的应变进行叠加而发生变化。

受力过程中钢管应变数值总体上不大，说明钢管混凝土尚有较高的承载能力。

2）钢牛腿的应变。

对试验结果的分析表明，受力过程中钢牛腿翼缘的纵向应变发展不大。而牛腿腹板的应变则随着钢管混凝土柱轴压比的增大有增大的趋势，这是因为牛腿腹板主要承受节点核心区剪力，随着柱轴压比的增大，节点区域剪力也增大，剪应变因此增加。

3）钢筋混凝土梁纵筋应变。

以圆形柱节点为例，图 4.20 给出实测水平荷载（P）与钢筋混凝土梁纵向钢筋应变（ε）滞回关系曲线。可见，加载初期，P-ε 关系呈线性，纵向钢筋变形较小，发展缓慢。混凝土开裂后，原来由混凝土承担的内力发生重分布，并传递给纵向钢筋，使得钢筋受力增大，变形加快，特别是梁屈服以后，钢筋的应变增加更快。

4）钢筋混凝土梁箍筋应变。

以圆形柱节点为例，图 4.21 给出不同轴压比（n）情况下实测水平荷载（P）与钢

筋混凝土梁箍筋应变（ε）滞回关系骨架线。可见，在加载初期，荷载 - 应变关系呈线性，箍筋变形较小，发展缓慢。梁屈服以后，箍筋应变增加较快，随着 n 的增大箍筋应变发展呈现减小的趋势。

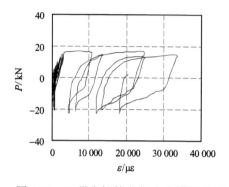

图 4.20　P- 纵向钢筋应变（ε）滞回关系
曲线（CJ-RC-0，$n=0.05$）

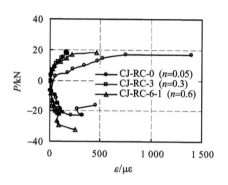

图 4.21　P- 钢筋混凝土梁箍筋应变（ε）
滞回关系曲线骨架线

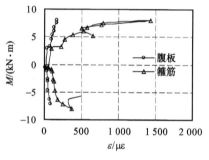

图 4.22　M- 箍筋、钢牛腿腹板横向
应变（ε）关系

以试件 CJ-RC-0 为例，图 4.22 给出受力过程中箍筋应变和牛腿腹板应变的变化情况。可见，箍筋先于牛腿腹板发生屈服。箍筋破坏退出工作后，腹板承担的剪力变大，节点达到极限承载力后并不会发生突然破坏。

试验结果还表明（曲慧，2007），节点试件加载初期，混凝土应变沿梁高变形基本保持直线，截面基本符合平截面假定；随着荷载的增加，钢筋屈服，截面曲率增大显著，裂缝宽度随之扩展并沿梁高向上（下）延伸，中和轴继续上（下）移，受压区高度逐步减少，应变分布由直线变为曲线。受压区混凝土边缘纤维应变迅速增长。

（6）节点极限承载力

采用图 2.251 的方法来确定本节节点试件的屈服点和屈服荷载，各试件的 P_y、Δ_y、P_{max}、Δ_{max} 和 P_u、Δ_u，汇总于表 4.1。图 4.23 所示为轴压比（n）对试件极限荷载 P_{max}

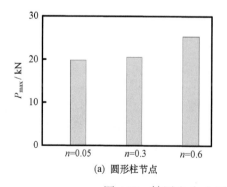

(a) 圆形柱节点

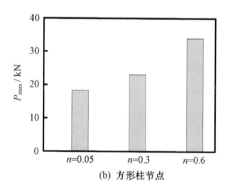

(b) 方形柱节点

图 4.23　轴压比（n）对极限承载力（P_{max}）的影响

的影响。可见随着 n 的增大，方、圆钢管混凝土柱节点的屈服荷载、破坏荷载、极限荷载总体上均有所提高，但是屈服位移、极限位移、破坏位移均变小，说明随着 n 增大，节点的延性降低。方形柱节点受 n 变化的影响较圆形柱节点明显。

（7）节点刚度

EC3（2005）根据节点的初始转动刚度将钢结构节点进行分类，通过比较节点的初始转动刚度 K_i，将钢结构节点分为刚性节点、半刚性节点和铰接节点（见 3.5.2 节图 3.54 的有关论述）。

表 4.3 给出了本次试验节点的正向、反向节点平均初始弹性刚度，通过与 EC3（2005）中刚性节点界限的比较可见，本次试验的节点试件的初始刚度均大于规范 EC3（2005）中的刚性节点界限，即 $k_b(EI)_b/L_b$（对于支撑框架，$k_b=8$，其他框架 $k_b=25$），因此，若按此标准判断，本节试验节点形式属于刚性节点。

表 4.3　节点刚性比较

序号	试件编号	节点极限弯矩 /（kN·m）	正向、反向节点平均初始弹性刚度 /（×10⁵kN·m）	$[(EI)_b/L_b]$ /（×10⁵kN·m）	$[8(EI)_b/L_b]$ /（×10⁵kN·m）	$[25(EI)_b/L_b]$ /（×10⁵kN·m）
1	CJ-RC-0	7.48	2.33	0.027 3	0.219	0.683
2	CJ-RC-3	15.48	2.22	0.027 3	0.219	0.683
3	CJ-RC-6-1	21.02	2.04	0.027 3	0.219	0.683
4	CJ-RC-6-2	27.23	1.87	0.027 3	0.219	0.683
5	SJ-RC-0	6.96	2.35	0.032 8	0.262	0.82
6	SJ-RC-3	19.17	1.69	0.032 8	0.262	0.82
7	SJ-RC-6-1	31.56	3.13	0.032 8	0.262	0.82
8	SJ-RC-6-2	33.15	2.26	0.032 8	0.262	0.82

Hasan 等（1998）对 134 个钢结构节点刚性进行了研究，分析了节点的初始弹性刚度，认为刚性节点的最小初始弹性刚度为 $1.13×10^5$kN·m。本次试验节点的初始刚度在 $1.69～3.13$（$×10^5$kN·m），均大于钢结构刚性节点的最小初始弹性刚度限值。

（8）强度及刚度退化

1）强度退化。

同 3.2.3 节类似，分别采用同级荷载强度退化系数 λ_i［见公式（3.2）］和总体荷载退化系数 λ_j［见公式（3.3）］分析了本次试验试件的强度退化规律。

以圆形柱节点为例。图 4.24 给出了不同轴压比（n）情况下节点试件的 λ_i-Δ/Δ_y 曲线，图 4.25 为不同轴压比（n）情况下试件的总体荷载下的 λ_j-Δ/Δ_y 关系曲线。可见，节点在位移达到 Δ_y 后都有较长的水平段，即使达到破坏荷载（即 $0.85P_{max}$）通常仍能继续承受荷载。轴压比为 0.05 时，节点的总体强度退化最小；轴压比分别为 0.3、0.6 时，在达到 P_{max} 之前，强度退化并不是很明显；达到 P_{max} 之后，强度退化加剧，且随着 n 的增大，强度退化的趋势趋于明显。

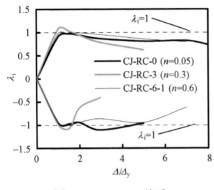

图 4.24　λ_i - Δ/Δ_y 关系

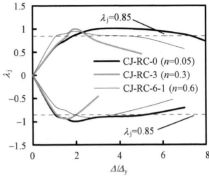

图 4.25　λ_j - Δ/Δ_y 关系

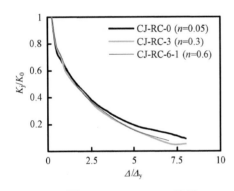

图 4.26　K_j/K_0 - Δ/Δ_y 关系

2）刚度退化。

采用同级变形下的环线刚度来描述试件的刚度退化情况，环线刚度 K_j 计算按式（3.4）进行。图 4.26 所示为不同轴压比（n）下 K_j/K_0 - Δ/Δ_y 关系曲线，其中 K_0 为第一级加载位移时的环线刚度。可见，节点的环线刚度退化随 n 的增大变化不明显。

（9）延性与耗能

1）节点延性。

采用位移延性系数和转角延性系数来研究节点的延性特性。根据图 2.251 中所述节点承载力指标的确定方法，得到本节试验试件的屈服位移 Δ_y 和破坏位移 Δ_u 列于表 4.1 中，按上述方法得到其屈服位移角 θ_y、极限位移角 θ_u 以及位移延性系数 μ 和位移角延性系数 μ_θ，如表 4.4 所示。其中的弹性层间位移角限值 $[\theta_e]=1/300$，弹塑性层间位移角限值 $[\theta_p]=1/50$，参考《建筑抗震设计规范》[（GB 50011—2001）（2002）]［GB 50011—2010（2016）]确定。

表 4.4　节点延性与耗能指标

序号	试件编号	θ_y	θ_u	μ	μ_θ	$\theta_u/[\theta_e]$	$\theta_u/[\theta_p]$	耗能 /（kN·m）	等效黏滞阻尼系数 h_e	能量耗散系数 E
1	CJ-RC-0	0.005 4	0.039	7.2	7.2	11.7	1.9	0.376	0.18	1.11
2	CJ-RC-3	0.006 3	0.027	5.0	5.0	8.0	1.3	0.469	0.21	1.39
3	CJ-RC-6-1	0.004 8	0.026	5.3	5.3	7.7	1.3	0.617	0.22	1.40
4	CJ-RC-6-2	0.006 1	0.027	4.5	4.5	8.2	1.4	0.599	0.23	1.44
5	SJ-RC-0	0.007 8	0.035	4.4	4.4	10.4	1.7	0.194	0.11	0.67
6	SJ-RC-3	0.005 5	0.022	4.1	4.1	6.7	1.1	0.294	0.18	1.11
7	SJ-RC-6-1	0.004 6	0.025	5.3	5.3	7.3	1.2	0.327	0.19	1.20
8	SJ-RC-6-2	0.004 8	0.019	4.0	4.0	5.8	1.0	0.885	0.26	1.61

从表 4.4 中可见，8 个节点的位移延性系数 $\mu=4\sim7.2$。随着钢管混凝土柱轴压比

（n）的增大，圆、方钢管混凝土柱节点的延性均有所降低；方钢管混凝土柱节点受其影响相对较大，如图 4.27 所示。

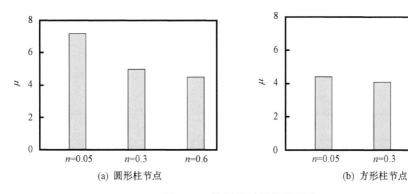

(a) 圆形柱节点　　　　　　　　　　　(b) 方形柱节点

图 4.27　轴压比对延性的影响

2）节点耗能。

计算得到的试件到达极限状态时滞回环的等效黏滞阻尼系数 h_e 和能量耗散系数 E 汇总于表 4.4 中。

从表 4.4 可见，随着钢管混凝土柱轴压比（n）的增大，节点的 h_e 和 E 有增大的趋势，说明节点的耗能能力随着轴压比的增大而有所增长。试件的等效黏滞阻尼系数 h_e＝0.11～0.26。

4.2.4　小结

本节进行了 8 个圆、方钢管混凝土柱 - 钢筋混凝土梁节点的低周往复荷载试验。在此基础上，对不同轴压比下节点的破坏模态、滞回特征、骨架线、剪切变形、钢筋、钢牛腿、钢管和混凝土的应变特征、延性和耗能性能进行了分析和研究。

4.3　钢管约束混凝土柱 - 钢筋混凝土梁连接节点的试验研究

如 2.2 节所述，钢管约束混凝土（steel tube confined concrete，STCC）柱由于其钢管在节点连接处断开（如图 2.1 所示），其节点区的构造处理可参考钢筋混凝土结构梁 - 柱连接节点的有关方法进行。

本书作者课题组对钢管约束混凝土柱 - 钢筋混凝土梁节点的滞回性能进行了研究（王再峰，2006），以截面形式（圆形和方形）和轴压比为参数，进行了该类节点的滞回性能试验研究。分析了节点承载力、延性、刚度以及耗能性能的变化规律。

4.3.1　试验概况

共进行了 8 个钢管约束混凝土柱 - 钢筋混凝土梁中柱节点试件的试验研究，节点的具体构造形式如图 4.28 所示。

钢筋混凝土梁和钢管约束混凝土节点区部分的配筋计算参考了规范 GB 50010—2002（2002）。为避免节点核心区发生先于梁或柱的破坏，节点核心区柱的配筋保证其截面

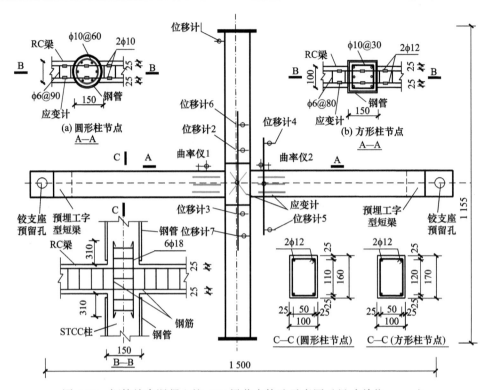

图 4.28　钢管约束混凝土柱 -RC 梁节点构造示意图（尺寸单位：mm）

的承载力不低于对应钢管混凝土柱的截面承载力。

表 4.5 给出了节点试件的详细信息，STCCJ 代表钢管约束混凝土柱节点，横线后面的字母表示柱截面形状，S 代表方形，C 代表圆形，字母后面的数字代表轴压比，0 表示轴压比为 0.05，3 表示轴压比为 0.3，6 表示轴压比为 0.6；参数相同的两个试件分别再用后缀 1 和 2 区分。

表 4.5　试件尺寸及参数

柱截面类型	试件编号	轴压力 N_o/kN	轴压比 n	开裂状态		屈服状态		极限状态		破坏状态	
				P_{cr}/kN	Δ_{cr}/mm	P_y/kN	Δ_y/mm	P_{max}/kN	Δ_{max}/mm	P_u/kN	Δ_u/mm
圆形	STCCJ-C0	40	0.05	6.5	3.0	10.2	8.4	18.0	23.5	15.3	63.5
	STCCJ-C3	221	0.3	8.5	3.0	11.5	5.5	18.7	16.4	15.9	39.4
	STCCJ-C61	442	0.6	9.8	1.5	13.8	4.4	23.2	17.6	19.7	30.3
	STCCJ-C62	442	0.6	10.7	1.5	14.1	4.5	24.0	16.3	20.4	29.4
方形	STCCJ-S01	48	0.05	8.1	3.0	17.0	10.2	25.6	22.9	21.7	70.1
	STCCJ-S02	48	0.05	7.5	3.0	17.7	10.1	26.1	24.1	22.1	68.0
	STCCJ-S3	285	0.3	11.3	4.2	17.9	6.3	28.2	17.0	24.0	38.6
	STCCJ-S6	570	0.6	10.5	1.5	19.3	5.6	31.9	17.2	27.1	32.1

表 4.5 中圆形柱截面尺寸为 $D×t=150\text{mm}×1.38\text{mm}$，和其连接的钢筋混凝土梁尺寸（宽 × 高）为 $b×h=100\text{mm}×160\text{mm}$，梁截面配筋上部及下部均为 2φ10，梁柱线

刚度比为 $k=i_b/i_c=0.328$，计算方法同 4.3.2 节，其中钢管约束混凝土柱的刚度按照钢管混凝土柱的公式计算。方形柱截面为 $B\times t=150\text{mm}\times1.38\text{mm}$，和其连接的梁尺寸为 $b\times h=100\text{mm}\times170\text{mm}$，梁截面配筋上部及下部均为 $2\phi12$，梁柱线刚度比为 $k=0.274$。钢管约束混凝土柱高度均为 $H=1.155\text{m}$，梁跨度均为 $L=1.5\text{m}$。

节点的柱和梁的混凝土同批浇捣完成。

本节试验节点试件的材料（混凝土和钢材）与 4.2 节钢管混凝土柱 -RC 梁节点试件相同。试验装置、量测内容、测点布置等同 4.2 节中的钢管混凝土柱 -RC 梁节点，RC 梁中钢筋的应变布置如图 4.28 所示。

钢管约束混凝土柱顶盖板开一个直径为 80mm 的圆孔，用于浇灌混凝土，钢管约束混凝土柱顶的盖板先不焊接，待混凝土浇筑完后直接将盖板固定。对于钢管约束混凝土柱在盖板以下、底板以上和节点处梁上下的柱钢管均采用点焊的方式连接，当混凝土养护完毕后将点焊处切开，以形成钢管约束混凝土。为避免柱端头因为钢管断开而引起的承载力下降，通过在盖板和底板中心各加焊一段钢管来加强。

本次试验的试验装置、加载程序及数据采集均与 4.2.1 节论述的试件相同。

4.3.2　试验现象

在试验过程中，对各个试件的全过程进行了观测，不同的柱截面形式和轴压比下试件的破坏形式会有所区别，但试件最终破坏模态基本类似。

下面分别以圆形柱节点 STCCJ-C3 和方形柱节点 STCCJ-S3 为例，说明试件试验过程中的现象。

圆形钢管约束混凝土柱节点 STCCJ-C3，当加载到 $0.25\Delta_y$ 时，试件并没有明显变化。在经历 $0.5\Delta_y$ 的第一循环加载后，梁底面处出现微小裂缝，裂缝宽度大约为 0.03mm。位移加载到 $0.7\Delta_y$ 的第一循环时，梁的受拉顶面靠近柱边处出现直裂缝，裂缝宽度 0.04mm，梁底面有新的直裂缝出现，位置远离节点区。加载到 Δ_y 时，梁顶面和底面靠近节点区的几条直裂缝在梁侧面贯通，梁顶面远离节点区也开始出现大量直裂缝。加载 $1.5\Delta_y$ 过程中，裂缝相对比较稳定，但原有裂缝不断开展，梁侧面裂缝宽度最大达到 0.35mm。加载到 $2\Delta_y$ 时，核心区上角处有一条细小的斜裂缝出现，而梁上裂缝进入稳定发展的阶段，远离节点区的上下直裂缝逐渐贯通。

加载到 $3\Delta_y$ 第一循环过程中，已有的裂缝继续扩展变宽，反向荷载达到了峰值。$5\Delta_y$ 时，荷载正向达到峰值点，核心区的斜裂缝逐渐增多，梁上直裂缝开始向斜向发展，梁端靠近节点处形成了一条完全贯通的主裂缝，已经明显出现了塑性铰的破坏模态，此时水平荷载开始下降。

加载到 $7\Delta_y$ 时，主裂缝进一步发展，荷载继续下降，核心区的斜向裂缝有所增加，且在边角处出现一条竖向直裂缝。加荷载到 $8\Delta_y$ 时，核心区裂缝形成交叉，梁端塑性铰区的部分混凝土开始剥落。试验结束后节点的破坏形态如图 4.29 所示。

方形钢管约束混凝土柱节点 STCCJ-S3 加载到 $0.5\Delta_y$ 时，梁底出现 0.06mm 宽的裂缝。加载到 $0.75\Delta_y$，梁侧面出现直裂缝，和梁底处直裂缝相交并向梁底延伸，梁顶处也出现直裂缝。加载到 Δ_y 时，核心区出现 0.1mm 的斜裂缝。梁顶和梁底的裂缝开始不断增多。

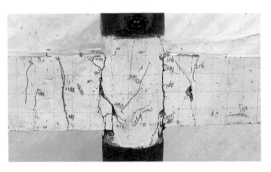

图 4.29　典型节点破坏形态（STCCJ-C3, $n=0.3$）

加载到 $1.5\Delta_y$ 时，梁上裂缝进一步增加，宽度增大，核心区的斜向裂缝继续扩展。到 $2\Delta_y$ 时，梁顶和梁底的裂缝陆续在梁的侧表面贯通，核心区变化不明显。加载到 $3\Delta_y$ 时，水平荷载达到峰值。

加载到 $5\Delta_y$ 时，水平荷载开始下降，混凝土开始出现剥落。加载到 $7\Delta_y$ 时，梁端塑性铰区破坏严重，裂缝宽度加大，混凝土剥落严重。

　　钢管约束混凝土柱节点试件都发生了梁端塑性铰的破坏模式，节点核心区的裂缝较少，加载过程中先在塑性铰形成处的梁底出现横向裂缝。随着加载的继续，在远离柱的方向陆续出现类似的横向裂缝；梁底横向裂缝逐渐向梁的侧面延伸，与梁顶的横向裂缝交叉，裂缝贯通。随着梁端塑性铰区的裂缝迅速开展，裂缝变宽，钢筋屈服，最后部分混凝土剥落。圆形钢管约束混凝土柱节点核心区的斜向裂缝较少，宽度较小，而方形钢管约束混凝土柱节点核心区的剪切斜向裂缝更明显，且轴压比较小的 STCCJ-S01、STCCJ-S02 和 STCCJ-S3 沿主对角线方向形成了 X 形的斜向主裂缝。

　　轴压比（n）对节点破坏模态有一定影响。$n=0.05$ 时节点核心区出现的裂缝较多，且宽度较宽，$n=0.3$ 时次之，$n=0.6$ 时节点的斜向裂缝较少，也即在一定范围内，轴力的存在对核心区混凝土抗剪能力的提高是有利的。

4.3.3　试验结果及分析

（1）$P\text{-}\Delta$ 滞回关系

　　实测的节点柱端水平荷载（P）-水平位移（Δ）滞回关系曲线如图 4.30（圆柱节点）和图 4.31（方柱节点）所示。可见 $P\text{-}\Delta$ 滞回关系曲线随着水平位移加大，曲线越来越饱满，除了 $n=0.05$ 的试件有一定的捏缩以外，其他试件滞回曲线较为饱满。随着水平位移的加大，加载时的刚度有逐渐退化的趋势。卸载刚度基本保持弹性，与初始加载

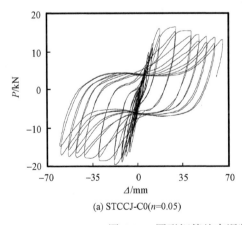

(a) STCCJ-C0($n=0.05$)

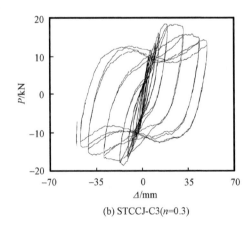

(b) STCCJ-C3($n=0.3$)

图 4.30　圆形钢管约束混凝土节点 $P\text{-}\Delta$ 滞回关系曲线

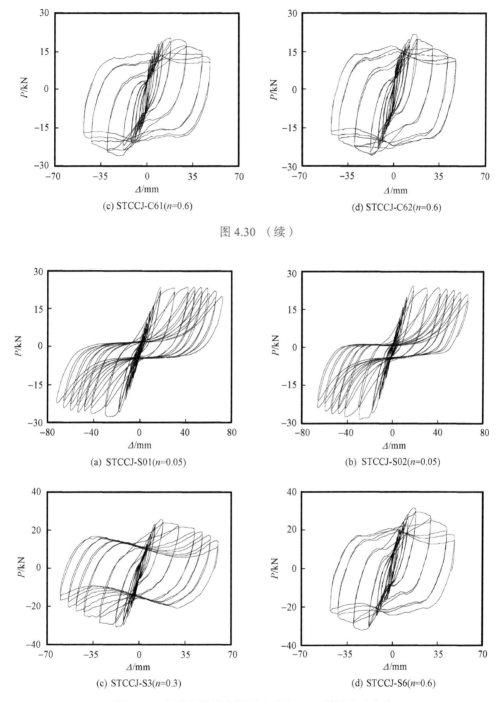

(c) STCCJ-C61(n=0.6)　　　　　　(d) STCCJ-C62(n=0.6)

图 4.30　（续）

(a) STCCJ-S01(n=0.05)　　　　　　(b) STCCJ-S02(n=0.05)

(c) STCCJ-S3(n=0.3)　　　　　　(d) STCCJ-S6(n=0.6)

图 4.31　方形钢管约束混凝土节点 P-Δ 滞回关系曲线

时的刚度大体相同。

　　轴压比（n）越大，试件到达峰值点后的荷载下降趋势越快，而 n=0.05 的试件，荷载经历了较长的水平段，下降并不明显。随着轴压比（n）的增大，节点的滞回曲线变得更为饱满。这与钢筋混凝土节点的性质较类似，即轴力在一定范围内对提高节点的抗震性能是有利的。对比钢管约束混凝土柱节点两种截面形式，可以看到，圆钢管约束混凝土柱节点的滞回曲线更加饱满，说明圆钢管约束混凝土柱节点的抗震性能总体上优于方形钢管约束混凝土柱节点。

图 4.32 给出了不同轴压比（n）情况下试件的 P-Δ 滞回关系曲线的骨架线，可见，随着 n 的增加，P-Δ 骨架线的初始刚度会有一定程度的提高，到达峰值点后的曲线随着轴压比的增大而变陡，承载力的下降比较快，试件的变形能力降低；$n=0.05$ 的试件，P-Δ 骨架曲线在到达峰值点之后将趋于平缓，曲线下降不明显，试件变形能力较大。

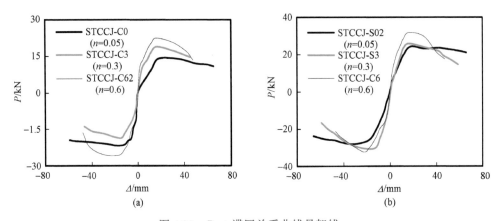

图 4.32　P-Δ 滞回关系曲线骨架线

从本次试验结果来看，轴压比增加，承载力并没有降低，反而还有所增大。可见一定条件下轴力对于钢管约束混凝土柱节点的承载能力是有利的，主要原因是在一定的剪压比的条件下，轴力的存在推迟了核心区内钢筋的黏结退化，从而避免了核心混凝土发生斜压破坏，因此承载力会随着轴力的增加有一定的提高。

（2）节点弯矩（M_j）-梁柱相对转角（θ_r）关系

图 4.33 给出了节点试件典型的节点弯矩（M_j）-梁柱相对转角（θ_r）滞回关系曲线。以圆形柱节点为例，图 4.34 给出了不同轴压比（n）情况下的 M_j-θ_r 滞回关系曲线的骨

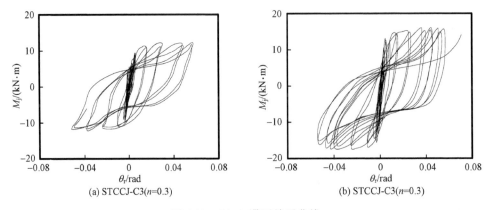

图 4.33　M_j-θ_r 滞回关系曲线

架线。

可见，$M_j\text{-}\theta_r$ 滞回关系曲线饱满，试件屈服之前，$M_j\text{-}\theta_r$ 关系曲线基本呈直线变化，且转角较小，发展比较缓慢；试件屈服以后，随着柱端位移的逐步增大，相对转角 θ_r 迅速增大。随着 n 的增大，试件的初始刚度有下降的趋势。圆形钢管约束混凝土柱节点 $M_j\text{-}\theta_r$ 滞回关系曲线比方钢管约束混凝土柱节点更为饱满。

（3）节点承载力

本次节点试件的 P_y、Δ_y、P_{max}、Δ_{max} 和 P_u、

图 4.34　$M_j\text{-}\theta_r$ 滞回关系曲线骨架线

Δ_u 汇总于表 4.5。同时，定义节点试验中梁端受拉区开裂时所对应的水平荷载为开裂荷载（P_{cr}），对应的水平位移为开裂位移（Δ_{cr}），也列于表 4.5 中。

图 4.35 所示为轴压比（n）对钢管约束混凝土柱 - 钢筋混凝土梁节点的极限承载力（P_{max}）的影响，可见，对于圆柱节点，当 $n<0.3$ 时，极限承载力相差不大，且随着 n 的增大，承载力稍有提高，但 $n=0.6$ 时的承载力有较大提高。对于方柱节点，也表现出类似规律。

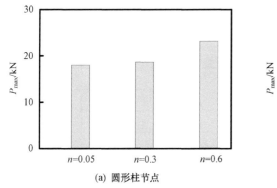

(a) 圆形柱节点

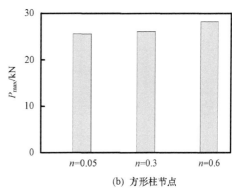

(b) 方形柱节点

图 4.35　轴压比（n）对极限承载力（P_{max}）的影响

表 4.5 中的开裂荷载（P_{cr}）也显现出类似的规律。

（4）刚度退化

以圆形柱节点为例，图 4.36 给出 $K_j/K_0\text{-}\Delta/\Delta_y$ 关系曲线，其中 K_j 为环线刚度［如式（3.4）所示］，K_0 为试件屈服点对应的环线刚度。可见，n 对环线刚度曲线具有一定的影响，轴压比较小时（$n \leqslant 0.3$），n 的增大使刚度退化的趋势有所变缓；当轴压比较大时（$n>0.3$），随着 n 的增大，刚度的退化有加剧的趋势。

（5）核心区抗剪性能分析

以圆形柱节点为例，图 4.37 给出了试件的节点核心区剪力（V_j）- 剪切角（γ）关系曲线。可见，$V_j\text{-}\gamma$ 曲线没有明显下降段，说明此类节点核心区具有良好的抗剪能力。

（6）延性和耗能

根据试件的屈服位移 Δ_y 及破坏位移 Δ_u，可得到其屈服位移角 θ_y、破坏位移角 θ_u

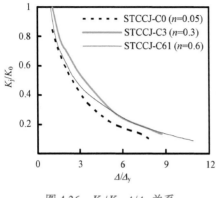

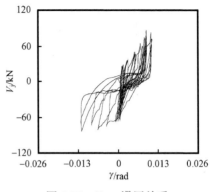

图 4.36　K_j/K_0-Δ/Δ_y 关系　　　　　图 4.37　V_j-γ 滞回关系

以及位移延性系数 μ 和位移角延性系数 μ_θ，如表 4.6 所示。等效黏滞阻尼系数 h_e，如表 4.6 所示。

表 4.6　实测节点延性系数和黏滞阻尼系数

试件编号	θ_y	θ_u	μ	μ_θ	h_e
STCCJ-C0	0.007 3	0.055	7.6	7.6	0.18
STCCJ-C3	0.004 8	0.034	7.2	7.2	0.2
STCCJ-C61	0.003 8	0.026	6.9	6.9	0.25
STCCJ-C62	0.003 9	0.025	6.5	6.5	0.25
STCCJ-S01	0.008 8	0.061	6.9	6.9	0.17
STCCJ-S02	0.008 7	0.059	6.7	6.7	0.15
STCCJ-S3	0.005 5	0.033	6.1	6.1	0.17
STCCJ-S6	0.004 8	0.028	5.7	5.7	0.22

　　图 4.38 所示为柱轴压比（n）对钢管约束混凝土柱 - 钢筋混凝土梁节点的位移延性的影响。可见，随着 n 的增加，节点的 μ 总体上呈下降趋势，但在本次试验参数的范

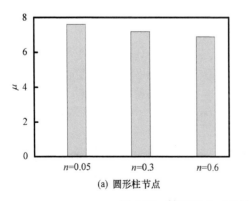

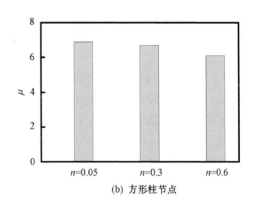

图 4.38　轴压比（n）对位移延性系数（μ）的影响

围内，n 对延性的影响并不显著。

以圆形柱节点为例，图 4.39 所示为不同柱轴压比（n）情况下 h_e-Δ/Δ_y 关系，可见 n 的变化对 h_e 的影响总体上并不显著。加载位移在达到 $4\Delta_y$ 之前，随着 n 的增大，h_e 有一定的增加，此后，n=0.3 试件的 h_e 随 Δ 的增加而明显增大，n=0.6 试件的 h_e 随 Δ 的增加也有所增大，而 n=0.05 试件的 h_e 随 Δ 的增加呈现出先增大而后降低的趋势。

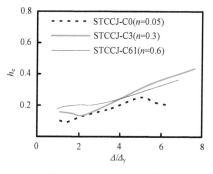

图 4.39　h_e-Δ/Δ_y 关系

4.3.4　小结

本节进行了钢管约束混凝土柱 -RC 梁节点的试验研究，根据试验结果，对节点荷载 - 位移滞回关系曲线和骨架线，节点弯矩 - 梁柱相对转角滞回关系曲线和骨架线进行了分析，确定了节点的开裂荷载、屈服荷载和破坏荷载，研究了节点刚度退化、节点延性和耗能情况。

根据试验结果分析了试验参数对于节点承载力、刚度以及延性和耗能等的影响规律。结果表明，钢管约束混凝土柱 -RC 梁节点总体上具有良好的抗震性能。

4.4　带楼板的钢管混凝土柱 - 钢筋混凝土梁连接节点

4.4.1　试验概况

实际工程中的钢管混凝土柱 - 钢筋混凝土梁连接节点都是带楼板工作的。作者结合某实际地铁工程进行了该类节点力学性能的试验研究，具体工作包括①进行了两个钢管混凝土柱 - 钢筋混凝土单梁中节点（一个钢管混凝土柱两侧带钢筋混凝土梁板，其中梁端单调加载和往复加载各一个试件）模型承载力的试验研究；②进行了两个钢管混凝土柱 - 钢筋混凝土双梁中节点（一个钢管混凝土柱两侧带钢筋混凝土梁板，其中梁端单调加载和往复加载各一个试件）模型承载力的试验研究。

通过上述试验，初步研究了带楼板的钢管混凝土柱 - 钢筋混凝土梁连接节点的力学性能和构造措施的影响。

（1）试件设计

实际地铁结构中的钢管混凝土柱和钢筋混凝土梁构件尺寸均较大，由于实验室加载能力和空间等条件限制，试验时需对试件进行必要缩尺。梁、柱截面几何尺寸按与原型结构 1：4 进行缩尺，柱轴向荷载和钢筋混凝土梁配筋等和相关构造措施等由实际工程设计单位提供并确认。柱高度为 1.4m，梁跨度为 3.45m。

单梁节点采用纵筋焊接于外环板的构造形式，环板与钢管焊接。分别在钢筋混凝土梁的上部及下部纵筋位置处设置了圆形环板，梁的纵筋在和钢管相交处断开，直接焊接于上下环板上，其中下环板处设置了牛腿，并设置了竖向加劲肋以承受剪力，节点的具体构造如图 4.40 所示。

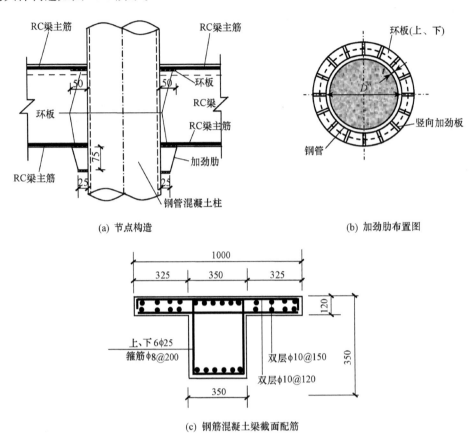

(a) 节点构造　　　　　　　　　　　　(b) 加劲肋布置图

(c) 钢筋混凝土梁截面配筋

图 4.40　钢管混凝土柱 -RC 单梁节点构造示意（尺寸单位：mm）

　　双梁节点也采用环板式构造，在节点域的钢管混凝土柱上设置了圆形环板，环板之间设置了竖向加劲肋，环板位置接近钢筋混凝土梁下部纵筋。框架梁在节点处分为横向双梁（HL1 和 HL2）和纵向双梁（KL1 和 KL2），如图 4.41（1）所示。图 4.41（2）为双梁节点构造示意图。

　　本次试验梁 - 柱连接节点模型试件的几何尺寸、荷载参数等汇总于表 4.7，其中，N_o 为作用在钢管混凝土柱上恒定的轴压力，n 为柱轴压比，$n=N_o/N_u$，即试验时柱上施加的轴向荷载 N_o 与柱的极限承载力标准值 N_u 之比值。计算 N_u 时采用了实测的材料强度指标。

表 4.7　节点模型试件信息汇总

试件类型	试件编号	梁截面 /mm	轴压力 N_o/kN	轴压比 n
单梁中柱节点	CJ-RC-1（单调加载）	350（宽）×350（高）	1 830	0.6
	CJ-RC-2（往复加载）	350（宽）×350（高）	1 830	0.6
双梁中柱节点	CJ-RC-3（单调加载）	2×250（宽）×350（高）	1 830	0.6
	CJ-RC-4（往复加载）	2×250（宽）×350（高）	1 830	0.6

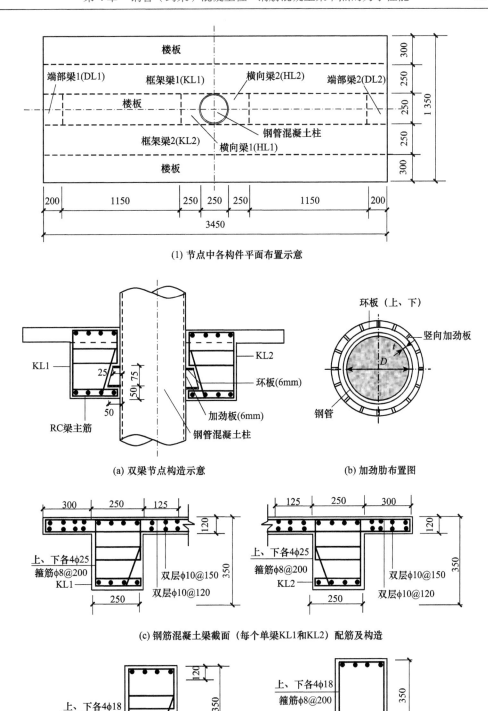

(1) 节点中各构件平面布置示意

(a) 双梁节点构造示意　　　(b) 加劲肋布置图

(c) 钢筋混凝土梁截面（每个单梁KL1和KL2）配筋及构造

(d) 节点处横向梁（HL1和HL2）配筋　　　(e) 加载端梁（DL1和DL2）截面构造

(2) 剖面图

图 4.41　钢管混凝土柱 -RC 双梁节点构造示意（尺寸单位：mm）

节点设计时考虑了楼板的影响，对于单梁节点设置宽度 1m 的钢筋混凝土楼板单元，而双梁节点则设置了总宽度为 1.3m 的楼板。楼板厚度为 120mm，设置上下两层钢筋，纵向钢筋为 φ10@120，横向钢筋为 φ10@150。单梁节点的 RC 梁的上部纵筋为 6φ25，双梁节点每梁的上部纵筋为 4φ25。考虑到有往复加载试验，试件的梁板构件上下截面配筋相同，梁箍筋按照 φ8@200 配置。节点处的横向钢筋混凝土单梁和加载端梁截面配筋为上、下部纵筋均为 4φ18，箍筋 φ8@200。

试件的钢管为卷制而成，钢管尺寸为 φ250mm×6mm。先按所要求的长度做出空钢管，然后再浇筑混凝土。钢管两端设有比截面略大的 16mm 厚盖板，浇灌混凝土前先将一端的盖板焊好，另一端等混凝土浇灌之后再焊接，盖板及空钢管的几何中心对中。

（2）材料性能

钢管采用 Q345 钢，核心混凝土采用 C50 混凝土；钢筋混凝土梁及板的混凝土为 C30，框架梁中的纵筋、箍筋和楼板里的钢筋均采用了热轧钢筋。

试件所用的钢板及钢筋的平均屈服强度（f_y）、抗拉强度（f_u）、弹性模量（E_s）和泊松比（μ_s）等指标汇总于表 4.8。

表 4.8　钢材的材料指标

钢材类型	钢板厚度（或钢筋直径）/mm	f_y/MPa	f_u/MPa	E_s/（×10⁵N/mm²）	μ_s
钢管及环板	6	333.7	491.7	2.06	0.278
钢筋	8	336.4	507.3	2.03	0.273
	10	241.7	466.5	1.93	0.282
	18	417.6	580.7	1.91	0.283
	25	359.4	543.3	2.02	0.277

钢管中的核心混凝土为 C50 自密实混凝土，配合比为水：175kg/m³；普通硅酸盐水泥：350kg/m³；Ⅱ级粉煤灰：200kg/m³；中粗砂：780kg/m³；碎石：950kg/m³；减水剂：13.2kg/m³。混凝土 28 天的强度为 50.5MPa，进行结构试验时的强度为 57.2MPa。实测的弹性模量为 38 400N/mm²。

混凝土从竖立的钢管顶部灌入，不进行任何振捣。试件采用自然养护。

钢筋混凝土梁板混凝土采用 C30 普通混凝土，配合比为水：180kg/m³；普通硅酸盐水泥：208kg/m³；Ⅱ级粉煤灰：95kg/m³；中粗砂：792kg/m³；碎石：1025kg/m³；粒化高炉矿渣粉：65kg/m³。由商品混凝土搅拌站配制，运输到现场进行了浇筑，采用振捣棒振捣密实。混凝土 28 天的强度为 32.4MPa，进行结构试验时的强度为 32.6MPa。实测的弹性模量为 28 600N/mm²。

（3）试验方法

试验时在柱顶施加恒定轴向荷载，在梁端施加竖向单调荷载（对 CJ-RC-1 和 CJ-RC-3 试件）或往复荷载（对 CJ-RC-2 和 CJ-RC-4 试件）。主要量测内容有梁端加载点荷载和位移、节点区相对转角、钢筋混凝土梁内纵筋及箍筋的应变等。

试验装置示意如图 4.42（a）所示；试验时的情景如图 4.42（b）所示。

节点在单调和往复加载下的荷载 - 变形曲线可由 MTS 加载系统进行采集。在节点

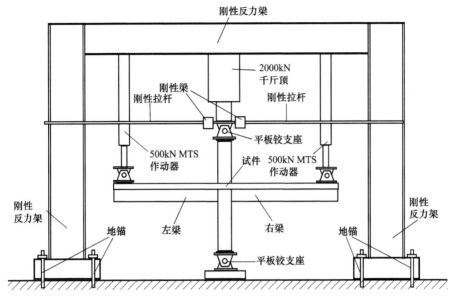

(a) 加载装置示意图

(b) 试验时的情景

图 4.42　节点试件试验装置示意

上下位置处的钢管上，在荷载作用平面内和平面内外均布置双向应变计，用以测试钢管的应变。左右梁端分别布置应变计（对称布置），具体布置位置为：环板外边缘处截面的梁纵筋，最外边 2φ25 及中间 1φ25，上下纵筋均布置；在左右梁荷载作用位置处的箍筋上布置 2 片应变片。采用裂缝放大镜测量混凝土的裂缝宽度。具体测试仪器的布置如图 4.43 所示。

（4）加载制度、加载程序及数据采集

1）单调加载试验。

加载过程中对有关部位的应变或位移进行数据采集。采用慢速连续加载，加载速

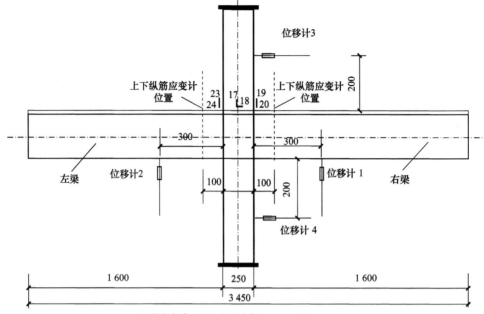

(a) 钢管应变计及节点位移计布置（尺寸单位：mm）

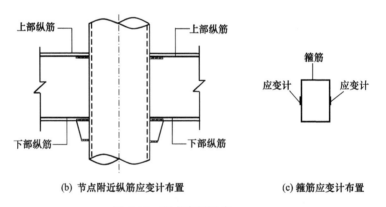

(b) 节点附近纵筋应变计布置　　　　(c) 箍筋应变计布置

图 4.43　测点布置示意

率为 0.5mm/s。试验开始时，先取 $0.4N_0$（N_0 为试验时加载在柱顶的轴力）加、卸载各一次，再加载至 N_0 并保持轴力恒定，然后在梁端施加荷载。当荷载降低到峰值荷载的60% 左右或梁 - 柱节点连接处发生严重破坏时即终止试验。

节点试件梁端荷载 - 位移关系曲线均由 MTS 加载系统自动进行采集，而试件的应变、位移、转角等数据由数据自动采集系统进行采集，并在试验全过程中对钢管混凝土柱、钢筋混凝土梁及节点核心区域的变形和应变进行实时测试。

2）往复加载试验。

试验开始时，先取 $0.4N_0$（N_0 为试验时加载在柱顶的轴力）加卸载一次，再加载至 N_0 并保持轴力恒定，然后在梁端施加往复荷载。

往复加载试验采用拟静力加载方案，根据《建筑抗震试验方法规程》（JG J101—

96）（1997）［ JGJ/T 101—2015（2015）］，采用荷载 - 变形混合控制的加载方法对钢梁在梁端施加竖向往复荷载。加载制度如图 4.44 所示。

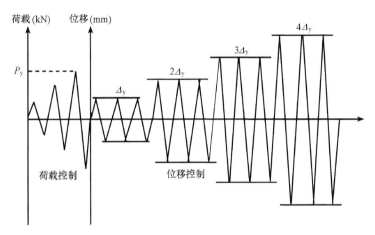

图 4.44 循环加载制度

在结构达到屈服荷载 P_y 前，力与变形基本成线性变化，采用荷载控制并分级加载，接近屈服荷载时减小级差进行加载；当试件屈服后，变形的改变量增大，采用变形控制加载。变形值取试件屈服时的最大位移值，并以该位移的倍数为级差进行控制加载。

具体步骤：屈服前，按照单调加载试件 CJ-RC-1 或 CJ-RC-3 试验所得的屈服荷载 P_y，分四级循环加至 P_y，每级循环 1 次。进入屈服以后，以单调加载试验得到的屈服位移 Δ_y 进行控制，按照 $1\Delta_y$、$2\Delta_y$、$3\Delta_y$、$4\Delta_y$、$5\Delta_y$…分级加载，每级循环 3 次，直至试件破坏。

柱顶竖向轴力由伺服液压加载系统通过 2000kN 竖向千斤顶施加，梁端荷载由 MTS 加载系统施加。轴向压力达到预定值后，持荷 2～3min，然后施加梁端荷载。

当荷载降低到峰值荷载的 60% 左右或梁 - 柱节点连接处发生严重破坏时即停止继续加载。

节点试件梁端荷载 - 位移关系曲线均由 MTS 加载系统自动进行采集，而试件的应变、位移、转角等数据由数据自动采集系统进行采集，并在试验全过程中对钢管混凝土柱、钢筋混凝土梁及节点核心区域的变形和应变进行实时测试。

4.4.2 试验结果及分析

（1）试验结果

1）单调加载试件。

对试件 CJ-RC-1 和 CJ-RC-3 进行了柱端施加恒定轴向荷载，左、右梁端［如图 4.43（a）所示］分别施加竖向单调荷载的试验，试验实测了梁端荷载 - 位移关系及梁内纵筋、箍筋的应变。

图 4.45 给出了实测梁端荷载 - 位移关系曲线，可见试件的 P-Δ 关系曲线具有良好的稳定性，试件的承载能力和延性均较好。

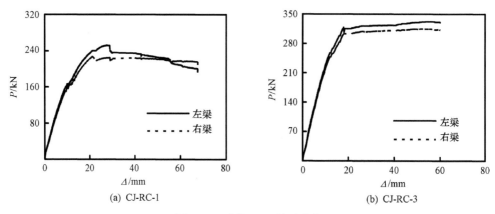

(a) CJ-RC-1　　　　　　　　　　　(b) CJ-RC-3

图 4.45　试件 P-Δ 关系曲线

2）往复加载试件。

对试件 CJ-RC-2 和 CJ-RC-4 进行了柱端施加恒定轴向荷载，左右梁端分别施加往复荷载的试验，实测了梁端荷载 - 位移关系。图 4.46 和图 4.47 分别给出了其梁端荷载 - 位移关系曲线。

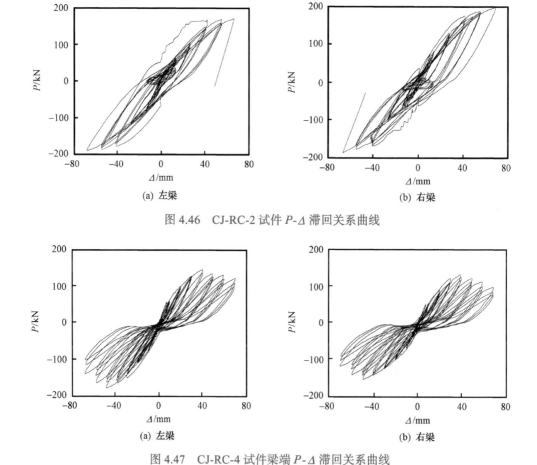

(a) 左梁　　　　　　　　　　　(b) 右梁

图 4.46　CJ-RC-2 试件 P-Δ 滞回关系曲线

(a) 左梁　　　　　　　　　　　(b) 右梁

图 4.47　CJ-RC-4 试件梁端 P-Δ 滞回关系曲线

分别对比图 4.45（a）和图 4.46，以及图 4.45（b）和图 4.47，可见无论单梁节点还是双梁节点试件，单调加载时试件的极限承载力高于往复加载时的承载力，这主要是因为单调加载是属于正向加载，楼板具有有利的贡献，同时节点核心区的共同工作性能要优于往复加载的情况。

（2）试件破坏特征

1）单调加载试件。

对于单调加载试件 CJ-RC-1，当梁端加载到 46.3kN（对应位移为 2mm）时，钢筋混凝土楼板上未见裂缝。当梁端加载到 64kN（对应位移为 2.9mm）时，在板上局部出现微裂缝，出现裂缝的位置距离钢管 70～80mm。当荷载达到 96kN（对应位移为 4.6mm）时，裂缝继续扩展，原先出现的微裂缝扩大，由板上表面逐渐向内延伸，板侧面开始出现微裂缝，但板下表面尚无裂缝出现。

当荷载施加到 128kN（对应位移为 6.7mm）时，板下表面逐渐出现裂缝，与上表面及侧面的裂缝逐渐连为一起，但下表面的裂缝宽度较小。可见裂缝在楼板内由上到下、由外向里逐渐扩展。当荷载加到 160kN（对应位移为 9.4mm）时，在楼板中部处也出现较明显的裂缝，裂缝宽度达 0.2mm，在板根部（位置在节点环板外，距离钢管外表面 70～80mm）的裂缝宽度可达 0.6mm，且所有板上表面的横向裂缝均向板底扩展。当荷载达到 185kN（对应位移为 12.6mm）时，混凝土梁开始出现第一条斜裂缝，随着荷载的继续增加，斜裂缝逐渐扩展，裂缝宽度增加，且裂缝数量逐渐增加。

当荷载达到 220kN（对应位移为 17.25mm）时，梁上裂缝扩展迅速，斜裂缝方向由梁端加载位置向梁根部发展。当荷载达到 252kN（对应位移为 27.9mm）时，荷载达到了峰值，随即荷载开始下降，板的裂缝扩大，有些裂缝已超过 3mm，梁上斜裂缝也继续扩展，个别裂缝宽度超过 4mm，梁根部的混凝土保护层开始部分剥落，能看到节点域钢筋及环板。当加载到 68mm 时（对应的荷载为 193kN），梁裂缝及变形十分严重。

图 4.48 给出节点试件的梁端荷载与梁根部附近截面（如图 4.43 所示）钢筋混凝土梁上部受拉纵筋的应变关系，可见总体上，左右梁上部纵筋的应变发展较为一致，在荷载达到其峰值时，钢筋的应变为 1835με，已超过其屈服应变 ε_y。

在试验过程中，环板节点区域附近没有出现明显的裂缝，从最终保护层剥落位置来看，焊接在环板上的钢筋均保持焊缝良好。从试验过程来看，环板没有明显的变形，钢筋与环板能很好地共同工作。通过对部分钢筋应变的测试，发现钢筋逐渐达到屈服，承载力有开始下降的趋势。另外，在试验过程中，钢管混凝土柱没有明显的破坏特征。

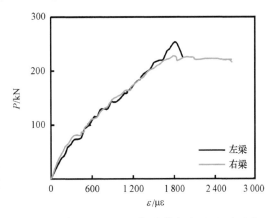

图 4.48　荷载（P）- 上部纵筋应变（ε）关系曲线（CJ-RC-1）

试件 CJ-RC-1 在试验结束时的典型破坏模态如图 4.49（a）所示，裂缝主要集中在节点区域与荷载作用点之间，且以受弯和受剪共同作用的斜裂缝为主。楼板上表面的横向弯曲裂缝在贯通后扩展速度变缓慢，而梁上的裂缝扩展迅速。

图 4.49（b）所示为试验结束后柱底环板附近的破坏状态，由于加载位移较大，梁下部的混凝土被压碎而脱落严重，但钢筋和环板的连接尚好，且环板未见明显变形。

(a) 整体　　　　　　　　　　　　　　　　　　(b) 环板及纵筋

图 4.49　CJ-RC-1 试件破坏状态

对于试件 CJ-RC-3，当梁端加载到 60.4kN 时，在板上局部出现微裂缝，出现裂缝的位置距离钢管大约 210mm，此时对应的梁端竖向位移为 2.3mm。楼板裂缝的位置为节点区域横向框架梁以外处（横向框架梁宽度为 200mm）。

当梁端加载到 85kN 时，板微裂缝继续扩展，此时对应的梁端竖向位移为 3.2mm。当荷载达到 127kN 时，对应的梁端竖向位移为 5.2mm，此时楼板的横向裂缝继续扩展，原先出现的微裂缝扩大，由板上表面逐渐向内延伸，板侧面开始出现微裂缝，但板下表面尚无裂缝出现。在每边楼板的横向框架梁与加载点之间位置的楼板处也开始出现横向裂缝，裂缝宽度大约 0.1mm。

当荷载施加到 170kN 时，对应的梁端位移为 7.2mm，此时楼板下表面逐渐出现裂缝，与上表面及侧面的裂缝逐渐连为一起，上表面裂缝达到 0.2mm 左右，但下表面的裂缝较小。可见，裂缝在楼板内由上到下、由外向里逐渐扩展。当荷载加到 212kN 时，对应加载位移为 9.3mm，此时楼板的横向裂缝上下贯通，上表面裂缝宽度达 0.5mm。当荷载加到 255kN 时，对应加载位移为 12mm，此时楼板的横向裂缝继续扩展，裂缝宽度继续扩大，钢筋混凝土梁开始出现斜裂缝，斜裂缝位置在加载点与柱中间的位置，梁的裂缝宽度很小。

当荷载加到 293kN 时，对应加载位移为 16mm，楼板裂缝继续扩大，钢筋混凝土梁的斜裂缝也继续扩大，裂缝宽度达到了 1mm。当荷载加到 310kN 时，对应加载位移为 18mm，楼板裂缝继续扩展，在每侧楼板上基本平行地出现了三四道裂缝，最大裂缝宽度达 3mm。梁的斜裂缝也继续扩大，裂缝宽度达到了 2mm 左右。随着荷载的继续增加，楼板裂缝一直在扩大，且钢管与混凝土梁顶面接触处开始出现局部脱开，脱开距离达 1mm 以上。在斜裂缝扩展的同时，节点域处的钢筋混凝土梁开始出现竖向的弯曲裂缝，裂缝一直扩展，且与两侧梁的斜裂缝有逐渐贯通的趋势。

当加载到 60mm 时，楼板的裂缝开展很大，最大裂缝宽度达到了 6mm 左右，而梁的竖向弯曲裂缝和斜裂缝的最大宽度接近 3mm。节点域的钢管和混凝土梁顶面的脱开距离也越来越大，最终的脱开距离达到了 3mm 以上。

在试验过程中，双梁节点区域附近没有出现明显裂缝，横向框架梁虽然尺寸较小（梁宽 200mm）且配筋较少（上下 4ϕ18），试验结束时横向框架梁上有斜裂缝出现，但宽度不大，试验停机时裂缝宽度约 0.2mm，但节点下部的双梁节点区域没有明显的裂缝出现。钢管混凝土柱和双梁（纵向及横向）之间有明显的脱离现象，但节点的整体性始终较好，承载力和刚性都较大。试验过程中通过对部分钢筋应变的测试，可见钢筋已达到屈服，但承载力继续缓慢增加，主要原因是虽然混凝土已开裂，但钢筋尚有强化强度的贡献，使得荷载尚无明显的下降。图 4.50 给出节点试件的梁端荷载（P）与梁根部附近截面上部纵筋的应变（ε）关系，可见从总体上来看，左右梁上部受拉纵筋的应变发展比较一致，在荷载达到其峰值时，钢筋的应变为 2270με，已超过其屈服应变 ε_y，可见钢筋的强化对承载力具有一定的贡献。

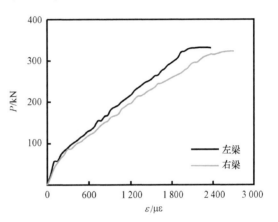

图 4.50　荷载（P）- 上部纵筋应变（ε）关系曲线（CJ-RC-3）

图 4.51 所示为节点 CJ-RC-3 试件在试验结束时对应的破坏状态。由图 4.51（a）可见，在节点区域附近的楼板和梁上有明显的弯曲裂缝。楼板上的弯曲裂缝在柱两侧具有对称的分布和接近的裂缝宽度，如图 4.51（a）和（b）所示。试验结束时，可明显看到柱与梁板交界处有明显的脱开现象，如图 4.51（c）所示。

(a) 梁板裂缝　　　　　　　(b) 楼板裂缝　　　　　　(c) 钢管混凝土柱与梁板界面脱开

图 4.51　CJ-RC-3 试件破坏形态

2）往复加载试件。

对于 CJ-RC-2 试件，参考 CJ-RC-1 试件的试验结果，取屈服位移为 Δ_y＝14mm。当梁端加载到 14mm 时，板根部开始出现微裂缝，出现裂缝的位置距离钢管 70～80mm，即在环板外附近的梁端（板端）附近的截面处。裂缝发展较小，当正向加载时出现，而反向加载时有一定程度的闭合。

在第三个位移循环开始时，节点核心区混凝土梁有微裂缝出现，裂缝沿斜向，在正向加载时和反向加载时交替出现，裂缝宽度较小，在0.05mm左右，对应的荷载分别为84kN和64kN。节点核心区出现斜裂缝的主要原因是此种构造特点的节点在核心区区域的箍筋配置和构造比较困难，本试件中核心区位置没有配置箍筋，钢管混凝土柱外侧为素混凝土，因此总体上此区域的抗剪能力较小，核心区环板外侧的混凝土部分会先出现斜裂缝，但此时纵筋的应变较小。当加载到第三个循环时，在荷载作用位置和梁根部的中间位置的楼板上也出现了微裂缝。

加载到2Δ_y时，楼板上的裂缝继续扩展，裂缝宽度逐渐加大，并逐渐向板下部发展。节点核心区的斜裂缝继续开展，裂缝宽度开始逐渐加大，在第二个循环结束时，裂缝宽度达到0.1mm。此时梁上其余部位尚未发现裂缝。当加载到3Δ_y时，在第一个循环，钢筋混凝土梁上开始出现了斜裂缝，裂缝位置在核心区之外和荷载作用点之间，核心区斜裂缝继续发展，而核心区以外处的斜裂缝也逐渐扩展。当达到正向荷载最大值175kN时，梁侧斜裂缝宽度达到2mm左右。

加载到4Δ_y时的第一个循环，钢筋混凝土梁开始出现较为明显的多条斜裂缝，裂缝位置在核心区之外和荷载作用点之间，核心区和上一位移加载中出现的斜裂缝继续发展，而核心区以外处的斜裂缝也逐渐扩展。梁裂缝交替出现，正向时扩大，反向时有一定闭合，而出现另外垂直方向的裂缝。由于梁端加载位移越来越大，钢管混凝土柱的弯曲变形也越来越明显。当加载到第二个循环时，钢管混凝土柱节点上下端区域均出现较明显的鼓曲变形。而梁上裂缝宽度已超过2mm。当加载到5Δ_y时，钢管混凝土柱的屈曲比较明显，梁上裂缝继续发展。在加载到第一循环67mm时，由于有一根地锚螺栓被拉断，试验停止进行。

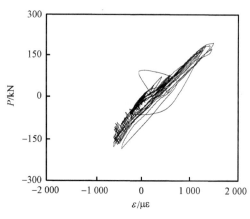

图4.52　荷载（P）-上部纵筋应变（ε）
　　　关系曲线（CJ-RC-2）

图4.52给出节点试件的梁端荷载（P）与梁根部附近截面上部纵筋的应变（ε）关系，可见，总体上梁上部受拉纵筋的应变发展接近线性，在荷载达到其峰值时，钢筋的应变为1500$\mu\varepsilon$，尚未达到其屈服应变ε_y。本试件的柱的抗弯承载力低于梁截面抗弯承载力，因此试验中柱首先出现屈曲。

图4.53为试件CJ-RC-2试验结束时的破坏状态，可观测到节点核心区域的钢筋混凝土框架梁两侧面交替出现的斜裂缝，以及有明显弯曲变形的钢管混凝土柱。钢筋混凝土楼板在试验开始时出现弯曲裂缝，但后期发展较慢。

CJ-RC-4试件为双梁节点，往复加载时全程按照位移加载控制，参考CJ-RC-3试件的试验结果，其屈服位移取为$\Delta_y=10$mm。

当加载位移分别为0.25Δ_y、0.5Δ_y时，楼板及钢筋混凝土梁上均未出现裂缝。当加载位移为0.75Δ_y时，正向受弯侧的楼板（即楼板上侧受弯）出现微裂缝，裂缝宽度

(a) 核心区 RC 梁　　　　　　　　　　(b) 钢管混凝土柱

图 4.53　试件 CJ-RC-2 的破坏状态

大约 0.05mmm，对应的峰值荷载为 58kN，钢筋混凝土梁上尚未发现裂缝。当加载到 Δ_y 时，在第一循环达到最大位移时，正向加载的楼板裂缝继续扩展，而反向加载（即梁下侧受弯）的梁出现微裂缝，微裂缝不很明显，宽度大约 0.02mm，此时对应的荷载为 76kN。当加载到第二循环时，节点域开始出现斜向裂缝，裂缝宽度较小，大约 0.05mm，而楼板的裂缝继续扩展，且在楼板上表面有贯通趋势。

加载到 $2\Delta_y$ 时，核心区的斜裂缝开始扩展，在一个方向加载时裂缝明显，而在反向加载时该方向裂缝闭合，而在垂直方向出现另外的斜裂缝。核心区的斜裂缝交替出现，当第二个循环时裂缝宽度比第一循环扩展，第三循环时裂缝宽度继续扩展。荷载继续增加。加载到 $3\Delta_y$ 时，核心区的斜裂缝逐渐明显，在第三循环结束时，裂缝宽度达到 2mm。核心区的裂缝扩展严重，而楼板的裂缝发展比较缓慢。荷载继续上升。前三个加载位移级，即加载位移分别为 10mm、20mm、30mm 时，虽然梁核心区附近的斜裂缝交替出现，但荷载继续上升，且楼板的裂缝发展较为缓慢。

加载到 $4\Delta_y$ 时，荷载到达峰值点，且从此级位移开始，荷载退化开始比较明显，核心区的钢筋混凝土梁上斜裂缝发展严重，裂缝宽度达到 3mm，荷载开始下降。核心区的横向框架梁上也开始出现明显的裂缝，双梁和钢管混凝土柱的交界面上开始出现明显的脱离，脱离间隙达到 2mm 以上，核心区的混凝土开始有剥落。

位移加至 $5\Delta_y$、$6\Delta_y$、$7\Delta_y$ 时，荷载继续下降，核心区的斜裂缝继续发展，且正向加载时产生的裂缝在反向加载时并不能完全闭合。核心区的破坏更加严重，下部交界面处的混凝土有大块剥落，裂缝宽度达到 4mm 以上。在整个加载过程中，楼板的弯曲裂缝虽然有所发展，但总体上发展较为缓慢，尤其梁上出现裂缝之后。在加载到 $5\Delta_y$ 以后，楼板裂缝和梁上裂缝有逐渐贯通发展的趋势。楼板上的第一条裂缝位置在距离钢管约 220mm，也就是位于横向框架梁之外的位置，在加载后期，接近柱中心位置处也出现了弯曲裂缝。

图 4.54 给出节点试件的梁端荷载（P）与梁根部附近截面上部纵筋的应变（ε）关系，可见，总体上梁上部受拉纵筋的应变发展与荷载 - 位移关系曲线类似。由于正向和反向梁的抗弯承载力不同（带楼板的方向抗弯承载力高于不带楼板的方向），应变的发展也不对称。

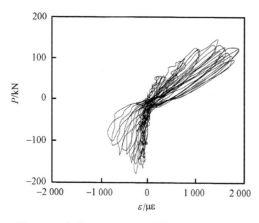

图 4.54　荷载（P）- 上部纵筋应变（ε）关系
曲线（CJ-RC-4）

图 4.55 所示为节点 CJ-RC-4 试件在试验结束时的破坏状态，可见试件最后破坏时核心区钢筋混凝土梁有明显的交替斜裂缝，同时钢管混凝土柱和双梁之间有明显的脱开，钢筋混凝土梁破坏严重。

对比单调荷载作用下的单梁节点试件 CJ-RC-1 和双梁节点试件 CJ-RC-3 的试验结果可见，两个试件都具有梁端集中荷载作用下的弯曲和剪切破坏特征，但 CJ-RC-1 试件的节点核心区完整性良好，钢筋和环板的共同工作性能良好，而 CJ-RC-3 的钢管混凝土柱与 RC 梁顶面有明显的脱开现象，说明节点核心区梁和柱连接的整体性要比单梁节点试件差。

(a) 节点区域

(b) 楼板裂缝

(c) 钢管混凝土柱与梁交界处

图 4.55　CJ-RC-4 试件破坏形态

对于往复荷载作用下的试件 CJ-RC-2 和 CJ-RC-4，都是在节点核心区随着加载方向的变化交替出现斜裂缝，但试件 CJ-RC-2 的裂缝发展并不明显，且钢管混凝土柱已发生了弯曲破坏，而试件 CJ-RC-4 的核心区有明显的斜裂缝，横向框架梁也出现了明显的破坏，梁顶面和钢管混凝土柱脱开现象严重，总体上也反映了本节所进行试验的单梁节点的整体性要优于双梁节点试件。

4.4.3　小结

将本节试验研究参数范围的试验结果归纳如下。

1）采用纵筋直接焊于环板上构造的钢管混凝土柱 -RC 梁节点整体工作性能良好，具有承载力高、刚度大的特点。无论单调加载试验还是往复加载试验，节点域并未出现明显的破坏，且钢筋和环板的工作性能良好。往复荷载下的试验研究表明：该类节点的抗震性能良好，其荷载 - 位移滞回关系曲线没有明显的捏缩，承载力和刚度较大。

2）单调加载试件的极限承载力高于往复加载时的承载力，这主要是因为单调加载是属于正向加载，楼板具有有利的贡献，同时节点核心区的共同工作性能要优于往复加载的情况。

3）双梁节点单调加载试件出现的裂缝主要集中在节点左右侧的楼板上和梁的根部，且主要是明显的竖向弯曲裂缝，楼板的裂缝宽度明显大于梁的裂缝宽度；往复加载试件的初裂缝出现在楼板上，但后期裂缝扩展较为缓慢，而节点核心区附近的梁上交替出现的斜裂缝发展较快，且裂缝宽度大于板的裂缝。

4）双梁节点在往复荷载下力学性能较单调加载时差，且节点区混凝土梁的破坏比单调加载时显著。主要因为钢筋混凝土梁与钢管混凝土柱的共同工作性能相对较差造成的，尤其在极限状态时，节点的梁和柱的整体工作性能不理想。

5）双梁节点试件无论单调加载还是往复加载，在试验后期，钢管混凝土柱与梁脱开现象严重。单调荷载下的试件的承载力和刚度总体上高于往复加载试件。在进行该类节点抗震设计时应充分考虑该因素的影响。

4.5　理　论　分　析

基于 ABAQUS 软件（Hibbitt 等，2005），本节建立了钢管混凝土柱 - 钢筋混凝土梁连接节点的有限元模型，在此基础上，对钢筋环绕式钢管混凝土柱 -RC 梁节点的荷载 - 变形关系进行了全过程分析。

4.5.1　有限元分析模型的建立

（1）材料的本构关系模型

建立钢管混凝土柱 - 钢筋环绕式钢筋混凝土梁节点的有限元模型时，钢材、钢管混凝土中核心混凝土在单调及往复荷载下的模型与第三章中对钢管混凝土柱 - 钢梁连接节点建立的分析模型类似（见 3.6.1 节的有关论述）。

采用 Attard 和 Setunge（1996）模型来模拟钢筋混凝土梁中的混凝土的力学性能，其单轴受压应力（σ_c）- 应变（ε_c）关系如式（2.35）所示。受拉应力 - 应变关系按式（2.18）确定。

（2）单元选型及网格划分

钢管、钢梁与钢牛腿采用四节点完全积分格式的壳单元（S4），为满足一定的计算精度，在壳单元厚度方向采用 9 点 Simpson 积分。核心混凝土、钢筋混凝土梁中普通混凝土和加载板采用八节点缩减积分格式的三维实体单元（C3D8R）。纵向钢筋和箍筋均采用两节点的三维线性杆单元（T3D2）。节点有限元模型的单元划分如图 4.56（a）所示，钢筋混凝土梁的单元划分如图 4.56（b）所示，节点核心区的单元划分如图 4.56（c）所示，钢管混凝土柱的单元划分类似于图 3.82 所示的情况。

（3）钢管与混凝土界面模型

钢管与混凝土的界面模型由界面法线方向的接触和切线方向的黏结滑移构成。法线方向的接触采用硬接触，界面切向力模拟采用库仑摩擦模型。

（4）边界条件

根据节点试验时的边界条件，在有限元计算中，节点采用如图 4.56（a）所示的边

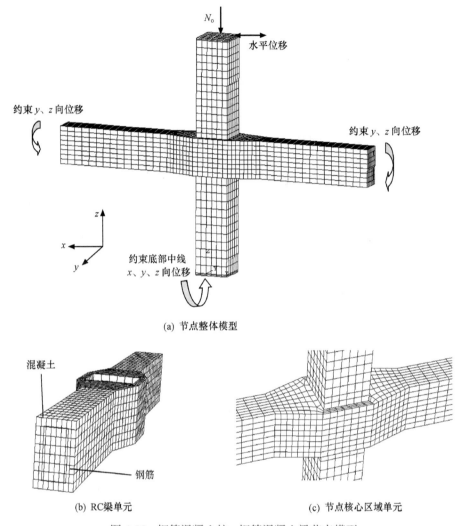

(a) 节点整体模型

(b) RC梁单元　　　　　　　　(c) 节点核心区域单元

图 4.56　钢管混凝土柱 - 钢筋混凝土梁节点模型

界条件，即在柱底盖板中线上施加 x、y、z 三个方向的位移约束，以模拟柱底部的铰支座。梁端铰支座的模拟方法为：在左右梁端面仅施加 y、z 两个方向的位移约束，放松 x 方向的位移。在钢管混凝土柱顶的加载板边线施加水平线位移，模拟作动器施加在柱顶的水平位移荷载。

在钢管和钢牛腿、加强环板、钢梁之间采用 Tie 连接，模拟钢管和钢牛腿、加强环板、钢梁之间的焊接；采用 Embed 将钢牛腿和钢筋埋入混凝土中。钢筋混凝土梁与钢管混凝土之间采用接触连接。焊接方钢管需考虑残余应力的影响，残余应力的分布如图 2.259 所示。

（5）加载方式

采用位移加载，将加载制度中每个循环中的正向、反向加载各自定义成一个 step，即整个过程共分成 $2n$ 个载荷步（n 为循环次数），记录并输出每个载荷步的计算结果。

4.5.2　有限元模型的验证

为验证理论模型，对往复荷载作用下有关构件和节点试验结果进行了验算。

图 4.57 给出了计算结果与高献（2004）进行的圆形钢筋混凝土柱在往复荷载下的 $P\text{-}\Delta$ 关系曲线试验结果的对比情况。试件基本信息为：$D\times L=150\text{mm}\times1500\text{mm}$，纵筋 $6\phi12$，$f_y=366\text{MPa}$，螺旋箍筋 $\phi8@150$，$f_y=239\text{MPa}$，$f_{cu}=55.2\text{MPa}$，轴压比（n）见图 4.57。

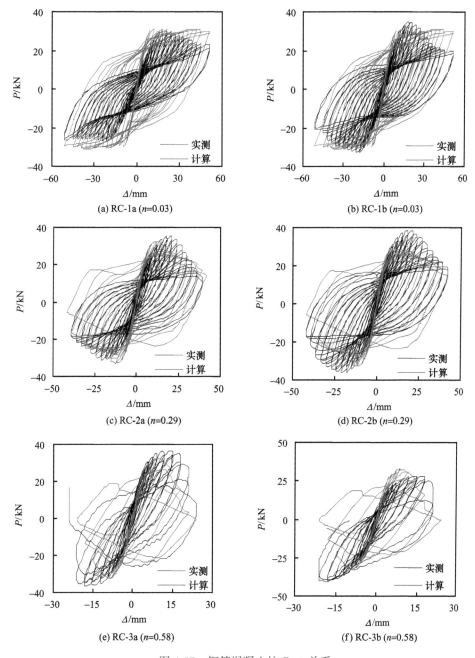

图 4.57　钢筋混凝土柱 $P\text{-}\Delta$ 关系

图 4.58 给出了 Mo 和 Wang（2000）进行的方形截面钢筋混凝土柱在往复荷载作用下的 P-Δ 关系曲线试验结果的对比情况，试件基本信息为：$B×D×L=$ 400mm×400mm×1400mm，纵筋 12ϕ19.05，$f_y=497$MPa，箍筋 ϕ6.35@52，C2-1 试件：$f'_c=24.9$MPa，轴力 $N_o=450$kN，C2-2 试件：$f'_c=26.7$MPa，轴力 $N_o=675$kN。可见计算结果与试验结果总体上吻合。

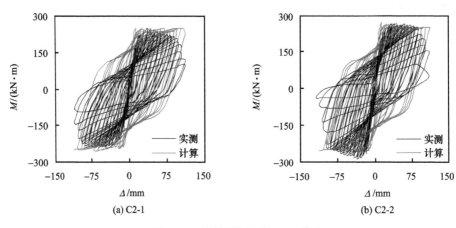

(a) C2-1　　　　　　　　　　　　　(b) C2-2

图 4.58　钢筋混凝土柱 P-Δ 关系

图 4.9 和图 4.10 所示为 4.2 节的钢管混凝土柱 -RC 梁节点试验试件的计算 P-Δ 滞回关系曲线与试验曲线的比较。可见对于轴压比为 0.3 和 0.6 的试件，计算结果与试验结果吻合较好，而轴压比为 0.05 的试件虽刚度和承载力吻合较好，但理论曲线中捏缩现象不明显，这与本节有限元模型中采用的循环荷载下混凝土本构模型有关，也即该模型尚不能理想地模拟钢筋与混凝土之间的黏结滑移。同时，图 4.9 和图 4.10 也给出了单调荷载作用下 4.2 节的钢管混凝土柱 -RC 梁节点试件的计算 P-Δ 曲线，可见单调加载时的计算曲线和试验 P-Δ 滞回关系曲线骨架线的趋势总体上接近。

4.5.3　钢管混凝土柱 -RC 梁节点的受力特性分析

为明晰节点的受力特性，有必要对其工作机理进行分析。

（1）节点的变形

图 4.59 和图 4.60 所示分别为计算获得的 4.2 节中方形柱和圆形柱节点试件的最终破坏时刻（即荷载下降到 $0.85P_{max}$ 时刻，P_{max} 为理论计算的峰值荷载）的变形和 S11 应力（即混凝土轴向应力）分布。可见，不同轴压比（$n=0.05$、0.3、0.6）下的节点均表现为钢筋混凝土梁端破坏后的节点核心区剪切破坏，即塑性铰首先发生在梁端，且梁端变形随着轴压比的增大而增大。

从混凝土的 S11 应力分布图中可以看出，随着 n 的增大，节点核心区的混凝土受压区（斜压杆区）逐渐变大，且受压区的应力逐渐增大；混凝土裂缝随着 n 的增大，向节点区混凝土延伸。随着 n 的增大，节点核心区混凝土的破坏由核心区周边的剪切破坏逐渐过渡到由剪力和轴力引起的核心区对角斜压破坏。随着 n 的增大，节点脆性破坏特征趋于明显。

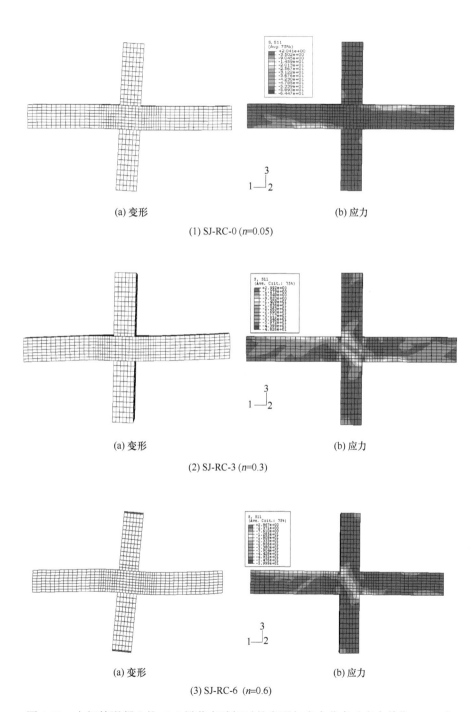

(a) 变形　　　　　　　　　　(b) 应力

(1) SJ-RC-0 (*n*=0.05)

(a) 变形　　　　　　　　　　(b) 应力

(2) SJ-RC-3 (*n*=0.3)

(a) 变形　　　　　　　　　　(b) 应力

(3) SJ-RC-6 (*n*=0.6)

图 4.59　方钢管混凝土柱 -RC 梁节点破坏时的变形与应力分布（应力单位：MPa）

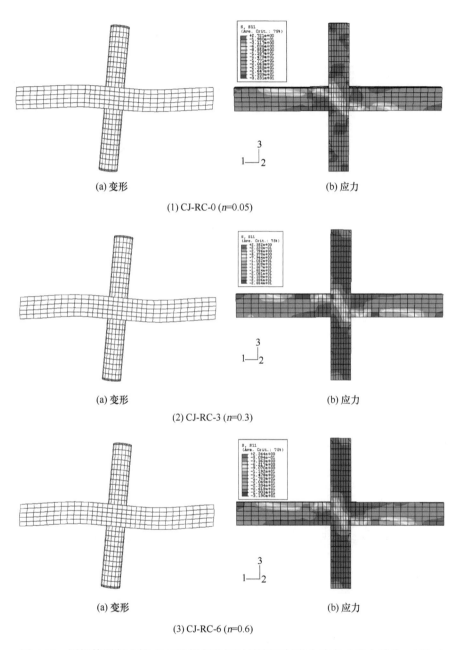

(a) 变形　　　　　　　　　　　　　(b) 应力

(1) CJ-RC-0 (*n*=0.05)

(a) 变形　　　　　　　　　　　　　(b) 应力

(2) CJ-RC-3 (*n*=0.3)

(a) 变形　　　　　　　　　　　　　(b) 应力

(3) CJ-RC-6 (*n*=0.6)

图 4.60　圆钢管混凝土柱 -RC 梁节点破坏时的变形与应力分布（应力单位：MPa）

（2）节点受力特性分析

分别以节点 CJ-RC-3（$n=0.3$）及 SJ-RC-3（$n=0.3$）为例分析圆形柱和方形柱 -RC 梁节点的受力全过程。图 4.61 给出计算的圆形柱和方形柱节点 P - Δ 全过程关系曲线。

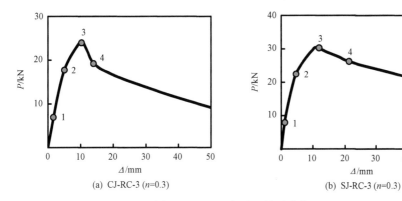

(a) CJ-RC-3 ($n=0.3$)　　　　　(b) SJ-RC-3 ($n=0.3$)

图 4.61　P - Δ 全过程关系曲线

为比较不同受力时刻节点不同位置处的应力状态，将图 4.61 所示的 P - Δ 曲线根据节点混凝土初裂、通裂（近似对应梁内纵筋开始屈服）、极限和破坏分为四个阶段，图中 1 点为节点区域中钢筋混凝土梁出现弯曲直裂缝；2 点为梁纵向钢筋屈服；3 点为节点水平极限承载力 P_{max} 对应点（即 Δ_{max} 对应位置）；4 点为对应 85% 的极限荷载，即破坏荷载 P_u 对应点。

1）混凝土应变。

节点 CJ-RC-3、SJ-RC-3 在受力过程中，对应图 4.61 所示的每个点的等效塑性拉应变的发展过程分别如图 4.62 和图 4.63 所示。

由图 4.62 和图 4.63 可见，初始最大拉应变出现在牛腿与梁交界位置（1 点），呈水平方向。随着水平荷载的增加，当达到 2 点时，钢筋混凝土梁表面的拉应变呈水平状态，在梁的上下表面拉应变较大区域会出现裂缝；节点核心区沿对角线方向拉应变最大，会形成斜裂缝。当水平荷载达到极限状态时（3 点），左、右梁及核心区受拉区

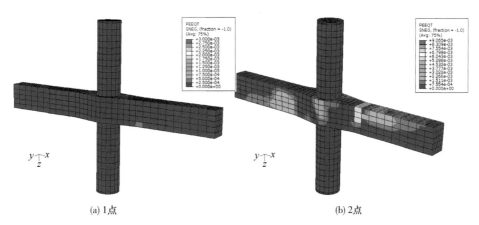

(a) 1点　　　　　(b) 2点

图 4.62　CJ-RC-3 节点混凝土主应变分布图

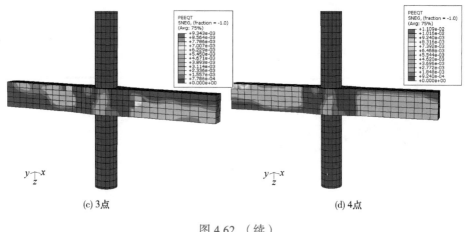

(c) 3点 　　　　　　　　　　　　　　　　　(d) 4点

图 4.62 （续）

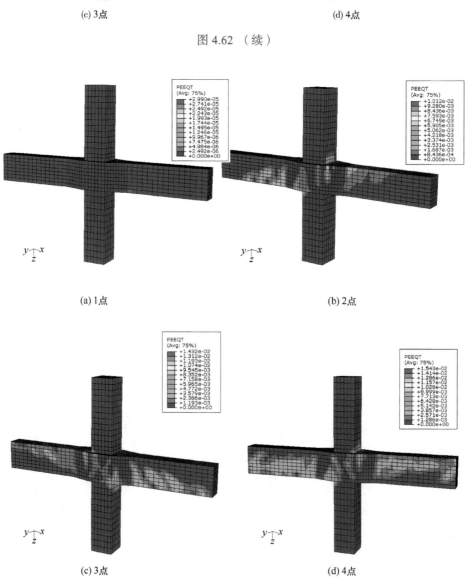

(a) 1点 　　　　　　　　　　　　　　　　　(b) 2点

(c) 3点 　　　　　　　　　　　　　　　　　(d) 4点

图 4.63　SJ-RC-3 节点混凝土主应变分布图

贯通，节点通裂。随后水平荷载开始下降，达到破坏状态时（4 点），对方形柱节点，形成一贯通左、右梁及核心区的拉应变区，会形成主裂缝。上述分析现象与试件试验过程中裂缝开展过程基本吻合。

　　2）钢牛腿和钢筋的应力。

　　圆形柱和方形柱节点中的钢牛腿、纵向钢筋及箍筋的 Mises 应力发展分别如图 4.64 和图 4.65 所示。

　　由图 4.64 和图 4.65 可见，节点在受力初期，其纵向钢筋承受拉力，钢牛腿中应力不大（1 点）；随着水平荷载的增大，节点核心区钢管的应力开始增大，牛腿上翼缘开始受力，纵向钢筋的承担的荷载增加，节点核心区剪力增大，箍筋承担主要的剪应力，

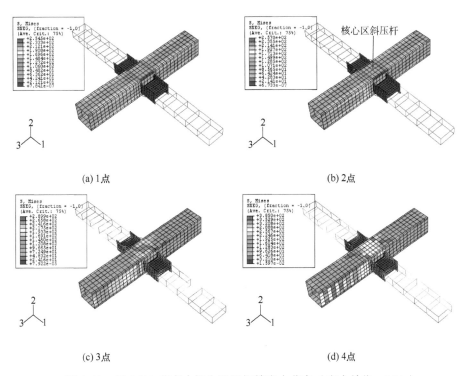

(a) 1点　　　　　　　　　　　　　　(b) 2点

(c) 3点　　　　　　　　　　　　　　(d) 4点

图 4.64　SJ-RC-3 节点中钢牛腿和钢筋应力分布（应力单位：MPa）

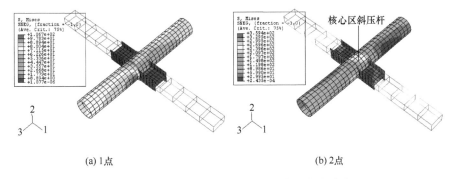

(a) 1点　　　　　　　　　　　　　　(b) 2点

图 4.65　CJ-RC-3 节点中钢牛腿和钢筋应力分布（应力单位：MPa）

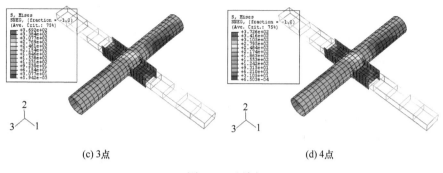

(c) 3点　　　　　　　　　　　　　(d) 4点

图 4.65 （续）

钢牛腿腹板上应力则不大。在轴向压力和水平荷载的共同作用下，核心区钢管首先达到屈服，随着水平位移的继续增大，纵向钢筋及箍筋屈服（2 点）；钢牛腿腹板开始承担剪力，节点达到极限承载力（3 点）；此后，钢牛腿翼缘屈服，纵向钢筋在环绕柱转折处的应力也变大，节点核心区的应力总体明显增大，节点进入破坏阶段（4 点）。

　　3）钢管应力。

　　图 4.66 和图 4.67 所示分别为圆形柱和方形柱节点中钢管的应力分布。可见，钢管在整个受力过程中应力发展不是很大，仅在力作用平面内靠近梁上、下翼缘的钢管壁的应力较大，且由于受轴压力和弯矩的共同作用，压区应力要大于拉区应力。受力过程中，钢管混凝土柱节点受拉区和受压区的钢管均没有达到屈服应力，分析结果表明，

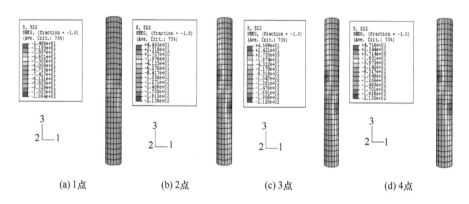

(a) 1点　　　　　　(b) 2点　　　　　　(c) 3点　　　　　　(d) 4点

图 4.66　圆形柱节点钢管的应力分布（应力单位：MPa）

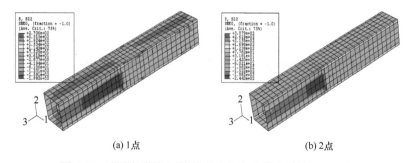

(a) 1点　　　　　　　　　　　　　(b) 2点

图 4.67　方形柱节点钢管的应力分布（应力单位：MPa）

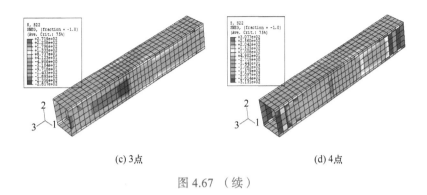

(c) 3点   (d) 4点

图 4.67 （续）

计算得到的钢管纵向应变与试验结果十分接近。

　　分析结果表明，焊接残余应力对 P-Δ 曲线的影响不大（曲慧，2007），除峰值荷载略微降低外，其余方面几乎没有影响，但焊接残余应力的存在对钢管壁应力的分布规律有影响。虽然焊接残余应力缓和了连接梁上、下翼缘处钢管壁受拉和受压区严重的应力集中，但在钢管四角焊接部位，焊接残余应力会与由外荷载引起的拉、压应力叠加，导致这些部位应力较高，这对结构受力是不利的。

　　4）核心区剪切应力。

　　图 4.68 和图 4.69 分别为圆形柱及方形柱节点核心区剪应力的分布。

　　从图 4.68 可以看出，随着水平荷载的增加，圆钢管混凝土柱节点核心区中部剪应

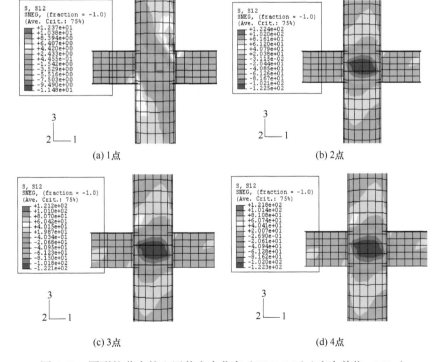

(a) 1点   (b) 2点

(c) 3点   (d) 4点

图 4.68　圆形柱节点核心区剪应力分布（CJ-RC-3）（应力单位：MPa）

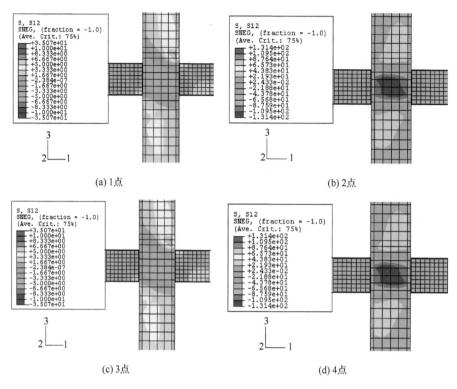

(a) 1点　　　　　　　　　　　　　　(b) 2点

(c) 3点　　　　　　　　　　　　　　(d) 4点

图 4.69　方形柱节点核心区剪应力分布（SJ-RC-3）（应力单位：MPa）

力增长较快，沿核心区对角线方向形成明显的斜压区，但影响区域较小；随着水平荷载的进一步增加，斜压区影响宽度逐渐变大；最终在节点核心区中部形成高应力区，屈服范围逐渐向四周扩散，整个核心区的应力呈"灯笼"状分布。

从图 4.69 可以看出，由于焊接残余应力的存在，方钢管混凝土柱节点加载初期核心区左、右角点位置应力较大，核心区中部出现 45° 的斜压剪应力区域［图 4.69（a）］；随着荷载增加至屈服点位置，剪压应力范围增大，柱上下部出现较大的剪拉应力（2 点），如图 4.69（b）所示；随着荷载的进一步增加，剪压应力在核心区的中部出现明显集中，形成一个接近圆形的区域（3 点和 4 点），分别如图 4.69（c）和（d）所示。这与试验观察到的现象相似。

5）轴压比（n）的影响。

图 4.70 给出不同钢管混凝土柱轴压比（n）情况下，节点试件达到极限状态时节点核心区上边缘位置剪应力的分布。可见，随着 n 增加，截面上受拉区的面积越来越小，即高压应力区域的面积随着 n 的增大而增大。

随着 n 的增大，节点核心区的最大剪应力逐渐降低，核心区外的钢管及钢梁受剪力影响范围、以及核心区钢管受剪屈服的范围逐渐变小，节点由受水平剪力破坏逐渐过渡为受压破坏，即由梁端塑性铰破坏过渡为钢管混凝土柱受压破坏。在本算例条件下，当 $n<0.6$ 时，节点钢筋首先达到屈服，而后钢管屈服。当 $n>0.6$ 时，钢管首先屈服，然后钢筋屈服甚至未达到屈服，但节点已经丧失承载能力。

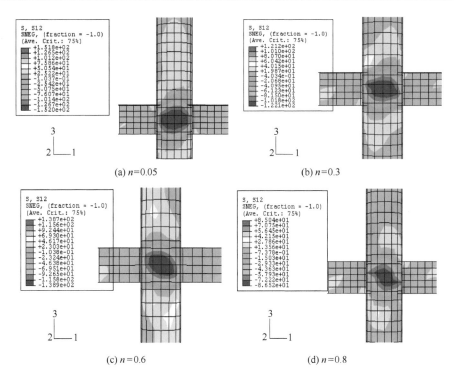

图 4.70　不同轴压比（ n ）情况下节点核心区剪应力分布（3 点）（应力单位：MPa）

4.5.4　小结

本节建立了往复荷载作用下钢管混凝土柱 -RC 梁连接节点全过程数值模拟的理论模型。理论模型经过试验结果的验证。在此基础上本节对钢管混凝土柱 -RC 梁节点进行了往复荷载下的全过程分析。

4.6　弯矩 - 转角关系影响因素分析及其实用计算方法

4.6.1　影响因素分析

图 4.9 和图 4.10 的比较结果表明，钢管混凝土柱 - 钢筋环绕式钢筋混凝土梁节点试件 P - Δ 滞回关系曲线的骨架线与其单调加载的计算曲线总体上较为吻合，因此本节在进行 M_j - θ_r 关系计算时，暂采用 4.5 节中的方法建立其数值模型。

应用建立的有限元模型，可方便地对影响节点弯矩（ M_j ）- 梁柱相对转角（ θ_r ）关系的主要因素进行参数分析。参数分析时，对于节点核心区弯矩、梁柱相对转角、初始刚度的确定方法同 3.7 节。

研究了以下参数对钢筋环绕式钢管混凝土柱 -RC 梁节点 M_j - θ_r 关系曲线的影响。

1）材料参数。

钢管屈服强度： f_y =235MPa、345MPa、390MPa、420MPa；钢管混凝土柱中的混

凝土强度：f_{cu}＝30MPa、60MPa、90MPa；钢筋混凝土梁中的混凝土强度：f_{cub}＝25MPa、30MPa、35MPa、40MPa。

2）几何参数。

柱截面含钢率：α_s＝0.05、0.10、0.15、0.2；梁柱线刚度比：k＝0.25、0.5、1；梁柱强度比：$k_m＝M_{ub}/M_{uc}$＝0.4、0.6、0.8；柱长细比：λ＝25、36、45。

3）荷载参数。

柱轴压比：n＝0、0.3、0.6、0.8。

组成钢筋环绕式节点的钢牛腿在受力过程中主要传递节点区剪力。当牛腿高度满足节点抗剪要求后，变化牛腿会改变节点过渡区的刚度。钢牛腿的长度不宜过长，也不宜过短。经分析，取钢牛腿长度为节点过渡区［如图4.4（a）和（b）所示］2/3长度作为参数分析时的典型节点试件的牛腿长度较为合适。

分析结果表明，方形截面柱节点与圆形截面柱节点规律相似。下面以圆形柱节点为例，分析上述各参数的影响规律。

（1）柱钢材屈服强度（f_y）

图4.71给出了柱钢材强度（f_y）对节点 M_j-θ_r 关系的影响。可见随着 f_y 的提高，节点的抗弯承载力有所提高，初始刚度略有变化，但对曲线的形状影响较小。

（2）核心混凝土强度（f_{cu}）

图4.72为钢管混凝土柱核心混凝土强度（f_{cu}）对节点 M_j-θ_r 关系的影响。可见，随 f_{cu} 的提高，节点的初始刚度和抗弯承载力有所提高，但曲线形状变化不大。由于混凝土的弹性模量随着 f_{cu} 不断提高，影响了节点的抗弯刚度。

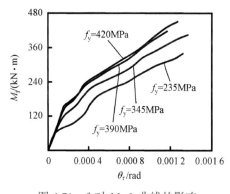

图4.71　f_y 对 M_j-θ_r 曲线的影响

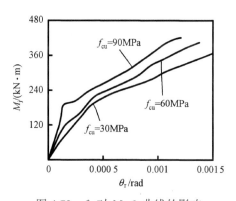

图4.72　f_{cu} 对 M_j-θ_r 曲线的影响

（3）钢筋混凝土梁混凝土强度（f_{cub}）

图4.73所示为钢筋混凝土梁混凝土强度（f_{cub}）对 M_j-θ_r 关系的影响，可见，随着梁混凝土强度的提高，节点的初始刚度和抗弯承载力变化不明显。

（4）柱截面含钢率（α_s）

图4.74给出了钢管混凝土柱截面含钢率（α_s）对 M_j-θ_r 关系的影响。从图中可以看出，随着 α_s 的增加，节点的初始刚度和抗弯承载力均明显提高，曲线的强化刚度显著提高。

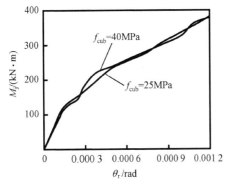

图 4.73　f_{cub} 对 M_j-θ_r 曲线的影响

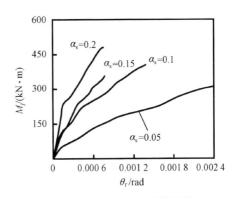

图 4.74　α_s 对 M_j-θ_r 曲线的影响

（5）梁柱线刚度比（k）

图 4.75 所示为梁柱线刚度比（k）对 M_j-θ_r 关系的影响。变化 k 主要是通过改变梁长来实现。随着 k 增大，梁对柱的约束增强，分配到梁端的弯矩变大，塑性铰破坏提前，节点的初始刚度和抗弯承载力均有所提高。

（6）轴压比（n）

图 4.76 所示为柱轴压比（n）对 M_j-θ_r 关系的影响。可见随 n 的增大节点初始刚度变化不明显。节点抗弯承载力随 n 增大有所增加，但 M_j-θ_r 曲线形状受 n 影响不大。

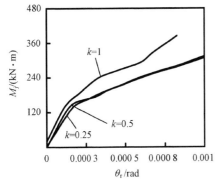

图 4.75　k 对 M_j-θ_r 曲线的影响

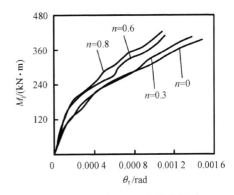

图 4.76　n 对 M_j-θ_r 曲线的影响

（7）梁柱强度比（k_m）

图 4.77 给出了梁柱弯矩比（k_m）对 M_j-θ_r 关系的影响规律。可见节点的初始刚度随着 k_m 的增大变化不大，曲线形状也随 k_m 的增大变化不大。

（8）柱长细比（λ）

图 4.78 给出了钢管混凝土柱长细比（λ）对 M_j-θ_r 关系的影响，本算例中通过变化柱高来变化 λ。可见随着 λ 的增加，初始刚度基本不变，节点的抗弯承载力略有增长，曲线形状基本没有变化。其主要是因为节点弯矩由两部分组成，即柱顶水平荷载产生的弯矩及柱顶轴压力引起的附加弯矩。λ 增大时，节点的水平极限承载力会降低，但随着 λ 的变大柱高也将增大，在水平荷载作用下，柱顶及核心区的水平位移也增大，

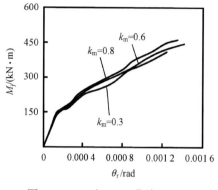

图 4.77　k_m 对 $M_j\text{-}\theta_r$ 曲线的影响

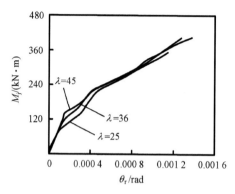

图 4.78　λ 对 $M_j\text{-}\theta_r$ 曲线的影响

使得轴压力引起的附加弯矩也增大，最后，两者叠加之后，节点弯矩随着 λ 的变化影响不大。

4.6.2　实用计算方法

根据试验及理论分析得到的钢管混凝土柱 - 钢筋环绕式钢筋混凝土梁节点的 $M_j\text{-}\theta_r$ 关系曲线的特征，其 $M_j\text{-}\theta_r$ 关系也可采用式（3.19）的模型来模拟，其中 K_i、M_{uj}、n_s 含义同前。

下面给出钢管混凝土柱 - 钢筋环绕式钢筋混凝土梁节点 $M_j\text{-}\theta_r$ 关系中的三个参数 K_i、M_{uj} 和 n_s 的确定方法。

（1）初始刚度 K_i

参数分析结果表明，当钢牛腿长度确定后，影响节点初始刚度（K_i）的主要因素有钢管混凝土柱的混凝土强度（f_{cu}）、柱截面含钢率（α_s）、梁柱线刚度比（k）。

为了便于分析和计算，定义节点的相对刚度 K_r 为

$$K_r = \frac{K_i}{k_c} = \frac{K_i H}{K_{sc} H_{sc}} \tag{4.2}$$

式中：k_c 为节点中钢管混凝土柱的线刚度（$k_c = E_{sc} I_{sc}/H$），$E_{sc} I_{sc} = E_s I_s + E_c I_c$，为钢管混凝土柱的名义抗弯刚度；$H$ 为柱高度。

对影响节点初始刚度的影响参数无量纲化后进行参数分析，取核心混凝土强度立方体抗压强度 f_{cu} 与 C60 混凝土的比值 $s = f_{cu}/60 = 0.667 \sim 1.5$，钢管混凝土柱截面含钢率 α_s 与 $\alpha_s = 0.1$ 时的比值 $\rho = \alpha_s/0.1 = 0.5 \sim 2$，梁柱线刚度比 $k = 0.25 \sim 1$。

通过对 K_r 数值计算结果的分析，发现 K_r 可用下式表示：

$$K_r = R \cdot f(s) \cdot f(\rho) \cdot f(k) \tag{4.3}$$

式中：R 为系数，对圆形柱节点取 3.3×10^8，方形柱节点取 8.8×10^8；$f(s)$ 为 K_r 与柱混凝土强度的关系表达式；$f(\rho)$ 为 K_r 与柱含钢率的关系表达式；$f(k)$ 为 K_r 与梁柱线刚度比关系的表达式。各参数可由式（4.4）和式（4.5）确定，即

对于圆钢管混凝土柱节点：

$$f(s) = 1.78\,(1 + 2.14s \times 10^{-5}) \tag{4.4a}$$

$$f(\rho)=3.08\,(1.57\rho^3-6.06\rho^2+7.27\rho-1)\times10^{-5} \tag{4.4b}$$

$$f(k)=0.92\,(59.85k^3-90.94k^2+40.60k+1)\times10^{-5} \tag{4.4c}$$

对于方钢管混凝土柱节点：

$$f(s)=0.50\times10^{-5}e^{1.89s} \tag{4.5a}$$

$$f(\rho)=1.71\,(1.5\rho^3-6.2\rho^2+7.7\rho-1)\times10^{-5} \tag{4.5b}$$

$$f(k)=5.89\,(0.621n\,(k)+1)\times10^{-5} \tag{4.5c}$$

将式（4.4）和式（4.5）代入式（4.2）并稍做整理，即可得到圆钢管混凝土柱节点的初始刚度 K_i 为

$$K_i=\frac{1.67\times10^{-6}E_{sc}I_{sc}}{H}(1.57\rho^3-6.06\rho^2+7.27\rho-1)(2.14s+1)(59.85k^3-90.94k^2+40.6k+1) \tag{4.6}$$

方钢管混凝土柱节点的初始刚度 K_i 为

$$K_i=\frac{4.41\times10^{-6}E_{sc}I_{sc}}{H}(1.50\rho^3-6.20\rho^2+7.70\rho-1)(0.621\ln\,(k)+1)e^{1.89s} \tag{4.7}$$

式中：$E_{sc}I_{sc}/H$ 单位以 N・mm 计；K_i 的单位为 kN・m。

式（4.6）及式（4.7）的适用范围为：柱核心混凝土强度 C30～C90，柱截面含钢率 $\alpha_s=0.05\sim0.2$、梁柱线刚度比 $k=0.25\sim1$ 的方形和圆形钢管混凝土柱 - 钢筋混凝土梁节点。

图 4.79 给出了式（4.6）和式（4.7）计算的初始刚度 K_i 与本章 4.5 节中数值模型计算结果的对比，可见二者总体上符为吻合。

（2）极限抗弯承载力 M_{uj}

满足"强柱弱梁""强节点强锚固"的节点的梁的抗弯承载力往往会成为节点各部件中承载力的最低值。因此，节点 M_j - θ_r 模型中节点的极限抗弯承载力 M_{uj} 可暂取钢筋混凝土梁的极限抗弯承载力。具体可参照《混凝土结构设计规范》（GB 50010—2010）（2015）中钢筋混凝土梁极限抗弯承载力的公式确定，计算时有关材料强度指标均取标准值，如下式所示为

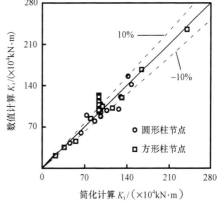

图 4.79　初始刚度 K_i 简化结果与数值结果比较

$$M_{uj}=\alpha_1 f_{ck}bx\,(h_0-x/2)+f_y'A_s'\,(h_0-a_s') \tag{4.8}$$

式中：α_1 为与混凝土强度有关的系数；f_{ck} 为混凝土抗压强度；b 为梁截面宽度；h_0 为梁截面有效高度；x 为截面受压区高度，f_y' 和 A_s' 分别为受压区钢筋的强度和面积；a_s' 为受压钢筋合力点距梁外边的距离。

（3）系数 n_s 的确定

通过回归分析可给出 n_s 和 θ_0 的关系表达式如下。

1）圆钢管混凝土柱节点。

$$0.6\leqslant n_s=20\,4436\,\theta_0^2-1079.9\,\theta_0+20.5\leqslant0.85 \tag{4.9a}$$

其中，当 $n_s > 0.85$ 时，取 0.85；当 $n_s < 0.6$ 时，取 0.6。

2）方钢管混凝土柱节点。

$$0.2 \leqslant n_s = -49\,730\,\theta_0^2 + 237.39\,\theta_0 + 0.0417 \leqslant 0.33 \qquad （4.9b）$$

其中，当 $n_s > 0.33$ 时，取 0.33；当 $n_s < 0.2$ 时，取 0.2。

式（4.9a）和式（4.9b）中，θ_0 的单位为弧度。

图 4.80 给出简化模型的计算结果和 4.6.1 节中部分数值计算 M_j-θ_r 关系曲线的比较情况，可见上述简化方法结果和本章给出的数值模型计算结果吻合较好。

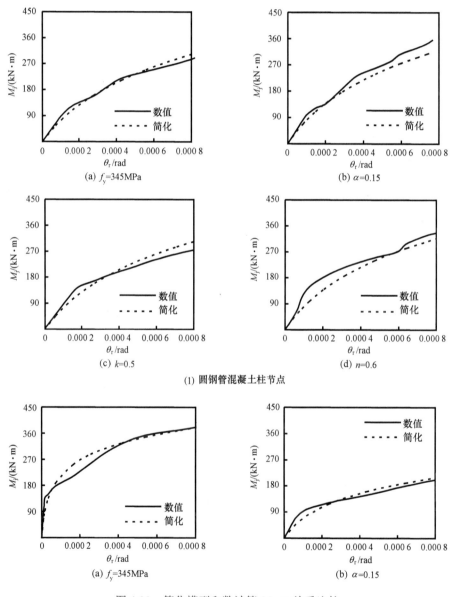

图 4.80　简化模型和数计算 M_j-θ_r 关系比较

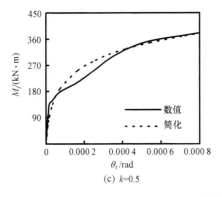 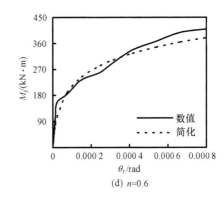

(c) k=0.5　　　　　　　　　　　　　　　　　(d) n=0.6

(2) 方钢管混凝土柱节点

图 4.80 （续）

4.7　本 章 小 结

本章阐述了钢管混凝土柱 - 钢筋混凝土梁、钢管约束混凝土柱 - 钢筋混凝土梁中柱连接节点方面的研究结果。对本章的主要内容简要归纳如下。

1）分别进行了 8 个钢管混凝土柱 -RC 梁节点、8 个钢管约束混凝土柱 -RC 梁节点滞回性能的试验研究，分析和对比了各类节点的抗震性能指标及各主要试验参数对其力学性能的影响规律。

2）进行了 4 个带楼板的钢管混凝土柱 - 钢筋混凝土单梁及双梁节点在单调及往复荷载作用下的试验研究，分析和对比了不同加载方式时不同节点构造对节点承载力和刚度等的影响规律。

3）在综合考虑材料和几何非线性的基础上，建立了节点的计算模型，进行了钢管混凝土柱 -RC 梁节点在单调和往复荷载作用下的非线性有限元全过程分析，理论计算得到了试验结果的验证。在此基础上，对此类节点的受力特性进行了分析，明晰了节点在受力全过程中的微观机理。

4）对影响钢管混凝土柱 -RC 梁节点弯矩 - 转角关系的主要因素进行了参数分析，并在此基础上给出了此类节点的 M_j-θ_r 关系实用计算方法。

参 考 文 献

高献，2004. FRP 约束圆钢筋混凝土柱滞回性能研究［硕士学位论文］［D］. 福州：福州大学.

韩林海，杨有福，2007. 现代钢管混凝土结构技术［M］. 2 版. 北京：中国建筑工业出版社.

曲慧，2007. 钢管混凝土结构梁 - 柱连接节点的力学性能和计算方法研究［博士学位论文］［D］. 福州：福州大学.

唐九如，1989. 钢筋混凝土框架节点抗震［M］. 南京：东南大学出版社.

王再峰，2006. 钢管约束混凝土梁柱节点滞回性能研究［硕士学位论文］［D］. 福州：福州大学.

中国建筑科学研究院，1997. 建筑抗震试验方法规程：JGJ 101—96［S］. 北京：中国计划出版社.

中国建筑科学研究院，2015. 建筑抗震试验方法规程：JGJ/T 101—2015［S］. 北京：中国计划出版社.

中华人民共和国建设部, 2002. 混凝土结构设计规范：GB 50010—2002 [S]. 北京：中国计划出版社.

中华人民共和国建设部, 2002. 建筑抗震设计规范：GB 50011—2001 [S]. 北京：中国计划出版社.

中华人民共和国住房和城乡建设部, 2015. 混凝土结构设计规范：GB 50010—2010（2015 年版）[S]. 北京：中国计划出版社.

中华人民共和国住房和城乡建设部, 2016. 建筑抗震设计规范：GB 50011—2010（2016 年版）[S]. 北京：中国计划出版社.

ATTARD M M, SETUNGE S, 1996. Stress-strain relationship of high-strength concrete confined by ultra-high and normal-strenth transverse reinforcements [J]. ACI Structural Journal, 93（5）: 1-11.

EUROCODE 3, 2005. Design of steel structures-Part 1-8: Design of joints[S]. EN 1993-1-8: 2005.Brussels（Belgium）: European Committee for Standardization.

HASAN R, KISHI N, CHEN W F, 1998. A new nonlinear connection classification system [J]. Journal of Constructional Steel Research, 47（8）: 119-140.

HIBBITT, KARLSON, SORENSON, 2005. ABAQUS version 6.4: Theory manual, users' manual, verification manual and example problems manual [R]. Hibbitt, Karlson and Sorenson Inc.

MO Y L, WANG S J, 2000. Seismic behavior of RC columns with various tie configurations [J]. Journal of Structural Engineering, ASCE, 126（10）: 1122-1130.

第5章 钢管混凝土加劲混合结构柱
- 钢梁连接节点的力学性能

5.1 引　言

在工程实际中，钢管混凝土加劲混合结构柱常与钢梁或钢筋混凝土梁连接而形成框架连接节点。图 5.1 所示为一实际工程中的钢管混凝土加劲混合结构柱与钢梁连接的节点形式。

目前关于钢管混凝土加劲混合结构柱 - 钢梁连接节点的试验研究鲜见报道，缺乏该类节点的数值分析模型与抗剪承载力设计方法。

本书作者课题组近年来对钢管混凝土加劲混合结构柱 - 钢梁连接节点的力学性能进行了试验研究和理论分析（Qian 和 Li 等，2013；Liao，Han 和 Tao 等，2014；Li 等，2015；钱炜武，李威和韩林海等，2016；钱炜武，李威和韩林海等，2017；钱炜武，2017）。研究了该类节

图 5.1　钢管混凝土加劲混合结构柱 - 钢梁连接节点

点连的构造形式，先后进行了钢管混凝土加劲混合结构柱 - 钢梁连接节点在梁端往复荷载作用下的试验，建立了钢管混凝土加劲混合结构柱 - 钢梁连接节点在往复荷载作用下的数值分析模型，开展了该类节点的工作机理全过程分析，明确了节点核心区的内力传递路径与抗剪机理，提出了核心区抗剪设计方法。对比分析了平面节点与空间节点在往复荷载作用下的破坏形态、承载力与抗剪刚度等宏观指标的异同。本章拟介绍有关研究成果。

5.2 钢管混凝土加劲混合结构柱 - 钢梁连接节点试验研究

5.2.1 试验概况

对 12 个带楼板的钢管混凝土加劲混合结构柱 - 钢梁连接节点的滞回性能试验，试件加载方式为柱顶施加恒定轴力，梁端施加往复荷载。通过试验研究节点受力过程和该类节点破坏特征，以及不同参数对节点滞回性能的影响规律，并将平面节点与空间节点的破坏形态与滞回性能进行了对比分析。

（1）试件设计

试验节点的梁柱尺寸、加载方式以及边界条件的确定，通常取决于框架节点的实际受力状态及其在框架中所处位置。在水平地震荷载作用下，平面框架结构的变形如

图 5.2（a）所示。

　　本章选取的试验研究对象为钢管混凝土加劲混合结构柱-钢梁中间节点，即图 5.2(a)中框架上下层反弯点间的部分，图 5.2（b）为平面节点的模型示意图，其中 N_0 为柱顶恒定轴压力，P 为梁加载端往复荷载，L 为两个加载点之间的水平距离，H 为柱上下端转动中心之间的垂直距离。为考虑空间双向荷载作用对节点抗震性能的影响，本试验设计了部分双向加载的空间节点作为平面节点的对比试件。空间节点及其在框架中的位置如图 5.2（c）和（d）所示，图中，节点同时受东、南、西、北四根梁加载端的往复荷载作用。

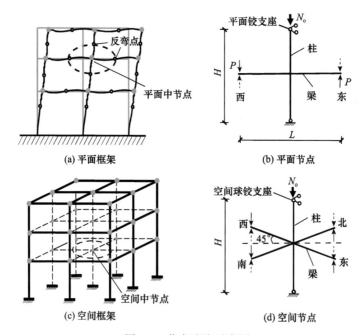

图 5.2　节点选取示意图

　　本书作者进行了 12 个节点试件的试验，包括 6 个平面节点和 6 个空间节点，变化的参数为柱轴压比、梁柱抗弯承载力比和节点类型（平面或空间），其中梁柱抗弯承载力比通过改变钢梁截面高度实现。本次试验对每一类试件均设置了参数相同的对比试件。试件参数信息如表 5.1 所示。表中，试件编号"PJ"表示平面节点，"SJ"表示空间节点，编号后"−1"和"−2"表示参数相同的两个对比试件；N_0 为柱端轴压力值，n 为柱轴压比，按式（5.2）计算；h_b 为钢梁截面高度，k_m 为梁柱抗弯承载力比。本试验试件的设计原则为：试件 PJ2-1 与 PJ2-2 按"核心区破坏"设计，梁柱抗弯承载力比接近 1.0，未对核心区进行有效加强措施；以此为基础，设计了变化梁柱抗弯承载力比与柱轴压比的试件，研究不同参数对节点抗震性能的影响；对每一类平面节点均设计了相应的空间节点进行对比试验。

　　图 5.3 所示为试件的尺寸信息及构造详图。

　　如图 5.3 所示，钢管混凝土加劲混合结构柱的外截面尺寸均为 $B \times B = 350mm \times 350mm$，柱实际高度 1500mm，考虑上下柱端铰支座之后，柱上下端转动中心之间

表 5.1　节点参数信息汇总

序号	试件编号	N_o/ kN	n	h_b/mm	k_m
1	PJ1-1	2 300	0.28	240	0.65
2	PJ1-2	2 300	0.28	240	0.65
3	PJ2-1	2 300	0.28	330	0.95
4	PJ2-2	2 300	0.28	330	0.95
5	PJ3-1	4 600	0.6	240	0.95
6	PJ3-2	4 600	0.6	240	0.95
7	SJ1-1	2 150	0.28	240	0.65
8	SJ1-2	2 150	0.28	240	0.65
9	SJ2-1	2 150	0.28	330	1.00
10	SJ2-2	2 150	0.28	330	1.00
11	SJ3-1	4 600	0.6	240	0.93
12	SJ3-2	4 600	0.6	240	0.93

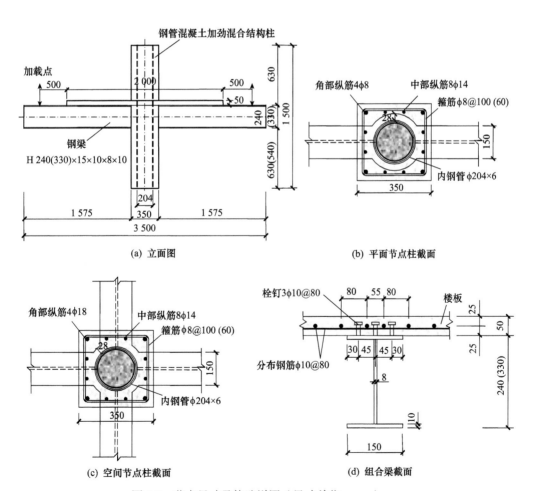

图 5.3　节点尺寸及构造详图（尺寸单位：mm）

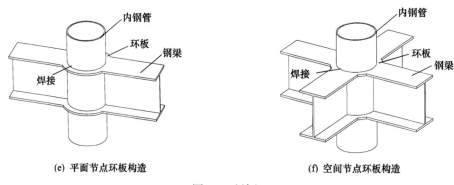

(e) 平面节点环板构造　　　　　　　　(f) 空间节点环板构造

图 5.3　（续）

的垂直距离（H）为 1900mm；内钢管尺寸为 ϕ204mm×6mm。加劲混合结构柱角部布置纵筋 4ϕ18，截面中部布置纵筋 8ϕ14。柱箍筋布置为 ϕ8@100mm，核心区高度范围内箍筋布置为 ϕ8@60mm。试验中梁柱抗弯承载力比通过改变钢梁截面高度实现。两种高度的钢梁截面尺寸分别为 $h_b×b_f×t_w×t_f$=240mm×150mm×8mm×10mm 和 330mm×150mm×8mm×10mm（h_b 和 b_f 表示钢梁梁高和翼缘宽度，t_w 和 t_f 表示腹板厚度和翼缘厚度），钢梁总长度为 3500mm，梁端两个加载点之间的水平距离（L）为 3000mm。平面节点的楼板沿加载平面方向尺寸为 2000mm，宽度为 750mm，空间节点两个方向的楼板尺寸均为 2000mm；楼板厚度为 50mm，板内配置单层双向钢筋 ϕ10@80mm。楼板通过圆柱头栓钉与钢梁上翼缘连接并共同工作，栓钉型号为 ϕ10×35，参照《钢结构设计规范》（GB 50017—2017）（2017）有关规定进行完全抗剪连接设计，栓钉间距 80mm，分三排布置。钢梁与内钢管通过外环板的构造进行连接，外环板宽度的确定参考《钢管混凝土结构技术规程》（DBJ/T 13-51—2010）（2010）的方法，同时考虑可施工的空间，取 28mm；试验前通过有限元方法对拟进行的试验进行模拟，分析环板的应力状态，分析结果表明，环板宽度可以保证节点核心区内部荷载的有效传递。

下面对试件涉及的参数进行说明，包括梁柱抗弯承载力比（k_m）和柱轴压比（n）。计算时材料性能指标均采用实测值代入。

梁柱抗弯承载力比（k_m）按下式计算：

$$k_m=\frac{\sum M_b}{\sum M_c} \tag{5.1}$$

式中：$\sum M_b$ 为梁截面正、负弯矩作用下的抗弯承载力之和；$\sum M_c$ 为上、下柱截面的压弯承载力之和。$\sum M_b$ 的确定参考《钢结构设计规范》（GB 50017—2017）（2017）关于组合梁正、负抗弯承载力的计算方法，$\sum M_c$ 采用 An 和 Han（2014）基于平截面假定和极限平衡法提出的加劲混合结构柱截面压弯承载力设计方法进行计算，此处不再赘述。

本章不考虑柱段长细比对柱轴压承载力的影响，定义加劲混合结构柱轴压比（n）为

$$n=\frac{N_o}{N_u} \tag{5.2}$$

式中：N_o 为柱端所受轴力；N_u 为加劲混合结构柱轴压承载力。

加劲混合结构柱截面是内部钢管混凝土截面和外围钢筋混凝土截面的组合，采用叠加法将两部分轴压承载力之和作为加劲混合结构柱截面的轴压承载力，如下式所示：

$$N_u = N_{RC} + N_{CFST} \tag{5.3}$$

式中：N_{RC} 和 N_{CFST} 分别表示外围钢筋混凝土截面和内部钢管混凝土截面的轴压承载力。

N_{RC} 按下式计算：

$$N_{RC} = f_{c,out} A_{c,out} + f_{y,1} A_1 \tag{5.4}$$

式中：$f_{c,out}$ 和 $f_{y,1}$ 分别为钢管外混凝土轴心抗压强度和纵筋屈服强度；$A_{c,out}$ 和 A_1 分别为管外混凝土横截面积和纵筋总截面积。

N_{CFST} 可按下式计算（DBJ/T 13-51—2010）（2010），即

$$N_{CFST} = (1.14 + 1.02\xi_0) \cdot A_{sc} f_{c,core} \tag{5.5}$$

式中：$f_{c,core}$ 和 A_{sc} 分别为管内混凝土轴心抗压强度和加劲混合结构柱内部钢管混凝土部件横截面积；ξ_0 为内部钢管混凝土截面约束效应系数，计算公式为

$$\xi_0 = \frac{f_{y,s} A_{s,t}}{f_{c,core} A_{c,core}} \tag{5.6}$$

式中：$f_{y,s}$ 为钢管屈服强度；$A_{s,t}$ 和 $A_{c,core}$ 分别为钢管壁横截面积和管内混凝土横截面积。

由上述公式算出各试件的梁柱抗弯承载力比（k_m）和柱轴压比（n），如表 5.1 所示。

（2）材料性能

试件中钢管为 Q345 级钢管，钢梁由强度等级为 Q345 的不同厚度的钢板焊接而成。柱纵筋采用直径 14mm 和 18mm 的 HRB335 级钢筋，柱箍筋为直径 8mm 的 HPB300 级钢筋，楼板钢筋采用直径 10mm 的 HRB335 级钢筋。测得的材性试验结果如表 5.2 所示。圆柱头栓钉由 Q235 级钢材加工而成，并焊接在钢梁上翼缘表面。

表 5.2　钢材材料性能指标一览表

部件	钢板厚度或钢筋直径 /mm	屈服强度 f_y /MPa	极限强度 f_u /MPa	弹性模量 E_s / (N/mm²)	伸长率 δ/%	泊松比 ν_s
钢梁翼缘	10	386	472	2.14×10^5	36.7	0.30
钢梁腹板	8	395	495	2.05×10^5	25.4	0.28
钢管	6	371	535	1.97×10^5	23.0	0.29
钢筋	8	343	516	1.91×10^5	23.1	0.32
	10	383	547	1.99×10^5	19.8	0.28
	14	396	523	2.08×10^5	24.1	0.30
	18	384	529	1.96×10^5	25.8	0.28

试件管内、外混凝土均采用自密实混凝土，配制管内混凝土时各材料用量分别为：42.5 级普通硅酸盐水泥 428kg，Ⅱ级粉煤灰 143kg，中砂 783kg，4～9mm 粒径玄武岩碎石 870kg，水 186kg，TW-PS 聚羧酸高性能减水剂 8.56kg；配制管外混凝土时各材料用量分别为：42.5 级普通硅酸盐水泥 384kg，Ⅱ级粉煤灰 129kg，中砂 783kg，4～9mm 粒径玄武岩碎石 870kg，水 207kg，TW-PS 聚羧酸高性能减水剂 5.13kg。实测混凝土拌合后坍落度约 265mm，平均扩展度 650mm。

　　浇筑混凝土时，对每个试件管内、外混凝土分别预留三个 150mm×150mm×150mm 立方试块，并在与试件相同条件下养护，试验时分别测量每个节点对应试块的混凝土立方体抗压强度（f_{cu}），并取三个试块强度的平均值。测得的各试件混凝土试块实测强度如表 5.3 所示。

表 5.3　混凝土立方体抗压强度（f_{cu}）实测值（单位：MPa）

试件编号 混凝土类型	PJ1-1 PJ1-2	PJ2-1 PJ2-2	PJ3-1 PJ3-2	SJ1-1 SJ1-2	SJ2-1 SJ2-2	SJ3-1 SJ3-2
管内混凝土	74.4	76.1	71.7	64.4	65.8	65.9
管外混凝土	69.6	72.0	61.2	66.0	61.1	62.6

　　（3）试验装置与加载方案

　　试验时，先通过 500t 液压千斤顶施加轴力至 N_0 并保持不变，然后通过 MTS 伺服系统施加梁端往复荷载；对于空间节点，加载时梁端四个 MTS 作动器同时且独立工作。平面节点和空间节点的试验实际装置及示意图分别如图 5.4 和图 5.5 所示。由于加载后期梁端位移较大，为防止梁发生平面外扭转，试验时在加载端附近梁的两侧设置了侧向抗扭滑轮。

(a) 试验时的情景

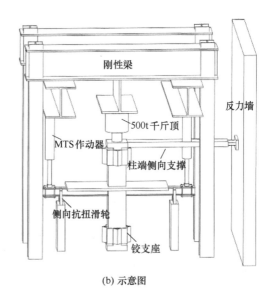

(b) 示意图

图 5.4　平面节点试验加载装置

　　《建筑抗震试验方法规程》（JGJ/T 101—2015）建议，对于拟静力抗震试验研究，采用荷载 - 变形双控制度进行加载。因此，本次试验加载程序为试件屈服前按照荷载控制分级加载，试件屈服后按照位移控制加载。具体加载步骤为：屈服前分三级加载至试件屈服，每级循环一次；屈服后按照位移加载，位移增量为 Δ_y，每级循环三次，直至试件破坏，加载制度如图 5.6 所示。试验前先采用有限元模型计算出试件的屈服荷载（P_y）及相应位移（Δ_y），试验时根据实测曲线进行加载调整。

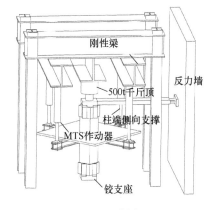

(a) 现场图　　　　　　　　　　　　　　　　(b) 示意图

图 5.5　空间节点试验加载装置

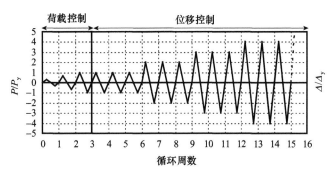

图 5.6　加载制度示意图

在施加柱端轴力时，梁端 MTS 处于放松状态，柱在轴力下完成自由压缩变形后，将梁端与 MTS 通过螺杆对拉锁紧。位移控制阶段加载速率为 0.5mm/s，当加载至荷载下降到峰值荷载的 85% 或节点发生严重破坏时停止加载。

对于空间节点，采用双向同时反对称往复加载的空间加载制度，该制度能够较好地考虑两个方向同时承受地震荷载作用时的相互影响，并使节点始终在与梁呈 45°夹角方向的竖直平面内转动，具体为：西梁、南梁同时向上（下）加载，东梁、北梁同时向下（上）加载，如图 5.2（d）所示。

（4）量测方案与测点布置

试验中，试件的变形通过位移计、引伸仪和电阻应变片测量获得。测点的布置应根据试验的研究目的与测量内容确定，本试验应变片布置如图 5.7 所示，位移计与引伸仪布置如图 5.8 所示。本试验的具体测量内容如下所述。

1）梁加载端荷载和位移由 MTS 传感器测得。

2）节点核心区剪切变形。通过沿两个对角线方向布置的导杆引伸仪测得的测点相对位移进行换算得到；引伸仪的四个测点位置通过预埋的四根外露钢筋确定；对于空间节点，同时测量东西方向与南北方向的核心区剪切变形。

3）梁、柱转角。在梁、柱的轴线位置预埋钢筋并外露，试验前在钢筋上焊接一段

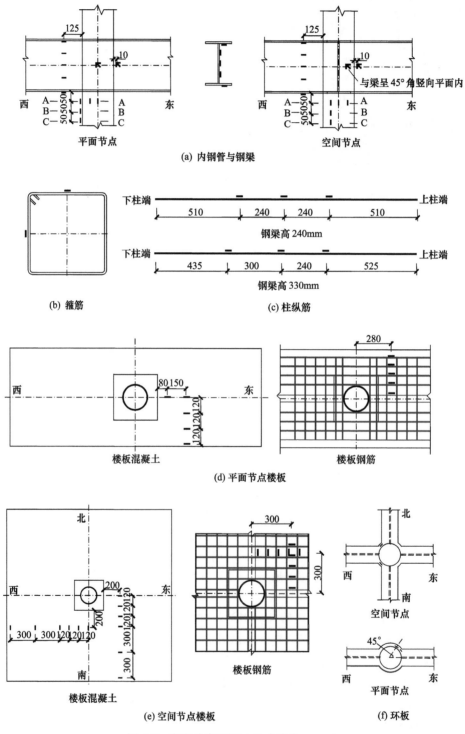

图 5.7　应变片布置图（尺寸单位：mm）

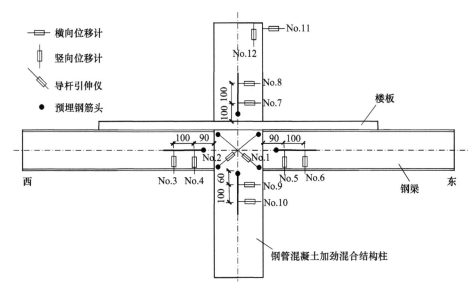

图 5.8　位移计布置图（尺寸单位：mm）

沿梁或柱轴线方向的铁片，通过位移计测量铁片上间距 100mm 的两个测点的位移差，并分别计算梁、柱转角。

4）各部位应变。在钢管、外环板、钢梁、楼板、柱箍筋及纵筋的相应位置分别布置应变片或应变花，记录不同部位在加载过程中的应变发展规律。

5）混凝土裂缝。采用裂缝放大镜测量每一加载级别混凝土裂缝宽度与位置。

5.2.2　试验现象

本节定义当楼板上表面混凝土受压、钢梁下翼缘受拉时，梁端荷载为正，梁所受的弯矩为正值；反之为负。往复加载过程中，定义平面节点"正向加载"为西梁位移向上，东梁位移向下；定义空间节点"正向加载"为西、南梁位移向上，东、北梁位移向下。试件编号后的"/S""/W""/N""/E"分别表示试件的南梁、西梁、北梁和东梁。以试件 PJ1-2 和 SJ1-2 为例，说明试件试验过程中的主要现象。

（1）试件 PJ1-2

加载时先施加柱端轴压力至 2300kN（柱轴压比为 0.28），后进行梁端往复加载。梁端加载先按荷载控制，当西梁加载至 40kN 时，在距柱边缘 150mm 处受拉区楼板出现初始弯曲裂缝，反向加载时，另一侧楼板在距柱边 150mm 和 250mm 处出现弯曲裂缝，裂缝宽度约 0.1mm。当西梁加载至 80kN 时，原有裂缝扩展加宽，同时楼板出现新的平行裂缝，最大裂缝宽度为 0.2mm。

之后进入位移控制阶段，当以 $\Delta_y=12$mm 位移级别进行加载时，核心区未出现剪切裂缝，楼板产生新的弯曲裂缝，原有裂缝加宽，裂缝最大宽度 0.22mm。此时应变片数据显示，钢梁下翼缘屈服。

当以 $2\Delta_y=24$mm 位移级别进行正向加载时，在核心区观察到混凝土初始剪切裂缝，长度约为 120mm，裂缝与竖直方向夹角约 30°，裂缝宽度为 0.1mm；反向加载时，在交叉方向出现两条裂缝，裂缝宽度 0.15mm，如图 5.9（a）所示。下柱端靠近核心区附近出现弯曲裂缝，钢梁下翼缘附近混凝土出现竖向与斜向裂缝，此裂缝是钢梁下翼缘受拉时与混凝土产生相对滑移趋势引起的。此时，由应变数据可知，核心区内钢管已屈服。位移级别为 $2\Delta_y$＝24mm 时，楼板分布着大量的裂缝，楼板中部裂缝沿楼板宽度方向；由于抗剪连接件对楼板的冲剪作用，楼板两端的裂缝大致沿 45° 方向，最大裂缝宽度 0.3mm。

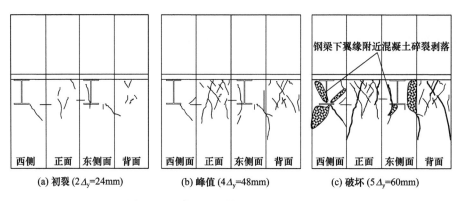

(a) 初裂 ($2\Delta_y$=24mm)　　　　(b) 峰值 ($4\Delta_y$=48mm)　　　　(c) 破坏 ($5\Delta_y$=60mm)

图 5.9　试件 PJ1-2 核心区裂缝发展过程

继续加载，当以 $4\Delta_y$＝48mm 位移级别进行加载时，试件达到峰值荷载，此时核心区出现大量新的剪切斜裂缝，原有裂缝继续扩展加宽，剪切裂缝最大宽度 0.4mm，如图 5.9（b）所示；钢梁下翼缘附近的混凝土裂缝迅速向上下延伸，形成大裂缝，混凝土有轻微的碎裂剥落，核心区承受较大的剪力。位移级别为 $4\Delta_y$＝48mm 时，楼板裂缝最大宽度达到 1.2mm。钢梁受压下翼缘出现局部屈曲，核心区箍筋屈服，柱端纵筋靠近核心区一侧受压屈服；同时，上柱端混凝土表层靠近核心区一侧出现局部压碎。

随着加载的继续，梁端荷载开始下降，裂缝增大，钢梁下翼缘附近混凝土逐渐碎裂剥落。当梁端位移达到 $5\Delta_y$＝60mm 时，由于荷载下降到峰值荷载 85% 以下而停止加载，核心区与楼板裂缝最终分布分别如图 5.9（c）与图 5.10 所示。

试件最终破坏形态如图 5.11 所示，钢梁下翼缘附近混凝土出现大面积碎裂剥落，梁端出现局部屈曲现象，同时核心区发生了剪切破坏（最大剪切裂缝宽度 0.6mm，核心区箍筋与内钢管均屈服）。试件破坏属于混合破坏形态，主要发生核心区剪切破坏和

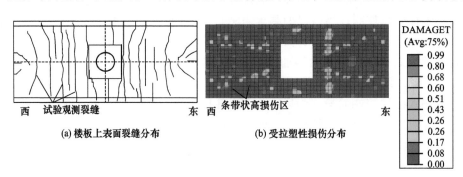

(a) 楼板上表面裂缝分布　　　　(b) 受拉塑性损伤分布

图 5.10　试件 PJ1-2 楼板混凝土最终裂缝分布

  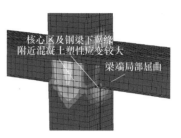

(a) 整体 (b) 局部（试验） (c) 局部（有限元）

图 5.11 试件 PJ1-2 的破坏形态

钢梁下翼缘附近混凝土碎裂破坏，并伴随梁端弯曲破坏现象。

（2）试件 SJ1-2

加载时先施加柱端轴压力至 2150kN（柱轴压比为 0.28），然后进行梁端往复加载。梁端加载先按荷载控制，当西梁、南梁加载至 35kN 时，楼板未出现弯曲裂缝。当西梁、南梁加载至 70kN 时，东、北区楼板在靠近柱子区域出现平行于柱侧面的初始弯曲裂缝，在非柱子邻近区域出现 45°方向斜裂缝；反向加载时，西、南区楼板同样出现平行于柱侧面的裂缝与 45°方向斜裂缝，最大裂缝宽度为 0.12mm。

之后进入位移控制阶段，当以 Δ_y＝12mm 位移级别进行加载时，核心区未出现裂缝，楼板出现新的裂缝，裂缝最大宽度为 0.2mm。

当以 $2\Delta_y$＝24mm 位移级别进行正向加载时，在核心区观察到混凝土初始剪切裂缝，裂缝与竖直方向夹角约 45°；反向加载时，在交叉方向出现剪切裂缝，裂缝宽度为 0.2mm，如图 5.12（a）所示。下柱端靠近核心区附近出现弯曲裂缝，钢梁下翼缘附近混凝土出现竖向与斜向裂缝，此裂缝是钢梁下翼缘受拉时与混凝土产生相对滑移趋势引起的。由应变数据可知，核心区内钢管与箍筋均达到屈服状态，同时钢梁下翼缘也已屈服。位移级别为 $2\Delta_y$＝24mm 时，楼板分布着大量的裂缝，由于空间节点楼板同时承受双向受拉作用，除柱子附近区域裂缝平行于柱侧面外，楼板其他区域裂缝与楼板边缘成 45°夹角，最大裂缝宽度 0.6mm。

继续加载，当以 $3\Delta_y$＝36mm 位移级别进行加载时，试件达到峰值荷载，此时核心

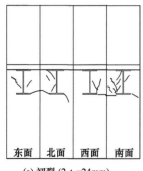 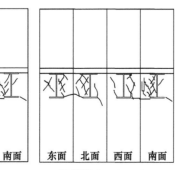 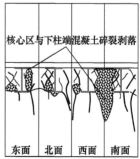

(a) 初裂（$2\Delta_y$=24mm） (b) 峰值（$3\Delta_y$=36mm） (c) 破坏（$5\Delta_y$=60mm）

图 5.12 试件 SJ1-2 核心区裂缝发展过程

区出现新的剪切斜裂缝，在剪切作用与钢梁下翼缘对混凝土的拉拔双重作用下，混凝土裂缝迅速向上下扩展延伸并加宽，核心区混凝土轻微局部碎裂剥落，最大裂缝宽度达 0.5mm，如图 5.12（b）所示。位移级别为 $3\Delta_y=36mm$ 时，楼板裂缝最大宽度达到 1.0mm。此时上柱端角部混凝土及相邻的楼板在往复拉压作用下出现轻微碎裂。

随着加载的继续，梁端荷载开始下降，裂缝增大，核心区及其附近的下柱端混凝土逐渐碎裂剥落，钢梁下翼缘局部受压屈曲。当梁端位移达到 $5\Delta_y=60mm$ 时，由于荷载下降到峰值荷载 85% 以下而停止加载，核心区与楼板裂缝最终分布分别如图 5.12（c）与图 5.13 所示。

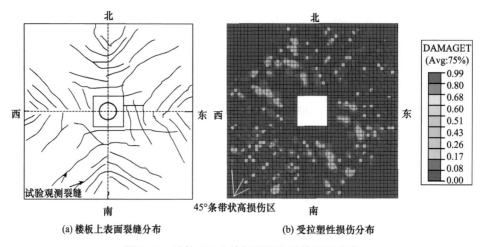

(a) 楼板上表面裂缝分布　　　　　　　(b) 受拉塑性损伤分布

图 5.13　试件 SJ1-2 楼板混凝土最终裂缝分布

试件最终破坏形态如图 5.14 所示，上柱端及楼板混凝土局部轻微碎裂，但是无明显压弯破坏特征；梁端出现局部屈曲现象，同时核心区及下柱端混凝土严重破坏。试

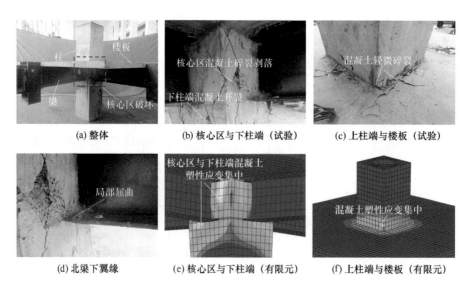

(a) 整体　　　(b) 核心区与下柱端（试验）　　　(c) 上柱端与楼板（试验）

(d) 北梁下翼缘　　　(e) 核心区与下柱端（有限元）　　　(f) 上柱端与楼板（有限元）

图 5.14　试件 SJ1-2 的破坏形态

件破坏属于混合破坏形态，主要发生核心区剪切破坏和钢梁下翼缘附近混凝土碎裂破坏，并伴随梁端弯曲破坏现象。

　　本次试验平面节点与空间节点的梁端荷载（P）- 位移（Δ）关系曲线及破坏特征点的位置分别如图 5.15 和图 5.16 所示。

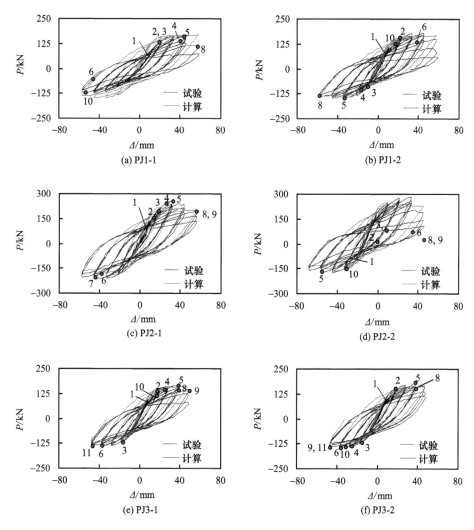

图 5.15　平面节点的梁端荷载（P）- 位移（Δ）关系

1. 楼板初裂；2. 核心区初裂；3. 钢梁下翼缘屈服；4. 核心区箍筋屈服；5. 梁下翼缘局部屈曲；
6. 柱纵筋屈服；7. 下翼缘环板与钢梁连接焊缝被部分拉断；8. 钢梁下翼缘附近混凝土严重碎裂剥落；
9. 核心区混凝土严重碎裂剥落；10. 核心区内钢管屈服；11. 上柱端混凝土压碎剥落

　　本次试验试件的主要破坏形态为核心区破坏，包括核心区的剪切破坏与钢梁下翼缘附近混凝土的碎裂破坏。钢梁下翼缘附近混凝土碎裂破坏的机理为：梁端往复荷载作用初期，钢梁下翼缘与柱管外混凝土之间产生相对滑移，下翼缘附近混凝土出现纵向与斜向裂缝；随着梁端荷载的增大，钢梁下翼缘受拉时带动柱纵筋往外挤压保护层混凝土，钢梁下翼缘附近混凝土在钢翼缘的反复压力作用下碎裂剥落，梁柱连接处的

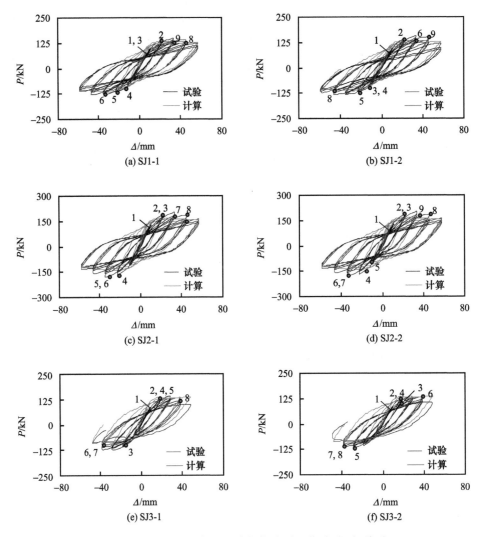

图 5.16　空间节点的梁端荷载（P）- 位移（Δ）关系

1. 楼板初裂；2. 核心区初裂；3. 核心区箍筋屈服；4. 核心区内钢管屈服；5. 钢梁下翼缘屈服；

6. 上柱端混凝土压碎剥落；7. 柱纵筋屈服；8. 核心区及下柱端混凝土碎裂剥落；9. 梁下翼缘局部屈曲

强度与刚度显著下降。

随着试验参数（轴压比、梁柱抗弯承载力比和节点类型）的变化，试件在发生核心区破坏的同时，伴随着梁端弯曲破坏或柱端压弯破坏或两者兼有。钢管混凝土加劲混合结构柱 - 钢梁连接节点的破坏形态为混合破坏。

根据试验过程中现象观察与量测数据结果，钢管混凝土加劲混合结构柱 - 钢梁连接节点的破坏过程大致可分成以下三个阶段。

1）弹性阶段。

该阶段节点的梁端荷载 - 位移关系曲线骨架线基本呈直线。楼板出现初始弯曲裂缝，随着荷载级别的增大，裂缝不断扩展延伸。弹性阶段节点核心区混凝土一般还未出现剪切裂缝。

2）弹塑性阶段。

节点核心区在该阶段出现初始剪切裂缝，钢梁下翼缘附近混凝土因梁柱相对滑移趋势而产生裂缝，楼板原有裂缝也继续开展。随着梁端荷载的增加，钢梁翼缘最外层纤维开始屈服，同时核心区箍筋、内钢管也逐步进入屈服状态。峰值荷载时，核心区混凝土出现明显的剪切斜裂缝，钢梁下翼缘附近混凝土形成贯穿核心区的长裂缝，并有轻微的局部碎裂剥落。此时，有梁端弯曲破坏现象的节点的钢梁翼缘上可观察到一定程度的局部屈曲；有柱端压弯破坏现象的节点的上柱端混凝土出现受压破坏。这个阶段节点的梁端荷载 - 位移关系曲线骨架线不再呈直线。

3）破坏阶段。

随着梁端位移继续增大，梁端荷载开始下降。核心区混凝土与钢梁下翼缘附近的混凝土逐渐碎裂剥落，箍筋外露，节点的强度和刚度迅速下降。

对比试件组 PJ1（包括参数相同的试件 PJ1-1 和 PJ1-2，后同）与试件组 PJ3，由于试件组 PJ3 轴压比较大，柱压弯承载力降低，节点破坏形态新增柱端压弯破坏现象；同时，由于核心区承受的轴压力更大，试件组 PJ3 初始剪切裂缝接近竖直方向，破坏时核心区的剪切破坏现象也更严重。

对比试件组 PJ1 与试件组 PJ2，试件组 PJ2 具有更大的梁柱抗弯承载力比，破坏时钢梁下翼缘仅有轻微的局部屈曲，梁端弯曲破坏现象减弱；同时，试件组 PJ2 核心区的初裂出现较早，且外层混凝土剪切破坏现象相比试件组 PJ1 更加严重，这是因为外层混凝土剪切斜裂缝往往沿着核心区对角线分布，试件组 PJ2 核心区高度更高，核心区对角线与水平方向的夹角更大，因此更容易发生开裂和剪切破坏。

分别对比试件组 PJ1、PJ2、PJ3 与试件组 SJ1、SJ2、SJ3 可知，空间节点核心区的破坏比平面节点更加严重，主要原因是空间节点核心区同时承受两个正交方向的梁端荷载引起的剪切作用，而平面节点核心区混凝土仅承受一个方向梁端荷载引起的剪切作用。

试验后对部分试件敲开了核心区外层混凝土，观察内部组件（包括纵筋、箍筋、内钢管与环板）的破坏情况；之后割开钢管壁，观察核心区管内混凝土的破坏情况。选取试件 PJ1-1 和试件 SJ1-2 为对象分别研究平面节点和空间节点核心区内部典型破坏形态。平面节点 PJ1-1 和空间节点 SJ1-2 的核心区内部组件的破坏形态分别如图 5.17 和图 5.18 所示。

由图 5.17 可见，平面节点的纵筋轻微弯曲，钢梁下翼缘开孔处断裂。由于钢梁下翼缘附近混凝土的碎裂剥落，环板与钢管间连接焊缝因承受较大应力而出现拉裂现象。管内混凝土在核心区高度范围内出现接近竖直方向的剪切斜裂缝。由图 5.18 可见，空间节点的纵筋出现轻微弯曲，箍筋点焊处断裂，钢梁翼缘与内钢管连接的环板在倒角位置断裂，管内混凝土分布着少量交叉裂缝。平面和空间节点的钢管与管内、管外混凝土之间的接触界面保持完好，无明显相对滑移现象。

5.2.3　试验结果及分析

（1）梁加载端荷载 - 位移关系

本试验所有试件的 P - $\varDelta$ 关系滞回曲线如图 5.15 和图 5.16 所示。由于本次试验试

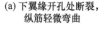

(a) 下翼缘开孔处断裂，　　　(b) 环板与钢管连接焊缝拉裂　　　(c) 管内混凝土裂缝
　　纵筋轻微弯曲

图 5.17　平面节点 PJ1-1 核心区内部组件破坏形态

(a) 纵筋轻微弯曲，　　　(b) 环板倒角处断裂　　　(c) 管内混凝土裂缝
　　箍筋点焊处拉断

图 5.18　空间节点 SJ1-2 核心区内部组件破坏形态

件核心区发生了剪切破坏，同时钢梁下翼缘附近柱外层混凝土开裂并碎裂剥落，P-Δ 关系滞回曲线存在一定的捏缩效应。

P-Δ 关系的骨架线可由滞回曲线中各级加载的峰值点相连得到，平面节点与空间节点的骨架曲线分别如图 5.19 和图 5.20 所示。图中，"E""W""S""N"分别表示东、西、南、北四个方向的梁端的结果。

由图 5.19 和图 5.20 可见，试件 P-Δ 关系骨架线呈"S"形，通过在骨架线上确定三个特征点将骨架线分成三个部分，并分别对应试件破坏的三个阶段，即弹性阶段、弹塑性阶段和破坏阶段。三个特征点分别为屈服点、峰值点和极限点，具体取法参见图 2.251。

本节试验试件在各特征点对应的荷载与位移如表 5.4 所示。表中，P_y、P_{max} 和 P_u 分别为屈服点、峰值点和极限点对应的荷载，Δ_y、Δ_{max} 和 Δ_u 分别为屈服点、峰值点和极限点对应的位移；荷载为正表示梁受正弯矩，楼板受压，反之，梁受负弯矩，楼板受拉。

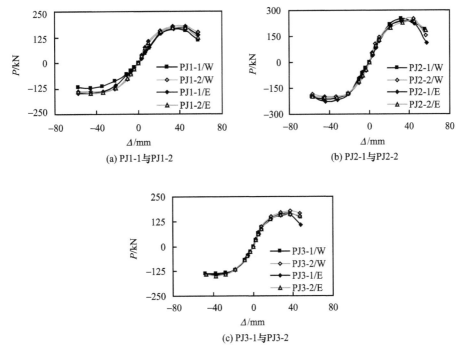

图 5.19　平面节点梁端荷载（P）- 位移（Δ）关系骨架线

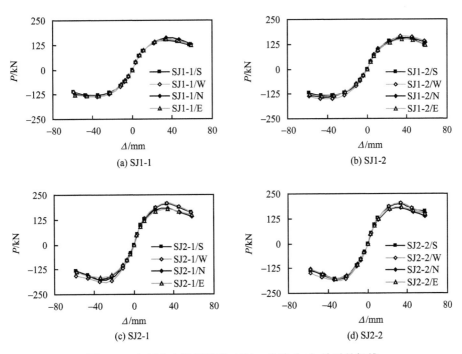

图 5.20　空间节点梁端荷载（P）- 位移（Δ）关系骨架线

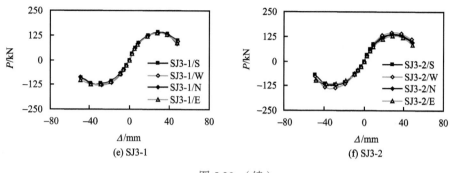

(e) SJ3-1　　　　　　　　　　　　　(f) SJ3-2

图 5.20 （续）

表 5.4　试件特征点数据

试件编号	梁编号	屈服点		峰值点		极限点	
		P_y/kN	Δ_y/mm	P_{max}/kN	Δ_{max}/mm	P_u/kN	Δ_u/mm
PJ1-1	西梁	149.5	25.8	163.2	33.3	138.7	50.4
		−89.4	−22.2	−123.8	−45.7	—	—
	东梁	151.0	25.7	168.6	45.7	143.3	55.0
		−115.0	−23.6	−148.4	−45.3	—	—
PJ1-2	西梁	129.9	15.4	178.9	45.2	152.1	55.3
		−104.9	−16.1	−140.5	−57.6	—	—
	东梁	125.1	15.9	170.1	45.5	144.6	51.9
		−100.4	−15.9	−146.2	−45.2	—	—
PJ2-1	西梁	224.2	22.8	253.7	31.6	215.7	48.2
		−184.1	−21.1	−210.8	−45.2	—	—
	东梁	207.0	21.5	237.4	31.9	201.8	47.5
		−194.1	−24.3	−225.2	−43.5	−191.4	−59.5
PJ2-2	西梁	169.1	14.0	251.6	44.3	213.9	49.1
		−139.5	−13.4	−198.6	−33.1	—	—
	东梁	158.8	14.6	235.2	45.0	199.9	52.9
		−132.5	−13.3	−204.8	−44.3	—	—
PJ3-1	西梁	121.7	14.3	167.7	37.5	142.6	47.5
		−100.4	−14.3	−136.2	−47.7	—	—
	东梁	120.8	15.1	157.4	37.1	133.8	42.1
		−97.6	−14.6	−141.7	−37.4	—	—
PJ3-2	西梁	127.4	13.8	176.8	37.6	150.2	47.4
		−106.4	−15.1	−143.4	−37.6	—	—
	东梁	118.6	14.3	160.9	37.5	136.8	47.4
		−98.1	−14.3	−147.6	−37.6	—	—

试件编号	梁编号	屈服点		峰值点		极限点	
		P_y/kN	Δ_y/mm	P_{max}/kN	Δ_{max}/mm	P_u/kN	Δ_u/mm
SJ1-1	南梁	104.1	13.8	150.0	33.2	127.5	54.8
		−90.6	−14.3	−128.6	−34.4	−109.3	−59.0
	西梁	108.2	14.7	153.7	33.2	130.7	55.1
		−96.2	−14.6	−134.7	−34.9	−114.5	−57.4
	北梁	115.0	15.7	159.9	34.4	135.9	55.3
		−88.2	−14.7	−134.2	−33.2	—	—
	东梁	112.8	15.3	153.5	34.4	130.5	55.5
		−86.7	−13.7	−132.9	−45.3	—	—
SJ1-2	南梁	112.1	14.6	157.0	33.6	133.4	52.1
		−90.7	−14.0	−133.8	−46.6	—	—
	西梁	112.7	14.3	164.0	33.6	139.4	57.4
		−103.1	−15.6	−150.9	−46.6	—	—
	北梁	108.8	15.6	154.9	34.7	131.7	58.6
		−94.4	−16.1	−141.4	−45.5	—	—
	东梁	107.1	14.8	149.9	34.6	127.4	55.0
		−90.9	−15.3	−136.6	−45.6	—	—
SJ2-1	南梁	141.7	13.3	202.0	33.2	171.7	52.4
		−124.4	−12.8	−177.7	−33.5	−151.1	−48.1
	西梁	145.7	13.4	209.5	33.1	178.0	50.9
		−140.2	−14.5	−189.0	−34.4	−160.7	−54.5
	北梁	131.5	12.8	184.1	34.2	156.5	48.7
		−120.7	−14.1	−175.8	−33.2	−149.5	−50.6
	东梁	127.8	12.3	180.5	34.3	153.4	54.3
		−112.7	−12.7	−167.7	−33.2	−142.5	−54.9
SJ2-2	南梁	141.1	12.9	201.4	33.0	171.2	48.6
		−122.7	−12.8	−176.9	−33.1	−150.4	−50.3
	西梁	143.8	13.3	202.4	33.0	172.0	48.2
		−131.0	−13.1	−183.4	−33.9	−155.9	−53.7
	北梁	129.1	12.5	178.3	33.1	151.6	49.3
		−120.1	−13.4	−176.6	−33.1	−150.1	−48.0
	东梁	132.5	12.5	182.5	33.9	155.2	53.4
		−118.6	−13.1	−177.3	−32.5	−150.7	−46.8

续表

试件编号	梁编号	屈服点		峰值点		极限点	
		P_y/kN	Δ_y/mm	P_{max}/kN	Δ_{max}/mm	P_u/kN	Δ_u/mm
SJ3-1	南梁	101.4	13.1	139.9	28.6	118.9	42.3
		−87.1	−13.3	−121.6	−28.2	−103.3	−43.8
	西梁	103.8	13.6	138.4	28.7	117.6	41.8
		−93.7	−13.4	−129.6	−28.1	−110.1	−41.5
	北梁	100.7	13.2	137.1	28.1	116.5	40.2
		−88.3	−14.2	−124.9	−28.6	−106.2	−42.4
	东梁	99.9	13.7	138.5	27.8	117.7	40.2
		−87.9	−13.4	−126.0	−38.4	−107.1	−46.6
SJ3-2	南梁	102.4	13.2	137.1	28.0	116.5	43.3
		−81.8	−12.9	−118.7	−28.5	−100.9	−41.5
	西梁	113.7	14.7	146.5	28.0	124.5	43.1
		−96.7	−14.6	−136.1	−28.5	−115.7	−41.9
	北梁	103.8	15.0	135.2	28.6	114.9	41.8
		−83.2	−14.1	−119.4	−37.4	−101.5	−46.9
	东梁	95.7	14.4	126.9	28.6	107.8	41.4
		−78.4	−12.8	−113.9	−28.0	−96.8	−47.6

通过分析荷载（P）-位移（Δ）关系骨架线及特征点，得到如下结论。

1）楼板的存在使节点在正弯矩作用下的梁端加载初始刚度与承载力均大于负弯矩下对应的数值。

2）随着钢梁截面高度的增大，梁柱抗弯承载力比增大，梁端承载力与加载初始刚度也相应提高。

3）轴压比对平面节点的梁端加载初始刚度与承载力无明显影响；对于空间节点，轴压比的增大使核心区混凝土的破坏更加严重，破坏时柱子向一侧发生整体弯曲，因此承载力降低，且荷载在峰值点以后迅速减小。

4）对比平面节点与空间节点，由于空间节点核心区混凝土破坏更严重，梁端正、负向承载力相比平面节点分别降低约16.3%与10.8%；平面节点与空间节点初始加载刚度相近，说明双向荷载作用对节点单根梁的初始刚度无明显影响。

（2）节点弯矩-梁柱相对转角关系

节点的弯矩（M）-梁柱相对转角（θ）关系可以反映节点抵抗梁柱相对转动变形的能力。节点梁柱相对转角包括核心区剪切变形引起转角和非剪切变形引起转角两部分，可由图5.8布置的位移计（No.3～No.10）测得，具体计算方法为：通过计算位移计No.3与No.4（No.5与No.6）的位移差与位移计测点间距比值，得到梁端转角 θ_b；通过计算位移计No.7与No.8（No.9与No.10）的位移差与位移计测点间距比值，得到柱端转角 θ_c；梁柱相对转角为 $\theta = \theta_b - \theta_c$。

节点弯矩（M）可按下式计算：

$$M = \frac{L-B}{2}P \tag{5.7}$$

式中：L 为梁端加载点之间的距离；B 为加劲混合结构柱截面尺寸；P 为梁端荷载。

按上述方法得到部分节点的 M-θ 关系曲线，如图 5.21 所示。

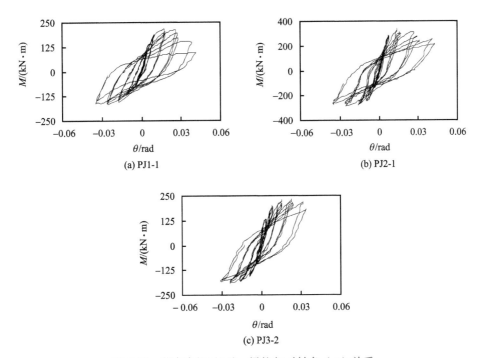

(a) PJ1-1 　　　　　(b) PJ2-1

(c) PJ3-2

图 5.21　节点弯矩（M）- 梁柱相对转角（θ）关系

由图 5.21 可见：①梁柱相对转角（θ）在正、负方向总体呈对称分布，而在同一加载级别下节点的正弯矩大于负弯矩，由此可知节点的正向转动刚度大于负向转动刚度；②对比试件 PJ1-1 与 PJ2-1 可见，随着钢梁截面高度的增大，同一加载级别下节点弯矩增大，但梁柱相对转角（θ）无明显变化，这说明钢梁截面高度的增大不仅提高了钢梁的抗弯刚度，同时也提高了节点的梁柱相对转动刚度；③对比试件 PJ1-1 与 PJ3-2 可见，轴压比对节点弯矩 - 梁柱相对转角关系无明显影响。

（3）核心区剪力 - 剪切变形关系

节点核心区剪力（V_j）- 剪切变形（γ_j）关系可以反映核心区抵抗剪切作用的能力，在剪切荷载作用下节点核心区受力状态与变形示意如图 5.22 所示，图中符号含义见下述。对于空间节点，核心区在双向剪力作用下由立方体变形为平行六面体。

参考欧洲规范 EC3（2005）计算核心区剪力（V_j），公式为

$$V_j = \frac{M_{b1}-M_{b2}}{z} - \frac{V_{c1}-V_{c2}}{2} = \frac{(V_{b1}-V_{b2})\left(\dfrac{L}{2}-\dfrac{B}{2}\right)}{z} - \frac{(V_{b1}-V_{b2})\,L}{2H} \tag{5.8}$$

图 5.22 和式（5.8）中：N_{c1}，N_{c2} 为核心区上、下柱端轴力；M_{b1}，M_{b2} 为核心区两

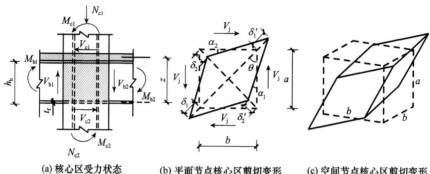

(a) 核心区受力状态　　(b) 平面节点核心区剪切变形　　(c) 空间节点核心区剪切变形

图 5.22　节点核心区受力状态和剪切变形示意图

侧梁端弯矩；V_{b1}，V_{b2} 为核心区两侧梁端剪力，即节点梁端荷载；V_{c1}，V_{c2} 为核心区上、下柱端剪力；L 为同一方向上梁端加载点之间的水平距离；B 为加劲混合结构柱截面尺寸；H 为上、下柱端转动中心之间的垂直距离；z 为力偶臂大小，取楼板厚度中心到钢梁下翼缘中心之间的距离；对于无楼板的情况，z 取上下翼缘中心的间距，详见 5.3.3 节。

节点核心区的剪切变形（γ_j）由布置在核心区对角线方向的导杆引伸仪测得的对角线长度变化值计算得到，如图 5.22（b）所示。γ_j 按下式计算（唐九如，1989）：

$$\gamma_j=\frac{1}{2}[(\delta_1+\delta_1')+(\delta_2+\delta_2')]\frac{\sqrt{a^2+b^2}}{ab}\qquad(5.9)$$

式中：（$\delta_1+\delta_1'$）和（$\delta_2+\delta_2'$）分别为试验测得的核心区对角点相对位移；a 和 b 分别为核心区两个方向的尺寸。

图 5.23 所示为部分节点的核心区剪力（V_j）- 剪切变形（γ_j）关系曲线，图中的空间节点给出了一个加载方向的结果曲线。需要说明的是，由于加载后期核心区预埋测点附近的混凝土破坏严重，导致测得的剪切变形比实际偏大。由图可见：①节点 PJ2-2 与 SJ2-2 虽然梁端荷载明显大于节点 PJ3-2、SJ3-2，但由于其钢梁截面高度大，依据式（5.8）计算，得到的核心区剪力值与节点 PJ3-2、SJ3-2 相近；②对比节点 PJ2-2 与 PJ3-2，节点 PJ2-2 核心区承受剪力更小，但剪切变形发展却更加充分，这是因为随着核心区高度的增加，核心区对角线与水平方向的夹角增大，核心区更容易发生剪切变形与剪切破坏。

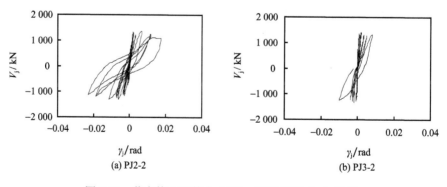

图 5.23　节点核心区剪力（V_j）- 剪切变形（γ_j）关系

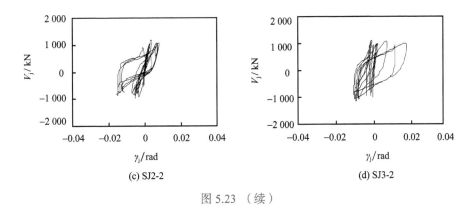

图 5.23　（续）

（4）应变分析

1）钢管壁应变。

本试验通过布置在钢梁下翼缘下方不同高度处的应变片，分析靠近核心区一侧柱端钢管壁在压弯作用下的应变发展规律。应变片布置方案如图 5.7 所示。

柱端钢管壁纵向应变（$\varepsilon_{\text{tube}}$）随柱端弯矩（$M_{\text{c}}$）变化的关系曲线如图 5.24 所示。其中，平面节点的柱端弯矩（M_{c}）按下式计算：

$$M_{\text{c}} = V_{\text{col}} \times H_1 = \frac{(V_{\text{b1}} - V_{\text{b2}})\, L}{2H} \times H_1 \tag{5.10}$$

式中：V_{col} 为下柱端铰接处水平剪力；H_1 为下柱端铰接处到贴片位置的垂直距离；V_{b1} 和 V_{b2} 分别为核心区两侧的梁端剪力，即梁端荷载；H 为柱上下转动中心之间的垂直距离；L 为同一方向上梁端加载点之间的水平距离。

对于空间节点，由于受双向荷载作用，采用将正交两个方向弯矩合成的方法获得空间节点柱端弯矩值（$M_{\text{c, 3D}}$），即 $M_{\text{c,3D}} = \sqrt{{M_{\text{cp1}}}^2 + {M_{\text{cp2}}}^2}$，其中 M_{cp1} 和 M_{cp2} 为单个方向上的柱端弯矩，按式（5.10）计算。

由图 5.24 可得如下分析结果。

① 对比不同截面位置的应变发展规律可知，靠近核心区的钢管壁应变值明显较大，在加载后期应变获得了充分发展；对于平面节点 PJ1-2 与 PJ3-1，远离核心区的 C-C 截面的 M_{c}-$\varepsilon_{\text{tube}}$ 关系基本处于线性阶段。

② 对比试件 PJ1-2 与 PJ3-1，节点 PJ3-1 由于柱端轴压力较大，初始的应变值也较大；由于节点主要发生核心区破坏，轴压比对钢管壁的应变发展无明显影响。

③ 对比试件 PJ3-1 与 SJ3-2，空间节点 SJ3-2 应变发展程度大于平面节点 PJ3-1，远离核心区的 C—C 截面的钢管应变也获得了较大的塑性发展，这是因为空间节点柱端弯矩高于对应的平面节点；同时，空间节点在双向荷载作用下钢梁下翼缘附近的下柱端混凝土破坏程度比平面节点严重，加载后期柱端弯矩更多地向内部钢管混凝土部件转移，钢管壁应变充分发展。

④ 由于钢管壁在压弯作用下塑性残余应变无法恢复，M_{c}-$\varepsilon_{\text{tube}}$ 关系曲线在后期向受压的方向累积发展。

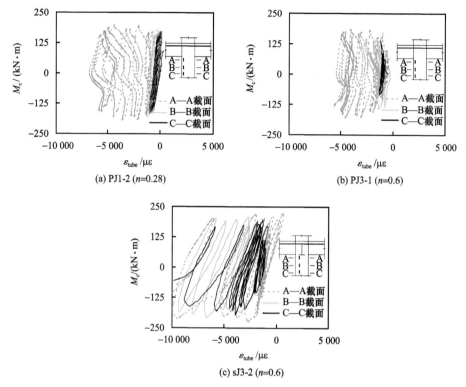

图 5.24　柱端弯矩（M_c）- 钢管应变（ε_{tube}）关系

2）核心区钢管剪切应变。

通过布置在核心区内钢管中部的应变花，分析钢管剪切应变（γ_{12}）在加载过程中的发展规律。部分节点核心区剪力（V_j）- 钢管壁剪切应变（γ_{12}）关系曲线如图 5.25 所示，其中剪切应变（γ_{12}）按下式计算：$\gamma_{12}=2\varepsilon_3-\varepsilon_1-\varepsilon_2$，$\varepsilon_1$ 和 ε_2 为应变花水平和竖直方向应变，ε_3 为 45°斜向应变。由于梁端达到峰值位移后部分应变片数据失效，图中曲线统一采用 $3\Delta_y$ 加载级别作为终点。空间节点由于受双向荷载作用，核心区剪力的合力大于单个方向的剪力，通过将正交两个方向剪力合成的方法获得空间节点核心区总剪力值（$V_{j,3}$D），即 $V_{j,3D}=\sqrt{V_{j1}^2+V_{j2}^2}$，其中 V_{j1} 和 V_{j2} 为单个方向上的剪力值。

由图 5.25 可见如下几点。

① 对比试件 SJ1-2、SJ2-1 和 SJ3-1，试件 SJ2-1 钢管剪切应变发展程度大于其他两个试件，在加载的后期更加明显。这是因为试件 SJ2-1 加载过程中混凝土剪切破坏现象更严重，内钢管壁分担更多的剪切荷载，剪切变形发展更加充分。轴压比对钢管壁剪切应变发展规律无明显影响。

② 对比试件 PJ3-1 与 SJ3-1，空间节点 SJ3-1 应变发展远大于对应的平面节点 PJ3-1。这是因为空间节点核心区承担的总剪力高于平面节点的剪力，同时空间节点在双向荷载作用下核心区混凝土破坏程度大于平面节点，因此加载后期核心区剪力更多地由内部钢管混凝土部件承担，钢管壁应变发展更充分。

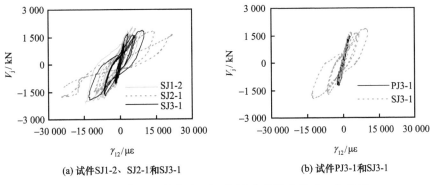

(a) 试件SJ1-2、SJ2-1和SJ3-1　　　　　(b) 试件PJ3-1和SJ3-1

图 5.25　核心区剪力（V_j）- 钢管壁剪切应变（γ_{12}）关系

3）核心区钢梁腹板剪应变。

本次试验通过在核心区钢梁腹板布置应变花来测量其剪切应变，分析钢梁腹板在核心区抗剪过程中承受的剪切作用，应变花布置方案如图 5.7 所示。剪切应变的计算方法如前文所述，需要说明的是，此处空间节点的核心区剪力仅考虑单个方向的剪力，这是因为一个方向的剪力对其正交方向钢梁腹板的应变无法产生明显的影响。

核心区剪力（V_j）- 钢梁腹板剪切应变（γ_{12}）关系如图 5.26 所示，图中曲线以 $4\Delta_y$ 位移级别作为终点。经分析可知：①试件 PJ2-1 腹板应变明显大于试件 PJ3-2；对比试件 PJ3-2 与 SJ3-1，空间节点 SJ3-1 核心区钢梁腹板只受一个方向的剪切作用，因此腹板剪切应变发展规律与平面节点相近。②对比核心区剪力（V_j）- 钢梁腹板剪切应变（γ_{12}）关系曲线与核心区剪力（V_j）- 钢管壁剪切应变（γ_{12}）关系曲线（图 5.26）可知，腹板应变明显小于钢管壁应变，钢管壁是核心区的主要抗剪钢组件。

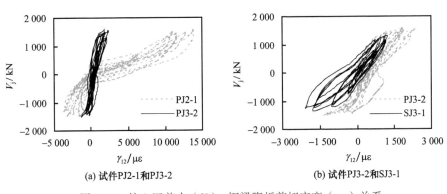

(a) 试件PJ2-1和PJ3-2　　　　　(b) 试件PJ3-2和SJ3-1

图 5.26　核心区剪力（V_j）- 钢梁腹板剪切应变（γ_{12}）关系

4）钢梁截面应变。

选取试件 PJ1-2 和 PJ2-2 说明钢梁截面的纵向应变 ε_{beam} 沿截面高度的分布规律，如图 5.27 所示。图中，纵坐标高度 y 指测点位置距离钢梁下翼缘底面的距离，D—D 截面距离柱侧面约为 50mm。

由图 5.27 可见：①加载初期，应变沿梁高基本呈线性分布，符合平截面假定规律；随着加载的进行，钢梁下翼缘处的应变进入屈服并迅速增大，上翼缘处的应变由

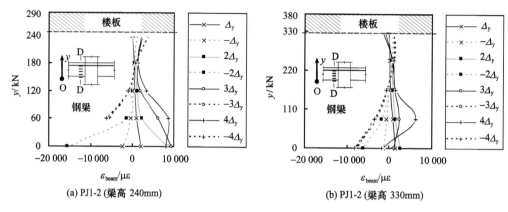

(a) PJ1-2（梁高 240mm）　　　　　(b) PJ1-2（梁高 330mm）

图 5.27　钢梁截面应变（$\varepsilon_{\text{beam}}$）沿截面高度分布

于楼板的组合作用而始终处于较低水平。②钢梁在负弯矩下的应变总体上大于正弯矩下的应变，即钢梁下翼缘在受压时由于楼板组合作用相对较小，压应变大于受拉时的拉应变。③对比试件 PJ1-2 和 PJ2-2，试件 PJ2-2 由于梁高较高，破坏时钢梁下翼缘屈曲现象不明显，钢梁应变的发展程度也相应更低。需要说明的是，当正向加载到 $4\Delta_y$ 位移级别时，试件 PJ2-2 下翼缘处应变出现负值，这是由该测点在上一加载级别结束时受压残余应变过大造成的。

　　5）楼板混凝土应变与楼板纵向钢筋应变。

　　对于带楼板的组合梁截面，由于存在剪力滞后效应，混凝土楼板的正应力沿宽度方向分布不均匀。本次试验通过楼板表面及楼板内预埋钢筋应变片数据，分析剪力滞后效应的发展规律，应变片布置方案如图 5.7 所示。

　　图 5.28 为楼板 E—E 截面处混凝土纵向应变沿楼板宽度方向的分布情况，图中 d 为测点到楼板纵向中轴线的距离，E—E 截面距离柱侧面约为 200mm。考虑到楼板混凝土开裂后应变片的失效，仅对加载级别 P_y 及其之前的数据进行分析。

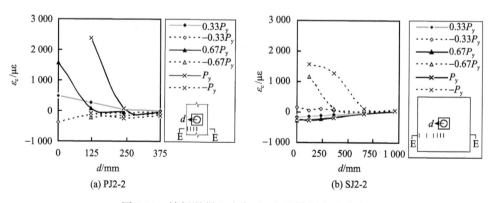

(a) PJ2-2　　　　　(b) SJ2-2

图 5.28　楼板混凝土应变（ε_c）沿楼板宽度分布

　　由图 5.28 可见：①加载初期，楼板混凝土应变沿板宽基本呈均匀分布，随着加载的进行，混凝土楼板开裂，靠近中轴线处的受拉应变迅速增大，远离中轴线处的拉应变仍然保持较低水平；②楼板混凝土纵向受压应变在加载过程中一直较小，这是由于组合梁截面在正向弯矩作用下混凝土楼板可充分发挥其抗压能力；③对比试件 PJ2-2 与 SJ2-2 可知，空间节点在双向荷载作用下楼板混凝土的应变分布规律与平面节点相似，应变较大区域主要集中在距离中轴线一定宽度范围内。

图 5.29 为楼板内纵向钢筋应变沿楼板宽度方向的分布情况，钢筋应变片布置如图 5.7 所示，图中 d 为测点到楼板纵向中轴线的距离。

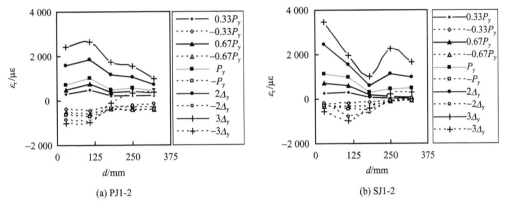

图 5.29　楼板纵向钢筋应变（ε_r）沿楼板宽度分布

由图 5.29 可见：①加载初期，钢筋应变沿楼板宽度分布较均匀，随着加载的进行，靠近中轴线处钢筋的应变迅速增大，远离中轴线处钢筋的应变缓慢增长；②钢筋受压应变增长幅度小于受拉应变增长幅度；③对比试件 PJ1-2 与 SJ1-2 可知，空间节点与平面节点楼板钢筋应变的发展规律类似。

由上述分析可知，本次试验平面节点和空间节点的组合梁在受力过程中均存在明显的剪力滞后效应。

6）外环板应变。

本次试验钢梁与钢管混凝土加劲混合结构柱内钢管通过外环板来连接。试验前，在上环板布置应变片，并观测环板在加载过程中的应变发展规律，应变片布置方案如图 5.7 所示。试件的节点弯矩（M）- 环板应变（ε_d）关系曲线如图 5.30 所示。其中，节点弯矩按式（5.7）计算，图中曲线取 $4\Delta_y$ 位移级别作为终点。

由图 5.30 可见：①对比试件 PJ1-2、PJ2-2 和 PJ3-1，轴压比与钢梁截面高度变化对环板应变发展无明显影响。②对比试件 PJ3-1 和 SJ3-1，平面节点 PJ3-1 的环板应变始终小于屈服应变，说明环板宽度可以满足核心区荷载有效传递的要求；空间节点 SJ3-1 的环板应变相对平面节点有明显提高，这是由于空间节点 SJ3-1 在加载后期楼板与柱端交界处混凝土碎裂破坏严重，在负弯矩下钢梁上翼缘承受较大的拉应力，环板应变迅速增大。③对于平面节点，S9 处应变大于 S10 处应变，空间节点则相反，这是因为：平面节点的 S9 处为应力集中点，应变也相应更大；空间节点的 S9 处测点两侧的正交钢梁翼缘始终处于一拉一压的应力状态，处于其中间段的测点的应力相对较低，而测点 S10 两侧的正交钢梁翼缘应力状态始终相同。④由于混凝土楼板受压时组合作用明显，环板受压应变总体小于受拉应变。

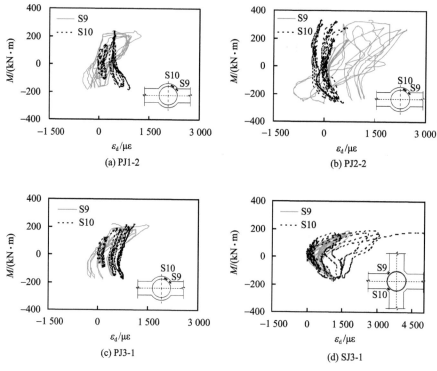

(a) PJ1-2

(b) PJ2-2

(c) PJ3-1

(d) SJ3-1

图 5.30　节点弯矩（M）-环板应变（ε_d）关系

7）纵筋应变。

选取角部柱纵筋分析纵筋应变沿柱高度分布的规律，测点如图 5.7 所示，选取的三个测点分别位于核心区中部及距核心区上、下边缘一定距离的位置。以试件 PJ1-2 与 PJ3-1 为例，柱纵筋应变（ε_l）沿高度分布的情况如图 5.31 所示，其中，d 为测点和核心区中线的距离。

由图 5.31 可见：①加载初期，柱纵筋应变沿高度基本呈线性分布，对试件 PJ3-1，由于加载后期核心区混凝土破坏严重，柱与纵筋的接触界面发生破坏，应变呈现非线

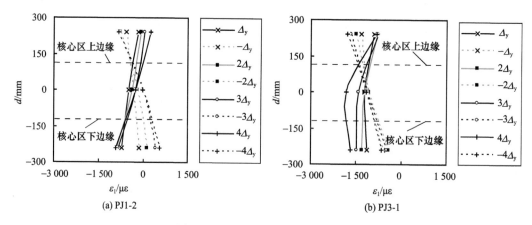

(a) PJ1-2

(b) PJ3-1

图 5.31　柱纵筋应变沿柱高度分布

性分布；②试件 PJ3-1 所受柱轴压力较大，加载过程中柱纵筋处于完全受压状态，受压应变总体大于 PJ1-2。

8）箍筋应变。

部分试件的核心区箍筋应变（ε_h）沿核心区高度的分布情况如图 5.32 所示，其中，d 为测点距核心区下边缘的距离。由图可见：①对比试件 PJ1-1 与 PJ2-2，试件 PJ1-1 由于核心区混凝土剪切破坏相对较轻微，破坏时核心区箍筋刚达到屈服状态，试件 PJ2-2 核心区混凝土剪切破坏严重，箍筋较早屈服并在加载后期有较大的应变发展；②箍筋应变在核心区高度范围内的分布总体上呈现中间应变大、边缘应变小的规律。

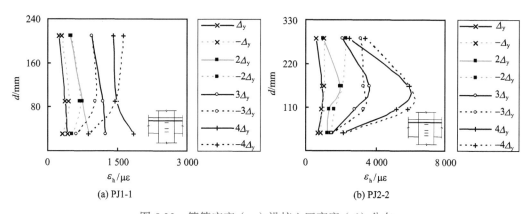

(a) PJ1-1　　　　　　　　　　(b) PJ2-2

图 5.32　箍筋应变（ε_h）沿核心区高度（d）分布

（5）节点变形分析

节点在受力过程中，梁、柱和核心区均会产生变形从而引起梁端总位移（Δ）的增大。梁、柱和核心区自身变形引起的梁端位移分别记为 Δ_b、Δ_c 和 Δ_j，各部分位移与梁端总位移的关系为

$$\Delta = \Delta_b + \Delta_c + \Delta_j \qquad (5.11)$$

各部分变形如图 5.33 所示。其中，核心区变形引起的位移（Δ_j）又包括剪切变形引起的位移（Δ_{js}）与非剪切变形引起的位移（Δ_{jn}）。本次试验非剪切变形引起的位移（Δ_{jn}）主要由钢梁下翼缘与核心区管外混凝土的相对滑移，以及下翼缘附近混凝土的碎裂剥落引起的梁柱相对转动引起。

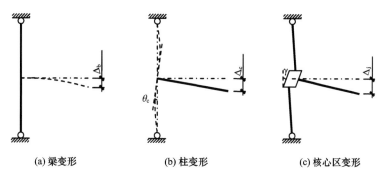

(a) 梁变形　　　　　　(b) 柱变形　　　　　　(c) 核心区变形

图 5.33　节点变形示意图

　　节点各部分变形可由位移计数据计算得到，位移计布置如图 5.8 所示。具体计算方法如下：梁端总位移（Δ）可由 MTS 系统直接获得；柱端转角（θ_c）为位移计 No.7 与 No.8（No.9 与 No.10）的位移差与位移计测点间距的比值，柱变形引起的位移 $\Delta_c = \theta_c \times L_b$，其中 L_b 为梁加载端到柱侧面的距离；梁端转角（θ_b）为位移计 No.3 与 No.4（No.5 与 No.6）的位移差与位移计测点间距的比值，柱变形引起位移与核心区变形引起位移之和 $\Delta_c + \Delta_j = \theta_b \times L_b$，继而可求出 Δ_j；梁变形引起位移 $\Delta_b = \Delta - (\Delta_c + \Delta_j)$。

　　根据上述方法得到不同加载级别下节点各部分变形的比例，如图 5.34 所示。需要说明的是，对于部分节点，并没有给出位移级别较大时相应的变形比例，这是因为加载后期核心区发生严重破坏，核心区混凝土与柱端混凝土不再协调变形，测点处柱端转角无法反映核心区邻近段柱端转角，甚至出现两者转角方向相反的现象；对核心区破坏严重的节点，该现象更加明显。

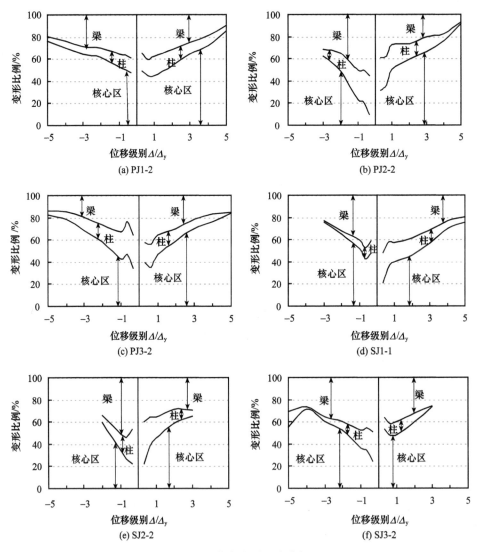

图 5.34　节点变形组成分析

由图 5.34 可见：①随着加载的进行，梁、柱变形引起位移所占的比例总体呈下降趋势，核心区变形引起位移所占的比例总体呈上升趋势。②由于梁在正弯矩作用下的刚度大于负弯矩作用下的刚度，正向加载时梁变形引起位移所占的比例相比负向加载时更低，这在多数节点的变形比例图中可被观察到。③轴压比对节点变形的组成影响不明显。④对比平面与空间节点，空间节点各部分变形引起位移所占的比例及其变化趋势总体与平面节点一致，说明双向荷载作用对空间节点单个方向的节点变形组成无明显影响。⑤柱变形引起位移所占比例始终处于较低水平；梁变形引起位移所占比例比柱变形高，在加载初期接近或达到 40%；核心区变形引起位移所占比例始终处于较高水平，在最大加载级别时接近或达到 80%。

（6）强度退化规律

采用强度退化系数（λ_j）衡量强度退化的程度 [式（3.2）]，图 5.35 所示为试件强度退化系数（λ_j）与位移级别（Δ/Δ_y）的关系，图中平面节点以西梁（W）为例，空间节点以南梁（S）为例。

由图 5.35 可见：①随着位移加载级别的增大，试件强度退化系数（λ_j）逐渐减小，当位移级别达到 $4\Delta_y$ 或 $5\Delta_y$ 时强度退化速度加快；随着循环次数的增加，强度退化现象更加明显。②对比各试件正、负向加载的强度退化规律可知，加载后期试件正向加载时强度的退化程度明显高于负向加载，这是由于正向加载时钢梁下翼缘受拉，下翼缘附近的核心区混凝土碎裂剥落严重，部分试件下环板或者环板焊缝出现裂缝，造成强度迅速退化。③由于本次试验试件主要发生了核心区破坏，轴压比及梁柱抗弯承载力比的变化对强度退化规律无明显影响。

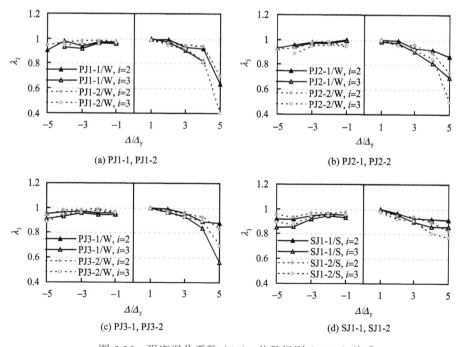

(a) PJ1-1, PJ1-2　　　　　(b) PJ2-1, PJ2-2

(c) PJ3-1, PJ3-2　　　　　(d) SJ1-1, SJ1-2

图 5.35　强度退化系数（λ_j）- 位移级别（Δ/Δ_y）关系

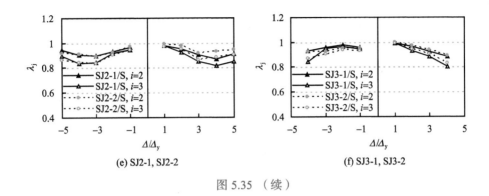

(e) SJ2-1, SJ2-2　　　　　　　　　(f) SJ3-1, SJ3-2

图 5.35 （续）

（7）刚度退化规律

采用环线刚度（K_j）来表征试件的刚度退化程度［式（3.4）］，图 5.36 所示为各试件环线刚度（K_j）与位移级别（Δ/Δ_y）的关系。需要说明的是，对于试件 PJ1-1，由于加载前试件与加载装置未充分接触顶紧，环线刚度始终偏小。

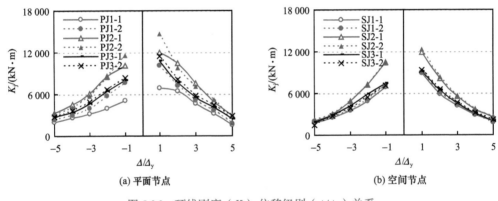

(a) 平面节点　　　　　　　　　(b) 空间节点

图 5.36　环线刚度（K_j）-位移级别（Δ/Δ_y）关系

由图 5.36 可见：①随着梁端位移的增大，混凝土逐渐开裂、碎裂剥落，同时钢材开始屈服，试件环线刚度（K_j）逐渐减小；由于正向加载时楼板的组合作用明显，在初始加载阶段试件正向加载时的 K_j 大于负向加载的 K_j；随着加载的继续，楼板混凝土开裂并出现局部压碎，正、负向 K_j 值的差别逐渐减小。②钢梁截面高度较大的试件组 PJ2 与 SJ2 由于梁弯曲刚度较大，试件的整体刚度也更大，其 K_j 值大于梁高较小试件的 K_j 值；轴压比对 K_j 值的变化无明显影响。③对比平面节点与空间节点，空间节点在双向荷载作用下，核心区破坏相比平面节点更严重，环线刚度 K_j 总体比平面节点更小。

（8）节点延性

采用梁加载端位移延性系数（μ）衡量节点的延性性能［式（3.5）］，平面节点与空间节点位移延性系数（μ），分别如表 5.5 和表 5.6 所示。表中，n 为柱轴压比，$\bar{\mu}$ 为试件各梁的平均位移延性系数。需要说明的是，表中部分试件负向加载时的延性系数未给出，这是因为试件在峰值点后保持了较好的负向延性，荷载未下降到负向峰值荷载的 85%；对于试件 PJ1-1 与 PJ2-1，由于测得的屈服位移（Δ_y）偏大，正向延性系数比实际值偏小，对比分析时采用试件 PJ1-2 与 PJ2-2 的延性系数数值。

表 5.5　平面节点位移延性系数

试件编号	n	西梁		东梁		$\bar{\mu}$	
		（+）	（−）	（+）	（−）	（+）	（−）
PJ1-1	0.28	1.95	—	2.14	—	2.05	—
PJ1-2	0.28	3.59	—	3.27	—	3.43	—
PJ2-1	0.28	2.11	—	2.21	2.44	2.16	2.44
PJ2-2	0.28	3.51	—	3.62	—	3.57	—
PJ3-1	0.6	3.31	—	2.79	—	3.05	—
PJ3-2	0.6	3.44	—	3.31	—	3.38	—

表 5.6　空间节点位移延性系数

试件编号	n	南梁		西梁		北梁		东梁		$\bar{\mu}$	
		（+）	（−）	（+）	（−）	（+）	（−）	（+）	（−）	（+）	（−）
SJ1-1	0.28	3.98	4.14	3.74	3.92	3.51	—	3.63	—	3.72	4.03
SJ1-2	0.28	3.57	—	4.02	—	3.76	—	3.72	—	3.77	—
SJ2-1	0.28	3.95	3.77	3.80	3.75	3.80	3.60	4.42	4.34	3.99	3.87
SJ2-2	0.28	3.78	3.94	3.61	4.10	3.94	3.58	4.26	3.58	3.90	3.80
SJ3-1	0.6	3.22	3.29	3.08	3.10	3.04	2.99	2.93	3.48	3.07	3.22
SJ3-2	0.6	3.27	3.22	2.94	2.87	2.78	3.33	2.87	3.71	2.97	3.28

由表 5.5 和表 5.6 可见：①经计算，所有试件的正向延性系数平均值为 3.25，负向延性系数总体高于正向延性系数。②对于平面节点，由于本次试验主要发生核心区破坏，轴压比对试件延性无明显影响；对于空间节点，高轴压比的试件在加载后期发生了柱子整体弯曲的破坏，荷载迅速下降，因此延性系数相对低轴压比的试件更小。③对比平面节点与空间节点，空间节点加载后期核心区混凝土破坏程度比平面节点严重，并出现柱端压弯破坏现象，因此负向加载时节点破坏后的荷载也明显下降，延性相比平面节点更差。

（9）耗能能力

图 5.37 所示为试件等效黏滞阻尼系数（h_e）与加载位移级别（Δ/Δ_y）的关系，对于每一位移级别（Δ/Δ_y）均取第一个加载滞回环计算等效黏滞阻尼系数（h_e）。

由图 5.37 可见：①随着位移级别（Δ/Δ_y）的增大，等效黏滞阻尼系数（h_e）也不断增大，这说明本次试验的节点具有良好的耗能特性，随着加载的进行，滞回环越来越饱满。②轴压比与梁柱抗弯承载力比对等效黏滞阻尼系数（h_e）的发展无明显影响。③对比平面节点与空间节点，空间节点在双向荷载作用下等效黏滞阻尼系数（h_e）与平面节点相近。

各试件的耗能指标如表 5.7 所示。表中，能量耗散系数（E_d）与等效黏滞阻尼系数

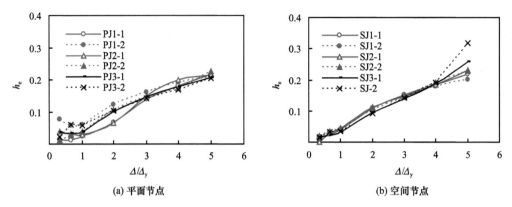

图 5.37　试件等效黏滞阻尼系数（h_e）- 加载位移级别（Δ/Δ_y）关系

（h_e）均取试件达到正向峰值荷载时所对应的值。需要说明的是，部分节点（尤其是空间节点）的 h_e 值总体偏小，这是因为这些节点的正向峰值荷载对应的位移级别（Δ/Δ_y）小，由图 5.37 可知，相应的 h_e 值也更小。

表 5.7　试件耗能指标汇总

试件编号	E_d	h_e	$E_{total}/(kN \cdot m)$
PJ1-1	0.88	0.140	53.01
PJ1-2	1.21	0.192	68.86
PJ2-1	0.94	0.150	89.96
PJ2-2	1.10	0.174	81.97
PJ3-1	1.12	0.179	57.29
PJ3-2	1.06	0.170	61.74
SJ1-1	0.96	0.153	66.32
SJ1-2	0.92	0.146	62.15
SJ2-1	0.93	0.148	88.38
SJ2-2	0.91	0.144	87.42
SJ3-1	0.87	0.138	37.59
SJ3-2	0.89	0.142	38.21
平均值 μ	0.98	0.156	—
标准差 σ	0.107	0.017	—

由表 5.7 可见，本次试验试件在峰值荷载时的等效黏滞阻尼系数（h_e）变化范围为 0.138～0.192，平均值为 0.156。

为反映试件在加载过程中的实际耗能情况，将试件梁端荷载（P）- 位移（Δ）关系滞回曲线各滞回环包络面积进行求和，得到累积耗能（E_{total}）指标。E_{total} 随累积相对位移（Δ_a/Δ_y）增大而变化的曲线如图 5.38 所示，图中 Δ_a 为梁加载端在往复过程中的位移历程总和。

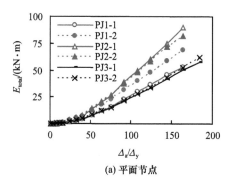
(a) 平面节点

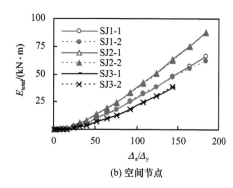
(b) 空间节点

图 5.38　试件累积耗能（E_{total}）- 累积相对位移（$\Delta_{\text{a}}/\Delta_{\text{y}}$）关系

由图 5.38 可见：① E_{total} 随着累积相对位移（$\Delta_{\text{a}}/\Delta_{\text{y}}$）的增加而增大，初始弹性阶段增加较为缓慢，当试件进入塑性状态后，增加的速率加快。② 同一累积相对位移（$\Delta_{\text{a}}/\Delta_{\text{y}}$）下，梁高较高的试件 E_{total} 最大，这是因为梁高较大的试件每一加载级别对应更大的荷载，滞回环的面积也更大；同时，轴压比较高的试件 E_{total} 较低，这是因为高轴压比试件的加载屈服位移（Δ_{y}）小，相同累积相对位移（$\Delta_{\text{a}}/\Delta_{\text{y}}$）下，实际的加载位移总历程（$\Delta_{\text{a}}$）更小。③ 对比平面节点与空间节点，同一累积相对位移（$\Delta_{\text{a}}/\Delta_{\text{y}}$）下，空间节点的 E_{total} 更小。

5.2.4　小结

本节开展了 12 个钢管混凝土加劲混合结构柱 - 钢梁连接节点的拟静力试验，包括 6 个平面节点和 6 个空间节点。通过试验手段，细致分析了试件的破坏过程与破坏特征，研究了梁柱抗弯承载力比、柱轴压比和节点类型等参数对节点承载力、刚度、变形及抗震能力等性能的影响规律，并将平面节点与空间节点的破坏形态与抗震性能进行了对比分析。本节获得的主要结论归纳如下。

1）钢管混凝土加劲混合结构柱 - 钢梁连接节点主要发生了核心区剪切破坏和钢梁下翼缘附近混凝土的碎裂剥落，并伴随着一定程度的柱端压弯破坏或梁端弯曲破坏；节点的破坏过程可分为弹性阶段、弹塑性阶段和破坏阶段三个受力阶段。

2）由于节点发生核心区破坏，柱轴压比对节点承载力、刚度、变形及抗震能力等性能无明显影响；当增大梁截面高度时，梁柱抗弯承载力比增大，梁端初始加载刚度与承载力增加，核心区混凝土开裂发生时间提前，核心区剪切破坏现象更加严重。

3）由平面节点与空间节点对比分析结果可知，空间节点在双向荷载作用下核心区混凝土破坏更严重，节点承载力与延性有所下降，其中正、负向承载力分别降低约 16.3% 与 10.8%；平面节点与空间节点具有相近的初始刚度与耗能能力。

4）本章的钢管混凝土加劲混合结构柱 - 钢梁连接节点试件的正向延性系数平均值为 3.25，等效黏滞阻尼系数平均值为 0.156，节点具有较好的抗震延性与耗能能力。

5）由核心区各组件的应变分析结果可知，节点核心区的钢管壁、箍筋与钢梁腹板均参与核心区的抗剪作用；环板的应变分析表明，试验所采用的钢梁翼缘与钢管连接环板的宽度可保证核心区内力的有效传递。

5.3　钢管混凝土加劲混合结构柱 - 钢梁连接节点工作机理分析

5.3.1　有限元分析模型的建立

（1）材料本构关系

1）钢材。

钢管混凝土加劲混合结构柱 - 钢梁连接节点中的钢材主要包括钢筋、内钢管和钢梁。采用非线性随动强化模型模拟钢管和钢梁材料在往复荷载下的性能。模型服从相关联的塑性流动法则和 Von Mises 屈服准则，其单轴应力（σ）- 应变（ε）关系如图 2.144（a）所示。采用双折线线性随动强化模型模拟钢筋在往复荷载下的应力 - 应变关系，模型骨架线如图 2.144（b）所示。

2）混凝土。

采用混凝土塑性损伤模型对混凝土材料的滞回性能进行模拟。

带楼板的钢管混凝土加劲混合结构柱 - 钢梁连接节点涉及三种类型的混凝土：加劲混合结构柱管内混凝土、加劲混合结构柱管外混凝土与楼板混凝土。考虑到加劲混合结构柱管外混凝土受约束程度的不同，其又可分为管外箍筋约束混凝土和保护层混凝土。对不同部分混凝土采用不同的混凝土受压应力 - 应变关系，以趋近混凝土的真实受力性能。管内混凝土应力（σ）- 应变（ε）关系见 2.5.2 节。管外箍筋约束混凝土的受压本构模型采用 Han 和 An（2014）提出的应力 - 应变关系［式（2.36）］。该本构关系考虑了箍筋约束效应对混凝土峰值应变及应力（σ）- 应变（ε）曲线下降段斜率的影响。加劲混合结构柱保护层混凝土和楼板混凝土不受箍筋或钢管约束，采用 Attard 和 Setunge（1996）提出的针对素混凝土的模型对其进行模拟，其应力（σ）- 应变（ε）关系如式（2.35）所示。混凝土的受拉应力（σ）- 应变（ε）关系统一按式（2.18）确定。

引入损伤变量来考虑混凝土在拉、压荷载作用下的刚度退化。本节采用 Li 和 Han（2011）对损伤因子的定义方法［式（3.12）和式（3.13）］，对加劲混合结构柱管内混凝土，取 $n_c=2$ 和 $n_t=1$；对加劲混合结构柱管外混凝土及楼板混凝土，取 $n_c=1$ 和 $n_t=1$。

混凝土由压转为拉时，已破坏的混凝土裂纹一般无法恢复刚度，即 $\omega_t=0$；混凝土由拉转为压时，裂缝闭合，刚度可部分恢复，有限元的计算结果表明，对于钢管混凝土加劲混合结构柱 - 钢梁节点，当受压刚度恢复系数 $\omega_c=0.5$ 时可取得较好的模拟效果。

（2）单元、网格与边界条件

混凝土采用八节点减缩积分的三维实体单元（C3D8R），钢管和钢梁采用四节点减缩积分壳单元（S4R），钢筋采用两节点三维杆单元（T3D2）。

空间节点的有限元模型包含正交两个方向平面节点的模型示意，同时模型本身包括钢管混凝土加劲混合结构柱部件，因此，空间节点的建模方法同样适用于平面节点与加劲混合结构柱构件有限元模型的建立。以空间节点为例，有限元模型示意如图 5.39 所示。对于钢管混凝土加劲混合结构柱 - 钢梁连接节点，本章重点研究该类节点核心区及其附近区域的受力状态与破坏机理，因此建立的有限元模型在节点核心区及

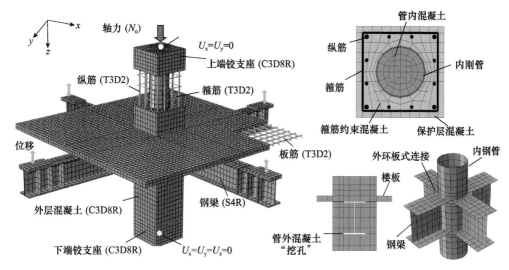

图 5.39　单元、网格与边界条件示意图（以空间节点为例）

与其临近的梁端、柱端区域进行了网格加密处理，从而提高计算的准确度。通过网格密度试算，最终确定了满足计算要求的网格大小。

图 5.39 显示了有限元模型的边界条件及加载方式。本节建立的有限元模型同时适用于平面节点与空间节点，此处以空间节点为例进行说明。约束下端铰支座转动中心的所有位移自由度，约束上端铰支座转动中心 x 和 y 方向位移，并释放 z 方向的位移自由度，使柱在轴压力作用下能竖向自由变形。由于空间节点具有两个方向的加载平面，需要限制其中一个平面内的梁加载端只在加载平面内发生位移，防止空间节点发生绕柱轴心线的刚体转动。加载时，先在柱端施加集中力，后在梁端施加往复位移。

（3）界面接触关系

钢管混凝土加劲混合结构柱的内钢管同时与管内、外混凝土发生界面接触，包括切线方向和法线方向两个方向的接触关系。有限元模型中，在法线方向采用"硬接触"模拟两者之间的压力传递，在切线方向采用"库仑摩擦"模型模拟钢管和管内、外混凝土之间的黏结滑移关系，如式（2.19）所示。

本章试验中，钢梁上表面与楼板混凝土通过栓钉连接，栓钉按照完全抗剪设计，在试验过程中并未观测到界面间的相对滑移现象，采用共节点的方法建立钢梁上表面与楼板混凝土之间的界面接触关系。

钢管混凝土加劲混合结构柱 - 钢梁连接节点在核心区内有复杂的界面关系，钢梁翼缘、腹板和环板均与加劲混合结构柱管外混凝土接触。该区域的接触模拟主要考虑两种方法：一是不考虑钢梁、环板与管外混凝土间的黏结滑移，采用共节点的方式建立接触，通过"embedded"技术将钢梁、环板"埋入"混凝土；二是精细考虑两者间的接触关系，建模时将钢梁与环板在加劲混合结构柱管外混凝土中所占用的体积"挖去"（如图 5.39 所示），并通过"硬接触"和"库仑摩擦"模型分别建立界面间法向与切向的接

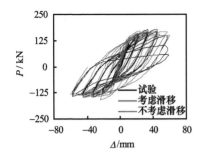

图 5.40　不同界面模拟方法下梁端荷
载（P）-位移（Δ）关系

触关系。以试验试件 PJ1-2 为例，将上述两种界面模拟方法的计算结果进行了对比，如图 5.40 所示。

由图 5.40 可见，考虑黏结滑移时，荷载（P）-位移（Δ）关系曲线具有更好的捏缩效应，初始刚度、卸载与再加载刚度与试验的刚度更接近，承载力与试验值也吻合良好。因此，有限元模型考虑核心区钢梁、环板与管外混凝土间的相对滑移。

假设钢筋与混凝土能够共同工作，有限元模型不考虑两者间的相对滑移。

5.3.2　有限元分析模型的验证

利用本章 5.2 节完成的钢管混凝土加劲混合结构柱-钢梁平面与空间连接节点试验试件，对建立的有限元模型进行验证，细致对比了试验实测的与有限元计算的试件破坏形态、混凝土裂缝分布以及梁端荷载-位移关系滞回曲线。对比结果详见本章 5.2.2 节，此处不再赘述。

对比试验观测的与有限元计算的试件最终破坏形态可见：试验时，试件主要发生核心区的破坏，核心区可观察到明显的剪切斜裂缝，钢梁下翼缘附近混凝土碎裂剥落；有限元计算结果中，节点的核心区与钢梁下翼缘附近混凝土出现明显的塑性应变集中现象，表明该部位混凝土破坏严重。对于试件 PJ1-2，试验与计算的破坏形态均出现钢梁下翼缘的局部屈曲现象。对于空间节点，试验中试件可观测到不同程度的柱端压弯破坏现象，上柱端混凝土压碎剥落；相应地，有限元计算结果中上柱端混凝土的塑性应变值较大。本节建立的有限元模型可以较准确地预测节点的破坏形态。

有限元模型通过引入塑性损伤来考虑混凝土在往复荷载作用下的损伤与刚度退化程度。混凝土受拉塑性损伤的大小可以反映混凝土受拉时塑性的发展程度，因此可以近似作为衡量混凝土受拉开裂的指标。受拉塑性损伤值越大，混凝土开裂越严重。5.2.2 节将楼板混凝土最终裂缝分布形态与有限元计算的楼板混凝土受拉塑性损伤分布形态进行了对比。对于平面节点，试验时楼板上表面可观测到沿楼板宽度方向的平行裂缝；对于空间节点，楼板上表面的可见裂缝主要按与楼板边缘呈 45°夹角的方向分布。有限元计算结果中，楼板混凝土在观测的裂缝位置出现明显的条带状高损伤区域。本节建立的有限元模型较准确地预测了楼板混凝土的裂缝分布形态。

将计算得到的各试件梁端荷载-位移滞回关系曲线与试验实测曲线进行对比，见 5.2.2 节。对比可见，计算得到的初始加载刚度与试验初始刚度相近。由于考虑了混凝土在拉压往复作用下的刚度退化效应，计算曲线的卸载段与试验曲线较接近。同时，计算曲线呈现出了和试验曲线类似的捏缩现象。计算曲线与试验曲线总体吻合良好。

表 5.8 对比了所有钢管混凝土加劲混合结构柱-钢梁连接节点试件的正、负向承载力试验值与计算值，表中 P_{ue}^{+} 和 P_{ue}^{-} 分别表示正向和负向承载力试验值，P_{uc}^{+} 和 P_{uc}^{-} 分别表示正向和负向承载力计算值。由表可见，正、负向承载力计算值与试验值比值的平均值分别为 0.92 和 0.93，标准差分别为 0.070 和 0.112。

表 5.8　钢管混凝土加劲混合结构柱 - 钢梁连接节点试验与计算承载力

序号	试件编号	P_{ue}^+ / kN	P_{ue}^- / kN	P_{uc}^+ / kN	P_{uc}^- / kN	P_{uc}^+/P_{ue}^+	P_{uc}^-/P_{ue}^-
1	PJ1-1	163.2	−123.8	169.6	−147.5	1.04	1.20
2	PJ1-2	178.9	−140.5	169.6	−147.5	0.95	1.05
3	PJ2-1	253.7	−210.8	218.0	−196.5	0.86	0.93
4	PJ2-2	251.6	−198.6	218.0	−196.5	0.87	0.99
5	PJ3-1	167.7	−136.2	165.5	−137.1	0.99	1.01
6	PJ3-2	176.8	−143.4	165.5	−137.1	0.94	0.96
7	SJ1-1	150.0	−128.6	134.6	−118.3	0.89	0.92
8	SJ1-2	157.0	−133.8	134.6	−118.3	0.85	0.88
9	SJ2-1	202.0	−177.7	169.8	−142.6	0.84	0.80
10	SJ2-2	201.4	−176.9	169.8	−142.6	0.84	0.80
11	SJ3-1	139.9	−121.6	137.7	−101.1	0.99	0.83
12	SJ3-2	137.1	−118.7	137.7	−101.1	1.01	0.85
平均值 μ						0.92	0.93
标准差 σ						0.070	0.112

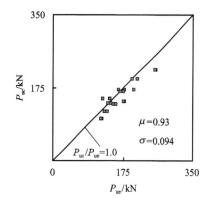

图 5.41　试验承载力与计算承载力对比

图 5.41 将表 5.8 中各试件承载力的试验值与计算值进行直观对比，表中负向承载力取其绝对值。图中，P_{uc} 与 P_{ue} 分别为承载力计算值和试验值。由图可见，计算得到的承载力与试验值吻合良好，正、负向承载力计算值和试验值比值 P_{uc}/P_{ue} 的总平均值 μ 与标准差 σ 分别为 0.93 与 0.094。

以平面节点为例，图 5.42 为节点弯矩（M）与梁柱相对转角（θ）骨架曲线（正向）试验实测结果与有限元计算结果的对比，其中节点弯矩（M）按式（5.7）计算。不同试件的梁柱相对转角均有充分发展，当节点弯矩下降时梁柱相对转角仍不断增大。对比可见，在承载力与

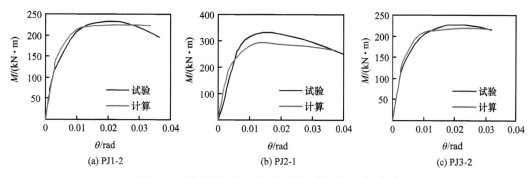

图 5.42　节点弯矩（M）- 梁柱相对转角（θ）关系

刚度方面，有限元计算结果与试验实测结果总体吻合良好。

综上所述，本章建立的有限元模型可以较准确地模拟试验试件的破坏形态，预测试件混凝土裂缝分布情况，同时计算的承载力、刚度与试验值吻合良好。

5.3.3　钢管混凝土加劲混合结构柱 - 钢梁节点的受力特性分析

（1）破坏形态

该类节点的主要破坏形态包括梁端受弯破坏、核心区剪切破坏和柱端压弯破坏。核心区在发生剪切破坏时往往伴随着核心区非剪切破坏，如焊缝断裂、混凝土局部承压破坏、钢管壁拉扯等。本节提到的核心区剪切变形，是指包括部分非剪切变形在内的宏观剪切变形。结合试验与有限元分析的结果，将钢管混凝土加劲混合结构柱 - 钢梁连接节点的破坏形态分为三类（如图 5.43 所示），分别如下所述。

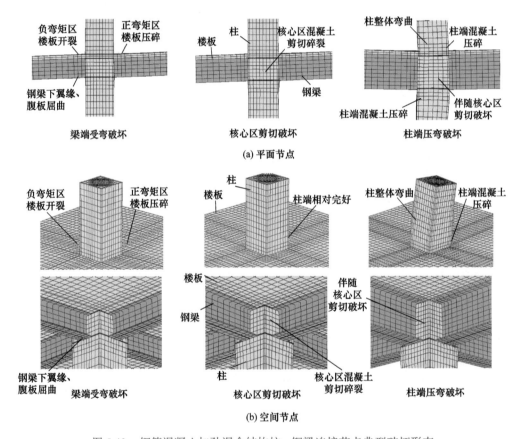

图 5.43　钢管混凝土加劲混合结构柱 - 钢梁连接节点典型破坏形态

1）梁端受弯破坏。

节点发生梁端受弯破坏时，正弯矩区楼板混凝土压碎，钢梁下翼缘及腹板受拉屈服；负弯矩区楼板开裂，同时钢梁下翼缘及腹板受压屈曲。此时，节点核心区与柱端保持完好。

2）核心区剪切破坏。

节点发生核心区剪切破坏时，核心区混凝土剪切碎裂，并发生明显的剪切变形。核心区内钢管壁、箍筋屈服；梁端和柱端保持完好或有轻微的破坏现象。

3）柱端压弯破坏。

节点发生柱端压弯破坏时，柱端管外混凝土发生严重的压碎剥落，柱端纵筋压曲，箍筋外鼓，柱端内钢管有一定程度的鼓曲。此时，柱通常发生明显的弯曲变形，节点伴随有一定程度的核心区剪切破坏现象，梁端保持完好。

对比平面节点与空间节点的破坏形态可见 [图 5.43（a）和图 5.43（b）]：①对于梁端受弯破坏，由于核心区同时承受两个方向的剪切作用，空间节点在发生梁端破坏的同时伴随有核心区剪切破坏现象；②对于核心区剪切破坏，空间节点核心区柱侧面同时承受剪切作用与钢梁翼缘的承压作用，破坏时节点核心区碎裂相比平面节点更加严重；③对于柱端压弯破坏，空间节点的柱子在双向压弯作用下，柱端混凝土碎裂现象更加严重，柱子整体弯曲变形也更加明显。

梁柱抗弯承载力比（k_m）的变化会改变钢管混凝土加劲混合结构柱 - 钢梁连接节点的破坏形态，k_m 的计算方法参见式（5.1）。随着梁柱抗弯承载力比（k_m）的增大，节点破坏形态由梁端受弯破坏向核心区剪切破坏、并最终向柱端压弯破坏转变。本小节节点的三种破坏形态对应的 k_m 分别为 0.45、0.82 和 2.50。

（2）受力全过程分析

为了对钢管混凝土加劲混合结构柱 - 钢梁连接节点进行破坏全过程分析，本小节建立了三种不同破坏形态的典型试件，如表 5.9 所示（表中括号内试件编号为空间节点）。在发生核心区剪切破坏试件的基础上，通过减小梁截面尺寸实现节点的梁端受弯破坏，通过增大梁截面尺寸和柱轴压比实现节点的柱端压弯破坏。表中柱轴压比（n）和梁柱抗弯承载力比（k_m）的计算方法参见 5.2.1 小节，编号项"PJ"和"SJ"分别表示平面节点与空间节点。

针对每一类破坏形态的典型试件分别建立了相应的空间节点，平面节点与空间节点采用完全相同的几何尺寸、材料属性与建模方法。两者的差别仅在于空间节点的柱子在正交的两个方向均与钢梁连接。

典型试件中，加劲混合结构柱截面尺寸均为 $B \times B = 400\text{mm} \times 400\text{mm}$，内部钢管尺寸为 $\phi 250\text{mm} \times 6\text{mm}$，环板宽度 30mm，保护层厚度 20mm，柱上下转动中心间距（H）是 2500mm。加劲混合结构柱角部及中部布置纵筋 12ϕ16，箍筋布置为ϕ8@100，核心区高度范围内箍筋加密为ϕ8@60。梁端两个加载点之间的水平距离（L）为 3600mm。平面节点与空间节点楼板宽度分别为 800mm 与 3200mm，厚度 50mm；板内配置单层双向钢筋，钢筋直径为 10mm，间距 80mm。钢管与钢梁屈服强度为 345MPa，所有钢筋屈服强度均为 335MPa；加劲混合结构柱管内混凝土与管外混凝土（包括楼板）的立方体抗压强度分别为 60MPa 和 40MPa。按照轴压比 $n=0.4$ 和 $n=0.6$ 计算，在柱顶施加的轴力分别为 3088kN 和 4632kN。无特殊说明时，空间节点的荷载工况为四个梁端同时同步施加反对称往复荷载（核心区总剪力方向与梁成 45°夹角）。本小节空间节点的计算剪力与剪切变形均为单个方向上的计算值。

表 5.9　典型试件信息

试件编号	破坏形态	钢梁截面尺寸 / (mm×mm×mm×mm)	柱轴压比 n	梁柱抗弯承载力比 k_m
PJ-b（SJ-b）	梁端受弯破坏	250×150×6×8	0.4	0.45
PJ-s（SJ-s）	核心区剪切破坏	300×200×8×10	0.4	0.82
PJ-c（SJ-c）	柱端压弯破坏	450×250×10×12	0.6	2.50

图 5.44 所示为三种不同破坏形态试件的荷载（P）- 位移（Δ）关系、柱端弯矩（M_c）- 柱端转角（θ_c）关系、核心区剪力（V_j）- 剪切变形（γ_j）关系曲线。由图可见如下几点。

1）对比荷载（P）- 位移（Δ）关系曲线，梁端受弯破坏节点的曲线最饱满，体现了钢梁破坏良好的耗能能力。在加载初期，节点的正向加载刚度大于负向加载刚度，

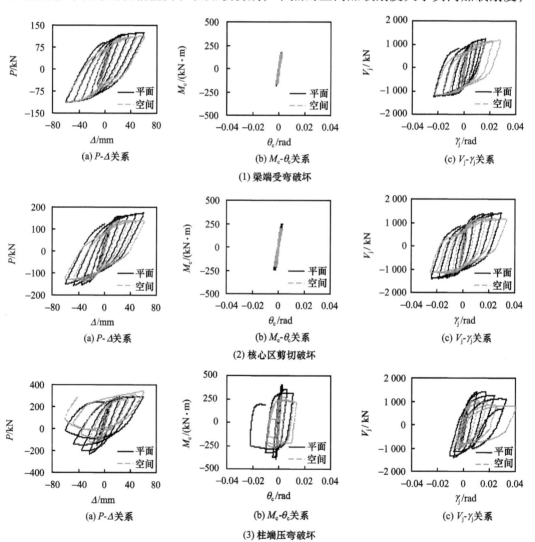

图 5.44　典型试件荷载 - 变形关系

这是因为楼板的存在显著提高了正弯矩下组合梁的抗弯刚度；随着加载的进行，楼板混凝土进入损伤退化阶段，正、负向加载的不对称性逐渐减小。对于柱端压弯破坏节点，加载后期由于柱发生了整体弯曲，荷载迅速下降。

2）对于梁端受弯破坏节点和核心区剪切破坏节点，柱端弯矩（M_c）- 柱端转角（θ_c）关系曲线基本处于线性变化范围，核心区剪切破坏节点柱端转角的发展程度略大于梁端受弯破坏节点。对于柱端压弯破坏节点，柱端转角经历了较充分的发展；柱发生整体弯曲后，柱端转角迅速在一个方向累积增大。

3）对比核心区剪力（V_j）- 剪切变形（γ_j）关系曲线，三类节点的核心区均有一定程度的剪切变形发展，其中核心区剪切破坏节点的剪切变形发展最充分。柱端压弯破坏节点在加载后期出现剪切变形向正方向累积的现象，这是因为反向加载时，柱发生整体弯曲，梁端荷载迅速下降，无法提供足够的剪力使剪切变形反向积累。

图 5.44 同时给出了不同破坏形态下平面节点与空间节点相应的荷载 - 变形曲线的对比。对比可见：①对于梁端受弯破坏，空间节点在核心区双向剪切作用下发生了核心区剪切破坏与梁端受弯破坏的混合破坏形态，剪切变形的发展程度明显高于平面节点；②对于核心剪切破坏，相比平面节点，空间节点在双向剪切作用下核心区剪切破坏更加严重，剪切变形发展程度有所提高；③对于柱端压弯破坏，在双向压弯作用下，空间节点的柱子在单个方向上的压弯承载力相比平面节点明显下降，破坏时柱端转角减小。

选取核心区剪切破坏试件，将平面节点 PJ-s 与空间节点 SJ-s 的荷载 - 变形关系骨架线进行对比，如图 5.45 所示。由图 5.45（b）可见，两者初始抗剪刚度相近，说明双向剪切作用不改变空间节点单个方向上的抗剪刚度。空间节点正、负向抗剪承载力相比平面节点分别降低约 17% 和 16%，且加载后期空间节点核心区所受剪力明显下降，破坏更加严重。

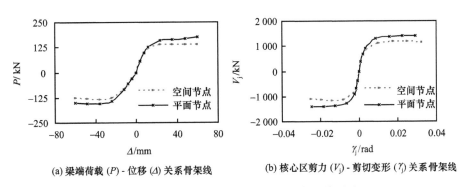

(a) 梁端荷载 (P) - 位移 (Δ) 关系骨架线　　　(b) 核心区剪力 (V_j) - 剪切变形 (γ_j) 关系骨架线

图 5.45　平面节点与空间节点荷载 - 变形关系对比

在 5.2 节试验研究的基础上，结合有限元计算结果可知，钢管混凝土加劲混合结构柱 - 钢梁连接节点的破坏全过程可细致地分为七个阶段。图 5.46 所示为节点荷载（P）- 位移（Δ）关系全曲线，图中标志出了代表不同阶段起始位置的特征点。

不同阶段节点各部位受力状态分析如下所述。

（a）OA 段。此阶段为初始加载阶段，P-Δ 曲线呈线性，节点各部位基本处于弹性状态，该阶段楼板受拉区通常会出现初始弯曲裂缝。A 点时，节点开始进入弹塑性阶段。

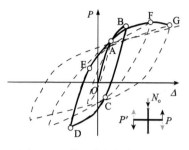

图 5.46　典型节点荷载（P）-
位移（Δ）关系全曲线

（b）AB 段。AB 段为弹塑性阶段。该阶段 P-Δ 曲线出现非线性关系。对于梁端受弯破坏节点，钢梁翼缘开始受拉屈服。随着加载的进行，钢梁屈服区域不断扩大，楼板受拉区弯曲裂缝不断加宽扩展，并出现新的裂缝，楼板受压区在与加劲混合结构柱交界区域可见压碎裂缝。对于核心区剪切破坏节点，核心区管外混凝土出现剪切斜裂缝，核心区箍筋与钢管壁受剪屈服，核心区管内混凝土由于钢管的约束作用仍可保持完好。对于柱端压弯破坏节点，柱端管外混凝土受拉一侧开裂，受压一侧出现轻微的压碎，受压侧柱纵筋屈服。

（c）BC 段。BC 段为卸载与初始再加载阶段。该阶段通常 P-Δ 曲线保持线性，但由于混凝土的损伤退化，卸载与再加载刚度小于 OA 段初始刚度。进入反向加载阶段，节点各部位的受力状态发生由拉到压或由压到拉的转变。

（d）CD 段。该阶段，节点反向加载进入弹塑性，P-Δ 曲线呈非线性关系，且随着加载的进行刚度不断降低，通常在 D 点达到负向峰值荷载。D 点时，对于梁端受弯破坏节点，钢梁受压翼缘屈服并出现局部屈曲现象，楼板受拉区形成贯穿楼板宽度的大裂缝，楼板纵筋达到屈服状态。对于核心区剪切破坏节点，核心区管外混凝土出现大量交叉的剪切斜裂缝，原有的部分斜裂缝闭合，核心区管内混凝土此时也出现剪切斜裂缝。对于柱端压弯破坏节点，柱端管外混凝土受压一侧将出现严重的压碎剥落现象，受压纵筋被压曲；此时内钢管受压侧也进入屈服状态。

（e）DE 段。DE 段与 BC 段类似，P-Δ 曲线保持线性，由于混凝土损伤退化的进一步加剧，该阶段的刚度相比 BC 段进一步减小。

（f）EF 段。EF 段与 CD 段类似，通常在 F 点处达到正向峰值荷载。F 点处，节点的破坏现象与 D 点类似，破坏区域发生在对称部位。

（g）FG 段。FG 段为破坏阶段。荷载在峰值点 F 以后开始降低，节点开始出现明显的破坏现象。对于梁端受弯破坏节点，梁端塑性铰范围扩大，钢梁受压翼缘屈曲现象更加明显，受拉区楼板裂缝迅速加宽，受压区楼板严重压碎；此时，若钢材发生明显的强化作用，梁端荷载会不下降或缓慢上升。对于核心区剪切破坏节点，核心区管外混凝土在剪切作用下出现碎裂剥落现象，箍筋外露，核心区管内混凝土破坏，出现大量剪切裂缝。对于柱端压弯破坏节点，由于大量管外混凝土压碎剥落且纵筋压曲，柱段在轴压力与梁端荷载共同作用下，发生整体弯曲。

由上述受力全过程分析可知，节点的破坏过程大致可分为弹性阶段、弹塑性阶段和破坏阶段三个受力阶段，各阶段的临界点分别对应荷载 - 变形关系曲线的三个特征点，即屈服点、峰值点与极限点。

（3）剪力分布与分配

1）剪力沿核心区高度分布。

通过提取有限元计算结果的节点力，得到节点核心区附近剪力沿高度分布的规律，如图 5.47 所示，其中，y 为距板上表面的距离。

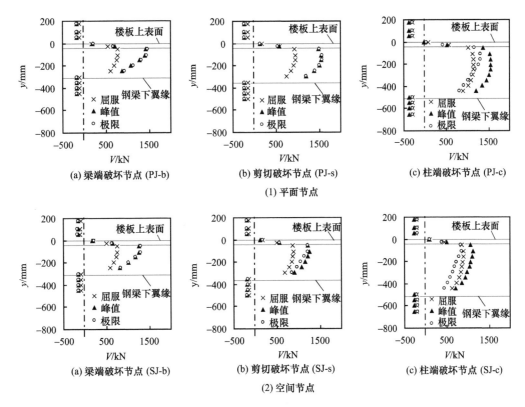

图 5.47　核心区剪力沿高度分布

　　由图 5.47 可见，三类不同破坏类型节点的核心区附近剪力沿高度分布规律基本相似，即：①核心区高度范围内剪力明显大于核心区上下柱端剪力，且方向相反。②在钢梁下翼缘处，由于受剪方向的改变，剪力存在突变；而在楼板上表面附近，由于混凝土楼板的作用，剪力在楼板厚度范围内呈逐渐变化的趋势。③由于钢梁腹板处于受压或受拉的应力状态，核心区剪力通常在中间高度附近达到最大值。④对于梁端破坏节点与核心区剪切破坏节点，峰值点与极限点的核心区剪力基本相同，并明显大于屈服点对应的剪力值；对于柱端破坏节点，由于破坏时发生柱整体弯曲，梁端荷载迅速下降，极限点剪力值相比峰值点有明显的下降。

　　2）剪力分配。

　　通过提取有限元计算结果的节点力，获得核心区剪切破坏节点 PJ-s 与 SJ-s 的核心区在剪切作用下各组件承担的剪力（V）与梁端位移加载级别（Δ/Δ_y）的关系，如图 5.48 所示。由图可见，核心区的管内混凝土、钢管壁、管外混凝土、箍筋和钢梁腹板共同参与抗剪作用。随着加载级别的增加，管内混凝土承担的剪力先上升，到达峰值点后开始下降。钢管壁和钢梁腹板承担的剪力先上升、后保持基本恒定。管外混凝土在加载初期承担较大剪力，随后因发生破坏其承担的剪力减小。箍筋在加载初期承担的剪力接近于 0，随着管外混凝土的开裂并破坏，其承担的剪力开始逐步增加，并在屈服后保持基本恒定。

当管内混凝土达到自身抗剪承载力时，核心区总剪力也接近峰值，之后由于钢管壁的材料强化，总剪力有略微的增加。此时，通过提取各组件的应力值可知，钢管壁和箍筋已进入屈服或强化阶段，核心区钢梁腹板并未屈服，而管外混凝土已经剪切破坏。对比图 5.48（a）和（b）可见，空间节点由于核心区同时受两个方向的剪切作用，核心区更早地发生了剪切破坏，峰值点对应的梁端加载位移级别更小。

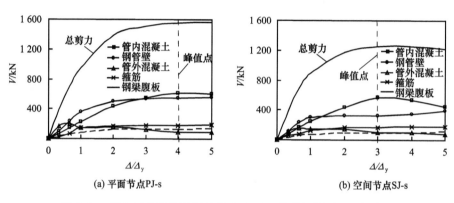

图 5.48　核心区各组件承担的剪力（V）- 位移级别（Δ/Δ_y）关系

核心区各组件的破坏顺序为：管外混凝土剪切破坏→箍筋屈服→钢管壁屈服→管内混凝土剪切破坏（钢梁腹板未屈服）。

图 5.49 所示为核心区内部钢管混凝土部件（CFST）与管外部件承担的剪力占总剪力的比例随梁端位移加载级别的变化规律。由图可见，平面与空间节点 PJ-s、SJ-s 的 CFST 部件承担的剪力占核心区总剪力的比例在加载初期分别为 43% 和 50%，并随着加载进行而逐渐增加，在峰值点处达到约 75%。峰值点后，CFST 部件承担的剪力的比例开始下降。上述分析表明，对于核心区剪切破坏节点，内部钢管混凝土部件（CFST）是核心区的主要抗剪部件。

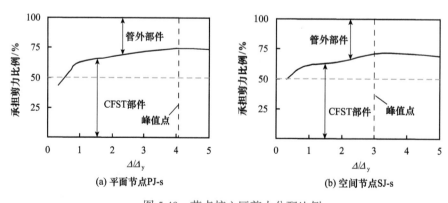

图 5.49　节点核心区剪力分配比例

空间节点在双向剪切作用下，核心区剪切变形方向与正交梁呈 45°夹角。因此，核心区各组件承受的剪力的合力方向也与正交梁呈 45°夹角。为便于与平面节点核心区各组件承担的剪力进行对比，将空间节点剪力向梁轴线方向投影从而得到其在单个方向上的剪力分量。空间节点与平面节点峰值点时核心区各组件承担的剪力的比值如图 5.50 所示。图中，V_s 和 V_p 分别表示空间节点组件承担的剪力与平面节点组件承担的剪力。$V_s/V_p < 1.0$ 表示该组件在双向剪切作用下承担的剪力沿单一方向的剪力分量小于平面节点相应的剪力值。$V_s/V_p = \sqrt{2}/2$ 表示抗剪组件在与正交梁呈 45° 夹角方向的抗剪承载力与其在平面方向的抗剪承载力相等，即该组件可承担的剪力不随抗剪方向变化而改变。

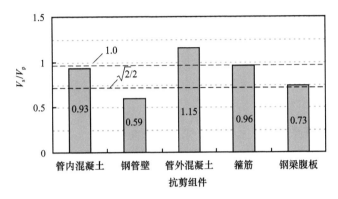

图 5.50　平面节点与空间节点峰值点时核心区各组件承担的剪力对比

由图 5.50 可见，仅管外混凝土在双向剪切作用下单个方向的剪力分量高于平面节点剪力值。管内混凝土和钢梁腹板对应的 V_s/V_p 值介于 $\sqrt{2}/2$ 与 1.0，箍筋的 V_s/V_p 值接近 1.0。钢管壁的 $V_s/V_p < \sqrt{2}/2$，说明钢管壁在与正交梁呈 45° 夹角方向的抗剪承载力小于其在单个方向的抗剪承载力。

（4）应力与损伤分析

1）钢筋混凝土楼板。

选取梁端受弯破坏节点 PJ-b 和 SJ-b 作为分析对象。图 5.51 给出了平面节点 PJ-b 的组合梁楼板混凝土在各特征点处沿楼板长度方向（东西方向）应力的分布情况，图中 $f'_{c,slab}$ 为楼板混凝土圆柱体抗压强度。由图可见，在柱宽度范围内，楼板混凝土压应力随着距柱侧面距离的减小而增大，并在柱侧面与楼板交界区域达到最大值；在柱宽度范围外，楼板混凝土受力状态从正弯矩区的受压逐渐过渡到负弯矩区的受拉。

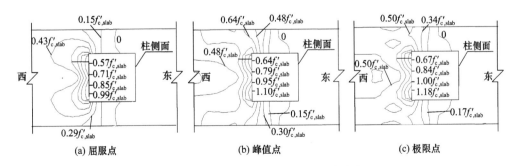

图 5.51　平面节点楼板混凝土应力分布

节点屈服（图 5.46 中 A 点）时，混凝土最大压应力值接近 $f'_{c,slab}$；随着加载的进行，楼板混凝土压应力不断增大，峰值点时（图 5.46 中 F 点）柱侧面附近的压应力达到 $1.10f'_{c,slab}$。由于梁端受弯破坏节点梁端荷载 - 位移曲线没有明显的下降段，取最后一个加载级别作为该节点的极限点（图 5.46 中 G 点）。极限点时楼板的应力较峰值点时仍有轻微增长。

图 5.52 所示为空间节点 SJ-b 的组合梁楼板混凝土在各特征点处主压应力分布规律。由图可见，空间节点主应力沿楼板对角线（与西、南梁呈 45°夹角）对称分布。最大主压应力集中在柱角部与楼板交界区域附近，压应力随着距柱角部距离的增大而减小。屈服点时（图 5.46 中 A 点），混凝土最大主压应力值达到 $1.34f'_{c,slab}$；峰值点时（图 5.46 中 F 点），柱角部附近主压应力达到 $1.81f'_{c,slab}$；峰值点后，楼板的主压应力水平总体保持不变。

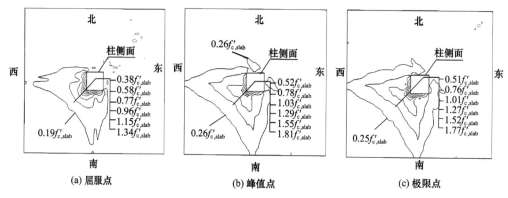

图 5.52　空间节点楼板混凝土应力分布

通过对比平面节点与空间节点楼板混凝土应力分布规律可知，空间节点在双向荷载作用下楼板的应力分布发生改变，应力分布的对称轴由楼板中线转变为楼板对角线；同时，空间节点的楼板在双向受压作用下压应力水平有明显提高。

峰值点时平面节点楼板混凝土与钢筋的主应力分布如图 5.53 所示。在钢梁翼缘宽度范围内，混凝土主压应力方向沿板的纵向；在钢梁翼缘宽度范围外，随着到柱侧面距离的减小，混凝土主压应力方向由板的纵向逐渐过渡到与纵向成一定角度，并在靠近柱侧面位置指向加劲混合结构柱角部。图 5.53（a）标志出了楼板的主压应力传递路径，应力较大区域主要分布在加劲混合结构柱西侧面附近，上下柱侧面附近混凝土的应力值相对较小。由此可知，楼板混凝土内力主要通过与楼板受压方向垂直的柱侧面传递到加

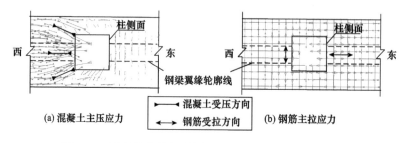

图 5.53　平面节点楼板混凝土和钢筋主应力分布矢量图

劲混合结构柱。由图 5.53（b）可见，在东侧的楼板受拉区，纵向钢筋拉应力较大；在西侧的楼板受压区，横向钢筋拉应力较大，这是由楼板受压时的横向受拉趋势引起的。

空间节点楼板混凝土与钢筋主应力分布情况如图 5.54 所示。在钢梁翼缘宽度范围内，混凝土主压应力沿梁轴线方向，在钢梁翼缘宽度范围外，混凝土主压应力方向由梁轴线方向逐渐向与梁呈 45°夹角的方向过渡，且在靠近加劲混合结构柱侧面区域应力值较大。东、北梁方向楼板钢筋受拉，距离加劲混合结构柱侧面越近钢筋拉应力越大。由于西、南方向的混凝土楼板受压，垂直梁轴线方向的钢筋承受拉应力。

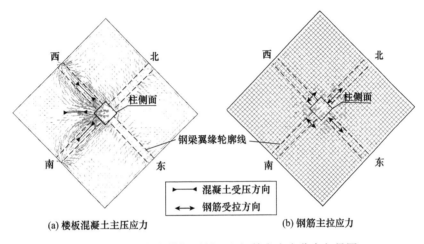

(a) 楼板混凝土主压应力　　　　　　(b) 钢筋主拉应力

图 5.54　空间节点楼板混凝土和钢筋主应力分布矢量图

如前所述，ABAQUS 程序通过引入损伤因子来考虑混凝土在往复荷载作用下的损伤与刚度退化，损伤因子的大小可以反映混凝土的塑性发展与受损程度。节点 PJ-b、SJ-b 楼板混凝土受拉和受压损伤值在各特征点的分布情况分别如图 5.55 和图 5.56 所示，其中损伤值介于 0 到 1 之间，数值越大表示损伤越严重。

由图 5.55 可见，屈服点（图 5.46 中 A 点）时，平面节点混凝土受拉损伤较大的区域在柱两侧沿楼板宽度呈平行的条带状分布，而空间节点混凝土受拉损伤较大的区域按与梁呈 45°夹角方向呈条带状分布。随着加载的进行，混凝土受拉损伤区域不断向楼板宽度方向扩展；极限点（图 5.46 中 G 点）时，受拉损伤值大于 0.8 的区域已经遍布整个楼板宽度。

由图 5.56 可见，屈服点（图 5.46 中 A 点）时，楼板混凝土受压损伤主要集中在柱宽度范围内的区域；由于靠近柱侧面的混凝土压应力值较大，该区域的损伤值也较高。随着加载的进行，混凝土损伤区域不断向楼板宽度方向扩展；极限点（图 5.46 中 G 点）时，加劲混合结构柱侧面附近的混凝土由于挤压作用大，受压损伤值超过 0.7。

2）钢梁和环板。

以梁端受弯破坏节点 PJ-b 为例，说明钢梁应力分布的规律，如图 5.57 所示。图中应力值为钢梁纵向应力（S11），$f_{y,b}$ 为钢梁屈服强度。由图可见，由于钢梁在正弯矩下楼板具有较强的组合作用，正弯矩区中性轴（S11＝0 处）高度明显高于负弯矩区中性

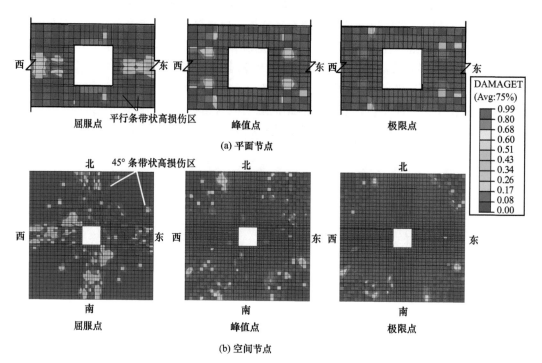

(a) 平面节点

(b) 空间节点

图 5.55 楼板混凝土受拉损伤发展

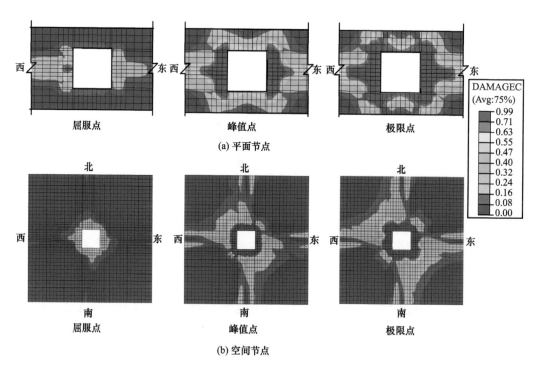

(a) 平面节点

(b) 空间节点

图 5.56 楼板混凝土受压损伤发展

轴，且均位于钢梁截面中部以上位置。屈服点时，正弯矩区受拉下翼缘在靠近核心区一侧应力达到最大值 $0.96f_{y,b}$，钢梁接近屈服状态；负弯矩区最大压应力值为 $0.65f_{y,b}$，出现在靠近核心区一侧的受压下翼缘。峰值点时，正弯矩区最大拉应力达到 $1.16f_{y,b}$，钢材屈服后开始强化；此时负弯矩区受压翼缘已受压屈服。极限点时，钢梁的应力水平相比峰值点时总体保持不变。由于楼板的组合作用，正弯矩作用下钢梁的压应力始终处于较低水平，上翼缘最大压应力仅为 $0.28f_{y,b}$。

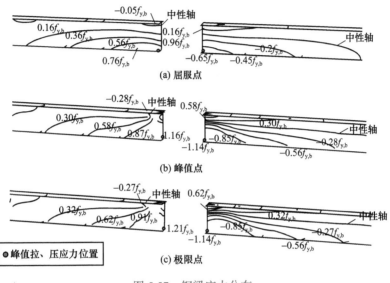

图 5.57　钢梁应力分布

　　梁端受弯破坏平面节点 PJ-b 的钢梁翼缘与内钢管连接的环板在各特征点的应力分布如图 5.58 所示。由图可见，下环板的应力水平高于上环板，这是因为楼板的组合作用使钢梁上翼缘与楼板共同受力并传递荷载，翼缘传递到上环板的力相比下环板更小。环板峰值应力主要位于钢梁翼缘与外环板的圆角处，环板受拉时，该处存在明显的应力集中现象；在远离钢梁翼缘的环板中部，应力水平较低，整个加载过程中始终未屈服。屈服点时，下环板在翼缘与环板圆角处达到屈服应力，其他区域均仍处于弹性状态。

　　随着加载的进行，下环板开始大面积屈服；峰值点时，圆角周围的环板在环板宽度方向完全屈服，强化后最大应力达到390MPa，此时上环板也已大面积屈服。极限点时，圆角应力集中部位的应力达到427MPa。由此可知，节点 PJ-b 的环板宽度满足荷载传递的要求，针对环板圆角处的应力集中现象，建议实际工程中采用增大圆角半径等措施减弱或消除其影响。

　　空间节点 SJ-b 钢梁翼缘与内钢管连接的环板在各特征点的应力分布情况如图 5.59所示。与平面节点类似，由于楼板的组合作用下环板的应力水平高于上环板，环板的峰值应力通常出现在钢梁翼缘与外环板的圆角处。对于下环板，两根同向加载梁间环板的应力（如西、南梁）总是高于两根反向加载梁间环板的应力（如南、东梁），这是因为反向加载梁间环板两侧的钢梁翼缘始终处于一拉一压的应力状态，处于中间位置

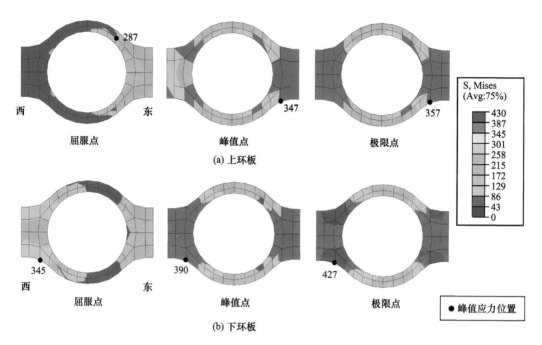

图 5.58　平面节点环板应力分布（应力单位：MPa）

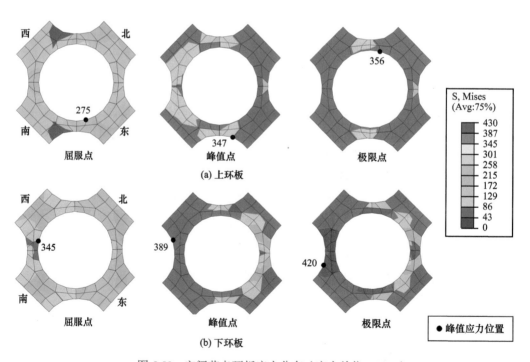

图 5.59　空间节点环板应力分布（应力单位：MPa）

环板应力相对较低，而同向加载梁间环板两侧的钢梁翼缘应力同时是拉或压，中间位置环板应力较大。

屈服点（图 5.46 中 A 点）时，西、南梁间下环板中部达到屈服应力，其他区域仍处于弹性状态。随着加载的进行，下环板开始大面积屈服；峰值点（图 5.46 中 F 点）时，环板在环板宽度方向完全屈服，强化后最大应力达到 389MPa，此时上环板部分区域也已屈服；极限点（图 5.46 中 G 点）时，环板最大应力达到 420MPa。

对比平面节点与空间节点可知，空间节点的环板在双向拉压作用下总体应力水平与平面节点相近，环板宽度仍然满足荷载传递的要求。

3）钢管混凝土加劲混合结构柱。

以柱端压弯破坏节点为例，说明钢管混凝土加劲混合结构柱 - 钢梁连接节点在加载过程中柱子各组件的应力与损伤变化规律。

图 5.60（a）和（b）分别为平面节点与空间节点 PJ-c、SJ-c 上柱端混凝土截面在各特征点的应力分布示意图，图中 $f'_{c,core}$ 和 $f'_{c,out}$ 分别指管内、外混凝土圆柱体抗压强度，分别为 51MPa 和 33MPa。由图可见，屈服点时，由于柱端承受较大轴压力（柱轴压比 $n=0.6$），平面节点与空间节点管内、外混凝土压应力均较大，最大压应力出现在核心区混凝土靠近钢管壁受压侧边缘，中性轴位于管内混凝土截面内。

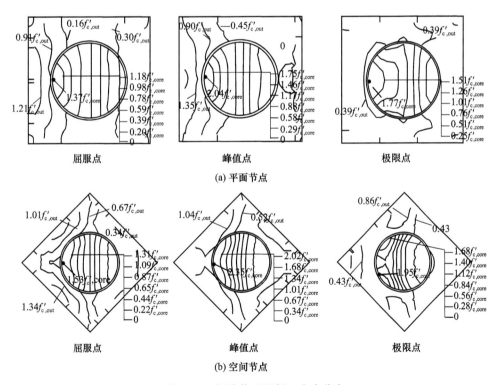

图 5.60　柱端截面混凝土应力分布

随着加载的继续，管内、外混凝土的应力不断增大；峰值点时，平面节点与空间节点管内混凝土最大压应力分别为 $2.04f'_{c,core}$ 和 $2.35f'_{c,core}$，这是因为在钢管约束作用下管内混凝土处于三向受力状态，单轴应力水平得到显著提升；此时，中性轴的位置相比屈服点时向截面的中线移动。峰值点后，混凝土开始损伤退化，应力水平下降。极限点时，管外混凝土纵向压应变远大于混凝土的压碎应变（$\varepsilon_{cu} = 3300\mu\varepsilon$），混凝土发生严重的碎裂，平面节点与空间节点管外混凝土受压边缘的压应力仅分别为 $0.39 f'_{c,\mathrm{out}}$ 和 $0.43 f'_{c,\mathrm{out}}$。此时，柱端轴压力主要由内部钢管混凝土部件承担。

对比平面节点与空间节点可知，空间节点钢管混凝土加劲混合结构柱在双向压弯作用下，管内混凝土的峰值应力相比平面节点有一定的提高。

以节点 PJ-c 为例，说明钢管混凝土加劲混合结构柱管内、外混凝土拉、压损伤的发展规律。图 5.61 为加劲混合结构柱管内、外混凝土在各特征点的受拉损伤发展情况。

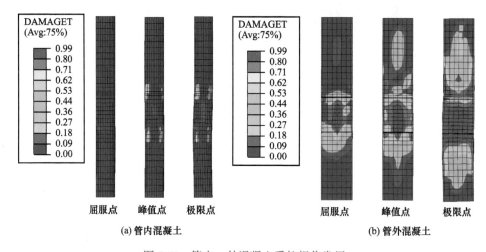

图 5.61　管内、外混凝土受拉损伤发展

由图 5.61（a）可见，管内混凝土的受拉损伤主要集中在混凝土楼板高度附近及钢梁下翼缘高度附近。屈服点时，管内混凝土基本处于未损伤状态，随着加载的进行，混凝土楼板及钢梁下翼缘高度附近出现损伤并不断扩展；极限点时，最大受拉损伤超过 0.8。由图 5.61（b）可见，管外混凝土的受拉损伤程度明显高于管内混凝土，这是因为管外混凝土更靠近截面的边缘，同一加载级别下管外混凝土的应变更大，损伤也更严重。管外混凝土的受拉损伤主要集中在混凝土楼板高度附近、钢梁下翼缘高度附近以及核心区。屈服点时，管外混凝土已经有明显的受拉损伤，随着加载的进行，损伤区域不断向上下扩展；极限点时，损伤大于 0.8 的区域已经贯通楼板上方至钢梁下翼缘下方的整个柱端。

图 5.62 为钢管混凝土加劲混合结构柱管内、外混凝土在各特征点的受压损伤发展情况。由图可见，管内、外混凝土受压损伤均主要分布在核心区两个对角线区域及核心区上下柱端区域。类似于受拉损伤的分布规律，管外混凝土的受压损伤程度也明显高于管内混凝土。由于柱子在极限点时发生严重的压弯破坏并出现整体弯曲，同时伴随发生核心区剪切破坏，管内、外混凝土在核心区与上下柱端区域的极限受压损伤均超过了 0.9。

选取节点 PJ-c 核心区以上柱段的钢管与纵筋，分析其在各特征点的应力分布及

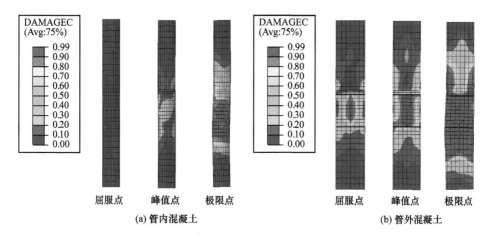

图 5.62　管内、外混凝土受压损伤发展

变化规律，如图 5.63 所示。由图可见，在屈服点时，靠近核心区一侧柱端钢管与纵筋的部分区域已经受压屈服，但是屈服范围较小。随着加载的进行，钢管与纵筋受压屈服的区域不断扩大。极限点时，钢管压弯侧大面积屈服，最大 Mises 应力达到 372MPa，钢材进入强化阶段；此时，压弯侧的所有钢筋均受压屈服，最大 Mises 应力为 374MPa。

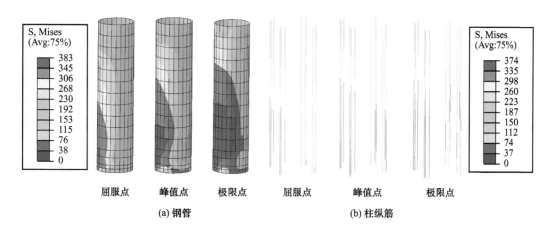

图 5.63　柱端钢管与柱纵筋应力分布（应力单位：MPa）

4）节点核心区。

选取核心区剪切破坏平面节点 PJ-s 与空间节点 SJ-s 为对象，分析加载过程中核心区各组件的应力变化规律及其抗剪机理。

空间节点的核心区受双向剪切作用，总剪力与正交梁呈 45°夹角。因此，核心区各组件的抗剪方向相比平面节点发生改变，从而影响各组件的抗剪能力。通过对平面节点与空间节点的核心区进行应力与抗剪机理对比分析，从微观机理角度解释两者承载力、刚度等方面的差异。

图 5.64（a）和（b）分别为平面节点在峰值点时核心区及其上下柱端管内、管外

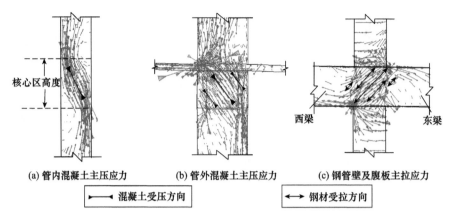

(a) 管内混凝土主压应力　　　(b) 管外混凝土主压应力　　　(c) 钢管壁及腹板主拉应力

▶——— 混凝土受压方向　　　◀——▶ 钢材受拉方向

图 5.64　平面节点核心区主应力分布矢量图

混凝土主压应力分布矢量图。图中，主应力方向即为箭头所指方向，主应力大小由箭头长度来衡量。

由图 5.64（a）和（b）可见，核心区管内、外混凝土主压应力沿核心区对角线方向：核心区管内混凝土主压应力矢量线集中于核心区对角线中部，形成一定宽度的"斜压杆"，核心区管外混凝土主压应力矢量线较均匀地沿对角线分布于整个核心区宽度，未观察到明显的"斜压杆"。

图 5.64（c）是平面节点在峰值点时核心区钢管壁与钢梁腹板的主拉应力分布矢量图。由图可见，钢管壁主拉应力沿核心区对角线方向较均匀地分布于整个核心区，钢管壁形成"拉力带"抵抗核心区剪力。同时，钢梁腹板主拉应力也沿对角线方向，应力值相比核心区钢管壁较小，说明核心区钢梁腹板也参与了抗剪作用。

图 5.65（a）和（b）分别为空间节点在峰值点时核心区管内、管外混凝土主压应力分布矢量图，图中图形显示截面为核心区总剪切方向所在竖向平面。由图可见，与平面节点相似，核心区管内、外混凝土主压应力沿核心区对角线方向；核心区管内混凝土主压应力矢量线集中于核心区对角线中部，形成一定宽度的"斜压杆"，管外混凝土主压应力矢量线较均匀地分布于整个核心区宽度。

空间节点核心区钢管壁不同部位的受力状态具有明显的差异。图 5.65（c）为峰值点时东、南梁间核心区钢管壁（东南面）与钢梁腹板的主拉应力分布矢量图。由于东、

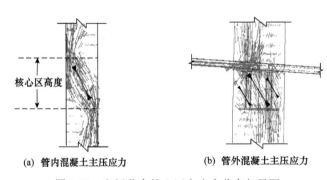

(a) 管内混凝土主压应力　　　　　　(b) 管外混凝土主压应力

图 5.65　空间节点核心区主应力分布矢量图

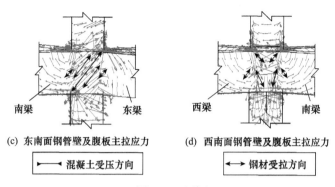

(c) 东南面钢管壁及腹板主拉应力　　　(d) 西南面钢管壁及腹板主拉应力

$\longrightarrow$ 混凝土受压方向　　　　$\longleftrightarrow$ 钢材受拉方向

图 5.65　（续）

南梁梁端施加的是反向荷载，主应力分布与平面节点相似［图 5.64（c）］：钢管壁沿核心区对角线方向形成"拉力带"抵抗剪切作用。图 5.65（d）中，由于西、南梁梁端施加荷载同向，钢管壁主应力呈对称分布：主拉应力从核心区上方柱端钢管的水平方向逐渐转变为核心区下方柱端钢管的竖直方向。

图 5.66 所示为平面节点与空间节点核心区混凝土纵向应力（S33）在各特征点的分布情况，其中管内、外混凝土圆柱体抗压强度 $f'_{c,\,\mathrm{core}}$ 和 $f'_{c,\,\mathrm{out}}$ 分别为 51MPa 和 33MPa。由图可见，最大应力出现在管内混凝土受压的对角顶点处，即靠近钢梁翼缘的位置。屈服点时，混凝土应力水平相对较低；随着加载的进行，到峰值点时，高应力区集中于管内混凝土沿对角线方向一定宽度范围内，形成明显的"斜压杆"，此时平面与空间节点最大应力值分别为 $2.4f'_{c,\,\mathrm{core}}$ 和 $3.4f'_{c,\,\mathrm{core}}$。整个加载过程中，管外混凝土未出现明显的高应力区段。

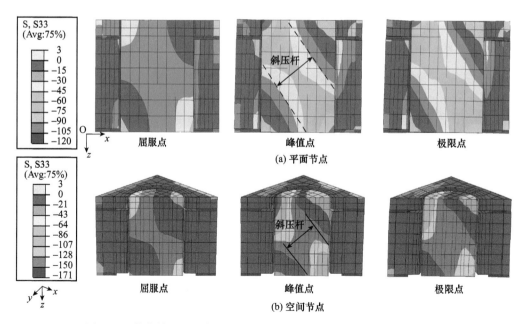

图 5.66　节点核心区混凝土纵向应力（S33）分布（应力单位：MPa）

对比平面节点与空间节点可知，峰值点时空间节点核心区管内混凝土最大应力约为平面节点的 1.5 倍，斜压杆受柱端传来的轴力更大。同时，空间节点管内混凝土在正交的 x 和 y 方向上均受到钢梁翼缘和腹板对其的约束，而平面节点仅在 x 方向上有相应的约束。因此，在三向受压状态下，空间节点核心区管内混凝土具有更高的抗剪承载力，其在 x 方向的剪力投影与平面节点核心区管内混凝土抗剪承载力的比值大于 $\sqrt{2}/2$，如图 5.50 所示。

核心区管外混凝土在剪切作用下开裂，并在达到自身抗剪承载力后破坏，混凝土塑性应变不断增大。采用混凝土的塑性应变衡量核心区管外混凝土不同部位参与抗剪的程度，图 5.67（a）所示为平面节点核心区管外混凝土达到自身抗剪承载力时的塑性应变分布。由图可见，塑性应变较大的区域主要集中在上下两个矩形区域内，而在钢梁翼缘范围内塑性应变相对很小。通过提取节点内力得到核心区管外混凝土在抗剪过程中矩形区域承担剪力占总剪力的比例随加载级别的变化规律，如图 5.67（b）所示。矩形抗剪区域承担剪力所占比例在抗剪过程中始终在 90% 以上，说明平面节点管外混凝土的有效抗剪部位是与剪切方向平行的矩形区域。

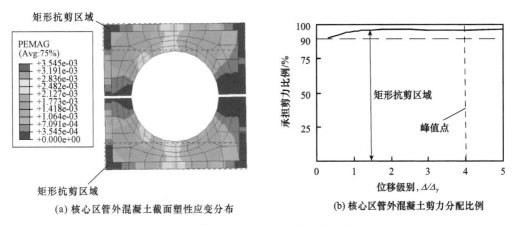

（a）核心区管外混凝土截面塑性应变分布　　　　（b）核心区管外混凝土剪力分配比例

图 5.67　平面节点核心区管外混凝土剪力分配

图 5.68（a）所示为空间节点核心区管外混凝土达到自身抗剪承载力时的塑性应变分布。由图可见，塑性应变较大的区域主要集中在加劲混合结构柱四个角部区域，而在钢梁腹板附近塑性应变相对很小。核心区管外混凝土在抗剪过程中角部抗剪区域承担的剪力占总剪力的比例随加载级别的变化规律如图 5.68（b）所示。角部抗剪区域承担的剪力所占的比例在抗剪过程中接近 90%。对比平面节点与空间节点可知，空间节点在双向剪切作用下管外混凝土的抗剪区域由矩形抗剪区域转变为角部抗剪区域，有效抗剪面积有一定的增大。

图 5.69 所示为平面节点与空间节点核心区钢管壁与钢腹板受剪时剪切应力在各特征点的分布情况及变化规律，图中 τ 是钢管壁或钢腹板的剪切应力，纯剪状态下钢材的剪切屈服应力 $\tau_y = f_y / \sqrt{3} = 199.2\text{MPa}$，$d$ 为应力测点到加劲混合结构柱中线的距离。由图 5.69（a）可见，对于平面节点，核心区钢管壁与钢腹板剪应力呈现"中间高、两端低"的分布规律，柱中线处的钢管壁剪应力最大。屈服点时，钢管壁与钢腹板均未

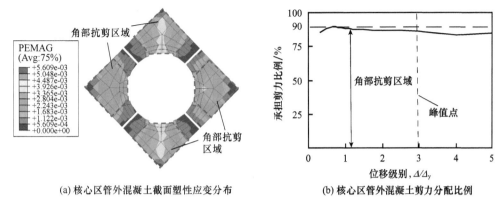

(a) 核心区管外混凝土截面塑性应变分布　　　(b) 核心区管外混凝土剪力分配比例

图 5.68　空间节点核心区管外混凝土剪力分配

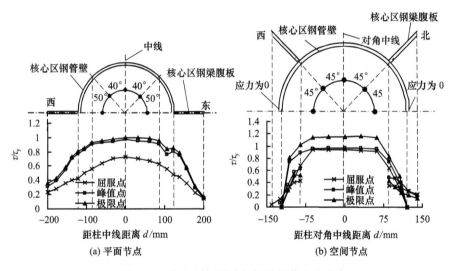

(a) 平面节点　　　　　　　　　(b) 空间节点

图 5.69　核心区钢管壁与钢腹板剪应力分布

屈服。随着加载的进行，到峰值点时，与柱中线呈 ±40°夹角的扇形区域内的钢管壁剪应力基本达到剪切屈服应力（τ_y），核心区边缘的钢腹板剪应力始终较小，仅为 $0.3\tau_y$。由于钢材的强化作用，极限点时钢管壁的剪应力相比峰值点有略微的增大。整个加载过程中，钢腹板始终未屈服，而钢管壁在峰值点时已经大面积屈服，是两者中的主要抗剪组件。

由图 5.69（b）可见，空间节点核心区钢管壁及钢腹板剪应力分布规律与平面节点类似：核心区钢管壁剪应力呈"中间高、两端低"分布，柱对角中线处钢管壁剪应力最大；整个加载过程中钢梁腹板始终未屈服。对比平面节点与空间节点可知，峰值点时中线两侧一定范围内钢管壁达到剪切屈服应力（τ_y）。对于空间节点，距离对角中线最远的钢管壁剪应力为 0，且该点两侧一定范围内钢管壁剪应力较小，无法有效参与抗剪。因此，相比平面节点，空间节点核心区钢管壁的有效抗剪面积减小，其提供的抗剪承载力减小，承载力沿梁轴线方向的剪力投影与平面节点核心区钢管壁抗剪承载力的比值小于$\sqrt{2}/2$，如图 5.50 所示。

　　核心区箍筋是管外钢筋混凝土抗剪的重要组件，既能对管外混凝土起约束作用，又能直接承担水平剪力。图 5.70 所示为平面节点与空间节点箍筋 Mises 应力在各特征点时沿核心区高度的分布，图中 f 为箍筋的 Mises 应力，箍筋屈服应力 $f_{y,h}=335\text{MPa}$，d 为距核心区下边缘的距离。平面节点在屈服点时，箍筋应力沿核心区高度呈现"下大上小"分布，靠近核心区下边缘的箍筋刚进入屈服状态。峰值点时，箍筋应力沿核心区高度基本均匀分布，且所有箍筋均已屈服，箍筋强化后最大应力达到 $1.1f_{y,h}$。极限点时，箍筋应力由于强化作用相比峰值点时进一步增大。由此可知，节点核心区在剪切荷载作用下，核心区高度范围内的所有箍筋屈服并提供水平抗剪力。

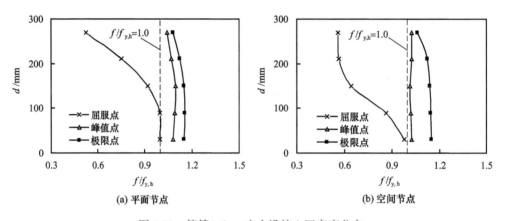

图 5.70　箍筋 Mises 应力沿核心区高度分布

　　平面节点核心区受剪时，仅平行于受剪方向的两肢箍筋受拉抗剪。对于空间节点 [图 5.70（b）]，核心区箍筋四肢均参与抗剪，且单个方向上的各肢箍筋仅参与该方向的抗剪。空间节点核心区箍筋的应力分布与平面节点类似，峰值点时核心区高度范围内所有箍筋受拉屈服以提供抗剪力。

　　综上分析，图 5.71 所示为钢管混凝土加劲混合结构柱 - 钢梁连接节点核心区钢管壁和管内、外混凝土的受剪示意图，图中弯矩、剪力与压力指梁端或柱端传递到核心区的内力。由图可见，钢管壁与管内混凝土分别形成"拉力带"与"斜压杆"机制抵抗剪力；管外混凝土在形成对角平行裂缝后，由箍筋分担水平剪力。

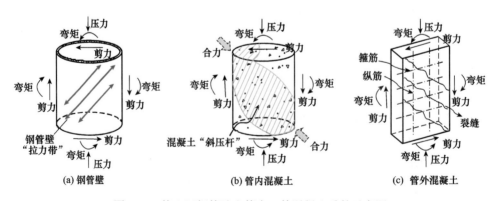

图 5.71　核心区钢管壁和管内、外混凝土受剪示意图

5）楼板对核心区剪力传递的影响。

以核心区剪切破坏试件 PJ-s 为例，图 5.72 所示为楼板厚度对节点核心区附近剪力（V）沿高度分布规律的影响，y 为测点距板上表面的距离。由图可见，对于带楼板的节点，核心区剪力从上柱端负向剪力逐渐过渡到核心区中间高度附近的最大剪力；对于无楼板的节点，在钢梁上翼缘处存在剪力突变。由此可知，楼板作为组合梁的一部分，有效参与了梁端弯矩向核心区传递的过程；楼板通过对柱侧面的拉压应力，实现上柱端剪力到核心区剪力的过渡。

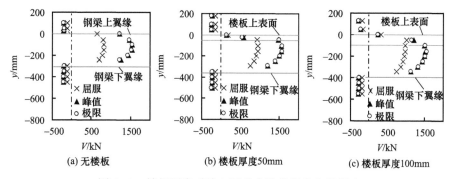

图 5.72　楼板厚度对核心区剪力沿高度分布的影响

图 5.73 所示为带楼板的节点楼板压应力沿板厚的分布规律，其中 σ 为楼板压应力，d 为距楼板下表面距离。楼板压应力较大区域主要分布在加劲混合结构柱侧面附近，以峰值点时压应力最大位置所在截面为例。由图可见，对于楼板厚度 50mm 的节点，楼板压应力在板厚方向呈线性分布，楼板上表面位置压应力值最大；随着加载的进行，

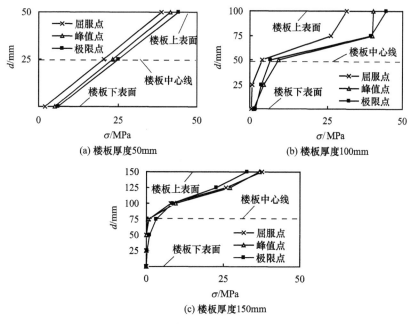

图 5.73　楼板压应力沿板厚的分布

压应力整体呈增大趋势。对于楼板厚度 100mm 和 150mm 的节点，楼板压应力在板厚方向呈明显的非线性分布，且应力较大区域主要集中在楼板中心线以上部分，楼板上表面位置压应力最大，楼板下表面应力值小于 2MPa。对比可知，楼板较厚的节点（板厚 100mm 和 150mm）在梁端正弯矩下楼板主要通过中心线以上混凝土的压应力向核心区进行内力传递，楼板压应力的合力作用点位于楼板中心线以上。

图 5.74 所示为梁端弯矩向核心区进行剪力传递过程中等效力偶的计算示意图，图中 F_t 和 F_c 分别为力偶对应的拉、压集中力，M 为梁端所受弯矩，$F_{c,p}$ 和 $F_{c,f}$ 为正弯矩时楼板与钢梁上翼缘压应力的合力，$F_{t,bar}$ 和 $F_{t,f}$ 为负弯矩时楼板钢筋与钢梁上翼缘拉应力的合力，z 为等效力偶臂大小。

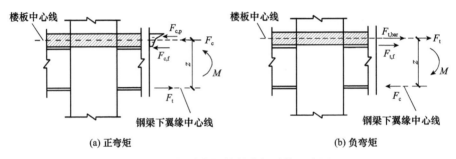

(a) 正弯矩　　　　　　　　　　　　　　　　(b) 负弯矩

图 5.74　梁端弯矩等效力偶计算示意图

如图 5.74（a）所见，正弯矩时楼板压应力较大区域主要集中在楼板中心线以上部分，$F_{c,p}$ 作用点位于楼板中心线或其以上位置，钢梁翼缘所受应力的合力作用点取翼缘中心处，即 $F_{c,p}$ 和 $F_{c,f}$ 作用点分别位于楼板中心线以上和以下。为便于等效力偶的计算，近似取 $F_{c,p}$ 和 $F_{c,f}$ 的合力 F_c 作用于楼板中心线位置，力偶臂 z 取楼板中心线到钢梁下翼缘中心的间距。负弯矩作用时，通常忽略楼板混凝土的应力，考虑楼板钢筋对梁端承载力与刚度的贡献。楼板钢筋的形心位置通常位于楼板中心线上，如图 5.74（b）所示。为便于正、负弯矩下等效力偶臂计算公式的统一，近似认为负弯矩下 $F_{t,bar}$ 和 $F_{t,f}$ 的合力 F_t 仍作用与楼板中心线位置。对于无楼板的钢管混凝土加劲混合结构柱 - 钢梁连接节点，力偶臂 z 取上下翼缘中心的间距。

本小节提出的等效力偶臂 z 的计算方法，相比已有规范 EC3（2005）直接采用上下翼缘中心间距的方法，充分考虑了楼板作用对核心区剪力传递过程的影响，结合式（5.8）计算得到的核心区剪力也更准确。图 5.75 所示为两种方法计算得到核心区剪力（V_j）- 剪切变形（γ_j）关系曲线的对比。

由图 5.75 可见，采用 EC3（2005）方法进行计算时，随着楼板厚度的增加，节点核心区抗剪承载力也增大，板厚 150mm 的节点抗剪承载力相比无楼板节点提高约 47%；采用本小节提出的方法计算时，不同楼板厚度的节点核心区抗剪承载力较接近，板厚 150mm 的节点抗剪承载力相比无楼板节点仅提高约 10%。通过提取有限元模型的单元节点力并求和，得到不同楼板厚度节点真实的核心区剪力（V_j）- 剪切变形（γ_j）关系曲线，如图 5.75（c）所示。由图可见，楼板厚度对核心区真实的抗剪承载力无明

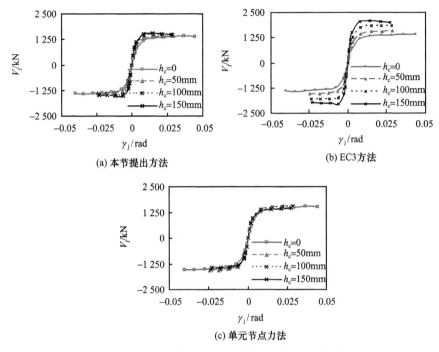

(a) 本节提出方法　　　　　　　　(b) EC3方法

(c) 单元节点力法

图 5.75　核心区剪力（V_j）- 剪切变形（γ_j）关系对比

显影响。同时，本小节计算方法得到的抗剪承载力与单元节点力法获得的真实抗剪承载力误差在 10% 以内。因此，本小节提出的钢管混凝土加劲混合结构柱 - 钢梁连接节点的核心区剪力计算方法相比 EC3（2005）的公式更准确。

图 5.76 所示为不同楼板厚度的节点核心区各组件承担的剪力（V）与梁端位移加载级别（Δ/Δ_y）的关系。由图可见，楼板厚度对节点核心区的剪力分配机制无明显影响，核心区所受的剪力仍由管内混凝土、钢管壁、管外混凝土、箍筋和钢梁腹板共同承担。当管内混凝土达到自身抗剪承载力时，核心区总剪力接近峰值，在钢材强化作用下总剪力在峰值点后有增加趋势。

对比图 5.76（a）和（b），楼板厚度 100mm 的节点管外混凝土的初始刚度相比无

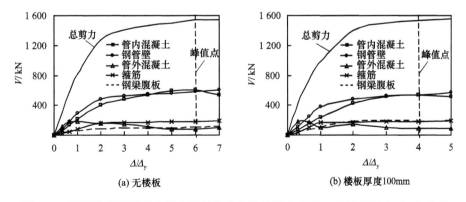

(a) 无楼板　　　　　　　　　　(b) 楼板厚度100mm

图 5.76　不同楼板厚度节点核心区各组件承担的剪力（V）- 位移级别（Δ/Δ_y）关系

楼板的节点刚度提高约 54%，这是因为对于带楼板的节点，楼板与管外混凝土整体相连，梁端荷载可通过楼板直接有效地传递到管外混凝土组件，管外混凝土在加载初期便有效参与核心区抗剪过程，从而提高了核心区整体抗剪刚度。如图 5.75（a）所示，核心区总抗剪刚度随楼板厚度的增加而增加，楼板厚度 100mm 的节点相比无楼板的节点正向抗剪刚度提高约 33%。

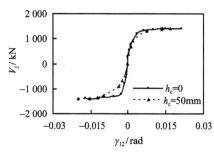

图 5.77　核心区总剪力（V_j）-管外
混凝土剪切应变（γ_{12}）关系

图 5.77 给出了无楼板节点与典型试件 PJ-s 的核心区总剪力（V_j）与管外混凝土剪切应变（γ_{12}）的关系曲线。对比可见，在相同的核心区总剪力下，无楼板节点的管外混凝土剪切应变总体小于带楼板节点 PJ-s 的剪切应变；而由图 5.75（a）可见，无楼板节点核心区总剪切变形大于典型试件 PJ-s 总剪切变形。由此可知，无楼板节点核心区管外混凝土无法充分参与核心区抗剪过程，在加载初期尤为明显。

5.3.4　小结

本节基于建立的有限元模型，对钢管混凝土加劲混合结构柱 - 钢梁连接节点的工作机理开展了细致的全过程分析，研究了节点的破坏形态与相应的破坏特征。通过分析节点内力分布与分配、应力与损伤的发展规律，明晰了该类节点核心区的传力路径、剪力分配机制以及核心区的抗剪机理。同时，对比分析了平面节点与空间节点在往复荷载作用下的破坏形态、承载力与抗剪刚度等性能，研究了楼板对核心区剪力传递的影响规律。本节获得的主要结论归纳如下。

1）随着节点梁柱抗弯承载力比的增加，钢管混凝土加劲混合结构柱 - 钢梁连接节点依次发生梁端受弯破坏、核心区剪切破坏和柱端压弯破坏；通过节点受力全过程分析，确定了荷载 - 变形全曲线的三个特征点，分别是屈服点、峰值点和破坏点，且三个特征点分别与节点破坏的三个阶段一一对应。

2）钢管混凝土加劲混合结构柱 - 钢梁连接节点核心区的管内混凝土、钢管壁、管外混凝土、箍筋和钢梁腹板共同参与抗剪作用，当管内混凝土达到自身抗剪承载力时，核心区的总剪力达到峰值点；节点核心区各组件的剪切破坏顺序为管外混凝土剪切破坏、箍筋屈服、钢管壁屈服、管内混凝土剪切破坏（钢梁腹板未屈服）。

3）在剪切荷载作用下，核心区管内混凝土和钢管壁分别形成"斜压杆"机制和"拉力带"机制抵抗剪力；管外混凝土受剪开裂后，其承担的剪力由箍筋分担。

4）平面节点与空间节点的对比分析结果表明，空间节点在双向剪切荷载作用下剪切破坏现象更加严重，核心区抗剪承载力降低；对于本节建立的典型节点试件，空间节点正、负向抗剪承载力相比平面节点分别下降约 17% 和 16%。平面节点与空间节点具有相近的核心区抗剪刚度。

5）楼板的存在可以有效地将梁端荷载传递到核心区管外混凝土，提高核心区初始抗剪刚度。基于核心区传力路径的分析，对已有的核心区剪力计算方法进行了修正，定义核心区高度为楼板厚度中心到钢梁下翼缘中心之间的距离；当无楼板时，取钢梁上下翼缘中心的间距。

5.4　钢管混凝土加劲混合结构柱 - 钢梁连接节点设计方法

5.4.1　影响参数分析

本小节对相关参数对钢管混凝土加劲混合结构柱 - 钢梁连接节点破坏形态、抗震性能、抗剪性能等的影响规律进行研究，确定了对节点抗震性能影响较大的关键参数为钢筋混凝土楼板有关参数、核心区有关参数、核心区轴压比（n_p）、梁柱线刚度比（k_i）、梁柱抗弯承载力比（k_m）及加劲混合结构柱施工初始荷载水平。本小节变化参数的计算算例以典型试件 PJ-b、PJ-s 或 PJ-c 为原型。关键参数的影响规律如下。

（1）核心区轴压比（n_p）

为考虑轴压力对节点核心区受力性能的影响，定义节点核心区的轴压比（n_p），由于本章在计算柱轴压比（n）时不考虑柱长细比对柱轴压承载力的影响，认为节点核心区轴压比（n_p）与柱轴压比（n）相等，按式（5.2）计算。对于钢管混凝土加劲混合结构柱 - 钢梁连接节点，柱轴压力变化引起柱抗弯承载力变化，改变了梁柱抗弯承载力比值，进而影响节点的破坏形态。

图 5.78 所示为试件 PJ-s 在不同核心区轴压比（n_p）作用下节点的整体破坏形态。随着 n_p 的增大，节点的破坏形态由核心区剪切破坏逐渐转变为柱端压弯破坏。当 $n_p=$ 0.6 时，节点同时发生核心区剪切破坏与柱端压弯破坏；当 $n_p=0.8$ 时，节点发生严重的柱端压弯破坏，破坏时柱子发生整体弯曲。

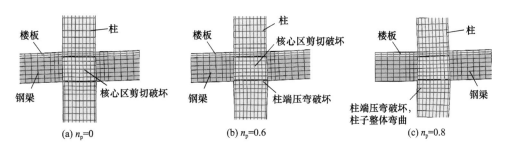

图 5.78　核心区轴压比（n_p）对节点破坏形态的影响

图 5.79 所示为核心区轴压比（n_p）对节点抗剪性能的影响规律。由图可见，核心区轴压比的变化对节点核心区的抗剪刚度无明显影响。当 n_p 小于 0.6 时，节点发生核心区剪切破坏，随着轴压比的增大，核心区抗剪承载力有一定提高；n_p 由 0 增大到 0.4 时，抗剪承载力增加了 5.2%。当 n_p 大于等于 0.6 时，核心区所受剪力在节点发生柱端压弯破坏后迅速下降；此时核心区并未发生明显的剪切破坏现象，核心区经历的最大剪力小于轴压比较小时所受的剪力。

峰值点时核心区各组件承担的剪力（V）随轴压比（n_p）变化的规律如图 5.80 所

示。由图可知：①当节点发生核心区剪切破坏时，管内混凝土抗剪承载力随着核心区轴压比的增大而提高，这是因为在钢管约束与轴压力共同作用下，管内混凝土处于三向受压状态，有利于其抗剪承载力的提高；同时管内混凝土"斜压杆"截面面积可随轴压力的增大而增加。②在核心区剪切破坏阶段，核心区轴压比对钢管壁的抗剪承载力影响不大。③当节点发生柱端压弯破坏时，由于梁端荷载下降，管内混凝土与钢管壁承担的剪力也减小。④核心区轴压比对箍筋与钢梁腹板承担的剪力的影响可以忽略不计。⑤在核心区剪切破坏阶段，管外混凝土承担的剪力随核心区轴压比的增大而增大，这是因为轴压力可以一定程度上阻止混凝土开裂及裂缝的发展。当节点发生柱端压弯破坏时，核心区总剪力的峰值点提前，管外混凝土破坏程度降低而其承担的剪力相比小轴压比时有明显的提高。

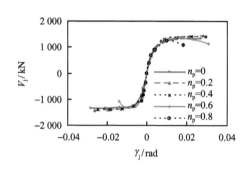

图 5.79　核心区轴压比（n_p）对节点抗剪
性能的影响

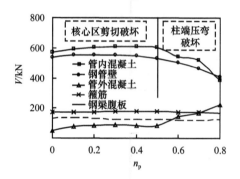

图 5.80　峰值点时核心区各组件承担的剪
力（V）- 核心区轴压比（n_p）关系

（2）节点核心区有关参数

在发生核心区剪切破坏的试件 PJ-s 的基础上，通过变化核心区相关参数的数值，研究各参数对核心区性能的影响规律。

1）环板宽度与钢管外径比（ω/D）。

本章介绍的钢管混凝土加劲混合结构柱-钢梁连接节点的钢梁与内钢管通过环板的构造进行连接，环板构造可靠与否直接影响节点能否有效地将梁端荷载传递给核心区各组件。一般情况下，环板宽度越大核心区传力效果越好；同时，环板处于加劲混合结构柱管外混凝土内部，环板的宽度要满足不影响管外混凝土钢筋布置、混凝土浇筑的要求。因此，考虑到传力与施工的要求，算例中环板宽度变化范围为 20～40mm，即环板宽度与钢管外径比（ω/D）变化范围为 0.08～0.16。

环板宽度与钢管外径比（ω/D）对节点抗剪性能的影响规律如图 5.81 所示。

由图 5.81 可见，ω/D 的变化对核心区剪力（V_j）- 剪切变形（γ_j）关系曲线无明显影响，即在保证环板传力要求的前提下，环板宽度不影响核心区的抗剪性能。

2）环板与钢梁翼缘厚度比（t_d/t_f）。

为便于施工下料，环板厚度（t_d）通常与钢梁翼缘厚度（t_f）相等。通过改变环板厚度，研究 t_d/t_f 对节点抗剪性能的影响，如图 5.82 所示。由图可见，t_d/t_f 对核心区抗剪承载力影响较小。当 t_d/t_f＝0.8 时，曲线强化段刚度相比 t_d/t_f＝1.0 与 1.2 时有所降低，这说明过薄的环板厚度将无法满足有效传力的构造要求。

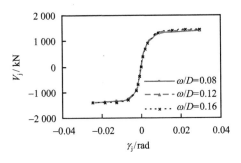

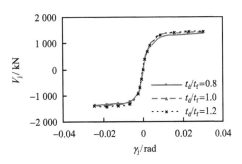

图 5.81　环板宽度与钢管外径比（ω/D）　　　图 5.82　环板与钢梁翼缘厚度比
　　　　　　对节点抗剪性能的影响　　　　　　　　　　　（t_d/t_f）对节点抗剪性能的影响

3）核心区高宽比（h/B）。

核心区高宽比（h/B）是核心区高度（h）与核心区宽度（B）的比值，其中核心区宽度（B）取钢管混凝土加劲混合结构柱的截面尺寸。由 5.3.3 节可知，楼板有助于将节点的梁端荷载传递到核心区。因此，为考虑楼板的影响，取核心区高度（h）等于等效力偶臂（z），即楼板厚度中心到钢梁下翼缘中心的间距。

通过改变钢梁的截面高度实现核心区高宽比（h/B）的变化。核心区高宽比（h/B）对节点抗剪性能的影响如图 5.83 所示。

由图 5.83 可见，h/B 对节点核心区抗剪承载力有明显影响，随着 h/B 的增大，抗剪承载力呈下降趋势。当 h/B 发生变化时，核心区受剪时混凝土与钢管壁分别形成的"斜压杆"与"拉力带"与水平方向的夹角也发生变化，其在水平方向的分量改变，从而影响抗剪承载力的大小。h/B 对核心区初始抗剪刚度无明显影响。

图 5.84 所示为峰值点时核心区各组件承担的剪力（V）随核心区高宽比（h/B）的变化规律。由图可见：①管内、外混凝土承担的剪力随 h/B 的增大有明显的减小，这是因为管内混凝土形成的抗剪"斜压杆"的水平分力减小，而管外混凝土在核心区高

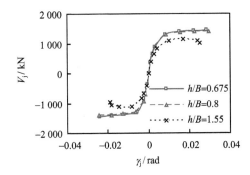

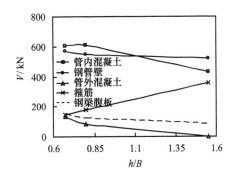

图 5.83　核心区高宽比（h/B）对节点抗剪　　　图 5.84　峰值点时核心区各组件承担的
　　　　　　性能的影响　　　　　　　　　　　　　　　剪力（V）- 核心区高宽比（h/B）关系

度较高时更容易产生剪切斜裂缝进而破坏；②钢管壁承担的剪力随 h/B 的增大总体变化不大，钢梁腹板承担的剪力随 h/B 增大有轻微的下降趋势；③箍筋承担的剪力随 h/B 的增大呈线性增大，这是因为核心区高度增大时，在核心区配箍率相同的前提下核心区的箍筋数量增大，其能提供的抗剪承载力也提高。

　　4）内部钢管混凝土截面含钢率（α_s）。

　　钢管混凝土加劲混合结构柱由内部钢管混凝土（CFST）部件和外围钢筋混凝土部件组成，内部钢管混凝土的截面含钢率（α_s）的变化将影响加劲混合结构柱截面整体的抗剪性能。通过改变核心区高度范围内的钢管壁厚改变 α_s 的数值。

　　图 5.85 所示为内部钢管混凝土截面含钢率（α_s）对节点抗剪性能的影响规律。由图可见，随着 α_s 的增大，核心区抗剪承载力显著提高，抗剪刚度也有一定提高。当 $\alpha_s=0.16$ 时，核心区抗剪承载力相比 $\alpha_s=0.05$ 时提高了 32.2%，这是因为 α_s 增大时钢管壁自身的抗剪面积增大，钢管壁提供的抗剪承载力提高。

　　图 5.86 所示为峰值点时核心区各组件承担的剪力（V）随内部钢管混凝土截面含钢率（α_s）的变化规律。管内混凝土承担的剪力总体上随 α_s 的增大有轻微的提高，管外混凝土、箍筋和钢梁腹板承担的剪力基本不随 α_s 的变化而改变。随着 α_s 的增大，钢管壁承担的剪力显著增大。

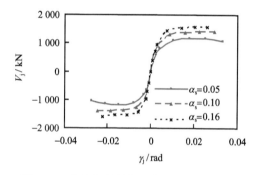

图 5.85　内部钢管混凝土截面含钢率（α_s）对节点抗剪性能的影响

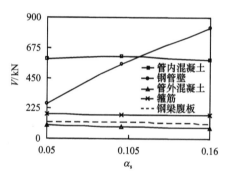

图 5.86　峰值点时核心区各组件承担的剪力（V）- 内部钢管混凝土截面含钢率（α_s）关系

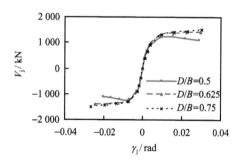

图 5.87　管径与柱截面尺寸比值（D/B）对节点抗剪性能的影响

　　5）管径与柱截面尺寸比值（D/B）。

　　D/B 为钢管混凝土加劲混合结构柱内钢管的外径（D）与加劲混合结构柱截面尺寸（B）的比值，反映了加劲混合结构柱截面内部钢管混凝土（CFST）部件所占的比例，对核心区抗剪承载力有直接影响。通过变化内钢管外径（D）实现 D/B 值的变化，并保持内部钢管混凝土截面含钢率（α_s）不变。在本节研究的参数变化范围内（D/B=0.5~0.75），不同 D/B 下核心区剪力（V_j）- 剪切变形（γ_j）关系如图 5.87 所示。

由图 5.87 可见，随着管径与柱截面尺寸比值（D/B）的增大，核心区抗剪承载力提高，曲线强化段刚度提高。当 $D/B=0.5$ 时，核心区抗剪承载力相比 $D/B=0.625$ 时降低了 12%，同时核心区剪力（V_j）- 剪切变形（γ_j）骨架线在后期出现明显的下降段，延性降低。这是因为 D/B 较小时，加劲混合结构柱内部钢管混凝土截面占总截面的比值小，往复荷载作用下钢管混凝土加劲混合结构柱节点的延性更接近于钢筋混凝土节点。

图 5.88 为不同 D/B 下核心区各组件承担的剪力（V）与梁端位移加载级别（Δ/Δ_y）的关系。由图 5.88（a）可见，对于 $D/B=0.625$ 的情况，当管内混凝土达到自身抗剪承载力时，核心区总剪力达到峰值点。由图 5.88（a）可见，对于 $D/B=0.5$ 的情况，当管外混凝土发生破坏、其承担的剪力明显下降时，核心区剪力达到峰值点，而此时管内混凝土还未达到自身抗剪承载力，核心区更早地达到其剪力峰值点；此时，箍筋与钢管壁均已进入屈服状态，其承担的剪力基本保持恒定。由图 5.88（b）可见，对于 $D/B=0.75$ 的情况，核心区总剪力始终处于上升状态，在加载级别范围内管内混凝土与钢管壁承担的剪力不断增大；此处定义最大加载级别对应其剪力峰值点，峰值点时内部钢管混凝土部件并未发生破坏，而此时管外混凝土已经发生严重的剪切破坏，其承担的剪力接近于 0。

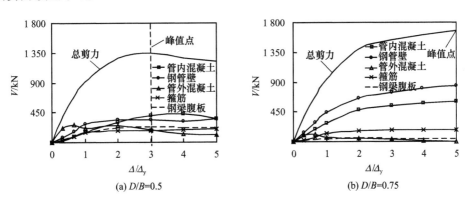

图 5.88　不同 D/B 节点的核心区各组件承担的剪力（V）- 位移级别（Δ/Δ_y）关系

综上可知：当 D/B 过小（$D/B\leqslant0.5$）时，加劲混合结构柱的内部钢管混凝土截面占总截面的密度较小，管外混凝土部件发生破坏时核心区达到剪力峰值点，内部钢管混凝土部件无法有效提高核心区抗剪承载力与抗震延性。当 D/B 过大（$D/B\geqslant0.75$）时，管外混凝土部件发生严重的破坏并碎裂剥落，而内部钢管混凝土部件仍保持完好；虽然核心区抗剪承载力仍处于上升阶段，但管外混凝土的严重破坏及碎裂剥落使结构达到正常使用极限状态，内部钢管混凝土部件的抗剪能力无法得到充分利用。因此，本节限定 D/B 的变化范围为 0.5～0.75，保证核心区各组件可以有效共同工作并充分发挥各自的抗剪能力，提高核心区的抗剪延性。

5.4.2　节点恢复力模型

（1）核心区剪力 - 剪切变形恢复力模型

核心区剪力 - 剪切变形恢复力模型包括骨架线与加、卸载准则两部分。本小节将充分考虑核心区各组件之间的剪切变形关系，在提出核心区抗剪承载力时依据剪力达到峰值点时核心区各组件的受力状态及其承担的剪力。

本章试验研究与工作机理分析结果表明，钢管混凝土加劲混合结构柱-钢梁连接节点的破坏过程大致可分为弹性阶段、弹塑性阶段和破坏阶段三个受力阶段。同时，参数分析结果表明，该类节点的核心区剪力-剪切变形关系骨架线可近似由三段直线组成。因此，钢管混凝土加劲混合结构柱-钢梁连接节点核心区剪力-剪切变形关系骨架线采用三折线模型，如图 5.89 所示。

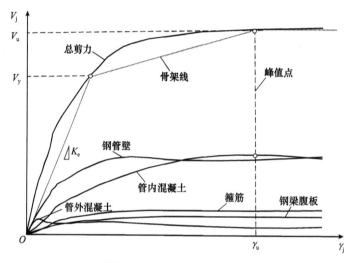

图 5.89　核心区剪力（V_j）-剪切变形（γ_j）关系骨架线示意图

当节点核心区达到抗剪承载力（V_u）后，由于钢材的强化作用，核心区剪力仍有轻微上升趋势，此时管内、外混凝土均已发生剪切破坏。因此，假设核心区剪力在达到抗剪承载力（V_u）后保持不变，即骨架曲线在峰值点后保持水平。骨架线主要包括以下四个参数，即初始抗剪刚度（K_e），抗剪承载力（V_u），屈服剪力（V_y）和极限剪切变形（γ_u）。各参数的确定方法如下所述。

本节研究结果适用的参数范围是：管内混凝土抗压强度 $f_{cu,core}$＝40～80MPa，管外混凝土抗压强度 $f_{cu,out}$＝30～50MPa，钢材屈服强度 f_y＝235～460MPa，钢筋屈服强度 f_{yl}＝235～500MPa，核心区钢管约束效应系数 ξ_p＝0.2～2.0，管径与柱截面尺寸比值 D/B＝0.5～0.75，核心区轴压比 n_p＝0～0.8，核心区高宽比 h/B＝0.5～1.6。

1）初始抗剪刚度（K_e）。

图 5.89 所示为节点核心区剪力（V_j）-剪切变形（γ_j）关系骨架线示意图。由图可见，加载初期钢管混凝土加劲混合结构柱-钢梁连接节点的抗剪刚度主要由管内混凝土、管外混凝土和钢管壁三部分抗剪刚度提供。由于核心区各组件参与抗剪程度的不同，抗剪过程中管内混凝土、钢管壁和管外混凝土的剪切变形不相同。换言之，在加载初期各组件的剪切变形不协调，无法直接将各组件的弹性剪切刚度叠加获得核心区的总抗剪刚度。本小节将通过分析核心区各组件剪切变形与核心区总剪切变形的关系，

在各组件弹性剪切刚度的基础上得到各组件等效抗剪刚度，并将各组件等效抗剪刚度叠加得到核心区的初始抗剪刚度（K_e）。

管内混凝土、管外混凝土和钢管壁的弹性剪切刚度 $K_{ec, core}$、$K_{ec, out}$ 和 $K_{es, t}$ 可分别按下式计算：

$$K_{ec, core} = G_{c, core} A_{c, pcore} \tag{5.12}$$

$$K_{ec, out} = G_{c, out} b_j h_j \tag{5.13}$$

$$K_{es, t} = G_{s, t} A_{es, v} \tag{5.14}$$

式中：$G_{c, core}$、$G_{c, out}$ 和 $G_{s, t}$ 分别为管内混凝土、管外混凝土和钢管壁的剪切模量。根据《混凝土结构设计规范》（GB 50010—2015），$G_{c, core}$ 和 $G_{c, out}$ 分别取其弹性模量的 0.4 倍；根据《钢结构设计规范》（GB 50017—2017），$G_{s, t} = 7.9 \times 10^4 \text{N/mm}^2$。$A_{c, pcore}$ 为核心区管内混凝土抗剪面积，由于管内混凝土受到钢管壁的有效约束，$A_{c, pcore}$ 取核心区管内混凝土横截面积。b_j 和 h_j 分别是核心区管外混凝土抗剪截面宽度和高度，其中 h_j 取抗剪方向柱截面高度，即加劲混合结构柱截面尺寸 B。平面节点的核心区管外混凝土主要由钢管外侧两个矩形区域抗剪，如图 5.67 所示。因此，b_j 取两个矩形宽度之和，即加劲混合结构柱截面宽度（B）与钢管外径（D）的差值（$B-D$）。$A_{es, v}$ 为钢管壁弹性阶段有效受剪面积，对于圆形钢管，钢管壁弹性阶段有效受剪面积（$A_{es, v}$）的计算采用 Fukumoto 和 Morita（2005）推荐的方法，即 $A_{es, v} = A_{s, t}/2$，$A_{s, t}$ 为钢管壁横截面积。

通过分析弹性阶段管内混凝土、管外混凝土和钢管壁各自的剪切变形（分别为 $\gamma_{c, core}$、$\gamma_{c, out}$ 和 $\gamma_{s, t}$）与核心区总剪切变形（γ_j）的关系，得到各组件的等效抗剪刚度，分别为 $K_{c, core}$、$K_{c, out}$ 和 $K_{s, t}$。

对于钢管壁的等效抗剪刚度（$K_{s, t}$）近似取其弹性剪切刚度，即 $K_{s, t} = K_{es, t}$。

对于管内混凝土，其剪切变形（$\gamma_{c, core}$）明显小于核心区总变形（γ_j），假设 $\gamma_{c, core}$ 和 γ_j 间存在如下关系：

$$\gamma_{c, core} = \alpha \cdot \gamma_j \tag{5.15}$$

式中：α 为比例系数。核心区内部钢管混凝土截面含钢率（α_s）对节点核心区的初始抗剪刚度有明显影响，引入内部钢管混凝土截面约束效应系数（ξ_p）替代截面含钢率（α_s），以考虑核心区管内混凝土与钢管间的相互影响。通过提取初始加载阶段 $\gamma_{c, core}$ 和 γ_j 的计算数值，得到比例系数 α 受 ξ_p 变化的影响规律，如图 5.90（a）所示。图中算例模型以本章 5.3 节典型试件 PJ-s 为原型，核心区高宽比（h/B）均为 0.8，轴压比均为 0。由图 5.90（a）可见，比例系数（α）总体上随 ξ_p 的增大呈增加趋势，但增长幅度较小，且 α 值始终在 0.1 附近变动。为便于计算，假设 $\alpha = 0.1$。由 $K_{ec, core} \cdot \gamma_{c, core} = K_{c, core} \cdot \gamma_j$ 可得，等效抗剪刚度 $K_{c, core} = \alpha K_{ec, core} = 0.1 K_{ec, core}$。

对于管外混凝土，楼板的存在使其有效参与抗剪过程，但是由于管外混凝土没有受到有效的约束作用，管外混凝土不同部位的剪切变形差异较大：平行于剪切方向的外表面混凝土在核心区中心高度附近剪切应变超过核心区总变形 γ_j，而远离该部位的混凝土剪切应变相对较小。因此，定义管外混凝土的平均剪切变形为 $\gamma_{c, out}$，并假设其与 γ_j 间存在如下关系：

$$\gamma_{c, out} = \beta \cdot \gamma_j \tag{5.16}$$

式中：β 为比例系数。由 $K_{ec, out} \cdot \gamma_{c, out} = K_{c, out} \cdot \gamma_j$ 可得，$K_{c, out} = \beta K_{ec, out}$。通过有限元模型计算得到初始加载阶段管外混凝土承担的剪力值和 γ_j 的数值，其比值即为等效抗剪刚度（$K_{c, out}$）。由式 $\beta = K_{c, out}/K_{ec, out}$ 可得到不同 ξ_p 下的 β 值，如图 5.90（b）所示。由图可见，比例系数（β）与 ξ_p 呈明显的线性关系，具体表达式为

$$\beta = 0.04\xi_p + 0.11 \tag{5.17}$$

综上所述，将管内混凝土、管外混凝土和钢管壁的等效抗剪刚度叠加得到钢管混凝土加劲混合结构柱 - 钢梁连接节点核心区初始抗剪刚度（K_e）计算公式为

$$K_e = K_{c, core} + K_{c, out} + K_{s, t}$$
$$= 0.1G_{c, core}A_{c, pcore} + (0.04\xi_p + 0.11)G_{c, out}b_jh_j + G_{s, t}A_{es, v} \tag{5.18}$$

式中：$G_{c, core}$、$G_{c, out}$ 和 $G_{s, t}$ 分别为管内混凝土、管外混凝土和钢管壁的剪切模量；$A_{c, pcore}$ 和 $A_{es, v}$ 分别为核心区管内混凝土抗剪面积和钢管壁弹性阶段有效受剪面积；b_j 和 h_j 分别是核心区管外混凝土抗剪截面宽度和高度；ξ_p 是加劲混合结构柱内部钢管混凝土截面的约束效应系数。

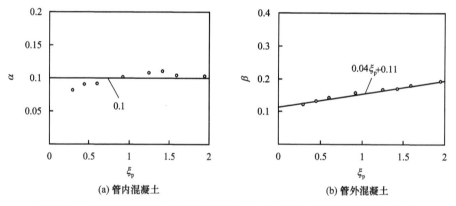

(a) 管内混凝土   (b) 管外混凝土

图 5.90 内部钢管混凝土约束效应系数（ξ_p）对剪切变形比例系数的影响

2）抗剪承载力（V_u）。

核心区的管内混凝土、钢管壁、管外混凝土、箍筋和钢梁腹板共同参与抗剪作用。当管内混凝土达到自身抗剪承载力时，核心区剪力达到峰值点；此时管外混凝土已剪切破坏，箍筋与钢管壁屈服，而钢梁腹板尚未屈服。此后，由于材料的强化作用，钢管壁承担剪力的增大引起核心区总剪力进一步提高，但提升幅度较小。因此，取管内混凝土达到自身抗剪承载力时对应的总剪力为核心区抗剪承载力（V_u），并假设其后承载力保持不变。

将管内混凝土达到自身抗剪承载力时各组件承担的剪力叠加，得到核心区抗剪承载力（V_u），如下式所示：

$$V_u = V_{c, core, u} + V_{c, out, u} + V_{s, t, u} + V_{s, h, u} + V_{s, w, u} \tag{5.19}$$

式中：$V_{c, core, u}$、$V_{c, out, u}$、$V_{s, t, u}$、$V_{s, h, u}$ 和 $V_{s, w, u}$ 分别为峰值点时（管内混凝土达到自身抗剪承载力）管内混凝土、管外混凝土、钢管壁、箍筋和钢梁腹板承担的剪力。

参数分析结果表明，核心区轴压比（n_p）、核心区高宽比（h/B）、内部钢管混凝土截面含钢率（α_s）对钢管混凝土加劲混合结构柱 - 钢梁连接节点的核心区抗剪承载力有

明显影响。通过研究不同参数对核心区各组件承担的剪力的影响规律，提出该类节点的抗剪承载力计算公式。

① 内部钢管混凝土截面约束效应系数（ξ_p）。

引入约束效应系数（ξ_p）替代截面含钢率（α_s），将峰值点时各组件计算剪力值与剪力参考值对比，并回归得到 ξ_p 对两者比值的影响方程。各组件的剪力参考值如下。

管内混凝土剪力参考值（$V_{c,core}$）借鉴 Parra-Montesinos 和 Wight（2001）提出的混凝土在"斜压杆"机制下的抗剪承载力计算方法，假设"斜压杆"宽度是其长度的 0.3 倍。$V_{c,core}$ 按下式计算：

$$V_{c,core} = 0.3 f_{c,pcore} A_{c,pcore} \qquad (5.20)$$

式中：$f_{c,pcore}$ 和 $A_{c,pcore}$ 分别为核心区管内混凝土轴心抗压强度和抗剪面积。由于管内混凝土受到钢管壁的有效约束，$A_{c,pcore}$ 取核心区管内混凝土的横截面积。

由于管外混凝土与钢梁连接的侧面未受到有效的约束，无法形成"斜压杆"机制抵抗剪力。采用《混凝土结构设计规范》（GB 50010—2015）关于节点核心区混凝土抗剪承载力的设计方法，管外混凝土剪力参考值（$V_{c,out}$）按下式计算：

$$V_{c,out} = f_{t,pout} b_j h_j \qquad (5.21)$$

式中：$f_{t,pout}$ 为核心区管外混凝土抗拉强度；b_j 和 h_j 分别是核心区管外混凝土抗剪截面宽度和高度。

钢管壁剪力参考值（$V_{s,t}$）参照欧洲规范 EC3（2005）对空钢管节点的抗剪承载力公式为

$$V_{s,t} = \frac{0.9 f_{y,ps} A_{s,v}}{\sqrt{3}} \qquad (5.22)$$

式中：$f_{y,ps}$ 为核心区钢管壁屈服强度；$A_{s,v}$ 为钢管壁抗剪面积，$A_{s,v} = 2A_{s,t}/\pi$；$A_{s,t}$ 为钢管壁横截面积。

钢梁腹板在剪力峰值点时并未屈服，但其剪力参考值（$V_{s,w}$）仍可按钢梁腹板抗剪屈服计算，计算公式为

$$V_{s,w} = \frac{f_{y,pw} A_{s,w}}{\sqrt{3}} \qquad (5.23)$$

式中：$f_{y,pw}$ 为核心区钢梁腹板屈服强度；$A_{s,w}$ 为核心区钢梁腹板抗剪面积，$A_{s,w} = t_w \cdot (B-D)$，$t_w$ 为钢梁腹板厚度，B 和 D 分别为加劲混合结构柱截面尺寸和钢管外径。

核心区箍筋在剪力峰值点时已屈服，其剪力参考值（$V_{s,h}$）参考《混凝土结构设计规范》（GB 50010—2015）关于节点核心区箍筋的抗剪承载力计算公式为

$$V_{s,h} = \frac{f_{y,ph} A_{s,h} z}{s} \qquad (5.24)$$

式中：$f_{y,ph}$ 为核心区箍筋屈服强度；$A_{s,h}$ 为核心区同一方向的箍筋各肢截面积之和；s 为核心区箍筋间距；z 为等效力偶臂，取楼板厚度中心到钢梁下翼缘中心的间距，无楼板时，取钢梁上下翼缘中心间距。

图 5.91 所示为约束效应系数（ξ_p）对峰值点时核心区各组件承担的剪力的影响规律，其中 ξ_p 通过改变钢管壁厚度、管内混凝土强度与钢管壁强度实现。图中算例模型

以本章 5.3 节典型试件 PJ-s 为原型，核心区高宽比（h/B）均为 0.8，轴压比均为 0。图中纵坐标中的 $V_{c,\text{coreFEA}}$、$V_{s,\text{tFEA}}$、$V_{c,\text{outFEA}}$、$V_{s,\text{hFEA}}$ 和 $V_{s,\text{wFEA}}$ 分别为计算得到的峰值点时核心区管内混凝土、钢管壁、管外混凝土、箍筋和钢梁腹板承担的剪力值。

　　由图 5.91 可见：i）钢管壁和箍筋承担剪力基本不随 ξ_p 的变化而改变；由于峰值点时钢管壁与箍筋已屈服，其承担剪力与剪力参考值的比值约为 1.0。ii）管外混凝土承担剪力受 ξ_p 的变化影响很小，由于峰值点时管外混凝土已剪切破坏，其承担剪力与剪力参考值的比值仅约为 0.37。iii）当 ξ_p 在 0.4～1.6，ξ_p 对钢梁腹板承担剪力影响不明显，当 ξ_p 在该范围外时钢梁腹板承担剪力相对较小；取 $V_{s,\text{wFEA}}/V_{s,w}$ 为 0.47，以保证在上述 ξ_p 变化范围内公式偏于安全。iv）峰值点时管内混凝土承担剪力总体上随 ξ_p 的增大线性增加。当 ξ_p 增大时，钢管对管内混凝土的约束增强，"斜压杆"的截面积增

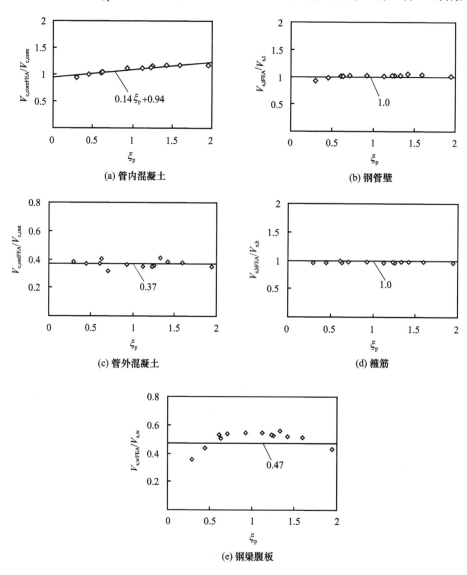

图 5.91　ξ_p 对峰值点时核心区各组件承担剪力的影响

大，混凝土单轴抗压强度提高，抗剪能力增强。

核心区管内混凝土的 $V_{c,\,coreFEA}/V_{c,\,core}$ 与 ξ_p 的关系表达式为

$$\frac{V_{c,\,coreFEA}}{V_{c,\,core}} = 0.14\xi_p + 0.94 \tag{5.25}$$

② 核心区高宽比（h/B）。

通过改变钢梁截面高度实现核心区高宽比（h/B）的变化，由于加劲混合结构柱内部钢管混凝土部件与管外钢筋混凝土部件的抗剪宽度不同，分别定义两部分的高宽比。对内部钢管混凝土部件，高宽比定义为核心区高度（h）与钢管外径（D）之比，即高径比；对管外钢筋混凝土部件，高宽比仍为核心区高度（h）与加劲混合结构柱宽度（B）之比，即核心区总高宽比。核心区高宽比对核心区各组件承担剪力的影响如图 5.92 所示。图中

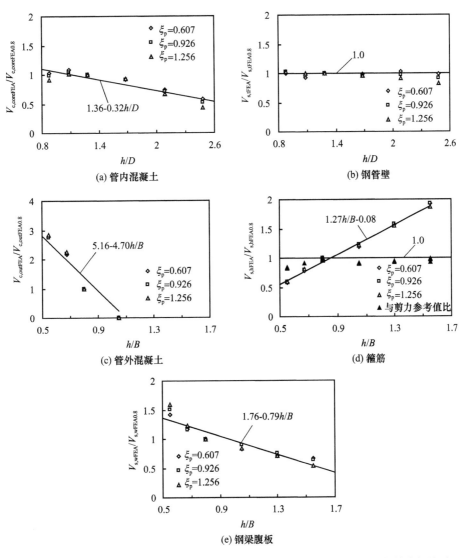

图 5.92　核心区高宽比（h/B 或 h/D）对峰值点时核心区各组件承担的剪力的影响

算例的核心区轴压比（n_p）均为 0，纵坐标 $V_{c, coreFEA0.8}$、$V_{s, tFEA0.8}$、$V_{c, outFEA0.8}$、$V_{s, hFEA0.8}$ 和 $V_{s, wFEA0.8}$ 分别表示核心区总高宽比（h/B）为 0.8 时各组件承担剪力的计算结果。

由图 5.92 可见：i）管内混凝土承担剪力总体随 h/D 的增大而减小，这是因为 h/D 越大，混凝土"斜压杆"受压方向与水平方向的夹角越大，内力的水平分量越小。ii）管外混凝土承担剪力随 h/B 的增大迅速减小，当 h/B 为 1.05 时，管外混凝土承担剪力接近 0kN；假设当 $V_{c, outFEA}$ 小于 0 时，取为 0。iii）钢管壁承担剪力随 h/D 的增大有略微的下降，但下降幅度很小，因此假设该部分剪力不随 h/D 的变化而改变。iv）核心区箍筋承担剪力随 h/B 增大而线性增加，这是因为随着核心区高度（h）的增大，核心区箍筋的数量增加，因此承担剪力也增大。若排除箍筋数量的影响，计算 $V_{s, hFEA}$ 与箍筋剪力参考值（$V_{s, h}$）的比值，则该比值不随 h/B 的变化而变化，如图 5.92（d）所示。v）钢梁腹板承担剪力总体随 h/B 的增大而减小。

核心区管内混凝土的 $V_{c, coreFEA}/V_{c, coreFEA0.8}$ 与 h/D 的关系为

$$\frac{V_{c, coreFEA}}{V_{c, coreFEA0.8}} = 1.36 - 0.32 h/D \tag{5.26}$$

核心区管外混凝土的 $V_{c, outFEA}/V_{c, outFEA0.8}$ 与 h/B 的关系为

$$\frac{V_{c, outFEA}}{V_{c, outFEA0.8}} = 5.16 - 4.70 h/B \tag{5.27}$$

式中：当 $V_{c, outFEA}/V_{c, outFEA0.8}$ 小于 0 时取 0。

核心区钢梁腹板的 $V_{s, wFEA}/V_{s, wFEA0.8}$ 与 h/B 的关系如下：

$$\frac{V_{s, wFEA}}{V_{s, wFEA0.8}} = 1.76 - 0.79 h/B \tag{5.28}$$

③ 核心区轴压比（n_p）。

分别考虑加劲混合结构柱内部钢管混凝土部件和外围钢筋混凝土部件所承受轴力对其自身抗剪作用的影响，并分别定义两部分的轴压比，即内部钢管混凝土（CFST）部件的轴压比（n_{pcfst}）和外围钢筋混凝土（RC）部件的轴压比（n_{prc}）。节点在仅承受柱端轴力时一般处于弹性阶段，且加劲混合结构柱截面各组件变形协调，CFST 部件和 RC 部件承担的轴力可按照弹性抗压刚度进行分配计算，抗压刚度计算公式如下：

$$K_{CFST} = E_{s, t} A_{s, t} + E_{c, core} A_{c, core} \tag{5.29}$$

$$K_{RC} = E_{s, 1} A_{s, 1} + E_{c, out} A_{c, out} \tag{5.30}$$

式中：K_{CFST} 和 K_{RC} 分别为 CFST 部件和 RC 部件的抗压刚度；$E_{s, t}$、$E_{s, 1}$、$E_{c, core}$ 和 $E_{c, out}$ 分别为加劲混合结构柱钢管、纵筋、管内混凝土和管外混凝土的弹性模量；$A_{s, t}$、$A_{s, 1}$、$A_{c, core}$ 和 $A_{c, out}$ 分别为加劲混合结构柱钢管、纵筋、管内混凝土和管外混凝土的横截面积。

n_{pcfst} 和 n_{prc} 按下式计算：

$$n_{pcfst} = N_0 \frac{K_{CFST}}{K_{CFST} + K_{RC}} \Big/ N_{CFST} \tag{5.31}$$

$$n_{prc} = N_0 \frac{K_{RC}}{K_{CFST} + K_{RC}} \Big/ N_{RC} \tag{5.32}$$

式中：N_o 为核心区所受轴压力；N_{RC} 和 N_{CFST} 分别为 RC 部件和 CFST 部件的轴压承载力，可分别按式（5.4）和式（5.5）计算。

图 5.93 所示为核心区轴压比（n_p）对峰值点时核心区各组件承担剪力的影响规律。图中纵坐标中的 $V_{c,coreFEAnp0}$、$V_{s,tFEAnp0}$、$V_{c,outFEAnp0}$、$V_{s,hFEAnp0}$ 和 $V_{s,wFEAnp0}$ 分别表示核心区轴压比 $n_p=0$ 时各组件承担剪力的计算结果。在本节算例的参数变化范围内，当核心区总轴压比（n_p）小于 0.6 时，节点发生核心区剪切破坏；当核心区总轴压比（n_p）大于等于 0.6 时，节点发生柱端压弯破坏。对于柱端压弯破坏的节点，核心区并没有达到其抗剪承载力，因此该部分算例数据无法用于抗剪承载力的回归。由此假定，当核心

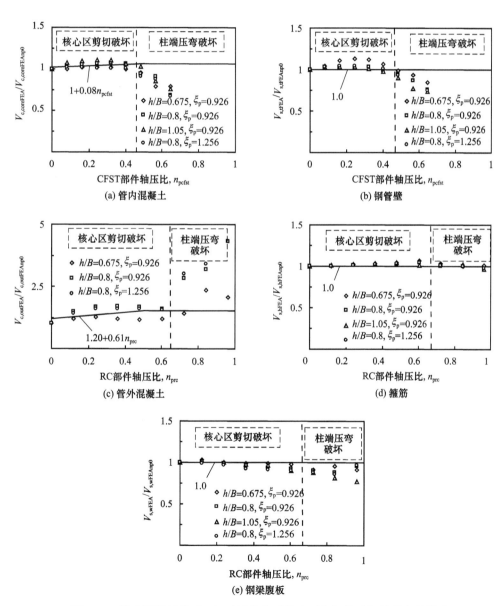

图 5.93　核心区轴压比（n_p）对峰值点时核心区各组件承担的剪力的影响

区总轴压比（n_p）大于 0.5 时，取为 0.5，即当 n_p 大于 0.5 时各组件承担的剪力保持 $n_p=0.5$ 时的剪力值不变。

由图 5.93 可见：i）在核心区剪切破坏范围内，管内混凝土承担的剪力随 n_{pcfst} 的增大而增大，这是因为轴压比的增加使管内混凝土"斜压杆"的受压面积增大，抗剪承载力提高。ii）在核心区剪切破坏范围内，管外混凝土承担的剪力随 n_{prc} 的增大而增大，这是因为轴压力一定程度上阻止了混凝土开裂及裂缝的发展；当节点发生柱端压弯破坏时，峰值点提前，管外混凝土破坏程度降低而其承担的剪力相比小轴压比时（$n_p \leqslant 0.5$）反而有明显的提高。iii）钢管壁、箍筋和钢梁腹板承担的剪力总体受 n_{pcfst} 或 n_{prc} 的影响不明显。

核心区管内混凝土的 $V_{c,coreFEA}/V_{c,coreFEAnp0}$ 与 n_{pcfst} 的关系如下：

$$\frac{V_{c,coreFEA}}{V_{c,coreFEAnp0}}=1+0.08n_{pcfst} \tag{5.33}$$

核心区管外混凝土的 $V_{c,outFEA}/V_{c,outFEAnp0}$ 与 n_{prc} 的关系如下：

$$\frac{V_{c,outFEA}}{V_{c,outFEAnp0}}=1.20+0.61n_{prc} \tag{5.34}$$

式中：当核心区总轴压比（n_p）大于 0.5 时，取 $n_p=0.5$ 时对应的 n_{pcfst} 和 n_{prc} 值。

综上所述，当节点核心区达到剪力峰值点时，各组件承担剪力计算公式如下。

管内混凝土：

$$V_{c,core,u}=(0.14\xi_p+0.94)(0.408-0.096h/D)(1+0.08n_{pcfst})f_{c,pcore}A_{c,pcore} \tag{5.35}$$

管外混凝土：

$$V_{c,out,u}=(1.91-1.74h/B)(1.20+0.61n_{prc})f_{t,pout}b_jh_j \tag{5.36}$$

式中：为保证 $V_{c,out,u} \geqslant 0$，应有 $h/B \leqslant 1.1$，即当 $h/B>1.1$ 时取 1.1。当核心区总轴压比（n_p）大于 0.5 时，取 $n_p=0.5$ 时对应的 n_{pcfst} 和 n_{prc} 值。

钢管壁：

$$V_{s,t,u}=\frac{0.9f_{y,ps}A_{s,v}}{\sqrt{3}} \tag{5.37}$$

箍筋：

$$V_{s,h,u}=\frac{f_{y,ph}A_{s,h}z}{s} \tag{5.38}$$

钢梁腹板：

$$V_{s,w,u}=(0.82-0.37h/B)\frac{f_{y,pw}A_{s,w}}{\sqrt{3}} \tag{5.39}$$

因此，钢管混凝土加劲混合结构柱 - 钢梁连接节点的核心区抗剪承载力（V_u）计算公式为

$$\begin{aligned}
V_u&=V_{c,core,u}+V_{c,out,u}+V_{s,t,u}+V_{s,h,u}+V_{s,w,u}\\
&=(0.14\xi_p+0.94)(0.408-0.096h/D)(1+0.08n_{pcfst})f_{c,pcore}A_{c,pcore}\\
&\quad+(1.91-1.74h/B)(1.20+0.61n_{prc})f_{t,pout}b_jh_j\\
&\quad+\frac{0.9f_{y,ps}A_{s,v}}{\sqrt{3}}+\frac{f_{y,ph}A_{s,h}z}{s}+(0.82-0.37h/B)\frac{f_{y,pw}A_{s,w}}{\sqrt{3}}
\end{aligned} \tag{5.40}$$

上述式中：当 $V_{c,out,u}=(1.91-1.74h/B)(1.20+0.61n_{prc})f_{t,pout}b_jh_j<0$ 时，取 $V_{c,out,u}=$ 0；$f_{c,pcore}$、$f_{t,pout}$、$f_{y,ps}$、$f_{y,ph}$ 和 $f_{y,pw}$ 分别为核心区管内混凝土轴心抗压强度、管外混凝土抗拉强度、钢管壁屈服强度、箍筋屈服强度和钢梁腹板屈服强度；$A_{c,pcore}$、$A_{s,v}$、$A_{s,h}$ 和 $A_{s,w}$ 分别为核心区管内混凝土横截面积、钢管壁抗剪面积、同一方向箍筋各肢的总截面积和钢梁腹板抗剪面积，其中 $A_{s,v}=2A_{s,t}/\pi$，$A_{s,t}$ 为钢管壁横截面积，$A_{s,w}=t_w\cdot(B-D)$，t_w 为钢梁腹板厚度，B 和 D 分别为叠合柱截面尺寸和钢管外径；b_j、h_j 分别为核心区管外混凝土抗剪截面宽度和高度，h_j 取为 B，$b_j=B-D$；s 为核心区箍筋间距；z 为等效力偶臂（详见本章 5.3.3 小节），取楼板厚度中心到钢梁下翼缘中心的间距，无楼板时，取钢梁上下翼缘中心的间距；ξ_p 为加劲混合结构柱内部钢管混凝土截面的约束效应系数；h 为核心区高度，取 $h=z$；n_{pcfst}、n_{prc} 分别为加劲混合结构柱内部钢管混凝土部件的轴压比与外围钢筋混凝土部件的轴压比，分别按式（5.31）和式（5.32）计算，当核心区总轴压比（n_p）大于 0.5 时，取 $n_p=0.5$ 时对应的 n_{pcfst} 和 n_{prc} 值。

3）屈服剪力（V_y）。

当核心区剪力达到屈服剪力（V_y）时，核心区剪力（V_j）- 剪切变形（γ_j）关系曲线开始呈非线性。结合试验研究结果与有限元计算结果发现，V_y 总是在 0.7 倍 V_u 附近变化。因此，假设屈服剪力（V_y）与抗剪承载力（V_u）呈比例关系，即

$$V_y=0.7V_u \tag{5.41}$$

4）极限剪切变形（γ_u）。

极限剪切变形（γ_u）为核心区剪力达到抗剪承载力（V_u）时的核心区剪切变形。本节取管内混凝土达到自身抗剪承载力时对应的核心区总剪力为抗剪承载力，因此极限剪切变形（γ_u）为管内混凝土达到自身抗剪承载力时对应的核心区剪切变形。核心区在受剪过程中管内混凝土、钢管壁和管外混凝土的剪切变形并不相同，管内混凝土剪切变形（$\gamma_{c,core}$）始终小于核心区总剪切变形（γ_j）。

核心区管内混凝土形成"斜压杆"机制抵抗剪力，本节以平面应变状态为前提，推导核心区管内混凝土发生剪切破坏时的剪切变形（$\gamma_{c,core,u}$），其变形示意如图 5.94 所示。

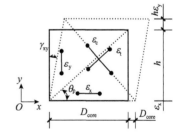

图 5.94 中，ε_x 和 ε_y 代表 x 和 y 方向应变，ε_c 和 ε_t 代表平面主压应变和主拉应变。γ_{xy} 是剪切应变；θ_p 是管内混凝土核心区斜对角线和水平线的夹角；D_{core} 和 h 分别

图 5.94 核心区管内混凝土剪切变形示意图

为管内混凝土直径与核心区高度。图中各部分变形有如下关系：

$$\varepsilon_c=\frac{\varepsilon_x+\varepsilon_y}{2}+\frac{\varepsilon_x-\varepsilon_y}{2}\cos(2\theta_p)+\frac{\gamma_{xy}}{2}\sin(2\theta_p) \tag{5.42}$$

$$\varepsilon_t=\frac{\varepsilon_x+\varepsilon_y}{2}+\frac{\varepsilon_x-\varepsilon_y}{2}\cos[2(\theta_p+90°)]+\frac{\gamma_{xy}}{2}\sin[2(\theta_p+90°)] \tag{5.43}$$

$$\gamma_{xy}=\tan(2\theta_p)(\varepsilon_x-\varepsilon_y) \tag{5.44}$$

参照 Parra-Montesinos 和 Wight（2001）提出的方法，假设 ε_c 和 ε_t 间存在比例关

系，令 $k_{tc} = -\varepsilon_t/\varepsilon_c$，代入上式并整理可得

$$\gamma_{xy} = \sin(2\theta_p)(k_{tc}+1)\varepsilon_c \qquad (5.45)$$

由式（5.45）可知，对任意 ε_c，只要确定 k_{tc} 即可求出 γ_{xy}。将管内混凝土"斜压杆"的峰值压应变（$\varepsilon_{c, core, u}$）代入即可求得管内混凝土剪切破坏时的剪切变形（$\gamma_{c, core, u}$）。韩林海（2016）提出了考虑钢管约束效应系数（ξ_p）的管内混凝土峰值压应变计算公式为

$$\varepsilon_{c, core, u} = (1300 + 12.5f_c' + 800\xi_p^{0.2}) \cdot 10^{-6} \qquad (5.46)$$

式中：f_c' 为管内混凝土的圆柱体抗压强度，单位为 N/mm²。将式（5.46）代入式（5.45）可得剪力峰值点时核心区管内混凝土的剪切变形（$\gamma_{c, core, u}$）的计算公式为

$$\gamma_{c, core, u} = \sin(2\theta_p)(k_{tc}+1)(1300 + 12.5f_c' + 800\xi_p^{0.2}) \cdot 10^{-6} \qquad (5.47)$$

式中：k_{tc} 反映了 ε_c 和 ε_t 间的比例关系，主要与混凝土所受约束有关，当约束加强时，k_{tc} 减小。同时，k_{tc} 随着剪应变的增加而增大。Parra-Montesinos 和 Wight（2001）推荐，混凝土未剪切开裂前取 $k_{tc}=2$。对于钢管混凝土加劲混合结构柱 - 钢梁连接节点，管内混凝土受到钢管良好的约束作用，管内混凝土达到自身抗剪承载力时，混凝土裂缝仍能得到有效的控制。因此，为便于计算，统一取 $k_{tc}=2$。

假设核心区管内混凝土达到自身抗剪承载力时的剪切变形（$\gamma_{c, core, u}$）与核心区总剪切变形（γ_u）存在比例关系，即

$$\gamma_u = m \cdot \gamma_{c, core, u} \qquad (5.48)$$

式中：m 为比例系数。

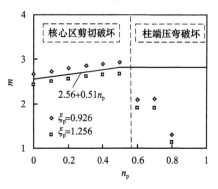

图 5.95 核心区轴压比（n_p）对比例系数（m）的影响

参数分析结果表明，极限剪切变形（γ_u）受核心区轴压比（n_p）影响较大。由式（5.47）可求得 $\gamma_{c, core, u}$，由有限元计算可求得 γ_u，进而求出对应的比例系数（m）。m 受核心区轴压比（n_p）变化的影响规律如图 5.95 所示。由图可见，当核心区发生剪切破坏时，m 随 n_p 的增大呈线性增加；当节点发生柱端压弯破坏时，由于核心区未发生剪切破坏，m 值迅速减小。假设当 n_p 大于 0.5 时，m 值保持不变。m 与 n_p 的关系如下：

$$m = 2.56 + 0.51n_p \qquad (5.49)$$

式中：当轴压比（n_p）大于 0.5 时，取 $n_p = 0.5$。

综上所述，钢管混凝土加劲混合结构柱 - 钢梁连接节点的极限剪切变形（γ_u）计算公式为

$$\gamma_u = (7.68 + 1.53n_p)\sin(2\theta_p)(1300 + 12.5f_c' + 800\xi_p^{0.2}) \times 10^{-6} \qquad (5.50)$$

式中：n_p 为核心区轴压比，当轴压比（n_p）大于 0.5 时，取 $n_p = 0.5$；θ_p 为管内混凝土核心区斜对角线和水平线的夹角；f_c' 为管内混凝土的圆柱体抗压强度，单位为 N/mm²；ξ_p 为核心区钢管对管内混凝土的约束效应系数。

5）加、卸载准则。

本章试验研究与理论分析结果表明，在往复加载下钢管混凝土加劲混合结构柱 - 钢

梁连接节点核心区剪力（V_j）- 剪切变形（γ_j）关系曲线存在刚度退化现象，在剪力达到抗剪承载力（V_u）后退化现象尤为明显。因此，本节提出考虑峰值剪力后刚度退化的卸载准则，并采用 Clough 和 Johnston（1966）提出的卸载刚度（K_r）计算方法，公式如下：

$$K_r = \begin{cases} K_e & |\gamma_r| \leqslant |\gamma_u| \\ \left(\dfrac{\gamma_u}{\gamma_r} \right)^{\zeta} K_e & |\gamma_r| > |\gamma_u| \end{cases} \tag{5.51}$$

式中：γ_r 为卸载点对应的剪切变形；ζ 为经验系数，根据有限元分析结果，此处取 $\zeta = 1.8$。

本节提出的核心区剪力（V_j）- 剪切变形（γ_j）关系恢复力模型如图 5.96 所示。具体的加、卸载准则为：①对弹性段 OA 和 OA'，模型均按照弹性刚度加载与卸载；②对弹塑性段与峰值点后的水平段，卸载点始终位于骨架线上，卸载刚度由式（5.51）确定；第一次进入弹塑性阶段时，加载路径沿骨架线进行；③反向加载点取曲线卸载到纵坐标

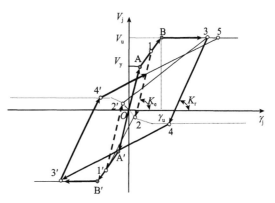

图 5.96　核心区剪力（V_j）- 剪切变形（γ_j）关系恢复力模型

反向达到 0.3 倍卸载点纵坐标时的点，例如反向加载点 2 和点 4，它们的相应卸载点为点 1 和点 3，点 2 和点 4 的纵坐标分别为点 1 和点 3 的 0.3 倍，符号相反；④反向加载的最终目标点均在骨架线上，反向加载曲线取斜直线，即直接连接反向加载点与最终目标点，如 21′ 和 43′。

（2）恢复力模型验证

将本节提出的核心区剪力（V_j）- 剪切变形（γ_j）关系恢复力模型结果与有限元计算结果及本章试验结果进行对比，对恢复力模型进行验证。

图 5.97 所示为恢复力模型结果与有限元计算结果的对比，对比算例包含不同的核心区轴压比（n_p）、核心区高宽比（h/B）和内部钢管混凝土截面约束效应系数（ξ_p）。

由图 5.97 可见，在恢复力模型适用的参数范围内，恢复力模型的初始抗剪刚度、抗剪承载力与有限元计算结果吻合良好。同时，由于考虑了峰值点后刚度的退化效应，恢复力模型后期加、卸载刚度与有限元计算刚度接近。

表 5.10 给出了本节提出的钢管混凝土加劲混合结构柱 - 钢梁平面连接节点核心区抗剪承载力公式计算值（V_{pre}）与试验值（V_{exp}）的对比。由表可见，V_{pre}/V_{exp} 平均值为 0.98，标准差为 0.077，公式可以较准确地预测该类节点的抗剪承载力。目前，尚无规范对该类节点的核心区抗剪承载力给出设计方法，仅有《钢管混凝土叠合柱结构技术规程》（CECS 188—2005）（2005）给出了针对钢管混凝土加劲混合结构柱与钢筋混凝

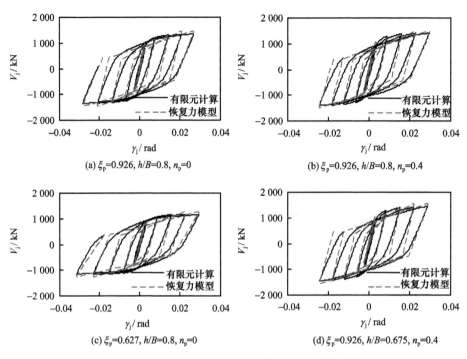

(a) $\xi_p=0.926, h/B=0.8, n_p=0$

(b) $\xi_p=0.926, h/B=0.8, n_p=0.4$

(c) $\xi_p=0.627, h/B=0.8, n_p=0$

(d) $\xi_p=0.926, h/B=0.675, n_p=0.4$

图 5.97 核心区剪力 - 剪切变形恢复力模型与有限元计算结果对比

土梁连接节点的抗剪承载力计算公式。将规程计算公式计算得到的 V_{pre}/V_{exp} 值列于表 5.10，对比可见：在不考虑钢梁腹板对抗剪承载力贡献的情况下，规程计算的抗剪承载力仍然总体偏大，V_{pre}/V_{exp} 的平均值为 1.11。

表 5.10　平面节点核心区抗剪承载力计算结果对比

试件编号	V_{exp}/kN	本节公式		CECS188—2005（2005）	
		V_{pre}/kN	V_{pre}/V_{exp}	V_{pre}/kN	V_{pre}/V_{exp}
PJ1-1	1 337.2	1 394.2	1.04	1 466.8	1.10
PJ1-2	1 411.6	1 394.2	0.99	1 466.8	1.04
PJ2-1	1 406.0	1 210.1	0.86	1 524.6	1.08
PJ2-2	1 367.6	1 210.1	0.88	1 524.6	1.11
PJ3-1	1 332.8	1 418.3	1.06	1 566.2	1.18
PJ3-2	1 397.0	1 418.3	1.02	1 566.2	1.12
平均值 μ	—	—	0.98	—	1.11
标准差 σ	—	—	0.077	—	0.041

图 5.98 将表 5.10 中抗剪承载力试验值与计算值数据进行直观对比，由图可见，本节公式对应的数据点位于 "$V_{pre}/V_{exp}=1.0$" 线两侧，而规程对应的数据点始终位于该线上方。

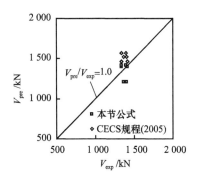

图 5.98　平面节点核心区抗剪承
载力计算值与试验值对比

5.5　本 章 小 结

　　本章对钢管混凝土加劲混合结构柱 - 钢梁连接节点的力学性能开展了试验研究与理论分析，节点类型包括平面节点和空间节点。试验研究结果表明，钢管混凝土加劲混合结构柱 - 钢梁连接节点主要发生了核心区剪切破坏和钢梁下翼缘附近混凝土的碎裂破坏，并伴随着一定程度的梁端弯曲破坏或柱端压弯破坏；节点的破坏过程按先后顺序可分为弹性阶段、弹塑性阶段和破坏阶段三个受力阶段。钢管混凝土加劲混合结构柱 - 钢梁连接节点呈现出良好的抗震延性与耗能能力，正向平均延性系数为 3.25，平均等效黏滞阻尼系数为 0.156。

　　本章建立了钢管混凝土加劲混合结构柱 - 钢梁连接节点在往复荷载作用下受力全过程分析的有限元模型。利用建立的有限元模型对钢管混凝土加劲混合结构柱构件和钢管混凝土加劲混合结构柱 - 钢梁连接节点的承载力、破坏形态、加卸载刚度及混凝土裂缝分布等进行模拟，结果表明，有限元模型可以较准确预测试件的破坏形态与混凝土裂缝分布，同时计算的承载力、刚度与试验实测值吻合良好。对钢管混凝土加劲混合结构柱 - 钢梁连接节点的工作机理开展了细致的全过程分析，研究了该类节点的破坏形态与相应的破坏特征。研究结果表明，随着节点梁柱抗弯承载力比的增加，钢管混凝土加劲混合结构柱 - 钢梁连接节点依次发生梁端受弯破坏、核心区剪切破坏和柱端压弯破坏。通过节点受力全过程分析，确定了荷载 - 变形全曲线的三个特征点，并分别对应节点破坏的三个阶段。

　　基于节点工作机理分析与参数分析的结果，本章提出了钢管混凝土加劲混合结构柱 - 钢梁平面连接节点的核心区剪力 - 剪切变形恢复力模型。可为有关工程实践提供参考。

参 考 文 献

福建省住房和城乡建设部，2010. 钢管混凝土结构技术规程：DBJ/T 13-51—2010［S］. 福州：福建省住房和城乡建设厅.
韩林海，2016. 钢管混凝土结构：理论与实践［M］. 3 版. 北京：科学出版社.

钱炜武，2017. 钢管混凝土叠合柱-钢梁连接节点抗震性能研究. [博士学位论文] [D]. 北京：清华大学.

钱炜武，李威，韩林海，等，2016. 带楼板钢管混凝土叠合柱-钢梁节点抗震性能数值分析 [J]. 工程力学增刊，33
（s）：95-100.

钱炜武，李威，韩林海，等，2017. 往复荷载作用下钢管混凝土叠合柱-钢梁连接节点力学性能研究 [J]. 土木工程学
报，50（7）：27-38.

唐九如，1989. 钢筋混凝土框架节点抗震 [M]. 南京：东南大学出版社.

中国工程建设标准化协会，2005. 钢管混凝土叠合柱结构技术规程：CECS188—2005 [S]. 北京：中国计划出版社.

中国建筑科学研究院，2015. 建筑抗震试验方法规程：JGJ/T 101—2015 [S]. 北京：中国计划出版社.

中华人民共和国住房和城乡建设部，2017. 钢结构设计规范：GB 50017—2017 [S]. 北京：中国计划出版社.

中华人民共和国住房和城乡建设部，2015. 混凝土结构设计规范：GB 50010—2010（2015年版）[S]. 北京：中国计
划出版社.

AN Y F, HAN L H, 2014. Behaviour of concrete-encased CFST columns under combined compression and bending [J].
Journal of Constructional Steel Research, 101: 314-330.

ATTARD M M, SETUNGE S, 1996. Stress-strain relationship of confined and unconfined concrete [J]. ACI Materials
Journal, 93（5）: 432-442.

CLOUGH R W, JOHNSTON S B, 1966. Effect of stiffness degradation on earthquake ductility requirements [C]//
Proceedings of 2nd Japan Earthquake Engineering Symposium, Tokyo, Japan.

EUROCODE 3, 2005. Design of steel structures, part 1-8: design of joints. EN 1993-1-8: 2005 [S]. Brussels:
European Committee for Standardization.

FUKUMOTO T, MORITA K, 2005. Elastoplastic behavior of panel zone in steel beam-to-concrete filled steel tube column
moment connections [J]. Journal of Structural Engineering, ASCE, 131（12）: 1841-1853.

HAN L H, AN Y F, 2014. Performance of concrete-encased CFST stub columns under axial compression [J]. Journal of
Constructional Steel Research, 93: 62-76.

LIAO F Y, HAN L H, TAO Z, 2014. Behaviour of composite joints with concrete encased CFST columns under cyclic
loading: Experiments [J]. Engineering Structures, 59: 745-764.

LI W, HAN L H, 2011. Seismic performance of CFST column to steel beam joint with RC slab: analysis [J]. Journal of
Constructional Steel Research, 67（1）: 127-139.

LI W, QIAN W W, HAN L H, et al., 2015. Analytical behaviour of concrete-encased CFST-column to steel beam joints [C]//
Proceeding of the International Symposium on Tubular Structures（ISTS2015）, Rio de Janeiro, Brazil, 27 to 29 May:
117-122.

PARRA-MONTESINOS G, WIGHT J K, 2001. Modeling shear behavior of hybrid RCS beam–column connections [J].
Journal of Structural Engineering, 127（1）: 3-11.

QIAN W W, LI W, HAN L H, et al., 2013. Analytical behaviour of concrete-encased concrete-filled steel tubular
column to steel beam joint [C]//Proceeding of the Pacific Structural Steel Conference（PSSC 2013）, Singapore, 8 to 11
October: 285-290.

第6章 钢管混凝土-钢管K形连接节点的力学性能

6.1 引 言

钢管混凝土已被大量应用在桁架、塔架、格构式等结构工程实践中。在这些结构中，节点的力学性能是影响整体结构力学性能的关键，其中K形节点广泛存在于大量桁架、塔架、格构式工程实践中，如图6.1所示。

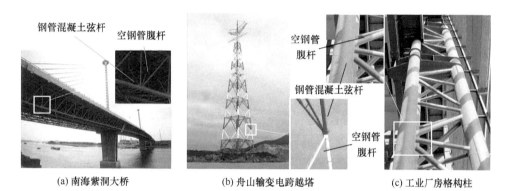

(a) 南海紫洞大桥　　　　(b) 舟山输变电跨越塔　　　　(c) 工业厂房格构柱

图 6.1 钢管混凝土-钢管 K 形连接节点工程实例

对于钢管混凝土桁架、格构柱而言，弦杆中填充混凝土后，改善了节点区域的受力性能并改变了其破坏形态。在核心混凝土的支撑作用下，弦杆钢管壁的局部屈曲和变形受到抑制，节点的破坏变为以焊接接头的冲剪强度破坏和腹杆的屈曲为主，节点的强度得到了提高，同时节点的耐疲劳性能、抗火性能等也得到改善，而且在制造、施工上也较其他节点加劲方式有优势。另一方面，随着中空夹层钢管混凝土结构不断受到重视，目前已经应用于电力塔架等结构中（国家电网企业标准 Q/GDW 11136—2013，2013）。预期弦杆采用中空夹层钢管混凝土的桁架和塔架结构，同样具有广阔的应用前景。

以往国内外研究者对钢管混凝土弦杆-钢管腹杆桁架的K形相贯节点的力学性能进行过研究，如 Tebbett 等（1979）、Packer（1995）、Udomworarat 等（2000）、Makino 等（2001）、林红（2003）、Sakai 等（2004）、马美玲等（2005）、刘永健等（2007）、刘金胜等（2007）、黄文金和陈宝春（2009）等。研究结果表明，相较于空钢管桁架节点，桁式钢管混凝土结构节点的承载能力、抗疲劳性能和抗火性能等都有较大提高。由于钢管混凝土构件性能优势的发挥依赖于钢管和混凝土两种材料的相互作用，钢管混凝土结构的节点构造和受力较为复杂。对中空夹层钢管混凝土桁架节点的力学性能尚未见报道。

　　本章拟对钢管混凝土 - 钢管 K 形节点和中空夹层钢管混凝土 - 钢管 K 形节点进行系统的研究，以明晰其工作机理和受力全过程的力学特性。在此基础上，提出适用于工程实践的承载力计算公式及全过程设计方法，促进其在建筑工程领域的应用，为工程实践和设计规程的编制提供参考依据。

　　本章的研究对象为平面钢管混凝土 - 钢管 K 形焊接相贯连接节点和中空夹层钢管混凝土 - 钢管 K 形焊接相贯连接节点（以下称为钢管混凝土 K 形连接节点和中空夹层钢管混凝土 K 形连接节点）。弦杆分别采用钢管混凝土和圆套圆中空夹层钢管混凝土，腹杆均为空钢管；弦杆内外管和腹杆均为圆形截面冷弯薄壁钢管，腹杆与弦杆的夹角为工程实践中最为常见的 45°，弦杆填充自密实混凝土；构造为间隙节点。节点隔离体示意如图 6.2 所示，相关参数定义如下。

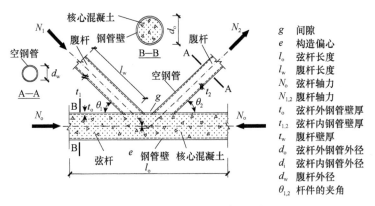

(a) 钢管混凝土-钢管K形节点

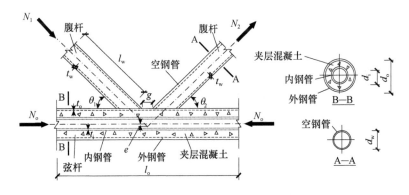

(b) 中空夹层钢管混凝土-钢管K形节点

图 6.2 （中空夹层）钢管混凝土 - 钢管 K 形连接节点示意图

　　几何参数：d_o、t_o 分别为弦杆外钢管的外直径和壁厚；d_i、t_i 分别为弦杆内钢管的外直径和壁厚；d_w、t_w 分别为腹杆钢管的外直径和壁厚；l_o 为弦杆长度；l_w 为腹杆长度；g 为节点间隙；e 为节点构造偏心；θ_1、θ_2 为两腹杆与弦杆的夹角（在本章研究对象的 K 形节点中，$\theta_1=\theta_2=45°$）。同时，为表征节点的重要几何特性，定义弦杆空心率 χ［如式（1.1）所示］；腹弦杆管径比 β（$=d_w/d_o$）、弦杆径厚比 γ（$=d_o/2t_o$）、腹弦

杆壁厚比 $\tau(=t_{\mathrm{w}}/t_{\mathrm{o}})$ 等参数。

物理参数：f_{yo} 为弦杆外钢管屈服强度；f_{yi} 为弦杆内钢管屈服强度；f_{yw} 为腹杆钢管屈服强度；f_{cu} 为夹层混凝土的立方体抗压强度。

荷载参数：N_1、N_2 分别为受拉、受压两腹杆的轴力值；N_{o} 为弦杆的轴力值；定义弦杆的轴力水平 n'：对弦杆受压情况：$n'=N_{\mathrm{o}}/N_{\mathrm{o,u}}$，其中 $N_{\mathrm{o,u}}$ 为弦杆的截面抗压承载力；对弦杆受拉情况：$n'=N_{\mathrm{o}}/N'_{\mathrm{o,u}}$，其中 $N'_{\mathrm{o,u}}$ 为弦杆外钢管的截面抗拉承载力。

在管桁架、塔架结构中，各结构杆件主要承受轴向荷载的作用，节点处的弯矩作用也远较轴力水平为小。对于腹弦杆夹角 $\theta_1=\theta_2=45°$ 的平面 K 形节点，在力的平衡法则下，受拉、受压腹杆的轴向荷载大小相近。基于此，本章研究的钢管混凝土 K 形连接节点和中空夹层钢管混凝土 K 形连接节点以轴向受力为主（即只考虑杆件上的轴向力作为节点荷载），其中弦杆承受轴向拉或压荷载的作用，两腹杆分别承受轴向拉、压荷载，且两者荷载值之差在 20% 以内。

6.2　钢管混凝土构件侧向受压力学性能研究

在中空夹层钢管混凝土 K 形节点的节点区，作为弦杆的中空夹层钢管混凝土承受着由腹杆传递来的侧向荷载的作用。为解决弦杆填充或部分填充混凝土后侧向受压时的材料界面等问题，本节通过试验研究与理论分析相结合的方式（侯超，2014；Hou 和 Han 等，2013；Hou 和 Han 等，2014，2015）对图 6.3 所示的圆截面中空夹层钢管混凝土构件在侧向受压作用下的全过程力学性能进行了分析，研究其典型破坏形态、荷载 - 变形关系的变化规律、应力 - 应变分布特征等。在此基础上，提出钢管混凝土及中空夹层钢管混凝土构件在侧向受压作用下的承载力实用计算方法及设计中的选型建议。

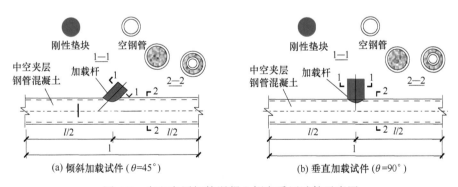

图 6.3　中空夹层钢管混凝土侧向受压试件示意图

6.2.1　试验研究

（1）试件设计

本试验设计了两种类型的试件：图 6.3（a）所示的倾斜加载试件和图 6.3（b）所

示的垂直加载试件，以考察加载角度（θ）的变化对侧向受压性能的影响，其中倾斜加载试件 $\theta=45°$，与典型 K 形节点中弦杆、腹杆的夹角一致；垂直加载试件 $\theta=90°$，作为侧向荷载垂直加载时的对比件。

通过相关研究成果分析可知，在侧向受压情况下，加载杆、试件的管径比 β（d_w/d_o）、径厚比 γ（$d_o/2t_o$）、加载杆类型以及中空夹层钢管混凝土试件空心率（χ）等参数可能会对试件的侧向受压性能产生较大的影响。试件设计中，重点研究了这些重要参数的影响规律。共完成了 37 个构件的加载，其中包括 21 个圆截面钢管混凝土试件（10 个倾斜加载试件＋11 个垂直加载试件）和 16 个圆套圆中空夹层钢管混凝土试件（8 个倾斜加载试件＋8 个垂直加载试件），此外还包括 4 个空钢管和 4 个素混凝土对比试件。试件参数范围如下。

试件类型：钢管混凝土、中空夹层钢管混凝土、空钢管和素混凝土；

加载杆类型：实心刚性垫块和空心钢管；

加载杆管径（d_w）：钢管混凝土——40mm、60mm 和 80mm（相应的加载杆、试件管径比 β 为 0.351、0.526 和 0.702），中空夹层钢管混凝土——95mm、120mm 和 145mm（相应的加载杆、试件管径比 β 为 0.396、0.5 和 0.604）；

试件空心率（χ）：0、0.3、0.45 和 0.6；

试件外钢管壁厚（t_o）：钢管混凝土——2.38mm 和 3.32mm（相应的外钢管径厚比 γ：23.9 和 17.2），中空夹层钢管混凝土——3.04mm 和 3.93mm（相应的外钢管径厚比 γ：39.5 和 30.5）。

钢管混凝土试件与中空夹层钢管混凝土试件的基本信息分别如表 6.1 和表 6.2 所示，其中，d_o、d_i 和 d_w 分别为试件外钢管、试件内钢管和加载杆钢管的外径，t_o、t_i 和 t_w 分别为试件外钢管、试件内钢管和加载杆钢管的壁厚，β 为加载杆与试件的管径比，χ 为试件空心率。对钢管混凝土试件，试件长度 $l=400mm$，倾斜加载杆长度 $l_w=100mm$，垂直加载杆长度 $l_w=50mm$，其中加载杆长度定义为与试件外管切面的顶点到加载杆上表面中心的距离；对中空夹层钢管混凝土试件，试件长度 $l=800mm$，倾斜加载杆长度 $l_w=100mm$，垂直加载杆长度 $l_w=50mm$。试件编号规则如下。

1）编号的第一个字母"i"表示倾斜加载试件（inlined-loading），"v"表示垂直加载试件（vertical-loading）。

2）编号中的"d40""d60""d80""d145"等表示试件的加载杆直径。

3）加载杆直径前的"h"（若有）字母表示该试件为空钢管试件（hollow steel tube）。

4）加载杆直径前的"c"（若有）字母表示该试件为素混凝土试件（plain concrete）。

5）短划线前的"t"（若有）字母表示该试件的外钢管为较大壁厚（thickness）。

6）短划线前的"h"（若有）字母表示该试件的加载杆为空钢管（hollow brace member）。

7）编号最后的阿拉伯数字表示试件在该组同参数试件中的编号。

表 6.1 钢管混凝土侧向受压试件参数表

荷载角度	序号	试件编号	试件		加载杆		β (d_w/d_o)
			类型	截面尺寸 d_o/m 或 $d_o \times t_o$ /(mm×mm)	类型	截面尺寸 d_o/m 或 $d_w \times t_w$ /(mm×mm)	
倾斜加载 $(\theta = 45°)$	1	id40-1	钢管混凝土	114×2.38	刚性垫块	40	0.351
	2	id60-1	钢管混凝土	114×2.38	刚性垫块	60	0.526
	3	id60-2	钢管混凝土	114×2.38	刚性垫块	60	0.526
	4	id60T-1	钢管混凝土	114×3.32	刚性垫块	60	0.526
	5	id80-1	钢管混凝土	114×2.38	刚性垫块	80	0.702
	6	id60h-1	钢管混凝土	114×2.38	空钢管	60×5.96	0.526
	7	ihd60-1	空钢管	114×2.38	刚性垫块	60	0.526
	8	ihd60h-1	空钢管	114×2.38	空钢管	60×5.96	0.526
	9	icd60-1	素混凝土	114	刚性垫块	60	0.526
	10	icd60h-1	素混凝土	114	空钢管	60×5.96	0.526
垂直加载 $(\theta = 90°)$	11	vd40-1	钢管混凝土	114×2.38	刚性垫块	40	0.351
	12	vd40-2	钢管混凝土	114×2.38	刚性垫块	40	0.351
	13	vd60-1	钢管混凝土	114×2.38	刚性垫块	60	0.526
	14	vd60-2	钢管混凝土	114×2.38	刚性垫块	60	0.526
	15	vd60T-1	钢管混凝土	114×3.32	刚性垫块	60	0.526
	16	vd80-1	钢管混凝土	114×2.38	刚性垫块	80	0.702
	17	vd60h-1	钢管混凝土	114×2.38	空钢管	60×5.96	0.526
	18	vhd60-1	空钢管	114×2.38	刚性垫块	60	0.526
	19	vhd60h-1	空钢管	114×2.38	空钢管	60×5.96	0.526
	20	vcd60-1	素混凝土	114	刚性垫块	60	0.526
	21	vcd60h-1	素混凝土	114	空钢管	60×5.96	0.526

表 6.2 中空夹层钢管混凝土侧向受压试件参数表

荷载角度	序号	试件编号	外管截面 $d_o \times t_o$ /(mm×mm)	内管截面 $d_i \times t_i$ /(mm×mm)	空心率 χ	类型	截面尺寸 d_w/mm 或 $d_w \times t_w$ /(mm×mm)	β (d_w/d_o)
倾斜加载 $(\theta = 45°)$	1	id145-1	240×3.93	140×3.04	0.6	刚性垫块	145	0.604
	2	id120-1	240×3.93	140×3.04	0.6	刚性垫块	120	0.500
	3	id95-1	240×3.93	140×3.04	0.6	刚性垫块	95	0.396
	4	id145T-1	240×3.04	140×3.04	0.6	刚性垫块	145	0.604
	5	id145h-1	240×3.93	140×3.04	0.6	空钢管	145×5.84	0.604
	6	id145-2	240×3.93	105×3.04	0.45	刚性垫块	145	0.604
	7	id145-3	240×3.93	70×3.04	0.3	刚性垫块	145	0.604
	8	id145-4	240×3.93	—	—	刚性垫块	145	0.604

续表

| 荷载角度 | 序号 | 试件编号 | 试件 | | | | 加载杆 | | β ($d_{\mathrm{w}}/d_{\mathrm{o}}$) |
			外管截面 $d_{\mathrm{o}} \times t_{\mathrm{o}}$ /（mm×mm）	内管截面 $d_{\mathrm{i}} \times t_{\mathrm{i}}$ /（mm×mm）	空心率 χ	类型	截面尺寸 d_{w}/mm 或 $d_{\mathrm{w}} \times t_{\mathrm{w}}$ /（mm×mm）	
垂直加载（$\theta=90°$）	9	vd145-1	240×3.93	140×3.04	0.6	刚性垫块	145	0.604
	10	vd120-1	240×3.93	140×3.04	0.6	刚性垫块	120	0.500
	11	vd95-1	240×3.93	140×3.04	0.6	刚性垫块	95	0.396
	12	vd145T-1	240×3.04	140×3.04	0.6	刚性垫块	145	0.604
	13	vd145h-1	240×3.93	140×3.04	0.6	空钢管	145×5.84	0.604
	14	vd145-2	240×3.93	105×3.04	0.45	刚性垫块	145	0.604
	15	vd145-3	240×3.93	70×3.04	0.3	刚性垫块	145	0.604
	16	vd145-4	240×3.93	—	—	刚性垫块	145	0.604

（2）试件制作

试件钢管采用 Q345 钢板卷制而成；混凝土采用自密实混凝土。在中空夹层钢管混凝土试件的制备过程中，为保证试件内、外钢管的同心，利用按长度截制的钢筋段来实现定位。为观察可能在试件两端出现的混凝土涌出现象，未设置端板。因此，浇筑混凝土时，先将试件钢管的一端用 AB 胶黏结在表面平整的钢板上，待混凝土养护完成后再将钢板卸下。

试验中的试件、加载杆共采用了 6 种壁厚的钢材，其材料性能由拉伸试验确定，试验操作按材性拉伸试验方法的相关标准进行。所测钢材的屈服强度 f_{y}、极限强度 f_{u}、弹性模量 E_{s}、泊松比 μ_{s} 等指标如表 6.3 所示。

表 6.3　钢材材性指标

钢管厚度 t/mm	弹性模量 E_{s}/MPa	屈服强度 f_{y}/MPa	极限强度 f_{u}/MPa	泊松比 μ_{s}
2.38	2.08×10^5	351.0	473.0	0.27
3.04	1.72×10^5	378.8	536.6	0.28
3.32	2.05×10^5	344.6	468.0	0.26
3.93	1.84×10^5	438.1	521.2	0.28
5.84	1.88×10^5	368.1	515.1	0.28
5.96	2.10×10^5	471.7	560.6	0.27

试件中浇筑的自密实混凝土采用统一配合比，如表 6.4 所示。为保证中空夹层钢管混凝土中夹层混凝土的密实度，最大骨料直径不超过夹层空隙的 1/3，因此，对粗骨料进行了直径不大于 15mm 的筛选。

表 6.4　混凝土配合比（单位：kg/m³）

混凝土类型	水	水泥	粉煤灰	细骨料（砂）	粗骨料（石）	减水剂
自密实混凝土	173	380	170	840	840	11

混凝土养护完成后，按国家标准中对混凝土力学性能测试方法的相关规定，对同条件下成型养护的标准立方体试块进行测试。在 28 天和试验时测得的混凝土抗压强度 f_{cu}、弹性模量 E_c 和坍落度等指标如表 6.5 所示。

表 6.5　混凝土坍落度与强度指标

混凝土类型	弹性模量 E_c/MPa	坍落度 /mm	抗压强度 f_{cu}/MPa	
			28 天	试验时
钢管混凝土	3.20×10^4	265	51.2	55.4
中空夹层钢管混凝土	3.45×10^4	250	52.4	59.4

（3）试验装置

试验在液压试验机上进行，侧向压荷载由压力机加载到加载杆上。倾斜加载、垂直加载试件的加载装置示意分别如图 6.4（a）和（b）所示；试验加载装置照片分别如图 6.5（a）和（b）所示。

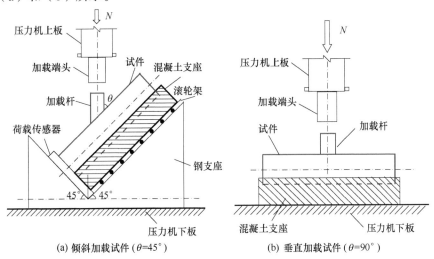

(a) 倾斜加载试件 (θ=45°)　　　　　(b) 垂直加载试件 (θ=90°)

图 6.4　侧向受压加载装置示意图

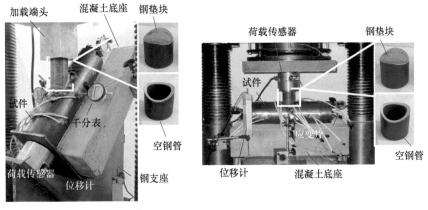

(a) 倾斜加载试件 (θ=45°)　　　　　(b) 垂直加载试件 (θ=90°)

图 6.5　试验加载装置

为实现侧向受压的单一边界条件，避免试件在中截面受压后产生弯矩的耦合作用，将试件放置在钢筋混凝土底座上。在混凝土底座的上表面，通过模板设计，加工出与试件外管同半径的圆弧面，以保证底座与试件的平滑、密切接触。经过计算，圆弧面所对的圆心角设计为60°，在对试件提供足够支撑的同时，避免对试件产生过多的约束。

对倾斜加载试件，采用一钢制加强底座提供45°平面以放置混凝土底座和试件，使得加载杆处于竖直位置，便于液压试验机的加载。为防止钢底座与混凝土底座间的摩擦对传力路径的影响，加工滚轮架放置在两者的接触平面上。同时，在混凝土底座与试件的侧面放置荷载传感器，量测该方向的荷载分力，以监测装置传力路径的可靠性。

（4）量测方案

在试验中，加载杆与试件的相贯线周围，每隔45°布置法向和切向各一片共16片电阻应变片，以量测节点区钢管的应变值。在远离节点区的试件外管表面及内管表面，同样布置电阻应变片量测相应位置的应变。同时，采用位移传感器对试件在侧向受压下的变形进行量测，如图6.6所示，图中虚线所示为试件的变形示意。

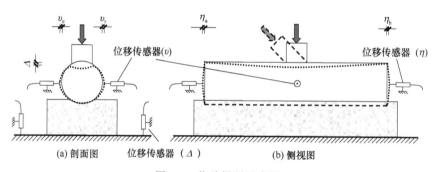

图 6.6　位移量测示意图

在压力机下底面上，对角布置两个位移计以量测试件的竖向变形（Δ）；在试件中截面两侧，各布置一个位移计以量测试件的侧向变形（v）；同时，在试件两端布置位移计，以量测可能发生的夹层混凝土、核心混凝土涌出变形（η）。

（5）试验过程

试验中，采用位移控制，荷载数据由试验机自动记录，位移、应变等数据由采集系统自动记录。在正式加载前，先通过预加载保证试件与各底座间的紧密接触。加载过程中，按照试算的荷载发展进行分阶段持载、校核。为得到充分发展的破坏模态，当试件竖向变形达到试件外径的10%时，停止加载。试验过程控制良好。

（6）破坏形态

图6.7和图6.8所示分别为倾斜加载试件、垂直加载试件试验后的最终破坏形态。由图可见，由于采用实心刚性垫块和厚壁钢管作为加载杆，试件均先于加载杆发生破坏。

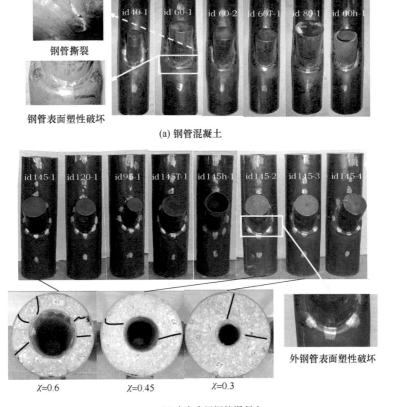

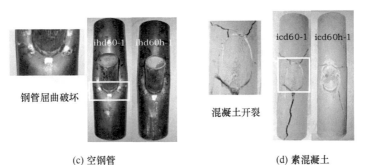

图 6.7　倾斜加载试件破坏形态

如图 6.7（a）和（b）所示，倾斜加载的钢管混凝土试件和中空夹层钢管混凝土试件在侧向压荷载作用下，发生表面塑性破坏。由于荷载以与试件成 45°角的方向施加，在加载杆的上、下部分，试件的应力状态不同，也发生了不同的破坏：在加载杆上部，部分试件的外钢管在拉应力作用下发生撕裂；在加载杆下部，加载杆的切入造成试件外钢管的塑性破坏，以及下部夹层混凝土、核心混凝土的压溃。试件两侧在压力作用下发生侧向变形，试件两端有轻微的混凝土鼓出现象，在试件两侧端面，可观察到夹层混凝土的径向裂缝出现。

如图 6.7（c）所示，在加载杆下方，倾斜加载的空钢管试件在发生局部屈曲，且其侧向鼓曲变形远大于中空夹层钢管混凝土和钢管混凝土试件。如图 6.7（d）所示，倾斜加载的混凝土试件在侧向荷载下发生压溃，并产生大量裂缝，失去整体性。

如图 6.8（a）、（b）所示，垂直加载的钢管混凝土试件和中空夹层钢管混凝土试件在侧向压荷载下，发生表面塑性破坏，加载杆受压切入弦杆，造成相贯线处的外钢管内凹破坏，内凹形态与加载杆的截面一致（实心圆形或环形），同时造成下部的夹层混凝土、核心混凝土压溃。同时，由于加载杆的挤压作用，试件两侧出现侧向变形，混凝土在弦

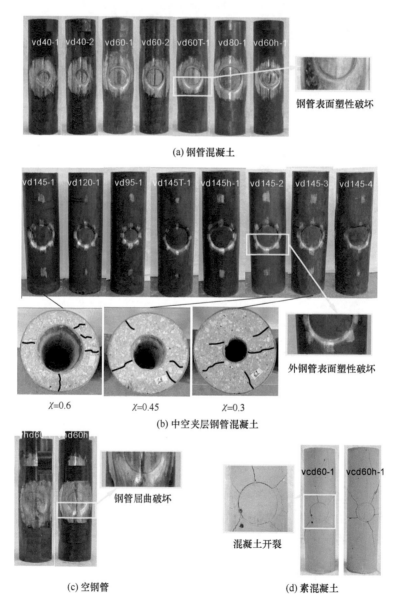

图 6.8　垂直加载试件破坏形态

杆两端也均发生微小的涌出。同样，夹层混凝土在试件端部也出现多条径向裂缝。

如图 6.8（c）所示，垂直加载的空钢管试件在侧向荷载下同样发生钢管屈曲及较大的侧向鼓曲变形。垂直加载的混凝土试件在加载杆下局部内凹破坏的同时，产生大量裂缝，失去整体性，如图 6.8（d）所示。

为观察内部混凝土及内管的破坏，试验结束后，将试件外钢管剖开，观察到试件的内部形态如图 6.9 所示。由图 6.9（a）可见，钢管混凝土试件的核心混凝土也在加载杆接触区域发生压溃，并能清晰地看到加载杆下底面的切入形状（实心垫块或环形钢

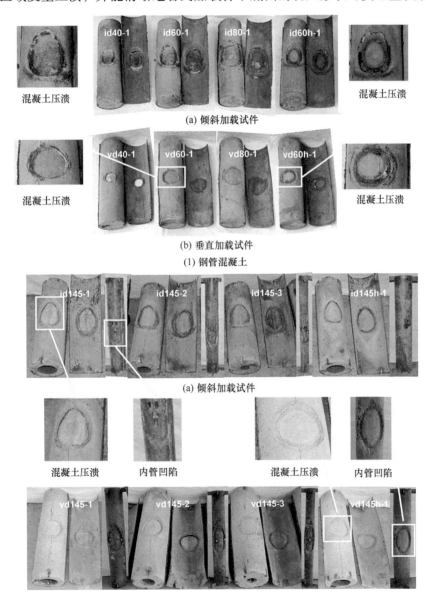

图 6.9　夹层混凝土及内管破坏形态

管）。由图 6.9（b）可见，中空夹层钢管混凝土的夹层混凝土在加载杆压力的作用下发生压溃，相应的内管位置出现内凹。

根据试验结果，绘制几类试件的典型破坏形态示意图，如图 6.10 所示。

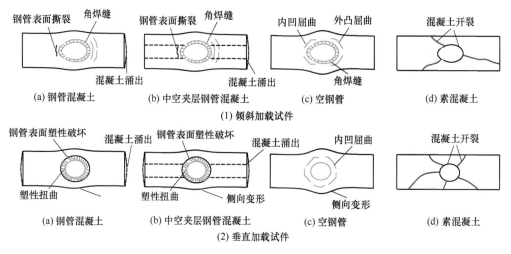

图 6.10　试件典型破坏形态示意图

可见，与空钢管试件的屈曲和素混凝土试件的开裂这两种脆性破坏不同，中空夹层钢管混凝土、钢管混凝土试件在侧向受压的作用下，发生塑性破坏，外钢管可发展出较大的塑性变形。

（7）荷载 - 变形关系

试件的荷载（N）- 竖向变形（Δ）关系曲线如图 6.11 所示。由图中可见，钢管混凝土和中空夹层钢管混凝土试件在侧向局压作用下表现出较好的延性，具有较高的承载力和刚度。加载的初始阶段，荷载随竖向变形 Δ 的增长迅速提高，当 Δ 达到试件外钢管直径 d_o 的 1%～1.5% 后，荷载的增速变缓。此后，外钢管的塑性变形不断发展，当竖向变形 Δ 达到 5%～10% d_o 时，外钢管壁撕裂破坏，荷载出现下降段。对中空率

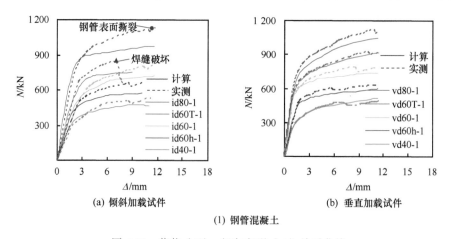

(1) 钢管混凝土

图 6.11　荷载（N）- 竖向变形（Δ）关系曲线

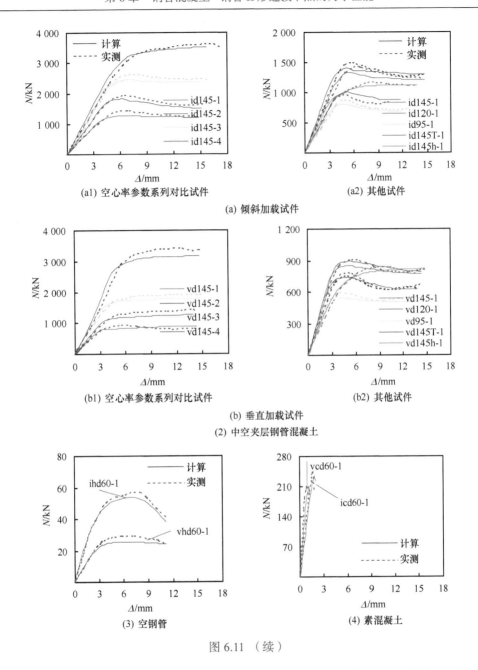

图 6.11 （续）

较大的试件，下降段较明显；对中空率较小的试件及实心钢管混凝土试件，下降段较短暂。在下降段后，随着变形的增长，荷载继续上升并超过之前的峰值，这是由于局压面积下的夹层混凝土在内、外钢管和周围混凝土的约束作用下，材料的抗压强度得到提高，维持了一定的承载能力。

由图 6.11 同样可见，对空钢管试件，荷载到达峰值后开始下降，同时变形迅速增长。素混凝土试件在侧向局压作用下发生脆性破坏，在荷载接近承载力时，产生大量裂缝并迅速扩展，失去承载能力。

根据试验结果，可绘制出中空夹层钢管混凝土在侧向受压下典型的荷载（N）-竖向变形（Δ）关系曲线，如图 6.12 所示。试件的承载力、刚度等性能参数均可由此曲线确定，具体将在后续章节中进行讨论。

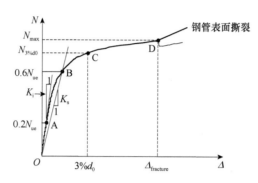

图 6.12　典型荷载（N）-竖向变形（Δ）关系曲线

试件典型的荷载（N）-侧向变形（v）关系曲线如图 6.13 所示。图中，实线和虚线分别代表试件左侧（v_l）和右侧的鼓曲变形（v_r）。由图可见，当荷载达到一定水平时，试件两侧开始出现鼓曲变形，变形速率随荷载的增长不断增大。当荷载到达峰值点后，试件的侧向变形迅速发展，这是由于夹层混凝土此时已发生压溃，对钢管侧向变形的约束作用明显减弱。同时，试件的侧向变形随着径厚比（β）的提高而更为显著，因为加载杆直径增加可将侧向荷载直接传递给更大范围的夹层混凝土，削弱了其对钢管的约束。

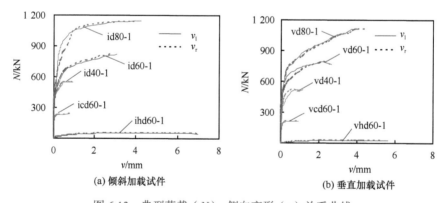

(a) 倾斜加载试件　　　　　　　　(b) 垂直加载试件

图 6.13　典型荷载（N）-侧向变形（v）关系曲线

由图 6.13 可见，由于没有混凝土的约束作用，空钢管试件的侧向变形远大于填充或部分填充混凝土的情况。而素混凝土试件的侧向变形较小，直到荷载到达峰值点，混凝土发生开裂，此时其侧向变形迅速增加。

（8）侧向受压承载力

中空夹层钢管混凝土在侧向受压下的极限承载力可由其荷载（N）-竖向变形（Δ）关系曲线确定。本书参考 IIW（Zhao 等，2010）定义节点强度如下：如果试件的荷载

峰值点 N_{max} 出现在外壁变形 Δ 小于 $3\% d_o$ 时，节点为承载力极限状态控制，此时取 N_{max} 作为极限承载力 N_{ue}；如果 N_{max} 出现在外壁变形 Δ 大于 $3\% d_o$ 时，节点为正常使用极限状态控制，取 $\Delta = 3\% d_o$ 时对应的荷载值 $N_{3\% d_o}$ 作为极限承载力 N_{ue}。

　　由图 6.9 可见，对于实心钢管混凝土，荷载峰值点 N_{max} 往往出现在试件外钢管壁撕裂时，此时对应的竖向变形 $\Delta_{fracture}$ 远大于 $3\% d_o$。对于中空夹层钢管混凝土，大部分试件的荷载峰值 N_{max} 出现在竖向变形大于 $3\% d_o$ 时，另有一部分试件的 N_{max} 出现在竖向应变为 $3\% d_o$ 左右。因此，中空夹层钢管混凝土、钢管混凝土在侧向受压时，认为其主要受正常使用极限状态控制。对空钢管试件，同样采取上述变形极限准则来确定其极限承载力；对素混凝土试件，取混凝土开裂时的荷载峰值点作为其极限承载力。据此确定的各试件承载力如表 6.6 和表 6.7 所示。

　　将钢管混凝土、空钢管、素混凝土三种试件在同等条件下（加载杆直径 d_w = 60mm）的相对强度进行对比，如图 6.14 所示，相对强度为每个试件的承载力（N_{ue}）除以试件 vd60-1 的承载力（$N_{ue\text{-}vd60\text{-}1}$）。

表 6.6　钢管混凝土侧向受压试件承载力

荷载角度	序号	试件编号	试件类型	$\Delta_{fracture}$	$N_{3\% d_o}$/kN	N_{max}/kN	N_{ue}/kN	N_{uc}/kN	N_{ue}/N_{uc}
倾斜加载（$\theta = 45°$）	1	id40-1	钢管混凝土	$7.5\% d_o$	386.6	507.1	386.6	318.4	1.214
	2	id60-1	钢管混凝土	$9.1\% d_o$	696.3	903.4	696.3	604.9	1.151
	3	id60-2	钢管混凝土	$9.0\% d_o$	580.2	800.5	580.2	604.9	0.959
	4	id60T-1	钢管混凝土	—	728.4	840.9	728.4	604.9	1.204
	5	id80-1	钢管混凝土	$9.6\% d_o$	905.3	1 121.2	905.3	961.2	0.942
	6	id60h-1	钢管混凝土	$7.4\% d_o$	540.0	662.7	540.0	604.9	0.893
	7	ihd60-1	空钢管	—	46.7	58.3	46.7	39.0	1.196
	8	ihd60h-1	空钢管	—	42.0	56.6	42.0	39.0	1.076
	9	icd60-1	素混凝土	—	—	245.6	245.6	169.2	1.452
	10	icd60h-1	素混凝土	—	—	191.3	191.3	169.2	1.131
垂直加载（$\theta = 90°$）	11	vd40-1	钢管混凝土	$5.7\% d_o$	406.8	478.1	406.8	299.9	1.357
	12	vd40-2	钢管混凝土	$5.9\% d_o$	456.6	516.3	456.6	299.9	1.523
	13	vd60-1	钢管混凝土	$7.4\% d_o$	697.4	790.5	697.4	567.3	1.229
	14	vd60-2	钢管混凝土	$7.5\% d_o$	735.2	825.2	735.2	567.3	1.296
	15	vd60T-1	钢管混凝土	$8.8\% d_o$	760.3	928.2	760.3	567.3	1.340
	16	vd80-1	钢管混凝土	$9.5\% d_o$	915.2	1 118.0	915.2	898.0	1.019
	17	vd60h-1	钢管混凝土	$4.9\% d_o$	553.6	604.8	553.6	567.3	0.976
	18	vhd60-1	空钢管	—	25.2	29.2	25.2	27.6	0.913
	19	vhd60h-1	空钢管	—	23.8	28.6	23.8	27.6	0.862
	20	vcd60-1	素混凝土	—	—	211.4	211.4	161.0	1.313
	21	vcd60h-1	素混凝土	—	—	206.8	206.8	161.0	1.284

表 6.7　中空夹层钢管混凝土侧向受压试件承载力

荷载角度	序号	试件编号	χ	Δ_{fracture}	$N_{3\%d_o}$/kN	$N_{\max}$/kN	N_{ue}/kN	N_{uc}/kN	N_{ue}/N_{uc}
倾斜加载 （$\theta=45°$）	1	id145-1	0.6	6.3%d_o	1 412.3	1 416.2	1 416.2	1 313.7	1.078
	2	id120-1	0.6	4.5%d_o	851.0	955.7	955.7	950.2	1.006
	3	id95-1	0.6	5.1%d_o	731.0	871.5	871.5	640.8	1.516
	4	id145T-1	0.6	6.4%d_o	1 441.2	1 493.8	1 493.8	1 328.9	1.124
	5	id145h-1	0.6	5.0%d_o	1 116.6	1 168.8	1 116.6	1 313.7	0.850
	6	id145-2	0.45	7.3%d_o	2 015.7	2 020.3	2 015.7	1 980.6	1.018
	7	id145-3	0.3	6.9%d_o	2 562.8	2 629.3	2 562.8	2 723.2	0.941
	8	id145-4	—	8.4%d_o	3 082.3	3 620.5	3 082.3	4 410.1	0.699
垂直加载 （$\theta=90°$）	9	vd145-1	0.6	6.1%d_o	905.4	906.8	906.8	866.1	1.047
	10	vd120-1	0.6	7.6%d_o	722.2	780.5	780.5	631.3	1.236
	11	vd95-1	0.6	5.6%d_o	520.3	527.7	527.7	429.6	1.228
	12	vd145T-1	0.6	6.2%d_o	717.8	757.2	757.2	876.1	0.864
	13	vd145h-1	0.6	5.5%d_o	808.2	903.0	808.2	866.1	0.933
	14	vd145-2	0.45	7.5%d_o	1 329.7	1 354.9	1 329.7	1 321.7	1.006
	15	vd145-3	0.3	7.2%d_o	1 872.1	1 917.1	1 872.1	1 832.7	1.021
	16	vd145-4	—	6.4%d_o	3 229.3	3 407.6	3 229.3	3 001.5	1.076

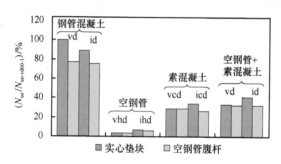

图 6.14　d_i＝60mm 试件相对强度（$N_{ue}/N_{ue\text{-}vd60\text{-}1}$）对比

　　由图 6.14 可见，组合构件在侧向受压作用下的承载力远大于相应的空钢管和素混凝土构件，试件 vd60-1 的承载力是空钢管试件 vdh60-1 的 28.6 倍，是素混凝土试件 vdc60-1 的 3.4 倍，是两者承载力之和的约 3 倍。这是由于组合作用的存在，为核心混凝土提供了较强的约束，其抗压强度有较大的提升，而钢管的局部屈曲现象也得到有效的延缓。对于倾斜加载试件，弦杆外钢管壁部分受拉，所以空钢管倾斜加载试件的承载力明显高于垂直加载试件，填充混凝土后的强度提高幅度要小，但试件 id60-1 的承载力仍比 idh60-1 提高了约 14 倍。同样可见，试件在空钢管加载杆作用下的承载力比实心钢垫块时要低 9%～23%，这可以解释为以实心钢垫块作为加载杆时，有更大范围的混凝土直接承受其传来的荷载，在围压作用下其抗压强度提高更多，而空钢管加载杆在与弦杆连接的环形接触面上更容易产生应力集中的现象。

　　图 6.15（a）、（b）分别给出实心截面和中空截面组合试件在不同加载杆直径（d_w）、不同外钢管壁厚（t_o）、不同空心率（χ）时的承载力对比图。

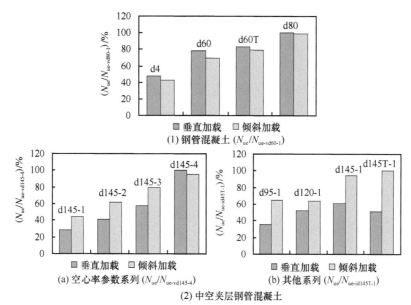

(1) 钢管混凝土 ($N_{ue}/N_{ue-vd60-1}$)

(a) 空心率参数系列 ($N_{ue}/N_{ue-vd145-4}$)

(b) 其他系列 ($N_{ue}/N_{ue-id145T-1}$)

(2) 中空夹层钢管混凝土

图 6.15 试件相对强度对比

由图 6.15 可见,由于有更多的混凝土参与直接受压,试件承载力随着加载杆直径的增大而提高,钢管混凝土试件 id80-1 的承载力约为试件 id40-1 的 2.2 倍;中空夹层钢管混凝土试件 id145-1 的承载力约为试件 id95-1 的 1.5 倍。而外钢管壁厚对试件承载力的影响不大,当钢管混凝土的钢管壁厚由 2.38mm(id60-1)增至 3.32mm(id60T-1)时,承载力增加了约 10%;当中空夹层钢管混凝土的外钢管壁厚由 3.04mm(id145-1)增至 3.93mm(id145T-1)时,承载力增加了约 5.5%。

由图 6.15(b)同样可见,随着空心率的增大,中空夹层钢管混凝土试件的侧向受压承载力有明显降低,试件 id145-1 的承载力约为试件 id145-4 的 45.9%。这说明,对于侧向受压这一材料非线性问题,空心率对试件承载力有重要影响。同时可见,在截面空心的影响下,中空截面垂直加载组合试件的承载力比相应的倾斜加载试件要小。与空钢管试件类似,这是由于倾斜加载试件中内、外钢管壁部分受拉,有利于承载能力的提高。

表 6.6 和表 6.7 同样给出了各试件在外钢管壁断裂时的荷载(N_{max})和竖向变形($\Delta_{fracture}$),对其进行比较,如图 6.16 所示。

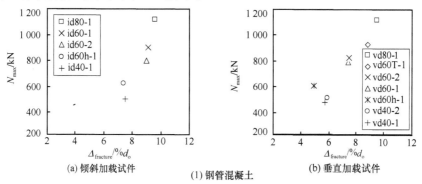

(a) 倾斜加载试件

(b) 垂直加载试件

(1) 钢管混凝土

图 6.16 弦杆外壁断裂时的 N_{max} 和 $\Delta_{fracture}$ 对比

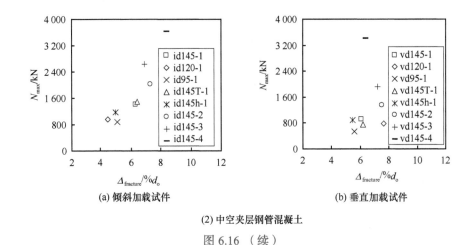

(a) 倾斜加载试件　　　　　　　　(b) 垂直加载试件

(2) 中空夹层钢管混凝土

图 6.16　（续）

由图可见，基本上 N_{max} 和 $\Delta_{fracture}$ 随着试件的加载杆直径（d_w）和外钢管壁厚（t_o）的增大，可见接触面积的增大可以延缓试件的塑性变形发展和外壁的断裂。同时，N_{max} 和 $\Delta_{fracture}$ 随着中空夹层钢管混凝土试件空心率（χ）的减小而增大，这同样说明填充混凝土的量对于试件外管的破坏具有重要影响。

6.2.2　有限元分析

（1）模型建立

钢管混凝土和中空夹层钢管混凝土构件在侧向压荷载作用下力学性能的有限元模型建模方法详见参考文献（候超，2014）。由于倾斜加载试件的荷载与弦杆呈一定角度，界面摩擦系数 μ 的取值对计算结果的准确性影响显著，本章经试算，取 $\mu=0.5$。模型中的其他接触，如弦杆与腹杆的连接、试件与底座的连接等，参考宋谦益（2010）的处理方法。对于倾斜加载试件的焊缝，根据实测得到的焊脚尺寸，采用 C3D8R 单元模拟，并与试件、加载杆之间"tie"连接。计算中，采用牛顿法进行迭代计算。据此建立的倾斜加载试件、垂直加载试件有限元模型示意图分别如图 6.17（a）、（b）所示。

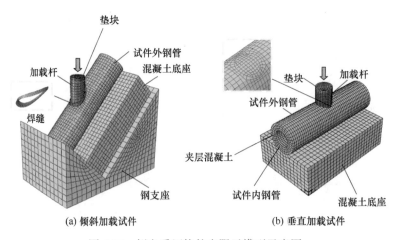

(a) 倾斜加载试件　　　　　　　　(b) 垂直加载试件

图 6.17　侧向受压构件有限元模型示意图

（2）模型验证

利用建立的有限元模型，对本章的侧向受压量测结果进行了计算分析，以验证模型的准确性。以下从破坏模态、荷载（N）- 竖向变形（Δ）曲线、荷载（N）- 应变（ε）曲线几个方面，对计算结果与试验结果进行对比。

计算得到的几种试件的典型破坏模态与试验观测结果的对比如图 6.18 所示，包括倾斜加载试件与垂直加载试件。可见二者吻合良好。在试件外钢管发生塑性破坏、加载杆切入的部位，相应的单元发生扭曲变形；试件的竖向变形、侧向变形等，也可以在计算结果中看出；对素混凝土试件，较大的塑性变形表征着开裂的发生。

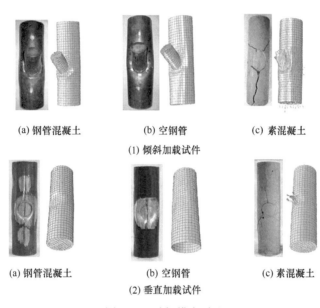

(a) 钢管混凝土　　　　　(b) 空钢管　　　　　(c) 素混凝土

(1) 倾斜加载试件

(a) 钢管混凝土　　　　　(b) 空钢管　　　　　(c) 素混凝土

(2) 垂直加载试件

图 6.18　破坏模态对比

计算得到的荷载（N）- 竖向变形（Δ）关系曲线、荷载（N）- 应变（ε）关系曲线与实测曲线的对比分别如图 6.11、图 6.19（倾斜加载试件）和图 6.20（垂直加载试件）所示。由

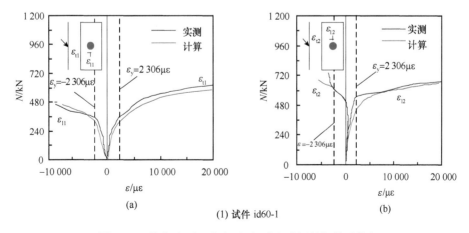

(a)　　　　　　　　　　　　　　　(b)

(1) 试件 id60-1

图 6.19　荷载（N）- 应变（ε）对比（倾斜加载试件）

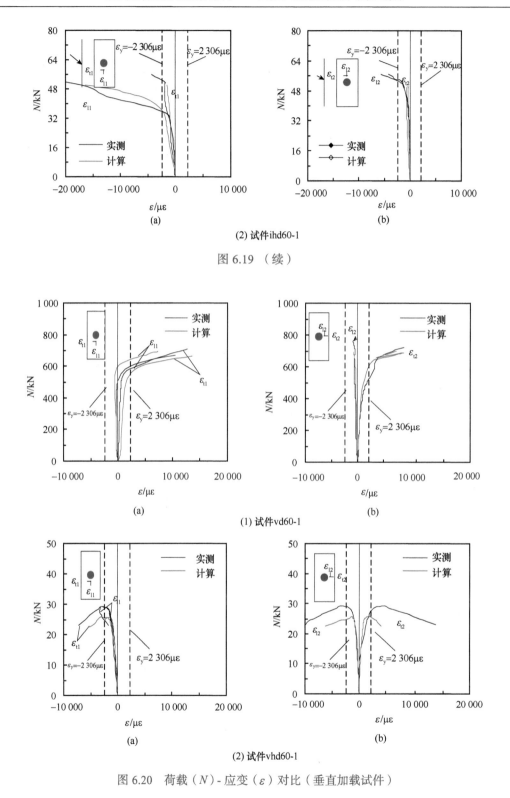

(2) 试件ihd60-1

图 6.19 （续）

(1) 试件vd60-1

(2) 试件vhd60-1

图 6.20 荷载（N）- 应变（ε）对比（垂直加载试件）

图 6.11 可见，计算与实测得到的荷载（N）- 竖向变形（Δ）曲线较为一致：在加载初期的弹性段，计算曲线与实测曲线基本吻合，实测曲线的刚度略大于计算曲线，这是由于核心混凝土、夹层混凝土在钢管约束与侧向荷载的围压作用下，其抗压强度有较大的提升，使得试件的整体侧压刚度增大；随着加载的进行，计算与实测曲线的走势基本一致，实测承载力略大于计算值；部分试件在达到极限承载力、外钢管内凹破坏后，由于加载杆与混凝土密切接触、抗压强度进一步增大，与计算曲线相比较，试验中的荷载可得到进一步提升。

由图 6.19 和图 6.20 可见，计算与实测得到的荷载（N）- 应变（ε）关系曲线取得了较好吻合：在弹性段，两者基本重合；在加载后期，由于承载力模拟值略低于实测值，计算得到的曲线低于实测曲线，两者走势基本一致。

（3）典型破坏模态与全过程分析

1）典型破坏模态。

观察可知，在试验参数范围内，侧向受压下中空夹层钢管组合构件主要发生外钢管塑性破坏、夹层混凝土压溃的破坏。然后，实际结果中杆件的侧向受压性能受试件、加载杆的多种参数的影响。为扩大研究覆盖的范围，本节利用得到验证的有限元分析模型，对几个典型参数组合下的中空夹层钢管混凝土侧向受压性能进行了分析，以观察可能的破坏模态和全过程荷载 - 变形曲线。

计算参数基于试件参数确定，主要通过变化试件外钢管壁厚和加载杆壁厚来考察不同的情况。钢材屈服强度 $f_y=345\mathrm{MPa}$，混凝土立方体抗压强度 $f_{cu}=55\mathrm{MPa}$，管径比 $\beta=0.526$，试件外钢管壁厚 t_o 的变化范围为 1.5mm、3mm，加载杆壁厚 t_w 为 2mm、4mm、6mm 和实心刚性垫块。

在上述计算参数条件下，对中空夹层钢管混凝土倾斜加载、垂直加载试件获得了四种破坏模态，将典型的破坏模态（A、B、C 和 D）与对应的荷载（N）- 竖向变形（Δ）关系进行总结，如表 6.8 所示。

模态 A：加载杆屈曲破坏，试件无明显变形。计算参数为：试件外钢管壁厚 $t_o=3\mathrm{mm}$、加载杆壁厚 $t_w=2\mathrm{mm}$，可见此模态出现于加载杆较弱而试件相对较强的情况。当加载杆发生屈曲破坏时，试件的竖向变形和侧向变形仍比较微小。在此情况下，试件侧向受压的承载力和变形由加载杆的截面屈服控制，其 N-Δ 关系曲线表现为线性，并在屈曲发生后迅速下降，如表 6.8 所示。

表 6.8　中空夹层钢管混凝土在侧向荷载下的典型破坏模态与 N-Δ 曲线

内容	腹杆类型	破坏模态		N-Δ 曲线	t_{oeq}/t_w
		侧视图	俯视图		
模态 A	倾斜加载				>3
	垂直加载				

续表

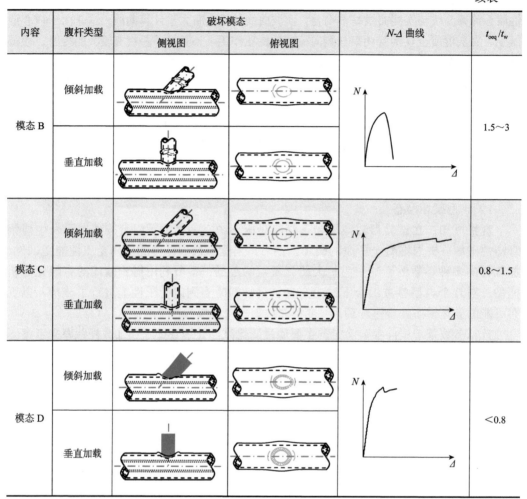

内容	腹杆类型	破坏模态		N-Δ 曲线	t_{oeq}/t_w
		侧视图	俯视图		
模态 B	倾斜加载				1.5～3
	垂直加载				
模态 C	倾斜加载				0.8～1.5
	垂直加载				
模态 D	倾斜加载				<0.8
	垂直加载				

　　模态 B：加载杆屈曲破坏，试件有较大变形。计算参数为：试件外钢管壁厚 $t_o=$ 3mm、加载杆壁厚 $t_w=$4mm，可见此模态出现于加载杆比模态 A 时要强，但相对试件的较弱的情况。其 N-Δ 关系曲线在最初阶段线性增长，而后试件外壁表面发生塑性变形，N-Δ 曲线增速变缓，并在加载杆屈曲后迅速下降，如表 6.8 所示。

　　模态 C：试件外壁表面塑性破坏，夹层混凝土压溃。计算参数为：试件外钢管壁厚 $t_o=$3mm、加载杆壁厚 $t_w=$6mm，此模态与试验中观察到的试件破坏形态一致。在加载的初始阶段，荷载随竖向变形的增长迅速提高，试件外钢管出现塑性变形后，荷载的增速变缓。此后，试件外钢管壁发生较大的塑性变形而撕裂，荷载出现短暂的下降段。当加载杆与夹层混凝土紧密接触后，荷载继续上升，这是由于局压面积下的夹层混凝土在内、外钢管和周围混凝土的约束作用下，仍具有较高的承载能力。可见，在此模态下，试件的塑性变形发展充分，表现出较好的延性，具有较高的承载力和刚度，如表 6.8 所示。

　　模态 D：试件外钢管壁的过早断裂。计算参数为：试件外钢管壁厚 $t_o=$1.5mm、加载杆采用实心刚性垫块，可见此模态出现于加载杆较强而试件相对较弱的情况。侧向压荷载施加后，试件外钢管壁迅速出现塑性变形并断裂，如表 6.8 所示。

可见，在上述四种典型破坏模态中，模态 C 下构件的延性性能最好，当中空夹层钢管混凝土在侧向荷载下发生模态 C 的破坏——试件外钢管塑性破坏、夹层混凝土压溃时，试件、加载杆的承载能力和变形能力均得到较为充分的体现，避免了试件或加载杆某一方的过早破坏。因此，在工程结构设计中，对中空夹层钢管混凝土的侧向受压情况，模态 C 是一种较能发挥结构材料性能的破坏模态。

2）应力应变发展。

计算与试验得到的倾斜加载、垂直加载试件外钢管的荷载（N）- 应变（ε）关系曲线分别如图 6.19 和图 6.20 所示，其中 ε_l 和 ε_t 分别代表纵向应变和环向应变。

由图 6.19 和图 6.20 可见，加载杆周围的试件外钢管应变发展充分，均超过其名义屈服应变 ε_y（2306με）。倾斜加载试件加载杆下方的外钢管应变发展（$\varepsilon_{l1}, \varepsilon_{t1}$）大于加载杆上方（$\varepsilon_{l2}, \varepsilon_{t2}$），这是由于侧向荷载主要由加载杆下方的钢管和夹层混凝土承担，而垂直加载试件的弦杆应变分布较为对称。当侧向荷载较大时，部分应变发生拉压转向，这是因为较大的塑性变形和钢管壁断裂改变了连接区域的应变分布。同样可见，空钢管试件的应变在试件发生屈曲后增长迅速。

为对夹层混凝土的全过程应力发展进行计算分析，在试件的典型 N-Δ 曲线上选取 A、B、C、D，4 个关键点——荷载分别为 $0.2N_{ue}$（弹性阶段）、$0.6N_{ue}$（弹塑性阶段）、N_{ue}（$N_{3\%d_o}$）和 N_{max}，如图 6.12 所示。通过模型计算，对关键点时试件俯视截面和侧视截面的混凝土应力分布情况进行了对比。俯视截面、侧视截面的概念示意图如表 6.9 所示。倾斜加载试件、垂直加载试件的混凝土截面应力对比分别如图 6.21 和图 6.22 所示。

表 6.9　构件截面示意图

加载杆类型	试件	俯视截面	侧视截面
斜腹杆	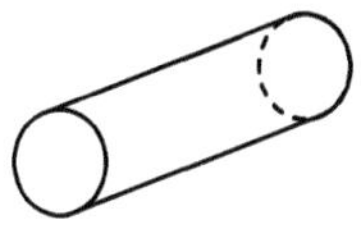	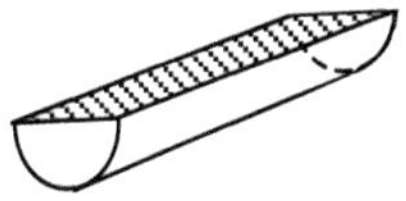	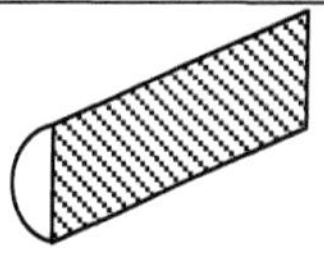
直腹杆		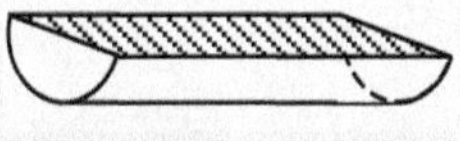	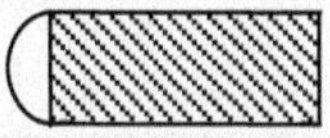

由图 6.21 和图 6.22 可见，在侧向荷载作用下，试件内混凝土的应力持续增长。当荷载到达极限承载力的 60%（$0.6N_{ue}$）时，加载杆下方的混凝土应力已经高于其圆柱体抗压强度 f'_c，这是由于该部分混凝土在钢管和未直接受压的周围混凝土的围压作用下，抗压强度得到提高。此后，混凝土的应力水平继续增长，直至压溃。

由图 6.21 可见，倾斜加载试件中加载杆下部的混凝土应力明显高于上部；而垂直加载试件的混凝土应力分布则比较对称，如图 6.22 所示。

为研究在侧向压荷载作用下，力在钢管混凝土、中空夹层钢管混凝土构件中的

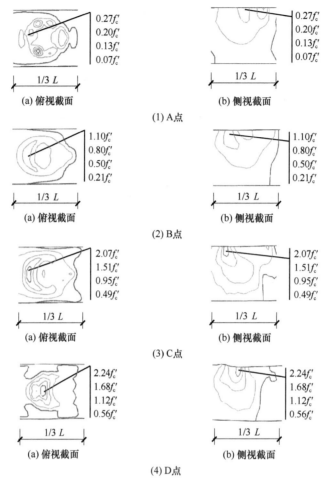

图 6.21 混凝土应力分布图（倾斜加载试件）

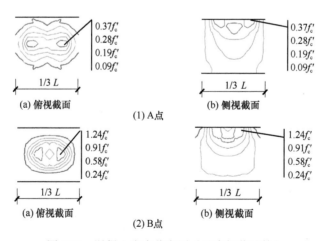

图 6.22 混凝土应力分布图（垂直加载试件）

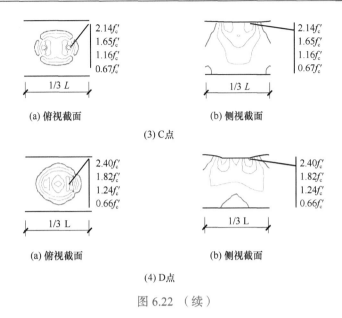

(a) 俯视截面　　　　　　　(b) 侧视截面

(3) C 点

(a) 俯视截面　　　　　　　(b) 侧视截面

(4) D 点

图 6.22 （续）

传导机制，利用有限元模型，得到了混凝土中最大压应力（最小主应力）的矢量图。图 6.23（1）和（2）分别给出了加载杆、试件的管径比 β 为 0.526 和 0.702 时，力在混凝土中的传递路径。由图可见，以加载杆底部为起始，侧向荷载可以有效地在混凝土内延伸传递，且在试验参数范围内，荷载传递路径边缘的斜率近似为 2∶1（水平∶竖直）。

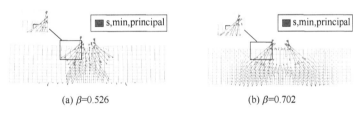

(a) β=0.526　　　　　　　(b) β=0.702

图 6.23　力在混凝土中的传导图

6.2.3　实用计算方法

目前尚缺乏对中空夹层钢管混凝土侧向受压承载力的实用计算方法。对实心钢管混凝土，欧洲管结构设计指南 CIDECT（Wardenier，2008）对方形截面钢管混凝土在侧向荷载下的承载力提出如下建议公式：

$$N_{uc}=f_c'\frac{A_1}{\sin\theta}\sqrt{A_2/A_1} \tag{6.1}$$

式中：f_c' 为混凝土圆柱体抗压强度；A_1 为钢管混凝土的侧向受压面积；A_2 为钢管混凝土的侧向受压计算底面积；θ 为试件与加载杆的夹角。CIDECT（2008）中提出，对方截面钢管混凝土，通过将侧向受压边界按照 2∶1（水平∶竖直）的斜率在试件纵向延伸至混凝土边界来确定。除此之外，现有规范并无对圆截面钢管混凝土侧向受压承载力的计算建议。

　　基于圆形截面的几何特点，推导出圆截面钢管混凝土和圆套圆中空夹层钢管混凝土在侧向荷载下的传力机制示意图，如图6.24所示，图6.24（1）所示为规范中对圆截面素混凝土在侧向局部受压下的传力机制示意[（ACI 318M-08（2008）、EC2（2004）]。由图6.24可见，在圆截面的钢管混凝土、中空夹层中，同样可以假定侧向压应力按2∶1（水平∶竖直）的斜率在中空素混凝土[图6.24（2）]、核心混凝土[图6.24（3）]、夹层混凝土[图6.24（4）]中扩散，直至到达实心截面的中性轴或中空截面的内钢管。

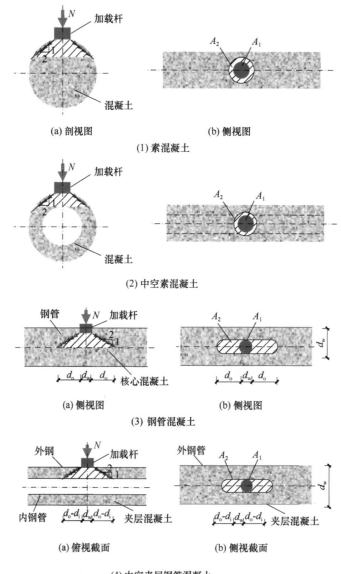

图 6.24　侧向荷载下传力路径示意图

　　由此可得，对钢管混凝土和中空夹层钢管混凝土，在侧向受压时的受压面积 A_1 和计算底面积 A_2 可计算如下。

对圆截面钢管混凝土构件：

$$A_1 = \frac{\pi d_{\mathrm{w}}^2}{4} \tag{6.2}$$

$$A_2 = \frac{A_1}{\sin\theta} + 2d_{\mathrm{o}}d_{\mathrm{w}} \tag{6.3}$$

对圆套圆中空夹层钢管混凝土构件：

$$A_1 = \frac{\pi d_{\mathrm{w}}^2}{4} \tag{6.4}$$

$$A_2 = \frac{A_1}{\sin\theta} + 2d_{\mathrm{w}}(d_{\mathrm{o}} - d_{\mathrm{i}}) \tag{6.5}$$

由式（6.1）可知，CIDECT（2008）提出的方形钢管混凝土侧向受压计算公式中，未考虑材料间组合作用的有益影响。而圆形截面较方形截面更易发挥钢管对混凝土的围压效果，材料抗压性能的改善变得不可忽略。韩林海（2007，2016）提出钢管对核心混凝土的约束作用通过约束效应系数 ξ 表征为

$$\xi = \frac{A_{\mathrm{s}} f_{\mathrm{y}}}{A_{\mathrm{c}} f_{\mathrm{ck}}} \tag{6.6}$$

对于侧向受压情况，可取

$$A_{\mathrm{s}} = A_1 \tag{6.7}$$

$$A_{\mathrm{c}} = A_1 \sqrt{A_2 / A_1} \tag{6.8}$$

在中空夹层钢管混凝土中，内、外钢管对核心混凝土的约束作用，可通过名义约束效应系数 ξ_{e} 表征（黄宏，2006）

$$\xi_{\mathrm{e}} = \frac{A_{\mathrm{so}} \cdot f_{\mathrm{yo}}}{A_{\mathrm{ce}} \cdot f_{\mathrm{ck}}} \tag{6.9}$$

对于侧向受压情况，可取

$$A_{\mathrm{so}} = A_1 \tag{6.10}$$

$$A_{\mathrm{ce}} = A_1 \sqrt{A_2 / A_1} \tag{6.11}$$

根据式（6.6）和式（6.9）计算得到的约束效应系数和名义约束效应系数值，查阅 Zhao 等（2010）中提供的约束效应系数对应的混凝土强度提高图，可知对本试验中的试件，其混凝土强度的提高约为 2。事实上，当荷载达到试件极限承载力 N_{ue}（$N_{3\%d_{\mathrm{o}}}$）时，加载杆下部混凝土的应力达到约 $2f'_{\mathrm{c}}$（倾斜加载试件：$2.14f'_{\mathrm{c}}$；垂直加载试件：$2.07f'_{\mathrm{c}}$），相当于 $2.4f_{\mathrm{ck}}$，f_{ck} 为混凝土轴心抗压强度标准值。考虑到中空夹层钢管混凝土试件中，中空部分对于侧向受压的不利影响，在试件强度计算时乘以 $(1-\chi)$ 的折减系数，即试件空心率越大，相应的承载力折减越明显，而对实心钢管混凝土（即空心率 $\chi = 0$，

$1-\chi=1$），折减系数不起作用，因此可将两种试件的计算公式统一。

综上所述，圆截面、圆套圆组合构件在侧向荷载下的极限承载力计算值（N_{uc}）可由下式得到：

$$N_{uc}=2(1-\chi)\,f_{ck}\frac{A_1}{\sin\theta}\sqrt{A_2/A_1} \tag{6.12}$$

将利用式（6.12）计算的各试件承载力（N_{uc}）与实测承载力（N_{ue}）进行对比，相应的 N_{ue}/N_{uc} 值如表 6.6 和表 6.7 所示。对中空夹层钢管混凝土试件，N_{ue}/N_{uc} 的平均值为1.040，标准差为0.186；对实心钢管混凝土试件，N_{ue}/N_{uc} 的平均值为1.162，标准差为0.192。可见，对于两种组合构件在侧向受压下的极限承载力，式（6.12）给出了较为准确且偏于保守的预测。

对空钢管试件，采用 Van der Vegte 等（2008）提出、CIDECT（Wardenier 等，2008）采纳的圆截面钢管节点设计方法进行计算，得到 N_{ue}/N_{uc} 的平均值为1.012，标准差为0.153；对素混凝土试件，采用 ACI 318M-08（2008）（或 ACI318-14）或 EC2（2004）对混凝土局部受压的规定进行计算，得到 N_{ue}/N_{uc} 的平均值为1.295，标准差为0.132。

在中空夹层钢管混凝土、钢管混凝土桁架等工程结构的设计中，经常会出现杆件承受侧向荷载的情况。为保障杆件在侧向受压作用下保持良好的延性，并充分发挥材料性能，对可视为承压试件的弦杆和可视为加载杆的腹杆进行搭配选型，以避免过早的发生腹杆屈曲破坏或弦杆表面断裂，有着重要意义。本节将基于前述计算分析，对侧向受压下的中空夹层钢管混凝土、钢管混凝土杆件提出设计选型的初步建议。

为将管结构的构件选型中常用的杆件壁厚比参数引入中空夹层钢管混凝土结构的设计选型，需要对中空组合构件进行一定的简化与等效。如图 6.25 所示，将中空夹层钢管混凝土截面等效为内凹屈曲受到约束的厚壁钢管截面。图中实线代表截面在侧向荷载下的实际变形，虚线代表最初的截面形状。可见，当厚壁钢管的内凹屈曲变形被约束后，其在侧向荷载下的变形模态与中空夹层钢管混凝土截面相似。

(a) 薄壁钢管　　　　(b) 中空夹层钢管混凝土　　　　(c) 等效厚壁钢管

图 6.25　中空夹层钢管混凝土与等效厚壁钢管示意图

等效厚壁钢管的壁厚 t_{oeq} 按式（6.13）计算，其确定原则为等效后的厚壁钢管的截面承载力为中空试件外钢管截面承载力与名义核心混凝土截面承载力之和，即

$$t_{oep}=t_o+\frac{f_{cu}A_{ce}}{\pi f_{yo}d_o} \tag{6.13}$$

等效厚壁钢管与腹杆的壁厚比 t_{oeq}/t_w 即可作为设计选型的初步依据。在本章计算的基础上，表 6.8 给出了四种典型破坏模态所对应的 t_{oeq}/t_w 参数范围，可为工程设计提供参考。

6.2.4　小结

本节进行了 13 个钢管混凝土试件、16 个中空夹层钢管混凝土试件、4 个空钢管试件和 4 个素混凝土试件在侧向压荷载下的力学性能试验，研究了试件空心率、加载杆与试件管径比、外管径厚比等参数对构件侧向受压性能的影响。

由于材料间组合、约束作用的存在，钢管混凝土和中空夹层钢管混凝土在侧向压荷载作用下表现出较好的延性，其承载能力和变形性能均远远高于相应的空钢管和素混凝土，其典型破坏模态为外钢管塑性破坏和夹层混凝土的压溃。

本节还建立了用以分析钢管混凝土和中空夹层钢管混凝土侧向受压性能的有限元模型，考虑了侧向受压区内外钢管与夹层混凝土的相互作用，得到了试验结果的验证。利用该模型，对中空夹层钢管混凝土、钢管混凝土构件在侧向受压下的典型破坏模态和全过程荷载 - 变形关系进行了深入分析，剖析了试件在承压过程中的应力发展和传力路径。

在试验与理论研究的基础上，基于圆形截面的约束和几何特性，提出了圆钢管混凝土和圆套圆中空夹层钢管混凝土的侧向受压承载力实用计算方法，并为设计选型提供了建议。

6.3　钢管混凝土 - 钢管 K 形连接节点试验研究

本节进行了 20 个钢管混凝土 K 形连接节点和中空夹层钢管混凝土 K 形连接节点的静力性能试验研究（侯超，2014；Hou 和 Han，2017；Hou 和 Han 等，2017）。试验中，采取了两腹杆铰接、平推弦杆和弦杆固定轴压比、腹杆施压两种边界条件，以弦杆空心率（中空夹层钢管混凝土）、腹弦杆管径比、弦杆径厚比、弦杆轴力水平等作为主要研究参数，对钢管混凝土和中空夹层钢管混凝土 K 形节点的破坏形态、极限承载力、刚度和应力应变发展等进行了深入的分析。

6.3.1　试验设计

（1）试验参数

结合钢管混凝土 K 形连接节点和中空夹层钢管混凝土 K 形节点的特点，将试验的主要研究参数确定为弦杆空心率 χ、腹弦杆管径比 β（d_w/d_o）、弦杆径厚比 γ（$d_o/2t_o$）、腹弦杆壁厚比 τ（t_w/t_o）和弦杆轴力水平（n'）。节点间隙（g）由于影响较小，且主要由杆件管径、节点偏心等几何条件确定，在本试验中未予考虑。

（2）试件设计

结合前期研究成果的相关结论与工程应用背景的特点，确定了 K 形节点研究中具代表性的两类典型边界条件，如图 6.26 所示。在边界条件的选取中，主要遵循以下三个原则：①保障边界条件的代表性，需通过所选边界条件，反映真实工程中的节点工作情况，充分研究 K 形节点的静力性能及重要参数的影响；②保障试验过程的可操作性与稳定性；③保障不同类型 K 形节点的研究结果进行合理的比较和分析。

试件信息如表 6.10 所示。试验中，主要变化的试件参数如下。

弦杆空心率（χ）：0（即实心钢管混凝土）、0.3 和 0.6；

腹杆管径（d_w）：145mm 和 95mm（相应的腹弦杆管径比 β：0.6 和 0.4）；

弦杆壁厚（t_o）：3mm 和 4mm（相应的弦杆径厚比 γ：40 和 30）；

弦杆初始轴力水平（n'，"−"值为压荷载，"+"值为拉荷载）：−0.6、−0.3、−0.05、0.3 和 0.6，其中当弦杆受轴压荷载时，其截面轴压承载力按照中空夹层钢管混凝土轴压构件的公式计算，钢材强度取为 345MPa，夹层混凝土强度取为 60MPa；当弦杆承受轴拉荷载时，其承载力取外钢管的全截面屈服承载力，即等同于空钢管弦杆的承载力。

(a) 边界条件一   (b) 边界条件二

图 6.26 钢管混凝土 K 形节点典型边界条件

表 6.10 中空夹层钢管混凝土 K 形节点试件信息表

| 序号 | 类型 | 试件编号 | 弦杆 | | | | 腹杆 | | | g/mm | β (d_w/d_o) | γ ($d_o/2t_o$) | τ (t_w/t_o) | n' | N/kN |
			$d_o \times t_o$ /(mm×mm)	$d_i \times t_i$ /(mm×mm)	χ	l_o/mm	$d_w \times t_w$ /(mm×mm)	l_w/mm						
1	边界条件一	CI1-1	240×3.93	140×3.04	0.6	1 680	145×3.04	725	33.8	0.604	30.53	0.774	—	—
2		CI1-2	240×3.93	140×3.04	0.6	1 680	145×3.04	725	33.8	0.604	30.53	0.774		
3		CI2-1	240×3.93	140×3.04	0.6	1 680	95×3.04	475	104.3	0.396	30.53	0.774		
4		CI2-2	240×3.93	140×3.04	0.6	1 680	95×3.04	475	104.3	0.396	30.53	0.774		
5		CI3-1	240×3.04	140×3.04	0.6	1 680	145×3.04	725	33.83	0.604	39.47	1		
6		CI3-2	240×3.04	140×3.04	0.6	1 680	145×3.04	725	33.83	0.604	39.47	1		
7		CI4-1	240×3.93	70×3.04	0.3	1 680	145×3.04	725	33.83	0.604	30.53	0.774		
8		CI4-2	240×3.93	70×3.04	0.3	1 680	145×3.04	725	33.83	0.604	30.53	0.774		
9		CI5-1	240×3.93	—	—	1 680	145×3.04	725	33.83	0.604	30.53	0.774		
10		CI5-2	240×3.93	—	—	1 680	145×3.04	725	33.83	0.604	30.53	0.774		
11	边界条件二	CII1-1	240×3.93	140×3.04	0.6	1 680	145×3.04	725	33.83	0.604	30.53	0.774	−0.05	−175
12		CII1-2	240×3.93	140×3.04	0.6	1 680	145×3.04	725	33.83	0.604	30.53	0.774		
13		CII2-1	240×3.93	140×3.04	0.6	1 680	145×3.04	725	33.83	0.604	30.53	0.774	−0.3	−1 049
14		CII2-2	240×3.93	140×3.04	0.6	1 680	145×3.04	725	33.83	0.604	30.53	0.774		
15		CII3-1	240×3.93	140×3.04	0.6	1 680	145×3.04	725	33.83	0.604	30.53	0.774	−0.6	−2 098
16		CII3-2	240×3.93	140×3.04	0.6	1 680	145×3.04	725	33.83	0.604	30.53	0.774		
17		CII4-1	240×3.93	140×3.04	0.6	1 680	145×3.04	725	33.83	0.604	30.53	0.774	0.3	307
18		CII4-2	240×3.93	140×3.04	0.6	1 680	145×3.04	725	33.83	0.604	30.53	0.774		
19		CII5-1	240×3.93	140×3.04	0.6	1 680	145×3.04	725	33.83	0.604	30.53	0.774	0.6	614
20		CII5-2	240×3.93	140×3.04	0.6	1 680	145×3.04	725	33.83	0.604	30.53	0.774		

各个试件的偏心 e 均取为 0mm，由此确定节点间隙 g 的值。弦杆和腹杆的夹角 θ 均为 45°。腹杆长度均为 1680mm。典型的试件尺寸设计图如图 6.27 所示。

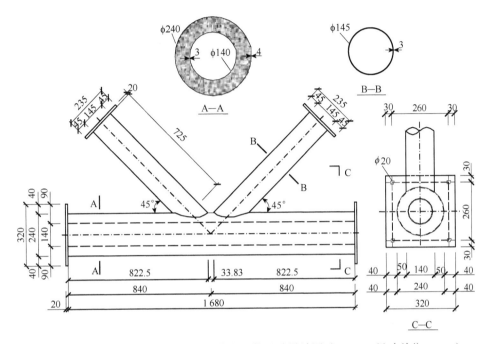

图 6.27　中空夹层钢管混凝土 K 形节点试件尺寸设计图（CI1-1，尺寸单位：mm）

（3）试件制作

试件钢管采用 Q345 钢材，由钢板卷制而成；夹层混凝土采用 C60 自密实混凝土。所用材料与 6.2 节相同，此处不再赘述。钢材材性试验结果、混凝土配合比、混凝土材性试验结果分别如表 6.3～表 6.5 所示。试件的加工程序如下。

1）将弦杆内管一端焊接至端板上，将其竖直。

2）将弦杆外管吊起，套到内管外，利用焊接短钢筋进行同心定位，将外管与端板焊接。

3）将弦杆水平放置，与两腹杆焊接，同时焊接腹杆杆端的端板。

4）将试件竖直，浇灌弦杆夹层混凝土。

5）夹层混凝土养护结束后，打磨混凝土表面并焊接弦杆另一端的端板，从而形成中空夹层钢管混凝土 K 形节点。

（4）量测方案

通过试验，拟获取一系列变形、承载力、应力应变等数据，主要包括以下内容。

1）腹杆端部轴向加载的荷载 - 位移全过程曲线。

2）弦杆节点区域侧壁随加载过程的变形数据曲线。

3）节点区域弦杆内、外管壁和腹杆管壁应力随加载过程的变化和分布数据。

4）弦杆和腹杆相贯区域的应力分布和变化数据。

这些数据通过布置在节点试件上的传感装置（传感器、位移计、应变片）来得到。为测得目标区域的应力分布和发展情况，在试件上布置应变片若干，如图 6.28 所示。

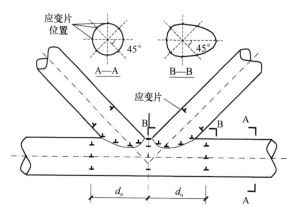

图 6.28　试件外壁应变片布置示意图

对每个试件，在弦杆外管壁的中截面间隔 90° 的四个位置贴片，其中两个侧边处贴应变花，其他两处贴纵向、横向两片电阻应变片，在这四处的上下各 240mm（d_o）处再贴纵向、横向电阻应变片，以获得弦杆外管的应变分布值；在弦杆内管壁的中截面间隔 90° 的四个位置，以及距中截面 240mm（d_o）处的两侧位置，各布置纵向、横向两片电阻应变片，以获得弦杆内管的应变分布值；在两腹杆靠近弦杆一侧，在距离弦杆 145mm 或 95mm（d_w）处贴片，同时在该处相对的腹杆远离弦杆侧位置贴片，以获得两腹杆的应变分布值；在两个腹杆与弦杆的相贯线上，间隔 45° 布置一圈应变片，以获得节点区各杆件连接位置的应变分布值。

在试验中，通过布置位移计获取腹管和弦管的相关变形数据。每个节点试件使用 6 个位移计，如图 6.29 所示。D1、D2 布置在受压腹杆两侧，如图中所示，用以量测 A—B 间

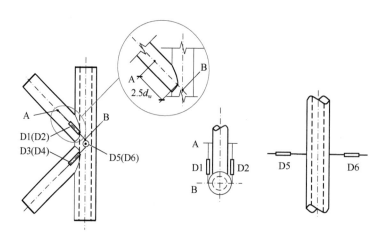

图 6.29　节点试件位移计布置示意

的位移，A 点取相贯线鞍点以上 $2.5d_w$ 距离的位置，B 点为弦杆壁对应腹杆与弦杆轴线交点的位置。D3、D4 布置在受拉腹杆两侧的同样位置。D5、D6 布置在弦杆中心点两侧，用以采集节点弦杆的侧向变形数据。

（5）试验装置

中空夹层钢管混凝土 K 形节点静力性能试验在 500T 自反力架上进行，通过调整自反力架的刚性块，实现两种设计的加载边界。边界条件一、边界条件二的试验装置照片分别如图 6.30 和图 6.31 所示。

由图 6.30 可见，采用边界条件一时，通过两个铰支座将试件的两腹杆与自反力架相连，铰支座由钢板、轴承加工而成，底板通过螺栓在自反力架上固定，顶板通过螺栓和螺纹与荷载传感器相连，在荷载传感器的另一端，通过螺栓与螺纹，与腹杆端板连接，在为腹杆提供铰接边界的同时，监测腹杆在加载过程中的内力。由于受拉腹杆的铰支座受到较大的拉荷载作用，对支座底板焊接加劲肋，以保证其刚度。利用 200T 拉压千斤顶对弦杆一端施加荷载，在弦杆的加载端焊接带卡槽的刚性端板，以保证荷载作用在弦杆轴线上。腹杆铰支座及弦杆端板卡槽的细部构造如图 6.30 所示。

由图 6.31 可见，采用边界条件二时，通过 200T 拉压千斤顶对弦杆施加设计的拉、压轴力，为在维持弦杆轴力的同时，保证其在腹杆荷载作用下的整体偏移能力，通过铰支座将弦杆的两端分别于自反力架、千斤顶与荷载传感器连接。将左下方腹杆通过铰支座与自反力架连接，利用 100T 拉压千斤顶对左上方腹杆施加压荷载，同时在左下方腹杆中产生受拉的反力。为保证千斤顶的行程，加工腹杆连接件，通过螺栓连接腹杆与千斤顶。

图 6.30　试验装置照片（边界条件一）

图 6.31　试验装置照片（边界条件二）

为保证加载过程的稳定有序，在试验开始前，通过有限元模型（详见 6.4 节）对试件加载过程进行模拟，获得其预测极限承载力（以受压腹杆的极限荷载为标准）。试验时，先通过预加载（将腹杆内力加载到 3～5kN，持荷 2min 左右），检查各杆件荷载传感器的读数是否符合力学规律，即拉、压腹杆荷载基本一致，弦杆荷载约为腹杆荷载的 1.4 倍，同时检查应变片的读数是否正常。将预加荷载卸去，开始正式加载，采用力控制的方式，以 1～2kN/s 的加载速度，按预测荷载的 15% 分级加载，同时利用采集系统记录加载过程中的荷载、变形及应变等数据。当荷载接近预测极限荷载时，将加载速度减慢，同时仔细观察试件可能出现的钢管屈曲、撕裂等现象。出现下列条件之一时，停止加载并将荷载卸载至零：①杆件出现屈曲，导致承载力急剧下降；②钢管外壁或焊缝出现撕裂，导致承载力急剧下降；③节点区应变发展迅速，达到 40 000με。

（6）加载制度

由于 K 形节点有弦杆、两腹杆多个杆件构成，荷载、变形的取值及判断有多种方式，在试验研究中，需要定义节点极限状态的判断准则，以对节点的力学性能指标及表现进行统一及比较、分析。在前期研究者们针对空钢管 K 形节点和钢管混凝土 K 形节点研究中，采取的典型的极限状态判断准则如表 6.11 所示。

表 6.11　前期研究中采用的 K 形节点极限状态判断准则

序号	加载方式	极限状态判断准则	来源
1		采用双切线方法，取拉、压腹杆的荷载较小者，利用荷载 - 腹杆轴向变形曲线确定节点的屈服荷载 （双切线方法——在曲线的弹性阶段和屈服后段各做一条切线，取两者交点的横坐标，对应荷载 - 变形曲线的纵坐标为屈服荷载）	Packer （1995）
2		屈服荷载：荷载 - 腹杆变形曲线与斜率为 0.779 倍初始刚度的斜线的交点荷载。 极限荷载：受拉腹杆的最大轴力值	Makino 等 （2001）
3		极限荷载按照受压腹杆出现以下情况时确定： 1）荷载 - 变形曲线的峰值点； 2）荷载 - 变形曲线没有明显峰值点的，$0.03d_o$ 处的荷载值作为极限值； 3）对小间隙节点，焊缝处弦杆积分点的应变超出屈服 20% 时的荷载； 4）程序终结的荷载，或杆件屈服的荷载	Van der Vegte 等 （2004）
4		取试件破坏时的荷载作为极限荷载	刘永健等 （2007）
5		试验研究中，认为节点承载力由腹杆局部屈曲、腹杆整体屈曲、弦杆冲剪三者之一决定 有限元研究中，定义节点连接区域受拉支管一侧的弦杆管壁应变强度达到 4 倍弦杆屈服应变时的荷载为极限承载力	王新毅 （2009）
6		定义受拉和受压腹杆的最小荷载峰值为节点的承载力	宋谦益 （2010）

参考以上准则，考虑到在本试验研究中，所有中空夹层钢管混凝土 K 形节点试件的受拉、受压腹杆荷载基本同步，并且均出现了明确的峰值点，因此，取拉、压腹杆

荷载峰值中的较小者作为节点的极限承载力（N_{ue}）。

在开始对节点进行加载至出现腹杆屈曲等破坏的全过程，可以输出各杆件的荷载、变形数据。需定义中空夹层钢管混凝土 K 形节点在受力全过程的荷载 - 变形关系，以反映其杆件及节点区域在静力加载过程中的承载及变形特点。在以往的空钢管 K 形节点、钢管混凝土 K 形节点研究中，有些研究者采用腹杆或弦杆加载端的荷载、位移来定义荷载 - 变形关系，但该"变形"数据中往往将试件的部分刚体位移包含在内，不能准确反映试件的自身变形。也有研究者采用腹杆或弦杆的加载位置到腹杆与弦杆中轴线相交位置的相对变形来定义荷载 - 变形关系，这种方法可消除试件的刚体位移，但对钢管混凝土 K 形节点及中空夹层钢管混凝土 K 形节点来说，由于弦杆中填充混凝土，节点区的变形量远小于空钢管 K 形节点的相应位置，因此，此中方法定义的"变形"数据中，腹杆的整体变形和腹杆加载端头处试件构造误差、试验装置误差的比重较大，影响对节点区弦杆变形量的判断。

为此，Packer（1995）在对 K 形节点进行研究时，对第二种方法进行了改进，将节点位移定义为腹杆轴线上距弦杆壁 $2.5d_w$ 处到腹杆与弦杆轴线交点的相对变形，如图 6.32 所示。此方法避免了腹杆加载端头处的相应试件及装置误差，同时减小了腹杆变形在变形数据中的比重。本试验中，同样采取该定义，在试件相应位置上布置玻璃片、架设位移计，以获取试验过程中的变形值 δ，结合荷载峰值较小的腹杆上作用的荷载 N，形成试件的荷载（N）- 变形（δ）曲线。

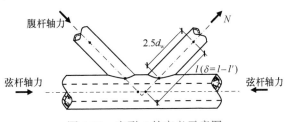

图 6.32　变形 δ 的定义示意图

利用如上所述的荷载（N）- 变形（δ）曲线，对中空夹层钢管混凝土 K 形节点的刚度进行了定义，定义荷载为 $0.2N_{ue}$ 时对应的曲线割线模量为中空夹层钢管混凝土 K 形节点的初始刚度（K_i），定义荷载为 $0.6N_{ue}$ 时对应的曲线割线模量为中空夹层钢管混凝土 K 形节点的使用阶段刚度（K_s）。

6.3.2　试验结果及分析

中空夹层钢管混凝土 K 形节点的加载过程控制良好，在两种边界条件下，试件均表现出较好的承载能力和变形性能。

（1）主要破坏形态

试验中，在加载后期，每个试件均发生了较为显著的可见破坏。在本试验考察的参数范围内，除试件 CI4-1 和 CII4-2 的受拉腹杆焊缝出现撕裂外，其他试件均出现了受压腹杆的破坏——局部屈曲或整体屈曲，如图 6.33 所示。这与空钢管 K 形节点的破坏机制有显著不同。在空钢管 K 形节点的试验中，主要出现两种弦杆破坏形态：弦杆表面塑性破坏，即受压腹杆处弦杆在压力作用下内凹失效；弦杆表面冲剪破坏，即受拉腹杆处弦杆表面钢管发生拉伸冲剪。而在中空夹层钢管混凝土 K 形节点中，由于弦杆采用了内、外两层钢管约束夹层混凝土的形式，与空钢管弦杆相比，其强度、刚度均得到有效的强化。夹层混凝土的存在约束了弦杆外钢管的内凹变形，并将腹杆传来的侧向荷载有效的传递到更大范围，延缓了弦杆表面的塑性变形发展，与钢管混凝土 K 形节点的试验研究现象类似。因此，节点的失效机制发生了改变。同时，通过试验观察与应变量测可以发现，各试件的弦杆表面均出现一定的外管壁变形和表面塑性。

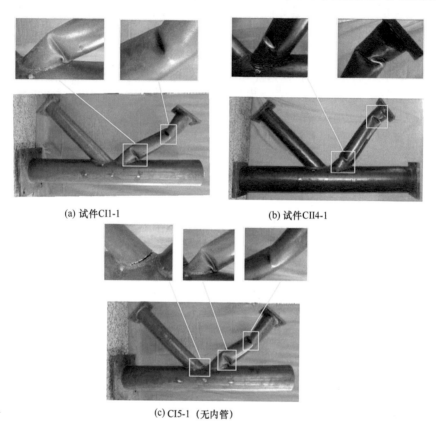

(a) 试件CI1-1　　　　　　　　　(b) 试件CII4-1

(c) CI5-1（无内管）

图 6.33　典型中空夹层钢管混凝土 K 形节点破坏形态

试验结束后，将试件节点区域剖开，以观察夹层混凝土和弦杆内管的形态，如图 6.34 所示。由于所有试件破坏发生在腹杆，弦杆的夹层混凝土和内管未发生明显破坏。

（2）荷载（N）- 变形（δ）关系

各中空夹层钢管混凝土 K 形节点试件的荷载（N）- 变形（δ）曲线示例如图 6.35 所示。由图可见，在静力荷载边界下，中空夹层钢管混凝土 K 形节点表现出较好的延性与变形能力。在加载初期，荷载随变形的发展呈线性增长；随着节点变形的增加，荷载增速变缓；当试件进入塑性后，荷载维持不变的情况下，节点的杆件相对变形迅速增长，直至发生受压腹杆屈曲破坏，节点失去承载能力。

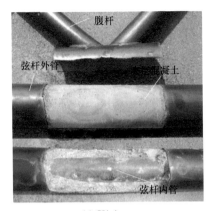
(a) CI1-1

(b) CII4-1

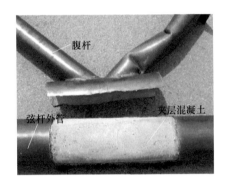
(c) CI5-1（无内管）

图 6.34　内管及夹层混凝土形态

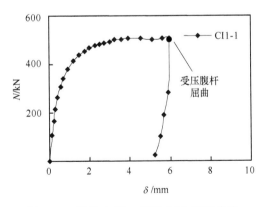

图 6.35　荷载（ N ）- 变形（ δ ）关系曲线

（3）力学性能指标

基于荷载（ N ）- 变形（ δ ）关系曲线，确定各中空夹层钢管混凝土 K 形节点试件的极限承载力（ N_{ue} ）、初始刚度（ K_i ）、使用阶段刚度（ K_s ）等力学性能指标，以及试件破坏模态和极限荷载时弦杆的侧向变形（ v_{ue} ）等信息，汇总如表 6.12 所示。

表 6.12　中空夹层钢管混凝土 K 形节点承载能力试验结果

类型	试件编号	破坏模态	N_{ue}/kN	K_i/（kN/mm）	K_s/（kN/mm）	v_{ue}/mm
边界条件一	CI1-1	受压腹杆局部屈曲	506.8	352.3	271.1	1.2
	CI1-2	受压腹杆局部屈曲	513.9	382.5	232.5	1.0
	CI2-1	受压腹杆整体屈曲	391.8	232.8	190.6	0.6
	CI2-2	受压腹杆局部屈曲	387.2	257.3	212.6	0.7
	CI3-1	受压腹杆局部屈曲	469.1	341.6	261.0	1.0
	CI3-2	受压腹杆局部屈曲	490.3	323.9	209.3	1.1
	CI4-1	受压腹杆局部屈曲	511.8	375.2	265.5	1.1
	CI4-2	受压腹杆局部屈曲	524.9	405.1	305.9	0.9
	CI5-1	受压腹杆局部屈曲；受拉腹杆焊缝开裂	517.1	371.2	263.6	0.9
	CI5-2	受压腹杆局部屈曲	531.1	388.7	278.1	1.0
边界条件二	CII1-1	受压腹杆局部屈曲	517.6	343.4	246.6	1.1
	CII1-2	受压腹杆局部屈曲	513.2	374.2	233.3	1.2
	CII2-1	受压腹杆局部屈曲	508.2	300.5	205.2	1.5
	CII2-2	受压腹杆局部屈曲	495.3	314.5	211.7	1.4
	CII3-1	受压腹杆局部屈曲	482.6	272.4	185.5	3.1
	CII3-2	受压腹杆局部屈曲	504.1	250.8	160.4	2.5
	CII4-1	受压腹杆局部屈曲	510.9	453.1	305.7	1.1
	CII4-2	受压腹杆局部屈曲；受拉腹杆焊缝开裂	497.7	397.7	284.6	1.0
	CII5-1	受压腹杆局部屈曲	511.1	547.1	336.6	0.9
	CII5-2	受压腹杆局部屈曲	492.5	515.9	318.9	1.0

　　本试验通过对各中空夹层钢管混凝土 K 形节点试件的组合，对弦杆空心率等因素对节点静力性能的影响进行了考察。本节分别针对考察不同因素的试件系列，对不同试件的破坏形态、荷载 - 变形关系、力学性能指标及应变发展等方面，进行了对比分析。

　　1）腹弦杆管径比系列（试件 CI1、CI2）。

　　试验中，通过 CI1 系列（$\beta=0.604$）、CI2 系列（$\beta=0.396$）共 4 个试件，来考察腹弦杆管径比 β（d_w/d_o）对中空夹层钢管混凝土 K 形节点静力性能的影响。

　　试件在加载全过程的荷载（N）- 变形（δ）关系曲线如图 6.36 所示，由 N-δ 曲线确定的力学性能指标相对值如图 6.37 所示，图中纵坐标相对值指的是试件的极限承载力（N_{ue}）、初始刚度（K_i）和使用阶段刚度（K_s）等力学性能指标与试件 CI1-1 相应指标值的比值（百分比）。

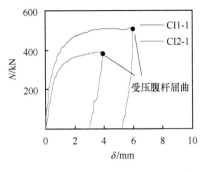

图 6.36　N-δ 曲线（CI1、CI2 系列）

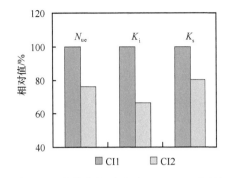

图 6.37　力学指标对比（CI1、CI2 系列）

由图 6.36 与图 6.37 可见，当中空夹层钢管混凝土 K 形节点试件的腹杆直径（d_w）减小，即腹弦杆径厚比 β 减小时，节点的极限承载力与刚度均有明显降低。试件 CI2 系列（$\beta=0.396$）的极限承载力（N_{ue}）比 CI1（$\beta=0.604$）降低 23.7%，初始刚度（K_i）和使用阶段刚度（K_s）分别降低 33.3% 和 19.9%。这是由于试件的腹杆起控制作用，腹杆直径减小后其整体力学性能均会相应降低。

试件 CI1-1 在加载过程中的荷载（N）- 弦杆外钢管应变（ε）关系曲线如图 6.38 所示，图中 ε_l 代表纵向应变，ε_t 代表横向应变。

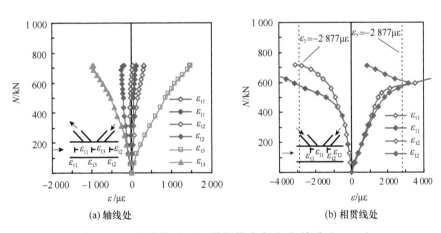

(a) 轴线处　　　　　　　　　　　　　　(b) 相贯线处

图 6.38　弦杆荷载（N）- 外钢管应变（ε）关系（CI1-1）

图 6.38（a）对弦杆外钢管壁在沿轴线不同位置处（中截面处、距中截面 d_o 近加载端处、距中截面 d_o 近自由端处）的应变进行了对比，可见，靠近加载端的弦杆段，应变有一定发展；靠近自由端的弦杆段，由于弦杆无直接轴力作用，应变发展较小；而弦杆外钢管在中截面处的应变远大于轴线上的其他位置。整体而言，弦杆外钢管在沿轴线的应变发展均未达到钢管的屈服应变（ε_y）。图 6.38（b）所示为弦杆外钢管在与腹杆连接的相贯线处的应变发展，其中 ε_{l1}、ε_{t1} 为弦杆在受拉腹杆相贯线处的应变，ε_{l2}、ε_{t2} 为弦杆在受压腹杆相贯线处的应变。由图可见在加载过程中，相贯线附近的弦杆应变均已达到钢管的屈服应变（ε_y），说明杆件连接处是应力集中的区域。

　　试件 CI1-1 与 CI2-1 受拉、受压腹杆的荷载（N）-应变（ε）关系分别如图图 6.39（a）、（b）所示，其中，ε_{t1}、ε_{t1} 为受拉腹杆上测得的应变，ε_{t2}、ε_{t2} 为受压腹杆测得的应变。由图可见，试件两腹杆的应变发展明显大于弦杆钢管，均超过腹杆钢管的屈服应变（ε_{y}）。相对于试件 CI1-1，由于试件 CI2-1 腹杆截面的减小，腹杆应变在较小的荷载下即发展迅速，因此其腹杆屈曲承载力要小。

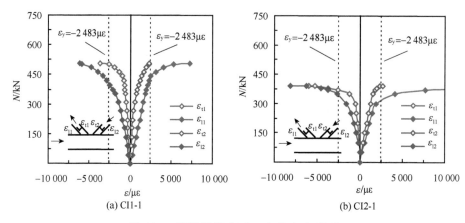

图 6.39　腹杆荷载（N）-应变（ε）关系

　　2）弦杆径厚比系列（试件 CI1、CI3）。

　　试验中，通过 CI1 系列（$\gamma=30.53$）、CI3 系列（$\gamma=39.47$）的 4 个试件来考察弦杆径厚比 γ（$d_{o}/2t_{o}$）对中空夹层钢管混凝土 K 形节点静力性能的影响。CI3 系列试件同样发生受压腹杆局部屈曲破坏。弦杆的夹层混凝土和内管未发生明显破坏。试件在加载全过程的荷载（N）-变形（δ）关系曲线如图 6.40 所示，极限承载力（N_{ue}）、初始刚度（K_{i}）和使用阶段刚度（K_{s}）等力学性能指标的相对值如图 6.41 所示。

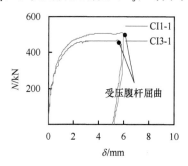

图 6.40　N-δ 曲线（CI1、CI3 系列）

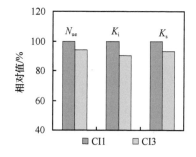

图 6.41　力学指标对比（CI1、CI3 系列）

　　由图 6.40 和图 6.41 可见，当中空夹层钢管混凝土 K 形节点试件的弦杆外钢管壁厚（t_{o}）减小，即弦杆径厚比 γ 增大时，节点的极限承载力与刚度有一定降低，但降低幅度不大。试件 CI3 系列（$\gamma=39.47$）的极限承载力（N_{ue}）比 CI1（$\gamma=30.53$）降低 6.0%，初始刚度（K_{i}）和使用阶段刚度（K_{s}）分别降低 9.4% 和 6.4%。这是由于当弦杆外钢管的壁厚减小时，其抵抗侧向力的能力减弱，为受压腹杆提供的支撑作用也相对减弱。

　　试件 CI1-1、CI3-1 的弦杆外钢管在与腹杆连接的相贯线处的荷载（N）-应变（ε）

关系对比如图 6.42 所示。由图可见，在加载过程中，两试件的弦杆外壁在相贯线处的应变发展规律基本相似，随着荷载的增加，其纵向、横向应变均达到钢管的屈服应变（ε_y）。

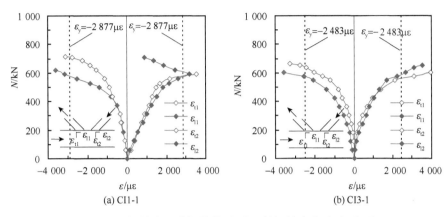

图 6.42　相贯线处弦杆荷载（N）- 外钢管应变（ε）关系

3）弦杆空心率系列（试件 CI1、CI4、CI5）。

试验中，通过 CI1 系列（$\chi = 0.6$）、CI4 系列（$\chi = 0.3$）、CI6 系列（$\chi = 0$）共 6 个试件，来考察弦杆空心率 χ 对中空夹层钢管混凝土 K 形节点静力性能的影响。

CI4、CI5 系列试件同样发生受压腹杆局部屈曲破坏。试件 CI4 的弦杆夹层混凝土和内管、试件 CI5 的核心混凝土均未发生明显破坏。三个系列的节点试件在加载全过程的荷载（N）- 变形（δ）关系曲线如图 6.43 所示，极限承载力（N_{ue}）、初始刚度（K_i）和使用阶段刚度（K_s）等力学性能指标的相对值如图 6.44 所示。

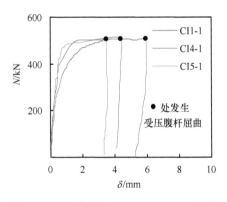

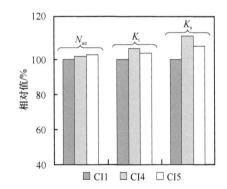

图 6.43　N-δ 曲线（CI1、CI4、CI5 系列）　　图 6.44　力学指标对比（CI1、CI3、CI5 系列）

由图可见，当中空夹层钢管混凝土 K 形节点试件的弦杆空心率 χ 减小时，节点的极限承载力有微小的提升。试件 CI4 系列（$\chi = 0.3$）、CI5 系列（$\chi = 0.6$）的极限承载力（N_{ue}）比 CI1（$\chi = 0.6$）分别提高 1.5% 和 2.6%。而试件的刚度有较大提升，初始刚度（K_i）和使用阶段刚度（K_s）最高增加 6.5% 和 13.4%。这是由于当弦杆空心率减小时，弦杆中混凝土的量增加，减小了节点区的变形，使得刚度有所提升。

本系列试件的弦杆内、外钢管荷载（N）- 应变（ε）关系的对比如图 6.45 所示。

其中，图 6.45（a）所示为试件 CI1-1、CI4-1、CI5-1 的弦杆外管中截面轴线处的纵向、横向应变对比；图 6.45（b）所示为试件 CI1-1、CI4-1 的弦杆内管中截面轴线处的纵向、横向应变对比。由图可见，与相应位置处的外管应变相比，试件弦杆内管的应变发展较小，其纵向、横向应变均未达到钢管的屈服应变（ε_y）。并且随着弦杆空心率（χ）的减小，试件相应位置处的应变值也有所减小。如图 6.45（a）中，试件 CI5-1 的外钢管应变发展小于试件 CI4-1，而两者的应变值均小于试件 CI1-1 的相应位置。这说明弦杆中混凝土的量增加，减小了钢管的应变变形，因此其整体刚度有所提高。

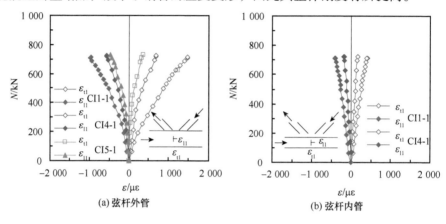

图 6.45　弦杆荷载（N）- 钢管应变（ε）关系

4）弦杆轴力水平系列（试件 CII）。

试验中，通过 CII 系列的 10 个试件，来考察弦杆轴力水平对中空夹层钢管混凝土 K 形节点静力性能的影响。试验结果表明，在试验的参数范围内，弦杆轴力水平未改变节点的破坏模态，CII 系列中空夹层钢管混凝土 K 形节点试件同样发生受压腹杆局部屈曲破坏，试件的夹层混凝土和内管也未发生明显破坏。

五个系列的节点试件在加载全过程的荷载（N）- 变形（δ）关系曲线如图 6.46 所示，极限承载力（N_{ue}）、初始刚度（K_i）和使用阶段刚度（K_s）等力学性能指标的相对值如图 6.47 所示。

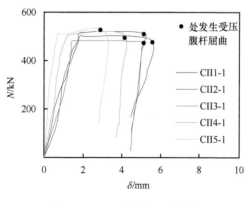

图 6.46　N-δ 曲线（CII 系列）

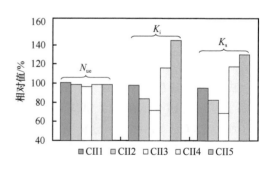

图 6.47　力学指标对比（CII 系列）

由图 6.44 和图 6.45 可见，当中空夹层钢管混凝土 K 形节点试件的弦杆中施加初始轴力时，其承载力均有所降低，最大降低幅度出现在 CII3 系列，即弦杆承受 $n'=-0.6$ 的轴压力时，节点的极限承载力（N_{ue}）降低约 3.4%。可见试验参数范围内的轴力水平对节点承载力的影响较小。

由图 6.46 与图 6.47 同样可见，弦杆轴力水平对中空夹层钢管混凝土 K 形节点刚度的影响较大。当弦杆承受轴压力时，节点刚度呈下降趋势，CII3 试件（$n'=-0.6$）的初始刚度（K_i）和使用阶段刚度（K_s）比 CII1 试件（$n'=-0.05$）分别降低 29.8% 和 32.3%。当弦杆承受轴拉力时，节点刚度有明显提升，CII5 试件（$n'=0.6$）的初始刚度（K_i）和使用阶段刚度（K_s）比 CII1 试件（$n'=-0.05$）分别提高 44.6% 和 30.1%。

选取本试验参数范围内弦杆初始轴压力最大的试件 CII3-1、弦杆初始轴拉力最大的试件 CII5-1 以及对比试件 CII1-1，将三者弦杆外钢管在中截面轴线处及受拉腹杆相贯线的荷载（N）- 应变（ε）关系进行对比，如图 6.48 所示。为使对比更加直观，将试件 CII5-1 的弦杆拉荷载定义为正。

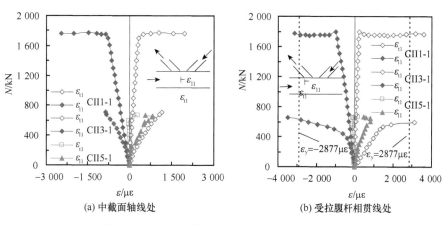

图 6.48　弦杆荷载（N）- 钢管应变（ε）关系

由图可见，在试件 CII3-1 在较大的弦杆初始轴压力（$n'=-0.6$）作用下，其弦杆外钢管在中截面轴线处的应变明显高于试件 CII1-1 的相应位置。随着加载的进行，试件 CII3-1 不仅在相贯线附近的弦杆表面达到屈服应变值（ε_y），在距相贯线较远的中截面轴线处也达到 ε_y。弦杆初始轴压力与腹杆加载产生的弦杆反力共同作用，使得试件外钢管的应变发展及表面变形较为充分，其节点承载力、刚度因而有所降低。而在试件 CII5-1 中，弦杆初始轴拉力缓冲了腹杆加载时产生的弦杆反力，其应变值比试件 CII1-1 的相应位置要小，并且随着腹杆加载的进行，应变方向出现了反转，因而其节点刚度有较大的提升。

6.3.3　小结

本节采用两种典型边界条件，对 20 个钢管混凝土和中空夹层钢管混凝土 K 形节点开展了静力性能试验，得到了其典型破坏形态，研究了腹弦杆管径比、弦杆径厚比、弦杆轴力水平和弦杆空心率等参数对节点力学性能的影响规律。与空钢管 K 形节点相比，弦杆采用钢管混凝土或中空夹层钢管混凝土后，节点的破坏机制发生变化。在本试验研究的参数范围内，中空夹层钢管混凝土 K 形节点试件主要出现弦杆进入塑性、受压腹杆局部屈曲的破坏形态，部分试件的受拉焊缝开裂。在试验中，中空夹层钢管混凝土 K 形节点表现出较好的延性，其承载力相对于实心钢管混凝土 K 形节点并无较大改变。

在本节试验参数范围内，中空夹层钢管混凝土 K 形节点的承载力随腹弦杆管径比的增大而提高；随弦杆径厚比的增大而降低；弦杆空心率、弦杆轴力水平对节点的影响则主要体现在刚度方面。

6.4　钢管混凝土 - 钢管 K 形连接节点受力全过程分析

6.4.1　有限元模型

（1）模型建立

基于 ABAQUS 非线性有限元软件，建立了钢管混凝土和中空夹层钢管混凝土 K 形节点的非线性有限元分析模型，对其在典型边界条件下的静力性能进行数值计算（侯超，2014；Hou 和 Han，2017）。利用以往研究者的试验数据和本章试验数据对模型的准确性进行验证，以保证分析结果的安全可靠。在此基础上，利用有限元模型，进行中空夹层钢管混凝土 K 形节点在静力荷载下的工作机理分析。研究节点典型的破坏形态和荷载 - 变形关系特征，节点区应力 - 应变发展过程，弦杆内、外钢管和夹层混凝土的相互作用等。

在材料本构模型方面，钢管混凝土和中空夹层钢管混凝土弦杆的内、外钢管与空钢管腹杆的应力 - 应变关系采用二次塑流模型，核心和夹层混凝土采用混凝土塑性损伤模型，详见 2.5.2 节。

在单元选取方面，混凝土、杆件端板等采用 C3D8R 单元（八节点减缩积分格式的三维实体单元）；弦杆钢管与腹杆钢管均采用 S4R 单元（四节点减缩积分格式的三维壳单元），在厚度方向采用 9 个积分点的 Simpson 积分。在网格划分时采用映射网格划分，通过网格实验确定网格密度，保证计算精度与计算效率的良好统一。由于圆截面各杆件的交汇处，几何构型复杂，容易产生不规则的网格形状，影响到计算的收敛性。因此，进行网格划分时，在 K 形节点的弦杆、腹杆相贯区域，通过细致的部件剖分与网格节点布置，生成三向尺寸尽量一致的网格，以利于计算的收敛。建立的钢管混凝土 K 形节点和中空夹层钢管混凝土 K 形节点试件有限元模型示意图如图 6.49 所示。

通过对钢管混凝土和中空夹层钢管混凝土在侧向受压时材料间界面特性的探索，确定了对 K 形节点弦杆钢管壁与夹层混凝土的接触及相互作用的处理方式：采用"硬"接触模拟钢管与夹层混凝土之间的法向接触行为，即接触面法向压力可以完全传递；采用库仑摩擦模型模拟界面切向的黏结滑移行为。在计算、分析的基础上，将界面摩擦系数 μ 取为 0.5。模型中的其他接触，如弦杆与腹杆的连接、各杆件端板的连接等，参考宋谦益（2010）的处理方法。

在空钢管节点中，杆件连接处的焊缝可能会对腹杆端部和弦杆表面产生较大应力和变形影响，进而影响到空钢管节点的破坏形态及承载性能。在对钢管混凝土和中空夹层钢管混凝土侧向受压性能的研究中发现，由于夹层混凝土的约束与支撑作用，焊

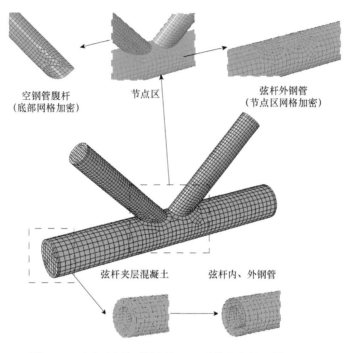

图 6.49　中空夹层钢管混凝土 K 形节点有限元模型图示

缝对于弦杆外钢管塑性变形的影响得到有效缓解，焊缝对节点静力性能的影响较小［宋谦益（2010），侯超（2014）］。

在利用有限元模型研究钢管混凝土 K 形节点和中空夹层钢管混凝土 K 形节点在理想边界条件下的静力性能时，其各杆件边界仅受轴力作用，并且拉、压腹杆的轴力大小相等，在此基础上，可选择多种荷载位移边界条件。本模型的 K 形节点边界条件与试验一致。计算中，采用牛顿法进行迭代计算。

（2）模型验证

1）钢管混凝土 K 形节点。

利用圆形截面钢管混凝土 K 形节点的试验包括 Makino 等（2001）、Sakai 等（2004）、王新毅（2009）等进行的共 10 个构件，除去出现焊缝断裂、面外失稳等特殊破坏形式的试件，对其中的 7 个构件进行了有限元计算。验证构件的相关参数如表 6.13 所示，有限元计算得到的钢管混凝土 K 形节点极限承载力（N_{ua}）与试验测得的极限承载力（N_{ue}）的对比如表 6.13 和图 6.50 所示。

表 6.13　钢管混凝土 K 形节点验证构件参数表

序号	试件编号	弦杆 $d_o \times t_o$ /（mm×mm）	腹杆 $d_i \times t_i$ /（mm×mm）	e/mm	g/mm	θ/（°）	N_{ue}/kN	N_{ua}/kN	N_{ua}/N_{ue}	数据来源
1	K1	190.7×4.9	89.1×3.89	22.3	29	60	443	408.1	0.921	Makino 等
2	K2	190.7×4.9	60.5×5.2	0	36.5	60	326	328.2	1.007	（2001）
3	K1/2D	318.5×6.9	216.3×5.8	0	60	60	1 220	1 209.4	0.991	Sakai 等（2004）

续表

序号	试件编号	弦杆 $d_o \times t_o$ /(mm×mm)	腹杆 $d_i \times t_i$ /(mm×mm)	e/mm	g/mm	θ/(°)	N_{ue}/kN	N_{ua}/kN	N_{ua}/N_{ue}	数据来源
4	K4	273×6.61	133×5.26	0	85	45	947	963.1	1.017	王新毅（2009）
5	K5	273×8.05	140×8.42	0	75	45	1 636	1 568.9	0.959	
6	K6	273×6.61	133×7.15	0	85	45	1 160	1 017.2	0.877	
7	K7	273×6.61	133×4.51	0	85	45	880	851.8	0.968	

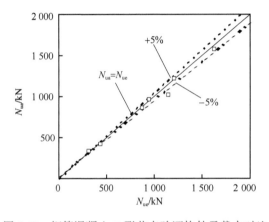

图 6.50　钢管混凝土 K 形节点验证构件承载力对比

由图 6.50 可见，与试验结果相比较，有限元计算得到的构件极限承载力偏于安全，模型计算结果能够与试验数据较好吻合。

2）中空夹层钢管混凝土 K 形节点。

利用本章开展的中空夹层钢管混凝土 K 形节点试验数据，对有限元模型的准确性进行了进一步验证。有限元计算得到的试件典型破坏形态与试验现象的对比如图 6.51 所示，试件荷载（N）- 变形（δ）关系曲线的对比如图 6.52 所示。

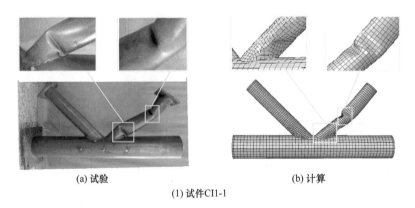

(a) 试验　　　　　　　　　　　　(b) 计算

(1) 试件CI1-1

图 6.51　试件破坏形态对比

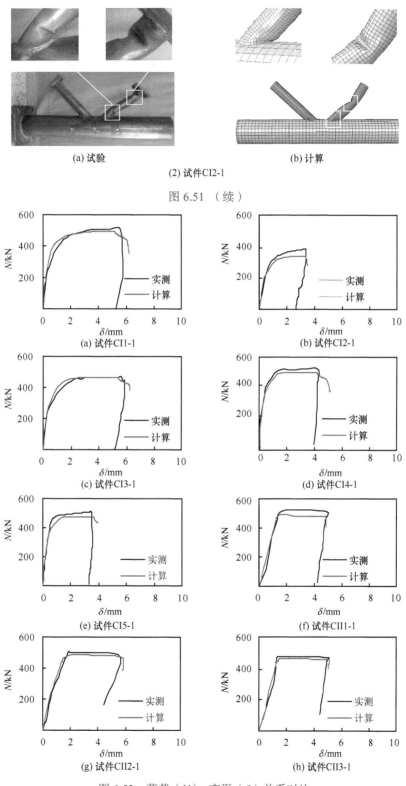

(a) 试验　　　　　(b) 计算

(2) 试件CI2-1

图 6.51　（续）

(a) 试件CI1-1

(b) 试件CI2-1

(c) 试件CI3-1

(d) 试件CI4-1

(e) 试件CI5-1

(f) 试件CII1-1

(g) 试件CII2-1

(h) 试件CII3-1

图 6.52　荷载（N）- 变形（δ）关系对比

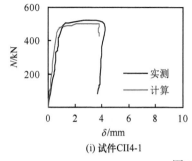

(i) 试件CII4-1

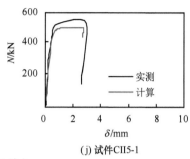

(j) 试件CII5-1

图 6.52 （续）

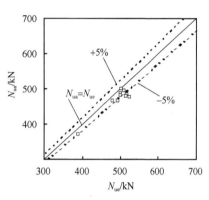

图 6.53　承载力计算结果（N_{ua}）
与试验结果（N_{ue}）对比

由图 6.51 可见，计算得到的中空夹层钢管混凝土 K 形节点破坏形态与试验观察到的现象有较好的一致。受压腹杆的屈曲变形、屈曲位置等，均得到较好的模拟，在腹杆钢管发生屈曲的部位，相应的单元发生扭曲变形；试件的竖向变形、侧向变形等，也均可以在计算结果中体现出。由图 6.52 可见，计算与试验得到的中空夹层钢管混凝土 K 形节点荷载（N）- 变形（δ）关系曲线取得了较好的一致，部分试件的实测弹性段刚度与极限承载力略大于计算曲线，随着加载的进行，计算与实测曲线吻合良好。

将有限元计算得到的试件极限承载力 N_{ua} 与试验得到的 N_{ue} 进行对比，如图 6.53 所示。计算可得，N_{ua}/N_{ue} 的平均值为 0.949，COV 为 0.028。可见有限元计算得到的 K 形节点承载力偏于安全，而刚度略大。整体来讲，模型计算结果与试验结果吻合较好。

图 6.54 中以试件 CI1-1 为例，将计算得到的弦杆外钢管轴线和相贯线处、弦杆内钢管和腹杆等处的荷载（N）- 应变（ε）关系与试验结果进行了对比，同样吻合较好，在加载初期，计算与实测曲线基本吻合，随着荷载的增加，两处曲线也基本表现出和试验中一致的发展趋势。

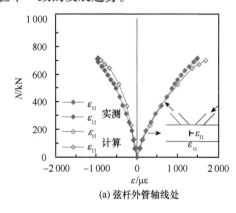

(a) 弦杆外管轴线处

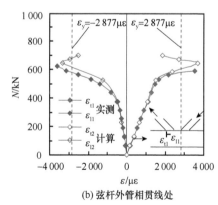

(b) 弦杆外管相贯线处

图 6.54　荷载（N）- 应变（ε）关系对比（试件 CI1-1）

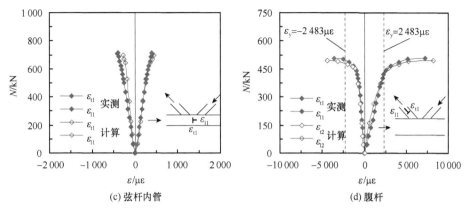

(c) 弦杆内管   (d) 腹杆

图 6.54 （续）

6.4.2 工作机理研究

（1）破坏形态分析

1）钢管混凝土 K 形节点。

在钢管混凝土 K 形节点中，核心混凝土能够对弦杆钢管提供有效支撑并分担腹杆传来的侧向荷载，弦杆明显得到加强，节点的破坏模态也相应地发生了变化。由于核心混凝土的存在，弦杆外钢管壁的屈曲和间隙处的剪切变形能够得到充分约束，相应的弦杆侧壁屈曲破坏和弦杆剪切破坏两种模态变得不易发生。而受压腹杆处的弦杆表面也不易发生大幅的压入塑性变形，表面塑性破坏更多体现为弦杆壁在受拉腹杆接头周围的拉出变形，这种塑性变形同样易发展为弦杆表面的冲剪破坏。钢管混凝土 K 形相贯焊接节点的典型破坏形态可以归纳为以下几类：①弦杆表面塑性失效，受拉腹杆将弦杆表面拉出；②受拉腹杆接头处沿腹杆四周弦杆表面冲剪失效；③受拉腹杆或焊缝的强度破坏；④受压腹杆的局部屈曲；⑤受压腹杆接头下弦杆内填充混凝土的局部压溃；⑥弦杆的轴压破坏。圆钢管混凝土 K 形节点的①～⑤种破坏形态如图 6.55 所示。

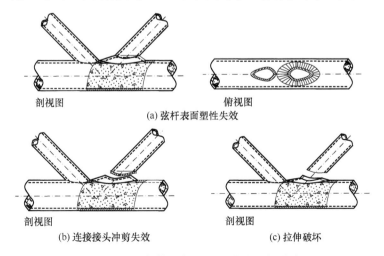

剖视图   俯视图
(a) 弦杆表面塑性失效

剖视图   剖视图
(b) 连接接头冲剪失效   (c) 拉伸破坏

图 6.55 圆钢管混凝土 K 形节点破坏模态

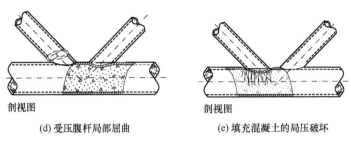

剖视图　　　　　　　　　　　　　剖视图

(d) 受压腹杆局部屈曲　　　　　(e) 填充混凝土的局压破坏

图 6.55 （续）

2）中空夹层钢管混凝土 K 形节点。

对于中空夹层钢管混凝土 K 形节点，弦杆由双层钢管夹层灌注混凝土形成，其力学特性介于相应的空钢管弦杆与实心钢管混凝土之间，随着弦杆空心率（χ）的变化而变化。因此，其破坏机制也随着节点参数的变化而不同。为深入研究中空夹层钢管混凝土 K 形节点在静力荷载下的破坏模态，利用建立的有限元模型，对不同 K 形节点算例进行了计算分析。采用试验试件 CI1-1 的尺寸为基本算例，计算参数为：弦杆长度 $l_o=1680\text{mm}$，弦杆外管截面 $d_o \times t_o=240\text{mm} \times 3.93\text{mm}$，弦杆内管截面 $d_i \times t_i=140\text{mm} \times 3.04\text{mm}$，弦杆空心率 $\chi=0.6$；腹杆长度 $l_w=725\text{mm}$，腹杆截面 $d_w \times t_w=145\text{mm} \times 3.04\text{mm}$，两腹杆夹角 $\theta=45°$，节点的构造偏心 $e=0\text{mm}$，间隙 $g=33.8\text{mm}$。弦杆内、外钢管和腹杆钢管均采用 Q345 钢材，夹层混凝土采用 C60 混凝土，试件加载方式如图 6.56（a）所示。通过变化相关参数组合，得到中空夹层钢管混凝土 K 形节点的典型破坏模态如下。

① 受压腹杆屈曲破坏。

通过有限元模型对基本算例进行计算，得到了受压腹杆局部屈曲破坏，节点破坏形态及杆件的应力分布如图 6.56 所示。

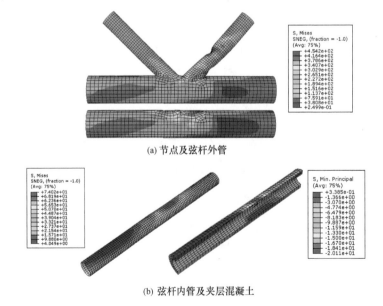

(a) 节点及弦杆外管

(b) 弦杆内管及夹层混凝土

图 6.56　中空夹层钢管混凝土 K 形节点的受压腹杆屈曲破坏模态（应力单位：MPa）

由图 6.56 可见，节点受压腹杆的应力集中现象明显，在发生屈曲处及附近区域，受压腹杆的钢材应力达到 410MPa 以上。受拉腹杆和中空夹层钢管混凝土弦杆外钢管部分区域的钢材应力水平也较高，节点区域、尤其在相贯线附近的弦杆外钢管壁进入塑性。此时，弦杆内管的最大 Mises 应力约为 75MPa，夹层混凝土的最大压应力（最小主应力）达到 25MPa，均在弹性范围内。可见，当中空夹层钢管混凝土 K 形节点的弦杆空心率较小、相对较强时，弦杆可对受压腹杆提供足够的支撑，节点可能发生受压腹杆屈曲破坏，在这种破坏模态下，受拉腹杆和弦杆外钢管在相贯线附近区域的应力水平较高、钢材进入塑性，弦杆内钢管和夹层混凝土也达到一定的应力水平。

在本书试验研究中，大多数试件发生了受压腹杆局部屈曲破坏，部分试件在受压腹杆屈曲后旋即发生了受拉腹杆或焊缝的拉伸断裂。由应变分析可知，试件弦杆外钢管的应变发展充分，相贯线附近的应变均已超过钢材屈服应变（ε_y），说明弦杆外钢管也已进入塑性变形阶段。与有限元模型分析得到的结果一致。

② 弦杆表面塑性破坏。

在基本算例中，将弦杆空心率增大为 $\chi = 0.75$，将弦杆外管壁厚改变为 $t_o = 3\text{mm}$，保持组合节点的其他几何参数不变；通过有限元计算，得到了中空夹层钢管混凝土 K 形节点的弦杆表面塑性破坏，节点的破坏形态及杆件的应力分布如图 6.57 所示。

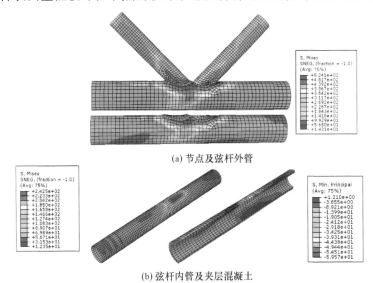

(a) 节点及弦杆外管

(b) 弦杆内管及夹层混凝土

图 6.57　中空夹层钢管混凝土 K 形节点的弦杆表面塑性破坏模态（应力单位：MPa）

如图 6.57 可见，在弦杆外钢管表面，钢管壁在较大范围内进入了塑性阶段，并且在相贯线附近及节点间隙区域出现了较大的塑性变形。此时，两腹杆钢管的 Mises 应力在 300MPa 左右。而弦杆内管的最大 Mises 应力达到 240MPa，夹层混凝土的最大压应力（最小主应力）达到 60MPa，均远高于发生受压腹杆屈曲破坏时的弦杆内管和夹层混凝土应力水平。可见，当中空夹层钢管混凝土 K 形节点的弦杆空心率较大、相对较薄弱，而弦杆外管壁厚较小时，节点可能发生弦杆表面塑性破坏，在这种破坏模态下，弦杆的内、外钢管和夹层混凝土均达到较高的应力水平。

③ 弦杆冲剪破坏。

在基本算例中，将弦杆空心率增大为 $\chi=0.75$，将弦杆外管壁厚改变为 $t_o=1.5\text{mm}$，保持其他几何参数不变；通过有限元计算，可以预期中空夹层钢管混凝土 K 形节点发生弦杆表面冲剪破坏，节点破坏形态及杆件的应力分布如图 6.58 所示。

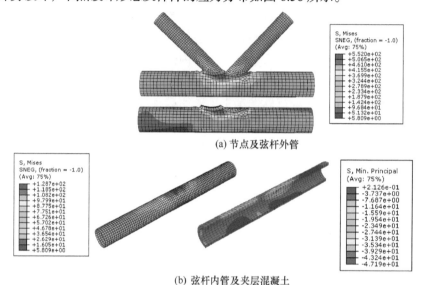

(a) 节点及弦杆外管

(b) 弦杆内管及夹层混凝土

图 6.58　中空夹层钢管混凝土 K 形节点的弦杆表面冲剪破坏模态（应力单位：MPa）

如图 6.58 可见，在弦杆外管与受拉腹杆的相贯区域，弦杆外壁应力较为集中，发生了明显的塑性变形，在图 6.58（a）中所示的受拉腹杆左侧，弦杆外壁发生了屈曲变形。由于本模型中未引入钢材的断裂准则，此处钢材未模拟到断裂现象，然而可见受拉相贯线处弦杆钢管的应力状态集中、单元发生扭曲变形，同时，由于夹层混凝土和内管的约束，弦杆外管无法发生内凹屈曲变形，可以预见，受拉腹杆处的弦杆外壁随着应力的发展和塑性变形受到约束，将发生冲剪破坏。此时，在受压腹杆相贯区域附近，弦杆外壁应力也有较大集中，但较受拉腹杆附近为小。两腹杆钢管大部分区域的 Mises 应力小于 300MPa。弦杆内管的最大 Mises 应力为 120MPa 左右，夹层混凝土的最大压应力（最小主应力）为 45MPa 左右，高于发生受压腹杆屈曲破坏时弦杆内管和夹层混凝土的应力水平，但低于发生弦杆表面塑性破坏时的应力水平。可见，当中空夹层钢管混凝土 K 形节点的弦杆空心率较大、弦杆外管壁厚进一步减小时，节点可能发生弦杆表面冲剪破坏，在这种破坏模态下，在弦杆与受拉腹杆相贯位置附近的管壁上发生较严重的应力集中，并由于弦杆外壁较薄弱而发生断裂破坏。

④ 夹层混凝土局部受压破坏。

在基本算例中，将弦杆空心率进一步增大为 $\chi=0.85$，将弦杆外管壁厚改变为 $t_o=3\text{mm}$，保持其他几何参数不变；通过有限元计算，得到了中空夹层钢管混凝土 K 形节点的夹层混凝土局部受压破坏，节点破坏形态及杆件的应力分布如图 6.59 所示。

由图可见，弦杆在受压腹杆的压荷载作用下发生内凹破坏，在受压腹杆下的区域，

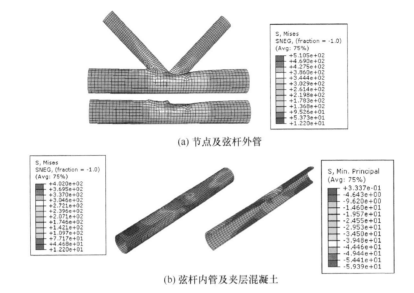

(a) 节点及弦杆外管

(b) 弦杆内管及夹层混凝土

图 6.59　中空夹层钢管混凝土 K 形节点的夹层混凝土局部受压破坏模态（应力单位：MPa）

弦杆外管、弦杆内管均达到屈服强度并发生内凹塑性变形；夹层混凝土同样发生受压凹陷变形，其最大压应力（最小主应力）达到 60MPa。可见，当中空夹层钢管混凝土 K 形节点的弦杆空心率进一步增大时，节点更多地表现出与空钢管 K 形节点相似的特性，在受压腹杆作用下可能发生弦杆夹层混凝土的局部受压破坏。

从图中同样可见，发生夹层混凝土局部受压破坏时，受拉腹杆大部分区域的钢材应力尚未达到屈服水平，受拉腹杆连接处的弦杆外管应力水平也远比受压腹杆连接处低；由图 6.59（b）也可看到，受拉腹杆连接区域处弦杆内管和夹层混凝土的应力水平较低，材料的应力分布主要由内凹变形控制。由此可知，在中空夹层钢管混凝土 K 形节点发生夹层混凝土局部受压破坏时，受拉腹杆对节点的荷载、变形影响较小，可基本简化为 6.2 节的中空夹层钢管混凝土构件在倾斜压杆作用下的局部受压问题。

由以上计算分析可知，随着空心率（χ）等参数的变化，中空夹层钢管混凝土 K 形节点的破坏机制有所不同。除以上四种破坏模态外，与空钢管节点类似，中空夹层钢管混凝土 K 形节点同样可能在受拉腹杆或焊缝处发生拉伸破坏；由于钢管中填充混凝土后，其抗剪切能力大幅提升（韩林海，2007，2016），在本章研究的工程常见参数范围内，可以认为不会发生中空夹层钢管混凝土弦杆剪切破坏的情况。综上所述，中空夹层钢管混凝土 K 形节点的几种典型破坏模态及其示意图如表 6.14 所示。

表 6.14　中空夹层钢管混凝土 K 形节点典型破坏模态

破坏杆件	破坏形态	破坏形态示意图
弦杆破坏	弦杆表面塑性破坏	剖视图　俯视图

续表

破坏杆件	破坏形态	破坏形态示意图
弦杆破坏	弦杆表面冲剪破坏	
	夹层混凝土承压破坏	
腹杆破坏	受压腹杆局部屈曲	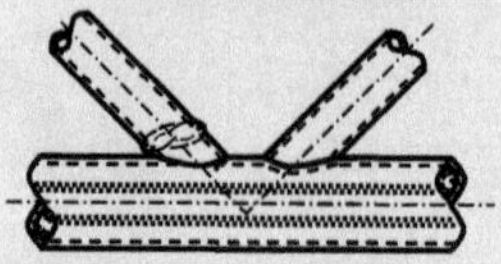
	受拉腹杆或焊缝拉伸破坏	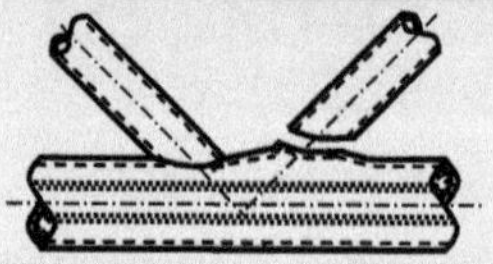

由于节点区域的弦杆是桁架、塔架体系受力的关键部位，夹层混凝土承压破坏、弦杆管壁冲剪断裂等弦杆发生直接破坏的模态将进一步影响到整个结构体系的安全和稳定，而腹杆的过早破坏，则不利充分的发挥各杆件的材料性能。因此，本章试验研究中出现的弦杆进入塑性后受压腹杆发生屈曲破坏的情况，可以认为是能够较充分发挥材料性能且利于保持结构体系稳定的一种较为理想的破坏模态，也是进行机理分析的重点。

（2）荷载-变形全过程关系分析

1）钢管混凝土 K 形节点。

图 6.60（a）所示为钢管混凝土 K 形节点有限元参数分析中弦杆径厚比不同的节点荷载（N）-变形（δ）曲线，其中变形 δ 的取值方法如图 6.32 所示。可见，径厚比 $\gamma=54.8$ 的受拉支曲线的初始变形刚度与其余曲线相当，但随着弦杆壁的塑性变形增大，当节点荷载超过承载力一半以后变形刚度开始减小，节点的荷载随变形缓慢上升到峰值。受压支曲线的发展趋势类似，同属于延性破坏。随着弦杆径厚比的减小（壁厚增大），曲线的弹性段占上升段的密度越大。节点达到峰值荷载前的变形也越小。试件 $\gamma=21.9$ 和 $\gamma=18.3$ 的受压支和受拉支曲线分别重合，节点达到峰值荷载前没有明显的变形，塑性发展也不充分，受压支达到荷载峰值后承载力迅速下降。

图 6.60（b）所示为不同弦杆轴力水平 n 下的节点荷载-变形曲线。可见，随着轴力水平 n 的增大，节点受拉支的荷载-变形曲线的变形刚度略有减小，总体上趋势相同，且塑性变形发展较充分，但轴力水平 n 达到 -0.8 时荷载峰值仅上升到其他轴力水平下的一半即开始下降；节点受压支的荷载-变形曲线随着轴力水平 n 的增大，其峰值点明显降低，并且荷载峰值点对应的变形很小（基本在 4mm 以内），随后曲线进入下降段，轴力水平 $n=-0.8$ 的曲线峰值点仅达到 300kN 左右，远低于轴力水平小的情况。

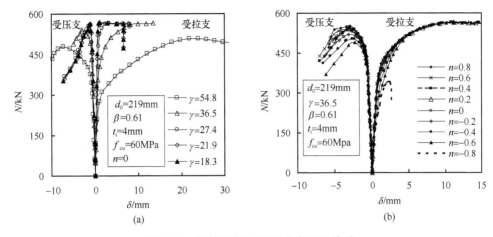

图 6.60　钢管混凝土 K 形节点 N-δ 关系

综上所述，钢管混凝土 K 形节点受力全过程的典型荷载 - 变形曲线如图 6.61 所示，其特征如下。

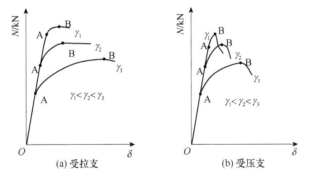

图 6.61　典型钢管混凝土 K 形节点 N-δ 关系曲线

弹性阶段（OA）：在此阶段，受压支核心混凝土和弦杆壁共同承受腹杆传递来的横向荷载，核心混凝土局部处于三向受压状态。A 点大致相当于腹杆钢材进入弹塑性阶段的起点。受拉支由弦杆壁单独承受侧拉力，但核心混凝土约束了弦杆侧壁的变形，使参与变形的弦杆壁膜应力状态能得到充分发挥，A 点大致相当于弦杆壁钢材进入弹塑性阶段的起点。

弹塑性阶段（AB）：进入此阶段后，受压支由于钢管混凝土弦杆抵抗侧向压陷的强度往往高于受压腹杆的屈曲强度，受压腹杆应力逐步增大，并开始发生局部屈曲或整体弯曲变形。B 点时腹杆钢材的应力已经达到屈服强度，此时混凝土的最大压应力可能接近或超过其单轴强度（视腹杆截面强度而定）。对受拉支而言，混凝土不直接参与承受腹杆的拉力，因此总体上应力较小。若腹杆强度大，B 点时受力变形的弦杆壁可能进入弹塑性阶段。若腹杆强度相对较弱而弦杆壁较厚，在 B 点时受拉腹杆已进入弹塑性阶段，应力已经达到屈服强度。

下降段（BC）：到达 B 点左右，节点即达到极限强度，随后开始出现下降段。当

γ 较大时，受拉支曲线下降段明显，随着 γ 减小，下降段趋于平缓。受压支下降段较为明显，随 γ 的减小，下降段愈加陡峭。

以上分析结果表明，钢管混凝土 K 形节点的荷载 - 变形曲线总体上可以分为三个阶段，即弹性段（OA）、弹塑性段（AB）和下降段（BC）。受拉支表现出较好的弹性和塑性性能，随着 γ 的增大，弹塑性发展越充分；受压支塑性性能稍弱，随着弦杆径厚比 γ 的减小弹塑性段短，到达峰值后下降段越陡。在节点的加载受力过程中达到峰值点以前受拉腹杆和受压腹杆的荷载增长基本同步，几乎同时达到峰值点。进入下降段后，由于试件的变形导致拉、压腹杆的受力不再平衡，受压腹杆荷载迅速下降节点破坏。

2）中空夹层钢管混凝土 K 形节点。

不同破坏模态下的中空夹层钢管混凝土 K 形节点在静力荷载下受拉腹杆上的荷载（N）和受拉腹杆与弦杆中截面的相对变形值（δ）关系曲线如图 6.62 所示，其中杆件相对变形值 δ 按图 6.32 所示的方法确定。

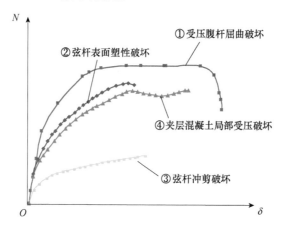

图 6.62　几种破坏模态的荷载（N）- 变形（δ）曲线对比

图 6.62 中，曲线①（受压腹杆屈曲破坏）代表弦杆进入塑性后受压腹杆发生屈曲破坏模态所对应的荷载 - 变形关系，由图可见，试件具有良好的延性，其弹性、塑性变形的发展较为充分，节点具有较高的承载能力。

曲线②（弦杆表面塑性破坏）所示为弦杆表面塑性破坏模态对应的荷载 - 变形关系。由图可见，由于节点弦杆空心率 χ 增大、弦杆外管壁厚 t_o 减小，与曲线 A 算例相比，弦杆受到较大削弱，节点的刚度有明显降低，节点变形随荷载的增加而增长迅速，试件较早进入弹塑性段和塑性段，最终由弦杆管壁发生较大的塑性变形而达到极限承载力。

曲线③（弦杆冲剪破坏）所示为弦杆冲剪破坏模态对应的荷载 - 变形关系，由于在本算例中，弦杆外钢管壁厚 t_o 进一步减小，节点弦杆进一步减弱，与曲线 B 相比，节点刚度的降低幅度更大，更早地进入弹塑性段和塑性段。由于本模型未对钢材的断裂现象进行模拟，没有得到曲线 C 的下降段，但可见节点的承载力明显降低，随着荷载的增加，节点变形发展迅速。

曲线④（夹层混凝土局部受压破坏）所示为夹层混凝土局部受压破坏模态对应的

荷载 - 变形关系，由图可见，曲线特点与本章第 2 章中研究的中空夹层钢管混凝土在侧向受压下的荷载 - 变形规律较为一致，当弦杆发生内凹变形时，荷载出现下降段，其后，随着变形的增长，节点承载能力有所恢复。由于本算例弦杆空心率有较大幅度的增大，弦杆中夹层混凝土的量减少，节点刚度有较大降低。

由图 6.62 可见，弦杆或腹杆过早地发生破坏，均不利于杆件材料性能的充分利用，曲线①所对应的弦杆进入塑性 - 受压腹杆屈曲破坏模态具有更好的延性，能够较充分发挥材料性能，是较为合理的破坏模态。因此，以该模态所对应的中空夹层钢管混凝土 K 形节点算例为代表，对荷载 - 变形关系曲线的全过程特性进行了分析。作为对比，同时对同参数的空钢管 K 形节点（弦杆建模中去掉夹层混凝土与内钢管）和钢管混凝土 K 形节点（弦杆建模中去掉内钢管，将外钢管内全部填充核心混凝土）进行了计算分析。利用有限元模型计算得到的中空夹层钢管混凝土 K 形节点及相应的钢管混凝土 K 形节点和空钢管 K 形节点的全过程荷载（N）- 变形（δ）关系曲线，如图 6.63 所示。

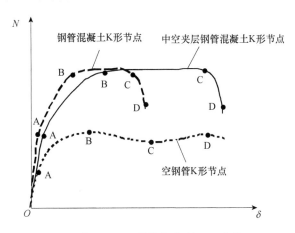

图 6.63　K 形节点典型 N-δ 曲线

在试验观察和有限元分析的基础上，根据节点宏观荷载、变形的变化和对应力应变发展的分析，将图 6.63 所示的中空夹层钢管混凝土 K 形节点荷载（N）- 变形（δ）全过程曲线分为四个阶段。

1）弹性段（OA 段）。

加载初始，节点的荷载 - 变形关系总体呈线性。在这一阶段，弦杆内、外钢管和腹杆钢管均处于弹性阶段，其应力在弹性范围内。夹层混凝土与弦杆内、外钢管壁共同承担传自腹杆的侧向荷载，处于侧向局压状态，并受到内、外钢管的约束作用，节点具有较大的刚度。

本阶段结束时，拉、压腹杆的钢材应力到达比例极限，开始进入弹塑性阶段。弦杆外钢管的部分区域——相贯线附近的区域在腹杆拉压荷载的直接作用下、处于间隙中部的区域在节点区剪切作用下也开始进入弹塑性阶段。由试验结果和有限元分析的结果可知，A 点处的荷载为 $0.4N_u$～$0.6N_u$。

2）弹塑性段（AB 段）。

随着荷载的进一步增加，节点的荷载 - 变形关系进入弹塑性阶段，荷载随变形增加而增加的速度变缓，节点刚度也逐渐减小。拉、压腹杆逐渐进入屈服阶段，弦杆外钢管在相贯线附近和间隙区域的钢管壁最先进入屈服阶段，并且范围逐渐扩大。更大范围的夹层混凝土参与到承载中，混凝土的应力水平和弦杆内钢管的应力水平逐渐增大。到本阶段结束时，拉、压腹杆和弦杆外管在节点区的部分均已进入塑性阶段。由试验结果和有限元分析的结果可知，B 点处的荷载一般为 $0.9N_u$ 以上。

3）塑性段（BC 段）。

随着腹杆钢管和弦杆外钢管进入塑性阶段，节点的腹杆与弦杆的相对位移发展迅速。荷载继续增大，导致更大范围的钢管壁进入屈服阶段。在弦杆中，随着外钢管壁的屈服，产生应力重分布，夹层混凝土和内管的支撑作用使得更大范围的外管壁进入屈服，避免了相贯线附近和间隙区域的应力过于集中而导致塑性破坏；受拉腹杆逐渐进入强化段，部分区域的钢材应力已超过屈服强度；随着应力的增加，在本阶段结束时，受压腹杆已出现开始形成局部屈曲或整体屈曲的趋势，节点达到极限荷载。

4）下降段（CD 段）。

随着受压腹杆发生屈曲，节点的承载能力开始下降，并且由于节点出现较大的杆件相对变形，拉、压腹杆的受力不再平衡，节点失去承载能力。

可见，中空夹层钢管混凝土 K 形节点在静力荷载边界下表现出较好的承载和变形性能。由图 6.63 同样可见，对于钢管混凝土 K 形节点，由于节点承载力受受压腹杆的屈曲强度控制，其承载力与中空夹层钢管混凝土 K 形节点相近，其荷载 - 变形曲线也可以分为上述 4 个阶段，但由于弦杆全截面填充核心混凝土，与中空夹层钢管混凝土弦杆相比，对外钢管的约束作用更强，其弹性段（OA 段）、弹塑性段（AB 段）的刚度有所提高，塑性段（BC 段）的变形能力则有所降低。而对空钢管 K 形节点，由于没有混凝土对弦杆钢管的约束作用，在弹塑性段（AB 段）结束时，弦杆发生大的塑性屈曲变形，节点承载力在 BC 段下降，并由于弦杆侧壁的支撑作用，在 CD 段有所回升。

（3）应力分布规律研究

如前所述，当发生弦杆进入塑性 - 受压腹杆屈曲破坏时，中空夹层钢管混凝土 K 形节点的受力过程可分为弹性段、弹塑性段、塑性段和下降段四个阶段，而各个阶段间的衔接与过渡时刻则成为可以反映节点在不同阶段受力特点的特征点。为进一步了解节点在受力全过程中的工作机理和力学实质，以上述中空夹层钢管混凝土 K 形节点算例及相应的空钢管、钢管混凝土 K 形节点为例，深入分析了杆件在受力全过程中各特征点的应力分布情况。

图 6.64 给出了中空夹层钢管混凝土 K 形节点算例在 A、B、C、D 各特征点时的 Mises 应力分布情况，图中应力单位为 MPa，压力方向以拉为正，以下各图均同。由图可见，在 A 点，拉、压腹杆及弦杆外壁的节点区域，钢材应力基本为 160～190MPa，仍处于弹性阶段，接近比例极限。而在弦杆外壁的间隙处，部分钢管处于符合受力状态，Mises 应力可达到 300MPa。此后，随着荷载的增加，试件进入弹塑性阶段。到 B 点时，拉、压腹杆及弦杆外钢管在相贯线附近和间隙区域的管壁，均已进入屈服阶段，弦杆参与有效承载的范围也逐渐扩大，接近加载端的弦杆

外壁钢材应力接近 200MPa，远大于接近自由端的弦杆外壁，这与试验应变量测结果是一致的。之后，腹杆钢管和弦杆外钢管进入塑性阶段，更大范围的钢管壁进入屈服阶段，腹杆、弦杆之间的相对位移也有较大的发展。到 C 点时，受拉腹杆逐渐进入强化段，部分区域的钢材应力已达到 390MPa，而受压腹杆已开始形成局部屈曲，如图 6.64（c）所示，应力向屈曲产生处集中。此后，由于受压腹杆局部屈曲的发展，节点破坏，荷载迅速下降，到 D 点时，各杆件已产生较大的相对位移。

图 6.64　中空夹层钢管混凝土 K 形节点 Mises 应力分布（应力单位：MPa）

　　图 6.65 给出了弦杆内、外钢管在各特征点时的 Mises 应力分布情况。由图可见，弦杆内管的应力发展滞后于外管，在整个加载过程中处于弹性阶段，这与试验应变量测结果是一致的。当试件开始进入塑性阶段，即 B 点时，外管相贯线附近区域及间隙区域的钢材应力已达到屈服强度。此时内管钢材的最大应力约为 100MPa，尚在比例极限内。这是由于内管是通过夹层混凝土的传递来参与受力。

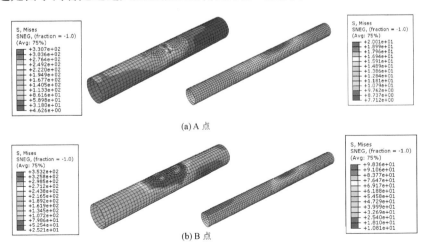

(a) A 点

(b) B 点

图 6.65　弦杆内、外钢管 Mises 应力分布（应力单位：MPa）

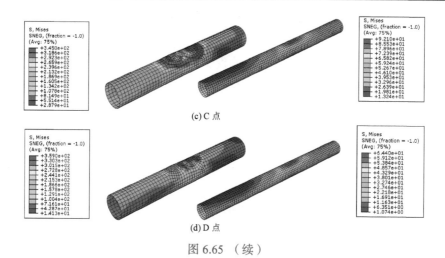

(c) C 点

(d) D 点

图 6.65　（续）

由图 6.65 中同样可见，内管应力发展较快的区域多集中在与受压腹杆的连接位置，可见内管对于限制受压腹杆处弦杆管壁的压入变形及内凹屈曲发挥了重要作用。

图 6.66 给出了夹层混凝土在各特征点时的最大压应力（最小主应力）分布情况。由图可见，在整个加载过程中，夹层混凝土在受压腹杆段、接近腹杆侧（即应力分布图的右上部），和受拉腹杆段、远离腹杆侧（即应力分布图的左下部）两个区域有较大的应力发展，并且以受压腹杆连接位置区域的应力为最大。这是由于在受压腹杆传递的侧向压力作用下，夹层混凝土较直接的参与承压，受到内、外钢管的约束作用；而在受拉腹杆作用区域的弦杆外钢管管壁，在拉力作用下有向上位移的趋势。相应的，在远离腹杆的一侧，夹层混凝土受到较强的约束，产生较大的应力。可见，夹层混凝土的存在有效的约束了弦杆管壁的屈曲和相对位移。由于弦杆未承受初始轴力，在整个加载过程中，夹层混凝土的最大压应力约为 25MPa，均处在弹性阶段。

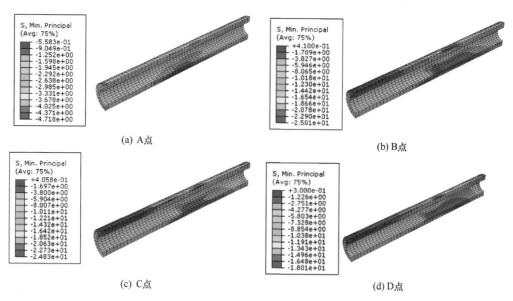

(a) A点

(b) B点

(c) C点

(d) D点

图 6.66　夹层混凝土的应力分布（应力单位：MPa）

　　由图 6.66 同样可见，B 点处夹层混凝土的应力分布与 A 点有了较大变化，结合对图 6.65 的分析可知，在弹塑性段，中空夹层钢管混凝土弦杆发生截面应力重分布，夹层混凝土和内管更多地参与受力，并使得外管壁钢材屈服的范围扩大，有效避免了外管在相贯线附近及间隙区域的应力集中，进而避免了较大的塑性变形导致的弦杆破坏。

　　图 6.67 给出了空钢管 K 形节点对比算例及其弦杆在各特征点时的 Mises 应力分布情况。由图可见，在加载初始的弹性阶段，空钢管 K 形节点的应力分布情况与中空夹层钢管混凝土 K 形节点相似。随着荷载的增加，到 B 点时，由于缺乏混凝土对弦杆管壁的约束作用，在与受压腹杆连接的相贯线附近，弦杆的钢材应力持续集中，远大于弦杆其他区域和腹杆。拉、压腹杆的钢材应力在 250MPa 以内，远小于中空夹层钢管混凝土 K 形节点的腹杆应力。在 BC 段，弦杆在受压腹杆连接区域发生内凹屈曲，节点承载力下降。在 CD 段，弦杆表面及侧壁的部分钢材进入强化段，应力达到 400MPa 以上，使节点所受荷载略有回升。

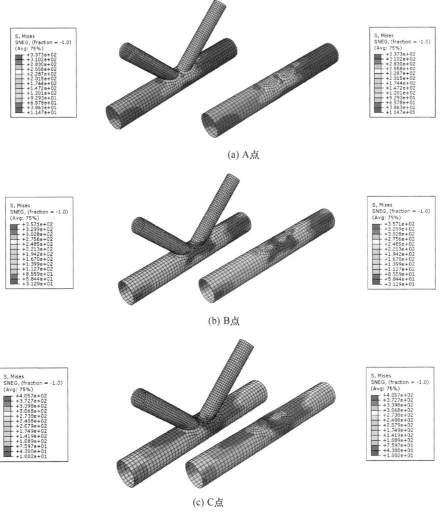

(a) A 点

(b) B 点

(c) C 点

图 6.67　空钢管 K 形节点 Mises 应力分布（应力单位：MPa）

(d) D点

图 6.67（续）

总体来讲，在空钢管 K 形节点中，弦杆管壁由于缺乏有效约束而过早的发生屈曲，导致节点破坏，腹杆的材料应力未获得充分发展。

图 6.68 给出了钢管混凝土 K 形节点算例在各特征点时的 Mises 应力分布情况，以及各特征处节点弦杆钢管的 Mises 应力分布情况和核心混凝土的最大压应力（最小主应力）分布情况。由图可见，节点及弦杆钢管在各特征点的应力发展及分布情况与中空夹层钢管

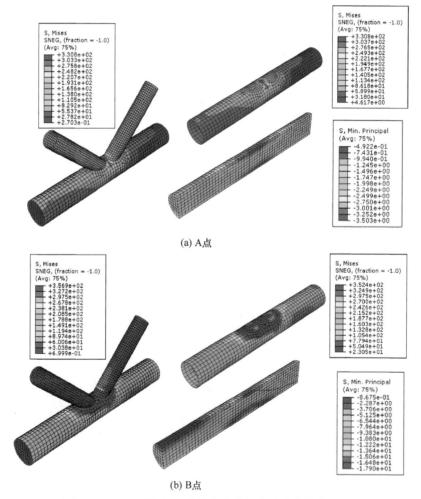

(a) A点

(b) B点

图 6.68　钢管混凝土 K 形节点应力分布（应力单位：MPa）

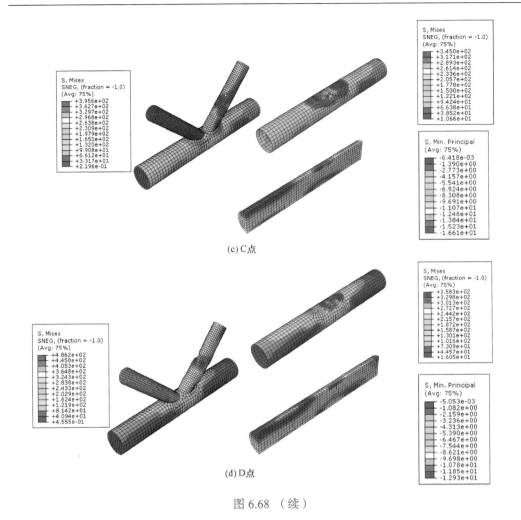

(c) C点

(d) D点

图 6.68 （续）

混凝土 K 形节点相似。在加载过程中，核心混凝土的最大压应力约为 18MPa，小于图 6.66
所示的夹层混凝土应力，这是由于混凝土填充量的增大使得应力更加扩散。对比图 6.66 可
知，在中空夹层钢管混凝土 K 形节点算例中（弦杆空心率 $\chi=0.6$），弦杆的混凝土填充量
与实心钢管混凝土相比大大减少，但夹层混凝土与内管向弦杆外管提供了支撑和约束，缓
解了弦杆外壁在相贯线附近及间隙区域的应力集中现象，避免了类似空钢管 K 形节点的弦
杆塑性变形破坏，使拉、压腹杆的应力发展更充分，出现受压腹杆屈曲破坏的模态。同
时，通过弦杆应力重分布，更大范围的弦杆钢管获得较大的应力发展，夹层混凝土的应
力水平也高于全截面实心混凝土，材料性能得到更加充分的利用。

6.4.3　小结

　　本节在钢管混凝土和中空夹层钢管混凝土侧向受压模型的基础上，合理处理内外
钢管与夹层混凝土间的界面特性，建立了钢管混凝土 K 形节点和中空夹层钢管混凝土
K 形节点的非线性有限元模型，其准确性得到一系列对比验证。

　　在此基础上，研究了组合 K 形节点的典型破坏模态和受力全过程。通过算例，对受

压腹杆局部屈曲、弦杆表面塑性破坏、弦杆表面冲剪破坏、夹层混凝土局部承压破坏等模态的特征进行了分析。研究了典型荷载（N）-变形（δ）全过程曲线的规律，对各受力阶段的关键特征点处节点弦杆、腹杆的钢管与混凝土材料应力分布及相互作用进行了细致分析，以掌握其工作机理与力学实质。上述研究为钢管混凝土 K 形节点和中空夹层钢管混凝土 K 形节点的参数分析及设计方法的研究奠定了基础。

6.5　钢管混凝土 - 钢管 K 形连接节点设计方法

本节利用有限元模型，对腹弦杆管径比、弦杆径厚比、弦杆空心率、材料强度、弦杆初始轴力水平等主要影响参数对钢管混凝土 K 形节点和中空夹层钢管混凝土 K 形节点力学性能的影响规律进行了研究。在此基础上，结合钢管混凝土 K 形节点和中空夹层钢管混凝土 K 形节点的典型破坏模态，推导、总结了节点在静力荷载下的承载力实用计算方法，以及设计中的构造要求和选型建议。

6.5.1　钢管混凝土 K 形节点

（1）参数影响规律

钢管混凝土 K 形节点的主要影响参数包括腹弦杆管径比、弦杆径厚比、材料强度、弦杆初始轴力水平等，其定义汇总如表 6.15 所示。本节利用有限元模型，围绕表中主要影响参数及相应的分析范围，在本章试验构件尺寸的基础上设计了一系列相应算例。

表 6.15　钢管混凝土 K 形节点主要影响参数及分析范围

影响参数	定义	范围
β（腹弦杆管径比）	$\beta = d_w/d_o$，式中，d_w、d_o 分别为腹杆和弦杆外钢管的外直径	0.41～0.73
γ（弦杆径厚比）	$\gamma = d_o/2t_o$，式中，d_o、t_o 分别为弦杆外钢管的外直径和壁厚	18.3～54.8
f_{cu}（材料强度—混凝土）	弦杆夹层混凝土的立方体抗压强度	20～80MPa
n'（弦杆初始轴力水平）	对轴压力：$n' = N_o/N_{o,u}$，其中 $N_{o,u}$ 为弦杆的截面抗压承载力；对轴拉力：$n' = N_o/N'_{o,u}$，其中 $N'_{o,u}$ 为弦杆外钢管的截面抗拉承载力。负值为受压，正值为受拉	-0.8～0.8

1）腹弦杆管径比。

腹弦杆管径比影响如图 6.69 所示，其中图 6.69（a）～（d）为保持弦杆管径和腹杆壁厚两个参数不变条件下的曲线。由图可见，钢管混凝土 K 形节点强度（N_{ua}）均随着腹杆与弦杆管径比的增大而增大。在图 6.69（a）中不同弦杆径厚比 γ 下节点强度随管径比变化的曲线基本重合，说明在腹杆壁厚较小的情况下弦杆壁厚几乎不影响节点的承载力，这是因为管径相对较小的腹杆其强度较小，节点的破坏均由于受压腹杆达到截面强度或屈曲强度引起。由图 6.69（b）～（d）可见随着腹杆壁厚的增大，弦杆径厚比较大（管壁较薄）的节点承载力低于弦杆壁径厚比小（管壁较厚）的节点。这说明在此变化过程中弦杆壁抵抗受拉腹杆侧向力的强度逐渐小于腹杆的强度，弦杆壁塑性变形逐渐代替腹杆的破坏成为节点破坏的控制形态，因此弦杆壁厚对节点强度的

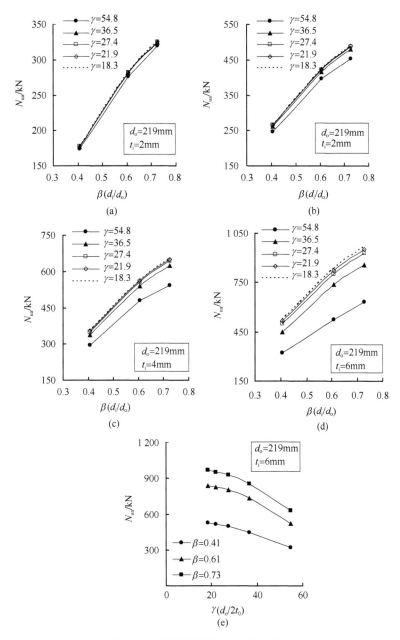

图 6.69　腹弦杆管径比（β）的影响

影响随着腹杆强度的增加而增大。

以上算例中腹杆壁厚 6mm 时节点的强度均受到弦杆壁不同程度的影响而低于腹杆的杆件强度，图 6.69（e）所示为腹杆壁厚 6mm 时不同管径比的节点强度随弦杆径厚比的变化规律，可见在其余参数相同的情况下管径比大的节点强度高于管径比小的节点。

2）弦杆径厚比。

图 6.70 所示为弦杆钢管壁径厚比对节点极限承载力（N_{ua}）的影响。在不同腹杆管径

下节点强度随弦杆径厚比的变化规律相似。当腹杆较弱（腹杆径厚比较大）时，节点均由于腹杆的屈曲破坏而达到承载力极限状态，其承载力几乎不随弦杆径厚比的变化而变化。随着腹杆强度的增大（腹杆径厚比减小），节点达到极限承载力状态的同时往往能观察到受拉腹杆连接处弦杆壁较大的塑性变形，而受压腹杆并未发生明显的变形。节点的承载力也随着弦杆径厚比的增大（弦杆壁变薄）而减小，腹杆径厚比越大节点受拉腹杆连接接头处弦杆的变形越明显，节点的承载力也越小，而腹杆的内力显然低于杆件的屈曲或截面强度。上述分析表明，圆钢管混凝土 K 形节点在腹杆与弦杆管径比一定的条件下，承载力随着弦杆径厚比的增加而减小，弦杆壁越薄对节点强度的影响越大。

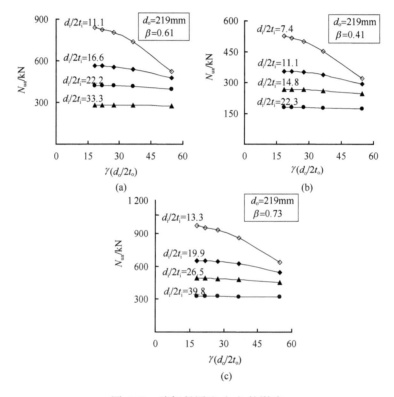

图 6.70　弦杆径厚比（γ）的影响

3）混凝土强度。

上述算例计算结果见图 6.71 所示。可见，因混凝土对弦杆壁的支撑作用避免的弦杆壁凹陷屈曲导致节点破坏而不能充分发挥材料强度，填充混凝土后的钢管混凝土-钢管 K 形节点的承载力（N_{ua}）较空钢管 K 形节点有很大的提高。腹杆壁厚越大的节点弦杆中填充混凝土后节点的强度提高越大，如图 6.71（a）所示。这是因为填充混凝土后节点的破坏强度主要取决于腹杆的强度；弦杆径厚比越大（管壁越薄）填充混凝土后强度的提高越大，如图 6.71（b）所示，这是因为空钢管节点弦杆壁越薄抵抗受压腹杆传递来的侧向压力的能力越弱。但是，在节点几何尺寸不变的前提下，承载力几乎不随混凝土强度的变化而变化，图 6.71（a）～（c）所示核心混凝土强度从 $f_{cu}=20\text{MPa}$ 变化到 $f_{cu}=80\text{MPa}$ 时对应的钢管混凝土 K 形节点的承载力基本相同。

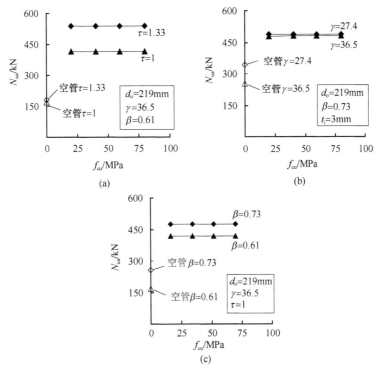

图 6.71　混凝土强度（f_{cu}）的影响

4）弦杆初始轴力水平。

轴力水平对钢管混凝土 K 形节点承载力（N_{ua}）影响的计算结果如图 6.72 所示。由图可见，空钢管和灌注了不同强度混凝土的钢管混凝土 K 形节点的承载力均随着轴力水平 n' 减小（轴压力增大）而减小。总体上，对钢管混凝土 - 钢管 K 形节点而言，当轴力水平 $n<-0.3$ 后节点的承载力开始有较明显下降。

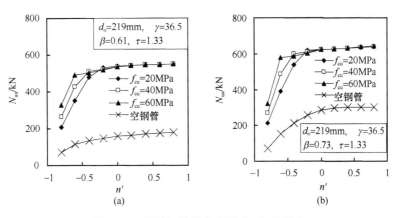

图 6.72　弦杆初始轴力水平（n'）的影响

（2）实用设计方法

以上所述的钢管混凝土 K 形节点破坏形态中，在节点合理的构造参数范围内，钢管混凝土 K 形节点由于几何构造上的差异有不同的破坏形态。有限元分析和试验中取受拉和受压腹杆上承受的最小荷载峰值为节点的承载力，而简化计算则很难通过单一的公式来获得节点的强度，因此需采用不同破坏形态对应的简化公式计算得到的承载力中的最小值作为节点强度。

对于本章研究的圆钢管混凝土 K 形节点，首先，受拉腹杆焊接接头需要进行焊缝强度的验算；其次，虽然在本章算例参数范围内弦杆内核心混凝土的局压破坏对应的节点强度高于有限元分析中节点能够达到的承载力，但弦杆的研究数据还不能保证钢管混凝土 K 形节点不会发生弦杆的横向局部承压破坏，因此应采用式（6.12）进行验算。

当钢管混凝土 K 形节点的弦杆外管壁厚较小时，节点可能在受拉腹杆连接处发生弦杆表面冲剪破坏。夹层混凝土和内管对弦杆外壁在与腹杆连接处的塑性变形能起到一定的约束作用，但对冲剪破坏强度的影响有限，因此可以借鉴《钢结构设计规范》（GB 50017—2017）中对空钢管 K 形节点冲剪破坏给出的相关公式，对中空夹层钢管混凝土 K 形节点进行冲剪强度验算。节点冲剪破坏的验算公式由受拉腹杆连接区域周边的弦杆壁钢材的抗剪强度确定，钢材的抗剪强度取为抗拉强度的 $1/\sqrt{3}$，即 0.58 倍，具体公式为

$$N_{cu} = 0.58 f_{yo} \pi d_w t_o \frac{1 + \sin\theta}{2\sin^2\theta} \qquad (6.14)$$

式中：f_{yo} 为弦杆外钢管的屈服强度；d_w 为腹杆直径；t_o 为弦杆外钢管壁厚；θ 为节点受压腹杆与弦杆的夹角。

此外，受压腹杆的屈曲破坏、弦杆壁厚的影响、轴力水平的影响等均反映在有限元模型的计算结果中，可以在受压腹杆局部屈曲破坏强度的基础上引入弦杆径厚比影响系数 k_d 和弦杆轴力水平影响系数 k_n，得到圆钢管混凝土 K 形节点承载力 $N_{b,u}$ 的简化计算公式（宋谦益，2010）为

$$N_{b,u} = k_n k_d \kappa_2 f_{yi} \pi t_i (d_i - t_i) \qquad (6.15)$$

式中：k_n 为系数，考虑弦杆轴力水平的影响，取 $k_n = 1.0 - 0.3n'(1 + n')$，其中 n' 为节点弦杆轴压力较小一侧轴力水平的绝对值，取 $n = N_o/N_u$，N_o 为弦杆轴压力较小一侧的轴力，N_u 为弦杆截面的强度取 $N_u = f_{yo}A_{so} + f_{ck}A_c$，当有一侧弦杆受拉力时，取 $k_n = 1.0$；k_d 为系数，考虑弦杆径厚比对节点承载力的影响，取值为

$$k_d = 1.0 - \frac{0.0009}{[5.78 \times 10^{-5} + (1/\gamma - 0.0175)^2][8.197 + (d_i/2t_i - 1.886)^2]} \qquad (6.16)$$

式中：γ 为弦杆径厚比；d_i/t_i 为腹杆的径厚比。

式（6.15）中，κ_2 取值如下，即

$$\kappa_2 = \begin{cases} 1 & \text{当 } \lambda_{sx} \leqslant 0.25 \\ 1.233 - 0.933\lambda_{sx} & \text{当 } 0.25 \leqslant \lambda_{sx} \leqslant 1.0 \\ 0.3/\lambda_{sx}^3 & \text{当 } 1.0 \leqslant \lambda_{sx} \leqslant 1.5 \\ 0.2/\lambda_{sx}^2 & \text{当 } \lambda_{sx} > 1.5 \end{cases} \quad (6.17)$$

式中：λ_{sx} 为承受轴向压力的圆柱形薄壳的通用纤薄度，有

$$\lambda_{sx} = \sqrt{f_y / \sigma_{x,ci}} \quad (6.18)$$

式中：$\sigma_{x,ci}$ 为完善壳体的理想弹性临界应力，$\sigma_{x,ci} = 1.21C_x E_i t_i/d_i$，其中 C_x 为考虑壳体长度影响的系数，按本章节点算例的尺寸和计算条件，由于 $l_i/d_i = 5$，且受压腹杆的边界可视为一端铰支一端嵌固，取 $\eta = 3$，可得

$$C_x = 1 - \frac{4\sqrt{2t_i/d_i} - 0.2}{3} \geqslant 0.6 \quad (6.19)$$

E_i 为腹杆的弹性模量。

在进行钢管混凝土 K 形节点的设计中，除需对以上几种破坏模态进行承载力计算外，还需对可能出现的受拉腹杆及焊缝处断裂进行验算。在钢管混凝土 K 形节点中，混凝土可以有效约束弦杆外壁的受拉塑性变形，为受拉腹杆提供更为刚性的支撑。可以认为，将空钢管桁架节点的腹杆、焊缝受拉断裂的计算规定应用到钢管混凝土节点中是偏于安全的。因此，验算可结合 EC3（2005）、《钢结构设计规范》（GB 50017—2017）规范中对焊缝、拉杆的相关规定进行。

利用钢管混凝土 K 形节点参数分析算例进行计算并与有限元计算结果进行对比，如图 6.73 所示，可见总体上简化计算公式与有限元计算值吻合良好。式（6.15）适用于组成节点的杆件在结构中以轴向受力为主，且弦杆中全长填充混凝土的情况，即节点的构造偏心应满足 $-0.55 \leqslant e/d_o \leqslant 0.25$，否则杆件上的弯矩不能忽略。

综上所述，在连接焊缝满足强度要求的前提下，圆钢管混凝土 K 形节点的承载力取式（6.12）、式（6.14）和式（6.15）计算得到的最小值。构造上，考虑到弦杆中核心混凝土对弦杆壁屈曲的限

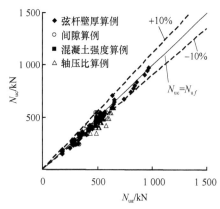

图 6.73　圆钢管混凝土 K 节点算例验算

制，钢管混凝土弦杆管壁的径厚比限值可以按空钢管节点局部屈曲的 1.5 倍考虑（韩林海，2007，2016）。因此，建议 d_o/t_o 的上限可放宽到 150（$235/f_y$）并不超过 100。

6.5.2　中空夹层钢管混凝土 K 形节点

（1）参数影响规律

中空夹层钢管混凝土 K 形节点的主要影响参数包括弦杆空心率、腹弦杆管径比、弦杆径厚比、材料强度（钢材屈服强度及夹层混凝土抗压强度）、弦杆初始轴力水平

等，其定义汇总如表 6.16 所示。

表 6.16　中空夹层钢管混凝土 K 形节点主要影响参数及分析范围

影响参数	定义	范围
χ（弦杆空心率）	$\chi = \dfrac{d_i}{d_o - 2t_o}$，式中，$d_o$、$t_o$ 分别为弦杆外钢管的外直径和壁厚，d_i 为内钢管外直径	$0 \sim 0.8$
β（腹弦杆管径比）	$\beta = d_w/d_o$，式中，d_w、d_o 分别为腹杆和弦杆外钢管的外直径	$0.396 \sim 0.604$
γ（弦杆径厚比）	$\gamma = d_o/2t_o$，式中，d_o、t_o 分别为弦杆外钢管的外直径和壁厚	$30 \sim 60$
f_y（材料强度——钢材）	钢材屈服强度，在参数分析部分，弦杆内、外钢管与腹杆钢材强度取为相等	$235 \sim 460\text{MPa}$
f_{cu}（材料强度——混凝土）	弦杆夹层混凝土的立方体抗压强度	$30 \sim 80\text{MPa}$
n'（弦杆初始轴力水平）	对轴压力：$n' = N_o/N_{o,u}$，其中 $N_{o,u}$ 为弦杆的截面抗压承载力；对轴拉力：$n' = N_o/N'_{o,u}$，其中 $N'_{o,u}$ 为弦杆外钢管的截面抗拉承载力。负值为受压，正值为受拉	$-0.8 \sim 0.8$

本节利用有限元模型，围绕表中主要影响参数及相应的分析范围，在本章试验构件尺寸的基础上设计了一系列相应算例。基于有限元计算结果，确定了各中空夹层钢管混凝土 K 形节点算例试件的极限承载力（N_{ua}）和使用阶段刚度（K_s），以确定各参数对节点承载能力和工作性能的影响规律。

1）弦杆空心率。

图 6.74（a）、（b）所示分别为有限元计算得到的弦杆空心率变化试件的节点极限承载力（N_{ua}）、使用阶段刚度（K_s）的变化规律。

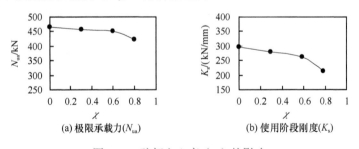

(a) 极限承载力(N_{ua})　　　　(b) 使用阶段刚度(K_s)

图 6.74　弦杆空心率（χ）的影响

计算得到，当中空夹层钢管混凝土 K 形节点的弦杆空心率 χ 在 $0 \sim 0.6$ 时，试件均发生腹杆受压屈曲破坏，节点的极限承载力受腹杆控制，弦杆空心率对其影响较小。在此范围内，当弦杆空心率增大时，节点的极限承载力略有降低（3% 以内），同时，由于夹层混凝土的减少、节点区变形的增大，节点的使用阶段刚度同样有所降低，幅度在 12% 以内。

当弦杆空心率继续增大时，中空夹层钢管混凝土 K 形节点试件的性能越来越接近空钢管 K 形节点，节点破坏时的弦杆表面塑性变形程度增大，弦杆空心率对节点承载能力的影响也随之增大。当 $\chi = 0.8$ 时，中空夹层钢管混凝土 K 形节点的极限承

载力比 $\chi=0$ 时（实心钢管混凝土 K 形节点）降低了 9.5%，使用阶段刚度则降低了 28.0%。

2）腹弦杆管径比。

图 6.75（a）、（b）所示分别为腹弦杆管径比 β 试件的节点极限承载力（N_{ua}）、使用阶段刚度（K_{s}）的变化规律。

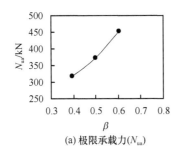

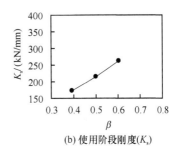

(a) 极限承载力(N_{ua})　　　　　(b) 使用阶段刚度(K_{s})

图 6.75　腹弦杆管径比（β）的影响

计算得到，与空钢管 K 形节点和钢管混凝土 K 形节点一致，中空夹层钢管混凝土 K 形节点的腹弦杆管径比对其承载能力有显著的影响。当节点破坏模态为腹杆破坏时，腹弦杆管径比的增大，意味着腹杆的变强，因此节点的极限承载力与使用阶段刚度均有明显提高。在计算参数范围内，当腹弦杆管径比 β 由 0.4 增大至 0.6 时，节点的极限承载力与使用阶段刚度均获得了 40%～50% 的提高。

3）弦杆径厚比。

图 6.76（a）、（b）所示分别为变化弦杆径厚比 γ 试件的节点极限承载力（N_{ua}）、使用阶段刚度（K_{s}）的变化规律。

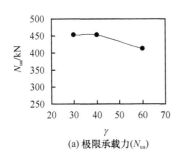

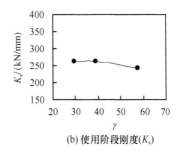

(a) 极限承载力(N_{ua})　　　　　(b) 使用阶段刚度(K_{s})

图 6.76　弦杆径厚比（γ）的影响

由图 6.76 可见，当中空夹层钢管混凝土 K 形节点算例的弦杆径厚比 γ 在一定范围内（30～40）时，由于节点的破坏受腹杆控制，弦杆径厚比的变化对其极限承载力和使用阶段刚度的影响较小。随着弦杆径厚比的进一步增大，弦杆壁的强度进一步减弱，弦杆表面塑性变形的发展更为严重，逐渐成为控制节点破坏的要素。此时，节点的承载能力随弦杆径厚比的增大而有相对明显的降低——当 $\gamma=60$ 时，节点的极限承载力和使用阶段刚度均有 10% 左右的降低。

4）材料强度。

图 6.77（a）和（b）、图 6.78（a）和（b）所示分别为钢材强度和混凝土强度对节点极限承载力（N_{ua}）、使用阶段刚度（K_s）的影响规律。

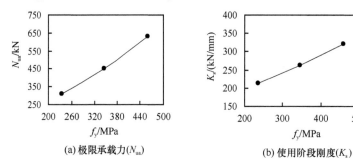

(a) 极限承载力(N_{ua})　　　　　　　(b) 使用阶段刚度(K_s)

图 6.77　钢材强度（f_y）的影响

计算可知，由于中空夹层钢管混凝土 K 形节点的极限承载力主要受腹杆与弦杆的钢管管壁强度控制，钢材强度对节点的承载能力有重要影响，并基本呈线性，如图 6.77 所示。而中空夹层钢管混凝土 K 形节点的弦杆夹层混凝土主要起到限制弦杆管壁变形与承受侧向荷载的作用，由先前分析可知，夹层混凝土的应力发展尚在弹性阶段，因此节点的承载能力受混凝土强度的影响较很小，如图 6.78 所示。

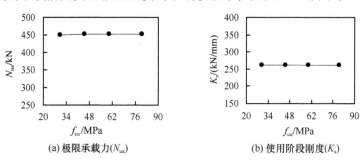

(a) 极限承载力(N_{ua})　　　　　　　(b) 使用阶段刚度(K_s)

图 6.78　混凝土强度（f_{cu}）的影响

5）弦杆初始轴力水平。

图 6.79（a）、（b）所示分别为变化弦杆初始轴力水平 n' 试件的节点极限承载力（N_{ua}）、使用阶段刚度（K_s）的变化规律。

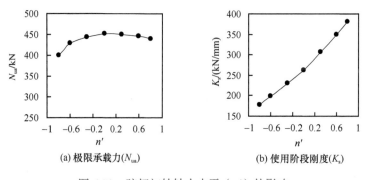

(a) 极限承载力(N_{ua})　　　　　　　(b) 使用阶段刚度(K_s)

图 6.79　弦杆初始轴力水平（n'）的影响

计算可知，当中空夹层钢管混凝土 K 形节点试件的弦杆中施加初始轴力时，其极限承载力有所降低，当弦杆承受初始轴拉力或者轴压比较小（0.6 以内）的轴压力时，极限承载力的降低幅度较小，在 3% 以内。当弦杆承受轴压比较大的初始轴压力时，节点的极限承载力会有相对较明显的降低，这是由于在弦杆受压段（受拉腹杆侧的弦杆段），弦杆管壁的初始应力水平较高，与腹杆加载在该段产生的管壁压应力叠加，导致弦杆管壁的塑性变形更为显著。当弦杆承受 $n'=-0.8$ 的轴压力时，节点的极限承载力（N_{ua}）降低约 11.2%。

由图 6.79（b）可见，弦杆初始轴力水平对中空夹层钢管混凝土 K 形节点的使用阶段刚度有较大的影响。当弦杆承受轴压力时，节点刚度呈下降趋势；当弦杆承受轴拉力时，节点刚度则有明显提升，降低与提升幅度可达 30%～40%。这与试验观测的结果相同。

（2）实用设计方法

中空夹层钢管混凝土 K 形节点的破坏模态主要有以下几类：夹层混凝土承压破坏、弦杆表面塑性破坏、受压腹杆屈曲破坏和弦杆表面冲剪破坏等。本节对不同破坏模态下的中空夹层钢管混凝土 K 形节点承载力计算方法进行了分析与整理。

1）夹层混凝土局部受压破坏承载力计算。

在中空夹层钢管混凝土 K 形节点发生夹层混凝土局部受压破坏时，受拉腹杆对节点的荷载、变形影响较小，可基本简化为中空夹层钢管混凝土构件在倾斜压杆作用下的局部受压问题。在 CIDECT（2008）提出的方形钢管混凝土侧向受压计算公式的基础上，考虑中空截面特性，以及圆截面钢管对夹层混凝土的约束作用，得到的承载力计算公式如式（6.12）所示。

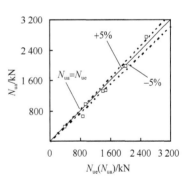

图 6.80　夹层混凝土承压破坏构件承载力对比

由有限元计算结果可知，夹层混凝土承压破坏多发生在中空夹层钢管混凝土 K 形节点的弦杆空心率 $\chi>0.8$，且弦杆径厚比较大的时候。将利用式（6.14）计算的各试件承载力（N_{uc}）与实测中空夹层钢管混凝土侧向倾斜受压试件的承载力（N_{ue}），以及有限元计算得到的中空夹层钢管混凝土 K 形节点承载力（N_{ua}）进行对比，如图 6.80 所示，$N_{ue}(N_{ua})/N_{uc}$ 的平均值为 1.087，标准差为 0.134。

2）弦杆表面塑性破坏承载力计算。

在空钢管 K 形节点中，空钢管弦杆在受压腹杆作用下的表面塑性失效是节点的重要破坏模态，现有的相关钢结构规范，如 EC3（2005）、CIDECT（Wardenier 等，2008）、IIW（2008）等对空钢管 K 形节点弦杆表面塑性失效的承载力计算公式规定为

$$N_{uc}=Q_u \frac{f_{yo}t_o^2}{\sin\theta} \tag{6.20}$$

式中：f_{yo} 为弦杆外钢管的屈服强度；t_o 为弦杆外钢管壁厚；θ 为节点受压腹杆与弦杆的夹角；Q_u 为反映腹弦杆管径比 β（d_w/d_o）和弦杆径厚比 γ（$d_o/2t_o$）影响的计算系数，

由下式计算：

$$Q_u = 1.65(1+8\beta^{1.6})\gamma^{0.3}\left[1+\frac{1}{1.2+(g/t_o)^{0.8}}\right] \qquad (6.21)$$

中空夹层钢管混凝土 K 形节点的弦杆表面塑性破坏与空钢管 K 形节点有显著不同。由于弦杆中夹层混凝土和内管的有效约束和支撑，在受压腹杆连接区域，弦杆外管的内凹塑性变形得到限制，弦杆的塑性失效转而发生在受拉腹杆连接区域。事实上，在钢管混凝土 K 形节点与中空夹层钢管混凝土 K 形节点中，当各杆件选型搭配合理时，节点的弦杆表面先进入塑性，随后受压腹杆发生屈曲破坏。而当腹杆较强、弦杆外管壁厚较小时，则节点可能发生弦杆表面塑性破坏。基于此，宋谦益（2010）以弦杆径厚比 γ 和腹杆径厚比 d_w/t_w 为主要影响因素，引入折减系数 k_d，将钢管混凝土 K 形节点的受压腹杆屈曲承载力进行折减，得到其弦杆表面塑性破坏的验算公式。k_d 通过有限元算例的拟合得到，其计算公式如式（6.16）所示。

在中空夹层钢管混凝土 K 形节点中，弦杆的强度受空心率 χ 的影响，弦杆空心率越大，弦杆越早进入表面塑性。随着弦杆空心率的进一步增大，弦杆表面塑性迅速发展，节点可能会发生夹层混凝土承压破坏。因此，可通过引入折减系数 k_s，将弦杆表面塑性破坏的承载力与夹层混凝土承压破坏承载力关联起来。结合中空夹层钢管混凝土 K 形节点的特点，k_s 作为弦杆空心率 χ、弦杆径厚比 γ 与腹杆径厚比 d_w/t_w 的函数，通过有限元拟合得到，计算公式为

$$k_s = (1-0.672\chi^{0.85})k_d \qquad (6.22)$$

将式（6.22）代入式（6.12），得到中空夹层钢管混凝土 K 形节点的弦杆表面塑性破坏验算公式为

$$N_{uc} = 2(1-\chi)\ k_s f_{ck}\frac{A_1}{\sin\theta}\sqrt{A_2/A_1} \qquad (6.23)$$

将利用式（6.23）计算的各试件承载力（N_{uc}）与有限元计算得到的中空夹层钢管混凝土 K 形节点承载力（N_{ua}）进行对比，如图 6.81 所示，N_{ua}/N_{uc} 的平均值为 1.074，COV 为 0.053。

3）受压腹杆局部屈曲、弦杆冲剪破坏、受拉腹杆及焊缝断裂承载力计算。

① 受压腹杆局部屈曲。

由于中空夹层钢管混凝土弦杆可以对受压腹杆提供较为刚性的支撑，可将受压腹杆简化为轴心受压的圆柱壳，根据壳体发生局部屈曲的临界应力，对中空夹层钢管混凝土 K 形节点的受压腹杆局部屈曲强度进行验算。结合圆柱壳的理想弹性临界应力公式与 DIN 18800（1990）规范中对圆柱壳体临界应力的计算规定，得到腹杆局部屈曲计算公式为

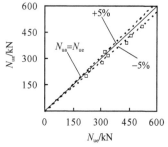

图 6.81　弦杆表面塑性破坏
构件承载力对比

$$N_{uc} = k_w f_{yw}\pi t_w(d_w-t_w) \qquad (6.24)$$

式中，f_{yw} 为腹杆钢管的屈服强度；t_w 为腹杆钢管壁厚；d_w 为腹杆外直径；k_w 为反映腹弦杆屈服强度、长度系数和理想弹性临界应力 $\sigma_{x,cr}$（$=0.605Et/r$）的计算系数，具体计算公式见 DIN18800（1990）。

　　将利用式（6.24）计算的各试件承载力（N_{uc}）与实测发生受压腹杆屈曲破坏的中空夹层钢管混凝土 K 形节点试件承载力（N_{ue}）以及有限元计算得到的节点承载力（N_{ua}）进行对比，如图 6.82 所示，N_{ue}（N_{ua}）/N_{uc} 的平均值为 1.040，COV 为 0.032。

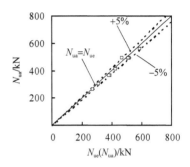

图 6.82　受压腹杆屈曲破坏构件承载力对比

　　② 弦杆冲剪破坏。

　　当中空夹层钢管混凝土 K 形节点的弦杆外管壁厚较小时，节点可能在受拉腹杆连接处发生弦杆表面冲剪破坏。因夹层混凝土对冲剪破坏强度的影响有限，因此，可根据式（6.14）进行中空夹层钢管混凝土 K 形节点进行冲剪强度验算。

　　③ 受拉腹杆及焊缝断裂。

　　中空夹层钢管混凝土 K 形节点的夹层混凝土可以有效约束弦杆外壁的受拉塑性变形，将空钢管桁架节点的腹杆、焊缝受拉断裂的计算规定应用到中空夹层钢管混凝土节点中是偏于安全的。因此，验算可结合 EC3（2005）、《钢结构设计规范》（GB 50017—2017）规范中对焊缝、拉杆的相关规定进行。

　　中空夹层钢管混凝土 K 形节点的夹层混凝土承压破坏、弦杆表面塑性破坏具有区别于空钢管节点和实心钢管混凝土节点的失效机制，对这两种模态下节点的承载力计算方法，本节在理论与参数分析的基础上进行了推导。对受压腹杆屈曲破坏、弦杆表面冲剪破坏等破坏模态下的承载力计算方法，本节针对中空夹层钢管混凝土 K 形节点的特点进行了分析与整理（表 6.17）。

表 6.17　K 形节点承载力计算方法汇总

破坏模态	示意图	计算方法	构造范围
夹层混凝土承压破坏		$N_{uc}=2(1-\chi)f_{ck}\dfrac{A_1}{\sin\theta}\sqrt{A_2/A_1}$	$\chi>0.8$ $\gamma>50$
弦杆表面塑性破坏		$N_{uc}=2(1-\chi)\,k_s f_{ck}\dfrac{A_1}{\sin\theta}\sqrt{A_2/A_1}$	$0.8<\beta\leq1.5$ $50<\gamma\leq100$
受压腹杆局部屈曲		$N_{uc}=k_w f_{yw}\pi t_w(d_w-t_w)$	$0\leq\chi\leq0.75$ $0.2\leq\beta\leq0.8$ $10\leq\gamma\leq50$

与空钢管 K 形节点相比，中空夹层钢管混凝土 K 形节点在构造选型方面的要求有所变化：为避免空心率过大导致的施工不便及过早发生夹层混凝土局部受压破坏，对节点弦杆的空心率等参数有一定的范围要求；由于夹层混凝土和内管对弦杆外管的约束作用，弦杆外管的径厚比限值有所扩展，根据韩林海（2007，2016）对钢管混凝土径厚比限值的研究，取为空钢管径厚比限值的 1.5 倍；为保证夹层混凝土的浇筑质量和密实度，对粗骨料最大粒径有一定要求。考虑这些新的要求，结合各规范中对空钢管 K 形节点的选型建议，对中空夹层钢管混凝土 K 形节点的构造选型建议进行汇总，如表 6.18 所示。

表 6.18　中空夹层钢管混凝土 K 形节点构造选型方法汇总

要求类别	参数范围
节点组成	构造偏心：$-0.55 \leqslant e/d_o \leqslant 0.25$； 杆件夹角：$\theta \geqslant 30°$
杆件选型	腹弦杆管径比：$0.2 \leqslant \beta = d_w/d_o \leqslant 1.0$； 弦杆空心率：$0 \leqslant \chi \leqslant 0.75$； 弦杆外管径厚比：$d_o/t_o \leqslant 150 \, (235/f_{yo})$； 弦杆内管径厚比：$d_i/t_i \leqslant 50$； 腹杆径厚比：$d_w/t_w \leqslant 50$
施工性能	节点间隙：$g \geqslant t_{w1} + t_{w2}$； 夹层混凝土最大粗骨料粒径 $\leqslant (d_o/2 - d_i/2)/3$

如前所述，弦杆或腹杆过早地发生破坏，均不利于杆件材料性能的充分利用。在弦杆进入塑性、受压腹杆发生屈曲破坏的情况下，节点各杆件的材料性能可以得到充分发挥，腹杆最终破坏也利于保持结构体系的稳定，是一种较为合理的破坏模态。表 6.18 中，给出了有限元计算得出的各典型破坏模态对应的节点参数范围。由表可知，要得到较为理想的弦杆进入塑性 - 受压腹杆屈曲破坏，建议的中空夹层钢管混凝土 K 形节点选型范围为 $0 \leqslant \chi \leqslant 0.75$、$0.2 \leqslant \beta \leqslant 0.8$ 和 $10 \leqslant \gamma \leqslant 50$。

6.6　本　章　小　结

本章采用试验研究与理论分析相结合的方法，系统研究了钢管混凝土 K 形节点和中空夹层钢管混凝土 K 形节点在静力荷载下的工作机理和设计原理。对本章的主要研究工作和成果归纳如下。

1）对钢管混凝土和中空夹层钢管混凝土在侧向受压下的力学性能进行了系统研究，深入认识了侧向荷载作用下钢管和混凝土之间的传力机制。

2）开展了钢管混凝土 K 形节点和中空夹层钢管混凝土 K 形节点在典型边界条件下的试验研究，实现了不同典型边界条件的加载，研究了主要参数下组合节点的力学性能变化规律。

3）实现了钢管混凝土 K 形节点和中空夹层钢管混凝土 K 形节点在静力荷载下的全过程受力分析，研究了组合节点典型的破坏形态和全过程工作机理。

4）在系统参数分析的基础上，提出了在混凝土受压破坏、弦杆表面塑性破坏等典型模态下钢管混凝土 K 形节点和中空夹层钢管混凝土 K 形节点的承载力实用计算方法。

参 考 文 献

国家电网企业标准，2013. 输电线路中空夹层钢管混凝土杆塔设计技术规定：Q/GDW 11136—2013 [S]. 北京：国家电网公司.

韩林海，2007. 钢管混凝土结构：理论与实践 [M]. 2 版. 北京：科学出版社.

韩林海，2016. 钢管混凝土结构：理论与实践 [M]. 3 版. 北京：科学出版社.

侯超，2014. 中空夹层钢管混凝土 - 钢管 K 形连接节点工作机理研究 [博士学位论文] [D]. 北京：清华大学.

黄宏，2006. 中空夹层钢管混凝土压弯构件的力学性能研究 [博士学位论文] [D]. 福州：福州大学.

黄文金，陈宝春，2009. 腹杆形式对钢管混凝土桁梁受力性能影响的研究 [J]. 建筑结构学报，30（1）：55-61.

刘永健，周绪红，刘君平，2007. 矩形钢管混凝土 K 形节点受力性能试验 [J]. 建筑科学与工程学报，24（2）：36-42.

林红，2003. 钢管混凝土格构式柱节点连接计算 [J]. 钢结构，6：36-39.

刘金胜，李书进，彭少民，2007. 矩形钢管混凝土桁架节点的研究与进展 [J]. 武汉理工大学学报，29（2）：140-143.

马美玲，朱晗迓，庄一舟，2005. 方钢管混凝土桁架 K 形节点失效模式分析研究 [J]. 工业建筑，6：80-83.

宋谦益，2010. 圆钢管混凝土 - 钢管 K 形节点的力学性能研究 [硕士学位论文] [D]. 北京：清华大学.

王新毅，2009. 圆钢管 - 圆钢管混凝土焊接节点抗弯刚度和极限承载力研究 [博士学位论文] [D]. 上海：同济大学.

中华人民共和国住房和城乡建设部，2017. 钢结构设计规范：GB 50017—2017 [S]. 北京：中国计划出版社.

ACI 318M-08，2008. Building code requirements for structural concrete and commentary [S]. Detroit，American Concrete Institute.

ACI 318-14，2014. Building code requirements for structural concrete and commentary [S]. Detroit，American Concrete Institute.

DEUTSCHES INSTITÜT FÜRNORMUNG，1990. DIN 18800 [S]. Stahlbauten，Stabilitätsfälle，Knicken Von Stäben und Stabworken.

EUROCODE 2（EC2），2004. Design of concrete structures–Part 1.1：general rules and rules for buildings [S]. BS EN 1992-1-1：2004，Brussels（Belgium）：European Committee for Standardization（CEN）.

EUROCODE 3（EC3），2005. Design of steel structures–Part 1.8：design of joints [S]. Brussels（Belgium）：European Committee for Standardization（CEN）.

HOU C，HAN L H，ZHAO X L，2013. Concrete-filled circular steel tubes subjected to local bearing force：Experiments [J]. Journal of Constructional Steel Research，83（1）：90-104.

HOU C，HAN L H，ZHAO X L，2014. Concrete-filled circular steel tubes subjected to local bearing force：finite element analysis [J]. Thin-Walled Structures，77（1）：109-119.

HOU C，HAN L H，Zhao X L，2015. Behaviour of circular concrete filled double skin tubes subjected to local bearing force [J]. Thin-Walled Structures，93：36-53.

HOU C，HAN L H，2017. Analytical behaviour of CFDST chord to CHS brace composite K-joints [J]. Journal of Constructional Steel Research，128：618-632.

HOU C，HAN L H，MU T M，2017. Behaviour of CFDST chord to CHS brace composite K-joints：Experiments [J]. Journal of Constructional Steel Research，135：97-109.

INTERNATIONAL INSTITUTE OF WELDING SUBCOMMISSION，2008. Static design procedure for welded hollow section joints-recommendations [S]. IIW Doc. XV-1281r1-08，IIW Annual Assembly，Graz，Austria：44. Draft ISO Standard.

MAKINO Y，KUROBANE Y，FUKUSHIMA H，et al.，2001. Experimental study on concrete filled tubular joints under axial loads [C]. Tubular Structures IX：535-541.

PACKER J A，1995. Concrete-filled HSS connections [J]. Journal of Structural Engineering，ASCE，121（3）：458-467.

SAKAI Y, HOSAKA T, ISOE A, et al., 2004. Experiments on concrete filled and reinforced tubular K-joints of truss girder [J]. Journal of Constructional Steel Research, 60（3）: 683-699.

TEBBETT I E, BECKETT C D, BILLINGTON C J, 1979. The punching shear strength of tubular joints reinforced wit a grouted pile [C]// Proceedings of Offshore Technology Conference, Offshore Technology Conference Association: 915-921.

UDOMWORARAT P, MIKI C, ICHIKAWA A, et al., 2000. Fatigue and ultimate strengths of concrete filled tubular K-joints on truss girder [J]. Journal of Structural Engineering. ASCE, 46（3）: 1627-1635.

WARDENIER J, KUROBANE Y, PACKER J A, et al., 2008. Design guide for circular hollow seclin（CHS）joints under predominantly static loading [S]. 2nd Edition. CIDECT Series "Construction with Hollow Steel Sections" No.1, Committee for International Develepment and Education of Tubular Structures.

VAN DER VEGTE G J, MAKINO Y, WARDENIER J, 2004. The influence of boundary conditions on the chord load effect for CHS gap K-joints [J]. Connections in Steel Structures V, 6（3, 4）: 433-444.

VAN DER VEGTE G J, WARDENIER J, ZHAO X L, et al., 2008. Evaluation of new CHS strength formulae to design strengths [C] //Proceedings of the 12th International Symposium on Tubular Structures, Shanghai: 313-322.

ZHAO X L, WARDENIER J, PACKER J A, et al., 2010. Current static design guidelines for hollow section joints [J]. Structures and Buildings, Institution of Civil Engineers: UK, 163（6）: 363-373.

第 7 章　钢管混凝土平面框架结构的力学性能

7.1　引　　言

钢管混凝土柱与钢梁、钢筋混凝土梁或组合梁等组成的框架是钢管混凝土工程中常见的结构形式。

以往，一些研究者采用了拟静力试验的方法研究钢管混凝土框架的力学性能，如Kawaguchi 等（1997）、Morino 等（1993）、许成祥（2003）、王来等（2003）、王铁成和卢明奇（2005）、张文福（2000）等。还有一些研究者采用拟动力试验的方法研究钢管混凝土框架结构的力学性能，如 Herrera 等（2003）、Muhummud（2003）、Prabuddha 等（2003）和 Tsai 等（2003）、周栋梁等（2004）等。有的研究者则采用模拟地震振动台试验的方法研究钢管混凝土框架结构的抗震性能，如黄襄云和周福霖（2000）、黄襄云等（2001）、凡红等（2005）等。研究者们在钢管混凝土框架力学性能研究方面已进行了不少研究。作者认为在此基础上还应继续深入进行如下研究工作：①通过试验深入研究不同参数条件下，尤其在大柱轴压比（例如大于 0.5）情况下钢管混凝土框架的力学性能；②建立能充分考虑钢管混凝土组合结构特点的理论分析模型；③系统细致地分析钢管混凝土框架结构的几何参数、物理参数和荷载参数对其力学性能的影响规律；④提供钢管混凝土平面框架结构的恢复力模型，为由钢管混凝土柱组成的结构体系的抗震计算分析提供参考。

单层单跨框架是最基本的框架组成单元，任何复杂的多层多跨框架可看成单层单跨框架的组合和叠加，研究单层单跨框架的力学性能，是深入研究多层多跨空间框架结构力学性能和设计理论的重要基础。

作者课题组近年来对钢管混凝土柱 - 钢梁单层平面框架结构的工作性能进行了理论和试验研究（杜铁柱，2008；王文达等，2006；王文达和韩林海，2008a，2008b；Han 等，2008；Wang 等，2009），分析了影响钢管混凝土平面框架结构力学性能的重要参数，建立了相应的数值分析模型，在此基础上研究了平面框架承载力和恢复力模型的实用计算方法。本章拟介绍有关阶段性研究结果。

7.2　采用外环板式连接的框架结构试验研究

7.2.1　试验方法

（1）试件设计和制作

框架试件由钢管混凝土柱 - 钢梁经由刚接节点连接而成，刚接节点的形式采用常用的外加强环板式构造。

框架试件的设计参考了某实际工程。综合考虑实验室加载能力、加载方式和场地等条件，最终确定了如图 7.1 所示的框架简图，其中钢梁跨度（L）为 2.5m，每个钢管混凝土柱沿轴线分为两段，上段高度为 0.15m，下段高度（H）为 1.45m。

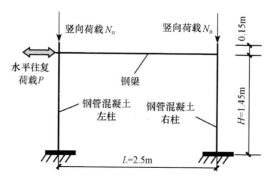

图 7.1　平面框架结构简图及加载方式示意图

钢梁的设计首先保证其截面满足整体稳定和局部稳定的构造要求，再依据试件设计参数所要求的梁柱线刚度比初选截面，最后根据"强柱弱梁"的要求验算梁截面尺寸。外加强环板宽度确定参考了本书 3.2 节的研究结果。

设计了 4 组、共计 12 榀框架试件。试件具体几何尺寸等参数汇总于表 7.1。表中所列试件的几何尺寸，其中 D 为钢管外径（对圆柱），B 为钢管边长（对方柱），t 为钢管壁厚。工字钢梁的截面尺寸分别为梁高、梁宽、腹板厚度、翼缘厚度（$h \times b_f \times t_w \times t_f$）。梁柱线刚度比为 $k = i_b/i_c$，其中 $i_b = (EI)_b/L$ 为梁的线刚度，$(EI)_b$ 为梁的抗弯刚度。$i_c = (EI)_c/H$，为柱的线刚度，$(EI)_c$ 为钢管混凝土柱的抗弯刚度。

表 7.1　钢管混凝土平面框架试件一览表

柱截面形状	试件编号	尺寸		梁柱线刚度比 k	轴压力 N_o/kN	柱轴压比 n	节点环板宽度 b/mm	Δ_y/mm	P_{max}/kN
		柱	梁						
		$D \times t$（$B \times t$）/（mm×mm）	$h \times b_f \times t_w \times t_f$ /（mm×mm×mm×mm）						
圆形	CF-11	140×2.00	150×70×3.44×3.44	0.57	50	0.07	40	15.3	76.5
	CF-12	140×2.00	150×70×3.44×3.44	0.57	205	0.3	40	13.1	68.4
	CF-13	140×2.00	140×65×3.44×3.44	0.46	410	0.6	30	12.5	55.3
	CF-21	140×3.34	160×80×3.44×3.44	0.58	50	0.06	50	15.7	96.4
	CF-22	140×3.34	160×80×3.44×3.44	0.58	273	0.3	50	14.9	90.6
	CF-23	140×3.34	140×65×3.44×3.44	0.36	545	0.6	30	14.7	75.7
方形	SF-11	120×3.46	160×80×3.44×3.44	0.62	50	0.05	40	17.7	106.1
	SF-12	120×3.46	160×80×3.44×3.44	0.62	285	0.3	40	17.2	102.8
	SF-13	120×3.46	140×70×3.44×3.44	0.41	570	0.6	30	15.5	88.5
	SF-21	140×4.00	180×80×4.34×4.34	0.55	50	0.04	50	17.8	166.7
	SF-22	140×4.00	180×80×4.34×4.34	0.55	375	0.3	50	14.9	154.1
	SF-23	140×4.00	160×80×3.44×3.44	0.34	750	0.6	40	9.4	133.0

试件编号 CF 代表圆钢管混凝土柱框架（**C**ircular CFST Column-Steel Beam **F**rame），SF 代表方钢管混凝土柱框架（**S**quare CFST Column-Steel Beam **F**rame），其后第一位数字代表框架组编号，每种截面按柱截面尺寸分为 2 组；第二位代表柱轴压比编号，分 3 类。

表 7.1 中，钢管混凝土柱的轴压比定义为 $n=N_o/N_u$，即为试验时柱上施加的轴向荷载 N_o 与柱极限承载力标准值 N_u 之比值。

试件的加工尺寸等如图 7.2（a）所示。外加强环板的构造及尺寸如图 7.2（b）～（e）所示，其中 b 为环板宽度，汇总于表 7.1 中。

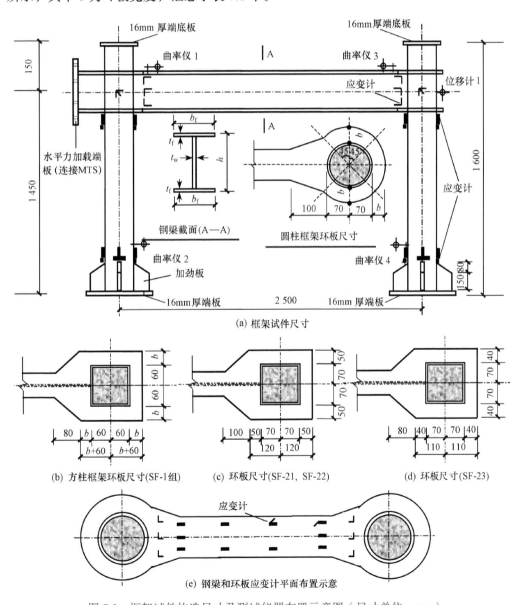

(a) 框架试件尺寸

(b) 方柱框架环板尺寸(SF-1组)　(c) 环板尺寸(SF-21, SF-22)　(d) 环板尺寸(SF-23)

(e) 钢梁和环板应变计平面布置示意

图 7.2　框架试件构造尺寸及测试仪器布置示意图（尺寸单位：mm）

　　框架柱脚均采用固接边界，柱脚处设置了加劲肋板，其尺寸构造如图 7.2（a）所示。在实验室地面上设置了预制钢筋混凝土基础梁作为试件的台座，基础梁通过地锚螺栓固定在地面上，梁中预埋有高强螺栓，试验时框架试件每个柱脚用10φ18的高强螺栓固定。框架柱顶轴向力各由 1000kN 液压千斤顶施加，并由伺服液压加载系统控制，柱顶与刚性横梁之间设有可自由滑动的支座，竖向液压千斤顶固定在滑动支座上，以保证柱顶发生水平位移时施加在柱顶上的轴力保持恒定。在梁端设置加载端板与固定于反力墙水平方向的 MTS 液压伺服作动器连接，并施加水平往复荷载或位移。框架试验装置如图 7.3 所示。

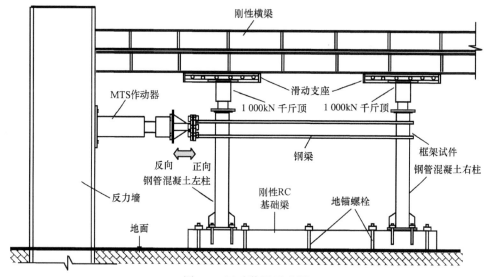

图 7.3　试验装置示意图

　　为避免试验过程中框架发生加载平面外失稳，在框架梁、柱面外均设置了侧向支撑，可保证框架试件在荷载作用平面内的前后自由移动。该装置为可调节间距的带垂直推力轴承的撑板，在框架梁三分点两侧各布置一个，在每个柱三分点处两侧也布置有侧向支撑。侧向支撑固定于与地锚刚接的反力刚架上。框架试件试验时侧向支撑布置及试验时加载情况，如图 7.4 所示。

图 7.4　进行试验时的情景

钢管混凝土柱采用了冷弯薄壁钢管,对于方管,其角部的内圆角半径 $r＝4mm$。钢梁采用钢板焊接而成,加强环板及钢梁腹板均与钢管焊接。对每个框架试件加工两个厚度为 16mm 的钢板作为柱的盖板,先在空钢管底端将盖板焊上,上部盖板等混凝土浇灌完成后再焊接。钢材的屈服强度 (f_y)、抗拉强度 (f_u)、弹性模量 (E_s) 和泊松比 (μ_s) 等参数分别见表 7.2。

表 7.2　钢材力学性能汇总

钢材类型	钢板厚度 /mm	f_y/MPa	f_u/MPa	E_s/MPa	μ_s
圆钢管	2	328	398	2.06×10^5	0.266
	3.34	352	430	2.07×10^5	0.262
方钢管	3.46	404	511	2.06×10^5	0.278
	4	361	434	2.06×10^5	0.261
环板和钢梁	3.44	303	441	2.06×10^5	0.262
	4.34	362	496	2.04×10^5	0.262

钢管中浇灌了自密实混凝土,其配合比为水:181kg/m³;普通硅酸盐水泥:300kg/m³;Ⅱ级粉煤灰:200kg/m³;河砂:994kg/m³;石灰岩碎石:720kg/m³。早强型减水剂的掺量为 1%。混凝土坍落度为 262mm,坍落扩展度为 610mm,混凝土浇灌时内部温度为 28℃。新拌混凝土流经 L 形仪的平均流速为 57mm/s。混凝土由顶部灌入钢管且没有进行任何振捣。

采用与试件中混凝土同条件养护的标准混凝土立方体试块达到 28 天养护期的强度 f_{cu} 为 42.7MPa,进行试验时的 f_{cu} 为 52.6MPa。混凝土弹性模量 E_c 为 33 800MPa。

（2）试验方法

框架试件的梁端水平荷载 (P) - 水平位移 (Δ) 滞回关系由 MTS 系统的数据自动采集系统采集。在框架柱底部和上部截面处均设置了应变片,底部截面在荷载作用平面内和平面外的四个面上均布置了互成 90° 的双向应变片,以测试框架柱底部截面荷载平面内及平面外的轴向及横向应变。在柱上部截面水平荷载作用平面内的两侧布置了双向应变片。在框架梁两端截面上下翼缘均布置了沿轴线方向的单向应变片,腹板上布置了双向应变片。分别在框架梁两端及每个框架柱底部截面附近布置了测试曲率的曲率仪。所有的测试仪器与 MTS 系统的作动器位移进行同步采集。框架试件的具体测点布置如图 7.2（a）所示。

在框架试件的节点环板上均布置了双向应变片,用以测试其纵向及横向应变。以圆形柱框架为例,图 7.2（e）给出了钢梁和环板应变计布置示意图。

（3）加载制度及加载程序

试验时采用位移控制加载,具体加载制度与 3.2 节中节点试验方法类似。试验前由本章 7.4 节论述的非线性有限元模型计算得到框架试件的理论极限荷载 P_{max},并取对应 $0.7P_{max}$ 的位移为屈服位移 Δ_y。

柱顶竖向轴力按照预定的轴压比由伺服液压加载系统通过 1000kN 竖向千斤顶

施加，轴向压力加到 N_o 后持荷 2～3min，然后采用 MTS 伺服作动器施加水平往复荷载。

试验时水平荷载采用慢速连续加载，加载速率为 0.5mm/s。当荷载降低到峰值荷载的 60% 左右，或梁柱连接焊缝发生破坏时即停止继续加载。

7.2.2 试验结果及分析

（1）试件破坏特征

本次试验的所有试件均发生了"强柱弱梁"型破坏形式，其破坏发展过程和梁、柱塑性铰的出现次序可总体上用图 7.5 来进行说明。

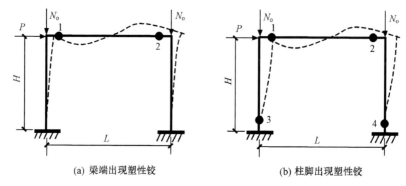

(a) 梁端出现塑性铰   (b) 柱脚出现塑性铰

图 7.5   试件破坏过程及塑性铰出现次序示意

当水平荷载（位移）加载到一定数值时，距离加载端较近的钢梁梁端首先发生屈服，产生塑性铰 1；继续反向加载，钢梁另一端出现屈服并形成反向塑性铰 2；随着加载位移的继续增大，梁端截面上下翼缘交替鼓曲，而且鼓曲变形随加载的持续而逐渐趋于明显，反向加载时并不能完全恢复到原位；随着位移的进一步增大，柱脚截面处钢管开始鼓曲，荷载开始下降，并首先在距离加载端的柱脚处形成塑性铰 3，反向加载时在远端柱脚形成塑性铰 4；当塑性铰 3 及 4 位置截面的塑性开展到一定阶段时，水平荷载开始出现下降，最后框架达到破坏极限状态。由于塑性铰 1 出现后钢梁会消耗一定能量，塑性铰 2 的出现要晚于 1，同理，柱塑性铰 3 的出现早于 4。由于框架试件中钢梁轴力较小，梁端形成纯弯塑性铰，而柱上承受恒定数值的轴力和水平荷载，形成了偏压塑性铰。

基于本章试件的构造特点，所有试件的梁端塑性铰位置均出现在加强环板之外50mm 左右的范围内的钢梁截面区域，但并不是一个截面位置，而是在约 150mm 宽的区域内。柱上形成的塑性铰位置在柱脚加劲肋板高度之上约 30mm 的位置，且右柱塑性铰的高度要高于左柱。框架试件梁端及柱端截面附近的典型的破坏形式如图 7.6 所示。

试件典型整体破坏形态如图 7.7（1）和（2）所示。整个试验过程中加强环板靠近梁端处位置虽然也有轻微鼓曲变形，但节点核心区域均未发生破坏，也没有明显变形。比较圆形柱与方形柱试件，可看出方柱不仅在荷载作用平面内的管壁出现较大的鼓曲并伴随开裂，在荷载平面外的管壁上也出现轻微的鼓曲，如图 7.7（2）所示。圆柱的鼓曲和

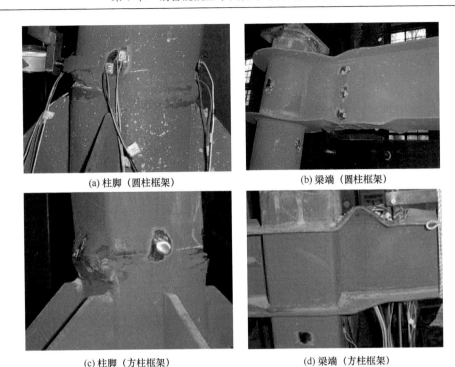

(a) 柱脚（圆柱框架）　　　　　　　　　(b) 梁端（圆柱框架）

(c) 柱脚（方柱框架）　　　　　　　　　(d) 梁端（方柱框架）

图 7.6　试件柱脚及梁端典型的破坏形态

开裂主要发生在荷载作用平面，如图 7.7（1）所示，主要原因是圆形柱钢管对其内部混凝土可提供更强的约束，因此柱的延性更好。由于试件设计时考虑了"强柱弱梁"及"强节点"的要求，试件节点区域没有发生破坏，也没有观测到明显的变形。

　　图 7.7（3）所示分别为试验后典型圆柱框架试件及方柱框架试件柱脚塑性铰位置处剖开钢管后混凝土的状态，可见方柱框架和圆柱框架塑性铰附近截面处的混凝土均有较严重的破坏，当剖开钢管后，该处的混凝土有破碎掉块现象。

　　图 7.7（4）分别给出了圆形柱和方形柱钢管混凝土框架试件在试验后的梁柱节点区域剖开外钢管后核心混凝土的状态。可见，框架试件即使破坏后节点域的混凝土仍没有明显的裂缝产生，说明核心混凝土能够满足承载力要求。

　　由于各框架试件柱截面形状、柱轴压比（n）等参数有所不同，发生上述破坏过程时所各试件对应的加载位移及荷载数值不同。对于 $n \leqslant 0.3$ 的试件（CF-11、CF-12、CF-21、CF-22、SF-11、SF-12、SF-21、SF-22）均在位移加载到 $3\Delta_y$ 第二循环时梁端出现轻微的鼓曲，在位移加载到 $5\Delta_y$ 时梁端鼓曲加重，柱脚钢管也出现鼓曲。对于 $n=0.6$ 的试件（CF-13、CF-23、SF-13、SF-23）在位移加载到 $3\Delta_y$ 第一循环梁端出现轻微的鼓曲，在位移加载到 $3\Delta_y$ 第二循环时梁端鼓曲加重，且柱脚钢管出现明显鼓曲。也就是说，随着 n 的增加，试件梁柱塑性铰的出现提前。对比不同截面形状的框架试件柱脚塑性铰处混凝土的破坏状态可以发现，圆柱框架裂缝基本均匀，且剥去钢管后混凝土完整性较好，而方柱框架柱脚处混凝土破坏较为严重，一旦剖开钢管，有部分破裂的混凝土即破碎掉块，如图 7.7（3）所示。这种差别也反映圆形柱对核心混凝土的约束效果要优于方形柱。

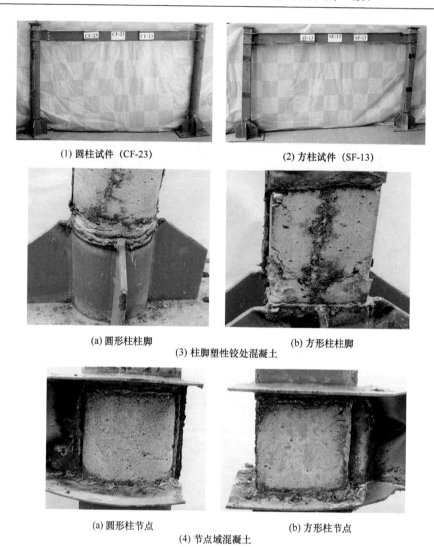

(1) 圆柱试件（CF-23）　　　　　　　　　(2) 方柱试件（SF-13）

(a) 圆形柱柱脚　　　　　　　　　　　　　(b) 方形柱柱脚
(3) 柱脚塑性铰处混凝土

(a) 圆形柱节点　　　　　　　　　　　　　(b) 方形柱节点
(4) 节点域混凝土

图 7.7　框架试件试验后破坏形态

　　以试件 CF-22 为例，简要说明框架试件的试验过程：当位移加载到 $3\Delta_y$ 第二循环时，靠近加载端钢梁的环板上翼缘及梁端上翼缘（受压）开始出现轻微的鼓曲，在此之前试件并无明显变化。当加载到 $-3\Delta_y$ 时，钢梁下翼缘（受压）的环板及梁端翼缘钢板开始出现鼓曲，而上翼缘的鼓曲变形因受拉而部分恢复。此时水平荷载基本上达到了极限值。位移达到 $5\Delta_y$ 第一循环时，钢梁梁端及环板上、下翼缘的鼓曲变形程度加重，梁端腹板也出现鼓曲，反向加载时，其鼓曲变形部分恢复，随着加载方向的变化交替出现翼缘的鼓曲，荷载开始下降，第二循环时柱脚部位在加劲肋板范围之外的钢管在荷载作用方向开始出现轻微鼓曲，梁微有面外倾斜。

　　当加载到位移为 $7\Delta_y$ 第一循环时，梁端翼缘及腹板的鼓曲程度加重，柱下端的钢管鼓曲变形继续发展且逐渐显著，荷载继续下降。在第二循环时，柱下端鼓曲位置钢管开始出现局部断裂现象。当位移增加到 $8\Delta_y$ 时，柱下端的塑性铰位置的断裂裂缝扩展较大，可观察到内部的混凝土被局部压碎。当荷载持续下降到峰值荷载的 70% 以下时停止加载。

（2）试验结果分析

1）水平荷载（P）- 水平位移（Δ）滞回关系曲线。

所有框架试件实测的 P-Δ 滞回曲线如图 7.8 所示，可见试件的滞回曲线基本均呈现饱满的梭形，没有明显捏缩现象。CF-1 组试件的滞回曲线相比而言并不是很饱满，主要原因是该组试件的钢管混凝土框架柱的含钢率较低（柱含钢率 $\alpha_s = 0.06$），但所有试件的 P-Δ 滞回曲线在荷载达到峰值点之前没有出现明显的强度退化和刚度退化，荷载下降阶段虽然有较明显的强度退化，但刚度退化不明显。

从图 7.8 可以看出，试件屈服后加载时的刚度逐渐退化，这是因为此时试件的屈服范围逐渐加大所致。试件卸载时的刚度基本保持弹性，与初始加载时的刚度基本相同。但随着加载位移的继续增加，卸载时刚度呈现出减小的趋势。

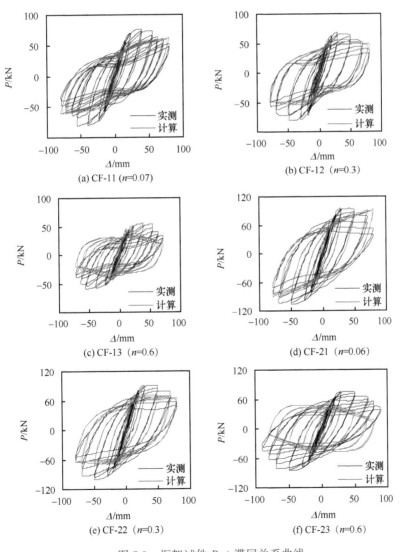

图 7.8　框架试件 P-Δ 滞回关系曲线

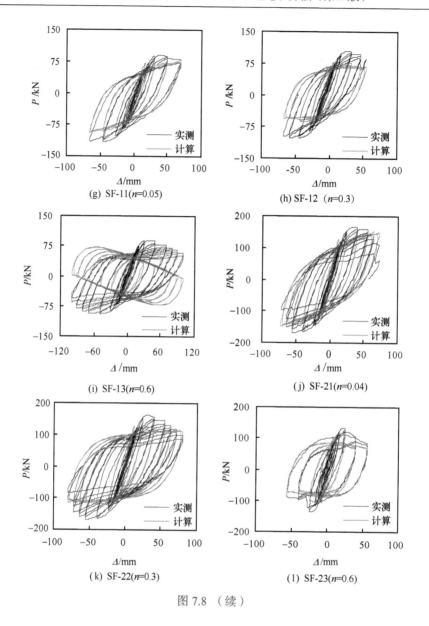

图 7.8 （续）

比较图 7.8 还可看出，同一组试件随柱轴压比（n）的增加，试件的水平极限承载力下降，P-Δ 滞回曲线的饱满程度也有所降低，试件达到极限承载力后的强度退化更加明显，滞回环所包围的面积也趋于减小，说明 n 的增大降低了框架的极限承载力和耗能能力。而当 $n \leqslant 0.3$ 时，水平极限承载力随 n 的增加下降并不明显。两组圆柱框架随柱含钢率的增大，在相同轴压比时，框架的水平承载力和刚度均有所提高，滞回曲线的饱满程度也有所提高，说明了其耗能能力的提高。

2）P-Δ 滞回关系曲线骨架线。

试件水平荷载（P）-水平位移（Δ）滞回关系曲线骨架线的比较情况如图 7.9 所示，可见随着轴压比（n）的增加 P-Δ 骨架线下降段变得更为明显。同时，试件的水平极限

承载力也随 n 的增加而降低。

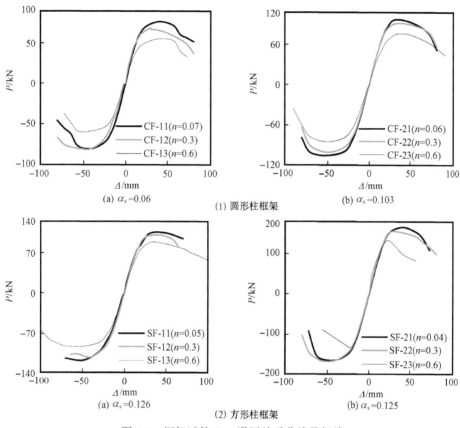

图 7.9　框架试件 $P\text{-}\Delta$ 滞回关系曲线骨架线

当含钢率（α_s）较小时，轴压比（n）对试件水平承载力的影响相对更加明显，而含钢率（α_s）较大时，n 的增加对框架试件的水平承载力的降低程度要小一些。原因在于含钢率较大的试件意味着钢管可对其核心混凝土提供更好的约束，从而可提高框架柱的承载能力和刚度。

3）水平荷载（P）- 应变（ε）关系曲线。

水平荷载（P）- 应变（ε）曲线可以反映加载过程中试件不同位置处应变的发展趋势。实测结果表明，框架试件应变最大的部位为梁端及柱脚处，所有试件规律基本类似。图 7.10 给出典型试件 CF-23 及 SF-21 水平荷载（P）与梁端翼缘及柱脚截面处的纵向应变（ε）关系曲线。对应图 7.5，图 7.10 中显示了塑性铰 1、2、3 和 4 出现的位置。

从图 7.10（1，a）和（2，a）分别所示的水平荷载（P）与钢梁梁端翼缘纵向应变（ε）关系曲线可见，梁端应变在达到屈服位移 Δ_y 之前均较小，且保持弹性阶段，在钢梁屈服后梁端应变发展很快，且梁端翼缘在加载后期发生屈曲变形，因此应变滞回曲线的位置有所偏移。当试件达到极限承载力时，CF-23 的梁端纵向应变为 3800με，柱底钢管纵向应变为 3300με，SF-21 梁端纵向应变为 3000με，柱脚钢管纵向应变为

3060με，可见达到极限荷载时梁端截面与柱底截面上的应变发展基本一致。图 7.10
（1b）和（2b）分别为试件 CF-23 及 SF-21 柱脚处钢管纵向应变（ε）与水平荷载（P）
关系曲线，可见柱底应变在试件屈服之前均较小。钢梁屈服后，纵向应变发展很快。

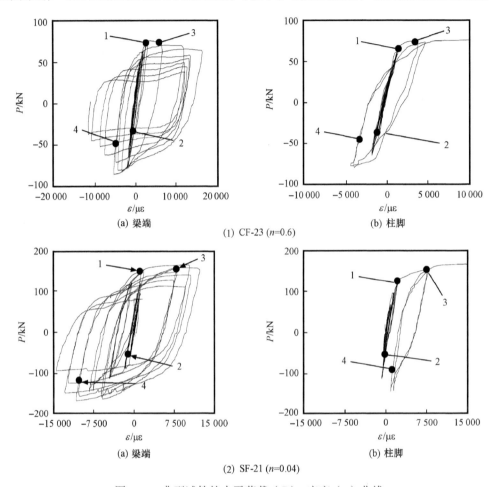

图 7.10　典型试件的水平荷载（P）- 应变（ε）曲线

4）水平荷载（P）与梁端及柱端曲率（φ）关系。

以试件 CF-23 和 SF-13 为例，图 7.11 给出实测的水平荷载（P）与梁端及柱脚位
置处的曲率（φ）关系曲线。图中给出了对应图 7.5 所示塑性铰 1，2，3 和 4 出现的位置。

从图 7.11 可以看出，梁端出现塑性铰 1 和 2 时，曲率很小，P-φ 曲线基本上呈线
性关系。当梁端进入屈服以后，梁端曲率发展加快。柱脚曲率的发展过程类似。由于
钢管混凝土框架柱的弯曲变形没有钢梁显著，因此柱脚的曲率在加载后期的发展较钢
梁缓慢，直到柱钢管鼓曲严重时曲率才发展较快。总体上，框架柱的曲率发展较框架
梁要缓慢得多。

5）框架试件的力学性能指标。

① 极限承载力。

由于钢管混凝土柱 - 钢梁框架的 P-Δ 曲线没有明显的屈服点，目前对该类结构屈

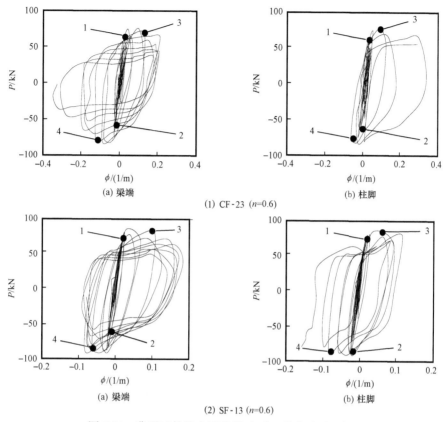

(1) CF-23 (*n*=0.6)

(2) SF-13 (*n*=0.6)

图 7.11　典型试件的水平荷载（P）- 曲率（ϕ）关系

服和破坏的确定尚缺乏统一的准则。为便于分析比较，参考建筑抗震试验方法规程
JGJ/T 101—2015，采用类似于图 2.251 所示的方法来确定钢管混凝土框架的屈服点和屈
服荷载，由图 7.9 所示的 P-Δ 骨架曲线可确定框架试件的 P_y、Δ_y、P_{max}、Δ_{max} 和 P_u、Δ_u。

　　图 7.12 和图 7.13 分别给出圆形柱框架和方形柱框架的柱轴压比（n）和含钢率（α_s）
对框架试件极限承载力（P_{max}）的影响，可见同组试件随轴压比（n）增大，框架的水
平极限承载力（P_{max}）降低，屈服位移 Δ_y 减小（见表 7.1），说明框架的屈服状态提前。

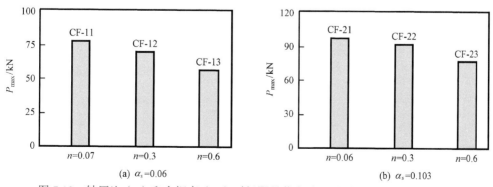

图 7.12　轴压比（n）和含钢率（α_s）对极限承载力（P_{max}）的影响（圆形柱框架）

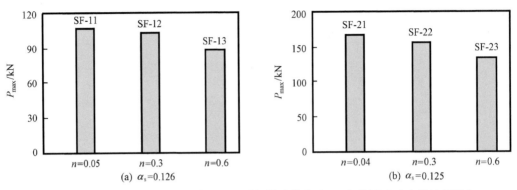

图 7.13　轴压比（n）和含钢率（α_s）对极限承载力（P_{max}）的影响（方形柱框架）

每组试件当轴压比由 $n\approx0$ 增加到 0.3 及 0.6 时，水平承载力的下降百分比分别为对于 CF-1 组试件分别为 10.5% 和 27.8%，CF-2 组试件分别为 6% 和 21.5%；对于 SF-1 组试件分别为 3.2% 和 16.6%，SF-2 组试件分别为 7.5% 和 20.2%。随着柱含钢率（α_s）的增加，同样轴压比时框架承载力（P_{max}）下降的比例有所减小，主要原因是 α_s 较大时，钢管混凝土柱延性更好，承载能力更强。

② 强度退化。

采用公式（3.2）可计算出框架试件同级荷载强度退化系数 λ_i。图 7.14 所示为不同柱轴压比（n）和含钢率（α_s）情况下框架试件同级荷载退化系数 λ_i 随加载位移（Δ/Δ_y）

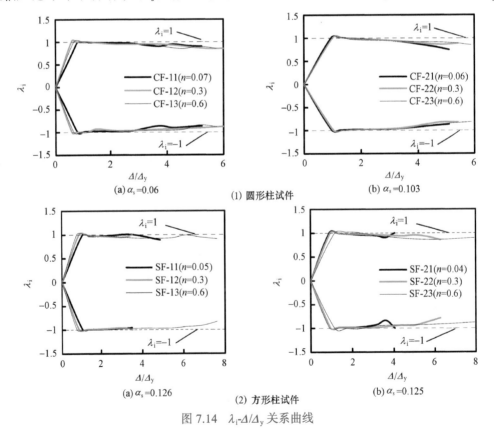

图 7.14　λ_i-Δ/Δ_y 关系曲线

的变化情况，可见，所有框架试件的同级荷载强度退化程度并不明显，只有钢梁屈曲并在加载位移很大的试验后期，才出现较明显的同级荷载降低，但降低幅度也不大。

采用公式（3.3）可计算出总体荷载退化系数 λ_j。图 7.15 所示为不同柱轴压比（n）和含钢率（α_s）情况下框架试件的总体荷载退化系数 λ_j 随加载位移（Δ/Δ_y）的变化情况。可见，所有框架试件的总体荷载强度退化程度在加载位移 Δ/Δ_y 达到 4 之前并不明显，只在试验后期退化比较明显。

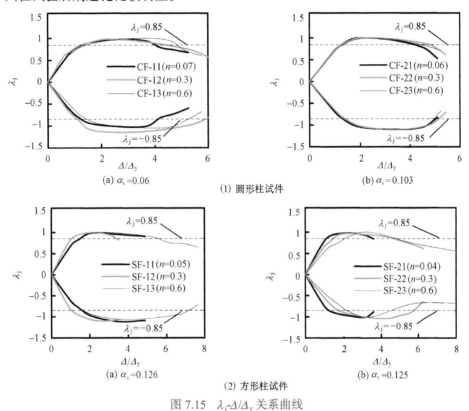

图 7.15　λ_j-Δ/Δ_y 关系曲线

③ 刚度退化。

图 7.16 所示为不同柱轴压比（n）和含钢率（α_s）情况下框架试件环线刚度 K_j 随

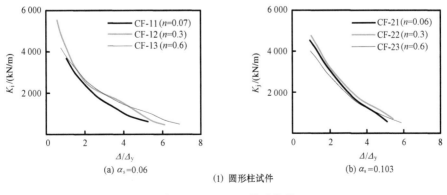

图 7.16　K_j-Δ/Δ_y 关系曲线

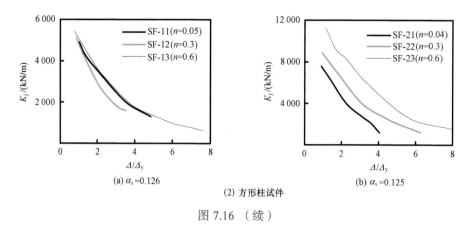

(2) 方形柱试件

图 7.16 （续）

位移加载级别（Δ/Δ_y）变化的曲线。

从图 7.16 可见，轴压比（n）对同组试件 K_j-Δ/Δ_y 关系趋势的影响并不显著，但 n 对方形柱框架刚度退化具体数值的影响总体上比对圆形柱框架明显。

④ 延性和耗能。

位移延性系数（μ）和转角延性系数（μ_θ）总体上可反映框架试件的延性特性。以框架试件柱顶水平破坏位移 Δ_u 与屈服位移 Δ_y（如图 2.251 所示）的比值定义为层间位移延性系数，即 $\mu=\Delta_u/\Delta_y$，而层间位移角 θ 定义为 $\theta=\arctan(\Delta/H)$，其中 H 为框架柱高度；且以试件破坏时位移角 $\theta_u[\theta_u=\arctan(\Delta_u/H)]$ 和屈服位移角 $\theta_y[\theta_y=\arctan(\Delta_y/H)]$ 比值定义为层间位移角延性系数，即：$\mu_\theta=\theta_u/\theta_y$，则得到框架试件的位移延性系数 μ 和位移角延性系数 μ_θ，μ 和 μ_θ 在数值上差别不大。

分别采用等效黏滞阻尼系数 h_e［如式（3.7）所示］、能量耗散系数 E［如式（3.8）所示］和总耗能可总体上说明框架试件的耗能能力。图 7.17 所示为不同柱轴压比（n）及含钢率（α_s）情况下框架试件的 h_e-Δ/Δ_y 关系曲线；图 7.18 和图 7.19 所示分别为圆形柱框架和方形柱框架试件的总耗能、能量耗散系数 E 和位移延性系数（μ）随轴压比（n）等参数的变化规律。

由图 7.17～图 7.19 可见：i）圆形柱框架中，含钢率（α_s）较小的 CF-1 组试件（$\alpha_s=0.06$），随着轴压比（n）的增加，总耗能降低，当轴压比由 $n=0.07$ 增加到 $n=0.6$ 时，

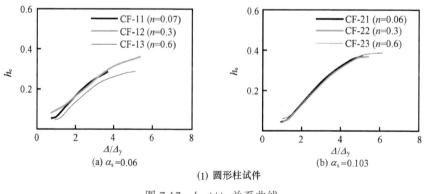

(1) 圆形柱试件

图 7.17 h_e-Δ/Δ_y 关系曲线

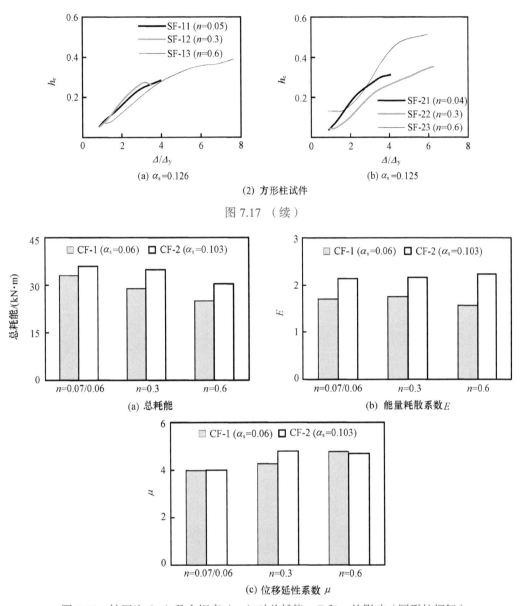

(a) $\alpha_{\mathrm{s}}=0.126$ (b) $\alpha_{\mathrm{s}}=0.125$

(2) 方形柱试件

图 7.17 （续）

(a) 总耗能   (b) 能量耗散系数 E

(c) 位移延性系数 μ

图 7.18 轴压比（n）及含钢率（α_{s}）对总耗能、E 和 μ 的影响（圆形柱框架）

总耗能下降了 24%，而能量耗散系数 E 及等效黏滞阻尼系数 h_{e} 变化不很明显，如图 7.17（1，a）和图 7.18（a）、（b）所示。对于 α_{s} 较大的 CF-2 组试件（$\alpha_{\mathrm{s}}=0.103$），随着 n 由 0.06 增加到 0.6，总耗能下降了 15%，能量耗散系数 E 及等效黏滞阻尼系数 h_{e} 等变化也不很明显，如图 7.17（1，b）和图 7.18（a）、（b）所示，说明随着 α_{s} 的增加，框架的总体耗能能力增加。柱轴压比（n）的增大对圆形柱试件位移延性系数（μ）影响不显著，随着 n 的增加，μ 稍有增加的趋势，如图 7.18（c）所示。ii）对于同组方形柱框架试件，随着轴压比（n）的增加，总耗能和能量耗散系数 E 明显减小，如 SF-1 组试件，当轴压比由 $n=0.05$ 变到 $n=0.6$ 时，总耗能下降了 38%，能量耗散系数 E 下降了 15%，等效黏滞阻尼系数 h_e 下降了 15%。对于 SF-2 组试件，对应的上述指标分别下降了 58%、26%、26%，如图 7.19（a）、（b）所示。总体上，轴压比（n）对方形柱框架的位移延性系数（μ）影响不明显，如图 7.19（c）所示，可见，对于 SF-1 组试件，轴压比由 $n=0.05$ 变到 $n=0.3$ 时 μ 稍有降低，而从 $n=0.3$ 变到 $n=0.6$ 时 μ 稍有提高。对于 SF-2 组试件，轴压比由 $n=0.04$ 变到 $n=0.3$ 时 μ 稍有提高，而从 $n=0.3$ 变到 $n=0.6$ 时 μ 稍有降低。iii）圆形柱框架的能量耗散系数 $E=1.56\sim2.23$，黏滞阻尼系数 $h_e=0.271\sim0.355$；而方形柱框架的 $E=1.38\sim1.98$，$h_e=0.22\sim0.314$，可见本次试验参数范围内，方形柱框架试件耗能能力总体上要低于圆形柱框架试件，同时，柱轴压比（n）对方形柱框架试件耗能能力及抗震性能的影响要比对圆柱框架的影响明显。iv）对比各组框架试件，随着梁柱线刚度比（k）的增加，梁对柱的约束效果加强，框架的延性和耗能能力均有所提高。

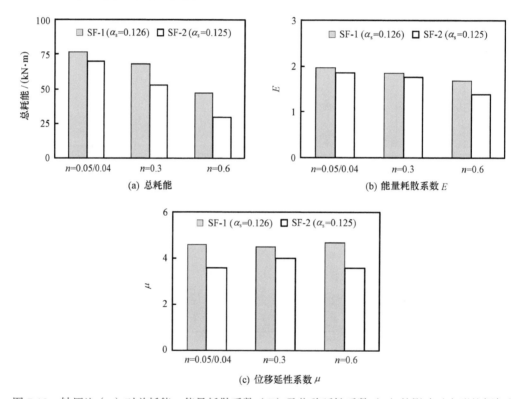

图 7.19　轴压比（n）对总耗能、能量耗散系数（E）及位移延性系数（μ）的影响（方形柱框架）

7.3　采用穿芯螺栓端板连接的框架结构试验研究

对应 3.5.1 节论述的钢管混凝土柱 - 钢梁穿芯螺栓端板连接节点，本书作者课题组还进行了由穿芯螺栓端板连接的钢管混凝土柱 - 钢梁平面框架结构滞回性能的试验研究（杜铁柱，2008），框架柱有圆形和方形两种，图 7.20（a）和（b）给出了圆形柱框架试件的构造图形，图 7.20（c）和（d）给出了方形柱框架试件的构造图形。

(a) 圆形柱框架试件　　　　　　　　　　(b) 圆形柱框架节点

(c) 方形柱框架试件　　　　　　　　　　(d) 方形柱框架节点

图 7.20　穿芯螺栓端板连接的钢管混凝土柱 - 钢梁框架

7.3.1　试验概况

本书作者课题组共进行了 10 榀框架的滞回性能试验研究，试件中钢管混凝土柱高度（H）为 1.45m，梁跨度（L）为 2.5m，钢管混凝土柱的外直径 D（圆柱）或外边长 B（方柱）均为 140mm，钢管壁厚（t）均为 3mm。工字钢梁的梁高 h、梁宽 b_f、腹板厚度 t_w、翼缘厚度 t_f 尺寸分别见表 7.3。钢管混凝土柱轴压比 $n=N_o/N_u$，即试验时柱上施加的轴向荷载 N_o 与柱的极限承载力标准值 N_u 之比值。计算 N_u 时，采用了实测的材料强度指标。梁柱线刚度比 $k=i_b/i_c$，其中 $i_b=(EI)_b/L$，$i_c=(EI)_c/H$，$(EI)_b$ 和 $(EI)_c$ 分别为钢梁和钢管混凝土柱的抗弯刚度。编号中 SF 代表方形柱框架，CF 代表圆形柱框架，横线后面字母为框架编号。试件详细参数汇总于表 7.3。

表 7.3　试件尺寸及参数

序号	柱截面类型	试件编号	梁截面 $h \times b_f \times t_w \times t_f$ /(mm×mm×mm×mm)	梁柱线刚度比 k	轴压力 N_o/kN	轴压比 n	Δ_y/mm	Δ_u/mm	P_{max}/kN	总耗能 /(kN·m)
1	圆形	CF-1	140×70×3×3	0.233	50	0.05	16.4	40.1	85.5	51.5
2		CF-2	160×80×3×3	0.350	50	0.05	17.2	36.3	100	51.5
3		CF-3	160×80×3×3	0.350	302	0.3	16.2	37.8	87.8	57.1
4		CF-4	160×80×3×3	0.350	605	0.6	11.9	32.6	83	51
5		CF-5	180×80×3×3	0.460	605	0.6	10.8	40	90	51.2

序号	柱截面类型	试件编号	梁截面 $h \times b_f \times t_w \times t_f$ /(mm×mm×mm×mm)	梁柱线刚度比 k	轴压力 N_o/kN	轴压比 n	Δ_y/mm	Δ_u/mm	P_{max}/kN	总耗能 /(kN·m)
6		SF-1	140×70×3×3	0.194	67	0.05	17.2	40	73	38
7		SF-2	160×80×3×3	0.292	67	0.05	18.1	43.7	85.5	56.6
8	方形	SF-3	160×80×3×3	0.292	404	0.3	17.5	40	78.6	67
9		SF-4	160×80×3×3	0.292	807	0.6	17.3	24	76	56.8
10		SF-5	180×80×3×3	0.383	807	0.6	13.9	24	83.3	40

　　框架柱采用冷弯薄壁钢管制作，工字钢梁采用钢板焊接而成，钢梁和两端端板及柱底板均在钢结构加工厂焊接完成。用直径 12mm 的高强螺栓将端板和柱连接起来，再向钢管内浇筑混凝土，最后用厚度 16mm 的钢板作为柱顶盖板。

　　实测的钢材屈服强度（f_y）、抗拉强度（f_u）、弹性模量（E_s）和泊松比（μ_s）如表 7.4 所示。

表 7.4　钢材力学性能指标

部件	厚度（直径）/mm	f_y/MPa	f_u/MPa	E_s/MPa	μ_s
圆形钢管	2.91	297.8	437.6	2.06×10⁵	0.284
方形钢管	2.94	321.1	350.6	2.1×10⁵	0.291
圆形端板	10.12	261.0	447.0	2.02×10⁵	0.289
方形端板	9.31	289.0	431.0	2.04×10⁵	0.297
螺杆	11.94	792.5	911.2	2.07×10⁵	0.282
工字钢梁	2.94	321.1	350.6	2.18×10⁵	0.291

　　试验采用了普通混凝土，其配合比为水：213.9kg/m³；普通硅酸盐水泥：470.3kg/m³；河砂：615.3kg/m³；石灰岩碎石：1027.9kg/m³。

　　混凝土 28 天抗压强度 f_{cu}=46MPa，试验时的 f_{cu}=59.5MPa，弹性模量 E_c=33 200MPa。

7.3.2　试验结果及分析

　　（1）试件破坏特征

　　试验装置及主要试验方法与 3.2.1 节中所论述的外环板式连接框架结构类似。下面分别以 CF-3 和 SF-3 框架为例说明此类框架的试验过程。

　　对于试件 CF-3，当水平位移施加到 Δ_y 时，钢管及钢梁变形不明显。继续加载到

$2\Delta_y$ 时，梁翼缘开始出现轻微鼓曲，随着荷载的往复，梁翼缘变形逐渐恢复到原位后再发生鼓曲；当位移加到 $3\Delta_y$ 时，梁两端翼缘交替鼓曲，腹板也发生变形，柱脚钢管两侧交替出现鼓曲并逐渐趋于明显。

当位移加到 $4\Delta_y$ 时，梁两端变形严重，形成塑性铰，柱脚钢管两侧鼓曲更加明显。位移进一步增大到 $5\Delta_y$ 时，梁翼缘开始出现断裂裂纹，并随着荷载往复逐渐扩展，柱脚钢管两侧鼓曲更加严重，并产生横向的断裂裂缝；继续加载到 $6\Delta_y$，水平荷载逐渐趋于下降。

对于试件 SF-3，水平位移施加到 $2\Delta_y$ 前，试件没有明显的变形。加载到 $3\Delta_y$ 时，离加载端远端的钢梁翼缘发生鼓曲变形，随后加载端也开始发生轻微变形，柱脚两侧外钢管轻微鼓曲。

加载到 $5\Delta_y$ 时，钢梁两端翼缘变形严重，柱脚两侧钢管鼓曲明显，第二循环时，梁端腹板变形比较明显，柱脚钢管进一步鼓曲；随着进一步施加水平位移，水平荷载开始下降，此时梁端形成塑性铰，柱脚塑性铰也开始形成。

试验结果表明，采用穿芯螺栓连接的钢管混凝土柱-钢梁框架具有良好的工作性能。典型的破坏特征是：梁端塑性铰出现位置在端板连接边缘处，附近的翼缘和腹板均出现较大的变形，而柱脚塑性铰的位置在柱脚加劲板外处。试验过程中，螺栓连接工作可靠。以采用方形柱的试件为例，图 7.21 给出了节点核心区位置处典型的梁端截面破坏形态。

（2）试验结果分析

1）水平荷载（P）-水平位移（Δ）滞回关系曲线。

图 7.21　典型梁端破坏形态

所有框架试件具有良好的延性和后期承载能力。图 7.22 给出试件实测的荷载（P）-位移（Δ）滞回关系曲线。

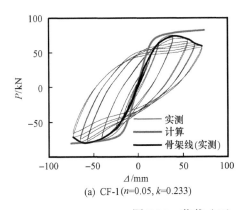

(a) CF-1(n=0.05, k=0.233)

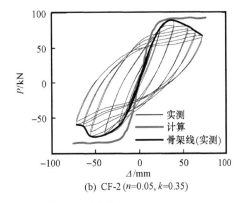

(b) CF-2(n=0.05, k=0.35)

图 7.22　荷载（P）-位移（Δ）滞回关系曲线

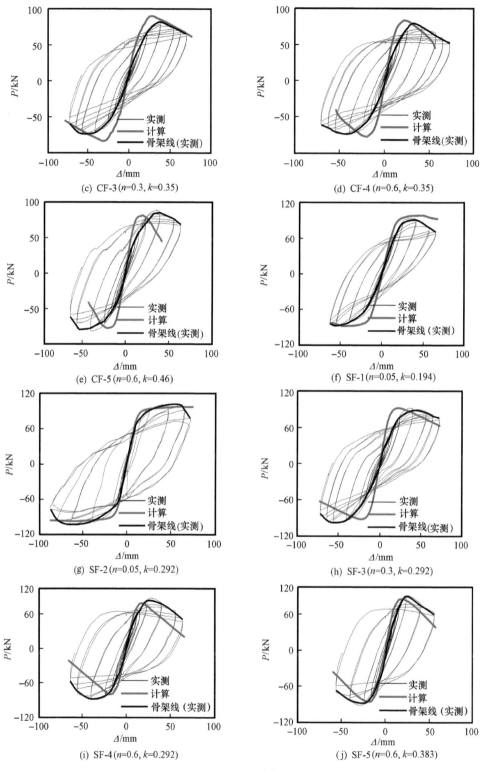

(c) CF-3 (n=0.3, k=0.35)

(d) CF-4 (n=0.6, k=0.35)

(e) CF-5 (n=0.6, k=0.46)

(f) SF-1 (n=0.05, k=0.194)

(g) SF-2 (n=0.05, k=0.292)

(h) SF-3 (n=0.3, k=0.292)

(i) SF-4 (n=0.6, k=0.292)

(j) SF-5 (n=0.6, k=0.383)

图 7.22 （续）

图 7.23 所示为不同轴压比（n）和梁柱线刚度比（k）情况下的 P-Δ 滞回关系曲线骨架线。

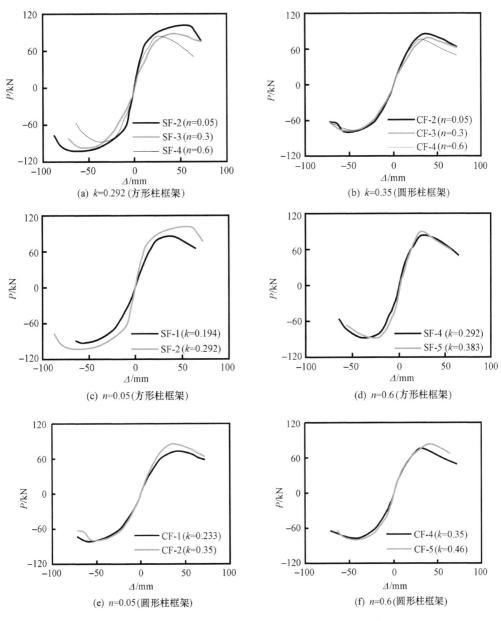

(a) k=0.292（方形柱框架）

(b) k=0.35（圆形柱框架）

(c) n=0.05（方形柱框架）

(d) n=0.6（方形柱框架）

(e) n=0.05（圆形柱框架）

(f) n=0.6（圆形柱框架）

图 7.23　水平荷载（P）- 水平位移（Δ）骨架曲线

由图 7.22 和图 7.23 可见，随着柱轴压比（n）的增加，框架试件的水平极限承载力（$P_{\max}$）有所下降。在轴压比（n）小于 0.3 时，水平极限承载力下降不明显；当轴压比（n）为 0.6 时下降较明显。随着梁柱线刚度比（k）的增大，框架试件的水平极限承载力有所增大。

2）延性及耗能。

参考图 2.251 类似方法，确定了框架的承载力指标，Δ_y、Δ_u 和 P_{max}，汇总于表 7.3 中。

分别采用等效黏滞阻尼系数 h_e [如式（3.7）所示] 及能量耗散系数 E [如式（3.8）所示] 评价框架试件的耗能能力。试件的总耗能也汇总于表 7.3 中。用位移延性系数 μ 和转角延性系数 μ_θ 研究框架试件的延性特性，μ 和 μ_θ 的计算公式分别如式（3.5）和式（3.6）所示。μ 和 μ_θ 数值上基本一致。

图 7.24（1）和（2）所示分别为不同柱轴压比（n）和梁柱线刚度比（k）情况下试件的极限承载力（P_{max}）、总耗能、能量耗散系数（E）和位移延性系数（μ）的变化。可见，柱轴压比（n）、梁柱线刚度比（k）等对框架的承载力、延性和耗能等都有影响，总体上规律如下。

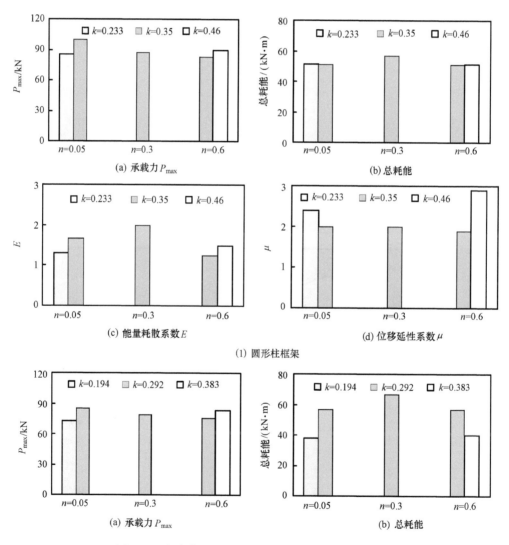

图 7.24　各参数对试件承载力及抗震性能指标的影响

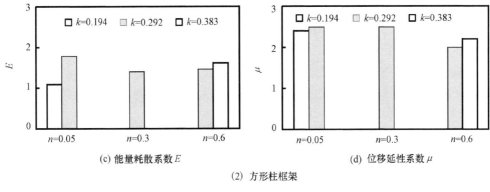

(c) 能量耗散系数 E　　　　　　(d) 位移延性系数 μ

(2) 方形柱框架

图 7.24 （续）

① 对方柱框架和圆柱框架，当 k 相同时，随着 n 的增加，试件的 P_{max} 下降，总耗能和能量耗散系数在 $n>0.3$ 时都有不同程度下降。如方形柱框架当 n 从 0.05 增加到 0.3 时，总耗能增加了 18%，当 n 从 0.3 增加到 0.6 时，总耗能减小了 15%。圆形柱框架当 n 从 0.05 增加到 0.3 时，总耗能增加了 11%，当 n 从 0.3 增加到 0.6 时，总耗能减小了 11%。也就是说，轴压比在 0.3 左右时柱上施加的轴力对试件的工作性能有所改善，这种现象和单个钢管混凝土压弯构件在往复荷载作用下的现象类似（韩林海，2007，2016）。

② $n \leqslant 0.3$ 时，随着 n 的增加，两种类型框架试件的 μ 变化不大。随着 n 的进一步增大，试件的 μ 稍有所下降，但降低幅度总体上都不大。

③ 当 n 一定时，随着 k 的增加，梁对柱的约束效果增加，框架的极限承载力、延性和耗能能力总体上均有提高的趋势。

3）刚度退化。

图 7.25 所示为不同轴压比（n）和梁柱线刚度比（k）情况下框架试件环线刚度（K_j）随位移加载级别（Δ/Δ_y）变化的曲线。可见，$n \leqslant 0.3$ 时，试件的 K_j-Δ/Δ_y 关系随 n 的变化影响不大。但当 $n>0.3$ 时，随着 n 的增加，K_j 随 Δ/Δ_y 的增加其下降趋势有所加快；随着 k 的增加，K_j-Δ/Δ_y 关系随 Δ/Δ_y 增加变化的趋势趋于平缓。

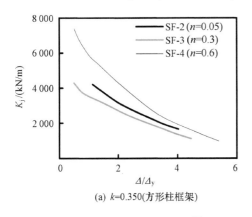
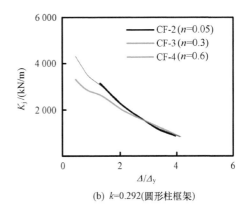

(a) k=0.350(方形柱框架)　　　　　　(b) k=0.292(圆形柱框架)

图 7.25　K_j-Δ/Δ_y 关系曲线

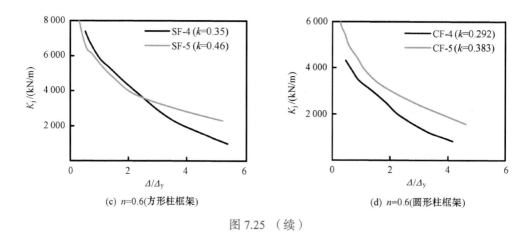

(c) $n=0.6$(方形柱框架)　　　　(d) $n=0.6$(圆形柱框架)

图 7.25 （续）

综上所述，在本节试验参数范围内，采用穿芯螺栓端板连接的组合平面框架具有良好的承载能力和延性，抗震性能较好。总体上，圆形钢管混凝土柱-钢梁框架试件的抗震性能稍优于采用方形柱的框架试件。

7.4　框架结构力学性能的理论分析

7.4.1　数值分析模型的建立

本节分别建立了三种可进行钢管混凝土平面框架结构非线性分析的数值模型，即：①基于纤维梁-柱单元理论的单调加载计算模型；②基于 ABAQUS 软件的三维有限元单调加载分析模型；③基于 OpenSees 平台的滞回曲线计算模型。

基于非线性纤维梁-柱单元理论，可建立钢管混凝土框架单调加载时的水平荷载-水平位移（P-Δ）曲线全过程分析的理论分析模型。基于 OpenSees 求解平台可进行钢管混凝土框架滞回性能的全过程分析，上述两种方法计算便捷，但不便于进行钢管混凝土框架受力特性分析，尤其不便于分析受力过程中截面上的应力分布规律及钢管与混凝土之间的相互作用等。

基于 ABAQUS（Hibbitt 等，2005）软件平台也可建立钢管混凝土框架的有限元分析模型。采用适合于钢管混凝土受力特点的混凝土及钢材材料本构模型，可得到钢管混凝土框架受力全过程中的截面应力状态分布规律，并可较细致地分析钢管与混凝土之间的相互作用等。但这种方法建模相对较复杂，且计算较为耗时，不便于大规模的参数分析计算工作。

本书作者课题组分别建立了基于上述三种方法的钢管混凝土柱-钢梁框架结构的数值计算模型，下面简要论述三种模型的建模方法。

（1）基于纤维梁-柱单元理论的单调加载计算模型

1）基本假定。

建模时采用了如下基本假定：①受力过程中梁和柱截面的应变状态符合平截面假

定；②受力过程中钢管混凝土的核心混凝土与钢管之间应变协调；③忽略剪力对梁和柱构件变形的影响；④不考虑出平面荷载和位移的影响；⑤对于拼焊而成的方钢管，需考虑焊接残余应力的影响，钢管单边的残余应力分布暂按图 2.259 确定。焊接工字形钢梁的焊接残余应力按照图 3.83 的分布来考虑。冷弯型钢钢管的截面应力按照 2.11.2 节中的有关论述确定。

2）材料模型。

对于 Q235 钢、Q345 钢和 Q390 钢等建筑工程中常用的钢材，钢材的应力 - 应变关系曲线一般可分为弹性段、弹塑性段、塑性段、强化段和二次塑流等五个阶段，如图 2.144（a）所示。对于高强钢材，采用双线性模型，如图 2.144（b）所示。

钢管混凝土构件中常采用冷弯钢管。冷弯型钢的应力 - 应变关系如式（2.49）所示，其弯角部分的强度计算按照式（2.50）进行。

核心混凝土在单轴受压下的应力 - 应变关系采用韩林海（2007，2016）给出的模型，其具体表达式如式（2.52）和式（2.53）所示。在单调荷载作用下的受拉混凝土，其应力 - 应变关系如式（2.54）所示。

3）非线性有限元方程的建立。

① 几何描述及结构的离散。

对于钢管混凝土框架，需在截面层次和单元纵轴层次分别建立有限元方程，在进行有限元分析时应分别建立结构的整体坐标系和构件单元的局部坐标系。

首先将钢管混凝土框架理想化为通过结点相连的单元集合，并建立两套坐标系：整体坐标系 yOz 和局部坐标系 $y'O'z'$，在整体坐标系 yOz 下，建立并求解结构的总体平衡方程；在局部坐标系 $y'O'z'$ 下，描述单元的特性。

为了方便描述几何非线性效应，采用了随动坐标形式。在对钢管混凝土柱和钢梁进行单元划分时，考虑了两个层次的划分，即在构件长度方向上划分若干个梁 - 柱单元，将构件视为通过结点相连的梁 - 柱单元的集合，单元划分的数目取决于计算要求的精度，而在截面上划分纤维微单元。基于以上的结构离散化的原则，可将钢管混凝土框架进行离散化处理。

为考虑框架单元内材料特性的变化（材料非线性），截面又被进一步划分为一系列的微单元。每一个材料单元的几何特性由其面积和 y 坐标（即距形心轴的距离）定义。假定在每一个材料单元内的应力均匀分布，大小与材料单元中心的应力相同，方向沿杆件轴线。当钢管混凝土构件为圆形及方形截面时，利用对称性可取半个截面进行计算。

钢管混凝土单层单跨平面框架的离散化示意图如图 7.26（a）所示，钢管混凝土柱及钢梁截面单元划分示意如图 7.26（b）、（c）和（d）所示。

② 截面刚度矩阵。

对于钢管混凝土构件的某一截面，截面中任意点的轴向应变（假设轴向为 x 方向）可表达为

$$\varepsilon = \varepsilon_0 + \phi_y z - \phi_z y \qquad (7.1)$$

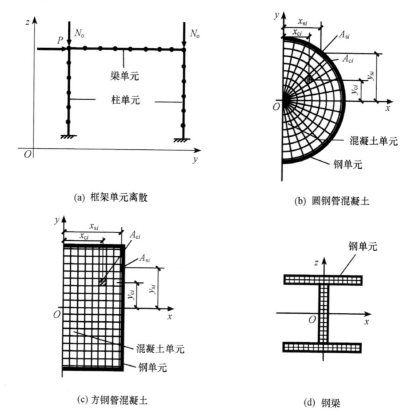

(a) 框架单元离散　　　　　(b) 圆钢管混凝土

(c) 方钢管混凝土　　　　　(d) 钢梁

图 7.26　框架单元截面划分示意

上式表示成矩阵形式，则为

$$\varepsilon=\begin{bmatrix} 1 & z & -y \end{bmatrix}\begin{Bmatrix} \varepsilon_0 \\ \phi_y \\ \phi_z \end{Bmatrix}=\{\overline{y}\}^T\{\overline{\varepsilon}\} \tag{7.2}$$

式中：ε 为截面中任意点处的纵向应变；$\{\overline{y}\}^T=\begin{bmatrix} 1 & z & -y \end{bmatrix}$；$\{\overline{\varepsilon}\}=\begin{bmatrix} \varepsilon_0 & \phi_y & \phi_z \end{bmatrix}^T$，$\{\overline{\varepsilon}\}$ 为截面的广义应变向量；ε_0 为坐标原点处的纵向应变；ϕ_y 和 ϕ_z 分别为绕 y 轴和 z 轴的曲率。

材料处于弹性状态时，其应力与应变关系为

$$\sigma(y,z)=E\cdot\varepsilon(y,z)=E\cdot\{\overline{y}\}^T\{\overline{\varepsilon}\} \tag{7.3}$$

式中：E 为材料弹性模量。钢管混凝土单元截面由钢管和混凝土两部分组成，截面内力应为钢管和混凝土分别承担的部分叠加如下，其中 N 为轴力，M_y 和 M_z 分别为绕 y 轴和 z 轴的弯矩，具体为

$$N=\iint_{A_s}\sigma_s(y,z)\,dA_s+\iint_{A_c}\sigma_c(y,z)\,dA_c \tag{7.4a}$$

$$M_y=\iint_{A_s}\sigma_s(y,z)\,zdA_s+\iint_{A_c}\sigma_c(y,z)\,zdA_c \tag{7.4b}$$

$$M_z = \iint_{A_s} \sigma_s(y,z)\, y \mathrm{d}A_s + \iint_{A_c} \sigma_c(y,z)\, y \mathrm{d}A_c \tag{7.4c}$$

将式（7.1）分别代入式（7.4），经过整理并用矩阵形式表示为

$$\{\overline\sigma\} = \left(E_s \iint_{A_s}\{\overline y\}\cdot\{\overline y\}^\mathrm{T}\mathrm{d}A_s + E_c \iint_{A_c}\{\overline y\}\cdot\{\overline y\}^\mathrm{T}\mathrm{d}A_c \right)\{\overline\varepsilon\} \tag{7.5}$$

式中：$\{\overline y\}^\mathrm{T} = [\,1 \quad z \quad -y\,]$，$\{\overline\varepsilon\} = [\varepsilon_0 \quad \phi_y \quad \phi_z]^\mathrm{T}$，$\{\overline\sigma\} = [N \quad M_y \quad M_z]^\mathrm{T}$，其中 $\{\overline\varepsilon\}$ 为截面的广义应变向量，$\{\overline\sigma\}$ 为截面的广义应力向量；E_s 和 E_c 分别为钢管和混凝土的弹性模量；A_s 和 A_c 分别为钢管和混凝土的截面面积。

因为是线性情况，式（7.5）可表达为如下的形式，即

$$\begin{bmatrix} N \\ M_y \\ M_z \end{bmatrix} = \left(\begin{bmatrix} EA & ES_y & -ES_z \\ ES_y & EJ_{yy} & -EJ_{yz} \\ ES_y & -EJ_{yz} & EJ_{zz} \end{bmatrix}_s + \begin{bmatrix} EA & ES_y & -ES_z \\ ES_y & EJ_{yy} & -EJ_{yz} \\ ES_y & -EJ_{yz} & EJ_{zz} \end{bmatrix}_c \right) \begin{bmatrix} \varepsilon_0 \\ \phi_y \\ \phi_z \end{bmatrix} \tag{7.6}$$

进一步表示成矩阵形式为

$$\{\overline\sigma\} = [D]\{\overline\varepsilon\} \tag{7.7}$$

上述式中：$A = \iint \mathrm{d}A$ 为材料截面的面积；$S_y = \iint z\mathrm{d}A$ 为材料截面的面积矩（对 y 轴）；$S_z = \iint y\mathrm{d}A$ 为材料截面的面积矩（对 z 轴）；$J_{yy} = \iint z^2\mathrm{d}A$ 为材料截面的惯性矩（对 y 轴）；$J_{zz} = \iint y^2\mathrm{d}A$ 为材料截面的惯性矩（对 z 轴）；$J_{yz} = \iint yz\mathrm{d}A$ 为材料截面的极惯性矩；E 为单元材料的弹性模量，矩阵中下标 s 和 c 分别代表钢管单元和混凝土单元。

钢管混凝土截面线性刚度矩阵 $[D]$ 可表示为

$$[D] = \begin{bmatrix} EA & ES_y & -ES_z \\ ES_y & EJ_{yy} & -EJ_{yz} \\ ES_y & -EJ_{yz} & EJ_{zz} \end{bmatrix}_s + \begin{bmatrix} EA & ES_y & -ES_z \\ ES_y & EJ_{yy} & -EJ_{yz} \\ ES_y & -EJ_{yz} & EJ_{zz} \end{bmatrix}_c \tag{7.8}$$

当钢管混凝土中钢管和混凝土的应力-应变关系表现为非线性时，可采用切线刚度矩阵 $[D]$ 方式表达钢管混凝土截面的非线性刚度矩阵 $[D_t]$ 为

$$[D_t] = \begin{bmatrix} EA & ES_y & -ES_z \\ ES_y & EJ_{yy} & -EJ_{yz} \\ ES_y & -EJ_{yz} & EJ_{zz} \end{bmatrix}_s + \begin{bmatrix} EA & ES_y & -ES_z \\ ES_y & EJ_{yy} & -EJ_{yz} \\ ES_y & -EJ_{yz} & EJ_{zz} \end{bmatrix}_c \tag{7.9}$$

式中

$$EA = \iint E_t(y,z)\mathrm{d}A \tag{7.10a}$$

$$ES_y = \iint E_t(y,z)z\mathrm{d}A \tag{7.10b}$$

$$ES_z = \iint E_t(y,z)y\,\mathrm{d}A \tag{7.10c}$$

$$EJ_{yy} = \iint E_t(y,z)z^2\mathrm{d}A \tag{7.10d}$$

$$EJ_{zz} = \iint E_t(y,z)y^2\mathrm{d}A \tag{7.10e}$$

$$EJ_{yz} = \iint E_t(y,z)yz\,\mathrm{d}A \tag{7.10f}$$

可以看出，当 $E_t(y,z) = E$ 为常数时，式（7.9）与式（7.8）完全相同，即非线性刚度矩阵退化为线性刚度矩阵，这样非线性刚度矩阵和线性刚度矩阵在形式上统一，方便于算法描述和编程。当 $E_t(y,z)$ 不是常数时，切线刚度矩阵为非线性，此时式（7.9）中的各个系数须由式（7.10）采用数值积分的方法得到。

钢梁为单一材料，因此其非线性刚度矩阵形式相对较为简单，在上述方程中只需考虑相应的钢单元即可。

4）有限元基本方程及求解方法简述。

有限元基本方程中采用了近似修正的拉格朗日表述（approximate updated Lagrange description）来反映几何非线性的影响，采用 Green 应变张量表述应变和位移之间的非线性关系。采用第二类 Piola-Kirchhoff 应力来表述应力和应变关系（Ted Belytschko 等，2000）。采用增量平衡方程可建立非线性平衡方程。

非线性单元切线刚度矩阵中的模量和节点力向量都需要通过数值积分的方法得到。在进行程序编制时对截面和单元长度方向采用不同的数值积分方法。在截面上采用合成法（即叠加法），截面上划分足够数目的微单元，将每个单元的贡献采用直接叠加的办法来实现积分的运算。在单元长度方向则采用 Gauss 积分方法，采用六点 Gauss-Labotto 积分法即可在计算效率和精度上取得良好的效果（Yang 和 Kuo，1994）。

在合成钢管混凝土柱的截面切线刚度矩阵时，式（7.10）的积分形式可以写成如下的形式：

$$EA = \iint E_t(x,y)\mathrm{d}A = \sum_{i=1}^{n_s} E_{tsi}(x_{si},y_{si})A_{si} + \sum_{i=1}^{n_c} E_{tci}(x_{ci},y_{ci})A_{ci} \tag{7.11a}$$

$$ES_x = \iint E_t(x,y)y\mathrm{d}A = \sum_{i=1}^{n_s} E_{tsi}(x_{si},y_{si})y_{si}A_{si} + \sum_{i=1}^{n_c} E_{tci}(x_{ci},y_{ci})y_{ci}A_{ci} \tag{7.11b}$$

$$ES_y = \iint E_t(x,y)x\mathrm{d}A = \sum_{i=1}^{n_s} E_{tsi}(x_{si},y_{si})y_{si}A_{si} + \sum_{i=1}^{n_c} E_{tci}(x_{ci},y_{ci})y_{ci}A_{ci} \tag{7.11c}$$

$$EJ_{xx} = \iint E_t(x,y)y^2\mathrm{d}A = \sum_{i=1}^{n_s} E_{tsi}(x_{si},y_{si})y_{si}^2 A_{si} + \sum_{i=1}^{n_c} E_{tci}(x_{ci},y_{ci})y_{ci}^2 A_{ci} \tag{7.11d}$$

$$EJ_{zz} = \iint E_t(x,y)x^2\mathrm{d}A = \sum_{i=1}^{n_s} E_{tsi}(x_{si},y_{si})x_{si}^2 A_{si} + \sum_{i=1}^{n_c} E_{tci}(x_{ci},y_{ci})x_{ci}^2 A_{ci} \tag{7.11e}$$

$$EJ_{yz} = \iint E_t(x,y)xy\mathrm{d}A = \sum_{i=1}^{n_s} E_{tsi}(x_{si},y_{si})x_{si}y_{si}A_{si} + \sum_{i=1}^{n_c} E_{tci}(x_{ci},y_{ci})x_{ci}y_{ci}A_{ci} \tag{7.11f}$$

式中：n_s、n_c 为钢和混凝土的单元总数；E_{tsi}、E_{tci} 为钢、混凝土 i 单元的切线模量；x_{si}、

y_{si} 为钢 i 单元形心处的坐标；x_{ci}、y_{ci} 为混凝土 i 单元形心处的坐标；A_{si}、A_{ci} 为钢、混凝土 i 单元的面积。

对于钢梁，其截面的切线刚度矩阵中各参数表达式为

$$EA_b = \iint E_t(x,z)\,\mathrm{d}A_b = \sum_{i=1}^{n_b} E_{tbi}(x_{bi}, y_{bi})A_{bi} \tag{7.12a}$$

$$ES_x = \iint E_t(x,z)\; z\mathrm{d}A_b = \sum_{i=1}^{n_b} E_{tbi}(x_{bi}, z_{bi})z_{bi}\,A_{bi} \tag{7.12b}$$

$$ES_z = \iint E_t(x,z)\; x\mathrm{d}A_b = \sum_{i=1}^{n_b} E_{tbi}(x_{bi}, z_{bi})x_{bi}\,A_{bi} \tag{7.12c}$$

$$ES_{xx} = \iint E_t(x,z)\; z^2\mathrm{d}A_b = \sum_{i=1}^{n_b} E_{tbi}(x_{bi}, z_{bi})z_{bi}^2\,A_{bi} \tag{7.12d}$$

$$EJ_{zz} = \iint E_t(x,z)\; x^2\mathrm{d}A_b = \sum_{i=1}^{n_b} E_{tbi}(x_{bi}, z_{bi})z_{bi}^2\,A_{bi} \tag{7.12e}$$

$$EJ_{xz} = \iint E_t(x,z)\; xz\mathrm{d}A_b = \sum_{i=1}^{n_b} E_{tbi}(x_{bi}, z_{bi})x_{bi}z_{bi}\,A_{bi} \tag{7.12f}$$

式中：n_b 为钢梁截面上钢单元总数；E_{tbi} 为钢梁 i 单元的切线模量；x_{bi}、z_{bi} 为钢梁 i 单元形心处的坐标；A_{bi} 为钢梁 i 单元的面积。

考虑几何非线性时需处理以下两个方面的问题：一是轴力对结构刚度的影响，需要在建立单元刚度矩阵时引入几何刚度矩阵来考虑；二是大变形对内力的二阶效应影响，内力和外力的平衡条件应根据变形后的几何位置来建立。为考虑大变形引起的二阶效应，在施加每级位移增量时可根据当前已变形的几何位置和内力来形成新的单元切线刚度矩阵和坐标转换矩阵，在计算下一级位移增量时，单元的切线刚度矩阵和坐标转换矩阵应按结构变形后的新位置来形成。这样，逐级施加位移增量，逐次计算结构变形后的几何参数，并修改刚度矩阵和坐标转换矩阵（Yang 和 Kuo，1994；Chen 和 Toma，1994）。

钢管混凝土框架中梁柱构件往往是通过一定的节点构造连接而成，对于梁柱刚性连接节点，计算模型中假定节点区域为具有一定宽度和高度的刚域，参考吕西林等（1997）对钢筋混凝土框架分析中节点刚域的处理方法，将净跨部分的单元刚度矩阵移向刚域端部处，形成带刚域梁 - 柱单元的刚度矩阵。

根据图 7.27 所示的几何关系，可以建立如下的杆端位移和刚域端部位移的关系式，即

$$\begin{Bmatrix} u_{lj} \\ v_{lj} \\ \theta_{lj} \\ u_{lk} \\ v_{lk} \\ \theta_{lk} \end{Bmatrix} = \begin{bmatrix} 1 & 0 & 0 & 0 & 0 & 0 \\ 0 & 1 & -d_j & 0 & 0 & 0 \\ 0 & 0 & 1 & 0 & 0 & 0 \\ 0 & 0 & 0 & 1 & 0 & 0 \\ 0 & 0 & 0 & 0 & 1 & -d_k \\ 0 & 0 & 0 & 0 & 0 & 1 \end{bmatrix} \begin{Bmatrix} u_{rj} \\ v_{rj} \\ \theta_{rj} \\ u_{rk} \\ v_{rk} \\ \theta_{rk} \end{Bmatrix} \tag{7.13}$$

式中：u_{lj}、v_{lj}、θ_{lj}、u_{lk}、v_{lk}、θ_{lk} 分别为单元 jk 的净跨端部 j_l 和 k_l 在 x 方向和 y 方向的平动位移和 xy 平面内的转角位移；u_{rj}、v_{rj}、θ_{rj}、u_{rk}、v_{rk}、θ_{rk} 分别为单元 jk 的刚域端部 j_r 和 k_r 在 x 方向和 y 方向的平动位移和 xy 平面内的转角位移；d_j 和 d_k 分别为单元在 j 端和 k 端的刚域长度。

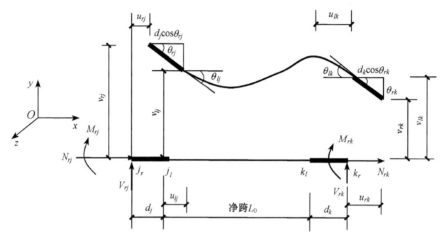

图 7.27　带刚域单元的内力和变形图

式（7.13）可简写为

$$\{d_l\} = [H]\{d_r\} \tag{7.14}$$

式中：$\{d_l\}$ 为单元杆端位移列向量；$[H]$ 为变换矩阵；$\{d_r\}$ 为考虑刚域作用的单元刚域端部位移列向量。

同理，由图 7.28 可得单元的刚域端部内力 $\{f_r\}$ 与净跨杆端内力 $\{f_l\}$ 之间的关系为

$$\{f_r\} = [H]^{\mathrm{T}}\{f_l\} \tag{7.15}$$

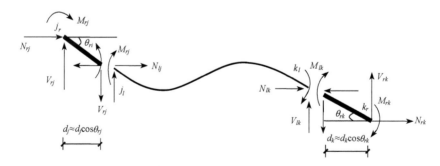

图 7.28　带刚域端部内力和杆端内力之间的关系

$\{f_r\}$ 和 $\{f_l\}$ 可表示为

$$\{f_l\} = [k_l]\{d_l\} \tag{7.16a}$$

$$\{f_r\}=[k_r]\{d_r\} \tag{7.16b}$$

由式（7.14）～式（7.16），通过变换得到杆端刚度矩阵与刚域端部刚度矩阵之间的关系，可得

$$[k_r]=[H]^{\mathrm{T}}[k_l][H] \tag{7.17}$$

式中：$[k_l]$ 即为式（7.13）所表达的梁 - 柱单元切线刚度矩阵。

在框架分析中，利用 $[k_r]$ 形成框架结构的最后总体刚度矩阵，通过求解方程，可以求得结点的位移和每个单元的刚域端部位移向量 $\{d_r\}$，然后分别由式（7.14）和式（7.15）求得杆端位移和杆端力。这样，框架的有限元方程求解中即考虑了节点区刚域的影响。

基于以上的理论模型，可建立钢管混凝土框架的非线性有限元分析方程。

选择位移增量法作为钢管混凝土框架结构全过程分析的求解方法。求解非线性问题时，对于每次迭代，均可建立如下的平衡方程（吕西林等，1997），即

$$[k]^i\{\Delta U\}^i=\{R\}^i+\Delta\lambda\cdot\{P\} \tag{7.18}$$

式中：$\{R\}^i$ 为第 i 次迭代后尚存的不平衡力向量；$\{P\}$ 为外荷载参考向量；$\Delta\lambda$ 为结点力系数增量；$\{\Delta U\}^i$ 为第 i 次迭代产生的位移增量。

在式中，如果取 $\Delta\lambda$ 为常数，便成为常规的固定荷载水平的增量方程。如果 $\Delta\lambda$ 不固定，就不能仅仅靠方程（7.18）求解问题的解，还需要附加另外的条件。位移增量法就是在位移向量 $\{U\}$ 中选取某一个分量 U_q 作为控制变量，在每次荷载增量时，确定 U_q 的增量 ΔU_q，使其固定为 U_q，通过式（7.18）来反求荷载增量 $\Delta\lambda$。

为了求解式（7.18），采用双位移分量方法将位移分解为两种分量位移（陈惠发，1999；吕西林等，1997），并分别按下式确定，即

$$[k_t]^i\{\Delta U^a\}^i=\{R\}^i \tag{7.19}$$

$$[k_t]^i\{\Delta U^b\}^i=\{P\} \tag{7.20}$$

总体位移增量可以由两种分量位移表达为

$$\{\Delta U\}^i=\{\Delta U^a\}^i+\Delta\lambda^i\cdot\{\Delta U^b\}^i \tag{7.21}$$

令第 q 个位移分量为所选择的控制点位移分量，在每步增量迭代初始产生位移增量 ΔU_q，而在后续的迭代过程中，控制第 q 个位移分量不变直至迭代收敛（陈惠发，1999；吕西林等，1997），即

$$\Delta U_q^i=(\Delta U_q^a)^i+\Delta\lambda^i\cdot(\Delta U_q^b)^i \tag{7.22}$$

当 $i=1$ 时，

$$\Delta U_q^i=\Delta U_q \tag{7.23a}$$

当 $i>1$ 时，

$$\Delta U_q^i=0 \tag{7.23b}$$

利用式（7.22）和式（7.23）可求得

$$\Delta \lambda^{i} = \frac{\Delta U_{q}^{i} - (\Delta U_{q}^{a})^{i}}{(\Delta U_{q}^{b})^{i}} \qquad (7.24)$$

　　应用修正的 Newton-Raphson 方法，式（7.18）仅需要在总体刚度矩阵更新时求解一次。位移增量法通过迭代不断调整所有其他位移分量，直到找到新的平衡位置。对于每个增量步长，求解步骤如下。

① 在迭代开始，确定一个控制点位移分量的增量 ΔU_{q}。

② 计算不平衡力向量 $\{R\}^{i}$ 和切线刚度矩阵 $[K_{t}]^{i}$。

③ 利用式（7.22）和式（7.23）解出 $\{\Delta U^{a}\}^{i}$ 和 $\{\Delta U^{b}\}^{i}$。

④ 计算 $\{U\}^{i+1}$ 和 λ^{i+1}。

　　重复②~④步，直到满足收敛准则，使本步不平衡力 $\{R\}^{i} \to 0$。

　　若取不平衡力作为收敛准则，得到收敛准则（Chen 和 Toma，1994；Chen 等，1996）为

$$\|R^{j}\| \leqslant \alpha \lambda^{j} \|P\| \qquad (7.25)$$

式中：$\|R^{j}\|$ 为第 j 步不平衡结点力列阵的范数；$\lambda^{j}\|P\|$ 为第 j 步施加的外荷载列阵的范数；α 为收敛允许值。

　　前面讨论的位移增量法是基于平衡方程（7.18）得到的，外荷载是按照外荷载参考向量比例施加到结构上的，因而只适用于比例加载的分析。对于非比例加载的情况，可采用双荷载向量的形式，即其中一个荷载向量按比例增加，另外一个荷载向量维持恒定。

　　5）计算结果和试验结果对比。

　　基于上述理论模型，编制了进行钢管混凝土框架荷载 - 位移曲线全过程分析的非线性有限元程序 NFEMFrame。利用此程序对搜集到的试验数据进行了比较，如图 7.29

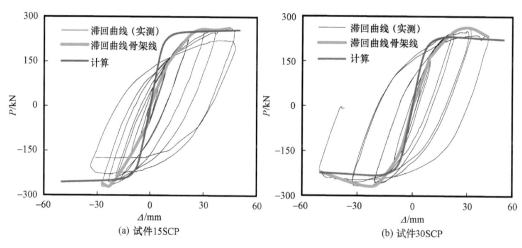

(a) 试件15SCP　　　　　　　　　　　(b) 试件30SCP

(1) 与Kawaguchi等(1997)的试验结果比较

图 7.29　框架 P-Δ 曲线理论结果与试验结果比较

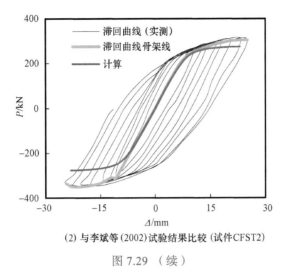

(2) 与李斌等(2002)试验结果比较 (试件CFST2)

图 7.29 （续）

所示，其中 Kawaguchi 等（1997）的单层单跨方钢管混凝土柱 - 钢梁框架试件基本参数为框架跨度 × 高度=1.5m×1.0m，柱的 $D×t$=125mm×5.8mm，f_y=403.3MPa，f_{ck}=18.55MPa（试件 15SCP）或 18.79MPa（试件 30SCP）；钢梁：$H×B×t_w×t_f$=150mm×16mm×25mm，f_y=400MPa，柱轴压力 N_o=200kN（试件 15SCP）和 400kN（试件 30SCP）。李斌等（2002）进行的单层单跨圆钢管混凝土柱 - 钢梁框架试件基本参数为框架跨度 × 高度=1.8m×1.2m，n=0.135；柱：$D×t$=219mm×8mm，f_y=331.6MPa，f_{cu}=35.97MPa，$α$=0.164，钢梁：I14，$H×B×t_w×t_f$=140mm×80mm×5.5mm×9.1mm，柱轴压力 N_o=400kN。由图 7.29 所示的比较结果可见，计算和试验曲线总体上吻合较好。

　　NFEMFrame 计算曲线和本书 7.2 节实测框架试件 P-$Δ$ 滞回关系曲线骨架线的比较如图 7.30 所示，其中"方法 1"为 NFEMFrame 程序计算结果，"方法 2"为本节后述的 ABAQUS 计算结果，可见二者亦总体上吻合较好，但其中柱轴力较大的几个试件，如 CF-23、SF-13 和 SF-23 的计算结果与试验结果偏差相对较大，主要原因在于：①基

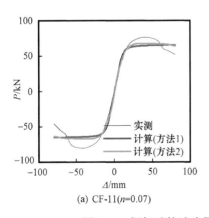

(a) CF-11(n=0.07)

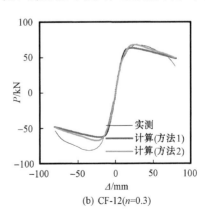

(b) CF-12(n=0.3)

图 7.30　框架试件试验骨架曲线与理论计算曲线对比

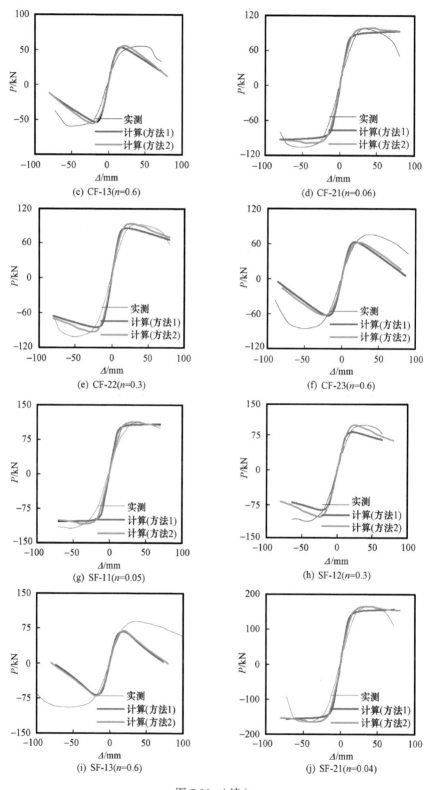

(c) CF-13(n=0.6)

(d) CF-21(n=0.06)

(e) CF-22(n=0.3)

(f) CF-23(n=0.6)

(g) SF-11(n=0.05)

(h) SF-12(n=0.3)

(i) SF-13(n=0.6)

(j) SF-21(n=0.04)

图 7.30 （续）

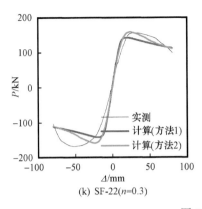

(k) SF-22(n=0.3)

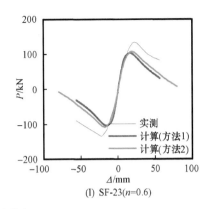

(l) SF-23(n=0.6)

图 7.30　（续）

于非线性纤维梁柱单元理论的方法中对框架梁、柱的处理是假定同一截面，没有考虑试件上局部的加强处理，如节点域、柱底加劲板等构造加强措施对承载力的影响，因此理论计算结果总体上偏低。②理论方法中没有考虑框架钢梁的可能缺陷影响及屈曲等因素，因此在弹性阶段理论计算刚度和试验吻合较好，而理论计算弹塑性阶段刚度要比试验稍偏高。

（2）基于 ABAQUS 的分析模型

1）简述。

如前所述，虽然基于分布塑性模型的非线性纤维梁-柱单元理论模型计算比较方便，但不便于分析钢管混凝土框架在受力过程中材料之间的相互作用和框架的破坏模式等关键问题。为此，本节基于 ABAQUS 软件平台建立钢管混凝土柱-钢梁平面框架单调加载受力分析的有限元模型。

2）材料的本构关系模型。

混凝土采用塑性损伤模型，单轴受压应力-应变关系按照式（2.17）确定，单轴受拉应力-应变关系按照式（2.18）确定。

钢材采用弹塑性材料模型，普通低碳软钢的应力-应变关系如图 2.144（a）所示，高强钢材采用双线性模型，如图 2.144（b）所示。冷弯型钢的应力-应变关系可由式（2.49）确定，其弯角部分的强度按照式（2.50）计算。钢材在多轴应力状态下满足 Von Mises 屈服准则，采用等向强化法则和相关流动法则。

3）边界条件及荷载施加方式。

对于图 7.3 所示的钢管混凝土框架试件，其边界条件和荷载施加方式较为明确，即柱脚为固接，柱顶施加轴向荷载，梁端施加水平荷载。建模时边界条件设定为：两个柱的钢管及加劲板采用嵌固边界，核心混凝土约束底面单元的轴向位移。

框架的荷载分为两类：框架柱顶部的轴向荷载及框架梁端的水平荷载，在 ABAQUS 中需要设置为两个荷载步，具体如下：首先在两个框架柱顶同时同步施加轴向荷载，并且设其为一个荷载步；轴力的荷载步施加完成之后，在框架梁端施加水平方向的荷载，采用位移加载方式，即在梁端施加位移（施加已知的位移边界条件）。轴向荷载的施加为集中力荷载（CLOAD），荷载通过加载端板进行传递，这样的加载方式与试验时加载方式接近。加载端板［图7.2（a）］设为不可变形的弹性材料。分析时具体处理办法如下：加载端板为弹性材料，弹性模量定义为$E=10^{12}$MPa，泊松比为$\mu=0.001$。

4）单元类型选取及网格划分。

钢管混凝土框架由钢管混凝土柱和工字钢梁组成，基于ABAQUS软件建模时，钢管和钢梁均采用4节点完全积分格式的壳单元（S4），为满足计算精度要求，在壳单元厚度方向采用9个积分点的Simpson积分。S4是一种通用壳单元，允许考虑沿厚度方向的剪切变形，且随着壳厚度的变化ABAQUS程序会自动适应厚壳理论或薄壳理论求解，当壳厚度很小时其剪切变形很小而采用薄壳理论。

核心混凝土采用8节点缩减积分格式的三维实体单元（C3D8R）。经计算比较，满足网格精度要求的线性单元与二次单元在本节分析中的差别并不明显，从计算效率和精度要求平衡的角度出发，采用线性单元。

试验中的框架试件中加劲板和钢管混凝土试件的盖板［图7.2（a）］等采用三维实体单元（C3D8R）来模拟。有限元模型的网格划分采用映射自定义网格划分，计算前进行网格试验对比，在保证计算精度要求的前提下选择一个合理的网格划分密度，以便于实现预期的计算效率和计算精度。

图7.31所示为框架试件单元的网格划分图，其中图7.31（d）和（f）中的h为梁高。

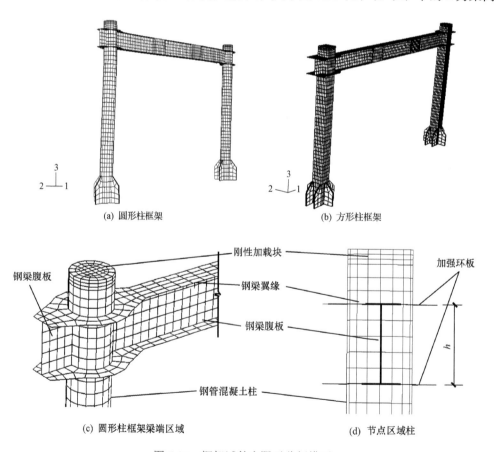

(a) 圆形柱框架　　　　　　　(b) 方形柱框架

(c) 圆形柱框架梁端区域　　　　　(d) 节点区域柱

图7.31　框架试件有限元分析模型

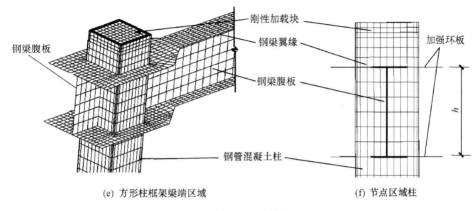

图 7.31　（续）

焊接方钢管及焊接工字梁需考虑焊接残余应力，而冷弯方钢管需考虑冷加工引起的残余应力。焊接残余应力的考虑方法如前所述。算例分析表明，在本书所分析的参数范围内，考虑残余应力与否对构件的极限承载力影响并不明显。

5）界面模型及接触处理。

众所周知，钢管和混凝土的界面模型的合理确定对研究钢管混凝土结构的力学性能非常重要，本节理论分析中采用接触单元模型，即界面法线方向采用硬接触，而切线方向采用黏结滑移，详见本书 2.5.2 节中的有关论述。

钢管混凝土柱 - 钢梁框架模型中，尚应考虑工字钢梁各部件之间连接处的接触处理，以及节点环板与钢管连接处的接触处理等。建模时钢梁各部件、环板与钢管、腹板与钢管、加劲板与钢管等处，均采用自由度耦合的办法处理，即认为这些连接处具有相同连续的自由度。柱顶加载端板与钢管的接触采用自由度耦合的方法，因钢管为壳单元（shell）而加载板为实体单元（solid），需要采用约束命令中的 Shell-to-Solid Coupling 选项，而加载板与核心混凝土之间的接触可以只考虑其法向的硬接触，处理办法和钢管与混凝土法向硬接触类似。

6）荷载（P）- 位移（Δ）关系计算。

利用上述方法分别建立了框架试件的有限元分析模型，可方便地计算出各框架试件的荷载（P）- 位移（Δ）全过程关系曲线，理论计算曲线和试验骨架曲线对比如图 7.30 所示（即方法 2），两种理论计算结果（即方法 1 和方法 2）总体上吻合较好，方法 1 计算结果总体上低于本节有限元模型（方法 2）的计算结果，而本节计算结果更接近于试验结果。

杜铁柱（2008）采用上述类似思路建立了穿芯螺栓端板连接的钢管混凝土柱 - 钢梁框架的理论分析模型，图 7.22 为理论计算 P-Δ 单调曲线与实测滞回曲线及其骨架线的比较，可见计算曲线和滞回关系曲线骨架线总体上较为吻合。

（3）基于 OpenSees 的计算模型

OpenSees 程序具有较好的非线性数值模拟精度，已为不少研究者或工程技术人员所采用。OpenSees 程序可以采用不同的单元模型和材料模型，考虑大位移和 P-Δ 效应等，系统中提供的非线性纤维梁柱单元可用来分析框架结构，构件在截面层次上划分纤维单元，在长度层次上通过数值积分算法来考虑分布塑性，其基本理论与本节前述的程序 NFEMFrame 原理类似。OpenSees 系统通过脚本编程语言 Tcl 语言来定义所分析问题的几何模型及材料模型、非线性方程组的求解方法等，也可以自定义适合用户所求解问题要求的材料应力 - 应变关系。OpenSees 系统提供了线性算法、牛顿 - 拉夫森法（Newton-Raphson）、牛顿线性搜索法、改进的牛顿法等非线性方程组的求解算法及加速迭代方法，用户可以根据所求解问题的特征和求解效率需要而选择不同的算法（Mazzoni 等，2009）。

对于钢材，OpenSees 平台中提供了两种模型，即所谓的 Steel01 及 Steel02，Steel01 模型为双线性随动强化模型，如图 7.32（a）所示，其应力（σ）- 应变（ε）关系曲线由两段组成，即弹性段（Oa）和强化段（ab），其中，强化段的模量取值为 $0.01E_s$，对于冷弯方钢管，强化段的模量取值则为 $0.005E_s$，E_s 为钢材的弹性模量，加卸载刚度采用初始弹性模量 E_s，不考虑软化的作用。

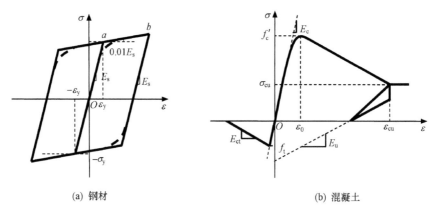

（a）钢材　　　　　　　　　　（b）混凝土

图 7.32　材料应力 - 应变关系（OpenSees 平台）

Steel02 模型基本同 Steel01，但可通过材料参数设置改变双线性模型中弹塑性段分支点附近的弧度变化，即图 7.32（a）中所示的虚线部分，从而考虑一定范围内钢材的包辛格效应，Steel02 模型的加卸载路径规则采用 Giuffre-Menegotto-Pinto 反复加载钢材模型（Gomes 等，1997；Dhakal 等，2002）。本书框架中的钢管和钢梁采用了 Steel02 模型。

OpenSees 系统主要提供了三种混凝土的模型，其单轴应力 - 应变关系表达式采用 Kent-Scott-Park 混凝土模型（Scott 等，1982），当不考虑混凝土受拉作用时为 Concrete01 模型，当考虑线性软化的受拉应力 - 应变关系时为 Concrete02 模型，考虑非线性软化的受拉应力 - 应变关系时为 Concrete03 模型。加卸载准则按照 Karsan-Jirsa 模型进行（Karsan 和 Jirsa，1969）。Concrete02 模型需要输入的参数为：受压时的混凝土峰值强度 f_c' 及应变 ε_0，破坏强度 σ_{cu} 及应变 ε_{cu}，混凝土抗拉强度 f_t 及受拉曲线中线性下降段的斜率 E_{ct}，以及卸载段斜率 E_u 等，如图 7.32（b）所示。混凝土加卸载曲线及各主要参数的取值方法详见 Mazzoni 等（2009）的论述。

本节采用 Concrete02 模型模拟钢管混凝土柱中核心混凝土。暂以考虑钢管约束效应的核心混凝土单轴受压应力 - 应变曲线代替其滞回曲线的骨架线，采用韩林海

（2007，2016）中的相关模型。

采用非线性纤维梁柱单元来模拟钢管混凝土框架中的钢梁及钢管混凝土框架柱。OpenSees 系统平台中采用非线性梁柱单元，计算时需要将钢管混凝土柱和钢梁均采用截面上划分纤维单元，在杆长方向划分单元采用数值积分的方法。

为了验证基于非线性纤维梁 - 柱单元理论进行钢管混凝土框架滞回性能分析的适用性，首先利用 OpenSees 系统进行了钢管混凝土压弯构件滞回性能数值模拟。图 7.33 给出与钢管混凝土纤维模型法（韩林海，2007，2016）计算的部分比较结果。图中 N_o 为压弯构件的轴力，n 为柱轴压比，算例的基本条件为：$D\times t$=400mm×4mm（圆柱）或 $B\times t$=400mm×4mm（方柱），构件计算长度 3m，f_{cu}=60MPa，f_y=345MPa。可见，两种方法的计算结果总体上吻合较好。

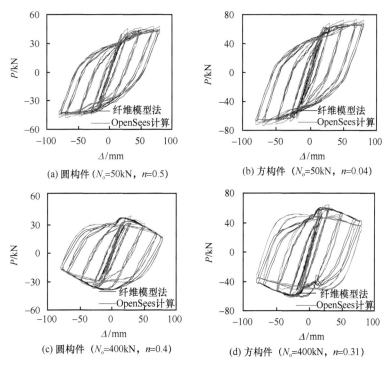

P/kN
Δ/mm
纤维模型法
OpenSees计算
(a) 圆构件 (N_o=50kN，n=0.5)
(b) 方构件 (N_o=50kN，n=0.04)
(c) 圆构件 (N_o=400kN，n=0.4)
(d) 方构件 (N_o=400kN，n=0.31)

图 7.33　钢管混凝土压弯构件 P-Δ 滞回曲线对比

采用上述理论模型对钢管混凝土框架的滞回性能进行了分析，图 7.34 为李斌等（2002）及 Kawaguchi 等（1997）对钢管混凝土框架理论计算与试验滞回曲线的对比，二者总体上吻合较好。基于同样的模型，对 7.2 节 12 个钢管混凝土框架也进行了滞回性能分析，试验测试滞回曲线与理论计算滞回曲线的对比如图 7.8 所示，可见，理论计算滞回曲线与本章实测滞回曲线总体也较为吻合。

图 7.35 分别为程序 NFEMFrame 计算得到的部分试验框架试件的 P-Δ 单调曲线和 OpenSees 系统计算 P-Δ 滞回曲线的对比，可见单调曲线计算结果与 P-Δ 滞回曲线骨架线的趋势总体上吻合较好。也就是说，该钢管混凝土柱 - 钢梁平面框架的 P-Δ 滞回曲线的骨架线与其单调曲线变化规律基本一致。

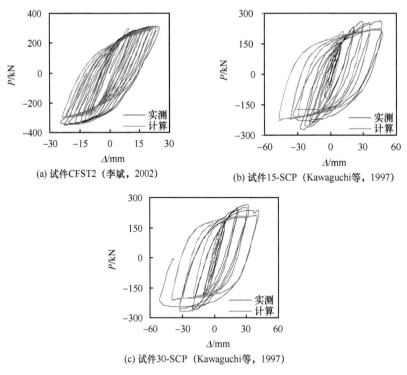

(a) 试件CFST2（李斌，2002）

(b) 试件15-SCP（Kawaguchi等，1997）

(c) 试件30-SCP（Kawaguchi等，1997）

图 7.34　框架荷载 - 位移理论与试验滞回曲线比较

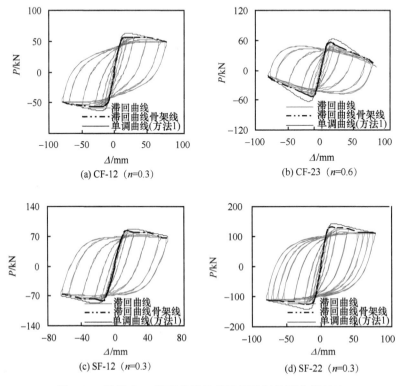

(a) CF-12（n=0.3）

(b) CF-23（n=0.6）

(c) SF-12（n=0.3）

(d) SF-22（n=0.3）

图 7.35　计算 P-Δ 滞回曲线及其骨架线与单调曲线对比

7.4.2　受力全过程分析

如图 7.1 所示的钢管混凝土柱 - 钢梁框架在柱顶恒定轴力（N_o）和梁端水平荷载（P）作用下，钢管混凝土柱和钢梁均会承受压弯荷载，且框架梁柱截面在水平荷载增加的过程中，中和轴位置一直在发生变化，也就是说截面的受压区和受拉区的面积范围发展处于动态状态，框架柱截面拉压范围变化的一般规律是从水平荷载为零时的全截面受压，到随着水平荷载（或位移）的增加开始逐渐出现拉区，中和轴也随着水平荷载的增加逐渐有所偏移，截面上压区范围越来越小而拉区范围则越来越大。

以 7.2 节中进行的采用外加强环板式连接的平面框架试件 CF-22 和 SF-22 为例，下面分析钢管混凝土框架结构的受力全过程（Wang 等，2009；Han 等，2011）。图 7.36（a）和（b）所示分别为试件 CF-22 和 SF-22 的有限元计算 P-Δ 关系。

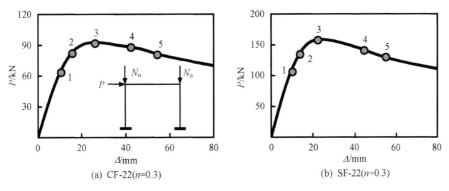

(a) CF-22(n=0.3)　　　　　　(b) SF-22(n=0.3)

图 7.36　框架典型的水平荷载（P）- 水平位移（Δ）关系曲线

在图 7.36 的框架 P-Δ 关系全过程曲线上选取 5 个特征点进行分析，这 5 个特征点分别为：1 为框架梁梁端截面翼缘钢材开始屈服并进入弹塑性阶段的起始点（"强柱弱梁"型平面框架，一般均是梁端先出现塑性铰）；2 为柱钢管进入屈服阶段的起始点；3 为框架水平极限承载力 P_{max} 对应点（对应水平位移为 Δ_{max}）；4 为框架二倍极限位移对应点（$2\Delta_{max}$）；5 为对应 P_u=0.85P_{max}，即破坏荷载 P_u 对应点。

框架受轴力和水平荷载作用时其框架柱和梁均为压弯受力状态，且不同截面位置上的应力状态也有所不同。重点取框架柱上应力状态有一定代表性的特征截面进行了分析，截面位置编号如图 7.37 所示，截面具体位置为框架柱柱脚外的 C1 和 C3 截面，节点核心区下部柱上的 C2 和 C4 截面，框架梁梁端塑性铰处的 B1 和 B2 截面，另外，还分析了柱反弯点附近处的 C5 和 C6 截面。

计算结果表明，框架试件中，钢梁翼缘达到屈服的时刻一般在框架柱压区钢管屈服之后或接近，主要原因是：框架柱在承受水平荷载之前已经承受轴向荷载，因此钢管中已存在压应力，当继续承受水平荷载时，柱受压区钢管的应力是轴向压应力与弯曲压应力的叠加，因此可能提前达到其屈服强度。钢管压应力和钢梁翼缘应力达到屈服应力的次序主要受柱轴压比的影响较大，轴压比较大的柱钢管屈服得较早。

  框架柱压区钢管部分先达到屈服极限并不意味着钢管混凝土柱达到屈服，因为柱截面整体并没有达到塑性状态，"强柱弱梁"框架的塑性铰往往先出现在框架梁端。框架柱钢管纤维达到屈服极限时核心混凝土并没有达到其极限强度，框架承载能力会继续增长，直至达到其承载力极限。

  图 7.37 中虚线为框架变形图，框架柱截面在反弯点（C5 和 C6 截面）以下左侧为受拉区，右侧为受压区，而在反弯点以上左侧为受压区，右侧为受拉区。框架梁的受力特点也类似，在反弯点左侧梁截面上部翼缘受压而下部翼缘受拉，反弯点右侧梁截面的上部翼缘受拉而下部翼缘受压。

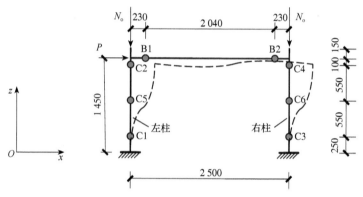

图 7.37 平面框架特征点位置示意图（尺寸单位：mm）

  图 7.38 为 CF-22 试件框架柱 C1 截面处对应于图 7.36（a）的 P-Δ 曲线中主要特征点（1，2，3，4 和 5 点）核心混凝土纵向应力等值线及外钢管的应力分布。C3 截面上应力分布规律与 C1 截面类似，此处不再赘述。图 7.38 中 S22 表示为钢管纵向应力，而 "Ave. Crit.；75%" 表示 ABAQUS 软件进行后处理时，由积分点应力外推得到单元节点应力时，采用系统默认的 75% 即可得到理想的平滑的应力数值（Hibbitt, Karlson, Sorenson, 2005）。应力的单位均为 MPa，以下均同。

  7.2 节的框架试验试件的柱脚均设有加劲肋，理论分析和试验现象均体现出其塑性铰位置在加劲肋板影响范围以上。

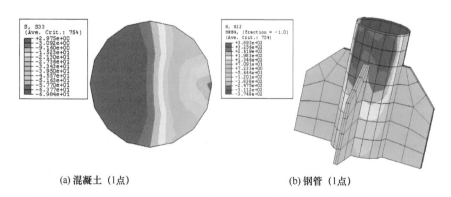

(a) 混凝土（1点）   (b) 钢管（1点）

图 7.38 C1 截面处核心混凝土及钢管应力分布（CF-22，应力单位：MPa）

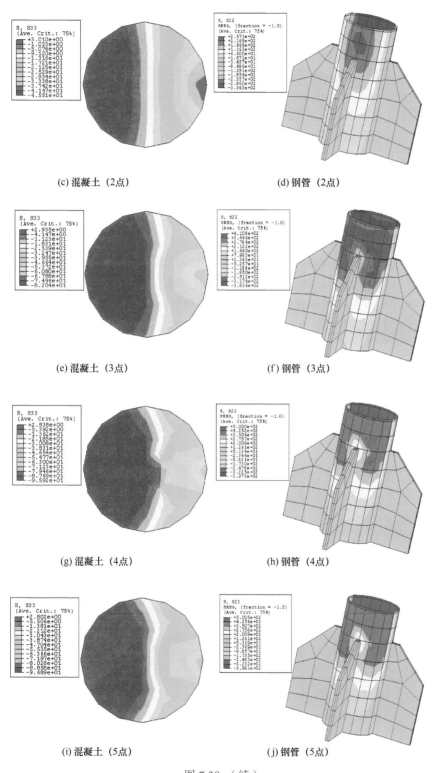

(c) 混凝土（2点）　　　　　　　　　　　　　　(d) 钢管（2点）

(e) 混凝土（3点）　　　　　　　　　　　　　　(f) 钢管（3点）

(g) 混凝土（4点）　　　　　　　　　　　　　　(h) 钢管（4点）

(i) 混凝土（5点）　　　　　　　　　　　　　　(j) 钢管（5点）

图 7.38 （续）

　　由于框架柱首先承受了轴向荷载，此时柱截面上的钢管和混凝土都处于受压状态，当框架梁端作用有水平荷载时，在框架梁的约束下框架柱要发生如图 7.37 虚线所示的变形，框架柱处于压弯的受力状态。

　　从图 7.38 可以看出，随着水平荷载的增大，CF-22 试件 C1 截面受压区面积逐渐减小，亦即中和轴逐渐向右侧偏移。从截面的核心混凝土应力分布可以看出，达到极限荷载之前（3 点之前），圆形截面框架柱的中和轴近似为直线，在垂直于荷载作用平面上截面受压区和受拉区的分布基本上沿框架结构的荷载作用平面对称。

　　对应于不同的加载时刻，C1 截面处的混凝土的应力发展不同，1 点时，截面由没有水平荷载作用时的全截面受压逐渐变为沿框架荷载作用平面附近左半部分出现受拉区而右半部分仍为受压区（此时的受压区应力大于没有水平荷载时的压应力），随着荷载的继续增加，由 1 点到 3 点（框架达到极限荷载）时，C1 截面上受拉区混凝土面积增加而受压区面积有所减小。水平位移达到 $2\Delta_{max}$ 时（4 点），截面上受拉区混凝土面积达到了最大；当外荷载达到破坏荷载 P_u 时（5 点），由于出现水平荷载下降，与 4 点相比，此时受拉区混凝土面积有所减小，而受压区混凝土面积有所增大。在不同的水平荷载作用阶段，C1 截面处外钢管的应力变化趋势与混凝土类似，但主要在荷载作用平面内部分分别出现受拉侧和受压侧，在垂直荷载平面方向的钢管处于受压状态，且应力不大。

　　图 7.39 所示框架对应于图 7.38 中 B1 和 B2 截面所在梁端的纵向应力分布情况，其中框架梁也存在反弯点，左侧截面 B1 为上翼缘受压下翼缘受拉，而右侧截面 B2 为上翼缘受拉下翼缘受压。塑性铰出现的位置在节点加强环板之外的梁端范围内，这和7.2 节的试验现象一致。图中也给出了梁中和轴的近似位置。

　　在同一水平荷载作用下，即图 7.36（a）所示 P-Δ 关系曲线上同一点，B2 截面处的纵向拉应力总是高于 B1 截面处的相应应力，且 B2 截面位置处的变形也较 B1 截面处明显。在 1 点时梁端截面 B2、B1 的翼缘钢材首先达到其屈服强度，随着水平位移的继续增大，2 点时发生屈服的钢材逐渐向腹板内部扩展。框架达到极限荷载时（3 点）梁端纵向应力分布规律变化不大，但环板区域范围内的腹板的纵向应力要低于钢梁梁端翼缘范围内的腹板应力，如图 7.39（f）所示。

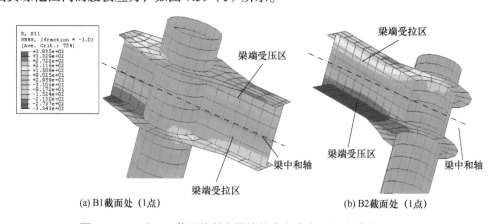

(a) B1 截面处（1点）　　　　　　　　　　　(b) B2 截面处（1点）

图 7.39　B1 和 B2 截面处所在梁端的应力分布（应力单位：MPa）

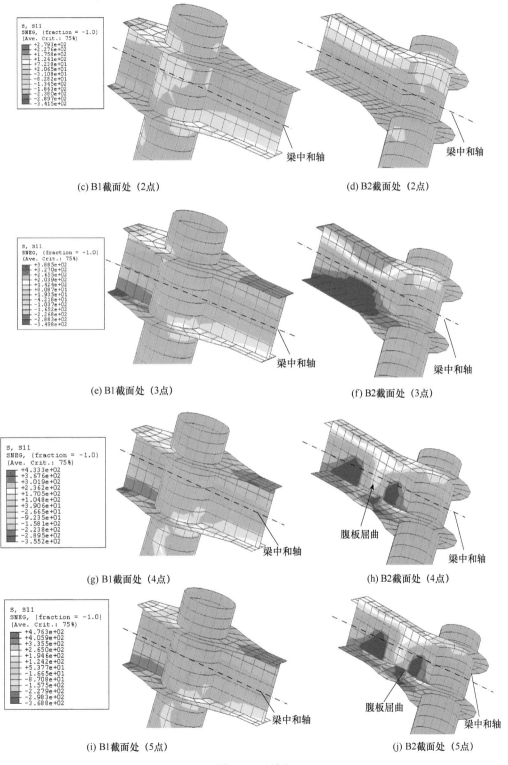

(c) B1截面处（2点） (d) B2截面处（2点）

(e) B1截面处（3点） (f) B2截面处（3点）

(g) B1截面处（4点） (h) B2截面处（4点）

(i) B1截面处（5点） (j) B2截面处（5点）

图 7.39 （续）

当框架水平位移达到 $2\Delta_{\max}$ 时（4点），B2 截面上受区翼缘开始出现了屈曲，从而使得部分面积的腹板出现卸载，梁端翼缘压应力发生不均匀的重新分布，引起翼缘附近的受压区腹板也出现压应力不均匀分布，发生屈曲翼缘内部的腹板应力减小，而环板处受压翼缘的压应力增大，同时屈曲翼缘范围内的受压腹板也出现面外鼓曲。

达到破坏荷载 P_u 时（5点），由于出现卸载，与4点相比，B2 截面附近受压翼缘和腹板的屈曲变形进一步发展，相比而言，B1 截面受压区钢梁的变形要小于 B2 截面。出现这种情况的原因主要是钢梁在传递水平荷载作用时，B2 截面为边框架梁，而 B1 截面处是由梁左侧传递到梁右侧，通过环板能比较均匀地将力传递到 B1 截面，同时，在受力过程中钢梁要发生变形，只能传递部分水平荷载到右侧柱，从而使得右侧柱的水平位移总是小于左侧柱。

图 7.40 所示为对于图 7.37 中 C2 和 C4 截面在框架受力过程中核心混凝土纵向应力的分布情况。

由图 7.40 可见，两个框架柱上 C2 截面（左柱）和 C4 截面（右柱）上混凝土纵向应力分布稍有区别。主要差异在于同一水平荷载加载时刻时两截面混凝土的受拉区和受压区应力分布不同，靠近水平力加载端的 C2 截面（左柱）受拉区面积大于 C4 截面（右柱）。原因是框架在受力过程中，框架梁会发生变形，从而使得水平力在左右框架柱中并非均匀分配，左柱承受的水平力会高于右柱，这样右柱顶部水平位移小于左柱顶部水平位移，此部分框架柱发生的弯曲变形小于左柱相应的弯曲变形。

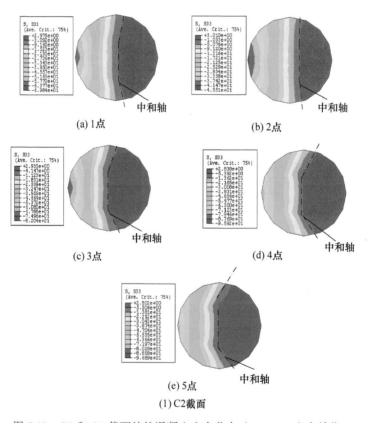

图 7.40　C2 和 C4 截面处的混凝土应力分布（CF-22，应力单位：MPa）

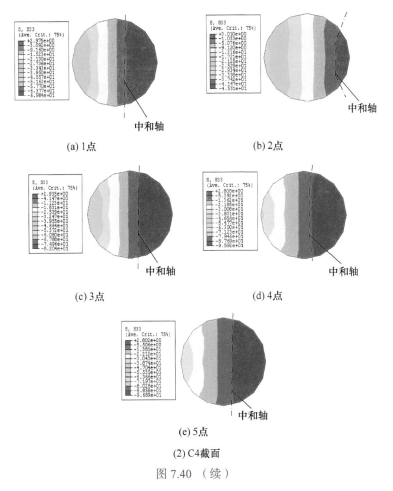

(2) C4截面

图 7.40 （续）

图 7.41 为 SF-22 试件框架柱 C1 截面上对应于图 7.36（b）P-Δ 曲线中特征点 1~5 时核心混凝土及外钢管纵向应力分布状态。C3 截面上的应力分布规律类似于 C1，此处不再给出。

当框架梁翼缘钢材达到屈服极限后，水平荷载可继续增加，混凝土截面上的受拉区随着水平荷载的增加而增加，当达到框架的水平极限荷载后（3 点），P-Δ 曲线进入下降段，此时混凝土和钢管的受压区有所增大，而受拉区面积有所减小。

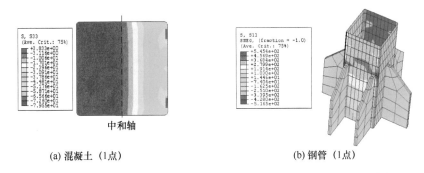

(a) 混凝土（1点）　　　　　　　　　　　(b) 钢管（1点）

图 7.41　C1 截面处柱核心混凝土及钢管应力的分布（SF-22 试件，应力单位：MPa）

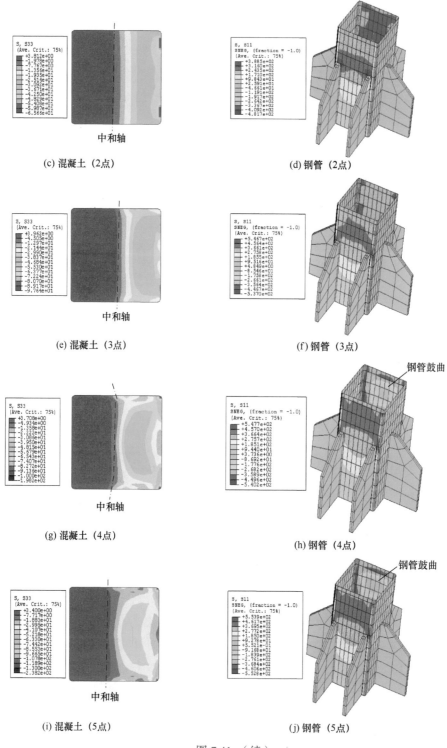

图 7.41 （续）

　　在框架达到极限荷载之前（3 点之前），C1 截面上中和轴基本上近似为直线，而在达到极限荷载之后（3 点之后），中和轴趋于四折线段形式，即截面中间部分受压区面积较大，此处的中和轴偏移向受拉区，如图 7.41（g）（i）所示，其主要原因是核心混凝土在不同位置处受到的钢管约束效果不同，角部钢管约束效果高于中间部位，同时，角部混凝土的应力数值也较大。

　　图 7.42 所示为 SF-22 试件框架梁端 B1 和 B2 截面处对应图 7.36（b）所示 P-Δ 关系曲线上特征点 1～5 的纵向应力分布情况。

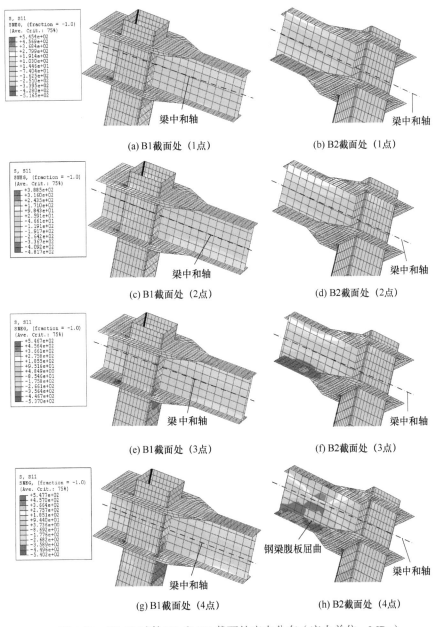

(a) B1截面处（1点）　　　　　　　　(b) B2截面处（1点）

(c) B1截面处（2点）　　　　　　　　(d) B2截面处（2点）

(e) B1截面处（3点）　　　　　　　　(f) B2截面处（3点）

(g) B1截面处（4点）　　　　　　　　(h) B2截面处（4点）

图 7.42　SF-22 试件 B1 和 B2 截面处应力分布（应力单位：MPa）

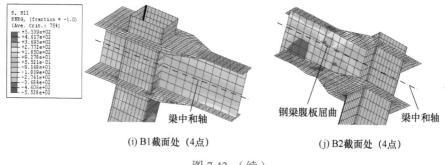

(i) B1 截面处（4点）　　　　　　　　(j) B2 截面处（4点）

图 7.42 （续）

由图 7.42 的比较可见，同一点处 B2 截面处下翼缘纵向压应力总是高于 B1 截面处的相应应力，且 B2 截面位置处的变形也较 B1 截面处明显。1 点时，梁端截面 B2 下翼缘钢材首先达到其受压屈服强度，随着水平位移的继续增大，到达 2 点时，发生屈服的区域逐渐向腹板内部扩展。框架达到极限荷载时（3 点）梁端纵向应力分布规律类似。但环板区域范围内的腹板的纵向应力要低于钢梁梁端翼缘范围内的腹板应力。

水平位移达到 $2\Delta_{max}$ 时（4 点），B2 截面上受区翼缘开始出现屈曲变形，从而使得部分面积出现卸载，梁端翼缘压应力发生重分布，也引起翼缘附近受压区腹板压应力重分布。发生屈曲的翼缘内部的腹板应力减小，而环板处受压翼缘的压应力增大，此时屈曲翼缘范围内的受压腹板也出现面外鼓曲，如图 7.42 （j）所示。

达到破坏荷载 P_u（5 点）时，与 4 点相比，B2 截面附近受压翼缘和腹板的屈曲变形更为明显。总体上 B1 截面受压区钢梁的变形要小于 B2 截面。

试件框架柱反弯点附近截面，即 C5 和 C6 截面核心混凝土纵向应力数值很小，且分布较为均匀。图 7.43 所示为水平荷载达到极限值（3 点）时 SF-22 试件的 C5 和 C6 截面上核心混凝土纵向应力分布，可见总体上应力数值都较小。

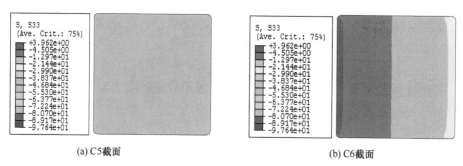

(a) C5 截面　　　　　　　　　　　　(b) C6 截面

图 7.43　峰值荷载时（3 点）C5 和 C6 截面处应力分布（SF-22 试件，应力单位：MPa）

CF-22 和 SF-22 试件中的两框架柱的反弯点并不在同一高度位置。以 SF-22 为例，图 7.44 给出框架中左柱和右柱沿其纵轴剖开后的核心混凝土纵向应力状态，可见，相对于柱底端，右柱的反弯点位置均稍高于左柱。

图 7.45 分别为 SF-22 试件框架柱在 C2 和 C4 截面对应于图 7.36（b）中所示的特征点 1～5 点的核心混凝土纵向应力分布情况。

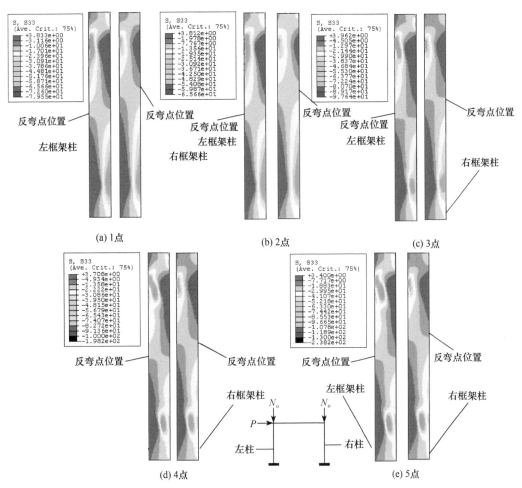

图 7.44　框架柱沿高度方向的混凝土纵向应力分布（SF-22 试件，应力单位：MPa）

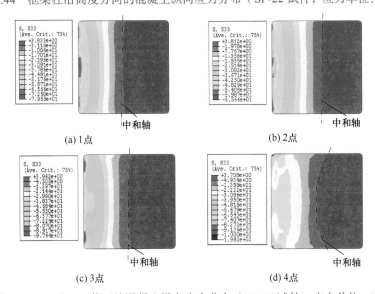

图 7.45　C2 和 C4 截面处混凝土纵向应力分布（SF-22 试件，应力单位：MPa）

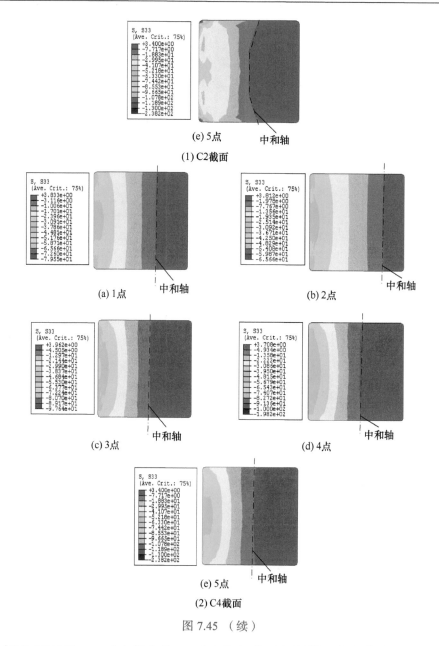

图 7.45 （续）

由图 7.45 可见，C2（左柱）和 C4（右柱）截面上混凝土应力分布稍有不同。框架达到极限承载力（3 点）之前，左柱 C2 截面上受拉区面积比右柱 C4 截面受拉区大，在框架梁以下截面处左柱的弯曲变形大于右柱。

在达到极限承载力（3 点）之后，随着水平荷载下降，应力重分布使得 C2 与 C4 截面的应力分布趋于接近。位移达到 $2\Delta_{\max}$（4 点）及荷载达到破坏荷载 P_{u}（5 点）时，由于卸载和应力重分布，混凝土压应力有减小趋势。

图 7.46（1）和（2）所示分别为框架节点区域钢管混凝土柱中核心混凝土纵向应力对应于图 7.36 所示 P-Δ 关系曲线上特征点 1～5 的分布情况。框架试件节点区域单元划

分情况分别如图 7.31（c）、（d）（圆形柱试件）和（e）、（f）（方形柱试件）所示。图 7.46（1）和（2）中，h 为梁高。

由图 7.46（1）和（2）中节点域柱混凝土的纵向应力分布可见，左柱水平加载端节点域混凝土纵向应力总体上高于右柱（远离水平加载端）相应位置，其主要原因也是由于左框架柱的弯曲变形大于右框架柱。对于节点域的混凝土而言，左下及右上部分承受压力，而右下及左上部分承受拉力。由于框架柱在梁下部分发生较大的弯曲变形，而梁

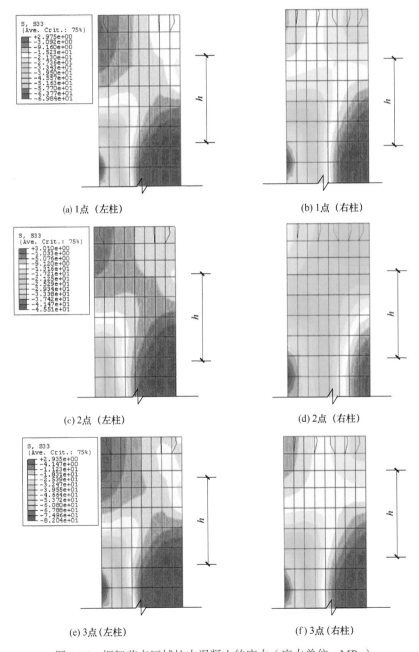

(a) 1 点（左柱）　　　　　　　　　　(b) 1 点（右柱）

(c) 2 点（左柱）　　　　　　　　　　(d) 2 点（右柱）

(e) 3 点（左柱）　　　　　　　　　　(f) 3 点（右柱）

图 7.46　框架节点区域柱中混凝土的应力（应力单位：MPa）

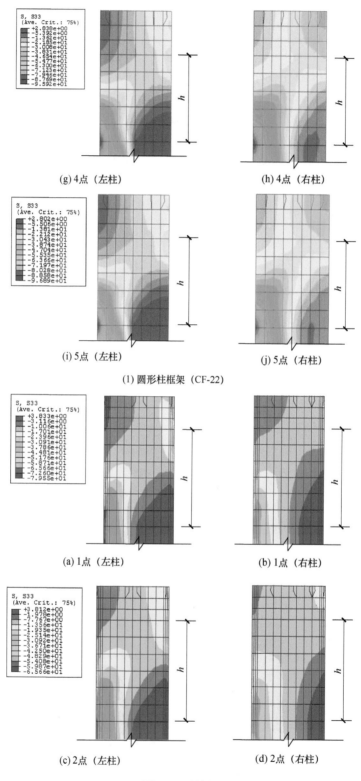

(g) 4点（左柱）　　　　　　　　(h) 4点（右柱）

(i) 5点（左柱）　　　　　　　　(j) 5点（右柱）

(1) 圆形柱框架（CF-22）

(a) 1点（左柱）　　　　　　　　(b) 1点（右柱）

(c) 2点（左柱）　　　　　　　　(d) 2点（右柱）

图 7.46 （续）

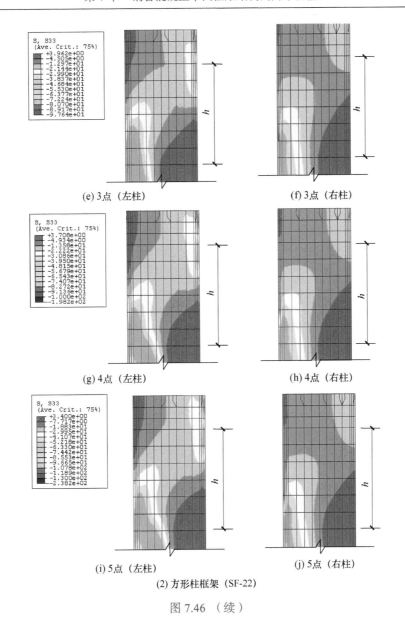

(e) 3点（左柱）　　　　　　　　　　(f) 3点（右柱）

(g) 4点（左柱）　　　　　　　　　　(h) 4点（右柱）

(i) 5点（左柱）　　　　　　　　　　(j) 5点（右柱）

(2) 方形柱框架（SF-22）

图 7.46　（续）

上部分的弯曲变形并不明显，左上部分的应力小于右下部分应力。随着水平位移的增加，即由 1 点到 3 点，框架柱的弯曲变形增大，因此左下部分和右上部分的压应力逐渐增大，受压区域大约呈斜 45° 方向扩展，框架达到极限承载力（3 点）时达到最大。同时，左上部分原来受拉的部分区域的拉应力也随着加载位移的增加而逐渐减小。右框架柱的节点区域应力发展规律与左柱类似，只是相同受力时刻应力数值小于相应的左柱。

　　总体而言，在框架受力全过程中，节点域的核心混凝土的纵向应力数值均较小，远低于框架柱脚截面（塑性铰位置）处的混凝土应力（如图 7.38 和图 7.41 所示）。节点区域除框架梁环板连接位置有局部的应力集中外，核心区域混凝土的最大纵向应力都小于 f'_c，满足强节点的设计要求。

　　以上分别对本书 7.2 节中进行的圆形截面柱框架试件 CF-22 及方形截面柱框架试件 SF-22 的典型截面在不同加载时刻的应力状态进行了分析。表 7.1 中所示其余圆形柱和方形柱框架试件的受力特性分别与 CF-22 和 SF-22 总体上类似。但由于各试验参数有所不同，其应力状态就会有所不同。为了进一步了解 7.2 节进行的主要试验参数，如柱轴压比和梁柱线刚度比等对钢管混凝土框架工作机理的影响，本节进行了进一步分析。

　　分析结果表明，在 7.2 节所进行的试件的参数范围内，尽管柱轴压比和梁柱线刚度比对框架中塑性铰出现顺序有一定影响，但塑性铰位置基本不变，即梁端塑性铰位置在节点加强环板外附近区域，而柱塑性铰在柱底附近区域截面，这与试验现象完全一致。

　　对 7.3 节中论述的穿芯螺栓端板连接框架试件也进行了理论分析（杜铁柱，2008）。图 7.47 给出了表 7.3 中部分框架试件达到极限承载力 P_{max} 时节点附近钢梁的纵向应力分布图（圆形柱框架为 S11，方形柱框架为 S22），可见总体上当框架达到极限承载力时钢梁尚未出现明显的屈曲变形，圆形柱框架钢梁的纵向应力分布较为类似，但应力峰值不同，随着轴压比（n）的增加，试件中应力数值也有所增加。对于方形柱框架，随着梁柱线刚度比（k）的增加，达到极限承载力时钢梁的应力分布数值增加，且框架的极限承载力也增加。

　　理论分析及试验结果均表明，7.3 节中穿芯螺杆端板连接框架的力学性能总体上和 7.2 节中的环板式连接框架类似，在受力全过程中梁端塑性铰及柱端塑性铰的位置、钢管及核心混凝土的应力分布规律也类似。

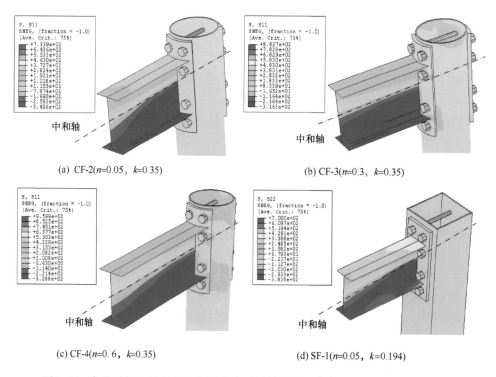

(a) CF-2(n=0.05，k=0.35)　　　　(b) CF-3(n=0.3，k=0.35)

(c) CF-4(n=0.6，k=0.35)　　　　(d) SF-1(n=0.05，k=0.194)

图 7.47　穿芯端板连接框架破坏时节点区域的变形和应力图（应力单位：MPa）

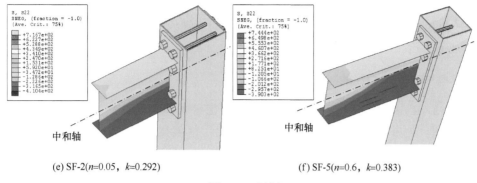

(e) SF-2(n=0.05，k=0.292)　　　　　　(f) SF-5(n=0.6，k=0.383)

图 7.47　（续）

端板在受力全过程中的应力和变形发展具有如下规律：当钢梁翼缘开始屈服时，端板表现为一端受拉应力，一端受压应力，且应力逐渐增大；当柱钢管外边缘开始屈服时，端板受拉部分应力变大，在与梁连接部位应力最大，开始出现部分屈服，此时梁翼缘也开始屈服；当水平荷载达到 P_{max} 时，梁翼缘出现明显变形，端板也发生了微小变形，梁端应力分布发生了变化；当加载位移达到框架 $2\Delta_{max}$ 时，梁翼缘鼓曲变形严重，腹板也明显鼓曲，水平荷载下降，端板变形并不明显。

图 7.48 分别给出了试件 SF-3 及 CF-3 的端板在框架达到极限承载力 P_{max} 时的应力分布及变形，所有试件的端板应力分布规律类似。

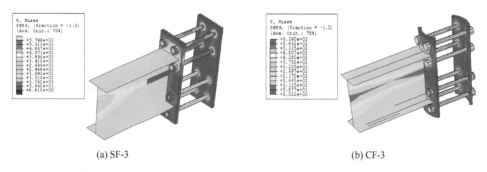

(a) SF-3　　　　　　　　　　　　(b) CF-3

图 7.48　穿芯端板连接框架达到极限承载力时端板变形和应力分布（应力单位：MPa）

图 7.49 给出试件 CF-4 和 SF-4 的螺栓在达到极限承载力 P_{max} 时的变形和应力分

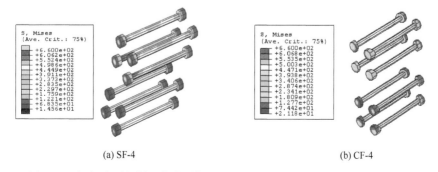

(a) SF-4　　　　　　　　　　　　(b) CF-4

图 7.49　框架达到极限承载力时螺栓的变形和应力分布（应力单位：MPa）

布。所有试件的螺栓在试验过程中均未出现破坏，理论分析也反映了这个规律。由图 7.49 可见，当水平荷载达到极限承载力 P_{max} 时，螺栓的变形不明显，且其应力数值小于其屈服强度。

7.4.3　P-$\varDelta$ 滞回关系曲线的特点

图 7.50（a）所示为钢管混凝土柱 - 钢梁平面框架典型的荷载 - 位移（P-$\varDelta$）滞回曲线示意图。为方便对比，图 7.50（b）还给出了框架试件 CF-22 实测的 P-$\varDelta$ 滞回关系曲线。滞回曲线上各主要特征点对应的时刻如下：O 点为框架正向加载起始点；A 点为框架正向加载弹性阶段末，且开始进入弹塑性阶段的点；B 点为框架正向极限荷载点；F 点为框架正向强化阶段末，开始进入下降段的点；G 点为下降段曲线上点；C 点为反向加载零点；D 点为反向加载时的弹性阶段末，并开始进入反向弹塑性阶段的点；E 点为反向加载极限荷载对应的点。

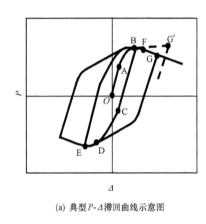

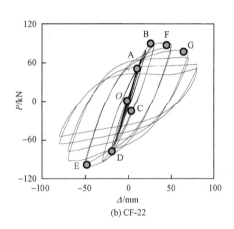

(a) 典型 P-$\varDelta$ 滞回曲线示意图　　　　　(b) CF-22

图 7.50　框架典型的 P-$\varDelta$ 滞回关系曲线

P-$\varDelta$ 滞回关系曲线大致可分为以下几个阶段。

1）OA 段。该段为弹性段，P-$\varDelta$ 关系呈直线关系。在 A 点，加载端附近的钢梁梁端截面处翼缘最外纤维开始屈服。各主要参数的影响规律为：柱轴压比 $n \leqslant 0.6$ 时，随着 n 的增加，P-$\varDelta$ 关系弹性段刚度有增加的趋势；随着梁柱线刚度比（k）的增加，弹性段刚度也将有增加的趋势，并使 OA 段有所延长。

2）AB 段。该段为弹塑性段，P-$\varDelta$ 关系呈现为非线性性质，钢梁端部处截面纤维逐渐越来越多地进入塑性状态，P-$\varDelta$ 关系的刚度也不断降低，该段一般较短，到达 B 点时，梁端截面大部分钢材达到屈服状态。各主要参数的影响规律如下：随着轴压比的增加，弹塑性段有变短的趋势；随着梁柱线刚度比的增加，框架刚度有所提高。

3）BC 段。从 B 点开始卸载，P-$\varDelta$ 关系曲线出现下降段，卸载刚度与 OA 段的刚度基本相同。截面由于卸载而处于受拉状态的部分转为受压，而原来加载的部分现处于受压卸载状态。当荷载小于零，即反向加载后直至加载到 C 点时，截面开始反向加载，P-$\varDelta$ 关系曲线仍基本呈直线关系，构件均处于弹性状态。在 C 点，钢梁截面最外纤维开始屈服，随着继续反向加载，BC 段将有所延长。

4）CD 段。构件处在弹塑性阶段，远端钢梁梁端截面纤维逐渐越来越多地进入屈服状态，框架的刚度也不断降低，一般而言此弹塑性段较短，很快大部分钢梁截面达到反向屈服状态（D 点），而钢管混凝土柱的钢管最外纤维应力开始进入屈服。

5）BF（或 DE）段。P-Δ 曲线进入强化段，D 点为弹塑性结束点，柱脚处截面大部分已屈服，在此阶段，截面刚度很小，截面变形增长快，而荷载增长缓慢。影响强化段 BF（或 DE）段的长短的主要因素有柱轴压比、梁柱线刚度比，其影响规律为：轴压比越大，该段越短，且 F（或 E）点荷载值越低，曲线下降越快，反之亦然；随着梁柱线刚度比的增大，该段荷载值有提高的趋势，但对应变形基本不变。

6）EF 段。工作情况类似于 BF 段，虽然这时框架柱脚附近截面上仍然不断有新的区域进入塑性和强化状态，但由于这部分区域离形心较近，对截面刚度影响不大。钢梁进入强化阶段仍具有一定的刚度，由于钢管及其核心混凝土的共同工作，使得钢管混凝土截面仍保持着较高的刚度。

7）FG（G′）段。对于轴压比较小的情况，如 $n = 0 \sim 0.3$ 时，P-Δ 关系曲线将保持较长范围的近似水平的强化段，因此当加载位移较小时可能不会出现下降段，即 FG′ 段的工作特性与 BF 段类似，如图 7.50（a）所示。但如果水平位移很大，由于框架梁的屈服，荷载一般都会下降，只是下降趋势会比较平缓；当轴压比较大，如 $n \geq 0.3$ 时，P-Δ 关系曲线会出现下降段，且随着 n 的增大，下降段的出现也越来越早，下降段的坡度也越来越大。梁柱线刚度比对下降段的特征影响总体上不明显。

7.4.4　小结

1）基于非线性纤维梁 - 柱单元理论，本节编制了可进行钢管混凝土框架结构荷载 - 位移全过程分析的非线性有限元程序 NFEMFrame，并利用该程序对有关研究者进行的钢管混凝土柱 - 钢梁框架及本章的框架试件的试验结果进行了计算，经与试验结果对比，验证了程序的适用性。

2）基于 ABAQUS 软件平台建立了钢管混凝土框架的三维有限元分析模型，进行了钢管混凝土柱 - 钢梁框架单调加载时的全过程分析，理论分析和试验结果总体上吻合较好。在此基础上进行了钢管混凝土柱 - 钢梁框架的受力特性的分析，明晰了框架结构在受力全过程中截面应力分布规律及破坏模式。

3）采用了考虑约束效应的核心混凝土本构关系模型，基于 OpenSees 平台系统建立了理论分析模型，进行了钢管混凝土柱 - 钢梁框架结构滞回性能的理论计算和分析。

7.5　P-Δ 关系影响因素分析

虽然利用 7.4 节所述的数值方法可较精确地进行钢管混凝土柱 - 钢梁平面框架的受力全过程分析，但计算方法还是较为复杂，不便于工程应用。

本节对影响钢管混凝土框架 P-Δ 曲线的各主要因素进行参数分析，拟确定各主要因素的影响规律，进一步为确定钢管混凝土框架恢复力模型的简化计算方法提供条件。

钢管混凝土柱 - 钢梁平面框架的力学性能与其组成部分密切相关，钢管混凝土框架柱和钢梁都会对框架的力学性能产生影响。

试验研究及理论计算结果表明，影响钢管混凝土压弯构件水平荷载 - 水平位移（P-Δ）关系曲线的可能因素主要有柱截面含钢率（α_s）、钢材屈服强度（f_y）、混凝土抗压强度（f_{cu}）、轴压比（n）和构件长细比（λ），而且上述因素对于圆钢管混凝土和方、矩形钢管混凝土 P-Δ 关系曲线的影响规律基本类似（韩林海，2007，2016）。对于钢管混凝土柱 - 钢梁平面框架而言，除了上述影响因素外，尚应考虑框架梁柱线刚度比 $[k=(EI)_b/(EI)_c]$ 和梁柱强度比（k_m）的影响。$k_m=M_{yb}/M_{yc}$，其中 M_{yb} 为钢梁的屈服弯矩，M_{yc} 为钢管混凝土柱的屈服弯矩。

框架柱的杆端边界条件及框架上的荷载分布形式等都会影响其承载力（陈惠发，1999；陈绍蕃，2005；陈骥，2006），框架柱的边界条件将直接影响其计算长度，而框架梁上的荷载分布形式，也将影响到框架梁塑性的发展和塑性铰位置等。本节暂不考虑不同框架柱边界条件和框架梁上荷载分布影响，只针对类似于本章的试验框架进行参数分析，即研究对象仅限于柱底固接的钢管混凝土柱 - 钢梁单层单跨框架，竖向荷载和水平荷载均作用在节点上，框架梁、柱上没有其他横向荷载，如图 7.1 所示。

框架试件参数分析时考虑的参数包括钢管混凝土柱截面含钢率（α_s）、柱钢材屈服极限（f_y）、混凝土抗压强度（f_{cu}）、柱轴压比（n）、柱长细比（λ），梁柱线刚度比（k）和梁柱强度比（k_m）。进行某参数分析时，只改变该参数而保持其他参数不变。

分析的参数范围归纳如下：钢管混凝土柱截面含钢率 $\alpha_s=0.05\sim0.2$，钢材屈服强度 $f_y=235\sim420$MPa，混凝土强度 $f_{cu}=30\sim90$MPa，柱轴压比 $n=0\sim0.9$，长细比 $\lambda=20\sim80$，梁柱线刚度比 $k=0.25\sim2$，梁柱强度比 $k_m=0.4\sim0.8$。

图 7.30 和图 7.35 的比较结果均表明，钢管混凝土柱 - 钢梁平面框架 P-Δ 滞回关系曲线的骨架线与其单调加载曲线总体上较为吻合，因此，本节在进行 P-Δ 关系的计算时，暂采用 7.4 节中基于非线性纤维梁 - 柱单元理论（即程序 NFEMFrame）建立的数值模型。

典型算例的基本参数取值为：$D=400$mm（圆柱）或 $B=400$mm（方柱），Q345 钢，C60 混凝土，柱轴压比 $n=0.4$，柱截面含钢率 $\alpha_s=0.1$，框架柱高度 $H=3$m，框架梁跨度 $L=6$m，梁柱强度比 $k_m=0.8$，且依据其抗弯承载力 M_{yb} 和构造要求来确定框架梁几何尺寸。

（1）柱截面含钢率（α_s）

图 7.51 所示为柱截面含钢率（α）对钢管混凝土框架 P-Δ 关系的影响。可见，随着 α_s 的提高，框架弹性阶段刚度和水平承载力都有所提高，下降段的下降幅度也略有减小，但 α_s 总体上主要影响曲线的数值，对 P-Δ 曲线的形状影响不大。方形截面柱框架与圆形截面柱框架的规律类似。

（2）柱钢材屈服强度（f_y）

图 7.52 所示为柱钢管屈服强度（f_y）对框架 P-Δ 骨架线的影响。可见，f_y 对 P-Δ 骨架关系曲线的初始弹性阶段和下降阶段的曲线形状影响不大，但对弹性阶段后期接近进入弹塑性阶段的刚度有一定影响，即随着 f_y 的增大，钢管对其核心混凝土的约束

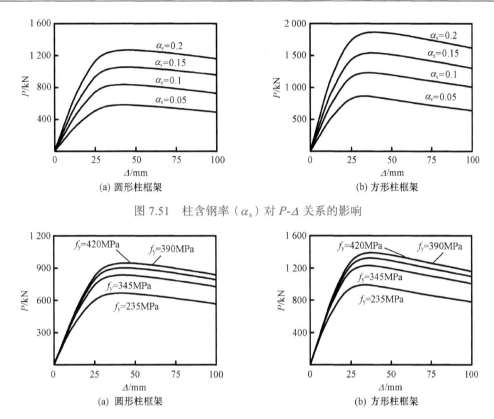

图 7.51　柱含钢率（α_s）对 $P\text{-}\Delta$ 关系的影响

图 7.52　柱钢管屈服强度（f_y）对 $P\text{-}\Delta$ 关系的影响

程度提高，柱承载力提高，框架的水平承载力和接近进入弹塑性状态时的刚度有所提高，但延性却呈稍有减小的趋势。方形截面柱框架与圆形截面柱框架的规律类似。

（3）混凝土强度（f_{cu}）

图 7.53 所示为混凝土抗压强度（f_{cu}）对框架 $P\text{-}\Delta$ 骨架线的影响。可见，f_{cu} 的改变对框架弹性阶段的刚度和水平承载力有一定影响，即随着 f_{cu} 的增大，框架的弹性刚度和承载力都增大，但曲线下降趋势变得更为明显，即框架的位移延性有减小的趋势。方柱框架与圆柱框架的规律基本类似。

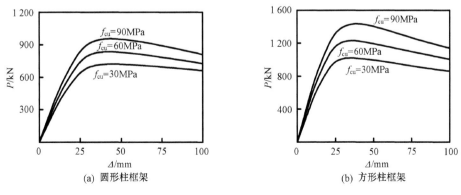

图 7.53　混凝土强度（f_{cu}）对 $P\text{-}\Delta$ 关系的影响

（4）柱轴压比（n）

图 7.54 给出了不同框架柱轴压比（n）情况下圆、方形钢管混凝土框架的 P-Δ 关系曲线。由图中可见，n 对曲线的形状影响较大。

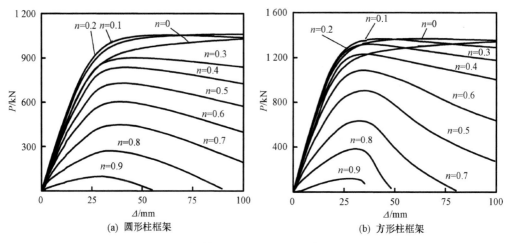

图 7.54　柱轴压比（n）对 P-Δ 关系的影响

当 $n \geqslant 0.3$ 时，P-Δ 曲线将会出现下降段，且下降段的下降幅度随着 n 的增加而增大，框架的位移延性越来越小。当 $n < 0.3$ 时，n 对曲线弹性阶段的刚度几乎没有影响，这是因为在弹性阶段构件的变形很小，P-Δ 效应并不明显，且随着 n 的增大，核心混凝土开裂面积会减少，这一因素又会使构件的刚度略有增加。$n \geqslant 0.5$ 时，框架的弹性阶段刚度随 n 的增大呈现显著下降趋势。

（5）柱长细比（λ）

图 7.55 所示为不同框架柱长细比（λ）情况下的框架 P-Δ 骨架关系曲线，可见，λ 不仅会影响曲线的数值，还会影响曲线的形状。随着 λ 的增加，弹性阶段和强化阶段的刚度越来越小，水平承载力也有较大幅度的减小。本算例在参数分析时，通过保持梁的跨度不变而改变柱的高度来改变柱长细比，可见随着柱长细比的增大，框架的弹性刚度及水平承载力明显降低。

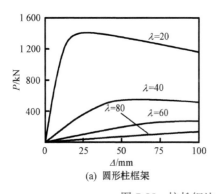
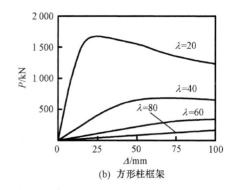

图 7.55　柱长细比（λ）对 P-Δ 关系的影响

（6）梁柱线刚度比（k）

梁柱线刚度比可总体上反映框架梁对框架柱的约束程度。在受力过程中，约束程度不同，框架柱发生侧移和转动的能力也会有差异，从而直接影响到框架柱的计算长度，使得框架的刚度和承载力发生变化。

图 7.56 所示为不同梁柱线刚度比（k）时的框架 P-Δ 关系曲线，可见，随着 k 的增加，框架的弹性刚度和承载能力均有所提高，且 P-Δ 关系曲线下降段下降的幅度趋于平缓。

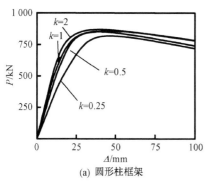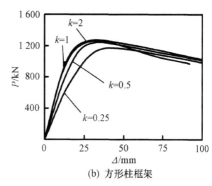

图 7.56　梁柱线刚度比（k）对 P-Δ 关系的影响

（7）梁柱强度比（k_m）

梁柱强度比 k_m 对框架结构中梁柱节点处弹塑性的发展及塑性铰的出现顺序影响较大，由于一般框架设计中都要求满足"强柱弱梁"，参数分析中的 k_m 最大暂取值到 0.8。算例中柱的几何参数及梁跨度均保持不变，通过改变梁的截面尺寸达到变化 k_m 的目的。

图 7.57 所示为不同 k_m 下框架的 P-Δ 关系曲线，可见，随着 k_m 的增加，框架的弹性刚度和水平承载力都有明显的提高，但对于其下降阶段的曲线形状没有明显影响，峰值荷载对应的水平位移也变化不大，也即 k_m 的变化对位移延性影响不明显。

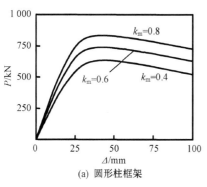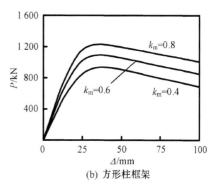

图 7.57　梁柱强度比（k_m）对 P-Δ 关系的影响

7.6　实用计算方法

7.6.1　二阶分析方法

众所周知，框架结构精确意义上的分析一般为考虑几何非线性和材料非线性的二阶弹塑性分析方法（Yang 和 Kuo，1994；Chen 和 Toma，1994），但所谓的精确二阶分析方法一般较为复杂。

本节拟研究一种钢管混凝土柱 - 钢梁刚接框架的近似简化二阶分析方法，以便于快速地进行其力学性能分析，获得所需要的指标，以进一步建立钢管混凝土框架荷载 - 位移关系的实用计算方法。

（1）基本假定

对于如图 7.58 所示本章研究的单层单跨框架，只在柱顶施加轴向荷载，在梁端施加水平荷载，由于框架梁柱单元上仅受节点荷载而无其余横向荷载，其可能的最终破坏方式是梁端及柱端附近出现塑性铰。

分析时采用了如下基本假定。

① 框架的荷载全部作用在节点上且荷载无偏心。忽略节点刚域的影响。

② 忽略杆件轴向变形的影响；两框架柱几何及材料性质相同且承受相同轴力。

③ 当单元出现塑性铰时，塑性铰区仅出现在一个截面上，而其余部分仍保持弹性，即所有截面都假定具有双线性的理想弹塑性弯矩 - 曲率关系。

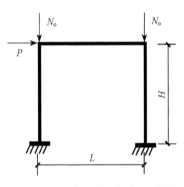

图 7.58　钢管混凝土框架示意图

当框架单元进入弹塑性状态时，随着荷载的逐渐增加，单元的端部将逐渐出现塑性铰，从而在结构中出现新的铰结点，这时单元刚度矩阵需要按照塑性铰的位置进行修改。

（2）梁柱单元增量刚度矩阵

对于图 7.58 所示的钢管混凝土框架的框架梁和框架柱，均可以认为是承受轴力及横向荷载的梁柱构件，其基本单元变形前后的关系如图 7.59 所示。图中单元节点位移为 d_i（$i=1$，2，3，4，5，6），而单元杆端力为 r_i（$i=1$，2，3，4，5，6），利用有限元法可以建立单元节点位移和杆端力之间的关系（陈惠发，1999）为

$$\{r\}=[k]\{d\} \tag{7.26}$$

式中：$\{r\}=(r_1，r_2，r_3，r_4，r_5，r_6)^{\mathrm{T}}$ 为单元力矢量；$\{d\}=(d_1，d_2，d_3，d_4，d_5，d_6)^{\mathrm{T}}$ 为单元位移矢量；$[k]$ 为单元刚度矩阵，按下式计算：

$$[k]=[k_0]+\frac{EA}{2}[k_1]+\frac{EA}{3}[k_2]=[k_0]+[k_g] \tag{7.27}$$

式中：$[k_0]$ 为一般框架单元的一阶刚度矩阵；$[k_1]$ 和 $[k_2]$ 矩阵分别由单元位移的线性函数和二次函数组成，这些矩阵考虑了在增量步长期间轴力与横向位移的变化，这两个对称矩阵各元素详见陈惠发（1999）。

$[k_g]$ 为几何刚度矩阵。如果忽略杆件轴向变形，则式（7.27）所表示的考虑二阶效应的梁柱单元的弹塑性增量刚度矩阵为

$$
[\,k\,]=\frac{EI}{L}
\begin{bmatrix}
\dfrac{12}{L^2} & \dfrac{6}{L} & -\dfrac{12}{L^2} & \dfrac{6}{L} \\[2mm]
 & 4 & -\dfrac{6}{L} & 2 \\[2mm]
 & \text{对} & \dfrac{12}{L^2} & -\dfrac{6}{L} \\[2mm]
 & & \text{称} & 4
\end{bmatrix}
+\frac{N_o}{L}
\begin{bmatrix}
\dfrac{6}{5} & \dfrac{L}{10} & -\dfrac{6}{5} & \dfrac{L}{10} \\[2mm]
 & \dfrac{2L^2}{15} & -\dfrac{L}{10} & -\dfrac{L^2}{30} \\[2mm]
 & \text{对} & \dfrac{6}{5} & -\dfrac{L}{10} \\[2mm]
 & & \text{称} & \dfrac{2L^2}{15}
\end{bmatrix}
\quad(7.28)
$$

式中：轴力 N_o 以受拉为正，受压为负；EI 为梁柱单元的抗弯刚度；L 为单元长度。

此时单元的增量刚度方程（单元局部坐标系下）为

$$\{\Delta\bar{F}\}^e=[\,\bar{k}\,]\{\Delta\bar{d}\}^e \qquad(7.29)$$

式中：$\{\Delta\bar{F}\}^e=(\Delta r_2,\ \Delta r_3,\ \Delta r_5,\ \Delta r_6)^{\mathrm{T}}=(\Delta V_1,\ \Delta M_1,\ \Delta V_2,\ \Delta M_2)^{\mathrm{T}}$ 为单元局部坐标系内的单元杆端力矢量（ΔV_1、ΔM_1、ΔV_2、ΔM_2 分别为单元的 1 端及 2 端的杆端剪力和弯矩增量）；$\{\Delta\bar{d}\}^e=(\Delta d_2,\ \Delta d_3,\ \Delta d_5,\ \Delta d_6)^{\mathrm{T}}=(\Delta v_1,\ \Delta\theta_1,\ \Delta v_2,\ \Delta\theta_2)^{\mathrm{T}}$ 为单元局部坐标系内的单元杆端位移矢量（Δv_1、$\Delta\theta_1$、Δv_2、$\Delta\theta_2$ 分别为单元的 1 端及 2 端的杆端竖向位移和转角增量）；$[\,\bar{k}\,]$ 即为单元增量刚度矩阵，同式（7.28）。

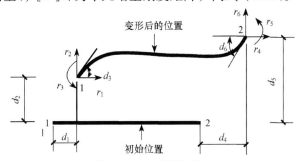

图 7.59　典型梁柱单元

（3）基于塑性铰理论的梁柱单元方程

二阶弹性 - 塑性铰分析的平衡方程建立在单元变形后的位置，如果框架的单元只有节点荷载，则一个构件可以采用一个单元分析，这样整个框架结构的分析效率会比较高，其计算效率会明显高于考虑分布塑性的二阶非线性分析。

当单元两端均未出现塑性铰时，单元均处于弹性状态，其单元增量刚度方程同式（7.29）。当单元 1 端（如图 7.59 所示）出现塑性铰后，塑性铰截面的弯矩即保持为塑性极限弯矩 M_y 不变，其单元增量刚度方程中对应于 ΔM_1 的各元素均为零。此时的单元增量刚度方程为

$$
\begin{bmatrix}
\Delta V_1 \\
\Delta M_1 \\
\Delta V_2 \\
\Delta M_2
\end{bmatrix}
=\frac{EI}{L}
\begin{bmatrix}
\dfrac{3}{L^2} & 0 & -\dfrac{3}{L^2} & \dfrac{3}{L} \\[2mm]
0 & 0 & 0 & 0 \\[2mm]
-\dfrac{3}{L^2} & 0 & \dfrac{3}{L^2} & -\dfrac{3}{L} \\[2mm]
\dfrac{3}{L} & 0 & -\dfrac{3}{L} & 3
\end{bmatrix}
-\frac{N_o}{L}
\begin{bmatrix}
\dfrac{6}{5} & 0 & -\dfrac{6}{5} & \dfrac{L}{5} \\[2mm]
0 & 0 & 0 & 0 \\[2mm]
-\dfrac{6}{5} & 0 & \dfrac{6}{5} & -\dfrac{L}{5} \\[2mm]
\dfrac{L}{5} & 0 & -\dfrac{L}{5} & \dfrac{1}{5}
\end{bmatrix}
\begin{bmatrix}
\Delta v_1 \\
\Delta\theta_1 \\
\Delta v_2 \\
\Delta\theta_2
\end{bmatrix}
\quad(7.30)
$$

用矩阵形式表示为

$$\{\Delta \bar{F}\}^e = [\bar{k}_{pl}]\{\Delta \bar{d}\} = ([\bar{k}_{0l}] + [\bar{k}_{gl}])\{\Delta \bar{d}\}^e \tag{7.31}$$

式中：$[\bar{k}_{0l}]$ 为一般框架单元的一阶单元刚度矩阵；$[\bar{k}_{gl}]$ 为单元几何刚度矩阵，分别为

$$[\bar{k}_{0l}] = \frac{EI}{L}\begin{bmatrix} \dfrac{3}{L^2} & 0 & -\dfrac{3}{L^2} & \dfrac{3}{L} \\ 0 & 0 & 0 & 0 \\ -\dfrac{3}{L^2} & 0 & \dfrac{3}{L^2} & -\dfrac{3}{L} \\ \dfrac{3}{L} & 0 & -\dfrac{3}{L} & 3 \end{bmatrix} \tag{7.32a}$$

$$[\bar{k}_{gl}] = -\frac{N_{\circ}}{L}\begin{bmatrix} \dfrac{6}{5} & 0 & -\dfrac{6}{5} & \dfrac{L}{5} \\ 0 & 0 & 0 & 0 \\ -\dfrac{6}{5} & 0 & \dfrac{6}{5} & -\dfrac{L}{5} \\ \dfrac{L}{5} & 0 & -\dfrac{L}{5} & \dfrac{1}{5} \end{bmatrix} \tag{7.32b}$$

当单元 2 端（如图 7.59 所示）出现塑性铰后，其单元增量刚度方程中对应于 ΔM_2 的各元素均为零，而当单元两端出现塑性铰后，塑性铰截面处弯矩均保持不变，其单元增量刚度方程中对应于 ΔM_1 和 ΔM_2 的各元素均为零。

因此，当梁柱单元分别出现塑性铰后，需要按上述单元刚度方程修改相应的增量刚度矩阵，从而得到单元基于塑性铰理论的求解。

（4）二阶弹性分析

当不考虑材料的非线性特性而只考虑结构的二阶效应时的分析即为框架结构的二阶弹性分析。二阶弹性分析中，由于忽略了材料的屈服，只计入几何非线性的影响，所以得到的是结构或构件的弹性极限临界荷载，从而可得到结构或构件的弹性阶段刚度等指标。

框架的二阶弹性分析方法主要有基于修正转角位移方程的梁柱法、基于能量理论的有限元法和虚拟荷载法等（陈惠发，1999；Chen 和 Toma，1994）。由于本章研究的钢管混凝土单层平面框架单元较少，暂采用基于修正转角位移方程的梁柱法求解。

利用对称性，可将图 7.58 中的框架近似简化为图 7.60 的半刚架进行分析。

图 7.60 中的计算单元模型中，设框架柱、框架梁的抗弯刚度分别为 $(EI)_c$ 及 $(EI)_b$，为叙述方便，令水平力 $P/2 = H_L$，框架梁跨度 $L_b = L/2$，框架柱高度 H。利用修正转角位移方程的梁柱法，考虑几何非线性的影响，可建立梁柱节点处梁、柱单元的刚度方程，并推导出柱顶水平荷载 H_L 与水平位移 Δ 之间的关系为

$$H_{\mathrm{L}}=\left[\left(\frac{12i_{\mathrm{c}}}{H^2}-\frac{6N_{\mathrm{o}}}{5H}\right)-\frac{\left(-\dfrac{6i_{\mathrm{c}}}{H}+\dfrac{N_{\mathrm{o}}}{10}\right)^2}{4i_{\mathrm{c}}+3i_{\mathrm{b}}-\dfrac{2N_{\mathrm{o}}H}{15}}\right]\Delta=f(i_{\mathrm{b}},i_{\mathrm{c}},N_{\mathrm{o}},H)\Delta \qquad (7.33)$$

式（7.33）表示了当考虑二阶效应时，图 7.60 所示半框架的水平荷载与水平位移之间的关系。当不考虑材料非线性，亦即只进行二阶弹性分析时，水平荷载和水平位移之间是线性关系，二阶弹性刚度为框架几何参数和柱顶恒定轴力 N_{o} 的函数关系 $[K=f(i_{\mathrm{b}},\ i_{\mathrm{c}},\ N_{\mathrm{o}},\ H)]$，其中 i_{b} 和 i_{c} 分别为梁及柱的线刚度比，$i_{\mathrm{b}}=(EI)_{\mathrm{b}}/L_{\mathrm{b}}$，$i_{\mathrm{c}}=(EI)_{\mathrm{c}}/H$。

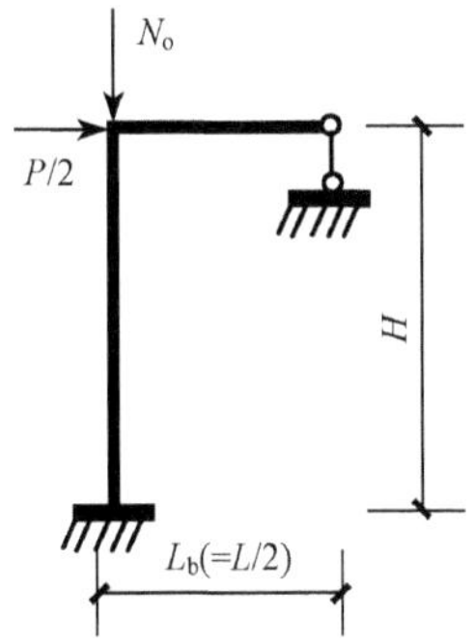

图 7.60　框架计算单元模型选取

（5）二阶弹性 - 塑性铰分析

根据前述基本假设，框架的塑性铰只出现在梁端或柱端，根据塑性铰出现的顺序，框架的破坏模式也有所不同。一般按照抗震设计的框架都满足"强柱弱梁"的特点，即框架每个节点两侧的梁端屈服弯矩之和 $\sum M_{\mathrm{b}}$ 小于节点上下柱端屈服弯矩之和 $\sum M_{\mathrm{c}}$。

本节暂只讨论"强柱弱梁"型框架。当确定了框架塑性铰的出现顺序后，即可确定框架的屈服位移和屈服荷载。

当梁柱屈服弯矩比 $k_{\mathrm{m}}<1$ 时，框架即为"强柱弱梁"型，塑性铰首先在梁端形成，随即塑性铰截面弯矩保持不变，随着荷载的增加，再在柱底形成塑性铰，结构形成机构而破坏。对于本章所研究的框架单元，$k_{\mathrm{m}}=M_{\mathrm{pb}}/M_{\mathrm{pc}}<1$，其中 M_{pb}、M_{pc} 分别为框架梁、框架柱的屈服弯矩。

当梁端首先出现塑性铰后，则梁端弯矩为 $M_{\mathrm{b}}=M_{\mathrm{pb}}=k_{\mathrm{m}}M_{\mathrm{pc}}$，解出相应的结点转角，代入其转角位移方程中，可得到对应的水平位移 Δ_{yb}，表达式为

$$\Delta_{\mathrm{yb}}=\frac{\left(4i_{\mathrm{c}}-\dfrac{2N_{\mathrm{o}}H}{15}+3i_{\mathrm{b}}\right)}{\left(\dfrac{6i_{\mathrm{c}}}{H}-\dfrac{N_{\mathrm{o}}}{10}\right)}\frac{k_{\mathrm{m}}M_{\mathrm{pc}}}{3i_{\mathrm{b}}} \qquad (7.34)$$

当梁端出现塑性铰时，图 7.60 的框架计算单元中框架柱上端弯矩由于要满足结点平衡条件，也等于 $k_{\mathrm{m}}M_{\mathrm{pc}}$，且框架柱截面由于还未达到其屈服弯矩，全部框架柱单元均处于弹性阶段，因此可由框架柱的二阶弹性分析得到对应的框架柱柱脚弯矩 M_{1c}，引入框架柱下端的边界条件：$\Delta_1=0$，$\theta_1=0$，则得到 M_{1c} 表达式为

$$M_{\mathrm{1c}}=\left(-\frac{6i_{\mathrm{c}}}{H}+\frac{N_{\mathrm{o}}}{10}\right)\cdot\Delta_{\mathrm{yb}}+\left(2i_{\mathrm{c}}+\frac{N_{\mathrm{o}}H}{30}\right)\cdot\frac{k_{\mathrm{m}}M_{\mathrm{pc}}}{3i_{\mathrm{b}}} \qquad (7.35)$$

当首先在梁端出现塑性铰后，此时的框架柱可近似等效为悬臂柱，随着变形的增加，接着在柱脚将出现塑性铰，因此可以采用悬臂柱模型确定此部分增量荷载和位移

之间的关系，其对应的水平位移增量 Δu 为

$$\Delta u = \frac{4i_{c} - \dfrac{2N_{o}H}{15}}{\left(\dfrac{12i_{c}}{H^{2}} - \dfrac{6N_{o}}{5H}\right)\left(4i_{c} - \dfrac{2N_{o}H}{15}\right) - \left(\dfrac{6i_{c}}{H^{2}} - \dfrac{N_{o}}{10}\right)^{2}}\left(\frac{M_{pc} - M_{1c}}{H}\right) \tag{7.36}$$

（6）二阶刚性 - 塑性分析

当钢管混凝土框架梁、柱均出现塑性铰后，框架即形成所谓的机构，荷载会随着位移的增加而下降。在二阶刚 - 塑性分析方法中，一般认为结构在形成破坏机构之前（即达到结构的极限荷载之前，对于强柱弱梁型框架单元，为柱脚塑性铰形成之前）结构保持不变形，且随着水平位移的不断增加，水平荷载必须不断减小才能保持结构体系的平衡。二阶刚 - 塑性分析可较好地描述破坏机构形成后体系的性能，但其忽略了机构形成之前的结构弹性变形，因此，框架形成破坏机构后可以采用二阶刚 - 塑性分析方法来描述其下降段，而在此之前可以采用二阶弹性 - 塑性铰分析（包括二阶弹性分析）。

根据结构受力过程中不同阶段的平衡条件可知，破坏机构的形成往往在结构的二阶弹性 - 塑性铰曲线与二阶刚性 - 塑性曲线的交点上，从此点之后，结构进入下降段，其荷载 - 位移曲线按照二阶刚 - 塑性曲线变化。

当框架结构形成机构后，荷载 - 位移曲线则主要受到钢管混凝土框架柱强化刚度的影响，在前面的基本假定中假定钢管混凝土柱截面弯矩 - 曲率模型是理想弹塑性模型，而真实的钢管混凝土柱的弯矩曲率模型一般并非理想弹塑性双线性模型（韩林海，2007，2016），为此需要对钢管混凝土柱的弯矩（M）- 曲率（ϕ）模型进行修正。可采用双分量模型来描述钢管混凝土柱的模型。所谓双分量模型，就是假设每一个杆件由两个互相平行的杆件组成，一根是理想的弹塑性杆件（当杆端弯矩达到其屈服弯矩 M_{y} 时，在该杆端出现塑性铰），另一根是弹性杆，如图 7.61 所示（吕西林等，1997）。

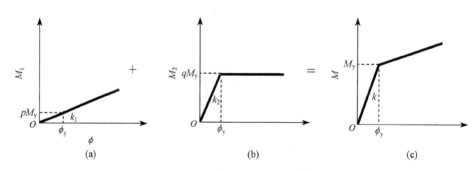

图 7.61　刚度双分量模型示意图

在图 7.61 所示的弯矩 - 曲率关系中，杆件刚度 k［图 7.61（c）］可由弹性杆件的弹性刚度分量 k_{1}［如图 7.61（a）所示］和理想弹塑性杆件的弹塑性刚度分量 k_{2}［图 7.61（b）］相加表示（吕西林等，1997），即为

$$k = k_{1} + k_{2} \tag{7.37}$$

式中：$k_{1} = pk$，$k_{2} = qk$，且 $p + q = 1$，p 为双线性弯矩 - 曲率模型中的强化系数。

当采用双线性模型时梁柱单元的增量刚度矩阵需进行相应修正，对于式（7.28）则应修改为

$$
[k]=(p+q)\frac{EI}{L}\begin{bmatrix}\dfrac{12}{L^2}&\dfrac{6}{L}&-\dfrac{12}{L^2}&\dfrac{6}{L}\\&4&-\dfrac{6}{L}&2\\&\text{对}&\dfrac{12}{L^2}&-\dfrac{6}{L}\\&\text{称}&&4\end{bmatrix}-\frac{N_\text{o}}{L}\begin{bmatrix}\dfrac{6}{5}&\dfrac{L}{10}&-\dfrac{6}{5}&\dfrac{L}{10}\\&\dfrac{2L^2}{15}&-\dfrac{L}{10}&-\dfrac{L}{10}\\&\text{对}&\dfrac{6}{5}&-\dfrac{L}{10}\\&\text{称}&&\dfrac{2L^2}{15}\end{bmatrix}\qquad（7.38）
$$

或记为

$$
[k]=(p+q)[k_0]+[k_g]=p[k_0]+q[k_0]+[k_g]=[k_1]+[k_2]+[k_g]\qquad（7.39）
$$

式（7.39）中将单元的初始刚度矩阵 $[k_0]$ 分解为两部分，其中 $[k_1]=p[k_0]$ 为单元的弹性刚度矩阵部分，在受力过程中保持不变，而 $[k_2]=q[k_0]$ 与杆端是否形成塑性铰有关，当杆端梁端都未达到塑性时，$[k_2]=q[k_0]$ 仍为弹性矩阵。$[k_g]$ 为几何刚度矩阵。

双分量模型中，当单元的一端弯矩等于或大于截面的塑性弯矩且处于加载状态时，理想弹塑性杆件将在该处形成塑性铰，而弹性杆仍继续处于弹性状态，两个杆件要共同受力工作，则此时单元的刚度矩阵应由两假想杆件刚度矩阵组合而成。当钢管混凝土框架梁柱均出现塑性铰成为机构后，框架柱的强化刚度决定着框架的荷载 - 位移曲线的下降曲线，此时结构增量刚度方程如下，从中可确定水平荷载增量 ΔH_L 和对应的水平位移增量 Δu 的关系为

$$
\begin{Bmatrix}\Delta V\\\Delta M\end{Bmatrix}=\left(-(1-p)\begin{bmatrix}\dfrac{N_\text{o}}{L}&0\\0&0\end{bmatrix}\right)+p\left(\begin{bmatrix}\dfrac{12EI}{L^3}&-\dfrac{6EI}{L^2}\\-\dfrac{6EI}{L^2}&\dfrac{4EI}{L}\end{bmatrix}-\begin{bmatrix}\dfrac{6N_\text{o}}{5L}&-\dfrac{N_\text{o}}{10}\\-\dfrac{N_\text{o}}{10}&\dfrac{2N_\text{o}L}{15}\end{bmatrix}\right)\begin{Bmatrix}\Delta u\\\Delta\theta\end{Bmatrix}=\begin{Bmatrix}\Delta H_\text{L}\\0\end{Bmatrix}\qquad（7.40）
$$

从中可得

$$
\Delta H_\text{L}=\left[p\left(\frac{12EI}{L^3}-\frac{6N_\text{o}}{5L}\right)-\frac{p\left(\dfrac{6EI}{L^2}-\dfrac{N_\text{o}}{10}\right)^2}{\dfrac{4EI}{L}-\dfrac{2N_\text{o}L}{15}}-(1-p)\frac{N_\text{o}}{L}\right]\Delta u\qquad（7.41）
$$

式中：EI 为框架柱的抗弯刚度 $(EI)_\text{c}$；L 为框架柱高度 (H)；N_o 为作用在框架柱上轴力。

以上介绍了钢管混凝土框架的简化二阶分析方法，按此方法计算 $P\text{-}\Delta$ 关系曲线的过程可归纳如下。①进行钢管混凝土框架的二阶弹性分析，得到 $P\text{-}\Delta$ 关系曲线弹性段的指标，即确定弹性段刚度；②考虑弹塑性段材料塑性的发展，进行框架二阶弹性 - 塑

性铰模型分析，确定 P-Δ 关系曲线弹塑性段的峰值点荷载和对应的位移；③采用二阶刚性 - 塑性分析，确定 P-Δ 关系曲线下降段的刚度。

7.6.2　P-Δ 恢复力模型

下面给出钢管混凝土柱 - 钢梁框架 P-Δ 关系恢复力模型的实用计算方法。

（1）P-Δ 滞回关系曲线骨架线的确定

结合钢管混凝土框架的试验滞回曲线和骨架曲线特征分析结果，可以采用三折线型模型来模拟其骨架曲线。

经对大量计算结果的分析，并参考韩林海（2007，2016）中钢管混凝土构件的 P-Δ 骨架线模型，表明在如下参数范围，即 $n=0\sim0.8$，$\alpha_s=0.05\sim0.2$，$\lambda=10\sim80$，$f_y=235\sim420\mathrm{MPa}$，$f_{cu}=30\sim90\mathrm{MPa}$，$\xi=0.2\sim4$，$k=0.25\sim2$，$k_m=0.4\sim0.8$，圆形及方形截面钢管混凝土柱 - 钢梁框架的 P-Δ 骨架线模型可采用图 7.62 所示的三线型模型。

图 7.62 所示的 P-Δ 关系曲线模型可分为弹性段（OA），弹塑性段（AB）和下降段（BC）。A 点为骨架线弹性阶段的终点，B 点为骨架线峰值点，其水平荷载值为 P_y，对应的水平位移为 Δ_p。A 点的水平荷载大小取 $0.6P_y$，即 $P_A=0.6P_y$。

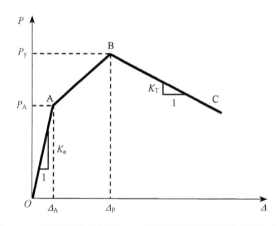

图 7.62　钢管混凝土框架 P-Δ 滞回关系曲线骨架线模型

图 7.62 的简化骨架曲线模型中需要确定以下几个参数，即框架的弹性阶段的刚度（K_a）、B 点位移（Δ_p）和最大水平荷载（P_y）以及第三段刚度（K_T）。

上述三折线模型方程可表示为

$$P=f(\Delta)=\begin{cases} K_a\Delta & 0\leqslant\Delta\leqslant\Delta_A \\ P_A+K_2(\Delta-\Delta_A) & \Delta_A\leqslant\Delta\leqslant\Delta_p \\ P_y+K_T(\Delta-\Delta_p) & \Delta_p<\Delta \end{cases} \quad（7.42）$$

式中：P_A 和 Δ_A 分别为 A 点对应的荷载及位移；K_2 为第二段直线段（AB）的刚度；其余参数含义同前。

各参数之间的关系为

$$\Delta_{A}=P_{A}/K_{a}=0.6P_{y}/K_{a} \tag{7.43}$$

$$K_{2}=\frac{P_{y}-P_{A}}{\Delta_{p}-\Delta_{A}}=\frac{0.4P_{y}}{\Delta_{p}-0.6P_{y}/K_{a}} \tag{7.44}$$

可见，只要确定了 K_{a}、Δ_{p}、P_{y} 及 K_{T}，将式（7.43）及式（7.44）代入式（7.42），图 7.62 表示的骨架曲线模型即可确定。

下面给出模型中各参数的确定方法。

1）弹性阶段刚度 K_{a}。

钢管混凝土框架的弹性阶段刚度可由二阶弹性分析得到，即为二阶弹性分析得到 P-Δ 曲线的斜率，但注意此时全框架的刚度是图 7.60 计算单元框架的两倍，参考式（7.33），可得到框架的弹性阶段刚度为

$$K_{a}=2\left(\frac{12i_{c}}{H^{2}}-\frac{6N_{o}}{5H}\right)-2\frac{\left(\dfrac{6i_{c}}{H}-\dfrac{N_{o}}{10}\right)^{2}}{4i_{c}+3i_{b}-\dfrac{2N_{o}H}{15}} \tag{7.45}$$

可见，钢管混凝土框架弹性阶段刚度与结构构件的几何参数如梁线刚度 i_{b} [$=(EI)_{b}/L_{b}$]、柱线刚度 i_{c} [$=(EI)_{c}/H$]、柱轴力 N_{o} 及框架柱高度 H（如图 7.60 所示）有关，使用中应注意计算单元的半刚架与实际框架的荷载参数和几何参数的区别。其中框架柱的弹性抗弯刚度 $(EI)_{c}$ 可按下式确定。

对于圆钢管混凝土，可按 EC4（2004）提供的公式计算，即

$$(EI)_{c}=E_{s}I_{s}+0.6E_{c}I_{c} \tag{7.46}$$

对方钢管混凝土，可按 AIJ（1997，2008）提供的公式计算，即

$$(EI)_{c}=E_{s}I_{s}+0.2E_{c}I_{c} \tag{7.47}$$

2）最大水平荷载 P_{y}。

最大水平荷载 $P_{y}=2P_{c}$，其中 P_{c} 为相应框架柱压弯构件的水平承载力，但注意此时框架柱的计算长度系数确定时应考虑框架梁的影响，暂按下式取值，其中 i_{b} 和 i_{c} 含义同前（Ballio 和 Mazzolani，1983），即

$$\mu=\sqrt{\frac{3.75i_{b}/i_{c}+4}{3.75i_{b}/i_{c}+1}} \tag{7.48}$$

3）B 点位移 Δ_{p}。

B 点位移 Δ_{p} 即为框架结构的最大水平荷载 P_{y} 所对应的位移，是由二阶弹性 - 塑性铰分析得到的弹塑性位移与框架弹性位移 Δ_{A} 之和，也就是框架形成机构，荷载开始下降时对应的水平位移。

Δ_{p} 表达为

$$\Delta_p=\Delta_A+(\Delta_{yb}+\Delta u)=\Delta_A+\frac{\left(4i_c-\dfrac{2N_oH}{15}+3i_b\right)}{\left(\dfrac{6i_c}{H}-\dfrac{N_o}{10}\right)}\frac{k_mM_{pc}}{3i_b}$$

$$+\frac{4i_c-\dfrac{2N_oH}{15}}{\left(\dfrac{12i_c}{H^2}-\dfrac{6N_o}{5H}\right)\left(4i_c-\dfrac{2N_oH}{15}\right)\left(\dfrac{6i_c}{H}-\dfrac{N_o}{10}\right)^2}\left(\frac{M_{pc}-M_{1c}}{H}\right) \quad （7.49）$$

式中：M_{1c} 由式（7.35）确定，M_{pc} 为钢管混凝土框架柱的屈服弯矩，Δ_A 由式（7.43）确定。

4）下降段刚度 K_T。

由式（7.41）得到半框架计算单元的下降段的刚度，而全框架的刚度为其 2 倍，即为

$$K_T=2p\left(\frac{12(EI)_c}{H^3}-\frac{6N_o}{5H}\right)-\frac{2p\left(\dfrac{6(EI)_c}{H^2}-\dfrac{N_o}{10}\right)^2}{\dfrac{4(EI)_c}{H}-\dfrac{2N_oH}{15}}-2(1-p)\frac{N_o}{H} \quad （7.50）$$

式中：$(EI)_c$ 为框架柱的抗弯刚度；H 为框架柱高度；N_o 为框架柱上轴力；p 为钢管混凝土柱弯矩（M）-曲率（ϕ）模型中的强化段模量系数，如图 7.61 所示，可按韩林海（2007，2016）的钢管混凝土构件 M-ϕ 实用模型中的方法确定，具体如下。

对于圆钢管混凝土，式中 $p=\alpha_d/1000$，系数 α_d 的确定方法如下。

当约束效应系数 $\xi>1.1$ 时：

$$\alpha_d=\begin{cases}2.2\cdot\xi+7.9 & n\leqslant0.4 \\ (7.7\cdot\xi+11.9)\cdot n-0.8\cdot\xi+3.14 & n>0.4\end{cases} \quad （7.51a）$$

当约束效应系数 $\xi\leqslant1.1$ 时：

$$\alpha_d=\begin{cases}A\cdot n+B & n\leqslant n_o \\ C\cdot n+D & n>n_o\end{cases} \quad （7.51b）$$

式中：$n_o=(0.245\cdot\xi+0.203)\cdot c^{-0.513}$，$c=f_{cu}/60$，$f_{cu}$ 需以 MPa 为单位代入；n 为柱轴压比。

$$A=128\cdot c\cdot(\ln\xi-1)+5.4\cdot\ln\xi-11.5$$
$$B=c\cdot(0.6-1.1\cdot\ln\xi)-0.7\cdot\ln\xi+10.3$$
$$C=(68.5\cdot\ln\xi-0.32.6)\cdot\ln c+46.8\cdot\xi-67.3$$
$$D=7.8\cdot\xi^{-0.81}\cdot\ln c-10.2\cdot\xi+20$$

对于方钢管混凝土，$p=(M_B-M_{yu})/(\phi_B-M_{yu}/K_e)$，其中，$M_{yu}$ 为方钢管混凝土构件的极限弯矩，K_e 为方钢管混凝土构件的弹性抗弯刚度，按（7.47）确定。M_B 和 ϕ_B

分别为

$$M_{B}=M_{yu} \cdot (1-n)k_{o} \qquad (7.52a)$$

$$\phi_{B}=20 \cdot \phi_{e} \cdot (2-n) \qquad (7.52b)$$

式中：$k_{o}=(\xi+0.4)^{-2}$，$\phi_{e}=0.544 \cdot f_{y}/(E_{s} \cdot B)$，其中 f_{y} 为钢管强度，单位为 MPa；E_{s} 为钢材弹性模量，单位为 MPa；B 为钢管边长，单位为 mm。

图 7.63 所示分别为采用 P-Δ 简化模型计算结果与 7.4 节基于非线性纤维梁 - 柱理论模型（方法 1）计算单调曲线对比，算例为 7.2 节进行试验的试件，可见二者总体上较为吻合。

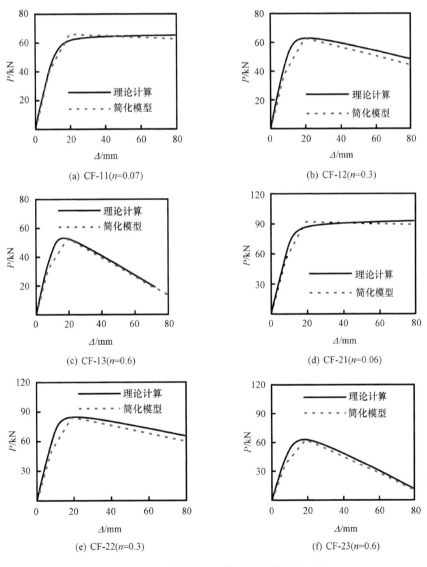

(a) CF-11(n=0.07)

(b) CF-12(n=0.3)

(c) CF-13(n=0.6)

(d) CF-21(n=0.06)

(e) CF-22(n=0.3)

(f) CF-23(n=0.6)

图 7.63　理论计算 P-Δ 关系与简化模型对比

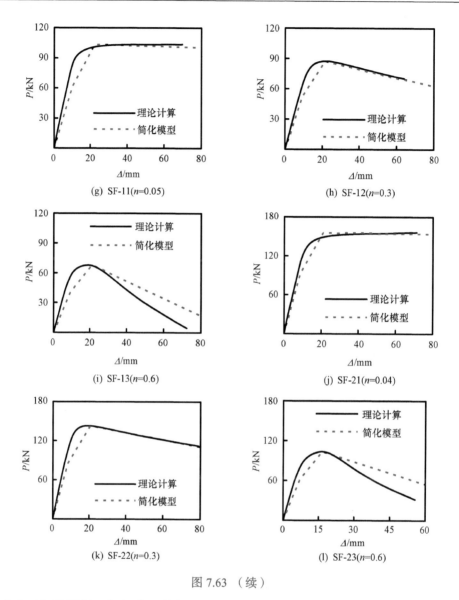

图 7.63 （续）

选取了钢管混凝土框架典型算例进行了对比，算例的基本计算条件是：$D=400\text{mm}$（或 $B=400\text{mm}$），$\alpha_s=0.1$，Q345 钢，C60 混凝土，柱高 $H=3000\text{mm}$，梁跨度 $L=6000\text{mm}$，梁柱线刚度比 $k=0.33$（圆柱框架）或 $k=0.42$（方柱框架），典型算例中框架柱轴压比 $n=0\sim0.6$ 变化。计算结果对比见图 7.64，可见简化模型总体上与理论计算结果较为吻合。

（2）$P\text{-}\Delta$ 滞回模型的确定

经对大量计算结果的分析，表明在如下参数范围，即 $n=0\sim0.8$，$\alpha_s=0.05\sim0.2$，$\lambda=10\sim80$，$f_y=235\sim420\text{MPa}$，$f_{cu}=30\sim90\text{MPa}$，$\xi=0.2\sim4$，$k=0.25\sim2$，$k_m=0.4\sim0.8$，圆形及方形截面钢管混凝土柱 - 钢梁框架的 $P\text{-}\Delta$ 滞回模型可采用图 7.65 所示的三线型模型，其中，滞回模型中骨架曲线的控制点参数为弹性阶段的刚度（K_a）、最大水平

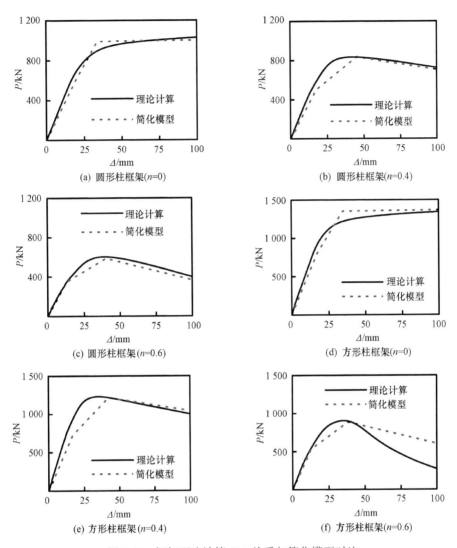

图 7.64　框架理论计算 P-Δ 关系与简化模型对比

荷载（P_y）、B 点位移（Δ_p）以及第三段刚度（K_T）。K_a 可按式（7.45）计算，P_y 可按式（7.48）确定的柱计算长度，Δ_p 可按式（7.49）计算，K_T 可按式（7.50）计算。

　　图 7.65 所示模型中需考虑再加载时的软化问题，在钢管混凝土柱 - 钢梁平面框架荷载 - 位移滞回模型中，当从图中的 1 点或 4 点卸载时，卸载线将按弹性刚度 K_a 进行卸载，并反向加载至 2 点或 5 点，2 点和 5 点纵坐标荷载值分别取 1 点和 4 点纵坐标荷载值的 0.2 倍；继续反向加载，模型进入软化段 23′ 或 5D′，点 3′ 和 D′ 均在 OA 线的延长线上，其纵坐标值分别与 1（或 3）点和 4（或 D）点相同。随后，加载路径沿 3′1′2′3 或 D′4′5′D 进行，软化段 2′3 和 5′D 的确定办法分别与 23′ 和 5D′ 类似。

　　图 7.66 所示为部分框架试件 P-Δ 简化滞回模型计算结果与试验 P-Δ 滞回曲线的对比情况，可见二者总体吻合。

　　图 7.67 所示为部分框架试件数值计算 P-Δ 曲线和简化滞回模型的对比，可见总体

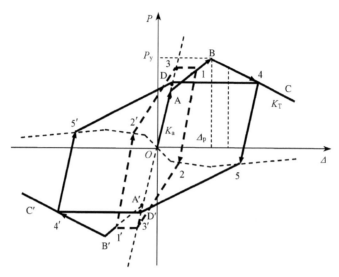

图 7.65　钢管混凝土平面框架 P-Δ 滞回模型

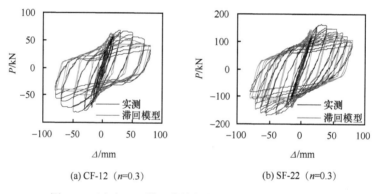

(a) CF-12（n=0.3）　　　　　　　(b) SF-22（n=0.3）

图 7.66　试验 P-Δ 滞回曲线与简化滞回模型曲线对比

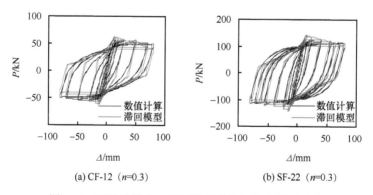

(a) CF-12（n=0.3）　　　　　　　(b) SF-22（n=0.3）

图 7.67　理论计算 P-Δ 滞回关系曲线与简化模型对比

上也较为吻合。

7.6.3　位移延性系数

在确定了钢管混凝土框架 $P\text{-}\Delta$ 实用模型后可以得到钢管混凝土框架的位移延性系数（μ）的简化计算方法。

钢管混凝土框架 $P\text{-}\Delta$ 曲线没有明显的屈服点，因此屈服位移 Δ_{y} 的取法是取 $P\text{-}\Delta$ 骨架线弹性段延线与过峰值点的切线交点处的位移，极限位移 Δ_{u} 取承载力下降到峰值承载力的 85% 时对应的位移，各参数的取值如图 7.68 所示。

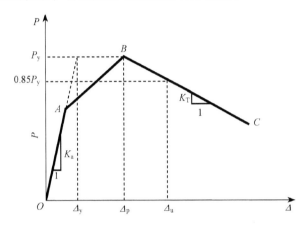

图 7.68　平面框架典型的 $P\text{-}\Delta$ 骨架曲线模型

参考相关定义框架结构位移延性系数（μ）的计算公式为

$$\mu=\frac{\Delta_{\mathrm{u}}}{\Delta_{\mathrm{y}}} \tag{7.53}$$

式中：Δ_{y} 为屈服位移；Δ_{u} 为极限位移，均从图 7.68 所示的框架 $P\text{-}\Delta$ 关系曲线上获得。

Δ_{y}、Δ_{u} 及 μ 的计算公式分别为

$$\Delta_{\mathrm{y}}=\frac{P_{\mathrm{y}}}{K_{\mathrm{a}}} \tag{7.54}$$

$$\Delta_{\mathrm{u}}=\Delta_{\mathrm{p}}-0.15\frac{P_{\mathrm{y}}}{K_{\mathrm{T}}} \tag{7.55}$$

$$\mu=\Delta_{\mathrm{p}}\frac{K_{\mathrm{a}}}{P_{\mathrm{y}}}-0.15\frac{K_{\mathrm{a}}}{P_{\mathrm{T}}} \tag{7.56}$$

分别将 K_{a}，K_{T}，Δ_{y}，P_{y} 各参数代入式（7.56）后即可得到框架延性系数的简化计算公式，K_{a}，K_{T} 分别如式（7.45）和式（7.50）所示。

框架位移延性系数 μ 与钢材和混凝土强度、框架几何尺寸，柱轴压比（n）、长细比（λ）和含钢率（α_{s}），以及梁柱线刚度（k）有关。

7.7　本 章 小 结

对本章论述的主要内容简要归纳如下。

1）本章论述了 12 榀采用外加强环板式连接的钢管混凝土柱 - 钢梁单层平面框架、10 榀采用穿芯螺栓端板连接的钢管混凝土柱 - 钢梁单层平面框架在低周往复荷载作用下的试验结果，研究了柱截面形状（圆形及方形）、柱截面含钢率、柱轴压比和梁柱线刚度比等参数的影响规律。结果表明，在所研究的试验参数范围内，钢管混凝土柱 - 钢梁平面框架的滞回曲线较为饱满，刚度和强度退化不明显，试件具有良好的延性。

2）基于非线性纤维梁 - 柱单元理论，建立了考虑材料和几何双重非线性的数值模型，理论计算和试验结果吻合良好。

3）对框架试件进行了单调加载下荷载 - 位移关系的全过程分析。在此基础上分析了钢管混凝土柱 - 钢梁框架的工作机理，明晰了框架的破坏特征，研究了框架受力全过程中框架各构件截面上的应力分布等规律。

4）考虑钢管对核心混凝土的约束作用，进行了钢管混凝土柱 - 钢梁框架滞回关系曲线的数值计算，理论计算结果得到试验结果的验证。

5）对影响钢管混凝土柱 - 钢梁框架荷载 - 位移关系的主要因素，如：柱含钢率、混凝土强度、钢材强度、柱轴压比、长细比、梁柱线刚度比及梁柱屈服弯矩比等进行了分析，得到了各参数对框架荷载 - 位移曲线的影响规律。

6）在参数分析结果的基础上建议了钢管混凝土框架荷载 - 侧移恢复力模型实用计算方法。

参 考 文 献

陈惠发，1999. 钢框架稳定设计［M］. 周绥平，译. 上海：世界图书出版公司.

陈骥，2006. 钢结构稳定理论与设计［M］. 3 版. 北京：科学出版社.

陈绍蕃，2005. 钢结构设计原理［M］. 3 版. 北京：科学出版社.

杜铁柱，2008. 钢管混凝土柱 - 工字钢梁端板连接平面框架抗震性能研究［硕士学位论文］［D］. 福州：福州大学.

凡红，徐礼华，童菊仙，等，2005. 五层钢管混凝土框架模态试验研究与有限元分析［J］. 武汉理工大学学报，27（4）：47-50.

韩林海，2007. 钢管混凝土结构：理论与实践［M］. 2 版. 北京：科学出版社.

韩林海，2016. 钢管混凝土结构：理论与实践［M］. 3 版. 北京：科学出版社.

黄襄云，周福霖，徐忠根，2001. 钢管混凝土结构抗震性能的比较研究［J］. 世界地震工程，17（2）：86-89.

黄襄云，周福霖，2000. 钢管混凝土结构地震模拟试验研究［J］. 西北建筑工程学院学报（自然科学版），17（3）：14-17.

李斌，薛刚，张园，2002. 钢管混凝土框架结构抗震性能试验研究［M］. 地震工程与工程震动，22（5）：53-56.

吕西林，金国芳，吴晓涵，1997. 钢筋混凝土结构非线性有限元理论与应用［M］. 上海：同济大学出版社.

泰德·彼莱奇科，等，2002. 连续体和结构的非线性有限元［M］. 庄苗译. 北京：清华大学出版社.

王来，王铁成，陈倩，2003. 低周反复荷载下方钢管混凝土框架抗震性能的试验研究［J］. 地震工程与工程振动，23（3）：113-117.

王铁成，卢明奇，2005. 轴压比对方钢管混凝土框架延性影响的有限元分析［J］. 吉林大学学报（工学版），35（1）：70-75.

王文达，韩林海，陶忠，2006. 钢管混凝土柱 - 钢梁平面框架抗震性能的试验研究 [J]. 建筑结构学报，27（3）：48-58.

王文达，韩林海，2008a. 钢管混凝土框架力学性能的非线性有限元分析 [J]. 建筑结构学报，29（6）：75-83.

王文达，韩林海，2008b. 钢管混凝土框架实用荷载 - 位移恢复力模型研究 [J]. 工程力学，25（11）：62-69.

许成祥，2003. 钢管混凝土框架结构抗震性能的试验与理论研究 [博士学位论文] [D]. 天津：天津大学.

张文福，2000. 单层钢管混凝土框架恢复力特性研究 [博士学位论文] [D]. 哈尔滨：哈尔滨工业大学.

中华人民共和国住房和城乡建设部，2015. 建筑抗震试验方法规程：JGJ/T 101—2015 [S]. 北京：中国建筑工业出版社.

周栋梁，钱稼茹，方小丹，等，2004. 环梁连接的 RC 梁 - 钢管混凝土柱框架试验研究 [J]. 土木工程学报，37（5）：7-15.

AIJ, 1997. Recommendations for design and construction of concrete filled steel tubular structures [S]. Architectural Institute of Japan（AIJ），Tokyo，Japan.

AIJ, 2008. Recommendations for design and construction of concrete filled steel tubular structures [S]. Architectural Institute of Japan（AIJ），Tokyo，Japan.

BALLIO G, Mazzolani F M, 1983. Theory and design of steel structures [M]. London/New York：Chapman and Hall.

CHEN W F, TOMA S, 1994. Advanced analysis for steel frames：Theory，software and applications [M]. Boca Raton，Florida：CRC Press.

CHEN W F, GOTO Y, LIEW J Y R, 1996. Stability design of semi-rigid frames [M]. New York：John Wiley and Sons.

DHAKAL R J, Maekawa K, 2002. Path-dependent cyclic stress-strain relationship of reinforcing bar including buckling [J]. Engineering Structures, 24（11）：1383-1396.

EUROCODE 4, 2004. Design of composite steel and concrete structures，part 1.1，general rules and rules for buildings [S]. Brussels（Belgium）：European Committee for Standardization.

GOMES A, APPLETON J, 1997. Nonlinear cyclic stress-strain relationship of reinforcing bars including buckling [J]. Engineering Structures, 19（10）：822-826.

HAN L H, WANG W D, ZHAO X L, 2008. Behaviour of steel beam to concrete-filled SHS column frames：Finite element model and verifications [J]. Engineering Structures, 30（6）：1647-1658.

HAN L H, WANG W D, TAO Z, 2011. Performance of circular CFST column-to-steel beam frames under lateral cyclic loading [J]. Journal of Constructional Steel Research, 67（5）：876-890.

HERRERA R, JAMES M R, Richard S, et al., 2003. Seismic performance evaluation of steel moment resisting frames with concrete filled tube columns [C]// Proceeding of the International Workshop on Steel and Concrete Composite Constructions. Taiwan, P. R. China.

HIBBITT, KARLSON, SORENSON. ABAQUS Version 6.5. 2005. Theory Manual, Users' Manual, Verification Manual and Example problems Manual [M]. Pawtucket: Hibbitt, Karlson and Sorenson Inc.

KARSAN I D, JIRSA J O, 1969. Behavior of concrete under compressive loading [J]. Journal of Structural Division, ASCE, 95（ST12）.

KAWAGUCHI J, MORINO S, SUGIMOTO T, 1997. Elasto-plastic behavior of concrete-filled steel tubular frames [C]// Proceedings of the Engineering Foundation Conference on Steel and Concrete Composite Construction Ⅲ, ASCE, New York：272-281.

MAZZONI S, MCKENNA F, FENVES G L, et al., 2009. Open system for earthquake engineering simulation user manual（Ver. 2.0）[R]. Pacific Earthquake Engineering Research Center（PEER），Berkeley：University of California.

MORINO S, KAWAGUCHI J, YASUZAKI C, et al., 1993. Behavior of concrete filled steel tubular 3-dimensional subassemblages [C]// Proceeding of the Engineering Foundation Conference on Composite Construction in Steel and Concrete Ⅱ. Potosi：726-741.

MUHUMMUD T, 2003. Seismic design and behavior of composite moment resisting frame constructed of CFT columns and WF beams [D]. Ph.D. Dissertation. Department of Civil and Environmental Engineering. Bethlehem：Lehigh University, Bethlehem.

PRABUDDHA D, SUBHASH C G, Gustavo Parra-Montesinos, et al., 2003. Performance-based seismic design and testing of a composite buckling restrained braced frame [C]// Proceeding of the International Workshop on Steel and Concrete Composite Constructions, Taiwan, P. R. China.

SCOTT A, PARK R, PRIESTLEY M J M, 1982. Stress-strain behavior of concrete confined by overlapping hoops at low and high strain rates [J]. ACI Structural Journal, 79 (1): 13-27.

TSAI K C, WENG Y T, LIN M L, et al., 2003. Pseudo dynamic tests of a full-scale cft/brb composite frame: displacement based seismic design and response evaluations [C]// Proceeding of the International Workshop on Steel and Concrete Composite Constructions. Taiwan, P. R. China.

WANG W D, HAN L H, ZHAO X L, 2009. Analytical Behaviour of Frames with Steel Beam to Concrete-Filled Steel Tubular Column [J]. Journal of Construction of Steel Research, 65 (3): 497-508.

YANG Y B, KUO S R, 1994. Theory and analysis of nonlinear framed structures [M]. Singapore/New York: Prentice Hall.

第8章　组合柱 - 钢筋混凝土混合剪力墙结构的力学性能

8.1　引　言

钢 - 混凝土组合或混合剪力墙结构的形式有多种，实际结构设计时可根据实际需要将型钢、钢管、钢板等和钢筋混凝土在剪力墙的不同部位进行不同形式的组合或混合。

目前工程实际中应用较多的钢 - 混凝土混合剪力墙结构主要有两类：一类是所谓的"钢 - 混凝土组合剪力墙结构"，其墙体是由钢和混凝土组合而成；另一类是"带边框柱的混合剪力墙结构"，边框柱可以是钢或钢 - 混凝土组合柱，而剪力墙则可以是钢筋混凝土、钢板或钢 - 混凝土组合墙板等。

（1）钢 - 混凝土组合剪力墙结构

常见的钢 - 混凝土组合剪力墙结构主要有以下几种，即钢板外包混凝土剪力墙、单侧钢板 - 混凝土剪力墙、双层钢板内填混凝土剪力墙以及在混凝土剪力墙中设置钢支撑等形式。钢板组合剪力墙由于混凝土的存在可有效地避免或延缓钢板局部屈曲的发生，而钢板参与工作可保证剪力墙具有较好的延性和耗能能力，并改善混凝土的开裂性能，因而可充分发挥混凝土和钢板二者的组合作用。

1）钢板外包混凝土剪力墙结构。

钢板外包混凝土剪力墙结构如图 8.1 所示。外包混凝土可防止钢板过早发生屈曲失稳，且发生火灾时可起到防火隔热的作用。而钢板的存在可使剪力墙在混凝土出现斜裂缝后，墙体仍具有较好的后期承载能力。

李国强等（1995）进行了低周往复荷载作用下钢板外包混凝土剪力墙结构的试验研究，结果表明，剪力墙试件在反复加载下呈剪切破坏的特征，其承载能力和抵抗变形的能力较纯钢板剪力墙试件有较大幅度的提高。该文还给出了钢板外包混凝土剪力墙滞回模型简化计算方法以及栓钉抗剪、抗压承载力计算公式，并提出有关抗震构造措施建议。

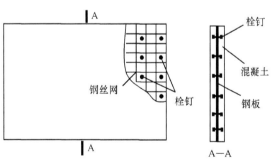

图 8.1　钢板外包混凝土剪力墙结构示意图

2）单侧钢板 - 混凝土组合剪力墙结构。

Zhao 和 Abolhassan（2004）对一种单侧钢板 - 混凝土剪力墙进行了研究，剪力墙构造如图 1.5（b）所示。这种剪力墙是将钢板焊接内嵌在工字钢框架内，钢板通过焊接栓钉和预制混凝土墙板进行连接。预制混凝土墙板在安装时与周边边框留有一定缝隙，最后用泡沫聚苯乙烯进行填充。通过这样的设缝处理，组合剪力墙在小变形情况下混凝土墙板并不参与受力，只起到防止钢板局部屈曲的作用，因而混凝土不会开裂。在变形较大的情况下，混凝土墙板将和边框接触，开始参与受力，从而起到抵抗变形和提高结构后期承载力的作用。

3）双层钢板内填混凝土组合剪力墙结构。

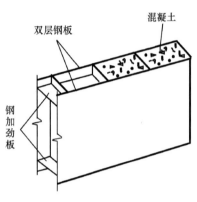

图 8.2　双层钢板内填混凝土
组合剪力墙示意图

在双层钢板之间焊接横向和纵向加劲肋，并在其内部填充混凝土可形成组合剪力墙结构，如图 8.2 所示。Emori（2002）、Link 和 Elwi（1995）对该类组合剪力墙结构进行了试验研究和有限元分析。结果表明，这种剪力墙在达到峰值荷载后仍可以保持稳定的后期承载力，且延性良好。

对于双层钢板内填混凝土的组合剪力墙结构，也可采用两块压型钢板和周边钢框架焊接，并在其内填充混凝土的形式，压型钢板和内部混凝土之间可采用栓钉进行连接（Wright，1995，1998）。

（2）带边框柱的混合剪力墙结构

以往针对带钢筋混凝土（RC）边框柱的 RC 剪力墙结构力学性能的研究结果表明，若在剪力墙边缘设置边框，边框将承担相当一部分剪力，同时边框对剪力墙提供约束也可提高剪力墙的抗剪能力。此外，边框柱的存在还可改善剪力墙的延性。由此可见，将不同形式的边框和 RC 剪力墙结合起来可以发挥组合效应，形成带边框的混合剪力墙，有利于提高 RC 剪力墙的抗震能力。目前一些实际工程所采用的边框形式主要包括工字钢边框、型钢混凝土边框和钢管混凝土边框等。

1）带钢边框柱的混合剪力墙结构。

带钢边框的混合剪力墙通常由工字型钢边框和钢筋混凝土剪力墙组成，边框和剪力墙通过焊接在外边框上的栓钉进行连接，如图 8.3 所示。这种形式的混合剪力墙结构的工作特点是由边框形成的框架主要承受竖向荷载和由地震作用引起的倾覆力矩，RC 剪力墙则主要承受水平剪力。受力过程中钢框架可对钢筋混凝土剪力墙起到一定的约束作用。

彭晓彤等（2008）进行了采用半刚性节点的钢框架内填钢筋混凝土剪力墙结构在循环加载情况下力学性能的试验研究，结果表明，该类结构具有多重侧向力传递途径，具有较高的侧向承载力和强度储备，结构表现出良好的延性和耗能能力。此外，栓钉的强度、数量和位置都对此类剪力墙的性能有影响。

Tong 等（2005）进行了一个 1/3 缩尺的带钢边框混合剪力墙的拟动力试验研究。结果表明，该类混合剪力墙在往复荷载作用下混凝土墙首先

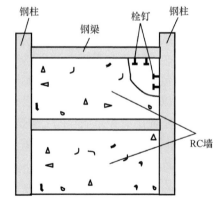

图 8.3　带钢边框的混合剪力墙示意图

开裂，接着工字钢边框开始逐渐屈服，最后由于剪力墙的角部混凝土被压碎而破坏。破坏时边框未出现钢板撕裂现象，但试件在达到峰值荷载前栓钉就已屈服。

Saari 等（2004）对连接钢框架和混凝土剪力墙的栓钉在往复荷载下的性能进行了试验。结果表明，栓钉的承载能力和变形能力对试件的整体工作性能有较大影响。在往复荷载下，栓钉承受拉力和压力的反复作用，轴向拉力对栓钉的承载力和变形能力有较大的削弱。

2）带型钢混凝土边框柱的混合剪力墙结构。

带型钢混凝土（SRC）边框柱的钢筋混凝土（RC）混合剪力墙结构（以下简称为带 SRC 边框柱的 RC 剪力墙）如图 8.4 所示，图中 b 和 h 分别为剪力墙的宽度和高度。

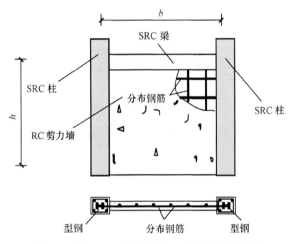

图 8.4　带 SRC 边框柱的 RC 剪力墙示意图

对带 SRC 边框柱的 RC 剪力墙结构以往已开展了不少研究工作（乔彦明等，1995；方鄂华和叶列平，1999；王曙光和蓝宗建，2005）。众多研究结果均表明，SRC 边框柱可对 RC 剪力墙起到较好的约束作用，使得带 SRC 边框柱的 RC 剪力墙总体上具有较好的延性和耗能能力。RC 剪力墙在遭遇小震时基本处于无损或局部开裂状态，而在大震作用下，SRC 边框架在 RC 剪力墙发生破坏后仍可承受一定后期荷载，起到所谓的"抗震二道防线"之作用。

3）带钢管混凝土边框柱的混合剪力墙结构。

带钢管混凝土边框柱的混合剪力墙可采用两种形式，一种是钢管混凝土边框柱 - 钢板剪力墙。该类剪力墙结构是在钢管混凝土框架中内嵌钢板，形成的混合剪力墙自重轻，延性好，剪力墙和边框连接可靠，但钢板在受力过程中较易发生局部屈曲。另一种是带钢管混凝土（CFST）边框柱的钢筋混凝土（RC）混合剪力墙结构（以下简称为带 CFST 边框柱的 RC 剪力墙）。图 8.5 所示为一种典型的带 CFST 边框柱的 RC 剪力墙示意图。

带 CFST 边框柱的 RC 剪力墙一般常采用钢管混凝土边框柱和工字钢梁或型钢混凝土梁相结合的形式，其剪力墙和边框架之间需采取一些构造措施来加强连接。这种剪力墙具有以下特点。

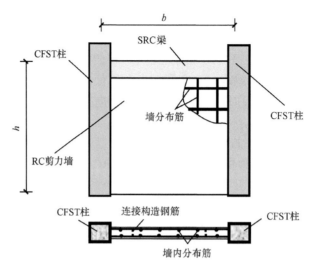

图 8.5　带 CFST 边框柱的 RC 剪力墙示意图

① 和带钢边框的剪力墙结构相比可节约钢材。

② 钢管混凝土边框可对 RC 剪力墙产生约束作用，从而可有效抑制 RC 剪力墙中裂缝的开展，改善剪力墙的破坏模态，提高其承载力。

③ 钢管混凝土柱具有良好的后期承载能力，在 RC 剪力墙由于地震作用而逐步退出工作后还可以由钢管混凝土框架柱承担较大的水平荷载，从而起到"抗震二道防线"的作用。

《矩形钢管混凝土结构技术规程》（CECS159：2004）中给出了带矩形钢管混凝土边框柱的 RC 剪力墙结构设计方法，指出剪力墙结构受到的弯矩由边框柱的拉、压力平衡，混凝土剪力墙本身的抗弯能力仅作为安全储备；水平剪力则由混凝土剪力墙承担，竖向荷载按实际情况分别由钢管混凝土边框柱和剪力墙分担。

Shirali（2002）对带 CFST 边框柱的 RC 剪力墙中边框柱和混凝土剪力墙的连接性能进行了研究，分析了剪力墙中钢筋和钢管直接焊接、钢筋垂直或斜向锚入钢管柱内、柱上设置抗剪栓钉以及其他组合连接等几种连接方式的适用性。该文还根据试验结果回归了柱和墙之间的剪力 - 滑移简化计算公式。夏汉强和刘嘉祥（2005）对带矩形钢管混凝土边框柱的 RC 剪力墙结构进行了有限元分析。

带 CFST 边框柱的 RC 剪力墙是由钢和混凝土两种材料组成，二者在受力过程中会产生组合作用。此外，边框和剪力墙之间也存在着协同互补的组合作用。上述组合作用有利于提高剪力墙的抗震性能，但同时也导致其力学性能的复杂性。对带 CFST 边框柱的 RC 剪力墙抗震性能有必要开展必要的试验研究和理论分析，并探讨有关设计方法。

近年来本书作者课题组开始研究带 CFST 边框柱的 RC 剪力墙结构的设计原理，进行了带钢管混凝土或型钢混凝土边框柱的单层单跨钢筋混凝土剪力墙结构力学性能的试验研究（廖飞宇，2007），此外还进行了带钢筋混凝土边框柱的剪力墙结构的对比试验，较为全面地认识了这些剪力墙结构的工作特性。在合理确定各组成材料本构关系模型的基础上，建立了混合剪力墙结构的数值分析模型。基于该数值分析模型，细致分析了受力全过程中混合剪力墙结构的工作机理以及各重要影响参数的影响规律，在此基础上提出了有关实用设计方法或建议。本章拟简要介绍上述阶段性研究结果。

8.2　试　验　研　究

8.2.1　试验概况

（1）试件设计

作者课题组共进行了 16 榀带不同类型边框柱的 RC 剪力墙结构力学性能的试验研究，其中 10 榀为带 CFST 边框柱的 RC 剪力墙、3 榀为带 SRC 边框柱的 RC 剪力墙、3 榀为带 RC 边框柱的 RC 剪力墙。

试验的参数包括柱轴压比 n {（$n = N_o/N_u$，其中 N_o 为施加在边框柱顶的竖向荷载，N_u 为边框柱的轴心受压极限承载力）。对于钢管混凝土边框柱，其轴心受压承载力 N_u 的计算参照《钢管混凝土结构技术规程》（DB J13-51—2003）（2003）[DBJ/T 13-51—2010（2010）]，对于型钢混凝土柱和钢筋混凝土柱的轴压极限承载力分别按照《型钢混凝土组合结构技术规程》（JGJ 138—2016）和《混凝土结构设计规范》（GB 50010—2002）（2002）[GB 50010—2010（2015）] 中的相关公式计算，计算时材料强度取标准值，且按实测结果确定}。剪力墙高宽比 h/b（高宽比 h/b 定义为 RC 剪力墙高度 h 和宽度 b 的比值，h 和 b 分别如图 8.4 和 8.5 所示），以及是否在 RC 剪力墙中设置钢支撑。

为了使试验结果具有可对比性，所有同组试件中的 RC 剪力墙完全相同；RC 剪力墙边框的钢管混凝土柱、型钢混凝土柱和钢筋混凝土柱按照其在 $n = 0.6$ 时抗弯承载力相同的原则设计。所有试件的 RC 剪力墙高度 h 均为 0.82m。

表 8.1 给出了试件的有关参数，其中试件编号中的 CFST 表示钢管混凝土，SRC 表示型钢混凝土，RC 表示钢筋混凝土；其后的 S 或 C 代表边框柱的截面形状分别为方形或圆形；其后的字母 S 和 L 分别表示试件的高宽比较大（0.95）和较小（0.62）的两组试件。试件编号最后一位数字用以区分柱的轴压比大小，1 表示 n 接近 0.3，2 表示 n 接近 0.6。如"CFST-S-S1"就表示边框柱为方形钢管混凝土、高宽比为 0.95、轴压比近似为 0.3 的带 CFST 边框柱的 RC 剪力墙试件。对于在剪力墙中设置暗支撑的试件，其试件编号最后用"ZC"来表示。

表 8.1　剪力墙试件一览表

序号	试件编号	边框柱类型	剪力墙宽度 b/m	剪力墙高宽比 h/b	N_o/kN	n
1	CFST-S-S1	方形 CFST	0.86	0.95	300	0.31
2	CFST-C-S1	圆形 CFST	0.86	0.95	300	0.29
3	SRC-S-S1	SRC	0.86	0.95	300	0.3
4	RC-S-S1	RC	0.86	0.95	300	0.26
5	CFST-S-S2	方形 CFST	0.86	0.95	600	0.62
6	CFST-C-S2	圆形 CFST	0.86	0.95	600	0.58
7	CFST-S-ZC	方形 CFST	0.86	0.95	300	0.31

续表

序号	试件编号	边框柱类型	剪力墙宽度 b/m	剪力墙高宽比 h/b	N_o/kN	n
8	CFST-C-ZC	圆形 CFST	0.86	0.95	300	0.29
9	CFST-S-L1	方形 CFST	1.32	0.62	300	0.31
10	CFST-C-L1	圆形 CFST	1.32	0.62	300	0.29
11	SRC-S-L1	SRC	1.32	0.62	300	0.3
12	C-S-L1	RC	1.32	0.62	300	0.26
13	CFST-S-L2	方形 CFST	1.32	0.62	600	0.62
14	CFST-C-L2	圆形 CFST	1.32	0.62	600	0.58
15	SRC-S-L2	SRC	1.32	0.62	600	0.6
16	RC-S-L2	RC	1.32	0.62	600	0.52

对于带 CFST 边框柱的 RC 剪力墙，圆形和方形 CFST 边框柱的截面尺寸 $D(B) \times t$ 分别为 120mm×3mm 和 140mm×2mm，其中 D 和 B 分别为圆钢管混凝土和方钢管混凝土柱的直径或边长，t 为钢管壁厚；对于带 SRC 边框柱的 RC 剪力墙，以及带 RC 边框柱的 RC 剪力墙，其边框柱的截面尺寸 $B \times B$ 分别为 160mm×160mm 和 170mm×170mm。

SRC 柱和 RC 柱中所配纵筋均为 4 根直径为 16mm 的钢筋。SRC 内配置的型钢均为焊接工字形截面，型钢截面总高 90mm，翼缘宽度 65mm，翼缘和腹板的厚度均为 3mm。RC 剪力墙的厚度为 85mm，内配双向 φ6@120 的钢筋。所有剪力墙试件边框梁的尺寸和配筋均相同。

图 8.6（1）给出带 CFST 边框柱的 RC 剪力墙和带 SRC 边框柱的 RC 剪力墙立面图，图 8.6（2）中的（a）～（c）所示分别为采用圆、方钢管混凝土柱、SRC 柱试件

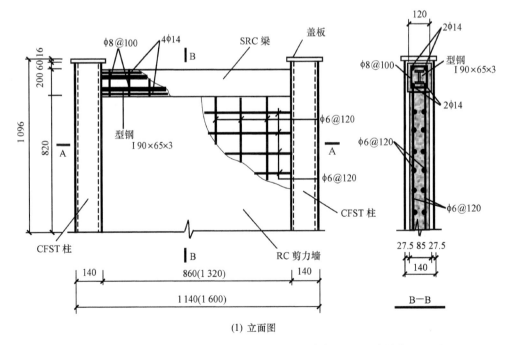

(1) 立面图

图 8.6　带 CFST 及 SRC 边框柱的 RC 剪力墙试件构造（尺寸单位：mm）

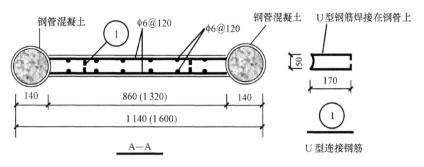

(a) 带圆形CFST边框柱的RC剪力墙

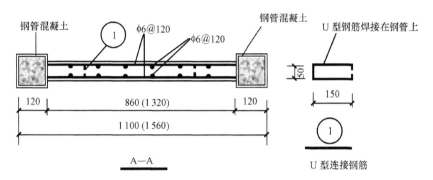

(b) 带方形CFST边框柱的RC剪力墙

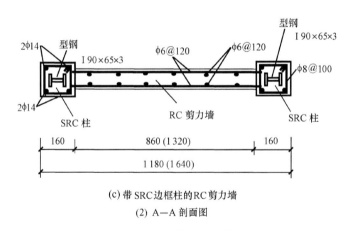

(c) 带 SRC 边框柱的RC剪力墙

(2) A—A 剖面图

图 8.6 （续）

的剖面图。试件的 SRC 梁内均配置了相同尺寸的焊接工字钢。

图 8.7 给出带圆形和方形 CFST 边框柱的 RC 剪力墙梁柱连接构造详图，其中梁柱节点采用加强环板连接形式，环板厚度和型钢翼缘厚度相同，均为 3mm，如图 8.7 所示。

图 8.8 给出带 RC 边框柱的 RC 剪力墙构造示意图。

试件 CFST-S-ZC 和 CFST-C-ZC 的 RC 剪力墙内沿对角线方向增设了工字形截面的双向斜撑，斜撑的横截面高 44mm，翼缘宽度 22mm，板厚为 3mm，结构构造如图 8.9 所示。

（2）材料性能

钢管混凝土中的圆管和方管均采用冷弯钢管，冷弯方钢管角部圆弧的内半径 $r_i = 3mm$。

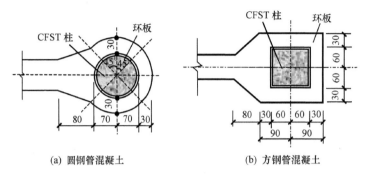

(a) 圆钢管混凝土　　　　　　　　(b) 方钢管混凝土

图 8.7　梁柱连接环板尺寸（单位：mm）

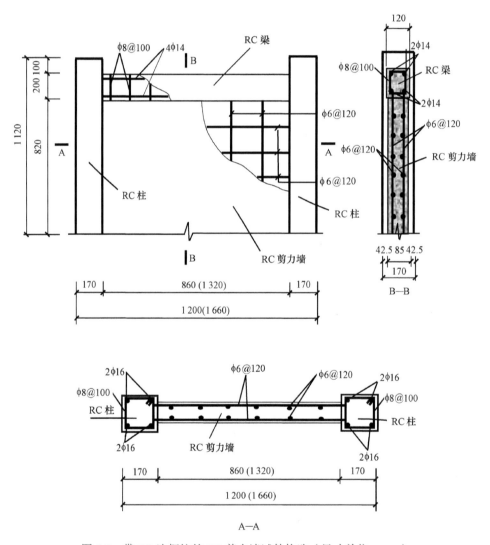

图 8.8　带 RC 边框柱的 RC 剪力墙试件构造（尺寸单位：mm）

试件中采用的所有工字型钢梁、钢柱及斜支撑均由同一批钢板拼焊而成。RC 剪力墙中的分布钢筋采用 φ6，所有边框梁和 SRC 边框柱中的受力纵筋采用 φ14，钢筋混凝土边

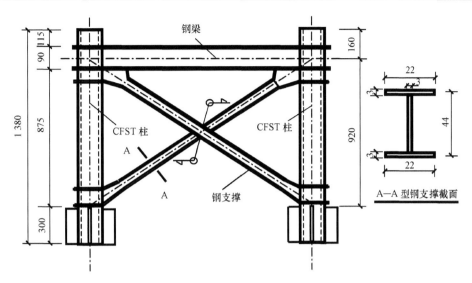

图 8.9　有暗支撑的带 CFST 边框柱 RC 剪力墙构造（尺寸单位：mm）

框柱的受力纵筋为 φ16，边框梁及边框柱中箍筋均采用 φ8@100。钢材的实测屈服强度
（f_y）、抗拉强度（f_u）、弹性模量（E_s）和泊松比（μ_s）等参数见表 8.2。

表 8.2　钢材力学性能指标

钢材类型	钢板厚度或钢筋直径 /mm	f_y/MPa	f_u/MPa	$E_s/(\times 10^5 \text{N/mm}^2)$	μ_s
圆钢管	2	515	581	2.03	0.277
方钢管	3	307	391	2.09	0.284
工字钢	3	263	356	2.06	0.270
钢筋	6	397	491	2.09	0.290
	8	350	473	2.17	0.300
	14	357	522	1.95	0.283
	16	387	542	1.90	0.287

　　边框柱和 RC 剪力墙中均采用了自密实混凝土，其配合比为水泥：粉煤灰：砂：
石子：水：减水剂＝260：240：750：875：185：5.98（kg/m³）。试件浇筑时测得坍落
度为 265mm，坍落流动度为 620mm，流经"L"形仪的平均流速为 58mm/s。

　　混凝土的配合比虽然相同，但由于边框梁的混凝土浇筑时间要迟于边框柱和剪力
墙，因而混凝土性能指标略有差异。混凝土剪力墙和边框柱中混凝土 28 天和试验时实测
的立方体抗压强度 f_{cu} 分别为 38.5MPa 和 49.2MPa，边框梁的对应强度分别为 37.1MPa 和
48MPa。剪力墙和边框梁混凝土的弹性模量 E_c 分别为 30 783N/mm² 和 29 936N/mm²。

　　（3）试件制作

　　制作剪力墙试件时先完成钢构件的加工，然后绑扎基础梁钢筋笼并和钢构件固定，
最后绑扎剪力墙钢筋并浇筑混凝土。

　　对于带 SRC 边框柱的 RC 剪力墙和带 RC 边框柱的 RC 剪力墙试件，剪力墙水平

和竖向分布钢筋直接锚固在边框中。

对于带 CFST 边框柱的 RC 剪力墙，为保证钢管混凝土柱与剪力墙的可靠连接，采用在柱上焊接如图 8.6 的（2，a）和（2，b）中所示的"U"形连接钢筋，该连接筋和剪力墙内水平分布钢筋进行焊接。

所有钢结构部分加工完毕后浇筑混凝土，浇筑过程没有进行任何振捣。

在试件的底部设置了刚度和强度均很大的钢筋混凝土底梁。刚性底梁的尺寸及配筋如图 8.10 所示。底梁混凝土在试验时其抗压强度为 $f_{cu}=60MPa$。RC 剪力墙和 CFST 边框柱均与底梁整体浇筑，以实现基础对于剪力墙和边框柱嵌固的边界条件。

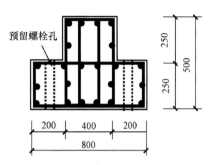

图 8.10　底梁配筋示意图（尺寸单位：mm）
（箍筋均采用 φ10@200，纵筋均采用 φ22）

8.2.2　试验方法

（1）试验装置

进行剪力墙结构试验时，先在边框柱上施加轴力 N_0 并保持恒定，然后在边框梁端施加低周往复水平荷载。

底梁约束了剪力墙试件底部所有的自由度，使试件底部满足嵌固的边界条件。

试件每个框架柱顶轴向压力 N_0 各由 1000kN 液压千斤顶施加，柱顶与刚性横梁之间设有可自由滑动的支座，竖向液压千斤顶固定在滚动支座上以保证柱顶发生水平位移时轴力能同步移动。

水平往复荷载由 1000kN 的 MTS 液压伺服作动器施加。考虑到本次试验试件的特点，采用两块截面为 300mm×36mm 的加载钢板来将 MTS 作动器施加的水平荷载传递到试件上。由于 MTS 作动器的加载端由一个球铰连接，在作动器和加载钢板之间设计了一个刚性套管，保证正负向荷载都在一条水平线上施加。试验装置安装时圆形刚性杆穿过套管与加载钢板相连，使作动器传递给加载钢板的水平荷载始终保持在同一直线。

图 8.11 所示为试验装置示意图。

（2）测试内容和加载方法

试验测试的内容如下。

1）施加在试件上的水平荷载及相应位移，开裂荷载、极限荷载和相应的位移。

2）剪力墙的变形、裂缝发展和分布钢筋的应变。

3）边框柱、节点区、加强环板和边框梁的应变发展、边框的裂缝发展。

4）边框柱与剪力墙之间的滑移、边框梁与剪力墙之间的滑移、剪力墙与基础之间的滑移。

5）带支撑试件的支撑应变。

试验加载采用位移控制，按规程《钢 - 混凝土混合结构技术规程》（DBJ 13-61—

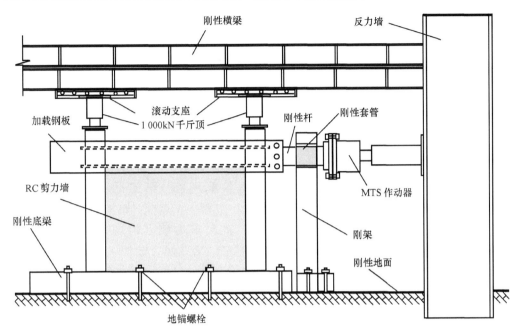

图 8.11　剪力墙结构试验装置示意图

2004）（2004）中规定的混合结构中楼层内最大弹性层间位移角限值［θ_y］＝1/500 作为名义屈服位移角 θ_{ym}，在试件的层间位移角 θ 达到 θ_{ym} 前分别按照 $0.5\theta_{ym}$、$0.75\theta_{ym}$ 进行加载。此后，试件按照 $1\theta_{ym}$、$2\theta_{ym}$、$3\theta_{ym}$、$4\theta_{ym}$、$5\theta_{ym}$、$6\theta_{ym}$…进行加载。在 $5\theta_{ym}$ 前每级荷载循环 3 圈，在 $5\theta_{ym}$ 及其之后每级荷载循环 2 圈。

　　试件的加载制度如图 8.12 所示。当水平荷载降到峰值荷载的 75% 以下时即停止试验。

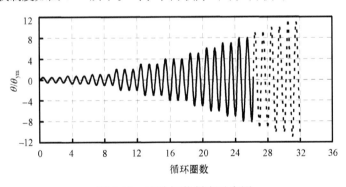

图 8.12　试验加载制度示意图

8.2.3　试验现象和试验结果

（1）试验现象

　　为了便于论述，下面结合混合剪力墙试件典型水平荷载（P）-水平位移（Δ）骨架线上的特征点进行描述。图 8.13 所示 P-Δ 滞回关系曲线骨架线上的特征点 A、B、C 和 D 分别对应剪力墙结构中混凝土出现初始裂缝、主斜裂缝、试件荷载达到峰值以及

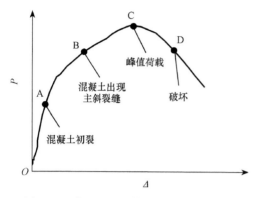

图 8.13　典型的 P-Δ 滞回关系曲线骨架线

荷载下降到峰值荷载的 85% 左右。

下面分别取表 8.1 中给出的五种剪力墙试件描述对应图 8.13 中四个特征点，即 A、B、C 和 D 点的试验现象。

1）带圆形 CFST 边框柱的 RC 剪力墙。试件 CFST-C-L2（$n=0.58$、$h/b=0.62$）在试验过程中剪力墙上的裂缝开展及最终破坏形态如图 8.14 所示。

加载到 $3\theta_{ym}$ 第二循环时，剪力墙混凝土初裂（A 点），如图 8.14（1，a）所示。此时剪力墙上出现了初始剪切斜裂缝，其中一条出现在剪力墙右上角边框梁和边框柱的交界处沿与水平方向夹角约 45°斜向左下方向开展，一直延伸至剪力墙中部和底梁交界处，斜向贯通全墙，裂缝宽度为 0.2mm。同时在剪力墙中部距底梁约 150mm 处也出现了一条剪切斜裂缝，斜向左下开展，延伸至剪力墙和基础梁交界处，其裂缝宽度为 0.08mm。

加载至 $4\theta_{ym}$ 第一循环时，剪力墙的左上角和边框梁与左边框柱交界处出现剪切斜裂缝，沿与水平方向夹角呈 35°左右的方向斜向右下开展，并与初始斜裂缝相交，延伸至剪力墙和底梁交界距离右边框柱约 100mm 处，其裂缝宽度为 0.46mm。同时，在剪力墙中部和左边框柱交界处也出现了一条剪切斜裂缝，延伸至剪力墙中部和底梁交界处，其裂缝宽度为 0.1mm。

继续加载，剪力墙上又陆续产生了一些斜裂缝。至 $5\theta_{ym}$ 第一循环后，剪力墙上未见有新的斜裂缝产生，只是原有的斜裂缝不断延伸开展，初始斜裂缝的宽度增大到 0.6mm 左右。继续加载至 $6\theta_{ym}$ 时，剪力墙上又出现 2～3 条斜向开展的剪切斜裂缝。这样，剪力墙上形成了 4～5 对相互交叉的斜裂缝。此时，从实测的钢筋应变可以看出，剪力墙中部的水平钢筋和竖直钢筋都已经达到屈服。剪力墙上沿近似对角线方向形成了两条主斜裂缝（B 点），如图 8.14（1，b）所示。裂缝宽度均达到 0.84mm 左右，但钢管上还未观察到有鼓屈现象。而从实测的应变可以看到，钢管在柱脚处已经屈服。此后继续加载，剪力墙上又陆续出现一些新的斜裂缝，将剪力墙混凝土划分成多个斜压小柱体。同时，原有的斜裂缝也不断延伸增宽，到 $7\theta_{ym}$ 时，剪力墙的主斜裂缝宽度为 1.2mm 左右。

加载到 $8\theta_{ym}$ 时，试件达到峰值荷载（C 点），如图 8.14（1，c）所示。剪力墙上主斜裂缝两侧的混凝土开始出现轻微剥落。此时剪力墙主斜裂缝的宽度已很大，将剪力墙分割成上下两部分并产生相互错动。剪力墙中部的斜压小柱体受压鼓出，试件的强度退化较为明显。到 $9\theta_{ym}$ 时，剪力墙主斜裂缝两侧的多处混凝土发生剥落现象，而剪力墙上部几处斜压小柱体被压碎，混凝土大块剥落，试件承载力下降到极限承载力的 85% 左右，试件破坏（D 点），如图 8.14（1，d）所示。此时未见钢管混凝土柱发生显著的鼓屈现象。试验结束时试件的形态如图 8.14（2）所示。

从实测的应变值来看，钢管混凝土柱在梁端的应变值始终没有超过钢材屈服应变，柱脚处的纵向应变到 $9\theta_{ym}$ 时达到 5000με 左右并未有急剧增长的趋势，而柱脚横向应

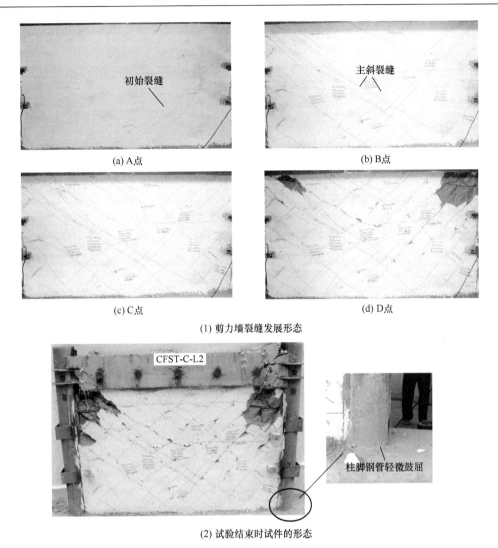

(a) A点　　　　　　　　　　　　　　　　(b) B点

(c) C点　　　　　　　　　　　　　　　　(d) D点

(1) 剪力墙裂缝发展形态

(2) 试验结束时试件的形态

图 8.14　带圆形 CFST 边框柱的 RC 剪力墙试件破坏形态

变始终未达到屈服应变值。同时在试验中也未观察到钢管和剪力墙之间出现脱离现象。

2）带方形 CFST 边框柱的 RC 剪力墙。

试件 CFST-S-L2（$n=0.62$、$h/b=0.62$）在试验过程中剪力墙上的裂缝开展及最终破坏形态如图 8.15 所示。

加载到 $3\theta_{ym}$ 第一循环时，剪力墙混凝土初裂（A 点），如图 8.15（1，a）所示。此时，在剪力墙右上端与边框梁和边框柱的交界处出现初始剪切斜裂缝，沿与水平方向夹角呈 40°左右的方向斜向左下开展，裂缝宽度为 0.2mm。在剪力墙右上部也出现剪切斜裂缝，斜向左下开展，延伸至剪力墙中部距底梁约 400mm 处，其裂缝宽度为 0.2mm。

加载至 $4\theta_{ym}$ 第一循环时，剪力墙的左上角和边框梁交界距左边框柱约 200mm 处出现了剪切斜裂缝，沿与水平方向夹角约 37°方向斜向右下开展与初始斜裂缝相交，延伸至剪力墙和底梁交界处，其裂缝宽度为 0.54mm。加载至 $4\theta_{ym}$ 第二循环时，并未有新的裂缝产生，但初始斜裂缝的宽度增大到 0.5mm。

加载至 $5\theta_{ym}$ 第一循环时，剪力墙上出现 3 条与初始斜裂缝平行的剪切斜裂缝。此时，初始斜裂缝的宽度增大到 0.74mm。反向加载时，剪力墙上又出现了两条沿斜向右下方向开展的剪切斜裂缝，其裂缝宽度最大为 0.3mm，初始斜裂缝的宽度也增大到 0.64mm。这样，剪力墙上形成了 4～5 对相互交叉的斜裂缝将剪力墙分割。此时钢管上还未能观察到有鼓屈现象。从实测的钢筋应变可以看出，剪力墙中部的水平钢筋和竖直钢筋都已屈服。

继续加载至 $6\theta_{ym}$ 循环时，剪力墙上没有新的裂缝产生，而原有的斜裂缝不断延伸扩展。剪力墙上近似沿对角线方向形成了两条主斜裂缝（B 点），如图 8.15（1，b）所示。其裂缝宽度达到 0.9mm 左右。此时，从实测的钢筋应变可以看到，剪力墙中部主斜裂缝穿过的水平钢筋和竖向钢筋的应变都增长到 $6000\mu\varepsilon$ 左右。从实测的钢管应变数据可以看到，钢管柱脚处的纵向应变已经达到屈服应变，但尚未见明显的鼓屈

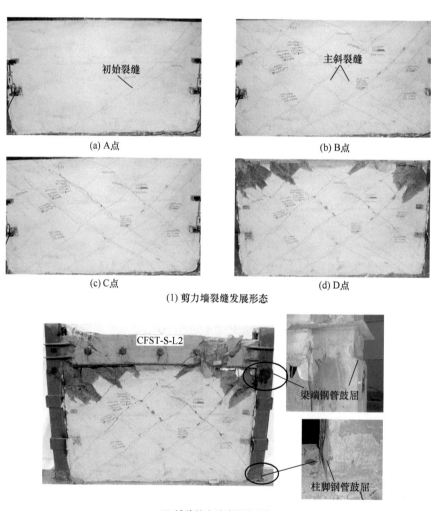

(a) A点　　　　　　　　　　　　　　　　　(b) B点

(c) C点　　　　　　　　　　　　　　　　　(d) D点

(1) 剪力墙裂缝发展形态

(2) 试验结束时试件的形态

图 8.15　带方形 CFST 边框柱的 RC 剪力墙试件破坏形态

现象。此后继续加载至 $7\theta_{ym}$，剪力墙上又出现了几条剪切斜裂缝。此时，剪力墙上主斜裂缝的裂缝宽度超过 1mm。

加载到 $8\theta_{ym}$ 时，试件达到峰值荷载（C 点），如图 8.15（1，c）所示。剪力墙上主斜裂缝两侧的混凝土开始出现剥落。剪力墙的主斜裂缝发展已十分显著，将剪力墙分割为上下两部分并产生相互错动。剪力墙中部混凝土受压鼓出。此时，试件的强度退化较为明显。到 $9\theta_{ym}$ 时，剪力墙主斜裂缝两侧的多处混凝土出现剥落，剪力墙上部混凝土被压碎剥落。此时可观察到钢管混凝土边框柱在梁端与柱脚处都出现了明显的鼓曲现象，钢管混凝土柱在梁端处呈明显剪切破坏的特征。从实测的应变也可以看出，边框柱在柱脚和梁端处的应变都急剧增大到 20 000με 以上。继续加载，试件承载力下降到极限承载力的 85% 左右试件破坏（D 点），如图 8.15（1，d）所示。试验结束时试件的形态如图 8.15（2）所示。

在整个试验过程中未观察到钢管和剪力墙之间出现脱离的现象。

3）带 SRC 边框柱的 RC 剪力墙。

试件 SRC-S-L2（$n=0.6$、$h/b=0.62$）在试验过程中剪力墙上的裂缝开展及最终破坏形态如图 8.16 所示。

加载到 $4\theta_{ym}$ 的第一循环，剪力墙混凝土初裂（A 点），如图 8.16（1，a）所示。在剪力墙与边框梁和右边框柱交界处出现剪切斜裂缝斜向左下开展，其方向和水平方向夹角约为 37°。这条初始斜裂缝一出现就延伸至剪力墙和底梁交界距左边框柱 200mm 处，其裂缝宽度为 0.14mm。反向加载时，在剪力墙左上角和边框梁交界处距左边框柱约 100mm 和 150mm 处同时出现两条斜裂缝。这两条裂缝都沿与水平方向呈 45°方向斜向右下开展，与初始斜裂缝相交并延伸至剪力墙与底梁交界处，裂缝宽度分别为 0.3mm 和 0.24mm。

加载至 $5\theta_{ym}$ 的第一循环时，在右边框柱脚处出现了三条平行的弯曲水平裂缝，裂缝宽度为 0.06mm。加载至 $5\theta_{ym}$ 的第二循环时，剪力墙上出现了数条相互交叉的剪切斜裂缝，并近似沿对角线方向形成了两条主斜裂缝（B 点），裂缝宽度为 0.6mm 左右，如图 8.16（1，b）所示。此时，从实测的钢筋应变可以看到，剪力墙的水平和竖向钢筋都已屈服。左右边框柱都分别出现沿柱高大致均匀分布的弯曲水平裂缝。

加载至 $6\theta_{ym}$ 第一循环时，试件达到峰值荷载（C 点），此时剪力墙上的剪切斜裂缝将剪力墙分割成网状，如图 8.16（1，c）所示。同时，边框柱的上端出现了剪切斜裂缝，斜向贯通柱截面。加载到 $6\theta_{ym}$ 第二循环时，试件强度开始退化，剪力墙上主斜裂缝两侧的混凝土开始出现轻微剥落。

继续加载到 $7\theta_{ym}$ 时，边框柱上方的剪切斜裂缝宽度迅速增大到 1mm 以上。试件剪力墙被主斜裂缝分割的混凝土产生了相互错动，而剪力墙中部混凝土有受压鼓出现象。

加载到 $8\theta_{ym}$ 时，试件剪力墙被斜裂缝分割，混凝土小块不断被压碎并剥落。边框柱斜裂缝开裂区的混凝土也开始剥落。

加载到 $9\theta_{ym}$ 时，剪力墙和边框上的混凝土开始大块剥落，混凝土墙的裂缝开展如图 8.16（1，d）所示，这时试件承载力下降到极限承载力的 85% 左右，试件破坏（D 点）。此时，型钢混凝土边框柱的破坏特征主要表现为柱上部斜向剪切斜裂缝产生的剪切破坏，如图 8.16（1，d）所示。在试验中未观察到边框柱和剪力墙之间连接的破坏。试验结束时试件的最终形态如图 8.16（2）所示。

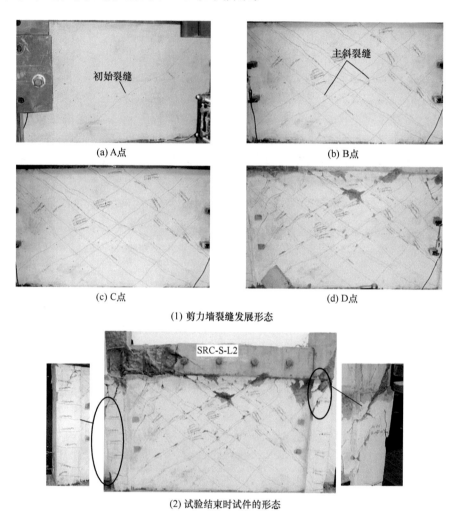

(a) A点

(b) B点

(c) C点

(d) D点

(1) 剪力墙裂缝发展形态

(2) 试验结束时试件的形态

图 8.16　带 SRC 边框柱的 RC 剪力墙试件破坏形态

总体上看，试件 SRC-S-L2 的剪力墙和边框柱都呈现出剪切破坏特征，试件破坏时呈脆性，混凝土剥落现象明显。

4）带 RC 边框柱的 RC 剪力墙。

试件 RC-S-L2（$n=0.52$、$h/b=0.62$）在试验过程中剪力墙上的裂缝开展及最终破坏形态如图 8.17 所示。

加载到 $3\theta_{ym}$ 的第一循环时，剪力墙混凝土初裂（A 点）。在剪力墙顶端与边框柱交界处出现剪切斜裂缝斜向左下开展，其方向和水平方向夹角约为 50°，如图 8.17（1，a）所示。这条初始斜裂缝一出现就延伸至剪力墙中部和底梁交界处，裂缝宽度为 0.14mm。反向加载时，在剪力墙右上方和中部与边框柱交界处同时出现两条相互平行的斜裂缝，与水平方向夹角约为 50°，延伸至剪力墙与底梁交界面，裂缝宽度均为 0.24mm。

加载至 $4\theta_{ym}$ 的第一循环时，在剪力墙中部和左边框柱交界处又出现了一条斜裂缝，延伸至剪力墙和底梁交界处，裂缝宽度为 0.2mm。同时在左边框柱脚出现弯曲水平裂缝，沿环向贯通边框柱，裂缝宽度为 0.04mm。反向加载时，剪力墙上又出现新的斜裂缝。右边框柱脚处也出现弯曲水平裂缝，其裂缝宽度为 0.06mm 左右。此时在边框柱的上方还出现一条剪切斜裂缝，斜向贯通全柱，裂缝宽度为 0.04mm。

加载至 $5\theta_{ym}$ 时，剪力墙上形成了两条交叉的主斜裂缝（B 点），如图 8.17（1，b）所示，最大裂缝宽度达到 0.7mm 左右。两边边框柱的中部和下部均出现弯曲水平裂缝，上部出现剪切斜裂缝。

加载至 $7\theta_{ym}$ 第一循环时，剪力墙上主斜裂缝的裂缝宽度迅速增大超过了 1mm，试件达到峰值荷载（C 点），此时剪力墙中的裂缝分布如图 8.17（1，c）所示。

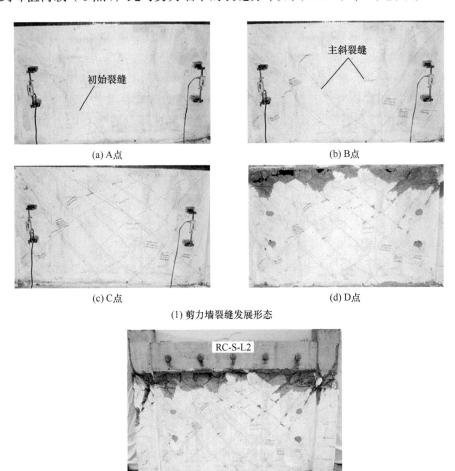

(a) A点　　　　　　　　　　　　　　　　(b) B点

(c) C点　　　　　　　　　　　　　　　　(d) D点

(1) 剪力墙裂缝发展形态

(2) 试验结束时试件的形态

图 8.17　带 RC 边框柱的 RC 剪力墙试件破坏形态

加载到 $8\theta_{ym}$ 时，试件的强度开始退化。主斜裂缝两侧的混凝土开始轻微剥落。边框柱上方的剪切斜裂缝宽度迅速增大，混凝土斜向劈裂。

加载到 $9\theta_{ym}$ 时，剪力墙上方的混凝土多处受压鼓出剥落，边框柱上的混凝土也开始大块剥落，试件承载力下降到极限承载力的 85% 左右，试件破坏（D 点）如图 8.17（1，d）所示。试验结束时试件的形态如图 8.17（2）所示。从总体上看，试件 RC-S-L2 的剪力墙和边框柱都呈剪切破坏特征，破坏时呈脆性，混凝土剥落现象明显。

5）有支撑的带 CFST 边框柱的 RC 剪力墙。

试件 CFST-C-ZC（$n=0.29$，$h/b=0.95$），剪力墙混凝土中设置了交叉型钢支撑（如图 8.9 所示）。

试验过程中加载至 $2\theta_{ym}$ 第一循环时，剪力墙混凝土初裂（A 点）。剪力墙的右上角出现了第一条正向斜裂缝。裂缝与水平方向夹角约 45°，沿剪力墙对角线方向斜向左下方开展，延伸至剪力墙距底梁 150mm 处，裂缝宽度为 0.04mm，如图 8.18(1,a) 所示。加载至 $2\theta_{ym}$ 第二循环时，这条初始斜裂缝的宽度增大至 0.08mm。

加载至 $3\theta_{ym}$ 时，在剪力墙的左上角出现斜裂缝。裂缝沿剪力墙对角线方向斜向右下发展，延伸至距剪力墙与底梁交界 150mm 处，裂缝宽度为 0.16mm。同时，在剪力墙中部也出现斜裂缝，沿着约 45°方向斜向右下发展，裂缝宽度为 0.14mm，并一直延伸至剪力墙的底部。

加载至 $4\theta_{ym}$ 时，剪力墙上的初始斜裂缝发展到剪力墙和底梁交界处，同时在剪力墙中部和左下方也出现斜裂缝。此时，从实测的应变数据可看出型钢支撑上部斜裂缝通过处已屈服，交叉型钢支撑的存在对剪力墙的斜裂缝发展起到抑制作用。此后继续加载，剪力墙上不断有新的斜裂缝产生，且原有斜裂缝不断延伸，裂缝宽度也越来越大。

加载至 $6\theta_{ym}$ 时，剪力墙上形成了 5~6 对相互交叉的斜裂缝，将剪力墙分割成网状，同时在对角线方向形成两条主斜裂缝（B 点），裂缝宽度为 0.4mm 左右，如图 8.18(1,b) 所示。实测的钢筋应变数据表明，此时剪力墙中部的水平钢筋开始屈服，钢管混凝土边框柱在柱脚处也达到了屈服。

加载至 $8\theta_{ym}$ 时，剪力墙主斜裂缝宽度为 0.8mm 左右。由于主斜裂缝宽度的迅速增大，剪力墙中部水平钢筋的应变增大到 4000με 左右，此时剪力墙中部的竖向钢筋以及上部和下部的水平钢筋也开始屈服。加载至 $8\theta_{ym}$ 第二循环时钢管混凝土边框柱在梁下方型钢支撑连接节点处的钢管应变达到了屈服应变。

加载至 $10\theta_{ym}$ 时，试件达到峰值荷载（C 点）。此时主斜裂缝的宽度超过 1mm，剪力墙中部有一小块混凝土受压鼓出，进而剥落，如图 8.18（1，c）所示。剪力墙水平分布钢筋的应变迅速增大到 11 000με 左右，而竖向分布钢筋也迅速增大到 6000με 左右。加载到 $10\theta_{ym}$ 第二循环时，剪力墙上主斜裂缝两侧的混凝土开始出现轻微剥落。此时钢管底部外侧的纵向应变迅速增大到 5800με 左右，但未观察到钢管出现鼓屈。此时，钢管混凝土边框柱在梁下方型钢支撑连接节点处的钢管纵向应变迅速增大到 5000με 左右，型钢支撑中部翼缘的应变急剧增大到 6000με。此后继续加载，试件的强度开始退化，剪力墙中部混凝土被压碎继续剥落，主斜裂缝两侧的混凝土相互错动。

加载至 $12\theta_{ym}$ 时，钢管混凝土边框柱的底部开始出现轻微鼓屈现象，交叉型钢中部的应变增大到 15 000με 以上。剪力墙中部的混凝土开始大块剥落，露出分布钢筋和型钢支撑，可以观察到型钢支撑的中部被拉断。随后试件承载力下降到极限承载力的

85% 左右，试件破坏（D 点），如图 8.18（1，d）所示。此时钢管混凝土边框柱底部发生轻微鼓屈。试验结束时试件的形态如图 8.18（2）所示。试验中未观察到钢管和剪力墙之间的连接出现破坏的现象。

由试验全过程的剪力墙裂缝发展形态可以看到：由于型钢暗支撑承担了部分剪力，设置暗支撑的剪力墙结构其初始裂缝和主斜裂缝的宽度均较小，表明支撑对斜裂缝开展具有一定的抑制和延缓作用。同时，由图 8.18（1，b）和（1，c）可以看到，设置暗支撑的剪力墙结构其斜裂缝分布的区域较为均匀，这是由于支撑对主斜裂缝的抑制作用所致。

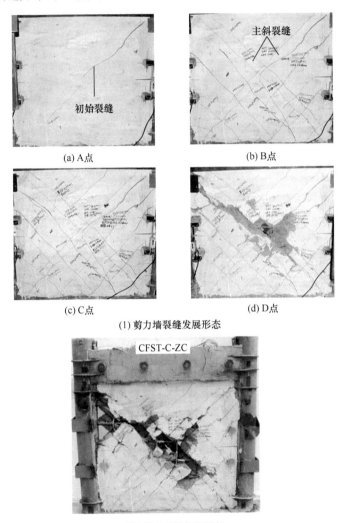

(a) A点

(b) B点

(c) C点

(d) D点

(1) 剪力墙裂缝发展形态

(2) 试验结束时试件的形态

图 8.18 带双向斜撑的剪力墙试件破坏形态

通过对试验现象的综合分析可见，本次试验的剪力墙试件均呈剪切型破坏特征。剪力墙的裂缝发展以剪切斜裂缝为主，斜裂缝充分发展后将剪力墙分割成多个斜压小柱体，最终形成了两条宽度较大的交叉主斜裂缝，产生了类似"斜压杆"的受力机制。

试件在达到峰值荷载后剪力墙上被斜裂缝分割而成的混凝土小柱体压碎并剥落，试件从此开始逐渐进入破坏状态。虽然剪力墙试件的边框柱形式有所不同（钢管混凝土、型钢混凝土和钢筋混凝土），但总体上剪力墙承担了大部分剪力，三种类型剪力墙试件其剪力墙破坏模态基本相似，只是在边框柱的破坏形态和试件总体破坏速度上有所区别。从试验现象中也可以看出不同轴压比（n）和高宽比（h/b）试件破坏模态总体上类似。

表 8.3 汇总了混合剪力墙试件破坏时其各部位，如边框梁、边框柱和墙体的破坏现象。

表 8.3　剪力墙试件破坏时的情况汇总

序号	试件编号	边框梁	边框柱	墙体
1	CFST-S-S1	边框梁两端出现方向为45°左右的剪切斜裂缝，最大宽度为0.3mm左右	柱脚处钢管出现明显鼓屈	剪力墙上出现多处混凝土剥落，其中混凝土剥落最严重区域发生在墙左上角和右上角
2	CFST-C-S1	边框梁两端出现方向为45°左右的剪切斜裂缝，同时梁底左右两端出现混凝土剥落现象	柱脚处钢管出现轻微鼓屈	剪力墙上混凝土多处被压碎，其中混凝土剥落最严重的区域发生在剪力墙中部
3	SRC-S-S1	边框梁底和剪力墙交界处混凝土剥落严重	边框柱中部和下部出现沿柱高分布的弯曲水平裂缝，上部产生剪切斜裂缝和墙体的主斜裂缝贯通。同时，边框柱上部和边框梁交界处混凝土剥落严重	剪力墙上破坏最严重的区域发生在剪力墙和边框梁交界处，这个区域的混凝土剥落严重
4	RC-S-S1	边框梁未出现明显破坏	边框柱中部和下部出现沿柱高分布的弯曲水平裂缝，上部出现剪切斜裂缝并和墙体主斜裂缝贯通。同时，边框柱上部斜裂缝附近的混凝土剥落严重	剪力墙上破坏最严重的区域发生在和边框梁交界处，这个区域的混凝土剥落严重，剪力墙中的分布钢筋产生明显变形
5	CFST-S-S2	边框梁右端出现方向为45°左右的斜裂缝，附近混凝土有剥落现象	柱脚处钢管出现明显鼓屈	剪力墙主斜裂缝两侧的混凝土有剥落现象，破坏最严重的区域出现在剪力墙中部两条主斜裂缝交界处
6	CFST-C-S2	边框梁两端出现宽度超过1mm的方向为45°左右的剪切斜裂缝，梁左右两端底部出现混凝土剥落的现象	柱脚处钢管出现轻微鼓屈	剪力墙主斜裂缝两侧的混凝土有剥落现象，而破坏最严重的区域出现在剪力墙左上角、右上角以及中部
7	CFST-S-ZC	边框梁的左端出现宽度超过3mm的方向为45°左右的剪切斜裂缝	柱脚处钢管出现明显鼓屈	剪力墙混凝土剥落最严重的区域发生在剪力墙中部，型钢支撑在中部斜交连接处被拉断
8	CFST-C-ZC	边框梁未出现明显破坏	柱脚处钢管出现轻微鼓屈	剪力墙混凝土剥落最严重的区域发生在剪力墙中部，型钢支撑在中部斜交连接处被拉断
9	CFST-S-L1	边框梁未出现明显破坏	柱脚处钢管明显鼓屈	剪力墙主斜裂缝两侧多处混凝土剥落，破坏最严重的区域发生在墙体中下部
10	CFST-C-L1	边框梁未出现明显破坏	柱脚处钢管出现轻微鼓屈	剪力墙右下角混凝土局部破坏

序号	试件编号	边框梁	边框柱	墙体
11	SRC-S-L1	边框梁未出现明显破坏	边框柱中部和下部出现沿柱高分布的弯曲水平裂缝，上部出现剪切斜裂缝，裂缝附近的混凝土剥落严重	剪力墙和边框梁交界处产生水平剪切裂缝，裂缝下方的剪力墙混凝土出现剥落
12	RC-S-L1	边框梁未出现明显破坏	边框柱中部和下部出现沿柱高分布的弯曲水平裂缝，柱上部出现剪切斜裂缝，斜裂缝附近的混凝土剥落严重	剪力墙和边框梁交界处出现水平剪切裂缝，裂缝下方的多处混凝土被压碎
13	CFST-S-L2	边框梁的左右两端出现宽度超过 3mm 的剪切斜裂缝，梁和剪力墙交界处混凝土剥落严重	柱脚处钢管出现明显鼓屈，在梁端位置处钢管也出现明显鼓屈	剪力墙左上角和右上角混凝土被压碎并出现剥落
14	CFST-C-L2	边框梁的左右两端出现宽度超过 3mm 的剪切斜裂缝，梁和剪力墙交界处混凝土剥落严重	柱脚处钢管出现轻微鼓屈	剪力墙左上角和右上角混凝土被压碎并出现剥落
15	SRC-S-L2	边框梁的左右两端出现剪切斜裂缝，左端混凝土剥落严重	边框柱中部和下部出现沿柱高分布的弯曲水平裂缝和贯通的剪切斜裂缝，柱上部梁端附近混凝土剥落严重	剪力墙上方和边框梁交界处的混凝土被压碎剥落，破坏最严重的区域发生在墙右上角
16	RC-S-L2	边框梁未出现明显破坏	边框柱中下部出现沿柱高分布的弯曲水平裂缝和贯通的剪切斜裂缝，柱上部梁端附近斜裂缝劈裂处混凝土剥落严重	剪力墙和边框梁交界处产生水平剪切裂缝，其附近区域的混凝土大块剥落，剪力墙和边框梁产生相互错动

　　试件 CFST-S-L2、CFST-C-L2、SRC-S-L2，RC-S-L2 和 CFST-C-ZC 各阶段裂缝的开展与破坏过程在其荷载 - 位移关系曲线图中用圆点标示，如图 8.19 所示。

　　对应图 8.19 所示的特征点，本次试验进行的混合剪力墙试件的工作过程总体上可分为四个阶段，即混凝土初裂阶段、混凝土主斜裂缝形成阶段、试件达到峰值和破坏阶段。对这四个阶段的特点归纳如下。

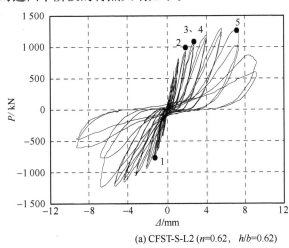

1. 剪力墙初裂；

2. 剪力墙分布钢筋屈服；

3. 剪力墙上形成主斜裂缝；

4. 边框柱脚钢管屈服；

5. 边框柱脚钢管鼓屈

(a) CFST-S-L2 (n=0.62，h/b=0.62)

图 8.19　典型试件 P-Δ 滞回关系曲线上的特征点

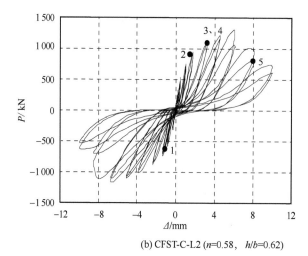

1. 剪力墙初裂；

2. 剪力墙分布钢筋屈服；

3. 剪力墙上形成主斜裂缝；

4. 边框柱脚钢管屈服；

5. 边框柱脚钢管鼓屈

(b) CFST-C-L2 (n=0.58，　h/b=0.62)

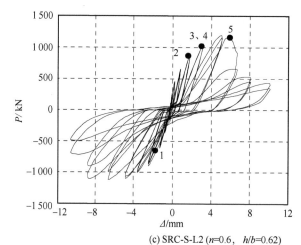

1. 剪力墙初裂；

2. 剪力墙分布钢筋屈服；

3. 剪力墙上形成主斜裂缝；

4. 边框柱纵筋屈服；

5. 边框柱斜裂缝贯通

(c) SRC-S-L2 (n=0.6，　h/b=0.62)

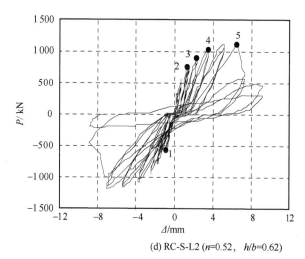

1. 剪力墙初裂；

2. 剪力墙分布钢筋屈服；

3. 剪力墙上形成主斜裂缝；

4. 边框柱纵筋屈服；

5. 边框柱斜裂缝贯通

(d) RC-S-L2 (n=0.52，　h/b=0.62)

图 8.19　（续）

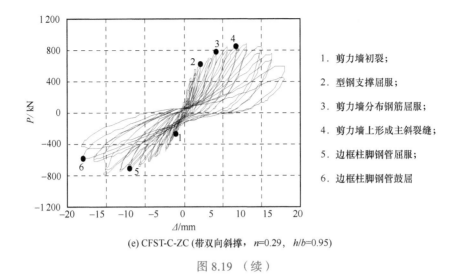

1. 剪力墙初裂；

2. 型钢支撑屈服；

3. 剪力墙分布钢筋屈服；

4. 剪力墙上形成主斜裂缝；

5. 边框柱脚钢管屈服；

6. 边框柱脚钢管鼓屈

(e) CFST-C-ZC (带双向斜撑，n=0.29，h/b=0.95)

图 8.19　（续）

混凝土初裂阶段：是试件从开始加载到剪力墙混凝土出现初始斜裂缝的阶段。当各剪力墙试件加载至 $2\theta_{ym}\sim3\theta_{ym}$ 时，剪力墙上出现了 1～2 条与水平方向夹角 37°～50° 的剪切斜裂缝，并沿剪力墙对角线的方向斜向开展。初始裂缝宽度在 0.04～0.2mm 变化，其中带斜撑的剪力墙试件其初始裂缝宽度最小（0.04～0.06mm），表明型钢支撑的存在能抑制混凝土裂缝的开展。对于 h/b=0.95 的试件，开裂荷载大致为极限荷载的 45% 左右；对于 h/b=0.62 的试件，开裂荷载则为极限荷载的 55% 左右。开裂荷载随边框柱轴压比（n）的增大而增大，随高宽比（h/b）的减小而增大。在同组试件中，n=0.6 试件初始斜裂缝与水平方向的夹角较 n=0.3 的试件大一些，这是由于轴力与水平荷载共同作用所形成的斜向拉压力的方向与水平向夹角更大的缘故。对于带 SRC 边框柱的 RC 剪力墙和带 RC 边框柱的 RC 剪力墙试件，在加载位移为 $3\theta_{ym}\sim5\theta_{ym}$ 时，边框柱中下部出现了 2～3 条弯曲水平裂缝且横向贯通柱截面，其宽度在 0.06mm 左右。在初裂阶段，剪力墙中分布钢筋的应变均未达到屈服应变，边框柱中的钢管或纵筋的应变均很小。虽然试件刚度在混凝土开裂后稍有退化，但总体上试件尚处于弹性阶段。

混凝土主斜裂缝形成阶段：随着反复荷载的逐渐增大，剪力墙上的剪切斜裂缝也不断产生和扩展，直至在剪力墙上水平荷载的两个加载方向都形成了 5～6 条交叉的贯通全墙的斜裂缝。此时带斜撑的剪力墙试件中的型钢支撑首先屈服。随着裂缝宽度的继续增长，剪力墙内的水平和竖向分布钢筋在斜裂缝穿过的部位也发生屈服。此后，斜裂缝发展速度更加迅速，斜裂缝中有两条近似沿剪力墙对角线方向开展，宽度明显大于其他斜裂缝，最终发展成主斜裂缝，宽度为 0.5～0.8mm。主斜裂缝形成后，剪力墙上基本不出现或仅出现少量的新斜裂缝，更多地表现为主斜裂缝宽度的迅速增大。此后剪力墙上的破坏开始集中在主斜裂缝及其附近相对应力值较大的区域。在墙体形成主斜裂缝的同时，采用 SRC 和 RC 边框柱试件的边框柱上也产生了多条沿柱高分布的弯曲水平裂缝。此时，边框柱的柱脚处 CFST 柱的钢管或 SRC 和 RC 柱的主筋也已到屈服。

试件达到峰值阶段：是剪力墙试件在形成主斜裂缝后直至其承受的荷载达到峰值

的阶段。在这一阶段，在垂直于主斜裂缝方向的主拉应力和沿主斜裂缝方向的主压应力共同作用下，主斜裂缝的宽度迅速增长并超过了 1mm，其附近区域的混凝土受压鼓出并发生相互错动，剪力墙分布钢筋的应变也快速增大。同时，CFST 边框柱在柱脚处的钢管出现轻微鼓屈的现象，而 SRC 和 RC 边框柱的上方出现一条斜向贯通柱截面的剪切斜裂缝，其裂缝形态表现为柱中下部沿柱高分布的弯曲水平裂缝和柱上部的剪切斜裂缝。此后，剪力墙上主斜裂缝附近的混凝土在主拉应力和主压应力的共同作用下达到了极限抗压强度并开始出现轻微剥落现象，施加在试件上的水平荷载达到极限值。

试件破坏阶段：是指剪力墙试件在达到最大承载力后，水平荷载开始下降到峰值荷载 85% 左右的阶段。在此阶段，主斜裂缝两侧的剪力墙混凝土受压进一步破坏并剥落。同时，剪力墙其他部位的混凝土也陆续出现剥落。总体上看，试件边框梁的破坏程度均较混凝土剪力墙轻。对于带 CFST 边框柱的 RC 剪力墙试件，混凝土剥落最严重的区域多发生在剪力墙左上角和右上角及剪力墙中部主斜裂缝交叉处。对于带 SRC 边框柱和带 RC 边框柱的 RC 剪力墙试件，剪力墙混凝土剥落最严重的区域多发生在剪力墙上方接近与边框梁交界的部位。对于带斜撑的剪力墙试件，混凝土剥落最严重的区域发生在剪力墙中部斜撑交叉处，在此阶段可清楚地观察到型钢斜撑在交叉处被拉断。在此阶段，CFST 边框柱脚处钢管出现明显鼓屈，一部分试件的 CFST 柱在靠近梁端处的钢管也出现鼓屈现象，随后 RC 剪力墙上多处混凝土发生碎裂，并明显剥落。SRC 和 RC 边框柱上方斜裂缝附近的混凝土也开始剥落，边框柱上产生的斜裂缝和 RC 剪力墙主斜裂缝贯通，形成一个整体的剪切破坏面，最终试件整体沿这个剪切破坏面产生滑移。之后，随着加载位移进一步加大，试件的承载力迅速降低至最大承载力的 85% 以下，试件发生破坏，表现出较强的剪切破坏特征。总体而言，带 CFST 边框柱的剪力墙试件破坏速度较带 SRC 和 RC 边框柱的剪力墙试件慢；随着柱轴压比的增大和墙高宽比的减小，试件边框柱的破坏程度有所增加，试件整体破坏速度有所加快；在 RC 剪力墙中设置斜撑能增大试件的破坏位移。所有试件均未观察到边框柱和剪力墙有发生脱离的现象。

（2）水平荷载（P）- 水平位移（Δ）滞回关系曲线

试件实测的 P-Δ 滞回关系曲线如图 8.20 所示。

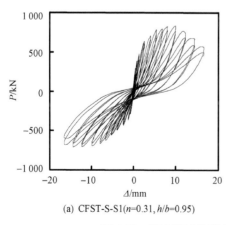
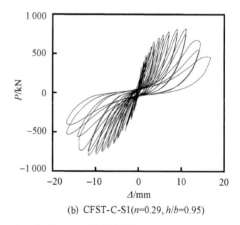

(a) CFST-S-S1(n=0.31, h/b=0.95)　　　　(b) CFST-C-S1(n=0.29, h/b=0.95)

图 8.20　剪力墙试件荷载（P）- 位移（Δ）滞回曲线

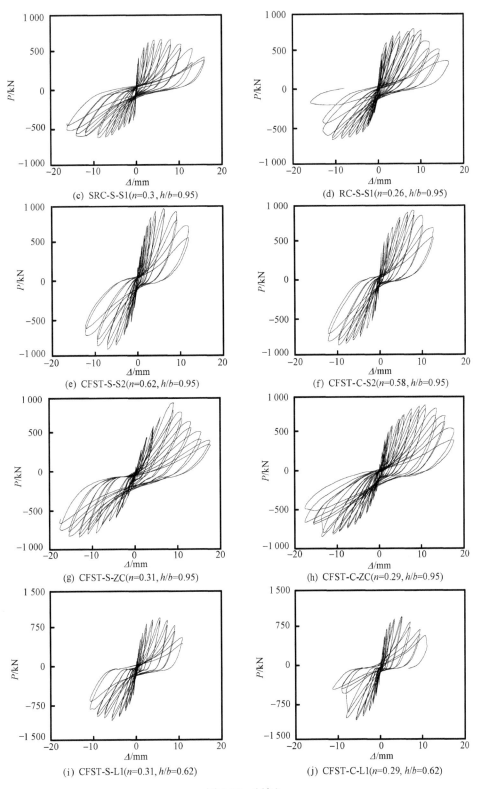

(c) SRC-S-S1(n=0.3, h/b=0.95)

(d) RC-S-S1(n=0.26, h/b=0.95)

(e) CFST-S-S2(n=0.62, h/b=0.95)

(f) CFST-C-S2(n=0.58, h/b=0.95)

(g) CFST-S-ZC(n=0.31, h/b=0.95)

(h) CFST-C-ZC(n=0.29, h/b=0.95)

(i) CFST-S-L1(n=0.31, h/b=0.62)

(j) CFST-C-L1(n=0.29, h/b=0.62)

图 8.20　（续）

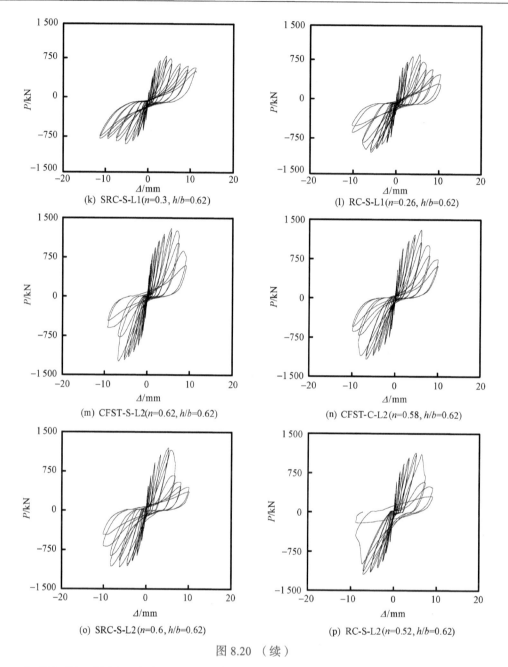

(k) SRC-S-L1(n=0.3, h/b=0.62)

(l) RC-S-L1(n=0.26, h/b=0.62)

(m) CFST-S-L2(n=0.62, h/b=0.62)

(n) CFST-C-L2(n=0.58, h/b=0.62)

(o) SRC-S-L2(n=0.6, h/b=0.62)

(p) RC-S-L2(n=0.52, h/b=0.62)

图 8.20 （续）

　　加载初期，混凝土尚未开裂，混合剪力墙结构试件的 P-Δ 滞回关系曲线基本呈直线，卸载点没有残余变形，试件处于弹性阶段。

　　剪力墙裂缝发展的初期，试件的滞回环呈弓形，中部有轻微的捏缩现象，滞回曲线的斜率逐渐下降但并不明显，这说明试件的刚度有所降低，但降低幅度不大，试件承受的水平荷载稳定上升，此时滞回环卸载点开始出现残余变形。此后，随着混凝土裂缝的开展，剪力墙中的分布钢筋屈服，试件开始逐渐进入屈服状态，滞回环由弓形迅速过渡到反 S 形，中部"捏缩现象"越来越严重，说明试件剪切变形有较大发展，钢筋滑移增大。

继续加载，滞回曲线的斜率降低较快，说明试件的刚度退化速度加快，同时试件的同级强度衰减也开始变得明显，滞回环的形状则保持反 S 形。在试件达到极限荷载后，剪力墙有明显的残余变形，刚度退化和强度衰减更加明显。此时剪力墙上的斜裂缝宽度较大，剪切变形的充分发展加上裂缝的开闭引起钢筋的黏结退化以及剪力墙和基础梁之间滑移的增大，使试件滞回环有向 Z 形过渡的趋势，滞回曲线表现出黏结滑移滞回特征。在极限承载力过后，剪力墙开始逐渐退出工作，试件的刚度变小，滞回曲线的斜率降低很快。在试件最终破坏时，其滞回环的形状介于反 S 形和 Z 形之间。

通过比较图 8.20 所示各试件的 $P\text{-}\Delta$ 滞回曲线，可以看出如下特征。

1）由于本次试验的所有剪力墙试件均发生剪切破坏，$P\text{-}\Delta$ 滞回关系曲线表现出较强的剪切与黏结滑移滞回特征。由于剪力墙在整体试件中承受了大部分的剪力，因此在剪力墙尺寸和构造完全相同的情况下，不同类型的剪力墙试件其滞回曲线的形状以及饱满程度相差不大。在各组试件中，三种类型的剪力墙试件滞回曲线饱满程度差别最大的一组为 $h/b=0.62$、$n\approx 0.6$ 的试件（即 CFST-S-L2、CFST-C-L2、SRC-S-L2 和 RC-S-L2）。从这组试件可以看到，带 CFST 边框柱的 RC 剪力墙的滞回环饱满程度要稍好于带 SRC 边框柱的 RC 剪力墙，且二者都好于带 RC 边框柱的 RC 剪力墙。由于这组试件承受的水平剪力最大、剪切破坏特征最明显，钢管混凝土边框柱较强的抗剪能力就得到较为明显的体现。由于钢管混凝土边框柱不会被迅速剪坏，其自身能表现出更多弯曲变形的特征，可对剪力墙提供更好的支撑作用，有利于剪力墙耗能能力的提高。

2）随着 h/b 的降低，剪力墙试件的极限承载力有增加的趋势，而极限位移和延性有所降低。这是由于在试件高度不变的情况下，h/b 的降低会导致试件在剪切破坏时其斜压破坏特征趋于明显，使其极限承载力得到提高，而延性降低。

3）随着 n 的增大，带 CFST 边框柱的 RC 剪力墙试件的极限承载力提高，但延性和变形能力降低。在剪力墙试件开裂前，n 的增大使试件截面的受压区面积增大且压应变增加，推迟了剪力墙开裂状态的出现。在剪力墙试件开裂后，轴压力的增大会提高剪力墙混凝土的骨料咬合力，这样就延缓了剪力墙斜裂缝的开展速度，提高了试件的刚度和抗剪承载力。由于轴压力的增大会使剪力墙混凝土的主压应力增大，剪力墙斜压破坏的特征趋于明显，从而降低了其极限位移和延性。对于两端承受轴压力、跨中承受横向剪力的钢筋混凝土梁，其轴压力对试件的力学性能也有类似影响（过镇海和时旭东，2003）。

4）在带 CFST 边框柱的 RC 剪力墙中设置交叉型钢暗支撑可承担一部分水平剪力，同时在一定程度上能抑制剪力墙主斜裂缝的开展，从而有利于提高剪力墙的承载力和耗能能力。

5）随着水平位移 Δ 的加大，由于混凝土的开裂与钢筋的屈服，剪力墙试件的刚度逐渐退化。在达到极限荷载之前卸载刚度与初始加载时的刚度大体相同；而在达到极限荷载后卸载刚度退化，其退化程度随轴压比（n）的增大与高宽比（h/b）的减小而有所加快。

6）在达到极限荷载后，剪力墙在各级荷载循环中都表现出明显的强度退化。

（3）P-Δ 滞回关系曲线骨架线

下面简要分析边框柱类型、柱轴压比（n）、墙高宽比（h/b）和设置支撑与否对剪力墙试件 P-Δ 滞回关系曲线骨架线的影响。

图 8.21 所示为边框柱类型对试件 P-Δ 骨架线的影响情况。从中可见，不同类型边框柱对试件在弹性阶段的刚度影响不大。同时还可以看出，带 CFST 边框柱的 RC 剪力墙的极限承载力要大于带 SRC 边框柱的 RC 剪力墙和带 RC 边框柱的 RC 剪力墙。这是由于钢管混凝土边框柱具有更高的抗剪承载力，同时其良好的完整性也有利于保持混凝土墙的后期承载力。由于类似的原因，带 CFST 边框柱的 RC 剪力墙的延性也更好。

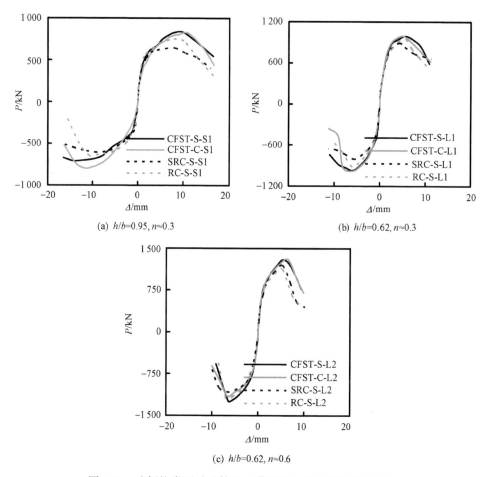

(a) h/b=0.95, n≈0.3

(b) h/b=0.62, n≈0.3

(c) h/b=0.62, n≈0.6

图 8.21　边框柱类型对试件 P-Δ 滞回关系曲线骨架线的影响

图 8.22 所示为柱轴压比（n）对试件 P-Δ 骨架线的影响情况。可见，随着 n 的增大，带 CFST 边框柱的 RC 剪力墙试件在达到极限荷载前的刚度和极限承载力均有所增大，但极限位移和破坏位移均减小，极限荷载点后下降段有变陡的趋势。

图 8.23 所示为墙高宽比（h/b）对试件荷载 - 位移骨架曲线的影响情况。可见，随着 h/b 的减小，带 CFST 边框柱的 RC 剪力墙试件的极限承载力和刚度增大，但极限位

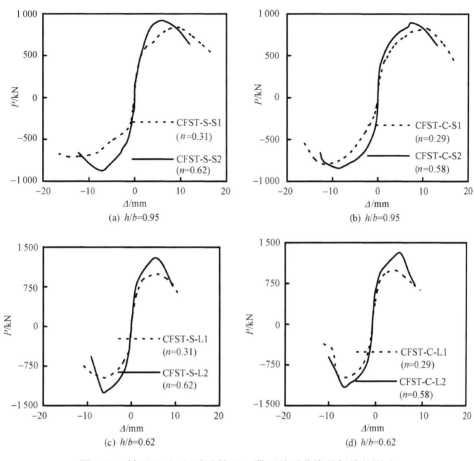

图 8.22　轴压比（ n ）对试件 P-Δ 滞回关系曲线骨架线的影响

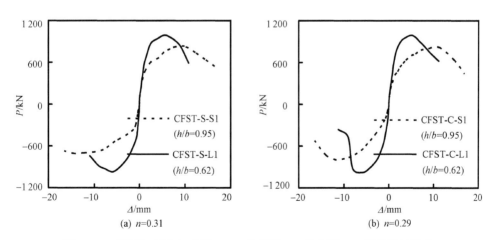

图 8.23　高宽比（ h/b ）对带 CFST 边框柱 RC 剪力墙 P-Δ 骨架线的影响

移和破坏位移均减小，峰值点后下降段也有变陡的趋势。

　　图 8.24 所示为是否设置支撑对试件荷载 - 位移骨架曲线的影响情况，可见，在剪力墙内设置支撑能使试件的承载力和整体变形能力有所提高。

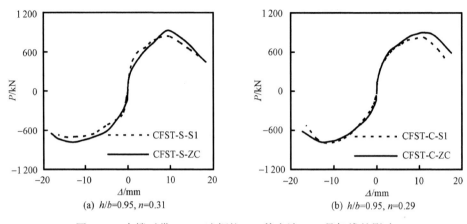

(a) $h/b=0.95$, $n=0.31$　　　　　　　　(b) $h/b=0.95$, $n=0.29$

图 8.24　支撑对带 CFST 边框柱 RC 剪力墙 $P\text{-}\Delta$ 骨架线的影响

（4）试件在各阶段的整体变形

表 8.4 列出了各剪力墙试件在混凝土开裂、试件屈服、试件达到峰值荷载和破坏时所对应的荷载和位移。其中开裂荷载（P_{cr}）是指剪力墙首次出现斜裂缝时所对应的荷载，其在骨架线上所对应的变形称为开裂位移（Δ_{cr}）。由于剪力墙试件没有明显屈服现象发生，采用与图 2.251 所示确定钢管混凝土节点屈服点的方法，即以坐标原点作 $P\text{-}\Delta$ 关系曲线的切线，其与过峰值荷载点的水平线的交点所对应的位移定义为剪力墙的屈服位移 Δ_y，并由该点作垂线与 $P\text{-}\Delta$ 关系曲线相交的点所对应的荷载确定为屈服荷载 P_y。峰值荷载 P_{max} 取正、负两个方向最大荷载的平均值，所对应的平均位移为峰值位移 Δ_{max}。此外，将 $P_u=0.85P_{max}$ 定义为试件的破坏荷载，相对应的位移为剪力墙试件的极限位移 Δ_u。

表 8.4　剪力墙试件开裂、屈服、达到峰值荷载和破坏时所对应的荷载和相应位移

序号	试件	状态									
		初始开裂状态				屈服状态		峰值状态		破坏状态	
		P_{cr}/kN	Δ_{cr}/mm	Δ_{cr}/Δ_y	裂缝宽度/mm	P_y/kN	Δ_y/mm	P_{max}/kN	Δ_{max}/mm	P_u/kN	Δ_u/mm
1	CFST-S-S1	408	1.2	0.280	0.10	595	4.3	771	9.9	655	15.5
2	CFST-C-S1	322	1.1	0.291	0.08	599	3.8	789	11.8	670	13.8
3	SRC-S-S1	339	1.0	0.280	0.06	538	3.6	622	8.2	528	13.5
4	RC-S-S1	343	1.1	0.310	0.12	576	3.6	694	8.5	590	11.9
5	CFST-S-S2	436	1.1	0.319	0.12	751	3.5	891	6.7	758	10.4
6	CFST-C-S2	448	1.0	0.302	0.10	712	3.4	895	8.2	761	11.0
7	CFST-S-ZC	363	1.3	0.290	0.06	575	4.5	855	11.4	747	16.9
8	CFST-C-ZC	417	1.4	0.368	0.04	589	3.8	837	11.8	739	15.2
9	CFST-S-L1	594	1.1	0.351	0.12	851	3.0	991	5.8	842	8.8
10	CFST-C-L1	609	1.1	0.398	0.12	852	2.8	988	5.5	839	8.3
11	SRC-S-L1	646	1.5	0.501	0.08	769	3.0	891	4.9	757	8.1
12	RC-S-L1	535	1.0	0.362	0.14	793	2.8	931	5.6	790	7.3

序号	试件	状态									
		初始开裂状态				屈服状态		峰值状态		破坏状态	
		P_{cr}/kN	Δ_{cr}/mm	Δ_{cr}/Δ_y	裂缝宽度 /mm	P_y/kN	Δ_y/mm	P_{max}/kN	Δ_{max}/mm	P_u/kN	Δ_u/mm
13	CFST-S-L2	668	0.9	0.323	0.20	1 035	2.8	1 265	6.0	1 075	7.3
14	CFST-C-L2	734	1.0	0.373	0.20	980	2.7	1 225	6.8	1 041	7.7
15	SRC-S-L2	658	1.0	0.350	0.14	965	2.9	1 136	5.7	966	7.6
16	RC-S-L2	576	0.8	0.299	0.14	960	2.7	1 158	6.1	985	6.9

对表 8.4 中的数据进行分析，主要结论可归纳如下。

1）总体而言，同组带 CFST 边框柱 RC 剪力墙试件的开裂荷载和开裂位移较带 SRC 边框柱的 RC 剪力墙和带 RC 边框柱的 RC 剪力墙试件总体上稍大，说明由于 CFST 边框柱具有更强的抗剪能力，有利于推迟混凝土剪力墙的开裂。此外带 CFST 边框柱的 RC 剪力墙试件的屈服荷载、极限荷载、破坏荷载均大于带 SRC 边框柱的 RC 剪力墙试件和带 RC 边框柱的 RC 剪力墙试件。

2）随着柱轴压比（n）的增大，带 CFST 边框柱的 RC 剪力墙试件的开裂荷载增大，这是由于适当轴压力的存在有利于延缓初始裂缝的出现。同时还可以看出，剪力墙试件的屈服荷载、极限荷载和破坏荷载也随着 n 的增大而有所提高，但屈服位移和破坏位移均减小，表明试件延性有所降低。

3）带 CFST 边框柱的 RC 剪力墙试件的屈服荷载、极限荷载和破坏荷载随着高宽比（h/b）的减小而增大，但其屈服位移、极限位移和破坏位移随着 h/b 的减小而减小。这说明随着 h/b 的减小，剪力墙试件的延性有所降低。

4）在带 CFST 边框柱的 RC 剪力墙中设置支撑可有效提高其极限承载力，对于带圆形和方形 CFST 边框柱的 RC 剪力墙本次试验提高的比例分别为 6% 和 11%。同时，支撑的存在有利于延缓剪力墙裂缝的出现，减小初始裂缝的宽度。

（5）剪力墙的剪切变形

试验的剪力墙试件受力后期主要产生剪切变形，呈剪切型破坏。对于剪力墙，其剪切角可以通过墙体沿对角线方向长度的变化来度量。

如图 8.25 所示的剪力墙结构，在变形前其对角线长度分别为 d_1 和 d_2，在受力产生变形后其对角线长度分别变为 d_1' 和 d_2'，这样对角线长度的变化量分别为

$$\Delta d_1 = d_1' - d_1 \tag{8.1a}$$

$$\Delta d_2 = d_2' - d_2 \tag{8.1b}$$

其中 Δd_1 和 Δd_2 由沿剪力墙对角线安装的引伸仪测得。

对角线方向的平均变形为

$$\overline{X} = \frac{|\Delta d_1| + |\Delta d_2|}{2} \tag{8.2}$$

则剪力墙产生的剪切角为

$$\gamma_{shear} = \alpha_1 + \alpha_2 = \frac{\sqrt{b^2 + h^2}}{b \cdot h} \cdot \overline{X} \tag{8.3}$$

以上各式中，d_1、d_2分别为剪力墙两条对角线变形前的长度；d_1'、d_2'分别为剪力墙两条对角线变形后的长度；Δd_1、Δd_2分别为剪力墙两个对角线方向的变形，$\bar{X}$为剪力墙对角线方向的平均变形；α_1和α_2分别为剪力墙沿高度和宽度方向的剪切角；h为剪力墙高度；b为剪力墙宽度，如图8.25所示。

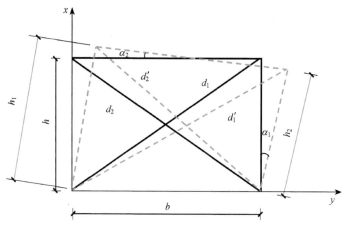

图 8.25　剪力墙变形示意图

图 8.26 所示为典型试件的水平力（P）-剪切角（γ_{shear}）滞回关系曲线。可见，由于三种带不同边框柱的剪力墙其墙体尺寸和配筋完全相同，其剪切角随荷载变化的规律和特征比较相似。在试件屈服以前，随着荷载的增加，剪力墙的剪切角逐渐增大，但试件基本处于弹性工作状态。在剪力墙上形成主斜裂缝后，试件变形开始迅速增加，并产生较大塑性变形，此时剪切残余变形开始逐渐增大。在试件达到极限荷载后，剪切角有急剧增大的趋势，试件的残余变形也随之迅速增加，反映了在峰值荷载后试件由于剪切斜裂缝的充分开展造成剪切变形的迅速增大直至试件发生剪切破坏。随着轴压比的增大或高宽比的减小，试件的水平力（P）-剪切角（γ_{shear}）滞回关系曲线的残余变形有增大的趋势。这反映了随着轴压比的增大或高宽比的减小，试件剪切变形的发展更加充分，试件破坏的脆性特征趋于明显，因此残余变形也更大。

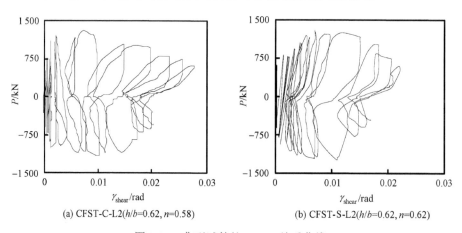

(a) CFST-C-L2(h/b=0.62, n=0.58)　　　　　(b) CFST-S-L2(h/b=0.62, n=0.62)

图 8.26　典型试件的 P-γ_{shear} 关系曲线

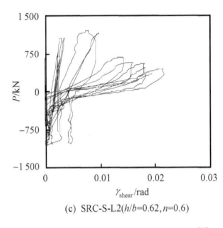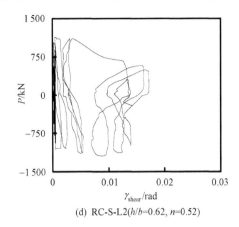

(c) SRC-S-L2(h/b=0.62, n=0.6)　　　　　(d) RC-S-L2(h/b=0.62, n=0.52)

图 8.26　（续）

　　剪力墙除了发生剪切变形外，在弯矩作用下还会发生弯曲变形，其弯曲角可以通过墙体左右两侧的拉伸和压缩变形来度量。

　　假设剪力墙在变形后，墙体左右两侧高度分别由 h 变为 h_1 和 h_2，如图 8.25 所示。这样，墙体左右两侧的拉伸和压缩变形分别为

$$\Delta h_1 = h_1 - h \tag{8.4a}$$

$$\Delta h_2 = h_1 - h \tag{8.4b}$$

　　墙体的弯曲变形 Δ_{flexure} 可近似表示为

$$\Delta_{\text{flexure}} = \frac{(\Delta h_1 + \Delta h_2) \cdot h}{2 \cdot b} \tag{8.5}$$

则弯曲角 γ_{flexure} 可表示为

$$\gamma_{\text{flexure}} = \frac{\Delta_{\text{flexure}}}{h} = \frac{\Delta h_1 + \Delta h_2}{2 \cdot b} \tag{8.6}$$

以上各式中，h 为剪力墙变形前的高度；h_1 和 h_2 分别为剪力墙左右两侧变形后的高度；Δh_1 和 Δh_2 分别为剪力墙左右两侧的拉伸和压缩变形；h 为剪力墙高度；b 为剪力墙宽度，如图 8.25 所示。

　　确定了剪力墙的剪切角和弯曲角后，即可通过求和计算出剪力墙总的层间位移角为 $\gamma_{\text{total}} = \gamma_{\text{shear}} + \gamma_{\text{flexure}}$。

　　为了反映剪切角在层间位移角中所占的比例，采用相对剪切角（剪切角和层间位移角的比值 $\gamma_{\text{shear}}/\gamma_{\text{total}}$）来描述剪切变形的发展规律。

　　图 8.27 比较了不同类型剪力墙试件其相对剪切角（$\gamma_{\text{shear}}/\gamma_{\text{total}}$）的发展规律。由图 8.27 可以看到，墙体受力后期变形主要呈剪切变形。对于 CFST-S-S1 和 CFST-C-S1 试件，从屈服状态到极限状态，其剪切角在层间位移角中的所占比例由 83% 和 86% 上升到 91% 和 90%，而到破坏状态又分别上升到 93% 和 91%。对于 SRC-S-S1 和 RC-S-S1 试件，从屈服状态到极限状态，其剪切角在层间位移角中的所占比例由 88% 上升到 92%~93%，而到破坏状态也分别上升到 93% 和 94%。这反映了随着荷载的增大，剪切斜裂缝开展，试件剪切破坏的特征越来越明显。三种类型的剪力墙试

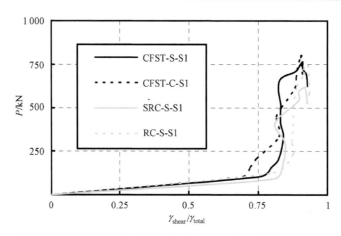

图 8.27　不同类型剪力墙试件相对剪切角（$\gamma_{shear}/\gamma_{total}$）比较（$n \approx 0.3$，$h/b = 0.95$）

件其到极限状态时相对剪切角较为接近：CFST-S-S1、CFST-C-S1、SRC-S-S1 和 RC-S-S1 在极限时剪切角所占比例分别为 91%、90%、92% 和 93%；CFST-S-L2、CFST-C-L2、SRC-S-L2 和 RC-S-L2 在极限时剪切角所占比例分别为 94%、94%、95% 和 95%。

　　总体上看，破坏时带 CFST 边框柱的 RC 剪力墙其剪切角所占层间位移角的比例较带 SRC 边框柱的 RC 剪力墙和带 RC 边框柱的 RC 剪力墙小，这反映了带 CFST 边框柱的 RC 剪力墙其破坏的剪切特征较后二者稍轻微一些。

　　图 8.28 所示为不同轴压比（n）下带 CFST 边框柱的 RC 剪力墙相对剪切角比较。从图中可以看出，随着 n 增大试件的相对剪切角略有增大。在达到极限荷载时，$n1$ 近似为 0.3 的试件 CFST-S-S1 和 CFST-C-S1 剪切角所占比例分别为 91% 和 90%，而 n 近似为 0.6 的试件 CFST-S-S2 和 CFST-C-S2 剪切角所占比例分别为 93% 和 92%。

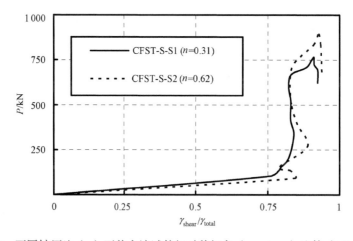

图 8.28　不同轴压比（n）下剪力墙试件相对剪切角（$\gamma_{shear}/\gamma_{total}$）比较（$h/b = 0.95$）

　　图 8.29 所示为不同高宽比（h/b）的带 CFST 边框柱的 RC 剪力墙相对剪切角比较。从中可以看出，随着 h/b 的减小试件的相对剪切角稍有增大的趋势。在达到极

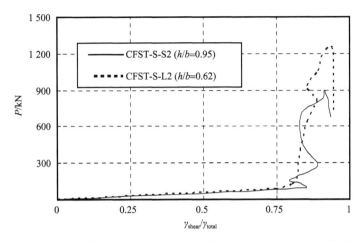

图 8.29　不同高宽比（h/b）下剪力墙试件相对剪切角（$\gamma_{shear}/\gamma_{total}$）比较（$n=0.62$）

限荷载时，$h/b=0.92$ 的试件 CFST-S-S2 和 CFST-C-S2 剪切角所占比例分别为 93% 和 92%，而 $h/b=0.62$ 的试件 CFST-S-L2 和 CFST-C-L2 中剪切角所占比例为 94% 和 93%。

8.2.4　试验结果分析

（1）边框柱和剪力墙的协同工作

图 8.30（a）、（b）和（c）分别给出了带 CFST 边框柱 RC 剪力墙试件的荷载（P）- 边框柱和 RC 剪力墙之间的滑移（S_1）关系曲线，其中 S_1 和 P 均取正负两方向的平均值。从图 8.30 可看出，在试件达到极限荷载以前，边框柱与剪力墙之间的滑移不大，表明边框柱和剪力墙之间的共同工作性能良好。在达到荷载峰值点后，由于剪力墙上剪切斜裂缝不断发展剪力墙试件逐渐趋于破坏，边框与剪力墙二者之间的滑移开始增大。

总体上看，尽管带 CFST 边框柱的 RC 剪力墙试件的边框柱和剪力墙二者界面材料不同，但由于采用了 "U" 形连接钢筋这种有效的连接方式，钢管和混凝土剪力墙之间的滑移值在试件达到破坏状态时最大值只有 0.9mm，表明边框柱和剪力墙之间具有较好的协调变形能力和良好的共同工作性能。

图 8.30（d）中给出带 SRC 边框柱和带 RC 边框柱的 RC 剪力墙试件的荷载（P）- 滑移（S_1）关系曲线，并与带 CFST 边框柱的试件进行了比较。可见，试件达到极限荷载之前，带 SRC 边框柱的 RC 剪力墙试件和带 RC 边框柱的 RC 剪力墙试件的滑移刚度要大于带 CFST 边框柱的 RC 剪力墙试件，这是由于前两种剪力墙试件的边框柱和剪力墙为整体浇筑，边框柱和墙体的共同工作性能更好，其边框和剪力墙之间的滑移在极限荷载之前比带 CFST 边框柱的 RC 剪力墙试件的滑移值要小。但在试件达到极限荷载后，由于型钢混凝土边框柱及钢筋混凝土边框柱出现剪切破坏，边框柱和墙体的整体性受到削弱，这两种墙体的边框柱和剪力墙之间的滑移也开始迅速增长。试件达到破坏状态时，带 CFST 边框柱的 RC 剪力墙试件的边框柱与墙体之间的滑移值与带 SRC 边框柱和带 RC 边框柱的 RC 剪力墙试件的滑移值差异不大。

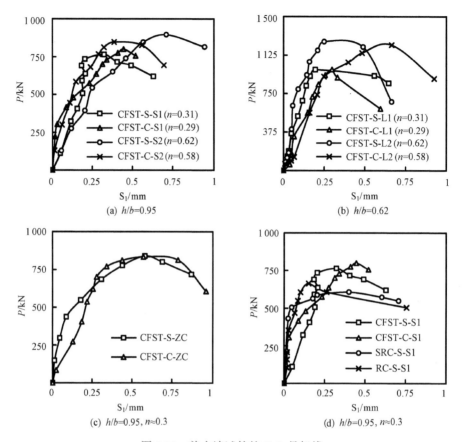

图 8.30　剪力墙试件的 P-S_1 骨架线

　　试验过程中还实测了墙高一半处边框柱与剪力墙之间的法向分离距离 S_2。图 8.31 所示为典型的荷载（P）- 分离距离（S_2）关系曲线。可见，随着荷载的增大，S_2 值也逐渐增大。但试件达到极限荷载之前，所有 S_2 值均在 1mm 以下，且大都小于 0.5mm，表明钢管混凝土边框柱和剪力墙之间基本能保持协同工作，共同承担水平荷载。对于带 SRC 边框柱的 RC 剪力墙和带 RC 边框柱的 RC 剪力墙，因为其边框柱和剪力墙的混凝土浇筑在一起，整体性较好，因而试验过程中未测试出边框柱和剪力墙之间出现分离。

　　试验过程中还实测了不同类型剪力墙试件的墙体与边框梁以及基础梁之间的滑移情况，结果与图 8.30 所示的规律基本一致，在达到极限承载力前总体滑移基本都小于 1mm。

（2）应变分析

　　图 8.32 所示为典型试件 CFST-S-L2 在剪力墙左下角测得的分布钢筋应变变化，

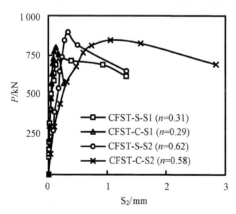

图 8.31　剪力墙试件 P-S_2 关系曲线（$h/b=0.95$）

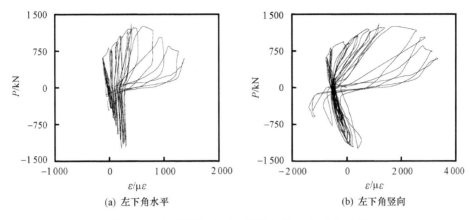

(a) 左下角水平　　　　　　　　　　　(b) 左下角竖向

图 8.32　水平荷载（P）- 钢筋应变（ε）变化关系

其中应变以受拉为正，受压为负。可见，在加载初期，应变变化基本处于弹性，应变值较小，发展缓慢，荷载 - 应变滞回曲线基本呈直线，分布钢筋均未达到屈服应变。

剪力墙中的混凝土开裂后，原来由混凝土承担的部分剪力发生重分布，传递给墙体内的分布钢筋，使得分布钢筋的应力突然增大，变形加快，在裂缝穿过区域附近的钢筋先后发生屈服。通过对不同位置实测应变进行分析比较可知，剪力墙钢筋应变发展最充分的区域通常发生在剪力墙的中心区域，这是由于该区域为主斜裂缝交叉的地方，裂缝宽度较大，因此，在往复荷载作用过程中，该区域水平钢筋会产生较大拉应力，而竖向钢筋也由于混凝土裂缝宽度迅速增大，受力也增大。

通过比较不同类型剪力墙试件剪力墙中心区域的水平和竖向分布钢筋的应变变化情况，发现钢筋在达到屈服状态时的荷载较为接近，且后期应变发展趋势也基本一致。对于带 CFST 边框柱的 RC 剪力墙试件，随着轴压比的增大，其剪力墙钢筋达到屈服推迟。这是因为随着轴压比的增大，试件斜裂缝的出现有所推迟所致。在剪力墙中设置型钢暗支撑对于带 CFST 边框柱的 RC 剪力墙试件剪力墙钢筋应变发展形态影响不大，但由于型钢支撑在混凝土开裂后可承担一部分剪力，其剪力墙分布钢筋达到屈服状态较未设置支撑的试件有所延迟。

图 8.33 所示为不同类型剪力墙试件边框柱柱脚处 CFST 中的钢管、SRC 中的型钢和 RC 中的纵筋纵向应变发展情况。可见，在加载初期，边框柱的应变发展均较小，材料基本处于弹性状态。但在剪力墙开裂退出工作的过程中，不同类型的边框柱的应变开始发展迅速，这是由于此时剪力墙承担的水平荷载开始向边框柱转移，同时随着试件水平位移的增大，钢管混凝土边框柱的弯曲变形也迅速增大。

（3）刚度退化

图 8.34 所示为不同类型边框柱对剪力墙试件刚度退化的影响，为便于比较，图形中的纵坐标均取无量纲化的 K_j/K_{first}，K_j 即为试件的环线刚度，可按式（3.4）确定。K_{first} 为试件第一级加载所对应的环线刚度。可见，带 RC 边框柱的 RC 剪力墙的刚度退化速度最快，带 SRC 边框柱的 RC 剪力墙次之，带 CFST 边框柱的 RC 剪力墙的刚度退化速度较慢。刚度退化速度的快慢主要受边框柱抗剪能力的影响。

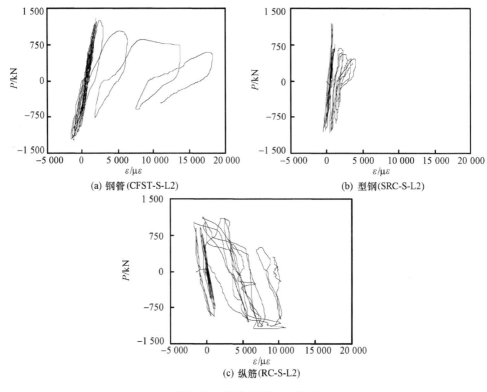

图 8.33　柱脚处的 P-ε 关系

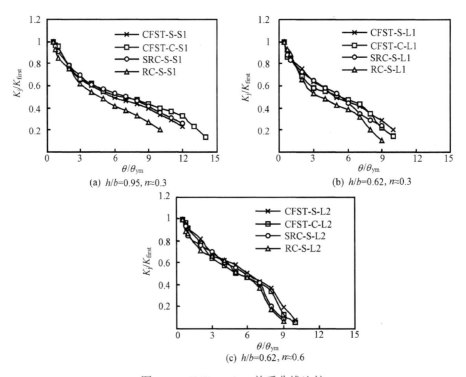

图 8.34　$K_{\mathrm{j}}/K_{\mathrm{first}}$-$\theta/\theta_{\mathrm{ym}}$ 关系曲线比较

图 8.35 所示为柱轴压比（n）对带 CFST 边框柱的 RC 剪力墙试件的刚度退化规律的影响。从中可见，在其余参数相同的情况下，$n \approx 0.6$ 的带 CFST 边框柱的 RC 剪力墙试件在达到极限荷载之前其刚度退化速度较 $n \approx 0.3$ 的试件要稍慢，但差别不大。但在破坏阶段，n 较高的试件的刚度退化速度则趋于明显。

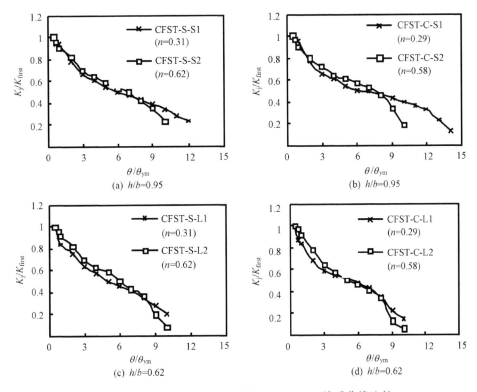

图 8.35　不同轴压比（n）下的 K_j/K_{first}-θ/θ_{ym} 关系曲线比较

图 8.36 所示为高宽比（h/b）对带 CFST 边框柱的 RC 剪力墙试件的刚度退化的影响。可见，在其余参数相同的情况下，随着 h/b 的减小，带 CFST 边框柱的 RC 剪力墙试件的刚度退化速度有变快的趋势。

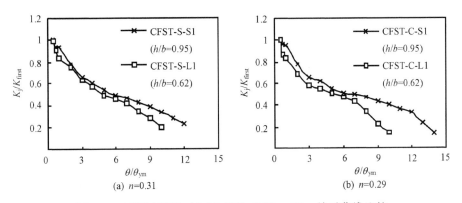

图 8.36　不同高宽比（h/b）下的 K_j/K_{first}-θ/θ_{ym} 关系曲线比较

图 8.37 所示为是否在墙体内设置暗支撑对带 CFST 边框柱的 RC 剪力墙试件的刚度退化的影响。可见，暗支撑的设置对本次试验进行的带 CFST 边框柱的 RC 剪力墙试件的刚度退化速度影响不大。

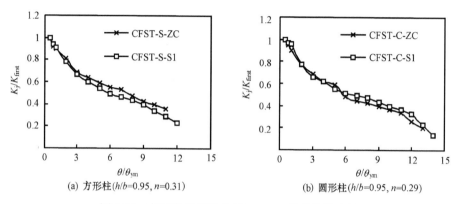

(a) 方形柱($h/b=0.95, n=0.31$)　　　　　　(b) 圆形柱($h/b=0.95, n=0.29$)

图 8.37　有无支撑时的 K_j/K_{first}-$\theta/\theta_{\text{ym}}$ 关系曲线比较

（4）荷载退化

图 8.38 所示为不同参数对剪力墙同级荷载退化系数（λ_i）的影响。λ_i 的计算公式见式（3.2）。可见剪力墙试件在达到极限荷载前同级荷载退化并不明显，但在达到峰值点后同级荷载退化曲线开始变陡，荷载退化趋于显著。

从图 8.38（a）可以看出，带 RC 边框柱的 RC 剪力墙试件在达到极限荷载之后其同级荷载退化速度较带 CFST 边框柱的 RC 剪力墙试件和带 SRC 边框柱的 RC 剪力墙试件要快。在其余参数相同的情况下，随着柱轴压比（n）的增大和墙高宽比（h/b）的减小，带 CFST 边框柱的 RC 剪力墙试件同级荷载退化曲线在峰值荷载过后有变陡的趋势，分别如图 8.38（b）和（c）所示。此外从图 8.38（d）还可以看出，是否带支撑对带 CFST 边框柱的 RC 剪力墙试件的同级荷载退化曲线影响不明显。

采用总体荷载退化系数（λ_j）来描述试件在整个加载过程中在每一级加载位移下荷载的总体退化特征，λ_j 的计算公式如式（3.3）。图 8.39 所示为剪力墙类型、柱轴

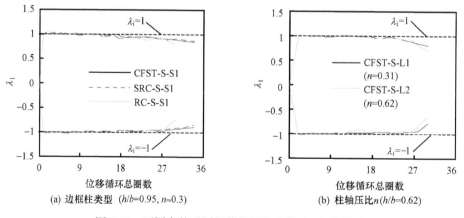

(a) 边框柱类型（$h/b=0.95, n\approx0.3$)　　　　　(b) 柱轴压比 n($h/b=0.62$)

图 8.38　不同参数对同级荷载退化系数（λ_i）的影响

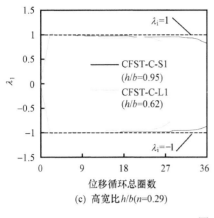 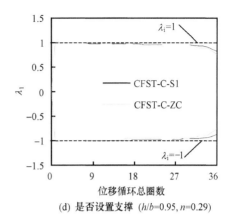

图 8.38 （续）

压比（n）、墙高宽比（h/b）和是否设置支撑对剪力墙试件总体荷载退化曲线的影响。由图 8.39（a）可见，由于带 CFST 边框柱的 RC 剪力墙试件的极限位移要大于带 SRC 边框柱和带 RC 边框柱的 RC 剪力墙试件，带 CFST 边框柱的 RC 剪力墙的总体荷载退化出现的时间较带 SRC 边框柱的 RC 剪力墙和带 RC 边框柱的 RC 剪力墙试件要迟一些，其在峰值点过后的总体荷载退化曲线的下降段也较其余两种剪力墙平缓。从图 8.39（b）和（c）可以看出，在其余参数相同的情况下，随着柱轴压比（n）的

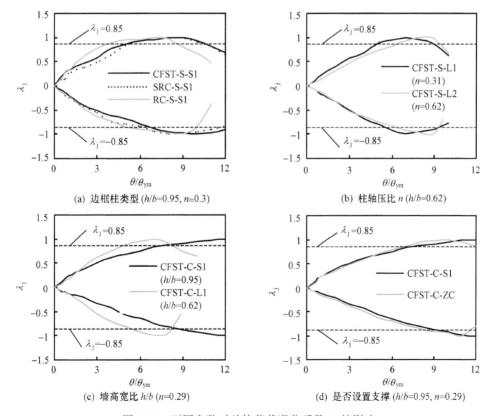

图 8.39　不同参数对总体荷载退化系数 λ_j 的影响

增大和墙高宽比（h/b）的减小，带 CFST 边框柱的 RC 剪力墙试件的总体荷载退化速度有加快的趋势。从图 8.39（d）可以看到，是否设置暗支撑对于剪力墙试件总体荷载退化速度影响较小。

（5）延性

采用层间位移延性系数 μ 来研究剪力墙试件的延性特性，μ 的确定方法见式（3.5）。本次试验试件的屈服位移 Δ_y、破坏位移 Δ_u、屈服位移角 θ_y、破坏位移角 θ_u 和位移延性系数 μ 等有关参数分别列入表 8.5 中。

图 8.40 比较了不同参数情况下剪力墙试件位移延性系数（μ）的变化规律。

表 8.5　剪力墙试件的延性和耗能等参数

序号	试件	Δ_y/mm	Δ_u/mm	θ_y/（$\times10^{-2}$rad）	θ_u/（$\times10^{-2}$rad）	μ	E_{total}/（kN·m）	h_e	E
1	CFST-S-S1	4.3	15.5	0.466	1.685	3.6	38.4	0.077	0.484
2	CFST-C-S1	3.8	13.8	0.411	1.500	3.7	39.8	0.070	0.440
3	SRC-S-S1	3.6	13.5	0.388	1.467	3.8	35.4	0.084	0.528
4	RC-S-S1	3.6	11.9	0.386	1.293	3.4	29.7	0.087	0.546
5	CFST-S-S2	3.5	10.4	0.375	1.130	3.0	34.8	0.079	0.496
6	CFST-C-S2	3.4	11.0	0.367	1.196	3.3	29.9	0.083	0.521
7	CFST-S-ZC	4.5	16.9	0.487	1.837	3.8	42.9	0.097	0.609
8	CFST-C-ZC	3.8	15.2	0.411	1.652	4.0	47.2	0.082	0.515
9	CFST-S-L1	3.0	8.8	0.325	0.956	2.9	32.6	0.074	0.465
10	CFST-C-L1	2.8	8.3	0.303	0.902	3.0	31.0	0.066	0.414
11	SRC-S-L1	3.0	8.1	0.326	0.883	2.7	28.2	0.082	0.515
12	RC-S-L1	2.8	7.3	0.300	0.788	2.6	25.8	0.080	0.502
13	CFST-S-L2	2.8	7.7	0.306	0.834	2.7	29.8	0.080	0.502
14	CFST-C-L2	2.7	7.7	0.295	0.832	2.8	27.7	0.079	0.496
15	SRC-S-L2	2.9	7.6	0.311	0.826	2.7	27.1	0.097	0.609
16	RC-S-L2	2.7	6.9	0.291	0.745	2.6	25.9	0.090	0.565

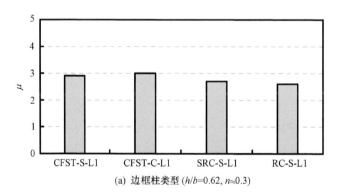

(a) 边框柱类型（h/b=0.62, n≈0.3）

图 8.40　不同参数情况下 μ 的变化规律

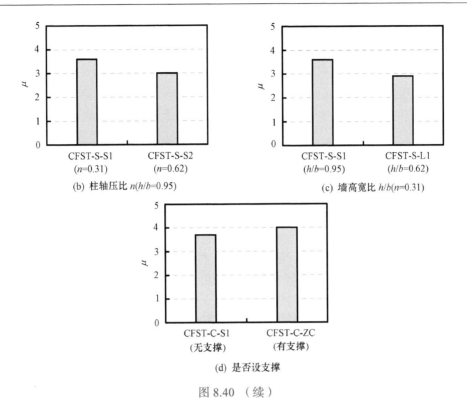

图 8.40　（续）

通过对表 8.5 和图 8.40 中的位移延性系数 μ 进行分析，可以得出如下结论。

1）本次试验所有剪力墙试件的位移延性系数 $\mu=2.6 \sim 4$。从图 8.40（a）可见，带 CFST 边框柱剪力墙试件的延性系数较带 SRC 边框柱剪力墙试件大，二者的延性系数都大于带 RC 边框柱的剪力墙试件。从表 8.5 可见，带 CFST 边框柱剪力墙试件的延性系数较带 RC 边框柱的剪力墙试件提高了 7%～12%。在同组试件中，带 CFST 边框柱剪力墙试件的破坏位移最大，带 SRC 边框柱剪力墙试件次之，带 RC 边框柱剪力墙试件最小。

2）在相同高宽比（h/b）条件下，随轴压比（n）的增大，带 CFST 边框柱 RC 剪力墙试件的破坏位移减小（如表 8.5 所示），μ 有下降的趋势［如图 8.40（b）所示］。从表 8.5 可见，在 $h/b=0.95$ 的这组试件中，n 从 0.3 左右增大到 0.6 左右，带 CFST 边框柱 RC 剪力墙试件的延性系数由 3.6～3.7 降低到 3～3.3；在 $h/b=0.62$ 的这组试件中，n 从 0.3 左右增大到 0.6 左右，带 CFST 边框柱 RC 剪力墙试件的延性系数由 2.9～3 减小到 2.7～2.8。

3）在相同轴压比（n）条件下，随高宽比（h/b）的减小，带 CFST 边框柱 RC 剪力墙的位移延性系数 μ 有下降的趋势，如图 8.40（c）所示。从表 8.5 可见，在 $n=0.3$ 左右的情况下，h/b 从 0.95 减小到 0.62，带 CFST 边框柱 RC 剪力墙试件的延性系数由 3.6～3.7 减小到 2.9～3；在 $n=0.6$ 左右的情况下，h/b 从 0.95 减小到 0.62，带 CFST 边框柱 RC 剪力墙试件的延性系数由 3～3.3 减小到 2.7～2.8。

4）在带 CFST 边框柱 RC 剪力墙中设置支撑能提高试件的位移延性系数 μ，如图 8.40（d）所示。从表 8.5 可见，与不带支撑的剪力墙试件相比，带支撑的剪力墙试件位移延性系数 μ 由 3.6～3.7 提高到 3.8～4；破坏位移由 13.8～15.5mm 提高到 15.2～16.9mm。

（6）耗能

计算得到的剪力墙试件达到峰值荷载时滞回环的等效黏滞阻尼系数 h_e、能量耗散系数 E 以及达到破坏状态时的总耗能 E_{total} 如表 8.5 所示。

通过对上述计算数据进行分析，对主要结论归纳如下。

1）所有试件的等效黏滞阻尼系数 h_e＝0.066～0.097。在同组试件中，带 SRC 边框柱和带 RC 边框柱的 RC 剪力墙试件在极限状态时的等效黏滞阻尼系数较带 CFST 边框柱 RC 剪力墙试件稍大一些。这可能是由于达到极限状态时带 SRC 边框柱的 RC 剪力墙试件和带 RC 边框柱的 RC 剪力墙试件的边框柱中裂缝已经充分开展，有助于能量的耗散；而钢管混凝土边框柱在极限状态时并未出现明显的破坏，因此耗散的能量相对较少。

2）在相同的轴压比（n）条件下，随着高宽比（h/b）的减小不同类型剪力墙试件的等效黏滞阻尼系数 h_e 和能量耗散系数 E 都有减小的趋势。

3）对于带 CFST 边框柱 RC 剪力墙试件，随轴压比（n）增大，试件在峰值荷载时的等效黏滞阻尼系数 h_e 和能量耗散系数 E 有增大的趋势。

4）在带 CFST 边框柱 RC 剪力墙中设置支撑，其极限状态的等效黏滞阻尼系数 h_e 和能量耗散系数 E 都得到了提高，提高幅度约为 25%（带方形 CFST 边框柱 RC 剪力墙）和 17%（带圆形 CFST 边框柱 RC 剪力墙）。

图 8.41 所示为边框柱类型、柱轴压比（n）、墙高宽比（h/b）和是否设置支撑对剪力墙试件累积耗能的影响。图 8.41 中 E_i 为剪力墙试件在第 i 级荷载下的累积耗能。

由图 8.41 和表 8.5 可以看出：随着位移的增加，试件各级累积耗能也逐渐增大。同组试件在经历相同的加载位移时，带 CFST 边框柱 RC 剪力墙试件的累积耗能和带 SRC 边框柱和带 RC 边框柱的 RC 剪力墙试件较为接近，但由于带 CFST 边框柱 RC 剪

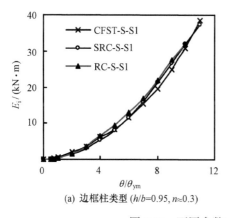
(a) 边框柱类型 (h/b=0.95, n≈0.3)

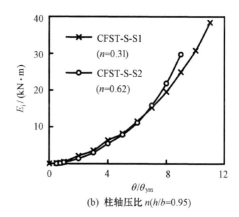
(b) 柱轴压比 n(h/b=0.95)

图 8.41　不同参数对累积耗能 E_i 的影响

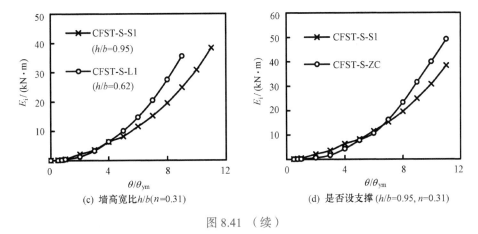

(c) 墙高宽比 h/b (n=0.31)　　　　(d) 是否设支撑 (h/b=0.95, n=0.31)

图 8.41 （续）

力墙试件的延性较好，破坏位移大，因此其总耗能更大，说明总体上来看，带 CFST 边框柱 RC 剪力墙的耗能能力要优于带 SRC 边框柱和带 RC 边框柱的 RC 剪力墙。此外，带 SRC 边框柱 RC 剪力墙的耗能能力明显优于带 RC 边框柱的 RC 剪力墙试件，其总耗能比带 RC 边框柱的 RC 剪力墙试件大。

对于相同高宽比（h/b）的试件，在受力初期，n 对耗能的影响不大，但在受力后期，在相同加载位移下，n=0.6 左右试件的累积耗能要大于 n=0.3 左右试件的累积耗能。这是因为 n=0.6 左右的试件其承载力较高，因此在相同加载位移下其滞回环所包含的面积相应会大一些。但由于轴压比的增大会导致试件延性降低，破坏位移减小，剪力墙试件的总耗能能力一般会随轴压比的增大而降低。

在相同轴压比（n）的情况下，由于 h/b=0.95 的试件在各级加载位移下的承载力较 h/b=0.62 的试件小，试件受力后期其各级累积耗能相应的也较小；但由于 h/b=0.95 的试件破坏位移较大，其总耗能较 h/b=0.62 的试件大。

在带 CFST 边框柱的 RC 剪力墙中设置支撑，可以提高其耗能能力。受力后期有支撑的带圆形和方形 CFST 边框柱 RC 剪力墙的各级累积耗能与总耗能均比普通带 CFST 边框柱 RC 剪力墙大，其中总耗能分别由 38.4 和 39.8kN·m 提高到 42.9 和 47.2kN·m。

8.3　理论分析

8.3.1　有限元分析模型的建立

为了更全面深入地认识混合剪力墙结构的工作特性，拓展试验研究成果，基于 ABAQUS 分析软件（Hibbitt 等，2003），本节建立了混合剪力墙结构的数值分析模型。下面简要论述建模的主要过程及方法。

（1）材料模型

对于低碳钢，其应力 - 应变关系采用二次塑流模型；对于高强钢材，采用线性强化模型，分别如图 2.144（a）和 2.144（b）所示。冷弯型钢的应力 - 应变关系如图 2.255所示。

　　混凝土采用塑性损伤模型。钢管中核心混凝土应力 - 应变关系按 2.5.2 节确定。钢筋混凝土和型钢混凝土中的混凝土采用 Attard 和 Setunge（1996）提出的单轴受压混凝土应力 - 应变关系模型，如式（2.35）所示。

　　（2）单元类型

　　混凝土均采用 8 节点缩减积分的三维实体单元 C3D8R。钢筋采用 2 节点三维杆单元 T3D2，加强环板和型钢等采用 4 节点缩减积分的壳单元 S4R，钢管混凝土边框柱中的钢管采用 20 节点减缩积分的三维实体单元 C3D20R。带支撑剪力墙试件中的型钢支撑也采用了 4 节点缩减积分的壳单元 S4R。

　　（3）接触模拟

　　混合剪力墙结构由多个部件组成，各部件在受力过程中会发生不同形式的接触和相互作用。有限元建模时考虑了四种接触，即钢管和核心混凝土的接触、钢筋与混凝土的接触、型钢和混凝土的接触以及钢管混凝土边框柱与剪力墙的接触。

　　对于钢管和混凝土之间的接触模拟，处理方法类似于 3.6.1 节的有关论述。箍筋模拟采用嵌入（embed）在混凝土中。纵筋和混凝土之间的接触采用弹簧单元来模拟，其中横向弹簧用于模拟混凝土对钢筋的握裹和挤压作用，纵向弹簧用来模拟钢筋与混凝土之间的黏结滑移，采用 Houde 和 Mirza（1974）中给出的模型来定义其黏结滑移本构关系，钢筋和混凝土黏结应力（τ）按下式计算：

$$\tau=(5.3\times10^2 s-2.52\times10^4 s^2+5.86\times10^5 s^3-5.47\times10^6 s^4)\sqrt{\frac{f_c'}{40.7}}\quad(\text{N/mm}^2)\qquad(8.7)$$

式中：s 为钢筋和混凝土之间的滑移，以 mm 计；f_c' 为混凝土圆柱体抗压强度，以MPa 计。

　　对于 SRC 构件中的型钢和混凝土之间的接触，采用 "embed" 来定义型钢和混凝土之间的界面模型，即不考虑二者之间的滑移。对于 SRC 边框柱中的型钢和带斜撑的剪力墙中的型钢支撑，其型钢和混凝土之间的界面考虑滑移效应影响，采用弹簧单元 Spring2来模拟，横向弹簧将其刚度设为无穷大，纵向弹簧用来模拟型钢与混凝土之间的黏结滑移，采用王祖华和钟树生（1990）给出的如下黏结应力（τ）- 滑移（s）模型：

$$\tau=0.759+13.15\times s-134.3\times s^2+141\times s^3-15\,560\times s^4\,(\text{MPa})\qquad(8.8)$$

式中：s 为型钢和混凝土之间的滑移，以 mm 计。

　　关于钢管混凝土边框柱与剪力墙之间的接触，其法向采用 "硬接触" 来模拟。由于剪力墙是通过 "U" 形钢筋与钢管混凝土柱进行连接，"U" 形钢筋的作用类似于组合梁中的栓钉，廖飞宇（2007）通过计算分析发现，在切向采用 Ollgaard 等（1971）给出的如下界面剪力（Q）- 滑移（s）模型可以较好地模拟剪力墙和钢管混凝土柱之间的黏结 - 滑移关系，即

$$Q=Q_u(1-e^{-0.7s})^{0.4}\qquad(8.9)$$

式中：$Q_u(=A_s f_y)$ 为钢筋的极限承载力；A_s 和 f_y 分别为抗剪钢筋总面积及屈服强度，s 为剪力墙和钢管混凝土柱之间的滑移，以 mm 计。

　　模型边界条件、荷载施加方式、网格划分及非线性方程组的求解和 7.4.1 节中平面框架的建模思路总体上类似，此处不再赘述。由观测的试验现象可见，试件的底梁可以很好地约束剪力墙和边框柱的所有自由度，因此在有限元模型中将剪力墙和边框柱的底部边界条件设置为嵌固。

　　分别以带圆钢管混凝土和型钢混凝土边框柱的剪力墙混合结构为例，图 8.42（1）和（2）分别给出了试件的整体模型、内部钢筋和型钢以及支撑的单元划分方法。

　　（4）理论模型的验证

　　采用建立的有限元模型计算了钢筋混凝土梁和柱、型钢混凝土梁和柱和钢筋混凝土剪力墙算例，以及 8.2 节进行的混合剪力墙结构试件，以期通过和试验结果的对比检验有限元模型的适用性。

　　图 8.43 和图 8.44 所示分别为模型计算结果与钟远志（2007）、黄晶和郑建岚（2003）进行的钢筋混凝土柱和梁试验结果的比较情况。图 8.43 中，e_0 为荷载偏心距。

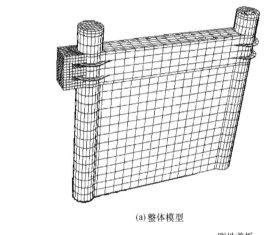

(a) 整体模型

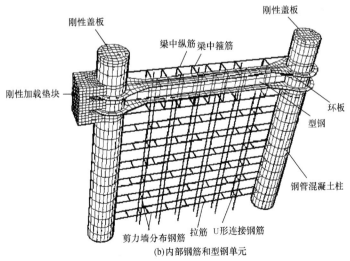

(b) 内部钢筋和型钢单元

图 8.42　整体模型和内部钢筋及型钢单元划分

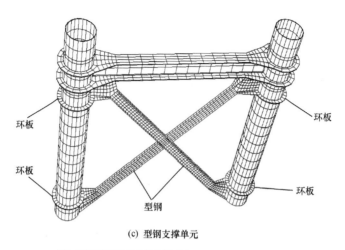

(c) 型钢支撑单元

(1) 带圆钢管混凝土边框柱的组合剪力墙有限元模型

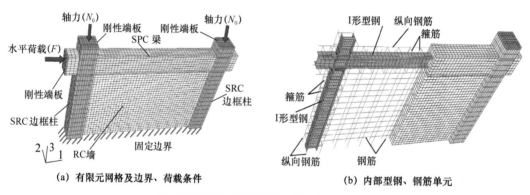

(a) 有限元网格及边界、荷载条件　　　　(b) 内部型钢、钢筋单元

(2) 带型钢混凝土边框柱的组合剪力墙有限元模型

图 8.42 （续）

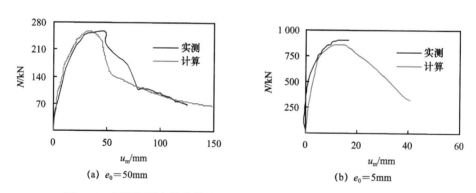

(a) $e_0 = 50$mm　　　　　　　　(b) $e_0 = 5$mm

图 8.43　钢筋混凝土柱荷载（N）- 挠度（u_m）计算与试验结果比较
（柱尺寸：150mm×150mm×3 000mm；纵筋：4φ12；$f_y = 558$MPa；$f_c' = 62$MPa）

图 8.45 所示为模型计算结果与郑宇（2002）进行的 SRC 梁试验结果的比较。图 8.46 所示为模型计算结果与徐毅（2007）进行的 SRC 梁柱试验 P-Δ 滞回关系曲线骨架线

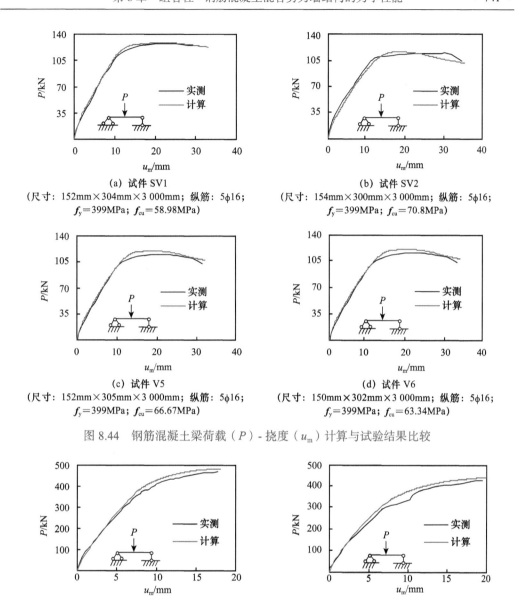

(a) 试件 SV1
(尺寸: 152mm×304mm×3 000mm; 纵筋: 5φ16;
f_y=399MPa; f_{cu}=58.98MPa)

(b) 试件 SV2
(尺寸: 154mm×300mm×3 000mm; 纵筋: 5φ16;
f_y=399MPa; f_{cu}=70.8MPa)

(c) 试件 V5
(尺寸: 152mm×305mm×3 000mm; 纵筋: 5φ16;
f_y=399MPa; f_{cu}=66.67MPa)

(d) 试件 V6
(尺寸: 150mm×302mm×3 000mm; 纵筋: 5φ16;
f_y=399MPa; f_{cu}=63.34MPa)

图 8.44 钢筋混凝土梁荷载（P）- 挠度（u_m）计算与试验结果比较

(a) 试件 L1
(尺寸: 180mm×600mm×3 500mm; 纵筋: 3φ16,
f_y=375.9MPa; f_{cu}=30.3MPa;
型钢: 100mm×430mm×6mm, f_y=321.9MPa)

(b) 试件 L2
(尺寸: 180mm×600mm×3 500mm; 纵筋: 3φ16,
f_y=375.9MPa; f_{cu}=30.7MPa;
型钢: 100mm×430mm×8mm, f_y=317.94MPa)

图 8.45 型钢混凝土梁荷载（P）- 跨中挠度（u_m）计算与试验结果比较

的比较。图 8.47 所示为模型计算结果与表 2.35 所示钢管混凝土加劲混合结构柱试件 SS1、SS2 和 SS3 的 P-Δ 滞回关系曲线骨架线的比较。图 8.48 所示为模型计算结果和董宏英（2002）进行的钢筋混凝土剪力墙试验结果的比较情况。由以上比较情况可见，有限元计算结果和试验结果总体上吻合良好。

图 8.49 所示为有限元模型计算结果与本书 8.2 节进行的剪力墙试件 P-Δ 滞回关系曲线骨架线的比较，可见二者总体上吻合较好。

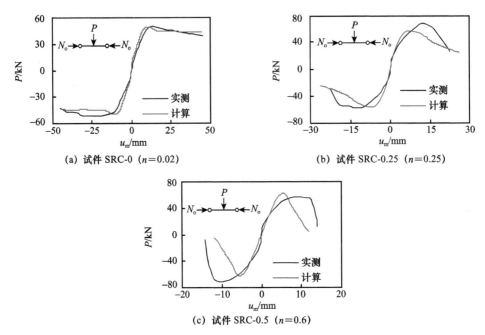

(a) 试件 SRC-0 ($n=0.02$)　　　　　　　(b) 试件 SRC-0.25 ($n=0.25$)

(c) 试件 SRC-0.5 ($n=0.6$)

图 8.46　SRC 梁柱 $P\text{-}\Delta$ 滞回关系曲线骨架线比较

（尺寸：$150\text{mm} \times 150\text{mm} \times 1500\text{mm}$；型钢：$70\text{mm} \times 70\text{mm} \times 3\text{mm}$，$f_y=328\text{MPa}$，$f_{cu}=52.4\text{MPa}$；
纵筋：$4\phi10$，$f_y=370\text{MPa}$）

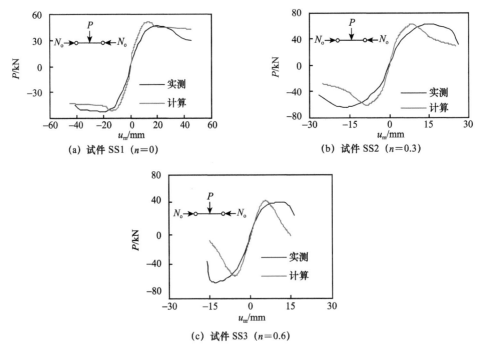

(a) 试件 SS1 ($n=0$)　　　　　　　(b) 试件 SS2 ($n=0.3$)

(c) 试件 SS3 ($n=0.6$)

图 8.47　钢管混凝土加劲混合结构柱 $P\text{-}\Delta$ 滞回关系曲线骨架线比较

（尺寸：$150\text{mm} \times 150\text{mm} \times 1\,500\text{mm}$；内钢管：$50\text{mm} \times 50\text{mm} \times 2.7\text{mm}$，$f_y=356.3\text{MPa}$；
$f_{cu}=52.4\text{MPa}$；纵筋：$4\phi10$，$f_y=417.2\text{MPa}$）

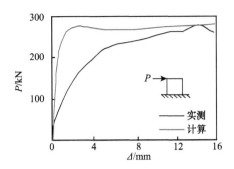

图 8.48   RC 剪力墙 P-Δ 计算与试验结果比较

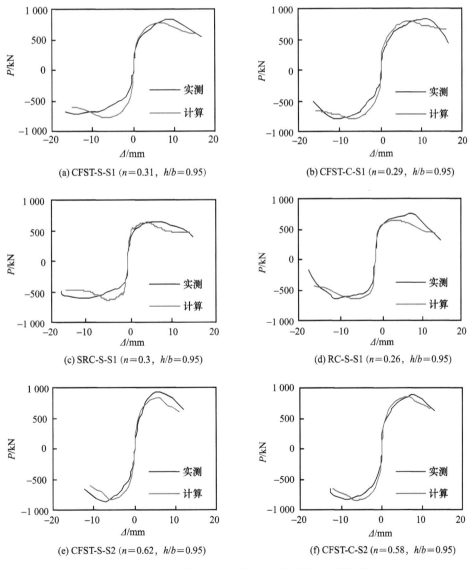

(a) CFST-S-S1 (n=0.31，h/b=0.95)

(b) CFST-C-S1 (n=0.29，h/b=0.95)

(c) SRC-S-S1 (n=0.3，h/b=0.95)

(d) RC-S-S1 (n=0.26，h/b=0.95)

(e) CFST-S-S2 (n=0.62，h/b=0.95)

(f) CFST-C-S2 (n=0.58，h/b=0.95)

图 8.49 P-Δ 滞回关系曲线骨架线计算与实测结果比较

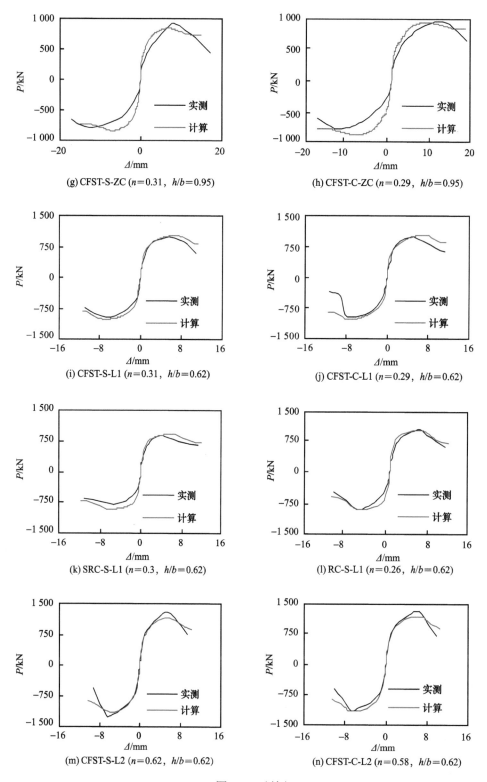

(g) CFST-S-ZC ($n=0.31$，$h/b=0.95$)

(h) CFST-C-ZC ($n=0.29$，$h/b=0.95$)

(i) CFST-S-L1 ($n=0.31$，$h/b=0.62$)

(j) CFST-C-L1 ($n=0.29$，$h/b=0.62$)

(k) SRC-S-L1 ($n=0.3$，$h/b=0.62$)

(l) RC-S-L1 ($n=0.26$，$h/b=0.62$)

(m) CFST-S-L2 ($n=0.62$，$h/b=0.62$)

(n) CFST-C-L2 ($n=0.58$，$h/b=0.62$)

图 8.49 （续）

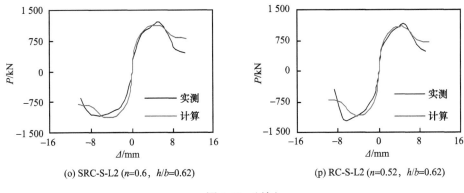

(o) SRC-S-L2 ($n=0.6$, $h/b=0.62$)　　　　　(p) RC-S-L2 ($n=0.52$, $h/b=0.62$)

图 8.49　（续）

以 8.2 节中的试件 CFST-S-L2 为例，图 8.50 给出了有限元计算结果和剪力墙中心区域的分布钢筋、柱脚处钢管和靠近梁端钢管纵向应变（ε）实测结果的比较情况。

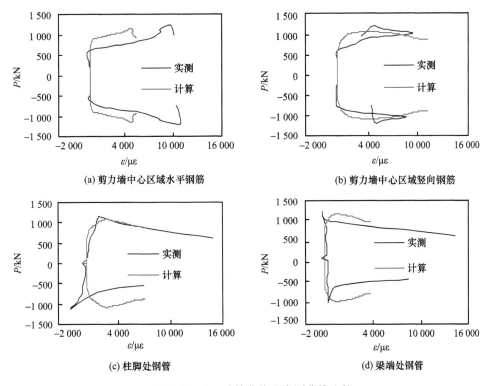

(a) 剪力墙中心区域水平钢筋　　　　　(b) 剪力墙中心区域竖向钢筋

(c) 柱脚处钢管　　　　　(d) 梁端处钢管

图 8.50　P-ε 计算曲线和实测曲线比较

图 8.51 所示为部分钢管混凝土边框柱和剪力墙之间的滑移计算结果和实测结果的对比。

图 8.52 所示为有限元模型计算的主塑性应变矢量图（可反映裂缝发展趋势）和实测的剪力墙裂缝形态图比较。

从图 8.50～图 8.52 的比较结果可见，采用有限元模型计算出的不同部位应变发展、边框柱和剪力墙之间的滑移（S_1）以及剪力墙裂缝发展趋势等均和试验实测结果总

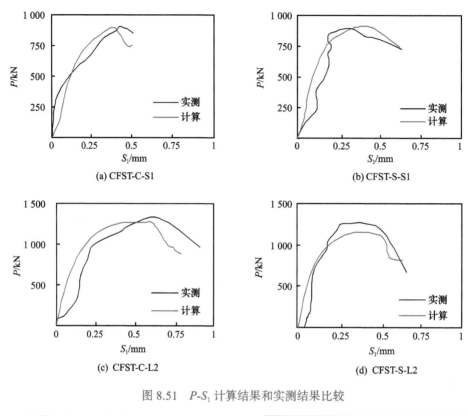

(a) CFST-C-S1　　　　　　　　　　　　(b) CFST-S-S1

(c) CFST-C-L2　　　　　　　　　　　　(d) CFST-S-L2

图 8.51　P-S_1 计算结果和实测结果比较

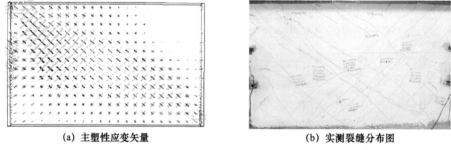

(a) 主塑性应变矢量　　　　　　　　　　(b) 实测裂缝分布图

图 8.52　计算的主塑性应变矢量图与实测剪力墙裂缝形态比较

体上较为吻合。

　　图 8.53 给出了 8.2 节中的试件 SRC-L-2 有限元计算结果的主塑性应变矢量图和实测的剪力墙裂缝形态图比较。主塑性应变矢量图可直观反映混凝土裂缝的发展，可见，数值模拟结果与实测裂缝发展形态比较吻合。另外，经过对 RC 边框柱的试件的数值模拟，计算结果也类似（Liao，Han 和 Tao，2012）。

　　需要说明的是，本节用单调加载的有限元模型对 8.2 节的往复荷载作用下剪力墙结构的力学性能进行模拟和分析，计算结果并不能完全反映往复荷载作用下的情况，例如计算结果没有反映混凝土在往复应力作用下的累积损伤等，这与试验结果存在差异。但由图 8.52 和图 8.53 的比较可见，有限元计算的单调加载情况下剪力墙裂缝开展角度和发展趋势与实测相应加载方向总体上是一致的。

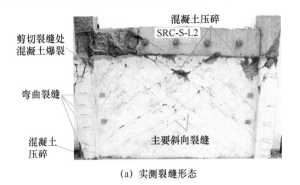

(a) 实测裂缝形态

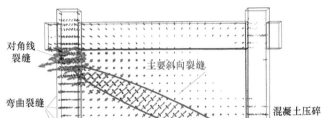

(b) 计算主塑性应变矢量图

图 8.53　典型 SRC 边柱试件计算主塑性应变矢量图
与实测剪力墙裂缝形态比较

8.3.2　受力全过程分析

为深入了解带 CFST 边框柱和 SRC 边框柱的 RC 剪力墙在侧向力作用下各部件的受力特性，以下分别选取 CFST-S-L2 和 SRC-S-L2 作为典型试件来进行分析。

（1）钢管混凝土边框柱试件 CFST-S-L2

图 8.54 所示为有限元模型计算的试件在单调荷载作用下的 P-Δ 曲线，为分析方便，在其上选取以下四个典型特征点进行分析，即 A 点为剪力墙出现初始裂缝的点；B 点为剪力墙分布钢筋开始屈服并进入弹塑性阶段的点；C 点为剪力墙试件达到峰值荷载时的点；D 点为荷载下降到 85% 极限荷载，即达破坏荷载 P_u 时的对应点。除 A、B、C 和 D 四点外，另外还对边框柱钢管屈服所对应时刻（如图 8.54 所示）试件的力学状态也进行了分析。

对于每个特征点，通过分析所得的应力、应变矢量图和云图等来反映这个时刻

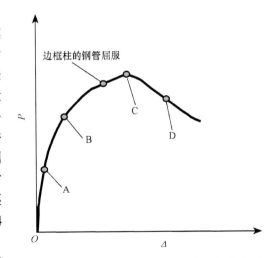

图 8.54　典型的水平荷载（P）- 水平位移（Δ）
关系曲线（CFST-S-L2）

各部件的受力状态。在混凝土塑性损伤模型中，当混凝土出现主拉塑性应变时即表示混凝土产生开裂，且裂缝方向垂直于主拉塑性应变方向，因此可用主拉塑性应变来近似反映剪力墙混凝土的裂缝开展情况。此外，由于采用的混凝土受压本构关系模型具有下降段，仅依据主压应力的数值大小并不能完全反映混凝土的受压破坏严重程度，此时可采用主压塑性应变来加以反映。

1）A 点。

图 8.55 所示为 A 点处计算的剪力墙主塑性应变矢量图，其中的箭头显示了最大（受拉）主塑性应变方向，和其垂直方向表示最小（受压）主塑性应变的方向。受拉主塑性应变可大致反映混凝土的开裂形态。可见，计算裂缝方向和水平方向夹角近似为 45°，和实测结果较为相近。

图 8.56 给出了 A 点对应的剪力墙混凝土主应力矢量图，其中箭头方向表示最小（压）主应力方向，和它垂直的方向代表最大（拉）主应力方向。从图 8.56 可以看出，受轴压力的影响，在 A 点时剪力墙混凝土以受压为主，受压主应力较受拉主应力的数值和分布区域都大。由于试件在左端加载，剪力墙左半部分受水平荷载的影响更大。在这个区域内由轴压力和水平力引起的受压主应力和受拉主应力二者互相垂直，都大致沿与水平方向成 45°角开展。而在剪力墙的右半部受水平荷载的影响还较小，主要分布着由轴向压力引起的竖向受压主应力。

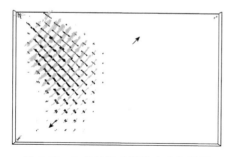 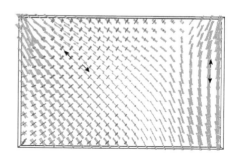

图 8.55　A 点处的主塑性应变矢量图　　　图 8.56　A 点处的主应力矢量图

图 8.57 和图 8.58 所示分别为 A 点对应的剪力墙分布钢筋和边框柱钢管的应力分布云图，其中钢筋采用纵向应力（S11）、钢管采用 Mises 应力的形式来表示。可见，在剪力墙初裂时，剪力墙分布钢筋的应力很小。此时边框柱的应力也较小，由于受轴压力的影响，其应力状态主要表现为受压。

2）B 点。

在 B 点处，由于剪力墙上斜裂缝的不断开展，剪力墙分布钢筋开始达到屈服。图 8.59（a）所示为此时剪力墙的主塑性应变矢量图。从中可见，与图 8.55 相比，在剪力墙水平分布钢筋达到屈服时，剪力墙左侧开裂范围进一步扩大，宽度最大的裂缝出现在近似沿对角线方向分布的条状区域内，表明此时剪力墙混凝土在对角线附近区域正逐渐形成一条主斜裂缝。

图 8.59（b）所示为 B 点对应的剪力墙混凝土主应力矢量图。可见，此时剪力墙除右侧边缘外，其余大部分区域的受压主应力都呈斜向分布，表明此时剪力墙混凝土应

力状态主要以剪切为主，受压主应力最大区域分布在裂缝两侧，裂缝附近的混凝土由于受压破坏开始退出工作，因而受压主应力明显减小。

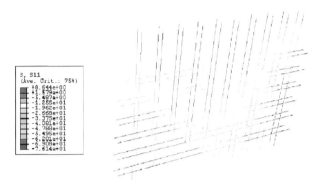

图 8.57　A 点处分布钢筋的应力分布（应力单位：MPa）

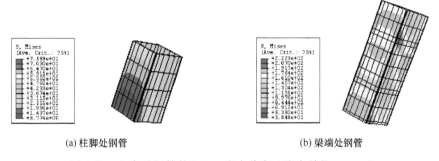

(a) 柱脚处钢管　　　　　　　　　　　　　　　　(b) 梁端处钢管

图 8.58　A 点处钢管的 Mises 应力分布（应力单位：MPa）

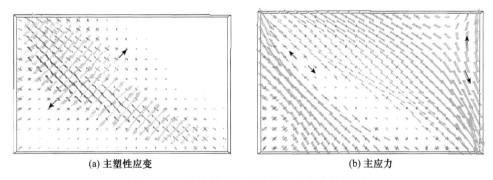

(a) 主塑性应变　　　　　　　　　　　　　　　　(b) 主应力

图 8.59　B 点处的主塑性应变和主应力矢量图

图 8.60 所示为 B 点对应的剪力墙分布钢筋的纵向应力（S11）分布云图。可见，在主斜裂缝发展的附近区域，剪力墙分布钢筋达到屈服，表明混凝土开裂引起了应力转移和钢筋屈服。

图 8.61（a）和（b）分别给出了钢管混凝土边框柱脚处钢管和混凝土的应力云图，可见，此时钢管的 Mises 应力还较小（最大值为 140MPa），尚未达到屈服状态，柱脚混凝土中受压主应力的数值也较小。

图 8.62 中分别给出了 B 点时刻对应的边框梁中型钢、加强环板和钢筋的应力分布

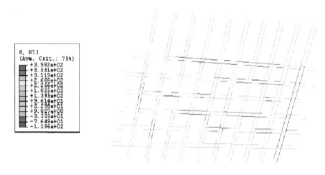

图 8.60　B 点处分布钢筋的应力图（应力单位：MPa）

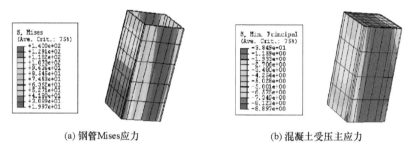

(a) 钢管Mises应力　　　　　　　　　(b) 混凝土受压主应力

图 8.61　B 点处柱脚钢管和混凝土的应力图（应力单位：MPa）

云图以及混凝土的主塑性应变矢量图。

　　由图 8.62 可以看出，此时梁中型钢和加强环板的 Mises 应力值均未达到其屈服强度，而纵筋和箍筋的最大应力值也仅在 100MPa 左右，表明此时边框梁受荷还较小，但从图 8.62（c）所示的混凝土的主塑性应变矢量图中可以发现，此时边框梁左端和右端的混凝土已经开裂。

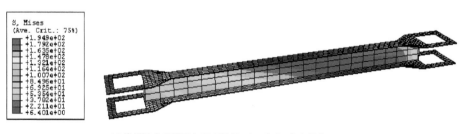

(a)边框梁中型钢及加强环板的Mises应力 (应力单位：MPa)

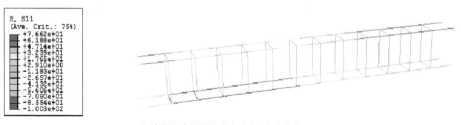

(b)边框梁中钢筋的纵向应力 (应力单位：MPa)

图 8.62　B 点处边框梁中钢材应力状态和混凝土的主塑性应变

(c) 边框梁混凝土的主塑性应变矢量

图 8.62　（续）

　　剪力墙分布钢筋屈服后，随着水平荷载的继续增大，钢管混凝土边框柱脚处钢管的 Mises 应力达到了屈服极限。此时，剪力墙混凝土开裂区域进一步扩大，新的斜裂缝也不断开展和延伸。通过观察剪力墙的主应力矢量，发现主裂缝附近退出工作的混凝土范围也有所扩大。

　　此时，剪力墙分布钢筋达到屈服状态的区域进一步扩大，表明主斜裂缝的进一步发展。边框梁中的型钢翼缘在左端和柱环板连接处已发生屈服并进入弹塑性状态，但其他区域的型钢 Mises 应力值并不大，同时梁中纵筋和箍筋也未达到屈服状态，梁中混凝土裂缝宽度有继续增大的趋势。

　　图 8.63 所示为钢管混凝土边框柱的柱脚处和梁端处钢管的 Mises 应力分布情况，可见此时这两处的钢管均已进入屈服状态。

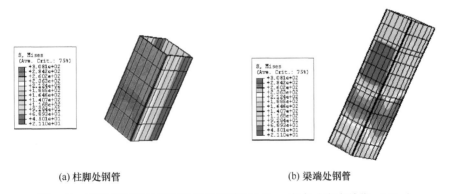

(a) 柱脚处钢管　　　　　　　　　　　　　**(b) 梁端处钢管**

图 8.63　钢管屈服时柱脚和梁端处钢管的 Mises 应力（应力单位：MPa）

　　图 8.64（a）所示为边框柱变形图（为了便于观察，将变形放大了 30 倍进行显示），可见边框柱在靠近柱脚一端主要以弯曲变形为主，但在靠近梁端，柱的挠曲线形状产生突变，表现出剪切变形的特征。图 8.64（b）给出了该边框柱中核心混凝土的主应力矢量图，可见，在柱脚处的核心混凝土的应力状态主要表现为沿纵向分布的主拉应力，表明此边框柱在柱脚处处于拉弯的受力状态。随着边框柱离梁端距离的减小，核心混凝土的主应力方向开始倾斜。在柱挠曲线形状突变处，混凝土的主应力方向和水平方向的夹角接近 45°，表明此处边框柱主要承受水平剪力，该剪力系由于剪力墙的斜压杆传力机制所引起。

　　3）C 点。

　　图 8.65 所示分别为 C 点处计算的剪力墙主塑性应变矢量。和图 8.15（1，c）实际

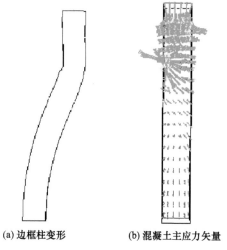

(a) 边框柱变形　　　(b) 混凝土主应力矢量

图 8.64　钢管屈服时边框柱变形
和混凝土的主应力矢量

观测的剪力墙裂缝图对比可见，在计算加载方向二者所反映的剪力墙混凝土开裂区域和趋势基本接近。和 B 点相比，此时剪力墙混凝土出现受拉主塑性应变的区域（即混凝土开裂的区域）并未明显扩大，但受拉主塑性应变值有所增加，显示此时剪力墙基本不再有新的斜裂缝产生，但裂缝宽度仍在增长，这也和试验观测一致。

4）D 点。

当试件的承载力下降到峰值荷载的 85% 时，认为试件达到破坏状态。

图 8.66 所示为 D 点时计算的剪力墙和边框梁混凝土主塑性应变矢量。由于计算为单调加载情况，与 C 点相比，在 D 点时剪力墙混凝土的最大主拉塑性应变由 0.015 急剧增大到 0.0296，表明剪力墙斜裂缝宽度的迅速增大；同时最小主应变的最大值由 0.005 迅速增大到 0.012，表明混凝土的受压应变急剧增长。

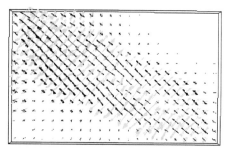

图 8.65　C 点处计算的主塑性应变矢量

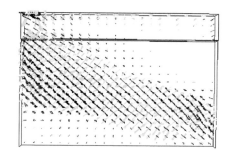

图 8.66　D 点处计算的主塑性应变矢量

图 8.67 所示为 D 点时边框梁中的型钢、钢筋及加强环板的应力分布情况。可见，此时梁端箍筋已经屈服而纵筋仍未达到屈服状态。同时型钢梁端变截面处的腹板也开始进入屈服状态，表明型钢在梁端承受了较大剪力。由型钢、纵筋以及箍筋的应力值比较可知，边框梁承受的剪切作用比弯曲作用大，其应力最集中和破坏最严重的区域都出现在梁端。

对于带型钢支撑的试件，其计算的 $P\text{-}\Delta$ 关系曲线总体上与图 8.54 类似。图 8.68

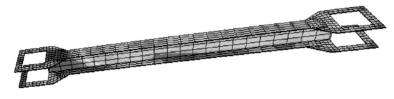

(a) 边框梁中型钢及加强环板的 Mises 应力分布（应力单位：MPa）

图 8.67　D 点处边框梁中的型钢、钢筋和加强环板应力分布

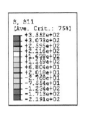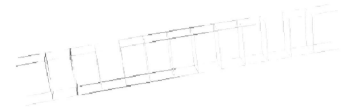

(b) 边框梁中钢筋纵向应力分布（应力单位：MPa）

图 8.67　（续 ）

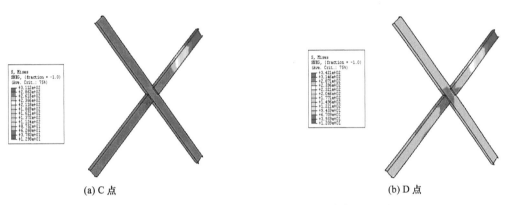

(a) C 点

(b) D 点

图 8.68　型钢支撑 Mises 应力分布（应力单位：MPa）

所示为试件 CFST-C-ZC 中的钢支撑对应峰值荷载（C 点）和破坏荷载（D 点）时的 Mises 应力分布。可见，在试件达到峰值荷载和破坏荷载时，型钢支撑的中部交叉处应力较大，这与本书 8.2 节中的试验现象一致。

（2）型钢混凝土边框柱试件 SRC-S-L2

对于型钢混凝土边框柱剪力墙试件 SRC-S-L2，类似地选取对应于图 8.69 中的四个典型时刻进行受力全过程分析。图中 A 点对应于剪力墙开始出现初始裂缝的时刻，B 点对应于剪力墙的对角线方向形成主裂缝的时刻，C 点对应于试件达到其极限荷载时刻，D 点对应于水平荷载下降到极限荷载的 85% 的时刻。

1）A 点。

图 8.70（a）所示为试件 SRC-S-L2 的 A 点处计算的剪力墙主塑性应变矢量图，其中的箭头显示了最大（受拉）主塑性应变方向，和其垂直方向表示最小（受压）主塑性应变的方向。可见计算裂缝方向和水平方向夹角近似为 45°，和实测结果较为相近。图 8.70（b）给出了 A 点对应的剪力墙混凝土主应力矢量图，其中箭头方

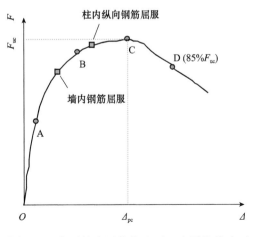

图 8.69　典型的水平荷载（P）- 水平位移（Δ）关系曲线（SRC-S-L2）

向表示最小（压）主应力方向，和它垂直的方向代表最大（拉）主应力方向。可以看出，在 A 点时剪力墙混凝土的主应力矢量分布与前面 CFST-S-L2 试件规律类似。

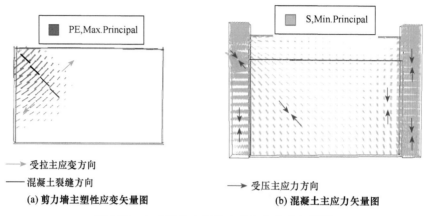

→ 受拉主应变方向
—— 混凝土裂缝方向

(a) 剪力墙主塑性应变矢量图

→ 受压主应力方向

(b) 混凝土主应力矢量图

图 8.70 A 点处的主塑性应变和主应力矢量图

当水平荷载达到了 75% 的极限荷载时，剪力墙分布钢筋的纵向应力（S11）分布如图 8.71（a）所示。可见此刻剪力墙分布钢筋大部分接近屈服，主要原因是由于混凝土开裂后钢筋承担主要的荷载。与 A 时刻的混凝土主拉塑性应变矢量对比，此时的混凝土拉应变也有很大的发展，如图 8.71（b）所示，SRC 边框柱柱底开始出现裂缝。

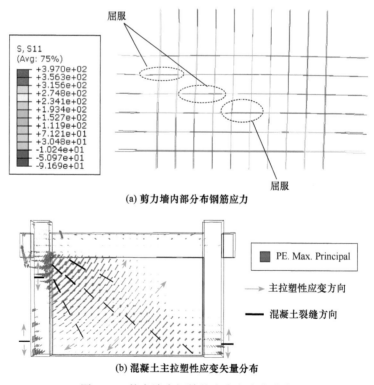

(a) 剪力墙内部分布钢筋应力

(b) 混凝土主拉塑性应变矢量分布

图 8.71 剪力墙内钢筋的应力和应变分布

2）B 点。

当水平荷载接近于 85% 极限荷载时，剪力墙混凝土的主拉塑性应变矢量在对角线方向集中分布，意味着在墙体的主对角方向形成了主斜裂缝，如图 8.72（a）所示。

图 8.72（b）和（c）分别给出了对应于 B 点时刻时，剪力墙钢筋应力分布及 SRC 梁柱内部型钢的应力分布，可见由于裂缝的出现和扩展，原先由混凝土承担的荷载逐渐转为由钢筋和内部型钢承担，导致大部分型钢截面和沿墙体斜对角线方向范围内的钢筋逐渐达到屈服。

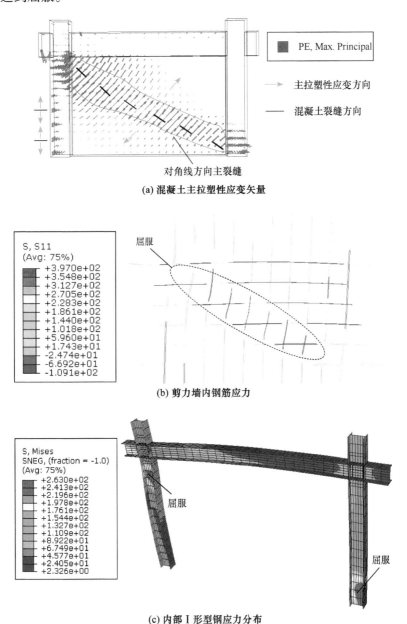

(a) 混凝土主拉塑性应变矢量

(b) 剪力墙内钢筋应力

(c) 内部 I 形型钢应力分布

图 8.72　B 点时刻应力和应变分布（应力单位：MPa）

当水平荷载接近于 90% 极限荷载时，SRC 边框柱柱底范围内的纵向钢筋应力达到其屈服强度，如图 8.73 所示。

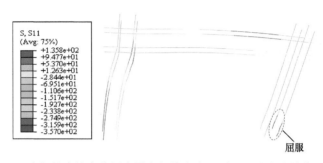

图 8.73　边框柱内柱底范围内纵向钢筋应力达到屈服（应力单位：MPa）

3）C 点。

C 点为水平荷载达到极限荷载时刻，图 8.74（a）所示为剪力墙混凝土的主压应变矢量在对角线方向的分布，可见在墙体的主对角方向形成了受压结构单元用以承担水平荷载在墙体内引起的剪力，因为在主对角方向混凝土的主压应变矢量明显高于墙体其余位置。

图 8.74（b）所示为墙体中钢筋应力矢量分布，图 8.74（c）和（d）分别为边框柱及梁内部型钢主压应力及主拉应力矢量分布，型钢不同部分的主拉应力及主压应力方

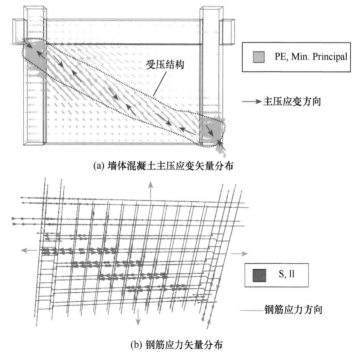

(a) 墙体混凝土主压应变矢量分布

(b) 钢筋应力矢量分布

图 8.74　C 点时刻应力及应变分布（应力单位：MPa）

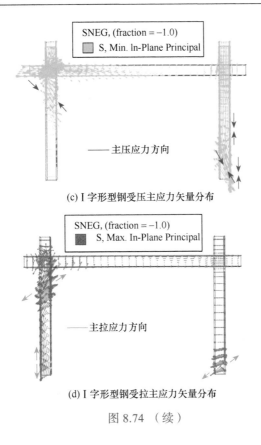

(c) I 字形型钢受压主应力矢量分布

(d) I 字形型钢受拉主应力矢量分布

图 8.74　（续）

向和墙体主对角的剪力及变形相一致。

4）D 点。

D 点对应于试件下降阶段，为水平荷载下降到 85% 极限荷载所对应的时刻，也就是常规定义为"破坏"对应的时刻。图 8.75（a）所示为此刻剪力墙混凝土的主拉塑性应变矢量在对角线方向的分布，其裂缝开展模式和 C 点时刻类似。图 8.75（b）所示为墙体中钢筋应力分布，图 8.75（c）为边框柱及梁内部型钢应力分布。总体上可以看出 SRC 边框柱剪力墙试件最终为剪切型破坏特征。

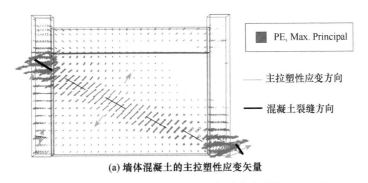

(a) 墙体混凝土的主拉塑性应变矢量

图 8.75　D 点时刻应力及应变分布（应力单位：MPa）

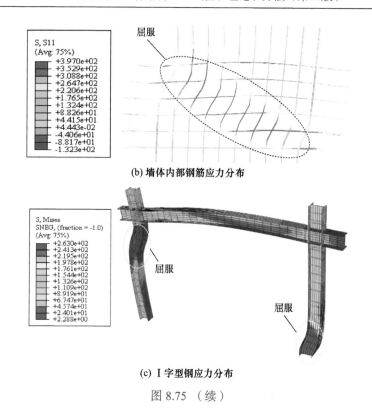

(b) 墙体内部钢筋应力分布

(c) I 字型钢应力分布

图 8.75 （续）

8.3.3　破坏机制和受力特点分析

（1）剪力墙破坏机制

通过对带 CFST 边框柱的 RC 剪力墙结构在各特征点受力状态的分析可以清晰地研究这类剪力墙结构的工作机理。剪力墙结构的初始斜裂缝沿 45°方向斜向开展，此时剪力墙的左侧和中部有由轴压力和水平剪力共同引起的斜向剪切应力，而右侧区域存在由轴压力引起的竖向压应力。剪力墙初裂时分布钢筋的应力以数值较小的压应力为主，而边框柱主要以压应力为主。

剪力墙开裂后，其混凝土所承担的拉应力就开始转移到分布钢筋上，使得分布钢筋的应力迅速增大。剪力墙水平分布钢筋屈服区域出现在剪力墙最大主拉塑性应变数值最大处，也即斜裂缝宽度最大的位置，如图 8.56 所示。在此阶段，出现最大主拉塑性应变的区域不断扩大，表明剪力墙上不断有新的斜裂缝产生。此时边框柱脚和梁端处的钢管尚未达到屈服状态，但边框梁混凝土在左下部和剪力墙交界处已经开裂，而梁中型钢和钢筋的应力均还不大。

在剪力墙分布钢筋屈服后，剪力墙上最大主拉塑性应变的区域不断扩大，陆续有新的斜裂缝产生，同时剪力墙钢筋进入屈服状态的区域也不断扩大，剪力墙和分布钢筋都形成一条沿对角线方向斜向贯通全墙的塑性区域，这个区域内的水平和竖向分布钢筋都已屈服，剪力墙的最大主拉塑性应变和最小主压塑性应变都较其他区域大。从剪力墙的主应力状态来看（图 8.59），剪力墙绝大部分区域的混凝土都分布着相互垂直的斜向主拉应力和斜向主压应力，剪力墙以受剪为主。此时剪力墙逐渐形成了斜压杆机制，即近似沿对角线方向分布的主斜裂缝区域，在较大的主拉应力和主压应力同时作用下，其受力状态类似一个斜向受压的桁架杆，如图 8.76（a）所示。

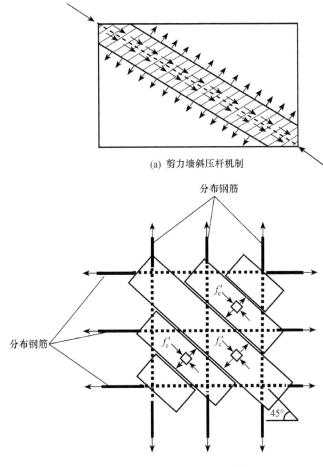

(a) 剪力墙斜压杆机制

分布钢筋

分布钢筋

$45°$

(b) 剪力墙混凝土斜压小柱体受力情况

图 8.76　带 CFST 边框柱的 RC 剪力墙破坏机制示意图

此后随着水平荷载的继续增大，边框柱脚和梁端处钢管都达到屈服状态，此时边框柱在梁端以下的区域其变形主要表现为弯曲变形，而在梁端区域，边框柱受水平剪力的影响，其变形曲线在此出现转折，表现出剪切变形的特征，如图 8.64 所示。此时，边框梁中型钢在变截面处屈服，而梁中钢筋还未达到屈服状态。此后，剪力墙出现最大主塑性应变的区域不再扩大而其数值却不断增加，表明此后剪力墙上不再出现新的斜裂缝，而表现为主斜裂缝宽度的不断增大。

剪力墙在达到极限荷载时，剪力墙的斜压杆效应趋于明显，主斜裂缝区域的最大主塑性应变值已经很大。此时，钢管混凝土边框柱的变形总体上还是以弯曲变形为主，梁端处并未产生剪切破坏，这表明由于钢管混凝土边框柱具有较强的抗剪能力，柱和剪力墙并未形成一个整体剪切滑移面。剪力墙斜裂缝间的混凝土斜压小柱体在主拉应力和主压应力的共同作用下达到其软化抗压强度而被压碎（软化抗压强度指承受拉、压双向应力的混凝土应力 - 应变关系会发生软化，其抗压强度低于单轴极限抗压强度（f_c'）（Vulcano 等，1988），如图 8.76（b）所示。边框柱脚和梁端处的应力继续增大，同时进入塑性的区域也不断扩大。

试件达到破坏状态时，剪力墙上主斜裂缝两侧多处混凝土以及边框梁左下方和剪力墙交界处的混凝土其最小主塑性应变都达到其极限应变（混凝土受压应变达到 0.0033），表明墙体混凝土多处被压碎。墙体破坏时，边框梁中钢筋均未达到屈服状态。

通过上述对带 CFST 边框柱的 RC 剪力墙破坏过程的描述，可以看出其破坏是由于在水平荷载作用下，剪力墙沿对角线附近区域的混凝土逐渐形成一个主拉应力和主压应力值都较大的区域，进而形成斜压杆破坏机制 [图 8.76（a）]，斜压杆承受法向拉应力和轴向压应力的共同作用。由于钢管混凝土边框柱抗剪能力较强，其主要发生弯曲变形，并未和剪力墙形成一个整体的剪切破坏面，最终剪力墙斜裂缝之间的混凝土斜压小柱体在主拉应力和主压应力的共同作用下达到其软化抗压强度而压碎 [图 8.76（b）]。混合剪力墙结构达到极限状态时，剪力墙的分布钢筋已经屈服，同时混凝土斜压小柱体也达到其抗压强度（f_c'）。

同样采用建立的有限元模型对带 SRC 边框柱的 RC 剪力墙和带 RC 边框柱的 RC 剪力墙进行数值模拟，发现二者在加载过程中其剪力墙体和带 CFST 边框柱的 RC 剪力墙的墙体的主应力和主塑性应变发展情况都较为接近，呈斜压杆破坏机制。此外，通过带 SRC 边框柱的 RC 剪力墙和带 RC 边框柱的 RC 剪力墙其边框柱中混凝土的主塑性应变矢量图，发现其分布也和图 8.64（b）所示的钢管混凝土的核心混凝土主塑性应变分布基本一致（Liao，Han 和 Tao 等，2012）。

图 8.77 给出了三种剪力墙试件在达到破坏状态时其边框柱的变形情况（变形放大 30 倍），可见，三种边框柱的变形形态总体相同，但型钢混凝土柱和钢筋混凝土柱在靠近梁端处呈现出更为明显的局部剪切破坏特征。

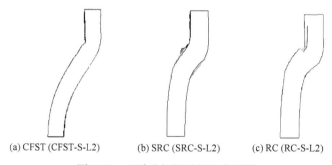

(a) CFST (CFST-S-L2)　　　(b) SRC (SRC-S-L2)　　　(c) RC (RC-S-L2)

图 8.77　三种边框柱破坏形态比较

（2）轴力分配

在实际工程中带边框柱 RC 剪力墙的边框柱和墙体上一般都要分担轴向荷载。本书 8.2 节中试验的带 CFST 边框柱的 RC 剪力墙试件其轴力虽然仅施加在边框柱上，但轴向荷载也会通过梁以及连接件传递到剪力墙上。

表 8.6 中给出了有限元模型计算得出的轴向荷载在边框柱和剪力墙之间的分配情况

（底部截面），计算时刻为柱轴向力施加后，尚未开始施加水平荷载时。从表中可以看到，当剪力墙试件仅承担竖向荷载时，对于本次试验的带 CFST 边框柱的 RC 剪力墙，施加在 CFST 边框柱上的轴压力有 51%～57% 通过边框梁和连接件传递到剪力墙上。

表 8.6　CFST 边框柱和 RC 剪力墙分担轴力比例

试件编号	CFST-S-S1	CFST-S-S2	CFST-S-L1	CFST-S-L2	CFST-C-S1	CFST-C-S2	CFST-C-L1	CFST-C-L2
柱截面形状	方形				圆形			
柱轴压比（n）	0.31	0.62	0.31	0.62	0.29	0.58	0.29	0.58
RC 剪力墙高宽比（h/b）	0.95	0.62	0.95	0.62	0.95	0.62	0.95	0.62
柱分担比例 /%	47	49	47	48	43	44	43	44
墙分担比例 /%	53	51	53	52	57	56	57	56

（3）水平剪力分配

带边框的剪力墙试件其水平荷载由边框柱和剪力墙共同承担，确定水平剪力在二者之间的分配比例是分析试件工作机理的重要内容，也是该类剪力墙设计依据的重要组成部分。有限元模型可方便地计算得到边框柱和剪力墙在试件受力全过程中所分别承担的水平剪力的比例。

图 8.78 给出了三种剪力墙试件边框柱和剪力墙所分别承担的剪力随位移增大而变化的曲线。图 8.78（a）中的 a、b、c 三点分别对应 RC 剪力墙开裂、边框柱柱脚处钢

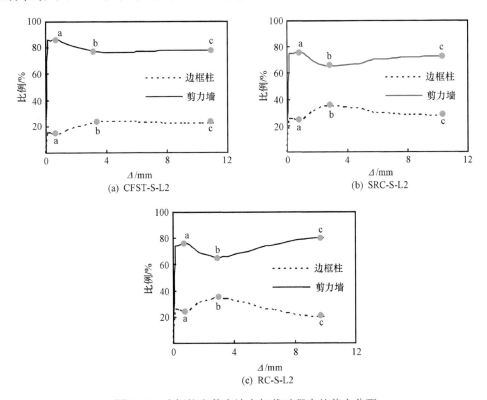

图 8.78　边框柱和剪力墙在加载过程中的剪力分配

管屈服和试件达到破坏状态的时刻。可以看到，混凝土开裂后剪力墙的剪切刚度下降，原来由剪力墙承担的水平剪力逐渐转移到边框柱上。

到了 b 点后，柱脚钢管达到屈服状态，柱的弯曲刚度和剪切刚度都减小，所以在 bc 段边框柱所承担的剪力比例开始略有下降，而剪力墙所承担的剪力比例则略有上升。比较三种柱的结果发现：在 ab 段，当剪力墙开裂后，带 CFST 边框柱的 RC 剪力墙试件 RC 剪力墙承担的剪力比例的下降速度较带 SRC 边框柱和带 RC 边框柱的 RC 剪力墙试件慢，表明由于钢管混凝土边框柱更利于抑制剪力墙的斜裂缝开展，延缓了剪力墙剪切刚度的下降。而在 bc 段，同样也可以发现钢管混凝土边框柱承担的剪力比例下降不大，而型钢混凝土边框柱和钢筋混凝土边框柱承担的剪力比例则出现明显下降，进一步表明了钢管混凝土边框柱的良好抗剪性能。

图 8.79 所示为不同类型剪力墙边框柱和墙体承载力的剪力比例的比较情况。可见在峰值点后，型钢混凝土和钢筋混凝土边柱所承担的剪力比例下降速度较钢管混凝土边框柱快，表明二者在此阶段的破坏程度较钢管混凝土柱严重。

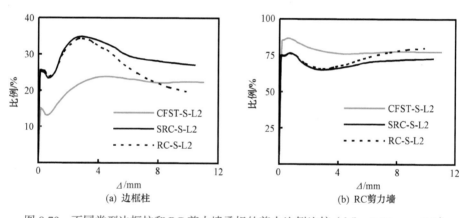

图 8.79　不同类型边框柱和 RC 剪力墙承担的剪力比例比较（$h/b=0.62$，$n\approx0.6$）

从图 8.79 还可以看出，和带 SRC 边框柱和带 RC 边框柱剪力墙试件的边框柱相比，带 CFST 边框柱 RC 剪力墙试件在受荷初期其边框柱所承担的剪力比例较小。这是由于钢管混凝土边框柱的截面尺寸较小，其初始剪切刚度较前二者小，钢管混凝土边框柱在受荷初期所分配的剪力比例较小。计算表明在峰值荷载时带 CFST 边框柱的 RC 剪力墙、带 SRC 边框柱的 RC 剪力墙和带 RC 边框柱的 RC 剪力墙的剪力墙所承担的剪力比例分别为 77%、69% 和 68%。

通过计算发现其他带 CFST 边框柱的 RC 剪力墙试件其边框柱和剪力墙所分担的剪力比例在加载过程中的变化规律和图 8.78（a）类似。

表 8.7 给出了带 CFST 边框柱的 RC 剪力墙试件达峰值荷载时边框柱和剪力墙承担的水平剪力比例值，可以看出：在峰值荷载时，剪力墙承担了大部分的剪力，其承担的剪力比例在 70%～80%。随着边框柱轴压比（n）的增大，剪力墙所承担的剪力比例有增大的趋势。$h/b=0.62$ 的试件其分担的剪力比例也要大于 $h/b=0.95$ 的试件。这是由于 n 的增大和 h/b 的减小导致剪力墙的剪切刚度增大，因而提高了其分担剪力的比例。

表 8.7　CFST 边框柱和 RC 剪力墙分担水平剪力比例

试件编号	CFST-S-S1	CFST-S-S2	CFST-S-L1	CFST-S-L2	CFST-C-S1	CFST-C-S2	CFST-C-L1	CFST-C-L2
柱截面形状	方形				圆形			
柱轴压比（n）	0.31	0.62	0.31	0.62	0.29	0.58	0.29	0.58
RC 剪力墙高宽比（h/b）	0.95	0.62	0.95	0.62	0.95	0.62	0.95	0.62
柱分担比例 / %	30	26	25	23	32	30	22	20
墙分担比例 / %	70	74	75	77	68	70	78	80

（4）弯矩分配

试件在受荷全过程中不仅承担着水平剪力，还承担着倾覆弯矩。由有限元模型的计算结果可以看到试件的倾覆弯矩主要由边框柱承担。图 8.80 给出了三种剪力墙试件（CFST-S-L2、SRC-S-L2、RC-S-L2）的边框柱和剪力墙所承担的弯矩比例随水平位移的变化曲线，可见，带 SRC 边框柱和带 RC 边框柱剪力墙试件的边框柱和剪力墙承担弯矩比例的曲线较为接近，而 CFST 边框柱在初期所承担的弯矩比例要小于 SRC 边框柱和 RF 边框柱。这是由于 CFST 柱的截面尺寸较小，其弹性抗弯刚度较后二者小，在剪力墙抗弯刚度一样的情况下，CFST 柱所分担的弯矩比例就小于 SRC 柱和 RC 柱。从图中也可以看到，随着水平位移的增大，边框柱承担的弯矩比例继续上升，剪力墙所承担的弯矩逐渐转移到边框柱上。到峰值荷载时 CFST、SRC 柱和 RC 柱承担的弯矩占总弯矩的比例分别为：83.6%、91% 和 89%，而到试件破坏时三者所承担的弯矩比例差别不大，显示了 CFST 柱良好的后期承载能力。

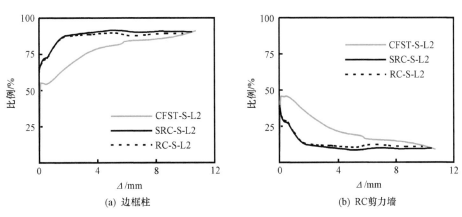

(a) 边框柱　　　　　　　　(b) RC剪力墙

图 8.80　边框柱与剪力墙承担的弯矩比例比较（$h/b=0.62$，$n\approx0.6$）

图 8.81 给出了典型带 CFST 边框柱的 RC 剪力墙试件边框柱和剪力墙所承担的倾覆弯矩比例随位移增大而变化的曲线。可以看出，随着水平位移的增大，边框柱承担的弯矩比例一直上升，表明剪力墙的抗弯刚度一直在退化，因此其承担的弯矩不断转移到边框柱上，到峰值荷载时边框柱均承担了 80% 以上的倾覆弯矩，而到试件破坏时这个比例上升到 90% 以上。

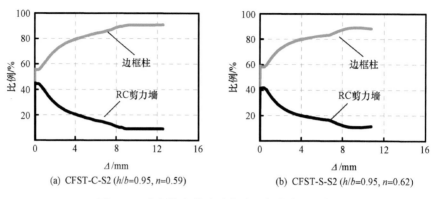

(a) CFST-C-S2 (*h/b*=0.95, *n*=0.59)　　　　　(b) CFST-S-S2 (*h/b*=0.95, *n*=0.62)

图 8.81　边框柱和剪力墙各自承担的弯矩比例

　　表 8.8 给出了各带 CFST 边框柱的 RC 剪力墙试件峰值荷载时边框柱和剪力墙承担的弯矩比例值，可见：各试件在峰值荷载时其边框柱和剪力墙所承担的弯矩比例相差不大。随着轴压比（*n*）的增大，边框柱所承担的弯矩比例有下降的趋势，这是由于 *n* 增大导致边框柱的剪切刚度增大，而弯曲刚度减小。随着 *h/b* 的减小，边框柱承担的弯矩比例略有提高。

表 8.8　CFST 边框柱和 RC 剪力墙分担弯矩比例

试件编号	CFST-S-S1	CFST-S-S2	CFST-S-L1	CFST-S-L2	CFST-C-S1	CFST-C-S2	CFST-C-L1	CFST-C-L2
柱截面形状	方形				圆形			
柱轴压比（*n*）	0.31	0.62	0.31	0.62	0.29	0.58	0.29	0.58
RC 剪力墙高宽比（*h/b*）	0.95	0.62	0.95	0.62	0.95	0.62	0.95	0.62
柱分担比例 /%	87	83	89	84	88	85	88	87
墙分担比例 /%	13	17	12	16	12	15	12	13

8.3.4　基于非线性纤维梁理论的滞回性能分析

（1）基于 OpenSees 平台的剪力墙滞回分析

　　本节中钢管混凝土（型钢混凝土）框架 -RC 剪力墙结构的数值模拟中，可采用基于非线性纤维梁柱单元理论的方法模拟框架梁和柱构件。传统的纤维模型是在平截面假定的基础上提出每根纤维均为单轴应力 - 应变关系，忽略了剪切变形影响，这对于剪跨比较大的框架结构的构件是可以接受的，但是对于剪切效应较明显的钢筋混凝土剪力墙会产生较大的误差。本节采用直接在截面层次定义剪切恢复力关系，然后将其组合到纤维截面中，形成一个组合截面（王文达等，2013；王文达和魏国强，2015）。运用 OpenSees 中提供的 Hysteretic Material 单轴本构模型来定义截面的剪切恢复力模型，其剪切骨架曲线如图 8.82（a）所示，用户可以定义其卸载刚度，并通过定义变形捏缩系数和力捏缩系数考虑其捏缩效应。通过 OpenSees 中提供的 Section Aggregator 功能，将模拟截面剪切效应的材料组合到纤维截面中，其示意图如图 8.82（b）所示（Silvia 等，2007）。

　　在数值模拟时采用了以下基本假定：①构件符合平截面假定；②钢管与核心混凝土之间协调变形，无相对滑移；③剪切变形由定义的剪切弹簧来承担。

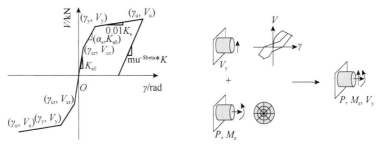

(a) Hysteretic Material模型剪切骨架曲线　　　(b) Section Aggregator示意图

图 8.82　OpenSees 中的钢筋混凝土剪力墙模型

在基于非线性纤维梁柱单元理论的基础上，运用 OpenSees 对 8.2 节带钢管混凝土（型钢混凝土）边柱的 RC 剪力墙的滞回曲线进行计算。采用钢管混凝土边柱的组合剪力墙截面纤维划分如图 8.83 所示，采用 SRC 边柱和 RC 边柱的组合剪力墙截面纤维划分类似。

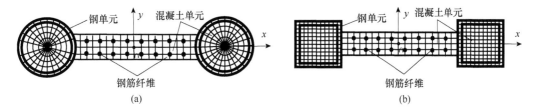

图 8.83　组合剪力墙截面纤维划分

钢管混凝土柱中的核心混凝土采用 OpenSees 系统中提供的考虑线性软化的 Concrete02 模型来模拟，钢管和钢筋采用 OpenSees 中双线性随动强化模型 Steel02 模型来模拟，其参数与 7.4 节相同。对于墙板的混凝土材料采用非约束混凝土本构，采用 Attard 和 Setunge（1996）的混凝土应力 - 应变关系表达式，见式（2.35）。

Hysteretic Material 材料剪切恢复力特征参数的取值对组合剪力墙滞回曲线有较大影响。参考王文达等（2013）的剪切恢复力特征参数的确定方法，最大抗剪承载力由本章中的简化计算公式计算。计算获得的组合剪力墙结构滞回曲线和实测曲线的对比部分汇总于图 8.84，总体上吻合良好。

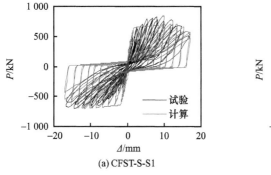
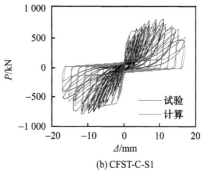

(a) CFST-S-S1　　　　　　　　　　　　(b) CFST-C-S1

图 8.84　组合剪力墙截面滞回曲线计算与 OpenSees 试验结果对比

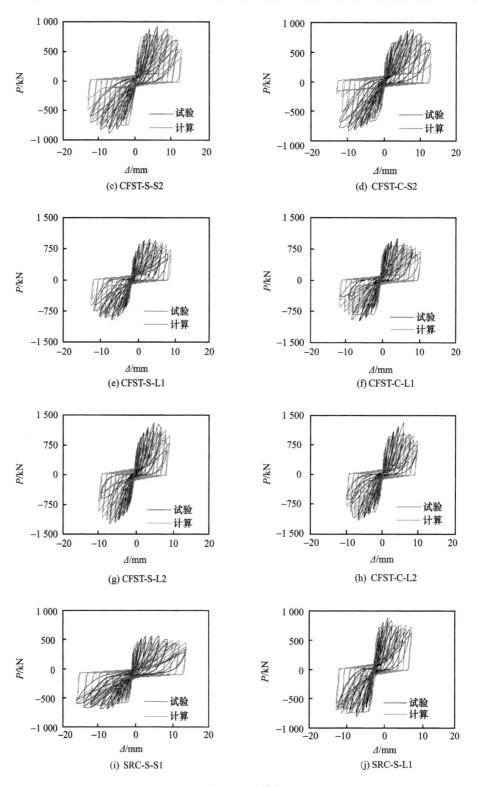

图 8.84 （续）

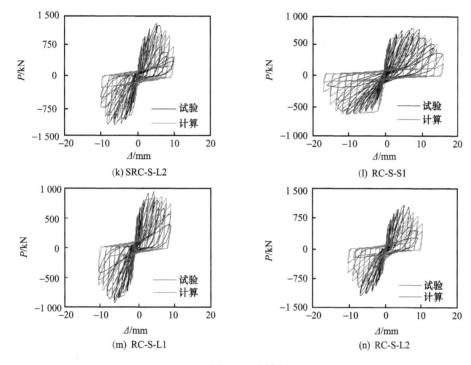

图 8.84　（续）

（2）基于 ABAQUS 平台的剪力墙滞回分析

基于 ABAQUS 软件建立了非线性纤维梁柱理论模型，在二次开发技术的基础上，实现了用梁单元模拟钢管混凝土构件等组合构件的滞回性能，同时采用基于 ABAQUS 壳单元的分层壳方法模拟钢筋混凝土剪力墙（王文达和魏国强，2015）。剪力墙分层壳模型是首先将一个壳单元划分成若干层，再根据剪力墙的实际情况对每层的厚度和材料性质（混凝土或钢筋）进行设置。分层壳单元可考虑剪力墙的面内弯矩 - 面内剪切 - 面外弯曲之间的耦合，适用于模拟剪力墙或楼板在大震作用下进入塑性的状态，因此可以更加准确地模拟剪力墙的复杂非线性行为。分层壳单元中的钢筋模拟可采用分离式或组合式。所谓分离式就是将剪力墙中的每根钢筋单独建模，再通过软件中的节点耦合或嵌入等功能使钢筋网片与墙体共同工作，而组合式就是将钢筋弥散于墙体内，主要适用于钢筋分布均匀的区域。对于墙端配筋较密的钢筋则采用分离式较方便。

基于以上所述建模方法，可对 8.2 节组合柱 - 钢筋混凝土剪力墙体系的滞回性能进行数值模拟，部分试件的实测滞回曲线与模拟曲线对比如图 8.85 所示，可见总体上吻合良好。

（3）小结

分别基于 OpenSees 平台和 ABAQUS 软件，进行了 8.2 节中组合柱 - 混凝土剪力墙结构滞回性能的数值模拟，总体上数值模拟结果与试验测试曲线吻合良好，其中 OpenSees 中采用考虑非线性剪切效应的方法直接在截面层次定义其剪切恢复力关系，可较好地模拟混凝土剪力墙的抗剪承载力、捏缩效应以及刚度退化，计算的滞回曲线与试验曲线总体吻合较好。在 ABAQUS 中采用分层壳单元模拟钢筋混凝土剪力墙，计算获得的滞回曲线总体上与实测曲线吻合较好，但在刚度退化、捏缩效应等方面的吻

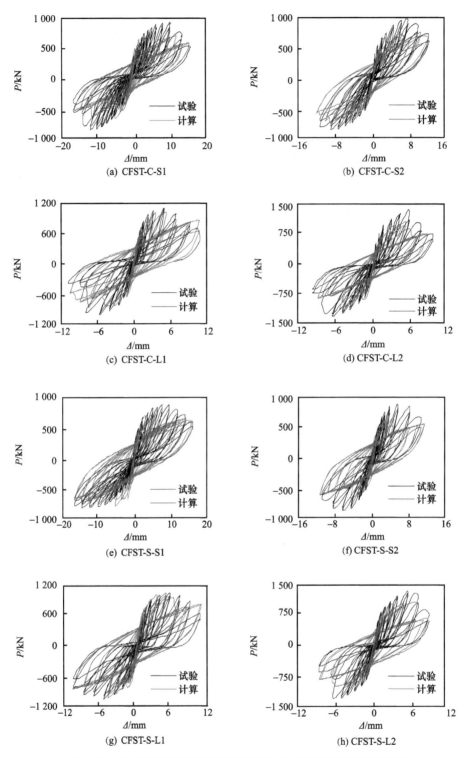

图 8.85　组合剪力墙截面滞回曲线计算与 ABAQUS 试验结果对比

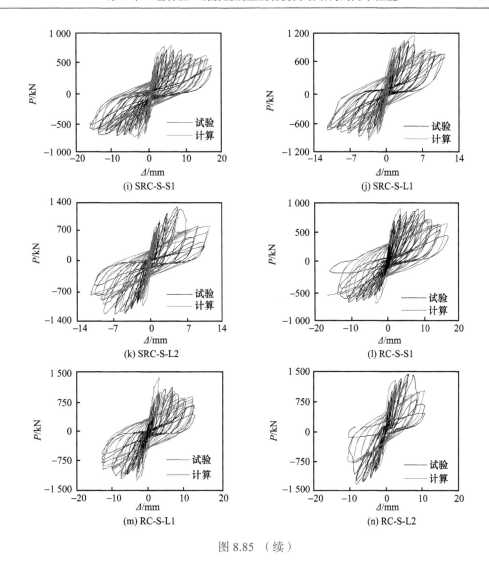

图 8.85　（续）

合程度要比 OpenSees 差，其主要原因是 OpenSees 平台中采用定义经过大量试验结果校正的相关参数来模拟刚度退化及捏缩等，而 ABAQUS 中仅能从调整材料在往复荷载作用下本构关系中的一些参数来模拟。

8.4　承载力计算方法和构造设计

根据试验研究和理论分析结果，本节探讨和归纳混合剪力墙结构有关承载力计算方法和设计建议。

（1）混合剪力墙结构抗剪承载力计算

对于带 CFST 边框柱的 RC 剪力墙，其抗剪承载力可分成剪力墙和边框柱两部分的承载力来分别加以计算，即

$$V_{u} = V_{wal} + V_{col} \tag{8.10}$$

式中：V_{wal} 为剪力墙的抗剪承载力；V_{col} 为边框柱对试件抗剪承载力贡献。

下面分别论述 V_{wal} 和 V_{col} 的计算方法。

1）剪力墙的抗剪承载力（V_{wal}）。

试件达到极限荷载时剪力墙发生剪切破坏，有限元分析结果表明，此时剪力墙水平分布钢筋基本都已屈服。剪力墙的抗剪承载力 V_{wal} 包括分布钢筋和混凝土的贡献及轴压力的影响项，表达式为

$$V_{wal} = V_{s} + V_{c} + \beta N_{o} \tag{8.11}$$

式中：V_{s} 为剪力墙分布钢筋对抗剪承载力的贡献；V_{c} 为剪力墙混凝土对抗剪承载力的贡献；βN_{o} 为轴压力对抗剪承载力的影响，其中 N_{o} 为施加在试件上的恒定轴压力，β 为常数。

需要说明的是，无论是作用在边框柱还是剪力墙上的轴压力都会通过梁和连接件互相传递，而且边框柱和剪力墙承担的轴力比例在受力过程中是不断变化的，因此要确定峰值荷载时剪力墙和边框柱上各自的轴力值，并单独考虑其对剪力墙和边框柱各自抗剪承载力的影响较为困难。本节故暂综合考虑了作用在试件上所有的轴压力对剪力墙抗剪承载力以及边框柱抗剪能力的影响。由于本章试验、理论计算以及参数分析试件的轴压力仅施加在边框柱上，轴压力 N_{o} 实际上即为边框柱上的轴力总和。

对于剪力墙中分布钢筋的抗剪承载力，参照《混凝土结构设计规范》（GB 50010—2002）（2002）[GB 50010—2010（2015）]中的计算方法，按照 45°桁架模型可以得到

$$V_{s} = f_{yh} \cdot \frac{A_{sh}}{s} \cdot L_{0} \tag{8.12}$$

式中：f_{yh} 为剪力墙水平分布钢筋的屈服强度；A_{sh} 为配置在同一水平截面内的剪力墙水平分布钢筋的全部截面面积；s 为水平钢筋的间距；L_{0} 为剪力墙的截面有效高度，对于本章论述的剪力墙结构即为 b，如图 8.5 所示。

假设剪力墙混凝土的抗剪承载力为

$$V_{c} = k_{0} \cdot f_{c}' \cdot A_{q} \tag{8.13}$$

式中：k_{0} 为强度系数；f_{c}' 为混凝土圆柱体抗压强度；A_{q} 为剪力墙的截面积，$A_{q} = b \cdot t$，t 为剪力墙的厚度。

由参数分析的结果可知 k_{0} 和剪力墙的高宽比（h/b）以及边框柱对剪力墙的约束程度有关，在剪力墙配筋和轴力一定的情况下 k_{0} 受高宽比（h/b）、边框柱截面尺寸和剪力墙厚度的比值（B/t，对于方形边框柱 B 取截面边长，对于圆形边框柱 B 取为截面直径 D）以及边框柱的含钢率（α_{s}）的影响较大。因此，基于这三个参数的参数分析结果对 k_{0} 进行回归可得到（廖飞宇，2007）

$$k_{0} = 0.16 \cdot f(h/b) \cdot f(B/t) \cdot f(\alpha_{s}) \tag{8.14}$$

其中

$$f(h/b) = -4.7 \left(\frac{1}{1+h/b} \right)^{2} + 6.4 \cdot \left(\frac{1}{1+h/b} \right) - 1.03 \tag{8.15}$$

$$f(B/t) = -0.08 \cdot \left(\frac{B}{t} \right)^{2} + 0.63 \cdot \left(\frac{B}{t} \right) + 0.06 \tag{8.16}$$

$$f(\alpha_{s}) = 1.54 \cdot \alpha_{s} + 0.77 \tag{8.17}$$

采用有限元模型,对 β 数值的确定方法进行了回归分析。在 $n=0$ 时剪力墙的抗剪承载力由 V_c 和 V_s 叠加得到,因此将 $n=0.25$、0.5、0.6 和 0.75 情况下的剪力墙抗剪承载力值减去 $n=0$ 时的值就可以得到一组不同轴压力下 βN_o 的数据,由此对这些数据进行回归,发现 β 可近似取为常数 0.31。

这样就得到 RC 剪力墙的抗剪承载力为

$$V_{\mathrm{wal}}=f_{\mathrm{yh}}\cdot\frac{A_{\mathrm{sh}}}{s}\cdot b+k_0\cdot f_c'\cdot A_q+0.31N_o \qquad (8.18)$$

2)边框柱的抗剪承载力(V_{col})。

由试验和有限元分析的结果可知,混合剪力墙结构达到峰值荷载时边框柱并不一定同时达到其极限抗剪承载力。

试件达到峰值荷载时边框柱对抗剪能力的贡献可表示为

$$V_{\mathrm{col}}=\tau_c\cdot A_{\mathrm{total}} \qquad (8.19)$$

式中:τ_c 为边框柱的平均剪应力;A_{total} 为边框柱的截面积之和,对于本章研究的试件,$A_{\mathrm{total}}=2A_{\mathrm{sc}}$,$A_{\mathrm{sc}}$ 为每个边框柱的截面积。参数分析结果表明(廖飞宇,2007),τ_c 和边框柱的剪跨比(λ)、柱含钢率(α_s)、钢管屈服强度(f_y)、柱轴压比(n)以及 RC 剪力墙和边框柱的混凝土强度(f_c')有关。引入钢管混凝土柱的约束效应系数 ξ($=\alpha_s f_y/f_{ck}$),由参数分析的结果可以回归得到

$$\tau_c=0.36\cdot f(\lambda)\cdot f(n)\cdot f(\xi)\cdot f_c' \qquad (8.20)$$

其中

$$f(\lambda)=-0.8\cdot\left(\frac{1}{\lambda}\right)^2+3.14\cdot\frac{1}{\lambda}+0.45 \qquad (8.21)$$

当 $n\leqslant 0.6$ 时:

$$f(n)=4.98n^3-4.12n^2+1.11n+0.85 \qquad (8.22)$$

当 $n>0.6$ 时:

$$f(n)=0.85 \qquad (8.23)$$

$$f(\xi)=0.128\xi^2+0.009\xi+0.144 \qquad (8.24)$$

式中:$\lambda=a/h_o$ 为边框柱的剪跨比,其值计算参照《混凝土结构设计规范》(GB 50010—2015)中的公式进行,其中 a 为集中荷载作用点至支座或节点边缘的距离,h_o 为柱截面有效高度,对于方形截面 $h_o=B$,对于圆形截面 h_o 参照《混凝土结构设计规范》(GB 50010—2015)取 $h_o=1.6r$($r=D/2$ 为截面半径)。

将式(8.18)和式(8.19)代入式(8.10)中即可得到带 CFST 边框柱的 RC 剪力墙抗剪承载力 V_u 的计算公式为

$$V_u=V_{\mathrm{wal}}+V_{\mathrm{col}}=f_{\mathrm{yh}}\cdot\frac{A_{\mathrm{sh}}}{s}\cdot b+k_0\cdot f_c'\cdot A_q+0.31N_o+\tau_c\cdot A_{\mathrm{total}} \qquad (8.25)$$

需要说明的是,式(8.25)所示的带 CFST 边框柱 RC 剪力墙抗剪承载力计算公式的适用范围为 $n=0\sim0.75$,$h/b=0.5\sim3$。

用以上公式对本书 8.2 节试验的 8 个无支撑的带 CFST 边框柱 RC 剪力墙试件的峰值荷载进行计算,比较结果见图 8.86,可见,简化公式计算结果和试验结果相比吻合良好且总体上稍偏于安全。

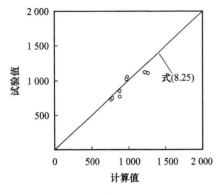

图 8.86　式（8.25）计算结果
与试验结果比较

（2）抗震设计初步建议

基于本章对带 CFST 边框柱 RC 剪力墙试验和理论研究结果，对这种剪力墙结构的抗震性能特点归纳如下。

1）带 CFST 边框柱的 RC 剪力墙在弹性阶段时剪力墙和边框柱承担的弯矩和剪力的比例和二者的抗弯刚度比以及抗剪刚度比有关。在峰值荷载时 RC 剪力墙承担了大部分的水平剪力，CFST 边框柱承担了大部分的倾覆弯矩。RC 剪力墙在水平地震作用下逐步退出工作的过程中，CFST 边框柱不仅可以承担轴向荷载和倾覆力矩，还可以承担从剪力墙传递来的水平剪力，为结构体系提供所谓的"抗震二道防线"。

2）剪力墙高宽比（h/b）对带 CFST 边框柱的 RC 剪力墙的力学性能影响很大。在高宽比较小的情况下，带 CFST 边框柱的 RC 剪力墙的延性下降现象较为明显。

3）在一定范围内（$n \leqslant 0.6$），边框柱轴压比的增大能提高剪力墙和柱的抗剪能力，但超过这个范围时，轴力的增大则会引起边框柱抗剪能力的下降和试件的延性明显降低。

4）钢管混凝土边框柱的柱脚和梁端以下处受力较大，在较大水平荷载作用下易发生钢管局部屈曲现象。

5）剪力墙角部和边框梁的两端处应力较大，更易发生破坏。

在对带 CFST 边框柱的 RC 剪力墙进行试验研究和工作机理分析的基础上，参考普通 RC 剪力墙结构的设计原理，对带 CFST 边框柱的 RC 剪力墙结构的抗震设计提出如下初步建议。

1）剪力墙的厚度、分布钢筋直径及配筋率应满足《混凝土结构设计规范》[GB 50010—2010（2015）]中对 RC 剪力墙的要求，边框中的 CFST 柱及节点应满足《钢管混凝土结构技术规程》（DBJ 13-51—2003，DBJ/T 13-51—2010）中对钢管混凝土柱和节点的构造要求。为了防止剪力墙过早开裂而不能充分发挥分布钢筋的作用，剪力墙的截面尺寸应满足《混凝土结构设计规范》[GB 50010—2010（2015）]的要求为

$$V \leqslant 0.25 \cdot \beta_c \cdot f_c \cdot b \cdot t \qquad (8.26)$$

式中：β_c 为混凝土强度影响系数（当混凝土强度等级不超过 C50 时取 $\beta_c = 1.0$；当混凝土强度等级为 C80 时取 $\beta_c = 0.8$），b 为剪力墙宽度，t 为剪力墙厚度，f_c 为混凝土抗压强度设计值。

2）CFST 柱和 RC 剪力墙之间应有可靠连接以保证二者能共同工作。可以用 U 形钢筋的连接构造，U 形钢筋的直径和剪力墙水平分布钢筋相同并和其等高分布。U 形钢筋闭合的一端宜焊接在钢管上，两侧宜和剪力墙水平钢筋焊接，焊接长度不宜小于《混凝土结构设计规范》[GB 50010—2010（2015）]中对墙水平钢筋搭接长度的要求。

3）由于钢管混凝土柱具有较高的承载能力，在承担相同荷载的情况下其截面尺寸一般较钢筋混凝土小。对于钢管混凝土边框柱的截面边长最小值的限制可适当放宽至其外直径（圆管）或外边长（方管）不小于剪力墙厚度的 1.5 倍。

4）边框柱的轴压比值不宜超过 0.6。

5）钢管混凝土边框柱承担了较大倾覆弯矩，为了使边框柱和剪力墙更好地达到变形协调，边框柱与基础应有可靠的锚固措施。

6）为了使钢管混凝土边框柱具有足够的后期承载力，在进行抗震设计时，边框柱承担的水平剪力比例不小于混合剪力墙结构全部水平荷载的 25%。

7）必要时可在柱脚和梁端以下区域的钢管上设置加劲肋等构造措施，以缓解这些区域钢管局部屈曲的影响。

8）可在剪力墙角部和边框梁的两端设置加劲肋或增设构造配筋，以避免这些区域混凝土过早的局部破坏。

9）在剪力墙中设置交叉型钢支撑可适当地提高混合剪力墙结构的承载力和耗能能力。支撑应采用实腹型钢。同时可在型钢支撑的翼缘上设置栓钉以增强其和剪力墙混凝土的共同工作性能。型钢支撑的中部交叉处为应力较大区域，宜在此位置的型钢上设置加劲肋，以避免型钢过早的局部屈曲。

8.5　本 章 小 结

对不同类型的单层、单跨组合柱 - 钢筋混凝土混合剪力墙结构滞回性能的试验研究结果表明，在本章研究参数的范围内，采用钢管混凝土边框柱剪力墙的承载力、延性和耗能能力总体上均优于相应的采用型钢混凝土和钢筋混凝土边框柱的剪力墙结构。

本章分别建立了带 CFST 和 SRC 边框柱的 RC 剪力墙的数值计算模型，在此基础上对这类混合剪力墙结构的工作机理和破坏模态进行了剖析，明晰了剪力墙在受力全过程中的裂缝开展、应力状态、应变和变形发展规律，以及轴力、剪力和弯矩在边框柱和剪力墙之间分配关系的变化规律。本章还给出了带 CFST 边框柱的 RC 剪力墙结构承载力实用计算方法。

参 考 文 献

董宏英，2002. 带暗支撑双肢剪力墙抗震试验及设计理论研究［博士学位论文］［D］. 北京：北京工业大学.

方鄂华，叶列平，1999. 钢骨混凝土剪力墙设计［J］. 建筑结构，29（12）：57-59.

福建省建设厅，2003. 钢管混凝土结构技术规程：DBJ 13-51—2003［S］. 福州：福建省建设厅.

福建省建设厅，2004. 钢 - 混凝土混合结构技术规程：DBJ 13-61—2004［S］. 福州：福建省建设厅.

福建省住房和城乡建设厅，2010. 钢管混凝土结构技术规程：DBJ/T 13-51—2010［S］. 福州：福建省住房和城乡建设厅.

过镇海，时旭东，2003. 钢筋混凝土原理和分析［M］. 北京：清华大学出版社.

黄晶，郑建岚，2003. 自密实高性能混凝土梁的抗剪性能研究［C］// 第十二届全国结构工程学术会议论文集. 重庆：515-519.

李国强，张晓光，沈祖炎，1995. 钢板外包混凝土剪力墙板抗剪滞回性能试验研究［J］. 工业建筑，25（6）：32-35.

廖飞宇，2007. 带钢管混凝土柱的钢筋混凝土剪力墙抗震性能研究［博士学位论文］［D］. 福州：福州大学.

彭晓彤，顾强，林晨，2008. 半刚性节点钢框架内填钢筋混凝土剪力墙结构试验研究［J］. 土木工程学报，41（1）：64-69.

乔彦明，钱稼茹，方鄂华，1995. 钢骨混凝土剪力墙的抗剪性能的试验研究［J］. 建筑结构，25（8）：3-7.

王曙光，蓝宗建，2005. 劲性钢筋混凝土开洞低剪力墙拟静力试验研究［J］. 建筑结构学报，26（1）：85-91.

王文达，魏国强，2015. 基于纤维模型的型钢混凝土组合剪力墙滞回性能分析［J］. 振动与冲击，35（6）：30-35.

王文达，魏国强，李华伟，2013. 钢管混凝土框架 -RC 剪力墙混合结构滞回性能分析［J］. 振动与冲击，32（15）：41-46.

王文达，杨全全，李华伟，2014b. 基于分层壳单元与纤维梁单元组合剪力墙滞回性能分析［J］. 振动与冲击，33（16）：142-149.

王祖华，钟树生，1990. 劲性钢筋混凝土梁的非线性有限元分析［C］// 第二届混凝土结构基本理论及应用学术讨论论文集. 北京：633-640.

夏汉强，刘嘉祥，2005. 矩形钢管混凝土柱带框剪力墙的应用及受力分析［J］. 建筑结构，35（1）：16-18.

徐毅，2007. FRP- 混凝土 - 钢管组合柱滞回性能研究［硕士学位论文］［D］. 福州：福州大学.

郑宇，2002. 钢骨混凝土梁力学性能的基础试验研究［硕士学位论文］［D］. 广州：华南理工大学.

中国工程建设标准化协会，2004. 矩形钢管混凝土结构技术规程：CECS159：2004［S］. 北京：中国计划出版社.

中华人民共和国建设部，2016. 型钢混凝土组合结构技术规程：JGJ 138—2016［S］. 北京：中国建筑工业出版社.

中华人民共和国建设部，2002. 混凝土结构设计规范：GB 50010—2002［S］. 北京：中国建筑工业出版社.

中华人民共和国住房和城乡建设部，2015. 混凝土结构设计规范：GB 50010—2010（2015 年版）［S］. 北京：中国建筑工业出版社.

钟远志，2007. FRP 约束矩形截面钢筋混凝土压弯构件力学性能研究［硕士学位论文］［D］. 福州：福州大学.

ATTARD M M, SETUNGE S, 1996. Stress-strain relationship of confined and unconfined concrete［J］. ACI Materials Journal, 93（5）：432-442.

EMORI K, 2002. Compressive and shear strength of concrete filled steel box wall［J］. Steel Structures, 68（2）：29-40.

HIBBITT KARLSON, SORENSEN INC., 2003. ABAQUS/standard user'manual, version 6. 4. 1. Pawtucket, RI：Hibbitt, Karlsson, and Sorensen Inc.

HOUDE J, MIRZA M S, 1974. A finite element analysis of shear strength of reinforced concrete beams［J］. ACI Structural Journal, 42（1）：143-162.

LIAO F Y, HAN L H, TAO Z, 2012. Performance of reinforced concrete shear walls with steel reinforced concrete boundary columns［J］. Engineering Structures, 44：186-209.

LINK RA, ELWI A E, 1995. Composite concrete-steel plate walls：analysis and behavior［J］. Journal of Structural Engineering, ASCE, 121（2）：260-271.

OLLGAARD J G, SLUTTER R G, FISHER J W, 1971. Shear strength of stud connectors in lightweight and normal-weight concrete［J］. Engineering Journal, AISC, 8（2）：55-64.

SAARI W K, JEROME F H, SCHULTZ A E, et al., 2004. Behavior of shear studs in steel frames with reinforced concrete infill walls［J］. Journal of Constructional Steel Research, 60（4）：1453-1480.

SHIRALI N M, 2002. Seismic resistance of hybrid shearwall system［D］：Ph. D. thesis（Supervisor：Jörg Lange I., Bouwkamp J. G.），University of Darmstadt, Germany.

TONG X D, HAJJAR J F, SCHULTZ A E, et al., 2005. Cyclic behavior of steel frame structures with composite reinforced concrete infill walls and partially-restrained connections［J］. Journal of Constructional Steel Research, 61（4）：531-552.

VULCANO A, BERTERO V V, COLOTTI V, 1988. Analytical model of R/C structural walls［C］//Proc. of 9th WCEE. Tokyo, Kyoto（6）：41-46.

WRIGHT H D, 1995. The Behaviour of composite walling under construction and service loading［J］. Journal of Constructional Steel Research, 35（3）：257-273.

WRIGHT H D, 1998. The axial load behaviour of composite walling［J］. Journal of Constructional Steel Research, 45（3）：353-375.

ZHAO Q H, ABOLHASSAN A A, 2004. Cyclic behavior of traditional and innovative composite shear wall［J］. Journal of Structural Engineering, ASCE, 130（2）：271-285.

第9章 钢管混凝土框架-钢筋混凝土核心筒结构的抗震性能

9.1 引　言

采用钢管混凝土柱的框架结构（以下简称钢管混凝土框架）、钢筋混凝土剪力墙和钢筋混凝土核心筒共同组成的混合结构体系具有一系列受力和施工等方面的优点，因此已在一些多、高层或超高层建筑中得到应用，如已建成的杭州瑞丰国际商务大厦和大连期货广场（大连国际金融中心）等。图 1.7 所示为某采用钢管混凝土柱-钢梁框架-钢筋混凝土核心筒结构体系的超高层建筑在施工过程中的情形。

关于钢管混凝土框架-钢筋混凝土剪力墙和钢筋混凝土核心筒混合结构体系抗震性能的研究工作尚有待于深入进行，为此，本书作者近年来开展了一些有关研究工作（韩林海等，2007；Han 等，2009；Li 和 Han 等，2007），进行了平面钢管混凝土框架-钢筋混凝土剪力墙结构的拟动力试验研究和理论分析；还进行了钢管混凝土框架-钢筋混凝土核心筒结构模型的模拟地震振动台试验研究和相应的理论分析。在上述试验研究和理论分析研究结果的基础上，分析了钢管混凝土框架-钢筋混凝土剪力墙、钢筋混凝土核心筒混合结构体系的抗震性能，本章论述有关阶段性研究成果。

9.2 平面钢管混凝土框架-钢筋混凝土剪力墙结构抗震性能

本节论述两层两跨平面钢管混凝土框架-钢筋混凝土剪力墙结构（以下简称钢管混凝土混合结构）抗震性能的研究结果。

本节试验研究目的如下。

1）分别以拟静力与拟动力两种不同的试验方法对钢管混凝土混合结构试件与钢管混凝土框架结构试件进行研究，考察这两种不同结构在滞回性能、极限承载力、延性、耗能、破坏模式上的异同。同时比较两种不同试验方法下结构的宏观和微观性能差异。

2）研究钢管混凝土混合结构中钢筋混凝土墙板和边框柱、混合结构体系中组合墙体和周边框架的共同工作性能。

9.2.1 拟静力试验研究

（1）试验概况

本书第 7 章进行了钢管混凝土柱-钢梁单层单跨平面框架力学性能的试验研究及数值模拟，第 8 章完成了单层单跨组合柱-钢筋混凝土混合剪力墙结构力学性能的试验研究及数值模拟，为深入了解钢管混凝土框架和组合柱-钢筋混凝土混合剪力墙结构的力学性能奠定了基础。

为系统了解多层多跨钢管混凝土框架 - 内嵌钢筋混凝土剪力墙混合结构体系的力学性能，本节进行了两层两跨平面钢管混凝土框架 - 内嵌剪力墙混合结构体系的拟静力加载的抗震性能试验研究。为便于对比，还进行了一榀未填充钢筋混凝土剪力墙的框架结构的拟静力试验。

1）试件设计。

为确定试验试件模型尺寸，参考某实际工程试设计了一栋 32 层的混合结构体系，并用结构设计软件校验了其满足设防烈度 8 度（地震加速度为 0.2g）的要求。按照 1/4 的缩尺比例，综合实验室的场地条件和加载能力，选取相应的单榀两层两跨缩尺平面结构进行试验。结构模型试件的计算简图和加载工况如图 9.1 所示。考虑到加载条件，剪力墙跨度为 1m，无墙的框架跨度为 1.5m，层高均为 1m，剪力墙的高宽比为 1.0。图中，N_1 为施加在框架柱上的轴力，N_2 为施加在剪力墙边框柱上的轴力。

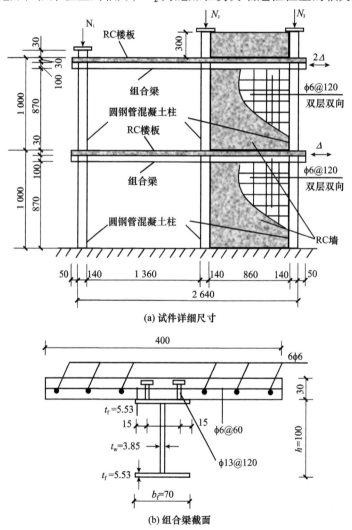

(a) 试件详细尺寸

(b) 组合梁截面

图 9.1　钢管混凝土框架结构试件尺寸及配筋详图（尺寸单位：mm）

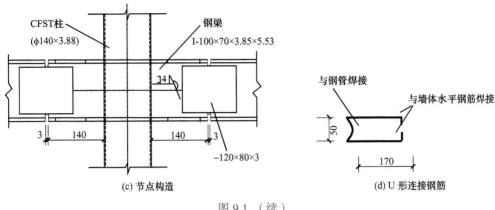

图 9.1 （续）

混凝土墙板配筋率依据《混凝土结构设计规范》（GB50010）要求，为双向双排 φ6@120。钢管混凝土边框柱的圆钢管截面为 φ140×3mm，采用冷弯钢管，Q235 钢材。采用焊接钢梁截面，尺寸为 H100mm×70mm×3mm×5mm，钢梁上设置栓钉，浇筑宽度为 400mm、厚度为 30mm 的钢筋混凝土楼板，以形成组合梁受力。图 9.1 还给出了试件的详细尺寸。为保证剪力墙与周边构件的可靠连接，将剪力墙内的钢筋与周边钢框架用 "U" 形钢筋焊接连接。为便于叙述，将剪力墙端部的柱称为边框柱，无内部墙体的柱称为框架柱。

墙板混凝土采用了自密实混凝土，同时混凝土分层浇筑，以 400mm 左右为一高度分两层浇筑，浇筑的同时在墙板的另一侧用振捣棒贴在模板上振捣。楼板的混凝土浇筑与顶层墙板同批浇筑以保证二者混凝土交界面的连接良好。

2）材料性能指标。

试件中圆钢管采用冷弯钢管，工字梁为同一批钢板焊接而成。剪力墙中钢筋采用 HPB235 级 φ6.5。材性测试直接在同一批钢管、钢板和钢筋上切出做成标准试件，测得其平均屈服强度、拉伸强度、弹性模量和泊松比等参数，具体见表 9.1。

表 9.1 钢管、钢板、钢筋材料性能

钢材类型	钢管（板）厚/mm	屈服强度/MPa	极限强度/MPa	弹性模量/MPa	屈服应变/με	泊松比 μ_s
圆钢管	3.88	325.4	405.1	2.03×10^5	1 469	0.263
钢梁腹板	3.85	371.2	498.0	2.07×10^5	1 739	0.272
钢梁翼缘	5.53	397.3	511.3	2.25×10^5	1 635	0.248
钢筋	6.5	403.5	493.6	2.16×10^5	1 645	0.287

试件中混凝土采用自密实混凝土，其中柱混凝土强度等级为 C70，剪力墙、楼板混凝土为 C50。混凝土 28 天实测强度及试验时实测强度等指标汇总于表 9.2 中。需要说明的是顶层墙板与混凝土楼板同批浇注，强度相同，底层墙板与顶层墙板为不同批浇注，浇注时间相差 6 天，所以强度稍有差异。

表 9.2　混凝土材料性能

位置	28 天弹模 E_c/MPa	试验时弹模 E_c/MPa	28 天立方体抗压强度 f_{cu}/MPa	试验时立方体抗压强度 f_{cu}/MPa	28 天泊松比	试验时泊松比
一层剪力墙	37 400	37 300	53.3	54.2	0.241	0.201
二层剪力墙与楼板	37 000	38 200	56.2	61.9	0.192	0.193
钢管混凝土柱	42 950	42 100	70.0	71.5	0.214	0.221

（2）试验装置与量测装置

1）试验装置。

水平往复荷载分别由 2 台 1000kN 的 MTS 液压伺服作动器分上下 2 个质点施加，行程分别为 ±200mm 和 ±250mm。采用直径 65mm 的圆钢拉杆做传力装置，每层 4 根螺杆传递水平荷载。为避免试件可能发生面外失稳，设置了可调节水平间距的带垂直推力轴承的小钢梁作为面外侧向支撑。试件底座的钢筋混凝土基础梁通过 10 根地锚螺杆与刚性地板锚固在一起，同时在基础梁一端设置了液压千斤顶限制底座的水平位移。试验装置如图 9.2 所示，试验过程中的加载情况如图 9.3 所示。

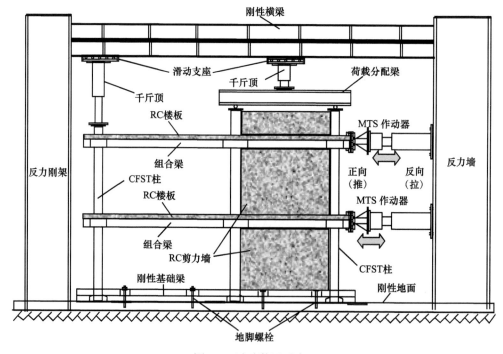

图 9.2　试验装置示意

钢管混凝土柱顶轴压力分别由 2 个 600kN 液压千斤顶施加，其中边框柱通过加载分配梁用 1 个千斤顶分配加载轴压力，框架柱单独用 1 个千斤顶加载。千斤顶和刚性横梁之间设置了单向滑动支座，使得在试验过程中试件可水平方向自由运动。2 台千斤顶用同一油泵进行控制，通过人工补压以尽可能保证试验过程中柱轴压的稳定。

图 9.3　试验加载装置

2）量测内容及测点布置。

本次试验主要考察在拟静力和拟动力试验中，钢管混凝土框架结构和混合结构的总体响应和局部的应力应变。主要量测内容如下。

① 结构整体响应：测量加载点底层、顶层的位移和相应的荷载、开裂荷载和位移、极限荷载和位移、每一级加载位移下的裂缝发展状态。

② 框架：边框柱和框架柱应变、节点区应变、钢梁应变、板的裂缝发展状态或塑性铰形态。

③ 剪力墙：墙板剪切变形、裂缝发展形态、钢筋应变发展。

④ 边框柱和墙板的共同工作性能：边框柱与墙板之间滑移、边框柱与墙板之间的黏结性能、钢梁与墙板之间的滑移、墙板与基础之间的滑移。

⑤ 楼板：楼板内纵向钢筋的应变发展、楼板裂缝发展形态。

具体量测方式如下。

① 试件拟静力和拟动力下的水平荷载和位移，主要由 MTS 加载系统自动采集。同时在试件不同位置处设置位移传感器，量测在往复荷载下试件每层质点位置前端和尾端、基础前端和尾端的水平位移、基础的转角，其中基础处的位移计主要用来监控结构基础位移所产生的误差。

② 边框柱和剪力墙的共同工作性能，即在边框柱与墙板、钢梁与墙板之间，以及墙板和基础之间设置百分表，以测量各部分之间的滑移。

③ 墙板内分布钢筋的应变，由预先粘贴在钢筋上的电阻应变片量测得到。

④ 框架应变，在框架柱柱脚和柱端、钢梁梁端、节点区相应部位粘贴了电阻应变片以量测应变。节点核心区剪切变形由布置在节点核心区的三向电阻应变花测得。在节点加强环板范围内的钢梁梁端腹板侧布置三向电阻应变花，量测钢梁的剪切变形和应变。节点加强环板范围外的钢梁梁端腹板一侧布置双向电阻应变花，测量梁的截面应力。钢梁上下翼缘板贴单向电阻应变片量测翼缘板应力。

⑤ 剪力墙剪切变形由设置在墙板两条对角线方向的导杆引伸仪测得。

⑥ 拟静力试验过程中要记录开裂荷载和相对应的位移，肉眼观察并记录每一级记载位移下的裂缝开展位置和形状，并用裂缝观测仪测量宽度。拟动力试验由于加载不间断，无法具体测量裂缝宽度，只在每级工况加载完成后在新出现的裂缝处做标记并记录。

主要测试仪器布置如图 9.4 所示，其中 Disp-1～Disp-10 为位移计，DBG1～DBG6 为曲率仪。

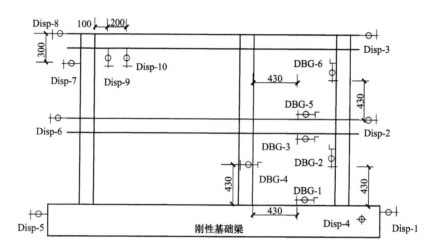

图 9.4　典型测试仪器布置（尺寸单位：mm）

（3）试验方法

由于准确确定试件的屈服荷载从而进行屈服前荷载控制加载比较困难，本次试验采用位移控制加载。预先设定名义屈服位移，在达到名义屈服位移之前，设置 2～3 个加载等级，名义屈服位移之后，以整数倍名义屈服位移逐次加大加载等级。本章的两质点体系试件采用倒三角形位移控制加载，即顶层位移是底层的 2 倍。依据混合结构设计规程的要求，暂以楼层最大弹性层间位移角限值 $[\theta_y]$ 作为名义屈服位移角 θ_y，从而确定试件的名义屈服位移。以顶层位移为依据，定义名义屈服位移角 $\theta_y = [\theta_y] = 1/500 = 0.002$，从而得到名义屈服位移 $\Delta_y = \tan(\theta_y) \times H = 3.72\text{mm}$（$H$ 为试件顶层质点楼层高度）。由此确定本次试验的加载制度：①对于钢管混凝土混合结构试件的拟静力试验，在试件达到名义屈服位移前减小加载等级差，采用 $0.1\Delta_y$、$0.25\Delta_y$、$0.5\Delta_y$、$0.75\Delta_y$ 进行加载；在试件屈服后采用 $1\Delta_y$、$1.5\Delta_y$、$2\Delta_y$、$2.5\Delta_y$、$3\Delta_y$、$4\Delta_y$、$5\Delta_y$、$6\Delta_y$… 进行加载，每个荷载等级加载 3 个循环。②对于作为对比构件的钢管混凝土组合框架的拟静力试验，采用 $0.5\Delta_y$、$1\Delta_y$、$2\Delta_y$、$3\Delta_y$、$4\Delta_y$、$5\Delta_y$、$6\Delta_y$… 进行加载，每个荷载等级加载 3 个循环。

柱顶竖向轴力的施加由 JSF2 型伺服液压加载系统通过 600kN 千斤顶来施加，轴向压力加到预定值后，持荷 2～3min，然后利用 MTS 伺服作动器按上述加载制度进行水平低周往复加载，采用慢速连续加载方法，加载速率为 0.5mm/s。每个加载级别结束后，停止加载，使用裂缝测宽仪观察剪力墙试件的裂缝开展情况和记录裂缝宽度。

试件的荷载 - 位移滞回关系曲线由 MTS 系统自动采集，应变、变形、滑移等数据分别用数据采集系统进行自动采集。试验全过程中对墙板、边框柱、框架柱、钢梁和楼板的变形、裂缝开展情况和应变变化进行实时监测。

（4）试验现象和破坏形态

1）钢管混凝土混合结构试件破坏过程。

每级荷载加载三个循环，当加载到第三个循环时，正向最大和负向最大荷载时分别停机观察构件破坏，加载顺序为先正向（作动器为推力）后负向（作动器为拉力）。荷载等级划分如表 9.3 所示，按照荷载等级描述破坏过程如下。

表 9.3　钢管混凝土混合结构拟静力加载制度

名义屈服位移倍数	底层位移 /mm	顶层位移 /mm	对应荷载等级	对应最大基底剪力 /kN	
$0.1\Delta_y$	0.19	0.38	1 级	54	−61
$0.25\Delta_y$	0.46	0.92	2 级	121	−133
$0.5\Delta_y$	0.93	1.86	3 级	220	−223
$0.75\Delta_y$	1.4	2.8	4 级	304	−291
$1\Delta_y$	1.86	3.72	5 级	337	−326
$1.5\Delta_y$	2.79	5.58	6 级	438	−409
$2\Delta_y$	3.72	7.44	7 级	510	−474
$2.5\Delta_y$	4.65	9.3	8 级	582	−538
$3\Delta_y$	5.58	11.16	9 级	597	−616
$4\Delta_y$	7.44	14.88	10 级	712	−668
$5\Delta_y$	9.3	18.6	11 级	694	−680
$6\Delta_y$	11.16	22.32	12 级	745	−675
$7\Delta_y$	13.02	26.04	13 级	729	−643

第 1 级～第 3 级：在加载的初期阶段，试件 P-Δ 反应基本上呈现线性关系（如未特别指明，本章中 P 指基底剪力即底层剪力，Δ 指顶层结构侧移）。试件处于弹性阶段，混凝土未发现明显的开裂。

第 4 级：当负向加载基底剪力达到 $P=-291$kN 时，底层墙板的右边中部偏下方出现了第一条斜裂缝，与水平夹角约为 45°，沿墙板对角线方向向左下角开展，长度延伸到离基底顶面约 200mm 处，裂缝宽度 0.1mm，长度约为 500mm，这条裂缝称负向初始裂缝。初始裂缝如图 9.5（a）所示。

第 5 级：当正向加载到 $P=337$kN 时，底层墙板左边中部偏下方出现了一条斜裂缝，与水平夹角约 45°，沿墙板对角线方向向右下角开展，长度延伸到离基底顶面约 350mm 处，宽度 0.08mm，长度约为 350mm，与第一条裂缝呈垂直交叉，称为正向初始裂缝。当负向加载到 $P=-326$kN 时，底层墙板中部在沿对角线出现一条平行于初始裂缝的负向主斜裂缝（主斜裂缝是指剪力墙混凝土在剪切作用下形成了一条裂缝宽度明显大于其他斜裂缝的剪切斜裂缝。这条裂缝在往复荷载作用下宽度和长度的发展都要比其他斜裂缝快，而整个墙板混凝土也将沿这这条主斜裂缝发生错动，形成剪切破坏面。因为这条裂缝决定了混凝土剪切破坏面的位置，主导了混凝土的破坏，成为

(a) 底层墙板第7级加载裂缝开展

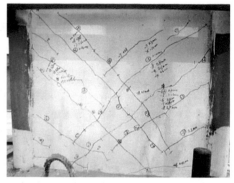
(b) 底层墙板达到峰值荷载时裂缝开展

(c) 底层楼板裂缝开展

(d) 顶层墙板裂缝开展

(e) 底层墙板最终破坏模态

图 9.5　混合结构试件破坏模态

墙板剪切破坏的主要原因，因此称其为主斜裂缝），宽度 0.12mm；初始裂缝宽度增大，达到 0.14mm，并向左下继续延伸至离基地顶面约 100mm；正向出现过的裂缝基本闭合。到目前为止，楼板、顶层墙板未出现裂缝，钢框架未出现明显破坏。

　　第 6 级：当正向加载到 $P=438$kN 时，底层墙板沿对角线出现了一条正向主斜裂缝，宽度 0.14mm；正向初始裂缝继续开展，宽度达到 0.16mm，并且延伸至基底顶面位置。当反向加载到 $P=-409$kN 时，负向初始裂缝一端延伸至基底顶面位置，另一端延伸至柱边，宽度达到 0.22mm；负向主斜裂缝延伸至距离基底顶面 300mm 左右高度，裂缝宽度也达到了 0.22mm；底层中柱剪力墙外侧楼板负弯矩区附近表面出现垂直于楼板长度方向的裂缝，贯穿整个板带，裂缝宽度 0.08mm。二层墙板未出现裂缝，钢框架未出现明显破坏。

第 7 级：当正向加载到 $P=510$kN 时，底层墙板的正向主斜裂缝上方附近出现一条裂缝，宽度 0.1mm，主斜裂缝宽度增大至 0.22mm；正向初始裂缝宽度增加至 0.28mm。负向加载 $P=474$kN 时，负向主斜裂缝上方出现 2 条新裂缝，负向初始裂缝下方出现一条新裂缝；主斜裂缝宽度 0.3mm；负向初始裂缝宽度增至 0.28mm；实测数据表明，墙板中部水平钢筋屈服。楼板负弯矩区除已有裂缝宽度继续增大外，又在附近出现一条新裂缝。顶层墙板和钢框架仍未出现明显破坏。

第 8 级：正向基底剪力达到 $P=582$kN 时，底层墙板未出现新裂缝，原裂缝继续开展和延伸；顶层墙板开始出现微小裂缝，位置在墙板左下角沿水平方向 45°夹角延伸。负向达到 $P=-538$kN 时，底层墙板裂缝开展大幅增加，负向主斜裂缝已经达到 0.8mm，初始裂缝达到 0.7mm；右下角出现 2 条新裂缝，一条沿水平夹角 45°在初始裂缝下方出现，宽度 0.2mm，另一条接近平行于基底在墙板底部出现，宽度 0.42mm。在底层墙板中部钢筋屈服，主斜裂缝开展后，墙板上的斜裂缝基本都已出现，混凝土裂缝迅速开展，混凝土应力重新分布，原有的斜裂缝附近主拉应力较大，继续加载使得原有的斜裂缝不断延伸变宽。

第 9 级：正向 $P=597$kN，底层墙板底部接近平行于基底的裂缝出现，墙板中部竖向钢筋屈服，底部水平钢筋接近屈服。混凝土裂缝开展加剧，墙板局部钢筋屈服；顶层墙板出现沿水平夹角 45°新裂缝，位于第一条裂缝的上部。负向 $P=-616$kN，裂缝宽度已十分明显，特别底部水平向裂缝宽度增加迅速。最大裂缝为负向主斜裂缝，宽度已达 0.88mm。

第 10 级：墙板中部水平钢筋的应变增大到 4500με 左右。负向加载到最大位移时，顶层墙板出现负向斜裂缝。从作动器反馈的数据来看，正负向的位移等级增加，基底剪力基本较上一级没有增加，底层作动器力越来越小，说明结构底层主要抗侧力构件剪力墙刚度退化严重，顶层墙板保持有较好的刚度。

第 11 级：正负向主斜裂缝宽度增加到 1mm 以上，试验采集数据表明，框架柱底部侧面钢管竖向达到屈服应变。底层楼板负弯矩区出现更密集裂缝，跨中出现一条横跨板带的裂缝，如图 9.5（c）所示。

第 12 级：正向基底剪力达到最大值，负向进入下降段。墙板底部水平和竖向钢筋均已屈服，正向出现底层作动器推力趋近于 0 的情况，结构刚度损失严重，墙板上多处混凝土开始产生轻微剥落，墙板开始逐渐退出工作。肉眼能观察到钢管混凝土边框柱脚有轻微的鼓屈。整个结构所有节点工作状态良好，钢管混凝土框架柱未有明显破坏现象。试件加载达到了极限承载力，底层墙板破坏损伤最大，此时结构最大裂缝为墙板底部水平裂缝，局部混凝土表面轻微剥落，裂缝宽度最大处已达 2mm 以上。裂缝开展情况如图 9.5（b）所示。

第 13 级：正向基底剪力值也开始下降。框架柱底部侧面竖向应变为 7000με 左右，从外表上看并没有出现明显的鼓屈。墙板中部水平和竖向钢筋的应变均增大到 8000με 以上，底层墙板混凝土表面剥落现象严重，底部混凝土两端角部混凝土因达到极限抗压强度被压碎，主斜裂缝处正中间混凝土压碎，钢管混凝土边框柱脚鼓屈严重，但未出现承载力显著下降的现象，说明整个结构仍保有较大的竖向承载力，边框柱最终破坏模态见图 9.5（e）。墙板与边框柱未发现有脱离现象，说明采用 U 形钢筋能保证二者之间的紧密连接和协同工作。由于正向加载时已出现底层作动器力负值，而顶层墙板相对完好［裂缝开展见图 9.5（d）］，说明底层破坏远大于顶层，顶层层间刚度已经接近甚至超过底层层间刚度，本试验构件为平面结构，构件高度 2m，而且作用有 80t 的轴压力，考虑到继续加载可能导致试件发生平面外扭转导致突然垮塌，故在这级荷载停机，试验结束。

表 9.3 所示为对应不同加载荷载时典型的一些指标汇总，对应墙板上所标示的裂缝开展情况，其中"＋"荷载为正，表示正向推力，"－"表示负向拉力。

剪力墙为混合结构主要抗侧力构件，底层墙板又是整个结构首先破坏的地方，而顶层墙板破坏轻微，顶层楼板甚至未发现明显裂缝，其最终破坏模态如图 9.5（e）所示。试验结束后，整体结构的破坏模态如图 9.6 所示。

图 9.6　钢管混凝土混合结构拟静力试件最终破坏模态

表 9.4 为混合结构拟静力试验过程中的各构件破坏顺序，其中框架柱脚最终仅轻微鼓屈变形，由于整体结构的位移比较小，框架部分钢梁的变形不明显。

表 9.4　钢管混凝土混合结构拟静力试验破坏顺序

序号	破坏位置	初破坏时荷载等级	对应基底剪力 /kN
1	底层墙板	4 级	−291
2	底层楼板	6 级	−409
3	顶层墙板	8 级	582
4	边框柱脚 1	12 级	745
5	边框柱脚 2	12 级	−675
6	框架柱脚	13 级	729
7	底层钢梁	未发现明显变形	

2）钢管混凝土框架结构试件破坏过程。

试验中荷载等级如表 9.5 所示，每级荷载等级加载三个循环，当加载到第三个循环时，正向最大和负向最大分别停机观察构件破坏，表中"＋"荷载为正，表示正向推力，"−"表示负向拉力。

表 9.5　钢管混凝土框架结构拟静力试验结果

名义屈服位移倍数	底层位移 /mm	顶层位移 /mm	对应荷载等级	对应最大基底剪力 /kN	
$0.5\Delta_y$	0.93	1.86	1 级	34	−39
$1\Delta_y$	1.86	3.72	2 级	61	−65
$2\Delta_y$	3.72	7.44	3 级	111	−107
$3\Delta_y$	5.58	11.16	4 级	152	−136
$4\Delta_y$	7.44	14.88	5 级	160	−160
$5\Delta_y$	9.3	18.6	6 级	185	−174
$6\Delta_y$	11.16	22.32	7 级	199	−188
$7\Delta_y$	13.02	26.04	8 级	204	−194
$8\Delta_y$	14.88	29.76	9 级	208	−196
$9\Delta_y$	16.74	33.48	10 级	206	−200
$10\Delta_y$	18.6	37.2	11 级	207	−191
$11\Delta_y$	20.46	40.92	12 级	197	−185

框架试件的底层剪力比顶层大，所以破坏基本都在底层，如未特别指明，以下所观察的破坏过程均指底层。加载初期阶段，除楼板上表面有裂缝出现以外，未在其他位置处发现明显的破坏。

第 1 级～第 7 级荷载：在第 3 级荷载时，楼板外框架部分负弯矩区段和跨中表面出现微小的裂缝，宽度 0.04mm，框架柱脚外侧钢管竖向达到屈服应变；第 6 级荷载时，边框柱（本章中相对应钢管混凝土混合结构试件边框柱位置的钢管混凝土柱统称为边框柱，相对应混合结构试件框架柱位置的钢管混凝土柱统称为框架柱）负弯矩区段附近楼板上表面出现微小的裂缝，宽度 0.04mm；第 7 级荷载时，沿框架柱边楼板上表面出现一条横贯的裂缝，并且紧挨着柱边，宽度 0.48mm。随着加载的继续，楼板裂缝不断开展变宽。直到第 7 级荷载，钢管混凝土柱和钢梁未发现明显的变形。

第 8 级荷载：当正向基底剪力达到 $P=204$kN 时，钢梁负弯矩区出现不同程度变形，部分焊缝有出现撕裂的痕迹。负向加载至 $P=-200$kN 时，3 根钢管混凝土柱脚均出现轻微鼓曲，框架柱柱脚应变达到 6600με 左右，底层中边框柱负弯矩区楼板板底出现裂缝，宽度 0.06mm 左右。

第 9 级荷载：正向基底剪力 $P=208$kN，结构一层刚度退化严重，楼板负弯矩区裂缝最大达到 0.64mm，柱脚鼓屈进一步发展。负向基底剪力达到 $P=196$kN 时，底层框架柱附近的负弯矩区钢梁出现破坏，加强环板和梁焊接处梁底焊缝被拉断。

第 10 级～第 13 级荷载：随着加载的继续，各钢管混凝土柱脚鼓屈明显，底层各钢梁负弯矩区的拼接位置均出现不同损伤的破坏：包括钢梁底部焊缝断裂、拼接板鼓屈、环板翼缘屈曲等。结构顶层未观察到明显的破坏。

试验结束破坏模态如图 9.7 所示。表 9.6 为框架结构拟静力试验过程中的各构件破坏顺序。

(a) 柱脚鼓屈

(b) 钢梁底部断裂

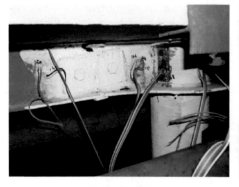
(c) 拼接板鼓屈

(d) 环板翼缘屈曲

图 9.7　钢管混凝土框架结构试件破坏模态

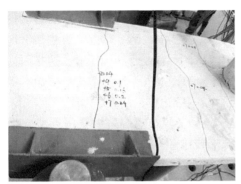

(e) 底层楼板表面裂缝

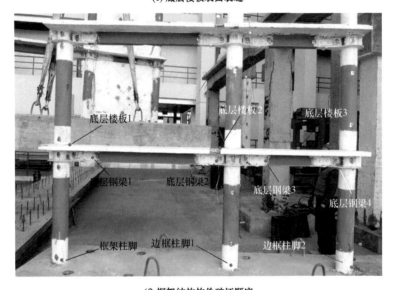

(f) 框架结构构件破坏顺序

图 9.7 （续）

表 9.6　钢管混凝土混合结构拟静力试验破坏顺序

破坏顺序	破坏位置	初破坏时荷载等级	对应基底剪力 /kN
1	底层楼板 1、2	2 级	61
2	底层楼板 3	6 级	185
3	边框柱脚 1、2	8 级	204
4	框架柱脚	8 级	−194
5	底层楼板底	8 级	−194
6	底层钢梁 1	9 级	−196
7	底层钢梁 2、3、4	10 级	206

3）钢管混凝土混合结构和框架结构试件对比。

试验结果表明，框架内部填充了混凝土剪力墙，混合结构比框架结构的刚度提高很多，同时延性有所下降。由于钢管混凝土边框柱的约束作用，剪力墙在破坏后仍具有一定刚度和承载力。两组试验停机时顶层位移分别是 26.04mm 和 40.92mm，框架结构试验最终位移比混合结构大，但是其边框柱的破坏特征却没有混合结构明显，这是因为在剪力墙刚度下降后，组合剪力墙承担的内力发生重分布，很大一部分剪力会传递给钢管混凝土边框柱，使剪力墙的破坏延缓，同时使混合结构中边框柱的破坏趋于严重。

两榀构件试验后节点区基本完好，说明加强环节点具有良好的抗震性能和承载性能；底层剪力比顶层大，因此顶层破坏不显著，破坏基本都发生在底层。

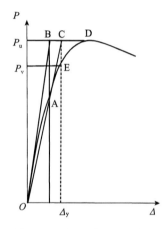

图 9.8　图解法确定屈服荷载和屈服位移

（5）试验结果分析

1）特征荷载点。

开裂荷载、屈服荷载、峰值荷载和破坏荷载是描述构件 P-Δ 曲线（P 为基底剪力，Δ 为顶层位移）的重要特征参数。开裂荷载（P_{cr}）是指试件第一次出现裂缝时的荷载，其在骨架线上所对应的变形称为开裂位移（Δ_{cr}）。屈服荷载是指试验试件在某一截面上的绝大多数的受拉主钢筋应力达到屈服强度时的荷载。对于有明显屈服点的试件，在试验过程中当试验荷载达到屈服荷载后试件的刚度将会出现明显的变化，表明试件已经屈服。本节以图解法确定框架试件屈服点，如图 9.8 所示，即由 O 点作 P-Δ 曲线的切线与最高荷载点的水平线相交于 B，由 B 作垂线交 P-Δ 曲线于 A，再连 OA 延长之交 DB 于 C，由 C 作垂线交 P-Δ 曲线于 E，最终以 E 为屈服点的坐标。

需要说明的是：对于破坏荷载，一般选取试件达到峰值荷载 P_{max} 并下降到 P_{max} 的 85% 对应的荷载，但由于本试验模型两质点之间的刚度悬殊导致结构两层在试验过程中出现方向相反的力，可能会造成构件平面外受扭发生突然崩塌，考虑到安全因素，未到 85%P_{max} 就终止了试验，试验停机时荷载取为试件最终荷载。试验实测的开裂荷载、屈服荷载、峰值荷载和停机荷载如表 9.7 所示，表中负号表示反向加载（拉）。

表 9.7　各项特征荷载及其对应的位移

试件	开裂荷载		屈服荷载		峰值荷载		停机荷载	
	基底剪力 /kN	顶层位移 /mm	基底剪力 /kN	顶层位移 /mm	基底剪力 /kN	顶层位移 /mm	基底剪力 /kN	顶层位移 /mm
钢管混凝土混合结构	−291	−2.8	575 −560	9.9 −9.9	745 −680	22.1 −18.6	723 −643	26.1 −25.9
钢管混凝土框架结构	—		173 −165	15.5 −15.5	208 −200	29.2 −33.6	197 −185	40.4 −40.7

2）滞回曲线。

采用 MTS 记录的力和位移作为 P-Δ 滞回曲线。图 9.9 和图 9.10 分别给出了钢管混凝土混合结构和钢管混凝土框架结构基底剪力 - 顶层位移滞回曲线，顶层剪力 - 顶层层

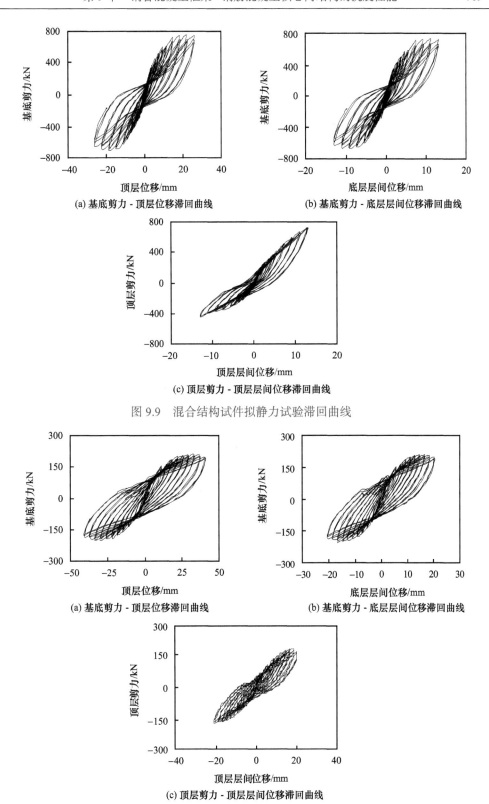

(a) 基底剪力 - 顶层位移滞回曲线　　　　　　(b) 基底剪力 - 底层层间位移滞回曲线

(c) 顶层剪力 - 顶层层间位移滞回曲线

图 9.9　混合结构试件拟静力试验滞回曲线

(a) 基底剪力 - 顶层位移滞回曲线　　　　　　(b) 基底剪力 - 底层层间位移滞回曲线

(c) 顶层剪力 - 顶层层间位移滞回曲线

图 9.10　组合框架试件拟静力试验滞回曲线

间位移滞回曲线以及基底剪力 - 底层层间位移滞回曲线。

通过对比可以看出两种不同体系的滞回曲线具有以下特点。

① 混凝土剪力墙使得混合结构水平承载力比框架结构明显提高，滞回曲线包络的面积比框架结构大得多，混合结构能在地震中耗散更多的能量。

② 框架结构滞回环形状呈梭形，滞回曲线较饱满且稳定，随着荷载的增加，无明显"捏缩效应"，说明钢管混凝土框架结构延性好，进入塑性变形后仍能持续耗散较大的地震能量。混合结构滞回环初期呈弓形，中部有轻微捏缩现象，滞回曲线的斜率逐渐下降但并不明显，这说明试件的刚度退化但幅度并不大，试件强度稳定上升，此时滞回环卸载点开始出现残余变形，随着底层墙板混凝土的开裂，墙板钢筋逐渐屈服，试件进入屈服状态，钢筋和混凝土之间的滑移增大，滞回环逐渐向反 S 形靠拢。继续加载，混合结构滞回曲线的斜率降低比框架结构快，说明试验后期混合结构刚度的退化较快，同时在同一级荷载下，混合结构的荷载下降也比框架结构更明显，这是由于剪力墙的破坏使得整个结构刚度退化加剧。

③ 在同一级荷载下刚度退化不明显，说明两种结构都有良好的恢复力特性，由于剪力墙的刚度退化相对比较严重，混合结构相对框架结构强度退化稍明显。但由于边框柱对剪力墙的约束及框架柱在试验后期对结构刚度和承载力的贡献，混合结构的中部捏缩效应减弱，基底剪力的下降趋于缓慢。

④ 滞回曲线正负向略有不对称，主要是由于两个原因：结构本身不对称而且两跨跨度也不同，另一个原因是正、反向加载时结构损伤程度不同。

⑤ 混合结构顶层剪力 - 顶层层间位移滞回曲线比基底剪力 - 顶层位移滞回曲线更加饱满，这是由于顶层剪力墙在试验中基本保持完好，刚度和承载力退化不明显，顶层塑性变形耗能较少。框架结构比混合结构不明显，钢管混凝土柱是主要抗侧力构件，其刚度并未迅速下降，底层和顶层内力重分布，顶层承担相对较多的剪力，产生一定的塑性变形，耗散了一定的能量，所以其顶层剪力 - 顶层层间位移滞回曲线比较饱满，未有明显捏缩现象。

3）骨架曲线。

图 9.11 为剪力 - 位移骨架曲线，分别给出了基底剪力 - 顶层位移、基底剪力 - 底层层间位移、顶层剪力 - 顶层层间位移三种骨架曲线的对比，需要注意的是试验加载仅进行到下降到峰值荷载的 95% 左右就停止了试验。

由图 9.11 可见，在弹性阶段，荷载和位移基本保持线性变化。继续加载，混合结构的墙板混凝土逐渐开裂，试件刚度逐渐减小，墙板的钢筋和边框柱的钢管相继屈服，骨架曲线呈现弹塑性阶段。在混合结构达到峰值荷载后，框架柱脚应力最大部位屈服，骨架曲线出现了下降段。从基底剪力 - 顶层位移骨架曲线上可以看出，由于剪力墙的存在，混合结构的抗侧刚度比框架结构大得多，进入峰值荷载前后，框架结构的荷载上升及下降都要比混合结构要平缓，尤其是峰值荷载过后的下降段，混合结构表现得比较明显的是剪力墙的剪切破坏特征，骨架曲线下降较陡。基底剪力 - 底层层间位移骨架曲线与基底剪力 - 顶层位移骨架曲线的曲线趋势变化或者形状一致，而顶层剪力 - 顶层层间位移骨架曲线就比较趋于直线，说明结构底层损伤比顶层大得多，这种现象

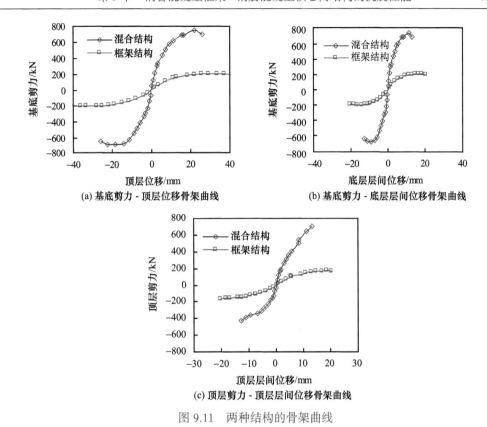

图 9.11　两种结构的骨架曲线

混合结构要比框架结构更明显。

4）延性。

分别采用位移延性系数（μ）和转角延性系数（μ_θ）来研究钢管混凝土混合结构的延性特性。以试件的水平破坏位移 Δ_u 与屈服位移 Δ_y（图解法计算得到的结构屈服位移）的比值定义为位移延性系数，本试验停机荷载为峰值荷载的 88%～95%，故暂以 $\Delta_{95\%}$ 计算位移延性系数比较两种结构的延性。试件的层间位移角 θ 定义为：$\theta=\arctan(\Delta/H)$，H 为试件层高。以 95% 峰值荷载位移角 $\theta_{95\%}$ 和屈服位移角 θ_y 比值来定义层间位移角延性系数。

钢管混凝土混合试件和框架试件的整体延性系数和各层层间延性系数如表 9.8 所示。其中以计算整体屈服位移和 95% 峰值荷载位移为标准，对应计算当时的各层层间位移，作为一个名义层间屈服位移和 95% 峰值荷载位移，以此比对两种结构的延性。

表 9.8　拟静力试件延性指标一览表

整体延性指标						
结构类别	屈服位移 Δ_y	95% 位移 $\Delta_{95\%}$	屈服位移角 θ_y	95% 位移角 $\theta_{95\%}$	位移延性系数 μ	位移角延性系数 μ_θ
钢管混凝土混合结构	9.9	25.7	0.005 12	0.013 28	2.596	2.594
钢管混凝土框架结构	15.5	40.4	0.008 01	0.020 88	2.602	2.606

续表

底层层间延性指标						
结构类别	屈服位移 Δ_y	95% 位移 $\Delta_{95\%}$	屈服位移角 θ_y	95% 位移角 $\theta_{95\%}$	位移延性系数 μ	位移角延性系数 μ_θ
钢管混凝土混合结构	5.03	12.87	0.005 38	0.013 76	2.559	2.558
钢管混凝土框架结构	8.32	20.2	0.008 90	0.021 60	2.428	2.437
顶层层间延性指标						
结构类别	屈服位移 Δ_y	95% 位移 $\Delta_{95\%}$	屈服位移角 θ_y	95% 位移角 $\theta_{95\%}$	位移延性系数 μ	位移角延性系数 μ_θ
钢管混凝土混合结构	4.87	12.83	0.004 87	0.012 83	3.005	3.005
钢管混凝土框架结构	7.18	20.2	0.007 18	0.020 20	2.814	2.813

在下降到 95% 的极限荷载时，混合结构和框架结构的位移延性系数相近，框架结构的位移角大约是 0.021，而混合结构的位移角是 0.013 左右，说明框架结构的延性比混合结构要好一些。

5）耗能。

表 9.9 为拟静力试验荷载下降到 95% 的极限荷载时，钢管混凝土混合结构和框架结构的累积滞回耗能以及各层耗能占的比例。其中底层滞回耗能根据基底剪力 - 底层层间位移滞回曲线计算，顶层滞回耗能根据顶层剪力 - 顶层层间位移滞回曲线计算，总滞回耗能由二者相加得到。

表 9.9　拟静力试验结构耗能

类型	总滞回耗能 /（kN·mm）	底层滞回耗能 /（kN·mm）	顶层滞回耗能 /（kN·mm）	底层耗能比例 /%	顶层耗能比例 /%
钢管混凝土混合结构	118 847	73 255	45 592	62	38
钢管混凝土框架结构	109 868	68 815	41 053	63.0	37.0

两榀构件在往复荷载下，底层与顶层的耗能分配基本一致。在较大的荷载作用下，混合结构的位移值比框架结构小得多，但其耗能能力却比框架结构大。

采用等效黏滞阻尼系数和能量耗散系数 E 来评价剪力墙的耗能能力。图 9.12 和图 9.13 分别为两种结构拟静力试验下等效黏滞系数和能量耗散系数随 Δ/Δ_y 比值变化的对比图，其中 Δ 为每级荷载下的峰值位移，Δ_y 为试验实测的构件屈服时对应的顶层和底层层间位移。从图中可以看出混合结构由于有剪力墙的存在，结构整体延性比纯框架结构要差一些。在峰值荷载以后，框架结构的结构耗能能力开始降低，而混合结构的外框架部分由于结构整体变形较小，外框架部分仍未达到屈服，整体性良好，在组合剪力墙的刚度、承载力大幅退化的情况下，对结构后期的耗能有相当大的贡献，所以混合结构在峰值荷载后耗能能力仍上升。

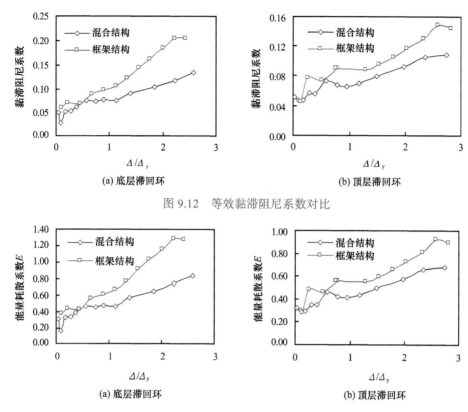

图 9.12　等效黏滞阻尼系数对比

图 9.13　能量耗散系数对比

6）刚度退化。

本次试验的模型为两层两跨结构，试验按照两质点体系分两层加载，所以结构两层的破坏程度不同，在试验数据的基础上分别对比两榀拟静力试验构件（即框架结构和混合结构）的顶层和底层层间刚度退化曲线。图 9.14 为拟静力试验的刚度随 Δ/Δ_y 变化的曲线，其中 Δ 为每级荷载下的峰值位移，Δ_y 为试验实测的构件屈服时对应的顶层和底层层间位移。由于本次拟静力试验是两榀不同的结构，刚度相差比较多，为了便于对比，图形中的纵坐标均取无量纲化的 K_j/K_{first}，K_j 即为试件的环线刚度，K_{first} 为试件第一级加载所对应的环线刚度。

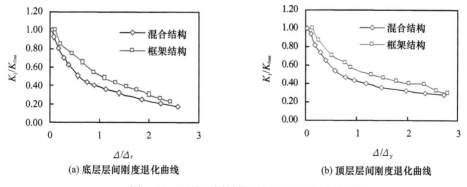

图 9.14　两种不同结构层间刚度退化曲线比较

　　从图 9.14 可见，两种结构刚度退化都在试验初始阶段最快，而后逐渐减慢，在屈服以后混合结构刚度退化和框架结构基本一致。在屈服前混合结构比框架结构刚度下降更快，刚度退化曲线更陡峭，这是因为框架结构的主要抗侧力构件框架柱的破坏属于弯曲破坏，钢管混凝土构件的刚度退化本来就比较平缓；而混合结构的主要抗侧力构件剪力墙的破坏属于剪切破坏，在达屈服位移以前，随着混凝土的开裂，墙板刚度急剧下降。达屈服位移以后，裂缝继续开展，钢筋发生滑移，墙板刚度退化严重，由于边框柱的约束和框架柱后期对刚度的贡献，混合结构刚度退化变得平缓。

　　7）强度退化。

　　图 9.15 为混合结构和框架结构各层同级荷载退化曲线比较图。混合结构在达到极限荷载前，底层同级荷载退化并不明显，在峰值点过后即最后一级荷载作用下，同级荷载退化曲线开始变陡，荷载退化趋于明显；框架结构底层同级荷载退化在加载过程中不明显，且在最后一级荷载作用下未出现混合结构强度退化明显的现象。这是因为剪力墙在峰值点过后，由于钢筋和混凝土的塑性损伤、钢筋与混凝土间黏结强度的退化和黏结滑移，构件承载能力大幅下降，同级荷载退化明显。两榀构件顶层由于未到峰值点，并未出现明显退化。

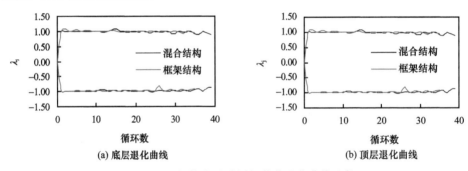

图 9.15　拟静力试验同级荷载退化曲线比较

　　8）剪力墙墙板与边框架协同工作性能分析。

　　拟静力试验的钢管混凝土混合结构主要抗侧力构件为带钢管混凝土边框柱的组合剪力墙，边框柱和剪力墙能否良好地协同工作是边框能否发挥对墙板应有约束作用的关键，墙板和钢管之间的连接采用 U 型钢筋连接，其连接效果更会影响混合结构后期整体的刚度。

　　试验过程中未观察到钢管混凝土边框柱和剪力墙之间产生明显脱离，也未观察到边框和墙板界面处的混凝土明显剥落。试验过程中在墙板和边框柱、墙板和钢梁、墙板和基底交界面等位置设置了百分表，测试结果可基本反映试件边框与墙板共同协作的特性。图 9.16 分别给出墙板与边框的滑移滞回曲线，图中 P 为底层或顶层的层间剪力，Δ 为相应的实测滑移值，从典型滑移曲线可以看出，试验过程中边框柱与墙板之间在初始位置附近产生一定滑动，其滑移值随着荷载的增加而增大，但总体上滑移位移值很小，表明边框柱和墙板共同工作性能良好。

　　9）梁柱相对转角。

　　顶层边框位置的节点处设置了 4 个位移计以测量并比较梁柱相对转角（θ）。如

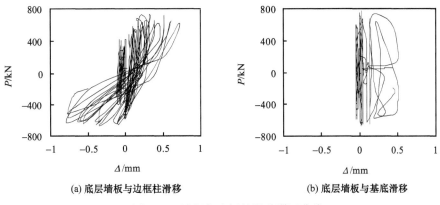

(a) 底层墙板与边框柱滑移　　　　　　(b) 底层墙板与基底滑移

图 9.16　墙板与边框的滑移滞回曲线

图 9.17 为结构顶层剪力 - 相对转角滞回曲线比较图，由于混合结构拟静力试验进行到第 9 级时，梁端部位移计滑动，图中只给出混合结构第 9 级荷载前的有效转角数据，框架结构为全部等级有效数据。从图中可以看出，随着荷载等级的增加，梁柱相对转角呈增大趋势。即使仅到第 9 级荷载，混合结构的梁柱相对转角也比框架结构更大。即使层间位移较小，混合结构的梁柱相对转角仍比框架结构要大，说明混合结构比框架结构更易满足强柱弱梁这一抗震要求。

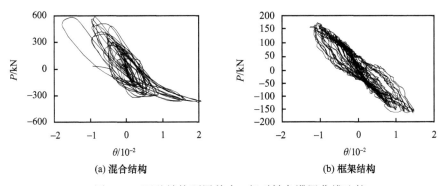

(a) 混合结构　　　　　　　　　　(b) 框架结构

图 9.17　两种结构顶层剪力 - 相对转角滞回曲线比较

（6）小结

本节进行了一榀钢管混凝土框架结构和一榀钢管混凝土混合结构拟静力试验。根据试验结果对二者的荷载 - 位移滞回关系曲线及骨架曲线、边框和墙板的协同工作性能、试件不同部位的应变发展规律进行了分析，采用不同的指标对两种结构的延性、强度退化、刚度退化及耗能能力等进行了详细分析，得到以下结论。

1）混合结构的破坏形态为墙板形成斜压杆受力机制，最终墙板混凝土被压碎而退出工作，结构整体刚度大幅下降，钢管混凝土边框柱随着水平位移的增大而在柱脚形成塑性铰，外框架由于位移较小而破坏性比较小，仍可承受较大的剪力。纯框架结构首先在梁端造成塑性铰，导致刚度下降。两种结构的破坏模态不同，但荷载 - 位移曲线都没有显著的捏缩现象出现，混合结构由于边框柱和框架柱的存在，结构延性得到提高。

2）从承载能力和延性上来看，混合结构的承载能力比框架结构要高得多而延性却要差一些，从而产生的结构位移要小得多，适于在高层结构中应用。

3）从耗能上来看，两种结构的耗能层间分配基本一致，框架结构的位移要大得多，但结构变形耗散的能量比混合结构要小，混合结构在地震作用下可吸收更多震能。

9.2.2　拟动力试验研究

本试验的主要目的是通过试验研究归纳钢管混凝土框架 - 组合剪力墙在拟动力作用下的破坏形态与特点；比较在不同幅值的地震波作用后结构的地震响应；提取结构滞回曲线、骨架曲线和累积耗能曲线，分析结构的抗震性能；同拟静力试验结果作对比，以期分别从宏观和微观上对结构抗震性能作评估。

（1）试验概况

本节试验的试件设计、加载装置、测试装置图 9.2.1 节相同，只有试验方法有所不同，下面简要说明。

1）参数选择。

① 模型相似比。拟动力试验中的模型相似比是很重要的参数。本节试件的几何相似比为 1/4，所用材料混凝土、钢材均与实际工程中的一致，故确定弹性模量相似比为 1，其余物理参数相似比经计算如表 9.10 所示。

表 9.10　模型物理参数相似比

类型	物理量	相似关系	实际相似关系
材料性能	应力 σ_m	1	1
	应变 ε_m	1	1
	弹性模量 E_m	1	1
	泊松比 μ_m	1	1
	质量密度 ρ_m	$1/S_L$	4
几何特性	长度 L	S_L	1/4
	线位移 δ	S_L	1/4
	角位移 β	1	1
	面积 A	S_L^2	1/16
荷载	集中力剪力 P	S_L^2	1/16
	线荷载 W	S_L	1/4
	面荷载 q	1	1
	力矩 M	S_L^3	1/64
时间	时间 t	$\sqrt{S_L}$	1/2

② 模型质量等效。试验中将混合结构简化为两质点的单自由度体系，结构质量等效在楼层标高处，结构楼层面荷载若以 15kN/m² 计算（计入结构该层自重），在 1m 宽的板

带上的线荷载应该是 15kN/m，模型每层荷载输入应为 37.5kN。堆积质量矩阵 $[M]_1$ 为

$$[M]_1 = \begin{bmatrix} 37.5 & \\ & 37.5 \end{bmatrix} \tag{9.1}$$

试验模型刚度大，实际的质量较小，在进行拟动力试验时，模型的质量和阻尼等参数是通过计算简化后填写到控制软件的数据表中。如果没有足够的质量，拟动力试验会出现结构位移响应很小的情况，这就偏离试验目的。所以，在试验时把整个结构所有的质量都集中在每一层楼面上，将实际结构两层以上部分的累加质量按照相似关系等效分配到试验模型的两层楼面上。假设结构质量均由柱承担，实际混合结构底层柱的轴压比为 0.45，结构自重 2400kN，这样扣除千斤顶所施加的初始轴压力共 800kN，将剩下的质量平摊到两质点上去，得到试验质量矩阵 $[M]_2$ 为

$$[M]_2 = \begin{bmatrix} 800 & \\ & 800 \end{bmatrix} \tag{9.2}$$

③ 阻尼比。模型的阻尼比在试件弹性阶段影响较大，在进入弹塑性阶段后影响不大。组合结构阻尼比在 0.02～0.05，本试验模型阻尼比确定为 0.04。

④ 地震波选择。地震动具有强烈随机性，结构的地震反应随输入地震波的不同而差距很大。所以，为了保证时程分析结果的合理性，必须合理选择输入的地震波。归纳起来，选择输入地震波时应当考虑以下几方面的因素，即地震动幅值、频谱特性、持时以及选用地震波数量，并根据具体情况进行调整。综合考虑以上几个因素，本次试验采用了 KOBE 波（1995NS），地震波波形如图 9.18 所示。

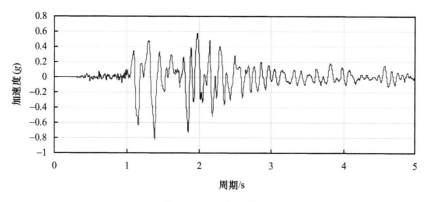

图 9.18　KOBE 地震波

a. 假定混合结构所在场地为沿海地区，场地类别为 II 类，场地土的特征周期为 0.3～0.45s，KOBE 波（1995NS）的卓越周期约为 0.4s，因此场地土的特征周期与试验波的卓越周期，满足地震动频谱的选择要求。

b. 根据 ETABS 对试验模型的结构分析，本试验混合结构模型的基本周期为 0.33s 左右，与 KOBE 波（1995NS）的卓越周期接近，能得到结构物在地震作用下的最大反应。

c. 试验波所截取的持续时间包含地震峰值部分，即地震动记录最强部分，并且持续时间 5s，大于 10 倍模型的基本周期。

d. 本次试验输入的地震波在此之前的许多结构地震反应试验都被采用，具有广泛

的代表性且试验结果比较适用，有利于与其他的试验结构进行参照。采用 KOBE 波还因为其峰值加速度较大，瞬时冲击能大，对具有各种自振周期的结构都有较大影响，尤其本试验结构刚度大，在 KOBE 波作用下，结构响应比较明显。

在输入试验波之前，对选取的原地震波进行时间压缩和幅值调整以形成试验波。本试验时间相似比为 0.5，则时间间隔和地震持续时间应乘以 0.5，原 KOBE 波采样频率 100Hz，时间间隔 0.01s，选取的持续时间为 10s，试验用的 KOBE 波时间间隔和持续时间分别被压缩为 0.005s 和 5s，总共 1000 个加载步。

2）加载流程。

选取 KOBE 波（1995NS），从 0.05g 开始，用以检查试验方法、检测加载设备和装置的运行情况、检验试验参数设定合理性、观察结构响应是否正常。再进行 0.1g、0.2g、0.4g、0.6g、0.8g、1.0g、1.4g 这 7 种工况的试验。

每个工况开始前都要进行一次刚度测试。拟动力试验前需要输入一些初始条件包括：初始位移、初始速度、初始加速度、初始刚度、质量矩阵等，其中初始位移、速度与加速度取零，初始刚度则要根据实测值。第一次测量的刚度不宜取过大的位移，以免引起刚度损伤，在进入弹塑性阶段后，可增大位移，使得刚度测试更准确。每个工况初始刚度测量所带来的误差，通过拟动力试验过程中的不断实测试验数据，对刚度进行修正逐渐消除误差。

3）采集系统。

拟动力试验时的荷载和相应的位移由 MTS 加载系统自动进行采集；由于 MTS 系统的采集频率为 1s 1 次，为了将结构响应（包括结构楼层位移，结构局部应变）对应 MTS 采集的荷载，结构响应的采集由 Solatron Inc.IMP 数据自动采集系统完成。

（2）试验现象和破坏形态

1）结构破坏过程和破坏形态。

本次拟动力试验分别输入峰值为 0.05g、0.1g、0.2g、0.4g、0.6g、0.8g、1.0g、1.4g 的 KOBE 波（1995NS）加载。结构伴随地震波幅值的加大出现不同程度的损伤，同之前的混合结构拟静力试验类似，本次混合结构在拟动力试验过程中破坏大多集中在一层的组合剪力墙部分，二层墙板出现轻微裂缝，框架部分未出现明显损坏。不同幅值地震波作用下的结构破坏过程归纳如下，各个阶段组合墙板裂缝开展如图 9.19 所示。

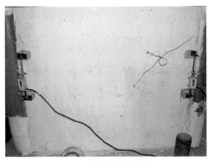 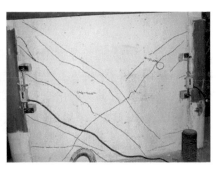

(a) 0.1g 底层墙板裂缝　　　　　　　　(b) 0.4g 底层墙板裂缝

图 9.19　钢管混凝土混合结构破坏形态

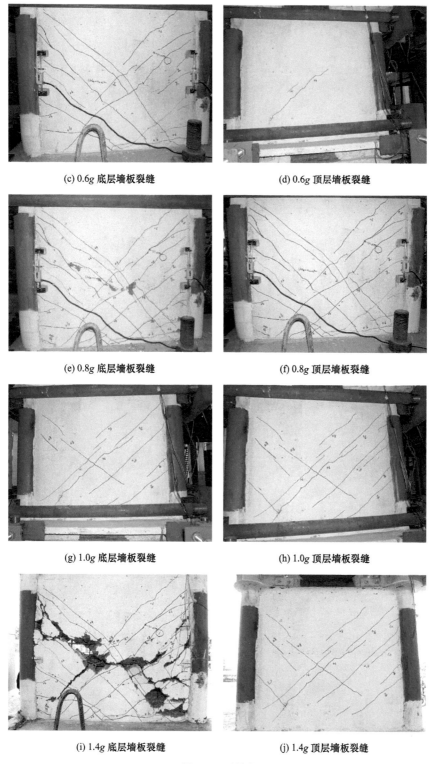

(c) 0.6g 底层墙板裂缝　　　　　　　(d) 0.6g 顶层墙板裂缝

(e) 0.8g 底层墙板裂缝　　　　　　　(f) 0.8g 顶层墙板裂缝

(g) 1.0g 底层墙板裂缝　　　　　　　(h) 1.0g 顶层墙板裂缝

(i) 1.4g 底层墙板裂缝　　　　　　　(j) 1.4g 顶层墙板裂缝

图 9.19 （续）

(k) 外框架柱脚轻微鼓屈　　　　　　　　(l) 边框柱脚鼓屈

(m) 楼板负弯矩区裂缝　　　　　　(n) 试验结束时构件背面破坏情况

(o) 试件整体的破坏模态

图 9.19 （续）

0.05g 地震波作用后，底层和顶层墙板未出现肉眼可见的明显裂缝，全结构保持完好。

0.1g 地震波作用后，底层墙板出现负向初始裂缝，宽度 0.02mm，位于墙板中部位置偏下，与水平成 45°夹角，长度大约 400mm，从柱边延伸到墙板中部。

0.2g 地震波作用后，负向初始裂缝继续延伸到接近基底顶面位置。正向初始裂缝出现，宽度 0.02mm，位置与负向初始裂缝相对称，长度大约 400mm，从柱边延伸到墙板中部。

0.4g 地震波作用后，底层墙板正向和负向出现交叉主斜裂缝，贯穿整块墙板对角线，伴随主斜裂缝的出现，在初始裂缝周边出现多条斜裂缝，并且在墙板底部两侧，开始出现平行于基底的水平裂缝。出现的所有裂缝大都从边框柱边开始延伸，主斜裂缝和初始裂缝基本都已延伸至基底顶面。混凝土翼缘楼板表面负弯矩区出现裂缝（框架部分）。到 0.4g 的地震波为止，仍未发现结构的其余部分出现裂缝或者出现明显的损坏。

在地震波达到 0.6g 以后，主斜裂缝宽度明显，墙板上出现几条细小的新裂缝，已出现的裂缝继续发展变宽变长，墙板底部水平裂缝两侧连接贯通。在峰值位移时，墙板中部竖向和横向分布钢筋分别达到屈服应变。顶层墙板出现负向初始裂缝，楼板表面负弯矩区（框架部分）裂缝在停机时基本闭合。

0.8g 地震波作用后，底层墙板裂缝开展更加明显，特别是墙板底部裂缝不仅明显而且裂缝开始密集，从边框柱边延伸出多条裂缝，说明墙板与边框的交界处损伤加剧。顶层墙板出现正向初始裂缝，在两条初始裂缝两侧各出现多条细小的裂缝，初始裂缝已经贯穿墙板对角线。边框柱脚开始出现轻微鼓屈，钢管竖向应变峰值时达到 8500$\mu\varepsilon$ 左右，外框架柱脚虽未出现明显鼓屈，但钢管竖向应变峰值时也达到了 5000$\mu\varepsilon$ 左右。

在 1.0g 地震波作用下，顶层峰值位移达到 -23.1mm，基底剪力 $P=1275$kN。底层墙板裂缝全面开展，未出现较大的新裂缝，已有的裂缝基本上都延伸至基底顶面，试验过程中有混凝土开裂的声音发出，底层墙板中部和角部混凝土表面挤碎剥落，部分钢筋表面裸露。顶层墙板正负向各出现一条新裂缝，旧裂缝仍持续发展但墙板损伤不严重，未出现主斜裂缝。底层边框柱脚鼓屈明显，钢管竖向残余应变 2500$\mu\varepsilon$ 左右，峰值应变 9000$\mu\varepsilon$ 以上。外框架柱钢管竖向峰值应变 7000$\mu\varepsilon$ 左右。

最终加载幅值 1.4g 地震波，顶层峰值位移为 -29.5mm，基底剪力 $P=-984$kN。底层墙板基本损坏，其中部和角部混凝土大量碎裂剥落，粘贴的有机玻璃掉落，钢筋裸露，从一侧可透过墙板看到另一侧，破坏痕迹沿 45°延伸，表现为典型的剪切型破坏，剪力墙裸露的钢筋失去混凝土的保护，在往复荷载下弯曲变形，分布钢筋应变片大部分由于变形过大而失效。剪力墙破坏严重，结构整体刚度损失较大，边框柱承担的剪力反而变小，柱脚竖向应变峰值时为 7500$\mu\varepsilon$ 左右，框架柱承担剪力增大，柱脚竖向应变峰值时为 12 000$\mu\varepsilon$ 左右，但仅有轻微鼓屈。顶层墙板未发现裂缝进一步的发展，未出现主斜裂缝。结构所有节点未出现明显损坏，梁端翼缘板开裂早于柱脚鼓屈，说明结构符合强柱弱梁、强节点弱构件的要求。

在拟动力试验条件下，该混合结构的受力破坏特性如下。

① 结构主要抗侧力构件剪力墙的破坏属于剪切型破坏，破坏主要集中在底层，底层为薄弱区域，顶层墙板开裂较少，未出现主斜裂缝。

② 在加速度幅值 0.2g 地震波作用后，结构底层墙板仅有少量裂缝出现，从加载的滞回曲线可以看出，滞回曲线包含一定面积，结构呈现较少的塑性，表明该结构模型

可以满足 8 度抗震设防地区的抗震要求。

③ 结构模型达到极限荷载后，底层墙板分布钢筋应变发展加剧，大多数应变片失效，但整体结构仍旧保持良好的完整性，仍能承受轴压力，特别是外框架部分，损坏不明显，说明该结构模型构造设计合理。

④ 拟动力试验过程中，由于结构刚度不断退化，结构各阶段位移反应的增大与输入地震加速度峰值的增加呈非线性关系，加速度幅值虽然加倍，但结构位移响应却并未加倍，说明结构的地震反应除了与地震波峰值有关以外，还受地震动频率、持时、结构本身特性等多种因素的影响。

表 9.11 为拟动力试验过程中试件局部的破坏顺序，与拟静力试验作对比，混合结构在拟静力和拟动力试验方法下的破坏顺序相同，说明两种试验方法的可对比性，且两种方法下节点部位均未发生明显破坏。试验结束时，墙板受到如此大破坏的情况下，墙板和周边框架的连接仍保持较好，未发现明显的分离和滑移。

表 9.11　钢管混凝土混合结构拟动力试验破坏顺序

破坏顺序	破坏位置	初破坏时加速度幅值	对应基底剪力 /kN
1	底层墙板	0.1g	420
2	底层楼板	0.4g	1 051
3	顶层墙板	0.6g	1 178
4	边框柱脚 1、2	0.8g	1 206
5	框架柱脚（轻微鼓屈）	1.4g	−984
6	底层钢梁	未发现明显鼓屈	

2）不同幅值地震波作用后结构响应比较。

① 特征位移、加速度及荷载。不同加速度幅值 KOBE 波激励下，结构模型实测最大位移、加速度、基底剪力响应如表 9.12 所示，由表中数据可知，随着峰值加速度的增大，结构模型的地震响应呈增大趋势，但并非线性增大。

表 9.12　不同幅值地震波激励下最大侧移、加速度、基底剪力实测值

峰值加速度 （g）	底层峰值位移 /mm	顶层峰值位移 /mm	底层峰值加速度 /（m/s²）	顶层峰值加速度 /（m/s²）	峰值基底剪力 /kN
0.05	0.695 −0.344	1.773 −0.836	1.162 −1.242	1.153 −1.372	222.50 −167.45
0.1	1.384 −0.794	3.106 −1.821	1.592 −1.852	2.163 −2.552	420.01 −278.22
0.2	2.813 −1.836	5.973 −4.262	2.306 −2.895	3.746 −4.616	704.92 −504.78
0.4	5.230 −3.697	10.710 −9.221	4.392 −5.977	7.411 −7.849	1 051.07 −851.99
0.6	6.666 −5.889	12.698 −14.523	6.912 −7.462	11.461 −9.474	1 178.76 −1 042.44

续表

峰值加速度 （g）	底层峰值位移 /mm	顶层峰值位移 /mm	底层峰值加速度 /（m/s²）	顶层峰值加速度 /（m/s²）	峰值基底剪力 /kN
0.8	7.991 −7.936	15.913 −19.744	9.229 −9.174	15.737 −11.222	1 206.73 −1 134.65
1.0	11.800 −9.900	20.809 −23.077	9.686 −12.122	19.651 −12.312	1 275.15 −1 166.79
1.4	11.671 −24.622	17.058 −29.516	12.139 −11.838	23.236 −12.619	970.39 −984.78

注：表中正负值表示实测的正负向地震响应极值。

② 底层与顶层层间位移、荷载比。表 9.13 为在不同幅值地震波作用后，当模型底层层间位移最大时，底层与顶层的层间位移以及相应的底层与顶层层间荷载比值。表中数据显示，随加速度幅值的增大，底层与顶层位移、荷载比值呈增大趋势。这是因为结构模型底层承受更大的层间剪力，底层的累积损伤、刚度退化更严重，随着地震波位移幅值的增大而底层结构越来越薄弱，结构的变形和破坏也都集中在底层。

表 9.13　不同幅值地震波底层与顶层层间位移、荷载比值

比例	α_{max}							
	0.05g	0.1g	0.2g	0.4g	0.6g	0.8g	1.0g	1.4g
位移比例	1：1.551	1：1.244	1：1.108	1：1.021	1：0.892	1：0.806	1：0.619	1：0.199
荷载比例	1：0.791	1：0.674	1：0.674	1：0.610	1：0.532	1：0.566	1：0.272	1：0.410

③ 模型加速度响应。图 9.20 为不同峰值加速度地震波作用下模型底层和顶层加速度时程曲线图，其加速度时程曲线趋势大体上和地震波的走势相同。底层和顶层的加速度响应完全取决于结构响应，虽没有一定的比例关系，但两者的趋势大体上相同。随着加速度幅值增大，加速度响应也增大，同时加速度时程曲线由密到疏，这说明各层和整个结构的刚度处于不断退化之中。KOBE 地震波能量比较集中，峰值集中在 $1\sim2.5$s，在正向和负向各有 2 次峰值出现；顶层加速度反应在 $t=1.37$s 和 $t=2.05$s 附近出现正向峰值，在 $t=1.44$s 和 $t=1.88$s 附近出现负向峰值，底层加速度反应的峰值出现比较离散，但基本都在顶层出现峰值加速度的时间附近。

④ 模型位移响应。图 9.21 为结构在不同峰值加速度地震波作用下的位移反应时程曲线。0.05g 地震波主要用于在弹性阶段内测试试验设备安装的可靠，由 0.05g 的位移时程曲线可知，试验段后期整体位移量明显上移说明传力螺杆有些松动，故在加载每级地震波之前，都要预先拧紧螺杆。

同加速度反应一样，结构损伤、刚度退化导致位移反应时程曲线也是前几级地震波较密，之后也是越来越稀疏。顶层位移和底层位移的变化趋势大体一致，同步出现峰值，但二者并没有固定的比值，随地震波幅值的增大顶层和底层位移同时增大。可

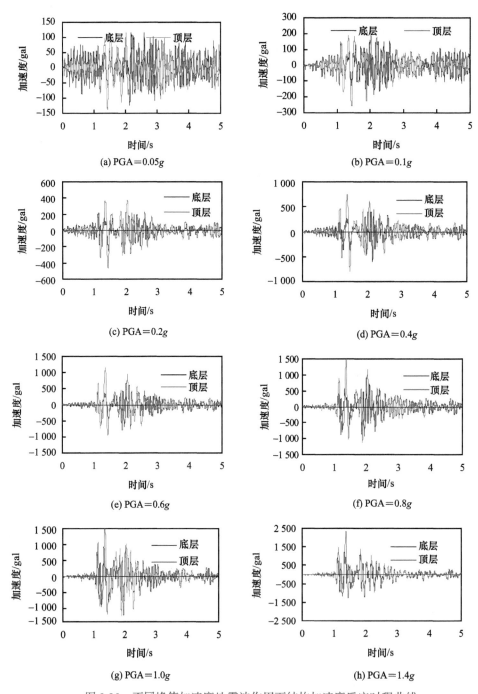

图 9.20　不同峰值加速度地震波作用下结构加速度反应时程曲线

以看出在试验的初期，在 0.05g、0.1g、0.2g 地震波作用下，顶层和底层在不同峰值加速度地震波作用下结构加速度反应时程曲线二者的差距逐渐减小，最后破坏的地震波 1.4g 作用下，顶层和底层位移接近，说明底层基本已经破坏，二者刚度悬殊，顶层几乎处于平动状态。

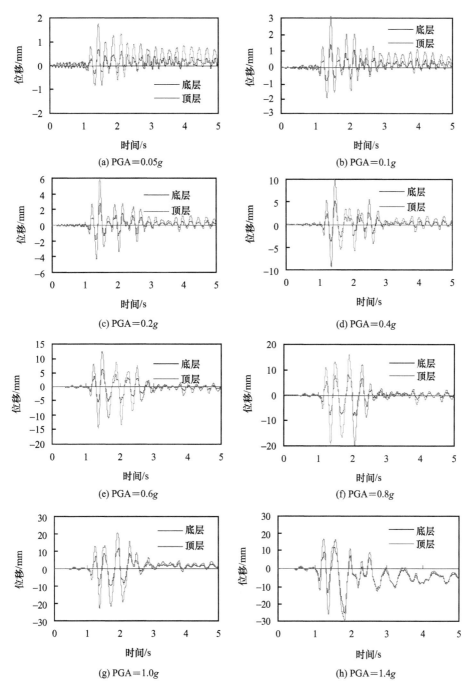

图 9.21　不同峰值加速度地震波作用下结构位移反应时程曲线

（3）模型的恢复力曲线

1）滞回曲线。

① 层间剪力 - 层间位移滞回曲线。图 9.22 为混合结构模型在不同加速度幅值地震波作用下顶层和底层的层间剪力 - 层间位移滞回曲线。从滞回曲线可以看出，0.1g 时

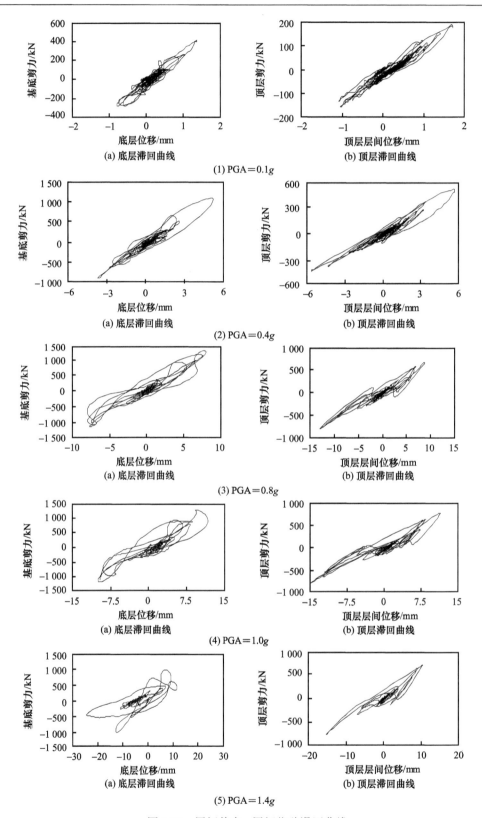

图 9.22　层间剪力 - 层间位移滞回曲线

结构基本处于弹性阶段，结构底层的滞回曲线大致上可以看作呈直线状态，此时结构耗能较少，由于采用的是能量比较集中、峰值加速度比较大的 KOBE 地震波，底层墙板在 0.1g 加载结束有一条细微的裂缝，表现出一定的塑性性能。随着峰值加速度的增大，底层和顶层耗能逐渐增大，但从二者滞回曲线可以看出，结构耗能基本集中在底层，顶层耗能较少。

　　② 基底剪力 - 顶点位移（全结构）滞回曲线。图 9.23 为在不同峰值加速度地震波作用下结构基底剪力 - 顶点位移滞回曲线。基底剪力 - 顶点位移滞回曲线反映了整体结构的恢复力特性，随着峰值加速度的增大，结构整体的耗能能力也增大。从不同幅值的滞回曲线对比可以看出，由于 KOBE 波的峰值比较大而且集中，滞回曲线的峰值点特别明显。0.1g 加载时，滞回曲线开始表现出一定的不对称性，这是因为结构本身前

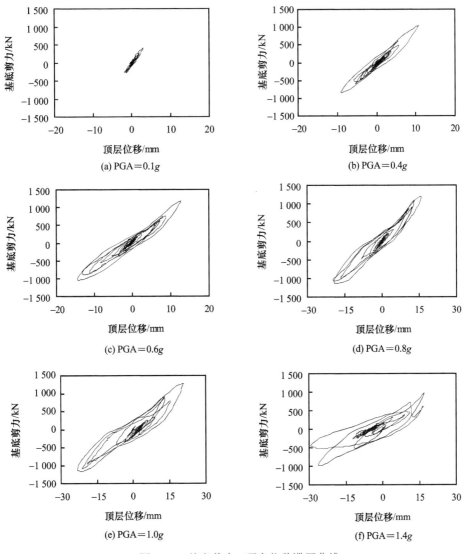

图 9.23　基底剪力 - 顶点位移滞回曲线

后不对称以及地震波的正负不对称性。底部剪力墙出现一条裂缝，滞回曲线表现出一定的耗能能力。滞回曲线由开始的直线形到反 S 形再到最后的弓形，随着底层墙板裂缝的开展，结构呈现的塑性越来越明显，耗能能力增大。0.6g 以后，顶层墙板也出现斜裂缝，顶层墙板更多地耗散地震能量，滞回曲线包络的面积更大。0.8g 和 1.0g 加载时，底层墙板刚度退化，剪力逐渐转移到边框柱和框架柱上，造成整个钢框架的侧移增加，结构滞回曲线呈现反 S 形，曲线中部并未出现明显的捏缩现象。加速度幅值为 1.4g 时，底层剪力墙严重损坏，丧失大部分承载力，边框柱脚鼓屈，墙板在边框柱的约束下进一步滑移，柱脚出现塑性铰，由于此时结构整体位移较小，边框柱未出现塑性铰，仍然具有较大的承载能力，结构的耗能能力增大，呈现弓形，在结构破坏阶段滞回曲线未出现捏缩现象。

2）骨架曲线及延性系数。

① 模型层间骨架曲线。模型底层和顶层的层间骨架曲线如图 9.24 所示，其中底层层间骨架曲线为基底剪力 - 底层层间位移滞回曲线整理所得，顶层层间骨架曲线为顶层剪力 - 顶层层间位移滞回曲线整理所得。从层间骨架曲线来看，底层的骨架曲线呈现出剪力墙刚度较大的特点，试验前期荷载上升比较快，裂缝开展后承载力下降比较快，而顶层剪力墙裂缝开展较少，未见承载力下降。

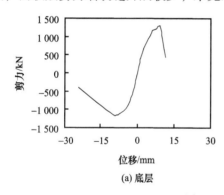

(a) 底层

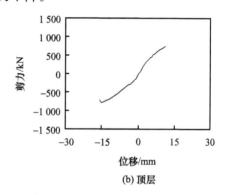

(b) 顶层

图 9.24　层间骨架曲线

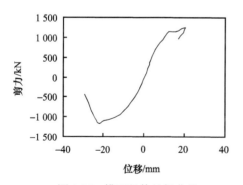

图 9.25　模型整体骨架曲线

② 模型整体骨架曲线。模型基底剪力 - 顶层位移骨架曲线见图 9.25。基底剪力 - 顶层位移骨架曲线主要受底层剪力墙的承载力控制，与底层骨架曲线类似，前期荷载增长较快，底层剪力墙开裂后，承载力下降较快。正向骨架曲线在达峰值荷载后，荷载和位移同时下降，这是由于 1.4g 地震波加载时峰值位移反应比 1.0g 时更小。

3）延性系数。

采用位移延性系数来作为评价结构的延性。取荷载下降到 85% 时的位移为极限位移计算位移延性系数。另为与拟静力试验作对比，同时取荷载下降到 95% 时的位移点计算相应的延性系数。表 9.14 为底层延性计算结果。

表 9.14　拟动力试验模型底层各特征点参数

加载阶段	正向（推）				反向（拉）			
	基底剪力 /kN	底层位移 /mm	底层位移角 /rad	峰值加速度（g）	基底剪力 /kN	底层位移 /mm	底层位移角 /rad	峰值加速度（g）
开裂点	420	1.38	1/725	0.1	−278	−0.79	1/1 266	0.1
屈服点	1 020	5.1	1/200	0.6	−900	−4.0	1/250	0.6
极限荷载点	1 275	9.49	1/105	1.0	−1 166	−9.53	1/105	1.0
极限位移点	1 083	10.2	1/98	1.4	−991	−13.1	1/76	1.4
延性系数	2.0				3.28			
95% 位移点	1 211	9.8	1/102	1.4	−1 107	−11	1/91	1.4
延性系数	1.92				2.75			

4）刚度退化特性。

本章给出了不同幅值地震波作用下最大位移的刚度退化分析，分别计算层间刚度退化和整体刚度退化以利对比。

① 层间刚度退化。表 9.15 和表 9.16 分别为底层和顶层层间最大位移及对应的层剪力和刚度，表 9.17 和表 9.18 分别给出了底层和顶层层间位移角和刚度退化系数，图 9.26 为底层和顶层层间刚度退化图。

表 9.15　底层层间最大位移及对应的层剪力和刚度

峰值加速度（g）	最大位移（+） /mm	对应的基底剪力 /kN	最大位移（−） /mm	对应的基底剪力 /kN	平均刚度 /（kN/mm）
0.05	0.70	220	−0.35	−151	372
0.1	1.38	420	−0.79	−257	314
0.2	2.81	681	−1.84	−505	258
0.4	5.23	1 012	−3.70	−850	211
0.6	6.67	1 150	−5.89	1 030	174
0.8	7.99	1 161	−7.94	−963	133
1.0	11.80	934	−9.90	−1 132	97
1.4	11.67	435	−24.62	−447	28

表 9.16　底层层间位移以及层间位移角与刚度退化系数

峰值加速度（g）	0.05	0.1	0.2	0.4	0.6	0.8	1.0	1.4
最大位移平均值 /mm	0.53	1.09	2.33	4.47	6.28	7.97	10.85	18.15
底层最大层间位移角	1/1 887	1/917	1/429	1/223	1/159	1/125	1/92	1/55
底层刚度退化系数	1.00	0.85	0.69	0.57	0.47	0.36	0.26	0.08

表 9.17　顶层层间最大位移及对应的层剪力和刚度

峰值加速度（g）	最大位移（+）/mm	对应的基底剪力/kN	最大位移（−）/mm	对应的基底剪力/kN	平均刚度/（kN/mm）
0.05	1.08	97	−0.57	79	114
0.1	1.72	169	−1.08	−126	107
0.2	3.22	309	−2.53	−225	93
0.4	5.68	458	−5.66	−406	76
0.6	6.38	496	−9.07	−561	70
0.8	8.76	653	−12.96	−733	66
1.0	11.37	755	−14.93	−783	59
1.4	10.41	687	−15.20	−746	57

表 9.18　顶层层间位移以及层间位移角与刚度退化系数

峰值加速度（g）	0.05	0.1	0.2	0.4	0.6	0.8	1.0	1.4
最大位移平均值/mm	0.83	1.4	2.88	5.67	7.73	10.86	13.15	12.81
底层最大层间位移角	1/1 204	1/714	1/347	1/176	1/129	1/92	1/76	1/78
底层刚度退化系数	1.00	0.94	0.82	0.67	0.62	0.58	0.51	0.50

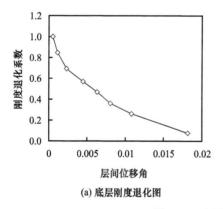

(a) 底层刚度退化图

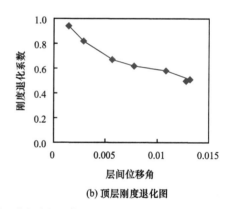

(b) 顶层刚度退化图

图 9.26　底层和顶层刚度退化图

　　底层和顶层的层间刚度随着层间位移角的增大不断减小，当峰值加速度为 0.05g 和 0.1g 时底层和顶层基本处于弹性阶段，由于剪力墙在地震波作用下受到损伤，0.1g 加载结束后出现第一条裂缝，此时刚度退化速度最快，此后刚度退化逐渐减缓。底层承担剪力最大，刚度下降也最多，在 0.2g 时底层层间刚度为初始刚度的 69%，而 1.4g 地震波作用下，底层墙板严重损坏，柱脚鼓屈，层间刚度仅剩初始刚度的 8%；顶层承担的剪力较小，0.6g 时出现第一条裂缝，层间刚度为初始刚度的 62%，1.4g 地震波下层间刚度还有 50%，顶层损坏较小，最终刚度退化也小。

② 整体刚度退化。表 9.19 为顶层最大位移及对应的基底剪力和刚度，表 9.20 给出了顶层位移角和刚度退化系数，图 9.27 为结构整体刚度退化图。可见，结构整体刚度随着层间位移角的增大不断减小，当峰值加速度为 0.05g 和 0.1g 时结构的位移角在1/800 左右，整体基本处于弹性阶段，0.2g 地震波作用下刚度退化比较快，0.1g 刚度维持在初始刚度的 95%，0.2g 时刚度急剧下降为初始刚度的 78%，在 0.4g～1.0g 的地震波作用下，刚度退化减缓，1.0g 时刚度维持在 36% 左右。1.4g 地震波作用后，结构刚度退化曲线出现拐点，这是因为底层剪力墙损坏严重，正向位移响应不大导致位移角平均值增大不多。对比层间刚度退化曲线，可知整体刚度退化系数是底层和顶层层间刚度退化系数的中间值，刚度退化速度也在二者之间。

表 9.19　整体层间刚度退化

峰值加速度（g）	最大位移（＋）/mm	对应的基底剪力/kN	最大位移（－）/mm	对应的基底剪力/kN	平均刚度/（kN/mm）
0.05	1.77	220	−0.84	−151	152
0.1	3.11	420	−1.82	−276	144
0.2	5.97	705	−4.26	−503	118
0.4	10.71	1 045	−9.22	−848	95
0.6	12.70	1 169	−14.52	1 016	81
0.8	15.91	1 197	−19.74	1 037	64
1.0	20.81	1 275	−23.08	−1 117	55
1.4	17.06	970	−29.52	−447	36

表 9.20　结构整体位移以及整体位移角与刚度退化系数

峰值加速度（g）	0.05	0.1	0.2	0.4	0.6	0.8	1.0	1.4
最大位移平均值/mm	1.31	2.47	5.12	9.97	13.61	17.83	21.95	23.29
底层最大层间位移角	1/1 527	1/810	1/391	1/201	1/147	1/112	1/91	1/86
底层刚度退化系数	1.00	0.95	0.78	0.63	0.53	0.42	0.36	0.24

5）耗能分析。

累积滞回耗能可采用累加的形式计算，即

$$E_h = \sum_{j=0}^{n} \frac{1}{2}(F_i + F_{i+1})(X_{i+1} - X_i) \quad (9.3)$$

式中：F_i、F_{i+1} 为相邻两点的恢复力；X_i、X_{i+1} 为恢复力对应的位移。

结构在地震波作用下累积滞回耗能是各层层间变形耗能的累加之和，表 9.21 为不同幅值地震波作用下层间滞回耗能及其占总滞回耗能的比例。可见随着峰值加速度增大，总滞回耗

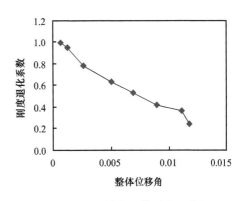

图 9.27　结构整体刚度退化图

能呈增大趋势，底层耗能所占的比例在所有地震波作用下都比顶层大。0.05g 地震作用下，底层所占耗能比例最多为 81%，顶层耗能很少；0.1g 时顶层更多地参与耗能，占 44%；0.2g～0.8g 时结构进入弹塑性阶段，底层与顶层的所占耗能比例比较固定，底层 65% 左右，顶层 35% 左右。随着峰值加速度的继续增大，底层损伤发展比顶层要快得多，0.1g 时墙板表面部分混凝土剥落，结构塑性越来越明显，底层变得更加薄弱，变形和荷载都在增大，底层所占耗能比例越来越大，到 1.4g 时底层耗能占 81%。

表 9.21　不同幅值地震波作用下层间滞回耗能

加速度幅值（g）	总滞回耗能 /（kN·mm）	底层耗能比例 /%	顶层耗能比例 /%
0.05	67	81	19
0.1	323	56	44
0.2	1 692	64	36
0.4	5 754	62	38
0.6	12 446	65	35
0.8	20 311	68	32
1.0	27 936	71	29
1.4	30 105	81	19

图 9.28 为结构在不同加速度幅值下结构整体滞回耗能曲线，以底层层间耗能与顶层层间耗能之和作为整体耗能。

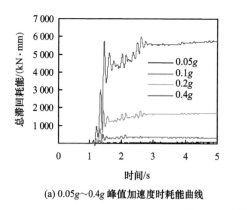

(a) 0.05g～0.4g 峰值加速度时耗能曲线

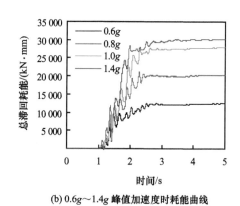

(b) 0.6g～1.4g 峰值加速度时耗能曲线

图 9.28　结构整体耗能曲线

由上述图形可见如下几点。

① 结构的滞回耗能随地震波加速度幅值的增大而增大，这是由于结构的变形、荷载都随加速度幅值的增大而增大，结构的耗能也越来越大。

② 峰值加速度为 0.05g 时，结构尚且处于弹性阶段，其滞回耗能主要以可恢复的弹性应变能为主，耗能曲线呈直线上升的状态。峰值加速度为 0.1g 时，结构具有一定的塑性变形，塑性应变能比例增大，但仍以可弹性应变能为主。

③ 峰值加速度为 0.4g 到 1.4g 的地震波作用下，滞回耗能的大小随时间逐渐累积，且累积的过程出现台阶状平台：当加速度比较小时，结构滞回耗能主要以可恢复的弹性应变能为主；当在地震波加速度最大的一个阶段内结构由弹性应变能为主逐渐转为以塑性应变能为主时，滞回耗能有一个较大的跳跃，在后期加速度比较小的阶段恢复以弹性应变能为主，耗能曲线恢复平直，从而滞回耗能曲线会出现台阶状。

④ 结构弹性应变能所占滞回应变能的比例在各个幅值加速度地震波作用下不同。峰值加速度为幅值 0.05g 和 0.1g 时以弹性应变能为主，滞回曲线上下波动比较大，随着地震波幅值的增大，结构塑性发展，弹性应变能所占比例逐渐减小，滞回曲线上下波动的幅度也减小。同一峰值加速度下，滞回耗能叠加，弹性应变能所占比例随时间减小，滞回耗能曲线上下波动也越来越小。

⑤ 从不同加速度幅值下的滞回耗能曲线对比中可以看出，不同地震波下结构耗能虽逐渐增大，但增大的幅度比例却是不同的。试验前几个地震波，结构损伤较小，一点损伤让滞回耗能大增，后几个地震波结构开裂明显，逐渐屈服，塑性变形增大，最终结构越来越接近破坏，滞回耗能增大幅值的比例却越来越小。

（4）拟静力试验与拟动力试验结果对比

本节将就钢管混凝土混合结构在拟静力和拟动力两种不同试验方法下的试验结果，分别从宏观和微观角度对这种结构作抗震评价，并对比两种试验方法测试的结果。由于本试验混合结构模型完全相同，采用两种试验方法获得的试验结果有一定可比性。

1）模型的特征荷载点对比。

表 9.22 为在拟静力和拟动力试验方法下得到的试件典型特征点数值。底层均为两种试验方法下变形破坏最为严重的一层，故采用底层位移进行对比。从表中可知，混合结构在两种试验方法下开裂、屈服、峰值特征点对应的底层位移接近，但对应的荷载却相差很多，这是由于加载制度不同，拟静力试验加载一个荷载等级的循环都比上一个大，荷载的增大是渐变的，而拟动力试验位移反应时程曲线上只有一个阶段的位移比较大，而且正负峰值位移都只有一个，荷载的增大是突变的，拟静力的荷载会比拟动力的要小得多。

表 9.22　不同试验方法下混合体系特征点对比

试件	开裂荷载		屈服荷载		峰值荷载		95% 荷载	
	基底剪力/kN	底层位移/mm	基底剪力/kN	底层位移/mm	基底剪力/kN	底层位移/mm	基底剪力/kN	底层位移/mm
拟静力	−291	−1.42	575 −560	5.03 −5.34	745 −680	11.08 −9.31	723 −643	13.02 −12.98
拟动力	420 −278	−1.38 −0.79	1 020 −900	5.1 −4.0	1 275 −1 166	9.49 −9.53	1 211 −1 107	9.8 −11

2）恢复力特性结果对比。

拟静力试验整体滞回曲线只有一条，而拟动力试验分多个加速度幅值加载，因此有

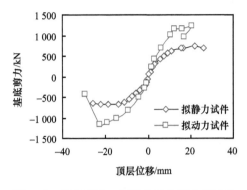

图 9.29　底层剪力 - 顶层位移骨架曲线对比

多条滞回曲线。拟静力试验荷载逐级加载，滞回曲线比较整齐，而拟动力试验则是根据输入的地震波确定结构响应，滞回曲线相对比较杂乱不规整。图 9.29 为两种不同试验方法下基底剪力 - 顶层位移骨架曲线图。从图中可以看出由于拟动力试验能量集中，不仅峰值荷载大，而且荷载上升的速度也比较快，在接近和达到极限荷载后，拟静力构件的荷载变化缓慢，而拟动力试验由于峰值加速度由 1.0g 直接增加到 1.4g，位移增速很快，承载力陡降。

底层为主要破坏层，以底层荷载下降到 95% 时的延性指标比较两种试验方法的结果。拟静力构件底层延性系数为 2.559，正负向延性的平均值为 2.335，其中正向 1.92，负向 2.75，两种试验方法的延性系数接近。

图 9.30 为底层和顶层层间刚度退化对比曲线。底层层间刚度退化在层间位移角较小时动力试验的刚度退化比拟静力试验缓慢，层间位移角增大二者趋于接近，由于拟静力试验加载到 95% 极限荷载就停止试验，所以造成结构破坏没有拟动力试验严重，拟动力构件的极限位移角大，曲线更长。顶层刚度退化对比图表现出拟静力构件在位移角较小时刚度退化更快。在层间位移角超过 0.007 时，两种试验方法得出的顶层刚度退化曲线几乎平行，在相同层间位移角情况下拟静力构件顶层的刚度退化一直比拟动力构件要严重，而底层的刚度退化的差距却没有这么大。拟动力结构是基于输入的地震波来确定结构响应，能够从宏观上比较准确地反应受地震的影响，刚度退化曲线的差异说明拟静力试验方法对构件底层的抗震考察比较符合，而以 1/2 的位移比加载制度进行拟静力试验，对结构顶层的抗震考察还是有一定的偏差。

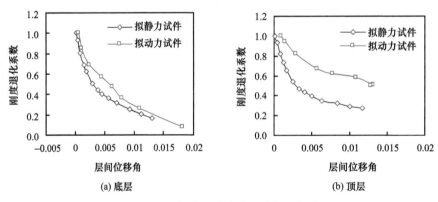

(a) 底层　　　　　　　　　　(b) 顶层

图 9.30　底层和顶层层间刚度退化对比

3）结构耗能对比。

由于拟静力试验与拟动力试验的加载制度完全不同，破坏时变形破坏过程中的能量耗散也不同，本章对比在达到峰值荷载（拟静力构件以达到峰值荷载时第一个正负循环结束时为止，拟动力构件以出现峰值荷载的地震波结束为止）时，结构耗能以及层间耗能占总耗能的比值在两种试验方法下的区别。表 9.23 为两种不同试验方法得出的极限荷载时结构耗能以及层间耗能比例。从表中可知，二者得到的耗能基本一致，且层间耗能比例也相接近，而拟动力构件的顶层耗能比例比拟静力构件略小，也从能量耗散的角度证明了图 9.30 中拟动力构件顶层层间刚度退化比拟静力构件要少这一试验现象。

表 9.23　层间耗能所占总耗能比例对比

类型	总滞回耗能 /（kN·mm）	底层滞回耗能 /（kN·mm）	顶层滞回耗能 /（kN·mm）	底层耗能比例 /%	顶层耗能比例 /%
拟静力构件	64 983	40 990	23 393	64	36
拟动力构件	68 529	46 621	21 908	68	32

（5）小结

1）采用拟动力试验对钢管混凝土混合结构进行试验测试可方便地获得结构的弹塑性地震响应参数，如加速度、位移时程，滞回曲线，延性及耗能能力等，是结构抗震性能测试的有效方法之一。

2）钢管混凝土混合结构由于边框柱的存在限制了剪力墙的破坏，形成组合剪力墙从而提高了剪力墙的延性，在较大的罕遇地震下，墙板严重开裂而不导致整体结构垮塌。

3）由加速度及位移响应的时程曲线可以看出，不同峰值加速度地震波作用下模型加速度和位移时程曲线趋势大体上和地震波趋势接近，地震响应的峰值基本上都出现在输入地震波的峰值时刻。由于结构随着试验加速度峰值的增大，塑性逐渐发展，刚度退化，周期变大，加速度和位移时程曲线也变得越来越稀疏。

4）从不同角度看结构破坏：①由试验震害特点看，地震破坏主要集中在底层组合剪力墙，墙体严重开裂、混凝土大量碎裂、边框柱脚鼓屈，框架柱脚钢管屈服，顶层墙板只有比较轻微的开裂，未出现主斜裂缝。②从底层及顶层层间位移及荷载比结果可以看出，随加速度峰值的增加，底层与顶层位移、荷载比例基本呈增大趋势。③从结构的累积滞回耗能曲线看，随着加速度幅值增大，底层所占耗能比在进入弹塑性阶段后维持在 65% 左右，逐渐进入破坏阶段后，底层耗能增大。综上可知，由于结构底层的累积损伤破坏、刚度退化更严重，底层逐渐变得薄弱，变形与破坏也更集中。

5）由结构的滞回曲线可以看出，结构滞回曲线由直线型到反 S 形到最后的弓形，结构损伤加剧，耗能能力增加。1.4g 破坏地震波下，滞回曲线未出现捏缩现象，说明该模型结构在极端罕遇地震下也具有较好的延性。

6）试验表明，在峰值加速度为 0.05g 和 0.1g 的地震波作用下，结构基本处于弹性阶段，位移角小于 1/800，基本满足抗震规范规定的位移角限制要求。在 0.1g 地震波作用下，整体刚度维持在 95%，0.4g 到 1.4g，整体刚度持续下降，最后整体刚度剩余 24%，位移角 1/86，底层层间刚度为 8%，层间位移角 1/55，顶层损伤较小，刚度为 50%，层间位移角 1/78。刚度退化系数与位移角关系对于了解这种混合结构在不同层和整体的抗震性能方面具有重大意义。

7）由结构的耗能曲线可以看出，结构在峰值加速度逐渐增大的过程中结构耗能也逐渐增大，主要包括可恢复的弹性应变能和不可恢复的塑性应变能。在峰值加速度较小的 0.05g 和 0.1g 地震波作用下，以弹性应变能为主，耗能曲线呈直线增长；在 0.2g 往后的地震波作用下，逐渐以塑性应变能为主，曲线呈现台阶状。在同一个滞回曲线中，前期在弹性应变能占的比例较大，故曲线波动比后期要大。

8）将拟动力试验同混合结构拟静力试验从以下角度作对比，即特征荷载点、恢复力特性和结构耗能。结果表明特征荷载点对应的位移基本一致，而由于拟动力试验的能量比较集中，特征点对应的荷载比拟静力试验构件要大；二者刚度退化底层比较相似，顶层刚度退化相差比较大；在达到峰值荷载时的耗能基本一致，且层间耗能比例也很接近。拟静力的试验结果与拟动力试验结果能够对应比较，拟动力主要从宏观考察结构整体响应，在构件局部布置的测点由于加载速度快且无规律，测量结果比较差，而无法从局部考察结构应变；拟静力试验能够得到每次峰值位移时局部的应变数据，能够了解在峰值位移时，结构局部的应变变化，从而可从微观考察构件变形性能。

由试验结果分析可以得到以下抗震设计建议。

1）试验表明 U 形钢筋有助墙板混凝土与边框的连接，试验过程中并未出现明显的滑移或者脱离。

2）地震作用下底层边框柱脚为薄弱区域，较早进入屈曲，可以考虑在柱脚设置加劲肋，使边框柱塑性铰上移。

3）地震作用下底层破坏比较严重，在进行钢管混凝土混合结构抗震设计时，底层墙板和边框柱可适当提高材料强度和截面尺寸要求。

4）组合楼板因为有翼缘混凝土楼板的存在，强度和刚度都会有大幅提高，可考虑在钢梁端部设置诱导性破坏，使塑性铰首先发生在梁端部。

9.2.3　数值分析

基于通用有限元软件 ABAQUS 创建有限元模型对试验试件进行模拟。其中，采用 ABAQUS 提供的梁单元（B31）模拟钢管混凝土柱和 H 型钢梁，分层壳单元（S4）分别模拟钢筋混凝土剪力墙和楼板，可以对 9.2.1 节和 9.2.2 节的两层两跨钢管混凝土框架 - 内嵌剪力墙混合结构体系建立其有限元数值模型，分别对拟静力试验和拟动力试验进行数值模拟。其中的两层两跨钢管混凝土框架类似。图 9.31 为典型的试验试件的有限元模型，其中框架柱用梁单元，剪力墙和楼板采用壳单元。

（1）钢管混凝土组合框架拟静力试验模拟

在钢管混凝土框架模型的底层和顶层耦合点处施加水平往复位移荷载，且在同一时刻，顶层的加载位移是底层的两倍。这与试验中的加载方法一致。

分别对计算得到的基底剪力 - 顶层位移、顶层剪力 - 顶层层间位移以及基底剪力 - 底层层间位移滞回曲线与试验曲线进行了对比，如图 9.32 所示。总体上曲线吻合较好，进一步验证了采用梁单元和壳单元模拟带有楼板的钢管混凝土平面框架的准确性与有效性。

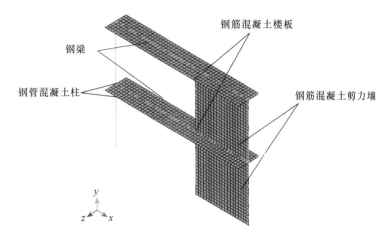

图 9.31　网格划分后的有限元模型

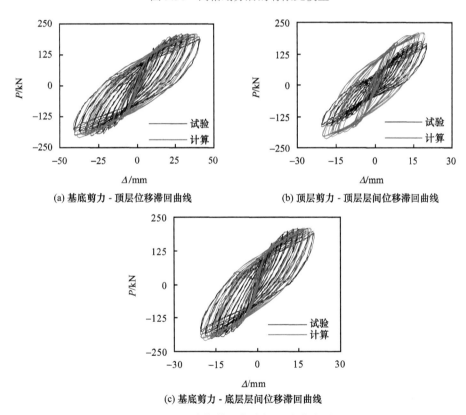

(a) 基底剪力 - 顶层位移滞回曲线　　　　　　(b) 顶层剪力 - 顶层层间位移滞回曲线

(c) 基底剪力 - 底层层间位移滞回曲线

图 9.32　计算滞回曲线与试验曲线对比

　　将计算得到的骨架曲线与试验曲线进行了对比，如图 9.33 所示。从曲线对比可以看出，有限元模拟能够较准确地模拟带有楼板的钢管混凝土框架的延性及水平承载力等抗震性能。

　　（2）钢管混凝土框架 - 剪力墙混合结构拟静力试验模拟

　　基于前面的建模方法，对一榀钢管混凝土框架 - 组合剪力墙混合结构进行了拟静力

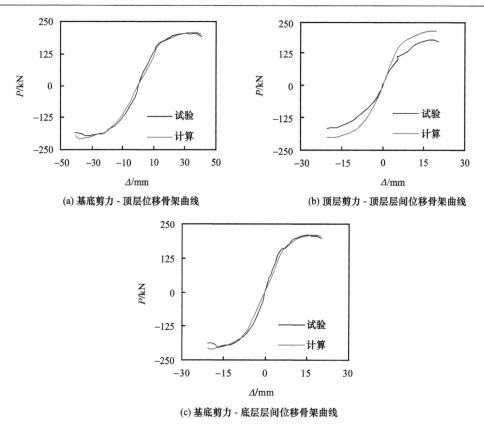

(a) 基底剪力-顶层位移骨架曲线

(b) 顶层剪力-顶层层间位移骨架曲线

(c) 基底剪力-底层层间位移骨架曲线

图 9.33　计算骨架曲线与试验曲线对比

试验模拟，具体加载模式采用楼层处位移加载，且保证顶层处位移荷载是底层处的二倍，即形成"倒三角"模式。分别提取结构的基底剪力-顶层位移、顶层剪力-顶层层间位移以及基底剪力-底层层间位移滞回曲线与试验曲线进行了对比，如图 9.34 所示。

　　分别提取结构的基底剪力-顶层位移、顶层剪力-顶层层间位移以及基底剪力-底层层间位移骨架曲线与试验曲线进行了对比，如图 9.35 所示。

　　从以上曲线的对比可以看出，计算得到的荷载（P）-位移（Δ）曲线与试验曲线承载力方面基本吻合，但未较好地模拟结构的捏缩效应、初始刚度以及刚度退化，也即剪力墙的滞回性能数值模拟效果不是很理想。其主要原因是数值模拟中剪力墙墙板与钢管混凝土柱之间通过完全绑定的方式连接，相比试验中采用 U 形钢筋连接，刚度偏大；混凝土剪力墙在往复荷载作用下的裂缝开合、拉压受力刚度变化等在 ABAQUS 中的数值模拟至今还是很难模拟的问题；梁单元按照剪力墙边框柱的中心轴线创建，再与墙板连接，使得墙板尺寸略有放大，致使有限元模型的刚度偏大、加载后期刚度退化也不明显。按照尤其顶层剪力-顶层层间位移曲线与试验结果差别较大，主要原因是计算中顶层剪力是通过基底的支座反力减去底层加载处的反力得到，顶层层间位移是由顶层加载位移减去底层加载位移所得，这可能与试验的实际剪力和位移有所差别。综合各方面的对比，基于分层壳单元和纤维梁单元能够较准确地模拟钢管混凝土框架-组合剪力墙的滞回性能。

　　为了进一步了解该结构的破坏过程，分别对墙板出现初始裂缝、达到峰值荷载和

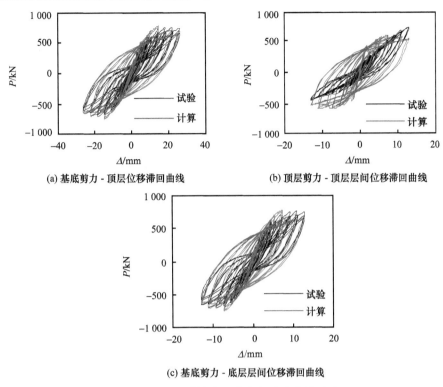

(a) 基底剪力 - 顶层位移滞回曲线   (b) 顶层剪力 - 顶层层间位移滞回曲线

(c) 基底剪力 - 底层层间位移滞回曲线

图 9.34　计算滞回曲线与试验曲线对比

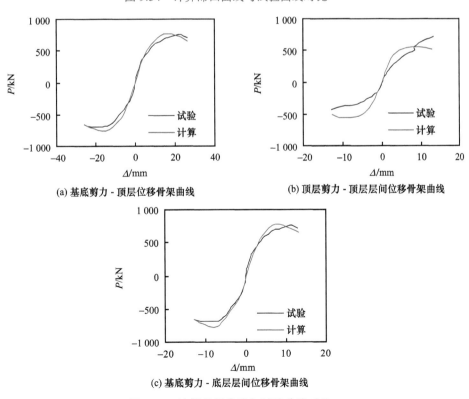

(a) 基底剪力 - 顶层位移骨架曲线   (b) 顶层剪力 - 顶层层间位移骨架曲线

(c) 基底剪力 - 底层层间位移骨架曲线

图 9.35　计算骨架曲线与试验曲线对比

下降到 85% 极限荷载（最终破坏）三个典型时刻的结构破坏形态与试验实测图片进行对比分析。

1）墙板初裂时刻。

在计算分析中，基底剪力 $P=248.2kN$ 时，在底层墙体的右下部出现第一条裂缝，与水平向的夹角大约为 50°，即正向初始裂缝。图 9.36 给出底层墙板在初裂时刻主拉塑性应变矢量图与云图以及框架的应力云图。图中在主拉塑性应变矢量图中箭头的垂直方向即为裂缝的开展方向；在主拉塑性应变云图中的颜色梯度（及应变大小）反映了裂缝宽度的不同。当 $P=-296kN$ 时出现负向初始裂缝，如图 9.37 所示。而试验中是在 $P=-291kN$ 时出现负向初始裂缝，$P=337kN$ 时出现正向初始裂缝，其中负号的差别是因为模拟中初始加载方向与试验相反，而初裂时基底剪力较试验值小，即模拟的墙板开裂状态出现的比试验观测早，主要是因为试验时肉眼观测不到刚开始出现的微裂缝。

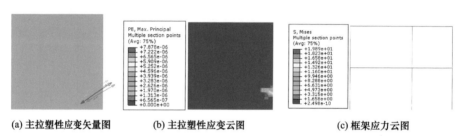

(a) 主拉塑性应变矢量图　　　(b) 主拉塑性应变云图　　　　　　　　(c) 框架应力云图

图 9.36　底层墙板出现正向初始裂缝时刻（应力单位：MPa）

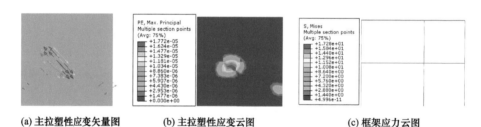

(a) 主拉塑性应变矢量图　　　(b) 主拉塑性应变云图　　　　　　　　(c) 框架应力云图

图 9.37　底层墙板出现负向初始裂缝时刻（应力单位：MPa）

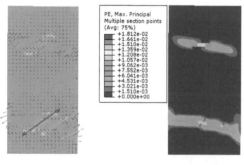

(a) 主拉塑性应变矢量图　　　(b) 主拉塑性应变云图

图 9.38　顶层墙板出现正向初始裂缝时刻

当基底剪力 $P=434.8kN$ 时，顶层墙板出现第一条正向斜裂缝，与水平向夹角约为 45°，而底层的裂缝继续开展，裂缝宽度增加。图 9.38 给出该时刻底层与顶层墙板的裂缝开展情况。

2）峰值荷载时刻。

当基底剪力 $P=586.1kN$ 时，正向基底剪力达到最大值。图 9.39 给出结构在达到峰值荷载时刻墙板的主拉塑性应变矢量图与云图以及框架的应力云图。从图可以

得知，此刻底层墙板中下部裂缝宽度较大，比顶层墙板破坏更严重，且在墙板底部出现

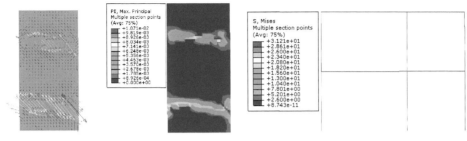

(a) 主拉塑性应变矢量图　　　(b) 主拉塑性应变云图　　　　　　(c) 框架应力云图

图 9.39　峰值荷载时刻（应力单位：MPa）

水平裂缝，与试验现象比较接近。同时，从图 9.39（c）可以看出，与试验现象提到钢管混凝土边框柱的柱底出现鼓曲相近，边框柱的柱底应力比框架柱大，其主要是因为在该时刻底层墙板因破坏开始逐渐退出工作，而之前所承受的水平荷载首先传递给边框柱。

　　3）最终破坏时刻。

　　试验中为了防止平面外倒塌，荷载未下降到 85% 的极限荷载时提前停止加载。因此在模拟计算中，取基底剪力 $P=529.4\text{kN}$（极限荷载的 90%）时刻为最终破坏时刻。图 9.40（a）～（c）给出结构在最终破坏时刻墙板的主拉塑性应变矢量图与云图以及墙体破坏的实测图片。墙板的破坏主要在墙体中部以及角部，裂缝宽度较大，且底层墙板破坏区域比顶层更大、更严重。图 9.40（d）～（e）给出最终破坏时刻外围框架以及楼板的应力云图。可以看出，应力较大的区域主要在边框柱的底部以及左边框架的节点处。而楼板左段（红色短线以左）的应力均大于右段，其主要是因为楼板的右半部分与钢梁以及剪力墙共同作用时，大部分水平荷载直接由剪力墙承担且传递给边框柱，因此钢梁与楼板所受的荷载较少。

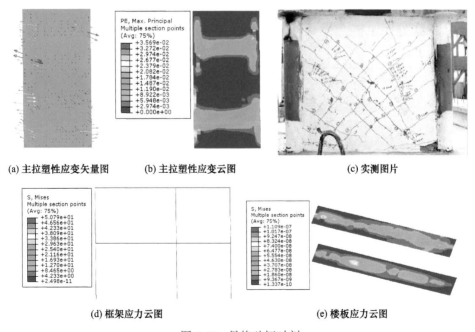

(a) 主拉塑性应变矢量图　　　(b) 主拉塑性应变云图　　　　　　(c) 实测图片

(d) 框架应力云图　　　　　　　　(e) 楼板应力云图

图 9.40　最终破坏时刻

（3）钢管混凝土框架 - 剪力墙混合结构拟动力试验模拟

基于前面的拟静力计算模型，按照试验给出的参数，对该混合结构进行了拟动力模拟。计算得到了 KOBE 地震波不同峰值加速度作用下结构的加速度和位移时程响应。在该计算模型中，分别以峰值加速度为 0.05g、0.1g、0.2g、0.4g、0.6g、0.8g、1.0g 和 1.4g 对结构进行拟动力分析。

1）结构加速度时程曲线对比。

通过计算得到该混合结构在不同强度地震作用下结构顶层和底层的加速度响应时程曲线，并与试验结果进行了对比，部分计算结果汇总于图 9.41 中，可见当峰值加速度较小时（0.1g 以下），计算得到的结构加速度时程响应比实测结果低，而峰值加速度大于 0.1g 的几种地震动荷载作用下，与实测结果吻合较好。分析其原因，主要是因为试验中地震强度较低时，试验的误差以及外界环境容易对结果产生一定的影响。

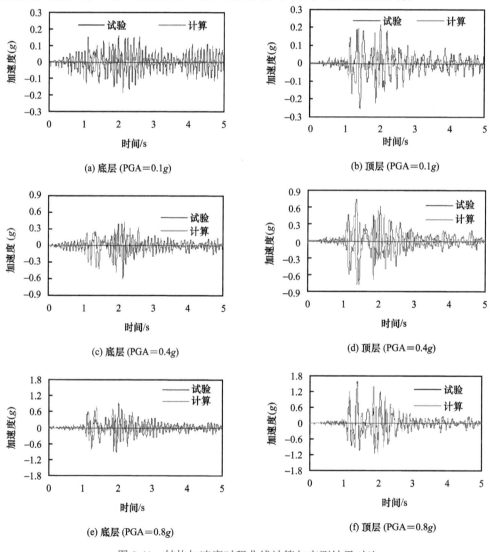

图 9.41　结构加速度时程曲线计算与实测结果对比

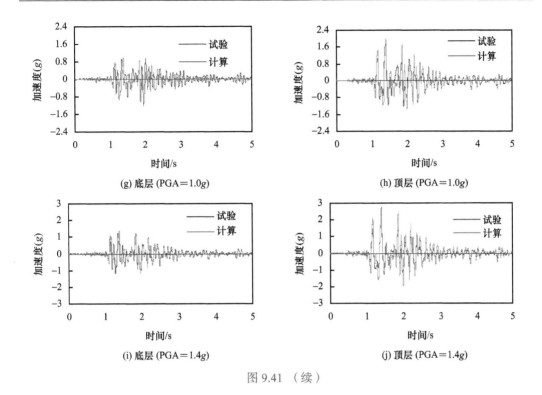

图 9.41　（续）

2）受力性能分析。

分别给出不同地震强度输入作用下，钢管混凝土框架 - 组合剪力墙混合结构的外围框架应力云图、剪力墙的主拉塑性应变云图和矢量图以及楼板的真实应变云图和矢量图，以此分析该结构在地震作用下的破坏发展形态。

图 9.42 所示为典型的不同强度的地震输入后外围钢管混凝土框架的应力发展，可见在不同强度的地震作用下，外围钢管混凝土框架的最大应力主要出现在组合剪力墙边框柱的底部，且在地震强度达到 0.8g 以前，框架的最大应力基本呈现出上升趋势；峰值加速度达到 0.8g 以后，最大应力开始下降。分析其原因，主要是因为不断增加地震强度时，右侧的组合剪力墙破坏愈加严重，结构的整体刚度降低，相应的边框柱承担的剪力减小，而框架柱承担的剪力逐渐增大，导致边框柱柱底的最大应力逐渐变小。

3）不同强度地震荷载作用后剪力墙破坏形态。

如图 9.43 所示，分别给出组合剪力墙在地震峰值加速度分别为 0.05g、0.1g、0.2g、0.4g、0.6g、0.8g、1.0g 及 1.4g 作用后墙板的主拉塑性应变云图和矢量图，以此描述墙板的裂缝发展情况。

由以上云图与矢量图可以看出，在地震峰值加速度为 0.05g 时，底层墙板出现微小斜裂缝，与水平向的夹角约为 40°，墙板的主拉塑性应变最大值为 0.003 15，而试验中在该峰值荷载下未发现明显的裂缝，主要是因为试验中在观察到墙板表面出现明显的裂缝前，内部可能已经出现了很多微裂缝，因此与模拟计算会有所偏差。

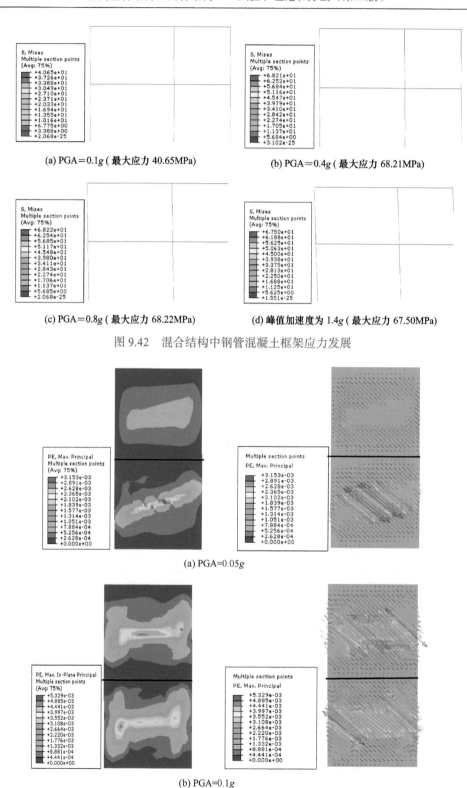

(a) PGA=0.1g（最大应力 40.65MPa）　　　　　　(b) PGA=0.4g（最大应力 68.21MPa）

(c) PGA=0.8g（最大应力 68.22MPa）　　　　(d) 峰值加速度为 1.4g（最大应力 67.50MPa）

图 9.42　混合结构中钢管混凝土框架应力发展

(a) PGA=0.05g

(b) PGA=0.1g

图 9.43　ABAQUS 计算剪力墙主拉塑性应变云图和矢量发展

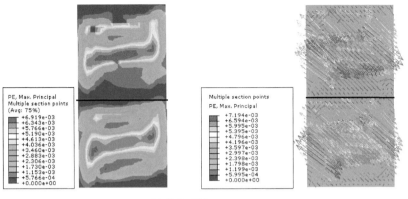

(c) PGA=0.2g

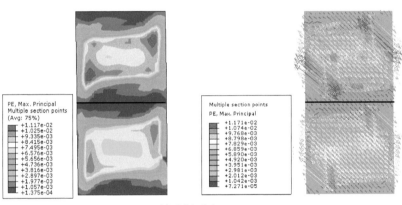

(d) PGA=0.4g

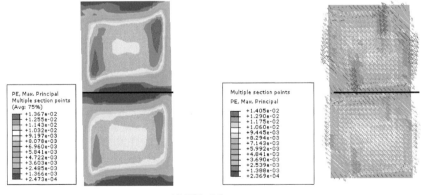

(e) PGA=0.6g

图 9.43 （续）

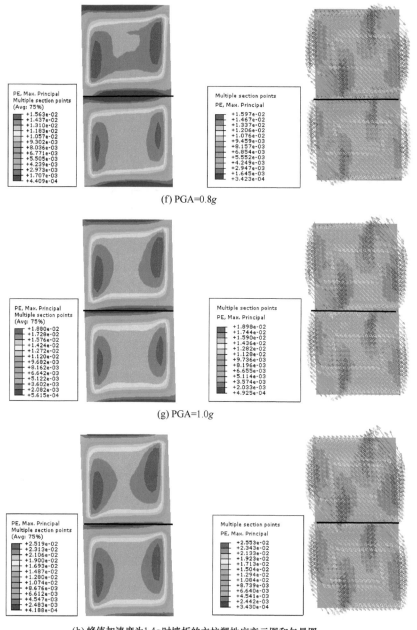

(f) PGA=0.8g

(g) PGA=1.0g

(h) 峰值加速度为1.4g时墙板的主拉塑性应变云图和矢量图

图 9.43 （续）

当峰值加速度为 0.1g 时，上下两层的墙板均出现微小裂缝，且墙板的主拉塑性应变最大值为 0.0053。而试验中只是在底层墙板出现宽度为 0.02mm 的裂缝。因此，计算结果与试验结果稍有差别。

当峰值加速度为 0.2g 时，上下两层墙板的裂缝开始扩展，几乎贯通整个墙面，且裂缝宽度增大，主拉塑性应变最大值达到 0.006 92，与试验结果较接近。

当峰值加速度为 0.4g 时，主斜裂缝贯穿整个墙面，裂缝宽度有所增大，墙板中部主拉塑性应变值达到 0.0112。从矢量图可以看出，这些裂缝大都从边框柱边缘开始延伸，且在主裂缝周边出现多条微小斜裂缝，在墙板底部出现平行于基底的水平裂缝，与试验结果较接近。

当峰值加速度为 0.6g 时，已有裂缝继续发展，宽度不断增加，且沿斜对角线贯通整个墙面。随着新裂缝的产生，开裂的区域较之前扩大，其中主拉塑性应变最大值达到 0.0137。

当峰值加速度增加到 0.8g 及以上后，所有裂缝更加明显，尤其是墙板底部裂缝更加密集且明显，主拉塑性应变最大值为 0.0252（当峰值加速度为 1.4g 时）。已有裂缝基本上都延伸至基底顶面，墙板中部破坏严重，与试验中混凝土开始剥落相一致。破坏痕迹沿 45° 延伸，表现为典型的剪切型破坏。

（4）分析

基于有限元软件 ABAQUS 创建有限元数值模型对本节两层两跨钢管混凝土框架 - 内嵌剪力墙混合结构体系试验试件进行了模拟，分别采用梁单元（B31）和分层壳单元（S4）模拟钢管混凝土柱、钢梁和钢筋混凝土剪力墙、楼板。

通过分别对拟静力试验和拟动力试验过程的数值模拟表明，总体上本节数值模拟模型计算结果和试验结果吻合较好，可作为该类结构体系数值模拟的建模依据。同时，用有限元数值模拟的结果，对该类结构受力全过程进行了初步分析，受力特征和试验宏观观测现象基本一致。

9.2.4　小结

本节分别进行了一榀钢管混凝土框架结构和一榀钢管混凝土混合结构拟静力试验研究，同时完成了一榀钢管混凝土混合结构拟动力试验，并进行了数值模拟，基于本节的研究，得到以下结论。

1）拟静力试验研究表明，混合结构的破坏模态为墙板形成斜压杆的受力机制，钢管混凝土边框柱随着水平位移的增大而在柱脚形成塑性铰，外框架由于位移较小而破坏性比较小，仍可承受较大的剪力。纯框架结构首先在梁端造成塑性铰，刚度下降。两种结构的破坏模态不同，但荷载 - 位移曲线都没有显著的捏缩现象出现，混合结构由于边框柱和框架柱的存在，结构延性得到提高。两种结构的耗能层间分配基本一致，框架结构的位移大，但结构变形耗散的能量比混合结构要小，混合结构有利于在地震作用下吸收更多地震能。

2）拟动力试验研究表明，拟动力试验可方便地获得结构模型的弹塑性地震响应参数，如加速度、位移时程，滞回曲线，延性及耗能能力等，是结构抗震性能测试的有效方法之一。钢管混凝土混合结构由于边框柱的存在限制了剪力墙的破坏，形成组合剪力墙从而提高了剪力墙的延性，在较大的罕遇地震下，墙板严重开裂而不导致整体结构垮塌。总体上反映出钢管混凝土混合结构体系具有良好的抗震性能。

3）在 ABAQUS 软件中分别采用梁单元（B31）和分层壳单元（S4）模拟钢管混凝土柱、钢梁和钢筋混凝土剪力墙、楼板，从而创建钢管混凝土框架 - 内嵌钢筋混凝土剪力墙混合结构体系的有限元数值模型，数值模拟方法是可行的，且数值计算结果和试验结果吻合较好。

9.3　混合结构体系振动台试验研究

本书作者先后进行了两个 30 层的钢管混凝土框架 - 钢筋混凝土核心筒结构模型的模拟地震振动台试验研究（韩林海等，2007；Han 等，2009）。

模型由外围钢管混凝土框架和位于模型中央的钢筋混凝土核心筒混合而成。两个模型的框架柱分别采用方形和圆形钢管混凝土。以下为了便于论述，将采用方钢管混凝土柱的模型用 MSC 表示；而将采用圆钢管混凝土柱的模型用 MCC 表示。

进行本次模拟地震振动台试验的主要目的可简要归纳如下。

1）研究和对比两个模型（MSC 和 MCC）的自振特性和阻尼比的变化规律。

2）研究和对比两个模型的地震反应特性和破坏特性，研究两种形式的钢管混凝土构件在结构体系中发挥作用的特点。

3）研究钢管混凝土框架和钢筋混凝土核心筒的协同工作性能。

4）对两个混合结构模型的抗震性能进行评价。

5）为建立钢管混凝土框架 - 钢筋混凝土核心筒结构体系抗震计算的数值模型提供必要的验证性试验数据。

试验时分别输入三种常用的实测地震波，即 Taft 波、El Centro 波和天津波。

模拟地震振动台试验时测试的主要内容如下所述。

1）混合结构体系的动力特性在地震作用前后的变化情况。

2）混合结构体系分别在三种地震作用下的加速度反应。

3）混合结构体系动力放大系数和最大加速度包络图。

4）混合结构体系分别在三种地震作用下的位移反应和最大位移包络图。

5）混合结构体系中关键部位的应变和混凝土裂缝发展情况等。

9.3.1　模型设计和制作

（1）模型尺寸和构造

进行模型设计时参考了某实际高层建筑结构的设计方案，并根据试验条件进行了必要的缩尺。

如前所述，混合结构模型由外围钢管混凝土框架和位于模型中央的钢筋混凝土核心筒组成。两个模型结构均为 30 层，所有楼层的平面尺寸均一致。

现浇钢筋混凝土核心筒位于模型中央，由外墙和内墙组成，内剪力墙和核心筒的汇交处设置了钢筋混凝土（暗）柱。每个楼层核心筒外墙的四侧均开洞，洞的尺寸分 150mm×90mm 和 120mm×60mm 两种。模型的楼盖采用了工字型钢梁、现浇钢筋混凝土楼板。框架梁与钢管混凝土柱、钢筋混凝土剪力墙等的连接均按刚性连接设计。

图 9.44（1）～（3）分别为模型的平面和剖面图。图 9.44 同时还给出了一些典型构件截面和节点构造示意图。

对两个混合结构模型（MSC 和 MCC）的主要信息汇总如下。

1）模型结构高度：6.3m。

2）楼层平面尺寸：2.2m×2.2m。

3）钢筋混凝土核心筒筒平面尺寸：1.21m×1.21m；核心筒内墙厚20mm，核心筒外墙厚25mm；核心筒边长与模型结构平面边长之比为0.55；钢筋混凝土核心筒平面面积占模型结构层平面总面积的30.5%。

4）钢管混凝土框架柱：方形柱截面的尺寸为30mm×30mm（MSC）；圆形柱截面外直径为30mm（MCC）。方形和圆形两种钢管的壁厚均为1mm。

5）工字形钢梁规格：I- 40mm×15mm×1mm×1.5mm。

6）模型中的楼板厚度：8mm。

由于混凝土楼板和墙体的尺寸均较小，根据刚度条件采用钢丝代替其中的钢筋。墙板和楼板里的分布筋采用φ8@150mm×150mm。使用了适当的泡沫塑料作为浇筑楼板和核心筒混凝土的模板，便于混凝土成型以及混凝土成型后模板的拆除。

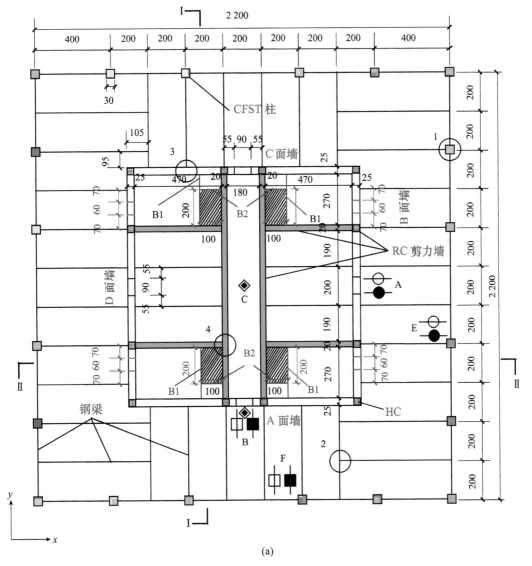

(a)

图 9.44　模型结构平面和剖面示意图（尺寸单位：mm）

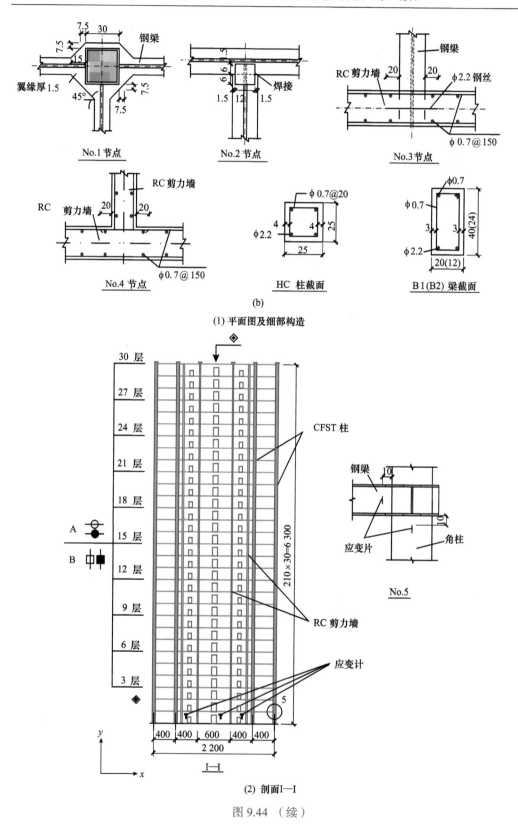

图 9.44 （续）

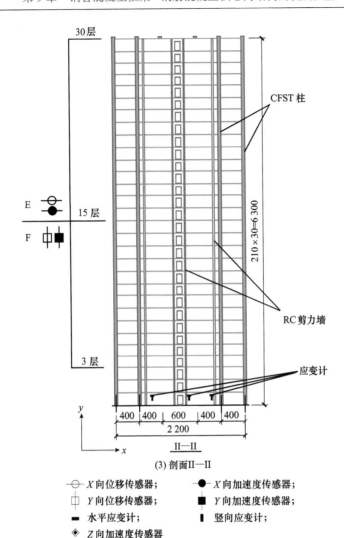

图 9.44　（续）

　　模型制作的顺序在总体上可分为：①在钢结构加工厂制作钢结构框架部分；②运至试验现场和 RC 底座连接（模型试验时装配在 200mm 厚的混凝土底板上，钢管混凝土柱埋入底板 80mm，混凝土剪力墙内的钢筋网片也埋入底板，并与底板内的钢筋连接在一起）；③浇筑钢管内的混凝土；④绑扎混凝土楼板和墙体中的钢丝和钢丝网片。楼板中的钢筋直接点焊在钢梁上翼缘；⑤分层浇筑楼板和 RC 剪力墙中的混凝土。

　　在模型制作过程中对模型结构所用材料的质量和模型制作过程等都进行了严格控制，以确保模型的加工质量。

　　图 9.45（a）和（b）所示分别为模型 MSC 和 MCC 结构制作过程中的情景。

　　图 9.46 所示为对应图 9.44 中所示节点 No.1，No.2，No.3 和 No.4 在制作过程中的情形。

（2）材料性能参数

模型结构中所用钢材和钢丝的材性均通过标准拉伸试验确定，实测材性汇总于表9.24。

(a) MSC　　　　　　　　　　　　(b) MCC

图 9.45　模型结构制作过程中的情景

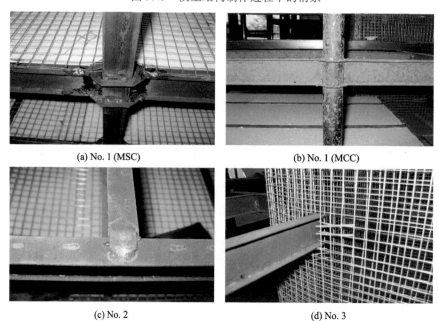

(a) No. 1 (MSC)　　　　　　　　　(b) No. 1 (MCC)

(c) No. 2　　　　　　　　　　　　(d) No. 3

图 9.46　典型节点在模型制作过程中的情形

(e) No.4

图 9.46 （续）

表 9.24　钢材的材性指标汇总

类别	钢板厚度 t /mm	钢筋直径 d /mm	屈服强度 f_y /MPa	抗拉强度 f_u /MPa	弹性模量 E_s /（×10⁵N/mm²）	泊松比 μ_s
方钢管	1	—	378.6	468.3	1.85	0.291
圆钢管	1	—	312.3	374.8	1.70	0.258
钢梁翼缘	1.5	—	548.6	704.9	1.92	0.283
钢梁腹板	1	—	630.2	842.5	2.02	0.256
暗柱纵筋	—	2.2	319.6	401.2	1.72	—
楼板内分布筋	—	0.7	295.1	394.4	1.66	—

配置了两种混凝土，钢筋混凝土楼板和剪力墙采用了普通混凝土，浇筑时采用了振捣的浇筑方式。由于钢管混凝土柱横截面尺寸较小，为了保证钢管中混凝土的密实度，采用了自密实混凝土，浇筑时将混凝土直接从上而下灌入钢管不加振捣。两种混凝土中砂的最大粒径为 2.5mm；骨料的粒径为 5～10mm。对于自密实混凝土，实测的坍落度为 270mm，平均流速为 100mm/s，在钢管中浇灌混凝土时，混凝土的内部平均温度为 26℃。对于楼板和剪力墙中采用的混凝土，其坍落度为 235mm。

表 9.25 给出了上述两种混凝土材料的配合比及实测 28 天立方体抗压强度（f_{cu}）和弹性模量（E_c）。

表 9.25　混凝土配合比及其力学性能指标

混凝土类别	水泥 /（kg/m³）	骨料 /（kg/m³）	砂 /（kg/m³）	粉煤灰 /（kg/m³）	钢渣粉 /（kg/m³）	水 /（kg/m³）	减水剂 /（kg/m³）	f_{cu} /MPa	E_c /（N/mm²）
柱混凝土	520	728	842	—	140	244	16	41.7	28 500
楼板和剪力墙混凝土	470	724	836	141	—	221	11	47.5	31 400

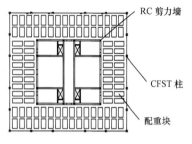

图 9.47　配重施加示意图

（3）配重

模型 MSC 和 MCC 的结构自重分别为 7.3t 和 7.2t。综合考虑实际高层建筑的受荷情况和振动台承载能力等因素，模型结构的每层楼面均施加 320kg 的质量配重（铁）块，这样，每个模型结构的总附加质量为：0.32×30＝9.6（t）。

配重块均匀地布置在钢筋混凝土核心筒外围，如图 9.47 所示。

试验时，模型结构浇筑在预制钢筋混凝土底座上，预制钢筋混凝土底座的尺寸为 2.6m×2.6m×200mm，其上预留螺栓孔。进行试验时，混凝土底座通过 24 个 φ24 螺栓固定在振动台面上，以期保证模型底部与振动台嵌固的边界条件。

图 9.48（a）和（b）所示分别为 MSC 和 MCC 施加配重后在进行振动台试验时的情形。

(a) 模型 MSC

(b) 模型 MCC

图 9.48　模型结构在振动台上进行试验时的情形

9.3.2　试验方法

（1）测试方案

模型结构中的混凝土养护到 28 天后即开始进行混合结构体系的有关试验。

共设置了 48 个应变测试通道，以测量结构各部位的应变反应。加速度由加速度传感器直接测量获得。两个模型结构中均各设置了 30 个加速度测点、28 个位移测点。

试验前所有测试仪器均进行了合理标定，使其满足各项测试要求。

1）加速度传感器布置。

在振动台台面（±0.00 处）和模型的第 3 层、6 层、9 层、12 层、15 层、18 层、21 层、24 层、27 层楼面及顶层（第 30 层）紧贴钢筋混凝土核心筒的部位，沿 X 轴和 Y 轴中央处各布置一个 X 向（A 点）、Y 向（B 点）加速度传感器；振动台顶面沿 Z 方向（A 点）布置一个加速度传感器；屋面中心布置一个 Z 方向（C 点）的加速度传感器。在 3 层、15 层楼面及顶层边缘钢管混凝土柱部位，沿 X 轴、Y 轴各布置一个 X 向（E 点）、Y 向（F 点）加速度传感器。这样，测试数据之间可适当地进行相互校验。上述加速度传感器的具体测点位置如图 9.44（2）和（3）所示。

2）位移传感器布置。

位移测点的布置和加速度测点基本相同，即在振动台台面（±0.00 处）和模型的第 3 层、6 层、9 层、12 层、15 层、18 层、21 层、24 层、27 层楼面及顶层（第 30 层）紧贴钢筋混凝土核心筒的部位，沿 X 和 Y 轴中央处各布置一个 X 向（A 点）、Y 向（B 点）位移传感器；在第 3 层、第 15 层楼面及顶层屋面楼层边缘钢管混凝土柱部位沿 Y 轴和 X 轴各布置一个 X 向（E 点）、Y 向（F 点）位移计。

上述位移传感器测点的具体位置如图 9.44（2）和（3）所示。

3）应变测点布置。

模型底层所受的力最大，各部件的动应变也最大。根据测试条件和分析问题的实际需要，将应变计（片）均布置在模型结构第一层楼面以下 1cm 处。

在钢筋混凝土核心筒上共布置了 24 个应变计，分别位于底层核心筒的四角和中央，每面 6 个（竖向和水平向各 3 个）。在底层角部 4 根钢管混凝土柱顶部各贴 4 片应变计。上述应变计的布置方式如图 9.44（2）、（3）及图 9.49 所示。

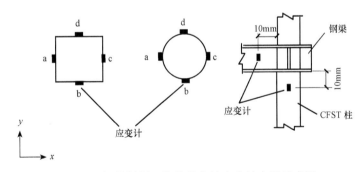

图 9.49　钢管混凝土柱及节点处应变计布置示意图

在与钢管混凝土角柱相连的 8 根钢梁梁端的腹板上也布置了应变计，以测试钢梁的应变变化。

（2）试验工况方案

如前所述，本次试验选用了三条同类研究中较常用的地震波，即 Taft 波、El Centro 波和天津波作为模拟地震振动台试验的输入波。三条地震波根据水平加速度峰值采用四种不同级别输入，即 0.2g、0.4g、0.6g 和 0.8g，分别模拟小震、中震、大震和超大震的情况。

　　为了便于分析和观察模型在地震输入下的反应，地震工况主要采用单向输入，且先沿结构平面 X 向输入，再沿结构平面 Y 向输入（X、Y 向的定义如图 9.44 所示），部分工况采用了三向输入。考虑到模型的实际承受能力，$0.8g$ 的工况只用 El Centro 波进行 X 向、Y 向和三向输入。工况设置的原则是输入地震的强度从小到大，每个级别全部地震工况输入前后，输入白噪声对模型进行三向扫频，并测试模型模态参数的变化。最后进行破坏性试验，采用天津波连续输入 4 次，以期研究模型结构的破坏形态。

　　钢管混凝土框架 - 混凝土核心筒混合结构模型振动台试验工况和顺序见表 9.26。

表 9.26　试验工况表

MSC（方钢管混凝土）					MCC（圆钢管混凝土）				
工况序号	输入地震波	加速度峰值（g）			工况序号	输入地震波	加速度峰值（g）		
		X	Y	Z			X	Y	Z
S1	白噪声（0.5~40Hz）	0.09	0.09	0.09	C1	白噪声（0.5~40Hz）	0.09	0.09	0.09
S2	Taft 波	0.2	—	—	C2	Taft 波	0.2	—	—
S3	El Centro 波	0.2	—	—	C3	El Centro 波	0.2	—	—
S4	天津波	0.2	—	—	C4	天津波	0.2	—	—
S5	Taft 波	—	0.2	—	C5	Taft 波	—	0.2	—
S6	El Centro 波	—	0.2	—	C6	El Centro 波	—	0.2	—
S7	天津波	—	0.2	—	C7	天津波	—	0.2	—
S8	白噪声（0.5~40Hz）	0.09	0.09	0.09	C8	白噪声（0.5~40Hz）	0.09	0.09	0.09
S9	Taft 波	0.4	—	—	C9	Taft 波	0.4	—	—
S10	El Centro 波	0.4	—	—	C10	El Centro 波	0.4	—	—
S11	天津波	0.4	—	—	C11	天津波	0.4	—	—
S12	Taft 波	—	0.4	—	C12	Taft 波	—	0.4	—
S13	El Centro 波	—	0.4	—	C13	El Centro 波	—	0.4	—
S14	天津波	—	0.4	—	C14	天津波	—	0.4	—
S15	白噪声（0.5~40Hz）	0.09	0.09	0.09	C15	白噪声（0.5~40Hz）	0.09	0.09	0.09
S16	Taft 波	0.6	—	—	C16	Taft 波	0.6	—	—
S17	El Centro 波	0.6	—	—	C17	El Centro 波	0.6	—	—
S18	天津波	0.6	—	—	C18	天津波	0.6	—	—
S19	Taft 波	—	0.6	—	C19	Taft 波	—	0.6	—
S20	El Centro 波	—	0.6	—	C20	El Centro 波	—	0.6	—
S21	天津波	—	0.6	—	C21	天津波	—	0.6	—
S22	El Centro 波	0.6	0.5	0.4	C22	El Centro 波	0.6	0.5	0.4
S23	白噪声（0.5~40Hz）	0.09	0.09	0.09	C23	白噪声（0.5~40Hz）	0.09	0.09	0.09
S24	El Centro 波	0.8	—	—	C24	El Centro 波	0.8	—	—

续表

MSC（方钢管混凝土）					MCC（圆钢管混凝土）				
工况序号	输入地震波	加速度峰值（g）			工况序号	输入地震波	加速度峰值（g）		
		X	Y	Z			X	Y	Z
S25	El Centro 波	—	0.8	—	C25	El Centro 波	—	0.8	—
S26	El Centro 波	0.8	0.7	0.5	C26	El Centro 波	0.8	0.7	0.5
S27	白噪声（0.5~40Hz）	0.09	0.09	0.09	C27	白噪声（0.5~40Hz）	0.09	0.09	0.09
S28-1	天津波连波 4	1	—	—	C28-1	天津波连波 4	1	—	—
S28-2	天津波连波 4	1.4	—	—	C28-2	天津波连波 4	1.4	—	—

注：工况序号中 S 代表 MSC，C 代表 MCC。

9.3.3　试验结果及分析

（1）自振特性

1）自振频率（f）。

为了测定模型在不同强度地震作用后的动力特性，在每一级地震作用后用峰值为 0.09g 的白噪声对模型进行三向扫频，记录模型各测点的加速度和位移数据。

图 9.50 为不同加速度输入后模型 MSC 和 MCC 的一阶和二阶频率变化情况。

由图 9.50 可见，采用方钢管混凝土柱的模型（MSC）震前 X 方向的一阶自振频率为 4.5Hz，Y 方向的为 4.8Hz；X 方向的二阶自振频率为 29.8Hz，Y 方向的为 30.3Hz。说明 X 方向和 Y 方向的频率相差不大，且 Y 向稍大，说明两个方向的刚度相差不大。此外，结构的各阶频率在历经各工况后有逐渐降低的趋势，但降低的幅度总体上不大，例如输入 0.8g 地震作用后，X 方向两阶频率分别降低 3.8% 和 4.2%，Y 方向两阶频率分别降低 6.8% 和 2%。

采用圆钢管混凝土柱的模型 MCC 在不同加速度情况下频率值的变化规律与 MSC 类似，即 X 和 Y 方向的刚度基本相同，且 Y 向要稍大些。结构的各阶频率在历经各工

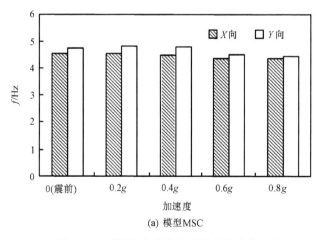

(a) 模型 MSC

图 9.50　不同加速度输入后的频率变化（f）

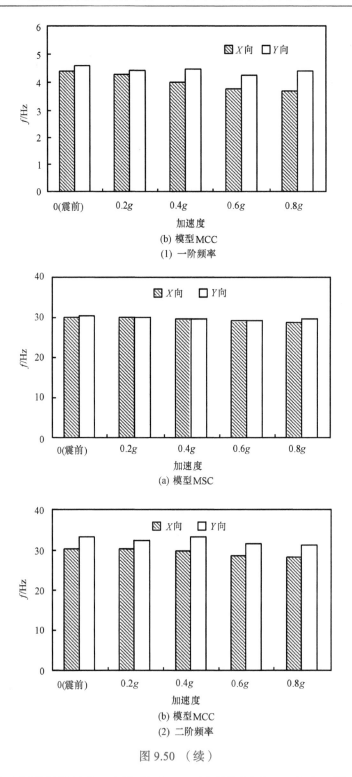

(b) 模型MCC

(1) 一阶频率

(a) 模型MSC

(b) 模型MCC

(2) 二阶频率

图 9.50 （续）

况后总体呈现逐渐降低的趋势，例如输入 0.8g 地震作用后，X 方向两阶频率分别降低 15.8% 和 6.1%，Y 方向第一阶频率基本没有降低，第二阶频率降低 6.1%。

以上分析结果表明，两个模型结构体系在经历地震作用后结构有所损伤，但模型整体刚度降低幅度总体上不显著。

2）振型。

图 9.51 所示为震前和震后两个模型振型的比较。

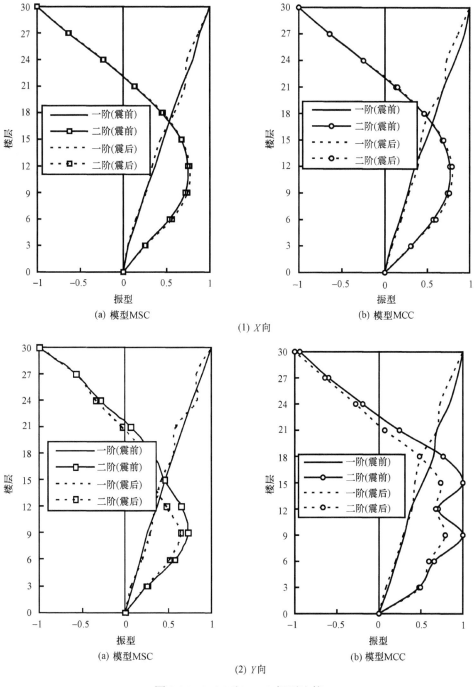

(a) 模型MSC　　　　　　　　　(b) 模型MCC

(1) X 向

(a) 模型MSC　　　　　　　　　(b) 模型MCC

(2) Y 向

图 9.51　MSC 和 MCC 振型比较

可见，模型 MSC 和 MCC 在两个方向的一阶振型呈现弯剪型特征，震前的振型曲线基本光滑。二阶振型底部也呈现弯剪型特征。在经历各条地震波 0.8g 地震作用后，振型曲线出现较为明显的拐点，这是由于模型在振动过程中受到损伤，部分楼层的刚度产生变化所致。

3）阻尼比。

采用半功率点法计算了两个混合结构模型的阻尼比（ζ），公式如下（李德葆和陆秋海，2001）：

$$\zeta = \frac{\omega_b - \omega_a}{2\Omega_n} \qquad (9.4)$$

式中：a、b 两点为频谱图上的半功率点，ω_a 和 ω_b 为这两点对应的频率；Ω_n 为第 n 阶固有频率。

图 9.52 给出了模型结构的阻尼比（ζ）随地震强度的变化情况。震前两个模型 X 向和 Y 向的一阶阻尼比（ζ）在 0.03~0.035，二阶阻尼比（ζ）比一阶的要小些，大致在 0.02~0.03。两个方向上的两阶阻尼比随地震加速度的变化规律基本一致，即随着

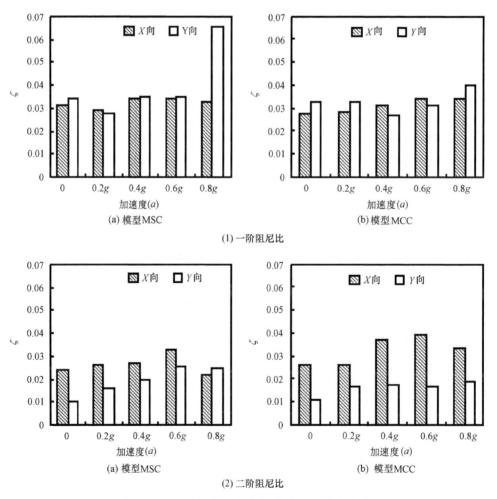

图 9.52　不同加速度（a）输入后的阻尼比（ζ）

地震强度的增加，模型结构的损伤加剧、阻尼比（ζ）逐渐增大，但增幅不明显。MSC 两个模型在峰值 0.6g 的地震输入以后，一阶阻尼比（ζ）保持在 0.035～0.04。

模型 MSC 在经历了 0.8g 地震后 Y 向阻尼比有一定的突变，可能的原因是此地震输入后模型出现了较为严重的损伤，此时也观测到底部剪力墙以及钢管混凝土柱和底板交接处混凝土出现大量裂缝。

（2）地震反应分析

1）加速度反应和动力放大效应。

动力放大系数是结构最大加速度反应和输入加速度峰值的比值。对于有阻尼强迫振动，结构动力放大系数不仅和结构自振频率有关，而且和结构阻尼比（ζ）有关。对应于不同的结构阻尼比，当自振频率和激励频率越接近时，结构的动力反应越大；对于同一结构，阻尼比（ζ）较小时，动力反应较大，随着阻尼比的增加，结构的动力放大系数增加趋于平稳（刘晶波和杜修力，2005）。

模型各层加速度由布置的加速度传感器直接测得，为楼层的绝对加速度值。以布置在模型底座上的加速度传感器测得的最大加速度为基准，把模型结构上各测点的加速度实测峰值与底座上相应的实测峰值相比，可得到在同一工况下模型各层的加速度反应放大系数。

为了分析模型的动力放大沿高度方向的变化，把同一工况下模型各层在同一方向上的加速度放大系数沿结构高度方向进行了比较。

图 9.53（1）和（2）所示为模型各层加速度放大系数随地震加速度峰值（a）的变化规律。可见，对应不同地震波，其加速度放大系数不尽相同，加速度放大系数在 1.1～2.8 变化。三条地震波中，天津波引起的加速度放大系数较大，El Centro 波次之，Taft 波最小。随着地震强度的增加，模型损伤有所加剧，模型的刚度有所降低，自振频率减小，阻尼增大，模型各层动力放大系数减小。0.4g 地震输入时，模型各楼层加速度放大系数的减小较为明显。

2）位移反应和结构变形。

如前所述，试验时位移测点每隔三层布置，取相邻两个测点位移之差绝对值的最大值除以三倍结构层高，即可近似求得模型结构三层间的平均最大层间位移角（δ/H）。

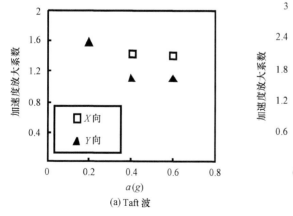

(a) Taft 波

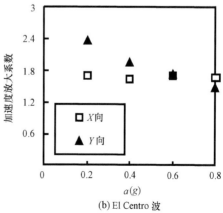

(b) El Centro 波

图 9.53　加速度放大系数和地震加速度（a）的关系

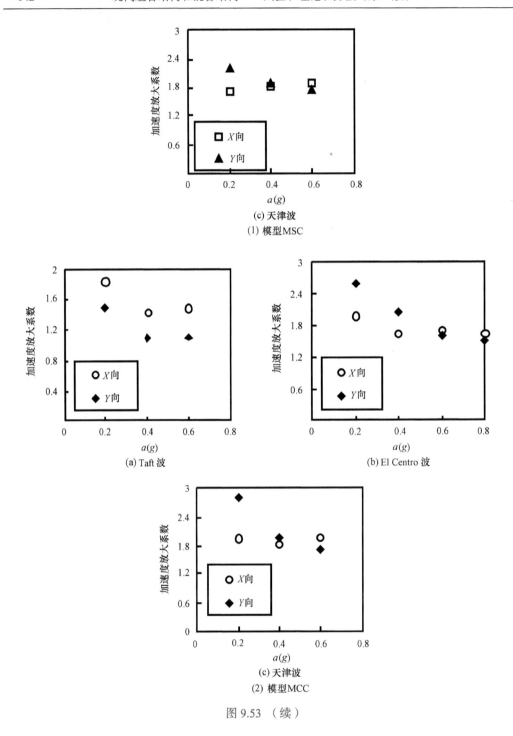

(c) 天津波

(1) 模型MSC

(a) Taft 波

(b) El Centro 波

(c) 天津波

(2) 模型MCC

图 9.53 （续）

图 9.54（1）和（2）分别给出了对应地震加速度为 0.6g 时模型 MSC 和 MCC 的层间位移角包络图。从图 9.54 中可以看出，两个模型 X 向的层间位移反应总体上稍大于 Y 向。

不同地震波在相同级别的地震输入下 δ /H 的数值都有所不同，其中，天津波引起的层间位移角反应最大，El Centro 波次之，Taft 波的位移反应最小。对于 MSC，在 0.6g

级别地震输入情况下，Taft 波、El Centro 波和天津波的最大层间位移角分别为 1/425、1/318 和 1/108；对于 MCC，在 0.6g 级别地震输入情况下，Taft 波、El Centro 波和天津波的最大层间位移角分别为 1/367、1/296 和 1/84。

从图 9.54 还可以看出，沿高度方向，模型的层间位移角（δ/H）基本均匀分布，但是在 X 方向的第 6 层和 Y 方向的第 21 层有较大的突变。出现这种突变可能是由于模

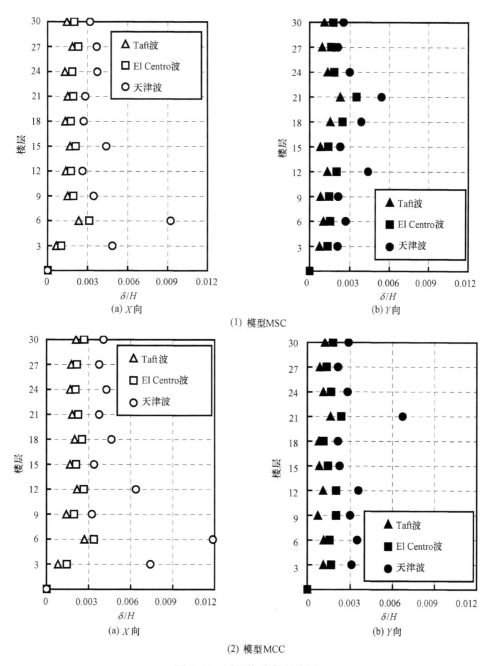

图 9.54　层间位移角包络图

型的某种缺陷（比如混凝土初始裂缝等）在连续振动下不断发展，导致楼层刚度降低。但对这种实测现象的合理解释还有待于进一步深入的探讨。

　　图 9.55 给出了对应不同地震波情况下模型最大层间位移角（δ/H）随地震峰值加速度（a）的变化关系。可见，随着地震强度的增加，模型的 δ/H 呈现递增趋势。总体上模型 MSC 和 MCC 的 X 向层间位移角（δ/H）要比 Y 向的稍大一些。在三条地震波中，天津波引起的层间位移角（δ/H）最大，El Centro 波次之，Taft 波最小。

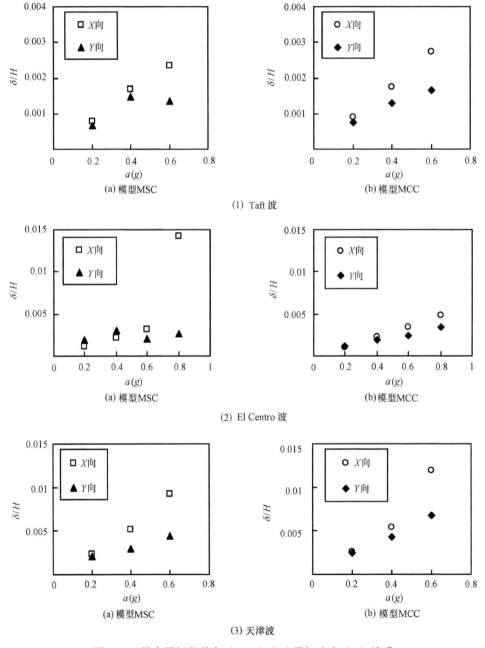

图 9.55　最大层间位移角（δ/H）和地震加速度（a）关系

3）剪力。

楼层剪力可根据试验测得的楼层加速度间接求得。

如果暂忽略阻尼向量和弯曲变形的影响，则可近似给出各层 t_i 时刻总剪力 $F_k(t_i)$ 为

$$F_k = -\sum_k^n m_k \left[\ddot{x}_k(t_i) + \ddot{x}_g(t_i) \right] \tag{9.5}$$

式中：下标 k 代表楼层号；$\ddot{x}_k(t_i)$ 为第 k 层在 t_i 时刻的加速度值；$\ddot{x}_g(t_i)$ 为在 t_i 时刻的底面输入加速度值；m_k 为第 k 层的质量；n 为模型结构总层数。

图 9.56（1）和（2）所示分别为按上述方法求得的模型 MSC 和 MCC 在 El Centro

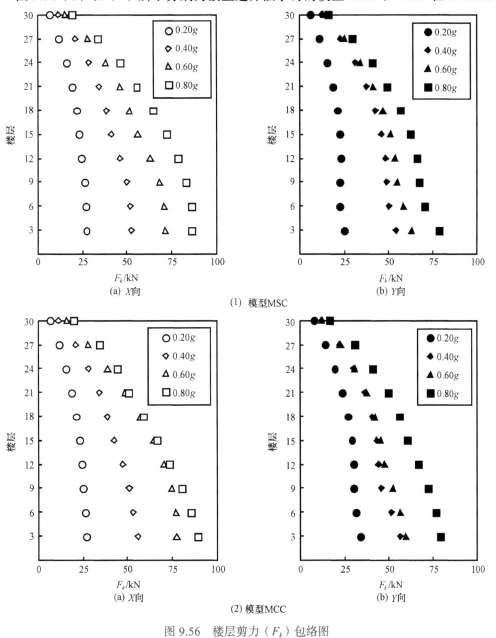

图 9.56　楼层剪力（F_k）包络图

波作用下楼层剪力（F_k）包络图。从图中可以看出，各楼层剪力变化均匀。在三条地震波中，天津波引起的底部剪力较大，El Centro 波次之，Taft 波最小。地震波 X 向输入时结构底部剪力比 Y 向输入时稍大，这是因为模型沿 X 方向的刚度比 Y 方向稍大，前述的模型频率特性也说明了这一点。

从楼层剪力包络图可得到模型底部最大剪力（V_{bmax}）。不同地震波输入情况下峰值加速度（a）与 V_{bmax} 的关系如图 9.57 所示。可见，随着地震强度增大，V_{bmax} 随之增大，

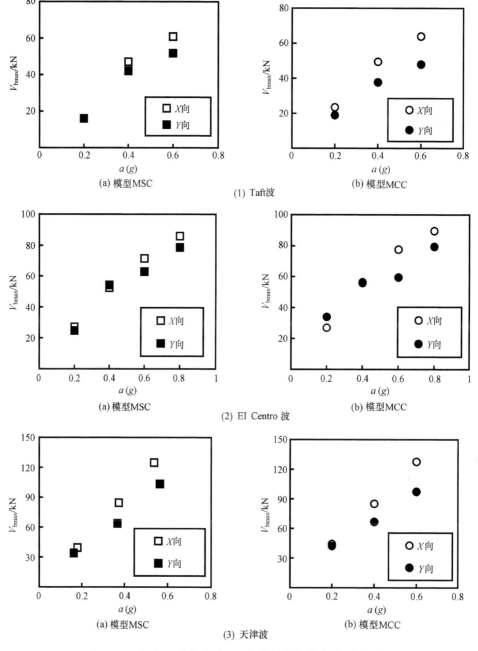

图 9.57　底部最大剪力（V_{bmax}）和地震加速度（a）关系

说明结构在地震强度较大的情况下仍保持着较高的刚度。在 0.6g 级别地震情况下，尽管模型结构底部的剪力墙、钢管混凝土柱和底板连接处均出现裂缝，但组合框架结构仍能有效地传递剪力。

4）加速度 - 楼层相对位移关系。

图 9.58（1）和（2）分别给出模型 MSC 和 MCC 在 El Centro 波作用下加速度（a）和楼层相对位移（Δ）的关系曲线，其中加速度（a）为振动台面输入加速度时程和每层实测加速度时程之和。

楼层加速度（a）- 相对位移（Δ）曲线在一定程度上能够反映各楼层刚度变化的规律，总体来说，曲线的斜率和楼层刚度成正比。

从图 9.58 中可以看出，模型结构底部楼层滞回曲线的斜率总体上小于顶部楼层，

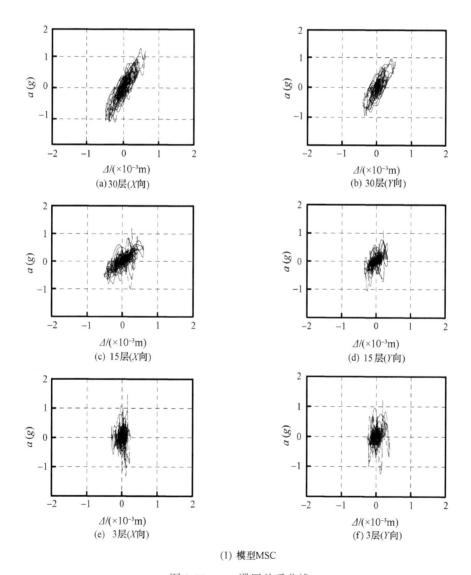

(a) 30层(X向)

(b) 30层(Y向)

(c) 15层(X向)

(d) 15层(Y向)

(e) 3层(X向)

(f) 3层(Y向)

(1) 模型MSC

图 9.58　a-Δ 滞回关系曲线

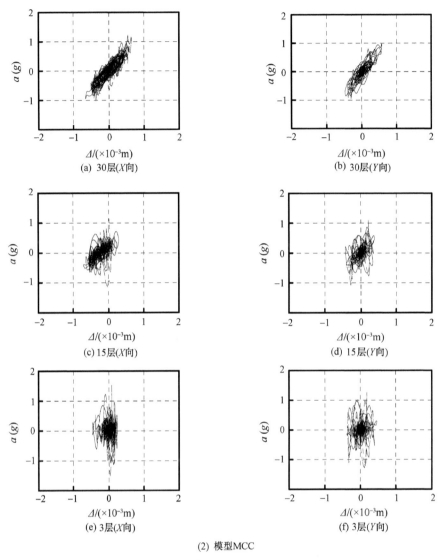

(2) 模型MCC

图 9.58　（续）

且底层曲线在后期的变化表现出明显的不规则性，即显得有些零乱，这说明底部楼层在地震作用下的损伤明显。试验现象也基本反映出了这一点，即试验过程中，随着地震震级的增大，底部楼层的钢筋混凝土核心筒角部，外框架都受到较为严重的损伤，从而导致楼层刚度降低。而顶部楼层在地震过程中基本保持完好，受到的损伤较小，因此楼层的刚度变化也较小。

　　从图 9.58 还可以看出，由于模型楼层两个方向，即 X 和 Y 向的刚度基本相同，两个方向的 a-Δ 滞回曲线形状总体上较为接近。此外，随着楼层的增大，由于结构非受力层间位移成分增大，层间相对位移（Δ）也逐渐增大，但 15 层以上这种增长的趋势不如底部楼层明显，显示了模型结构弯剪变形的特性，这与层间相对位移角包络图反映出来的规律基本相同。

5）应变反应。

如前所述，模型试验过程中测试了底层混凝土核心筒四面的竖向和横向应变，钢管混凝土的竖向应变和钢梁靠近节点处的应变［应变计布置见图 9.44（2）和（3）及图 9.49，测试的数值中以拉应变为正，压应变为负］。

取墙、柱、梁实测的最大正、负应变，按 El Centro 波输入加速度峰值（a）级别分类绘图，如图 9.59 所示。

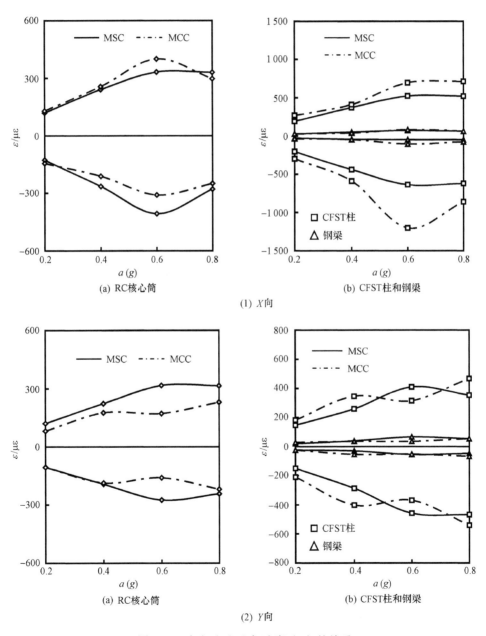

(1) X向

(2) Y向

图 9.59　应变（ε）和加速度（a）的关系

由图 9.59 可见，不同地震作用下两个模型各部位应变的变化规律较为一致，其中钢管混凝土角柱的应变较大，钢筋混凝土核心筒的应变次之，而钢梁应变最小。从钢筋混凝土核心筒不同部位的应变反应来看，其角部的应变较大。峰值加速度为 0.6g 时实测的正、负应变的差值较大。峰值加速度为 0.8g 时应变基本不再增加，个别数值甚至还有所减小，这是因为此时的模型损伤加剧，模型整体地震反应有所减少所致。

6）模型结构破坏形态。

从试验现象和对试验结果的分析结果来看，模型 MSC 和 MCC 在模拟地震试验过程中都表现出良好的抗震性能。

从试验中观测到的现象来看，模型结构在峰值加速度为 0.2g 和 0.4g 输入情况下，混凝土表面没有明显开裂，但从顶层加速度动力放大系数图中可以看出，在峰值加速度为 0.4g 输入情况下，动力放大系数已有所下降（如图 9.53 所示）。

在峰值加速度为 0.6g 情况下，结构部分进入了弹塑性状态，在楼板和钢梁交接处以及核心筒门洞处出现明显裂缝［图 9.60（a）和（b）］。

图 9.60　模型局部的破坏特征

施加峰值加速度为 0.8g 的地震波后，上述混凝土裂缝继续发展，并有新的裂缝出现。在底层角柱与混凝土底板交接的位置出现裂缝，说明框架部分的底部角柱承受的剪力较大。

为测试结构的极限破坏形态，施加完峰值加速度 0.8g 的地震波后，用天津波连续输入进行破坏性试验。此时模型破坏特征明显增强。底层核心筒四周均出现明显水平裂缝，且主要集中在核心筒的四周角部及洞口部位，而结构第 2 层核心筒的破坏程度远低于底层。对于模型 MSC，钢管混凝土框架受损程度相对于模型 MCC 较低。在连波试验后核心筒混凝土墙面出现大量剪切裂缝，核心筒角部混凝土被压溃，模型 MCC 中的钢管混凝土底层柱上下端发生断裂［如图 9.60（c）所示］。

试验结果表明，试验过程中梁和混凝土墙连接的部分在试验中没有发现明显的破坏现象。钢筋混凝土核心筒遭受地震有所损伤后，框架承担了更多的地震荷载。钢管混凝土框架综合了混凝土框架刚度大、钢框架延性好的优点，在试验过程中和混凝土核心筒协同工作良好，可起到所谓的抗震"二道防线"作用。

9.4　混合结构体系数值分析模型

如何合理建立钢管混凝土框架 - 钢筋混凝土核心筒结构体系抗震性能的数值分析模型是有关领域的热点问题之一。实现有关数值分析的一些关键问题可归纳如下。

1）合理的结构离散化及边界条件处理。

2）构件连接方式的合理处理。

3）合理确定构件单元材料刚度选取。

4）结构阻尼比的合理取值等。

作者对上述问题进行了探讨，在此基础上建立了钢管混凝土框架 - 钢筋混凝土核心筒结构体系的数值分析模型，进行了对比分析计算。最后以本书 9.3 节进行的两个结构试验模型为算例，初步对该类结构体系的抗震性能进行了计算分析。

9.4.1　数值分析模型的建立

本节基于通用有限元软件 ANSYS（ANSYS，2004）建立了钢管混凝土框架 - 钢筋混凝土核心筒结构体系的计算分析模型。

（1）单元选取和边界条件处理

图 9.61 所示为计算模型单元网格划分情况。在核心筒开洞处对单元进行了细分，楼板的相应位置也进行了细分处理。根据本书 9.3 节试验模型底部构造措施处理方式，结构模型和底板可以视为固接，约束底部节点的空间 6 个自由度。

（2）构件及其连接

对组合梁进行模拟时，用梁单元模拟钢梁，壳单元模拟混凝土楼板。钢梁和混凝土共用节点，且不考虑钢和混凝土之间的滑移。组合梁和墙体之间的连接按铰接

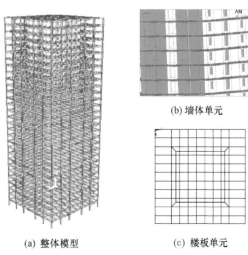

(a) 整体模型

(b) 墙体单元

(c) 楼板单元

图 9.61　模型网格划分示意图

处理，在有限元模型中释放钢梁和墙体连接处的杆端弯矩。

用梁单元模拟单根钢管混凝土柱。钢管混凝土柱和钢梁间采用外环板连接，这部分的连接情况按刚接处理。

模型采用了混凝土剪力墙构成外核心筒和内剪力墙作为主要抗侧力体系，在弹性阶段暂不考虑钢筋的作用，建模时直接输入素混凝土的实测弹性模量作为壳单元的弹性模量，楼板和墙体的实际厚度作为壳单元的厚度。

（3）构件刚度的取值

结构在地震下的反应可以分为弹性和弹塑性反应两种，弹性反应主要和结构的刚度和质量分布有关。当结构自振周期大于场地特征周期时，结构的刚度越大，受到的地震作用也越大。同理，在弹性反应阶段，结构构件刚度越大的部分，受到的地震作用也越大。构件刚度的取值是否准确直接决定了频率、位移、加速度等计算结果的准确性。

1）钢管混凝土柱刚度的确定。

① 抗弯刚度（EI）。

国内外研究者已对钢管混凝土的抗弯力学性能进行了大量的研究工作。根据钢管混凝土弯矩 - 曲率曲线，可以得到构件的抗弯刚度（EI）。

目前，一些相关钢管混凝土结构的设计规程或规范，如 ACI（2005）[ACI 318—14（2014）]、AISC（2005）[ANSI/AISC 360—10（2010）]、EC4（2004）、AIJ（1997，2008）、BS5400（2005）和 DBJ 13-51—2003（2003）[DBJ/T 13-51—2010（2010）] 等均给出了钢管混凝土抗弯刚度（EI）的计算方法，但这些方法在考虑核心混凝土对 EI 的贡献时考虑了不同程度的折减。EI 的计算公式可统一整理为如下形式，即

$$EI = E_sI_s + rE_cI_c \tag{9.6}$$

式中：E_s、E_c 分别为钢材和混凝土的弹性模量；I_s、I_c 分别为钢材和混凝土的截面惯性矩；r 为考虑混凝土对抗弯刚度贡献程度的折减系数。

表 9.27 汇总了上述几种规程或规范中给出的 EI 计算公式，其中 A_s 和 A_c 分别为钢管及其核心混凝土的横截面面积。

表 9.27　刚度 EI 的计算公式

序号	EI	公式来源
1	$E_sI_s + 0.2E_cI_c$	ACI（2005） ACI 318—14（2014）
2	$E_sI_s + \left(0.6 + 2\dfrac{A_s}{A_c+A_s}\right)E_cI_c$	AISC（2005） ANSI/AISC 360—10（2010）
3	$E_sI_s + 0.6E_cI_c$	EC4（2004）
4	$E_sI_s + 0.2E_cI_c$	AIJ（1997，2008）
5	$0.95E_sI_s + 0.45E_cI_c$	BS5400（2005）
6	$E_sI_s + 0.8E_cI_c$（圆形截面） $E_sI_s + 0.6E_cI_c$（方形截面）	DBJ 13-51—2003（2003） [DBJ/T 13-51—2010（2010）]

由表 9.27 可见，折减系数 r 的变化范围比较大，且这种变化对小截面钢管混凝土构件的 EI 值影响相对较小，而对大尺寸钢管混凝土 EI 的数值影响却很大，且构件横截面尺寸越大，影响也越显著，这应引起注意。

和实测结果的计算分析和比较结果表明（韩林海，2007，2016），对于圆钢管混凝土构件，AISC（2005）[ANSI/AISC 360—10（2010）]和 DBJ 13-51—2003（2003）[DBJ/T 13-51—2010（2010）]给出方法的计算结果与初始弹性刚度的试验结果最为吻合；对于方钢管混凝土构件，AIJ（1997，2008）和 ACI（2005）[ACI 318—14（2014）]给出方法的计算结果与试验值最为吻合。

② 轴压刚度（EA）。

钢管混凝土轴压刚度（EA）主要有两种确定方法，一种是采用组合模量的方法，如 DBJ 13-51—2003（2003）[DBJ/T 13-51—2010（2010）]；另一种则是将钢管和混凝土的轴压刚度叠加得到钢管混凝土的轴压刚度，如 EC4（2004）等。

a. 规程 DBJ 13-51—2003（2003）[DBJ/T 13-51—2010（2010）]考虑钢管和核心混凝土的相互作用给出组合轴压刚度（EA）的计算公式为

$$EA = E_{sc} A_{sc} \tag{9.7}$$

式中：E_{sc} 为钢管混凝土组合轴压弹性模量；A_{sc} 为组合柱横截面面积，$A_{sc} = A_s + A_c$，A_s 和 A_c 分别为钢管和混凝土面积，E_{sc} 按下式计算为

$$E_{sc} = f_{scp} / \varepsilon_{scp} \tag{9.8}$$

式中：f_{scp}、ε_{scp} 分别为名义轴压比例极限及其对应的应变，确定方法为

对于圆钢管混凝土：

$$f_{scp} = [0.192(f_y/235) + 0.488] \cdot f_{scy} \tag{9.9}$$

$$\varepsilon_{scp} = 3.25 \times 10^{-6} f_y \tag{9.10}$$

对于方形钢管混凝土：

$$F_{scp} = [0.263(f_y/235) + 0.365(30/f_{cu}) + 0.104] \cdot f_{scy} \tag{9.11}$$

$$\varepsilon_{scp} = 3.01 \times 10^{-6} f_y \tag{9.12}$$

式中：钢材和混凝土的强度 f_y 和 f_{cu} 以 MPa 计；f_{scy} 为钢管混凝土轴心受压强度指标，计算公式为

$$f_{scy} = \begin{cases} (1.14 + 1.02\zeta) f_{ck} & （圆钢管混凝土） \\ (1.18 + 1.85\zeta) f_{ck} & （方钢管混凝土） \end{cases} \tag{9.13}$$

式中：约束效应系数 $\zeta = (A_s f_y) / (A_c f_{ck})$。

b. EC4（2004）。EC4（2004）给出钢管混凝土轴压刚度（EA）的计算公式为

$$EA = E_s A_s + E_c A_c \tag{9.14}$$

式中：E_s 和 E_c 分别为钢和混凝土的弹性模量；A_s 和 A_c 分别为钢管及其核心混凝土横截面面积。

试算结果表明，钢管混凝土的轴压刚度变化对模型频率影响不大。

2）混凝土构件刚度的确定。

目前不同规程或规范中关于混凝土刚度的计算大多采用混凝土的弹性模量（E_c）

乘以素混凝土毛截面绕中性轴惯性矩，然后乘以适当的折减系数。下面简要介绍规范 ACI（2005，2014）、NZS3101（2006）和 GB 50010—2002（2002）［GB 50010—2010（2015）］中给出的有关方法。

① ACI（2005，2014）。美国混凝土规范 ACI（2005，2014）中规定：普通混凝土弹性模量 $E_c=4300\sqrt{f_c'}$（N/mm²），其中 f_c' 为圆柱体抗压强度，以 MPa 计。关于折减系数，梁取 0.35；柱取 0.7；开裂的墙体 0.35；未开裂的墙体取 0.7；楼板取 0.25。

② NZS3101（2006）。新西兰混凝土设计规范 NZS3101（2006）提出的刚度折减系数为：矩形截面梁取 0.4，T 形、L 形截面梁取 0.35；对于柱，当 $N/(A_g f_c')=0$ 时取 0.4，当 $N/(A_g f_c')=0.2$ 取 0.55，当 $N/(A_g f_c')>0.5$ 时取 0.8；对于墙，当 $N/(A_g f_c')=0$ 时取 0.32，$N/(A_g f_c')=0.1$ 取 0，$N/(A_g f_c')=0.2$ 时取 0.48，其中 N 为轴向压力，A_g 为构件毛截面面积，f_c' 为混凝土圆柱体抗压强度。

③ GB 50010—2002（2002）［GB 50010—2010（2015）］。我国《混凝土结构设计规范》GB 50010—2002（2002）中第 5.2.4 条［GB 50010—2010（2015）第 5.3.2 条］规定，在进行结构弹性计算时，混凝土的惯性矩可按匀质混凝土全截面计算，不同受力状态杆件的截面刚度宜考虑混凝土开裂、徐变等因素的影响。采用考虑二阶效应的弹性分析方法时，宜在结构分析中对构件的弹性抗弯刚度 $E_c I$ 乘以下列折减系数：对梁，取 0.4；对柱，取 0.6；对剪力墙及核心筒壁，取 0.45。当验算表明剪力墙或核心筒底部正截面不开裂时，其刚度折减系数可取 0.7。

表 9.28 列出了模型结构频率的计算结果和实测结果的比较。计算时，钢管混凝土构件的刚度（EA 和 EI）取值采用 DBJ 13-51—2003（2003）［DBJ/T 13-51—2010（2010）］中提供的方法。对钢筋混凝土构件，分别采用了刚度不折减，以及规范 ACI（2005，2014）、NZS3101（2006）和 GB 50010—2002（2002）［GB 50010—2010（2015）］中给出的取值方法。

表 9.28 不同混凝土刚度取值时自振频率计算结果（单位：Hz）

（a）模型 MSC

阶数	实测	刚度不折减	美国 ACI 规范*	新西兰 NZS3101 规范	中国 GB 50010 规范*
X 向一阶	4.52	8.61	5.78（6.20）	6.02	6.20（6.48）
Y 向一阶	4.75	9.17	6.07（6.72）	6.27	6.55（7.00）

（b）模型 MCC

阶数	实测	刚度不折减	美国 ACI 规范*	新西兰 NZS3101 规范	中国 GB 50010 规范*
X 向一阶	4.38	8.55	5.70（6.12）	5.93	6.11（6.40）
Y 向一阶	4.42	9.11	6.00（6.06）	6.19	6.47（6.92）

*括号外为考虑开裂的计算结果，括号内为不考虑开裂的计算结果。

由表 9.28 可见，模型 MSC 和 MCC 的计算频率值相差不大，MSC 的一阶计算频率要比 MCC 高 1.5% 左右。由于混凝土墙体在模型中占有较大比例，考虑混凝土构件刚度折减对整体刚度的影响较大。各个规范规定的混凝土墙体开裂后的折减系数均在 0.4 左右，由此带来的各阶整体刚度下降在 30% 左右。仅从表 9.28 的比较可见，美国 ACI 规范计算出来的一阶频率和试验结果最为接近。采用不考虑折减的混凝土截面刚度（E_cI）计算出的频率与实测结果差别较大。

（4）阻尼比（ζ）取值

阻尼是影响结构动力反应的重要因素之一，用以描述结构振动过程中某种能量耗散方式。时程分析中的阻尼是指结构在地震时，结构与支撑之间的摩擦、材料之间的内摩擦、周围介质的阻力等引起的振动振幅的衰减作用。阻尼机理相当复杂，不能象对质量、刚度等其他动力特性一样进行确切描述，输入软件中计算用的阻尼比（ζ）的取值常具有经验性。对同样的模型，输入不同阻尼比对时程分析结果的影响不容忽视。

对于钢管混凝土框架 - 钢筋混凝土核心筒结构体系阻尼比（ζ）的取值目前尚没有专门规定。参考本书 9.3 节中进行的试验结果，本节数值模型中计算阻尼比（ζ）暂统一取值为 0.035。

9.4.2　对比计算分析

（1）动力特性结果比较

根据 9.4.1 节的分析比较结果，本节计算模型的混凝土构件刚度取值暂采用美国 ACI 规范的规定，钢管混凝土构件刚度取值暂采用中国 DBJ 13-51—2003（2003）[DBJ/T 13-51—2010（2010）] 规程的有关规定。

表 9.29 列出了计算频率和试验结果的比较。

表 9.29　计算和试验频率结果对比

阶数	MSC		MCC	
	计算	试验	计算	试验
	频率 /Hz	频率 /Hz	频率 /Hz	频率 /Hz
X 向一阶	5.78	4.52	5.70	4.38
Y 向一阶	6.07	4.75	6.00	4.42
X 向二阶	23.16	29.81	23.03	30.31
Y 向二阶	28.69	30.26	25.20	33.01

由表 9.29 可见，一阶频率计算结果比试验值高 30% 左右，二阶频率计算值则比试验值低 30% 左右。

图 9.62 和图 9.63 分别给出了模型 MSC 和模型 MCC 计算和实测振型结果的比较。

从图 9.62 和图 9.63 可见，计算振型曲线与实测振型曲线总体上较为吻合，一阶振型都大致为弯剪型。MSC 和 MCC 的计算振型曲线基本一致。

图 9.64 给出了模型 MCC 的前 5 阶振型模态图。

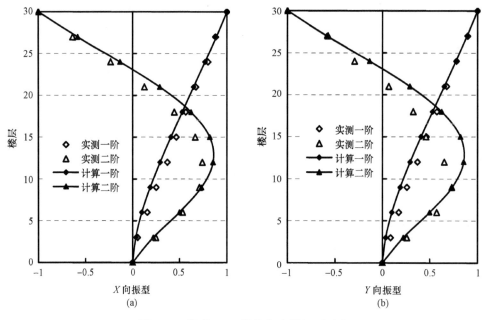

图 9.62　模型 MSC 计算与实测振型对比

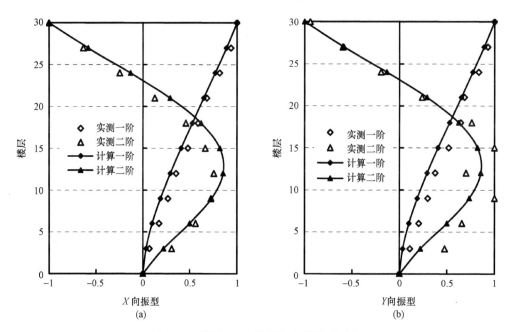

图 9.63　模型 MCC 计算与实测振型对比

（2）加速度和位移结果比较

对加速度和位移实测结果进行了计算对比，下面给出部分典型的比较结果。

1）加速度。

将 C2 工况（模型 MCC，Taft 波，0.2g 输入）计算顶部相对加速度和试验值进行比较，如图 9.65 所示。

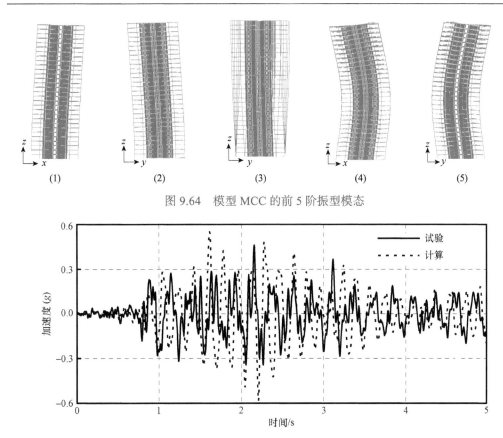

图 9.64　模型 MCC 的前 5 阶振型模态

图 9.65　C2 工况结构顶部相对加速度计算和试验结果对比（MCC）

计算结果表明，模型 MCC 的计算一阶频率为 5.7Hz，试验值为 4.38Hz，相差 30%；顶端相对加速度反应峰值计算值为 0.55g，出现时刻在 1.6s，试验值为 0.46g，出现时刻在 2.1s。

比较两个模型 MSC 和 MCC 在输入相同地震波加速度后的反应，前 5s 的加速度时程如图 9.66 所示。可见，MSC 的相对加速度为 0.45g，MCC 的为 0.47g，相差 4.4%，

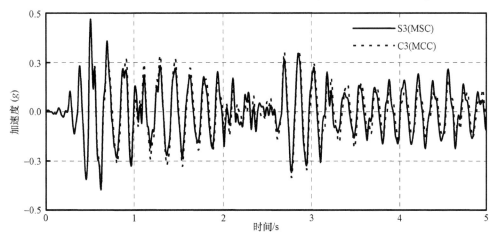

图 9.66　S3 与 C3 工况计算顶部相对加速度对比

出现时刻均在 0.5s。模型 MSC 的顶层相对加速度比模型 MCC 要稍小些。

2）位移。

图 9.67 为 C2 工况（MCC，Taft 波，0.2g）顶部相对位移时程曲线计算和试验值对比。实测位移峰值为 3.72mm，计算位移峰值稍小，为 3.24mm。

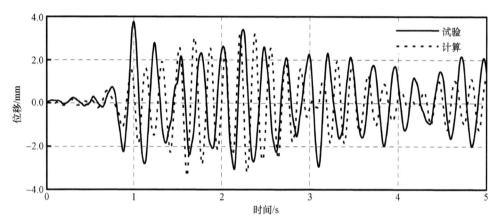

图 9.67　C2 工况计算与实测顶部相对位移对比（MCC）

图 9.68 为计算模型 MSC 和 MCC 在 Taft 波 0.2g 输入下的顶层位移反应，两者的位移反应结果基本重合，MSC 的顶层位移峰值（3.20mm）比 MCC（3.24mm）略小。

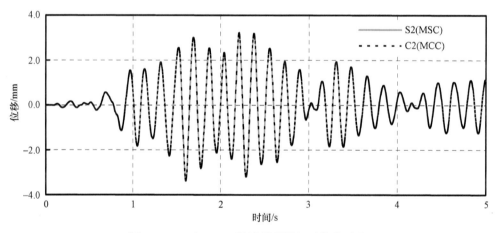

图 9.68　S2 与 C2 工况计算顶部相对位移对比

图 9.69 为模型 MSC 和 MCC 在 0.2g 输入的情况下相对台面位移和层间位移。可见两个模型的位移反应相差不大，模型 MSC 的位移反应稍小一些。计算值总体上小于实测值。

（3）应变结果比较

图 9.70 给出计算获得的模型 MSC 在 S3 工况下对应顶部加速度最大时墙体竖向应变分布图。从图中可见，底部墙体，特别是角部墙体的应变较大，这和试验现象相吻合。

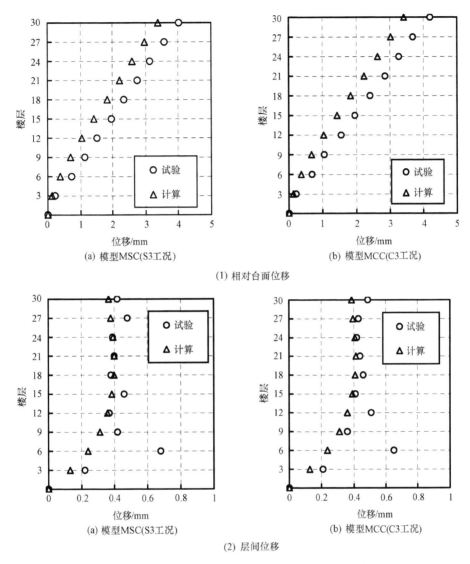

(1) 相对台面位移

(2) 层间位移

图 9.69　不同工况下的相对台面位移和层间位移

　　钢管混凝土角柱在 S3 工况下的竖向应变实测和计算值如图 9.71 所示,可见二者在变化规律上总体上较为一致,但在数值上有一定的差异。

9.4.3　剪力分配和柱轴压比分析

（1）剪力分配

　　框架的水平地震剪力分担率是混合结构设计中的一个重要指标。我国《高层建筑混凝土结构技术规程》JGJ 3—2002（2002）中对钢框架 - 混凝土筒体结构做如下规定:钢框架 - 钢筋混凝土筒体结构各层框架柱所承担的地震剪力不应小于结构底部总剪力的 25% 和框架部分地震剪力最大值的 1.8 倍二者中的较小者;型钢混凝土框架 - 钢筋混凝土筒体各层框架柱所承担的地震剪力不应小于结构底部总剪力的 20% 和框架部分

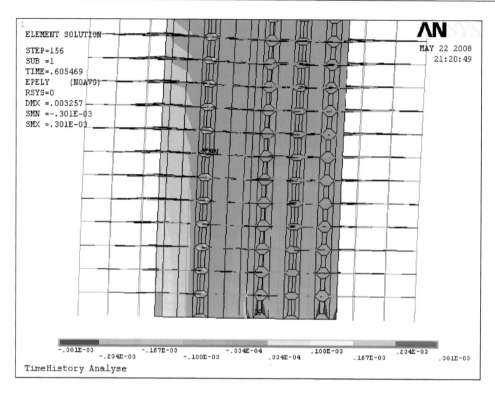

图 9.70　模型 MSC 在 S3 工况下墙体竖向应变分布计算结果

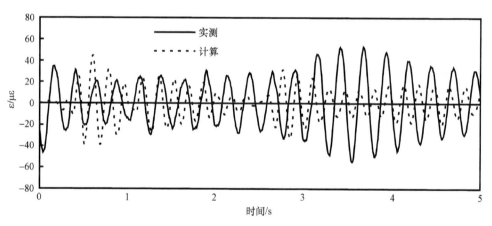

图 9.71　S3 工况角柱竖向应变和计算值比较（MSC）

地震剪力最大值的 1.5 倍二者中的较小者。ASCE7-05（2006）中规定：框架剪力墙双重抗侧力体系中的抗弯框架应至少能承受各层设计内力的 25%。

　　试验研究水平地震剪力在框架和混凝土筒体之间的分配比例关系有几种方法：①框架与筒体连接处布置测力计，直接测出水平地震力；②通过在试件上布置应变片，得到结构的应变反应，通过材料的物理关系得到结构构件的应力分布，再通过静力平衡关系得到框架和混凝土筒体的水平地震剪力；③利用实测水平地震波作用下各楼层的侧向位移，结合理论计算的结构侧向刚度，得到水平地震剪力等。本节采用第三种方法对地震下框筒结构的剪力分担比率进行研究。

结构抗侧力体系由框架和混凝土核心筒组成，为计算钢管混凝土框架部分地震剪力，引入等效静力的概念（邱法维等，2000），即每一时刻的等效静力 $\{f_s(t)\}$ 就是在结构中产生同时刻结构动力位移所需施加的外力。

$$\{f_s(t)\}=[K]\{u(t)\} \tag{9.15}$$

式中：$[K]$ 是结构动力分析的刚度矩阵；$\{u(t)\}$ 是动力分析得到的结构的相对位移向量。

对等效静力荷载 f_s 作用下的结构进行静力分析，可得到每一时刻的结构构件内力和应力。

由于楼板刚度较大，框架的楼层水平位移按近似等于整体结构的楼层水平位移处理。

在有限元软件中建立框架部分的计算模型，在楼层依次沿水平自由度方向分别施加单位力，并计算在每一个基本自由度上由于相应的荷载产生的位移，得到动力分析模型的柔度矩阵，再求逆得到侧向刚度矩阵（韩林海，2007，2016）。

分析结果表明，随着地震加速度峰值增加，框架承担的地震剪力占底部总剪力的比值也随之增加，在进入大震和超大震时有较明显的增加。方钢管混凝土框架的底部剪力分担率比圆钢管混凝土框架略大。在三条地震波中，天津波作用下底部框架剪力分担率最大，为 50% 左右；El Centro 波次之，为 20% 左右；Taft 波最小，为 17% 左右。

以模型 MCC 为例，图 9.72 给出底部框架剪力占楼层剪力的比例在不同地震波及不同加速度输入情况的变化规律。

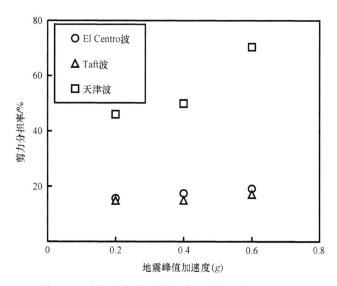

图 9.72　底部框架剪力分担率变化图（模型 MCC）

（2）柱轴压比（n）

钢管混凝土轴压比 n 计算为

$$n=N/N_u \tag{9.16}$$

式中：N 为钢管混凝土柱承受的轴力；N_u 为钢管混凝土柱的轴压极限承载力。

图 9.73 给出两个模型中的钢管混凝土角柱在地震作用下其平均轴压比（n）的变化。可见，随着地震震级增大，钢管混凝土柱的轴压比（n）也逐渐增大，在 0.6g El Centro 地震波输入下，方钢管混凝土角柱的轴压比达到 0.49，圆钢管混凝土角柱的轴压比则达到 0.89。

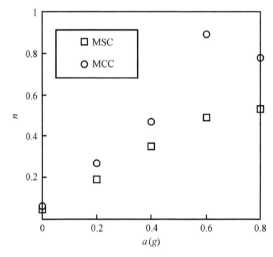

图 9.73　角柱平均轴压比（n）随加速度（a）变化关系

9.5　本 章 小 结

在本章试验研究和理论分析结果的基础上及有关研究参数范围内可得到如下主要结论。

1）钢管混凝土框架结构和钢管混凝土混合结构拟静力试验研究表明，混合结构的破坏模态为墙板形成斜压杆的受力机制，钢管混凝土边框柱随着水平位移的增大而在柱脚形成塑性铰。纯框架结构首先在梁端造成塑性铰。两种结构的破坏模态不同，但荷载 - 位移曲线都没有显著的捏缩现象出现，框架结构的侧向位移大，但结构变形耗散的能量比混合结构要小，混合结构更有利于在地震作用下吸收更多地震能量。

2）钢管混凝土混合结构拟动力试验研究表明，拟动力试验可方便地获得结构模型的弹塑性地震响应参数，如加速度、位移时程，滞回曲线，延性及耗能能力等。由于边框柱的存在限制了剪力墙的破坏，总体上钢管混凝土混合结构体系具有良好的抗震性能。

3）采用方钢管混凝土柱和圆钢管混凝土柱的混合结构模型结构体系各阶自振频率在各级地震作用后均呈现出降低的趋势，但幅度总体不大，表明两个混合结构模型在地震作用后仍保持着较高的抗侧刚度。

4）采用方钢管混凝土柱模型（MSC）的阻尼比总体上稍大于采用圆钢管混凝土柱的模型（MCC）。震前两个模型 X 向和 Y 向的一阶阻尼比在 0.03～0.035。二阶阻尼比比一阶的要小些，其数值为 0.02～0.03。在两个方向上两阶阻尼比随地震强度的增加而逐渐增大。在峰值 0.6g 的地震输入以后，混合结构体系一阶阻尼比保持在 0.035～0.04。

5）在不同地震波作用下，模型结构沿高度方向加速度放大系数变化规律总体上一致。顶部动力放大系数变化规律为：随地震强度增大，放大系数基本上呈递减趋势。三条地震波中，天津波引起的动力放大系数最大，El Centro 波次之，Taft 波最小。

6）随着地震强度的增大，混合结构顶层的位移反应逐渐增大，相对位移包络图显示模型在两个主轴方向上的变形呈现出弯剪型特征。输入的三条地震波中，天津波引起的顶层位移反应最大，El Centro 波次之，Taft 波的位移反应最小。圆钢管混凝土模型结构的层间位移角稍大于方钢管混凝土模型结构；天津波作用下模型结构的层间位移角最大，El Centro 波次之，Taft 波最小。在峰值加速度 0.6g 级别地震作用下，两个模型层间位移角总体上小于 1/100。

7）从两个模型结构振动台试验的地震反应及结构破坏形态来看，组成混合结构体系的各结构构件之间能协同互补，共同工作，使得混合结构体系表现出良好的抗震性能。

8）本章建立了钢管混凝土框架 - 钢筋混凝土核心筒结构体系的有限元分析模型。利用此模型进行了两个混合结构模型的抗震计算，并比较了理论计算结果和振动台试验实测结果，所得初步结论可供混合结构体系的受力分析参考。

参 考 文 献

福建省建设厅，2003. 钢管混凝土结构技术规程：DBJ13-51—2003［S］. 福州：福建省建设厅.
福建省住房和城乡建设厅，2010. 钢管混凝土结构技术规程：DBJ/T13-51—2010［S］. 福州：福建省住房和城乡建设厅.
韩林海，2007. 钢管混凝土结构：理论与实践［M］. 2 版. 北京：科学出版社.
韩林海，2016. 钢管混凝土结构：理论与实践［M］. 3 版. 北京：科学出版社.
韩林海，李威，杨有福，2007. 钢管混凝土框架 - 钢筋混凝土核心筒混合结构抗震性能研究［R］. 北京：清华大学土木工程系防灾减灾工程研究所，北京.
李德葆，陆秋海，2001. 实验模态分析及其应用［M］. 北京：科学出版社.
刘晶波，杜修力，2005. 结构动力学［M］. 北京：机械工业出版社.
邱法维，钱稼茹，陈志鹏，2000. 结构抗震实验方法［M］. 北京：科学出版社.
中华人民共和国建设部，2002. 混凝土结构设计规范：GB 50010—2002［S］. 北京：中国建筑工业出版社.
中华人民共和国住房和城乡建设部，2010. 高层建筑混凝土结构技术规程：JGJ 3—2010［S］. 北京：中国建筑工业出版社.
中华人民共和国住房和城乡建设部，2015. 混凝土结构设计规范：GB 50010—2010（2015 年版）［S］. 北京：中国建筑工业出版社.
ACI COMMITTEE 318-05，2005. Building code requirements for structural concrete and commentary［S］. Detroit：American Concrete Institute.
ACI COMMITTEE 318-14，2014. Building Code Requirements for Structural Concrete and Commentary［S］. Detroit：American Concrete Institute.
AIJ，1997. Recommendations for design and construction of concrete filled steel tubular structures［S］. Tokyo：Architectural Institute of Japan（AIJ）.
AIJ，2008. Recommendations for design and construction of concrete filled steel tubular structures［S］. Tokyo：Architectural Institute of Japan（AIJ）.
ANSI/AISC 360-05，2005. Specification for Structural Steel Buildings［S］. Chicago：American Institute of Steel

Construction, Inc.

ANSI/AISC 360-10, 2010. Specification for structural steel buildings [S]. Chicago: American Institute of Steel Construction, Inc.

ANSYS, 2004. ANSYS release 9.0 documentation [S]. ANSYS Inc.,USA.

ASCE/SEI 7-05, 2006. Minimum design loads for buildings and other structures [S]. Virginia: American Society of Civil Engineers.

BS 5400, 2005. Part 5: Concrete and composite bridges [S]. London: British Standards Institutions.

EUROCODE 4, 2004. Design of steel and concrete structures [S]. Brussels (Belgium): European Committee for Standardization.

HAN L H, LI W, YANG Y F, 2009. Seismic behaviour of concrete-filled steel tubular frame to RC shear wall high-rise mixed structures [J]. Journal of Constructional Steel Research (Articles in Press).

LI W, HAN L H, YANG Y F, 2007. Seismic behaviour of concrete-filled steel tubular frame to shearing wall high-rise mixed structures [C]//Proceedings of the 9th International Conference on Steel, Space and Composite Structures, Yantai and Beijing: 27-34.

NZS3101, 2006. Concrete structure standard [S]. New Zealand.

第10章 桁式钢管混凝土结构的力学性能

10.1 引　言

众所周知，管桁架因其高效的传力机制和良好的经济效益及建筑效果，在海洋工程、桥梁工程和建筑结构中得到广泛应用（Packer 等，1997；Wardenier，2001）。若考虑在管桁架的上下弦管内灌注混凝土，则形成桁式钢管混凝土结构，其弦杆和腹杆多采用相贯焊接节点。

桁式钢管混凝土结构（图1.8）与相应的空钢管结构相比，其特点在于：①承载力高，刚度大，抗挠曲和抗扭转变形能力强；②稳定问题得到缓解，同时由于钢管对混凝土的约束作用，改善了混凝土的塑性和韧性性能，有利于提高桁架的跨越能力；③受压弦杆对初始缺陷和残余应力的敏感性因核心混凝土的存在而降低；④相同截面条件下，可减小钢管的厚度，节约钢材，经济效益好；⑤提高结构的耐火极限，改善防火问题。此外，该类结构施工时不需要支架和模板，因而施工快速方便且造价经济，故在大跨结构的施工中具有显著优势。总之，桁式钢管混凝土结构因其受力合理、整体性强、承载力高、空间刚度大、抗变形能力强、稳定性能好、经济美观和便于防火等特点而显示出良好的综合性能。从20世纪80年代末开始，桁式钢管混凝土结构在我国公路和城市桥梁中得到应用。

在桁式钢管混凝土整体结构力学性能方面，国内外也有研究者开展了相关研究工作，如周绪红等（2004）、蔡健等（2009）、齐育红等（2008）、郑宏和周春利（2007）、Machacek 等（2009）。目前对于桁式钢管混凝土结构抗弯力学性能的试验研究较少，且主要集中于二肢和四肢情况。试验和有限元分析结果均显示，桁式钢管混凝土结构的刚度和承载力较相应的空钢管桁架得到增强，并具有优越的抗震性能，同时节点的局部屈曲破坏得到抑制，具有较好的力学性能。《矩形钢管混凝土结构技术规程》（CECS159：2004）给出了桁式钢管混凝土结构的设计方法；此外，四川省交通厅公路规划勘察设计研究院制定的《公路钢管混凝土桥梁设计与施工指南》（2008）也有相关设计方法。

然而，目前桁式钢管混凝土结构抗弯性能的试验研究多集中于二肢桁架和四肢桁架，理论研究方面则多针对矩形截面，对圆形截面桁式钢管混凝土结构多集中于纵向力作用下的轴压性能和压弯性能（格构柱）的研究，而对其抗弯力学性能的研究较少，有待于深入进行。此外，在实际工程中桁架上弦尚可能存在混凝土板，有必要对混凝土板与上弦的组合作用进行研究。以往针对桁式钢管混凝土结构的研究和工程应用多只考虑受压弦杆采用钢管混凝土，而受拉弦杆则使用槽钢或者空钢管。近年在干海子大桥、南海紫洞大桥、秭归向家坝大桥等实际工程中开始采用所有弦杆均为圆钢管混凝土的三肢桁架，因而有必要开展相应研究。

本章进行三肢圆形桁式钢管混凝土结构抗弯承载能力的试验，研究剪跨比、是否带混凝土板、弦腹杆夹角等参数对桁架破坏形态、抗弯承载力及抗弯刚度的影响规律。通过有限元模型深入研究了组成桁架的各杆件在受力过程中的应力应变分布和变化规律、桁式钢管混凝土结构抗弯破坏特征及传力路径。在对桁式钢管混凝土结构工作机理深入研究的基础上，提出桁架截面极限弯矩和抗弯刚度的实用计算方法。

10.2 桁式钢管混凝土结构抗弯性能试验研究

10.2.1 试验设计

（1）试件设计

本章从干海子大桥实际工程中简化抽象出桁式钢管混凝土结构的试验模型，如图 10.1（1）所示。为便于研究桁式钢管混凝土结构的力学性能，选取实际工程主梁的

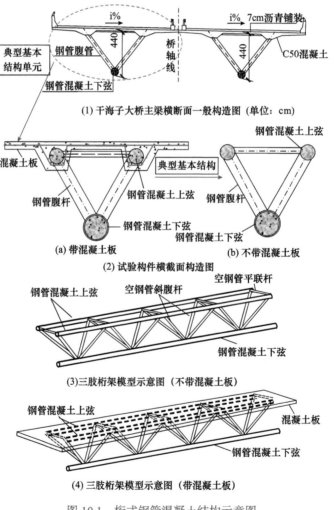

(1) 干海子大桥主梁横断面一般构造图（单位：cm）

(a) 带混凝土板　　　　　　(b) 不带混凝土板

(2) 试验构件横截面构造图

(3) 三肢桁架模型示意图（不带混凝土板）

(4) 三肢桁架模型示意图（带混凝土板）

图 10.1　桁式钢管混凝土结构示意图

半幅按照近似 1：6 的缩尺比例进行试验设计，如图 10.1（2）所示，以此为基本研究对象进行研究（何珊瑚，2012）。

具体而言，本章的研究对象为桁式钢管混凝土结构，所有杆件均为圆形钢管，弦杆内灌注混凝土；采用 K 形节点的 Warren 形式，三角形截面（三肢）；并按上弦带钢筋混凝土板与不带钢筋混凝土板分为两类桁架试件。

进行了共计 12 个三肢圆形截面桁架试件的抗弯力学性能试验研究，包括 2 个钢管桁架、6 个桁式钢管混凝土结构和 4 个上弦带混凝土板的桁式钢管混凝土结构。采用上弦带混凝土板与不带混凝土板、弦管为钢管混凝土与空钢管的桁架试件进行对比研究，分析其抗弯承载力、抗弯刚度、破坏形态及应力应变的发展，以期深入研究桁式钢管混凝土结构的抗弯力学性能。试验参数包括：腹杆与弦杆夹角、加载点位置、是否带混凝土板、弦管是否灌注混凝土、下弦钢管尺寸等。

图 10.2 所示为试件的外形尺寸和构造，试件长度均为 5000mm（计算跨度为 4800mm）。上弦均采用○−89mm×2.95mm 圆管，下弦分别采用○−140mm×3.94mm

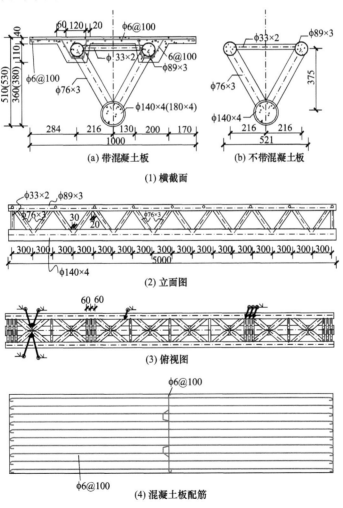

图 10.2　试件设计尺寸构造图（尺寸单位：mm）

和○−180mm×3.55mm 的两种类型圆管，斜腹杆均为○−76mm×3.00mm，平联杆为○−33mm×2.69mm。所有不带楼板的桁式钢管混凝土结构和空钢管桁架均采用图 10.2（1，b）的横截面构造，而 T8b 系列的带混凝土板桁式钢管混凝土结构的横截面如图 10.2（1，a）所示。桁架的立面图与俯视图分别如图 10.2（2）和（3）所示。混凝土板厚度 40mm，配置一层钢筋网片，构造钢筋如图 10.2（4）所示。试件详细设计信息见表 10.1。

表 10.1 桁式钢管混凝土结构试件尺寸表

序号	试件编号	弦管类型	截面高度 h/mm	截面宽度 b/mm	下弦钢管 $D \times t$/(mm×mm)	上弦外包混凝土板厚 t_s/mm	弦杆与腹杆夹角 θ/(°)	加载点位置
1	T8	CFST	485	512	140×4	无	60	1/4L
2	T8-s	CFST	485	512	140×4	无	60	1/8L
3	T6	CFST	485	512	140×4	无	45	1/4L
4	T8h	HS	485	512	140×4	无	60	1/4L
5	T8b	CFST	510	1 000	140×4	40	60	1/4L
6	T8b-180	CFST	530	1 000	180×4	40	60	1/4L

表 10.1 中试件编号的首字母 T 代表 truss；第二个数字代表节间数——"8"表示 8 个节间（其腹杆与弦杆的夹角为 60°），"6"表示 6 个节间（其腹杆与弦杆的夹角为 45°）；第三个字母代表不同组别——"h"表示空钢管桁架，"b"表示带混凝土板 slab 的桁架，其他为桁式钢管混凝土结构；T8-s 与 T8 的区别在于：T8-s 的加载点在 1/8 跨度两点对称加载，其剪跨区长度为 600mm，而 T8 加载点位于 1/4 跨度，两点对称加载，其剪跨区长度为 1200mm；T8b 与 T8b-180 的区别在于下弦尺寸从 φ140×4 变为 φ180×4。此外，为确保试验结果的可靠性，每组制作 2 个完全相同的试件，在试件编号的末尾加以 1 和 2 区别。

（2）材料性能

桁架弦杆和腹杆均采用直缝焊管制成。试验用到的钢管包括 φ89×3、φ140×4、φ76×3、φ180×4 和 φ33×2，另有 φ6 钢筋，分别按要求取样，所有钢材的力学性能指标见表 10.2。

表 10.2 钢材材性指标汇总

钢材类型	外直径 D/mm	壁厚 t/mm	屈服强度 f_y/MPa	极限强度 f_u/MPa	弹性模量 E_s/(N/mm^2)	泊松比 μ_s
φ180 钢管	180.0	3.65	247	363	1.94×10^5	0.309
φ140 钢管	140.0	3.94	316	454	2.14×10^5	0.283
φ89 钢管	88.1	2.95	324	445	1.92×10^5	0.289
φ76 钢管	75.9	3.00	360	446	2.15×10^5	0.294
φ33 钢管	33.0	2.69	325	461	2.02×10^5	0.302
φ6.5 钢筋	6.4	—	290	361	1.96×10^5	—

钢管内浇筑自密实混凝土，配合比为：混凝土水胶比采用 0.3，砂率采用 0.5，减水剂掺量为 1.1%；水 165kg/m^3，水泥 380kg/m^3，粉煤灰 170kg/m^3，砂 840kg/m^3，石 840kg/m^3。混凝土板采用普通混凝土浇筑，配合比为混凝土水胶比采用 0.41，砂率采用

0.475，减水剂掺量为 1.1%；水 205kg/m³，水泥 300kg/m³，粉煤灰 200kg/m³，砂 805kg/m³，石 890kg/m³。采用原材料为：高性能减水剂；普通自来水；强度等级为 42.5 的普通硅酸盐水泥；Ⅱ级粉煤灰；中砂；石灰岩碎石，石子筛选粒径，确保最大粒径 15mm。

　　管内自密实混凝土和混凝土板内普通混凝土的坍落度分别为 251mm 和 240mm，坍落流动度分别为 623mm 和 610mm。

　　两种类型的混凝土立方体抗压强度和弹性模量分别由同条件下成型养护的立方体试块和棱柱体试块测得。混凝土板内普通混凝土及弦杆内自密实混凝土立方体试块 28 天时的抗压强度分别为 35.9MPa 和 65.6MPa，试验时的抗压强度分别为 37.4MPa 和 69.9MPa；两者弹性模量分别为 31 300N/mm² 和 36 400N/mm²。

　　（3）试验装置

　　桁架试件的受弯试验在 3000kN 反力架上进行，采用 500t 千斤顶加载，试验装置如图 10.3 所示。

图 10.3　桁架试验装置图

　　本试验采用沿试件跨度四分点对称施加竖向荷载方式测试桁架的抗弯力学性能，通过 600mm×900mm×4000mm 的箱型钢梁将 500t 传感器的力传递到试件的四分点上。在桁架上弦两肢钢管的左右两侧均设置了侧向支撑装置防止桁架发生面外失稳。

　　（4）加载制度

　　在桁架试验之前先采用 10.3 节所述的有限元模型进行试件受弯全过程的模拟，以获得本桁架试件的极限竖向荷载，然后采用该计算极限荷载值的 10%（对于带混凝土板的桁架为不超过计算极限荷载的 5%），在桁架试件正式加载前先对其进行预加载，加到预定值后持荷 2～3min，然后卸载。

　　正式加载时采用力控制连续加载的方式，加载速度为 1～2kN/s，当钢管压区纤维达到屈服点后，加载速度控制在 1kN/s 以内。接近预计极限荷载或者出现破坏症状时慢速连续加载。同时采用 IMP 数据采集系统自动连续记录各级荷载所对应的变形值，试验过程中注意观察裂缝开展、跨中挠度变化以及下弦钢管跨中位置的纵向应变发展情况。当加载到试件接近破坏时，若达到下列条件之一时即停止加载并卸载至荷载为零，即：①下弦钢管纵向应变达到 40 000με；②跨中挠度达到 150mm（$u_m/L=1/32$，其中 u_m 为跨中挠度，L 为桁架的计算跨度）；③杆件严重屈曲或节点焊缝完全撕裂，导致承载力急剧下降；④对于带混凝土板的桁架梁，板底裂缝宽度超过 5mm。

（5）量测内容及测点布置

桁架试验中位移计和应变片的布置如图 10.4 所示。

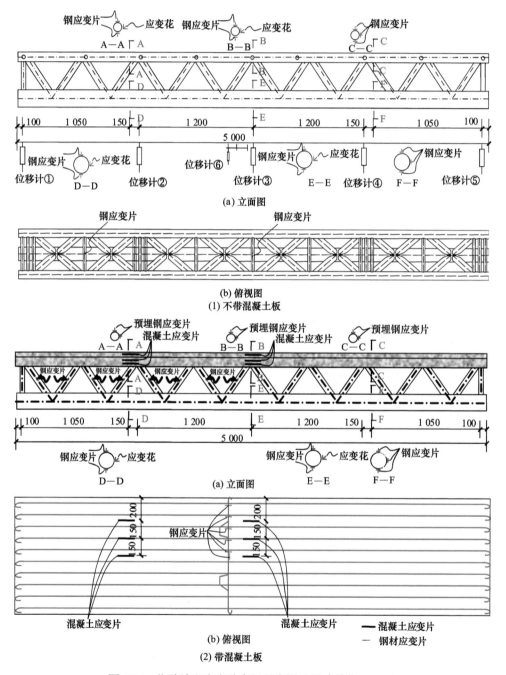

图 10.4　位移计和应变片布置示意图（尺寸单位：mm）

本试验的主要量测内容和量测方式为：竖向荷载由 500t 千斤顶的力传感器测得；桁架的跨中曲率由布置在下弦跨中的量程为 100mm 的位移传感器（位移计⑥）测量；桁架的挠曲变形由沿桁架纵向四分点及跨中布置的 3 个位移计测得的竖向挠度确定（如图 10.4 中位移计②、③、④所示，最大量程均为 200mm）；同时在下弦的支座处加设两个测点（位移计①、⑤，量程为 50mm）以量测支座沉降；钢管、钢筋及混凝土应变由布置在剪跨段及跨中的相应应变片测得；带混凝土板桁架的混凝土裂缝宽度由裂缝显微镜量测。

如图 10.4 所示，弦杆和腹杆上的应变片具体设置如下。

1）上下弦：沿桁架跨度方向取 3 个截面（A—D，B—E，C—F）的上下弦分别设置应变片，每个截面按照每隔 90°设置纵向和环向应变片（在管截面的中心高度处仅在外侧设置，如 A—A 所示）。截面 C—F 与截面 A—D 位于桁架的弯剪段，距离加载截面 150mm，其上设置的应变片可验证桁架受力和变形发展的对称性。截面 B—E 位于桁架跨中。

2）斜腹杆：在跨中截面一侧的 8 根腹杆中部沿纵向各布置应变片一枚，以量测腹杆的纵向应变。

3）平联杆：跨中和剪跨区 2 根平联杆上共设置 2 片应变片，以量测其纵向应变。

对于 T8b 构件的混凝土应变片及内部预埋的钢筋应变片其具体布置方式如下：在混凝土板的跨中、加载点的上表面各布置混凝土应变片 3 片，侧面相应位置处共布置 6 片，如图 10.4（2）所示；在跨中横截面沿纵向中和轴位置的一侧的纵筋上布置应变片 5 片，箍筋上 1 片，总计钢筋应变片 6 片。以上测点数据均由 IMP 数据采集系统进行采集。

10.2.2　试验结果及分析

整个试验过程控制良好。通过对本次钢管桁架试件、桁式钢管混凝土结构试件（不带混凝土板）及上弦带混凝土板的桁式钢管混凝土结构试件试验全过程的观测，发现除了剪跨比较小的桁架试件（T8-s）弯剪段发生破坏、空钢管桁架试件（T8h）弯剪段发生节点局部破坏之外（由停机条件 3 控制停机），其余所有试件（由停机条件 2 控制停机）均表现出较好的承载能力和延性。

（1）破坏模态

从试件的最终破坏形态可以发现，所有桁架试件大致可以分为两类破坏形态：一类为梁弯曲破坏，表现为试件整体发生较大挠曲，当跨中挠度达到 150mm 时试件依旧表现出优良的延性和整体性，节点完好无损，无局部破坏特征，如图 10.5（a）所示。图 10.6（a）所示为实测的钢管混凝土试件 T8-1 的挠度发展情况及和正弦半波曲线的对比，可见整个加载过程中二者基本吻合；另一类为弯剪段节点破坏，具体表现为除了发生整体挠曲外，随着荷载增加试件最终在剪跨区发生节点破坏，包括受拉节点出现焊缝撕裂或者弦杆撕裂以及受压节点区域弦杆屈曲等，该类破坏形态的典型试件如图 10.5（b）所示。试件的延性和整体变形能力较弱，承载力达到极限时跨中挠度均不足 150mm。

(a) 整体挠曲破坏 (T8-2)

(b) 弯剪区节点局部破坏 (T8-s-1)

图 10.5　试验中两类典型的破坏形态

　　图 10.6（b）所示为试件 T8-s-1 沿弦杆纵向四分点实测挠度的发展情况，图中同时绘出了正弦半波曲线。可见，试件跨中挠度总体较小，由于其主要发生弯剪破坏，变形主要集中在弯剪段，试件整体挠曲变形与正弦半波曲线不甚符合。尤其当发生节点焊缝撕裂、弦管撕裂等局部破坏现象后，此处产生较大的局部挠曲变形，甚至超过跨

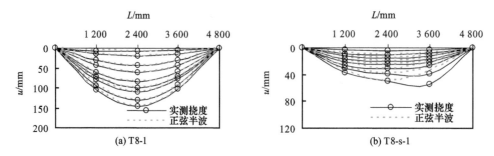

图 10.6　典型构件沿纵向的挠度分布

中的挠度，试件变形曲线已完全不再符合正弦半波曲线。

（2）荷载 - 跨中挠度曲线

图 10.7 所示为所有试件的荷载（P）- 跨中挠度（u_{m}）关系曲线。图中向上箭头表示试验过程中构件出现受压节点区钢管屈曲或者受压弦管屈曲，向下箭头表示受拉节点区钢管焊缝撕裂。当节点区域出现屈曲或节点焊缝撕裂，桁架承载力下降，随着裂缝的进一步扩展，承载力迅速降低，随即进行卸载。图 10.8 比较了所有试件的极限承载力。

对比试件 T8 与试件 T8h 可以发现，弦管内灌注混凝土之后，桁架的承载力和刚度均有较明显提高。如图 10.7（a）和图 10.8 所示，试件 T8 极限承载力提高了 30%～35%。

对比试件 T8 与试件 T6 可以发现，在同时发生整体弯曲破坏情况下，弦腹杆夹角从 60°减小到 45°后，对其整体承载力和刚度影响较小，如图 10.7（b）和图 10.8 所示。

对比试件 T8 与试件 T8-s 可以发现，相同条件的桁式钢管混凝土结构，当剪跨比变小之后，其承载力有明显的提高。如图 10.7（c）和图 10.8 所示，试件 T8-s 极限承载力提高了约 1/3，但同时延性变得较差，节点受拉区域出现严重的焊缝撕裂或弦管撕裂。可以认为，剪跨比是影响构件破坏形态的重要因素。

对比试件 T8 与试件 T8b 及试件 T8b-180 可以发现，当桁式钢管混凝土结构上弦包裹钢筋混凝土板形成带楼板的桁架梁之后，其整体抗弯刚度有较明显的提高，如

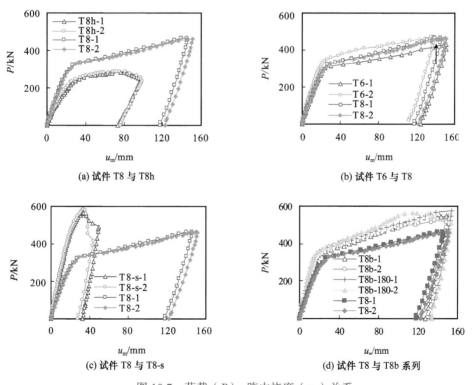

(a) 试件 T8 与 T8h　　　　　　　　(b) 试件 T6 与 T8

(c) 试件 T8 与 T8-s　　　　　　　　(d) 试件 T8 与 T8b 系列

图 10.7　荷载（P）- 跨中挠度（u_{m}）关系

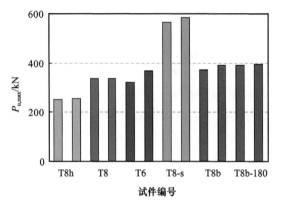

图 10.8　桁架试件极限承载力（$P_{u,max}$）

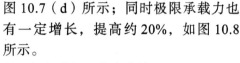

图 10.7（d）所示；同时极限承载力也有一定增长，提高约 20%，如图 10.8 所示。

（3）弯矩 - 曲率曲线

图 10.9 所示为桁架跨中弯矩（M）- 曲率（ϕ）关系曲线。可见，各参数对 M-ϕ 曲线与荷载 - 位移关系曲线的影响规律基本相似。对于发生整体弯曲破坏的桁架，其跨中曲率发展较为充分，而对于发生弯剪段节点局部破坏的桁架，其跨中曲率较小。

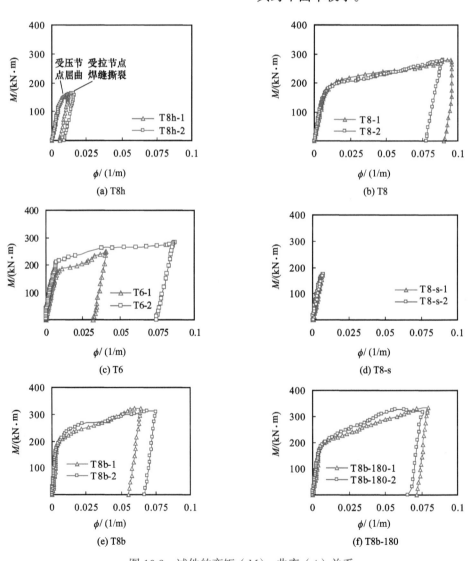

图 10.9　试件的弯矩（M）- 曲率（ϕ）关系

总体而言，空钢管桁架、桁式钢管混凝土结构、带混凝土板的桁式钢管混凝土结构的整体抗弯刚度依次增大。加载初期各试件的刚度最大，曲率变化较小。当下弦受拉钢管跨中区域屈服之后，曲率增长迅速，变化较为明显，卸载之后曲率稍有减小，表明试件挠曲变形有一定的恢复。

（4）跨中截面的荷载 - 应变曲线

1）下弦的下表面。

图 10.10 所示为桁架试件的荷载（P）与下弦管位于跨中截面下表面的纵、横向应变（ε）关系（拉应变最大的区域）。图中负值为压应变，正值为拉应变。图中对下弦钢管的屈服应变（$\varepsilon_y = 2035\mu\varepsilon$）进行了标识。

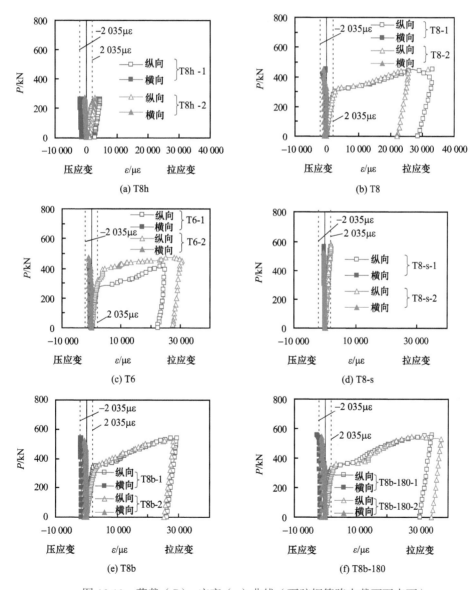

图 10.10　荷载（P）- 应变（ε）曲线（下弦钢管跨中截面下表面）

由图 10.10 可见，整个加载过程中，弦管的纵向应变数值总体上大于横向应变。总体而言，图 10.10 反映的桁架下弦跨中截面应变发展规律基本与弯矩 - 曲率关系的规律一致。由于试件 T8h 和试件 T8-s 发生局部节点破坏，跨中截面挠曲变形发展不充分，从而使得下弦钢管的纵向应变得不到充分发展。而发生整体挠曲破坏的其他试件，跨中截面产生较大塑性变形，下弦纵向应变得到充分发展。所有试件的下弦钢管纵向极限应变对比情况如图 10.11 所示。

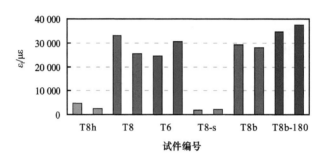

图 10.11　桁架试件下弦钢管纵向极限拉应变（ε_1）对比

2）上弦的上表面。

图 10.12 所示为桁架试件的荷载（P）与上弦管位于跨中截面上表面的纵、横向应变（ε）关系（压应变最大的区域）。图中对上弦钢管的屈服应变（$\varepsilon_y=1967\mu\varepsilon$）进行了

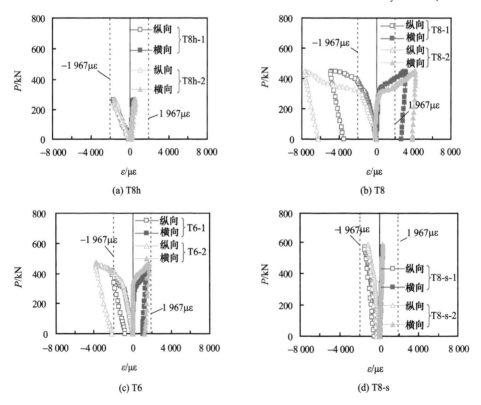

图 10.12　荷载（P）- 应变（ε）曲线（上弦钢管跨中截面上表面）

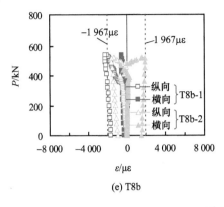
(e) T8b

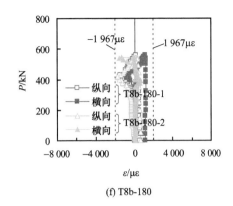
(f) T8b-180

图 10.12 （续）

标识。图中负值表示压应变，正值表示拉应变。

与图 10.10 所显示的下弦钢管应变纵向受拉、横向受压的状态正好相反，图 10.12 显示上弦钢管处于纵向受压、横向受拉的状态。两者的应变状态显示上下弦杆符合桁架在纯弯状态下整体呈现上压、下拉的受力状态。就应变值总体而言，桁架上弦压应变远小于下弦受拉应变。

图 10.13 所示为所有试件上弦跨中截面的纵向极限压应变。图 10.13 与图 10.11 反映出类似的规律：试件 T8h 和试件 T8-s 由于发生局部节点破坏，跨中截面上弦的压应变得不到充分发展，基本处于弹性段，远小于发生整体挠曲破坏的其他试件的压应变。

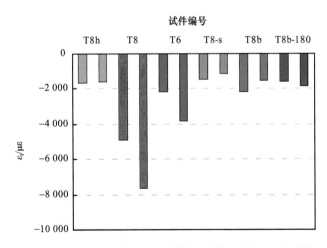

图 10.13 桁架试件上弦钢管纵向极限压应变（ε_1）对比

图 10.13 显示带混凝土板的 4 个试件的上弦极限压应变也较小，发展不充分。这是由于上弦混凝土板的存在，桁架截面的中和轴不断上移造成。研究图 10.12（e）和（f）可以发现，对于带混凝土板的桁架试件，其跨中截面的上弦压应变在加载后期有向受拉发展的趋势，说明中和轴在不断上移，上弦钢管混凝土由初始的完全受压状态逐渐向部分受压、部分受拉状态转变。

（5）钢筋混凝土板裂缝发展

试验加载过程中，对带混凝土板的4个试件（T8b-1、T8b-2和T8b-180-1、T8b-180-2）的裂缝分布及发展情况进行了观测，发现裂缝的产生及发展规律基本一致。所有试件的混凝土板底在纯弯段和弯剪段均出现了裂缝：其中在试件支座与分配梁支座之间的弯剪段出现了2~3条斜裂缝，方向基本沿构件支座与加载点的连线；在两个加载点间的纯弯段出现多条竖向裂缝。典型试件T8b-180-2的跨中混凝土裂缝发展过程及分布情况分别如图10.14和图10.15所示。

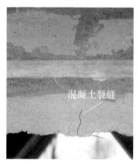  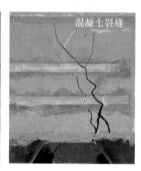

(a) 跨中出现首条裂缝   (b) 跨中裂缝发展   (c) 裂缝最终状态

图 10.14 试件 T8b-180-2 跨中裂缝发展过程照片

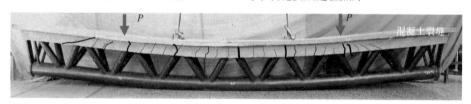

图 10.15 试件 T8b-180-2 的最终混凝土裂缝分布情况

对试件开裂后不同荷载等级下裂缝宽度、深度及条数等进行了观测。仍以典型试件T8b-180-2为例，开裂后不同荷载等级下裂缝分布观测数据见表10.3。可见，随着荷载的增加，裂缝宽度、深度及条数均持续增长，上弦钢管的下表面屈服前，裂缝宽度较小，钢管屈服后，裂缝宽度增长较快，且随着挠度增长裂缝宽度一直增加，而裂缝深度及条数在加载后期几乎不再变化。

表 10.3 加载过程中的裂缝变化情况

$P/P_{u,\,max}$	跨中裂缝宽度 /mm	跨中裂缝深度 /mm	裂缝最大宽度 /mm	裂缝最大深度 /mm	受弯区裂缝条数
0.365	0	0	0.05	28	1
0.475	0.02	25	0.08	38	3
0.546	0.03	28	0.13	79	5
0.621	0.05	35	0.37	80	8
0.748	0.28	81	0.42	81	20
0.833	0.35	82	0.51	82	23

$P/P_{u,max}$	跨中裂缝宽度 /mm	跨中裂缝深度 /mm	裂缝最大宽度 /mm	裂缝最大深度 /mm	受弯区裂缝条数
0.851	0.54	83	0.63	83	26
0.887	0.87	110	0.78	110	27
1.0	2.01	110	2.01	110	27

（6）腹杆应变

图 10.16 所示为试件的荷载（P）与斜腹杆纵向应变（ε）关系，拉应变为正，压应变为负。斜腹杆的屈服应变 ε_y 为 2041με。每种类型桁架各选取一个典型试件，每根斜腹杆选取杆件中部作为量测点，图中腹杆编号依次从支座顺次按 1-8 排至跨中［即 1 号杆紧挨支座，8 号杆位于跨中，如图 10.16（a）所示］。

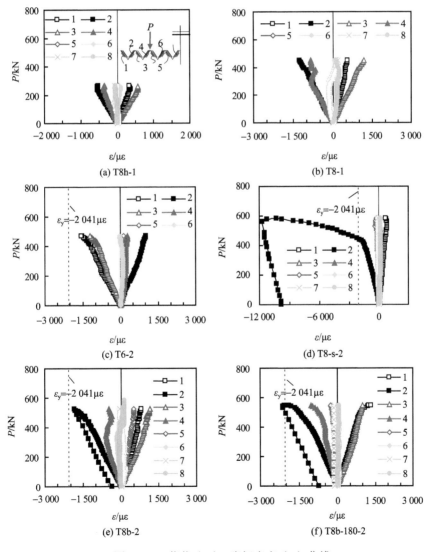

图 10.16　荷载（P）- 腹杆应变（ε）曲线

从图中可见，空钢管桁架（T8h）和 4 分点对称加载的桁式钢管混凝土结构（T8，T6）的腹杆在整个加载过程中均处于弹性阶段。而 8 分点对称加载的钢管混凝土（T8-s）位于剪跨段内加载点附近的 2 号受压腹杆发展较大塑性，同样带混凝土板的桁式钢管混凝土结构部分位于剪跨段内的受压腹杆在受荷过程中也进入塑性区。

整个加载过程中，处于弯剪段的斜腹杆纵向应变数值明显大于纯弯段的纵向应变，而纯弯段的斜腹杆基本处于零应力状态，说明跨中纯弯段的腹杆基本无剪力传递。以试件 T8h-1 为例，如图 10.16（a）所示，腹杆 1 和 3 应变为正，处于受拉状态，为拉杆，而腹杆 2 和 4 应变为负，为压杆。试件的剪力传递路径明晰。

对比图 10.16（a）和（b）可见，相比空钢管桁架，桁式钢管混凝土结构中位于纯弯段的腹杆 5-8 应变水平相对较高，说明桁式钢管混凝土结构纯弯段的腹杆并非完全不受力，但总体上纯弯段的腹杆应力处于一个较低的水平。

对比图 10.16（b）和（c）可知，与试件 T8 相比，试件 T6 的纯弯段腹杆应变值更小。这是由于弦腹杆之间角度不同造成，说明弦腹杆夹角会影响剪力传递。

对比图 10.16（b）和（e）、（f）可以发现，相比桁式钢管混凝土结构试件 T8，带混凝土板桁式钢管混凝土结构中的腹杆应变发展更为充分，位于纯弯段的腹杆 5～8 也有较大的应变发展，说明上弦钢筋混凝土板的存在改变了剪力的传递。

（7）混凝土应变

带混凝土板桁式钢管混凝土结构试件的混凝土应变片布置及编号如图 10.4 所示。

图 10.17 和图 10.18 分别为带混凝土板典型试件 T8b-1 和试件 T8b-180-1 在加载过程中荷载（P）与混凝土应变（ε）的关系曲线，两者的混凝土应变发展规律基本相同。从图中可知，跨中混凝土应变值大于加载点附近的混凝土应变值。这是因为弯矩值在纯弯段大于弯剪段，因而其应变发展更充分。加载初期，混凝土应变值均为负值，说明混凝土板整体受压，而加载后期，位于混凝土板侧面靠近混凝土板底部的应变值逐渐开始向受拉转变，说明随着荷载值的不断增大，桁架试件的中和轴不断上移，逐渐进入混凝土板。

试件 T8b-2 和试件 T8b-180-2 的荷载（P）- 混凝土应变（ε）关系二者显示的规律基本一致，此处不再赘述。

（8）受力全过程

1）整体挠曲破坏。

如图 10.5（a）所示，试件 T8、试件 T6 和上弦带混凝土板的试件 T8b、试件 T8b-180 均发生整体挠曲破坏。其受荷全过程可以分为以下几个阶段。

① 弹性段。这个阶段桁架试件的荷载 - 位移关系基本呈线性，整体挠度较小。弹性段结束时，桁架跨中挠度约为桁架计算跨度的 1/400。

② 弹塑性段。当加载至 $0.4P_{u,max}$ 左右时，桁架试件的荷载 - 位移关系进入弹塑性阶段，不再呈现线性关系。随着荷载的增大，桁架整体变形不断发展，下弦受拉钢管逐渐屈服，但总体而言试件跨中挠度仍不太大。弹塑性段结束时，上下拉压弦杆均进入屈服，桁架跨中挠度约为桁架计算跨度的 1/170。

③ 塑性段。当加载至 $0.7P_{u,max}$ 左右时，桁架试件的荷载 - 位移关系进入塑性段，随着荷载的增大，桁架变形迅速发展，整体挠度不断增大。最终卸载时，桁架跨中挠度已

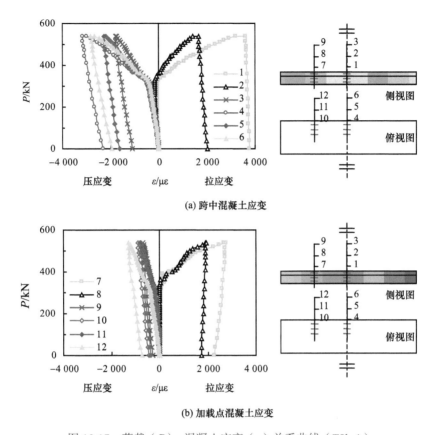

(a) 跨中混凝土应变

(b) 加载点混凝土应变

图 10.17　荷载（P）-混凝土应变（ε）关系曲线（T8b-1）

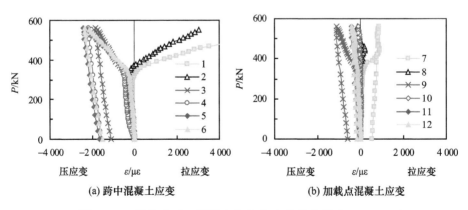

(a) 跨中混凝土应变　　　　　　　　　　　(b) 加载点混凝土应变

图 10.18　荷载（P）-混凝土应变（ε）关系曲线（T8b-180-1）

达到桁架计算跨度的 1/32。

④ 卸载段。当试件跨中挠度达到 150mm 时，进行卸载直至荷载降为零。桁架试件的卸载刚度与加载弹性段的初始刚度接近。

2）弯剪段节点破坏。

试件 T8-s 和空钢管桁架试件 T8h 发生弯剪段节点破坏，其破坏形态如图 10.5（b）

所示。该类桁架破坏过程可以分为以下几个阶段。

① 弹性段。这个阶段桁架试件的荷载 - 位移关系基本呈线性，整体挠度较小。弹性段结束时，桁架跨中挠度基本为桁架计算跨度的 1/480。

② 弹塑性段。当加载至 $0.44P_{u,max}$ 左右时，桁架试件的荷载 - 位移关系进入弹塑性段，不再呈现线性关系。随着荷载的增大，桁架整体变形不断发展，下弦受拉钢管逐渐屈服，但总体而言试件跨中最大挠度仍不太大。弹塑性段结束时，桁架最大的跨中挠度约为桁架计算跨度的 1/140。

③ 破坏段。达到峰值荷载后，桁架试件的荷载 - 位移关系进入破坏段，承载力开始下降，下降程度与焊缝开裂程度及受压节点弦杆屈曲程度有关。随着焊缝裂缝不断扩展及弦杆屈曲的不断深入，桁架发生局部破坏区域的变形迅速发展，而跨中挠度几乎不再增加。最终卸载时，桁架最大跨中挠度仅约为桁架计算跨度的 1/100。

④ 卸载段。当试件发生破坏后承载力下降过快，遂进行卸载直至荷载降为零。桁架试件卸载刚度与加载弹性段的初始刚度基本接近。

3）混凝土对破坏形态的影响。

对于空钢管桁架，其破坏特征主要表现为弯剪段的受拉节点焊缝撕裂以及受压节点区域的弦杆屈曲。与相同条件下的空钢管桁架相比，弦杆内灌注混凝土之后，桁架在受弯变形过程中表现出优良的延性，构件由局部节点破坏转变为整体弯曲破坏，整体抗弯承载力、刚度和延性均得到较大提高。最终表现为整体挠度过大的弯曲破坏。

上弦带钢筋混凝土板的桁式钢管混凝土结构在试验过程中也表现出良好的延性。相比不带混凝土板的桁式钢管混凝土结构，上弦设置钢筋混凝土板之后，桁架整体刚度和承载力均有明显提高，承载力提高 16%～20%。

（9）截面应变分析

图 10.19～图 10.23 所示为桁架试件在各级荷载下跨中截面钢管纵向应变沿截面高度的分布情况，每种类型桁架各取一个典型试件进行分析。图中对钢管的屈服应变进

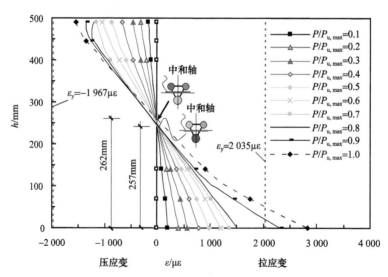

图 10.19　各级荷载下的跨中截面的钢管纵向应变沿截面高度的分布（T8h-2）

行了标识，上弦钢管的屈服应变 ε_y 为 1967$\mu\varepsilon$，下弦钢管的屈服应变 ε_y 为 2035$\mu\varepsilon$。图中正值表示拉应变，负值表示压应变。

图 10.19 显示空钢管桁架试件 T8h-2 钢管纵向应变沿截面高度的分布情况，可见跨中截面的应变值基本小于钢材屈服应变，而且加载过程中整个桁架上下弦管作为整体来看基本符合平截面假定。此外，图 10.19 还显示随着荷载的增长，中和轴略有上移。

图 10.20 显示桁式钢管混凝土结构试件 T8-1 在各级荷载下跨中截面钢管纵向应变沿截面高度的分布，可见当 $P/P_{u,\,max} \leqslant 70\%$ 时，跨中截面的纵向应变基本小于钢材屈服应变，将整个桁架的上下弦管作为整体来看基本符合平截面假定；当 $P/P_{u,\,max} > 70\%$ 时，跨中截面的纵向应变分布已不再符合平截面假定。

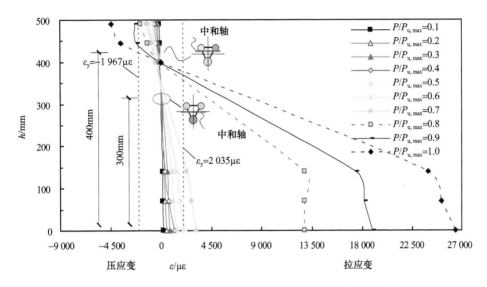

图 10.20　各级荷载下跨中截面的钢管纵向应变沿截面高度的分布（T8-1）

从图 10.20 还可看出，随着荷载的增长，桁架跨中截面的中和轴逐渐上移。如图 10.20 所示，当 $P/P_{u,\,max} = 0.1$ 时，中和轴距下弦杆下表面的高度为 300mm，当达到极限荷载（$P/P_{u,\,max} = 1$）时，中和轴高度达到 400mm，基本达到上弦管的下表面。

在各级荷载作用下，桁式钢管混凝土结构试件 T6-2 其跨中截面沿截面高度的应变分布情况与试件 T8-1 类似，如图 10.21 所示。

图 10.22 显示桁式钢管混凝土结构试件 T8-s-1 在各级荷载下跨中截面的钢管纵向应变沿截面高度的分布，可见跨中截面的应变值基本小于钢材屈服应变，而且加载过程中整个桁架上下弦管作为整体来看基本符合平截面假定。这与空钢管桁架的规律基本一致，原因在于两者均发生了弯剪段的局部节点破坏，而试件在跨中纯弯段的变形未能充分发展。从图 10.22 还可发现随着荷载的增长，桁架跨中截面的中和轴位置基本不变。

图 10.23 显示带混凝土板的桁式钢管混凝土结构试件 T8b-1 在各级荷载下跨中截面的钢管纵向应变沿截面高度的分布。可见，当 $P/P_{u,\,max} \leqslant 60\%$ 时，跨中截面的纵向应变均基本小于钢材屈服应变，截面总体符合平截面假定；当 $P/P_{u,\,max} > 60\%$ 时，跨中截面

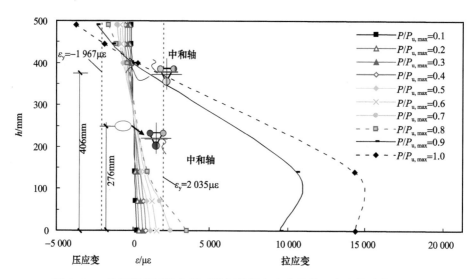

图 10.21　各级荷载下跨中截面的钢管纵向应变沿截面高度的分布（T6-2）

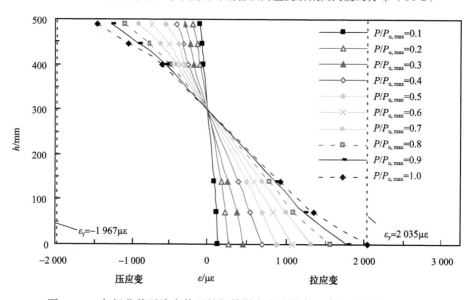

图 10.22　各级荷载下跨中截面的钢管纵向应变沿截面高度的分布（T8-s-1）

的纵向应变分布已不再符合平截面假定。

　　此外，图 10.23 还显示随着荷载的增长和挠曲变形的不断增大，桁架跨中截面的中和轴逐渐上移。如在加荷初期，当 $P/P_{u, max}$＝10% 时，中和轴距下弦杆下表面的高度为 327mm，当达到极限荷载（$P/P_{u, max}$＝100%）时，中和轴高度达到 400mm，基本达到上弦管的下表面。

　　上弦带混凝土板的桁式钢管混凝土结构试件 T8b-180 在各级荷载下跨中截面沿截面高度的应变分布与试件 T8b 类似，此处不再赘述。

　　（10）荷载 - 中和轴高度关系

　　图 10.24 所示为典型桁架试件的荷载（$P/P_{u, max}$）- 相对中和轴高度（ξ_n）关系。图

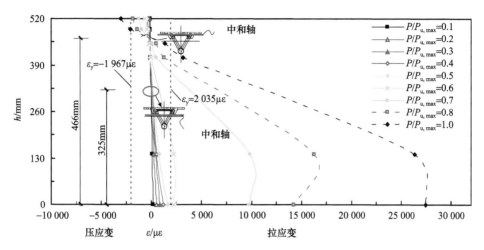

图 10.23 各级荷载下跨中截面的钢管纵向应变沿截面高度的分布（T8b-1）

中显示空钢管桁架试件 T8h-1 的中和轴基本位于截面中心略偏上位置（$\xi_n = x_n/h_0 \approx 0.45$，其中 x_n 为受压区高度，h_0 为截面高度）。

桁式钢管混凝土结构试件 T8-2 的中和轴在加载初期随荷载的增大而逐渐上移，当荷载值增加到极限荷载的 30% 左右（$P/P_{u, max} \approx 30\%$）时，中和轴稳定在 $0.32h_0$ 的位置直至荷载增加到极限荷载的 70% 左右（$P/P_{u, max} \approx 70\%$），此后中和轴又随着荷载的增大而逐渐上移，当荷载达到 80% 的极限荷载时，中和轴再次稳定在 $0.2h_0$ 的位置处。

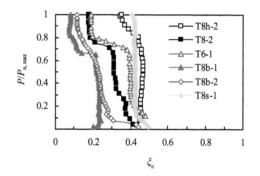

图 10.24 荷载（$P/P_{u, max}$）- 相对中和轴高度（ξ_n）关系

对比试件 T8h-1 和试件 T8-2 可以发现，在弦管内灌注混凝土，可以使下弦受拉钢管的纵向应变发展更为充分，中和轴较空钢管桁架有较大的上移。

桁式钢管混凝土结构试件 T8-s-1（剪跨比较小，发生弯剪破坏）的中和轴在加载初期随荷载的增大略有上移，当荷载值增加到极限荷载的 10% 左右（$P/P_u \approx 10\%$）时，中和轴迅速稳定在 $0.42h_0$ 的位置直至荷载增加到极限荷载，中和轴的位置不再发生变化。

对比试件 T8-s-1 和试件 T8-2 可以发现，发生弯剪破坏的桁式钢管混凝土结构，纯弯段的曲率变化很小，中和轴在曲率稳定之后也不再发生变化，下弦受拉钢管的纵向应变不再发展，造成桁架的跨中弯矩不能达到截面的极限弯矩，材料性能得不到充分发挥。

桁式钢管混凝土结构试件 T6-1 的荷载 - 中和轴关系发展趋势与试件 T8-2 基本一致，最终中和轴的稳定位置也一致，因而两者的极限荷载也差不多。

对比试件 T6-1 和试件 T8-2 可以发现，腹杆与弦杆夹角对纯弯段截面的中和轴位置影响不大，或者说腹杆与弦杆夹角在 45°~60°，对桁式钢管混凝土结构的截面极限弯矩影响不大。

上弦带混凝土板的桁式钢管混凝土结构试件 T8b-1 和试件 T8b-2 的荷载 - 中和轴关系发展趋势与试件 T8-2 也较为相似，但是整体而言，其中和轴位置更偏向上弦（达到极限荷载时，试件 T8b-1 和试件 T8b-2 的 ξ_n 均接近 0.1，而试件 T8-2 的 ξ_n 约为 0.2），从而使得虽然两者的下弦钢管混凝土完全相同，但带混凝土板的桁式钢管混凝土结构的极限荷载相比不带混凝土板的提高约 20%。

10.2.3　小结

通过 12 个桁式钢管混凝土结构的试验研究了不同参数条件下桁架试件的破坏形态、荷载 - 挠度关系和弦、腹杆的应变分布情况，分析了桁架截面的中和轴位置变化情况及平截面假定的适用性。得到以下结论。

1）空钢管桁架与桁式钢管混凝土结构的对比试验显示，在钢管桁架的上下弦杆内灌注混凝土后显著改善节点性能，节点强度和节点刚度得到大幅提高，从而改变了桁架的破坏形态。桁式钢管混凝土结构相比空钢管桁架抗弯承载力和抗弯刚度均明显提高，其整体抗弯承载力提高 30%~35%。

2）在本试验研究的参数范围内，桁式钢管混凝土结构试件出现整体挠曲破坏和弯剪段局部节点区域破坏的两种破坏形态。其主要影响参数为试件的剪跨比：当剪跨比较小时，桁式钢管混凝土结构的破坏形态为弯剪区节点破坏，属于局部破坏导致整体失效；当剪跨比较大时，破坏形态为跨中挠度过大，下弦拉杆塑性变形控制，结构发生整体挠曲过大导致的纯弯破坏。

3）腹杆与弦杆之间的夹角在合理设计范围内对桁架试件的整体承载力和刚度影响不明显，但对剪力传递路径和节点局部区域的应力、应变分布有一定影响。

4）带混凝土板的桁式钢管混凝土结构试件，其上弦钢管混凝土压杆与其连接的钢筋混凝土板能很好地协同工作，试件的极限承载力和整体抗弯刚度较不带混凝土板的桁式钢管混凝土结构均有明显提高，其中承载力提高约 20%；达到极限荷载时，其中和轴位置可以达到上弦受压钢管内部。

5）对于发生弯剪段局部破坏的试件，其跨中截面的平截面假定基本适用。对于发生整体挠曲破坏的试件，当 $P/P_{u,max} \leqslant 70\%$ 时，跨中截面的纵向应变基本位于弹性段内，应变分布基本符合平截面假定；而当 $P/P_{u,max} > 70\%$ 时，跨中截面的纵向应变分布已不再符合平截面假定。

10.3　桁式钢管混凝土结构抗弯性能有限元分析

10.3.1　有限元模型建立和验证

（1）有限元模型建立

建立了桁式钢管混凝土结构的有限元分析模型（Hou 和 Han 等，2017）。对于钢管内的核心混凝土，采用韩林海（2007，2016）中的模型，具体参见 2.5.2 节。对于钢筋混凝土板内的普通混凝土，采用《混凝土结构设计规范》（GB 50010—2010）（2010，2015）中推荐的模型。

对于混凝土板中的箍筋，假设在受荷过程中和混凝土完全黏结。对于纵筋，采用弹簧单元模拟其和混凝土之间的接触，每对节点用三个弹簧单元连接，以模拟二者在三个方向的接触性能，其中混凝土对钢筋的握裹和挤压作用采用法向和横向弹簧模拟，而钢筋与混凝土之间的黏结滑移采用纵向弹簧模拟。

黏结滑移本构采用《混凝土结构设计规范》（GB 50010—2010）（2010，2015）中推荐的模型，如图 10.25 所示，其黏结应力（τ）- 滑移（s）关系表达式为

$$\begin{cases} \text{线性段} & \tau = k_1 s & 0 \leqslant s \leqslant s_{cr} \\ \text{劈裂段} & \tau = \tau_{cr} + k_3 (s - s_{cr}) & s_{cr} \leqslant s \leqslant s_u \\ \text{下降段} & \tau = \tau_u + k_3 (s - s_u) & s_u \leqslant s \leqslant s_r \\ \text{残余段} & \tau = \tau_r & s > s_r \\ \text{卸载段} & \tau = \tau_{un} + k_1 (s - s_{un}) & \end{cases} \quad (10.1)$$

式中：τ 为黏结应力，以 N/mm² 计；s 为钢筋和混凝土之间的滑移，以 mm 计；k_1、k_2、k_3 分别为滑移黏结本构曲线的线性段、劈裂段和下降段的斜率，可按《混凝土结构设计规范》（GB 50010—2010）（2010，2015）中表 C.3.1 推荐取值；τ_{un}、s_{un} 分别为卸载点的黏结应力（N/mm²）和相对滑移（mm）；τ_{cr}、τ_{cr}、τ_u、s_u、τ_c、s_r 为曲线特征点参数，按《混凝土结构设计规范》GB 50010—2010（2010，2015）中表 C.3.1 推荐取值。

钢管和核心混凝土之间界面模型按 2.5.2 节所述确定。

基于以上材料模型和界面模型，建立了桁式钢管混凝土结构的有限元分析模型，其单元网格划分、加载方式和边界条件如图 10.26 所示。单元类型为：混凝土采用八节点减缩积分格式的三维实体单元 C3D8R；刚性加载垫板也采用实体单元 C3D8R；纵向钢筋和箍筋采用两节点三维杆单元 T3D2；钢管采用四节点减缩积分格式的壳单元 S4R，在厚度方向采用 9 个积分点的 Simpson 积分。黄文金和陈宝春（2009）的研究表明：相贯节点采用刚接模型比铰接模型的计算精度更高，且根据试验实测腹杆端部钢管应变可知，节点实际承受较大的弯矩。本章采用刚接模型模拟钢管混凝土弦杆与钢管腹杆的连接，并且在弦管与腹管连接处保持两者的网格划分一致，如图 10.26 所示。

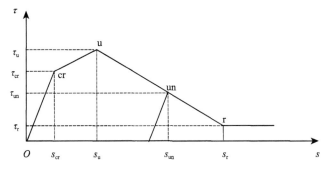

图 10.25　混凝土与钢筋间的黏结应力（τ）- 滑移（s）曲线

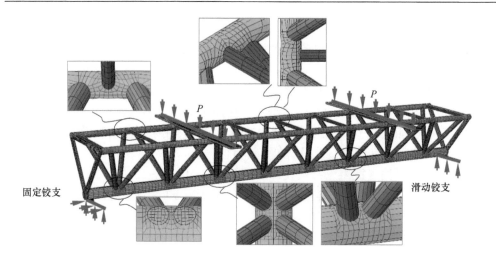

(a) 桁式钢管混凝土结构有限元模型

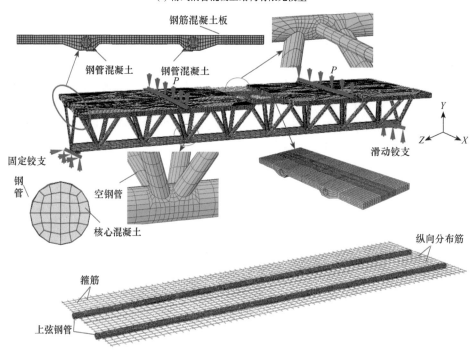

(b) 带混凝土板的桁式钢管混凝土结构有限元模型

图 10.26　桁式钢管混凝土结构有限元模型的网格划分和边界条件

（2）有限元模型验证

1）二肢和四肢桁架。

图 10.27～图 10.29 给出了有限元模拟的桁式钢管混凝土结构在竖向荷载作用下的荷载 - 位移曲线与试验曲线的比较情况。可见，采用有限元法计算的结果与试验结果吻合较好。

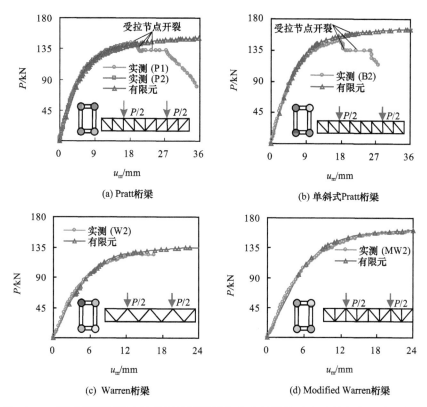

图 10.27　桁式钢管混凝土结构的计算结果和实验结果的对比（黄文金和陈宝春，2006）

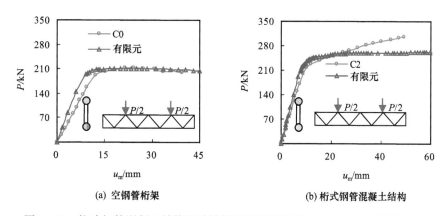

图 10.28　桁式钢管混凝土结构的计算结果和实验结果的对比（刘永健等，2010）

2）三肢圆管截面桁架。

图 10.30 给出了本章试验的桁式钢管混凝土结构在竖向荷载 P 作用下的有限元模拟的荷载 - 位移曲线与试验曲线的比较情况。可见，采用有限元法计算的结果与实验结果吻合较好。需要指出的是本章所建的有限元模型尚无法准确模拟焊缝的开裂或者钢材的断裂。

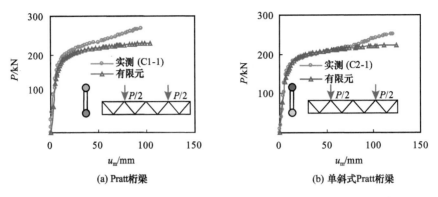

(a) Pratt桁梁　　　　　　　　　　　　(b) 单斜式Pratt桁梁

图 10.29　桁式钢管混凝土结构的计算结果和实验结果的对比（陈宝春等，2005）

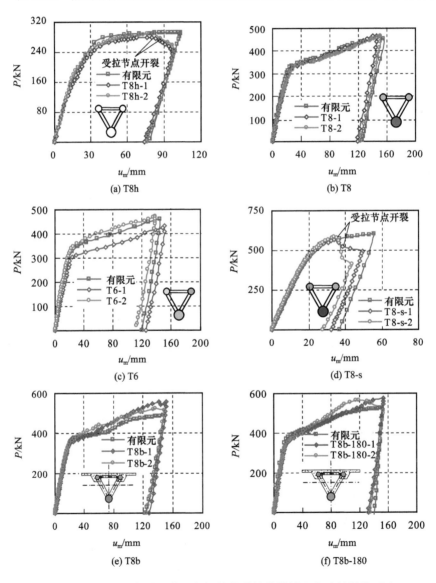

(a) T8h　　　　　　　　　　　　　　　(b) T8

(c) T6　　　　　　　　　　　　　　　(d) T8-s

(e) T8b　　　　　　　　　　　　　　(f) T8b-180

图 10.30　三肢桁式钢管混凝土结构的计算结果和实验结果的对比

10.3.2　抗弯工作机理

利用上述有限元模型,对桁式钢管混凝土结构在四分点竖向荷载作用下的破坏形态、荷载 - 挠度全过程关系、跨中截面应力、应变分布等工作机理进行细致分析。

（1）构件破坏形态

1）破坏形式分类。

桁式钢管混凝土结构的破坏形态和桁架的剪跨比、荷载形式及构造措施等因素相关。在归纳已有试验和分析总结大量有限元算例的基础上,发现桁式钢管混凝土结构大致存在两类破坏形态:整体失效破坏和局部失效破坏。整体破坏模式又可分为桁架结构整体刚度、强度和稳定三种破坏形式;而局部破坏模式则可归类为弦杆或者腹杆的强度、稳定性破坏以及节点破坏。

实际结构中两种破坏形式往往相互影响、相伴而生,共同作用于结构:局部失效可能引发整体失效,而整体失效过程中也会产生局部失效。

① 整体失效。如图 10.31（1）所示,比照第 3 章试验构件 T8-2,该类破坏形式表现为试件整体弯曲破坏,其主要特点为:试件表现出优良的延性和整体性,无明显局部破坏特征,跨中挠度达到桁架跨度的 1/30 以上时仍能维持承载力。若考虑正常使用极限状态,结构不允许发生过大变形,该破坏形态则由挠度（桁架抗弯刚度）控制。

② 局部失效。如图 10.31（2）所示,比照第 10.2 节试验构件 T8-s-1,桁架除了整

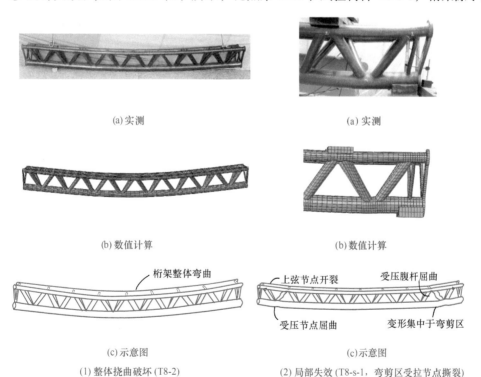

(a)实测　　　　　　　　　　　　　　　　(a)实测

(b)数值计算　　　　　　　　　　　　　　(b)数值计算

(c)示意图　　　　　　　　　　　　　　　(c)示意图

(1)整体挠曲破坏 (T8-2)　　　　　(2)局部失效 (T8-s-1,弯剪区受拉节点撕裂)

图 10.31　试件典型破坏形态

体发生挠曲之外，随着荷载增加试件最终在弯剪区发生节点破坏，包括受拉节点出现焊缝或者弦杆的撕裂、受压节点区域弦管屈曲等现象，属于局部失效导致的承载力丧失。试件的延性和整体变形能力较弱，承载力达到极限时跨中最大挠度一般较小（不足桁架跨度的 1/100，甚至更小），桁架不能充分发挥其延性和承载力。在设计中应避免该类破坏形式的发生。

除了从宏观上观察桁架是否发生整体挠曲或节点焊缝撕裂、局部屈曲等破坏现象来判定其破坏模式之外，两类破坏形态主要以荷载 - 跨中挠度曲线或跨中截面的弯矩 - 曲率关系曲线的形状作为判别标准，如图 10.7 和图 10.9 所示。发生整体破坏形式的上述两条曲线均存在明显的平台阶段或强化阶段，跨中曲率发展较为充分，当结构发生较大变形时仍然能维持一定的荷载，基本没有峰值点；而发生局部破坏形式的 N-u_m 曲线或者 M-ϕ 曲线则几乎没有平台区，存在较为明显的峰值点。经过对试验及大量有限元算例的分析，对于承受竖向荷载作用的桁式钢管混凝土结构，试件可能的破坏形态主要和荷载形式及节点刚度相关。

2）弦杆内填混凝土对桁架破坏形式的影响。

试验中的空钢管桁架，其破坏特征主要表现为弯剪段的受拉节点焊缝撕裂以及受压节点区域的弦杆屈曲凹陷，破坏现象十分明显，如图 10.32（1）所示；而相同条件下的桁式钢管混凝土结构，其节点在试验过程中表现良好，基本无明显破坏现象发生，如图 10.32（2）所示。可见，在上下弦管内填充混凝土，提高了节点的承载力和刚度，改变了桁架的失效模式，从节点局部失效转变为整体失效破坏。这是由于灌注混凝土后显著地提高了节点强度和刚度；桁架上弦受压的钢管由于核心混凝土的存在，有效

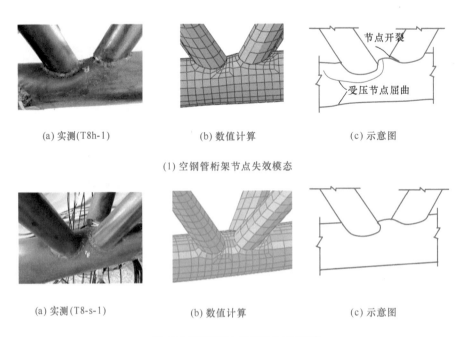

(a) 实测(T8h-1)　　　　(b) 数值计算　　　　(c) 示意图

(1) 空钢管桁架节点失效模态

(a) 实测(T8-s-1)　　　　(b) 数值计算　　　　(c) 示意图

(2) 桁式钢管混凝土结构节点失效模态

图 10.32　空钢管桁架和桁式钢管混凝土结构破坏模态对比

防止了钢管在局部发生褶曲和内凹屈曲；桁架下弦受拉的钢管受到混凝土的约束作用，保持了良好的延性，同时提高了整体抗弯刚度。弦管内灌注混凝土之后，桁架整体破坏形态由节点区域的局部破坏转变为桁架整体弯曲破坏。

3）混凝土板对桁架破坏形式的影响。

图 10.33 给出了采用有限元计算的桁式钢管混凝土结构的破坏模态。计算结果表明上弦带混凝土板的桁架结构其破坏形态基本与不带混凝土板的一致。破坏时桁架跨中挠度较大，属于整体弯曲破坏。桁架上弦的钢管由于核心混凝土和外包钢筋混凝土板的双重约束，有效地阻止了钢管的局部屈曲和褶皱；下弦受拉侧的核心混凝土受到钢管的约束作用，保持了良好的整体性，与外钢管能很好地协同工作，塑性变形较大。

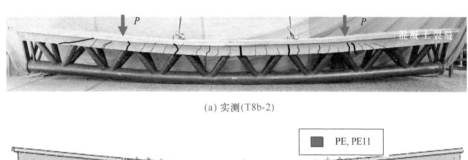

(a) 实测(T8b-2)

(b) 数值计算

图 10.33 带混凝土板的桁式钢管混凝土结构典型破坏模态

混凝土板的作用主要是加强了上弦受压肢，一方面可以提高桁架截面的整体抗弯刚度，防止受压侧钢管的局部屈曲；另一方面也使得桁架达到最终极限弯矩时，中和轴位置上移，从而提高截面整体抗弯承载力。当中和轴上移到混凝土板的下缘时，混凝土板底部出现受拉裂缝，并且将随荷载的增长而逐渐向上开展，如图 10.33 所示。

（2）荷载 - 变形全过程分析

为深入研究三肢桁式圆钢管混凝土结构的抗弯性能及其工作机理，下面采用某实际工程采用的桁架作为典型算例，利用上述有限元分析模型对四分点对称竖向荷载作用下的桁式钢管混凝土结构进行全过程分析。

典型算例的基本计算条件为（参见表 10.4）：桁架长度 $L=13\,300$mm（计算跨度 L_0 为 $13\,040$mm），截面高度 $h_i=1104$mm，截面宽度 $b_i=784$mm（上弦受压区两肢钢管的中心距离）；沿跨度方向分为 8 个节间，每个节间长度 $l_0=1340$mm，腹杆与弦杆夹角约为 60°。上弦钢管直径 $d=180$mm，厚度 $t'=6$mm，Q345 钢材；下弦钢管直径 $D=300$mm，厚度 $t=9$mm，Q345 钢材；斜腹杆直径 $D_1=150$mm，厚度 $t_1=5$mm，Q345 钢材；平联杆直径 $D_b=100$mm，厚度 $t_b=5$mm，Q345 钢材；钢管内填充的核心混凝土采用 C60 混凝土。对于带混凝土板的桁架，其混凝土板的计算条件为：板宽

$b_f = 3600$mm，板高 $h_b = 150$mm；混凝土板 C40 混凝土；纵向钢筋为 φ6，Q235 钢材，配筋率为 1.04%；箍筋为 φ6@100，Q235 钢材。构件加载方式和边界条件如图 10.26 所示。

表 10.4　三肢桁式钢管混凝土结构典型算例计算条件

构件计算长度 L_0 /mm	节间长度 l_0 /mm	截面高度 h_i /mm	截面宽度 b_i /mm	钢管尺寸 $D \times t$/（mm×mm）			
				下弦	上弦	斜腹杆	平联杆
13 040	1 340	1 104	784	300×9	180×6	150×5	100×4

腹杆与弦杆夹角	节间数	纵筋 /mm	箍筋 /mm	混凝土板尺寸	
				宽度 b_f/mm	高度 h_b/mm
60°	8	φ6@100	φ6@100	3 600	150

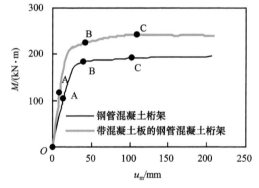

图 10.34　桁式钢管混凝土结构典型荷载（M）-跨中挠度（u_m）关系

在四分点对称荷载作用下，桁架存在跨中纯弯段和两边弯剪段，跨中截面的弯矩 - 曲率关系是研究桁架整体抗弯力学性能的重要参考指标之一。图 10.34 给出了采用有限元模型计算的桁式钢管混凝土结构和带混凝土板的桁式钢管混凝土结构的弯矩 - 跨中挠度关系曲线。

1）桁式钢管混凝土结构。

图 10.34 所示的发生整体挠曲破坏的桁式钢管混凝土结构其全过程曲线可分为如下三个阶段。

① 弹性段（OA）。

这个阶段桁架的荷载 - 位移关系（M-u_m 曲线或 M-ϕ 曲线）基本呈线性，整个截面的受力接近线弹性。从开始加荷到下弦受拉钢管的拉应力进入比例极限前，由于截面内的钢管均处于弹性阶段，且整个桁架截面均参与受力，截面抗弯刚度较大，桁架的挠度和截面曲率很小，钢管的应力都处于弹性范围内，与截面弯矩近似成正比。

A 点：当截面下弦受拉钢管的下表面外侧边缘纵向最大纤维应变达到钢材的比例应变时（$\varepsilon_s = \varepsilon_e$），截面达到弹性与塑性的临界状态（A 点），相应弯矩值称为弹性弯矩 M_e。此时，上弦受压混凝土外侧边缘纵向最大纤维应变还未达到混凝土的峰值压应变 ε_0。从前述试验结果及大量有限元结果分析可知，M_e/M_u 一般在 0.4~0.5；弹性阶段结束时，桁架跨中挠度基本约为桁架计算跨度的 1/400。

② 弹塑性段（AB）。

当截面弯矩达到 0.4~0.5M_u 时，桁架试件的荷载 - 位移关系进入弹塑性阶段，不再呈现线性关系，桁架的截面抗弯刚度逐渐变小。随着荷载的增大，桁架整体变形不断发展，下弦受拉钢管逐渐进入屈服段，但总体而言试件跨中最大挠度仍不太大。弹塑性阶段结束时，上、下弦钢管均进入屈服段。

B 点：当截面上下弦钢管应变均达到钢材的屈服应变时（$\varepsilon_{s\text{-up}} = \varepsilon_y$），此时上、下弦钢管基本完全进入塑性状态，相应弯矩值称为塑性弯矩 M_y。此时，若设计合理，上弦受压混凝土外侧边缘纵向最大纤维应变达到混凝土的峰值压应变 ε_0。从试验结果及大量有限元结果分析可知，M_y/M_u 一般在 0.9 左右；相应跨中挠度约为桁架计算跨度的1/200。

③ 塑性段（BC）。

随着荷载的继续增大，桁架整体变形迅速发展，整体挠度不断增大。前述试验试件卸载时，桁架跨中挠度已达桁架计算跨度的 1/32，但桁架仍然能继续承受荷载。桁架截面的抗弯承载力达到塑性弯矩之后，跨中下弦钢管逐渐进入强化阶段，桁架的截面抗弯刚度迅速变小。此后 M-u_m 曲线和 M-ϕ 曲线均处于平台阶段，桁架承载力基本不变或变化不大，而跨中截面的曲率和挠度迅速增长，桁架的塑性变形明显。

C 点：当截面下弦受拉钢管的下表面外侧边缘纵向最大纤维应变达到钢材的极限应变（$\varepsilon_s=\varepsilon_u$，为避免过大的塑性应变，取 $\varepsilon_u=0.01$），此后桁架梁进入破坏阶段，C 点相应弯矩值称为极限弯矩 M_u。此时，上弦受压混凝土外侧边缘纵向最大纤维应变达到或超过混凝土的极限压应变 ε_{cu}。从试验结果及大量有限元结果分析可知，当达到极限弯矩 M_u 时，桁架跨中挠度为计算跨度的 1/140～1/70，因桁架的延性不同而不同，主要由上下弦杆的强度比决定。

2）带混凝土板的桁式钢管混凝土结构。

上弦带钢筋混凝土板的桁式钢管混凝土结构，如图 10.34 所示，其全过程曲线基本与 CFST 桁架类似，在试验过程中也表现出良好的延性。相比不带楼板的桁式钢管混凝土结构，上弦设置钢筋混凝土板之后，桁架整体刚度和承载力均有明显提高，承载力提高 16%～20%，说明混凝土板与钢管混凝土上弦共同工作性能良好。桁架无明显峰值荷载，当挠度达到跨度的 1/120 之后，承载力逐渐趋于平缓或缓慢增长。钢管混凝土良好的承载力和延性，为整个桁架提供了一定承载能力，并保持了桁架的延性。

与桁式钢管混凝土结构类似，可将带混凝土板的桁式钢管混凝土结构的荷载 - 挠度全过程曲线也分为三个阶段。

① 弹性段（OA）。

这个阶段桁架的 M-u_m 曲线或 M-ϕ 曲线基本呈线性，由于整个桁架截面均参与受力，截面抗弯刚度较大，桁架的挠度和截面曲率很小，钢管的应力都处于弹性范围内。

A 点：截面下弦受拉钢管的下表面外侧边缘纵向最大纤维应变达到钢材的比例应变（$\varepsilon_s=\varepsilon_e$），相应弯矩值称为弹性弯矩 M_e。此时，上弦混凝土板整体均处于受压状态。从试验结果及大量有限元结果分析可知，弹性阶段结束时，桁架整体挠度基本为桁架计算跨度的 1/500；M_e/M_u 一般在 0.4 左右。

② 弹塑性段（AB）。

当截面弯矩达到 $0.4M_u$ 时，桁架的荷载 - 位移关系进入弹塑性阶段，不再呈现线性关系。随着荷载的增大，下弦受拉钢管逐渐进入屈服段，桁架梁截面抗弯刚度逐渐变小，桁架整体变形不断发展。跨中截面的中和轴位置不断上移，上弦钢管混凝土的外包混凝土底部逐渐开始出现受拉微裂缝，宽度很小，属于带裂缝工作阶段。

B 点：当截面上下弦钢管应变均达到钢材的屈服应变时（$\varepsilon_{s\text{-up}}=\varepsilon_y$），此时上、下弦钢管基本完全进入塑性状态，上弦受压混凝土外侧边缘纵向最大纤维应变达到混凝土的峰值压应变 ε_0，相应弯矩值称为塑性弯矩 M_y。从试验结果及大量有限元结果分析可知，M_y/M_u 一般在 0.9 左右。弹塑性阶段结束时，上、下拉压弦管均进入屈服段，桁架整体挠度约为桁架计算跨度的 1/300。

③ 塑性段（BC）。

随着荷载的继续增大，桁架整体变形迅速发展，整体挠度急剧增大。M-u_m 曲线和 M-ϕ 曲线均处于平台阶段，桁架承载力基本不变或变化不大，而跨中截面的曲率和挠度增长较快，桁架的塑性变形明显。下弦钢管逐渐进入强化阶段，桁架的截面抗弯刚度迅速变小。中和轴上移，上弦钢管混凝土下半部分进入受拉区，其外包混凝土裂缝持续向上发展接近混凝土板底位置。

C 点：截面下弦受拉钢管的下表面外侧边缘纵向最大纤维应变达到钢材的极限应变（$\varepsilon_s = \varepsilon_u$，为避免过大的塑性应变，取 $\varepsilon_u = 0.01$），此后桁架进入破坏阶段，C 点相应弯矩值称为极限弯矩 M_u。此时，上弦受压混凝土外侧边缘纵向最大纤维应变达到或超过混凝土的极限压应变 ε_{cu}。从试验结果及大量有限元结果分析可知，当达到极限弯矩 M_u 时，桁架跨中挠度约为计算跨度的 1/200，因桁架的延性不同而不同，主要由上、下弦杆的强度比决定。需要指出的是，同时需要考虑混凝土板底裂缝宽度应满足设计要求。

3）特征点应力、应变分析。

深入分析桁式钢管混凝土结构在受力全过程中混凝土、钢管和腹杆的应力发展和分布情况，有助于进一步了解桁式钢管混凝土结构受力全过程的工作机理和力学实质。以上述典型算例为例，分析带或不带混凝土板的桁式钢管混凝土结构全过程曲线中各特征点的应力、应变发展及分布情况。以下应力分布图中应力单位均为 MPa，以拉应力为正。

① 桁式钢管混凝土结构。

图 10.35 为跨中截面混凝土在各特征点处的纵向应力分布情况。从图中可以看出，在 A 点，上弦受压侧核心混凝土的纵向应力基本为 20MPa，下弦混凝土的纵向应力此时已达开裂应力 4MPa，由于外钢管的支持作用，核心混凝土依旧可以承受一定拉应力。在 B 点，上弦受压混凝土的纵向应力基本在 30~40MPa，整体接近混凝土的峰值压应力。在 C 点，上弦受压混凝土的纵向应力最大值达到轴压强度，下弦混凝土应力则一直处于受拉状态。

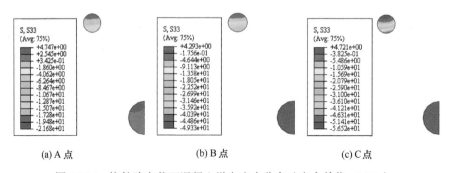

(a) A 点　　　　　　　　(b) B 点　　　　　　　　(c) C 点

图 10.35　构件跨中截面混凝土纵向应力分布（应力单位：MPa）

图 10.36 为各特征点处桁式钢管混凝土结构中核心混凝土纵向应力分布情况。从图中可以看出，跨中截面上弦混凝土的应力在 A、B 两点分布较为均匀，随着荷载的增加，在 C 点，上弦钢管内位于上半部的内填混凝土，其受应力基本达到混凝土峰值应力 $f_{c,r}$，而下半部分压应力不到 20MPa，明显上部压应力远大于下部，上弦整体呈现出受弯状态；下弦受拉侧的核心混凝土始终全截面受拉，随着变形的增大，核心混凝土的受拉区范围沿构件长度方向由跨中向构件两端发展。

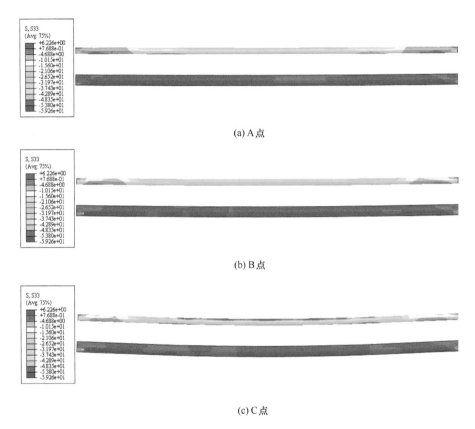

(a) A 点

(b) B 点

(c) C 点

图 10.36　核心混凝土纵向应力分布（应力单位：MPa）

图 10.37 为桁式钢管混凝土结构上下弦管在各特征点处的 Mises 应力分布情况。从图中可以看出，在各个特征点，桁架纯弯段钢管应力的发展要快于弯剪段钢管的 Mises 应力，如在 B 点，纯弯段的下弦钢管拉应力已经达到屈服强度 $f_y=345MPa$，而弯剪段的钢管应力基本维持在比例极限 200MPa 左右。在受力全过程中，随着变形的加大，桁架受拉侧的钢管 Mises 应力发展要明显快于受压侧的钢管，当下弦钢管的最大 Mises 应力达到 300MPa 时，上弦钢管的最大 Mises 应力不到 200MPa。这是由于桁架受拉侧的混凝土在受力过程中逐渐退出工作，钢管将承担更多的荷载，应力发展更快。从图中还可以看出，在 B 点，下弦钢管纯弯段中绝大部分区域的 Mises 应力都已经达到屈服强度。

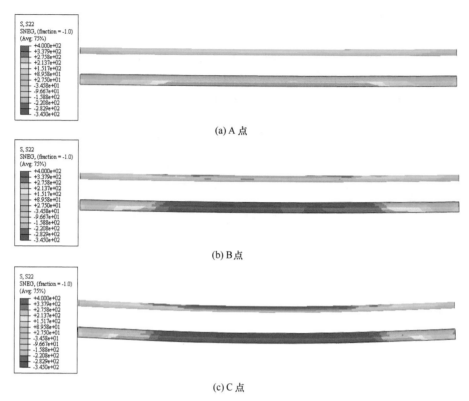

(a) A 点

(b) B 点

(c) C 点

图 10.37　钢管的 Mises 应力分布（应力单位：MPa）

　　图 10.38 为各特征点处，桁式钢管混凝土结构中斜腹杆的 Mises 应力分布情况。从图中可以看出，斜腹杆以受剪为主，其弯剪段 Mises 应力的发展要显著快于纯弯段

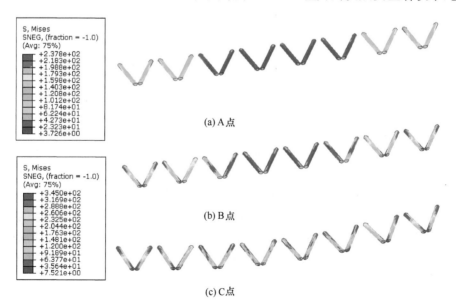

(a) A 点

(b) B 点

(c) C点

图 10.38　斜腹杆的 Mises 应力分布（应力单位：MPa）

的 Mises 应力。桁架通过斜腹杆的剪力传递将上下弦连接成整体。在 A 点，斜腹杆的 Mises 应力基本在 200MPa 以内，仍处于弹性阶段；当达到 B 点时，弯剪段节点区域腹杆的 Mises 应力已达屈服强度 345MPa；而在 C 点，位于跨中纯弯段的节点区域也接近屈服强度，总体而言在受力全过程中，随着变形的加大，跨中纯弯段腹杆的 Mises 应力不断增大，说明弦杆与腹杆的节点可以传递弯矩，受力分析时采用刚接更接近于实际受力状态。

图 10.39 所示为核心混凝土受拉主塑性应变矢量图。由图可见，在 A 点，计算的初始裂缝出现于受拉侧核心混凝土的纯弯段，且钢管内核心混凝土的初始裂缝和水平方向基本垂直，可见下弦纯弯段基本为轴心受拉作用；B 点与 A 点相比，受拉侧核心混凝土开裂范围进一步扩大，下弦弯剪段的核心混凝土也出现了裂缝；在 C 点，受拉侧核心混凝土裂缝较前一点进一步增大。

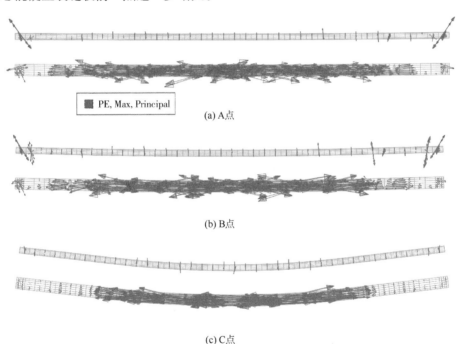

(a) A 点

(b) B 点

(c) C 点

图 10.39　核心混凝土的主塑性应变矢量图

② 带混凝土板的桁式钢管混凝土结构。

以下对带混凝土板的桁式钢管混凝土结构在受力全过程中的应力、应变发展进行分析。

图 10.40 为各特征点处带混凝土板的桁式钢管混凝土结构中混凝土板纵向应力分布情况。从中可见，在各个特征点，楼板的上顶板以受压为主，下肋以受拉为主。纯弯段区域的受压混凝土的纵向应力在受力全过程中保持增长。在 A 点，受拉区最大纤维应变的混凝土已达到开裂应力 4MPa，说明在弹性段混凝土板的底部已有微裂缝产生，这与试验观测结果一致。在受力全过程中，随着变形的加大，混凝土受拉区的范围逐渐增大：沿桁架长度方向由跨中向两端发展；在截面上，中和轴不断上移，受拉区沿

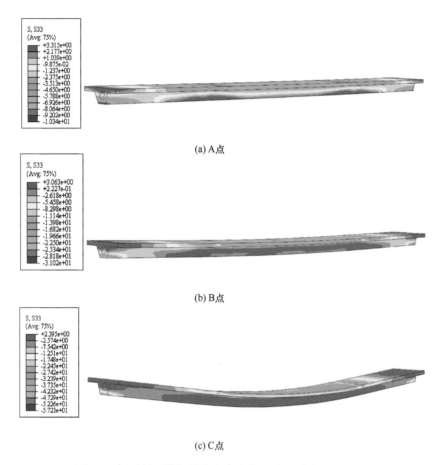

(a) A点

(b) B点

(c) C点

图 10.40　混凝土楼板纵向应力分布（应力单位：MPa）

截面高度方向不断向上发展。

　　图 10.41 为各特征点处带混凝土板的桁式钢管混凝土结构的钢管内核心混凝土纵向应力分布情况。从图中可以看出，在各个特征点，桁架受压侧弯剪段钢管中的核心混凝土受压；而桁架受压侧纯弯段钢管中的核心混凝土在 A 点受压，随着变形的增大，逐渐由受压变为受拉。桁架受拉侧的核心混凝土受拉，受拉区跨中的核心混凝土在 A 点就已经达到开裂应力 4MPa，但受到外钢管的约束混凝土整体性完好仍可受力（第 2 章轴拉性能分析可知）。随着变形的增大，受拉区核心混凝土的范围沿桁架长度方向由跨中向两端发展。

　　图 10.42 为各特征点处带混凝土板的桁式钢管混凝土结构跨中截面混凝土纵向应力分布情况。从图中可以看出，受压侧核心混凝土的纵向应力在受力全过程中逐渐增大；混凝土板底部及上弦核心混凝土随着承载力增大逐渐由受压向受拉转变，说明桁架截面的中和轴不断上移（如图中点划线所示）。

　　图 10.43 为各特征点处，带混凝土板的桁式钢管混凝土结构中钢管的 Mises 应力分

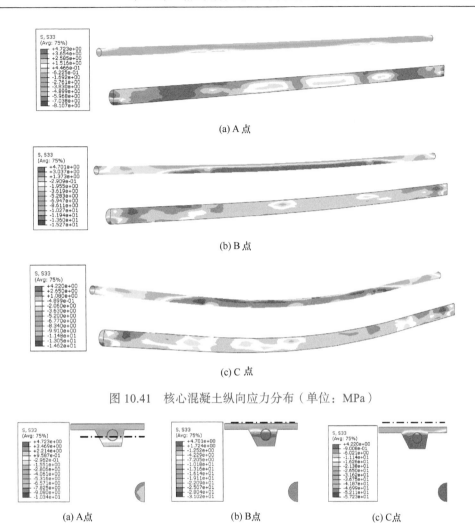

(a) A 点

(b) B 点

(c) C 点

图 10.41　核心混凝土纵向应力分布（单位：MPa）

(a) A点　　　　　　　(b) B点　　　　　　　(c) C点

图 10.42　构件中截面混凝土纵向应力分布

布情况。与不带混凝土板的桁式钢管混凝土结构钢管应力发展一致，不同在于下弦钢管的 Mises 应力发展更为充分。

图 10.44 为各特征点处带混凝土板的桁式钢管混凝土结构中斜腹杆的 Mises 应力分布情况。斜腹杆的应力发展与不带混凝土板的桁式钢管混凝土结构基本一致。

图 10.45 为各特征点处带混凝土板的桁式钢管混凝土结构中钢筋的 Mises 应力分布情况。从图中可以看出，在 A 点，钢筋的 Mises 应力最大仅 40MPa 左右，处于较低的应力水平。随着变形的增大，混凝土板中位于纯弯段的钢筋，其 Mises 应力迅速发展，当达到 C 点时，纯弯段部分钢筋的 Mises 应力已达到屈服强度。在受力全过程中，随着变形的加大，桁架纯弯段受拉侧的钢筋 Mises 应力发展要明显快于受压侧的钢筋，这是由于桁架受拉侧的混凝土在受力过程中逐渐退出工作，钢筋将承担更多的荷载，应力发展更快。

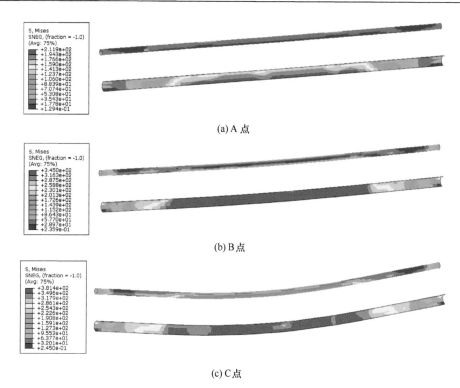

(a) A 点

(b) B 点

(c) C 点

图 10.43　弦管的 Mises 应力分布（应力单位：MPa）

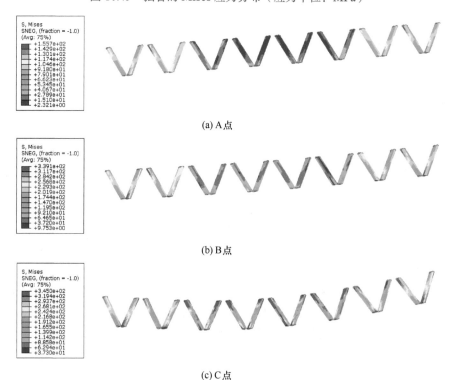

(a) A 点

(b) B 点

(c) C 点

图 10.44　斜腹管的 Mises 应力分布（应力单位：MPa）

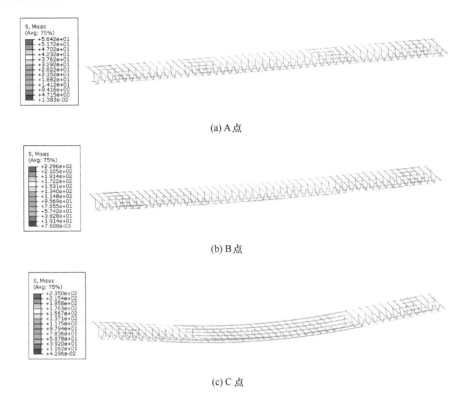

(a) A 点

(b) B 点

(c) C 点

图 10.45　钢筋的 Mises 应力分布（应力单位：MPa）

图 10.46 所示为各特征点处混凝土板受拉主塑性应变矢量图，在混凝土塑性损伤模型中，可用主拉塑性应变来近似反映混凝土的裂缝开展情况。从图中可见，在 A 点，混凝土板的初始裂缝出现于支座处附近的受拉区及加载点处混凝土板的底部；在 B 点，混凝土板的开裂范围进一步扩大，逐步向纯弯段发展，主要裂缝基本集中在混凝土板的纯弯段底部；在 C 点，混凝土板的裂缝主要以纵向向上发展为主。

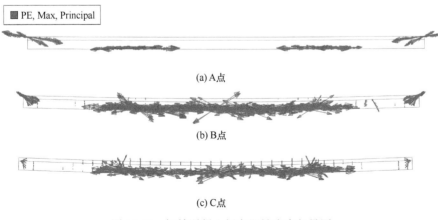

(a) A点

(b) B点

(c) C点

图 10.46　钢筋混凝土板主塑性应变矢量图

图 10.47 所示为各特征点处带混凝土板的钢筋混凝土桁架钢管内核心混凝土的受拉主塑性应变矢量图。从图中可见，在 A 点，初始裂缝出现于下弦核心混凝土的纯弯段，且从主塑性应变方向可以看出下弦钢管混凝土受力基本以轴拉为主；在 B 点，下弦核心混凝土开裂范围向弯剪段扩展，而上弦混凝土的下部开始出现拉应力；在 C 点，上弦混凝土的受拉区域进一步扩展。

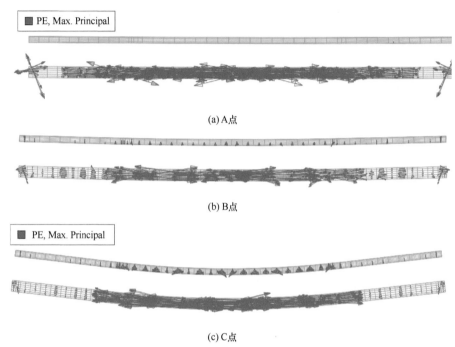

(a) A 点

(b) B 点

(c) C 点

图 10.47　核心混凝土主塑性应变矢量图

（3）传力路径分析

图 10.48 所示为 C 点桁架各杆件主应力矢量图。从图中可见，在跨中纯弯段，桁架上弦杆的外钢管和内填混凝土均以受压为主，而下弦杆以受拉为主，上下弦杆形成上压下拉的桁架受力模式，将加载点的竖向力在跨中段产生的弯矩转化为上下弦杆的轴力而承担；而在桁架靠近支座处的弯剪段，其上下弦杆的轴力远小于跨中区域，说明弯剪段所受的弯矩较小，但是其腹杆所受的拉压应力均明显大于跨中纯弯段，说明弯剪段所受的剪力较大，而且拉杆与压杆受力明确，各司其职，将加载点的竖向力沿腹杆方向直接传递到支座，传力路径明确。

图 10.49 所示为桁式钢管混凝土结构弯矩和剪力的传力途径示意图，系根据对图 10.48 的分析所得。

10.3.3　影响参数分析

影响桁式钢管混凝土结构抗弯承载力的可能因素包括：上下弦内填混凝土、钢筋混凝土板、上下弦强度比（β_c）、桁架高跨比（h/L）、桁架高宽比（γ）和弦腹杆夹角

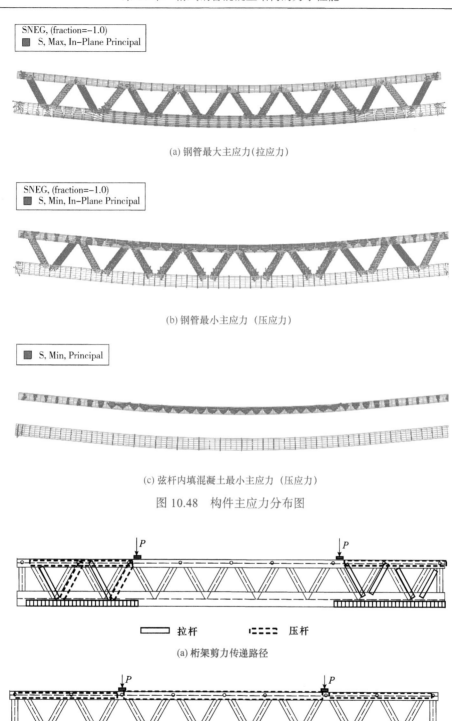

(a) 钢管最大主应力(拉应力)

(b) 钢管最小主应力（压应力）

(c) 弦杆内填混凝土最小主应力（压应力）

图 10.48　构件主应力分布图

(a) 桁架剪力传递路径

(b) 桁架弯矩传力路径

图 10.49　桁架构件传力路径示意图

（θ）。为便于分析，定义 k_M 为桁式钢管混凝土结构极限抗弯承载力与 $N_{ut}h_i$ 的比值为

$$k_M = \frac{M_{uc}}{N_{ut}h_i} \tag{10.2}$$

式中：M_{uc} 为桁式钢管混凝土结构的截面极限弯矩，按 10.3.2 节定义确定；N_{ut} 为下弦钢管混凝土的抗拉极限承载力，可按式（10.3）计算；h_i 为桁架截面高度（上、下弦钢管的中心距离）。

$$N_{ut} = k_t \cdot A_s \cdot f_y \tag{10.3}$$

式中：A_s 为外钢管的横截面积；f_y 为钢管的屈服强度；k_t 按式（10.4）计算，即

$$k_t = 1.1 - 0.4\alpha_s \tag{10.4}$$

式中：α_s 为钢管混凝土截面含钢率。本节通过不同参数下 k_M 的变化规律分析各影响因素对桁式钢管混凝土结构截面弯矩 M_u 的影响规律，从而确定影响 M_u 的关键因素，为后续实用计算方法的推导创造条件。算例截面 1 的基本条件见表 10.4，截面 2 的基本条件同本章试验。

（1）弦管内填混凝土

桁式钢管混凝土结构相比空钢管桁架构件，由于上、下弦内填混凝土的存在，改善了受压节点的局部屈曲问题，对受拉节点的应力重分布也有较大影响，由此改变了桁架的破坏模态，从而较大地提高构件的整体抗弯承载力和抗弯刚度。图 10.32 所示为上、下弦均填充混凝土的桁式钢管混凝土结构和不填充混凝土的空钢管桁架的破坏模态比较。由图 10.32 可知，空钢管桁架的受压节点发生明显凹陷屈曲，而桁式钢管混凝土结构节点无明显变形，这和试验中观察到的现象吻合。

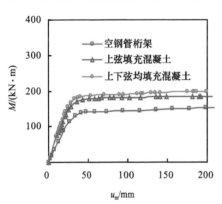

图 10.50　桁架跨中截面弯矩（M）-
挠度（u_m）关系曲线

图 10.50 所示为上、下弦均填充混凝土的桁式钢管混凝土结构、仅上弦填充混凝土的桁式钢管混凝土结构及空钢管桁架的跨中截面弯矩（M）- 挠度（u_m）曲线。由图 10.50 可知，与空钢管桁架相比，内填混凝土显著提高了桁架的抗弯刚度和承载力。而下弦钢管内填充混凝土使得桁架整体抗弯刚度和承载力均有所提高。

图 10.51 所示为不同强度等级的内填混凝土对桁架抗弯承载力的影响规律。

从图 10.51（a）中可以看出，在其他条件一定的情况下，随着上弦管内混凝土强度等级的增加，k_M 基本维持在略大于 1.0 附近，变化很小，因此可以认为对于截面设计合理的桁式钢管混凝土结构，其抗弯极限承载力的大小与上弦管内混凝土的强度等级几乎无关。

同理如图 10.51（b）所示，与上弦混凝土强度等级的影响规律一致，在其他条件一定的情况下，下弦管内混凝土强度等级对 k_M 的影响也很小，几乎可以忽略不计。

（2）钢筋混凝土板

图 10.52 所示为不同混凝土板厚度与不带混凝土板的桁式钢管混凝土结构的跨中截

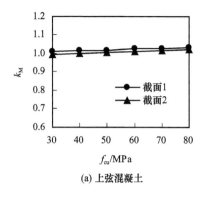 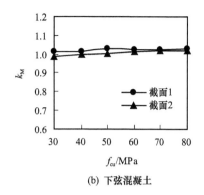

(a) 上弦混凝土　　　　　　　　(b) 下弦混凝土

图 10.51　混凝土强度等级对 k_M 的影响

面弯矩（M）- 挠度（u_m）曲线。从图中可以看出，混凝土板的存在提高了桁架整体抗弯承载力和抗弯刚度，根据混凝土板厚度的不同，其整体抗弯承载力提高程度从 20%～40% 不等。可见混凝土板的厚度对桁架整体抗弯承载力及抗弯刚度均有明显影响。

（3）桁架上下弦的强度比

桁式钢管混凝土结构在弯矩作用下其截面可分为上弦受压区和下弦受拉区，上下弦的强度比例相当于钢筋混凝土梁中的配筋率，下弦所占的比例过高导致桁架类似超筋梁，上弦所占比例过

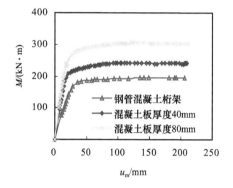

图 10.52　不同混凝土板厚度的桁架跨中截面弯矩（M）- 挠度（u_m）关系

高则导致桁架类似少筋梁。因而上下弦强度比是一个较为重要的参数。

根据钢筋混凝土的配筋率概念，本章提出上弦受压承载力和下弦受拉承载力的比值 β_c 这一参数，简称为上下弦强度比，即

$$\beta_c = \frac{N_{cu}}{N_{ru}} \tag{10.5}$$

式中：N_{cu} 为上弦受压区受压钢管混凝土的轴压极限强度承载力；N_{ru} 为下弦受拉区受拉钢管混凝土的轴拉极限承载力。

图 10.53 所示为 β_c 与 k_M 的关系，从图中可以看出，当 β_c 在某一合适的范围内，k_M 基本维持在略大于 1.0 附近，变化很小。而当 β_c 小于某一值时，k_M 将迅速降低到 1.0 以下。可见 β_c 应取一合理值，β_c 过大显然会出现设计浪费的问题。

延性系数反映桁架在破坏阶段的变形能力，在设计时需要考虑桁架的延性性能。本章暂定义桁式钢管混凝土结构的位移延性系数 η 按下式计算：

$$\eta = \frac{u_u}{u_y} \tag{10.6}$$

式中：u_u 为桁式钢管混凝土结构达到极限弯矩时对应的跨中挠度，即荷载 - 挠度曲线中 C 点对应的跨中挠度；u_y 为桁式钢管混凝土结构达到塑性弯矩时对应的跨中挠度，即荷载 - 挠度曲线中 B 点对应的跨中挠度。

图 10.54 所示为 β_c 与 η 的关系，可见，随着 β_c 的增长，η 呈增大趋势，也就是桁式钢管混凝土结构的延性系数随着上下弦强度比的增大而增大。

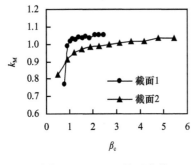

图 10.53　β_c-k_M 关系曲线

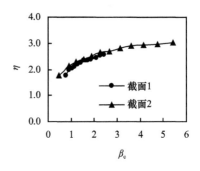

图 10.54　β_c-η 关系曲线

（4）桁架高跨比

图 10.55 所示为桁架高跨比（h/L）与 k_M 的关系曲线。从图中可以看出，在其他条件一定的情况下，随着高跨比的增大或减小，桁式钢管混凝土结构的极限承载力均逐渐减小，即存在一个合理高跨比使得桁架能充分发挥截面的极限弯矩。

当高跨比不断增大时，类似钢筋混凝土梁的斜压破坏，桁架节点将承受较大的竖向力，最终由于腹杆抗剪不足导致弯剪段节点在剪力和弯矩共同作用下破坏，使得桁架不能充分发挥截面的极限弯矩；而当高跨比不断减小时，类似于钢筋混凝土梁的斜拉破坏，此时剪力传递主要依靠梁机制，而不以腹杆角度沿腹杆直接传力，造成剪力传递路径被切断，传力效率低下使得不能充分发挥截面的极限弯矩。

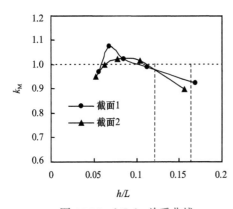

图 10.55　h/L-k_M 关系曲线

从图 10.55 中可以看出，当桁架的高跨比满足 h/L=0.06~0.1 时，k_M 基本大于 1，说明在此范围内（相当于桁架高度为桁架跨度的 1/15~1/10），桁架基本能发挥截面极限弯矩，利于发挥材料性能，设计合理。

（5）桁架截面高宽比

从图 10.56 中可以看出，在其他条件一定的情况下，随着桁架截面内高宽比的变化（图中以桁架截面斜腹杆与竖直线的夹角 γ 表示，具体如图 10.58 所示），k_M 基本维持在略大于 1.0 附近，变化很小。在工程常用参数

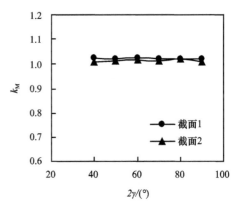

图 10.56　桁架截面高宽比（2γ）-k_M 关系曲线

范围内，2γ 在 $40°\sim90°$ 变化。因此可以认为对于截面设计合理的桁式钢管混凝土结构，其抗弯极限承载力的大小与桁架截面的高宽比几乎无关。

（6）桁架弦杆与腹杆之间夹角

图 10.57 所示为弦腹杆夹角 θ 与 k_{M} 的关系曲线。改变基本算例中腹杆与弦杆的夹角，从图中可以看出，在其他条件一定，且足以保证腹杆不发生局部破坏的前提下，弦腹杆夹角 θ 的范围在 $45°\sim65°$ 时，传力效率最高，桁架结构的抗弯承载力均能达到极限截面弯矩。当 $\theta<45°$ 或者 $\theta>65°$ 时，其整体抗弯承载力将无法达到极限截面弯矩。

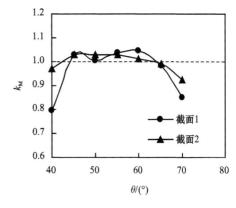

图 10.57　弦腹杆夹角（θ）-k_{M} 关系曲线

10.4　桁式钢管混凝土结构抗弯承载力实用计算方法

10.4.1　桁式钢管混凝土结构

（1）截面极限弯矩

试验和有限元分析表明，在弹性范围内桁架跨中受弯截面的应变发展满足平截面假定，且在 $M/M_{u}\leqslant0.7$ 范围内，可以认为平截面假定基本适用于跨中纯弯截面。据此结合试验及有限元分析的荷载-应变关系、荷载-挠度关系、弯矩-曲率关系、荷载-中和轴高度关系等曲线，根据极限状态的平衡条件可推导该类桁架截面的极限弯矩。

1）基本假定。

三肢桁式钢管混凝土结构（不带混凝土板）的简化示意如图 10.58 所示。在进行其截面极限弯矩计算时作如下假定。

① 受力弹性段内，构件横截面变形后仍然为平面，即符合平截面假定。

② 不考虑混凝土抗拉对桁架整体抗弯承载力的贡献。

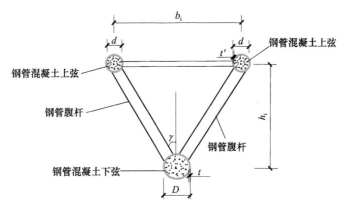

图 10.58　三肢桁架梁截面示意图

③ 不考虑腹杆的抗弯作用。

④ 合理设计的不带混凝土板的三肢桁式钢管混凝土结构的中和轴位于斜腹杆位置，属于第一类截面。

图 10.58 中各符号含义如下。

d、t' 为上弦钢管混凝土钢管的外径、厚度。

D、t 为下弦钢管混凝土的钢管外径、厚度。

h_i 为桁架截面高度（三肢桁式钢管混凝土结构截面上下弦管的中心距离）。

b_i 为桁架截面宽度（三肢桁式钢管混凝土结构截面上弦两肢钢管沿宽度方向的中心距离）。

γ 为桁架截面内斜腹杆与截面高度方向的夹角。

需要指出的是，本节对于基本假定第 4 条的考虑如下：计算不带混凝土板的桁式钢管混凝土结构极限弯矩时，认为设计合理的截面中和轴位置应位于上弦和下弦之间的斜腹杆区域，即中和轴没有穿过上弦或下弦的钢管，类似于 T 形截面钢筋混凝土构件的第一类截面。

2）截面应力发展过程。

三肢桁式钢管混凝土结构在弯矩作用下两肢上弦杆受压、单肢下弦杆受拉。图 10.59～图 10.62 所示分别为桁式钢管混凝土结构跨中截面的挠度 u_m、下弦钢管下表

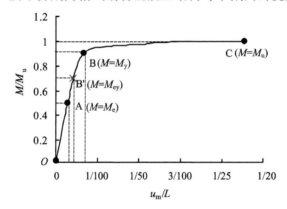

图 10.59　桁式钢管混凝土结构典型受弯荷载（M/M_u）- 跨中挠度（u_m/L）关系

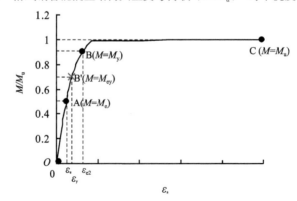

图 10.60　桁式钢管混凝土结构典型受弯荷载（M/M_u）- 下弦钢管跨中应变（ε_s）关系

面受拉应变 ε_s、截面曲率 ϕ 和相对中和轴高度 $\xi_n = x_n / h_0$ 随跨中截面弯矩 M 增加而变化的关系图，其中 x_n 为受压区高度，h_0 为上弦钢管上部外边缘到下弦钢管下部外边缘的距离，称为截面有效高度，如图 10.63 所示。

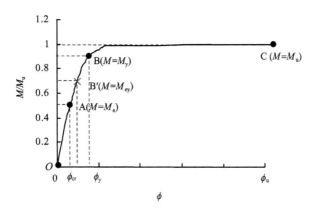

图 10.61　桁式钢管混凝土结构典型受弯荷载（M/M_u）- 跨中曲率（ϕ）关系

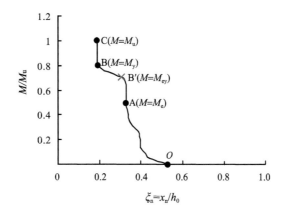

图 10.62　桁式钢管混凝土结构典型受弯荷载（M/M_u）- 中和轴高度（ξ_n）关系

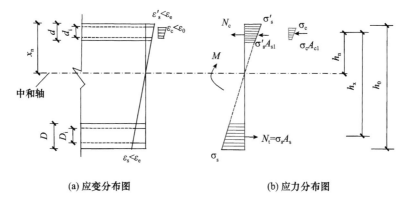

(a) 应变分布图　　　　　　　(b) 应力分布图

图 10.63　桁架截面应力 - 应变分布图（弹性段 OA）

　　由上述图可见，类似于钢筋混凝土适筋梁，桁式钢管混凝土结构的受力全过程可分为三个阶段，其跨中纯弯段截面在各阶段的受力性能和特征如下。

　　① 弹性段（OA）。

　　从开始加荷到下弦受拉钢管的拉应力进入比例极限前，整个桁架截面的钢管均处于弹性阶段。在此状态之前可认为下弦受拉钢管混凝土整体处于弹性状态，因而截面应变分布符合平截面假定，即截面应力分布为直线变化（如图 10.63 所示）。中和轴在截面物理形心位置（可近似按顶点为钢管面积取值的三角形简化计算形心位置，考虑到上弦管内受压混凝土的影响，ξ_n 比计算的截面形心位置略偏上），整个截面的受力接近线弹性，$M\text{-}u_m$ 曲线或 $M\text{-}\phi$ 曲线接近直线。在该阶段，由于整个截面参与受力，截面抗弯刚度较大，桁架的挠度和截面曲率很小，钢管的应力都处于弹性范围内，与截面弯矩近似成正比。钢管混凝土轴压刚度一般大于轴拉刚度，随着荷载增大，中和轴位置逐渐上移，如图 10.62 所示。

　　当截面下弦受拉钢管的下表面外侧边缘纵向最大纤维应变达到钢材的比例应变时（$\varepsilon_s = \varepsilon_e$，如图 10.64 所示），截面达到弹性与塑性的临界状态（A 点），相应弯矩值称为弹性弯矩 M_e。此时，上弦受压混凝土外侧边缘纵向最大纤维应变还未达到混凝土的峰值压应变 ε_0，但已超过弹性段，故上弦截面内混凝土应力呈曲线分布。从本试验结果及大量有限元结果分析可知，M_e/M_u 一般在 0.4～0.5。

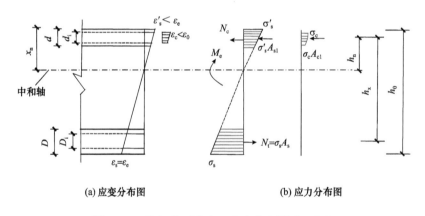

图 10.64　桁架截面应力、应变分布图（A 点）

　　② 塑性段（AB）。

　　达到弹性弯矩之后，跨中下弦钢管下表面逐渐进入塑性阶段，桁架梁截面抗弯刚度逐渐变小。随着荷载不断增大，下弦受拉钢管自下而上逐渐均进入塑性区，同时上弦受压钢管也开始自上而下逐渐进入塑性区。

　　此阶段又可细分为两个阶段。前一阶段（弹塑性段或塑性段 AB'），如图 10.65 所示，上弦受压钢管与下弦受拉钢管的钢管最大纤维应变均未达到钢材的屈服应变，截面抗弯刚度相比弹性段略变小，但减小的幅度不大，$M\text{-}u_m$ 曲线或 $M\text{-}\phi$ 曲线略有转折，仍近似直线。上弦钢管内的受压混凝土也未达到峰值应变，由于上弦受压钢管内的混凝土逐渐损伤，上弦轴压刚度减小，与下弦轴拉刚度接近，此时上、下弦的拉压承载力基本保持等比例的增长，中和轴的位置基本保持不变。后一阶段（屈服段或塑

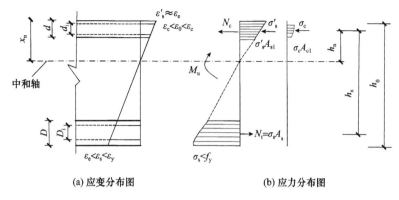

(a) 应变分布图　　　　　　　　　　　　　(b) 应力分布图

图 10.65　桁架截面应力、应变分布图（塑性段 AB'）

性段 B'B）中，下弦受拉钢管进入屈服平台，下弦轴拉刚度较上弦轴压刚度亦变小，因而中和轴迅速上移，如图 10.62 所示。随着荷载增加，上弦受压钢管逐渐接近屈服状态，上弦受压混凝土也逐渐接近峰值应变。截面抗弯刚度比弹塑性 AB' 段的刚度更小，M-u_m 曲线或 M-ϕ 曲线转折较为明显，如图 10.59 和图 10.61 所示。

　　上述两状态之间的临界状态为 B'，其主要标志为截面下弦受拉钢管的下表面外侧边缘纵向最大纤维应变达到钢材的屈服应变（$\varepsilon_s = \varepsilon_y$，如图 10.66 所示），$M$-$u_m$ 曲线和 M-ϕ 曲线开始出现较大转折，截面的塑性发展明显，相应弯矩值称为弹塑性弯矩 M_{ey}。此时，上弦受压混凝土外侧边缘纵向最大纤维应变还未达到混凝土的峰值压应变 ε_0，但已超过弹性段，故上弦截面内混凝土应力呈曲线分布。此后桁架进入屈服阶段（塑性段 B'B）（图 10.67）。

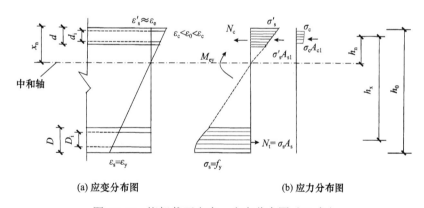

(a) 应变分布图　　　　　　　　　　　　　(b) 应力分布图

图 10.66　桁架截面应力、应变分布图（B' 点）

　　当截面下弦受拉钢管的上表面外侧边缘纵向最大纤维应变达到钢材的屈服应变时（$\varepsilon_{s\text{-up}} = \varepsilon_y$，如图 10.68 所示），此时下弦受拉钢管基本完全进入塑性状态（B 点），相应弯矩值称为塑性弯矩 M_y。此时，上弦受压混凝土外侧边缘纵向最大纤维应变达到混凝土的峰值压应变 ε_0，上弦截面内混凝土应力呈曲线分布；同时上弦受压钢管上表面外侧边缘纵向最大纤维应变已进入屈服段；截面中和轴已上升到一个较高的位置，接近上弦受压钢管，甚至可能已进入上弦受压钢管的内部。

　　③ 强化段（BC）。桁架截面的抗弯承载力达到塑性弯矩之后，如图 10.69 所示，

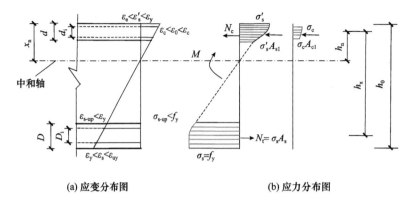

(a) 应变分布图　　　　　　　　　(b) 应力分布图

图 10.67　桁架截面应力、应变分布图（塑性段 B′B）

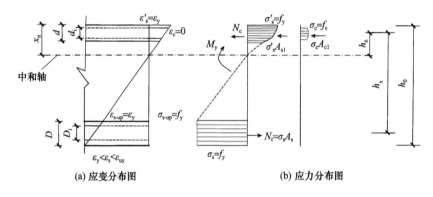

(a) 应变分布图　　　　　　　　　(b) 应力分布图

图 10.68　桁架截面应力、应变分布图（B 点）

跨中下弦钢管下表面逐渐进入强化阶段，桁架截面抗弯刚度迅速变小。随着荷载继续增大，下弦受拉钢管自下而上逐渐均进入强化区，同时上弦受压钢管塑性发展也愈加明显，截面抗弯刚度进一步减小。此时上下弦钢管均已屈服，上弦受压混凝土基本达到极限应变，出现一定程度的损伤，因而上下弦的刚度基本又达到一个平衡状态，截面中和轴的位置保持高位基本不再变化。总体而言，此阶段桁架虽有一定程度的强化现象，但从荷载 - 位移关系看基本可以认为 M-u_m 曲线和 M-ϕ 曲线均处于平台阶段，桁架承载力基本不变而曲率和挠度增长很快，截面的塑性性能明显。

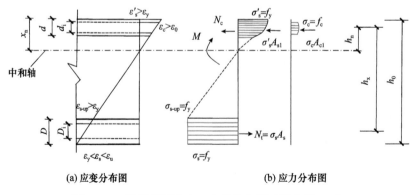

(a) 应变分布图　　　　　　　　　(b) 应力分布图

图 10.69　桁架截面应力、应变分布图（强化段 BC）

当截面下弦受拉钢管的下表面外侧边缘纵向最大纤维应变达到钢材的极限应变时（$\varepsilon_s=\varepsilon_u$，为避免过大的塑性应变，取 $\varepsilon_u=0.01$，见图 10.70），认为桁架达到极限状态，相应弯矩值称为极限弯矩 M_u。此时，上弦受压混凝土外侧边缘纵向最大纤维应变基本达到或超过混凝土的极限压应变 ε_{cu}。

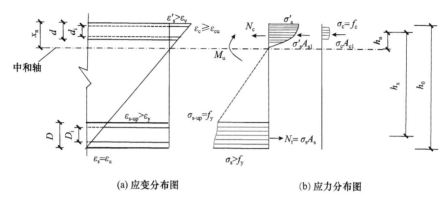

(a) 应变分布图　　　　　　　　　　　(b) 应力分布图

图 10.70　桁架截面应力、应变分布图（C 点）

图 10.63～图 10.70 中的符号含义汇总如下。

d_i 为钢管混凝土上弦钢管的内径；

D_i 为钢管混凝土下弦钢管的内径；

h_n 为桁架截面的受压区压力合力作用中心到中和轴的距离；

h_x 为桁架截面的受压区压力合力作用中心到受拉区拉力合力作用中心的距离；

h_0 为桁架截面的受压区外边缘到受拉区外边缘的距离；

ε_s'、ε_s 为上弦钢管的受压应变、下弦钢管的受拉应变；

ε_c 为上弦混凝土的受压应变；

σ_s'、σ_s 为上弦钢管的受压应力、下弦钢管的受拉应力；

σ_c 为上弦混凝土的受压应力；

N_{tu} 为受拉侧圆钢管混凝土抗拉强度；

N_c 为受压侧圆钢管混凝土承受的荷载；

M_u 为三肢桁架的截面抗弯承载力；

A_{sl}、A_s 为上弦钢管的受压面积、下弦钢管的受拉面积；

A_{cl} 为上弦混凝土的受压面积。

3）截面抗弯承载力。

三肢桁式钢管混凝土结构抗弯承载力特征点 M_e、M_y 和 M_u 的简化计算公式推导过程如下。

① 弹性弯矩 M_e。

根据上文分析，桁架在弹性受力阶段平截面假定可用，故根据变形协调关系，可得

$$\frac{\varepsilon_s'}{\varepsilon_c'}=\frac{h_n+d/2}{h_n+d/2-t'} \tag{10.7}$$

$$\frac{\varepsilon'_s}{\varepsilon_s} = \frac{h_n + d/2}{h_i - h_n + D/2} \tag{10.8}$$

当截面抗弯承载力达到弹性弯矩 M_e 时，满足受拉下弦钢管的下表面外缘首先达到弹性应变 ε_e 最大值，有

$$\varepsilon_s = \varepsilon_e \tag{10.9}$$

根据材料的物理关系可给出

$$\sigma_s = E_s \varepsilon_s \tag{10.10}$$

$$\sigma'_s = E_s \varepsilon'_s \tag{10.11}$$

$$\sigma_c = E_c \varepsilon_c \tag{10.12}$$

根据力平衡方程可导得

$$N_c = \int \sigma_c dA_{cl} + \int \sigma'_s dA_{sl} \tag{10.13}$$

$$N_t = \int \sigma_s dA_s \tag{10.14}$$

$$N_c = N_t \tag{10.15}$$

截面整体弯矩为

$$M_e = N_t h_x \tag{10.16}$$

联立式（10.7）～式（10.15），可得

$$h_n = h_x \cdot \frac{E_s A_s}{E_s A_s + 2(E_s A_{sl} + E_c A_{cl})} \tag{10.17}$$

式中：h_x 为桁架截面的受压荷载作用中心到受拉荷载作用中心的距离，由桁架截面的几何关系，可以近似认为 $h_x = h_i$。

将式（10.17）代入式（10.14）和式（10.16），可得

$$M_e = E_s \varepsilon_e A_s h_i \cdot \frac{h_i - h_n}{h_i - h_n + \dfrac{D}{2}} \tag{10.18}$$

② 塑性弯矩 M_y。

根据上节及 10.3 节分析，当截面抗弯承载力达到塑性弯矩 M_y 时，满足受拉下弦钢管的上表面外缘达到屈服应变 ε_y，因而有

$$\varepsilon_{s-up} = \varepsilon_y \tag{10.19}$$

此时下弦受拉钢管已屈服，因而可得

$$N_{ty} = f_y A_s \tag{10.20}$$

而受压上弦的钢管和内填混凝土均处于弹塑性状态，因而有

$$N_c = \int \sigma_c (\varepsilon) dA_{cl} + \int \sigma'_s (\varepsilon') dA_{sl} \tag{10.21}$$

根据力平衡方程可得

$$N_c = N_{ty} \tag{10.22}$$

截面整体弯矩（M_y）为

$$M_y = N_{ty} h_x \tag{10.23}$$

简化计算，可以近似认为上弦受压区的压力合力中心位于上弦形心，即有 $h_x = h_i$，因而可用如下简化公式计算截面塑性弯矩 M_y 为

$$M_y = f_y A_s h_i \tag{10.24}$$

③ 破坏弯矩 M_u。

根据试验分析和理论研究，在桁架的破坏阶段平截面假定已不能用，但单独考察上弦和下弦，其各自截面的平截面假定依然可用，即变形协调关系依旧成立。

经上述分析可知，当截面抗弯承载力达到破坏弯矩 M_u 时，满足受拉下弦钢管的下表面外缘达到钢材极限 $\varepsilon_u = 0.01$，因而有

$$\varepsilon_s = \varepsilon_u \tag{10.25}$$

此时下弦受拉钢管已达到极限承载力，极限承载力 N_{tu} 由下式计算：

$$N_{tu} = (1.1 - 0.4\alpha_s) f_y A_s \tag{10.26}$$

而受压上弦的钢管和内填混凝土均处于塑性状态，因而有

$$N_c = \int \sigma_c(\varepsilon) \, dA_{cl} + \int \sigma'_s(\varepsilon') \, dA_{sl} \tag{10.27}$$

根据力平衡方程可得

$$N_c = N_{tu} \tag{10.28}$$

同理，为简化计算，可以近似认为上弦受压区的压力合力中心位于上弦形心，即有 $h_x = h_i$，因而简化计算可得

$$M_u = (1.1 - 0.4\alpha_s) f_y A_s h_i \tag{10.29}$$

式中：f_y 为钢管的屈服强度；α_s 为下弦钢管混凝土的含钢率。

经上述分析，式（10.18）、式（10.24）和式（10.29）分别为桁式钢管混凝土结构的弹性弯矩 M_e、塑性弯矩 M_y 和破坏弯矩 M_u 的计算公式。根据推导过程可知以上公式的适用范围为：$\alpha_s = 0.04 \sim 0.2$，Q235～Q420 钢，C30～C80 混凝土；节点强度满足设计要求，节点构造满足设计要求，如节点偏心满足 $-0.55 \leqslant e/h_0 \leqslant 0.25$ 等，桁架高跨比 $h/L = 1/15 \sim 1/10$，弦腹杆夹角满足 $45° \leqslant \theta \leqslant 65°$。

4）设计方法。

以上所述的抗弯承载力推导过程适用于类似于钢筋混凝土的"适筋梁"，且中和轴位置不进入上弦受压钢管混凝土内，其破坏特征为下弦受拉钢管屈服，中和轴不断上移，从塑性弯矩 M_y 到破坏弯矩 M_u 有一个较长的变形过程，构件可吸收较大的变形能，挠度和曲率发展充分，破坏特征明显，表现为延性破坏。

本章中定义了上下弦强度比 β_c［见式（10.5）］，从本质上讲，β_c 等同于钢筋混凝土中配筋率的概念，因而本节将推导出适合桁式钢管混凝土结构的"最大配筋率"和"最小配筋率"。

① 上下弦最大强度比 $\beta_{c\text{-max}}$。

随着上下弦强度比 β_c 的增大，达到塑性弯矩 M_y 时，若下弦钢管混凝土达到屈服时的总拉力 $N_{ty} = f_y A_s$ 不变，则为保持上下弦拉压力的平衡，此时上弦受压区的变形将减小，从而使得中和轴的高度 x_n 减小。当 β_c 大于一定值时，可能造成达到塑性弯矩 M_y 时，中和轴已经进入上弦受压钢管混凝土内，使得受压上弦的底部承受拉力，从而出现上弦部分受拉部分受压的不利状态。从设计角度而言这一情况也是不经济的，需要避免。此时所对应的上下弦强度比即为上下弦最大强度比 $\beta_{c\text{-max}}$。当 β_c 大于 $\beta_{c\text{-max}}$ 时，即为类似钢筋混凝土的少筋梁。

从以上分析可知，当达到塑性弯矩 M_y 时，若中和轴恰好位于上弦受压钢管的底面下边缘，则此时的 β_c 即为上下弦最大强度比 $\beta_{c\text{-max}}$。此时桁架截面的应力、应变分布如图 10.71 所示。

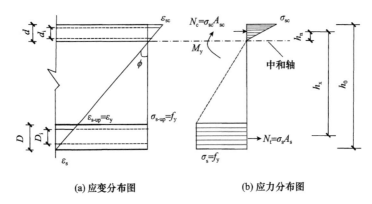

(a) 应变分布图   (b) 应力分布图

图 10.71   桁架截面应力、应变分布图（上下弦最大强度比 $\beta_{c\text{-max}}$）

根据图 10.71，将上弦钢管混凝土作为整体进行受力分析，可列出桁架在达到塑性弯矩 M_y 时截面的平衡方程、几何关系及物理关系的系列方程如下：

$$N_c = N_{tu} \tag{10.30}$$

$$\phi = \frac{\varepsilon_y}{h_x - h_n - D/2} = \frac{\varepsilon_{sc}}{d} \tag{10.31}$$

$$\sigma_{sc} = E_{sc}\varepsilon_{sc} \tag{10.32}$$

$$N_{tu} = f_y \cdot A_s \tag{10.33}$$

$$N_c = \int \sigma_{sc} dA_{sc} \tag{10.34}$$

由式（10.32）可得

$$\varepsilon_{sc} = \frac{d}{h_x - h_n - D/2}\varepsilon_y \tag{10.35}$$

显然，在设计合理的情况下，上弦的尺寸远远小于桁架截面高度的 1/2，故可以判断 $\dfrac{d}{h_x - h_n - D/2}$ 的取值范围小于 0.5，可以认为 ε_{sc} 仍处于弹性阶段，即式（10.32）成立，联立式（10.30）、式（10.33）和式（10.34），有

$$N_c = 0.5 \times E_{sc}\varepsilon_{sc} \times A_{sc} \times 2 = E_{sc}\varepsilon_{sc}A_{sc} = N_{tu} = f_y A_s \tag{10.36}$$

代入式（10.5）得

$$\beta_{c\text{-max}} = \frac{N_{cu}}{N_{tu}} = \frac{f_{scy}A_{sx} \times 2}{f_y A_s} = \frac{2f_{scy}A_{sc}}{f_y A_s} \tag{10.37}$$

将式（10.35）和式（10.36）代入式（10.37），可得

$$\beta_{c\text{-max}} = \frac{2f_{scy}A_{sc}}{f_y A_s} = \frac{2f_{scy}A_{sc}}{E_{sc}\varepsilon_{sc}A_{sc}} = \frac{2f_{scy}}{E_{sc}\varepsilon_y} \cdot \frac{h_x - h_n - D/2}{d} \tag{10.38}$$

E_{sc} 可按下式计算（韩林海，2007，2016），即

$$E_{sc} = \frac{f_{scp}}{\varepsilon_{scp}} = \frac{[0.192(f_y/235)+0.488] \cdot f_{scy}}{\varepsilon_{scp}} \tag{10.39}$$

$$\varepsilon_{scp} = 3.25 \times 10^{-6} f_y$$

将式（10.39）代入式（10.38），可得

$$\begin{aligned}
\beta_{c-max} &= \frac{2f_{scy}}{E_{sc}\beta_y} \cdot \frac{h_x - h_n - D/2}{d} \\
&= \frac{6.5 \times 10^{-6} f_y}{[0.192(f_y/235)+0.488] \cdot \varepsilon_y} \cdot \frac{h_x - h_n - D/2}{d}
\end{aligned} \tag{10.40}$$

当采用 Q235、Q345 和 Q420 钢材时，取 $\varepsilon_y = 2000\mu\varepsilon$，则式（10.40）的第一项 $\dfrac{6.5 \times 10^{-6} f_y}{[0.192(f_y/235)+0.488] \cdot \varepsilon_y}$ 分别取值为 1.12、1.46 和 1.64。

从图 10.71 可知，上弦的压力合力中心大约位于上弦偏上 1/3 的位置处，即 $h_n = 2d/3$，而下弦拉力的合力中心正好位于下弦中心位置，所以对于式（10.40）的第二项，有

$$\frac{h_x - h_n - D/2}{d} = \frac{h_0 - d - D}{d} \tag{10.41}$$

在工程常用参数范围内，经过大量实际工程算例计算，可知式（10.41）的取值范围为 3.6~12.5，因而 β_{c-max} 在工程常用参数范围内的取值范围为 4.0~20.5。

综上所述，在实际工程设计时，建议桁式钢管混凝土结构的上、下弦强度比小于下式所示的最大值：

$$\beta_{c-max} = \kappa \cdot \frac{h_0 - d - D}{d} \tag{10.42}$$

式中：κ 为系数，对于 Q235 钢材，$\kappa = 1.12$，对于 Q345 钢材，$\kappa = 1.46$，对于 Q420 钢材，$\kappa = 1.64$；h_0 为桁架截面的受压区外边缘到受拉区外边缘的距离；d 为桁架上弦受压钢管的外直径；D 为桁架下弦受拉钢管的外直径。

② 上下弦最小强度比 β_{c-max}。

同理，β_c 存在一个最小值 β_{c-max}，当 β_c 小于 β_{c-max}，受拉下弦过强，即出现类似钢筋混凝土超筋梁的情况。对于超筋梁而言，最大的不利之处在于 M_y 与 M_u 过于接近，即构件的延性变小。当达到塑性弯矩 M_y 时，若中和轴恰好位于下弦受拉钢管的顶面上边缘，则此时的 β_c 即为上下弦最小强度比 β_{c-min}。此时桁架的应力、应变分布如图 10.72 所示。

将上弦钢管混凝土作为整体进行受力分析，可列出桁架在达到塑性弯矩 M_y 时截面的平衡方程、几何关系及物理关系的系列方程如下：

$$\phi = \frac{\varepsilon_{scy}}{h_0 - d - D} = \frac{\varepsilon_s}{D} \tag{10.43}$$

$$N_{cu} = N_t \tag{10.44}$$

式中：ε_{scy} 为钢管混凝土轴心受压时的强度指标 f_{scy} 对应的应变。

考虑到下弦的上表面与中和轴重合，可以认为下弦基本处于弹性段，因此有如下关系，即

$$N_t = 0.5\sigma_s A_s \tag{10.45}$$

$$\sigma_s = E_s \varepsilon_s \tag{10.46}$$

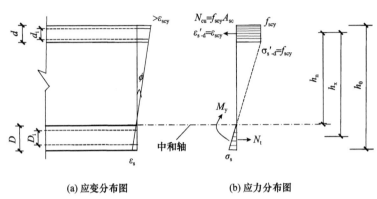

(a) 应变分布图　　　　　(b) 应力分布图

图 10.72　桁架截面应力、应变分布图（上下弦最大强度比 $\beta_{c\text{-max}}$）

根据钢管混凝土轴压强度计算公式，可得

$$N_{cu} = 2f_{scy}A_{sc} \tag{10.47}$$

联立式（10.43）~式（10.47）可得

$$2f_{scy}A_{sc} = \frac{1}{2} E_s \frac{D}{h_0 - d - D} \varepsilon_{scy}A_s \tag{10.48}$$

代入式（10.5），得

$$\beta_{c\text{-min}} = \frac{N_{cu}}{N_{tu}} = \frac{2f_{scy}A_{sc}}{f_y A_s} \tag{10.49}$$

将式（10.48）代入式（10.49），可得

$$\beta_{c\text{-min}} = \frac{2f_{scy}A_{sc}}{f_y A_s} = \frac{E_s \varepsilon_{scy}}{2f_y} \frac{D}{h_0 - d - D} \tag{10.50}$$

关于 ε_{scy} 的计算方法，对于圆钢管混凝土可按下式计算［韩林海（2007，2016）］，即

$$\varepsilon_{scy} = 1300 + 12.5f'_c + (600 + 33.3f'_c) \cdot \xi^{0.2} \tag{10.51}$$

式中：f'_c 为内填混凝土圆柱体抗压强度；ξ 为钢管混凝土约束效应系数。在工程常用计算范围内，ε_{scy} 的取值范围基本在 $3000\mu\varepsilon$ 左右，将 $\varepsilon_{scy} = 3000\mu\varepsilon$ 代入式（10.50），得

$$\beta_{c\text{-min}} = \frac{309}{f_y} \frac{D}{h_0 - d - D} \tag{10.52}$$

当采用 Q235、Q345 和 Q420 钢材时，式（10.52）的第一项 $\frac{309}{f_y}$ 分别取值为 1.31、0.90 和 0.74。在工程常用参数范围内，可知 $\frac{D}{h_0 - d - D}$ 的取值范围为 0.10~0.35，因而 $\beta_{c\text{-min}}$ 在工程常用参数范围内的取值范围为 0.07~0.46。

综上所述，在实际工程设计时，建议桁式钢管混凝土结构的上下弦强度比最大值应满足下式，即

$$\beta_{c\text{-min}} = \kappa' \cdot \frac{D}{h_0 - d - D} \tag{10.53}$$

式中：κ' 为系数，$\kappa' = \dfrac{103\,000\varepsilon_{scy}}{f_y}$（$\varepsilon_{scy}$ 单位取 $\mu\varepsilon$，f_y 单位取 MPa），对于 Q235 钢材，$\kappa' = 1.31$，对于 Q345 钢材，$\kappa' = 0.90$，对于 Q420 钢材，$\kappa' = 0.74$；h_0 为桁架截面的受压区外边缘到受拉区外边缘的距离；d 为桁架上弦受压钢管的外直径；D 为桁架下弦受拉钢管的外直径。

③ β_c 取值范围。

综上所述，为合理设计桁架，其上下弦强度比 $\beta_c = \dfrac{N_{cu}}{N_{tu}}$ 应满足下式，即

$$\kappa' \cdot \frac{D}{h_0 - d - D} = \beta_{c\text{-min}} < \beta_c < \beta_{c\text{-max}} = \kappa \cdot \frac{h_0 - d - D}{d} \tag{10.54}$$

式中：κ'、κ 为系数，对于 Q235 钢材，$\kappa' = 1.31$，$\kappa = 1.12$，对于 Q345 钢材，$\kappa' = 0.90$，$\kappa = 1.46$，对于 Q420 钢材，$\kappa' = 0.74$，$\kappa' = 1.64$；h_0 为桁架截面的受压区外边缘到受拉区外边缘的距离；d 为桁架上弦受压钢管的外直径；D 为桁架下弦受拉钢管的外直径。

（2）截面抗弯刚度

桁架的挠度计算是受力分析中非常重要的内容，随着跨度的增加，挠度计算（抗弯刚度大小）往往可能变成桁架设计的控制因素。因此，较为准确地预测桁架结构的截面抗弯刚度对结构设计而言是十分重要的。

本节从基本的受力状态出发，根据平截面假定，利用几何关系、物理关系及平衡条件，推导圆形三肢桁架截面的抗弯刚度。

根据弹性材料梁抗弯刚度的概念可知

$$\phi = \frac{M}{EI} \tag{10.55}$$

由于材料非线性，随着荷载的增大，跨中截面曲率呈非线性变化（图 10.61）。参考韩林海（2007，2016）的研究方法，将 M-ϕ 全过程关系曲线上 $M = 0.2M_u$ 对应点与原点连线倾角的正切（割线刚度）作为其截面初始抗弯刚度，记作 B_i，如图 10.73 所示，以 M-ϕ 全过程关系曲线上 $M = 0.6M_u$ 对应点与原点连线倾角的正切（割线刚度）作为桁式钢管混凝土结构正常使用阶段的抗弯刚度，简称使用阶段抗弯刚度，记作 B_s。

桁式钢管混凝土结构的抗弯刚度 B 随截面弯矩的变化而变化，其加载全过程曲线的特点如下（结合本节的截面应力发展过程）。

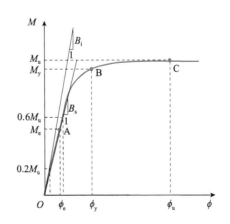

图 10.73　桁架截面弯矩（M）-曲率（ϕ）关系示意图

1）弹性段（OA）。

当弯矩很小时，桁架梁基本处于弹性工作阶段。当弯矩达到弹性弯矩 M_e 时，由于下弦受拉钢管内的混凝土出现受拉裂缝，以及上弦受压钢管内的混凝土存在一定的塑性变形，抗弯刚度略有降低。根据有限元计算当 $M=0.2M_u$ 时，截面的初始抗弯刚度 B_i 约为桁架截面换算抗弯刚度 B_{io} 的 0.90 倍，即 $B_i=0.9B_{io}$。

2）塑性段（AB）。

达到弹性弯矩之后，M-ϕ 曲线出现转折，抗弯刚度略减小，且随着弯矩的不断增大，截面的抗弯刚度不断降低。本章所取正常使用状态的抗弯刚度即处于该阶段，如图 10.73 所示。根据有限元计算当 $M=0.6M_u$ 时，截面的使用阶段抗弯刚度 B_s 约为桁架截面换算抗弯刚度 B_{io} 的 0.50 倍，即 $B_i=0.5B_{io}$。

3）强化段（BC）。

桁式钢管混凝土结构屈服后进入强化阶段，M-ϕ 曲线出现较大的转折，弯矩增加较少而曲率迅速增加，M-ϕ 曲线进入平台区，截面抗弯刚度急剧降低。

为求桁架截面的初始抗弯刚度 B_i，考察弹性阶段桁架截面的上下弦钢管及混凝土的应变分布具有以下特征（图 10.63）。

① 根据试验及有限元分析可知，在此阶段平截面假定可用。

② 下弦受拉钢管的下表面外侧边缘纵向最大纤维应变还未达到钢材的比例极限（$\varepsilon_s<\varepsilon_e$，如图 10.63 所示）。随着荷载增加，截面弯矩增加的过程中，跨中截面的中和轴位置逐渐上移，因而基本可以认定上弦受压钢管应变值未达到比例极限（$\varepsilon_s'<\varepsilon_e$）。由式（10.55），在弹性弯矩 $0.2M_u$ 的作用下，桁架截面的抗弯刚度 B_i 为

$$B_i=\frac{M}{\phi}=\frac{0.2M_u}{\phi} \tag{10.56}$$

假设在此受力阶段，上弦受压钢管混凝土和下弦受拉钢管混凝土的弹性材料关系可用。根据平衡关系为

$$M=Ch_i=2E_{sc}\frac{h_n}{h_n+d/2}\varepsilon_s'A_{sc}'h_i \tag{10.57}$$

$$M=Th_i=E_{sc}\frac{h_i-h_n}{h_0-h_n-d/2}\varepsilon_s A_s h_i \tag{10.58}$$

式中：ε_s'、ε_s 为上弦钢管的受压应变、下弦钢管的受拉应变；E_{sc}、E_s 为上弦钢管混凝土的弹性模量、下弦钢管的弹性模量；A_{sc}'、A_s 为上弦钢管混凝土的横截面积、下弦外钢管的横截面积；h_n、h_i、h_0、d 如图 10.65 所示。

由上两式可得

$$\varepsilon_s'=\frac{M(h_n+d/2)}{2E_{sc}A_{sc}h_n h_i} \tag{10.59}$$

$$\varepsilon_s=\frac{M(h_0-h_n-d/2)}{E_s A_s h_i(h_i-h_n)} \tag{10.60}$$

又，由平截面假定可知

$$\phi=\frac{\varepsilon_s'+\varepsilon_s}{h_0} \tag{10.61}$$

将式（10.59）～式（10.61）代入式（10.56），可得

$$B_i = \cfrac{h_i h_0}{\cfrac{h_n + d/2}{2E_{sc}A'_{sc}h_n} + \cfrac{h_0 - h_n - d/2}{E_s A_s (h_i - h_n)}} \qquad (10.62)$$

由上式可知，若已知中和轴高度 h_n 的大小，则可求出截面初始抗弯刚度 B_i。

对此状态做简化处理，h_n 可按下式求出：

$$h_n = \cfrac{\cfrac{f_y A_s}{2E_{sc}A'_{sc}}}{\cfrac{f_y A_s}{2E_{sc}A'_{sc}} + 0.4\,\varepsilon_e}\,(h_0 - D) \qquad (10.63)$$

将式（10.63）代入式（10.62）即可求出桁式钢管混凝土结构的截面弹性抗弯刚度 B_i。

根据有限元计算结果分析可知，截面初始抗弯刚度和使用阶段抗弯刚度可分别按截面换算抗弯刚度 B_{io} 的 90% 和 50% 折减进行计算。桁架结构的换算抗弯刚度 B_{io} 可按照将上弦双肢刚度与下弦单肢刚度简单叠加进行计算，因而本章提出如下三肢桁式钢管混凝土结构的截面初始抗弯刚度和使用阶段抗弯刚度简化计算方法为

$$B_i = 0.9B_{io} = 0.9 \times [\,2E_{sc}A'_{sc}h_{n\text{-}i}^2 + (EA)_{sct}(h_i - h_{n\text{-}i})^2\,] \qquad (10.64)$$

$$B_s = 0.5B_{io} = 0.5 \times [\,2E_{sc}A'_{sc}h_{n\text{-}i}^2 + (EA)_{sct}(h_i - h_{n\text{-}i})^2\,] \qquad (10.65)$$

式中：E_{sc} 为上弦钢管混凝土的弹性模量；$(EA)_{sct}$ 为下弦钢管混凝土的轴拉刚度，可按 $(EA)_{sct} = E_s A_s + 0.1 \cdot E_c A_c$ 计算；A'_{sc} 为上弦单肢钢管混凝土的横截面积；$h_{n\text{-}i}$ 为桁架截面初始受压区压力合力作用中心到中和轴的距离，可按顶点分别为三肢钢管面积取值的三角形简化计算重心位置得到 h_i 为桁架截面高度（三肢桁式钢管混凝土结构截面上下弦管的中心距离）。

（3）公式验证

1）截面极限弯矩。

采用提出的截面弯矩简化计算公式（10.29）对本章试验进行计算，材料强度均取相应材料的实测值，计算结果与试验结果对比见表 10.5。

表 10.5　简化公式计算结果与试验结果对比（截面弯矩 M_u）

序号	试件编号	$M_{uc}/(kN \cdot m)$	$M_{ue}/(kN \cdot m)$	M_{uc}/M_{ue}
1	T8-1	199.6	186	1.073
2	T8-2	199.6	195	1.024
3	T6-1	199.6	198	1.008
4	T6-2	199.6	246	0.811
平均值				0.979
COV				0.117

　　由上述结果可见，截面极限弯矩的计算值与试验值的比值平均值为 0.979，COV 为 0.117，可见其符合程度较好。

　　由于目前未见其他学者关于三肢桁式钢管混凝土结构试验的报道，因此本节参考实际工程选取典型算例（参数如表 10.6 所示），表 10.7 分别列出了典型算例的有限元计算结果（M_{ue}）与采用简化公式（10.29）的计算结果（M_{uc}），并将两者进行对比。典型算例计算中钢管均选用 Q345 钢材，管内填充 C60 混凝土。

表 10.6　三肢桁式钢管混凝土结构有限元算例一览表

序号	试件编号	截面高度 h_i/mm	截面宽度 b_i/mm	下弦钢管 $D \times t$/(mm×mm)	上弦钢管 $d \times t'$/(mm×mm)	斜腹杆 $D_1 \times t_1$/(mm×mm)	平腹杆 $D_b \times t_b$/(mm×mm)
1	AT8-1	375	432	140×4	80×3	76×3	32×3
2	AT8-2	375	432	140×4	80×4	76×3	32×3
3	AT8-3	375	432	140×4	80×5	76×4	32×3
4	AT8-4	375	432	140×5	80×5	76×4	32×3
5	CT8-1	1 104	784	300×9	180×5	150×5	100×5
6	CT8-2	1 104	784	300×10	180×8	150×5	100×5
7	CT8-3	1 380	980	300×9	180×8	150×8	100×5
8	CT8-4	1 380	980	300×10	180×9	150×9	100×5

表 10.7　简化公式计算结果与有限元结果对比（截面弯矩 M_u）

序号	试件编号	M_{uc}/(kN·m)	M_{ue}/(kN·m)	M_{uc}/M_{ue}
1	AT8-1	237.7	224.9	1.057
2	AT8-2	237.7	228.1	1.042
3	AT8-3	237.1	231.7	1.023
4	AT8-4	293.0	279.7	1.048
5	CT8-1	3 364.6	3 442.0	0.978
6	CT8-2	3 714.4	3 729.6	0.996
7	CT8-3	4 205.8	4 294.1	0.979
8	CT8-4	4 643.0	4 766.2	0.974
平均值				1.012
COV				0.034

　　由上述结果可见，截面极限弯矩的计算值与有限元计算结果的比值平均值为 1.012，COV 为 0.034。将表 10.5 和表 10.7 的截面极限弯矩对比情况汇总于图 10.74，可见其符合程度较好。

　　综上所述，桁式钢管混凝土结构的截面弯矩简化计算公式（10.29）与试验结果以及有限元计算的结果均吻合较好。

2）截面抗弯刚度。

采用提出的截面初始抗弯刚度 B_i 简化计算公式（10.62）、式（10.64）和截面使用阶段抗弯刚度 B_s 简化计算公式（10.65）对本章桁架试验及表 10.6 的典型算例进行计算，试验算例材料强度均取相应材料的实测值，典型算例材料强度均取材料标准值，简化计算结果与试验结果以及有限元典型算例结果对比分别见表 10.8 和表 10.9。从表 10.8 中可见，按式（10.62）和式（10.64）的截面初始抗弯刚度 B_i 的计算值 B_{ic} 与试验值 B_{ie} 的比值平均值分别为 0.964 和 0.953，COV 均为 0.052；而与有限元计算结果的平均值分别为

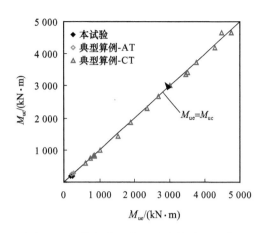

图 10.74　桁架截面弯矩试验值（M_{ue}）与计算值（M_{uc}）对比

0.951 和 0.936，COV 分别为 0.019 和 0.014，见表 10.9，可见其符合程度较好。

表 10.8　简化公式计算结果与试验结果对比（抗弯刚度 B）

| 序号 | 试件编号 | B_{sc} 式（10.65）/（kN·m） | B_{se}/（kN·m） | B_{sc}/B_{se} | B_{ic} | | B_{ie} | B_{ic1}/B_{ie} | B_{ic2}/B_{ie} |
					B_{ic1} 式（10.62）/（kN·m）	B_{ic2} 式（10.64）/（kN·m）			
1	T8-1	18 316.3	23 805.1	0.769	30 770.9	30 400.2	32 871.3	0.936	0.925
2	T8-2	18 316.3	22 588.4	0.811	30 770.9	30 400.2	32 466.9	0.948	0.936
3	T6-1	18 316.3	24 000	0.763	30 770.9	30 400.2	32 958.6	0.934	0.922
4	T6-2	18 316.3	27 428.6	0.668	30 770.9	30 400.2	29 610.2	1.039	1.027
平均值				0.753	—	—		0.964	0.953
COV				0.080				0.052	0.052

从表 10.8 中可见，按式（10.65）的截面使用阶段抗弯刚度 B_s 的计算值 B_{sc} 与试验值 B_{se} 的比值平均值分别为 0.753，COV 为 0.080；而与有限元计算结果的平均值分别为 0.813，COV 为 0.058，见表 10.9。可见，简化计算结果与试验值、简化计算结果与有限元计算结果均基本吻合。

表 10.9　简化公式计算结果与有限元结果对比（抗弯刚度 B）

| 序号 | 试件编号 | B_{sc} 式（10.65）/（kN·m） | B_{se}/（kN·m） | B_{sc}/B_{se} | B_{ic} | | B_{ie} | B_{ic1}/B_{ie} | B_{ic2}/B_{ie} |
					B_{ic1} 式（10.62）/（kN·m）	B_{ic2} 式（10.64）/（kN·m）			
1	AT8-1	18 316.3	24 250.9	0.755	33 429.1	32 875.8	3.6×10^4	0.928	0.914
2	AT8-2	19 552.3	2.43×10^4	0.807	35 561.8	35 112.2	3.77×10^4	0.944	0.931
3	AT8-3	20 588.9	2.77×10^4	0.744	37 345.6	36 989.5	3.91×10^4	0.954	0.946
4	AT8-4	23 497.8	2.97×10^4	0.791	43 633.3	43 947.7	4.73×10^4	0.922	0.928

续表

| 序号 | 试件编号 | B_{sc} 式（10.65）/（kN·m） | B_{se} /（kN·m） | B_{sc}/B_{se} | B_{ic} | | B_{ie} | B_{ic1}/B_{ie} | B_{ic2}/B_{ie} |
					B_{ic1} 式（10.62）/（kN·m）	B_{ic2} 式（10.64）/（kN·m）			
5	CT8-1	7.28×10^5	8.28×10^5	0.879	1.34×10^6	1.30×10^6	1.39×10^6	0.964	0.935
6	CT8-2	8.52×10^6	9.97×10^6	0.855	1.58×10^6	1.53×10^6	1.64×10^6	0.963	0.933
7	CT8-3	1.26×10^6	1.52×10^6	0.829	2.29×10^6	2.26×10^6	2.36×10^6	0.970	0.958
8	CT8-4	1.37×10^6	1.63×10^6	0.840	2.53×10^6	2.46×10^6	2.62×10^6	0.966	0.939
平均值				0.813	—	—	—	0.951	0.936
COV				0.058	—	—	—	0.019	0.014

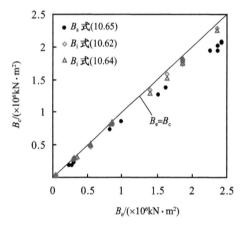

图 10.75　桁架截面抗弯刚度试验值或有限元计算值（B_e）与公式计算值（B_c）对比

将表 10.8 和表 10.9 的截面初始抗弯刚度（B_i）简化计算值与试验值或有限元计算结果及使用阶段抗弯刚度（B_s）简化计算值与试验值或有限元计算结果的对比情况汇总于图 10.75，可见符合程度较好。

综上所述，桁式钢管混凝土结构的截面初始抗弯刚度 B_i 简化计算式（10.62）和式（10.64）与试验结果以及有限元计算的结果均吻合较好。相对而言，式（10.64）的计算方法更为简便，而式（10.62）的结果略优于式（10.64）。桁式钢管混凝土结构的截面使用阶段抗弯刚度 B_s 简化计算式（10.65）与试验结果以及有限元计算的结果均基本吻合。

10.4.2　带混凝土板的桁式钢管混凝土结构

（1）截面极限弯矩计算方法

根据试验和有限元分析结果，得到在弹性范围内带混凝土板的桁式钢管混凝土结构跨中受弯截面的应变发展满足平截面假定，且在 $M/M_u \leqslant 0.6$ 范围内，可以认为平截面假定基本适用于跨中纯弯截面。本节结合试验及有限元分析的荷载-应变关系、荷载-挠度关系、弯矩-曲率关系、荷载-中和轴高度关系等曲线，根据极限状态的平衡条件推导该类桁架截面的极限弯矩。

1）基本假定。

三肢桁式钢管混凝土结构（带混凝土板）截面示意如图 10.76 所示。在进行其抗弯承载力计算时作如下假定。

① 受力弹性段内，横截面变形后仍然为平面，即符合平截面假定。

② 不考虑混凝土抗拉对桁架整体抗弯承载力的贡献。

③ 不考虑腹杆的抗弯作用。

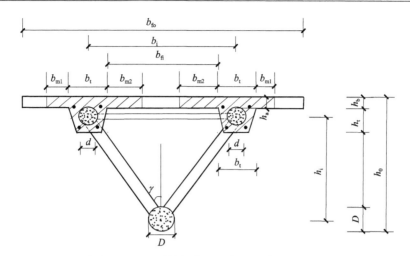

图 10.76　三肢桁架截面示意图（带混凝土板）

图 10.76 中：

d 为钢管混凝土上弦钢管的外径；

D 为钢管混凝土下弦的钢管外径；

b_t、h_t 为钢管混凝土上弦外包混凝土宽度、高度；

b_{m1}、b_{m2} 为混凝土板外伸端和中间段的有效翼缘宽度；

b_{fo}、h_b 为桁架截面受压上弦混凝土板宽度、厚度；

h_0 为桁架截面高度；

h_i 为三肢桁式钢管混凝土结构上下弦管的中心距离；

b_{fi} 为上弦钢管混凝土两肢间混凝土板内侧宽度；

b_i 为上弦两肢沿宽度方向的中心距离。

2）截面极限弯矩。

前述机理分析表明，带混凝土板的桁式钢管混凝土结构其全过程曲线与不带混凝土板的桁架类似，因而此处不再赘述。不同之处在于随着截面弯矩的增大，截面中和轴不断上移，当中和轴上移至上弦钢管混凝土弦杆内时，混凝土底板即位于受拉区，其底板将会出现拉裂缝，相当于 T 形截面的钢筋混凝土梁的第二类截面形式。因此本节考虑带混凝土板的抗弯极限承载力时按照第一类截面和第二类截面进行分类，分别推导其抗弯承载力的计算公式。

① 第一类截面。

在桁架截面承受弯矩作用过程中，三肢带混凝土板桁式钢管混凝土结构的两肢上弦杆和混凝土板受压、单肢下弦杆受拉，当下弦钢管达到屈服强度时截面整体达到抗弯极限承载力，其极限抗弯承载力 M_u 计算简图如图 10.77 所示。

图 10.77 中：

x_n 为中和轴高度（桁架截面的受压区上边缘到中和轴的距离）；

h_x 为桁架截面的受压荷载作用中心到受拉荷载作用中心的距离；

$A_s{}'$ 为上弦受压钢筋的横截面积；

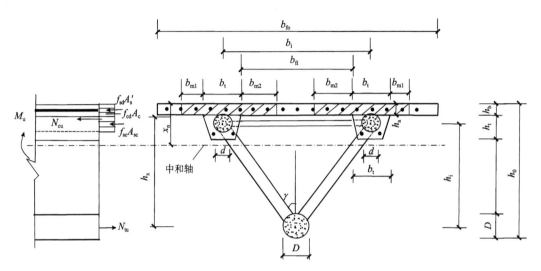

图 10.77　三肢桁架极限弯矩（带混凝土板）

A_c 为上弦受压区混凝土板的横截面积；

f_{cd} 为混凝土板的混凝土轴心抗压强度标准值，按照 $f_{cd}=0.67 f_{cu}$ 取值；

f_{sd} 为纵向普通钢筋的抗压强度标准值；

N_{tu} 为受拉区单肢圆钢管混凝土抗拉强度；

N_{cu} 为受压区双肢圆钢管混凝土抗压强度；

M_u 为三肢桁架截面抗弯承载力。

在实际工程中，桁架的上部往往会设置混凝土板用做楼板或者桥面板，这样两者共同受力形成梁板体系。对于这类带混凝土板的桁架，其上弦受压区由钢管混凝土压杆和受压混凝土板两部分组成。显然，混凝土板的受压翼缘越大，对截面整体抗弯越有利。类似钢筋混凝土 T 形梁，受压翼缘存在应力滞后现象，本章对此不做详细讨论，计算模型中混凝土板的有效翼缘 b_{m1} 和 b_{m2} 暂按照《混凝土结构设计规范》（GB 50010—2010）（2010，2015）表 5.2.4 中对受弯构件受压区有效翼缘计算宽度 b'_f 的规定取值。

带混凝土板的三肢桁式钢管混凝土结构的截面受弯承载力记为 M'_f，相应的截面平衡方程为

$$N_c = \varphi_c [2(b_{m1}+b_{m2}+b_t) \cdot h_b f_{cd} + A_s' f_{sd}] + 2\varphi_{sc} f_{scy} A_{sc} \qquad (10.66)$$

$$N_{tu} = (1.1 - 0.4\alpha_s) f_y A_s \qquad (10.67)$$

$$N_c = N_{tu} \qquad (10.68)$$

$$M'_f = \varphi_c \left[2(b_{m1}+b_{m2}+b_t) h_b f_{cd} + A_s' f_{sd} \right] \left(\frac{h_b+d}{2} + h_i \right) + 2\varphi_{sc} f_{scy} A_{sc} h_i \qquad (10.69)$$

上述式中：b_{m1}、b_{m2}、b_t、h_i、h_b、d 如图 10.76 所示；A_{sc} 为上弦受压区钢管混凝土单肢截面面积；f_{cd}、f_{sd}、A_s'、N_{tu} 如图 10.77 所示；f_{scy} 为上弦受压区钢管混凝土轴心抗压强度标准值；f_y 为下弦受拉区钢管轴心抗拉强度标准值；φ_c 为上弦受压混凝土板的稳定系数，计算长度按桁架节间长度 l_0 取值；φ_{sc} 为上弦受压钢管混凝土的稳定系数，计算

长度按 $0.9l_0$ 取值（CECS280：2010）。

当满足 $\varphi_c \left[2(b_{m1}+b_{m2}+b_t) \cdot h_b f_{cd}+A'_{cs} f_{sd} \right]+2\varphi_{sc} f_{scy} A_{sc} \leqslant N_{tu}$ 时，桁架截面的中和轴位于上弦受压区的下部，如图 10.77 所示，此时有 $M_u=M'_f$，即

$$M_u=\varphi_c \left[2(b_{m1}+b_{m2}+b_t)h_b f_{cd}+A'_s f_{sd} \right]\left(\frac{h_b+d}{2}+h_i \right)+2\varphi_{sc} f_{scy} A_{sc} h_i \qquad (10.70)$$

当 $\varphi_c \left[2(b_{m1}+b_{m2}+b_t) h_b f_{cd}+A'_s f_{sd} \right]+2\varphi_{sc} f_{scy} A_{sc} > N_{tu}$ 时，桁架截面的中和轴位于上弦受压区的内部，如图 10.78 所示，此时有 $M_u<M'_f$，即

$$M_u<\varphi_c \left[2(b_{m1}+b_{m2}+b_t)h_b f_{cd}+A'_s f_{sd} \right]\left(\frac{h_b+d}{2}+h_i \right)+2\varphi_{sc} f_{scy} A_{sc} h_i \qquad (10.71)$$

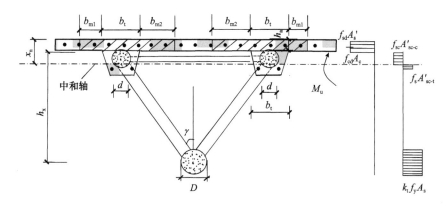

图 10.78　三肢桁架极限弯矩（中和轴位于上弦双肢内）

② 第二类截面。

下面求解图 10.78 所示情况下第二类截面的截面极限弯矩。首先对此三肢桁式钢管混凝土结构截面进行如下简化：忽略上弦受压钢管混凝土外包混凝土，实际工程中可采用剪力连接件将受压钢管混凝土与受压混凝土板连接。

至此又可根据中和轴的位置分为两种情况：位于混凝土板内；位于上弦钢管混凝土内。

① 当中和轴位于上弦钢管混凝土内，即满足 $h_b<x_n<h_b+d$，如图 10.79 所示。

受压区混凝土板和上弦受压钢管混凝土的压力合力为

$$N_{cu}=2\varphi_c[(b_{m1}+b_{m2}+b_t)h_b f_{cd}+A'_s f_{sd}]+2\varphi_{sc}\sigma_{sc}A_{sc\text{-}c} \qquad (10.72)$$

受拉区下弦钢管混凝土及中和轴以下上弦钢管混凝土受拉部分的拉力合力为

$$N_{tu}=(1.1-0.4\alpha_s)f_y A_s+2\sigma_s A_{sc\text{-}t} \qquad (10.73)$$

上两式中：A_s 为下弦受拉区钢管截面面积；$A_{sc\text{-}c}$ 为位于中和轴以上受压区上弦钢管混凝土的截面面积，按照式（10.74 a、c）计算；$A_{sc\text{-}t}$ 为位于中和轴以下受拉区上弦钢管混凝土的钢管截面面积，按照式（10.74 b、d）计算；α_s 为下弦钢管混凝土

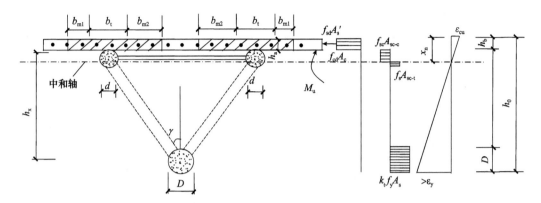

图 10.79　三肢桁架极限弯矩简化图（中和轴位于上弦双肢弦管内）

含钢率；σ_{sc} 为位于中和轴以上受压区上弦钢管混凝土的等效应力值，可近似按照式（10.75）计算；σ_s 为位于中和轴以下受拉区上弦钢管混凝土受拉钢管的等效应力值，可近似按照式（10.76）计算。

当 $h_b < x_n \le h_b + d/2$ 时

$$A_{sc\text{-}c} = \frac{d^2}{4} \arccos \frac{d/2 + h_b - x_n}{d/2} - \sqrt{(d/2)^2 - (d/2 + h_b - x_n)^2} \cdot (d/2 + h_b - x_n) \qquad (10.74\,a)$$

$$A_{sc\text{-}t} = \frac{d^2}{4} \left(\pi - \arccos \frac{d/2 + h_b - x_n}{d/2} \right) + \sqrt{(d/2)^2 - (d/2 + h_b - x_n)^2} \cdot (d/2 + h_b - x_n) \qquad (10.74\,b)$$

当 $h_b + d/2 < x_n < h_b + d$ 时

$$A_{sc\text{-}c} = \frac{d^2}{4} \left(\pi - \arccos \frac{x_n - d/2 - h_b}{d/2} \right) - \sqrt{(d/2)^2 - (d/2 + h_b - x_n)^2} \cdot (x_n - d/2 - h_b) \qquad (10.74\,c)$$

$$A_{sc\text{-}t} = \frac{d^2}{4} \arccos \frac{x_n - d/2 - h_b}{d/2} - \sqrt{(d/2)^2 - (d/2 + h_b - x_n)^2} \cdot (x_n - d/2 - h_b) \qquad (10.74\,d)$$

$$\sigma_{sc} = \frac{1}{2} \cdot E_{sc} \frac{\varepsilon_{cu}}{x_n} (x_n - h_b) \qquad (10.75)$$

$$\sigma_s = \frac{1}{2} \cdot E_s \frac{\varepsilon_{cu}}{x_n} (h_b + d - x_n) \qquad (10.76)$$

由平衡方程可得

$$N_{cu} = N_{tu} \qquad (10.77)$$

$$M_u = (1.1 - 0.4\alpha_s) f_y A_s (h_0 - D/2 - x_n) + \sigma_s A_{sc\text{-}t} h_i (h_b + d/2 - x_n)$$
$$+ 2\varphi_c [(b_{m1} + b_{m2} + b_t) h_b f_{cd} + A_s' f_{sd}] (x_n - h_b/2) + \varphi_{sc} \sigma_{sc} A_{sc\text{-}c} (x_n - h_b) \qquad (10.78)$$

联立式（10.72）~式（10.77），可求得 x_n。将求得的 x_n 和式（10.74）~式（10.76）共同代入式（10.78），最终求得截面整体极限弯矩 M_u。

② 当中和轴位于受压混凝土板内，即满足 $0 < x_n < h_b$，如图 10.80 所示。

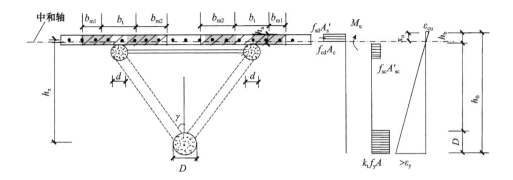

图 10.80　三肢桁架极限弯矩简化图（中和轴位于混凝土板内）

受压区混凝土板内混凝土和钢筋的压力合力为

$$N_{cu}=2\varphi_c[(b_{m1}+b_{m2}+b_t)x_nf_{cd}+A'_sf_{sd}]\qquad(10.79)$$

由图 10.80 可知，上弦双肢位于受拉区，接近中和轴位置，因而可以假设上弦双肢弦管大部分位于弹性段，受拉区下弦单肢钢管混凝土和上弦双肢钢管混凝土的拉力合力可以近似为

$$N_{tu}=(1.1-0.4\alpha_s)f_yA_s+2\sigma_sA_{sl}\qquad(10.80)$$

上两式中：A_s、A_{sl} 为下弦受拉区钢管截面面积、上弦单肢钢管截面面积；α_s 为下弦钢管混凝土含钢率；σ_s 为位于受拉区的上弦钢管混凝土受拉钢管的等效应力值，可近似按照式（10.80）计算。

$$\sigma_s=\frac{1}{2}\cdot E_s\frac{\varepsilon_{cu}}{x_n}(h_b+d-x_n)\qquad(10.81)$$

由平衡方程可得

$$N_{cu}=N_{tu}\qquad(10.82)$$

$$M_u=(1.1-0.4\alpha_s)f_yA_s(h_0-D/2-x_n)+2\sigma_sA_{sl}(h_b+d/2-x_n)$$
$$+2\varphi_c[(b_{m1}+b_{m2}+b_t)x_nf_{cd}+A'_sf_{sd}]\cdot(x_n/2)\qquad(10.83)$$

联立式（10.79）～式（10.82），可求得 x_n。将求得的 x_n 和式（10.81）共同代入式（10.83），可最终求得截面整体极限弯矩 M_u。

3）结果与分析。

综上所示，当中和轴高度满足 $x_n>h_b+d$ 时，相当于钢筋混凝土 T 形梁第一类截面，带混凝土板的三肢桁式钢管混凝土结构的截面极限弯矩按照式（10.70）计算；当中和轴高度满足 $h_b<x_n\leq h_b+d$ 时，相当于钢筋混凝土 T 形梁第二类截面，截面极限弯矩按照式（10.78）计算；当中和轴高度满足 $0<x_n\leq h_b$ 时，仍为第二类截面，截面极限弯矩按照式（10.83）计算。

根据推导过程可知以上公式的适用范围为：钢管混凝土满足 $\alpha_s=0.04\sim0.2$，Q235～Q420 钢，C30～C80 混凝土；节点强度满足设计要求，节点构造满足设计要求，如节点偏心满足 $-0.55\leq e/h_0\leq0.25$ 等；桁架高跨比 $h/L=1/15\sim1/10$，弦腹杆夹角满足 $45°\leq\theta\leq65°$。

4）设计建议。

从上述分析可以看出，当中和轴高度满足 $0<x_n\leqslant h_b$ 时，整个桁式钢管混凝土结构三肢均位于受拉区，对于设计而言显然不能充分发挥钢管混凝土的受压性能好的优势，将出现材料浪费的情况，设计不合理，应予避免。

计算发现当 $0<x_n\leqslant h_b$ 时，若截面极限弯矩 M_u 满足设计要求时，可以适当削弱混凝土板或者上弦双肢钢管混凝土；若截面极限弯矩 M_u 不满足设计要求时，则需要对下弦受拉钢管混凝土进行加强。设计时尽可能使中和轴高度 x_n 位于 h_b+d 附近位置，此时截面承载力利用效率最高。

同理可按 10.4.1 节的思路推导上下弦强度比 β_c 的取值范围，β_c 按下式计算为

$$\beta_c=N_{cu}/N_{tu} \tag{10.84}$$

其中 N_{cu} 为上弦受压区受压钢管混凝土的轴压极限强度承载力与受压混凝土板轴压极限承载力之和，注意与式（10.5）中 N_{cu} 的定义不同；N_{tu} 为下弦受拉区受拉钢管混凝土的轴拉极限承载力，与式（10.5）中 N_{tu} 的一致。

推导过程此处略去，参照式（10.54）进行简化处理，建议 β_c 满足下式：

$$\kappa'\cdot\frac{D}{h_0-h_b-d-D}=\beta_{c\text{-min}}<\beta_c<\beta_{c\text{-max}}=\kappa'\cdot\frac{h_0-h_b-d-D}{h_b+d} \tag{10.85}$$

式中：κ'、κ 为系数，对于 Q235 钢材，$\kappa'=1.31$，$\kappa=1.12$，对于 Q345 钢材，$\kappa'=0.90$，$\kappa=1.46$，对于 Q420 钢材，$\kappa'=0.74$，$\kappa'=1.64$；h_0 为桁架截面高度（受压区外边缘到受拉区外边缘的距离）；h_b 为桁架上弦受压区混凝土板的厚度；d 为桁架上弦受压钢管的外直径；D 为桁架下弦受拉钢管的外直径。

（2）截面抗弯刚度

由 10.4.1 节分析可知，桁架截面的初始抗弯刚度 B_i 和使用阶段抗弯刚度 B_s 均可采用上下弦各分肢对截面中和轴的抗弯刚度简单叠加之后再进行一定程度的折减得到。简言之：各分肢刚度叠加后乘以一折减系数，即可求得桁架截面的整体抗弯刚度。这种方法计算简便、概念清晰，因此本节对带混凝土板桁架的截面抗弯刚度 B_i 和 B_s 均采用这一方法计算。

假设中和轴高度为 x_n，如图 10.81 所示，则桁架截面的换算抗弯刚度 B_{io} 的计算公式为

$$\begin{aligned}B_{io}=&(EA)_{sct}(h_0-x_n-D/2)^2+2E_{sc}A'_{sc}(x_n-h_b-d/2)^2\\&+(E'_cA'_c+E'_sA'_s)(x_n-h_b/2)^2\end{aligned} \tag{10.86}$$

式中：$(EA)_{sct}$ 为下弦钢管混凝土的轴拉刚度；E_{sc} 为上弦钢管混凝土的弹性模量；E'_c、E'_s 为混凝土板内混凝土的弹性模量、混凝土板内钢筋的弹性模量；A_{sc} 为上弦单肢钢管混凝土的横截面积；A_c 为混凝土板有效受压面积，$A'_c=2(b_{m1}+b_{m2}+b_t)\cdot h_b$；$A_s$ 为混凝土板内有效受压钢筋面积；h_0 为桁架截面高度（受压区外边缘到受拉区外边缘的距离）；x_n 为中和轴高度（桁架截面的受压区上边缘到中和轴的距离）；h_b 为混凝土板厚度；d 为钢管混凝土上弦钢管的外径；D 为钢管混凝土下弦的钢管外径。

因为此时截面处于弹性状态，如图 10.81 所示，因而可得截面内力的平衡方程为

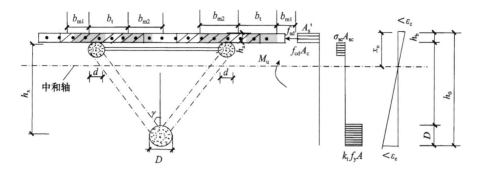

图 10.81　三肢桁架受力简化图（弹性阶段）

$$N_c = 2E_c' \frac{x_n - h_b/2}{h_0 - x_n} \varepsilon_e (b_{m1} + b_{m2} + b_t) \cdot h_b$$
$$+ E_s' \frac{x_n - h_b/2}{h_0 - x_n} \varepsilon_e A_s' + 2E_{sc} \frac{x_n - h_b - d/2}{h_0 - x_n} \varepsilon_e A_s' \quad (10.87)$$

$$N_t = E_s \frac{h_0 - x_n - D/2}{h_0 - x_n} \varepsilon_e A_s \quad (10.88)$$

$$N_c = N_t \quad (10.89)$$

式中：A_s 为下弦受拉区钢管截面面积；b_{m1}、b_{m2}、b_t、h_0、h_b、d 的定义如图 10.81 所示；ε_e 为钢材比例极限。

联立式（10.87）～式（10.89）可求出 x_n，代入式（10.86）即可求出截面换算抗弯刚度 B_{io}。

若根据上述方法求得的 $x_n < h_b + d$，说明中和轴位于上弦钢管内，如图 10.82 所示。

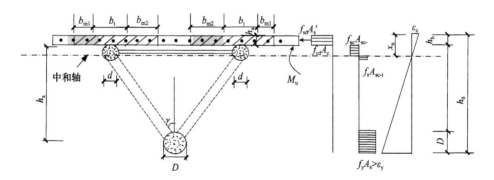

图 10.82　三肢桁架受力简化图（中和轴位于上弦双肢弦管内）

此时受压区混凝土板内混凝土压力和钢筋压力与上弦钢管混凝土位于中和轴以上受压部分的压力合力为

$$N_c = 2E'_c \frac{x_n - h_b/2}{h_0 - x_n} \varepsilon_e (b_{m1} + b_{m2} + b_t) \cdot h_b$$
$$+ E'_s \frac{x_n - h_b/2}{h_0 - x_n} \varepsilon_e A'_s + 2E_{sc} \frac{x_n - h_b - d/2}{h_0 - x_n} \varepsilon_e A_{sc\text{-}c} \quad (10.90)$$

受拉区下弦钢管混凝土及中和轴以下上弦钢管混凝土受拉部分的拉力合力为

$$N_t = f_y A_s + E_s \frac{h_0 + d - x_n}{h_0 - x_n} \varepsilon_e A_{sc\text{-}t} \quad (10.91)$$

上两式中：A_s 为下弦受拉区钢管截面面积；$A_{sc\text{-}c}$ 为位于中和轴以上受压区上弦钢管混凝土的截面面积，按照式（10.74 a、c）计算；$A_{sc\text{-}t}$ 为位于中和轴以下受拉区上弦钢管混凝土的钢管截面面积，按照式（10.74 b、d）计算。

根据力的平衡方程 $N_t = N_c$，即可求得 x_n，将 x_n 代入式（10.86），即可求出截面换算抗弯刚度 B_{io}。

同理，具体见本章 10.4.1 节，将 $M\text{-}\phi$ 全过程关系曲线上 $M = 0.2M_u$ 对应点与原点连线倾角的正切（割线刚度）作为其截面初始抗弯刚度，记作 B_i，如图 10.73 所示，以 $M\text{-}\phi$ 全过程关系曲线上 $M = 0.6M_u$ 对应点与原点连线倾角的正切（割线刚度）作为桁式钢管混凝土结构正常使用阶段的抗弯刚度，简称使用阶段抗弯刚度，记作 B_s。

考虑到格构式腹杆布置对截面整体抗弯刚度的削弱影响，经过与试验算例及有限元算例的对比可知，桁架结构的截面初始抗弯刚度 B_i 可在式（10.86）的基础上按照 80% 折减率进行计算，而使用阶段抗弯刚度 B_s 可按 $0.5B_{io}$ 计算。因而带混凝土板的三肢桁式钢管混凝土结构的截面初始抗弯刚度 B_i 和使用阶段抗弯刚度 B_s 的简化计算公式为

$$B_i = 0.8 \times [(EA)_{sct}(h_0 - x_n - D/2)^2 + 2E_{sc}A'_{sc}(x_n - h_b - d/2)^2$$
$$+ (E'_c A'_c + E'_s A'_s)(x_n - h_b/2)^2] \quad (10.92)$$

$$B_s = 0.5 \times [(EA)_{sct}(h_0 - x_n - D/2)^2 + 2E_{sc}A'_{sc}(x_n - h_b - d/2)^2$$
$$+ (E'_c A'_c + E'_s A'_s)(x_n - h_b/2)^2] \quad (10.93)$$

式中：E_{sc} 为上弦钢管混凝土的弹性模量；$(EA)_{sct}$ 为下弦钢管混凝土的轴拉刚度，可按 $(EA)_{sct} = E_s A_s + 0.1 \cdot E_c A_c$ 计算；A_{sc}' 为上弦单肢钢管混凝土的横截面积；h_0 为桁架截面高度（受压区外边缘到受拉区外边缘的距离）；x_n 为中和轴高度（桁架截面的受压区上边缘到中和轴的距离）；h_b 为混凝土板厚度；d 为钢管混凝土上弦钢管的外径；D 为钢管混凝土下弦的钢管外径。

（3）公式验证

1）截面极限弯矩。

采用提出的截面弯矩简化计算公式（10.70）、式（10.78）和式（10.83）对本章试验进行计算，材料强度均取相应材料的实测值，计算结果与试验结果对比见表 10.10。

表 10.10 简化公式计算结果与试验结果对比（带混凝土板桁架截面弯矩 M_u）

序号	试件编号	$M_{uc}/(kN \cdot m)$	$M_{ue}/(kN \cdot m)$	M_{uc}/M_{ue}
1	T8b-1	260.8	238.8	1.092
2	T8b-2	260.8	252	1.035
3	T8b-180-1	239.7	232.8	1.030
4	T8b-180-2	239.7	238.2	1.006
平均值				1.041
COV				0.035

由上述结果可见，带混凝土板的桁式钢管混凝土结构截面极限弯矩的计算值与试验值的比值平均值为 1.041，COV 为 0.035。可见，符合程度较好。

由于目前未见其他研究者关于带混凝土板的三肢桁式钢管混凝土结构试验的报道，本节参考实际工程选取典型算例（参数如表 10.6 所示）。混凝土板参数：AT 系列和 CT 系列桁架的板宽分别为 1m 和 2.26m，厚度分别为 40mm 和 150mm，混凝土板按规范规定的最小配筋率配筋，钢筋采用 Q235 钢材，混凝土强度等级 C40。表 10.11 分别列出了带混凝土板桁式钢管混凝土结构的典型算例的有限元计算结果与采用简化式（10.70）、式（10.78）和式（10.83）的计算结果，并将两者进行对比。

表 10.11 简化公式计算结果与有限元结果对比（带混凝土板桁架截面弯矩 M_u）

序号	试件编号	$M_{uc}/(kN \cdot m)$	$M_{ue}/(kN \cdot m)$	M_{uc}/M_{ue}
1	AT8b-1	270.24	303.88	0.890
2	AT8b-2	270.24	307.79	0.878
3	AT8b-3	274.52	312.31	0.879
4	AT8b-4	341.6	368.10	0.928
5	CT8b-1	3 907.52	4 130.4	0.946
6	CT8b-2	4 157.28	4 475.52	0.929
7	CT8b-3	4 806.96	5 152.92	0.933
8	CT8b-4	5 371.6	5 719.44	0.939
平均值				0.915
COV				0.031

由上述结果可见，截面极限弯矩的计算值与有限元计算结果的比值平均值为 0.915，COV 为 0.031。将表 10.10 和表 10.11 的截面极限弯矩对比情况汇总于图 10.83，可见符合程度较好。

综上所述，桁式钢管混凝土结构的截面弯矩简化计算公式（10.70）、式（10.78）和式（10.83）与试验结果以及有限元计算的结果均吻合较好。

2）截面抗弯刚度。

采用提出的截面抗弯刚度简化计算公式（10.92）和式（10.93）对本章的带混凝

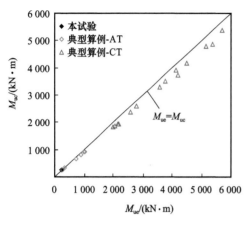

图 10.83　桁架截面弯矩试验值或有限元计算值（M_{ue}）与公式计算值（M_{uc}）对比（带混凝土板）

土板的桁式钢管混凝土结构试件及表 10.6 的典型算例进行计算，试验算例材料强度均取相应材料的实测值，典型算例材料强度均取材料标准值，简化计算结果与试验结果以及有限元典型算例结果对比分别见表 10.12 和表 10.13。从表中可见，按公式（10.92）的截面初始抗弯刚度 B_i 的公式计算值 M_{uc} 与试验值或有限元计算结果 M_{ue} 的比值的平均值分别为 0.939 和 0.806，COV 为 0.024 和 0.016。可见，简化计算公式（10.92）与试验结果基本吻合，而与有限元结果吻合较好。

表 10.12　简化公式计算结果与试验结果对比（带混凝土板桁架的抗弯刚度 B）

序号	试件编号	B_{ic} 式（10.92）/（kN·m）	B_{ie}/（kN·m）	B_{ic}/B_{ie}	B_{sc} 式（10.93）/（kN·m）	B_{se}/（kN·m）	B_{sc}/B_{se}
1	T8b-1	54 801	59 800	0.916	34 251	40 421	0.847
2	T8b-2	54 801	59 257	0.925	34 251	43 765	0.783
3	T8b-180-1	57 195	60 195	0.950	35 747	25 626	1.395
4	T8b-180-2	57 195	59 195	0.966	35 747	27 429	1.303
	平均值			0.939	—		1.082
	COV			0.024	—		0.288

从表 10.12 中可见，按式（10.93）的截面使用阶段抗弯刚度 B_s 的公式计算值与试验值的比值平均值分别为 1.082，COV 为 0.288；而与有限元计算结果的平均值分别为 0.806，COV 为 0.016，见表 10.13。可见，使用阶段抗弯刚度 B_s 的简化公式计算结果与试验值基本吻合，而与有限元计算结果较为吻合。

表 10.13　简化公式计算结果与有限元结果对比（带混凝土板桁架的抗弯刚度 B）

序号	试件编号	B_{ic} 式（10.92）/（kN·m）	B_{ie}/(kN·m)	B_{ic}/B_{ie}	B_{sc} 式（10.93）/（kN·m）	B_{se}/（kN·m）	B_{sc}/B_{se}
1	AT8b-1	41 458	52 123	0.795	25 911	3.24×10^4	0.800
2	AT8b-2	44 230	55 228	0.801	27 644	3.45×10^4	0.801
3	AT8b-3	47 549	58 764	0.809	29 718	3.71×10^4	0.801
4	AT8b-4	52 723	64 983	0.811	32 952	4.13×10^4	0.798
5	CT8b-1	1.65×10^6	1.99×10^6	0.829	1.03×10^6	1.29×10^6	0.798
6	CT8b-2	1.77×10^6	2.22×10^6	0.797	1.11×10^6	1.34×10^6	0.828
7	CT8b-3	2.55×10^6	3.12×10^6	0.817	1.59×10^6	1.96×10^6	0.811
8	CT8b-4	2.75×10^6	3.49×10^6	0.788	1.72×10^6	2.12×10^6	0.811
	平均值			0.806	—	—	0.806
	COV			0.016	—	—	0.012

将表 10.12 和表 10.13 的截面抗弯刚度简化计算值与试验值或有限元计算结果的对比情况汇总于图 10.84。

综上所述，带混凝土板的桁式钢管混凝土结构的截面初始抗弯刚度 B_i 简化计算公式（10.92）与试验结果以及有限元计算的结果均吻合较好。带混凝土板的桁式钢管混凝土结构的截面使用阶段抗弯刚度 B_s 简化计算公式（10.93）与试验结果以及有限元计算的结果均吻合基本较好。

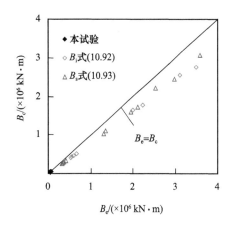

图 10.84　桁架截面抗弯刚度试验值（B_e）与计算值（B_c）对比（带混凝土板）

10.5　本 章 小 结

本章对三肢桁式钢管混凝土结构的抗弯力学性能和工作机理进行了深入研究。进行了桁式钢管混凝土结构试件在竖向荷载作用下的系列试验，研究了剪跨比、混凝土板存在与否、腹管与弦管之间夹角对桁式钢管混凝土结构抗弯力学性能及工作机理的影响，并与空钢管桁架进行了对比。建立了桁式钢管混凝土结构（包括带混凝土板）的有限元分析模型，对桁式钢管混凝土结构在受弯作用下的荷载 - 变形全过程关系及抗弯力学性能进行了深入研究。

在试验研究及理论分析的结果上，基于极限平衡原理，推导了桁式钢管混凝土结构（包括带混凝土板的桁式钢管混凝土结构）的截面极限弯矩和抗弯刚度的实用计算方法。

参 考 文 献

蔡健，陈国栋，左志亮，等，2009. 受压弦杆填充混凝土的带悬挑预应力矩形钢管桁架 [J]. 吉林大学学报（工学版），39（2）：393-397.

陈宝春，盛叶，韦建刚，2005. 钢管混凝土哑铃型梁受弯试验研究 [J]. 工程力学，22（4）：119-125.

韩林海，2007. 钢管混凝土结构：理论与实践 [M]. 2 版. 北京：科学出版社.

韩林海，2016. 钢管混凝土结构：理论与实践 [M]. 3 版. 北京：科学出版社.

何珊瑚，2012. 三肢钢管混凝土弦杆 - 钢管腹杆桁架抗弯力学性能研究 [博士学位论文] [D]. 北京：清华大学.

黄文金，陈宝春，2006. 钢管混凝土桁梁受弯试验研究 [J]. 建筑科学与工程学报，23（3）：29-33.

黄文金，陈宝春，2009. 腹杆形式对钢管混凝土桁梁受力性能影响的研究 [J]. 建筑结构学报，30（1）：55-61.

刘永健，刘君平，张俊光，2010. 主管内填充混凝土矩形和圆形钢管混凝土桁架受弯性能对比试验研究 [J]. 建筑结构学报，31（4）：86-93.

吝育红，董骊宁，高迎社，2008. 矩形钢管混凝土桁架与圆形钢管混凝土桁架受力性能对比分析 [J]. 混凝土，8：24-27.

四川省交通厅公路规划勘察设计研究院，2008. 公路钢管混凝土桥梁设计与施工指南 [M]. 北京：人民交通出版社.

郑宏，周春利，2007. 预应力矩形钢管混凝土桁架静力性能分析 [C]// 第16届全国结构工程学术会议论文集（第 II 册），太原：252-255.

中国工程建设标准化协会，2004. 矩形钢管混凝土结构技术规程：CECS 159：2004 [S]. 北京：中国计划出版社.

中国工程建设标准化协会，2010. 钢管结构技术规程：CECS280：2010 [S]. 北京：中国计划出版社.

中华人民共和国住房和城乡建设部，2010. 混凝土结构设计规范：GB 50010—2010 [S]. 北京：中国建筑工业出版社.

中华人民共和国住房和城乡建设部，2015. 混凝土结构设计规范：GB 50010—2010（2015年版）[S]. 北京：中国建筑工业出版社.

周绪红，刘永健，莫涛，等，2004. 矩形钢管混凝土桁架设计 [J]. 建筑结构，34（1）：20-23.

HOU C，HAN L H，MU T M，et al.，2017. Analytical behaviour of CFST chord to CHS brace truss under flexural loading [J]. Journal of Constructional Steel Research，134：66-79.

MACHACEK J，CUDEJKO M，2009. Longitudinal shear in composite steel and concrete trusses [J]. Engineering Structures，31（6）：1313-1320.

PACKER J A，HENDERSON J E，CAO J J，1997. 空心管结构连接设计指南 [M]. 北京：科学出版社.

WARDENIER J，2001. Hollow sections in structural applications [M]. Switzerland：Committee for International Develepment and Education of Tubular Structures.

第11章 曲线形钢管混凝土结构的力学性能

11.1 引　言

如何进一步运用性能优越的结构形式来塑造建筑空间、满足结构向更大跨度和覆盖更大空间方向发展并满足美观要求，是现代结构技术发展的重要方向之一。

拱形结构和桁架结构都是有着悠久历史的结构形式。在竖向荷载作用下，拱形结构的截面以受压为主。桁架则是由杆件组成的格构式结构体系，当荷载只作用在杆件连接节点上时，各杆件可近似认为只承受轴向力，因而截面上的应力分布均匀，能更为充分地发挥杆件组成材料的特性。如果把拱形结构和桁架结构二者有机地结合，可形成曲线形的空间拱形桁架结构。该类结构具有受力合理、空间刚度大、抗变形能力强、整体性好等特点，尤其对大跨度公共建筑，例如体育馆、会展中心、大型超市和航站楼等具有良好的适用性，因此目前已有不少实际工程应用，如广州新白云国际机场航站楼、天津奥林匹克中心和杭州大剧院等。与采用空钢管的桁架结构相比，桁式钢管混凝土结构总体上具备如下特点，即：①承载力高，有利于提高桁架的跨越能力；②刚度大，抗挠曲变形能力强；③由于钢管和混凝土的相互作用，受压弦杆对初始缺陷和残余应力的敏感性降低；④耐火极限有望得到较大程度的提高。

因此，弦杆采用钢管混凝土、腹杆采用空钢管的曲线形桁架结构（本章中暂称之为曲线形钢管混凝土结构）是较为合理的一种新型结构形式之一，在大跨度公共建筑，例如体育馆、会展中心、大型超市、大跨度工业厂房和航站楼等工程结构中具有良好的适用性和应用前景。现代钢结构制作技术及混凝土泵送顶升等浇筑施工技术的进步和发展也为曲线形钢管混凝土结构的推广应用创造了条件。

图 11.1 给出了曲线形钢管混凝土结构形式的示意图，图中钢管混凝土弦杆和空钢管腹杆的横截面均表示为圆形，但在实际工程中也可采用方形或矩形钢管混凝土和钢管。曲线形结构中腹杆的布置可采用斜腹杆和平腹杆式两种布置形式［分别如图 11.1（1）和图 11.1（2）所示］。结构的曲线形式可根据实际工程荷载作用的情况选用圆弧、抛物线或悬链线等。

除采用图 11.1 所示由多杆件组成的桁架式结构外，在实际工程中也可因地制宜地采用曲线形的钢管混凝土单杆形式（以下简称为钢管混凝土曲杆）。单根钢管混凝土曲杆的面内抗弯刚度较低，稳定问题突出，因而在结构跨度较小的情况下具有较好的适用性。当结构跨度较大时，为充分发挥钢管混凝土的特点及节约材料，通常由如图 11.1（3）所示的二肢、三肢或四肢钢管混凝土曲杆由空钢管缀材联成一体形成钢管混凝土拱形桁架共同受力。

曲线形钢管混凝土单杆是一种组合构件，而由钢管混凝土曲线形弦杆和空钢管腹杆组成的格构式结构实际上是一种混合结构。

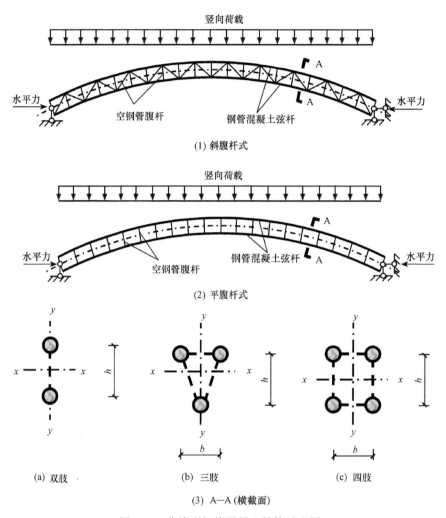

图 11.1　曲线形钢管混凝土结构示意图

以往国内外对于直线形的钢管混凝土构件（为与曲杆对应，本章暂称之为直杆）已进行过大量研究（Gourley 等，2008；韩林海，2007，2016），并有专门的设计规程，此处不再赘述。

众所周知，钢管混凝土工作的实质在于钢管及其核心混凝土间的相互作用和协同互补。由于这种相互作用，钢管混凝土具有一系列优越的力学性能，同时也导致其力学性能的复杂性，如何合理地认识和了解这种相互作用的"效应"，一直是该领域研究的热点课题之一。钢管混凝土曲杆由于存在初始弯曲，从而可能导致其中的钢管及其核心混凝土之间的组合作用会和钢管混凝土直杆有所差异。

关于单根钢管混凝土曲杆，Ghasemian 和 Schmidt（1999）进行了 18 根圆钢管混凝土试件（轴线为圆弧）的试验研究。陈友杰（1999）和韦建刚（2002）以拱桥中的拱肋为研究对象，分别进行了单根钢管混凝土和空钢管拱肋在面内受集中荷载作用下的试验研究和数值分析。

对于建筑中常被用作柱的直线形钢管混凝土格构式构件（可将其看作曲线形钢管

混凝土结构的一种特殊形式）已有一些研究报道，如第 10 章所述。

目前在实际工程中进行钢管混凝土格构式构件的设计时，有关剪力的设计验算有时还借用《钢结构设计规范》（GB 50017—2017）中有关钢结构的设计规定进行。由于借用的计算方法无法充分反映钢管混凝土柱肢抗压强度和抗拉强度有很大差异这一特点，在一些情况下会得出偏于不安全的结果。此外，格构式构件的破坏模态、缀材传递剪力的性能、剪力造成的构件附加挠曲即剪切变形对构件承载力的影响等问题的研究也尚有待于深入进行。这些问题对于曲线形钢管混凝土结构的研究也是需要关注的重点问题之一。

针对钢管混凝土拱桥结构及其桁架式拱肋的力学性能和受力特点，也有一些研究结果，如陈宝春（2007）、崔军等（2004）、黄大元等（2002）、邵旭东等（2003）、王百成等（2004）、杨永清（1998）、张建民等（2004）等。当曲线形钢管混凝土结构用于体育馆、会展中心、大型超市等公共建筑中时，其结构设计无法完全直接采用钢管混凝土拱桥结构的设计理论进行。

桁架结构中钢管混凝土弦杆和钢管腹杆连接节点是该类结构设计的另一关键问题，目前已有一些钢管混凝土和钢管连接节点性能研究方面的报道，详见 6.1 节。

综上所述，国内外学者已开展了直线形钢管混凝土单杆件和格构式构件以及钢管混凝土拱桥结构的研究工作，取得了不少成果，但迄今对如图 11.1 所示曲线形钢管混凝土结构工作性能的研究尚少见报道。

本章对钢管混凝土曲杆和曲线形钢管混凝土格构式结构的力学性能、破坏机制和设计理论进行研究，先后进行了不同参数条件下钢管混凝土曲杆和曲线形钢管混凝土结构的试验研究，并建立了相应的有限元分析模型，在此基础上深入分析了曲线形钢管混凝土结构的工作机理（郑莲琼，2008；Han 等，2011，2012），最终在参数分析结果的基础上提供了有关实用计算方法。

11.2　钢管混凝土曲杆轴压力学性能

11.2.1　试验研究

（1）试验概况

有关研究人员共进行了 18 个钢管混凝土曲杆的试验研究（郑莲琼，2008；Han 等，2011），试件的截面形式有圆形和方形两种。

对钢管混凝土曲杆进行轴心受压试验，其初始弯曲度为 u_o（曲杆中截面的形心到构件两端截面形心连线的垂直距离）；对钢管混凝土直杆进行偏心受压的试验，荷载偏心距为 e。

图 11.2（a）和（b）所示分别为两端铰接的轴心受压钢管混凝土曲杆和偏

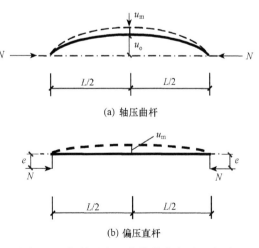

(a) 轴压曲杆

(b) 偏压直杆

图 11.2　钢管混凝土构件挠曲变形示意图

心受压钢管混凝土直杆的受力及变形示意图，其中 N 为轴向荷载，u_m 为构件中截面产生的附加挠度，e 为偏心受压钢管混凝土直杆的荷载偏心距，L 为试件跨度。

试验参数包括曲杆的名义长细比（λ_n）和曲度系数（β_r）。

钢管混凝土曲杆的名义长细比 λ_n 的定义如下式所示，即

$$\lambda_n = \frac{L}{i} \tag{11.1}$$

式中：i 为构件截面的回转半径；对于圆钢管混凝土曲杆，$\lambda_n = \frac{4L}{D}$，对于方钢管混凝土曲杆，$\lambda_n = \frac{2\sqrt{3}L}{B}$，其中 D 和 B 分别为圆形或方形钢管混凝土横截面外直径或外边长。

钢管混凝土曲杆的曲度系数 β_r 定义为

$$\beta_r = \frac{u_o}{L} \tag{11.2}$$

本次试验所有曲杆的轴线均采用目前钢管拱桁架工程中较常见的圆弧形。每组试件设计了两个 λ_n 和 β_r 完全相同的曲杆，同时还相应设计了一个进行偏心受压试验的钢管混凝土直杆，其荷载偏心距（e）与同组曲杆的初始弯曲度 u_o 相同，以期比较轴压曲杆和偏压直杆力学性能的差异。

表 11.1 给出了试件编号及试件的有关参数，其中 t 为钢管壁厚度，f_y 和 E_s 分别为实测钢材的屈服强度和弹性模量。表 11.1 中的试件编号首字母 C 代表圆截面，S 代表方截面；第二个数字 1 和 2 用以区分不同的名义长细比；第三个数字 1、2 和 3 用以区分不同曲杆的初始弯曲度或直杆偏压荷载的偏心距；第四个字母 C 代表曲杆，S 代表直杆；曲杆试件编号的最后一个附加字母 a 或 b 用于区分参数相同的两根曲杆。

圆钢管采用冷弯型钢，制作试件时首先截取出长度合适的直钢管，然后通过弯管机逐渐慢速弯曲使直钢管成为圆弧形，并达到设计的曲度。方钢管采用四块预先切割好的钢板直接拼焊成所要求的圆弧形构件。试件试验前测试了钢材的屈服强度（f_y）和弹性模量（E_s），如表 11.1 所示。

表 11.1 单杆试件一览表

序号	试件编号	$D(B) \times t \times L$ / (mm×mm×mm)	f_y/MPa	E_s / (×10^5N/mm²)	λ_n	u_o/mm	e/mm	β_r/%	N_{ue}/kN
1	C-1-1-C-a	114×2.74×580	310	1.97	20	7.5	—	1.29	620
2	C-1-1-C-b	114×2.74×580	310	1.97	20	7.5	—	1.29	710
3	C-1-1-S	114×2.74×580	310	1.97	20	—	7.5	1.29	670
4	C-1-2-C-a	114×2.4×580	270	1.96	20	15	—	2.59	480
5	C-1-2-C-b	114×2.4×580	270	1.96	20	15	—	2.59	595
6	C-1-2-S	114×2.74×580	310	1.97	20	—	15	2.59	525
7	C-2-2-C-a	114×2.74×1 720	310	1.97	60	15	—	0.87	375
8	C-2-2-C-b	114×2.74×1 720	310	1.97	60	15	—	0.87	370
9	C-2-2-S	114×2.74×1 720	310	1.97	60	—	15	0.87	370
10	C-2-3-C-a	114×2.74×1 720	310	1.97	60	30	—	1.74	281

序号	试件编号	$D(B)\times t\times L$ /(mm×mm×mm)	f_y/MPa	E_s /(×10⁵N/mm²)	λ_n	u_o/mm	e/mm	β_t/%	N_{ue}/kN
11	C-2-3-C-b	114×2.74×1 720	310	1.97	60	30	—	1.74	289
12	C-2-3-S	114×2.74×1 720	310	1.97	60	—	30	1.74	252
13	S-2-2-C-a	114×3.1×1 720	318	2.04	52	15	—	0.87	588
14	S-2-2-C-b	114×3.1×1 720	318	2.04	52	15	—	0.87	628
15	S-2-2-S	114×3.1×1 720	318	2.04	52	—	15	0.87	581
16	S-2-3-C-a	114×3.1×1 720	318	2.04	52	30	—	1.74	512
17	S-2-3-C-b	114×3.1×1 720	318	2.04	52	30	—	1.74	509
18	S-2-3-S	114×3.1×1 720	318	2.04	52	—	30	1.74	489

　　钢管内填充了自密实混凝土，配合比为水：200kg/m³；普通硅酸盐水泥：300kg/m³；Ⅱ级粉煤灰：200kg/m³；砂：814kg/m³；石灰岩碎石：900kg/m³。早强型减水剂的掺量为1%。混凝土浇筑时实测其坍落度为260mm，流动扩展度为610mm。28天和试验时实测的混凝土立方体抗压强度分别为33.4MPa和45MPa。

　　试验在500t压力机上进行，试验时只在试件端部施加轴向压力，其中曲杆施加的轴向压力通过试件两端截面的形心。

　　（2）试验现象及试验结果分析

　　通过对试验过程的观察，发现所有轴心受压曲杆和偏心受压直杆类似，在加载过程中均表现为侧向挠度不断增加、最终丧失稳定而破坏，试件表现出良好的弹塑性变形性能。

　　图11.3所示为典型轴心受压曲杆在试验过程中的情形。

　　图11.4所示为试验结束后所有试件的破坏形态，可见，同一组试件中轴压曲杆和偏压直杆的破坏形态差别总体上不显著。

　　对试件加载过程中的挠曲变形观测表明，试件随荷载增加在弯曲平面内的挠度不断增大。在初始加载阶段，试件挠曲变形发展较慢，跨中挠度的增长基本上和荷载的增加成正比。当荷载达到极限荷载的60%～70%时，跨中挠度开始明显增加，二阶效应的影响开始趋于明显，试件达到其极限承载力后开始进入破坏阶段。在荷载下降段所有试件的压区钢管均发生鼓曲，对于部分

图 11.3　试验过程中的轴心受压曲杆（C-1-1-C-a）

方试件鼓曲处的钢管由于变形过大，最终出现钢板连接焊缝被撕裂的现象。

　　以往对直线形钢管混凝土柱的研究结果表明，当柱发生失稳破坏时其挠曲线的发展在试验全过程基本呈正弦半波曲线形状（韩林海，2007，2016）。

　　图11.5绘出了本次试验的一组轴压曲杆和偏压直杆对比试件在不同荷载作用阶段

钢管屈曲

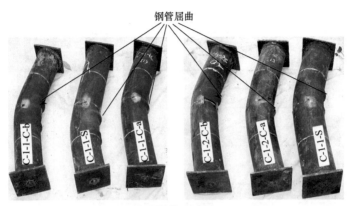

（a）圆试件（$\lambda_n=20$）

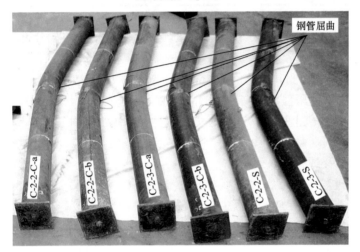

（b）圆试件（$\lambda_n=60$）

（c）方试件（$\lambda_n=52$）

图 11.4　试件最终破坏形态

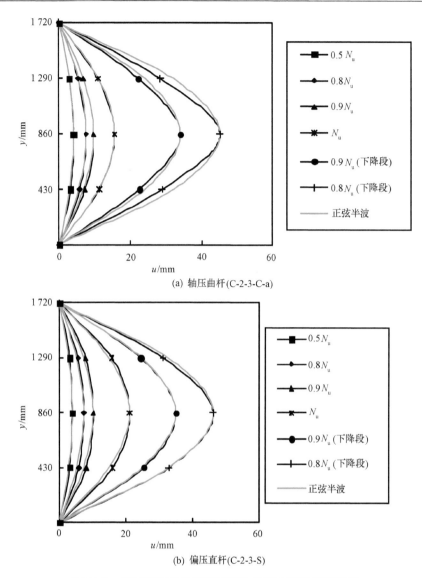

(a) 轴压曲杆(C-2-3-C-a)

(b) 偏压直杆(C-2-3-S)

图 11.5　轴压曲杆和偏压直杆试件的挠曲变形发展情况

其挠曲变形的发展情况，其中纵坐标为试件上的测点距柱底的距离（y），横坐标为加载过程中试件不同位置处的挠度（u），其中 N_u 为试件的极限荷载。

图 11.5 中同时给出了跨中挠度相同的正弦半波曲线。

由图 11.5（a）可见，在达到极限荷载前，轴压曲杆的挠曲线与正弦半波曲线较为吻合，但在加载后期，挠曲线形状与正弦半波曲线稍有差别，具体表现为试件两端的挠度发展稍慢于正弦半波曲线。此外，曲杆在达到极限荷载时由于受荷而产生的跨中变形（挠度）也略小于相应的偏心受压直杆。偏心受压直杆的全过程变形曲线与正弦半波曲线总体上吻合，如图 11.5（b）所示。

图 11.6 给出了所有试件实测的轴压力（N）与试件跨中挠度（u_m）关系曲线，试件实测的极限荷载 N_{ue} 值列于表 11.1 中。

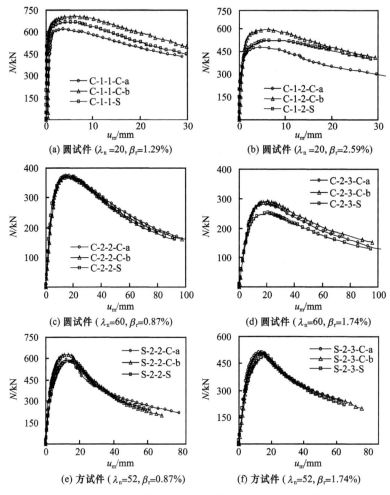

图 11.6　荷载（N）- 跨中挠度（u_m）关系曲线

　　由图 11.6 可见，轴心受压曲杆和偏心受压直杆的荷载（N）- 变形（u_m）关系曲线在弹性段基本重合。N-u_m 曲线进入弹塑性段后，曲杆的刚度要略高于直杆。此外，曲杆的承载力也稍略高于直杆。在本节论述的试验参数范围内，和对比试件相比，曲杆的 N_{ue} 值比相应的直杆平均要高 4% 左右。

　　图 11.7 给出了典型的轴心受压曲杆（圆形试件，$\lambda_n=60$，$\beta_r=0.87\%$）和偏心受压直杆中截面的受拉区和受压区边缘纤维处纵向应变（ε）随荷载（N）变化的关系曲线。

　　由图 11.7 可见，轴心受压曲杆跨中截面从受力初期即分成了拉、压两个区，且压区应变的增长明显快于拉区。而对于偏心受压直杆，截面一开始均处于受压状态，荷载达到极限承载力的 60%～70% 时截面开始出现受拉区。在本次试验参数范围内，由于偏压直杆的"二阶效应"比相应的轴压曲杆更明显一些，偏压直杆的极限承载力比轴压曲杆稍低。

11.2.2　理论分析

（1）非线性有限元分析模型的建立和验证

基于 ABAQUS 软件平台，作者曾建立了直线形钢管混凝土构件在受压（拉）、弯、

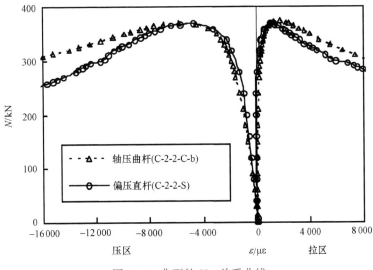

图 11.7　典型的 N-ε 关系曲线

扭、剪及其复合受力下力学性能的有限元分析模型，该模型得到了大量试验结果的验证（韩林海，2007，2016）。参考有关方法，可方便地建立曲线形钢管混凝土的有限元分析模型，建模时需考虑钢管混凝土曲杆几何形状的变化。

建模时钢材和混凝土本构关系模型的确定、单元选取和单元网格划分、边界条件确定及界面接触处理方法等参见本书第 2 章有关论述，此处不再赘述。

计算时可以全构件为对象建立计算模型。考虑到荷载及几何条件对称性的特点，为了提高计算效率，也可取构件的 1/4 部分建立模型进行计算。以圆形截面试件为例，图 11.8 给出了按 1/4 部分建立的计算示意图，图中 U_1、U_2 和 U_3 分别代表沿坐标 X、Y 和 Z 方向的位移。

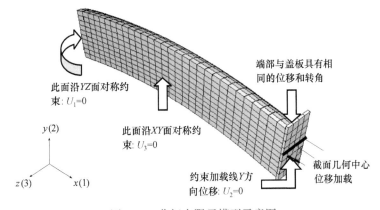

图 11.8　曲杆有限元模型示意图

为了验证所建有限元模型分析结果的准确性，对 Ghasemian、Schmidt（1999）和本章进行的试验结果进行了对比计算。

图 11.9 所示为有限元计算结果与 Ghasemian 和 Schmidt（1999）试验结果的对比

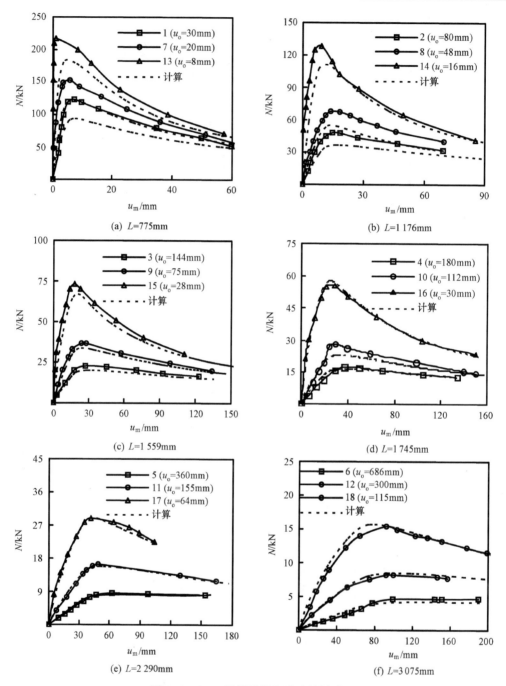

图 11.9　N-u_m 计算结果和试验结果对比

情况。图中，所有试件的截面均为圆形，钢管横截面尺寸为：$D \times t = 60.4\text{mm} \times 2.3\text{mm}$。钢管的屈服强度 $f_y = 370\text{MPa}$，混凝土的圆柱体抗压强度 $f_c' = 70\text{MPa}$。

　　图 11.10 所示为计算结果与本章 11.2.1 节试验结果的对比情况。

　　图 11.11 所示为有限元模型计算结果与陈友杰（1999）实测拱肋荷载 - 变形关系的对比情况。图中 N 为试加在拱肋试件上的荷载；u_m 为对应测点的挠度。图中同时给出

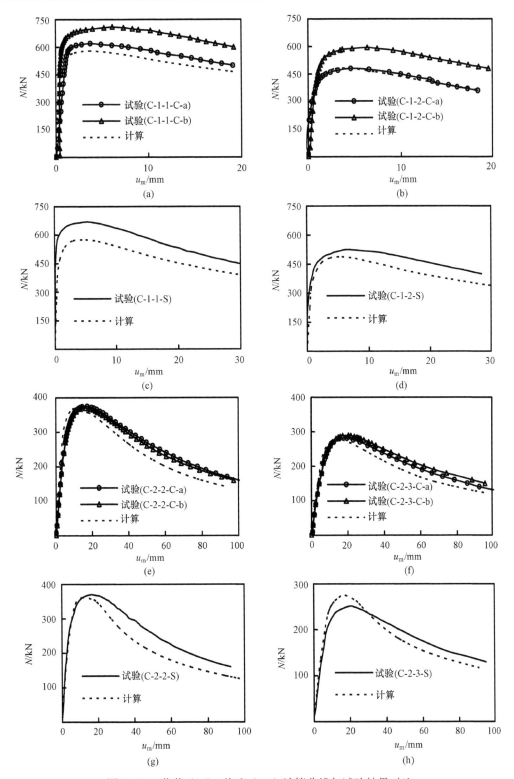

图 11.10　荷载（N）- 挠度（u_m）计算曲线与试验结果对比

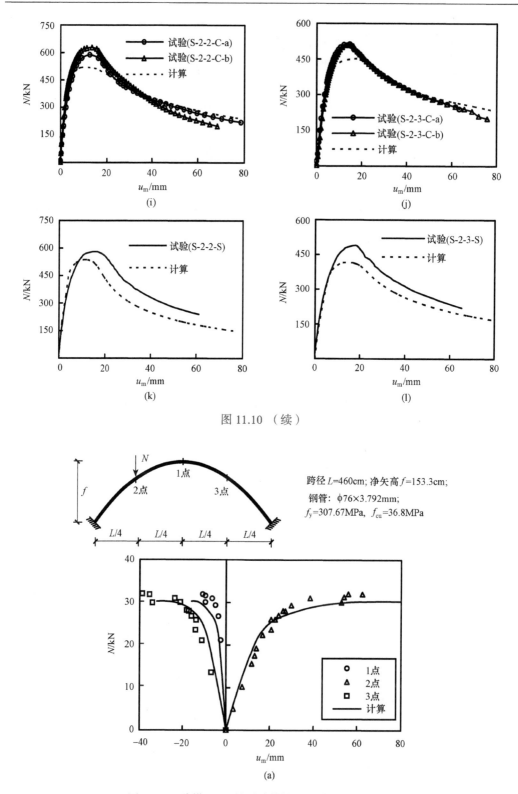

图 11.10 （续）

图 11.11　肋拱 N-u_m 关系计算结果和试验结果对比

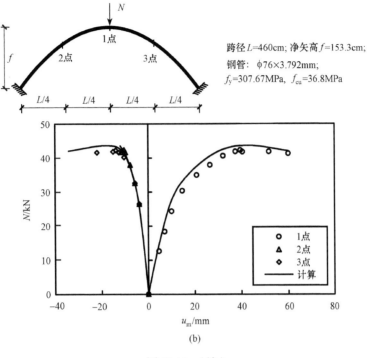

(b)

图 11.11　（续）

拱肋试件的基本参数。

以上和实测结果的比较表明，本节建立的有限元模型对计算不同荷载形式作用下曲线形钢管混凝土构件的荷载-变形关系均具有较好的适用性。

图 11.12 所示为有限元计算的曲线形钢管混凝土构件极限承载力（N_{uc}）与实测结果（N_{ue}）的对比情况。所有 N_{uc}/N_{ue} 比值的平均值为 0.946，均方差为 0.082。可见，理论计算的极限承载力和实测结果较为吻合，且总体上稍偏于安全。

（2）曲杆工作机理分析

下面采用建立的有限元模型，通过典型算例分析钢管混凝土曲杆的受力特性，研

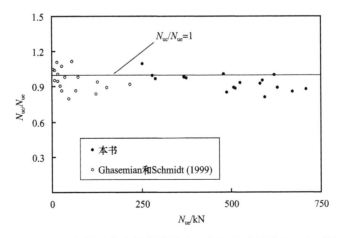

图 11.12　极限承载力计算结果（N_{uc}）与试验结果（N_{uc}）对比

究受力过程中钢管和混凝土的相互作用，以及构件名义长细比（λ_n）和曲度系数（β_r）等对曲杆荷载 - 变形关系曲线的影响规律。

算例的基本计算条件为：$D（B）=400$mm；$t=9.31$mm；$L=4000$mm；$\beta_r=2.5\%$；$f_y=345$MPa；$f_{cu}=60$MPa。

1）破坏模态。

图 11.13（1）和（2）所示为采用有限元模型计算得到的曲线形圆形、方形钢管混凝土和空钢管的轴压破坏形态比较，图中同时给出了钢管混凝土偏压直杆的破坏形态。图中所示各构件破坏形态均为其荷载达峰值点后下降到峰值荷载 85% 时对应的整体破坏形态。为了直观地比较构件的破坏模态，对计算出的变形进行了适当的放大。

由图 11.13 可见，钢管混凝土曲杆的破坏形态和图 11.4 所示试验观测破坏形态基本类似，而曲线形空钢管内部由于没有混凝土的支撑，破坏时在中部最大弯矩作用截面处的挠曲凹侧钢管出现明显的内凹，塑性变形迅速发展且承载力迅速下降。钢管混凝土曲杆其破坏截面由于有混凝土的支撑作用，钢管只可能发生外凸变形，从而防止或延缓钢管的局部屈曲，构件表现出较高的后期承载力。

由图 11.13 还可以看出，轴心受压钢管混凝土曲杆与偏心受压钢管混凝土直杆的破坏形态类似，只是偏心受压直杆的二阶效应略大，其跨中由于受力而产生的挠度稍大于轴心受压钢管混凝土曲杆。

在给定的计算算例参数条件下，圆钢管混凝土构件没有明显局部屈曲，而方钢管混

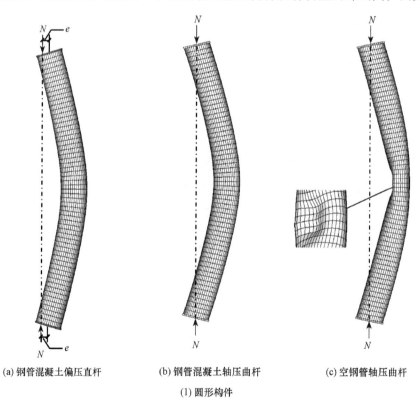

(a) 钢管混凝土偏压直杆　　　(b) 钢管混凝土轴压曲杆　　　(c) 空钢管轴压曲杆

(1) 圆形构件

图 11.13　钢管混凝土和空钢管破坏形态比较

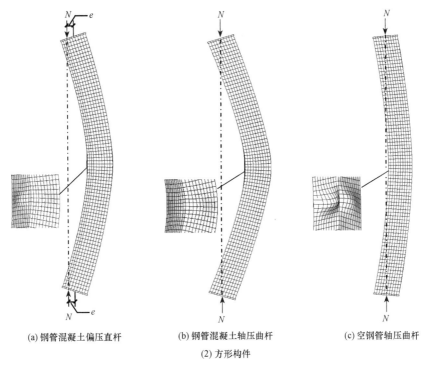

(a) 钢管混凝土偏压直杆　　　　(b) 钢管混凝土轴压曲杆　　　　(c) 空钢管轴压曲杆

(2) 方形构件

图 11.13　（续）

凝土构件中截面附近出现向外鼓曲的现象。

2）荷载 - 变形全过程关系曲线分析。

图 11.14 所示为钢管混凝土曲杆典型的荷载（N）- 中截面挠度（u_m）关系，曲线总体上可分为三个阶段，即弹性段（OA）、弹塑性段（AB）和下降段（BC）。

① 弹性段（OA）：A 点处钢管最大纤维压应力达比例极限。钢管和核心混凝土均处于弹性阶段，钢管与核心混凝土之间的界面接触应力很小，截面绝大部分处于受压状态。A 点处钢管最大纤维压应力达比例极限，对应的跨中截面受压区混凝土最大纵向压应力为 $0.76f_c'$。

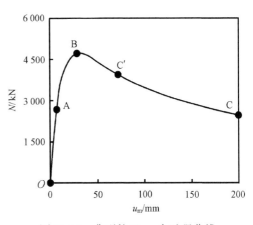

图 11.14　典型的 $N\text{-}u_m$ 全过程曲线

② 弹塑性段（AB）：B 点为荷载峰值点。过了 A 点后，截面受压区不断发展塑性，钢管和受压区混凝土之间非均布的界面接触应力增大，呈现出弹塑性工作状态；跨中截面中和轴逐渐向形心方向移动；混凝土受压区的纵向应力继续增长，在达到荷载峰值时的 B 点，最大纵向应力达到 $1.04f_c'$。

③ 下降段（BC）：由于二阶效应的影响，曲线进入下降段，跨中截面中和轴继续向形心轴方向移动，钢管塑性区从截面边缘不断向核心区发展；在 C′ 点前（C′ 点为 $N\text{-}u_m$ 曲线上荷载下降到极限荷载的 85% 对应的点）钢管和受压区混凝土之间的界面接

触应力快速增长，此后界面接触应力基本保持稳定。由于受钢管约束作用混凝土纵向应力在 C′ 点处达到 $1.31 f_c'$。

图 11.15 给出对应图 11.14 中的 A、B 和 C′ 点处圆钢管混凝土曲杆跨中截面的混凝土纵向应力（图中为 S11）和纵向应变分布情况，图中同时给出加载面处混凝土纵向应力沿构件长度方向的分布情况，图中应力单位为 MPa，应力以拉为正。可以看出，在受力的全过程，随着跨中挠度的不断增大，跨中截面核心混凝土受压区面积不断减小，受拉区面积不断增大，跨中截面中和轴不断靠近形心，塑性区向截面核心发展并沿构

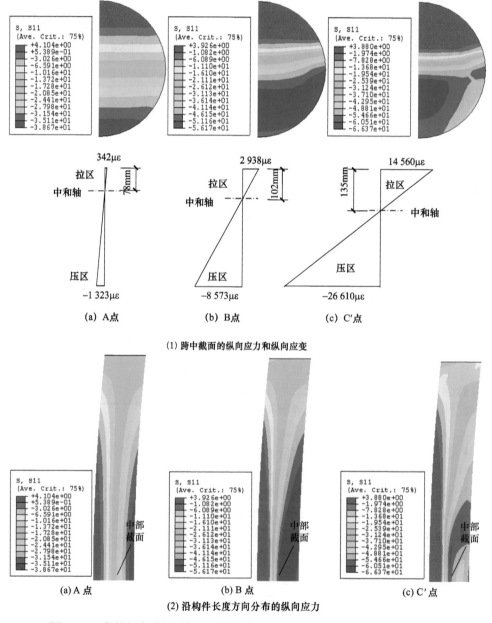

图 11.15　各特征点处的混凝土纵向应力和纵向应变分布（应力单位：MPa）

件长度方向向端部不断扩展。

图 11.16 所示为计算的轴心受压曲杆和偏心受压直杆及其钢管、核心混凝土各自的 N-u_m 关系曲线。

从图 11.16 可以看出，由于钢管位于截面外围，钢管混凝土曲杆尚未达到其极限承载力时，钢管承担的荷载就已达到峰值，其荷载 - 变形关系开始进入下降段；而核心混凝土位于截面核心，且受到钢管的约束作用，钢管达到极限承载力时其分担的荷载仍能继续增加，组合构件的 N-u_m 关系曲线仍然保持上升的趋势，直至核心混凝土也达到其极限承载力，N-u_m 关系曲线才开始进入下降段。

分析结果表明，钢管混凝土轴压曲杆的承载能力和刚度均略高于相应的偏压直杆，曲杆达峰值荷载时跨中的挠度比相应的偏压直杆略小。可见，曲杆中"二阶效应"对弯矩和挠度的放大作用均小于相应的偏压直杆。

图 11.17 给出了不同曲度系数 β_r 情况下钢管混凝土曲杆的 N-u_m 关系曲线，

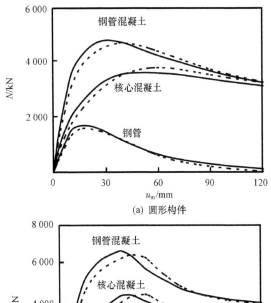

(a) 圆形构件

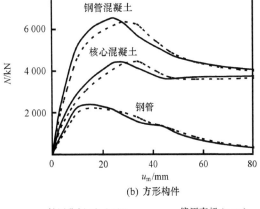

(b) 方形构件

———— 轴压曲杆 $(\beta_r = 2.5\%)$ ----- 偏压直杆 $(e = u_o)$

图 11.16 N-u_m 关系曲线比较

可以看出，随着 β_r 的逐渐增大，钢管混凝土曲杆的刚度和极限承载力均表现出逐渐下降的趋势，且峰值荷载对应的跨中变形也逐渐增大，而 N-u_m 关系曲线的下降段则

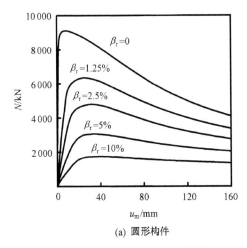

(a) 圆形构件

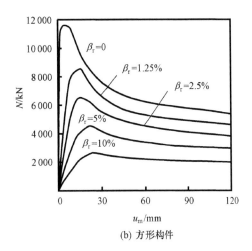

(b) 方形构件

图 11.17 不同曲度系数 (β_r) 情况下的 N-u_m 曲线

趋于平缓。

　　3）应力和应变分析。

　　图 11.18 给出了钢管混凝土曲杆在不同曲度系数 β_r 情况下其跨中截面最大拉应变和最大压应变在受力过程中的变化情况。可见，圆形截面曲杆与方形截面曲杆的 N-β 关系曲线随 β_r 的变化规律基本相同，在其他条件一定的情况下，随着 β_r 的增大，构件承载力降低，荷载峰值点对应的纵向应变有增大的趋势。当 β_r 较小时，构件在达到极限荷载前处于全截面受压状态，随着 β_r 的增大，构件开始变为一侧受压而另一侧受拉。当 β_r 相同时，圆形截面曲杆达到极限承载力时对应的应变值要大于方形截面曲杆，也即表明圆形截面构件的变形能力更强。

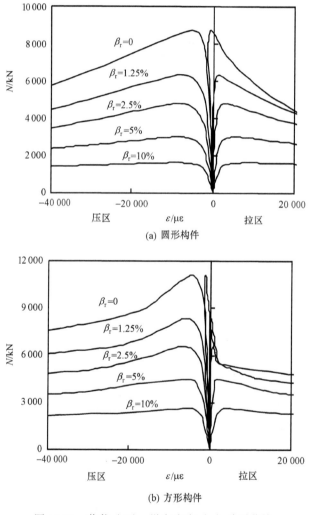

(a) 圆形构件

(b) 方形构件

图 11.18　荷载（N）-纵向应变（ε）关系曲线

　　图 11.19 给出轴心受压钢管混凝土和空钢管曲杆与偏心受压钢管混凝土直杆的 N/N_u-边缘纤维纵向应变（ε）关系曲线的比较情况，其中 N_u 为构件的极限承载力。计算时，空钢管曲杆中除没有混凝土外，其他计算条件与相应的钢管混凝土曲杆完全相同。

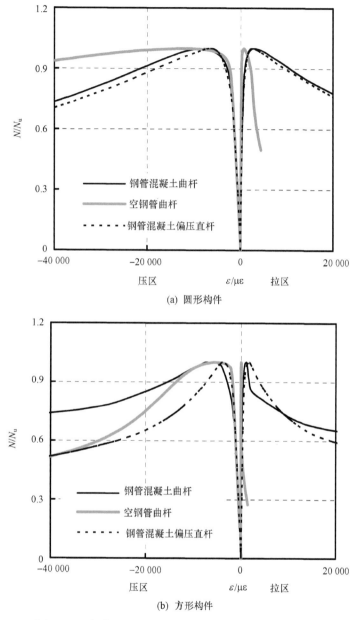

(a) 圆形构件

(b) 方形构件

图 11.19　钢管混凝土和空钢管的 N/N_u-ε 关系曲线比较

偏压直杆的荷载偏心距与相应曲杆的初始弯曲度（u_o）相同。

　　从图中可以看出，在达到极限荷载后，由于受局部屈曲影响，曲线形空钢管的拉区纤维应变增长缓慢，而钢管混凝土不存在这种现象，表明核心混凝土的存在有利于充分发挥钢管的力学性能。此外，钢管混凝土轴压曲杆和偏压直杆的应变发展规律基本一致，方形截面的差别要稍大于圆形截面。

　　以圆钢管混凝土为例，图 11.20 给出了轴心受压钢管混凝土曲杆与偏心受压钢管混凝土直杆达峰值荷载时中截面处核心混凝土的纵向应力分布对比。可见，轴压曲杆和

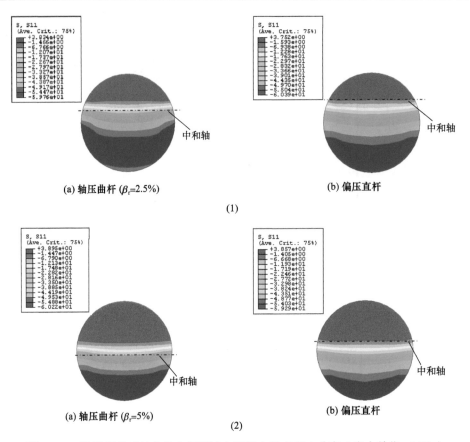

图 11.20　峰值荷载时对应的中截面核心混凝土纵向应力分布（应力单位：MPa）

偏压直杆的中截面应力分布规律基本一致，但数值上略有差别，轴压曲杆的应力稍大。

图中同时标示出了构件达峰值荷载时中截面中和轴的位置，可以看出，轴心受压曲杆达峰值荷载时中截面受压面积稍大，因此轴心受压曲杆承载力略大于偏心受压直杆。

同样以圆钢管混凝土为例，图 11.21 给出了轴心受压钢管混凝土曲杆和偏心受压钢管混凝土直杆在达到极限承载力时钢管的 Mises 应力分布情况。计算时，偏心受压钢管混凝土直杆的荷载偏心距与相应曲杆的初始弯曲度相同。

由图 11.21 可见，由于曲杆存在初始弯曲度 u_0，在达到极限状态时曲杆中部压区的塑性区范围要稍小于直杆的塑性区范围，从而一定程度上减小了几何非线性的影响，使得构件的承载力略有提高。

分析结果还表明，随着曲度系数 β_r 的增大，钢管混凝土曲杆在压区的塑性发展区域不断减小，钢管在受拉区也开始发展塑性。

4）钢管和核心混凝土的相互作用分析。

图 11.22 给出了钢管混凝土轴压曲杆在加载过程中跨中截面不同位置处钢管对核心混凝土的约束力（p）变化情况。由于约束力沿截面分布不均匀，分别选取受压区边缘位置 a 点（变形凹侧）、受拉区边缘位置 c 点（变形凸侧）和形心轴上 b 点的约束力进

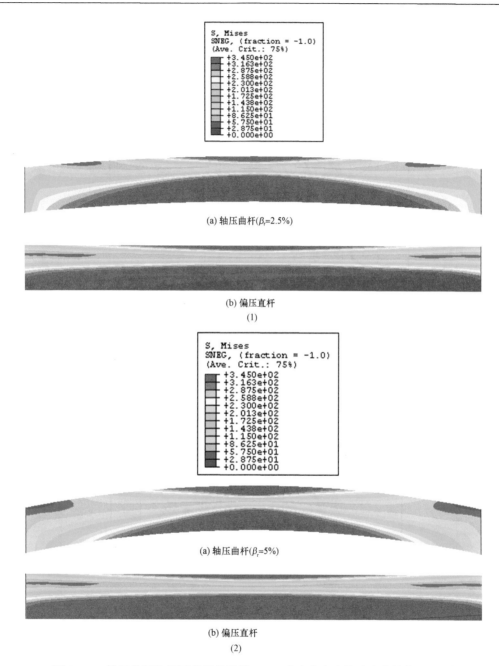

图 11.21 轴压曲杆和偏压直杆的钢管 Mises 应力分布比较（应力单位：MPa）

行对比。

从图 11.22 中可见，在钢管受压区最边缘纤维应力达比例极限后（A 点之后，图中 A 点、B 点和 C′ 点的具体位置见图 11.14），钢管与受压区混凝土之间开始产生非均布的约束力，但在荷载达到峰值前（B 点），约束力 p 增长较慢，B 点后，约束力开始快速增长。对于圆钢管混凝土，约束力持续增长直至荷载下降到峰值荷载的 85% 之后的

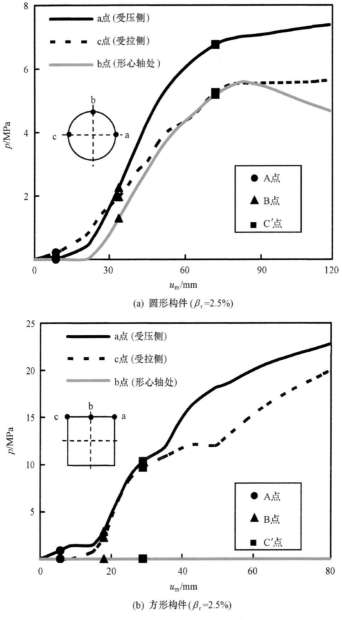

(a) 圆形构件（$\beta_r=2.5\%$）

(b) 方形构件（$\beta_r=2.5\%$）

图 11.22　钢管混凝土曲杆的 p-u_m 关系曲线

C′ 点，钢管的约束力开始趋于稳定。对于方钢管混凝土，位于形心轴上的 b 点处基本没有约束力，而 a 点和 c 点处的约束力明显，即使在达到 C′ 点以后仍能保持增长，也就是说方形截面约束力主要集中于截面角部范围内。

　　图 11.23 所示为钢管混凝土曲杆从端部算起 $L/2$（中截面）、$3L/8$、$L/4$ 和 $L/8$ 距离处受压区边缘钢管（图 11.22 中的 a 点）对核心混凝土的约束力 p 随中截面挠度 u_m 发展的变化关系曲线。可见，钢管混凝土曲杆在中截面处的约束力最大，离中截面距离越远，钢管对混凝土的约束作用越小。钢管对混凝土产生约束作用的区域主要集中在

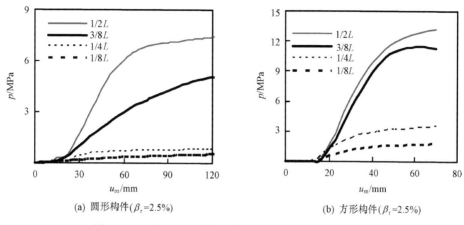

(a) 圆形构件(β_r=2.5%)　　　　　　　　(b) 方形构件(β_r=2.5%)

图 11.23　受压区边缘沿构件纵向各点的 p-u_m 关系曲线

跨中附近 $L/4$ 的范围内，这是由曲杆中间受的弯矩大、两端受的弯矩小的特点所决定，因而构件中间先进入弹塑性，并使钢管对混凝土产生约束作用。

图 11.24 所示为不同曲度系数（β_r）对跨中截面混凝土受压侧边缘纤维处的约束力 p 值的影响。从中可见，随着 β_r 的增大，钢管对压区混凝土的约束作用逐渐减小。这是因为随着 β_r 的增大，混凝土拉区面积增大，混凝土压区最边缘纤维到中和轴的距离逐渐减小，其横向变形也随之减小，因而钢管对混凝土的约束作用也相应减小。

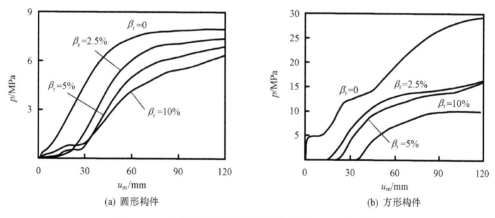

(a) 圆形构件　　　　　　　　　　　　　(b) 方形构件

图 11.24　中截面受压区边缘纤维处的 p-u_m 关系曲线

11.2.3　承载力计算方法

图 11.16 给出了钢管混凝土轴压曲杆及荷载偏心距与曲杆弯曲度相同的钢管混凝土偏压直杆、其钢管及其核心混凝土的 N-u_m 关系曲线，通过比较可见，钢管混凝土轴压曲杆的承载力和刚度均稍高于相应的偏压直杆，曲杆达峰值荷载时跨中的附加挠度比直杆略小。

根据以上对钢管混凝土曲杆进行的试验研究和数值分析可以看出，钢管混凝土曲杆由于存在初弯曲度（u_o），当在构件两端截面的形心施加轴压力时［如图 11.2（a）所示］，构件将受到弯矩和轴力的共同作用，其受力性能和钢管混凝土偏压构件［如图 11.2（b）所示］的受力性能总体上类似。

钢管混凝土曲杆短构件的 N/N_u-M/M_u 相关曲线（也可称为强度相关关系）如图 11.25 所示，与钢管混凝土直构件类似，也存在一平衡点 A，其中 N_u 为轴压强度承载力，M_u 为抗弯承载力。

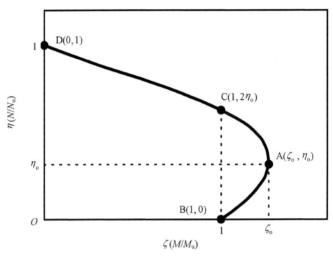

图 11.25　典型的 N/N_u-M/M_u 强度关系曲线

参数分析结果表明，与直线形钢管混凝土构件类似（韩林海，2007，2016），图 11.25 所示平衡点 A 的横、纵坐标值 ζ_o 和 η_o 近似可表示为约束效应系数（ξ）的函数。

ζ_o 的计算公式如下。

对于圆钢管混凝土：

$$\zeta_o = 0.18\xi^{-1.15} + 1 \tag{11.3a}$$

对于方、矩形钢管混凝土：

$$\zeta_o = 1 + 0.14\xi^{-1.3} \tag{11.3b}$$

η_o 的计算公式如下。

对于圆钢管混凝土：

$$\eta_o = \begin{cases} 0.5 - 0.245 \cdot \xi & \xi \leqslant 0.4 \\ 0.1 + 0.14 \cdot \xi^{-0.84} & \xi > 0.4 \end{cases} \tag{11.4a}$$

对于方、矩形钢管混凝土：

$$\eta_o = \begin{cases} 0.5 - 0.318 \cdot \xi & \xi \leqslant 0.4 \\ 0.1 + 0.13 \cdot \xi^{-0.81} & \xi > 0.4 \end{cases} \tag{11.4b}$$

计算分析结果表明，图 11.25 所示的钢管混凝土典型的 N/N_u-M/M_u 强度关系曲线大致可分为两部分，并用两个数学表达式来描述。

1）C-D 段（即 $N/N_u \geqslant 2\eta_o$ 时），可近似采用直线的函数形式来描述。

即

$$\frac{N}{N_u} + a \cdot \left(\frac{M}{M_u}\right) = 1 \tag{11.5a}$$

2）C-A-B 段（即 $N/N_u < 2\eta_o$ 时），可近似采用抛物线的函数形式来描述，即

$$-b \cdot \left(\frac{N}{N_u}\right)^2 - c \cdot \left(\frac{N}{N_u}\right) + \left(\frac{M}{M_u}\right) = 1 \tag{11.5b}$$

上面两式中：$a = 1 - 2\eta_o$；$b = \dfrac{1 - \zeta_o}{\eta_o^2}$；$c = \dfrac{2 \cdot (\zeta_o - 1)}{\eta_o}$；$N_u$ 和 M_u 分别为钢管混凝土轴压和抗弯强度承载力。

以圆形钢管混凝土曲杆为例，图 11.26 给出不同名义长细比 λ_n 情况下的 N/N_u-M/M_u 关系。可见，随着 λ_n 的增大，曲线形钢管混凝土单杆的极限承载力呈现出逐渐降低的趋势，且随着长细比的增大，"二阶效应"的影响逐渐变得显著，A 点逐渐往内靠，即 ζ_o 和 η_o 都有减小的趋势；随着 λ_n 的继续增大，A 点在 N/N_u-M/M_u 关系曲线上表现得越来越不明显。这些规律和钢管混凝土压弯构件完全一致。

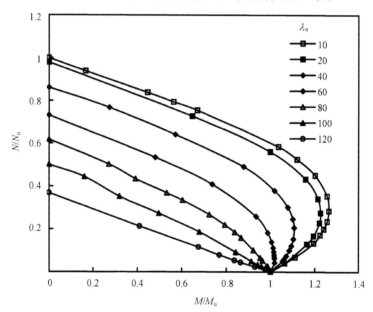

图 11.26　不同名义长细比 λ_n 曲杆的 N/N_u-M/M_u 相关关系曲线

参数分析结果进一步表明，钢管混凝土曲杆 N/N_u-M/M_u 平衡点和稳定系数等的具体数值也和长细比为 λ_n 的直杆非常接近。这意味着名义长细比为 λ_n 的曲杆的极限承载力可等效为实际长细比为 λ_n 的偏压直杆进行计算。下面简要介绍有关验算方法。

在式（11.5）的基础上，韩林海（2007，2016）推导出考虑构件长细比影响时图 11.2（b）所示直线形钢管混凝土压弯构件 N/N_u-M/M_u 相关方程如下：

$$\begin{cases} \dfrac{1}{\varphi} \cdot \dfrac{N}{N_u} + \dfrac{a}{d} \cdot \left(\dfrac{M}{M_u}\right) = 1 & N/N_u \geq 2\varphi^3 \cdot \eta_o \\ -b \cdot \left(\dfrac{N}{N_u}\right)^2 - c \cdot \left(\dfrac{N}{N_u}\right) + \dfrac{1}{d} \cdot \left(\dfrac{M}{M_u}\right) = 1 & N/N_u < 2\varphi^3 \cdot \eta_o \end{cases} \tag{11.6}$$

式中：$a = 1 - 2\varphi^2 \cdot \eta_o$; $b = \dfrac{1-\zeta_o}{\varphi^3 \cdot \eta_o^2}$; $c = \dfrac{2 \cdot (\zeta_o - 1)}{\eta_o}$;

$$d = \begin{cases} 1 - 0.4 \cdot \left(\dfrac{N}{N_E}\right) & （圆钢管混凝土） \\[3mm] 1 - 0.25 \cdot \left(\dfrac{N}{N_E}\right) & （方、矩形钢管混凝土） \end{cases},$$

其中 $1/d$ 是考虑由于二阶效应而对弯矩的放大系数，$N_E = \pi^2 \cdot E_{sc} \cdot A_{sc}/\lambda^2$ 为欧拉临界力，E_{sc} 为钢管混凝土轴压组合弹性模量。

φ 为轴心受压稳定系数，可按下式确定：

$$\varphi = \begin{cases} 1 & \lambda \leqslant \lambda_o \\ a\lambda^2 + b\lambda + c & \lambda_o < \lambda < \lambda_p \\ d/(\lambda + 35)^3 & \lambda > \lambda_p \end{cases} \tag{11.7}$$

式中：$a = \dfrac{1 + (35 + 2\lambda_p - \lambda_o)e}{(\lambda_p - \lambda_o)}$; $b = e - 2a\lambda_p$; $c = 1 - a\lambda_o^2 - b\lambda_o$; d 按照式（11.6）给出的公式计算；$e = \dfrac{-d}{(\lambda_p + 35)^3}$; λ_p 和 λ_o 分别为钢管混凝土轴压构件发生弹性或弹塑性失稳时对应的界限长细比。

在用上述公式进行如图 11.2（a）所示轴心受压钢管混凝土曲杆承载力计算时，长细比（λ）按名义长细比 λ_n 代入。公式（11.6）中的弯矩则按 $M = N \cdot u_o$ 代入。

根据参数分析及参考试验结果，建议公式（11.6）的适用范围为 $\xi = 0.2 \sim 4$，$f_y = 235 \sim 420$MPa，C30～C80 混凝土，$a = 0.03 \sim 0.15$，$\lambda_n = 10 \sim 120$；$\beta_r = 0 \sim 20\%$。

图 11.27 给出了按简化计算公式（11.6）计算获得的钢管混凝土曲杆的极限承载力（N_{uc}）与实测结果（N_{ue}）的对比情况。结果表明，Ghasemian 和 Schmidt（1999）试验试件的极限承载力简化公式计算值与试验值的比值（N_{uc}/N_{ue}）的平均值为 0.936，均方差为 0.110；与本书试验试件的极限承载力简化公式计算值与试验值的比值 N_{uc}/N_{ue} 的平均值为 0.920，均方差为 0.050。可见，简化计算结果与试验结果总体吻合，且总体上稍偏于安全。

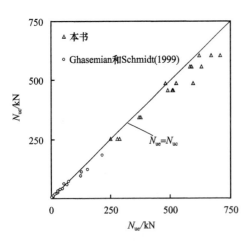

图 11.27　承载力简化计算结果（N_{uc}）与试验结果（N_{ue}）比较

11.3　曲线形钢管混凝土格构式结构的轴压力学性能

11.3.1　试验研究

本节以图 11.1（3）所示的双肢、三肢和四肢曲线形钢管混凝土格构式结构为对象，在试件两端施加水平荷载进行受力全过程试验研究。

通过试验，拟研究曲线形钢管混凝土格构式结构在轴压荷载作用下的破坏形态，分析曲度系数、名义长细比、截面形式（双肢、三肢和四肢）以及缀材类型（平腹杆和斜腹杆）等参数的影响规律（郑莲琼，2008；Han 等，2012），并为有限元模型提供必要的验证数据。

（1）试验概况

试件设计时腹杆的布置及构造设计参考了一些钢结构相关工程实例和相关规范相关要求，综合考虑了便于杆件布置和钢结构的加工制作等因素。

对于三肢和四肢格构式结构，需要确定其截面宽高比 [b/h，b 和 h 分别为截面宽度和高度方向的分肢形心间距，如图 11.1（3）所示]。在实际工程应用中，b/h 的变化范围一般为 0.3~1。b/h 的取值大小对结构平面外的承载力影响显著，b/h 值越小，腹杆对弦杆的约束作用越弱，因而结构的平面外抗弯刚度及抗扭刚度越低。综合考虑试验和加工条件，本次试验取三肢和四肢试件的 b/h 值为 0.8。

格构式试件中的腹杆可采用直径较小的空心钢管。在布置腹杆时，原则上宜尽量减小受压腹杆的长细比，避免腹杆受压失稳导致试件提前破坏。

腹杆的布置主要有两种形式，即垂直式和平行式。垂直式腹杆布置即使平腹杆与弦杆保持垂直 [如图 11.28（a）所示]，斜腹杆和弦杆的夹角通常取为 45° 左右。另一种腹杆布置方式为平行式，即各平腹杆保持平行，且通常与水平线垂直 [如图 11.28（b）所示]。平行式腹杆布置方式的特点是不同节间的平腹杆或斜腹杆的长度不一致，且斜腹杆和弦杆之间的角度也不断发生变化。本次试验的格构式试件选用了如图 11.28（b）所示的腹杆布置方式。

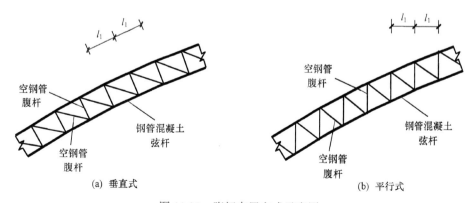

图 11.28　腹杆布置方式示意图

对本试验试件弦杆的初弯曲曲线设定为圆弧线。试验的主要参数归纳如下。

1）曲度系数 β_r（$\beta_r=u_o/L$，u_o 和 L 的含义和图 11.2 所示的钢管混凝土曲杆类似，如图 11.29 所示）：变化范围为 0～7.4%。$\beta_r=0$ 时即为无初弯曲的格构式直构件。

2）名义长细比（λ_n 为结构对 x-x 轴的长细比，$\lambda_n=L/i$，i 为格构式截面回转半径）：变化范围为 9.9～18.9。

3）截面形式：包含了工程常用的由圆钢管混凝土或方钢管混凝土弦杆与空钢管腹杆共同组成的双肢、三肢及四肢截面形式，如图 11.1（3）所示。

4）腹杆类型：采用了平腹杆和斜腹杆的形式，如图 11.29（a）和（b）所示。

所有试件截面的 h 均取为 450mm，三肢和四肢试件的 b 为 360mm。试件的节间距离（l_1，如图 11.29 所示）为 450mm。对于采用圆钢管混凝土的弦杆，其钢管的外直径 D 为 114mm，钢管壁厚为 2.94mm；对于采用方钢管混凝土的弦杆，其钢管的外边长 B 为 120mm，钢管壁厚为 3.01mm。

表 11.2 中给出了各试件所采用腹杆的截面尺寸［分为与图 11.1（3）所示截面 x 轴相交和平行两个方向］、试件计算长度 L（两端加载刀口铰的直线距离）以及试件初始弯曲度 u_o 等（如图 11.29 所示）。

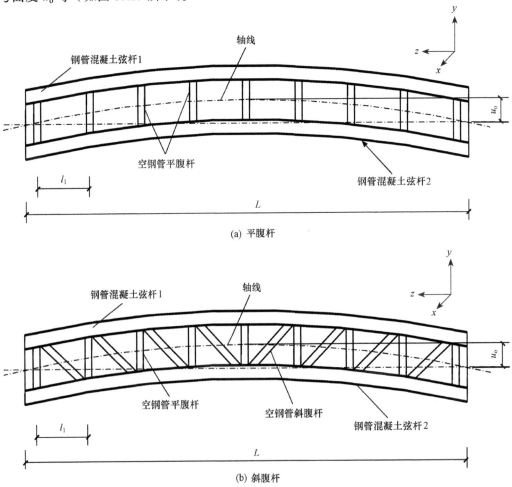

图 11.29　曲线形钢管混凝土结构示意图

表 11.2 中试件编号的第一个字母 C 表示弦杆截面为圆形，S 表示弦杆截面为方形；第二个字母 S 表示短试件，L 表示长试件；第三个数字 2 表示双肢试件，3 表示三肢试件，4 表示四肢试件；第四个字母表示缀材类型，B 表示采用平腹杆体系，D 表示采用斜腹杆体系；最后一个字母 a 表示曲度系数为 0（即直构件），b 表示曲度系数为 3.6% 或 3.7%，c 表示曲度系数为 7.2% 或 7.4%。采用圆形和方形截面弦杆的试件系列中还分别包含了一个弦杆中未灌注混凝土的三肢试件，其编号分别为 CHSL3D-b 和 SHSL3D-b。

表 11.2　格构式试件一览表

| 弦杆截面 | 截面类型 | 序号 | 试件编号 | 腹杆类型 | 钢管腹杆尺寸 $D(B) \times t$ | | u_o /mm | L /mm | λ_n | β_r /% | N_{ue} /kN |
					和 x 轴相交方向 /（mm×mm）	平行于 x 轴方向 /（mm×mm）					
圆形	双肢	1	CS2B-b	平腹杆	76×2.15	—	80	2 240	9.9	3.6	840
		2	CS2B-c	平腹杆	76×2.15	—	160	2 240	9.9	7.2	513
	三肢	3	CL3D-a	斜腹杆	60×3.28	50×1.95	0	4 040	18.9	0	2 516
		4	CL3D-b	斜腹杆	60×3.28	50×1.95	150	4 040	18.9	3.7	1 320
		5	CL3D-c	斜腹杆	60×3.28	50×1.95	300	4 040	18.9	7.4	890
		6	CS3D-b	斜腹杆	60×3.28	50×1.95	80	2 240	10.5	3.6	1 860
		7	CL3B-b	平腹杆	76×2.15	76×2.15	150	4 040	18.9	3.7	785
		8	CHSL3D-b	斜腹杆	60×3.28	50×1.95	150	4 040	18.9	3.7	513
	四肢	9	CL4D-b	斜腹杆	60×3.28	50×1.95	150	4 040	17.8	3.7	2 106
		10	CL4D-c	斜腹杆	60×3.28	50×1.95	300	4 040	17.8	7.4	1 124
方形	双肢	11	SS2B-b	平腹杆	70×2.64	—	80	2 240	9.9	3.6	1 273
		12	SS2B-c	平腹杆	70×2.64	—	160	2 240	9.9	7.2	794
	三肢	13	SL3D-a	斜腹杆	60×3.06	50×2.21	0	4 040	18.9	0	2 965
		14	SL3D-b	斜腹杆	60×3.06	50×2.21	150	4 040	18.9	3.7	1 664
		15	SL3D-c	斜腹杆	60×3.06	50×2.21	300	4 040	18.9	7.4	1 034
		16	SS3D-b	斜腹杆	60×3.06	50×2.21	80	2 240	10.5	3.6	2 500
		17	SL3B-b	平腹杆	70×2.64	70×2.64	150	4 040	18.9	3.7	1 146
		18	SHSL3D-b	斜腹杆	60×3.06	50×2.21	150	4 040	18.9	3.7	498
	四肢	19	SL4D-b	斜腹杆	60×3.06	50×2.21	150	4 040	17.8	3.7	2 506
		20	SL4D-c	斜腹杆	60×3.06	50×2.21	300	4 040	17.8	7.4	1 620

格构式结构中，弦杆的钢构件的加工类似于 11.2.1 节中的单曲杆，其与腹杆通过焊接进行连接。

为便于加载，在试件两端各焊接一块 20mm 厚的方形盖板，并用加劲肋和弦杆加强连接。为方便混凝土的浇灌，在试件一端的盖板和弦杆连接处开直径为 100mm 的圆孔，作为弦杆内核心混凝土的浇灌口。在浇灌混凝土时，将试件竖立，采用分层法从顶部向弦杆内浇灌混凝土。

试件采用钢材实测的力学性能指标如表 11.3 所示。

表 11.3　钢材力学性能指标

钢材类别	钢管厚度 t/mm	屈服强度 f_y/MPa	极限强度 f_u/MPa	弹性模量 E_s /（$\times 10^5$N/mm^2）	泊松比 μ_s
圆截面弦管（$D=114$mm）	2.94	364	417	2.00	0.306
圆截面腹杆（$D=76$mm）	2.15	409	443	1.96	0.284
圆截面腹杆（$D=60$mm）	3.28	453	485	1.92	0.269
圆截面腹杆（$D=50$mm）	1.95	331	394	1.94	0.290
方截面弦管（$B=120$mm）	3.01	384	477	1.97	0.289
方截面腹杆（$B=70$mm）	2.64	348	389	2.02	0.291
方截面腹杆（$B=60$mm）	3.06	347	392	1.95	0.271
方截面腹杆（$B=50$mm）	2.21	352	429	2.09	0.288

　　弦杆钢管内填充了自密实混凝土，其配合比为水：180kg/m^3；普通硅酸盐水泥：275kg/m^3；粉煤灰：200kg/m^3；砂：850kg/m^3；石灰岩碎石：850kg/m^3。早强型减水剂的掺量为1%。混凝土浇筑时实测其坍落度为262mm，流动扩展度为615mm。混凝土浇灌时内部温度为38℃，环境温度为34℃。混凝土养护到28天时和进行结构试验时实测的混凝土标准立方体抗压强度分别为32MPa和41MPa。

　　试验在500t压力机上进行，采用刀口铰沿端部截面的重心轴施加荷载。为防止试件端部杆件的可能局部压坏，并保证压力机施加的压力能够可靠传递，在试件上下盖板和刀口铰之间均设置一块100mm厚的加载板，其上设条形凹槽，与刀口铰对接，以使试件两端呈铰接状态。刀口铰可保证试件的挠曲方向和其初弯曲方向一致，如图11.30所示。

　　试验过程中量测的内容包括试件的整体挠曲变形和轴向压缩变形、弦杆和腹杆的应变、弦杆与腹杆轴线夹角的变化、斜腹杆的轴向变形和平腹杆的弯曲变形等。试验加载和量测装置如图11.30所示。

　　试验采取分级单调加载。弹性范围内每级荷载约为估算极限荷载值的1/10，当弦杆上测点最大应变达到钢材屈服应变后，每级荷载约为估算极限荷载值的1/15。每一级荷载的持荷时间为1～2min。接近破坏时慢速连续加载，直至试件最终破坏时停止试验。

　　（2）试验结果与分析

　　1）试验现象与试件破坏形态。

　　所有试件的试验进程均得到很好的控制，试件几乎没有发生在出初弯曲平面外的挠曲。在加载过程中，初弯曲平面内的挠度不断增加、试件最终整体丧失稳定而破坏。

　　在加载初期，由于试件尚处于弹性阶段，荷载-跨中挠度曲线基本接近直线，试件总体变形不大。当荷载加至极限荷载的60%左右时，由于二阶效应影响增大，试件进入弹塑性变形阶段，直至达到承载力极限后进入荷载下降段。

　　在整个受力过程中，各弦杆变形基本协调一致，试件挠度曲线上下对称，各杆件

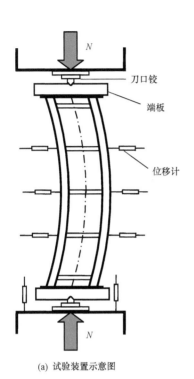

(a) 试验装置示意图

(b) 试验时的情景

图 11.30 试验加载和量测装置

表现出良好的协同工作性能。

通过对曲线形钢管混凝土格构式结构在试验过程中的最终破坏模态进行观察，本次试验的试件破坏模态根据腹杆（即平腹杆和斜腹杆）体系的不同总体上可分为两种。

对于平腹杆体系，其弦杆和腹杆会同时受弯矩和剪力的作用，通常腹杆的变形反弯点可视为在其杆件中点，因而各腹杆在端部与弦杆连接处受的弯矩最大。

图 11.31（a）所示为平腹杆格构式结构达到破坏时的形态，可见结构接近破坏状态时，由于试件发生较大挠曲变形，因而腹杆受到的剪力和弯矩也相应增大，空钢管腹杆和钢管混凝土连接的端部在弯矩和剪力的共同作用下发生破坏，对于圆钢管，表现为腹杆出现局部外凸的鼓曲，如图 11.31（b）所示。对于方钢管，表现为方钢管腹杆发生轻微的内凹屈曲并伴随着其与钢管混凝土弦杆连接部位焊缝的局部断裂，如图 11.31（c）所示。

(a) 整体破坏

(b) 圆钢管

(c) 方钢管

图 11.31 平腹杆结构典型的破坏形态

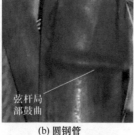

(b) 圆钢管

(c) 方钢管

(a) 整体破坏

图 11.32　斜腹杆结构典型的破坏形态

钢管混凝土弦杆在整个受力过程中变形性能总体上良好，没有过早地出现明显的局部压屈现象。

对于斜腹杆体系试件，在端部压力作用下，其各杆件均以受轴向力为主。由于存在初弯曲，各弦杆所受的轴向力大小不同，弯曲凹侧所受压力较大，尤其是在靠近跨中位置。因此，所有斜腹杆试件的最终破坏均表现为受压弦杆在跨中节间附近出现受压鼓曲，如图 11.32（a）所示。

圆钢管混凝土弦杆通常只在跨中节间发生一处局部鼓曲，如图 11.32（b）所示；方钢管混凝土弦杆可在跨中节间附近发生 2~3 处局部屈曲，如图 11.32（c）所示。

需要说明的是，本次试验过程中仅有一个四肢斜腹式试件（CL4D-c）中的一根腹杆和钢管混凝土弦杆的连接焊缝提前发生断裂，可能是焊缝有初始缺陷所致。该试件最终表现为该腹杆和弦杆的连接发生破坏，导致试件提前破坏。这也说明了保证钢管混凝土弦杆和腹杆可靠的连接是保证格构式钢管混凝土结构整体工作的重要前提。

对比分析结果表明，采用圆钢管混凝土弦杆的格构式试件的变形能力总体上优于采用方钢管混凝土弦杆的情况。

对于弦杆中未填充混凝土的 CHSL3D-b 和 SHSL3D-b 斜腹杆试件，其整体和局部破坏形态和图 11.32 基本类似。但由于钢管没有核心混凝土的支撑，受压弦杆在跨中节间出现显著的受压凹曲，如图 11.33 所示。

轴心受压的格构式试件 CL3D-a 和 SL3D-a 最终的破坏模态和对应的曲线形试件基本类似，并没有明显差异。

试验过程中观测了试件在弯曲平面内的挠曲发展情况，其发展规律和 11.2 节图 11.5 所示的曲线形钢管混凝土单杆总体上类似。通过测试件在弯曲凸侧弦杆和弯曲凹侧弦杆的挠曲变形，表明各弦杆的挠曲发展基本一致，说明各钢管混凝土弦杆通过腹杆相连，总体上能较好地协同工

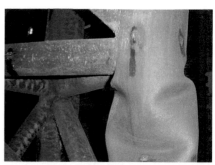

(a) 整体破坏

(b) 圆钢管

图 11.33　空钢管格构式试件弦杆的屈曲形态

作。只有当试件达到极限状态后且变形发展很快时各弦杆之间的变形发展逐渐出现明显差异。这主要是格构式结构中杆件出现局部破坏从而影响了结构工作的整体性所致。

　　2）荷载 - 跨中侧向位移关系及试件的极限承载力。

　　图 11.34 和图 11.35 分别给出了采用圆钢管混凝土和方钢管混凝土试件的轴压力

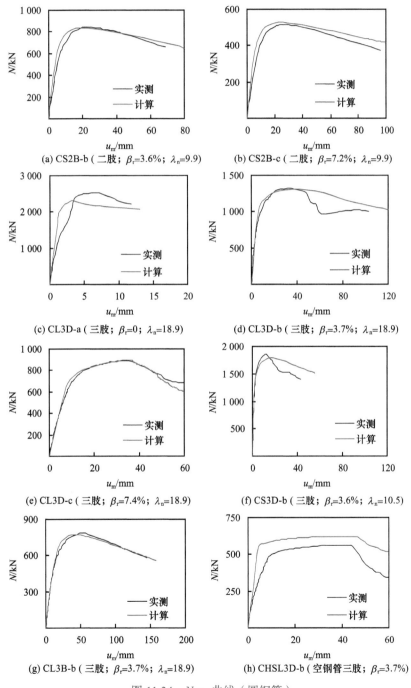

(a) CS2B-b（二肢；β_r=3.6%；λ_n=9.9）

(b) CS2B-c（二肢；β_r=7.2%；λ_n=9.9）

(c) CL3D-a（三肢；β_r=0；λ_n=18.9）

(d) CL3D-b（三肢；β_r=3.7%；λ_n=18.9）

(e) CL3D-c（三肢；β_r=7.4%；λ_n=18.9）

(f) CS3D-b（三肢；β_r=3.6%；λ_n=10.5）

(g) CL3B-b（三肢；β_r=3.7%；λ_n=18.9）

(h) CHSL3D-b（空钢管三肢；β_r=3.7%）

图 11.34　N-u_m 曲线（圆钢管）

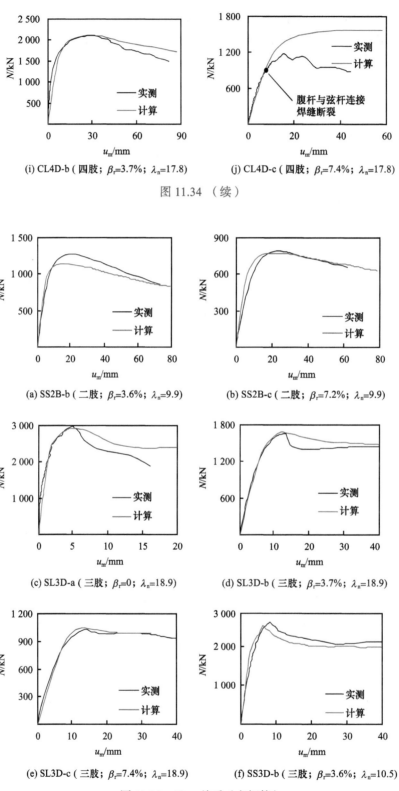

(i) CL4D-b（四肢；β_r=3.7%；λ_n=17.8）　　(j) CL4D-c（四肢；β_r=7.4%；λ_n=17.8）

图 11.34 （续）

(a) SS2B-b（二肢；β_r=3.6%；λ_n=9.9）　　(b) SS2B-c（二肢；β_r=7.2%；λ_n=9.9）

(c) SL3D-a（三肢；β_r=0；λ_n=18.9）　　(d) SL3D-b（三肢；β_r=3.7%；λ_n=18.9）

(e) SL3D-c（三肢；β_r=7.4%；λ_n=18.9）　　(f) SS3D-b（三肢；β_r=3.6%；λ_n=10.5）

图 11.35　N-u_m 关系（方钢管）

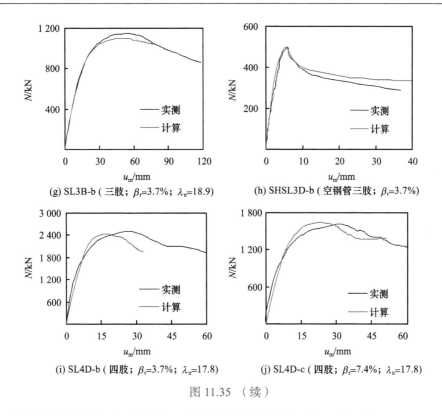

(g) SL3B-b（三肢；β_r=3.7%；λ_n=18.9)　　　(h) SHSL3D-b（空钢管三肢；β_r=3.7%)

(i) SL4D-b（四肢；β_r=3.7%；λ_n=17.8)　　　(j) SL4D-c（四肢；β_r=7.4%；λ_n=17.8)

图 11.35 （续）

（N）- 跨中侧向位移（u_m）的曲线，实测的峰值荷载（N_{ue}）汇总于表 11.2。

从图 11.34 和图 11.35 可见，随着试件名义长细比（λ_n）的增大，试件的刚度和承载能力降低，例如和名义长细比为 10.5 的 CS3D-b 试件相比，名义长细比为 18.9 的 CL3D-b 试件其承载力降低了 28.3%。

分析结果还表明，在本次试验参数情况下，其他条件相同时，采用斜腹杆试件的极限承载力要明显高于采用平腹杆的试件。采用平腹杆试件的变形能力却较斜腹杆试件更强。这和前述的试件破坏形态有关。

图 11.36 所示为采用斜腹杆和平腹杆试件极限承载力的对比情况。

曲度系数 β_r 对钢管混凝土格构式试件 N-u_m 曲线的形状和结构的极限承载力都有影

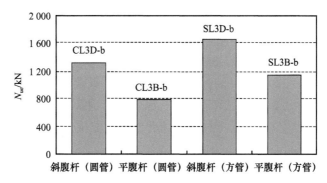

图 11.36　斜腹杆和平腹杆试件承载力（N_{ue}）比较

响。分析结果表明，随着 β_r 的增大，试件 N-u_m 关系曲线的弹性阶段刚度及极限承载力都有所降低，但试件达到承载力极限点后曲线下降段下降的趋势却趋于平缓，这和偏心率对钢管混凝土偏压构件的影响规律类似（韩林海，2007，2016）。图 11.37（a）和（b）所示分别为圆、方钢管混凝土试件的 N_{ue} 随 β_r 的变化情况。

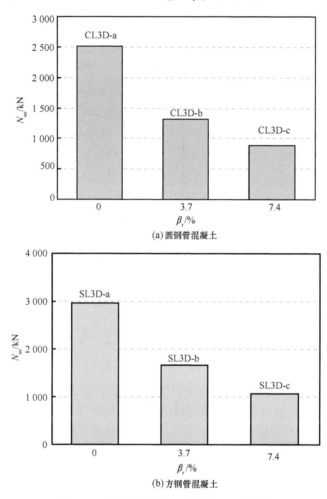

图 11.37　曲度系数对 β_r 承载力 N_{ue} 的影响

图 11.38 所示为在弦杆中填充混凝土与否时试件极限承载力（N_{ue}）的比较。可见，钢管混凝土试件的 N_{ue} 显著高于相应的空钢管结构，例如和试件 CHSL3D-b 相比，采用钢管混凝土弦杆的试件 CL3D-b 其承载力提高了 1.57 倍。

本次试验的斜腹杆体系试件的弦杆强度对试件的承载力起到了控制作用，而钢管混凝土构件的承载力显著高于空钢管结构，因此采用钢管混凝土弦杆试件的承载能力得到大大提高。此外，填充混凝土后试件的弹性阶段刚度提高，N-u_m 曲线达到峰值点后下降段趋于平缓。

3）腹杆剪切变形。

随着格构式试件在试验过程中挠度的不断增大，其横截面上的剪力（V）也在不断

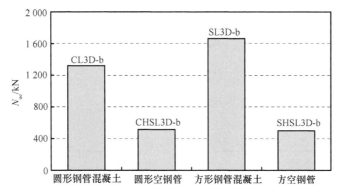

图 11.38　空钢管和钢管混凝土试件承载力（N_{ue}）比较

增大。图 11.39 所示为典型试件不同高度处的剪力变化情况，其中纵坐标为试件上各点距底部刀铰平面的垂直距离（y），剪力（V）根据实测应变数据换算而得出。

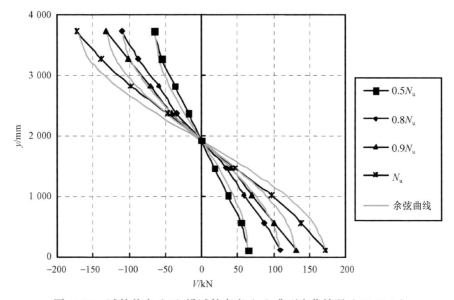

图 11.39　试件剪力（V）沿试件高度（y）典型变化情况（CL4D-b）

　　可见，在整个加载过程中，试件的剪力沿高度基本呈余弦分布，在试件进入弹塑性后二者稍有偏差。

　　由于曲线形格构式试件的横截面从跨中到端部其剪力逐渐增大（如图 11.39 所示），会使格构式试件产生剪切变形。对于平腹杆体系试件，其工作机理类似于平面框架，剪切变形主要是由弦杆剪切变形和腹杆的弯曲变形两部分所组成，可采用腹杆和弦杆的总剪切角（γ）的变化来加以衡量。

　　试验结果表明，随着截面剪力的增大，越靠近端部节间产生的剪切角越大。图 11.40 给出了平腹杆试件在端部腹杆和弦杆交接处的剪切角（γ）在整个加载过程中的变化情况。可见，平腹杆体系试件的 N-γ 曲线变化规律类似于图 11.34 和图 11.35 给出的 N-u_m

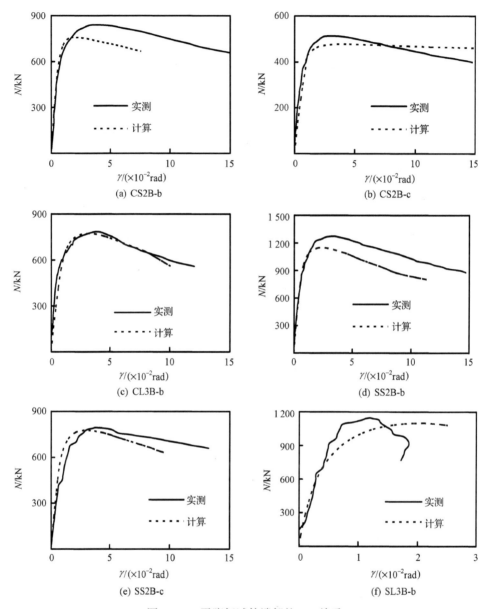

图 11.40　平腹杆试件端部的 N-γ 关系

曲线的变化规律，总体上也可分为弹性段、弹塑性段和下降段。

　　对比图 11.40 中的 CS2B-b 和 CS2B-c 试件，其曲度系数（β_r）分别为 3.6% 和 7.2%，二者在达到极限承载力时的端部剪切角 γ 分别为 3.37×10^{-2}rad 和 4.55×10^{-2}rad，可见随着 β_r 的增加，试件达极限承载力时的剪切角也稍有增加。

　　对于斜腹杆格构式试件，其剪切变形主要是由腹杆和弦杆的轴向变形所引起，端部受压情况下，其斜腹杆受压缩短，横腹杆受拉伸长。

　　图 11.41 所示为典型斜腹杆格构式结构端部斜腹杆和横腹杆纵向应变在加载过程中的变化情况，其中应变以受压为负，受拉为正。

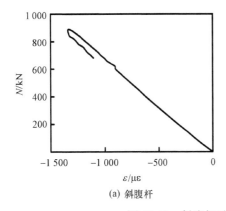
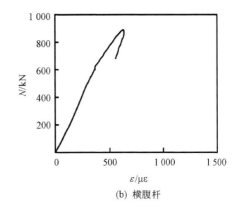

(a) 斜腹杆　　　　　　　　　　　　　　(b) 横腹杆

图 11.41　斜腹杆试件的 N-ε 关系（CL3D-c）

可见，在受力过程中，腹杆的应变基本都没有超过钢材屈服应变，腹杆处于弹性工作状态，当试件达到极限承载力后，腹杆处于受力卸载状态，这是因为斜腹杆格构式试件的破坏为弦杆破坏所致。此外，试验观测还表明，越靠近跨中腹杆的应变越趋于减小，表明截面剪力减小。

图 11.42 给出了不同曲度系数（$\beta_{\rm r}$）三肢曲线形钢管混凝土斜腹式试件 CL3D-a、CL3D-b 和 CL3D-c 端部受力最大斜腹杆受荷全过程荷载（N）- 腹杆应变（ε）关系曲线。从图中可以看出，同级荷载下，构件的 $\beta_{\rm r}$ 越大，端部腹杆纵向应变值越大，说明端部剪力值越大。

从上述分析可以看出，针对本次试验进行的试件，平腹杆格构式结构中腹杆的应力显著高于斜腹杆格构式结构中的腹杆，平腹杆试件中腹杆的破坏较为严重，这与试验中观测到的结构构件宏观破坏现象是一致的。

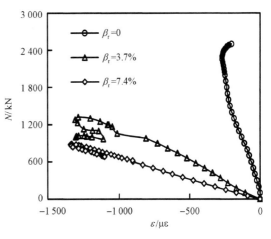

图 11.42　不同曲度系数下斜腹杆的 N-ε 关系

4）钢管混凝土弦杆的应变。

图 11.43 所示为平腹杆体系试件 CS2B-c 跨中两侧弦杆的纵向应变 ε 的变化情况，ε 分别取图 11.29（b）所示弯曲凸侧弦杆 1 和弯曲凹侧弦杆 2 的两边边缘纤维应变，以受压为负，受拉为正。

从图 11.43 可见，由于初弯曲存在，不同弦杆在两侧的应变大小有所差别，但其变化规律基本相同。两侧弦杆均呈现为压弯受力状态，在达到极限承载力时边缘纤维基本均进入弹塑性。各弦杆的变形在试件达到极限承载力后才开始出现显著差异，这时腹杆已局部破坏，结构中各杆件工作的整体性变差。

通过分析平腹杆体系中腹杆的纵向应变表明，腹杆越靠近端部，其纵向应变越大。在试件达到极限承载力时，端部腹杆很快进入弹塑性，而中部腹杆基本保持弹性状态。

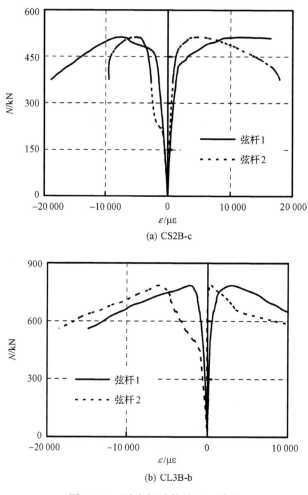

(a) CS2B-c

(b) CL3B-b

图 11.43　平腹杆试件的 N-ε 关系

　　图 11.44 所示为斜腹杆试件 CL3D-b 和 CL4D-b 受力过程中跨中两侧弦杆纵向应变 ε 的变化规律，其中弦杆 1 和弦杆 2 如图 11.29（b）所示。

　　从图 11.44 中可见，与平腹杆体系试件有所不同，斜腹杆体系试件的弯曲凹侧弦杆 2 处于轴压状态，而弯曲凸侧弦杆则随名义长细比和曲度系数的不同而可能处于全截面受压、全截面受拉或部分截面受压部分截面受拉的应力状态。因此，受压弦杆 2 屈曲后另外一些杆件就开始卸载。

　　两个弦杆采用空钢管的试件在受力过程中跨中两侧弦杆纵向应变 ε 的变化规律与钢管混凝土类似，只是结构破坏后卸载的速率更快一些，如图 11.45 所示，因此空钢管试件在达到极限状态后结构的变形能力比钢管混凝土结构要差一些。

　　（3）结语

　　本节以曲度系数、名义长细比、截面形式（双肢、三肢和四肢）以及腹杆布置方式（平腹式和斜腹式）等为主要参数，通过试验研究了曲线形钢管混凝土格构式试件在端部受压情况下的力学性能。

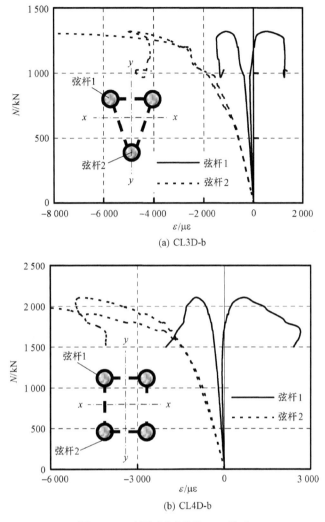

图 11.44　斜腹杆试件的 N-ε 关系

研究结果表明，在本节试验参数范围内，平腹杆试件的工作特点类似于多层平面框架，杆件处于压弯受力状态；而斜腹杆体系中各弦杆以轴向受力为主。

所有试件均为平面内发生过大挠曲而破坏，平腹杆试件在端部的平腹杆和弦杆连接截面处出现受力破坏，而斜腹杆体系试件则表现为跨中节间的弦杆在弯曲凹侧达到受压极限承载力而发生破坏。

在其他参数相同的情况下，随着曲度系数和名义长细比的增大，试件承载力和刚度降低，下降段趋于平缓。其他条件相同时，钢管混凝土格构式结构的承载能力较相应的空钢管结构提高显著。

11.3.2　理论分析

考虑曲线形钢管混凝土结构的特点，本节利用 ABAQUS 软件建立了该类结构力学性能分析的有限元模型，在此基础上对曲线形钢管混凝土结构在两端受压情况下的荷

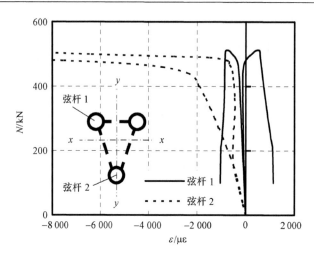

图 11.45 空钢管试件的 N-ε 关系（CHSL3D-b）

载 - 变形关系的工作全过程进行了分析。

（1）有限元分析模型的建立及验证

计算时可以曲线形钢管混凝土全结构为对象建立计算模型。为了提高计算效率，根据荷载及几何模型的对称性，也可取结构的 1/2 部分建立模型来进行分析，如图 11.46（a）所示。

钢材和核心混凝土的材料本构关系模型与本章 11.2.2 节所述的钢管混凝土曲杆模

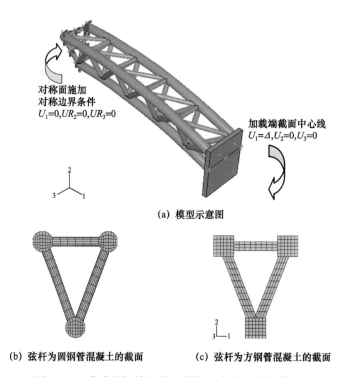

图 11.46 曲线形钢管混凝土结构的有限元计算模型

型一致。弦杆和腹杆的钢管单元选用四节点完全积分格式的壳单元（S4），弦杆中的核心混凝土以及加载盖板采用八节点缩减积分格式的三维实体单元（C3D8R）。

图 11.46（b）、（c）分别以弦杆采用圆钢管混凝土和方钢管混凝土的三肢曲线形结构为例，给出了截面的单元划分情况。腹杆与弦杆的连接采用绑定约束（tie）来进行模拟，选取腹杆与弦杆的相贯面作为从面，弦杆钢管外表面作为主面。钢管和核心混凝土界面接触处理，在法线方向采用硬接触，切线方向采用库仑摩擦模型，具体参见本书 2.5.2 节的有关论述。

在结构跨中截面施加对称边界条件，即将该截面的纵向位移（U_1）以及绕横截面两个对称轴的转动（UR_2、UR_3）设定为 0。对于端部的铰接边界，限制加载中心线位置处沿横截面对称轴的平动位移（$U_2 = U_3 = 0$）。

图 11.34 和图 11.35 给出了有限元计算 N-u_m 曲线与本节试验的曲线形钢管混凝土结构试验曲线的对比情况，可见除试件 CL4D-c 外，计算曲线和试验曲线基本吻合。如前所述，试件 CL4D-c 的破坏原因是腹杆和弦杆的一处连接焊缝提前发生断裂，导致试件整体承载力大为降低。

图 11.40 所示为平腹杆体系结构的轴力（N）-端部剪切角（γ）曲线计算和实测曲线的比较。

图 11.47 所示为有限元计算的平腹杆体系试件 CS2B-b 跨中两侧弦杆的纵向应变与试验结果的对比情况，其中弦杆 1 和弦杆 2 分别位于初弯曲的凸侧和凹侧（如图 11.29 所示）；ε 为弦杆两边的边缘纤维应变。可见，计算曲线和试验曲线基本吻合。

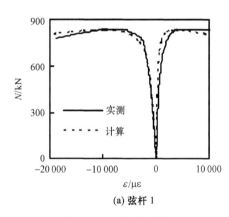
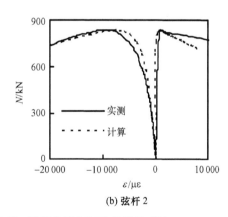

(a) 弦杆 1　　　　　　　　　　　　　　(b) 弦杆 2

图 11.47　典型试件（CS2B-b）的 N-ε 计算曲线与试验曲线的对比

图 11.48 所示为平腹杆体系和斜腹杆体系钢管混凝土结构的破坏模态。通过和图 11.31 和图 11.32 所示的试验破坏模态进行对比，可见计算结果和试验结果基本一致。

为了进一步验证所建立有限元模型计算结果的准确性，还对搜集到的有关文献中报道的直线形钢管混凝土格构柱试验结果进行了验算。

河野昭彦等（1996）进行了双肢钢管格构柱和双肢钢管混凝土格构柱的试验研究，黄文金和陈宝春（2006）进行了四肢钢管混凝土桁架梁在四分点处施加集中荷载 N 的受弯试验，欧智菁（2007）进行了四肢钢管格构柱和四肢钢管混凝土格构柱在轴压或偏

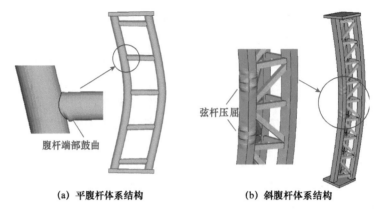

(a) 平腹杆体系结构　　　　　　　**(b) 斜腹杆体系结构**

图 11.48　曲线形钢管混凝土结构计算破坏模态

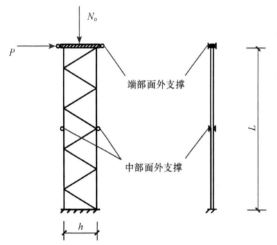

图 11.49　河野昭彦等（1996）进行的双肢
格构柱加载示意图

压荷载作用下的试验研究。河野昭彦等（1996）进行的试验系在格构柱顶端施加一定的轴压力 N_o 后，再施加侧向荷载 P（如图 11.49 所示），最终获得柱顶的侧向荷载（P）-侧向位移（Δ）关系曲线。

表 11.4 和表 11.5 中汇总了上述文献报道试件的有关主要参数。这些试件均采用了斜腹杆体系形式，其中 n 为柱轴压比（$n=N_o/N_u$，N_u 为柱轴压极限承载力），e/h 为荷载偏心率（e 为荷载对格构柱中心轴的偏心距，b 和 h 分别为弯矩作用平面外和平面内两柱肢重心之间的距离），L 为试件长度，D 和 t 分别为弦杆钢管混凝土的外直径和钢管壁厚，d 和 t_w 分别为弯矩作用平面内腹杆的直径及其厚度，N_{ue}（P_{ue}）和 N_{uc}（P_{uc}）分别为试验和本节有限元模型计算的极限承载力。

表 11.4　双肢钢管（混凝土）格构柱试件信息及其极限承载力

试件编号	$D \times t$ /（mm×mm）	$d \times t_w$ /（mm×mm）	L /mm	h /mm	f_y /MPa	f_c' /MPa	n	P_{ue} /kN	P_{uc} /kN	数据来源
VB1M	60.5×2.11	33.9×2.08	2 434	526	378	—	0.1	29.01	25.78	
VN1M	60.5×2.11	33.9×2.08	2 434	526	378	—	0.1	29.01	25.78	
CB1M	60.5×2.11	33.9×2.08	2 434	526	378	30.4	0.1	40.96	41.83	河野昭彦等（1996）
CN1M	60.5×2.11	33.9×2.08	2 434	526	378	30.4	0.1	44.39	41.83	
CB0M	60.5×2.11	33.9×2.08	2 434	526	378	30.4	0	42.14	37.18	
CB2M	60.5×2.11	33.9×2.08	2 434	526	378	30.4	0.2	47.14	43.66	

表 11.5　四肢钢管（混凝土）格构柱试件信息及其极限承载力

编号	$D \times t$ /（mm×mm）	$d \times t_w$ /（mm×mm）	L /mm	$b \times h$ /（mm×mm）	f_y /MPa	f_{cu} /MPa	e/h	N_{ue} /kN	N_{uc} /kN	数据来源
CW	89×1.8	48×1.5	3 008	133×400	428	46.5	—	143	153	黄文金和陈宝春（2006）
A-1	140×2.0	74×1.5	500	173×548	430	53.4	0.2	4 700	4 602	
A-2	140×2.0	74×1.5	1 000	173×548	430	53.4	0.2	4 390	4 476	
A-3	140×2.0	74×1.5	1 500	173×548	430	53.4	0.2	3 900	4 370	
A-4	140×2.0	74×1.5	2 000	173×548	430	53.4	0.2	3 080	3 198	
CP-0	89×1.8	48×1.5	1 200	133×400	400	40	0	2 240	2 130	
CP-1	89×1.8	48×1.5	1 200	133×400	400	40	0.1	1 816	1 624	
CP-2	89×1.8	48×1.5	1 200	133×400	400	40	0.2	1 546	1 401	
CP-3	89×1.8	48×1.5	1 200	133×400	400	40	0.3	1 375	1 237	
CP-4	89×1.8	48×1.5	1 200	133×400	400	40	0.4	1 190	1 102	
SP-2	89×1.8	48×1.5	1 200	133×400	400	—	0.2	560	572	
SP-4	89×1.8	48×1.5	1 200	133×400	400	—	0.4	470	452	
CD1-0	89×1.8	48×1.5	400	400×400	400	35.6	0	1 900	1 995	
CD2-0	89×1.8	48×1.5	800	400×400	400	35.6	0	1 856	1 798	
CH1-0	89×1.8	48×1.5	1 200	400×400	400	35.6	0	1 740	1 783	
CH1-1	89×1.8	48×1.5	1 200	400×400	400	35.6	0.1	1 488	1 495	
CH1-2	89×1.8	48×1.5	1 200	400×400	400	35.6	0.2	1 246	1 281	欧智菁（2007）
CH1-3	89×1.8	48×1.5	1 200	400×400	400	35.6	0.3	1 119	1 121	
CH1-4	89×1.8	48×1.5	1 200	400×400	400	35.6	0.4	982	994	
CH2-0	89×1.8	48×1.5	2 400	400×400	400	35.6	0	1 732	1 720	
CH2-1	89×1.8	48×1.5	2 400	400×400	400	35.6	0.1	1 481	1 450	
CH2-2	89×1.8	48×1.5	2 400	400×400	400	35.6	0.2	1 236	1 250	
CH2-3	89×1.8	48×1.5	2 400	400×400	400	35.6	0.3	1 085	1 099	
CH2-4	89×1.8	48×1.5	2 400	400×400	400	35.6	0.4	947	979	
CH3-0	89×1.8	48×1.5	3 200	400×400	400	35.6	0	1 690	1 655	
CH3-1	89×1.8	48×1.5	3 200	400×400	400	35.6	0.1	1 470	1 405	
CH3-2	89×1.8	48×1.5	3 200	400×400	400	35.6	0.2	1 243	1 209	
CH3-3	89×1.8	48×1.5	3 200	400×400	400	35.6	0.3	1 064	1 064	
CH3-4	89×1.8	48×1.5	3 200	400×400	400	35.6	0.4	960	951	
CH4-0	89×1.8	48×1.5	4 000	400×400	400	35.6	0	1 666	1 596	
CH4-1	89×1.8	48×1.5	4 000	400×400	400	35.6	0.1	1 402	1 359	
CH4-2	89×1.8	48×1.5	4 000	400×400	400	35.6	0.2	1 199	1 171	
CH4-3	89×1.8	48×1.5	4 000	400×400	400	35.6	0.3	1 043	1 030	
CH4-4	89×1.8	48×1.5	4 000	400×400	400	35.6	0.4	935	920	

　　采用有限元方法对上述直线形钢管混凝土试验构件的荷载 - 变形关系进行了计算，计算曲线与试验曲线的比较情况见图 11.50，其中图 11.50（1）所示为图 11.49 所示试件顶端的水平力（P）- 侧向位移（Δ）曲线；图 11.50（2）所示为试件的横向荷载（N）-跨中挠度（u_m）曲线；图 11.50（3）所示为 N-u_m 或 N-ε 关系，其中 ε 为试件跨中弯曲凹侧两个柱肢截面最外边缘纵向应变的平均值。

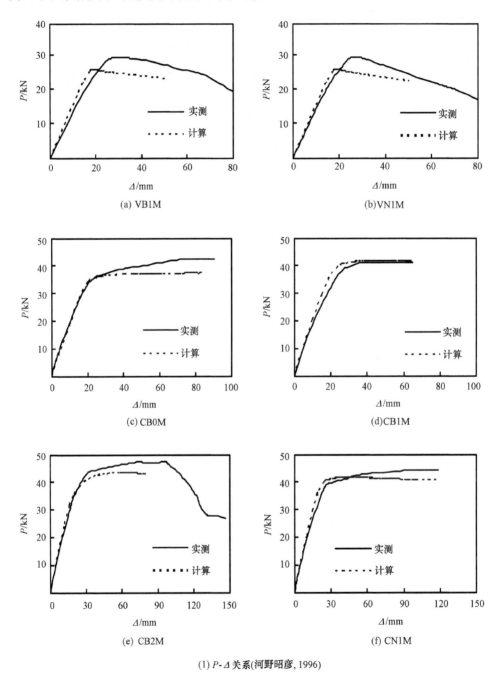

(1) P-Δ 关系(河野昭彦, 1996)

图 11.50　钢管（混凝土）格构柱计算曲线与试验曲线对比

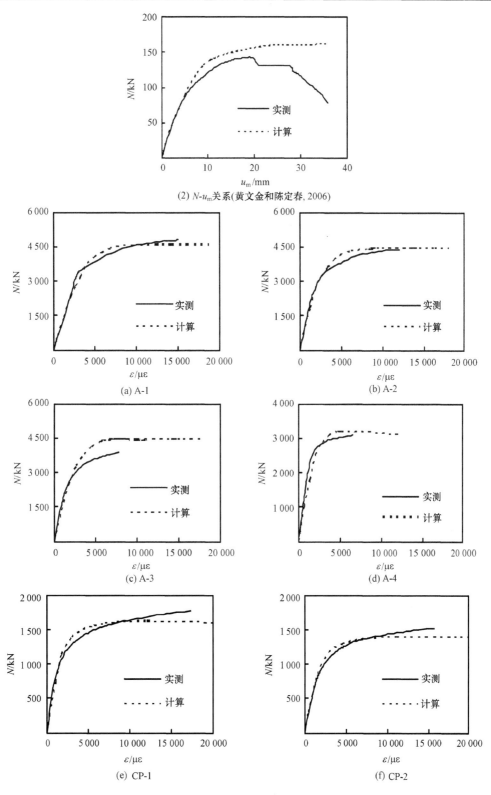

(2) $N\text{-}u_m$关系(黄文金和陈定春, 2006)

(a) A-1

(b) A-2

(c) A-3

(d) A-4

(e) CP-1

(f) CP-2

图 11.50 （续）

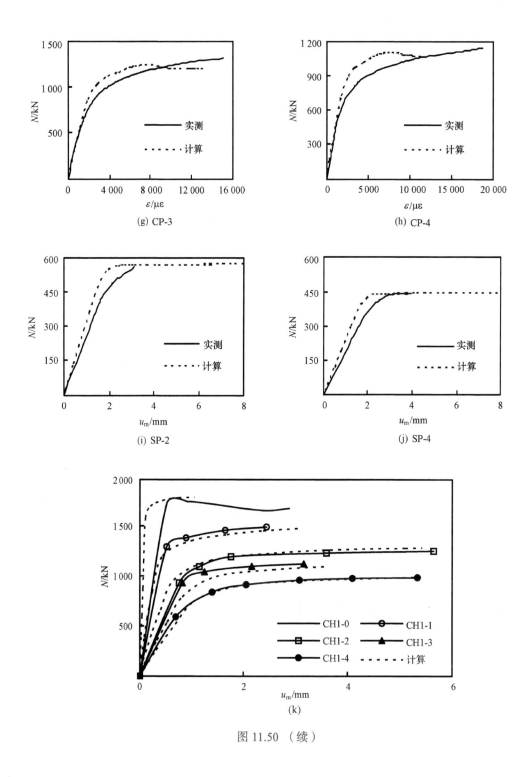

(g) CP-3

(h) CP-4

(i) SP-2

(j) SP-4

(k)

图 11.50 （续）

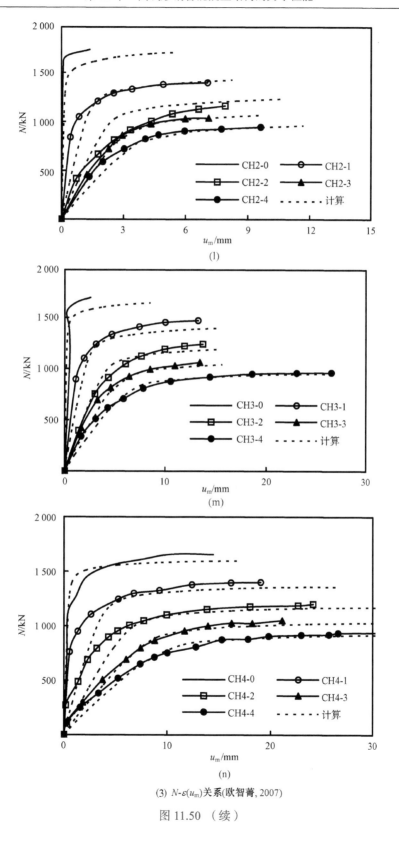

(3) N-$\varepsilon(u_m)$关系(欧智菁, 2007)

图 11.50 （续）

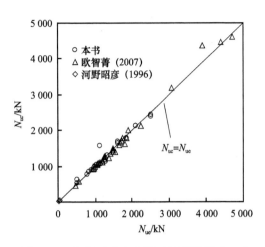

图 11.51　极限承载力有限元计算结果（N_{uc}）
和试验结果（N_{ue}）对比

由图 11.50 可见，有限元计算曲线和试验曲线总体上较为吻合。其中图 11.50（2）所示试件的破坏是由于腹杆和弦杆的连接焊缝破坏导致，使得实测荷载 - 变形关系曲线出现较陡的下降段，因而后期计算曲线要高于实测曲线。

图 11.51 所示为有限元计算的试件的极限承载力（N_{uc}）与试验结果（N_{ue}）的对比情况。可见，计算承载力与试验承载力总体上吻合较好。

通过上述比较，说明本节所建立的有限元模型具有较好的适用性和准确性。

（2）曲线形钢管混凝土结构荷载 - 变形关系全过程分析

采用本节建立的有限元模型，下面以二肢曲线形钢管混凝土结构为例，对其荷载 - 变形关系的全过程进行分析。

算例选用了平腹杆和斜腹杆体系，分别如图 11.52（a）和（b）所示。算例的基本条件为：两端受轴压力 N 作用，截面高度 h=450mm；L=7200mm；节间距 l_1=450mm；弦杆和腹杆为圆形截面；弦杆 $D\times t$=114mm×3mm；平腹杆体系结构的腹杆 $d\times t_w$=110mm×4mm；斜腹杆体系结构的腹杆 $d\times t_w$=60mm×3mm；钢材屈服强度 f_y=345MPa；弦杆内核心混凝土强度 f_{cu}=60MPa。

1）平腹杆体系。

平腹式曲线形钢管混凝土结构典型的荷载（N）- 跨中挠度（u_m）关系曲线如图 11.53

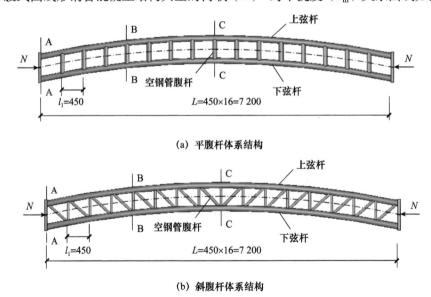

(a) 平腹杆体系结构

(b) 斜腹杆体系结构

图 11.52　曲线形钢管混凝土结构算例示意图（单位：mm）

所示。分析结果表明，N-u_m 关系曲线总体
上可分为三个阶段，即弹性段（OA）、弹
塑性段（AB）和下降段（BC）。

① 弹性阶段（OA）：在此阶段，荷载
（N）与挠度（u_m）关系近似呈线性，试件
总体上处于弹性阶段，试件的刚度较大，A
点时受压下弦杆的钢管边缘纤维应力达到
屈服强度。

② 弹塑性阶段（AB）：在此阶段，荷
载-挠度关系曲线开始呈现出明显的非线
性关系。在此阶段，随着荷载的增大，试
件的跨中挠度呈现出明显增加的趋势。由
于二阶效应的影响，当跨中挠度达到某一

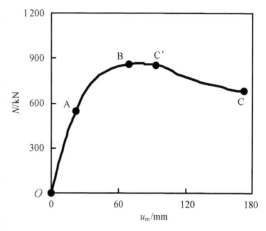

图 11.53　平腹式曲线形结构的 N-u_m 关系曲线
（$\beta_r = 2.5\%$）

临界值时，二阶弯矩的增长速度开始大于截面抵抗弯矩增长的速度，变形迅速增长。B
点对应结构达峰值荷载。

③ 下降段（BC）：N-u_m 关系曲线进入下降段后，随着挠度 u_m 的继续增加，当名
义长细比（λ_n）和曲度系数（β_r）较小时，处于以受压为主的跨中节间下弦杆在 C′ 点
达到其极限强度，此后结构的承载能力开始显著下降。当 λ_n 或 β_r 较大时，处于受拉状
态的跨中节间上弦杆也可能在 C′ 点首先达到其受拉强度。

在承载力下降的过程中，由于结构挠度不断增大，结构端部截面处的腹杆受到的
弯矩和剪力逐渐增大，端部腹杆也逐渐达到其极限强度。

需要指出的是，如果保持典型算例中弦杆截面尺寸不变，而减小腹杆的截面尺寸，
腹杆则可能先于弦杆而达到其承载力极限。

图 11.54 所示为上述二肢平腹式曲线形钢管混凝土结构及其各弦杆在图 11.52 所
示的不同截面位置处荷载（N）-跨中挠度（u_m）或剪力（V）-跨中挠度（u_m）的变
化情况。

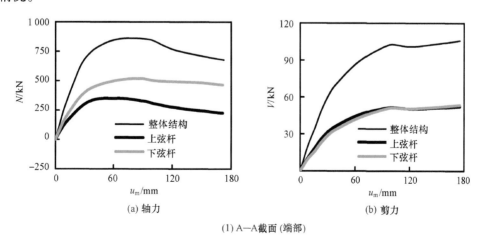

(1) A—A截面(端部)

图 11.54　平腹式曲线形结构及其各弦杆的轴力和剪力变化情况

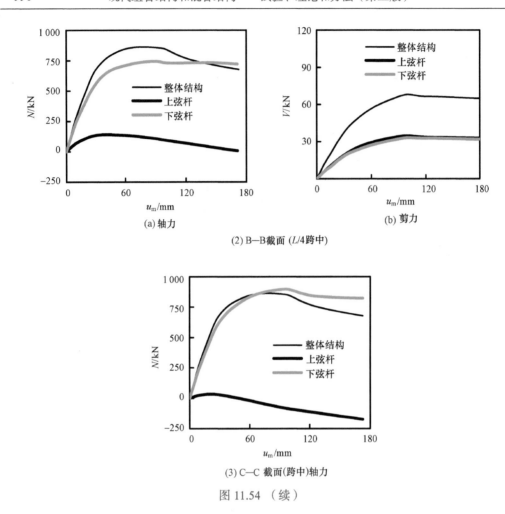

(a) 轴力

(b) 剪力

(2) B—B截面 ($L/4$跨中)

(3) C—C 截面(跨中)轴力

图 11.54 （续）

　　从图 11.54 可见，结构的两个弦杆在受力开始阶段均处于受压状态。由于初弯曲的存在，跨中部位的下弦杆受轴力较小。此后随着跨中挠度的增加，弦杆受的压力均有所增加。由于受二阶效应的影响，上弦杆在结构达到极限承载力以前其受的轴压力增长到一定的程度就开始减小，越靠近跨中，这种减小趋势越早开始。在跨中附近位置，上弦杆在结构达到极限承载力之前甚至已进入受拉状态，且拉力随挠度的增长而不断增加。

　　从图 11.54 还可以看出，结构在端部（A—A 截面）承受的剪力最大，而到跨中（C—C 截面）则减小为 0，这与图 11.39 所示的实测剪力分布一致。剪力大小随挠度的增长而持续增长，直至结构达到其极限承载力，此后剪力数值大小基本保持稳定。

　　图 11.55 给出了分别对应图 11.53 中 N-u_m 关系曲线上 A 点、B 点和 C′ 点的钢管及弦杆核心混凝土的纵向应力（S11，应力单位为 MPa）分布情况，图形左侧对应结构跨中，右侧对应端部。

　　从图 11.55 中可见，在 A 点时靠近跨中的上弦杆部分截面处于受拉状态，而该处受压下弦杆的钢管边缘纤维达到屈服状态。B 点时，受压下弦杆的塑性区从跨中向端

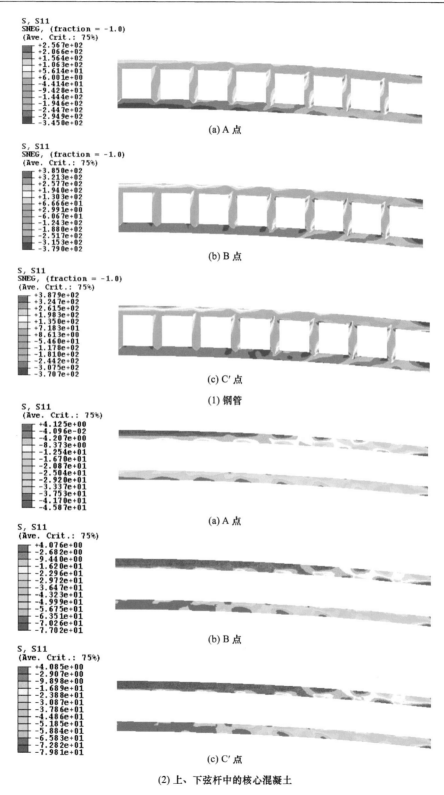

图 11.55　平腹式结构中钢管和弦杆核心混凝土纵向应力分布（应力单位：MPa）

部扩展，跨中截面核心混凝土的平均纵向压应力达到 $1.26f_c'$，表明混凝土受到了钢管的有效约束。到达 C′ 点时受压下弦杆的塑性区范围仍有所扩大。从图 11.55 还可以看出，在受力过程中，靠近跨中的腹杆基本保持弹性状态，靠近端部的腹杆和弦杆的连接处受力较大，处于以弯为主的受力状态。

　　由以上分析可见，在本算例计算条件下，采用平腹杆体系的曲线形钢管混凝土结构的各杆件受力总体上符合框架体系的受力特征。

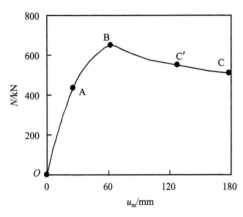

图 11.56　斜腹式曲线形结构的典型 N-u_m 全过程曲线（$\beta_r=5\%$）

　　2）斜腹杆体系。

　　斜腹式曲线形钢管混凝土结构典型的荷载（N）- 跨中挠度（u_m）关系曲线如图 11.56 所示，其 N-u_m 关系曲线总体上也可近似分为三个阶段，即弹性段（OA）、弹塑性段（AB）和下降段（BC）。

　　① 弹性阶段（OA）：在此阶段，N-u_m 关系曲线总体上呈线性特征，构件处于弹性工作状态。在 A 点时位于跨中的受压下弦杆的钢管边缘纤维进入屈服状态。

　　② 弹塑性阶段（AB）：在此阶段，荷载 - 挠度关系曲线呈现出明显非线性，跨中挠度开始较快增长。由于二阶效应的影响，当跨中挠度达到某一临界值时，二阶弯矩的增长速度开始大于结构的截面抵抗弯矩增长的速度，变形迅速增长，B 点对应结构达峰值荷载。

　　③ 下降段（BC）：曲线进入下降段后，随着挠度的不断增加，当试件名义长细比（λ_n）或曲度系数（β_m）较小时，受压的跨中节间下弦杆在 C′ 点达到其极限强度；而当 λ_n 或 β_r 较大时，处于受拉状态的跨中节间上弦杆可能首先在 C′ 点达到其受拉强度。

　　图 11.57 所示为二肢斜腹式曲线形钢管混凝土结构典型算例中各弦杆在不同截面位置处的轴力（N）和剪力（V）变化情况，所取的 3 个截面位置见图 11.52（b）。

　　从图 11.57 可以看出，在结构端部（A—A 截面）处的两弦杆均处于受压状态，上弦杆受的轴向压力较下弦杆略小。但在 B—B 截面和跨中（C—C 截面），上弦杆从开始加载就处于受拉状态。在跨中 C—C 截面，两弦杆受到的剪力为零，越靠近端部，剪力值越趋于增大。

　　从图 11.57 还可以看出，上弦杆受到的剪力要大于下弦杆，这是由于斜腹杆的轴向力对弦杆产生影响所致。

　　图 11.58 分别给出了对应图 11.56 中 N-u_m 关系曲线上 A 点、B 点和 C′ 点的钢管和弦杆核心混凝土的纵向应力（S11，单位为 MPa）分布情况，图形左侧对应结构跨中，右侧对应端部。从图中可见，由于端部受轴向压力（N）作用，曲线形结构上弦杆和下弦杆在靠近端部的受力较为接近。但由于受初弯曲的影响，离端部的距离越大，两弦杆的受力差别也越大，下弦杆很快就变为处于受拉状态。随着跨中挠度（u_m）的不

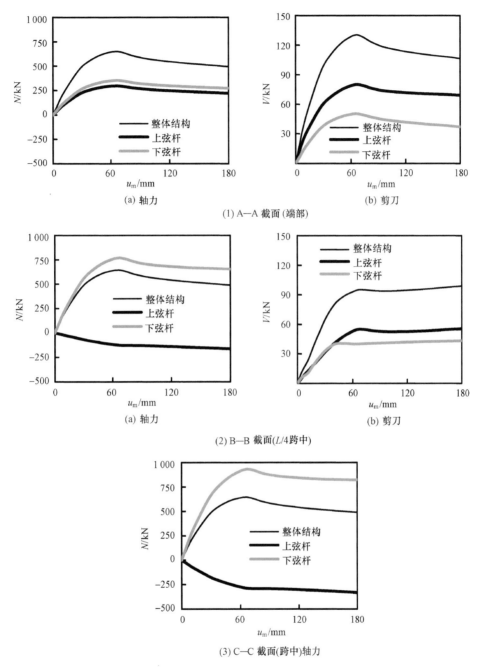

(a) 轴力　　　　　　　　　　　　(b) 剪刀

(1) A—A 截面(端部)

(a) 轴力

(2) B—B 截面(L/4跨中)

(b) 剪刀

(3) C—C 截面(跨中)轴力

图 11.57　斜腹式曲线形结构及其各弦杆的轴力和剪力变化情况

断增加，结构的塑性区域从跨中逐渐往两端发展。A 点处受压下弦杆的钢管开始屈服，并对核心混凝土产生约束作用。在荷载达峰值的 B 点，跨中截面处受压下弦杆的核心混凝土平均纵向压应力达到 $1.29f_c'$。

　　斜腹式结构其腹杆的受力从端部到跨中逐渐减小（图 11.58），这是由于结构在端部产生的横截面剪力最大所致。

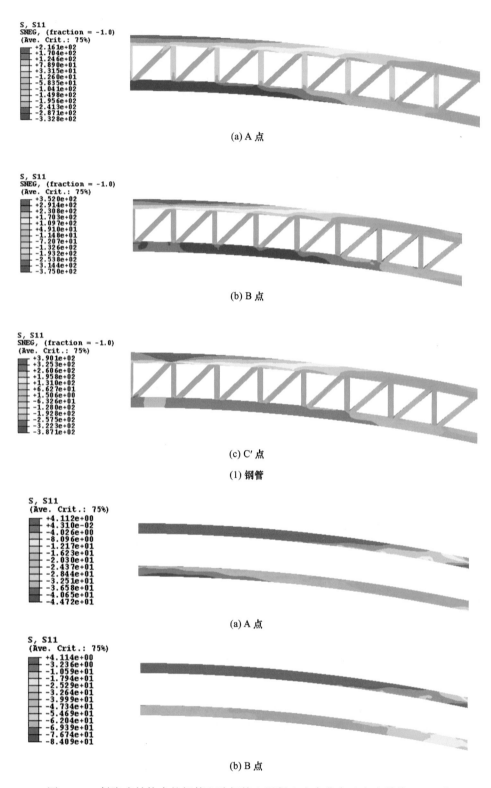

(a) A 点

(b) B 点

(c) C′ 点

(1) 钢管

(a) A 点

(b) B 点

图 11.58　斜腹式结构中的钢管和弦杆核心混凝土应力分布（应力单位：MPa）

(c) C′点

(2) 上、下弦杆中的核心混凝土

图 11.58 （续）

通过和图 11.55 所示的平腹式结构进行对比可见，斜腹式结构中的钢管和弦杆核心混凝土纵向应力分布情况有明显不同。图 11.58 所示的斜腹式结构在同一节间的弦杆和腹杆其应力分布基本均匀，说明此时各构件以轴向受力为主。

11.3.3 承载力实用计算方法

数值方法虽然可较为准确地计算出曲线形钢管混凝土结构的荷载 - 变形关系全过程曲线，但不便于实际应用，因此有必要进一步研究其实用计算方法。

曲线形钢管混凝土结构在端部轴向压力作用下，由于腹杆受力变形会造成结构产生附加挠曲，从而降低结构的整体承载能力。以采用圆钢管混凝土弦杆的曲线形钢管混凝土结构为例，本节拟采用和我国钢结构设计相关规范中格构式构件类似的换算长细比法来考虑这种影响。此外，本节还拟论述曲线形钢管混凝土结构的压弯承载力、剪力计算方法、腹杆和弦杆的实用验算方法等。

（1）换算长细比

依据弹性稳定理论（夏志斌和潘有昌，1988），可推导出考虑剪切变形影响时两端受轴压力作用下曲线形钢管混凝土结构的稳定承载力。本书定义在曲线形钢管混凝土结构截面上穿过结构弦杆的对称轴为实轴，在结构截面上穿过弦杆之间的腹杆的对称轴为虚轴，如图 11.1（3）所示。

图 11.59 所示为一两端铰支曲线形结构在端部轴心受压时的临界状态，当结构发生挠曲时，在截面上将引起弯矩 M 和剪力 V。定义 $y_0(z)$、$y_1(z)$ 和 $y_2(z)$ 分别为结构轴线上任一点的初弯曲、由弯矩引起的附加挠曲和由剪力引起的附加挠曲，这样，由于受力而引起的该点总挠曲为 $y(z)=y_1(z)+y_2(z)$。

根据广义应力 - 应变关系，由弯矩作用引起的曲率为

$$y_1''(z) = -\frac{M}{EI} \tag{11.8}$$

而剪力引起的轴线倾角（γ）为

$$\gamma = y_2'(z) = \frac{k}{GA} \cdot V = \frac{k}{GA} \cdot \frac{\mathrm{d}M}{\mathrm{d}z} \tag{11.9}$$

上述式中，A、I 分别为截面面积和惯性矩；E、G 分别为材料弹性模量和剪切模量；k 为与截面形状有关的系数。

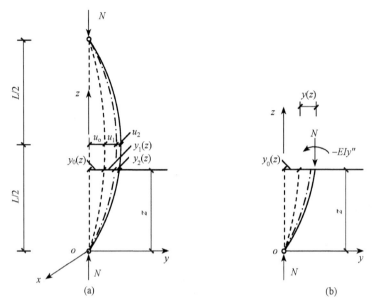

图 11.59 曲线形结构轴心受压时的临界状态示意

将式（11.9）再次微分得

$$y_2''(z) = \frac{k}{GA} \cdot \frac{\mathrm{d}^2 M}{\mathrm{d}z^2} \tag{11.10}$$

故可得

$$y''(z) = y_1''(z) + y_2''(z) = -\frac{M}{EI} + \frac{k}{GA} \cdot \frac{\mathrm{d}^2 M}{\mathrm{d}z^2} \tag{11.11}$$

对于如图 11.59 所示的结构，$M = N \cdot [y_0(z) + y(z)]$，故可有

$$y''(z) = -\frac{N \cdot [y_0(z) + y(z)]}{EI} + \frac{kN}{GA} \cdot [y_0''(z) + y''(z)] \tag{11.12}$$

$$y''(z) \cdot \left(1 - \frac{kN}{GA}\right) + \frac{N}{EI} \cdot y(z) + \frac{N}{EI} \cdot y_0(z) - \frac{kN}{GA} \cdot y_0''(z) = 0 \tag{11.13}$$

令 $\beta_0^2 = \dfrac{N}{EL\left(1 - \dfrac{kN}{GA}\right)}$，则同时考虑弯曲变形和剪切变形时结构的挠曲线微分方程可表示为

$$y''(z) + \beta_0^2 y(z) + \beta_0^2 y_0(z) - \frac{kEI}{GA}\beta_0^2 y_0''(z) = 0 \tag{11.14}$$

微分方程式（11.14）的通解为

$$y(z) = C_1 \sin(\beta_0 z) + C_2 \cos(\beta_0 z) - y_0(z) + \frac{EI}{N} y_0''(z) \tag{11.15}$$

当 $z=0$ 和 $z=L$ 时，式（10.15）需满足边界条件为

$$\begin{cases} y(0) = 0 \\ y(L) = 0 \end{cases} \tag{11.16}$$

根据本书 11.3.2 节建立的有限元模型的分析结果，表明工程常用参数情况下，即 $\xi = 0.2 \sim 4$，$f_y = 235 \sim 420 \text{MPa}$，$f_{cu} = 30 \sim 80 \text{MPa}$，$\alpha = 0.03 \sim 0.15$，$\beta_r \leqslant 20\%$ 的圆弧形钢管混凝土结构受端部轴向压力作用时，其初弯曲曲线的表达式可近似表示为 $y_0(z) = u_0 \sin \dfrac{\pi z}{L}$，由此近似处理引起的极限承载力计算误差在 2%～3%，表达式中的 u_0 为结构沿纵向轴线方向中点处的初始曲度［如图 11.59（a）所示］。上述近似处理可大大简化如下的推导过程，构件的挠曲线可表示为

$$y(z) = C_1 \sin(\beta_0 z) + C_2 \cos(\beta_0 z) - u_0 \sin \frac{\pi z}{L} - \frac{EIu_0}{N}\left(\frac{\pi}{L}\right)^2 \sin \frac{\pi z}{L} \tag{11.17}$$

式中：C_1 和 C_2 为任意常数。

上式需满足 $y(0) = 0$ 的边界条件，可得 $C_2 = 0$，因此可导得如下方程为

$$y(z) = C_1 \sin(\beta_0 z) - u_0 \sin \frac{\pi z}{L} - \frac{EIu_0}{N}\left(\frac{\pi}{L}\right)^2 \sin \frac{\pi z}{L} \tag{11.18}$$

由 $y(L) = 0$ 得，$C_1 \sin(\beta_0 L) = 0$，使此式成立的条件一是 $C_1 = 0$，二是 $\sin(\beta_0 L) = 0$。若 $C_1 = 0$，曲线形结构的曲线形状保持不变，这与实际情况不符，所以应取 $\sin(\beta_0 L) = 0$ 为其解，这样可得到 $\beta_0 L = n\pi$（$n = 1, 2, 3, \cdots$），取最小值 $n = 1$ 得 $\beta_0 L = \pi$，即 $\beta_0 = \pi/L$。

将 $\beta_0 = \pi/L$ 代入式（11.18）可导得

$$y(z) = C_1 \sin \frac{\pi z}{L} - u_0 \sin \frac{\pi z}{L} - \frac{EIu_0}{N}\left(\frac{\pi}{L}\right)^2 \sin \frac{\pi z}{L} \tag{11.19}$$

由

$$\beta_0^2 = \frac{N}{EL\left(1 - \dfrac{kN}{GA}\right)} = \frac{\pi^2}{L^2} \tag{11.20}$$

解出 N，即为同时考虑弯矩和剪力影响的结构临界力 N_{cr} 为

$$N_{cr} = \frac{\pi^2(EI)_{sc}}{L^2} \cdot \left[\frac{1}{1 + \dfrac{\pi^2(EI)_{sc}}{L^2} \cdot \gamma_1}\right] = \frac{\pi^2(EI)_{sc}}{(\mu_v L)^2} = \frac{\pi^2(EA)_{sc}}{(\mu_v \lambda_x)^2} = \frac{\pi^2(EA)_{sc}}{\lambda_{ox}^2} \tag{11.21}$$

$$\mu_v = \sqrt{1 + \frac{\pi^2(EI)_{sc}}{L^2} \cdot \gamma_1} \tag{11.22}$$

式中：μ_v 为剪切影响系数，也即换算长度系数；λ_{ox} 为换算长细比，$\lambda_{ox} = \mu \lambda_x$，其中 λ_x 为结构截面对 x 轴［虚轴，如图 11.1（3）所示］的长细比，$\lambda_x = \dfrac{L}{i_x} = \dfrac{L}{\sqrt{I_x/A}}$；$\gamma_1$ 暂定义为曲线形钢管混凝土结构体系的剪切刚度系数，$\gamma_1 = \dfrac{k}{GA}$，这里暂将 k 称为截面剪切系数，与格构式结构的截面形状有关；$(EI)_{sc}$ 为结构截面绕 x 轴的组合抗弯刚度；

（EA）$_{sc}$ 为结构截面的组合轴压刚度。

由式（11.21）可见，只需确定曲线形钢管混凝土结构的剪切刚度系数 γ_1，即可计算出该结构绕虚轴的换算长细比（λ_{ox}）。

对于平腹式曲线形钢管混凝土结构，在推导剪切刚度时将其近似考虑为多层框架力学模型，即将零弯矩点取在各节间弦杆的中点以及平腹杆的中点，由此可取出一个节间作为计算单元。而对斜腹式曲线形钢管混凝土结构，在确定其计算单元时可将腹杆和弦杆视为铰接，同样可取一个节间来进行分析。

1）双肢平腹式体系。

双肢平腹式体系结构的计算单元如图 11.60 所示。在截面受单位剪力 $V=1$ 作用时，弦杆产生的总剪切角包括两部分：一部分是弦杆在剪力作用下产生的转角 γ_{01}，另一部分是由平腹杆弯曲引起的转角 γ_{02}。

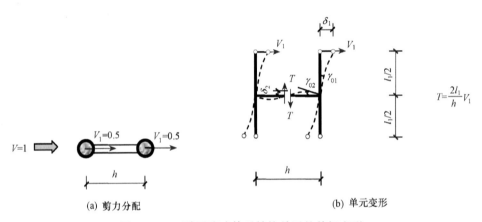

（a）剪力分配　　　　　　　　　　　　（b）单元变形

图 11.60　双肢平腹式体系结构单元的剪切变形

单位剪力平均分布到两弦杆上，引起的侧移 δ_1 可计算为

$$\delta_1=\frac{l_1^3}{3E_{scm}I_{sc}}\cdot\frac{1}{2}\cdot\left(\frac{l_1}{2}\right)^3=\frac{l_1^3}{48E_{scm}I_{sc}}\tag{11.23}$$

式中：E_{scm}、I_{sc} 分别为单根钢管混凝土弦杆的组合抗弯弹性模量（韩林海，2007，2016）和其截面绕自身对称轴的抗弯惯性矩，则弦杆在剪力作用下产生的转角 γ_{01} 为

$$\gamma_{01}=\arctan\frac{\delta_1}{(l_1/2)}\approx\frac{2\delta_1}{l_1}=\frac{l_1^2}{24E_{scm}I_{sc}}\tag{11.24}$$

平腹杆弯曲产生的变形 δ_2 为

$$\delta_2=\frac{1}{3E_sI_1}\cdot T\cdot\left(\frac{h}{2}\right)^3=\frac{1}{3E_sI_1}\cdot\left(\frac{l_1}{h}\right)\cdot\left(\frac{h}{2}\right)^3=\frac{l_1h^2}{24E_sI_1}\tag{11.25}$$

式中，E_s、I_1 分别为平腹杆的钢材弹性模量和截面的抗弯惯性矩；l_1 为单弦杆在一个节间的长度［如图 11.60（b）所示］；h 为两弦杆之间的水平距离［如图 11.60（a）所示］；T 为腹杆剪力［如图 11.60（b）所示］，$T=\dfrac{2l_1}{h}V_1$，V_1 为分配到单根钢管混凝土弦杆上的剪力，则平腹杆弯曲引起的转角 γ_{02} 为

$$\gamma_{02} \approx \frac{\delta_2}{h/2} = \frac{l_1 h}{12 E_s I_1} \tag{11.26}$$

由式（11.24）和式（11.26）可得双肢平腹杆体系结构的剪切刚度系数（γ_1）为

$$\gamma_1 = \gamma_{01} + \gamma_{02} = \frac{l_1^2}{24 E_{scm} I_{sc}} + \frac{l_1 h}{12 E_s I_1} \tag{11.27}$$

2）三肢平腹式体系。

三肢平腹式结构的计算单元如图 11.61（b）所示。在单位剪力作用下，其各个弦杆之间的剪力分配关系如图 11.61（a）所示，由此可得到各弦杆和腹杆的弯矩图分别如图 11.61（c）和（d）所示。利用结构力学图乘法，可得到在单位剪力作用下弦杆剪切变形可表示为

$$\delta_1 = \frac{1}{E_{scm} I_{sc}} \left[\left(\frac{l_1}{8\cos\beta} \cdot \frac{l_1}{2} \cdot \frac{1}{2} \cdot \frac{l_1}{12\cos\beta} \right) \times 4 + \left(\frac{l_1}{4} \cdot \frac{l_1}{2} \cdot \frac{1}{2} \cdot \frac{l_1}{6} \right) \times 2 \right]$$

$$= \frac{l_1^3}{96 E_{scm} I_{sc}} \left(\frac{1}{\cos^2 \beta} + 2 \right) \tag{11.28}$$

平腹杆弯曲引起的变形 δ_2 可表示为

$$\delta_2 = \frac{4}{E_s I_1} \left(\frac{l_1}{4\cos\beta} \cdot \frac{h}{2\cos\beta} \cdot \frac{1}{2} \cdot \frac{l_1}{6\cos\beta} \right)$$

$$= \frac{l_1^2 h}{24 E_s I_1 \cos^3 \beta} \tag{11.29}$$

由此可得三肢平腹杆体系的曲线形钢管混凝土结构的剪切刚度系数（γ_1）为

$$\gamma_1 = \frac{\delta_1 + \delta_2}{l_2} = \frac{l_1^2}{96 E_{scm} I_{sc}} \left(\frac{1}{\cos^2 \beta} + 2 \right) + \frac{l_1 h}{24 E_s I_1 \cos^3 \beta} \tag{11.30}$$

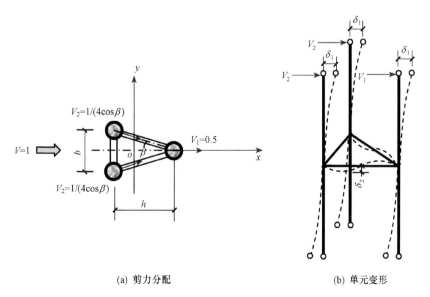

(a) 剪力分配　　　　　　　　　　(b) 单元变形

图 11.61　三肢平腹式体系结构单元的剪切变形

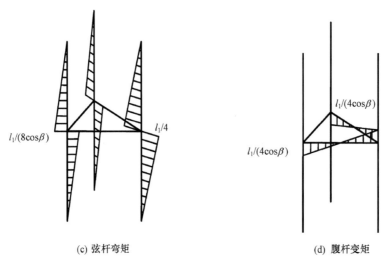

(c) 弦杆弯矩　　　　　　　　　　(d) 腹杆变矩

图 11.61 （续）

3）四肢平腹式体系。

对于由四肢组成的结构体系，如忽略其面外初始缺陷的影响，其横截面绕虚轴转动时可近似简化为如图 11.60（a）所示的 2 榀双肢截面。同理，在截面受单位剪力 $V=1$ 作用时，$V_1=1/4$，弦杆产生的总剪切角包括两部分：一部分是弦杆在剪力作用下产生的转角 γ_{01}，另一部分是由平腹杆弯曲引起的转角 γ_{02}。

单位剪力平均分布到四根弦杆上，引起的侧移 δ_1 可表示为

$$\delta_1=\frac{l_1^3}{3E_{scm}I_{sc}}\cdot\frac{1}{4}\cdot\left(\frac{l_1}{2}\right)^3=\frac{l_1^3}{96E_{scm}I_{sc}} \tag{11.31}$$

式中：E_{sc}、I_{sc} 分别为单根钢管混凝土弦杆的组合抗弯弹性模量（韩林海，2007，2016）和其截面绕自身形心轴的抗弯惯性矩。则弦杆在剪力作用下产生的转角 γ_{01} 为

$$\gamma_{01}=\arctan\frac{\delta_1}{l_1/2}\approx\frac{2\delta_1}{l_1}=\frac{l_1^2}{48E_{scm}I_{sc}} \tag{11.32}$$

平腹杆弯曲产生的变形 δ_2 表示为

$$\delta_2=\frac{1}{3E_sI_1}\cdot T\cdot\left(\frac{h}{2}\right)^3=\frac{1}{3E_sI_1}\cdot\frac{l_1}{2h}\cdot\left(\frac{h}{2}\right)^3=\frac{l_1h^2}{48E_sI_1} \tag{11.33}$$

式中：E_s、I_1 分别为平腹杆的钢材弹性模量和截面的抗弯惯性矩；l_1 为单弦杆在一个节间的长度［如图 11.60（b）所示］；h 为两弦杆之间的水平距离［如图 11.60（a）所示］；T 为腹杆剪力［如图 11.60（b）所示］，$T=\dfrac{2l_1}{h}V_1$。则平腹杆弯曲引起的转角 γ_{02} 为

$$\gamma_{02}\approx\frac{\delta_2}{h/2}=\frac{l_1h}{24E_sI_1} \tag{11.34}$$

由式（11.32）和式（11.34）可得双肢平腹杆体系结构的剪切刚度系数为

$$\gamma_1=\gamma_{01}+\gamma_{02}=\frac{l_1^2}{48E_{scm}I_{sc}}+\frac{l_1h}{24E_sI_1} \tag{11.35}$$

4）双肢斜腹式体系。

双肢斜腹式体系结构的计算单元如图 11.62 所示。在单位剪力 $V=1$ 作用下，$V_1=1/2$，截面的剪切变形主要是由节间腹杆的轴向变形所引起。设定斜腹杆的轴力、截面面积、长度和弹性模量分别为 N_d、A_d、l_d 和 E_s，平腹杆的轴力、截面面积、长度和弹性模量分别为 N_b、A_b、l_b 和 E_s。

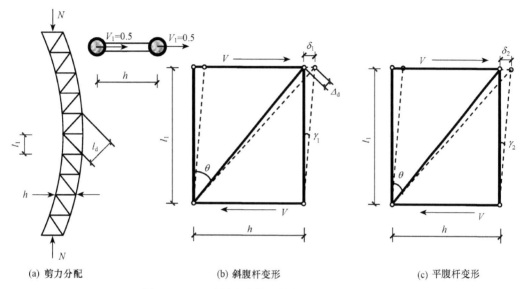

(a) 剪力分配　　　　　　　　(b) 斜腹杆变形　　　　　　　(c) 平腹杆变形

图 11.62　双肢斜腹式体系结构单元的剪切变形

在单位剪力 $V=1$ 作用下，斜腹杆受拉力 $N_d=1/\sin\theta$，θ 为斜腹杆与弦杆之间的夹角，如图 11.62（b）所示，则斜腹杆受拉伸长 Δ_d 可表示为

$$\Delta_d=\frac{N_d l_d}{E_s A_d}=\frac{N_d l_1}{E_s A_d \cos\theta}=\frac{l_1}{E_s A_d \cos\theta \cdot \sin\theta} \tag{11.36}$$

由斜腹杆伸长引起的弦杆侧移 δ_1 为

$$\delta_1=\frac{\Delta_d}{\sin\theta}=\frac{l_1}{E_s A_d \cos\theta \cdot \sin^2\theta} \tag{11.37}$$

在单位剪力 $V=1$ 作用下，平腹杆内力 $N_d=1$，则平腹杆受拉伸长 δ_2 为

$$\delta_2=\frac{h}{E_s A_b} \tag{11.38}$$

由此可得曲线形钢管混凝土双肢斜腹式体系结构的剪切刚度系数 γ_1 为

$$\gamma_1=\frac{\delta_1+\delta_2}{l_1}=\frac{1}{E_s A_d \cos\theta \cdot \sin^2\theta}+\frac{h}{E_s A_d l_1} \tag{11.39}$$

5）三肢斜腹式体系。

三肢斜腹式体系结构的计算单元如图 11.63 所示，设定其斜腹杆的轴力、截面面积、长度和弹性模量分别为 N_d、A_d、l_d 和 E_s，平腹杆的轴力、截面面积、长度和弹性模量分别为 N_b、A_b、l_b 和 E_s。

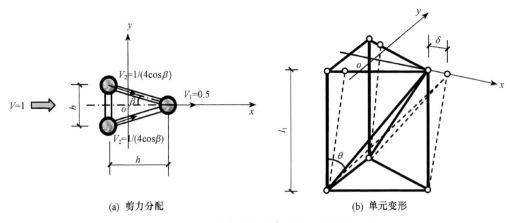

(a) 剪力分配　　　　　　　(b) 单元变形

图 11.63　三肢斜腹式体系结构单元的剪切变形

在单位剪力 $V=1$ 作用下，二缀材面各受剪力 $1/(2\cos\beta)$，β 为 x 轴与受剪缀材面之间的夹角，如图 11.63（a）所示，故斜腹杆受的轴力为 $N_d=1/(2\cos\beta\cdot\sin\theta)$，平腹杆受的轴力为 $N_d=1/(2\cos\beta)$。

利用结构力学图乘法可得到在单位剪力作用下弦杆顶部产生的侧移 δ 为

$$\delta=\sum\frac{\overline{N}N_p}{EA}l=2\times\left(\frac{\overline{N_d}N_dl_d}{E_sA_d}+\frac{\overline{N_b}N_bl_b}{E_sA_b}\right)$$
$$=\frac{l_1}{2E_sA_d\cos^2\beta\cdot\sin^2\theta\cdot\cos\theta}+\frac{h}{2E_sA_b\cos^2\beta}\tag{11.40}$$

由此可得曲线形钢管混凝土三肢斜腹杆体系结构的剪切刚度系数 γ_1 为

$$\gamma_1=\frac{\delta}{l_1}=\frac{1}{2E_s\cos^2\beta}\left(\frac{1}{A_d\cdot\sin^2\theta\cdot\cos\theta}+\frac{h}{A_b\cdot l_1}\right)\tag{11.41}$$

6）四肢斜腹式体系。

如前所述，对于由四肢组成的结构体系，如忽略其面外初始缺陷的影响，其横截面绕虚轴转动时可简化为如图 11.62（a）所示的 2 榀双肢截面。

在单位剪力 $V=1$ 作用下，$V_1=1/4$，截面的剪切变形主要是由节间腹杆的轴向变形所引起。设定斜腹杆的轴力、截面面积、长度和弹性模量分别为 N_d、A_d、l_d 和 E_s，平腹杆的轴力、截面面积、长度和弹性模量分别为 N_b、A_b、l_b 和 E_s。

在单位剪力 $V=1$ 作用下，斜腹杆受拉力 $N_d=1/(2\sin\theta)$，则斜腹杆受拉伸长可表示为

$$\Delta_d=\frac{N_dl_d}{E_sA_d}=\frac{N_dl_1}{E_sA_d\cos\theta}=\frac{l_1}{2E_sA_d\cos\theta\cdot\sin\theta}\tag{11.42}$$

由斜腹杆伸长引起的弦杆侧移 δ_1 为

$$\delta_1=\frac{\Delta_d}{\sin\theta}=\frac{l_1}{2E_sA_d\cos\theta\cdot\sin^2\theta}\tag{11.43}$$

在单位剪力 $V=1$ 作用下，平腹杆内力 $N_d=1/2$，则平腹杆受拉伸长 δ_2 为

$$\delta_2 = \frac{h}{2E_s A_b} \tag{11.44}$$

由此可得四肢斜腹式体系结构的剪切刚度系数 γ_1 为

$$\gamma_1 = \frac{\delta_1 + \delta_2}{l_1} = \frac{1}{2E_s A_d \cos\theta \cdot \sin^2\theta} + \frac{h}{2E_s A_b l_1} \tag{11.45}$$

在确定了不同体系形式的曲线形钢管混凝土结构绕虚轴转动方向的剪切刚度 γ_1 后，将其代入式（11.22）中的换算长细比系数 μ_v 中，即可获得不同体系结构绕虚轴转动的换算长细比。

① 双肢平腹式体系。

将式（11.27）代入式（11.22）中，有

$$\mu_v = \sqrt{1 + \frac{\pi^2 (EI)_{sc}}{L^2}\left(\frac{l_1^2}{24E_{scm}I_{sc}} + \frac{l_1 h}{12E_s I_1}\right)} \tag{11.46}$$

故换算长细比

$$\lambda_{ox} = \mu_v \lambda_x = \sqrt{\lambda_x^2 + \pi^2 (EA)_{sc}\left(\frac{\lambda_1^2}{24E_{scm}I_{sc}} + \frac{\lambda_0^2 l_1}{12E_s A_1 h}\right)} \tag{11.47a}$$

为简化计算，在工程常见参数范围内，即 $\xi=0.2\sim4$，$f_y=235\sim420\mathrm{MPa}$，$f_{cu}=30\sim80\mathrm{MPa}$，$\alpha_s=0.03\sim0.15$，近似取 $E_{sc}A_{sc}=E_s A_s + E_c A_c$，$A_s$ 和 A_1 分别为单根弦杆和腹杆的钢管横截面面积，A_c 为单根钢管混凝土弦杆的核心混凝土横截面面积。如果组成双肢平腹式体系结构的各钢管混凝土弦杆的截面相同，则可导得 $(EA)_{sc}=E_{sc}\sum A_{sc}=2E_{sc}A_{sc}$，则双肢平腹式体系结构的换算长细比可简化表示为

$$\lambda_{ox} = \sqrt{\lambda_x^2 + \frac{\pi^2}{12}\lambda_1^2 + \frac{\pi^2 \alpha_1 \lambda_0^2 l_1}{6h} \cdot \left(1 + \frac{1}{\alpha_s \cdot \alpha_E}\right)} \tag{11.47b}$$

式中：λ_1 为单根弦杆在一个节间的长细比；λ_0 为空钢管平腹杆的长细比；α_E 为钢材和混凝土的弹性模量比，$\alpha_E = E_s/E_c$；α_s 为单根弦杆的含钢率，$\alpha_s = A_s/A_c$；α_1 为单根弦杆和腹杆的钢管横截面面积的比值，$\alpha_1 = A_s/A_1$。

② 三肢平腹式体系。

将式（11.30）代入式（11.22）中，有

$$\mu_v = \sqrt{1 + \frac{\pi^2 (EI)_{sc}}{L^2}\left[\frac{l_1^2}{96E_{scm}I_{sc}}\left(2 + \frac{1}{\cos^2\beta}\right) + \frac{l_1 h}{24E_s I_1 \cos^3\beta}\right]} \tag{11.48}$$

式中：β 为 x 轴与受剪缀材面之间的夹角，如图 11.63（a）所示，故换算长细比

$$\lambda_{ox} = \mu_v \lambda_x = \sqrt{\lambda_x^2 + \frac{\pi^2 \lambda_x^2 (EI)_{sc}}{L^2}\left[\frac{\lambda_1^2}{96E_{scm}A_{sc}}\left(2 + \frac{1}{\cos^2\beta}\right) + \frac{l_1 \lambda_0^2}{24E_s A_1 h\cos^3\beta}\right]}，同样由 \frac{\lambda_x^2 (EI)_{sc}}{L^2} = (EI)_{sc}，可得$$

$$\lambda_{ox} = \sqrt{\lambda_x^2 + \pi^2 (EA)_{sc}\left[\frac{\lambda_1^2}{96E_{scm}A_{sc}}\left(2 + \frac{1}{\cos^2\beta}\right) + \frac{l_1 \lambda_0^2}{24E_s A_1 h\cos^3\beta}\right]} \tag{11.49a}$$

如果组成三肢平腹式体系结构的各钢管混凝土弦杆的截面相同，则可导得$(EA)_{sc}=E_{sc}\sum A_{sc}=3E_{sc}A_{sc}$。近似取$E_{sc}A_{sc}=E_sA_s+E_cA_c$，则三肢平腹式体系结构的换算长细比可简化为

$$\lambda_{ox}=\sqrt{\lambda_x^2+\frac{\pi^2\lambda_1^2}{32}\left(\frac{1}{\cos^2\beta}+2\right)+\frac{\alpha_1\pi^2l_1\lambda_0^2}{8h\cos^3\beta}\left(1+\frac{1}{\alpha\cdot\alpha_E}\right)} \tag{11.49b}$$

α_s、α_1、α_E 的定义参见式（11.47b）。

考虑在工程应用中，三肢体系结构的截面高宽比（h/b）较多为 1～2，此时 $\cos\beta=0.866\sim0.968$，从简化和偏于安全考虑，取 $\cos\beta=0.866$，可导得

$$\lambda_{ox}=\sqrt{\lambda_x^2+0.1\pi^2\lambda_1^2+\frac{0.2\alpha_1\pi^2l_1\lambda_0^2}{h}\left(1+\frac{1}{\alpha_s\cdot\alpha_E}\right)} \tag{11.49c}$$

③ 四肢平腹式体系。

将式（11.35）代入式（11.22）中，有

$$\mu_v=\sqrt{1+\frac{\pi^2(EI)_{sc}}{L^2}\left(\frac{l_1^2}{48E_{scm}I_{sc}}+\frac{l_1h}{24E_sI_1}\right)} \tag{11.50}$$

故换算长细比 λ_{ox} 可表示为

$$\lambda_{ox}=\mu_v\lambda_x=\sqrt{\lambda_x^2+\pi^2(EA)_{sc}\left(\frac{\lambda_1^2}{48E_{sc}A_{sc}}+\frac{\lambda_0^2l_1}{24E_sA_1h}\right)} \tag{11.51a}$$

如果组成四肢平腹式体系结构的各钢管混凝土弦杆的截面相同，则可导得 $(EA)_{sc}=E_{sc}\sum A_{sc}=4E_{sc}A_{sc}$。近似取 $E_{sc}A_{sc}=E_sA_s+E_cA_c$，则四肢平腹式体系结构的换算长细比可简化表示为

$$\lambda_{ox}=\sqrt{\lambda_x^2+\frac{\pi^2}{12}\lambda_1^2+\frac{\pi^2\alpha_1\lambda_0^2l_1}{6hA_1}\cdot\left(1+\frac{1}{\alpha_s\cdot\alpha_E}\right)} \tag{11.51b}$$

可见，上式与式（11.47b）的表达式相同，即四肢平腹杆体系结构与双肢平腹杆体系结构的换算长细比计算公式的形式相同。

④ 双肢斜腹式体系。

将式（11.39）代入式（11.22）中，有

$$\mu_v=\sqrt{1+\frac{\pi^2(EI)_{sc}}{L^2}\left(\frac{1}{E_sA_d\cos\theta\cdot\sin^2\theta}+\frac{h}{E_sA_bl_1}\right)} \tag{11.52}$$

式中：θ 为斜腹杆与弦杆之间的夹角，如图 11.62（b）所示，故换算长细比为

$$\lambda_{ox}=\sqrt{\lambda_x^2+\pi^2(EA)_{sc}\left(\frac{1}{E_sA_d\cos\theta\cdot\sin^2\theta}+\frac{h}{E_sA_bl_1}\right)} \tag{11.53a}$$

式中：A_d 和 A_b 分别为斜腹杆和平腹杆的钢管横截面面积。

如果组成双肢斜腹式体系结构的各钢管混凝土弦杆的截面相同，则可导得 $(EA)_{sc}=$

$E_{sc} \sum A_{sc} = 2E_{sc}A_{sc}$。近似取 $E_{sc}A_{sc} = E_sA_s + E_cA_c$，则双肢斜腹式体系结构的换算长细比可简化表示为

$$\lambda_{ox} = \sqrt{\lambda_x^2 + 2F\alpha_d \cdot \left(1 + \frac{1}{\alpha_s \cdot \alpha_E}\right) + \frac{2\pi^2 \alpha_b h}{l_1} \cdot \left(1 + \frac{1}{\alpha_s \cdot \alpha_E}\right)} \qquad (11.53b)$$

式中：定义 $F = \dfrac{\pi^2}{\cos\theta \cdot \sin^2\theta}$；$\alpha_E$ 为钢材与混凝土的弹性模量比，$\alpha_E = E_s/E_c$；α_s 为单根弦杆的含钢率，$\alpha_s = A_s/A_c$；α_d 为单根弦杆和斜腹杆的钢管横截面面积的比值，$\alpha_d = A_s/A_d$；α_b 为单根弦杆和平腹杆的钢管横截面面积的比值，$\alpha_b = A_s/A_b$。

在通常 $\theta = 45° \sim 60°$，$F = \dfrac{\pi^2}{\cos\theta \cdot \sin^2\theta} = 25.6 \sim 27.9$。为了简便计算，现行钢结构设计规范规定统一使用 27，则双肢斜腹式体系结构的换算长细比可进一步简化为

$$\lambda_{ox} = \sqrt{\lambda_x^2 + 54\alpha_d \cdot \left(1 + \frac{1}{\alpha_s \cdot \alpha_E}\right) + \frac{2\pi^2 \alpha_b h}{l_1} \cdot \left(1 + \frac{1}{\alpha_s \cdot \alpha_E}\right)} \qquad (11.53c)$$

⑤ 三肢斜腹式体系。

将式（11.41）代入式（11.22）中，有

$$\mu_v = \sqrt{1 + \frac{\pi^2(EI)_{sc}}{2E_s \cdot \cos^2\beta \cdot L^2}\left(\frac{1}{A_d \cdot \sin^2\theta \cdot \cos\theta} + \frac{h}{A_b \cdot l_1}\right)} \qquad (11.54)$$

依照类似式（11.49a）的换算方法，可得三肢斜腹式体系结构的换算长细比为

$$\lambda_{ox} = \sqrt{\lambda_x^2 + \frac{\pi^2(EA)_{sc}}{2\cos^2\beta \cdot E_sA_d}\left(\frac{1}{\cos\theta \cdot \sin^2\theta} + \frac{h}{l_1}\right)} \qquad (11.55a)$$

如果组成三肢斜腹式体系结构的各钢管混凝土弦杆的截面相同，并取 $E_{sc}A_{sc} = E_sA_s + E_cA_c$，则三肢斜腹式体系结构的换算长细比可简化为

$$\lambda_{ox} = \sqrt{\lambda_x^2 + \frac{3F\alpha_d}{2\cos^2\beta}\left(1 + \frac{1}{\alpha_s \cdot \alpha_E}\right) + \frac{3\pi^2 \alpha_b}{2\cos^2\beta} \cdot \frac{h}{l_1} \cdot \left(1 + \frac{1}{\alpha_s \cdot \alpha_E}\right)} \qquad (11.55b)$$

式中：F、α_s、α_E、α_d 的定义参见式（11.53b）。

从简化和偏于安全考虑，取 $\cos\beta = 0.866$，同时将 $F = \dfrac{\pi^2}{\cos\theta \cdot \sin^2\theta}$ 取为 27，经简化处理可得三肢斜腹式体系结构的换算长细比为

$$\lambda_{ox} = \sqrt{\lambda_x^2 + 54\alpha_d \cdot \left(1 + \frac{1}{\alpha_s \cdot \alpha_E}\right) + 2\pi^2\alpha_d \cdot \frac{h}{l_1} \cdot \left(1 + \frac{1}{\alpha_s \cdot \alpha_E}\right)} \qquad (11.55c)$$

⑥ 四肢斜腹式体系。

将式（11.45）代入式（11.22）中，有

$$\mu_v = \sqrt{1 + \frac{\pi^2(EI)_{sc}}{L^2}\left(\frac{1}{2E_sA_d\cos\theta \cdot \sin^2\theta} + \frac{h}{2E_sA_bl_1}\right)} \qquad (11.56)$$

式中：θ 如图 11.62（b）所示，故换算长细比为

$$\lambda_{ox}=\sqrt{\lambda_x^2+\pi^2(EA)_{sc}\left(\frac{1}{2E_sA_d\cos\theta\cdot\sin^2\theta}+\frac{h}{2E_sA_bl_1}\right)}\qquad(11.57a)$$

式中：A_d 和 A_b 分别为斜腹杆和平腹杆的钢管横截面面积。

如果组成四肢斜腹式体系结构的各钢管混凝土弦杆的截面相同，则有 $(EA)_{sc}=E_{sc}\sum A_{sc}=4E_{sc}A_{sc}$。近似取 $E_{sc}A_{sc}=E_sA_s+E_cA_c$，则四肢斜腹式体系结构的换算长细比可简化表示为

$$\lambda_{ox}=\sqrt{\lambda_x^2+2F\alpha_d\cdot\left(1+\frac{1}{\alpha_s\cdot\alpha_E}\right)+\frac{2\pi^2\alpha_dh}{l_1}\cdot\left(1+\frac{1}{\alpha_s\cdot\alpha_E}\right)}\qquad(11.57b)$$

在常用 $\theta=45°\sim60°$，近似取 $F=\dfrac{\pi^2}{\cos\theta\cdot\sin^2\theta}=27$，则四肢斜腹式体系结构的换算长细比可进一步简化为

$$\lambda_{ox}=\sqrt{\lambda_x^2+54\alpha_d\cdot\left(1+\frac{1}{\alpha_s\cdot\alpha_E}\right)+\frac{2\pi^2\alpha_bh}{l_1}\cdot\left(1+\frac{1}{\alpha_s\cdot\alpha_E}\right)}\qquad(11.57c)$$

比较上式与式（11.53c），可见二者表达式相同，即四肢斜腹杆体系结构与双肢斜腹杆体系结构的换算长细比计算公式相同。

（2）承载力计算

对于曲线形钢管混凝土结构，如能保证腹杆具有足够承载能力，则结构可能会出现受压弦杆受压破坏和受拉弦杆受拉破坏两种情况。

图 11.64（a）和（b）分别给出了不同名义长细比（λ_{ox}）下平腹式和斜腹式曲线形钢管混凝土结构计算的 $N\text{-}M$ 关系相关曲线（郑莲琼，2008）。图中，N 为作用在结构端部的轴压力，$M=N\times u_o$（u_o 为结构的初始曲度）。图 11.64 的计算条件

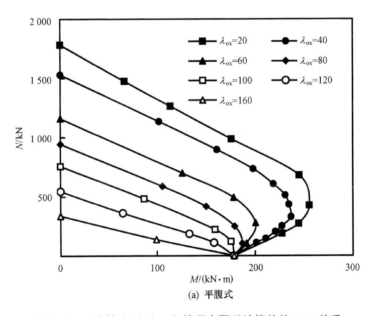

(a) 平腹式

图 11.64　不同长细比（λ_{ox}）情况有限元计算的的 $N\text{-}M$ 关系

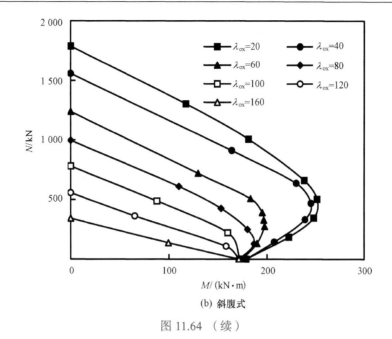

(b) 斜腹式

图 11.64 （续）

为双肢结构，弦杆为圆钢管混凝土，腹杆为圆形空钢管；截面高度 $h=450\text{mm}$；节间距 $l_1=450\text{mm}$；弦杆 $D \times t=114\text{mm} \times 3\text{mm}$；平腹式体系结构的腹杆 $d \times t_w = 200\text{mm} \times 4\text{mm}$；斜腹式体系结构的腹杆 $d \times t_w = 60\text{mm} \times 3\text{mm}$；$f_y=345\text{MPa}$；弦杆内混凝土强度 $f_{cu}=60\text{MPa}$。

　　从图 11.64 可以看出，当曲线形结构的长细比（λ_{ox}）较小时，N-M 相关关系曲线上存在明显的平衡点。

　　通过对计算结果的研究和分析，发现曲线形钢管混凝土格构受压弯作用时的 N-M 强度相关关系曲线可近似用如图 11.65 所示的两折线（AB—BC）来表示，其中，AB 段对应受压分肢发生破坏，BC 段对应受拉分肢发生破坏，B 点为受拉分肢和受压分肢同时发生破坏的平衡点，这和直线形的钢管混凝土格构柱的情况类似（蔡绍怀，2003）。

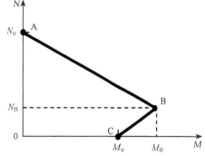

图 11.65　N-M 强度相关关系示意

　　下面推导端部轴心受压的曲线形钢管混凝土结构的承载力计算方法。

　　对于图 11.59 所示曲线形钢管混凝土结构，假定其由弯矩和剪力引起的变形曲线均符合正弦半波规律，则有如下表达式为

$$y_1(z) = u_1 \sin\frac{\pi z}{L} \tag{11.58a}$$

$$y_2(z) = u_2 \sin\frac{\pi z}{L} \tag{11.58b}$$

式中：u_1 和 u_2 分别为结构中间部位由弯矩产生的跨中挠度和由剪力产生的跨中挠度。

　　这样，在离原点 z 处，由外轴力产生的弯矩为 $N[y_0(z) + y_1(z) + y_2(z)]$，而

内部应力形成的抵抗弯矩为 $-EIy_1''$，于是图 11.59（b）所示杆段的平衡条件为

$$-EIy_1''=N\left[y_0(z)+y_1(z)+y_2(z)\right] \tag{11.59}$$

将式（11.58）代入式（11.59），得

$$\frac{EI\pi^2}{L^2}u_1\sin\frac{\pi z}{L}=N(u_o+u_1+u_2)\sin\frac{\pi z}{L} \tag{11.60}$$

同时有

$$y_2''(z)=\frac{kN}{GA}\cdot\left[y_0''(z)+y_1''(z)+y_2''(z)\right] \tag{11.61}$$

式中：k 为与截面形状有关的系数。

将式（11.58）代入式（11.61），得

$$-u_2\frac{\pi^2}{L^2}\sin\frac{\pi z}{L}=-\frac{kN}{GA}\cdot(u_o+u_1+u_2)\frac{\pi^2}{L^2}\sin\frac{\pi z}{L} \tag{11.62}$$

由于 $\sin\dfrac{\pi z}{L}\neq0$，再令 $N_E=\dfrac{\pi^2 EI}{L^2}$，则式（11.60）和式（11.62）可进一步整理为

$$N_E u_1=N(u_o+u_1+u_2) \tag{11.63}$$

$$u_2=\frac{kN}{GA}\cdot(u_o+u_1+u_2) \tag{11.64}$$

将式（11.63）代入式（11.64），可得

$$u_2=\frac{k}{GA}\cdot u_1 N_E \tag{11.65}$$

将式（11.65）代入式（11.63）整理，可得

$$u_o=\left(\frac{N_E}{N}-1-\frac{k}{GA}N_E\right)\cdot u_1 \tag{11.66}$$

由此可得结构中部的总挠度为

$$u=u_o+u_1+u_2=\frac{N_E}{N}u_1=\frac{N_E\cdot u_o}{N\left(\dfrac{N_E}{N}-1-\dfrac{k}{GA}N_E\right)}=\frac{u_o}{1-N/N_E-\dfrac{kN}{GA}} \tag{11.67}$$

故轴力在结构中部产生的弯矩为

$$M_m=Nu=N\frac{u_o}{1-N/N_E-kN/GA}=\mu_m M_{om} \tag{11.68}$$

式中：$M_{om}=Nu_o$；N_E 为欧拉临界力，$N_E=\pi^2(EA)_{sc}/\lambda_x^2$；$\dfrac{k}{GA}$ 为结构剪切刚度系数；μ_m 为弯矩放大系数，由轴力的二阶效应所引起，如下式所示：

$$\mu_m=\frac{1}{1-N/N_E-kN/GA} \tag{11.69a}$$

联立 $N_E=\pi^2(EA)_{sc}/\lambda_x^2$ 和式（11.69a），可导得

$$\mu_m=\frac{1}{1-N\left[\dfrac{\lambda_x^2}{\pi^2(EA)_{sc}}+\gamma_1\right]}=\frac{1}{1-N\left[\dfrac{\lambda_{ox}^2}{\pi^2(EA)_{sc}}\right]}=\frac{1}{1-N/N_{cr}} \tag{11.69b}$$

则结构在轴压力 N 作用下的跨中最大弯矩为

$$M_\mathrm{m}=N\cdot u=\frac{N\cdot u_\mathrm{o}}{1-N/N_\mathrm{cr}}\tag{11.70}$$

图 11.66 以双肢和三肢平腹式曲线形钢管混凝土结构为例，给出了其弦杆的内力分配情况，可将弦杆分为在弯矩作用下的拉区弦杆和压区弦杆。

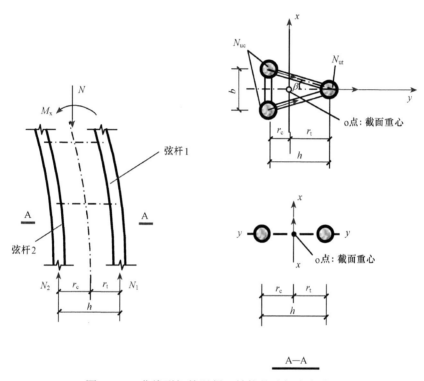

图 11.66　曲线形钢管混凝土结构的弦杆内力分配

设 N_ua1 为拉区弦杆的轴压承载力总和，N_ua2 为压区弦杆的轴压承载力总和，则结构总的轴压承载力为 $N_\mathrm{uc}=N_\mathrm{uc1}+N_\mathrm{uc2}=\sum A_\mathrm{sc}f_\mathrm{scy}$，$A_\mathrm{sc}$ 和 f_scy 分别为单根钢管混凝土弦杆的截面面积及其轴压强度承载力（韩林海，2007，2016）；N_ua1 为拉区弦杆的轴拉承载力总和，N_ua2 为压区弦杆的轴拉承载力总和，结构总的轴拉承载力为 $N_\mathrm{ut}=N_\mathrm{ut1}+N_\mathrm{ut2}=1.1\sum A_\mathrm{s}f_\mathrm{y}$（其中系数 1.1 是考虑钢管和混凝土的组合作用对外钢管强度的提高系数；韩林海，2007，2016）。

对于曲线形钢管混凝土结构的截面，其截面重心至拉区弦杆重心轴的距离为

$$r_\mathrm{t}=\frac{N_\mathrm{uc1}}{N_\mathrm{uc1}+N_\mathrm{uc2}}h\tag{11.71}$$

截面重心至压区弦杆重心轴的距离为

$$r_\mathrm{c}=\frac{N_\mathrm{uc2}}{N_\mathrm{uc1}+N_\mathrm{uc2}}h\tag{11.72}$$

由结构内外力平衡条件得

$$\begin{cases} N_1 + N_2 = N \\ -N_1 \cdot r_t + N_2 \cdot r_c = M_x \end{cases} \tag{11.73}$$

式中：N_1 为拉区弦杆的承载力总和，即为 N_{uc1} 或者 N_{ut1}；N_2 为压区弦杆的承载力总和，即为 N_{uc2} 或者 N_{ut2}。

由于钢管混凝土其轴压承载力和轴拉承载力并不相等，在轴力 N 和弯矩 M_x 的联合作用下，曲线形钢管混凝土结构可能出现压区弦杆达到抗压极限强度的受压破坏型和拉区弦杆达到抗拉极限强度的受拉破坏型两种破坏模态。

对于受压破坏型的情况，压区弦杆达到其极限抗压强度 $N_2 = N_{uc2}$，将其代入式（11.73）中可得

$$\frac{N}{N_{uc}} + \frac{M_x}{N_{uc} r_t} = 1 \tag{11.74}$$

将 $N_{uc} = \sum A_{sc} f_{scy}$ 代入式（11.74），且截面总抵抗矩 $W_{sc} = \sum A_{sc} r_t$，由此可得压区弦杆达到其极限抗压强度的控制条件为

$$\frac{N}{\sum A_{sc}} + \frac{M_x}{W_{sc}} = f_{scy} \tag{11.75}$$

式中：$\sum A_{sc}$ 为结构的弦杆截面总面积；f_{scy} 为单个钢管混凝土弦杆的轴压强度承载力，对于圆钢管混凝土，$f_{scy} = (1.14 + 1.02\xi) f_{ck}$（韩林海，2007，2016）；$\xi$ 为钢管混凝土的约束效应系数，$\xi = \dfrac{A_s \cdot f_y}{A_c \cdot f_{ck}} y$，其中 A_s 和 A_c 分别为钢管和混凝土的截面面积，f_y 分别为钢管的屈服强度，f_{ck} 为混凝土抗压强度标准值。

对于跨中初始弯曲度为 u_o 的曲线形钢管混凝土结构，其跨中弯矩 M_x 可按式（11.70）计算，因此式（11.75）可最终表达为

$$\frac{N}{\sum A_{sc}} + \frac{N \cdot u_o}{W_{sc} \cdot (1 - N/N_{cr})} = f_{scy} \tag{11.76}$$

在各弦杆截面相同的情况下，对于双肢或四肢结构，$W_{sc} = \dfrac{I_{sc}}{h/2}$，$I_{sc}$ 为结构截面的整体惯性矩；对于三肢构件 $W_{sc} = \dfrac{I_{sc}}{2h/3}$。

当曲线形钢管混凝土结构出现受拉破坏型破坏模态时，拉区弦杆达到其极限抗拉强度 $N_1 = N_{ut1}$，将其代入式（11.73）中可得

$$-\frac{N}{N_{ut}} + \frac{M_x}{N_{uc} r_c} = 1 \tag{11.77}$$

将 $N_{ut} = 1.1 \sum A_s f_y$ 代入式（11.77），由此可得拉区弦杆达到其极限抗拉强度的控制条件为

$$-N + \frac{M_x}{r_c} = 1.1 \sum A_s f_y \tag{11.78}$$

上式中跨中弯矩 M_x 可按式（11.70）计算，因此式（11.78）可最终表达为

$$-N + \frac{N \cdot u_o}{r_c \cdot (1 - N/N_{cr})} = 1.1 \sum A_s f_y \tag{11.79}$$

对于长细的曲线形钢管混凝土结构，在式（11.76）中尚需考虑结构初始弯曲度的

二阶放大效应。类似于格构柱的处理办法，可在式（11.76）中直接引入结构稳定系数 φ，φ 为弯曲平面内轴心受压曲线形钢管混凝土结构的稳定系数，暂按相应的实腹钢管混凝土结构构件的确定方法计算。

通过对数值计算结果进行分析，发现可近似用下式计算曲线形钢管混凝土结构的稳定承载力，即

$$\frac{N}{\varphi \cdot \sum A_{\mathrm{sc}}} + \frac{N \cdot u_{\mathrm{o}}}{W_{\mathrm{sc}} \cdot (1 - \varphi N / N_{\mathrm{cr}})} = f_{\mathrm{scy}} \tag{11.80}$$

联立式（11.79）和式（11.80）即可得到适用于轴心受压曲线形钢管混凝土结构的 $N\text{-}M$ 相关方程为

$$\begin{cases} \dfrac{N}{\varphi \cdot \sum A_{\mathrm{sc}}} + \dfrac{M}{W_{\mathrm{sc}} \cdot (1 - \varphi N / N_{\mathrm{cr}})} = f_{\mathrm{scy}} & u_{\mathrm{o}} \leqslant \dfrac{M_{\mathrm{B}}}{N_{\mathrm{B}}} \\[3mm] -N + \dfrac{M}{r_{\mathrm{c}} \cdot (1 - N / N_{\mathrm{cr}})} = 1.1 \sum A_{\mathrm{s}} f_{\mathrm{y}} & u_{\mathrm{o}} > \dfrac{M_{\mathrm{B}}}{N_{\mathrm{B}}} \end{cases} \tag{11.81}$$

式中：$M = N \cdot u_{\mathrm{o}}$；$N_{\mathrm{B}}$ 和 M_{B} 分别为 $N\text{-}M$ 相关曲线上拉压界限平衡点对应的轴力和弯矩，B 点如图 11.65 所示。

因为在 B 点受压分肢和受拉分肢同时发生破坏，因此 B 点的 N_{B} 和 M_{B} 应同时满足式（11.81）中的上、下二式，由此可解得

$$N_{\mathrm{B}} = \varphi \cdot N_{\mathrm{uc}} - N_{\mathrm{ut}} \tag{11.82}$$

$$M_{\mathrm{B}} = \varphi \cdot N_{\mathrm{uc}} \cdot r_{\mathrm{c}} + N_{\mathrm{ut}} \cdot r_{\mathrm{t}} \tag{11.83}$$

有限元计算结果还表明，对于名义长细比大于 120 的曲线形钢管混凝土结构，其 $N\text{-}M$ 相关曲线上的拉压破坏平衡点不明显，此时用一直线方程来表达 $N\text{-}M$ 相关曲线即可获得较好的精度。该方程表达为

$$\frac{N}{\varphi \cdot \sum A_{\mathrm{sc}} f_{\mathrm{scy}}} + \frac{M}{1.1 \sum A_{\mathrm{s}} f_{\mathrm{y}} (1 - N / N_{\mathrm{cr}})} = 1 \tag{11.84}$$

参数分析结果表明，式（11.81）和式（11.84）的适用条件为 $\xi = 0.2 \sim 4$，$f_{\mathrm{y}} = 235 \sim 420\mathrm{MPa}$，$f_{\mathrm{cu}} = 30 \sim 80\mathrm{MPa}$，$\alpha = 0.03 \sim 0.15$，$h/L = 1/20 \sim 1/50$，$\beta_{\mathrm{r}} = 0 \sim 20\%$。对于 $\lambda_{0\mathrm{x}}$，式（11.81）适用于结构换算长细比 $\lambda_{0\mathrm{x}} = 20 \sim 120$，式（11.84）适用于结构换算长细比 $\lambda_{0\mathrm{x}} = 120 \sim 160$。

图 11.67 给出了简化公式（11.81）获得的极限承载力计算值（N_{uc}）与本章 11.3.1 节中进行的采用圆钢管混凝土的格构式结构极限承载力实测结果（N_{ue}）的对比情况。可见，简化计算结果与试验结果总体较为吻合，且总体上稍偏于安全。

（3）剪力及其分配

对于图 11.68 所示的曲线形钢管混凝土结构，其端部轴压力作用下，垂直于杆轴的剪力 V 为

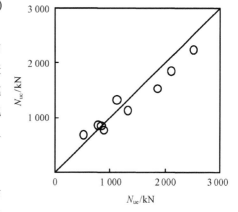

图 11.67 极限承载力简化计算结果
与试验结果比较

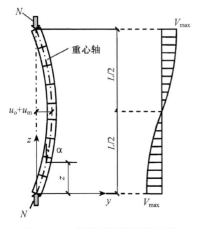

图 11.68　曲线形钢管混凝土结构的剪力分布

$$V = N \cdot \sin \alpha \approx N \cdot \tan \alpha = N \frac{\mathrm{d}u}{\mathrm{d}z} \qquad (11.85)$$

式中：α 为计算横截面与 x 轴之间的夹角，如图 11.68 所示。

根据前述进行的试验研究和有限元分析结果，曲线形钢管混凝土结构在端部受压产生挠曲的过程中，其挠曲线可近似表示为正弦半波曲线，即 $u = (u_\mathrm{o} + u_\mathrm{m}) \sin \dfrac{\pi z}{L}$。将其代入式（11.85）中，可得

$$V = \frac{\pi (u_\mathrm{o} + u_\mathrm{m})}{L} N \cdot \cos \frac{\pi z}{L} \qquad (11.86)$$

可见，最大剪力 V_max 出现在结构两端，将 z 取为 0 或 L，可得

$$V_\mathrm{max} = \frac{\pi (u_\mathrm{o} + u_\mathrm{m})}{L} N \qquad (11.87)$$

由式（11.69）可知，$u_\mathrm{o} + u_\mathrm{m} = u_\mathrm{o}/(1 - N/N_\mathrm{cr})$，因而

$$V_\mathrm{max} = \frac{\pi}{L} \cdot \frac{N \cdot u_\mathrm{o}}{1 - N/N_\mathrm{cr}} \qquad (11.88)$$

式中：N 为作用在结构端部的轴压力，在极限状态下可按照式（11.81）或式（11.84）进行计算。

在确定了结构受到的最大剪力 V_max 后，还需要确定剪力在横截面各腹杆和弦杆间的分配关系。

假设曲线形钢管混凝土结构的各杆件能较好地协同工作，则暂可根据以下原则来确定横截面的剪力分配。

1）对于三肢和四肢结构，其剪力由位于不同平面内的腹杆共同承担，且各腹杆平面内两根弦杆所承担的剪力相同。

2）每个腹杆面分配的剪力与其在剪力作用方向上的投影长度成正比。

3）腹杆将剪力均匀传递到与其相连的弦杆上。

根据以上原则，即可得到单位剪力在双肢、三肢和四肢曲线形钢管混凝土结构的各腹杆和各弦杆之间的分配关系如图 11.69 所示。

（4）腹杆设计

11.3.2 节中的有限元计算分析表明，当腹杆直径较小或节间数目较少时，曲线形钢管混凝土结构的腹杆可能先于结构达到极限承载力而出现强度破坏，从而导致结构发生提前破坏。为此，有必要进行腹杆的承载力验算。

1）平腹式体系结构。

参照图 11.60 和图 11.61，在单位剪力作用下，平腹杆端部的最大弯矩为

$$M_1 = \frac{l_1}{m} \qquad (11.89)$$

式中：l_1 为结构的节间距；m 为和肢数有关的参数，对于双肢结构 m 为 2，对于三肢结

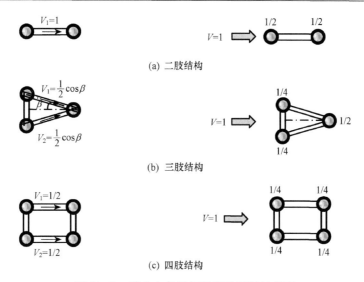

(a) 二肢结构

(b) 三肢结构

(c) 四肢结构

图 11.69　剪力在各腹杆及各弦杆间的分配

构 m 为 $4\cos\alpha$，对于四肢结构 m 为 4。

这样，由式（11.88）和式（11.89）即可得到平腹杆两端的弯矩值为

$$M=\frac{l_1}{m}\frac{\pi}{L}\cdot\frac{N\cdot u_o}{1-N/N_{cr}} \qquad (11.90)$$

由此，可按照受弯构件的方法验算平腹杆的强度承载力，即

$$\sigma=\frac{M}{\gamma_x W_x}=\frac{l_1\pi}{m\gamma_x W_x L}\cdot\frac{N\cdot u_o}{1-N/N_{cr}}\leqslant f \qquad (11.91)$$

式中：γ_x 为截面塑性发展系数，可偏安全地取 $\gamma_x=1.0$；W_x 为平腹杆的截面模量；f 为钢材强度设计值；N 为作用在曲线形钢管混凝土结构端部的轴向力。

2）斜腹式体系结构。

参照图 11.62 和图 11.63，在单位剪力作用下，斜腹杆受的轴向力 N_d 为

$$N_d=\frac{1}{m\sin\theta} \qquad (11.92)$$

式中：θ 为斜腹杆与弦杆的夹角；m 为和肢数有关的参数，对于双肢结构 m 为 1，对于三肢结构 m 为 $2\cos\alpha$，对于四肢结构 m 为 2。

这样，由式（11.88）和式（11.92）即可得到斜腹杆的轴力值 N_d 为

$$N_d=\frac{1}{m\sin\theta}\cdot\frac{\pi}{L}\cdot\frac{N\cdot u_o}{1-N/N_{cr}} \qquad (11.93)$$

同样参照图 11.62 和图 11.63，可见，在单位剪力作用下，平腹杆受到的轴向力为

$$N_b=\frac{1}{m} \qquad (11.94)$$

根据上式和式（11.88），即可得到平腹杆的轴力值 N_d 为

$$N_b=\frac{\pi}{mL}\cdot\frac{N\cdot u_o}{1-N/N_{cr}} \qquad (11.95)$$

　　由于平腹杆和斜腹杆均主要承受轴向力，可根据钢结构设计规范中规定的轴心受压构件承载力验算的有关要求验算其强度和稳定是否满足要求。

（5）弦杆节间承载力验算

　　对于两端受压的曲线形钢管混凝土结构，其跨中节间受二阶效应的影响最为显著；同时由于端部节间受剪力影响最大，该剪力也会在弦杆内引起内力。因此，需要对跨中和端部节间的弦杆同时进行承载力验算。

　　在端部压力作用下，结构跨中的弯矩可根据式（11.70）进行计算。由图11.66可知，拉区弦杆受到的总轴向力 N_1 为

$$N_1 = \frac{N r_t}{h} - \frac{N u_0}{h(1 - N/N_{cr})} \qquad (11.96)$$

求得 N_1 后可再根据拉区的弦杆数进行轴力分配。

　　压区弦杆受到的总轴向力 N_2 为

$$N_2 = N - N_1 \qquad (11.97)$$

求得 N_2 后再根据压区的弦杆数进行轴力分配。

　　对于平腹式体系结构，如果忽略跨中节间附近的剪力，则其各弦杆将和斜腹式体系结构的弦杆一样基本处于轴心受力状态，因而二者都可按杆件长度和节间距 l_1 相等的轴心受力构件来进行承载力验算。

　　对于受压和受拉弦杆，可分别按式（11.98）和式（11.99）计算，然后对计算结果分配后的轴力进行承载力验算为

$$N_1 \leqslant \varphi_1 A_{sc} f_{sc} \qquad (11.98)$$
$$N_2 \leqslant 1.1 f A_s \qquad (11.99)$$

式（11.98）中的 φ_1 为节间钢管混凝土弦杆的稳定系数，计算长细比时其计算长度取为 l_1。f_{sc} 为钢管混凝土抗压强度设计值，$f_{sc} = (1.14 + 1.02\xi_0) \cdot f_c$，其中 $\xi_0 (= \alpha \cdot f/f_c)$ 为钢管混凝土构件截面的约束效应系数设计值，f_c 为混凝土的轴心抗压强度设计值。

　　在结构端部，平腹式体系结构的弦杆受到的弯矩 M_c 可按式（11.89）确定，其轴压力 N_c 按下式计算为

$$N_c = \frac{N}{n} \qquad (11.100)$$

式中：n 为结构的弦杆数。

　　这样，就可将平腹式体系结构的端部节间弦杆视为处于轴压力 N_c 和弯矩 M_c 共同作用下的钢管混凝土压弯构件，按照韩林海（2007，2016）提供的有关计算公式来进行其承载力验算。

　　对于斜腹式体系结构，在结构端部截面，剪力会在弦杆内产生轴压力。考虑剪力与端部轴压力的共同作用，可计算出端部弦杆受到最大轴压力（N_1）为

$$N_1 = \frac{N}{n} + \frac{2\pi}{L \tan\theta} \cdot \frac{N \cdot u_0}{1 - N/N_{cr}} \qquad (11.101)$$

　　由上式计算出钢管混凝土弦轴压力（N_1）后，即可按钢管混凝土构件承载力计算公式（韩林海，2007，2016）进行其轴压承载力的验算。

本节推导出的设计公式已被《拱形钢结构技术规程》（JGJ/T 249—2011）（2011）系统采纳。

11.4　曲线形钢管混凝土桁架的抗弯力学性能

11.4.1　试验研究

（1）试验概况

1）试件设计。

进行了 8 个曲线形钢管混凝土桁架试件受弯性能试验研究，包括 6 个曲线形钢管混凝土桁架梁、2 个直线形钢管混凝土桁架梁（对比试件）。构件设计依据一般空钢管桁架设计原则，桁架类型选用经济且常见的 Warren 桁架，节点均为间隙接头的 K- 节点，减少了节点及腹杆使用量，充分发挥受压钢管稳定特性。设计时满足弦管和腹管强度匹配原则，避免影响整体承载力，同时对 K- 节点承载力进行验算，防止节点过早发生失效破坏。试验参数为矢跨比（0、0.1、0.2）及弦管是否填充混凝土。试件示意如图 11.70 所示，试件跨度 l 均为 5000mm，计算跨度 L_0 均为 4800mm，横截面宽 b 均为 432mm，高 h 均为 375mm，横截面内腹杆夹角 α 及平面内腹杆夹角 β 均为 60°。

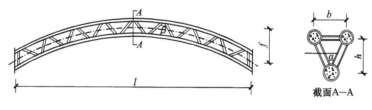

图 11.70　曲线形桁架梁示意图

试件详细设计信息及汇总于表 11.6。

表 11.6　曲线形钢管混凝土桁架试件一览表

序号	试件编号	截面尺寸 $b \times h$ /（mm×mm）	上弦管 $d \times t$ /（mm×mm）	下弦管 $d \times t$ /（mm×mm）	矢跨比 f/l	P_{ue}/kN 实测	P_{ue}/kN 平均	强度系数 SI	自重/kN 钢	自重/kN 混凝土
1	T1-1	432×375	89×3	140×4	0	345	341	1.012	1.971	2.767
2	T1-2	432×375	89×3	140×4	0	337		0.988		
3	T2-1	432×375	89×3	140×4	0.1	439	434	1.287	1.996	2.794
4	T2-2	432×375	89×3	140×4	0.1	428		1.255		
5	T3-1	432×375	89×3	140×4	0.2	467	472	1.370	2.059	2.904
6	T3-2	432×375	89×3	140×4	0.2	477		1.399		
7	TH4-1	432×375	89×3	140×4	0.1	277	278	0.812	2.000	—
8	TH4-2	432×375	89×3	140×4	0.1	278		0.815		

试件编号中字母 T 代表桁架，H 代表弦杆中未灌注混凝土，短画线（"-"）前面的

数字分别代表不同组，后面的数字分别代表同一组的不同试件。

各试件钢结构及混凝土部分自重计算结果见表 11.6，核心混凝土占钢管混凝土桁架自重的主要部分。本试验中，结构自重占试件静力承载力的比例在 1%～2%，对试验结果影响很小，因而在分析中不予考虑。在实际工程中，如大跨桥梁自重荷载占设计荷载的主要部分，在设计时则需要验算自重的影响；在动力计算时，自重对桥梁自振频率和阵型也有很大影响。

2）试件制作。

试件中的圆钢管采用直缝焊管，首先将 6m 长直缝焊管压制成所需圆弧形。用切割机按所要求的长度做出曲线形钢管，并保证钢管两端截面的平整。钢管左右两端均设有 20mm 厚钢盖板。浇筑管内混凝土前先将两端的盖板焊好，盖板三个角部四边形截面与各自对应空钢管的几何中心对中，并采用水平尺保证空钢管截面与盖板截面平行，将盖板和空钢管点焊在一起，然后沿空钢管外周长间断围焊，以减小焊接变形，同时在焊接过程中校核其平整度。灌注混凝土端需在盖板上开圆孔，等浇筑之后再焊接。

灌注混凝土时，打开实验室地下室盖板，将曲线形钢管混凝土桁架梁试件摆放到 3.3m 深的地下室，再在实验室上摆放 2m 高钢管架并搭设搁板。从顶部灌入混凝土，钢管壁采用插入式振捣棒进行侧振，管内采取 5m 长钢筋插捣，以保证管内混凝土的密实性，灌注混凝土高出钢管 20mm 左右，即与钢盖板平齐，以保证钢管上端头混凝土饱满。自然养护两周后，凿去钢管顶部的混凝土，用高强混凝土将混凝土表面与钢管抹平，焊上开圆孔盖板，并保证端板表面的平整。

3）材性。

钢管材性由拉伸试验确定。各类钢管屈服强度、抗拉强度、弹性模量和泊松比等参数详见表 11.7。

表 11.7　钢管力学性能指标

钢材类型	外直径 d/mm	壁厚 t/mm	屈服强度 f_y/（N/mm²）	极限强度 f_u/（N/mm²）	弹性模量 E_s/（N/mm²）	泊松比 μ_s
φ140 钢管	140.02	3.94	320	454	2.14×10^5	0.283
φ89 钢管	88.12	2.95	323	445	1.92×10^5	0.289
φ76 钢管	75.92	3.00	338	446	2.15×10^5	0.294
φ33 钢管	33.00	2.69	368	461	2.02×10^5	0.302

钢管内浇筑自密实混凝土，水胶比为 0.31，砂率为 0.50，配合比为：水 173kg/m³，水泥 380kg/m³，粉煤灰 170kg/m³，砂 840kg/m³，石 840kg/m³。采用原材料如下：强度等级为 42.5MPa 的普通硅酸盐水泥；河砂，中砂；石灰岩碎石，石子最大粒径 25mm；矿物细掺料采用Ⅱ级粉煤灰；普通自来水；高效减水剂的掺量为胶凝材料质量的 2.5%。混凝土坍落度为 251mm，坍落流动度为 623mm，混凝土浇筑时内部温度为 18℃，比环境温度约高 1℃。

混凝土立方体抗压强度和弹性模量分别由同条件下成型养护的立方体试块和棱柱体试块测得。立方体试块达到 28 天时抗压强度为 65.6N/mm²，试验时抗压强度为

69.9N/mm², 弹性模量为 36 400N/mm²。

4）试验装置。

曲线形钢管混凝土桁架梁受弯试验在 3000kN 反力架上进行, 如图 11.71 所示。

图 11.71　试件试验时照片

5）量测内容及测点布置。

曲线形钢管混凝土桁架梁试验的主要量测内容有跨中荷载、四分点位移、支座处沉降、跨中曲率、跨中弦杆及半跨斜腹杆钢管应力分布, 测点布置如图 11.72 所示。

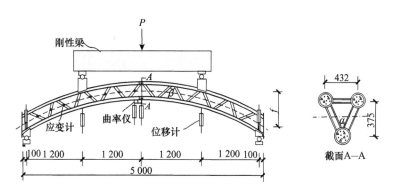

图 11.72　测点布置示意图（单位：mm）

具体测试方案如下。

① 荷载采用 5000kN 压力传感器测量。

② 支座处沉降由量程为 50mm 的位移传感器测量, 支座之间 3 处位移由量程为 200mm 的位移传感器测量。

③ 跨中曲率由量程为 100mm 的位移传感器测量并转化而成。

④ 跨中上层及下层钢管上、中、下各截面及应变粘贴横向及纵向单向电阻应变片各一片共计 18 片测量。

⑤ 半跨斜腹杆应变粘贴纵向单向电阻应变片各一片共计 8 片测量。

以上测量内容均由 IMP 数据采集系统进行采集。

6）加载制度。

正式加载前先进行预加载，预加载值约为预计极限荷载（采用有限元软件 ABAQUS 计算获得）的 15%，加到预定值后持荷 2~3min，然后卸载。正式加载时采用分级加载制，钢管屈服前，每级荷载均约为预计极限荷载的 1/20。每级荷载的持荷时间约为 2min，钢管屈服后，慢速连续加载直至加载结束。当加载到试件接近破坏时，荷载增加缓慢，而位移增加却很大，极限荷载后位移继续增加，荷载开始下降，达到下列条件之一时即停止加载。

① 跨中位移下降到 $L/40$ 以下。

② 焊缝附近发生破坏。

（2）试验结果与分析

1）破坏形态。

通过对本次曲线形钢管混凝土桁架梁受弯试验全过程的观测，发现所有试件均表现出较好的承载能力和抵抗变形能力。图 11.73 所示为钢管混凝土桁架梁受弯试验后的破坏形态。

① 直线型钢管混凝土桁架梁。加载阶段，直线形钢管混凝土桁架梁（对比试件）

(a) 试件 T1-1 (f/l=0)

(b) 试件 T1-2 (f/l=0)

(c) 试件 T2-1 (f/l=0.1)

(d) 试件 T2-2 (f/l=0.1)

图 11.73　试件的破坏形态

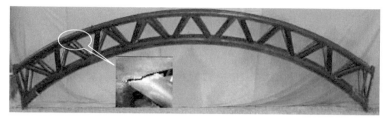

(e) 试件 T3-1 (f/l=0.2)

(f) 试件 T3-2 (f/l=0.2)

(g) 试件 TH1-1 (f/l=0.1)

(h) 试件 TH1-2 (f/l=0.1)

图 11.73　（续）

受力性能良好，体现为延性破坏过程，未出现明显的局部钢管屈曲及节点焊缝拉裂现象。随着荷载的增大，纯弯段发生弯曲破坏，下弦杆钢管屈服，跨中挠度达到 150mm（$L/32$）时仍未见其他破坏现象出现，而此时荷载仍处于缓慢上升。

　　② 曲线型钢管混凝土桁架梁。曲线形钢管混凝土桁架梁均为弯剪段弦杆与斜腹杆连接节点处发生破坏。节点失效模式多为冲剪失效，受拉弦杆处钢管撕裂；也有部分节点在焊缝处拉裂。四分点加载时，桁架试件弯剪段同一节点两侧腹杆分别受拉和受压，提供剪力，产生弯矩变化。荷载作用点间纯弯段的腹杆则受力较小。试件设计时为了避免腹杆的强度和稳定破坏，腹杆尺寸取值较大，加载阶段腹管本身并未出现拉裂或屈曲现象，破坏一般出现在节点处，试验现象也如此。

　　③ 曲线型钢管桁架梁。曲线形钢管桁架梁均为弯剪段弦杆与斜腹杆连接处节点破坏。上弦杆节点侧面钢管内凹，失效模式为弦杆侧壁局部屈曲，下弦杆节点处内凹，

失效模式为弦杆表面塑性失效。节点破坏导致桁架梁承载力下降，出现负刚度，进一步按位移加载后退出试验。

图 11.74 所示为典型曲线形钢管混凝土桁架梁 T2-1 剖开后混凝土的破坏形态。跨中上弦钢管内混凝土无可见变化，下弦钢管内混凝土有多条纵向裂缝出现，最大裂缝宽度约为 0.5mm。左侧弯剪区破坏位置上弦钢管内混凝土无可见裂缝，下弦钢管内混凝土有多条斜向裂缝出现，最大裂缝宽度约为 0.3mm。

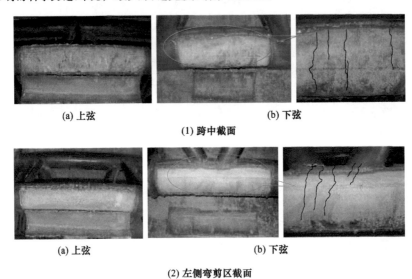

(a) 上弦　　　　　　　　　　　　(b) 下弦

(1) 跨中截面

(a) 上弦　　　　　　　　　　　　(b) 下弦

(2) 左侧弯剪区截面

图 11.74　核心混凝土的破坏形态

在整个试验过程中，曲线形钢管混凝土桁架梁的变形曲线基本呈对称的正弦半波曲线。图 11.75 所示为实测典型试件 T2-1 各测点挠度沿试件长度的变化情况，图中同时绘出了正弦半波曲线，可见二者吻合良好。

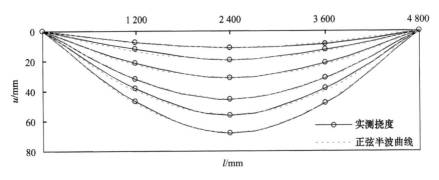

图 11.75　挠度沿试件长度方向的分布

2）荷载 - 跨中挠度曲线。

图 11.76 所示为曲线形钢管混凝土桁架梁荷载（P）- 跨中挠度（u_m）曲线。可见，所有曲线均包含为三个阶段，即弹性段、塑性段、平缓上升段。弹性段荷载（P）- 跨中挠度（u_m）曲线成线性增加关系；塑性段荷载（P）- 跨中挠度（u_m）曲线成非线性

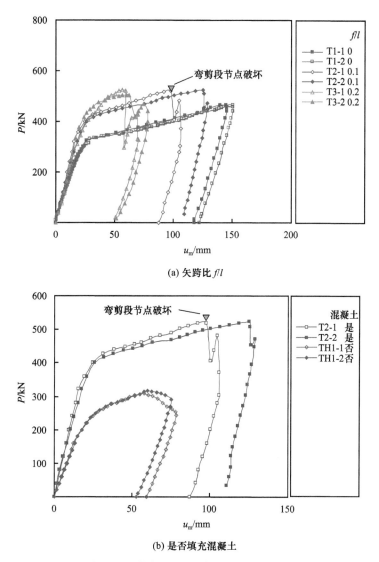

(a) 矢跨比 f/l

(b) 是否填充混凝土

图 11.76　荷载（P）- 跨中挠度（u_m）曲线

增加关系，斜率越来越小；平缓上升段荷载（P）- 跨中挠度（u_m）曲线成线性增加关系，斜率较小。直线形试件在跨中挠度达到 150mm（$L/32$）即开始卸载，加载过程未出现节点破坏。曲线形构件在荷载平缓上升到一定程度时，弯剪段腹杆与弦杆 K 节点处首次发生破坏，局部破坏导致构件卸载，承载力突然下降。此后继续加载，当继续出现节点破坏时卸载。比较各曲线可知，试件卸载刚度与初始刚度基本相同。

　　曲线形钢管混凝土桁架梁初始刚度与直线形钢管混凝土桁架梁初始刚度相差不大，矢跨比的增加对曲线形钢管混凝土桁架梁初始刚度的影响不明显；矢跨比越小，构件越早进入塑性阶段；平缓上升段，上下弦杆进入强化段，由于弦杆材料相同，各试件强化刚度相差不大；对比达到峰值承载力的荷载和挠度，曲线形钢管混凝土桁架梁高于直线形钢管混凝土桁架梁，矢跨比越大，达到峰值承载力时的跨中挠度越小，变形能力越弱。以 T2 两组试件为例，节点破坏试件达到极限荷载时的平均跨中挠度为 100mm（$L/50$），对于同样四分点加载的钢管混凝土梁，跨中截面挠度达到 $L/20$，承载力仍能有所增加。与钢管混凝土相比，钢管混凝土桁架梁具有更大的截面惯性矩和抗弯刚度，但其含钢率更高，变形能力也相对较差。

3）弯矩 - 曲率曲线。

图 11.77 所示为曲线形钢管混凝土桁架梁弯矩（M）- 曲率（ϕ）关系曲线。可见，试件破坏前，线形规律总体上与荷载 - 跨中挠度关系曲线相似，曲线可分为弹性段、塑性段、平缓上升段三个阶段。对于直线形桁架梁，弹性弯矩（M_e）和极限弯矩（M_u）基本满足 $M_e = 0.75M_u$。对于曲线形桁架梁，由于极限荷载为节点强度控制，M_e 和 M_u 并没有直接联系，图中也未显示明显规律。

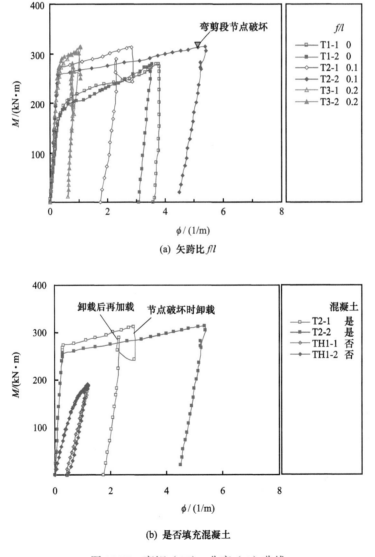

(a) 矢跨比 f/l

(b) 是否填充混凝土

图 11.77 弯矩（M）- 曲率（ϕ）曲线

曲线形试件节点发生破坏后，构件其他部分发生卸载，荷载突然下降，曲率明显减小。在此基础上继续加载，承载力继续上升，直至出现其他位置的节点破坏而卸载。对比曲线可知，加卸载刚度与试件初始刚度基本相同。参照钢管混凝土的计算规则，取 0.6 倍极限荷载处的割线刚度为试件的使用阶段刚度，由于钢结构提供试件主要承载力，试件进入塑性阶段较晚，此时仍处于弹性阶段，使用阶段刚度可简单取为弹性刚度。

　　4）荷载 - 应变曲线。

　　图 11.78 所示为典型试件 T2-1 荷载 - 应变曲线，各应变对应位置如图 11.72 所示。图中的应变以受拉为正，受压为负。各测点位置应变的大小跟此处是否发生破坏关系密切，若粘贴应变片处发生破坏，则此处应变发展较大，若粘贴应变片处未发生破坏，则此处应变发展较小，本次试验所测荷载 - 应变曲线也反映了这一规律。

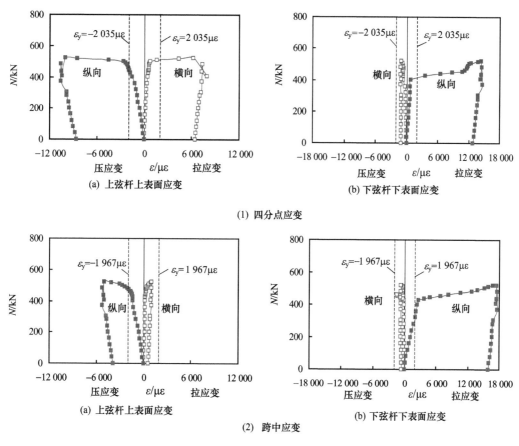

图 11.78　荷载（P）- 应变（ε）曲线（T2-1）

　　整个加载过程中，各截面的纵向应变数值总体上大于横向应变，上弦杆上表面受压，下弦杆下表面受拉。当荷载达到 430kN 左右时，跨中下弦杆下表面钢管的纵向应变达到屈服应变，钢管发生屈服；当荷载达到最大值 520kN 时，跨中下弦杆下表面钢管纵向应变最大达到 17 480με，卸载后残余应变 15 950με，塑性变形严重；跨中上弦杆上表面钢管纵向压应变最大达到 5226με，卸载后残余应变 3860με，图中所示荷载 - 应变曲线卸载段几乎与试件屈服前加载段平行。

5）强度系数。

定义强度系数 SI 计算式为

$$SI=\frac{P_{ue}}{P_{ue参考梁}} \qquad (11.102)$$

式中：P_{ue} 为钢管 0 混凝土桁架梁极限承载力；$P_{ue参考梁}$ 为直线形钢管混凝土桁架梁极限承载力，为直线形钢管混凝土桁架梁极限承载力的平均值。取下弦杆下表面受拉区钢管应变达到 10 000με 时所对应的荷载为桁架梁的极限承载力。

按以上方法获得的极限承载力和计算的 SI 值列于表 11.6。

对于曲线形钢管混凝土桁架梁，当矢跨比由 0 增加到 0.1、0.2 时，SI 值由 1 增加到 1.271、1.384，增加 27.1%、38.4%。

上弦杆及下弦杆填充混凝土后，SI 值由 0.814 增加到 1.271，增加 56.2%。可见，矢跨比及弦杆内是否填充混凝土对 SI 值影响显著。

（3）小结

本节进行了 6 个曲线形钢管混凝土桁架梁和 2 个曲线形钢管桁架梁受弯力学性能的试验研究，在本章研究参数范围内可得到如下结论。

1）曲线形钢管混凝土桁架梁具有较高的抗弯承载能力，试件抵抗变形能力良好；直线形钢管混凝土桁架梁纯弯段发生弯曲破坏，曲线形钢管混凝土桁架梁弯剪段弦杆与斜腹杆连接处焊缝附近发生撕裂破坏。

2）矢跨比对曲线形钢管混凝土桁架梁极限承载力影响显著。当矢跨比由 0 增加到 0.1、0.2 时，其极限承载力分别增加 27.1%、38.4%。

3）弦杆内是否填充混凝土对曲线形钢管混凝土桁架梁极限承载力影响显著。当弦杆内填充混凝土后，其极限承载力增加 56.2%。

11.4.2　理论分析和承载力实用计算方法

（1）理论分析

用 ABAQUS 建立了本节曲线形钢管混凝土桁架梁和曲线形钢管桁架梁的有限元数值模拟模型，用缩减积分的 4 节点壳单元（S4R）模拟钢管，用缩减积分的三维实体单元（C3D8R）分别模拟内部混凝土及加载端板等。钢材及混凝土的材料模型均与11.3.2 节相同。图 11.79 即为典型的桁架梁有限元模型示意图。

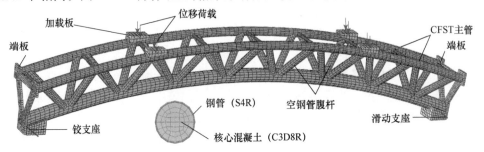

图 11.79　曲线形钢管混凝土桁架梁有限元模型

利用上述有限元数值模型，计算所得试验试件的破坏模态和试验实测结果对比如图 11.80 所示，可见总体上数值结果和试验结果吻合良好。

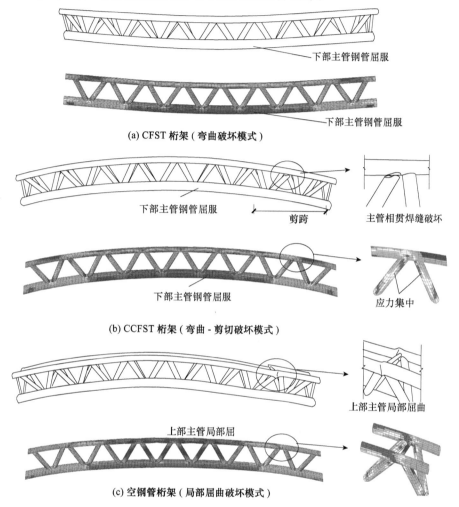

图 11.80　试件试验典型破坏模式与数值模拟结果对比

（2）刚度和承载力实用计算方法

为了便于推导曲线型钢管混凝土桁架的刚度计算公式，提出以下基本假定。

1）假定桁架为 Timoshenko 梁，其抗弯刚度和抗剪刚度为常数。

2）根据 CIDECT 指南（Wardenier 等，2008），桁架的主管和腹杆连接为理想铰接，主管承担弯矩和两个方向上腹杆传递来的剪力。

3）钢管混凝土主管为具有不同抗压及抗拉刚度的组合构件。

图 11.81 为曲线型钢管混凝土桁架受弯矩作用时的变形示意。桁架形状为圆弧形，用极坐标表达，圆弧圆心为坐标原点，坐标原点到圆弧中点位置为极坐标轴方向，因此桁架的任一点坐标可以表示为 $[\theta, R+w(\theta)]$，其中 θ 为该点向量与极坐标轴夹角，R 为桁架的初始半径，$w(\theta)$ 为沿极坐标轴的变形。如图 11.81（b）所示，根据对称性选取一半的悬臂模型，其中 $P/2$ 为四分点处合作，w_1 和 w_2 分别为由于弯曲变形和剪

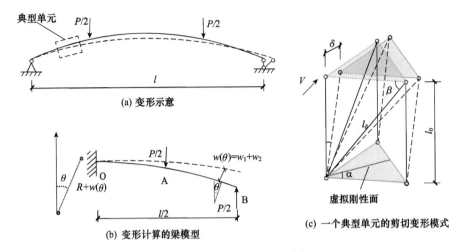

图 11.81　曲线型桁架变形计算示意

切变形引起的挠度。总变形为 $w=w_1+w_2$。

对于初始半径为 R 的曲线型梁构件受弯时，根据 Timoshenko 和 Gere（1961），可推导出在极坐标系中的完全变形 w_1 为

$$\frac{\mathrm{d}^2w_1}{\mathrm{d}\theta^2}+w_1=\frac{MR^2}{(EI)_c} \tag{11.103}$$

式中：$(EI)_c$ 为桁架平面内弯曲刚度；当受纯弯时（$0\leqslant\theta\leqslant\theta_1$），弯矩 $M=Pl/8$；当为横向弯曲时（$\theta_1<\theta\leqslant\theta_2$），弯矩 $M=P(l/2-R\sin\theta)/2$，其中 θ_1 和 θ_2 可分别由方程 $\sin\theta_1=l/4R$ 和 $\sin\theta_2=l/2R$ 推导得出，分别对应于图 11.81（b）中的四分点 A 和 B 的角度。

上式的边界条件为 $w_1(0)=0$ 和 $w_1'(0)=0$。因此，由于弯曲变形引起的挠度 w_1 可推导如下：

$$w_1=\begin{cases}\dfrac{PlR^2}{8(EI)_c}(1-\cos\theta) & 0\leqslant\theta<\theta_1 \\[2mm] \dfrac{PlR^2}{4(EI)_c}\left(A_1\sin\theta+A_2\cos\theta+1+\dfrac{R}{l}\theta\cos\theta\right) & \theta_1\leqslant\theta<\theta_2\end{cases} \tag{11.104}$$

其中

$$A_1=-\frac{R}{l}-\frac{l}{16R} \tag{11.105a}$$

$$A_2=-\frac{\cos\theta_1}{4}-\frac{1}{2}-\frac{R}{l}\theta_1 \tag{11.105b}$$

类似地，由于作用剪力 Q 的剪切变形引起的桁架挠度 w_2 的物理方程可表达如下为

$$\frac{\mathrm{d}w_2}{R\mathrm{d}\theta}=-Q\gamma_s=-\frac{\mathrm{d}w}{R\mathrm{d}\theta}\gamma_s \tag{11.106}$$

式中：γ_s 是单位剪力作用下的剪力系数；剪力 Q 的大小，当作用在跨中时（$0\leqslant\theta\leqslant\theta_1$），$Q=0$；存在剪跨时（$\theta_1<\theta\leqslant\theta_2$），$Q=P\cos\theta/2$。$\gamma_s$ 可由图 11.81（c）中获得，方法与文献 Han 等（2011）类似。图中，V 是典型单元的剪力，δ 为对应的剪切变形，l_0 和 l_d 分

别为典型单元的长度和对角线长度，则其剪切变形是由于对角线支撑的轴向变形引起的。Xu 等（2014）推导了 w_2 的计算过程，公式具体为

$$w_2 = \begin{cases} 0 & 0 \leqslant \theta < \theta_1 \\ \dfrac{1}{2}P\gamma_s\left(R\sin\theta - \dfrac{l}{4}\right) & \theta_1 \leqslant \theta < \theta_2 \end{cases} \tag{11.107}$$

如果定义曲线型钢管混凝土桁架的弹性阶段抗弯刚度 K_c 为其竖向荷载 - 中截面竖向挠度关系曲线的斜率，则其表达式为

$$K_c = \frac{P}{w(\theta_2)\cos\theta_2} = \frac{P}{w_1(\theta_2)\cos\theta_2 + w_2(\theta_2)\cos\theta_2} \tag{11.108}$$

以上各参数表达代入后，可得到 K_c 计算公式，即

$$K_c = \frac{1}{\dfrac{11l^3}{768(EI)_c} + \dfrac{\gamma_s l}{8}} \tag{11.109}$$

将上面简化计算公式所得刚度（K_c）与试验实测曲线上所得刚度（K_e）汇总于表 11.8 中，对于钢管混凝土桁架，K_e/K_c 的平均值为 0.951，可见本节推导的公式可较好地确定其刚度。而对于空钢管桁架，K_e/K_c 平均值为 0.807，偏差较大的原因之一可能是本章提供的分析模型中对于钢管的局部屈曲考虑并不完整。

表 11.8　试验试件弹性刚度试验值与计算值对比

试件编号	M_u /(kN·m)	M_{ec} /(kN·m)	M_{ec} /0.2M_u /%	$(EI)_e$ /(×10³kN·m²)	$(EI)_c$ /(×10³kN·m²)	$(EI)_e$ /$(EI)_c$	K_e /(×10³kN /m)	K_c /(×10³kN /m)	K_e/K_c
T1-1	204.60	2.58	6.29	23.93		0.72	17.8	18.2	0.978
T1-2	204.60	2.21	5.41	27.84		0.83	16.9		0.929
T2-1	263.40	2.05	3.89	38.74	33.4	1.16	18.6	18.7	0.995
T2-2	256.80	2.02	3.93	38.33		1.15	18.3		0.979
T3-1	276.00	2.32	4.20	35.84		1.07	15.0	20.5	0.732
T3-2	289.80	2.24	3.87	38.90		1.16	18.9		0.922
TH4-1	163.80	3.27	9.98	11.26	24.1	0.47	12.2	14.0	0.871
TH4-2	163.20	3.38	10.36	10.84		0.45	10.4		0.743

试验研究表明，如果不发生连接脆性破坏或剪切型破坏模式，曲线型钢管混凝土桁架体系在达到极限状态时具有良好的承载能力和延性，同时有限元模型数值模拟结果还表明，曲线型钢管混凝土桁架甚至还具有一定程度上的强化阶段，因此，此类桁架的承载力主要由其抗弯承载力控制。对于具有等边三角形截面的三杆桁架体系而言，下部主管为其破坏的控制杆件，顶部的 2 个主管的承载力是足够的。桁架体系的承载力可由下式确定（Xu 等，2014）：

$$P_u = \frac{8M_u}{l} \tag{11.110}$$

$$M_u = N_{ut}h \qquad (11.111)$$

$$N_{ut} = (1.1 - 0.4\alpha_s) f_y A_s \qquad (11.112)$$

式中：N_{ut} 为下部钢管混凝土主管的极限抗拉强度，可由 Han 等（2011）确定；$\alpha_s = A_s/A_c$ 是下部主管截面含钢率；f_y 和 A_s 分别为钢管截面和屈服强度。

　　试验中表明下部主管在发生局部破坏前达到其极限抗拉强度，因此完全利用了下部主管的承载能力，满足此状态的前提条件是桁架体系的腹杆和连接节点的抗剪强度满足（即不会提早出现腹杆或节点的局部破坏），也即为腹杆和节点满足其极限剪力 P_{us}，因此设计时也要验算该项承载力。P_{us} 可由桁架截面切向的剪力平衡获得，即

$$\frac{P_{us}}{2}\cos\theta_1 = 2 \cdot N_{bu}\cos\alpha\cos\beta \qquad (11.113)$$

上式中等式左面为外力引起的剪力，右边为腹杆提供的抗剪承载力；N_{bu} 为腹杆和节点的承载力，可由 CIDECT（2008）确定，故 P_{us} 的验算公式为

$$P_{us} = \frac{4\cos\alpha\cos\beta}{\cos\theta_1} N_{bu} \qquad (11.114)$$

　　需要注意的是，前述曲线型钢管混凝土桁架的承载力计算公式是基于破坏模式为下部钢管混凝土主管受拉破坏的前提下，因此设计中应保证其他类型的局部破坏不会提早发生，即需要验算腹杆和节点的抗剪承载力，也要保证焊接质量及空钢管腹杆等不会出现局部屈曲破坏。

11.5　本　章　小　结

　　本章对两端受轴压力、轴线为圆弧形的钢管混凝土曲杆及曲线形钢管混凝土结构进行了试验研究，并建立了相应的有限元分析模型，在此基础上深入分析了曲线形钢管混凝土结构的工作机理，研究了结构典型的破坏形态及其受力全过程的变化规律。

　　在参数分析结果的基础上，本章给出了曲线形钢管混凝土结构承载力实用计算方法。

参 考 文 献

蔡绍怀，2003. 现代钢管混凝土结构 [M]. 北京：人民交通出版社.

陈宝春，2007. 钢管混凝土拱桥 [M]. 2 版. 北京：人民交通出版社.

陈友杰，1999. 钢管混凝土单圆管肋拱面内极限承载力试验研究 [硕士学位论文][D]. 福州：福州大学.

崔军，孙炳楠，楼文娟，等，2004. 钢管混凝土桁架拱桥模型试验研究 [J]. 工程力学，21（5）：83-86.

韩林海，2007. 钢管混凝土结构：理论与实践 [M]. 2 版. 北京：科学出版社.

韩林海，2016. 钢管混凝土结构：理论与实践 [M]. 3 版. 北京：科学出版社.

黄大元，黄平明，张征文，等，2002. 钢管混凝土桁式拱桥简化计算模式研究 [J]. 桥梁建设，（2）：30-33.

黄文金，陈宝春，2006. 钢管混凝土桁梁受弯试验研究 [J]. 建筑科学与工程学报，23（3）：29-33.

欧智菁，2007. 四肢钢管混凝土格构柱极限承载力研究 [硕士学位论文][D]. 福州：福州大学.

邵旭东，成尚锋，李立峰，2003. 钢管混凝土拱肋节段模型试验 [J]. 长安大学学报，23（4）：34-37.

王百成，崔军，王景波，2004. 大跨度钢管混凝土桁式拱桥结构非线性分析 [J]. 世界地震工程，29（1）：122-125.

韦建刚，2002. 钢管混凝土对称弯压拱分支点失稳问题研究 [硕士学位论文] [D]. 福州：福州大学.

杨永清，1998. 钢管混凝土拱桥横向稳定性分析 [硕士学位论文] [D]. 成都：西南交通大学.

夏志斌，潘有昌，1988. 结构稳定理论 [M]. 北京：高等教育出版社.

张建民，郑皆连，肖汝诚，2004. 钢管混凝土拱桥的极限承载能力分析 [J]. 中南公路工程，29（4）：24-28.

郑莲琼，2008. 曲线形钢管混凝土构件力学性能的理论分析和实验研究 [硕士学位论文] [D]. 福州：福州大学.

中华人民共和国住房和城乡建设部，2017. 钢结构设计规范：GB 50017—2017 [S]. 北京：中国计划出版社.

中华人民共和国住房和城乡建设部，2011. 拱形钢结构技术规程：JGJ/T 249—2011 [S]. 北京：中国建筑工业出版社.

河野昭彦，松井千秋，崎野良比呂，1996. 操返し水平力を受けるコニクリート充填鋼管トテス柱の弾塑性擧動と變形能力に關すゐ實驗の研究 [J]. 日本建築學會構造系論文集，第 482 号，4：169-176.

GHASEMIAN M, SCHMIDT L C, 1999. Curved circular hollow section（CHS）steel struts unfilled with higher-strength concrete [J]. ACI Structural Journal, 96（2）：275-281.

GOURLEY B C, TORT C, DENAVIT M D, et al., 2008. A synopsis of studies of the monotonic and cyclic behavior of concrete-filled steel tube beam-columns [R]. Report No. UILU-ENG-2008-1802, Newmark Structural Laboratory Report Series, Department of Civil and Environmental Engineering, University of Illinois at Urbana-Champaign, Urbana, Illinois, US.

HAN L H, HE S H, LIAO F Y, 2011. Performance and calculations of concrete filled steel tubes（CFST）under axial tension [J]. Journal of Constructional Steel Research, 67（11）：1699-1709.

HAN L H, HE S H, ZHENG L Q, et al., 2012. Curved concrete filled steel tubular（CCFST）built-up members under axial compression：Experiments [J]. Journal of Constructional Steel Research, 74：63-75.

HAN LH, ZHENG L Q, HE S H, et al., 2011. Tests on curved concrete filled steel tubular members subjected to axial compression [J]. Journal of Constructional Steel Research, 67（6）：965-976.

TIMOSHENKO S P, GERE J M, 1961. Theory of elastic stability [M]. 2nd Edition. New York：McGraw-Hill.

WARDENIER J, KUROBANE Y, PACKER J A, et al., 2008. Design guide for circular hollow section（CHS）joints under predominantly static loading [S]. 2nd Edition. CIDECT Series "Construction with Hollow Steel Sections" No.1, Committee for International Development and Education of Tubular Structures.

XU W, HAN L H, TAO Z, 2014. Flexural behaviour of curved concrete filled steel tubular trusses [J]. Journal of Constructional Steel Research, 93：119-134.

索　引